AF494064

TRAITÉ

DE

ZOOLOGIE MÉDICALE

PRINCIPALES PUBLICATIONS DU MÊME AUTEUR

Recherches sur la structure de la peau des Lézards. Bulletin de la Société zoologique de France, V, 1880.

De l'anesthésie par le protoxyde d'azote, d'après la méthode de M. le professeur Paul Bert. Thèse de doctorat, 1880.

Articles *Protoxyde d'azote* et *Rumination.* Nouveau dictionnaire de médecine et de chirurgie pratiques.

Étude sur le tablier et la stéatopygie des femmes boschimanes. Bulletin de la Société zoologique de France, VIII, 1883.

Les Universités allemandes. Un vol. in-8 de 268 pages. Paris, 1883.

Les Coccidés utiles. Thèse d'agrégation. Paris, 1883.

Éléments de zoologie. En collaboration avec M. Paul Bert. Un vol. in-8 de 692 pages. Paris, 1885.

La septième côte cervicale de l'Homme. Revue scientifique, 1885.

Planches murales d'anatomie humaine. Paris, 1885.

Note sur les Sarcosporidies et sur un essai de classification de ces Sporozoaires. Bulletin de la Société zoologique de France, X, 1885.

L'atavisme chez l'Homme. Leçons professées à l'École d'anthropologie. Revue d'anthropologie, 1885.

Sur un cas de polymastie et sur la signification des mamelles surnuméraires. Bulletin de la Société d'anthropologie, 1885.

Notices helminthologiques. Bulletin de la Soc. zoologique de France, XI, 1886.

Articles *Helminthes, Hématozoaires, Hirudinées, Pseudo-parasites, Trichine, Trichocéphale* et *Vers.* Dictionnaire encyclop. des sciences médicales, 1886-1888.

Les ennemis de l'espèce humaine. Revue scientifique, 1888.

4206-85. — Corbeil. Imprimerie Crété.

TRAITÉ

DE

ZOOLOGIE MÉDICALE

PAR

Raphaël BLANCHARD
PROFESSEUR AGRÉGÉ A LA FACULTÉ DE MÉDECINE DE PARIS
SECRÉTAIRE GÉNÉRAL DE LA SOCIÉTÉ ZOOLOGIQUE DE FRANCE
MEMBRE DE LA SOCIÉTÉ DE BIOLOGIE

TOME PREMIER

PROTOZOAIRES, HISTOIRE DE L'ŒUF,
CŒLENTÉRÉS, ÉCHINODERMES, VERS (ANEURIENS,
PLATHELMINTHES, NÉMATHELMINTHES)

Avec 387 figures intercalées dans le texte

PARIS
LIBRAIRIE J.-B. BAILLIÈRE ET FILS
19, rue Hautefeuille, près du boulevard Saint-Germain

1889

PRÉFACE

Tous ceux qui ont suivi le progrès des sciences médicales dans ces dernières années ont été frappés de l'importance imprévue qu'on a été conduit à attribuer aux parasites, en tant qu'agents pathogènes. Sans parler des Bactéries ou Microbes, que leur nature végétale exclut du cadre de ce livre, chacun sait qu'on a reconnu en des parasites animaux la cause de bon nombre de maladies meurtrières, dont les manifestations cliniques étaient connues, mais dont l'étiologie et, par suite, la prophylaxie et le traitement demeuraient ignorés. La connaissance de cette cause a renouvelé l'helminthologie ou plutôt la parasitologie (car tous les parasites en question ne sont pas des helminthes) et a forcément donné à l'enseignement de la zoologie dans les Facultés ou Écoles de médecine une direction et une importance nouvelles.

Au début de ma carrière professorale, j'ai eu le périlleux honneur d'être appelé à enseigner ces questions nouvelles, dans ce grand amphithéâtre de la Faculté de Paris, où tant de maîtres illustres m'avaient précédé. Je me suis toujours efforcé de prendre exemple sur eux, et j'ai tout mis en œuvre pour ne pas rester trop au-dessous de ma tâche. Ai-je été assez heureux pour atteindre le but que je m'étais proposé? Je suis presque tenté de le croire, quand je considère quel grand nombre d'auditeurs ont suivi mes leçons, avec une constance et une bienveillante attention qui ne se sont jamais démenties et dont j'ai à cœur de leur exprimer toute ma gratitude.

Si ce livre a quelque valeur, c'est à eux qu'il convient d'en attribuer le mérite, car leur sympathie m'a été un précieux encouragement, et c'est pour répondre à leurs pressantes sollicitations que j'ai entrepris de le publier. Ils y retrouveront les leçons qu'ils ont suivies, augmentées d'un certain nombre de chapitres rendus nécessaires par le plan même de l'ouvrage.

Tout d'abord, j'avais l'intention d'écrire uniquement l'histoire des maladies parasitaires d'origine animale, en me plaçant moins au point de vue de la clinique et de l'anatomie pathologique qu'à celui de l'histoire naturelle, des migrations et des métamorphoses des parasites produisant ces affections : la connaissance exacte du parasite, de son genre de vie et de ses métamorphoses est, en effet, seule capable d'éclairer le clinicien sur le traitement à instituer et l'hygiéniste sur les mesures prophylactiques à préconiser. Tel est, suivant moi, le but essentiel qu'on doit se proposer d'atteindre, quand on enseigne la zoologie dans une Faculté ou une École de médecine; tel a été, du moins, mon principal, sinon mon unique objectif. La littérature médicale française, pourtant si riche en ouvrages spéciaux, n'en possède encore aucun qui réponde à ce programme; il n'en est pas de même en Allemagne, en Angleterre et en Italie, où les traités de Leuckart, de Küchenmeister, de Cobbold et de Perroncito sont dans toutes les mains et ont été le point de départ de nombreux et importants travaux. La constatation de cet état de choses me sollicitait d'autant plus vivement à écrire un traité de parasitologie.

Mais la zoologie médicale ne saurait se borner à l'étude des parasites, quelque importance primordiale qu'ait celle-ci. Un grand nombre d'animaux sont nuisibles par leur piqûre ou par leur morsure, qui s'accompagne de l'injection d'un liquide venimeux. D'autres encore, recherchés comme aliments, peuvent, à certaines époques ou dans certaines conditions, devenir vénéneux et provoquer de graves intoxications. Un plus petit nombre, enfin, fournissent quelques produits à la matière médicale. J'ai donc dû, de par la nature même de mon enseignement, envisager tour à tour ces différentes questions et leur réserver une place dans ce livre.

Les espèces rentrant dans les catégories susdites sont fort diverses et se répartissent à peu près entre toutes les divisions du règne animal : il a donc semblé rationnel de les décrire à leur ordre systématique et, par conséquent, d'écrire un traité complet de zoologie, dans lequel les espèces intéressant la médecine seraient étudiées à leur place, avec tous les développements utiles.

Ce plan est, peut-on dire, devenu classique en France, depuis que Richard, puis Gervais et van Beneden l'ont consacré. S'il contraint l'auteur à retracer l'histoire de divers groupes dont l'importance, au point de vue médical, est réellement secondaire, il a du moins l'avantage de lui permettre les considérations générales et les comparaisons : cela ne peut manquer d'éclairer d'une vive lumière l'histoire naturelle de l'Homme, qui ne saurait être comprise, si l'on s'obstinait encore, à l'exemple de certains philosophes, à considérer celui-ci comme un être n'ayant aucune analogie anatomo-physiologique avec les animaux qui l'entourent. La science est assez avancée et la philosophie est, à l'heure actuelle, assez libre de préjugés, pour que l'Homme ne se refuse plus à reconnaître son origine animale, non plus que les relations de toute sorte qui l'unissent aux autres animaux. Ces relations, il n'eût pas été sans intérêt de les exposer avec quelques détails, mais c'eût été allonger outre mesure ce livre, dont la longueur dépasse déjà mes prévisions : le lecteur désireux de s'instruire sur ces intéressantes questions devra donc se reporter aux ouvrages spéciaux d'anthropologie.

J'ai dit ce que contenait cet ouvrage et j'ai fait pressentir quel esprit philosophique avait présidé à son élaboration. Voyons maintenant de quelle façon il a été rédigé.

Nulle part plus qu'en helminthologie les auteurs ne se sont complus, au gré de leur caprice, à embrouiller la synonymie, à multiplier les dénominations, à forger des noms barbares, à substituer, à l'encontre de toute justice, des noms nouveaux à des noms déjà adoptés. Je me suis efforcé d'appliquer aux parasites les règles immuables de la nomenclature et de la loi de priorité. C'est pourquoi j'ai dû, par exemple, restituer à *Trichocephalus hominis* et à *Tænia canina* leur appellation première, indûment délaissée. C'est pour un motif analogue que j'ai systématiquement exclu du langage zoologique des noms tels que *scolex*, *cucurbitin*, *proglottis*, qui ont pourtant été proposés par des auteurs des plus recommandables, mais qui ont le tort de tendre à établir pour les Cestodes une terminologie spéciale et de s'appliquer à des parties que, chez tous les autres animaux, on désigne sous les noms de *tête*, *somite* ou *anneau*.

Ce travail de critique a nécessité de laborieuses recherches bibliographiques, qui ont singulièrement prolongé la rédaction de ce livre (1). Estimant que les travaux publiés avant le dix-septième siècle sont, en général, d'une interprétation incertaine,

(1) Le premier volume du *Traité de zoologie médicale* a été publié en trois fascicules. Le premier fascicule, comprenant les pages 1 à 192, est paru le 4 novembre 1885 ; le second, comprenant les pages 193 à 480 est paru le 10 juillet 1886; le troisième et dernier, comprenant les pages 481 à la fin, est paru le 1er novembre 1888.

je les ai laissés de côté, sauf dans un petit nombre de cas, et, prenant comme point de départ l'année 1700, en laquelle l'helminthologie a été véritablement fondée par la publication du livre de Nicolas Andry, *De la génération des Vers dans le corps de l'Homme*, je me suis astreint à consulter tous les livres ou mémoires publiés depuis lors sur cette branche des sciences médicales. Longue, ingrate et fastidieuse besogne, mais qui pourtant ne laisse pas que de conduire à des résultats importants : elle m'a permis, en effet, de fixer plus d'un point d'histoire, de dresser des statistiques et de porter le coup de grâce à bon nombre d'erreurs que les auteurs, se copiant servilement, rééditaient les uns après les autres. J'ai été amené de la sorte à compulser un nombre très considérable d'ouvrages, écrits en plus de dix langues : sauf pour les langues slaves, je n'ai confié à personne qu'à moi-même le soin de les consulter.

Aussi aurais-je quelque droit de faire mienne la devise du philosophe : « *cecy est un livre de bonne foy*, » et ne pensé-je pas me bercer d'une illusion en assurant qu'on y trouvera réunis des documents précis, recueillis aux meilleures sources et passés au crible d'une critique sévère.

L'étudiant puisera dans cet ouvrage toutes les connaissances zoologiques nécessaires pour le premier examen de doctorat en médecine et pour le deuxième examen probatoire de pharmacie; le médecin praticien et le pharmacien auront en lui un guide fidèle pour la détermination des animaux nuisibles ou des parasites, même des plus rares, qui pourraient s'offrir à eux.

Je le soumets avec confiance à leur appréciation.

RAPHAEL BLANCHARD.

Paris, le 20 octobre 1888.

TRAITÉ

DE

ZOOLOGIE MÉDICALE

INTRODUCTION

L'anatomie générale nous enseigne que les organes de tous les êtres vivants sont constitués fondamentalement par une substance unique, à laquelle Dujardin avait autrefois appliqué le nom de *sarcode*, mais qu'on désigne plus généralement à l'heure actuelle sous le nom de *protoplasma*.

Ce protoplasma, qui est la substance organisée, vivante, à son état de plus simple expression, va constituer, disons-nous, tous les tissus et tous les organes des êtres vivants. Dans ce but, il se différencie et se complique de plus en plus à mesure qu'on l'envisage chez des êtres plus élevés en organisation : il subit des modifications chimiques plus ou moins profondes, de manière à donner naissance à des produits secondaires dont la nature peut varier pour ainsi dire à l'infini ; ou bien il s'adjoint et se juxtapose des matériaux empruntés au monde extérieur.

Par la suite de cet ouvrage, nous aurons l'occasion de suivre pas à pas les diverses transformations qu'il peut subir ; pour l'instant, il importe de l'étudier à son état de plus grande simplicité, ne nous arrêtant qu'à celles de ses propriétés qu'il nous est indispensable de connaître.

Le protoplasma est une substance du groupe chimique des albuminoïdes, c'est-à-dire que les corps simples qui entrent normalement dans sa composition sont le carbone, l'hydrogène, l'oxygène et l'azote. Des tentatives nombreuses ont été faites pour déterminer la formule de cette substance complexe, mais toutes ont échoué et, dans l'état actuel de la science, on ne peut guère faire à ce propos que des conjectures. L'ignorance où nous sommes relativement à la relation qu'affectent entre eux, dans la molécule de protoplasma, les quatre corps simples que nous citions plus haut tient, d'une part, à l'imperfection des méthodes d'analyse dont nous disposons et, d'autre part, à ce que le protoplasma est encore plus complexe que nous ne l'avons annoncé : il est fréquent, sinon constant, que des corps nouveaux, tels que le soufre, le fer, le phosphore, viennent se surajouter au protoplasma et se combiner chimiquement avec lui, circonstance qui rend son analyse élémentaire plus difficile encore. D'ailleurs, sa formule, alors même qu'on parviendrait à l'établir, ne représenterait jamais qu'un cas particulier, car le protoplasma, par cela même qu'il est *vivant*, est d'une façon incessante le siège d'un double courant d'assimilation et de désassimilation qui change profondément d'un instant à l'autre sa composition chimique.

Quoi qu'il en soit, le protoplasma vit, c'est-à-dire qu'il naît, s'accroît, se reproduit et meurt ; il se nourrit, respire, est sensible, se meut même et réagit contre les excitations qui le viennent provoquer.

Il importe en outre de rappeler ici quelques-unes de ses propriétés physiques et chimiques.

Le protoplasma est doué de propriétés endosmotiques très nettes, mais, plongé à l'état vivant dans des solutions colorées, par exemple dans du carmin ou de l'aniline, il absorbera l'eau et laissera de côté la matière colorante ; mort, il fixera au contraire la matière colorante et se colorera même plus fortement que la solution dans laquelle il est plongé.

Il se colore en rouge pâle ou prend une teinte brunâtre par l'acide sulfurique, une teinte rose ou violette par l'acide chlorhydrique. Traité par l'acide azotique, il se colore en jaune pâle ; si on le lave alors, puis qu'on ajoute de la potasse ou de l'ammoniaque, il se colore en jaune foncé : c'est là la réaction de la xanthoprotéine, caractéristique de la matière vivante. Traité par le réactif de Millon, c'est-à-dire par l'azotate acide de mercure, puis chauffé, il passe au rouge foncé. L'acide sulfurique, l'ammoniaque, la potasse, le dissolvent plus ou moins rapidement; l'alcool, le chloral, l'acide osmique, la chaleur le coagulent.

Telles sont, exposées succinctement, les principales propriétés de la matière vivante. C'est elle, avons-nous dit, qui, en se modifiant de façons diverses, va servir à l'édification des tissus et des organes de tous les êtres vivants. Mais avant d'aborder l'étude de ses modifications, nous pouvons nous demander s'il n'existe point des êtres assez simples pour n'être constitués que par une masse de protoplasma sans la moindre différenciation.

Des êtres de la sorte existent en effet : Hæckel les a fait connaître en 1868 et leur a donné le nom de *monères*.

EMBRANCHEMENT DES PROTOZOAIRES

CLASSE DES RHIZOPODES

ORDRE DES MONÈRES

En 1857, le gouvernement anglais faisait exécuter des sondages dans le nord de l'océan Atlantique, par 4,000 à 8,000 mètres, dans le but de reconnaître la nature des fonds sur lesquels devait reposer le câble sous-marin. On préleva de la sorte des échantillons de limon puisés aux plus grandes profondeurs. Ces échantillons furent soumis à l'examen des naturalistes, et dans l'un d'eux, en 1868, Huxley découvrit l'être le plus simple que nous connaissions : il l'appela *Bathybius Hæckeli*.

Depuis lors, cet être a été observé à l'état vivant par plusieurs naturalistes (Wyville Thomson et W. Carpenter, E. Bessels), en sorte que son existence paraît bien incontestable, malgré les discussions passionnées et les dénégations énergiques auxquelles elle a donné lieu.

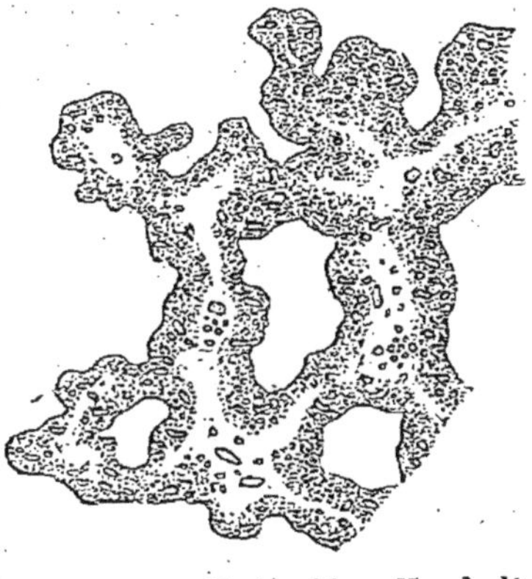

Fig. 1. — *Bathybius Hæckeli.*

Cet organisme (fig. 1) a l'aspect de masses gélatineuses informes, habituellement réticulées, dont les dimensions varient depuis des grumeaux visibles à l'œil nu jusqu'à des particules excessivement ténues. Il rampe sur les fonds sous-marins en se déplaçant avec une lenteur extrême : dans ce but, il pousse dans un certain sens des *pseudopodes*, c'est-à-dire des prolongements courts et lobés, à la façon d'une Limace allongeant son pied, en même temps que sa substance se rétracte d'autre part. Un obstacle s'offre-t-il ou bien des pseudopodes sont-ils émis en deux sens opposés, la substance du corps s'étrangle et se divise en deux, comme le ferait une goutte de mercure. Les deux organismes qui ont ainsi pris naissance par scissiparité resteront désormais indépendants l'un de l'autre, chacun vivant de son côté; ou bien, si le hasard de leurs reptations les ramène au contact l'un de l'autre, ils pourront confondre de nouveau leur substance, de même que nos deux gouttelettes de mercure pourront se réunir derechef en une seule goutte.

Les pseudopodes arrêtent au passage les substances capables de leur servir de nourriture, les englobent, puis, se rétractant et rentrant dans la masse sarcodique, les entraînent jusqu'à l'intérieur du corps. Cette involution des aliments n'est point localisée, mais peut se faire par un point quelconque de la surface du corps. Après avoir été englobés de la sorte, les aliments sont digérés lentement, puis le résidu est rejeté de la même manière. Les corps étrangers incapables d'être digérés pénètrent de la même façon, et il est rare de rencontrer une Monère qui n'en renferme quelqu'un.

Le protoplasma, comme nous venons de voir, est doué de propriétés digestives. Il est également capable de respirer : cette fonction s'accomplit par un procédé rudimentaire, en empruntant à l'eau dans laquelle est plongé l'organisme l'oxygène que celle-ci tient en dissolution et en lui restituant de l'acide carbonique.

Le sarcode est encore doué de sensibilité. Un rayon de soleil vient-il à tomber sur un vase renfermant des Monères, on les voit, suivant les cas, se déplacer vers la lumière ou la fuir; un choc vient-il à les atteindre, un corps étranger vient-il à les toucher, elles rétractent leurs pseudopodes et se concentrent en une masse plus ou moins sphérique. C'est là, sous sa forme la plus simple et la plus rudimentaire, la manifestation de la sensibilité, propriété d'ordre vital (1), que nous allons voir se spécialiser et se compliquer de plus en plus, au fur et à mesure que nous nous adresserons à des animaux plus élevés en organisation.

(1) Il ne faudrait pourtant pas croire que, réduite à une manifestation aussi primitive, la sensibilité soit fondamentalement distincte de certaines propriétés d'ordre physique inhérentes aux corps bruts. On a professé pendant longtemps que la sensibilité, propre à tous les animaux, n'existait point chez les plantes et constituait par conséquent une ligne de démarcation bien nette entre le règne animal et le règne végétal. On est revenu aujourd'hui de cette erreur. Bien plus, on ne saurait contester actuellement que la sensibilité n'est autre chose qu'une « réaction matérielle à une stimulation, » suivant la belle expression de Claude Bernard, qu'elle est une simple forme de mouvement et que, par suite, elle est une propriété générale de la matière. Loin de creuser un abîme entre les animaux et les plantes, la sensibilité ne saurait donc même pas être invoquée comme un caractère différenciant les êtres vivants des corps bruts.

Protamœba primitiva Hæckel (fig. 2) est également une Monère marine; elle rampe à la surface des corps submergés. Elle diffère essentiellement de *Bathybius* parce que sa taille est limitée et sa forme définie. A l'état de défense ou de repos, elle se ramasse en un globule sphéroïdal; à l'état d'activité, elle pousse des pseudopodes lobés ou *lobopodes*, dont nous connaissons déjà l'importance; ceux-ci ne s'anastomosent jamais entre eux. Le corps est limité extérieurement par une zone claire ou *ectoplasme*, plus particulièrement chargée d'émettre les lobopodes; le reste du protoplasma est infiltré de granulations plus ou moins serrées les unes contre les autres et constitue l'*endoplasme*. Quand l'organisme est arrivé à son maximum de taille, il se reproduit par scissiparité ou bipartition.

Autour de *Bathybius* et de *Protamœba primitiva* viennent se ranger un certain nombre de formes, telles que *Gloidium quadrifidum* Sorokin, toutes caractérisées par la possession de lobopodes, c'est-à-dire d'expansions sarcodiques courtes et obtuses : elles constituent le groupe des *Lobomonères*.

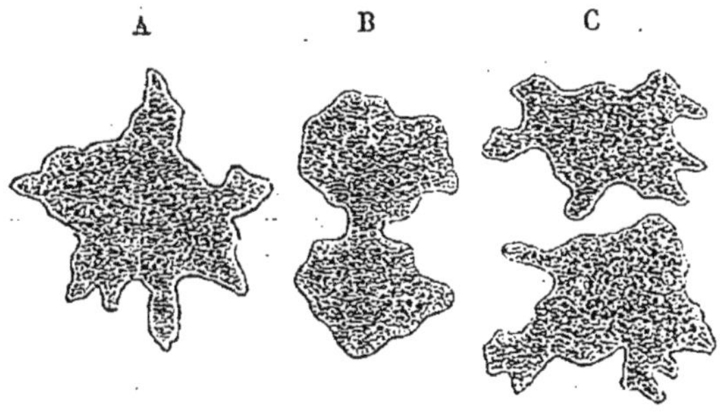

Fig. 2. — *Protamœba primitiva*. — A, rampant; B, en train de se diviser; C, divisé en deux moitiés.

Aimé Schneider a décrit sous le nom de *Monobia confluens* un organisme d'eau douce différant du précédent par ses pseudopodes qui, au lieu d'être courts et volumineux, sont extrêmement ténus, rectilignes, lents à se mouvoir et si longs qu'ils dépassent quatre fois la longueur du corps. On donne à de semblables pseudopodes le nom plus spécial de *rhizopodes;* ils rayonnent de toute la surface du corps et peuvent se fusionner entre eux de manière à former çà et là des réseaux plus ou moins serrés (fig. 3).

Monobia se reproduit encore par scissiparité, mais sa multiplication s'accompagne souvent de phénomènes remarquables. Les deux individus, au lieu de se séparer, resteront attachés l'un à l'autre par un pont de substance, chacun agissant d'ailleurs à sa guise. Cette division incomplète va s'opérer à son tour pour les deux individus nouveaux, et ainsi de suite : partant d'un individu primitif, on voit de la sorte se reconstituer une véritable colonie, dont la forme est du reste soumise à des variations incessantes, soit par isolement de certains individus, soit par apport et juxtaposition d'individus étrangers.

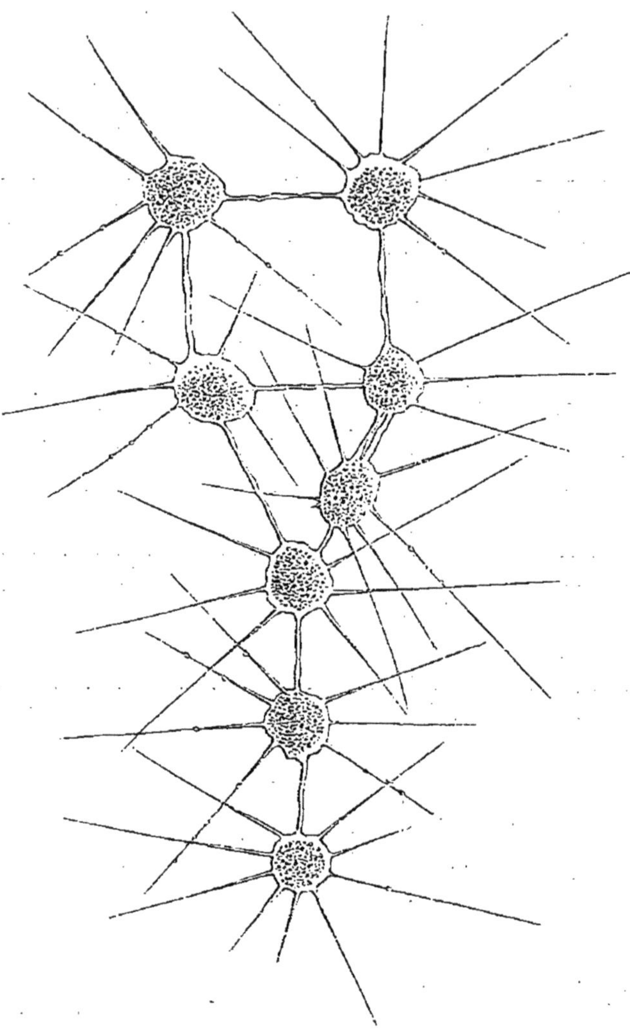

Fig. 3. — *Monobia confluens*, d'après Aimé Schneider.

Mentionnons encore *Protomyxa aurantiaca*, Monère marine, colorée en rouge orangé, trouvée par Hæckel aux Canaries (fig. 4). Son corps globuleux est hérissé sur toute sa surface de rhizopodes sans nombre, rayonnants et anastomosés entre eux. Quand le moment de la reproduction est arrivé, l'organisme rétracte ses pseudopodes, prend une forme régulièrement arrondie, puis s'entoure d'une sorte de membrane kystique, à l'intérieur de laquelle le protoplasma va se segmenter en un nombre considérable de petites masses globuleuses ou spores. Celles-ci rompront bientôt le kyste et, de la sorte, seront mises en liberté : elles représentent alors de petits corpuscules ovoïdes dont la petite extrémité est munie d'un *flagellum* ou filament locomoteur ; peu à peu la spore émet des pseudopodes, en même temps qu'elle perd son flagellum et qu'elle prend de plus en plus les caractères de l'animal adulte.

Autour de *Monobia* et de *Protomyxa* viennent se ranger un certain

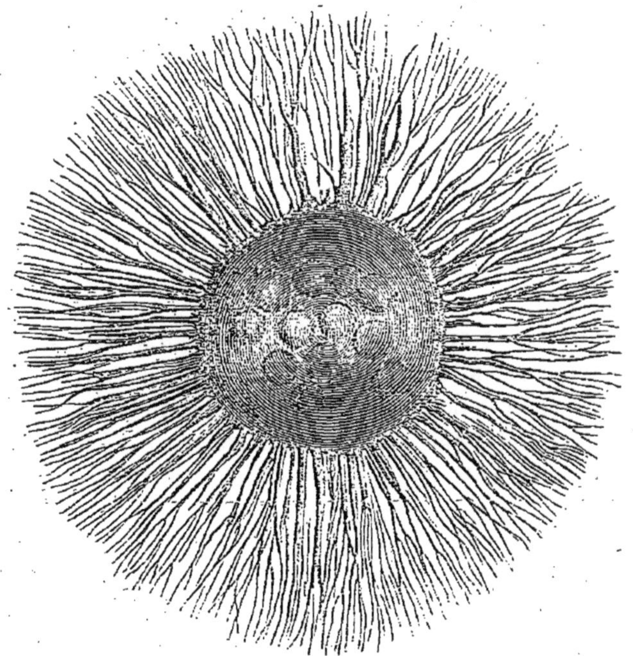

Fig. 4. — *Protomyxa aurantiaca.*

nombre de formes constituant des colonies comme *Myxodictyum sociale* Hæckel, ou demeurant libres comme *Protogenes primordialis* Hæckel, mais toutes caractérisées par la possession de rhizopodes, c'est-à-dire d'expansions sarcodiques longues, grêles et anastomosées entre elles : ces formes constituent le groupe des *Rhizomonères*.

Le mode de reproduction de *Protomyxa* est remarquable en ce qu'il nous aide à mieux définir les affinités des Monères. Par l'intermédiaire des *Vampyrella* et des *Protomonas*, elles se rattachent étroitement aux Champignons, particulièrement aux Chytridinées et aux Myxomycètes : elles sont donc proches parentes des végétaux. Nous allons voir d'autre part qu'elles ont d'intimes affinités avec les Amibes et d'autres Protozoaires : elles sont donc également proches parentes des animaux. On doit donc les considérer comme établissant le passage du règne animal au règne végétal, ou plutôt comme étant les êtres primordiaux d'où sont dérivés, par une sorte de bifurcation, les animaux et les plantes.

Les Monères n'ont donc d'ancêtres ni parmi les animaux ni parmi les végétaux, puisqu'elles sont le point de départ des uns et des autres. Pourtant elles ont dû naître à un certain moment, car on sait que la vie n'a pas existé de tout temps sur notre planète. Si nous recherchons d'où elles viennent, comment elles ont pu apparaître, nous sommes amenés à conclure qu'elles sont nées par génération spontanée. Nous n'insisterons point ici sur la question de l'origine de la vie, nous l'avons traitée ailleurs avec tous les développements qu'elle comporte.

R. Blanchard, *L'origine de la vie et l'organisation de la matière*. Revue scientifique, XXXV, p. 161, 7 février 1885.

ORDRE DES AMIBES

Il est fréquent de rencontrer dans les eaux, soit douces soit marines, ou même dans la terre humide, des êtres microscopiques dont l'organisation est un peu plus compliquée que celle des Monères. Faisons macérer dans l'eau un bouquet de fleurs ou bien examinons soigneusement au microscope des Conferves prises dans une mare, nous y rencontrerons presque à coup sûr des animalcules tels que *Amœba vulgaris* (fig. 5).

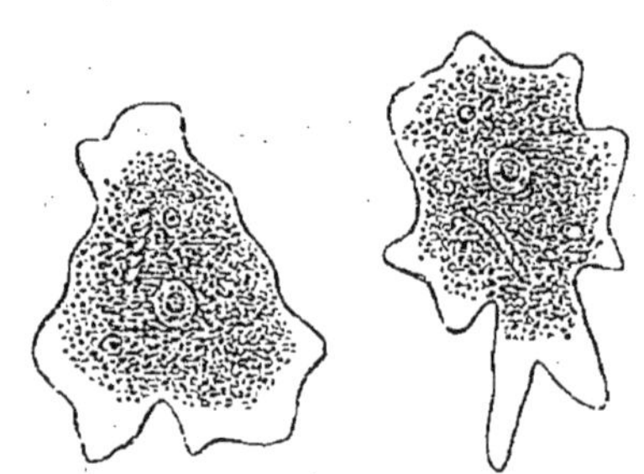

Fig. 5. — *Amœba vulgaris.*

Cet organisme ressemble considérablement à une Monère, par son corps dépourvu de tégument et divisé nettement en deux zones, un ectoplasme et un endoplasme, et par son mode de locomotion au moyen de lobopodes. Ce mode de progression avait attiré déjà l'attention des naturalistes, longtemps avant que les Monères ne fussent connues : on le croyait d'abord particulier aux Amibes, aussi lui a-t-on donné le nom de *mouvement amiboïde.*

Les Amibes diffèrent des Monères en ce que leur endoplasme renferme toujours un corpuscule à contour net, le *noyau,* dans l'intérieur duquel il est habituel de voir un autre corpuscule plus petit, le *nucléole.* Le noyau doit être considéré comme marquant la première étape dans le sens de la différenciation. Au point de vue histo-chimique, il présente des réactions qui permettent de le distinguer nettement du protoplasma ambiant : tandis que celui-ci ne se colore que faiblement par le carmin, le noyau fixe au contraire cette teinture avec une grande énergie, et le nucléole se colore lui-même plus fortement encore.

La masse du corps de notre Amibe renferme en outre, habituellement dans l'endoplasme, de petites vacuoles arrondies, pleines d'un liquide clair : si on les examine pendant quelque temps avec attention, on les voit se contracter par intervalles et répandre dans le protoplasma qui les environne le liquide qu'elles contenaient : ce sont des *vacuoles contractiles*, premiers rudiments des organes de circulation, ou plutôt d'excrétion, comme le montre la comparaison avec les Infusoires, chez lesquels ces formations atteignent leur maximum de développement.

Si la présence du noyau distingue nettement les Amibes des Monères, les vacuoles contractiles n'ont pas la même signification : on les peut observer en effet chez certaines de ces dernières, par exemple chez *Gloïdium*.

Les différentes fonctions s'accomplissent comme chez les Monères, mais la reproduction se fait par un procédé un peu différent. De même que chez *Protamœba primitiva*, il s'agit encore d'une bipartition, mais la division du protoplasma est précédée de celle du noyau, les deux moitiés de celui-ci s'écartent l'une de l'autre et c'est entre elles que se produit l'étranglement qui devra aboutir au dédoublement de l'organisme. Il est probable que, dans certains cas, la reproduction se fait aussi par enkystement et division du kyste en spores qui, mises en liberté, reproduisent chacune une Amibe. Ce mode particulier de multiplication, encore mal connu, rattache tout naturellement les Amibes aux Sporozoaires.

Certaines Amibes ont été observées en parasites chez l'Homme et chez divers animaux.

Amœba coli Lösch, 1875.

En 1875, entrait dans la clinique du professeur Eichwald, à Saint-Pétersbourg, un paysan du gouvernement d'Arkangel. Cet individu, âgé de vingt-quatre ans, souffrait d'une inflammation ulcéreuse du gros intestin et était atteint de diarrhée. Lösch, assistant d'Eichwald, examinant au microscope les selles de ce malade, y découvrit des Amibes en nombre si considérable que souvent, même à un grossissement de 500 diamètres, le champ du microscope en renfermait plus de soixante.

A l'état de repos, ces Amibes (fig. 6) mesurent de 20 à 30 μ, 35 μ au plus ; à l'état de locomotion, et lorsqu'elles présentent leur maximum d'allongement, elles peuvent atteindre jusqu'à 60 μ de longueur. Elles émettent des prolongements courts, mousses, arrondis et se déplacent avec une assez grande lenteur. Leur noyau est arrondi, pâle, incolore et mesure de 5 à 7 μ; sa consistance est peu considérable, à tel point qu'il se déforme souvent pendant les contractions de l'animalcule; il renferme un nucléole dont la taille et la réfringence sont assez

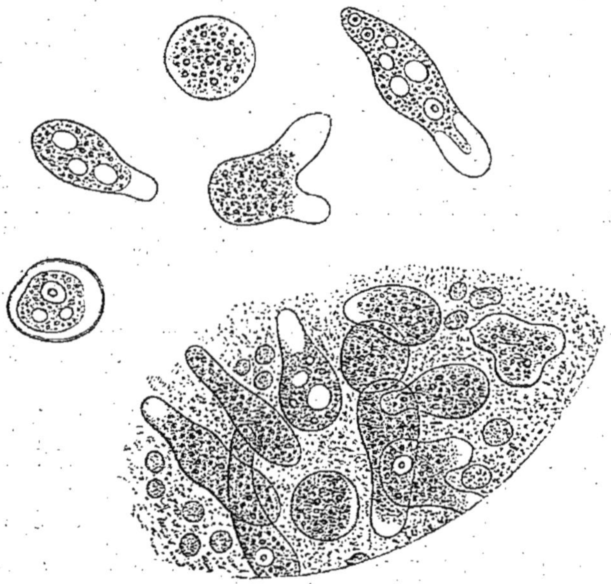

Fig. 6. — *Amœba coli.*

variables. Le protoplasma, très fortement granuleux, est différencié en endosplasme et en ectoplasme; quand il pousse ses pseudopodes, ceux-ci sont au début formés de protoplasma clair et dépourvu de granulations. Le corps de l'Amibe renferme en outre une ou deux, et jusqu'à six ou huit vacuoles arrondies, que Lösch n'a pas vu se contracter.

Le malade resta quatre mois entiers à l'hôpital; il finit par succomber, des suites d'une pleurésie et d'une pneumonie intercurrentes, compliquées d'anémie. Pendant longtemps, les Amibes se montrèrent aussi nombreuses qu'au début; elles ne cédèrent qu'à des lavements répétés de quinine, et leur disparition coïncida avec la cessation de la diarrhée, au moment même où la pleurésie commençait à se manifester. On doit donc admettre que ces parasites trouvent dans l'intestin les conditions favorables pour leur développement : la multiplication, qui n'a pas été observée, se fait sans doute par simple scissiparité. Il est également vraisemblable que ce ne sont là que des parasites accidentels et qu'ils ont été introduits dans le tube digestif par des eaux de mauvaise qualité. Leur provenance n'a pas été suffisamment définie, mais on peut les rapprocher d'*Amœba jelaginia* (fig. 7), que C. de Mérejkowsky a rencontrée dans les marécages de Jelagin, aux environs de Saint-Pétersbourg, c'est-à-dire dans l'endroit même où le malade était employé comme manœuvre. Cette espèce, il est vrai, diffère d'*Amœba coli* par sa taille plus grande, ses vacuoles plus nettement contractiles et ses pseudopodes plus nombreux, mais les autres caractères sont tellement semblables que, malgré l'autorité de Leuckart, il est bien difficile de ne pas admettre que les variations constatées trouvent dans la différence des milieux une explication suffisante.

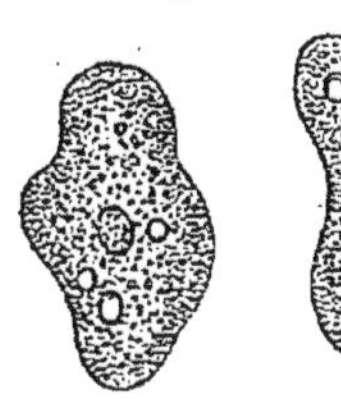

Fig. 7. — *Amœba jelaginia*, d'après C. de Mérejkowsky.

La valeur pathogénique du parasite semble moins discutable. Le malade avait présenté tous les signes d'une dysenterie intense et rebelle; à l'autopsie, on constata une violente inflammation et, par places, une ulcération du gros intestin, particulièrement dans ses parties inférieures. Lösch admet que ces lésions étaient causées par le parasite; tout au moins se croit-il autorisé à penser que celui-ci avait entretenu l'inflammation et avait empêché la guérison des ulcères : les mouvements incessants des Amibes à la surface de la muqueuse malade avaient pu déterminer une excitation mécanique; de plus, pendant le cours de la maladie, il y avait une relation manifeste entre la quantité des Amibes et l'intensité de l'inflammation.

Cette opinion est confirmée par des expériences consistant à injecter à trois Chiens, par la bouche et par l'anus, de 1 à 2 onces de matière diarrhéique récemment expulsée par le malade; l'injection fut répétée trois jours de suite. Un quatrième Chien fut traité de la même manière, mais après qu'un lavement à l'huile de croton lui eut donné une entérite aiguë ; ce dernier essai avait pour but de déterminer si les Amibes étaient capables d'entretenir une inflammation déjà établie. L'expérience ne réussit que sur l'un des trois premiers Chiens. Au huitième jour après la dernière injection, on commença à rencontrer dans les selles un grand nombre d'Amibes vivantes ; les jours suivants, celles-ci devinrent encore plus nombreuses, bien que l'état général du Chien restât normal. Pendant les deux semaines qui suivirent, aucun changement ne survint : l'animal fut alors sacrifié, le dix-huitième jour après la dernière injection. A l'autopsie, on trouva la muqueuse rectale enflammée par places, irrégulièrement tuméfiée, couverte d'un mucus sanguinolent, et ulcérée à la surface en trois endroits. Les ulcères étaient arrondis, larges de 4 à 7 millimètres et circonscrits par une muqueuse tuméfiée, fortement hypérémiée ; leur fond était inégal et d'un rouge sombre ; au-dessous d'eux, la muqueuse était infiltrée, hypérémiée et tuméfiée. Dans le mucus rectal et sur le fond des abcès, grouillaient des masses d'Amibes qui ne se distinguaient en rien des parasites injectés. La muqueuse du reste du gros intestin était normale.

En 1870, Lewis et D. Douglas Cunningham avaient pu déjà, à Calcutta, constater la présence d'Amibes dans les affections du gros intestin. En 1871, Cunningham, poursuivant ces études, rencontra le parasite dix-huit fois sur cent dans les déjections des cholériques ; ces Amibes sont incolores, plus ou moins granuleuses et pourvues de vacuoles non contractiles. Elles peuvent s'enkyster et se reproduisent par division ; les cellules-filles peuvent alors se séparer de suite ou au contraire rester accolées les unes aux autres et se disposer en groupes ou en chaînettes. Elles disparaissent habituellement dans les vingt-quatre heures qui suivent le rejet des selles. Les organismes observés par Cunningham ne peuvent être considérés comme la cause du choléra, car cet auteur a retrouvé identiquement les mêmes êtres, vingt-huit fois sur cent, dans les cas de diarrhée simple ; de plus, il est certains cas dans lesquels on ne les observe pas ; le choléra ne fait donc que déterminer des conditions favorables à leur développement et à leur propagation.

Ces conclusions sont précisément celles auxquelles arrive B.

Grassi, qui, en 1879, put observer six fois des Amibes dans les selles, aussi bien chez des individus sains que chez des diarrhéiques. Ces parasites, dit-il, sont très communs à Rovellasca, à Messine, à Pavie et à Milan. L'ectoplasme et l'endoplasme sont très distincts. Ce dernier, très granuleux, renferme un plus ou moins grand nombre de vacuoles non contractiles, ou qui du moins ne se contractent qu'à de longs intervalles ; il contient encore un noyau arrondi, muni de deux nucléoles, et des corps étrangers, matières alimentaires, etc. Les pseudopodes poussés par l'animal sont courts, volumineux, obtus, hyalins ; ils sortent et rentrent lentement, sans que celui-ci change de place. Les dimensions de ce parasite qui, s'il n'est pas identique à *Amœba coli*, lui ressemble du moins beaucoup, sont très variables : l'acide acétique lui fait prendre la forme arrondie, et on lui trouve alors, dans une série de mensurations :

Diamètrede l'Amibe, 12 μ, 18 μ, 22 μ ;
Diamètre du noyau, 2,3 μ, 5,5 μ 5,5 μ.

Grassi pense que, à l'état sain, les Amibes peuvent se rencontrer dans une bonne étendue de la première portion du gros intestin ; dans les cas de diarrhée ou de dysenterie, elles se propageraient dans toute la longueur de cet intestin.

Il s'agit sans doute encore d'*Amœba coli*, ou d'une forme très voisine, dans l'observation rapportée par le Dr Normand, en 1879. Celui-ci, médecin de l'*Armide*, alors en station devant Hong-Kong, fut appelé, à un mois d'intervalle, à donner ses soins à un officier et à un matelot de son bord, tous les deux atteints de colite. Cette inflammation, sans retentissement sur les fonctions de l'estomac et de l'intestin grêle, était due à la présence d'un nombre immense d'Amibes dont les plus grosses mesuraient 25 μ. Leur masse était granuleuse et présentait quelques vésicules claires, que Normand ne dit pas avoir vu se contracter.

Faut-il ranger parmi les Amibes, comme le pense l'*Index medicus*, un parasite intestinal décrit par Riga Iwata dans un journal en langue japonaise (1)? C'est là une question sur laquelle nous ne saurions actuellement nous prononcer.

(1) *Iji Shimshi*. Tokio, n° 315, 12 avril 1884

Amœba intestinalis R. Bl., 1885.

Nous nommerons ainsi des Amibes que Sonsino a observées au Caire, dans le mucus intestinal d'un enfant atteint de diarrhée. Ces parasites, en nombre considérable, mesuraient huit à dix fois le diamètre d'un globule rouge du sang, c'est-à-dire que leurs dimensions étaient de 55 à 70 μ; ils semblent être différents d'*Amœba coli*, celle-ci ne mesurant que 30 μ.

Kartulis, médecin de l'hôpital grec d'Alexandrie, a trouvé récemment, dans le mucus intestinal d'individus atteints d'entérite chronique ou de diarrhée, des corpuscules sphériques, réfringents et dont les dimensions moyennes sont de 150 à 222 μ. Il les a vu modifier lentement leur forme sous l'influence d'une compression légère, et est enclin à les considérer comme des Amibes de grande taille. La structure de ces organismes est trop peu connue pour qu'on puisse rien dire de positif à leur égard, si ce n'est que ce ne sont certainement pas des Amibes.

Amœba vaginalis Bælz, 1883.

Ce n'est pas seulement dans l'intestin que les Amibes peuvent vivre en parasites. Le professeur Bælz, de Tokio, en a rencontré dans la vessie et le vagin d'une jeune fille de vingt-trois ans, morte de tuberculose du poumon et des organes génito-urinaires. Entrée à l'hôpital la veille de sa mort, la malade se plaignait d'atroces douleurs dans la vessie, douleurs qui s'exagéraient encore au moment de la miction. L'urine, extraite avec une sonde, était sanguinolente, purulente et renfermait un nombre immense d'Amibes à mouvements très rapides. Leur diamètre était de 50 μ; elles étaient donc plus grosses que *Amœba coli*, mais lui ressemblaient d'ailleurs en tous points. Le mucus vaginal renfermait ces mêmes animalcules : c'est là sans doute qu'ils avaient été amenés par les lavages ; ils s'y étaient multipliés, et, remontant par l'urèthre, avaient pénétré jusque dans la vessie. A l'autopsie, on négligea de rechercher s'ils s'étaient propagés le long des uretères jusque dans les bassinets.

Amœba buccalis Steinberg, 1862.

Nous nous bornerons à mentionner ce parasite, décrit en 1862 par Steinberg dans le tartre dentaire. Le mémoire où il en est question se trouve dans un recueil russe que nous n'avons pas eu à notre disposition. Grassi a lui-même décrit une Amibe vivant dans la bouche, mais il est revenu plus tard sur son observation, se demandant s'il n'aurait point eu affaire à un simple corpuscule salivaire.

Les Amibes parasites ne sont pas particulières à l'Homme. Lieberkühn, Leuckart et Grassi en ont signalé dans la portion inférieure de l'intestin de *Rana viridis*, et nous avons pu nous-même vérifier le fait ; Grassi en a vu dans l'intestin de *Mus musculus* et de *Mus rattus*, ainsi que dans la cavité caudale d'un certain nombre de Chétognathes (*Spadella inflata* Grassi, *Sp. bipunctata* Quoy et Gaimard, *Sp. serratodentata* Krohn, *Sagitta Claperedei* Grassi) ; enfin, Bütschli, Leidy et Grassi en ont également observé dans le tube digestif de la Blatte. Nos connaissances relativement aux Amibes parasites sont encore bien incomplètes, et il y aurait là, même chez l'Homme, un intéressant sujet d'étude.

Quel que soit leur genre de vie, quelle que soit la forme de leurs pseudopodes, les Amibes dont il a été question jusqu'à présent sont du moins toutes caractérisées par l'absence de tout squelette extérieur : elles sont nues. Aussi les réunit-on en un groupe des *Gymno-Amibes*.

Il en est au contraire un très grand nombre d'autres, chez lesquelles le corps est protégé extérieurement par une carapace dont la consistance, la forme et la nature chimique varient extrêmement. Quelques exemples rapides vont nous faire comprendre l'importance de ce revêtement ; les êtres qui le présentent forment le groupe des *Théco-Amibes*.

On trouve fréquemment dans la vase de nos étangs un animalcule de forme ovoïde dont le sarcode a produit une sorte de carapace rigide, chitineuse, à l'intérieur de laquelle il est capable d'accomplir des mouvements variés. La petite extrémité de cette carapace est percée d'un orifice circulaire, par lequel l'organisme se met en rapports avec l'extérieur, au moyen de lobopodes. Cet être a reçu de Fr. E. Schulze le nom de *Hyalosphenia lata* (fig. 8).

Chez d'autres formes, le test, au lieu d'être partout continu, pourra être constitué par l'assemblage d'un nombre considérable de plaques dont la forme et la nature chimique seront soumises à de grandes variations : carrées et chitineuses comme chez *Quadrula symmetrica* (fig. 9), elles pourront être rondes, hexagonales, etc., pourvues d'appendices variés et constituées par de la silice.

Lambl dit avoir trouvé dans le mucus intestinal d'un enfant mort d'entérite des Difflugies et des Arcelles, de 10 à 16 μ, Théco-Amibes qu'il est fréquent de rencontrer dans les étangs et dans les mares. Cela n'a rien

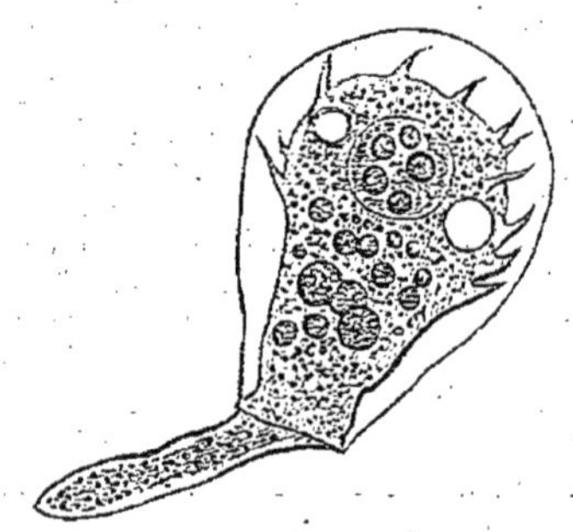

Fig. 8. — *Hyalosphenia lata.*

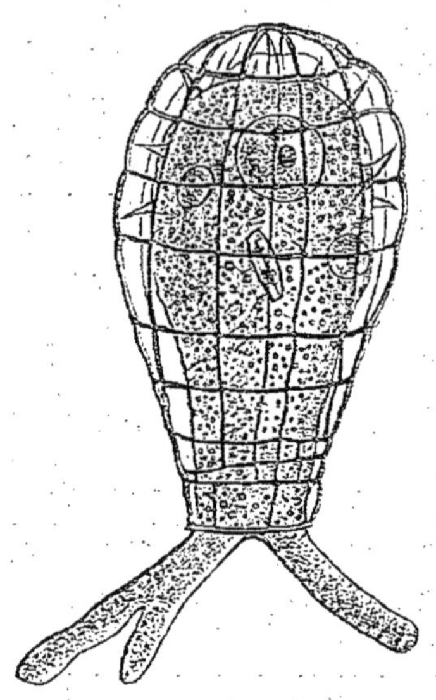

Fig. 9. — *Quadrula symmetrica.*

d'impossible ; pourtant il ne s'agirait pas là de véritables parasites, mais plutôt d'organismes introduits par hasard dans le tube digestif avec des eaux fangeuses.

Les Amibes dérivent nettement des Lobomonères. Dans l'état actuel de nos connaissances, les Amibes à carapace semblent n'avoir donné naissance à aucune forme nouvelle ; les Amibes nues se relient au contraire étroitement aux Sporozoaires d'une part, aux Flagellés d'autre part et, par l'intermédiaire de ceux-ci, aux Infusoires et aux Métazoaires.

AMŒBA COLI.

Lösch, *Massenhafte Entwicklung von Amœben im Dickdarm.* Virchow's Archiv, LXV, p. 196, 1875.

C. von Mereschkowsky, *Studien über Protozoën des nördlichen Russlands.* Archiv f. mikr. Anat., XVI, p. 153, 1879. — Voir p. 204, pl. XI, fig. 29 et 30.

D. Douglas Cunningham, *Untersuchungen über das Verhältniss mikroskopischer Organismen zur Cholera in Indien.* Zeitschrift für Biologie, VIII, p. 251-266, 1872.

D. D. Cunningham, *On the development of certain microscopic Organisms occurring in the intestinal canal.* Quarterly Journal of micr. science (2), XXI, p. 234, 1881.

B. Grassi, *Dei protozoi parassiti e specialmente di quelli che sono nell' uomo.* Gazz. med. ital. Lomb. (8), I, p. 445, 1879.

Normand, *Note sur deux cas de colite parasitaire.* Archives de méd. navale, XXXII, p. 211, 1879.

AMŒBA INTESTINALIS

Sonsino, cité par Leuckart, *Die Parasiten des Menschen*, 2te Auflage, I, p. 236, 1879.

Kartulis, *Ueber Riesen-Amöben (?) bei chronischer Darmentzündung der Ægypter.* Virchow's Archiv, XCIV, 1885.

AMŒBA VAGINALIS

E. Bælz, *Ueber einige neue Parasiten des Menschen.* Berliner klin. Wochenschrift, p. 235, 1883.

ORDRE DES HÉLIOZOAIRES

Dans la vase des fossés et des mares, on trouve en abondance un animalcule microscopique qu'on serait tenté de confondre avec une Rhizomonère, s'il n'était facile de démontrer, au centre de la masse

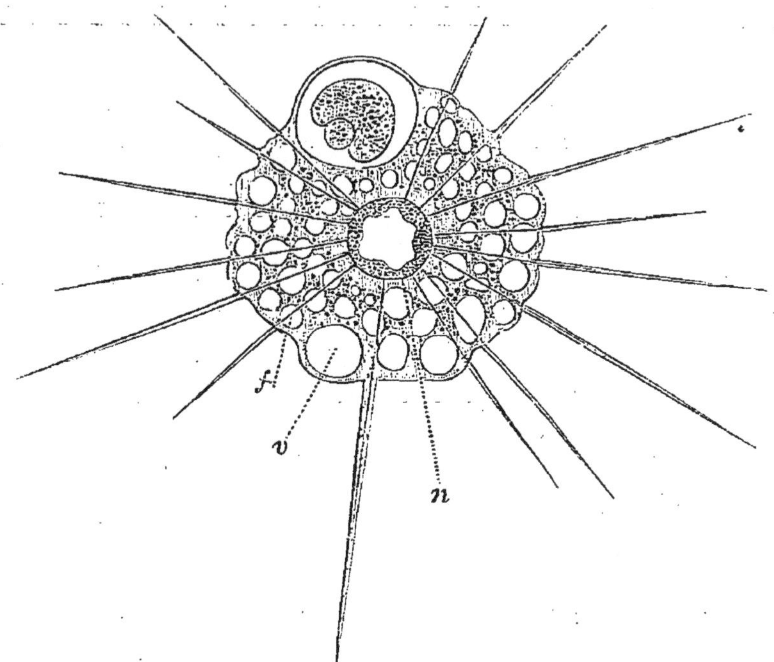

Fig. 10. — *Actinophrys sol.* — *f*, fine baguette de sarcode condensé placée dans l'axe du rhizopode ; *n*, noyau ; *v*, vacuole.

sphérique qui le constitue, la présence d'un gros noyau nucléolé. Cet animalcule a reçu le nom d'*Actinophrys sol* Ehrbg. (fig. 10). Son corps est creusé d'un nombre considérable de vacuoles non contractiles, renfermant un liquide moins dense que le protoplasma, disposées irrégulièrement sur plusieurs rangées concentriques et en général d'autant plus larges qu'elles sont plus rapprochées de la périphérie. La couche la plus superficielle du sarcode granuleux qui constitue ce corps renferme en outre une grosse vacuole contractile, qui attire le regard par la forte saillie qu'elle fait à la surface.

De toute la surface du corps partent en divergeant dans tous les sens un grand nombre de rhizopodes grêles et effilés : leur longueur est variable, mais est d'ordinaire au moins égale au diamètre du corps. Ils ne s'anastomosent jamais entre eux et sont maintenus rigides par une sorte de baguette qui les parcourt suivant leur axe et qu'il est possible de poursuivre, à travers la masse du corps, jusque sur la membrane qui enveloppe le noyau. Cette fine baguette est sans doute formée du sarcode condensé.

La nutrition se fait suivant un procédé qui nous est déjà connu. L'Actinophrys se déplace en roulant sur l'extrémité de ses pseudopodes : l'un d'eux vient-il à rencontrer un corps étranger, on le voit se rétracter aussitôt, entraînant celui-ci à sa suite ; le corps étranger pénètre alors dans la masse protoplasmique et une large vacuole se creuse autour de lui. C'est là qu'il sera digéré petit à petit, s'il est assimilable; dans le cas contraire, il ne tardera pas à être rejeté au dehors par les contractions du sarcode.

La reproduction de l'Actinophrys est mal connue. On pense qu'elle se fait par simple bipartition.

Les Héliozoaires peuvent être pourvus d'une carapace. Nous en

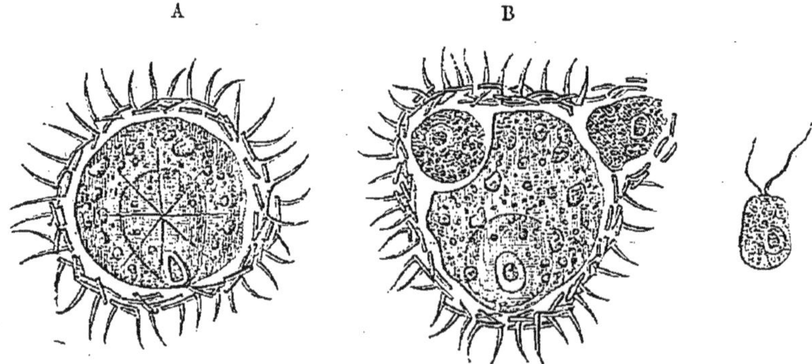

Fig. 11. — *Acanthocystis aculeata.* — A, individu normal, dont les rhizopodes sont rétractés ; B, individu en voie de reproduction par spores C, spore.

prendrons comme exemple une forme d'eau douce, *Acanthocystis aculeata* Hertw. et Lesser (fig. 11). Cet être, au corps arrondi, présente un endosplasme clair, renfermant un noyau, et un ectoplasme foncé, très granuleux et creusé d'un grand nombre de vacuoles non contractiles. Il est entouré d'une carapace également sphérique, formée

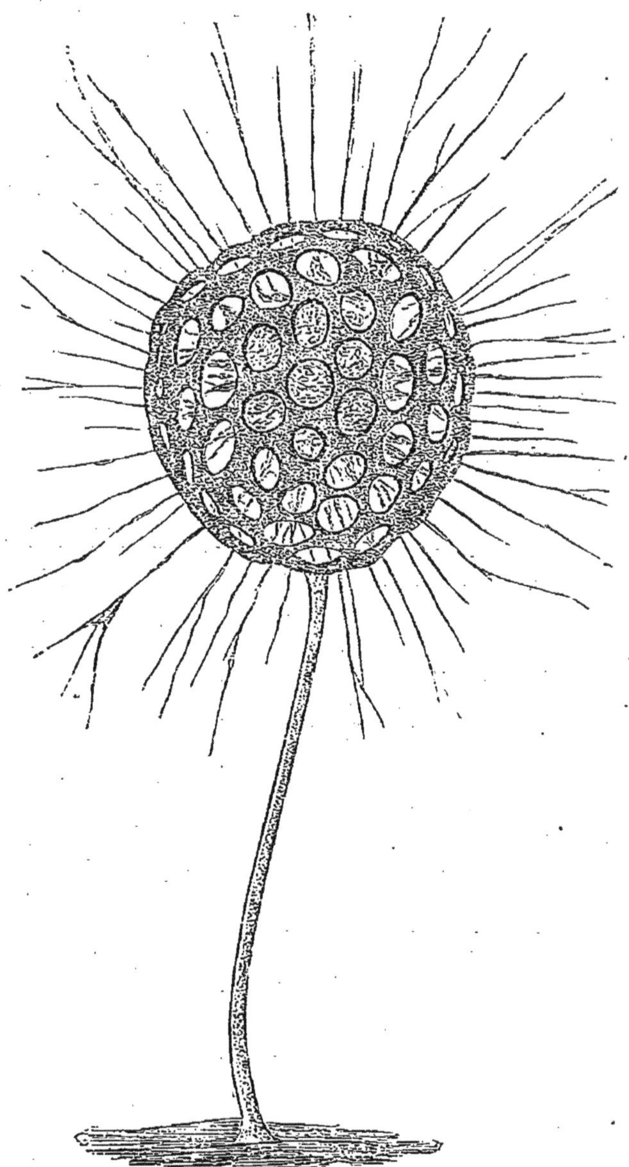

Fig. 12. — *Clathrulina elegans.*

de plaques siliceuses, irrégulièrement juxtaposées, portant chacune à sa face externe une épine aiguë et dans l'intervalle desquelles s'insinuent les pseudopodes pour s'étaler au dehors.

Cet organisme se multiplie par scissiparité ou plutôt par gemmation. Le noyau se divise, puis une masse de sarcode englobant une division du noyau se sépare de l'animalcule, écarte les plaques du test et devient libre : elle nage pendant quelque temps à l'aide de deux flagellums ; puis ceux-ci sont résorbés, la spore devient plus ou moins sédentaire, grossit, se fabrique une carapace et reproduit la forme adulte.

Chez *Clathrulina elegans* (fig. 12), le test est continu et représenté par une sphère siliceuse, percée de larges ouvertures plus ou moins circulaires. De plus, l'animalcule est fixé par une sorte de pédoncule provenant d'une différenciation du protoplasma. La reproduction se fait encore au moyen de spores munies de deux flagellums locomoteurs et dans l'intérieur desquelles, en outre d'un noyau volumineux, on a pu encore constater la présence de deux vacuoles contractiles.

Les Héliozoaires se rattachent directement aux Rhizomonères. Ce sont des animaux d'eau douce ; on ne connaît qu'un nombre restreint de formes marines.

ORDRE DES RADIOLAIRES

On trouve dans la Méditerranée un organisme que Hæckel a décrit sous le nom de *Thalassicola pelagica*. C'est un animalcule sphérique (fig. 13), d'une transparence parfaite, dont le corps émet en tous sens un nombre considérable de pseudopodes délicats. On y reconnaît aisément deux parties, comme chez les Héliozoaires, un endoplasme et un ectoplasme, mais contrairement à ce qui s'observe chez ceux-ci, ces deux parties sont séparées l'une de l'autre par une membrane sphérique, incolore et d'une notable épaisseur. Cette membrane ou *capsule centrale* est percée de fins canalicules qui établissent une communication entre l'ectoplasme et l'endoplasme.

Au centre de ce dernier se trouve le noyau, sous forme d'une grosse vésicule qu'entoure une membrane mince et transparente, à surface réticulée. L'endoplasme qui englobe le noyau est granuleux et creusé d'un grand nombre de vacuoles sphériques, non contractiles, disposées en séries rayonnantes régulières. Ces vacuoles sont remplies d'un liquide incolore, dans lequel une ou plusieurs gouttelettes graisseuses se font remarquer par leur réfringence.

L'ectoplasme est creusé lui-même de vacuoles encore plus larges que celles qui sont à l'intérieur de la capsule centrale ; son épaisseur est de quatre à six fois plus grande que celle de cette dernière. Les vacuoles de l'ectoplasme sont séparées les unes des autres par un protoplasma raréfié, d'autant plus dense qu'on l'examine plus près de la capsule centrale : c'est du voisinage de cette dernière que naissent les pseudopodes qui, pour se répandre au dehors, devront par conséquent traverser toute l'épaisseur de l'ectoplasme, dans l'intervalle des vacuoles.

En outre de celles-ci, on trouve répandues en grand nombre dans tout l'ectoplasme, de petites vésicules colorées en jaune et limitées par une délicate membrane : on les connaît sous le nom de *cellules jaunes*. On a cru pendant longtemps qu'il s'agissait là de capsules

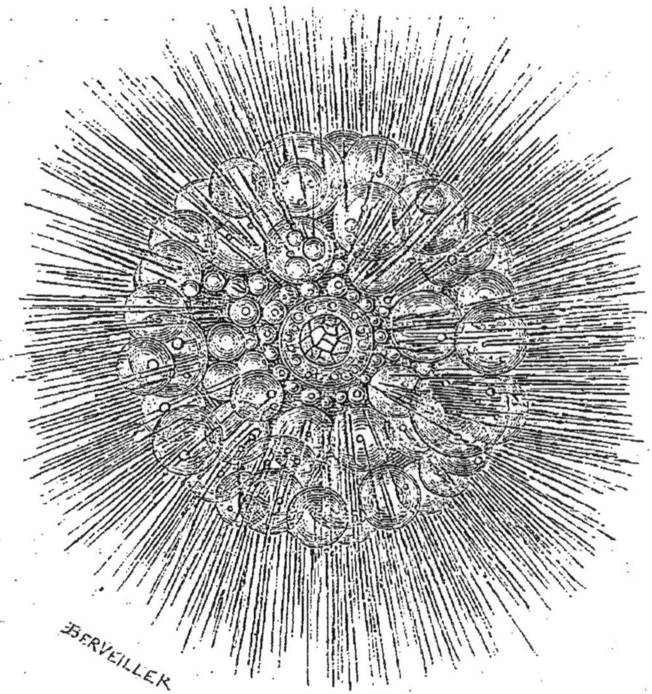

Fig. 13. — *Thalassicola pelagica.*

faisant partie intégrante du Radiolaire, mais on sait maintenant que ce sont des Algues unicellulaires qui appartiennent probablement au groupe des Palmellacées. Ces Algues ne sont pas, à proprement parler, des parasites, mais bien plutôt des auxiliaires de l'animal qui les héberge. Grâce à la chlorophylle qu'elles renferment, elles décomposent l'acide carbonique et produisent de l'oxygène, dont le Radiolaire fait son profit.

Mais ce n'est pas là leur seul rôle. Les cellules jaunes n'existent pas, chez les Radiolaires, à tous les âges de la vie. Quand l'animalcule est jeune, il se nourrit à la façon animale, grâce à ses pseudopodes; quand il vieillit, les cellules jaunes l'envahissent, la production des pseudopodes devient moins active et il ne prend plus dès lors aucune nourriture, ou plutôt il s'alimente à la façon végétale, grâce au superflu des produits d'assimilation des Algues. En effet, les Radiolaires présentent toujours dans ces conditions des grains d'amidon que celles-ci leur ont cédés.

Les cellules jaunes ne sont pas particulières aux Radiolaires : on peut les observer encore chez les Foraminifères, les Flagellés, les Infusoires, les Spongiaires, les Actinies, les Bryozoaires et chez certains Vers sédentaires. Il est à remarquer qu'on les rencontre surtout chez des animaux qui n'ont que peu d'occasions de capturer des proies, chez des animaux fixés comme les Éponges et les Actinies, ou flottants et pélagiques comme les Radiolaires. Dans ces conditions, il devient donc manifeste que les cellules jaunes sont les nourrices de leurs hôtes.

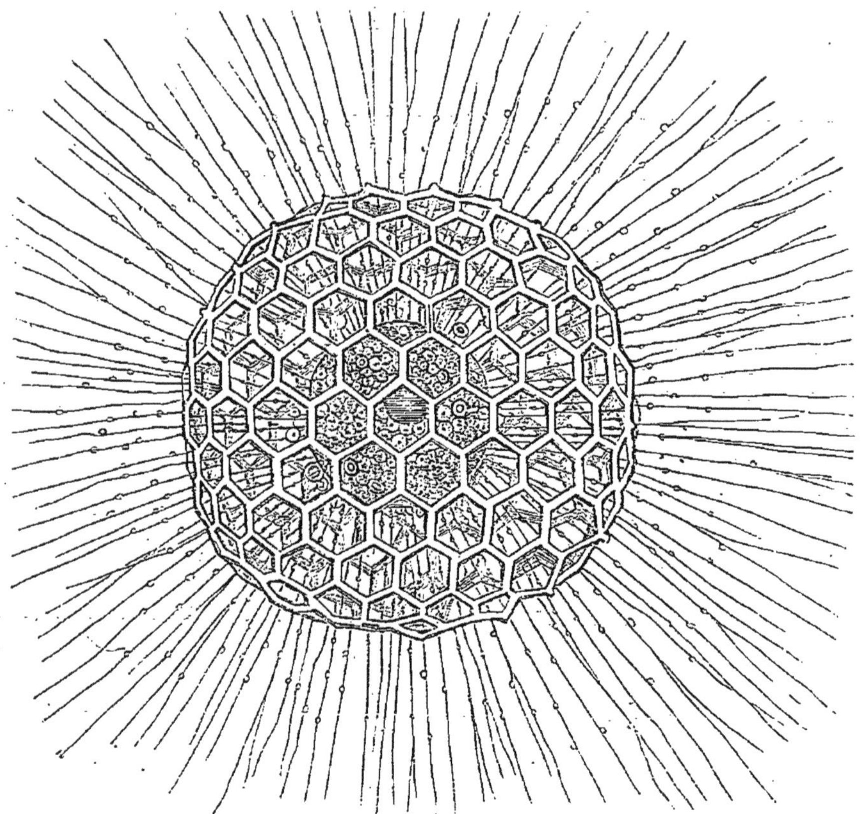

Fig. 14. — *Heliosphæra inermis.*

Il est tout à fait exceptionnel de voir l'ectoplasme des Radiolaires présenter les dimensions considérables que nous lui avons reconnues chez *Thalassicola pelagica*. Le plus souvent il est fort restreint et se réduit à une mince couche de sarcode qui entoure la capsule centrale et d'où partent les pseudopodes ; il est dépourvu de vésicules, mais l'endoplasme en renferme toujours. L'ectoplasme est en outre, dans certains cas, par exemple chez *Physematium Mülleri*, caractérisé par la présence de spicules fusiformes, épars et disposés tangentiellement par rapport à la surface.

Ces spicules siliceux signalent la première apparition du squelette

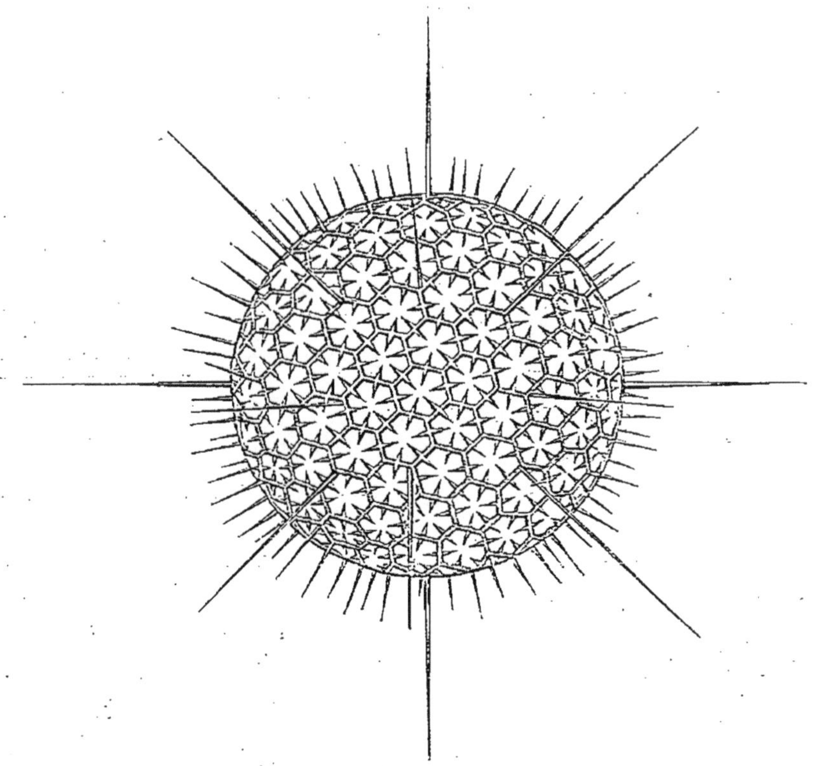

Fig. 15. — *Heliosphæra elegans*.

Celui-ci va se constituer bientôt d'une façon plus complète et affecter les formes les plus élégantes comme aussi les plus capricieuses. Chez *Heliosphæra inermis* (fig. 14), ce sera une sphère percée d'un nombre considérable de fenêtres régulièrement hexagonales; chez *H. elegans* (fig. 15), les mailles de la sphère sont ornées de délicates épines siliceuses, et la carapace porte en outre de place en place des piquants d'une grande longueur. Quel que soit l'aspect que présente le squelette, sa forme fondamentale est toujours la sphère, mais celle-ci peut se modifier de mille manières : on peut dire que toutes les combinaisons géométriques se trouvent réalisées dans les configurations du test des Radiolaires.

Dans les formes sans nombre qui viennent se ranger autour des Héliosphères, le squelette, quelque compliqué qu'il soit, est toujours situé en dehors de la capsule centrale ; celle-ci demeure toujours intacte. Dans d'autres cas, la capsule centrale est au contraire perforée par le squelette. Chez les Acanthomètres, le squelette est formé d'un certain nombre de baguettes siliceuses rayonnantes, qui perforent la capsule centrale et se rencontrent en son milieu, mais sans se souder. Chez *Astrolithium*, la disposition générale est la même, mais la soudure s'opère. Chez *Actinomma* (fig. 16), il y a une sorte de com-

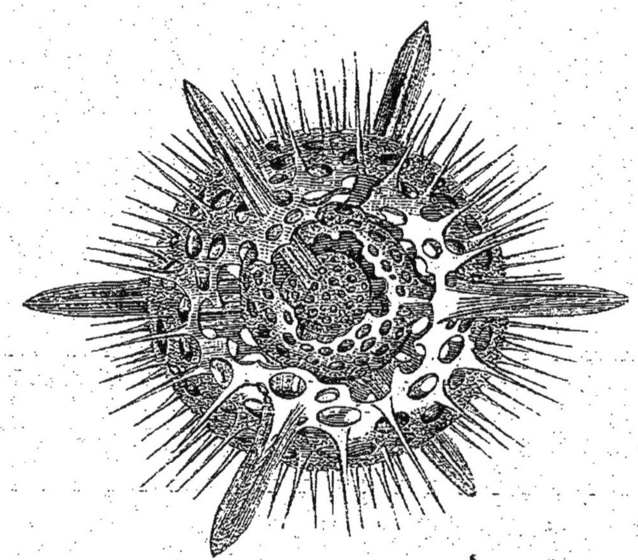

Fig. 16. — *Actinomma asteracanthion.*

binaison de l'état réalisé chez les Acanthomètres et de celui qu'offrent les Héliosphères : trois sphères fenêtrées sont disposées concentriquement, l'une dans la capsule centrale, la seconde dans l'ectoplasme, la troisième en dehors du corps; de plus, l'animal et son système de sphères sont traversés par un système de baguettes qui se réunissent au centre de l'endoplasme.

Tous les Radiolaires dont il a été question jusqu'à présent ne possèdent chacun qu'une seule capsule centrale : on les réunit en un groupe des *Monocyttariens*. Chez d'autres que, par analogie, on appelle *Polycyttariens*, on trouve plusieurs capsules centrales : aussi les considère-t-on comme de véritables colonies, formées par la réunion d'un plus ou moins grand nombre d'individus. La colonie est habituellement arrondie et émet des pseudopodes par toute sa périphérie ;

les divers individus qui la composent sont fusionnés entre eux par leur ectoplasme, qui renferme fréquemment des cellules jaunes et de larges vacuoles, mais l'endoplasme de chacun reste distinct.

Comme les types précédents, les Polycyttariens peuvent se comporter de trois manières, relativement à la présence ou à l'absence d'un squelette. Les *Collozoum* n'ont pas de squelette; les *Sphærozoum* en ont un formé de spicules siliceux indépendants les uns des autres et disposés autour des capsules centrales; enfin, chez *Collosphæra*, le squelette est entier, sphérique et percé de fenêtres polygonales.

Les Radiolaires diffèrent des Héliozoaires par l'habitat, puisque ce sont des animaux exclusement marins; ils en diffèrent en outre par la présence constante d'une capsule centrale, qui sépare l'endoplasme de l'ectoplasme. Malgré ces différences, on ne saurait méconnaître qu'il existe entre ces deux groupes d'étroites affinités; on ne peut dire pourtant qu'ils dérivent l'un de l'autre, mais il est fort probable qu'ils proviennent d'une souche commune.

Les Radiolaires sont des animaux pélagiques, c'est-à-dire qu'ils vivent à la surface des mers. Leur carapace est formée de silice empruntée à l'eau de mer et rendue insoluble. Quand l'animal meurt, son test tombe au fond et les squelettes, en s'accumulant ainsi les uns aux autres, forment à la longue des amas considérables, qui constituent de véritables couches de terrain. Pour donner une idée de ce phénomène grandiose, il nous suffira de dire que les îles Nicobar, les îles Barbades et une grande partie de la Sicile ne sont pas formées par autre chose que par des carapaces de Radiolaires. On trouve encore de puissantes assises formées par l'accumulation de ces débris dans le carbonifère de Chester, dans le trias d'Allemagne, dans le calcaire triasique de Villeneuve (Suisse), dans la craie du nord de l'Allemagne, en Russie, en Grèce, en Algérie aux environs d'Oran, aux Indes, aux Bermudes, aux États-Unis (Maryland, Virginie), au Chili, en Bolivie. C'est encore, comme le pense Huxley, ces animaux qui ont donné naissance aux rognons siliceux de la craie.

ORDRE DES FORAMINIFÈRES

On trouve dans les eaux douces un animalcule décrit par Dujardin sous le nom de *Gromia oviformis* (fig. 17). Il est constitué par une masse de sarcode ovoïde, munie d'un noyau et entourée d'une coque chitineuse; celle-ci est partout continue, sauf à l'un des pôles, où se voit une ouverture, par laquelle le sarcode peut se répandre au dehors. Il s'étale alors sur toute la surface de la carapace et envoie en tous sens des rhizopodes délicats, qui s'anastomosent entre eux de manière à constituer un réticulum irrégulier. On est frappé de la grande ressemblance que présentent ces pseudopodes avec ceux des Rhizomonères.

La reproduction de *Gromia oviformis* est mal connue, mais on a pu

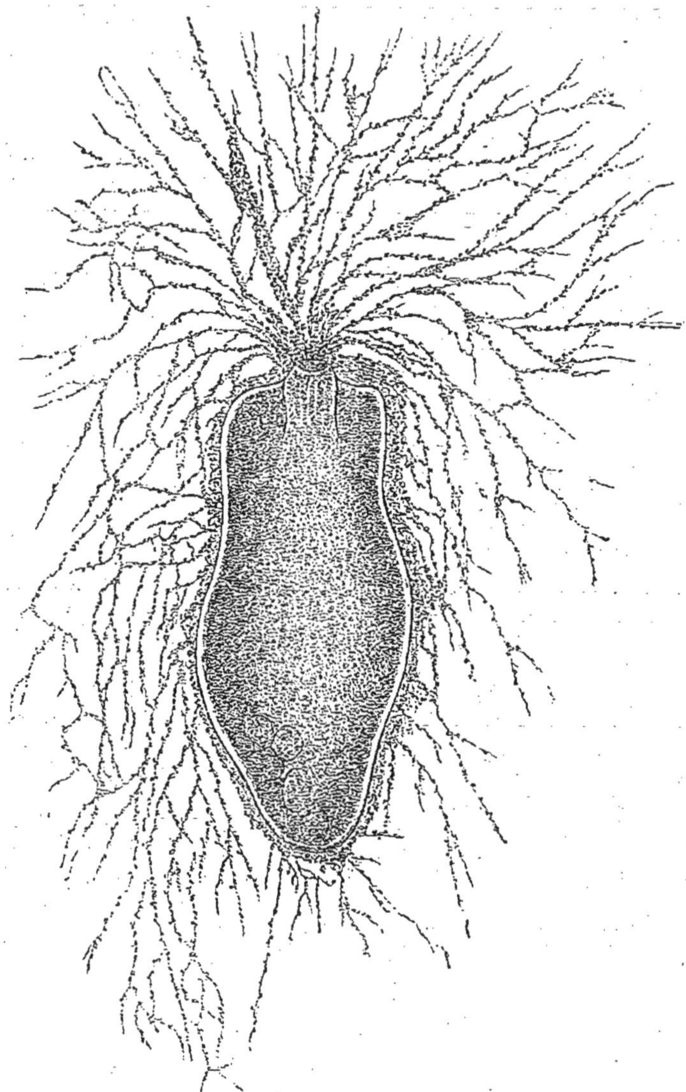

Fig. 17. — *Gromia oviformis*.

suivre celle d'une espèce voisine, *Gr. socialis*, qui forme de véritables colonies, dans lesquelles les individus s'unissent par leurs pseudopodes. Le corps de l'animal se divise transversalement, après que le noyau et la vacuole contractile se sont eux-mêmes dédoublés. On a dès lors une loge renfermant deux individus : l'individu supérieur est seul en rapport avec le reste de la colonie, au moyen de ses pseudopodes. L'autre individu reste quelque temps dans le fond de la coquille, ramassé en boule ; puis il s'insinue, en s'étirant, le long de son congénère, émet au dehors un pseudopode qui grossit de plus en plus, et finalement il quitte ainsi la carapace. Devenu libre, ce nouvel être se meut pendant un certain temps à la façon des Amibes ; mais il ne tarde à se ramasser en une spore ovoïde, présentant à l'une de ses extrémités deux flagellums, au moyen desquels il s'éloigne de la colonie. Il est probable que cette spore perd bientôt ses flagellums, entre en repos et s'entoure d'une carapace, de manière à reproduire la forme adulte.

Le test des Foraminifères est rarement chitineux. Sans parler des formes où il est arénacé, c'est-à-dire constitué par des grains de

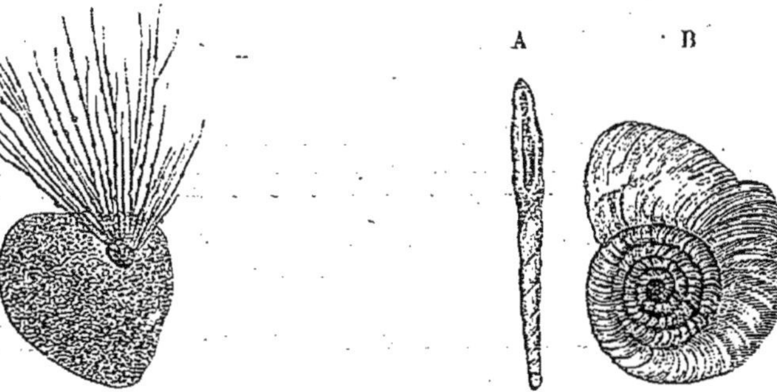

Fig. 18. — *Squammulina lævis*. Fig. 19. — *Cornuspira foliacea*. — A, de profil ; B, de face.

sable agglutinés, disposition également peu fréquente, on peut dire que, dans la plupart des cas, le test est constitué par du carbonate de chaux. La forme la plus simple nous en est fournie par *Squammulina lævis* (fig. 18), dont la coquille, lenticulaire ou sphérique, est percée d'un orifice arrondi, livrant passage aux pseudopodes.

Dans les Cornuspires (fig. 19), la carapace s'enroule sur elle-même à la façon d'une coquille de Mollusque, en même temps qu'elle s'étrangle plus ou moins à sa face interne, de distance en distance : elle tend de la sorte à se diviser en loges ne communiquant plus entre elles que par une étroite ouverture, et c'est ainsi qu'on passe des Foraminifères à une seule loge ou *Monothalames* aux Foraminifères à plusieurs loges ou *Polythalames*. A ce dernier groupe, fort nombreux en espèces, appartient *Alveolina Quoyi*, que représente notre figure 20.

Les espèces dont nous avons parlé jusqu'ici ont une carapace *im-*

perforée. Chez un très grand nombre d'autres, celle-ci est au contraire percée d'une foule de petits pertuis par lesquels va sortir le

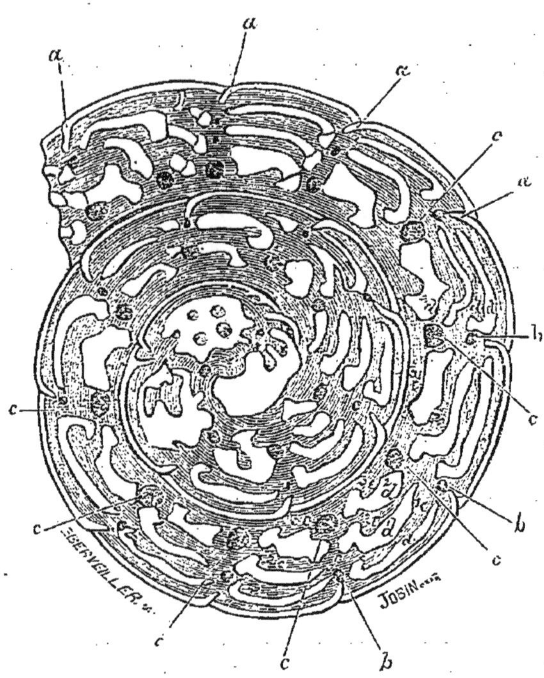

Fig. 20. — *Alveolina Quoyi*. — Coupe transversale de la carapace; *a*, inflexions de la lame superficielle indiquant la division de la spire en segments principaux; *b*, *c*, ouvertures qui mettent en communication les segments des différentes spires; *d*, *d'*, d^2, lames qui divisent chacun des segments en une série de chambres superposées, *e*, *e'*, e^2, e^3.

sarcode, en fins pseudopodes s'anastomosant entre eux : les animaux qui présentent ces caractères sont les *Perforés;* ce sont les vrais Foraminifères, dans le sens strict du mot.

Les Perforés comprennent, comme les Imperforés, des formes monothalames, comme les *Lagena*, et des formes polythalames, comme les Globigérines, les Nummulites (fig. 21) et les Discorbines (fig. 22).

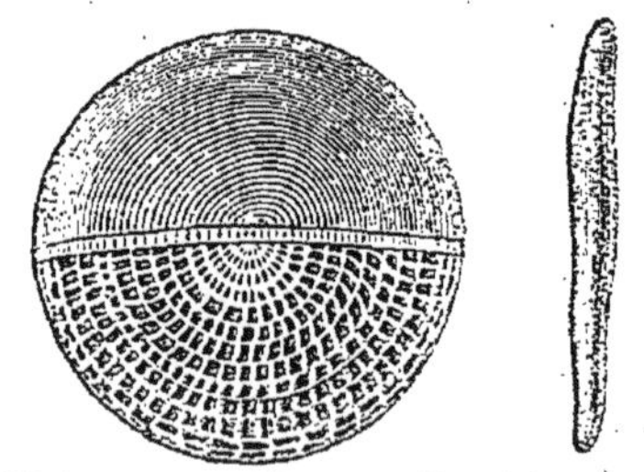

Fig. 21. — *Nummulites Puchi*.

La carapace des Foraminifères affecte les formes les plus variées et se dispose de façons très diverses : elle présente parfois une telle complication qu'on serait tenté de croire que ces êtres sont eux-mêmes fort compliqués, malgré leur taille exiguë et de fait, certains naturalistes de grande valeur ont soutenu une semblable opinion. Les chambres successives qui se montrent chez les Nummulites, les Polystomelles, les Alvéolines, etc., s'enroulent parfois à la façon de la coquille des Céphalopodes; on partait de là pour rapprocher ces êtres des Nautiles et des Ammonites, et pour considérer les Foraminifères en général comme des Céphalopodes microscopiques.

Ces animaux sont, en effet, presque tous invisibles à l'œil nu.

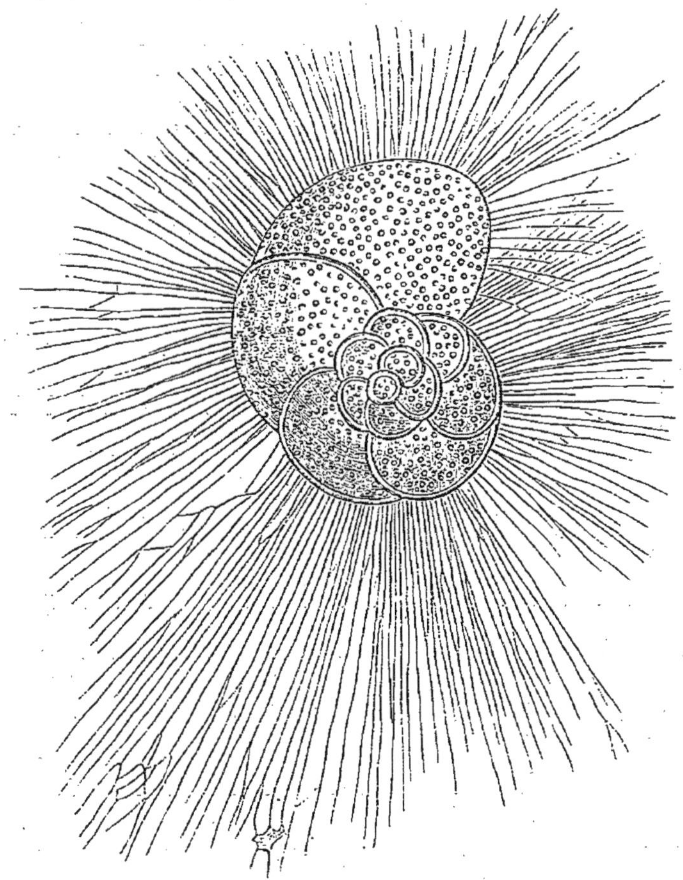

Fig. 22. — *Discorbina globularis.*

Cette assertion est vraie en ce qui concerne les espèces actuellement vivantes : on trouve pourtant encore, vivant à de grandes profondeurs dans les mers de la Sonde, un Foraminifère gigantesque, appelé *Cycloclypeus*, qui a l'aspect d'un disque biconvexe de 3 centimètres de diamètre. Dans la nature actuelle, c'est à peu près là le seul exemple de ce genre, mais, dans les terrains anciens, il est fréquent de rencontrer les restes fossiles de Foraminifères de taille colossale : témoin les *Parkeria* et les nombreuses espèces de Nummulites.

Lorsque les Foraminifères viennent à mourir, leur coquille, en raison même de sa pesanteur, tombe au fond. En s'accumulant sans cesse dans les profondeurs de la mer, ces élégantes carapaces constituent une couche épaisse, qui formera finalement une roche calcaire compacte : il est possible de constater actuellement des phénomènes de ce genre et de voir, entre le 60e degré de latitude nord et le 60e degré de latitude sud, se former des couches de craie, grâce à l'accumulation des squelettes des Globigérines.

Ces animaux ont été des premiers à se montrer, lors de l'apparition de la vie sur la terre : le rôle considérable qu'ils jouent dans la formation de notre globe, ils ont donc pu le jouer déjà aux époques les plus anciennes. En effet, les coquilles des Foraminifères, amoncelées en amas prodigieux au fond des océans, depuis des millions d'années, ont contribué de la façon la plus active à la formation des roches. Les terrains de sédiment déposés le plus anciennement par la mer, comme les couches cambrienne et silurienne, renferment de nombreux tests de Foraminifères et en sont sans doute en grande partie formés. Cependant, ce n'est que plus tard, à la période crétacée et pendant l'époque tertiaire, que ces animaux atteignent leur plus grande extension.

« A l'époque des terrains carbonifères, dit Alc. d'Orbigny, une seule espèce du genre *Fusalina* a formé, en Russie, des bancs énormes de calcaire. Les terrains crétacés en montrent une immense quantité dans la craie blanche, depuis la Champagne jusqu'en Angleterre. Les terrains tertiaires plus que tous les autres viendront nous en donner la preuve évidente, témoin les Nummulites, dont est bâtie la plus grande des pyramides d'Égypte, le nombre prodigieux des Foraminifères des bassins tertiaires de la Gironde, de l'Autriche, de l'Italie et surtout les calcaires grossiers du vaste bassin parisien. Ces couches dans certaines parties, en sont tellement pétries, que 27 millimètres cubes, des carrières de Gentilly, nous en ont offert plus de 58 000, et cela dans des couches d'une grande puissance, résultat qui fait supposer par mètre cube à peu près 3 000 000 000. On peut donc en conclure sans exagération que la capitale de la France est presque bâtie avec des Foraminifères, ainsi que les villes et les villages de quelques-uns des départements qui l'avoisinent. Ainsi ces coquilles, à peine saisissables à la vue simple, changent aujourd'hui la profondeur des eaux de la mer, et ont, aux diverses époques géologiques, comblé des bassins d'une étendue considérable. »

Ainsi se trouve confirmée la parole de lord Byron : « La terre que nous foulons aux pieds fut jadis vivante ! »

Les Foraminifères sont surtout des animaux marins ; le nombre des espèces d'eau douce est très restreint. Ils se rattachent aux Rhizomonères et constituent, par rapport à celles-ci, un groupe équivalent à celui des Héliozoaires, bien qu'il soit infiniment plus riche en espèces.

CLASSE DES SPOROZOAIRES

On connaît, depuis longtemps déjà, sous le nom de *Grégarines* et de *Psorospermies*, des organismes parasites dont l'histoire était jusqu'à ce jour restée problématique. Les brillants travaux du professeur Aimé Schneider, de Poitiers, les recherches délicates et patientes du professeur Balbiani, celles aussi de Bütschli et de Leuckart, sont venus, dans ces temps derniers, jeter une vive lumière sur l'histoire encore obscure de ces organismes. Leur évolution a pu être suivie et on a reconnu qu'ils appartenaient au grand embranchement des Protozoaires. Ils constituent un groupe d'animacules fort remarquables, tant au point de vue des phénomènes de leur reproduction qu'au point de vue de leur valeur pathogénique. Tous, sauf quelques cas encore douteux, se reproduisent, sans accouplement et sans fécondation, au moyen de spores (psorospermies, navicelles, pseudo-navicelles) qui se forment en dehors de tout acte sexuel, comme le feraient des spores de végétataux : c'est en raison de ce fait que Leuckart, en 1879, leur appliqua le nom de Sporozoaires.

Nos connaissances, relativement à ces animacules, sont assez avancées pour que nous puissions dès maintenant en distinguer cinq ordres : 1° les *Grégarines ;* 2° les *Coccidies* ; 3° les *Sarcosporidies ;* 4° les *Myxosporidies* et 5° les *Microsporidies*. Les Myxosporidies s'observent chez les Poissons, les Microsporidies chez les Insectes : nous laisserons de côté ces deux groupes, comme sans intérêt pour le médecin. Les Grégarines ne se rencontrent point non plus chez les Vertébrés, mais leur histoire, mieux connue que celle des autres groupes, doit servir en quelque sorte d'introduction à l'étude de ceux-ci.

ORDRE DES GRÉGARINES

Quand on prépare les organes reproducteurs mâles d'un Ver de terre, il est fréquent de les voir, déjà à l'œil nu, ponctués de noir à leur surface. C'est là un signe certain de la présence, dans leur cavité, d'un parasite qu'on verra nager dans l'eau à la façon d'une Amibe, si on vient à en faire une dissociation délicate. Ce parasite est *Monocystis agilis :* nous le prendrons pour type du groupe des Grégarines.

Monocystis agilis a tout à fait l'aspect d'une Amibe, mais, comme on va voir, son mode de reproduction est bien différent. Il est simplement formé d'une masse de sarcode renfermant un noyau et entourée d'une cuticule (fig. 23). Cette dernière, à laquelle Schneider donne le nom d'*épicyte*, est anhiste, transparente, azotée ; elle est, dans certaines espèces, assez épaisse pour montrer un double contour, et souvent aussi elle présente des stries ornementales, très fines, très serrées, soit longitudinales, soit obliques. La masse sarcodique est, comme chez les Amibes, divisée en ectoplasme et en endoplasme. L'ectoplasme ou *sarcocyte* (*parenchyme cortical* d'Ed. van Beneden, *couche* de Leidy) est formé d'une matière consistante, homogène ou finement granuleuse ; son existence n'est pas constante. L'endoplasme ou *entocyte* (*contenu* de Stein, *parenchyme médullaire* d'Ed. van Beneden) renferme d'abondantes granulations, sphériques ou irrégulières, très réfringentes ; Balbiani a montré que ces granulations étaient formées d'une substance animale, amyloïde, azotée, mais présentant avec l'iode la réaction de l'amidon. Ces granulations sont tenues en suspension dans un liquide que Schneider croit contractile et qu'il appelle *métaplasme.*

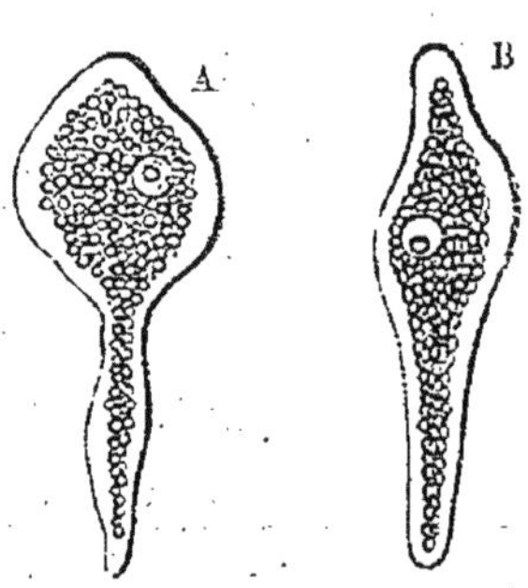

Fig. 23. — *Monocystis agilis*, d'après Stein. — A, état de repos ; B, animal en marche.

L'entocyte renferme toujours un noyau. Les premiers observateurs qui aient étudié les Grégarines, Cavolini et Léon Dufour, le prenaient pour une bouche et rangeaient ces animaux parmi les Distomes ; Kölliker reconnut qu'il s'agissait là d'un simple noyau cellulaire. Ce noyau est toujours simple, sauf des cas très exceptionnels où il est double ; il est plus ou moins sphérique, entouré d'une membrane élastique et flotte dans l'entocyte, où il se déplace en suivant les mouvements de l'animal. Au centre du noyau se voit un nucléole. La masse du corps ne renferme jamais de vésicule contractile, ce qui différencie nettement les Grégarines des Rhizopodes et des Infusoires.

Telle est la structure de *Monocystis agilis*. En raison de la

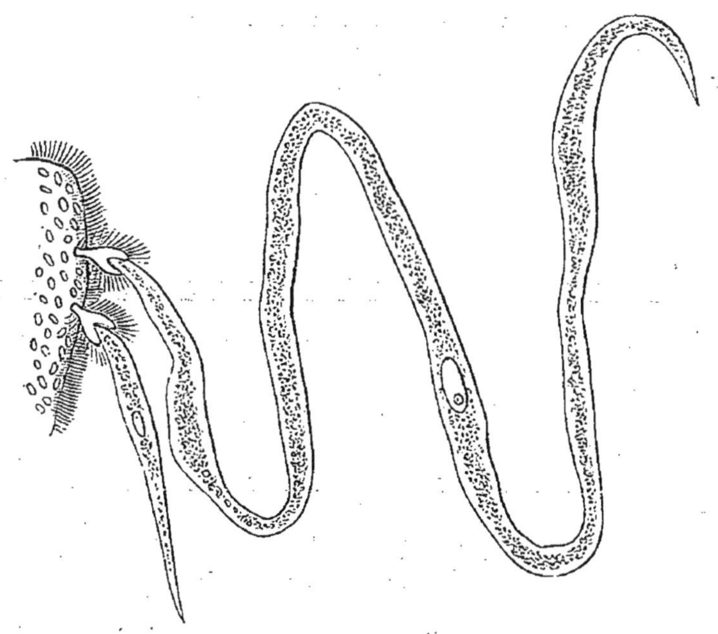

Fig. 24. — *Monocystis magna*, d'après Bütschli. — Individus fixés dans les cellules caliciformes du testicule du Lombric.

cuticule qui le revêt, il ne peut se nourrir que par endosmose. Ses mouvements diffèrent notablement suivant qu'il est fixé ou libre ; est-il fixé, il n'exécute que de très légers mouvements volontaires ; abandonne-t-il son point d'appui et devient-il libre dans la cavité testiculaire, il rampe en se contractant avec une grande activité. L'espèce que nous avons prise pour type est rarement fixée ; il n'en est pas de même d'une forme voisine, *Monocystis magna*, qui atteint jusqu'à 5 millimètres de longueur (fig. 24). Cette Grégarine se rencontre également dans le testicule du Lombric; pendant le jeune âge, elle a l'une de ses extrémités engagée dans les cellules caliciformes vibratiles de l'épithélium testiculaire, son corps pend dans la cavité; plus tard, l'animal se détache et rampe librement.

Autour de *Monocystis agilis* viennent se ranger un certain nombre de Grégarines ayant pour caractère commun d'être constituées par une simple cellule. Elles forment le groupe des *Monocystidées.*

Les Monocystidées restent d'ordinaire isolées les unes des autres, comme cela se voit chez les *Monocystis.* Dans le testicule du Ver de terre se rencontre encore une autre Grégarine, *Zygocystis cometa* (fig. 25, A), dont les individus forment des syzygies, c'est-à-dire qu'ils se réunissent deux par deux; exceptionnellement cette même espèce peut former des syzygies de trois individus (fig. 25, B). Les Monocystidées, suivant la remarque de Schneider, se mettent en *apposition*, c'est-à-dire qu'elles se réunissent alors par des extrémités semblables, plus spécialement par l'extrémité céphalique. Les individus en apposition sont toujours immobiles. Schneider pense qu'ils finissent toujours par se séparer au moment de la reproduction, chacun d'eux s'enkystant de son côté; pour Bütschli, il faudrait voir là, au contraire, une vraie conjugaison, commençant dès le jeune âge et aboutissant à une reproduction sexuelle : les deux Grégarines s'enfermeraient dans un seul et même kyste, où leur substance se mélangerait.

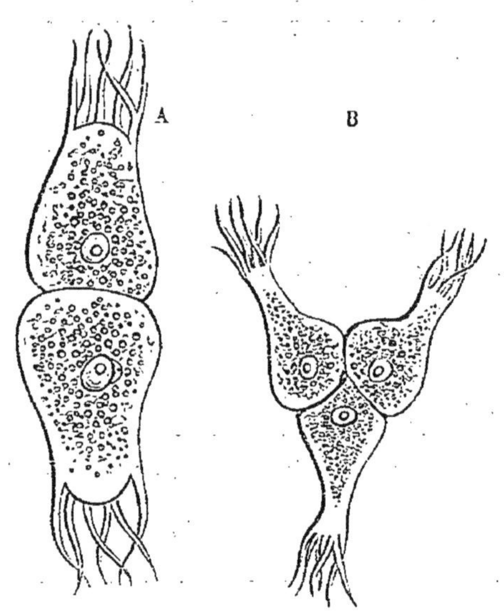

Fig. 25. — *Zygocystis cometa*, d'après Stein. — A, syzygie de deux individus; B, syzygie de trois individus.

Si maintenant nous examinons attentivement le contenu de l'intestin d'un Homard, nous aurons des chances d'y rencontrer *Gregarina* (*Porospora*) *gigantea.* Ce parasite, long de 10 à 16 millimètres, est le géant des Protozoaires; il a été décrit par

Ed. van Beneden. Son corps, très grêle et très allongé, est surmonté d'une petite tête, dont il est séparé par une sorte de cloison transversale. La tête prend le nom de *protomérite*, tandis que le plus grand segment, qui renferme toujours le noyau, a reçu celui de *deutomérite* (fig. 26).

L'intestin de *Blaps mortisaga* L., Coléoptère hétéromère qui

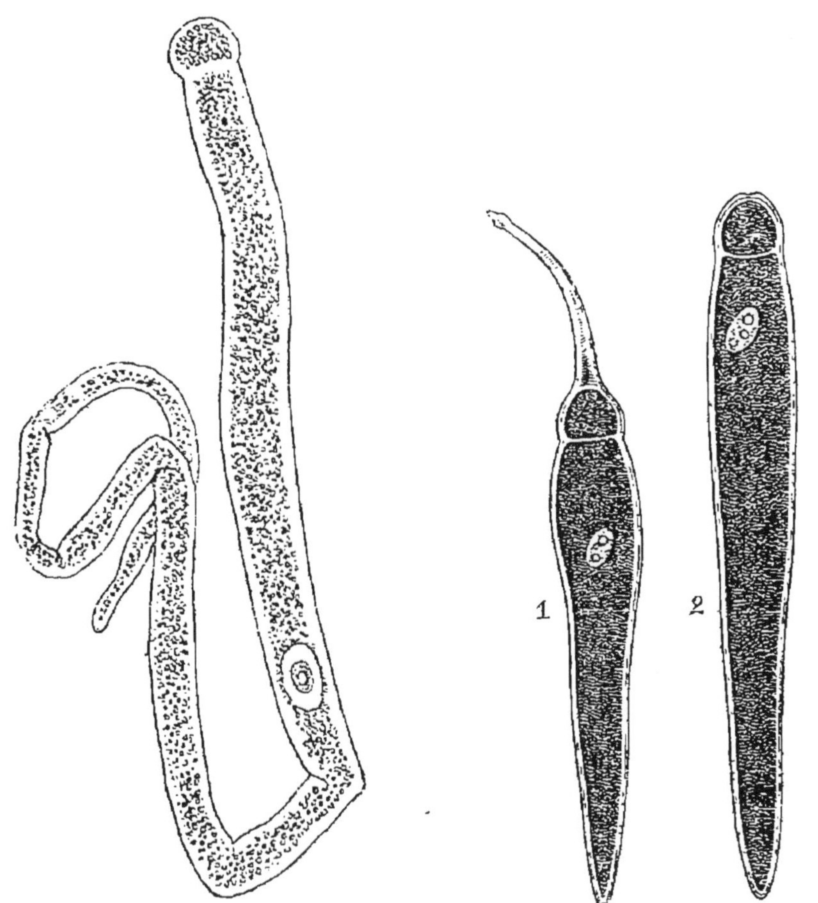

Fig. 26. — *Porospora (Gregarina) gigantea*, de l'intestin du Homard, d'après Ed. van Beneden.

Fig. 27. — *Stylorhynchus longicollis*, d'après Aimé Schneider. — 1, céphalin ; 2, sporadin.

a parfois été observé vivant en parasite chez l'Homme, renferme fréquemment *Stylorhynchus longicollis* St., Grégarine encore plus complexe que la précédente (fig. 27) : son corps est formé de trois segments, ce qui est le nombre maximum que l'on puisse rencontrer chez ces animaux. Le protomérite est surmonté d'un segment effilé, l'*épimérite*. Ici, l'épimérite est à peu près inerme, mais dans d'autres espèces il porte des appendices variés, des crochets, des dents, des organes fixateurs au moyen desquels l'animal s'attache à la paroi intestinale. Le parasite est alors stationnaire et on le dit à l'état de *céphalin*. Au bout de quelque temps, l'épimérite tombe, par une sorte de mutilation volontaire, et dès lors la Grégarine, réduite à deux segments, devient errante : elle est à l'état de *sporadin*.

Les Grégarines à deux et à trois segments constituent le groupe des *Polycystidées*. Celles-ci vivent habituellement isolées, mais peuvent aussi former des syzygies ; dans ce cas, les deux individus se mettent toujours en *opposition*, c'est-à-dire qu'ils se réunissent par leurs extrémités dissemblables, le protomérite de l'un venant se fixer au deutomérite de l'autre (fig. 28). Quand il s'agit de Grégarines à trois segments, il va sans dire que la syzygie ne peut se constituer qu'avec des sporadins, autrement dit avec des individus ayant perdu leur épimérite. Les individus unis en opposition sont toujours mobiles.

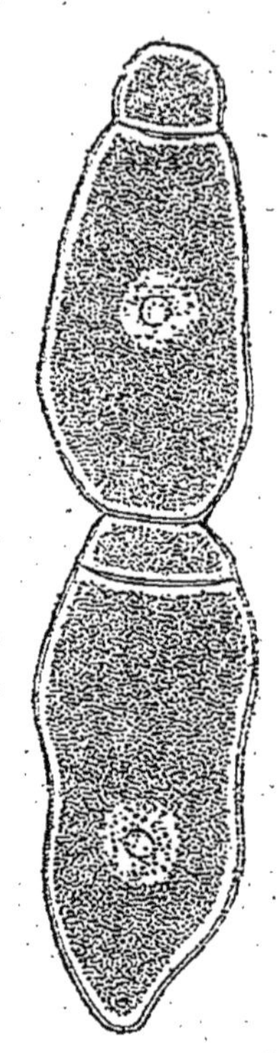

Fig. 28. — Syzygie de *Clepsidrina blattarum*, de l'intestin de la Blatte, d'après Aimé Schneider.

Les Grégarines polycystidées peuvent également former parfois des syzygies dans la constitution desquelles entrent plus de deux individus. Cette disposition exceptionnelle semble être le cas normal pour *Aggregata portunidarum*, que Frenkel a découverte à Naples, dans l'intestin de deux Crustacés, *Portunus arcuatus* et *Carcinus mænas*. Les trois ou quatre individus qui s'unissent en opposition se renferment dans un kyste commun.

Les Grégarines, dont nous connaissons maintenant la structure, ne se rencontrent que chez les Invertébrés, mais elles n'y sont pas uniformément répandues. Inconnues chez les Mollusques, où elles sont remplacées par les Coccidies, elles s'observent chez les Tuniciers et surtout chez les Vers (Turbellariés,

Planaires, Némertiens, Géphyriens). Elles sont fréquentes chez les Vers libres, rares chez les Vers parasites. Assez communes chez les Crustacés, elles deviennent d'une abondance extrême chez les Myriopodes et les Insectes, soit à l'état adulte, soit à l'état larvaire.

En général, les Polycystidées sont parasites des Arthropodes et les Monocystidées vivent chez les autres Invertébrés; certains Insectes hébergent pourtant des Monocystidées. De même, les Polycystidées habitent toujours le tube digestif; rencontre-t-on des Grégarines dans la cavité générale du corps ou dans les organes d'un animal, on a sûrement affaire à des Monocystidées; mais celles-ci s'observent aussi parfois dans l'intestin.

Etudions maintenant le mode de reproduction des Grégarines.

Quand est venu le moment de la reproduction, la Grégarine sécrète autour d'elle une membrane, qui va en s'épaississant et dans laquelle elle s'enferme. Parfois deux individus conjugués s'enkystent ensemble, puis se réduisent en une masse commune. La paroi du kyste est toujours très résistante; elle est imperméable à l'eau et résiste à la dessiccation. Dès que le kyste est constitué, son contenu va se diviser pour aboutir à la formation des spores; mais cette division peut se faire de trois manières différentes : nous décrirons le procédé qui, d'après Balbiani, semble être le plus fréquent chez *Monocystis agilis*.

Le contenu du kyste (fig. 29, A) se divise en deux, puis en quatre ou cinq masses plus volumineuses. Chacune de ces masses, par une sorte de bourgeonnement, se recouvre d'une couche de globules transparents ou faiblement granuleux qui ne tarderont pas à se détacher pour se transformer en *spores* ovalaires, B; ces spores tendent à venir s'accumuler contre la paroi interne du kyste, où elles forment une couche plus ou moins épaisse, C. Les masses de substance où ces spores ont pris naissance sont désormais sans utilité; elles finissent par se liquéfier plus ou moins complètement et c'est à leurs dépens que se forme le liquide qui remplit le kyste mûr, D.

Les spores (*psorospermies* des auteurs; *navicelles* de Stein, 1848, et de von Siebold, 1849; *pseudo-navicelles* de Frantzius, 1848) sont mises en liberté lors de la maturité du kyste. La déhiscence de celui-ci peut se faire de plusieurs manières : le cas le plus fréquent, en même temps que le plus simple, est la déchirure de l'enveloppe du kyste, E. Dans d'autres cas, la masse granuleuse, qui est restée sans emploi après la production des spores, se ramasse en un globule arrondi autour duquel appa-

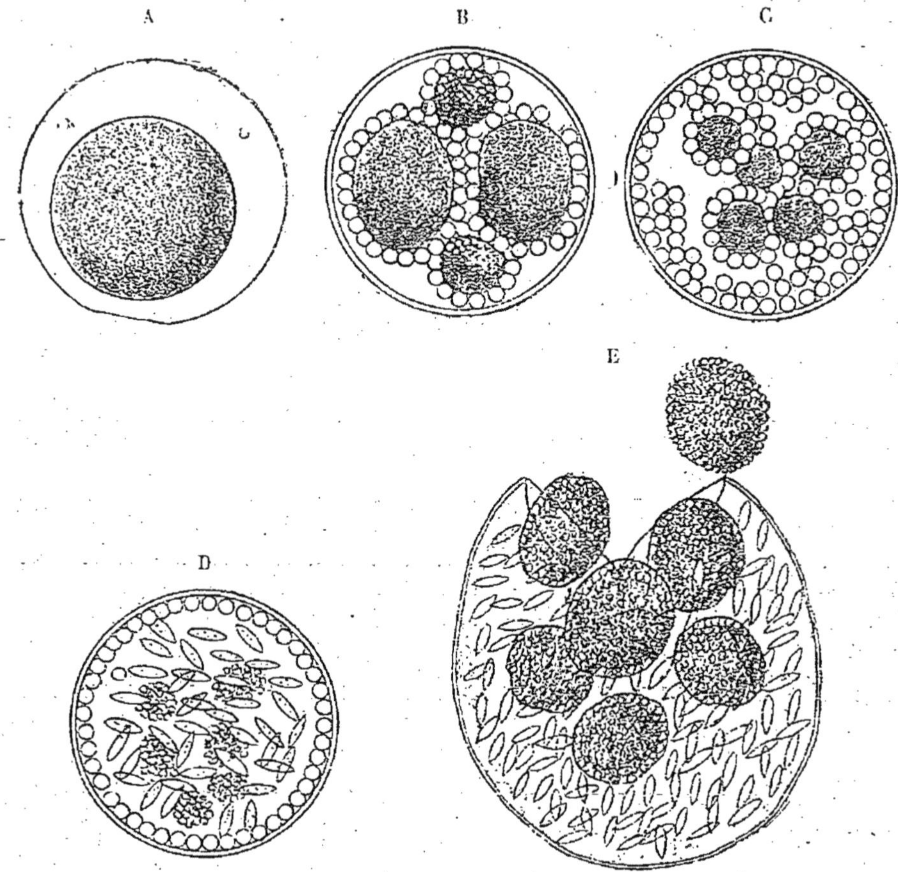

Fig. 29. — Développement de *Monocystis agilis*, d'après Balbiani. — A, kyste ; B, C, formation de globules clairs à la surface des masses provenant de la division du contenu du kyste ; D, transformation des globules clairs en spores ; E, rupture du kyste et mise en liberté des spores avec les masses de substance non employées.

raît une fine membrane : il se forme ainsi une sorte de pseudo-kyste qui, en se gonflant au moment de la maturité, va rompre la membrane du kyste véritable et va permettre aux spores de s'échapper; celles-ci sortiront alors sous forme de longs chapelets flottant dans le liquide (fig. 30).

Les spores ont la forme d'une navette de tisserand. Elles

grossissent et s'entourent d'une enveloppe, en même temps que se segmente leur contenu, dans lequel se trouve un noyau.

Les segments qui ont ainsi pris naissance sont en nombre variable d'un genre à l'autre : il y en a de six à huit chez *Monocystis agilis*. Schneider, qui les a découverts, leur donne le nom de *corpuscules falciformes*. Ceux-ci ont l'aspect d'une faux et sont constitués par un protoplasma pâle, très finement granuleux et renfermant un noyau. Ils se disposent en faisceau dans l'intérieur de la spore et emprisonnent entre eux un petit globule granuleux, le *noyau de reliquat*, ordinairement situé au centre et provenant de ce que le protoplasma de la spore n'a pas été employé tout entier à leur formation.

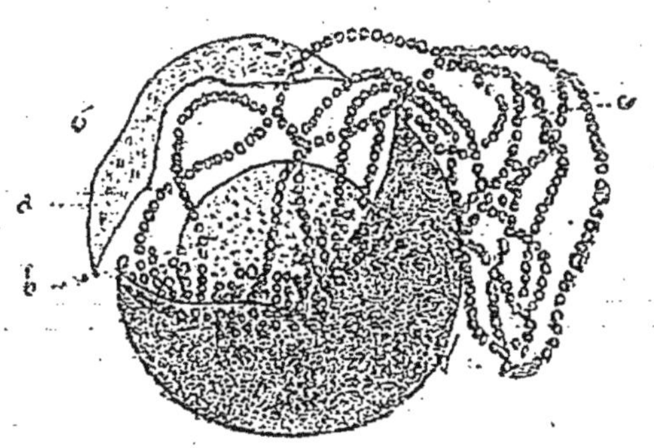

Fig. 30. — Émission des spores chez *Stylorhynchus oblongatus*, d'après Aimé Schneider. Le tégument, *b*, est rompu; le pseudo-kyste, *a*, est au centre et les spores sortent en longs chapelets, *c*.

Si on cultive dans l'eau des spores recueillies avant la maturité, on peut les voir se développer jusqu'à la formation des corpuscules falciformes, mais il est impossible de franchir ce stade : c'est donc la forme ultime que les spores puissent atteindre dans de semblables conditions. Pour que le corpuscule falciforme se transforme en une jeune Grégarine, il faut que la spore soit transportée dans un milieu favorable, où son enveloppe puisse se rompre.

Des expériences de Bütschli mettent hors de doute cette transformation des corpuscules falciformes en Grégarines. Il donne à manger à des Blattes une bouillie de farine renfermant des kystes de Grégarines recueillies dans les excréments d'autres Blattes. Au troisième jour, il voit de jeunes Grégarines, dont les plus petites étaient à peine plus grosses que les spores, plongées chacune jusqu'à mi-corps ou un peu plus dans une cellule de l'épithélium intestinal; la partie la plus large était engagée dans la cellule, le noyau se trouvait dans la partie libre. En outre de ces formes jeunes, on en pouvait rencontrer d'un peu plus âgées qui présentaient déjà deux segments, le protomérite et le deutomérite. Bütschli n'a pu observer le mode de développement de l'épimérite ; il semble admettre que celui-ci se forme en dernier lieu. La Grégarine sur laquelle portaient ses expériences était *Clepsidrina Blattarum*, Polycystidée à trois segments.

Chez le *Stylorhynchus longicollis*, Schneider est arrivé à des résultats très différents. Comme pour les Coccidies, il a vu les jeunes accomplir la plus grande partie de leur développement à l'intérieur des cellules de l'épithélium intestinal de *Blaps mortisaga*. Le jeune Stylorhynque est d'abord formé d'un seul segment : il bourgeonne successivement deux segments correspondant au deutomérite et au protomérite, après quoi le segment primitif s'effile en un épimérite. Le noyau reste dans sa position première jusqu'à ce que le deutomérite soit constitué ; il émigre alors du pôle proximal au pôle distal, pour aller prendre dans le deutomérite la place qu'il devra désormais conserver; à l'endroit qu'il occupait d'abord, l'épimérite présente une cavité.

Balbiani, *Leçons sur les Sporozoaires*. Paris, 1883.

O. Bütschli, *Bronn's Klassen und Ordnungen des Thier-Reichs*. — I. *Protozoa*, 1882-1883. *Sporozoa*, p. 479-616.

Aimé Schneider, *Contributions à l'histoire des Grégarines des Invertébrés de Paris et de Roscoff*. Archives de zoologie expérimentale, IV, p. 493-604, 1875.

A. Schneider, *Développement du Stylorhynchus*. Comptes rendus, XCVII, p. 1151, 1883.

Joh. Frenzel, *Ueber einige in Seethieren lebende Gregarinen*. Archiv für mikr. Anatomie, XXIV, p. 545, 1885.

G. Ruschhaupt, *Beitrag zur Entwickelungsgeschichte der monocystiden Gregarinen aus dem Testiculus des Lumbricus agricola*. Jenaische Zeitschrift (2), XI, p. 713-750, 1885.

ORDRE DES COCCIDIES

Les Coccidies ou Psorospermies oviformes ressemblent beaucoup aux Grégarines monocystidées, auxquelles Bütschli les réunit même. A part de légères différences de taille, toutes sont semblables entre elles tant qu'elles sont à la période d'accroissement, mais les phénomènes de la reproduction sont assez variables pour que Aimé Schneider ait pu établir une bonne classification de ces Sporozoaires. La plupart des Coccidies sont parasites à l'intérieur des cellules épithéliales; on en connaît encore quelques formes qui vivent dans le tissu conjonctif. Nous rencontrerons parmi elles un certain nombre de parasites de l'Homme et des animaux domestiques.

Eimeria falciformis A. Schneider, 1881.

Il n'est pas rare de voir, chez les Souris que l'on garde en captivité, les cellules épithéliales de l'intestin renfermer des masses plus ou moins sphériques et volumineuses de plasma

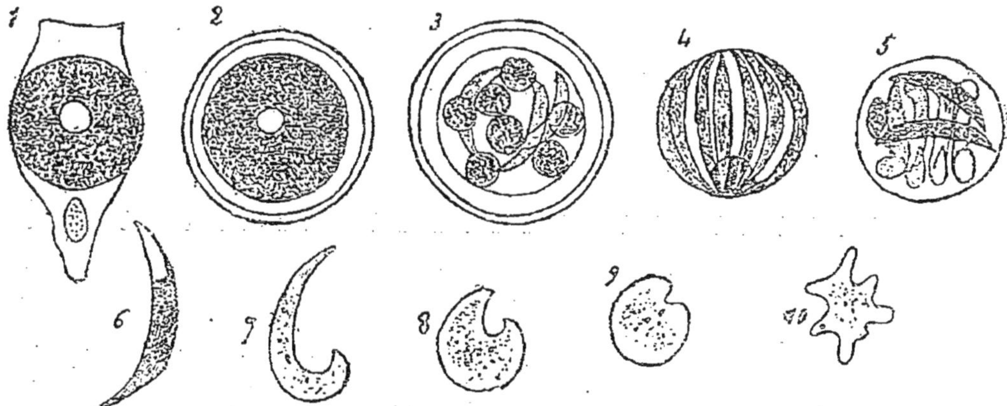

Fig. 31. — *Eimeria falciformis* de l'intestin de la Souris, d'après Eimer. — 1, Coccidie dans une cellule épithéliale dont le noyau est refoulé; — 2, Coccidie enkystée; — 3, formation de la spore; — 4, 5, spore. — 6, 7, corpuscules falciformes; — 8, 9, 10, corpuscules passant à l'état amiboïde.

granuleux, munies d'un noyau et refoulant dans un coin le noyau propre de la cellule (fig. 31). Chacune de ces masses correspond à une Coccidie, *Eimeria falciformis* A. Schneid. La cavité intestinale contient des masses toutes pareilles, mises en liberté par rupture de la cellule qui les emprisonnait tout d'abord; ces masses sont entourées d'un kyste à double membrane, l'interne délicate, l'externe plus épaisse.

Dans d'autres kystes, la masse est divisée déjà en un plus ou moins grand nombre de globules. Dans d'autres encore, ces globules se sont transformés en bâtonnets falciformes ou recourbés, appliqués contre la membrane interne, à la manière des méridiens d'une sphère; ces corpuscules falciformes sont munis chacun d'un noyau et sont accompagnés d'un noyau de reliquat. Par la suite, les corpuscules perdent cette disposition régulière et prennent une situation quelconque.

En examinant avec soin le contenu de l'intestin, on y rencontre des corpuscules tout à fait semblables, mis en liberté par la rupture du kyste. Ils sont animés d'énergiques contractions et ils se transforment peu à peu en un petit globule amiboïde. La petite Amibe qui provient ainsi du corpuscule falciforme rampe quelque temps à la surface de l'épithélium, puis pénètre dans l'une de ses cellules et, grossissant, recommence le cycle que nous venons de parcourir.

Au lieu de poursuivre son évolution dans l'intestin même de la Souris qui l'a produit, le kyste à corpuscules peut être rejeté au dehors avec les excréments. Il y a des chances pour qu'il soit avalé par une autre Souris, qui, à son tour, sera infestée de Coccidies.

Eimeria falciformis, en s'enkystant, se transforme donc en une spore unique, dans laquelle vont prendre naissance des corpuscules falciformes en nombre indéfini. Les Coccidies qui présentent ce caractère doivent former, d'après A. Schneider, le groupe des *Monosporées*, par opposition aux *Oligosporées*, chez lesquelles le contenu du kyste se transforme en un nombre constant et défini de spores, deux (*Disporées*) ou quatre (*Tétrasporées*).

En raison du nombre considérable de corpuscules falciformes qui prennent naissance dans la spore, c'est sans doute à une Monosporée voisine d'*Eimeria falciformis*, qu'il convient de rapporter les spores que Künstler et Pitres ont observées dans le liquide purulent extrait par thoracocenthèse de la cavité pleurale gauche d'un Homme de vingt-sept ans, employé depuis plusieurs années à bord des paquebots qui font le service régulier de Bordeaux au Sénégal. Ces spores, relativement volumineuses, renfermaient de dix à vingt corpuscules falciformes, accolés à la membrane et accompagnés d'un noyau de reliquat. On voyait aussi nager dans le liquide des corpuscules isolés, munis d'un noyau et mesurant en général de 18 à 20 μ de longueur; exceptionnellement, on en rencontrait quelques-uns dont la taille était de 60 μ et même de 100 μ. Par suite du manque d'autopsie, il est bien difficile de se prononcer sur le siège exact des Sporozoaires d'où provenaient ces spores et surtout sur le rôle qu'ils ont pu jouer dans l'évolution de la pleurésie. On doit noter toutefois qu'ils semblent avoir été la cause déterminante de la maladie. Depuis deux ans déjà, le patient éprouvait de l'oppression, de la pesanteur dans le côté gauche de la poitrine, un peu de toux sans expectoration ; son état général était du reste excellent ; il n'avait jamais de fièvre, ni de frissons, ni de sueurs nocturnes.

Coccidium oviforme Leuckart, 1879.

Nous prendrons pour type des Coccidies tétrasporées *Coccidium oviforme*, qui vit dans l'épithélium des conduits biliaires du Lapin ; on l'a observé aussi chez l'Homme.

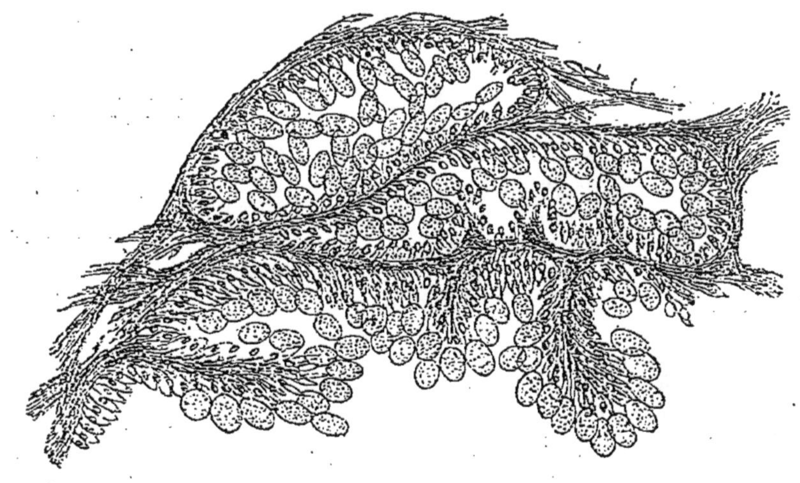

Fig. 32. — Coupe d'un foie de Lapin envahi par le *Coccidium oviforme*, d'après Balbiani. Les conduits biliaires sont dilatés par les parasites.

Coccidium oviforme est très rare chez les Lapins sauvages; il est au contraire très fréquent chez les Lapins domestiques, particulièrement chez ceux de Paris : comme pour tous les parasites, son développement et sa propagation sont favorisés par le rassemblement de nombreux individus dans un même local.

Les conduits biliaires du Lapin sont très dilatés (fig. 32) : le tissu hépatique se rompt et se détruit sur plus d'un point, en sorte qu'il se forme de véritables poches, distendues par un liquide caséeux ou purulent, dans lequel on voit nager un nombre considérable de cellules épithéliales. Celles-ci renferment le parasite à toutes ses phases, et on le reconnaît dans leur intérieur sous forme de masses plus ou moins volumineuses qui refoulent le noyau de la cellule vers l'une de ses extrémités.

De semblables lésions ne sont pas sans entraver le fonctionnement normal du foie. Le tissu conjonctif prolifère autour de la poche purulente et se développe aux dépens du tissu du foie.

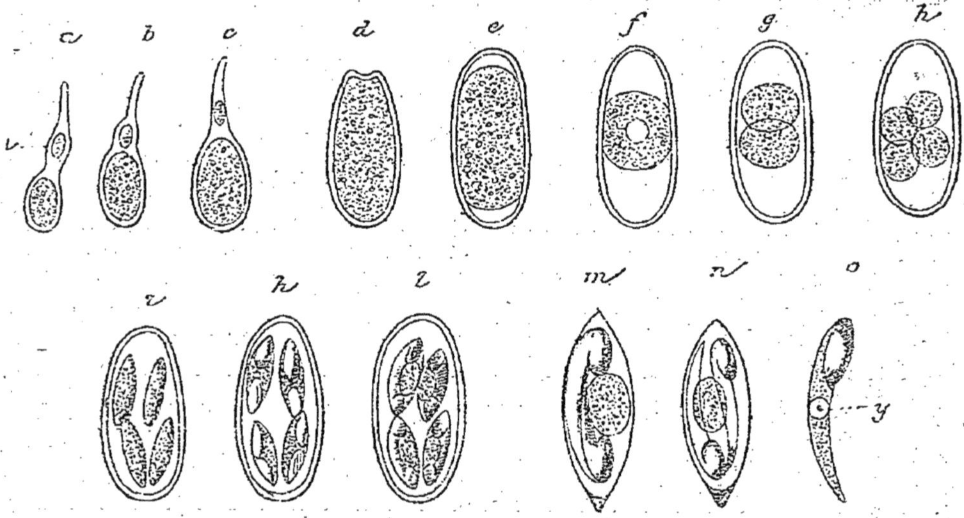

Fig. 33. — *Coccidium oviforme* du foie du Lapin, d'après Balbiani. — *a*, *b*, *c*, jeunes Coccidies renfermées dans les cellules épithéliales des canaux biliaires; *a*, noyau de la cellule épithéliale; *d*, *e*, *f*, Coccidies adultes enkystées; *g*, *h*, *i*, *k*, *l*, développement des spores; *m*, spore mûre isolée, montrant les deux corpuscules falciformes dans leur position naturelle, avec le noyau de reliquat; *n*, spore dans laquelle les deux corpuscules sont écartés l'un de l'autre; *o*, corpuscule falciforme isolé; *y*, son noyau.

Les vaisseaux sanguins se trouvent comprimés et il en peut résulter des troubles de la circulation. La bile est sécrétée en moindre quantité; elle est arrêtée dans son cours ou bien elle s'en va jusqu'au duodénum, mélangée à des substances étrangères qui influent sur sa qualité. En un mot, la nutrition générale est tellement altérée, que la piqûre du plancher du quatrième ventricule ne provoque plus le diabète. L'animal maigrit, perd l'appétit; sa respiration s'accélère et il finit dans les convulsions.

Mais revenons à l'évolution de notre Coccidie. A côté des cellules épithéliales libres que nous signalions plus haut, on trouve dans les poches purulentes des Coccidies libres et enkystées (fig. 33). Le kyste est d'abord complètement rempli par son contenu : il est ovoïde et mesure 36 μ sur 18 μ ; il grossit bientôt et atteint une dimension de 43 μ sur 22μ. Le contenu se contracte alors en boule et se sépare de la paroi. C'est là la phase ultime du développement que l'on puisse observer dans le foie, mais si on place dans l'eau quelques-uns de ces kystes, on les verra, au bout de quelques jours, diviser leur contenu en deux, puis en quatre spores longues de 12 à 15 μ, larges de 7 μ ; bien plus, on verra chacune de ces spores se différencier en un noyau de reliquat large de 5 à 6 μ et en deux corpuscules falciformes nucléés, accolés l'un à l'autre et disposés tête-bêche.

Le mode de propagation de cette Coccidie est facile à expliquer. Le kyste est entraîné par la bile jusque dans l'intestin, puis il est expulsé au dehors avec les excréments. Son développement se poursuit dans un milieu humide : en quatorze à quinze jours, il est mûr et les courants d'air l'entraînent probablement avec les poussières jusque sur les aliments d'animaux sains. Parvenu dans le tube digestif, il se rompt, les spores déchirent également leur paroi et mettent en liberté les corpuscules falciformes. Ceux-ci passent à l'état amiboïde et remontent par le canal cholédoque jusque dans les conduits biliaires, dont ils vont envahir aussitôt les cellules épithéliales.

Des Coccidies se peuvent rencontrer encore dans le foie de l'Homme. La première observation date de 1858 et est due au professeur Gubler. Il s'agissait d'un ouvrier carrier, âgé de quarante-cinq ans, entré à l'hôpital Beaujon pour des troubles digestifs et une chloro-anémie profonde. Le foie était très hypertrophié ; dans l'hypocondre droit, on sentait une tumeur pleine de liquide, douloureuse à la pression. On porta le diagnostic de kyste hydatique du foie. Pendant son séjour à l'hôpital, le malade fit une chute, à la suite de laquelle se déclara une péritonite qui l'enlevait le surlendemain. L'autopsie fut faite. Le foie, très hypertrophié, présentait une vingtaine de tumeurs de la taille d'une noix ou d'un œuf; une autre, remarquable par ses dimensions, était grosse à peu près comme la tête d'un fœtus de six mois, c'est-à-dire qu'elle avait un diamètre de 12 à 15 centimètres. Toutes ces tumeurs étaient remplies d'une substance puriforme de consistance variable, caséeuse ou franchement liquide : on y trouvait une quantité prodigieuse de spores, que Gubler prit pour des œufs de Distome, bien qu'il exprime son étonnement de n'avoir rencontré dans ce foie ni Douve ni aucun autre parasite. Le malade était mort d'une péritonite intercurrente, mais il est hors de doute que sa psorospermose l'aurait tué dans un avenir prochain.

En 1860, Virchow faisait une constatation analogue (1). A la surface du foie d'une vieille femme, cet habile anatomiste rencontrait une sorte de tumeur, large de 9 à 11 millimètres, d'aspect tendineux et enchâssée dans une légère dépression; elle avait la forme d'une sphère déprimée et était entourée de lobules hépatiques légèrement granuleux. En pratiquant une section de cette tumeur, on voit qu'elle est circonscrite par une condensation du tissu conjonctif ambiant; elle-même se compose d'une épaisse capsule et d'un contenu caséeux, peu dense. Ce dernier est constitué par une masse albumineuse, très infiltrée de granulations graisseuses et renfermant des Coccidies enkystées. Ces kystes sont ovales, longs de 56 μ en moyenne, et entourés d'une membrane assez épaisse, à double contour et parfois striée légèrement; ils présentent en outre une membrane interne d'une grande délicatesse. Leur contenu se présente sous un aspect variable, mais le plus souvent il est formé d'un grand nombre de corpuscules arrondis qui ne sont autre chose que des spores en voie de développement à l'intérieur. Sous cet aspect, le kyste peut être aisément confondu avec un œuf dont le vitellus est en train de se segmenter. Virchow est précisément tombé dans cette erreur, puisqu'il considère les kystes en question comme des œufs de Pentastome.

Ce ne sont point là les seuls cas où des Coccidies ont été rencontrées dans le foie de l'Homme. A Prague, Dressler a observé dans le foie d'un cadavre humain trois nodules dont la taille variait de celle d'un grain de millet à celle d'un haricot; ils étaient situés tout près de l'arête du foie et renfermaient des Coccidies. Leuckart rapporte encore deux exemples du

(1) R. Virchow, *Helminthologische Notizen.* — *Zur Kenntniss der Wurmknoten.* Virchow's Archiv, XVIII, p. 523, 1860.

même genre. Le premier a trait à une pièce de la collection Sömmerring (Institut pathologique de Giessen), présentant des ulcérations des canaux biliaires causées par des Coccidies. Le second lui a été communiqué par le professeur Perls, de Giessen, qui le tenait lui-même du professeur Sattler, de Vienne. Il s'agit d'un foie dont les canaux biliaires étaient dilatés : leur épithélium avait été le siège d'une active prolifération et renfermait des Coccidies.

A en juger d'après les dessins qu'en donne Leuckart, la Coccidie observée par Dressler était longue d'environ 20 μ, dimensions notablement inférieures à celles de la Coccidie du foie du Lapin ; il est donc possible qu'elle n'appartienne pas à la même espèce que cette dernière ; toutefois, la question ne pourrait être tranchée que si on connaissait le nombre de spores qui prennent naissance à l'intérieur du kyste.

Nous ferons une remarque analogue à propos de la Coccidie qu'a décrite Virchow. On se rappelle que sa longueur était de 56 μ, c'est-à-dire qu'elle était presque deux fois plus grande que la Coccidie du foie du Lapin. Cette différence de taille est ici en rapport avec une différence plus considérable encore dans le nombre des spores produites dans le kyste. Si les dessins que donne Virchow sont exacts, la Coccidie qu'il a observée non seulement n'est pas identique à *Coccidium oviforme*, mais n'appartiendrait même pas au genre *Coccidium*, tel qu'il a été défini par Schneider ; il faudrait plutôt, à notre avis, la ranger parmi les Monosporées à corpuscules en nombre indéfini et la rapprocher par conséquent d'*Eimeria falciformis*. La membrane délicate qui se trouve à l'intérieur du kyste n'est pas autre chose que l'enveloppe de la spore, et les nombreux globules que renferme cette enveloppe sont des corpuscules falciformes en voie d'évolution.

Coccidium Rivolta Grassi, 1881.

La Coccidie de l'épithélium intestinal du Chat a été décrite par Grassi sous le nom de *Coccidium Rivolta*. Elle accomplit les premières phases de son évolution à l'intérieur même des cellules épithéliales ; elle finit par s'enkyster et est mise alors en liberté, par rupture de la cellule, sous forme d'un corpuscule ovale ou elliptique mesurant de 27 à 30 μ de long sur 22 à 24 μ de large. C'est à cet état qu'on la retrouve dans le contenu de l'intestin et qu'elle est expulsée au dehors. La suite du développement se poursuit dans l'eau : la masse enkystée se divise en deux, puis en quatre spores sphériques, mesurant 14 μ et semblant renfermer chacune quatre corpuscules falciformes (1) et un nucléus de reliquat. L'animalcule semble alors être arrivé au terme de son existence indépendante ; pourtant, Grassi fit avaler à deux jeunes Chats des kystes parvenus à cette période, sans déterminer chez eux la moindre psorospermose.

Des Coccidies analogues à *Coccidium Rivolta* ont été observées par plus d'un auteur chez divers animaux. Kölliker (2) a trouvé les villosités intestinales du Lapin distendues par des Coccidies qui siégeaient également dans l'intérieur des cellules épithéliales, et Lieberkühn (3) a donné des dessins qui indiquent une disposition toute semblable. Finck (4) a attribué un rôle prépondérant dans le phénomène de l'absorption des matières grasses à des corpuscules qui remplissaient les villosités intestinales chez le Chat et qui ne sont autre chose que des Coccidies : celles-ci toutefois sont différentes du *Coccidium Rivolta*, en raison de leurs dimensions qui sont de 80 à 100 μ pour la longueur, sur 70 à 90 μ pour la largeur. Chez un Lapin dont les canaux biliaires ne présentaient rien d'anormal, Klebs (5) a observé çà et là, sur toute la longueur de l'iléon, des taches blanches irrégulières, larges de 2 à 6 millimètres et au niveau desquelles la muqueuse était épaissie : le chorion était rempli de Coccidies, aussi bien dans la villosité que dans l'intervalle

(1) Cette Coccidie est bien une Oligosporée tétrasporée, mais, si la présence de quatre corpuscules falciformes est démontrée, elle devra être distraite du genre *Coccidium*, celui-ci étant caractérisé par la production de deux corpuscules dans chacune des quatre spores ; elle deviendra même le type d'un genre nouveau.

(2) Kölliker, *Mikroskopische Anatomie*. Leipzig, 1852. Voir II, p. 173.

(3) N. Lieberkühn, *Évolution des Grégarines*. Mémoires couronnés et mémoires des savants étrangers de l'Acad. de Belgique, XXVI, 1855. Voir pl. IX, fig. 12 et 13 et pl. X, fig. 1.

(4) H. Finck, *Sur la physiologie de l'épithélium intestinal*. Thèse de médecine. Strasbourg (2), n° 324, 1854. Voir p. 17.

(5) Klebs, *Psorospermien im Innern von thierischen Zellen*. Virchow's Archiv, XVI, p. 188, 1859.

des glandes de Lieberkühn; ces parasites s'observaient encore dans les cellules épithéliales, qui s'étaient considérablement distendues et qui renfermaient d'un à trois corpuscules oviformes. Virchow (1) a vu des productions du même genre perforer sur une très grande étendue les villosités d'un jeune Chien et Neumann (2) a vu encore l'épithélium intestinal du Lapin se desquamer sous l'influence des Coccidies qui en occupaient les cellules : ces parasites mesuraient 24 μ sur 12 μ et pouvaient se rencontrer au nombre de deux à six par cellule. D'autres observateurs, comme Stieda (3) et Waldenburg (4), ont fait encore des constatations analogues.

Coccidium perforans Leuckart, 1879.

Les Coccidies de l'épithélium intestinal ont été observées également chez l'Homme, mais on ignore encore quels accidents elles déterminent. Kjellberg et Eimer les ont trouvées, le premier une fois, le second deux fois, sur des cadavres de l'Institut pathologique de Berlin. Dans le cas de Kjellberg, elles étaient situées à l'intérieur et vers la pointe des villosités; elles étaient du reste semblables à celles que Virchow a vues chez le Chien. Dans le cas d'Eimer, elles étaient au contraire renfermées dans les cellules épithéliales, qui étaient comme perforées.

Rivolta put observer, chez le vivant, des Coccidies dans les excréments d'enfants et d'adultes : chez un jeune garçon, il constata, pendant près de trois mois, que des Coccidies étaient rendues avec les déjections; il en trouva encore chez un Homme atteint de fièvre intermittente, et Grassi a publié des observations analogues. Dans ces cas, il n'est pas certain que le parasite ait été fixé dans l'intestin; il pouvait se trouver tout aussi bien dans le foie.

(1) Virchow, *Helminthologische Notizen.* — 3. *Ueber Trichina spiralis.* Virchow's Archiv, XVIII, p. 330, 1860. Voir p. 342.

(2) E. Neumann, *Kleinere Mittheilungen.* — 3. *Psorospermien im Darmepithel.* Archiv f. mikr. Anat., II, p. 512, 1861.

(3) L. Stieda, *Ueber die Psorospermien der Kaninchenleber und ihre Entwickelung.* Virchow's Archiv, XXXII, p. 132, 1865.

(4) L. Waldenburg, *Zur Entwicklunsgeschichte der Psorospermien.* Virchow's Archiv, XL, p. 435, 1867.

Les Coccidies pourraient encore se rencontrer dans le rein, s'il faut en croire une observation, d'ailleurs peu convaincante, de Lindemann, qui dit avoir vu des amas psorospermiques dans la tunique albuginée du rein d'un individu mort de mal de Bright. Il est néanmoins certain que Virchow a fait une constatation semblable sur le rein de la Chauve-souris.

Le professeur Ch. Robin (1) parle d'amas de Psorospermies observés par Lebert sur les cheveux des teigneux et considérés par lui comme étant de nature végétale. En 1863 et 1865, Lindemann retrouva chez une jeune fille, à la racine des cheveux, des amas de ce genre, longs d'un millimètre et faisant une saillie d'un sixième de millimètre. A Nijni-Novgorod, ce fait serait très fréquent : il s'agirait là des spores d'une Coccidie qui vit dans l'intestin des Poux. Knoch, en 1866, aurait trouvé aussi, également en Russie, des Psorospermies sur les cheveux de l'Homme, mais Leuckart n'accorde qu'une médiocre confiance à ces observations.

A l'appui de cette opinion de Leuckart, on peut du reste rapprocher le fait suivant, dont le savant helminthologiste ne semble pas avoir eu connaissance. En 1868, Beigel (2) trouvait sur des cheveux des sortes de nodosités qui ressemblaient beaucoup à celles qu'avait décrites Lindemann. Des échantillons en furent envoyés à Küchemeister, qui consulta Rabenhorst. Celui-ci y reconnut une espèce de *Pleurococcus* qu'il proposa d'appeler *Pl. Beigeli*. Mais Beigel fait remarquer que les *Pleurococcus* sont des Algues, tandis que l'organisme auquel il avait affaire est un véritable Champignon, comme le montre son mode de germination.

A part le cas de Gubler et celui de Künstler et Pitres, les Coccidies ne semblent pas avoir jamais provoqué chez l'Homme des désordres bien considérables, mais il n'en est pas de même chez les animaux. Zürn a constaté que la fièvre catarrhale maligne et contagieuse des Lapins, que détermine une rhinite souvent mortelle, est due à des Coccidies qui se rencontrent en quantités innombrables dans les muqueuses du nez, du pharynx, de la caisse du tympan et dans leurs produits de sé-

(1) Ch. Robin, *Histoire naturelle des végétaux parasites*, p. 336, 1853.

(2) H. Beigel, *The Chignon-Fungus. — Pleurococcus Beigeli* (?). Transactions of the Pathological Society of London, XVIII, p. 270, 1868.

crétion. En 1872, Silvestrini et Rivolta ont vu les Poulets des environs de Pise décimés par une psorospermose localisée au pharynx, au larynx, aux fosses nasales et même à la conjonctive et à la crête; ces observateurs purent reproduire expérimentalement la maladie en donnant à des Poulets sains des aliments auxquels ils avaient mélangé des Coccidies. En 1873, Arloing et Tripier ont constaté une épizootie qui sévissait également sur les Poulets des environs de Toulouse : le foie, l'intestin, l'œsophage, les poumons étaient remplis de tumeurs dont le volume variait, mais qui toutes renfermaient un nombre immense de spores. Ici encore, la psorospermose fut reproduite artificiellement, en faisant manger à des Poulets sains la matière extraite de ces tumeurs.

Les Coccidies n'ont été signalées jusqu'à présent que chez les Vertébrés et chez les Mollusques, particulièrement chez les Céphalopodes, dont le rein en contient plusieurs espèces (*Klossia*), bien étudiées par Aimé Schneider. Ces organismes sont sans doute voisins des Grégarines, auxquelles Bütschli les réunit, mais il y a pourtant entre ces deux sortes d'êtres des différences importantes : les Coccidies vivent le plus souvent à l'intérieur de cellules épithéliales; elles ne sont jamais libres pendant leur période d'accroissement et leur enkystement, toujours solitaire, n'est dans aucun cas précédé d'une conjugaison. Elles sont immobiles à toutes les phases de leur existence, sauf quand le corpuscule falciforme, mis en liberté par la rupture de la spore, rampe à la surface de l'épithélium et s'enfonce dans une de ses cellules. On doit considérer les Coccidies comme des Grégarines modifiées par un parasitisme plus étroit.

A. Gubler, *Tumeurs du foie déterminées par des œufs d'helminthe et comparables à des galles observées chez l'homme.* Mém. Soc. de biol. (2), 1858, et Gazette méd. de Paris, p. 657, 1858.

Eimer, *Ueber die ei- oder kugelförmigen sog. Psorospermien der Wirbelthiere.* Würzburg, 1870).

K. Lindemann, *Sur la signification hygiénique des Grégarines.* Gazette médicale de Paris, p. 86, 1870.

A. Schneider, *Sur les psorospermies oviformes ou Coccidies, espèces nouvelles ou peu connues.* Archives de zool. expér., IX, p. 387-404, 1881.

Arloing et Tripier, *Lésions organiques de nature parasitaire chez le Poulet. Transmission par la voie digestive à des animaux de même espèce. Analogie avec la tuberculose.* Association française pour l'avancement des sciences, II, p. 810, 1873.

Silvestrini e Rivolta. Giornale di anatomia fisiologia e patologia dei animali. Pisa, 1873.

Zürn, *Die kugel- oder eiförmigen Psorospermien als Ursache von Krankheiten bei Hausthieren.* Leipzig, 1874.

J. Künstler et A. Pitres, *Sur la présence de corpuscules falciformes dans le pus extrait de la cavité pleurale d'un malade atteint de pleurésie chronique latente.* Comptes rendus Soc. de biol., p. 523, 1884.

J. Künstler et A. Pitres, *Sur une Psorospermie trouvée dans une humeur pleurétique.* Journal de micrographie, 1884.

S. Rivolta, *Dei parassiti vegetali.* Torino, 2ª ediz., 1884. Voir p. 390-400.

ORDRE DES SARCOSPORIDIES

Les Sarcosporidies ou Psorospermies utriculiformes, appelées encore *tubes de Miescher*, *tubes de Rainey*, vivent habituellement en parasites dans le tissu musculaire strié ; mais il est aussi certaines formes que nous avons fait connaître et qui se peuvent rencontrer dans le chorion des muqueuses. Elles ont été signalées par Kühn chez le Poulet, mais, à part cette exception, on ne les connaît que des Mammifères : on les a vues chez le Kanguroo, le Bœuf, la Chèvre, le Mouton, le Chevreuil, le Porc, le Cheval, le Lapin, la Souris, le Rat, l'Otarie, le Singe et l'Homme.

Bien qu'un grand nombre d'observateurs aient étudié les Sarcosporidies, on est resté bien longtemps dans l'ignorance, quant à leur structure et quant à leurs affinités naturelles. C'est au professeur Balbiani que revient le mérite d'avoir démontré que c'étaient des Sporozoaires. Nous avons pu, de notre côté, établir une classification des formes actuellement connues et nous croyons avoir précisé leurs relations avec les Coccidies.

Miescheria muris R. Bl. 1885.

En 1843, le professeur F. Miescher, de Bâle, rencontra dans les muscles de la Souris, allongés dans le sens des fibres, des sortes de tubes dont l'épaisseur était environ quatre à six fois plus considérable que celle des faisceaux primitifs du muscle (fig. 34) : leur diamètre transversal variait en effet de 44 à 208 μ. Ces tubes avaient pour paroi une simple membrane anhiste ; ils se rencontraient également dans tous les muscles du tronc, des extrémités, du cou et de la face, dans ceux des yeux aussi bien que dans le diaphragme; au contraire, les muscles de la langue, ainsi que ceux du pharynx et du larynx et tous les muscles involontaires (cœur, œsophage, intestin) étaient demeurés normaux.

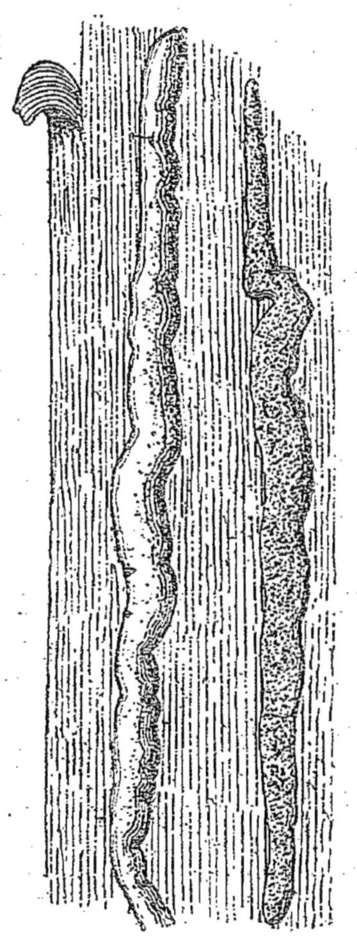
Fig. 34. — Sarcosporidies des muscles de la Souris, d'après Miescher.

Miescheria Hueti R. Bl. 1885.

Chez une *Otaria californica*, morte au Muséum d'histoire naturelle, le Dr L. Huet a vu le système musculaire tellement farci de Sarcosporidies, qu'il suffisait d'enlever la moindre parcelle de muscle pour en rencontrer un grand nombre.

La Sarcosporidie est renfermée dans l'intérieur du faisceau primitif, au milieu même des fibrilles primitives; tantôt elle est placée dans l'axe même, tantôt elle se rapproche plus ou moins du sarcolemme, tantôt enfin, mais plus rarement, elle est immédiatement au-dessous de celui-ci. Sa largeur moyenne est de 20 à 30 μ, sa longueur est de 1 à 4 millimètres.

A la suite de Huet, Balbiani a donné une description magistrale de la Sarcosporidie de l'Otarie, description dont nous avons pu nous-même vérifier la parfaite exactitude, en même temps que nous notions quelques détails qui ne sont pas sans intérêt. Voici de quelle manière on doit se représenter l'évolution du parasite.

Les kystes que représente la figure 35 se trouvent à l'état de reproduction, c'est-à-dire qu'ils sont parvenus à la période ultime de leur évolution, comme le montre la présence des corpuscules réniformes. Mais, pour en arriver là, la Sarcosporidie a dû passer par une phase végétative ou d'accroissement, durant laquelle elle était constituée simplement par une masse protoplasmique, sans doute munie d'un noyau et limi-

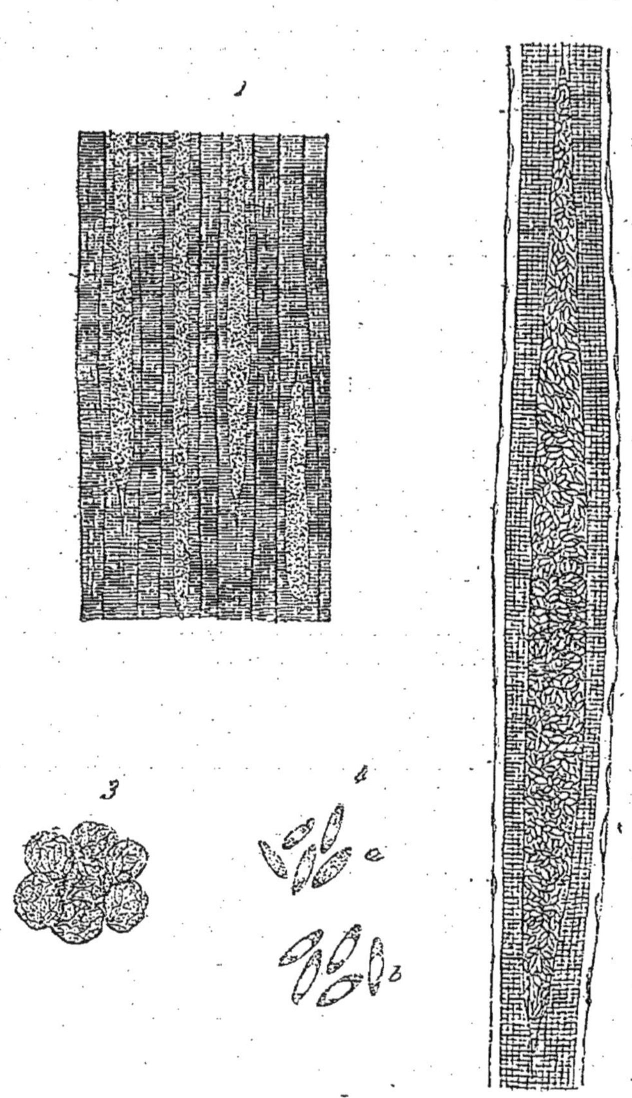

Fig. 35. — Sarcosporidies des muscles de l'Otarie, d'après Balbiani. — 1, fragment de muscle strié montrant les Sarcosporidies dans les faisceaux primitifs du muscle ; 2, faisceau primitif plus grossi ; 3, groupe de spores ; 4, corpuscules falciformes isolés ; *a*, non mûrs ; *b*, mûrs.

tée par une membrane anhiste et d'une extrême délicatesse.

Son accroissement achevé, l'organisme s'est segmenté, à l'intérieur de sa membrane, en un nombre plus ou moins considérable de vésicules ou de *spores*, entourées chacune d'une enveloppe indépendante de l'enveloppe générale du kyste.

La figure 35 ne représente qu'une phase de l'évolution. Dans un premier état, le sac est entièrement rempli de spores arrondies et contenant elles-mêmes un certain nombre de corpuscules réniformes; dans un second état, plus avancé, tous les corpuscules réniformes sont libres à l'intérieur du kyste et on ne trouve plus trace des vésicules qui les enveloppaient précédemment. Il est évident que notre figure représente un stade intermédiaire, caractérisé par une réduction considérable du nombre des spores, qui ne s'observent plus qu'à la partie moyenne du kyste : les deux extrémités de celui-ci ne présentent plus de spores, mais simplement des corpuscules réniformes dépourvus d'enveloppe et serrés pêle-mêle les uns contre les autres. Cela revient à dire que, pour la Sarcosporidie de l'Otarie, la désagrégation des spores, par suite de la résorption de leur membrane d'enveloppe, marche de la périphérie au centre.

Des Sarcosporidies à membrane mince et anhiste ont été rencontrées encore par von Hessling, en 1846, dans les muscles du poitrail du Chevreuil, puis en 1854, dans le myocarde du Bœuf, du Veau et du Mouton (1). Des observations plus intéressantes au point de vue pathologique sont dues à Leisering et Winkler, à Dammann et à Siedamgrotzky.

Le vétérinaire départemental Winkler, de Marienwerder, avait vu, dans le courant de l'année 1864, un grand nombre de Moutons mourir subitement : l'autopsie lui révélait l'existence, sur tout le trajet de l'œsophage, de kystes particuliers, dont la nature lui était inconnue. Winkler fit part de son observation à Leisering et lui adressa des préparations à l'appui; celles-ci, communiquées à Gurlt, furent reconnues comme renfermant des tubes psorospermiques. Leisering put d'ailleurs examiner lui-même un œsophage qui présentait sur toute sa longueur de nombreux nodules d'aspect jaunâtre, de la grosseur d'un pois à celle d'une noisette; ils étaient renfermés dans la couche musculeuse de l'œsophage et faisaient saillie extérieurement, dans le tissu conjonctif ambiant; ils ressem-

(1) Th. von Hessling, *Histologische Mittheilungen*. Zeitschrift für wiss. Zoologie, V, 1854. Voir p. 196.

blaient à de petits abcès pleins de pus. Si on les ouvrait, on voyait s'écouler de quelques-uns d'entre eux un liquide lacto-purulent, au sein duquel le microscope laissait voir en nombre immense les petits corpuscules réniformes qui forment le contenu des tubes psorospermiques. Après l'écoulement du liquide, il restait dans les nodules une masse plus cohérente, transparente, tremblotante, qui, en outre des corpuscules réniformes dont il vient d'être question, se composait de tissu conjonctif et de tubes psorospermiques complets.

D'autres nodules ne laissaient rien écouler à la suite de la piqûre. Leur contenu consistait en une masse un peu plus cohérente, que l'on pouvait extraire en totalité avec une pince. Cette masse se montrait alors composée en grande partie de tubes psorospermiques intacts et serrés les uns contre les autres. Dans ces nodules, Leisering (1) n'a pu trouver nulle part la moindre fibre musculaire bien conservée : ils étaient constitués uniquement par des Sarcosporidies et du tissu conjonctif.

La forme et la structure des tubes ne permettaient pas de douter qu'il ne s'agît là de Sarcosporidies. Il était particulièrement intéressant de les voir accumulées en si grandes masses dans des espaces si restreints et de les voir détruire toutes les fibres musculaires atteintes par eux. Les parties de l'œsophage qui semblaient être saines ne renfermaient aucun de ces parasites.

Un professeur de médecine vétérinaire à l'Académie de Proskau, Carl Dammann (2), eut également l'occasion d'observer, chez une Brebis âgée de neuf ans, des tubes psorospermiques qui avaient déterminé la mort de l'animal. L'observation est très analogue à la précédente : les tubes sont également amassés en nodules qui siègent le long de l'œsophage, mais qu'on retrouve aussi à la base de la langue et sur toute l'étendue du pharynx ; c'est toujours dans l'épaisseur de la couche musculaire qu'on les rencontre ; la muqueuse en est complètement dépourvue, mais présente à de certains endroits

(1) Leisering und Winkler, *Psorospermienkrankheit beim Schaafe*. Bericht über das Veterinärwesen im Königreiche Sachsen, 1865. — Virchow's Archiv für pathol. Anatomie, XXXVII, p. 431, 1865.

(2) C. Dammann, *Ein Fall von « Psorospermienkrankheit » beim Schafe*. Virchow's Archiv, XLI, p. 283, 1867.

des lésions secondaires, comme de l'infiltration et de la rougeur.

En outre, en examinant au microscope les fibres musculaires de l'œsophage et du pharynx, on trouve partout dans leur intérieur des tubes psorospermiques : il est très rare qu'on fasse une préparation de muscles provenant de ces organes sans en rencontrer, ne fût-ce qu'un seul. En maint endroit, notamment au voisinage immédiat des nodules, on voit en outre les tubes psorospermiques se juxtaposer au nombre de deux ou trois et se loger dans l'interstice des fibres musculaires. On trouve également ces tubes en assez grand nombre dans les muscles de l'abdomen, du thorax et du cou, et en cela l'observation de Dammann diffère de celle de Leisering et de Winkler.

Dammann explique la mort de sa Brebis par l'œdème de la glotte qui s'est développé à la suite de l'inflammation du pharynx; cette inflammation était elle-même la conséquence de la présence des nodules parasitaires, qui étaient surtout nombreux dans le voile du palais. Il pense que la mort subite, que Winkler avait constatée chez ses Moutons et qu'il ne savait à quelle cause rapporter, était arrivée de cette même façon.

Siedamgrotzky (1), professeur à l'École vétérinaire de Dresde, constata chez un Cheval d'anatomie une atrophie et une pâleur anormale de certains muscles des membres. Ces muscles présentaient, surtout dans les couches superficielles, des stries blanchâtres ayant la direction des fibres et correspondant à des Sarcosporidies longues de 3 à 4 millimètres. Ces parasites déterminent par leur présence une altération particulière du muscle. Les noyaux du sarcolemme se multiplient, non seulement dans les fibres atteintes, mais encore dans les fibres voisines; ces noyaux se forment comme des chapelets accolés au sarcolemme. De plus, le tissu conjonctif intermusculaire prolifère et la compression qui s'ensuit peut déterminer une atrophie simple de la fibre contractile. Enfin, à la longue, les utricules psorospermiques peuvent subir la dégénérescence calcaire et s'incruster de carbonate, mais surtout de phosphate de chaux.

(1) O. Siedamgrotzky, *Psorospermienschläuche in der Muskulatur der Pferde*. Wochenschrift für Thierheilkunde und Viehzucht, XVI, p. 97-101, 1872. Analyse par Zundel dans le Recueil de médecine vétérinaire (5), IX, p. 460, 1872.

Le même auteur a fréquemment observé les mêmes altérations des muscles sur les Chevaux d'anatomie, ainsi que sur les Chevaux morts à l'infirmerie de l'École vétérinaire. Il a retrouvé les Sarcosporidies notamment dans la couche musculeuse de l'œsophage, où elles se présentaient toujours dans les fibres transversales, sous forme de stries blanchâtres assez faciles à distinguer à l'œil nu; ces mêmes productions se rencontraient encore dans les muscles du pharynx, dans les muscles cervicaux inférieurs et dans le diaphragme. C'est, en somme, dans les muscles des premières voies digestives, ou à l'environ de celles-ci, que les tubes psorospermiques se présentent chez le Cheval : ce fait indique sans doute que les parasites pénètrent dans l'économie avec les aliments solides ou liquides.

Ce n'est pas seulement chez les animaux que les Sarcosporidées se peuvent observer : Lindemann (1) a vu des « Grégarines » déterminer chez l'Homme une hydropisie mortelle. Les parasites s'étaient développés dans les valvules du cœur et formaient des amas longs de 3 millimètres, larges de 1mm,5 et ayant l'aspect de noyaux brunâtres. Par suite de leur multiplication (?), ils avaient envahi peu à peu le tissu conjonctif des valvules et en avaient altéré la structure. L'élasticité des valvules diminuant, celles-ci se trouvèrent incapables de supporter la pression sanguine : de là des déchirures, des stases consécutives dans la circulation et finalement une hydropisie générale. Dans un autre cas, Lindemann a trouvé ces mêmes parasites dans le tissu même du muscle cardiaque. Nous pensons qu'il s'agit, dans l'un et l'autre cas, de Sarcosporidées du groupe des *Miescheria*.

Le travail de Lindemann ne nous est connu que par le compte rendu qu'en a publié Beaunis. En l'absence du texte original ou de tout dessin représentant les productions qu'a rencontrées notre auteur, il serait téméraire d'affirmer sans restriction qu'il s'agit là de Sarcosporidies. Mais, si nous ne pouvons donner de ce fait une démonstration péremptoire, de sérieuses considérations le rendent du moins très probable.

(1) K. Lindemann, *Ueber die hygienische Bedeutung der Gregarinen.* Deutsche Zeitschrift für Staatsarzneikunde, 1868. Analyse par Beaunis dans Gazette méd. de Paris, p. 86, 1870.

Les Sarcosporidies ont été signalées chez des Mammifères assez variés d'espèce et de régime pour qu'on puisse affirmer que l'Homme n'est point à l'abri de leur atteinte : s'il est vrai, comme tout autorise à le croire, que ces parasites arrivent dans l'organisme par la voie du tube digestif, leur plus grande rareté chez l'Homme s'explique par les préparations culinaires que celui-ci fait subir à ses aliments. A un autre point de vue, la fréquence avec laquelle ces tubes se rencontrent dans le myocarde, chez les animaux, indique suffisamment qu'il en peut être de même chez l'Homme. On ne saurait objecter que Lindemann les a rencontrés aussi dans le tissu des valvules du cœur, puisque von Hessling les a décrits et figurés lui-même en dehors du muscle cardiaque, dans les fibres de Purkinje.

Sarcocystis Miescheri Ray Lankester, 1882.

SYNONYMIE : *Synchytrium mischerianum* Kühn, 1865.

Il n'est peut-être pas d'animal dans les muscles duquel les Sarcosporidies soient plus nombreuses que chez le Porc. Depuis que Rainey les y a rencontrées pour la première fois, en 1858, un grand nombre d'observateurs ont porté sur elles leurs investigations : aussi la Sarcosporidie du Porc est-elle assez bien connue, grâce aux observations de Leuckart et de Manz.

Le parasite est délimité par une épaisse cuticule, que traversent de nombreux canalicules poreux (fig. 36). Rainey pensait que cette cuticule était couverte de poils ou bâtonnets longs d'à peu près 12 μ, mais Leuckart a montré que l'aspect décrit par Rainey tient à une désagrégation de la cuticule, comme cela se voit d'ailleurs pour le plateau des cellules épithéliales de l'intestin.

Le kyste peut atteindre jusqu'à 2 et 3 millimètres de longueur; sa largeur est de 0,08 à 0,3 millimètres. Il est effilé à ses deux extrémités et souvent à une seule; en cet endroit, la membrane semble s'être écartée légèrement de son contenu, de manière à laisser de part et d'autre un espace conique dans lequel on ne trouve pas de corpuscules réniformes, mais seulement des granules brillants. Cet aspect, mentionné pour la première fois par J. Kühn, puis décrit avec soin par W. Manz, a été retrouvé par le professeur Laulanié, de l'École vétérinaire de Toulouse, sur de la viande de Porc, saisie à l'abattoir de Nice : l'enveloppe du kyste se condensait aux extrémités sous forme de deux pointes aiguës.

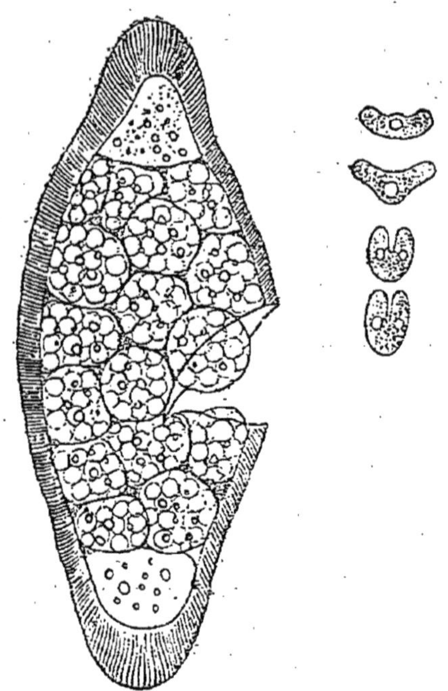

Fig. 36. — Tube psorospermique du diaphragme du Porc, d'après Manz. L'enveloppe s'est rompue. A droite, on voit quelques corpuscules falciformes isolés.

Le contenu des kystes est d'abord constitué par une masse sarcodique homogène ; celle-ci se fractionne bientôt en un certain nombre de spores qui, serrées fortement les unes contre les autres, s'aplatissent réciproquement et prennent une forme polygonale, mais qui, isolées les unes des autres, prennent une forme sphérique, ainsi que cela se voit au niveau de la déchirure qui a été pratiquée dans la membrane d'enveloppe. Les spores sont d'abord homogènes, avec noyau ; plus tard, elles montrent une paroi nette et leur masse se segmente en corpuscules réniformes. Par la suite, les spores se rompront et les corpuscules deviendront libres dans le kyste qui les renferme : c'est ce stade que Leuckart a décrit et figuré dans le muscle du Porc (fig. 37).

En raison de l'épaisseur considérable et de la structure poreuse de sa membrane d'enveloppe, la Sarcosporidie du Porc ne saurait être confondue avec les productions similaires qui, comme elle, siègent à l'intérieur des fibres musculaires striées, mais sont pourvues d'une enveloppe mince et anhiste. Elle doit donc devenir le type d'un genre *Sarcocystis*, les Sarcosporidies à membrane mince et anhiste prenant le nom de *Miescheria*.

Les *Sarcocystis* se rencontrent surtout chez le Porc, mais on en connaît aussi chez d'autres animaux : Beale en a observé chez le Bœuf et le Mouton et Ratzel chez le Magot. Chez ce dernier, les kystes étaient répartis également dans toutes les parties du système musculaire qui ont été étudiées ; on trouvait en moyenne un kyste par centimètre carré de muscle : les muscles en étaient donc littéralement farcis. Dans les muscles du bassin et dans ceux du siège, ils étaient encore plus abondants et il est vraisemblable que la paralysie dont le Singe était atteint depuis plusieurs semaines, au dire de ses gardiens, reconnaissait pour cause ces productions parasitaires.

La plupart des auteurs s'accordent à considérer les Sarcosporidies du Porc comme des parasites inoffensifs, ne détermi-

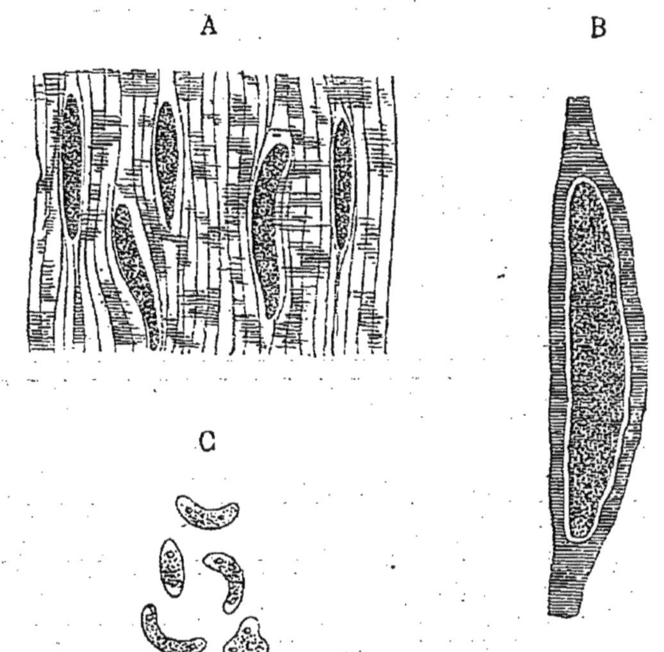

Fig. 37. — Psorospermies des muscles du Porc, d'après Leuckart. — A, grossies 40 fois ; B, fibre musculaire contenant un tube psorospermique, grossie 100 fois ; C, corpuscules réniformes isolés.

nant aucune lésion du muscle qui les héberge. Chez le Porc observé par Laulanié, ils avaient au contraire déterminé des altérations assez graves pour qu'on en prononçât la saisie. Le tissu musculaire était criblé de granulations fusiformes, jaunâtres, grosses comme une tête d'épingle et disposées souvent en séries de deux ou trois dans le sens des fibres musculaires. L'examen microscopique a permis de constater que le muscle était partout frappé de myosite interstitielle diffuse. Mais cette myosite (que Laulanié a pu voir également chez le Cheval, dans un cas du même genre) se concentrait en certains points et revêtait la forme nodulaire, de manière à simuler des granulations tuberculeuses. Au fur et à mesure qu'elles grossissent, ces granulations empiètent sur le tissu musculaire, dont elles englobent et détruisent progressivement les fibres. Le fait que ce processus pathologique tient à la présence des Sarcosporidies se trouve démontré par l'examen de préparations sur lesquelles on voit des granulations à leur début, qui possèdent en leur centre un sac psorospermique.

Les Sarcosporidies qui se développent en dehors du tissu musculaire ont été signalées par nous pour la première fois. Elles forment un groupe naturel et diffèrent par plus d'un point des Sarcosporidies des muscles. Nous en formons le genre *Balbiania*, en l'honneur du savant professeur du Collège de France, dont les travaux ont fait faire un pas si décisif à l'histoire des Sporozoaires.

Balbiania mucosa R. Bl., 1885.

Nous avons rencontré cette Sarcosporidie chez un Kanguroo des rochers (*Macropus penicillatus*), mort au Jardin d'acclimatation. On trouvait çà et là dans le gros intestin, sauf dans le cœcum, de petits points blancs, de la taille d'un grain de millet, qui faisaient saillie à la surface. Chacun de ces points blancs correspondait à un kyste, dont le siège mérite de fixer l'attention. Les kystes, au nombre de plus de cinquante, que nous avons enlevés, occupaient tous la couche sous-muqueuse; aucun d'eux n'empiétait d'une façon quelconque sur la couche musculaire du gros intestin et les investigations auxquelles nous nous sommes livrés, à la recherche des tubes de Miescher dans les divers points du système musculaire strié, sont demeurées vaines : nulle part les muscles ne renfermaient de Psorospermies, partout ils présentaient un aspect normal.

Le kyste est situé au milieu même de la couche conjonctive sous-muqueuse : celle-ci l'enserre de toutes parts et s'est condensée à son voisinage. Contrairement aux tubes de Miescher, qui sont d'ordinaire notablement plus longs que larges, ses deux diamètres ne sont pas très différents l'un de l'autre, et il présente assez volontiers une forme subsphérique. Ses dimensions extrêmes sont de $0^{mm},71$ à $1^{mm},23$ pour la longueur et de $0^{mm},56$ à $0^{mm},93$ pour la largeur.

Il convient sans doute de ne pas attacher trop d'importance aux différences que présentent entre eux les deux diamètres du kyste, suivant qu'on examine des Sarcosporidies des muscles ou la Sarcosporidie sous-muqueuse du Kanguroo. Si la première est beaucoup plus longue que large, si la seconde se rapproche de la forme sphérique, cela tient, pensons-nous, à une sorte d'adaptation au milieu. Dans le muscle, le sens de la moindre résistance coïncide avec la direction des fibres musculaires : de là l'étirement considérable des tubes psorospermiques ; dans la muqueuse de l'intestin, le tissu se laisse refouler au contraire à peu près aussi facilement dans tous les sens : de là la forme plus condensée du kyste.

La paroi du kyste est d'une minceur extrême : elle mesure au plus 0,7 μ d'épaisseur. Elle se colore fortement en rouge par le carmin et, de cette manière, se différencie aisément du tissu conjonctif condensé qui se trouve à son contact : elle est parfaitement anhiste, partout d'égale épaisseur et ne présente nulle part ni revêtement de cirrhes ni canalicules poreux.

Le contenu du kyste se présente sous un curieux aspect : il est formé d'un réticulum dont les mailles sont de taille très inégale suivant le point où les examine ; très petites au centre (fig. 38, *a*), elles deviennent d'autant plus larges qu'on se rapproche davantage de la périphérie. La transition ne se fait du reste pas d'une façon insensible, mais plus ou moins brusquement ; à côté des mailles les plus petites, *a*, on en trouve dont les dimensions sont notablement plus grandes, *b*, puis celles-ci se rattachent par des mailles encore plus larges aux mailles pé riphériques, *c*, qui sont les plus vastes de toutes.

La forme de ces mailles est irrégulière : parmi les plus petites, les unes sont arrondies et ont un diamètre de 20 μ, les autres sont oblongues, à grand axe dirigé dans le sens du rayon, et mesurent 28 μ sur 42 μ ; d'autres mesurent 28 μ sur 55 μ, d'autres 30 μ sur 65 μ, d'autres encore 25 à 28 μ sur 80 μ. Si on s'éloigne du centre, on rencontre des mailles plus larges encore, et finalement on trouve à la périphérie des loges dont les chiffres suivants feront connaître les dimensions : 45 μ sur 170 μ, 56 μ sur 165 μ, 70 μ sur 185 μ, 85 μ sur 310 μ, 108 μ sur 240 μ. Il est maaisé de donner de ce réseau une description qui s'applique à tous les kystes ; l'examen de la figure 38 donnera une idée exacte de sa disposition générale.

Au premier abord, il semble que l'intérieur du kyste soit divisé par des cloisons anastomosées entre elles et continues les unes avec les autres. Mais une étude plus attentive permet de constater qu'il n'en est pas ainsi. On doit imaginer que la cavité kystique est remplie de vésicules de taille très inégale, fortement déprimées par pression réciproque et limitées chacune par une membrane anhiste et délicate, que le carmin colore en rouge. Les membranes des diverses vésicules s'agglutinent entre elles sur toute l'étendue de leur contact, à tel point qu'elles semblent ne former qu'une cloison homogène, mais, dans les angles et là où plusieurs vésicules viennent à se rencontrer, il n'est pas très rare de les voir se séparer légèrement et laisser entre elles un méat de très petites dimensions. En tout cas, l'adhérence réciproque de ces membranes est toujours si intime que, même lorsque la paroi du kyste a été dilacérée, les vésicules sont incapables de se séparer les unes des autres, comme c'est le cas pour *Sarcocystis Miescheri*.

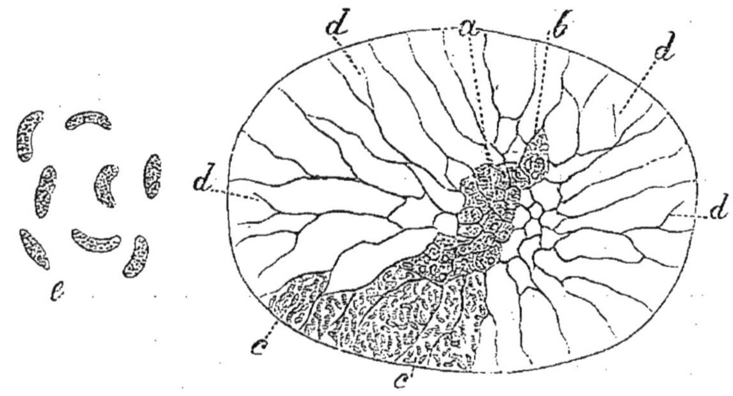

Fig. 38. — *Balbiania mucosa*. — *a*, spores centrales à protoplasma granuleux ; *b*, spores moyennes, dans lesquelles les corpuscules réniformes commencent à se former ; *c*, grandes spores périphériques remplies de corpuscules et formées par la résorption des parois *d* ; *e*, corpuscules réniformes isolés.

Nous avons dit que les spores sont de taille très inégale, les plus grandes étant à la périphérie, les plus petites étant au centre. Cela tient à un phénomène dont nous avons reconnu l'existence chez *Miescheria Hueti :* au début, toutes les spores sont à peu près de dimensions égales et chacune d'elles renferme une simple masse protoplasmique ; mais bientôt les corpuscules réniformes commencent à prendre naissance, et leur formation est centripète. En effet, les spores périphériques sont toujours notablement plus mûres que les spores centrales ; tandis que, sur la plupart des kystes, celles-ci sont encore remplies d'une masse granuleuse dans laquelle on ne distingue ni corpuscules arrondis ni corpuscules réniformes, celles-là renferment au contraire exclusivement des corpuscules réniformes et sont limitées par des cloisons plus minces. Il est donc certain que la production des corpuscules réniformes, organismes reproducteurs, débute par la périphérie et s'étend peu à peu vers le centre : en même temps, les vésicules crèvent les unes dans les autres, par suite de la résorption de leurs parois, *d*, et c'est ainsi qu'on doit expliquer l'existence de vastes loges à la périphérie, alors que la région centrale est encore occupée par des vésicules de petites dimensions. Ce processus se poursuivant, on arrive à un état dans lequel le tube psorospermique est représenté par un simple sac bourré de corpuscules réniformes, *e*, et dans l'intérieur duquel on ne trouve plus de réticulum ou de vésicules d'aucune sorte.

Il est hors de doute que les corpuscules réniformes des Sarcosporidies sont les équivalents des corpuscules falciformes des Coccidies : comme ceux-ci, ils représentent donc l'organisme reproducteur. Les observations actuelles montrent que l'état de kyste à spores ou à corpuscules libres est l'état ultime que la Sarcosporidie puisse acquérir chez son hôte. Que deviendra-t-elle par la suite? Doit-elle être ingérée par un autre animal, en même temps que les viandes qui la contiennent? Cela est peu probable, car on ne peut expliquer de la sorte ce fait que les Sarcosporidies se rencontrent surtout chez les herbivores et les omnivores ; une semblable explication ne serait manifestement valable que pour les carnivores. Du reste, Manz a fait avaler sans succès à des animaux de la chair remplie de psorospermies. Les spores ou les corpuscules réniformes, mis en liberté par putréfaction du muscle, après la mort de l'animal, sont-ils susceptibles de rester plus ou moins longtemps en vie latente, et rentrent-ils chez un nouvel hôte soit avec l'eau de boisson, soit avec les aliments, soit avec l'air inspiré? Cette supposition est, dans l'état actuel, la seule que l'on puisse émettre, mais il faut reconnaître que des expériences positives font complètement défaut.

Le tube digestif est la voie par laquelle le parasite s'introduit normalement dans l'organisme. La présence de *Balbiania mucosa* dans la muqueuse du gros intestin suffirait à le démontrer. De même, les *Miescheria* et les *Sarcocystis* se rencontrent surtout dans les muscles qui avoisinent le canal digestif, le diaphragme, le psoas, la langue, l'œsophage.

On n'a pas encore été témoin des migrations des Sarcosporidies, mais ce que nous savons des Grégarines et surtout des Coccidies nous permet d'affirmer que, parvenus dans l'intestin, les corpuscules réniformes deviennent amiboïdes et peuvent de la sorte accomplir des migrations jusque dans le milieu qui leur convient. La possibilité pour les corpuscules réniformes de devenir amiboïdes est actuellement indiscutable : Waldeyer l'a observée et a vu les corpuscules rester en cet état pendant deux heures ; placés sur un terrain favorable, c'est-à-dire sur la muqueuse digestive, nul doute qu'ils y fussent restés plus longtemps encore. Virchow a pu constater aussi les mouvements amiboïdes des corpuscules réniformes : ces corpuscules, dit-il, « se meuvent d'abord dans le liquide et changent de forme, par suite de la formation de saillies et d'excroissances. » Pagenstecher dit les avoir vus lui-même accomplir de lents changements de forme.

Arrivés dans le lieu de l'organisme qui est propice à leur développement, ces petits corps amiboïdes s'arrêtent, s'entourent d'une membrane d'enveloppe, et grossissent considérablement avant de pouvoir se fractionner, comme nous l'avons déjà dit plus haut. A partir du moment où le fractionnement commence, on assiste à la répétition des phénomènes que nous avons décrits.

Quant à l'importance pathogénique des Sarcosporidies, elle est suffisamment démontrée par les diverses observations que nous avons rapportées plus haut. On voit que ces parasites sont, comme la Coccidie du foie, capables de causer la mort.

Les affinités des Sarcosporidies ne sauraient être douteuses : elles sont étroitement apparentées aux Coccidies, plus particulièrement aux Polysporées (*Klossia*). Elles ne diffèrent des Coccidies polysporées que par des détails secondaires, tels que la taille et l'habitat. Les *Klossia*, en effet, sont des Coccidies, en ce qu'elles se développent à l'intérieur de cellules épithéliales et en ce qu'elles sont d'assez petite taille pour se loger dans l'une de ces cellules ; mais on pourrait avec tout autant de raison les rattacher aux Sarcosporidies, en considérant que leur spore est arrondie, de grandes dimensions et non naviculaire, et qu'à son intérieur se forment un grand nombre de corpuscules réniformes, identiques aux corpuscules des Sarcosporidies, mais différant notablement des corpuscules falciformes des Coccidies vraies, par exemple de *Coccidium oviforme*.

Dans cette opinion, on ne saurait être surpris de voir une Sarcosporidie se développer au sein des cellules épithéliales. La localisation absolue des Coccidies et des Sarcosporidies n'existe point, quoi qu'on en ait dit : si les premières se logent le plus ordinairement dans les éptithéliums, il n'est pourtant point rare de les trouver aussi dans le chorion des muqueuses ; et si les secondes sont parasites des fibres musculaires striées, on peut parfois les rencontrer également dans l'épaisseur des muqueuses ; il ne serait pas surprenant d'observer encore des formes de petite taille, vivant dans les cellules épithéliales. C'est ainsi que, par l'intermédiaire des *Klossia*, les Sarcosporidies se rattachent étoitement aux Coccidies.

R. Blanchard, *Sur un nouveau type de Sarcosporidies.* Comptes rendus de la Société de biologie, p. 417, 1885. — Comptes rendus de l'Acad. des sciences, C, p. 1599, 29 juin 1885. — R. Blanchard, *Note sur les Sarcosporidies et sur un essai de classification de ces Sporozoaires.* Bulletin de la Société zoologique de France, X, p. 244, 1885.

CLASSE DES FLAGELLÉS

Les Flagellés forment un groupe nombreux d'animaux dont quelques-uns peuvent présenter un notable degré de complication, mais dont les formes les plus simples (*Mastigamœba aspera*, *Cercomonas ramulosa*) ont tant de ressemblance avec les Amibes, qu'on pourrait sans inconvénient les rattacher à celles-ci. Ces faits, joints à d'autres qui trouveront leur place par la suite, rendent manifestes les relations qu'affectent entre eux ces deux groupes de Protozoaires.

Quelle que soit leur forme, quel que soit leur degré de complication, les Flagellés sont tous reconnaissables à ce que leurs organes de locomotion ou de préhension des aliments (chez les formes sédentaires) sont constitués par un ou plusieurs longs filaments ou *flagellums*, animés d'un mouvement très rapide : ils sont toujours dépourvus de cils, mais peuvent être parfois plus ou moins amiboïdes ou être ornés de membranes ondulantes. On rencontre parmi eux un certain nombre de formes parasites.

Trypanosoma sanguinis Gruby, 1843.

SYNONYMIE : *Paramecium loricatum* Mayer, 1843.
Amœba rotatoria Mayer, 1843.
Globularia radiata Wedl, 1849.
? *Paramecium costatum* Chaussat, 1850.
Undulina ranarum Ray Lankester, 1871.
? *Paramecioides costatus* Grassi, 1882.
Hæmatomonas Mitrophanow, 1883.

En 1843, Gruby trouva dans le sang de Grenouilles vivantes et adultes, au printemps et en été, un organisme allongé, aplati, transparent et contourné trois ou quatre fois sur lui-même comme un tire-bouchon (fig. 39). Sa longueur variait entre 40 et 80 μ, sa largeur entre 5 et 10 μ. L'un de ses bords était lisse, l'autre était au contraire dentelé en scie sur toute son étendue. Le corps enfin se terminait à chacune de ses extrémités par un filament effilé : l'antérieur était le plus mobile et mesurait 10 à 12 μ de longueur.

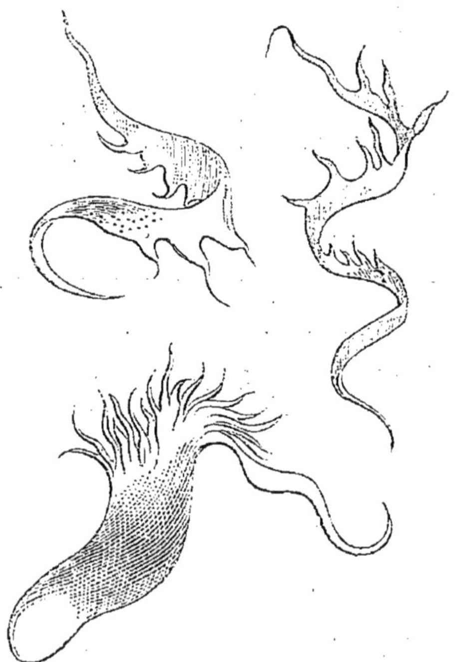

Fig. 39. — *Trypanosoma sanguinis*, d'après Gruby.

L'organisme ainsi constitué présente un genre de locomotion des plus remarquables. Il progresse en accomplissant un mouvement de vis et accomplit à la seconde quatre rotations complètes autour de son axe, ce qui fait un total de 14 400 révolutions à l'heure. A l'état de repos, il est doué d'actifs mouvements amiboïdes et présente des aspects variés. Cet être n'est pas très fréquent : sur 100 Grenouilles, Gruby ne le trouve que chez deux ou trois, et chaque goutte de sang n'en renferme également que deux ou trois; il ne le voit pas chez les jeunes animaux et le rencontre plus souvent chez la femelle que chez le mâle.

En 1850, J.-B. Chaussat, dans un travail méconnu, confirme la découverte de Gruby.

Ray Lankester, en 1871, retrouva cet organisme dans le sang de la Grenouille. Le croyant nouveau, il lui donna le nom d'*Undulina ranarum* et le décrivit comme un corps comprimé, étalé en éventail, strié longitudinalement à sa surface et muni d'un noyau volumineux, ovoïde, mais dépourvu de vacuoles

Fig. 40. — *Trypanosoma sanguinis*, d'après Ray Lankester.

contractiles ainsi que de bouche. A l'une de ses extrémités, l'animalcule présente un prolongement susceptible de s'étirer beaucoup et de se transformer en un flagellum mobile, à peu près aussi long que le corps (fig. 40).

Plus tard, Gaule émit à l'égard des Trypanosomes une opinion singulière : pour lui, il ne s'agirait point là de parasites, mais de simples leucocytes, dont il aurait pu suivre sous le microscope la transformation en Trypanosomes; inversement, les Trypanosomes pourraient redevenir des globules blancs. Cette opinion n'eut d'autre défenseur que son auteur même et fut combattue au contraire par tous les naturalistes.

Le Trypanosome fut observé encore par Grassi, non seulement chez la Grenouille, mais encore chez la Rainette et le Crapaud.

Cet auteur a vu dans le sang de la Grenouille des formes qui pourraient bien représenter l'état jeune du parasite : ce sont des corps globuleux, à la surface desquels on voit prendre naissance une très étroite membrane ondulante, qui finit librement par un flagellum. Grassi décrit encore dans le sang de la Grenouille un organisme auquel il donne le nom de *Paramecioïdes costatus*. Il est possible que ce soit là une simple forme du Trypanosome : les mouvements amiboïdes dont peut être doué celui-ci suffisent à expliquer l'absence du flagellum et la forme spéciale; il est en tout cas identique à *Paramecium costatum* Chaussat.

Nous avons pris pour type des Trypanosomes celui des Batraciens, parce qu'il est le mieux connu; mais ces parasites ne sont point spéciaux à cette classe de Vertébrés. A.-F.-J.-C. Mayer et Chaussat avaient observé déjà, l'un dans le sang de *Cyprinus carassius*, l'autre dans le sang du Barbeau de la Seine, des Trypanosomes que Mitrophanow retrouva récemment chez *Cobitis fossilis* et *Carassius vulgaris* et qu'il appela *Hæmatomonas* (*H. cobitis* et *H. Carassii*); Mayer les avait appelés *Amœba rotatoria*. Le sang des Chéloniens peut également renfermer de semblables parasites, comme l'ont montré Leydig et Künstler. Enfin, ce qui doit nous intéresser bien davantage, c'est de constater leur présence dans le sang des Mammifères : Künstler les a encore observés dans le sang du Cobaye, et c'est peut-être également à un Trypanosome qu'il faut rapporter le parasite découvert à Calcutta par Lewis, dans le sang de *Mus decumanus* et de *Mus rufescens*.

Ce n'est pas seulement dans le sang que vivent les Trypanosomes : on les peut rencontrer encore en divers points de

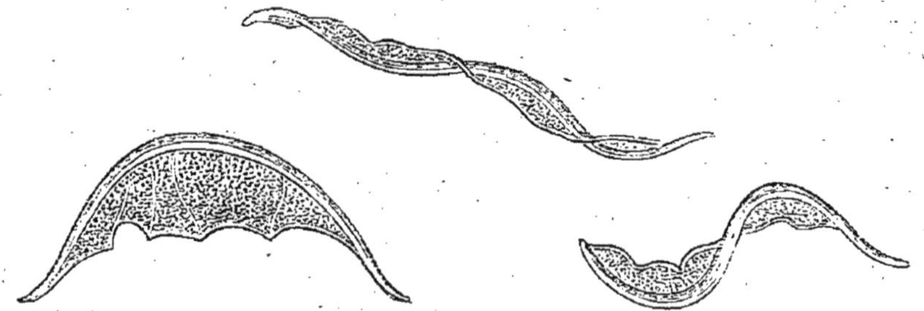

Fig. 41. — *Trypanosoma Balbianii*, d'après Certes.

l'appareil digestif. Certes a décrit sous le nom de *Trypanosoma Balbianii* un parasite de l'intestin de l'Huître : c'est un organisme long de 40 à 120 μ, large de 1 à 3 μ, sur lequel les réactifs font apparaître une crête délicate : il se meut en vrille avec une extrême vitesse et semble se reproduire par division longitudinale (fig. 41). Enfin, Eberth, en 1861, a trouvé dans l'intestin de divers Oiseaux (Poule, Perdrix, Oie, Canard) un organisme aplati, long de 12 à 14 μ, large de 6 à 8 μ, auquel Saville Kent donne le nom de *Tr. Eberthi :* peu abondant dans le contenu de l'intestin, il pullule au contraire dans la lumière des glandes de Lieberkühn. Ajoutons toutefois que ce dernier organisme a été revu par Künstler, qui le considère comme une Trichomonade à membrane ondulante élevée et très plissée.

Gruby, *Sur une nouvelle espèce d'hématozoaire, Trypanosoma sanguinis*, Comptes rendus, XVII, p. 1134, 1843. Annales des sc. nat. zool., (3), I, p. 104. 1844.

J. B. Chaussat, *Recherches microscopiques appliquées à la pathologie. — Des hématozoaires.* Thèse de Paris, 1850.

E. Ray Lankester, *On Undulina, the type of a new groupe of Infusoria.* Quart. journ. of micr. science, (2), XI, p. 387, 1871.

A. Rättig, *Ueber Parasiten des Froschblutes.* Inaug. diss. Berlin, 1875.

T. R. Lewis, *Flagellated organism in the blood of healthy rats.* Quarterly journal of micr. science, (2), XIX, p. 109, 1879.

J. Gaule, *Beobachtungen der farblosen Elemente des Froschblutes.* Archiv für Physiologie, p. 375, 1880.

A. Certes, *Note sur les parasites et les commensaux de l'Huître.* Bull. de la Soc. zool. de France, VII, p. 347, 1882.

B. Grassi, *Sur quelques Protistes endoparasites appartenant aux classes des Flagellata, Lobosa, Sporozoa et Ciliata.* Archives ital. de biologie, II, p. 402, 1882 et III, p. 23, 1883.

P. Mitrophanow, *Beiträge zur Kenntniss der Hämatozoen.* Biolog. Centralblatt, III, p. 35, 1883.

J. Künstler, *Recherches sur les Infusoires parasites. Sur quinze Protozoaires nouveaux.* Comptes rendus, XCVII, p. 755, 1883.

Cercomonas hominis Davaine, 1854.

SYNONYMIE : *Cercomonas intestinalis* Lambl, 1875 (nec 1859).
Cercomonas Davainei Moquin-Tandon, 1860.
Bodo hominis Saville Kent, 1880.

Pendant l'épidémie de choléra de 1853-1854, Davaine vit souvent dans le service de Rayer, à la Charité, des malades dont les selles renfermaient des animalcules en quantité parfois si considérable, que chaque goutte en contenait plusieurs (fig. 42, *a*).

Davaine a décrit ces parasites sous le nom de *Cercomonas hominis* et en a donné la diagnose suivante :

« Corps piriforme, variable, long de 10 à 12 μ ; extrémité amincie se terminant par un filament caudal épais aussi long que le corps ; filament flagelliforme antérieur situé à l'extrémité obtuse, opposé au précédent, très long (deux fois aussi long que le corps ?) et mince, toujours agité, très dfficile à voir ; trait longitudinal vers l'extrémité antérieure, donnant l'apparence d'un orifice *buccal* (?) ; point de nucléus bien appréciable. Locomotion assez rapide, quelquefois suspendue par l'agglutination du filament caudal aux corps environnants ; l'animal oscille alors, comme un pendule, autour du filament. »

En outre de ces animalcules observés dans les matières récentes des cholériques, Davaine vit en grand nombre dans les déjections d'un individu atteint de fièvre typhoïde des Monadiens très analogues (fig. 42, *b*), mais pourtant pas identiques aux précédents : il les considère comme une seconde variété de *Cercomonas hominis*, variété qu'il caractérise ainsi :

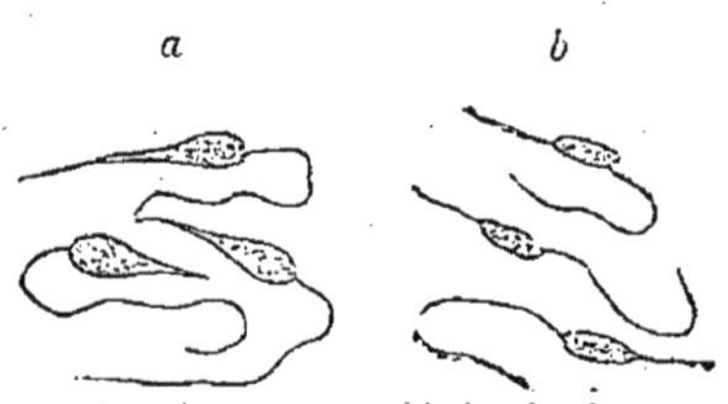

Fig. 42. — *Cercomonas hominis*, d'après Davaine. — *a*, première variété ; *b*, deuxième variété.

« Plus petite que la précédente ; corps moins piriforme, à contours moins arrondis, long de 8 μ : deux filaments, l'un antérieur, l'autre caudal, situés un peu latéralement ; longueur des filaments non déterminée ; locomotion très rapide. Cette variété se rapproche des *Amphimonas*. »

Ces animalcules disparaissent dès que les matières fécales commencent à se refroidir. Leur petitesse, la continuité et la rapidité de leurs mouvements, rendent une observation exacte très difficile, observation qui ne peut être complétée après leur mort, car il devient impossible alors de les distinguer des corpuscules de nature diverse, des cellules épithéliales plus ou moins altérées parmi lesquels ils se trouvent.

Les deux variétés distinguées par Davaine sont trop peu connues pour savoir s'il convient de les considérer comme spécifiquement différentes ; aussi convient-il de les réunir. Nous en dirons autant d'animalcules signalés par bon nombre d'observateurs et rapportés par eux à l'espèce *Cercomonas hominis*, mais étudiés trop superficiellement pour qu'on puisse être bien fixé sur leur valeur systématique. Le seul point qui semble bien précis, c'est l'indication de la taille. Or, la comparaison des chiffres donnés par les divers auteurs nous amène à cette conclusion que, sous le nom de *Cercomonas hominis*, on comprend un certain nombre de formes que nous sommes incapables de séparer actuellement les unes des autres, mais que bientôt nous saurons distinguer. *Cercomonas hominis*, tel qu'il est compris par les auteurs et tel que nous sommes contraint de le comprendre nous-même, n'est donc pas une espèce, mais un groupe d'espèces.

Cercomonas hominis est bien plus fréquent que ne le pensait Davaine. Non seulement il habite l'intestin dans le cas de choléra et de fièvre typhoïde, mais on le trouve encore dans les diarrhées, aiguës ou chroniques, et Lösch, en même temps qu'il découvrait *Amœba coli*, le rencontrait avec une telle fréquence chez les diarrhéiques, qu'il y croyait sa présence habituelle. Ekecrantz, en 1868, a pu lui-même l'observer deux fois, au Séraphiner-Lazaret, à Stockholm ; dans un cas, il s'agissait d'un Homme de 34 ans, dans l'autre cas le malade était un Homme de 29 ans. Les parasites étaient les mêmes dans les deux cas et répondaient à la description de Davaine. L'eau les tuait rapidement, mais ils vivaient longtemps dans la salive ou l'urine ; par une température de 16 à 18° C., la plupart vivaient encore cinq ou six heures après l'évacuation ; l'exposition au soleil retardait le moment de leur mort. Enfin, Nothnagel a vu dans l'intestin des Monades dont il donne une description trop incomplète pour qu'on puisse dire s'il convient de les rapporter au genre *Cercomonas*.

Jusqu'à présent, on n'a pas signalé dans nos climats la présence de ces parasites chez des individus sains ; mais, aux Indes, Lewis et Cunningham les ont fréquemment observés dans ces conditions. Ce dernier observateur les a trouvées 66 fois sur 100 dans les cas de choléra, et 28 fois sur 100 dans les cas de diarrhée simple ou chez les individus normaux. Chez les cholériques, ce ne sont pas toujours les seuls parasites que l'on rencontre dans l'intestin, mais elles sont toujours en majorité ; leur apparition n'est pas en rapport avec un stade particulier de la maladie, bien qu'elles se montrent surtout en abondance vers le milieu de celle-ci. Leurs mouvements s'arrêtent parfois deux heures après l'évacuation, parfois aussi ils persistent pendant plusieurs jours.

Si les Cercomonades sont incapables de faire naître la diarrhée, il n'en est pas moins certain que leur présence est dans une certaine relation avec l'état de l'intestin : elles sont d'autant plus nombreuses que la lésion est plus intense et, inversement, la guérison coïncide toujours avec leur disparition.

Bien que les constatations à cet égard soient encore fort incomplètes, nous ne pensons pas que leur présence dans l'intestin soit la cause de la diarrhée : nous pensons qu'elles n'apparaissent que secondairement, amenées du dehors, mais nous croyons aussi que l'affection détermine un état particulier dans lequel elles trouvent les conditions les plus favorables à leur développement. Elles se reproduisent alors activement et peuvent irriter à tel point la muqueuse, que le cours de la maladie en soit influencé et que celle-ci en éprouve une exacerbation. L'augmentation du nombre des parasites coïncide en effet avec une augmentation de la diarrhée, et celle-ci acquiert dans ce cas des caractères spéciaux qui permettent aisément d'en reconnaître la nature et la cause. Les selles prennent une teinte brun-jaunâtre et émettent une fade odeur de putréfaction; elles sont très visqueuses et ont une consistance de bouillie épaisse, due à la présence de nombreuses masses de mucosités.

Les Cercomonades ne vivent pas seulement dans l'intestin. Destrée en a trouvé dans le liquide évacué de l'estomac, au moyen de la pompe gastrique, chez une femme qui souffrait depuis près de deux ans d'une gastrite chronique : il est vrai qu'elles avaient pu remonter de l'intestin dans l'estomac, car celui-ci renfermait de la bile. C'étaient des animalcules longs de 10 à 12 μ, à corps pyriforme, à filament caudal court et rigide; l'extrémité antérieure était constituée par un cil long de 3 à 4 μ.

Des animalcules du même groupe ont été vus par Zunker dans la bouche, à la surface de la langue d'un malade atteint de cancer de l'estomac; les selles de ce malade n'en renfermaient que fort peu.

Dans un mémoire consacré à l'étude microscopique du tartre

dentaire, Steinberg aurait également vu dans la bouche jusqu'à douze espèces de Flagellés, dont cinq, du genre *Cercomonas*, sont désignés sous les noms de *Bodo* (*Cercomonas*) *socialis* Ehrbg., *Bodo* (*Cercomonas*) *intestinalis* Ehrbg., *C. biflagellata* Steinberg, *C. acuminata* Duj. et *C. globulus* Duj. Ces mêmes espèces se retrouveraient à l'intérieur des dents cariées. Parmi les animalcules observés par Steinberg, un seul, *Cercomonas intestinalis*, était connu déjà pour être accidentellement parasite du rectum des Batraciens ; un autre semble avoir été observé pour la première fois ; les trois autres étaient connus pour vivre à l'état de liberté dans l'eau. Ce fait ne saurait nous surprendre outre mesure, et l'on conçoit que, chez un individu ignorant les soins de propreté, même les plus rudimentaires, buvant des eaux malpropres, certains des Flagellés que renferment celles-ci puissent se retrouver dans la bouche (1).

Cercomonas hominis a encore été trouvé dans le foie par Lambl. Un jardinier, porteur de kystes hydatiques du foie, meurt de péritonite, à la suite d'une application de pâte corrosive. L'autopsie est faite au bout de douze heures : on trouve un Échinocoque de taille considérable, mesurant 32 centimètres de longueur sur 18 à 20 centimètres de largeur, et renfermé dans un kyste vraisemblablement formé par un canalicule biliaire élargi et dégénéré. Ce kyste, en outre de l'Échinocoque, contenait un liquide visqueux au sein duquel nageaient des Vibrions de taille variable et une énorme quantité de Cercomonades vivantes.

Celles-ci étaient animées de mouvements extrêmement vifs : on les voyait fréquemment se grouper par douzaines autour d'un point commun. Leur taille était variable et oscillait entre 5 et 14 μ. La forme variait aussi suivant l'état de contraction du corps, mais elle était le plus souvent elliptique ou fusiforme, parfois même plutôt piriforme ou cylindrique. Le flagellum et le filament caudal étaient bien nets, et le premier se faisait

(1) En outre des cinq Cercomonades que nous avons citées, Steinberg a vu encore dans le tartre dentaire quatre Monades, savoir : *Monas crepusculum* Ehrbg., *M. lens* Duj., *M. elongata* Duj., *M. globulus* Duj. S'il n'y a pas eu erreur de détermination, il est intéressant de retrouver ici cette dernière espèce, qui est marine.

remarquer par son extrême finesse; l'un et l'autre semblaient manquer chez quelques individus.

A la base du flagellum se trouve un orifice qui représente une bouche et qu'entourent des bords contractiles. Le parenchyme du corps est hyalin et, sauf quelques granulations très réfringentes, on n'y voit que deux vacuoles contractiles situées en arrière.

Les Cercomonades se conservèrent vivantes pendant des semaines dans leur liquide. Lambl vit leur reproduction se faire par division, aussi bien chez des individus mobiles que chez des individus qui, dépourvus de flagellum et de filament caudal, s'étaient contractés en boule.

Malgré les recherches les plus attentives, il fut impossible de rencontrer des Cercomonades ailleurs que dans le kyste dont il a été question; on n'en trouvait aucune dans l'intestin. Il est certain néanmoins que c'est bien de l'intestin qu'elles étaient venues, par le canal cholédoque, jusque dans le foie; mais il est vraisemblable que cela remontait déjà à une époque reculée : en effet, on ne pouvait admettre que l'infection se fût prolongée jusque dans les derniers temps, en raison du séjour de deux mois que le malade fit à l'hôpital, en raison surtout de la localisation si précise des parasites au niveau du kyste.

Ce qui doit nous frapper surtout, c'est de voir une si grande masse d'animalcules vivre et pulluler pendant des mois dans un liquide que l'on doit *a priori* considérer comme totalement dépourvu d'oxygène. Des conditions tout aussi défectueuses se trouvent réalisées pour les parasites du vagin ou même de l'intestin. Ces faits en apparence paradoxaux trouvent leur explication dans l'opinion suivant laquelle l'absorption d'oxygène ne servirait guère qu'à produire de la chaleur : les êtres qui se trouvent suffisamment réchauffés par le milieu ambiant, sans qu'il leur soit nécessaire d'élever eux-mêmes leur température, n'auraient pour ainsi dire pas besoin d'oxygène. Bunge (1) a récemment institué à ce propos des expériences qui sont venues confirmer cette manière de voir; ses recherches portaient sur *Ascaris mystax*, Nématode parasite de l'intestin du Chat.

(1) G. Bunge, *Ueber Sauerstoffbedürfniss der Darmparasiten*. Zeitschrift für physiologische Chemie, VIII, p. 48, 1883.

P. V. S. Tham, *Tvänne fall af Cercomonas*. Upsala läkareifören. förhandl., V, p. 691, 1870.

D. D. Cunningham, *Untersuchungen über das Verhältniss mikroskopischer Organismen zur Cholera in Indien*. Zeitschrift für Biologie, VIII, p. 251, 1872.

W. Lambl, *Cercomonas et Echinococcus in hepate hominis*. Rapport médical russe, nº 33, 1875 (en russe).

Zunker, *Ueber das Vorkommen der Cercomonas intestinalis im Digestionskanal des Menschen und dessen Beziehung zu Diarrhöen*. Deutsche Zeitschrift für prakt. Medicin, p. 1, 1878.

Nothnagel, *Zur Klinik der Darmkrankheiten*. Zeitschrift für klinische Medicin, III, p. 240, 1881.

E. Destrée, *Le Cercomonas intestinalis*. Journal de méd., chir. et pharmacol. Bruxelles, LXXVII, p. 122-124, 1883.

Cystomonas urinaria R. Bl., 1885.

SYNONYMIE : *Trichomonas irregularis* Salisbury, 1868.
Bodo urinarius Künstler, 1883.

Nous créons le genre *Cystomonas* (κύστις, vessie; *monas*, monade) pour un organisme qu'il est impossible de faire rentrer dans aucun des genres connus de Flagellés : sa caractéristique est la présence, à l'extrémité antérieure, de deux longs flagellums d'égale taille, et à l'extrémité postérieure effilée, d'un flagellum encore plus long que les précédents.

En 1868, D.-D. Salisbury trouvait en abondance, dans l'urine et le mucus vaginal d'une fille de seize ans, venue dix mois auparavant d'Allemagne à Philadelphie, un parasite dont il ne donne point les dimensions, si ce n'est qu'il l'indique comme plus petit que *Trichomonas vaginalis*. Cet organisme répond à la diagnose qui précède, bien que Salisbury décrive comme caudale l'extrémité à deux flagellums, que nous appelons antérieure.

Depuis, Künstler eut l'occasion d'examiner les urines fraîches d'un malade atteint de pyélite chronique consécutive à une opération de taille. Il y découvrit, perdues au milieu d'une foule innombrable de globules de pus, de petites Monades, très difficiles à distinguer au début, à cause de leur petitesse, de leur transparence et de leur agilité (fig. 43). Leur longueur ne dépassait généralement pas 10 μ ; quelques-unes pourtant atteignaient 15 μ.

Ces organismes possèdent à la partie antérieure du corps deux longs filaments locomoteurs d'une finesse extrême; dans certains cas, on en peut voir trois ou quatre, ce qui est sans doute l'indice d'une division longitudinale. Ces flagellums sont insérés sur l'extrémité atténuée d'une sorte de bec ordinairement tourné en bas et semblant déterminer une face ventrale. L'extrémité postérieure du corps s'effile considérablement et se termine par un long flagellum notablement plus gros que les deux précédents; il est à peu près constamment animé d'un mouvement de rotation et d'ondulation, de manière à constituer un puissant organe de propulsion. Le corps de l'animalcule est courbe, obtus et renflé en avant, atténué en arrière; à la base des flagellums antérieurs se voit un espace clair circulaire, qui est sans doute le noyau.

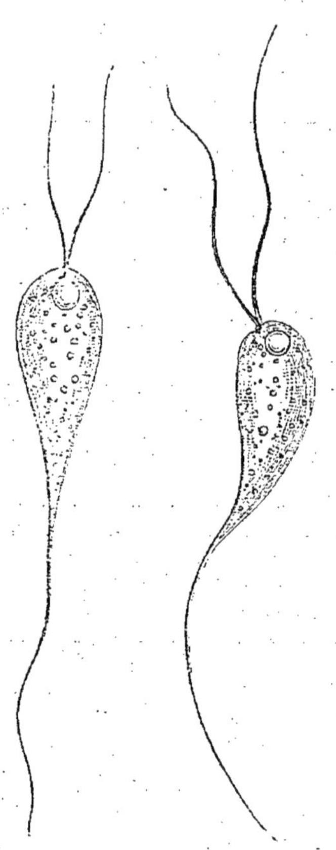

Fig. 43. — *Cystomonas urinaria*, d'après Künstler.

Hassall, en 1859, a vu dans l'urine des cholériques et dans l'urine albumineuse des animalcules auxquels il donna le nom de *Bodo urinarius*. Il leur assigne une longueur de 14 μ et une largeur de 8 à 9 μ; ils sont de forme ovale ou ronde, plus larges à une extrémité qu'à l'autre et munis d'un, deux ou trois longs flagellums, au moyen desquels ils se meuvent avec la plus grande rapidité : quand il y a trois flagellums, ceux-ci sont disposés deux à un bout et un à l'autre. Ces animalcules, qui se reproduisent par division, ressemblent assez à une Cystomonade, mais nous pensons qu'on ne doit pas les comprendre au nombre des parasites de l'Homme : en effet, Hassall ne dit pas nettement les avoir vus dans l'urine aussitôt après la miction, mais seulement dans l'urine alcaline exposée à l'air depuis plusieurs jours.

J. Künstler, *Analyse microscopique des urines d'un malade atteint de pyélite chronique consécutive à une opération de taille*. Travail communiqué à la Société d'anatomie et de physiologie de Bordeaux, dans la séance du 27 novembre 1883.

Monocercomonas hominis Grassi, 1882.

SYNONYMIE : *Protomyxomyces coprinarius* Cunningham, 1880.

Grassi a vu, dans les déjections d'une centaine d'individus atteints de diarrhée, des parasites de forme plus ou moins ovoïde, longs de 4 à 10 μ et larges de 3,3 à 4,8 μ, pourvus de trois ou quatre flagellums, à la base desquels se voit même parfois une sorte de bouche (fig. 44). Il est probable que les flagellums sont normalement au nombre de quatre et si parfois on n'en aperçoit que trois, cela est imputable à l'extrême délicatesse de ces appendices. La queue s'étire en pointe

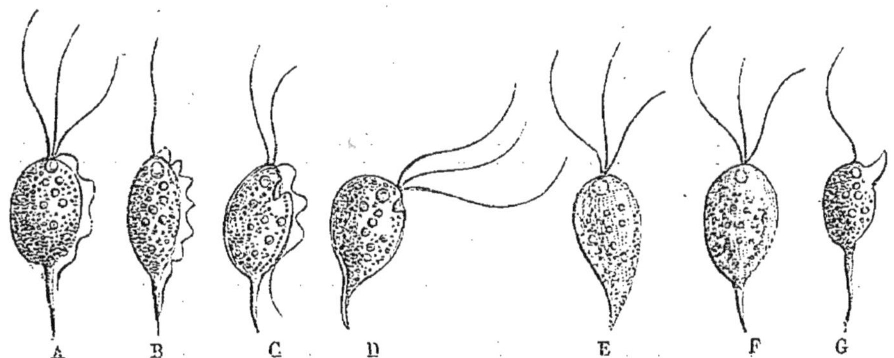

Fig. 44. — *Monocercomonas hominis*, d'après Grassi. — AC, état normal; DG, réduction du nombre des flagellums.

comme chez *Trichomonas*. Le corps renferme des vacuoles (contractiles?) et un noyau situé à la base même des flagellums.

Ces animalcules meurent entre 45 et 50°; ils disparaissent vite dans les déjections acides, mais peuvent vivre fort longtemps (jusqu'à 50 jours!) dans les déjections non acides et non putréfiées. Il est rare de les observer dans les cas de dysenterie, mais ils se rencontrent très communément chez les diarrhéiques, bien que tous n'en présentent pas. On les trouve en grand nombre dans l'entérocolite *ab ingestis*, sans qu'aucun symptôme spécial indique leur présence; parfois pourtant ils peuvent manquer complètement. Les Monocercomonades fourmillent parfois dans les selles diarrhéiques provoquées par les purgatifs; d'autres fois, on n'en trouve pas une seule. On n'en trouve jamais dans la diarrhée causée par des aliments tels que l'oignon, le lait caillé, non plus que dans les évacuations diarrhéiques des enfants à la mamelle. Enfin, dans les cas de diarrhée chronique, il est rare d'en trouver beaucoup; généralement, il y en a peu ou point. De tous ces faits, Grassi conclut que, dans la plupart des cas de diarrhée, mais non dans tous, se trouvent des Monocercomonades : elles apparaissent d'ordinaire dès le commencement de la diarrhée et disparaissent lorsque celle-ci prend fin.

C'est vraisemblablement à la Monocercomonade qu'il faut rapporter les Flagellés décrits par Cunningham et considérés par lui comme étant un simple état de développement d'un organisme parasite auquel il donne le nom de *Protomyxomyces coprinarius* et qui passerait successivement par les états de Monade et d'Amibe et se reproduirait par spores. Il est manifeste que cet observateur s'est laissé entraîner faussement à établir des relations de parenté entre des êtres fort différents qu'il rencontrait côte à côte dans le contenu de l'intestin.

D. D. Cunningham, *On the development of certain microscopical organisms occurring in the intestinal canal.* Quarterly journal of micr. science, (2), XXI, p. 234, 1880.

Trichomonas vaginalis Donné, 1837.

Synonymie : *Trichomonas vaginæ* Salisbury, 1868.
? Ciliaris bicaudalis Salisbury, 1868.

En 1837, le célèbre micrographe Al. Donné, alors chef de clinique médicale à la Faculté de médecine de Paris, découvrait dans le mucus vaginal un parasite du groupe des Flagellés, auquel il donna le nom de *Trichomonas vaginale.* Depuis lors, cet organisme a été revu par un certain nombre d'observateurs, par Henle, Kölliker et Scanzoni, Hennig, Hausmann et surtout par Künstler, qui en a donné une bonne description. Davaine l'a vu dans l'urine de femmes atteintes d'écoulement leucorrhéique, et Salisbury a pu faire, lui aussi, une constatation analogue.

Le mucus vaginal est normalement très acide, ce qui semble constituer une excellente condition pour le développement du parasite. Celui-ci ne s'observe en effet jamais au niveau de la vulve, non plus que dans l'utérus, les muqueuses de ces deux régions sécrétant un mucus alcalin. Pourtant Gasser a constaté que les variations de la réaction de la sécrétion vaginale sont sans influence appréciable sur son existence et son développement; on le trouverait aussi bien dans les sécrétions putrides à réaction acide que dans celles qui sont alcalines, le plus souvent cependant dans les cas d'hypersécrétion modérée du col et du vagin.

Donné pensait déjà que ce parasite ne se rencontre jamais dans le mucus vaginal sain et normal, fait qu'ont confirmé tous les auteurs. On ne le voit même pas quand la sécrétion est augmentée sans que ses principes constituants aient subi d'altération. Mais, dans le catarrhe virulent des organes génitaux, accompagné d'une sécrétion muco-purulente abondante, à réaction fortement acide, il pullule tellement que la dixième partie environ de ce muco-pus se compose de parasites vivants, accolés les uns aux autres. Toutes les fois qu'ils s'y trouvent, le mucus présente un aspect spumeux que Donné considérait déjà comme caractéristique.

Les injections d'eau dans le vagin amènent bientôt chez eux la cessation de tout mouvement, puis la mort; le tannin, l'acide chromique, les solutions faibles de benzine, d'acide phénique, de sulfate de cuivre ou de bichlorure de mercure, etc., ont le même effet. Le passage du flux menstruel ou le travail de l'accouchement leur sont tout aussi funestes; Gasser note qu'ils réapparaissent le sixième ou septième jour qui suit l'accouchement, aussi bien dans les lochies que dans le vagin.

Trichomonas vaginalis est un parasite extrêmement fréquent. On l'observe surtout chez des femmes adultes et on le rencontre aussi bien chez les petites filles de six à sept ans que chez des femmes ayant passé l'âge de la ménopause. Hennig dit néanmoins ne l'avoir jamais vu avant la puberté ni après quarante ans. Kölliker et Scanzoni l'ont trouvé dans plus de la moitié des cas observés par eux, aussi bien chez des femmes enceintes que chez des femmes non gravides. Hausmann l'a trouvée 75 fois sur 200 femmes enceintes, ce qui donne une proportion de 37,5 pour 100; le même auteur l'a constaté 40 fois sur 100 femmes non enceintes. D'après ses observations faites à l'hôpital Saint-André, à Bordeaux, dans le service du professeur Pitres, Künstler a pu se convaincre que ces chiffres sont bien au-dessous de la vérité et que, à très peu d'exceptions près, le parasite se peut observer chez toute femme atteinte d'écoulement purulent, à la condition que celle-ci ne s'administre pas trop fréquemment des injections froides ou alcalines.

Il est difficile de déterminer si la Trichomonade du vagin est la cause de l'état pathologique dans lequel on l'observe ; la plu-

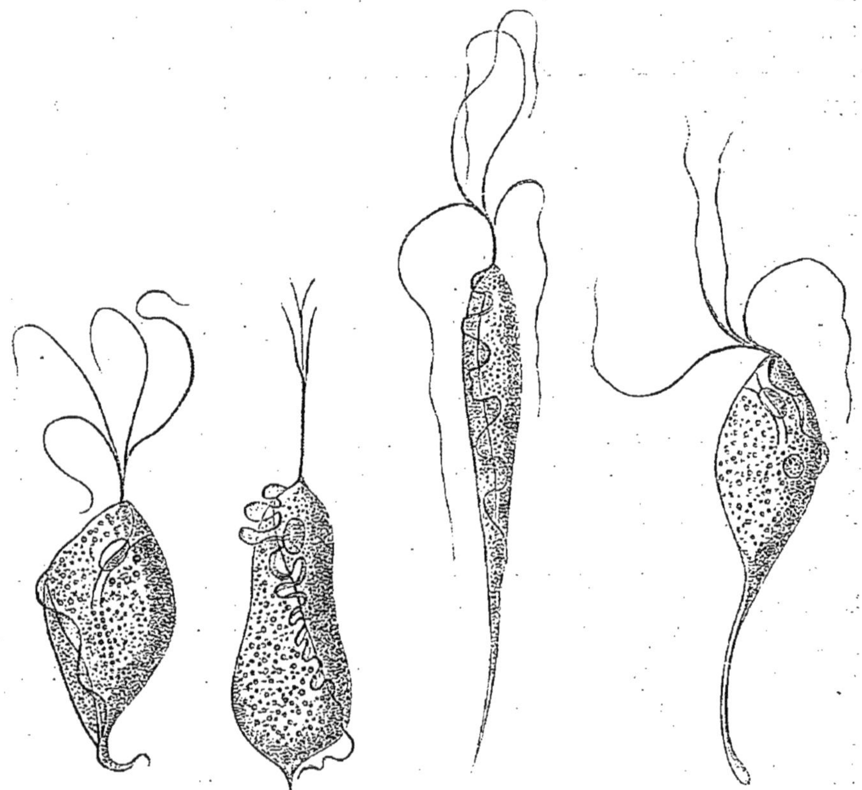

Fig. 45. — *Trichomonas vaginalis*, d'après Künstler.

part des auteurs disent non, mais Künstler dit oui. Pour lui, le parasite se développe dans les vagins affectés de pertes blanches ; il provoque l'irritation de la muqueuse et cause ainsi progressivement une vaginite purulente et acide.

Trichomonas vaginalis (fig. 45) est long d'environ 15 à 25 μ et le plus ordinairement de 16 à 18 μ, d'après Künstler. Il se trouve mélangé dans le mucus vaginal à une foule de globules de pus, dont il est parfois difficile de le distinguer, à un examen superficiel. Il n'est pas rare de voir des groupes de cinq ou six individus réunis par la queue ou encore greffés sur un globule de pus ou sur un grumeau muqueux.

Le corps, habituellement ovoïde ou fusiforme, est de forme changeante et se présente sous des aspects divers. Se déplace-t-il librement dans le mucus, l'organisme garde sa forme caractéristique et la translation se fait à peu près exclusivement au moyen des flagellums. Est-il au contraire comprimé et gêné dans ses mouvements par l'accumulation des globules de pus, il rampe et se déplace à la manière des Sangsues. Une température de 20 à 37° favorise ses mouvements : il est alors très actif; on le voit modifier ses contours et pousser des pseudopodes de taille parfois considérable. Il semble que cette faculté de changer de forme soit particulière aux adultes : les jeunes animalcules présentent en effet les configurations les plus régulières.

Les mouvements se ralentissent et bientôt s'arrêtent quand la température s'abaisse; se relève-t-elle, on les voit réapparaître. L'animalcule cesse encore ses mouvements quand on le traite par l'eau froide : il devient rigide, bulleux et finit par se détruire ; les injections alcalines déterminent les mêmes modifications. Il prend alors plus ou moins l'aspect d'une cellule épithéliale vibratile et c'est ce qui a conduit Glüge, Valentin, von Siebold, Vogel et d'autres à révoquer son existence en doute.

L'extrémité antérieure du corps est pourvue d'une sorte de rostre sur le côté duquel s'insèrent les flagellums. Donné, Dujardin et Davaine n'en admettaient qu'un seul; Leuckart, puis Hennig n'en ont décrit que deux et exceptionnellement trois : Bütschli et Blochmann ont admis qu'il en existait trois; enfin Künstler a montré que le nombre normal de ces organes locomoteurs était de quatre. Ceux-ci sont au moins aussi longs que le corps et sont souvent jusqu'à trois fois plus longs. Ils adhèrent habituellement entre eux sur une longueur variable à partir de leur base; ils sont rectilignes ou onduleux, très fréquemment rabattus le long du corps, ce qui les rend fort difficiles à voir.

Le pôle postérieur du corps se prolonge ordinairement en une sorte de queue dont la forme et les dimensions sont extrêmement variables : c'est le plus souvent une pointe fine plus ou moins rectiligne; c'est parfois un appendice incurvé, tordu en spirale, aplati ou claviforme, qui remonte assez fréquemment, mais à une faible distance, sous forme de crête saillant à la surface du corps.

Des flagellums à l'appendice caudal s'étend, suivant une ligne spirale, une membrane ondulante dont Künstler a le premier reconnu la nature; jusqu'alors, on avait pensé qu'il s'agissait d'une rangée de cils vibratiles. Cette membrane est peu élevée et son bord libre est plus long que son bord adhérent, en sorte qu'elle se montre plissée et festonnée à la manière de la crête du spermatozoïde des Tritons. Elle est très surbaissée dans le tiers postérieur du corps, et peut passer aisément inaperçue, à moins d'un examen des plus attentifs. En outre du rôle important qu'elle joue dans les phénomènes de la locomotion, Künstler remarque que cette membrane agit à la manière d'une vis d'Archimède et détermine dans le liquide renfermant l'animalcule un courant qui vient passer devant la bouche.

Celle-ci est située au voisinage de l'extrémité antérieure du corps, à une distance variable de la base des flagellums et à l'opposé du rostre. Elle est constituée par une ouverture infundibuliforme qui donne accès dans une sorte de tube œsophagien, paraissant assez rigide et d'une certaine longueur. Ce tube est indiqué nettement par une double rangée de corpuscules plongés au sein du parenchyme du corps et qui paraissent être des Bactériens ingérés, tant ils ressemblent à ceux de ces êtres qui se peuvent observer dans le mucus ambiant.

Le parenchyme du corps est finement pointillé; au centre et en avant, on voit des amas de granulations. Ce parenchyme est limité extérieurement par une mince cuticule anhiste; il est dépourvu de vacuole contractile, mais renferme un noyau unique, ovalaire, allongé, sans nucléole et appliqué contre le tube œsophagien, près de l'extrémité antérieure du corps.

Le mode de reproduction de ce parasite n'a pas encore été observé, mais certains faits rapportés par Hausmann et par Hennig tendent à faire admettre que la multiplication se fait par simple division longitudinale.

Donné, *Recherches microscopiques sur la nature du mucus*. Paris, 1837.
Hausmann, *Die Parasiten der weiblichen Geschlechtsorgane*. Berlin, 1870.
Hennig, *Der Katarrh der inneren weiblichen Sexualorgane*. Leipzig, 1870.

J.-F. Gasser, *Des parasites des organes génitaux de la femme*. Thèse de Paris, 1874.

D. Hausmann, *Parasites des organes sexuels femelles de l'Homme et de quelques animaux*. Paris, in-8 de 198 pages, 1875.

J. Künstler, *Recherches sur les Infusoires parasites. Sur quinze protozoaires nouveaux*. Comptes rendus de l'Acad. des sc., XCVII, p. 755, 1883.

F. Blochmann, *Bemerkungen über einige Flagellaten*. Zeitschrift für wiss. Zoologie, XL, p. 42, 1884.

J. Künstler, *Sur deux Infusoires parasites*. Journal de micrographie, 1884.

J. Künstler, *Trichomonas vaginalis*. Journal de micrographie, 1884.

Trichomonas intestinalis Leuckart, 1879.

Synonymie : *Cercomonas intestinalis* Marchand, 1875.

Le parasite dont il s'agit ici a été rencontré, en 1875, par Marchand dans les selles d'un typhique ; depuis il a été revu sept fois par Zunker dans diverses affections graves de l'intestin.

Cet animalcule (fig. 46), dont la description est d'ailleurs fort incomplète, ne diffère guère que par l'habitat de *Trichomonas vaginalis*, avec lequel il offre de grandes ressemblances par la taille, par la forme du corps et par la présence d'un filament caudal; aussi est-ce à juste titre que Leuckart lui a donné le nom de *Tr. intestinalis*.

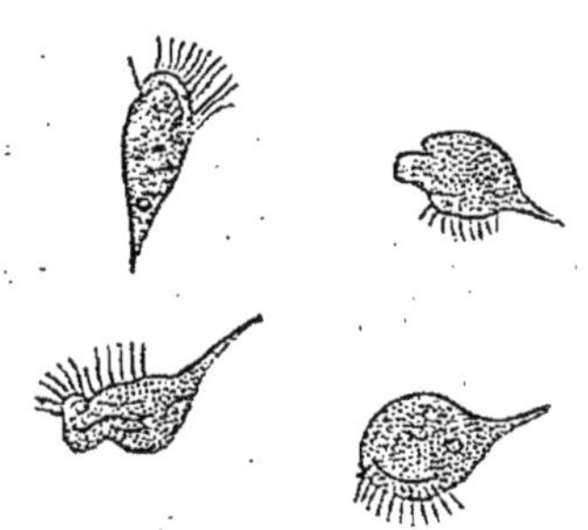

Fig. 46. — *Trichomonas intestinalis*, d'après Zunker.

Les auteurs qui l'ont observé ne lui décrivent point de flagellums, mais quand on songe à la délicatesse extrême de ces prolongements et à l'habitude toute spéciale qu'il faut avoir de ces recherches, on n'est point surpris de voir qu'ils sont passés inaperçus. La question qui se pose n'est donc pas de savoir s'ils existent, mais de savoir en quel nombre ils existent.

Le corps est long de 10 à 15 μ, large de 7 à 10 μ ; il porte en outre un prolongement caudal qui mesure de 2 à 3 μ. Il présente sur l'un de ses côtés une membrane ondulante antéro-postérieure, qui est décrite par les auteurs comme une rangée de cils vibratiles, mais dont la signification ne saurait être mise en doute, après les délicates observations de Künstler sur *Tr. vaginalis*.

L'animalcule au repos a la forme d'un noyau d'amande. Son corps est formé d'un protoplasma transparent, renfermant quelques granulations éparses et présentant à sa partie postérieure un ou deux petits espaces clairs qui sont peut-être des vacuoles. L'extrémité postérieure est, comme nous l'avons dit, pourvue d'une sorte de piquant ; l'antérieure est au contraire arrondie et la membrane ondulante y est sans cesse en mouvement.

Tr. intestinalis est extraordinairement agile ; il est doué d'une grande contractilité, en sorte que son corps devient parfois pour ainsi dire amiboïde. Les conditions deviennent-elles moins favorables à son existence, on le voit ralentir ses mouvements : il s'arrête, tourne en cercle sur son pôle postérieur ou bien s'attache par son prolongement caudal et se balance d'un mouvement pendiculaire qui va en se ralentissant de plus en plus. Quand enfin la mort vient le surprendre, sa membrane ondulante n'est plus visible, il s'arrondit et prend ainsi l'aspect d'une simple cellule à contenu granuleux.

Zunker pense que ce parasite est plus fréquent que *Cercomonas hominis* : il l'a vu sept fois, tandis qu'il n'a observé que deux fois ce dernier. On le rencontre du reste indifféremment dans les cas chroniques (diarrhée) et dans les cas aigus (fièvre typhoïde, péritonite, diarrhée profuse liée à l'ictère ou à la pneumonie). Le parasite se tient surtout dans le côlon et le rectum et serait capable, suivant Zunker, de provoquer une vive irritation de la muqueuse, comme aussi d'entretenir et d'aviver les inflammations déjà existantes. Ce même auteur l'a observé une fois dans la bouche.

Rappin l'a également rencontré dans la bouche, sur lui-même et chez un typhique. Il le prend pour une Cercomonade, mais la description qu'il en donne ne peut s'appliquer qu'à une Trichomonade. Le corps, dit-il, est un peu long, ovalaire, de forme très variable. « Il possède à une extrémité un long flagellum ayant environ une fois et demie la longueur du corps ; à l'autre, un aiguillon raide au moyen duquel il s'accroche aux parties solides de la préparation, tandis qu'il s'agite en mouvements désordonnés. Sur un de ses bords on aperçoit avec très peu de netteté des cils latéraux se mouvant avec une très grande rapidité.... On observe aussi dans l'intérieur du corps et dans certains cas seulement une sorte de noyau vésiculeux. »

Ce parasite peut donc se rencontrer sur des individus sains, puisque Rappin était en parfaite santé quand il l'observa sur lui-même. Nous savons déjà que la prétendue rangée de cils vibratiles correspond à une membrane ondulante; quant aux flagellums, il est probable que Rappin les a méconnus pour la plupart, en raison de leur extrême délicatesse, et que, là encore, leur nombre normal doit être de quatre.

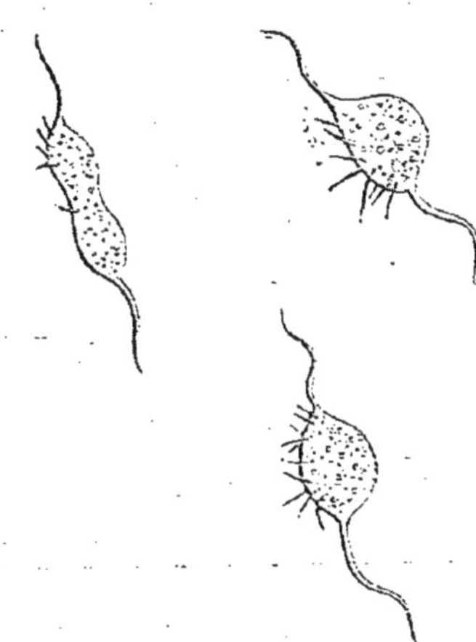

Fig. 47. — *Trichomonas intestinalis*, d'après Rappin.

Nous pensons qu'il faut rapporter à *Tr. intestinalis* les animalcules que Leeuwenhoek a découverts dans ses matières fécales et dans lesquels Stein voudrait reconnaître *Balantidium coli*. La lecture attentive du texte de Leeuwenhoek amène forcément à cette conclusion, que *Tr. intestinalis* est, parmi les parasites actuels de l'intestin de l'Homme, le seul auquel se puisse appliquer la description suivante :

« .... In materia pellucida temporibus quibusdam quædam animalcula, venuste sese moventia, omnia unius ejusdemque formæ, aliqua majora, aliqua globulo sanguinis minora, vidi ; corpora eorum longiora quam crassa, et abdomina ungulis multis instructa, quibus per pellucidam materiam ac globulos talem ciebant motum, quasi multipedam per parietem currentem nobis imaginaremur, et quamvis celerrimum ungulis suis motum efficiebant, tarde tamen promovebant, horum animalculorum in hac materia hoc tempore saltem unum in magnitudine arenæ, altero iterum tempore quatuor aut quinque imo aliquando sex aut octo, semel quoque alia animalcula ejusdem magnitudinis, sed alterius formationis, animadverti. »

Pour en finir avec les Trichomonades, nous ajouterons que Steinberg a signalé dans la bouche l'existence de trois Flagellés qu'il rapporte à ce groupe et qu'il désigne sous les noms de *Trichomonas elongata*, *Tr. caudata* et *Tr. flagellata*.

A. a Leeuwenhoek, *Anatomia seu interiora rerum, cum animatarum tum inanimatarum, ope et beneficio exquisitissimorum microscopiorum detecta, variisque experimentis demonstrata.* Lugd. Batav., 1687. — Voir fascicule II, p. 38, *De vivis animalculis existentibus in excrementis.*

F. Marchand, *Ein Fall von Infusorien im Typhusstuhl.* Archiv für pathol. Anatomie, LXIV, p. 293, 1875.

Zunker, *Ueber das Vorkommen der Cercomonas intestinalis im Digestionskanal des Menschen und deren Beziehung zu Diarrhöen.* Deutsche Zeitschr. für prakt. Medicin, p. 1, 1878.

G. Rappin, *Contribution à l'étude des bactéries de la bouche à l'état normal et dans la fièvre typhoïde.* Thèse de Paris, 1881.

Megastoma intestinale R. Bl., 1885.

Synonymie : *Cercomonas intestinalis* Lambl, 1859 (nec 1875).
Dimorphus muris Grassi, 1879.
Megastoma entericum Grassi, 1882.

Ce parasite, bien étudié par Grassi, est de forme singulière. On peut le comparer à une poire divisée en deux suivant son axe principal ; la base est en avant et le sommet en arrière (fig. 48 et 49). Les deux cinquièmes antérieurs sont échancrés

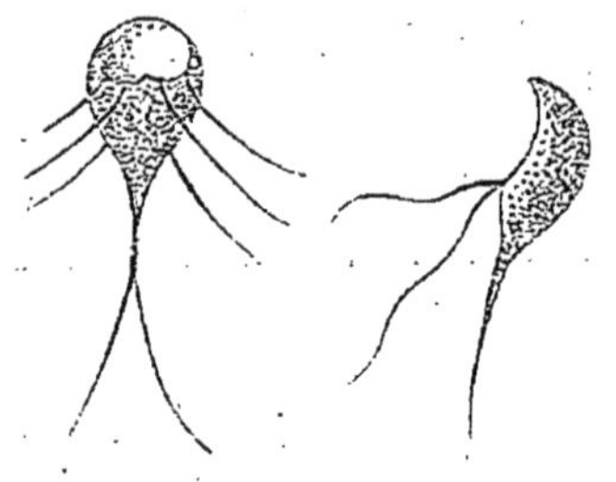

Fig. 48. —*Megastoma intestinale*, d'après Grassi.

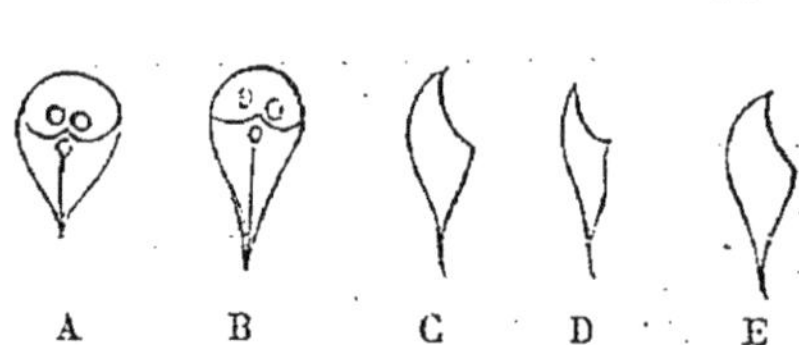

Fig. 49. — *Megastoma intestinale*, d'après Grassi. Différents aspects de l'animalcule dépourvu de cils.

et profondément déprimés en une sorte de ventouse réniforme et transversale, à hile postérieur. Le corps est transparent et incolore ; il est limité extérieurement par une membrane chitinoïde d'une extrême finesse, légèrement épaissie au pourtour de la dépression. En arrière de celle-ci, et sur la ligne médiane, une légère crête antéro-postérieure parcourt le corps dans toute sa longueur.

Il est fréquent de voir au fond de la ventouse deux petites taches (vacuoles ?) claires, elliptiques, dirigées en long, sur lesquelles le carmin peut se fixer (fig. 49, A, B). En outre, près de l'extrémité antérieure de la crête dont il vient d'être question se voit un très petit corpuscule arrondi, que le carmin ne colore pas.

L'animal est long de 5 à 10 μ et large de 4 à 6 μ. En général, il progresse en roulant sur son axe, mais parfois aussi il se déplace sans effectuer la moindre rotation. Il est habituellement muni de huit flagellums plus longs que le corps : deux s'attachent à l'extrémité postérieure, les six autres sont disposés symétriquement de part et d'autre de la crête et s'insèrent sur le bord de la ventouse.

Ce parasite a été rencontré d'abord chez la Souris et chez diverses espèces de Rats ; il est très commun quand ces animaux sont un peu vieux. On le trouve aussi, mais très rarement chez le Chat. Il habite de préférence le duonénum et le jéjunum ; il est rare dans l'iléon et est presque introuvable dans le gros intestin. Il vit en troupes peu nombreuses ; volontiers il s'applique par sa ventouse contre les cellules de l'épithélium intestinal, ce qui semble indiquer qu'il vit aux dépens de ces cellules. Il ne semble pas toutefois que l'hôte chez lequel il se trouve en soit incommodé : en effet, Grassi a souvent observé des Campagnols qui en renfermaient une immense quantité, sans que l'intestin offrît la moindre altération.

Le Mégastome se rencontre également chez l'Homme. Sur 50 cas environ, il a été vu 3 fois. Les individus chez lesquels cette constatation fut faite étaient des paysans de Rovellasca, atteints de diarrhée : deux cas étaient chroniques, l'autre était suraigu. Chaque selle renfermait des millions de parasites, mais il ne faut sans doute pas considérer ceux-ci comme la cause de la maladie. Il convient plutôt de croire que la lésion intestinale préexistait et qu'elle avait préparé un terrain favorable à leur développement : en effet, à plusieurs reprises Grassi avala un grand nombre de Mégastomes, sans jamais en retrouver un seul dans ses selles. Cet auteur croit pourtant que la présence des Mégastomes dans les déjections peut servir à éclairer le diagnostic : elle indiquerait une affection de la partie supérieure de l'intestin grêle.

La transmission du parasite se ferait du Rat à l'Homme. Les paysans de Rovellasca ont l'habitude de conserver leur pain dans les greniers, où les Rats peuvent le souiller de leurs excréments.

Nous sommes d'avis qu'il faut distraire du groupe *Cercomonas hominis*, pour le ranger à côté de l'animalcule précédent, le parasite vu par Lambl, en 1859, dans les mucosités gélatineuses de l'intestin des enfants et décrit par cet auteur sous le nom de *Cercomonas intestinalis* (nec Lambl, 1875). Cet animalcule (fig. 50) mesure 18 à 21 μ de long sur 8,6 à 11 μ de large : il est donc de taille notablement plus grande que le précédent, mais pour tous les autres caractères ces deux êtres se ressemblent d'une façon remarquable. Il est vrai que Lambl n'a point vu de flagellums ; mais quoi d'étonnant à cela, quand on sait la finesse d'observation qu'il faut déployer pour les apercevoir et quand des micrographes aussi habiles que Donné, Leuckart et Bütschli se sont trompés sur le nombre des flagellums de *Trichomonas vaginalis*?

Fig. 50. — *Megastoma intestinale*, d'après Lambl. Grossi 540 fois.

Voici du reste la description que donne Lambl du parasite qu'il a découvert. Qu'on la mette en parallèle, d'une part avec celle de *Cercomonas hominis*, d'autre part avec celle du Mégastome décrit par Grassi, ou, mieux encore, qu'on compare les dessins originaux de Lambl et de Grassi, et on demeurera convaincu que le rapprochement que nous faisons est légitime.

« La forme est celle d'une Scorpène ; il est muni, à son extrémité tronquée, d'une ventouse ovale-arondie, dans la profondeur de laquelle brillent deux corpuscules nucléiformes. La queue est longue de 3 à 4 μ et épaisse de 0,8 à 1,6 μ. Les mouvements de locomotion se font par des tours circulaires, semblables au vol de l'Hirondelle, puis l'animal vacille, de manière à se montrer de profil ; en outre, quand l'animal est au repos, on voit la queue vibrer comme celle d'un spermatozoïde ; à l'agonie, il ouvre et ferme par ondulations le bord de sa ventouse, ce qui ressemble à un mouvement respiratoire. Ce mouvement a pu être observé pendant des heures entières dans les excréments frais ; quelques animaux étaient encore reconnaissables le lendemain. Les plus jeunes formes ressemblent à des corpuscules muqueux ovales et gonflés. »

C'est encore, pensons-nous, au Mégastome qu'il faut rapporter les « Monades » observées à Calcutta par Cunningham dans un grand nombre de cas de choléra ou de diarrhée simple et caractérisées ainsi : « L'autre Monade possède un corps aplati en spatule, convexe d'un côté, concave de l'autre et étiré en un appendice délicat et filiforme, au voisinage duquel se voient sur la face concave quelques petits cils à rapides vibrations. Cette espèce n'est pas aussi fréquente que les Cercomonades ordinaires, mais parfois elle est très abondante. »

W. Lambl, *Mikroskopische Untersuchungen der Darm-Excrete*. Prager Vierteljahrsschrift für praktische Heilkunde, LXI, p. 51, 1859.

Lambl, *Aus dem Franz Josef-Kinderspitale in Prag*. Prag, 1860.

D. D. Cunningham, *Untersuchungen über das Verhältniss mikroskopischer Organismen zur Cholera in Indien*. Zeitschrift für Biologie, VIII, p. 251, 1872.

R. Grassi, *Sur quelques Protistes endoparasites appartenant aux classes des Flagellata, Lobosa, Sporozoa et Ciliata*. Archives ital. de biologie, II, p. 402, 1882, et III, p. 23, 1883.

Tableau des Flagellés parasites de l'Homme.

CORPS	non échancré en avant. Prolongement caudal	flagelliforme.	Un flagellum en avant...	*Cercomonas.*
			Deux flagellums en avant	*Cystomonas.*
		rigide et fixe. Quatre flagellums en avant. Membrane ondulante	absente..	*Monocercomonas.*
			présente.	*Trichomonas.*
	échancré en avant. Six flagellums en avant, deux en arrière........			*Megastoma.*

ORDRE DES PÉRIDINIENS

Les Péridiniens ou Dinoflagellés sont des animaux marins ou d'eau douce : leur étude est intéressante à cause des enseignements de physiologie générale qui en ressortent : ces êtres participent en effet des caractères des animaux et de ceux des plantes.

Les Péridiniens varient extrêmement de forme ; leur corps est le plus souvent divisé par un sillon transversal en deux parties plus ou moins semblables l'une à l'autre. Le tégument est formé d'un grand nombre de petites plaques disposées côte à côte, en une sorte de cuirasse offrant les réactions de la cellulose, et présente fréquemment des appendices membraneux ou piquants, sortes de cornes dont la forme est très variable : on en peut observer trois chez *Ceratium cornutum*.

Ces êtres (fig. 51) présentent un flagellum, *a*, dont l'existence n'est pas constante. Un autre flagellum, *b*, est enroulé autour du corps, caché dans le sillon transversal : on l'a pris longtemps pour une couronne de cils vibratiles et c'est pour ce motif qu'on leur donnait naguère le nom de *Cilio-flagellés*. Ce dernier flagellum va en s'effilant et est ondulé sur toute sa longueur : ce sont ses ondulations qui ont été considérées comme une rangée de cils, comme ç'a été longtemps le cas pour la membrane des Trichomonades.

Les Péridiniens du genre *Polykrikos* sont remarquables en ce qu'ils présentent plusieurs noyaux, deux au moins, et plusieurs sillons transversaux, ces derniers pouvant être au nombre de huit : enfin, fait remarquable chez un Protozoaire, leur tégument renferme des nématocystes.

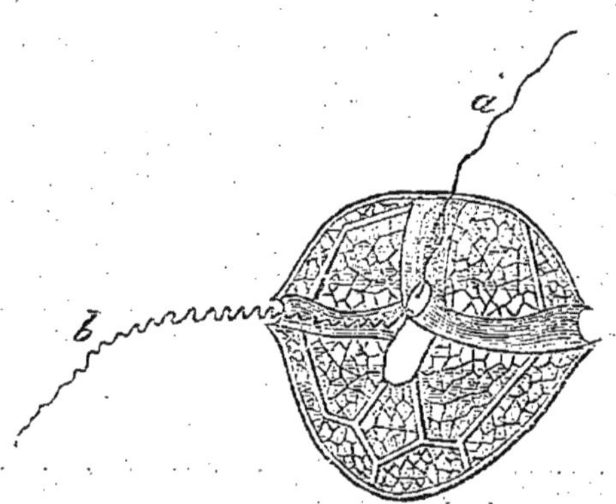

Fig. 51. — *Peridinium tabulatum*, d'après Klebs.

Le protoplasma renferme un gros noyau, incurvé souvent en fer à cheval et contenant un ou plusieurs nucléoles. On ne trouve point de vésicules contractiles, mais la masse du corps peut être creusée de grandes vacuoles qui occupent fréquemment une place déterminée et remplissent la plus grande partie du corps.

La plupart des Péridiniens sont colorés en jaune ou en brun, grâce à la présence de grains de diatomine ; d'autres sont incolores ou bien colorés en vert par la chlorophylle, ou en rouge. Le protoplasma contient encore des grains d'amidon et des gouttelettes huileuses qui sont le plus ordinairement incolores, mais peuvent aussi être teintées de jaune ou de rouge : Ehrenberg les prenait pour des yeux.

Le développement des Péridiniens est encore très peu connu. Ils se reproduisent principalement par division longitudinale, mais, dans beaucoup de cas, le plan de division est oblique par rapport à l'axe principal ou longitudinal du corps. On n'a encore, relativement à une reproduction sexuelle, que des données très incertaines.

Certains de ces animaux abandonnent leur test dans des conditions déterminées et subissent une véritable mue : les deux flagellums disparaissent, le corps se rétracte en boule au centre de l'enveloppe solide, non par diminution de substance, mais plutôt par expulsion du liquide qui remplissait les vacuoles. Le kyste venant alors à se rompre, l'animal sort, soit à l'état de forme nue (*Peridinium*), soit après avoir revêtu une nouvelle cuirasse (*Glenodinium*). Stein pense que la forme nue se divise en deux moitiés, dont chacune devient bientôt ovoïde et sécrète une cuticule anhiste, rudiment de la future carapace.

La position systématique des Péridiniens est des plus incertaines. Ils ont des rapports évidents avec les Flagellés, spécialement avec les Cryptomonades, auxquelles ils se relient par l'intermédiaire d'*Exuviælla marina* Cnk. (*Postprorocentrum maximum* Gourret). On ne saurait méconnaître d'autre part leurs affinités avec les Diatomées, à côté desquelles Klebs les range parmi les Thallophytes. Enfin, G. Pouchet présente bon nombre d'arguments qui les rapprochent des Noctiluques. Des recherches nouvelles sur le mode de reproduction de ces êtres pourront seules trancher la question.

Jusqu'à présent, on ne connaît aucune espèce de Dinoflagellé parasite. On a voulu pourtant rattacher à ce groupe un prétendu parasite de l'Homme dont il nous faut dire quelques mots.

Asthmatos ciliaris Salisbury, 1873.

Un médecin américain, Salisbury, a fait connaître sous ce nom un organisme de forme extrêmement variable, qu'il avait rencontré dans le mucus des yeux, du nez et de la gorge, chez des malades atteints de certaines formes de fièvres catarrhales : il le crut de nature parasitaire et le considéra comme la cause de l'affection. Les

Fig. 52. — *Asthmatos ciliaris*, d'après Salisbury.

figures que nous donnons de cet organisme (fig. 52) nous dispenseront d'insister plus longuement sur sa description. Salisbury a observé en cinq ans 60 cas de cette « fièvre de foin » ou « fièvre catarrhale » et toujours il a trouvé cet organisme en grande quantité ; la guérison coïncidait avec sa mort et sa disparition.

Le Dr Ephraïm Cutter, de Boston, put à son tour observer *Asthmatos ciliaris* dans une centaine de cas ; il décrit ses formes si variées, jusqu'à son mode de reproduction et le place dans la série zoologique à côté des Actinophrys.

Saville Kent (1) accepte cet organisme comme une bonne espèce zoologique et le classe parmi ses *Cilio-flagellata*. Malgré l'autorité de cet auteur, il faut revenir à une critique plus saine et rayer définitivement *Asthmatos ciliaris* de la liste des parasites de l'Homme, liste qui, à son défaut, sera encore assez longue. Le professeur Leidy, de Philadelphie, a en effet démontré que ces prétendus parasites n'étaient autre chose que des cellules d'épithélium isolées et nageant, au moyen de leurs cils vibratiles, dans le mucus des bronches et des fosses nasales. Cutter cherche, il est vrai, à maintenir l'animalité d'*Asthmatos ciliaris*, mais ses arguments ne sauraient convaincre personne.

J.-H. Salisbury, *Infusorial Catarrh and Asthma. Discovery of the cause o, one Form of Hay Fever, Hay Asthma, Catarrhal Fever*, etc. Zeitschrift für Parasitenkunde, IV, p. 6 (1873), 1875.

Ephr. Cutter, *Rhizopods (Asthmatos ciliaris) a cause of disease*. Virginia medical monthly, V, p. 605, novembre 1878.

J. Leidy, *Asthmatos ciliaris. Is it a parasite, the cause of catarrhal affection?* American Journal of medical science, LXXVII, p. 85, 1879.

Ephr. Cutter, *Rhizopoda (so called) as a cause of disease; treatment; second report.* Virginia medical monthly, VI, p. 28, 1879.

ORDRE DES CYSTOFLAGELLÉS

Le majestueux phénomène de la phosphorescence de la mer, qui s'observe à la belle saison, est dû le plus souvent aux Noctiluques, qui surnagent en innombrables quantités à la surface des flots. Ces Protozoaires sont le type d'un petit groupe voisin des Péridiniens ; ils sont assez gros pour être visibles à l'œil nu.

Le corps de *Noctiluca miliaris* (fig. 53) est globuleux, transparent et ressemble à un grain de tapioca à demi gonflé par l'eau ; il est limité par un tégument mince et finement grenu. A l'un de ses pôles se voit une dépression, au fond de laquelle se trouve la bouche et qui se continue sur la face dorsale par une sorte de sillon qui va en s'atténuant ; celui-ci est bordé par deux lèvres saillantes et plissées, qui peuvent s'écarter ou se rapprocher tour à tour, au gré de l'animal. La bouche n'est apparente que quand le sillon s'entr'ouvre et lorsque la Noctiluque ingurgite une proie.

(1) Saville Kent, *A manual of the Infusoria*. Voir pp. 466-468 et pl. XXIV, fig. 62-64. Les figures données par Kent ne sont pas la reproduction exacte et fidèle de celles de Salisbury; elles peuvent aisément donner le change sur la véritable structure de l'organisme et faire croire qu'il s'agit là d'un Infusoire ou d'un Péridinien. Certains auteurs ont, depuis, reproduit les figures de Kent, sans se reporter, comme nous, aux dessins originaux de Salisbury.

Deux appendices se montrent au voisinage de la bouche, un flagellum et un tentacule. Le flagellum n'est visible qu'autant que la dépression buccale s'écarte pour laisser voir la bouche elle-même. Il est très grêle et partout d'égale épaisseur; il s'agite en produisant des ondulations tantôt lentes et étendues, tantôt rapides et courtes, ou bien encore en s'infléchissant et en se roulant en spirale, mais ces mouvements ne peuvent servir en rien à la locomotion de l'animal et ne semblent avoir d'autre but que de diriger vers la bouche les matières nutritives.

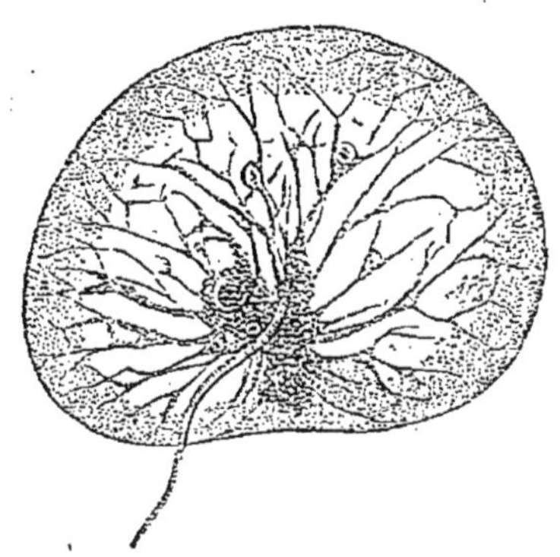

Fig. 53. — *Noctiluca miliaris.*

Le tentacule, deux ou trois fois plus long et surtout beaucoup plus gros que le flagellum, est aplati et va en s'effilant; il se termine par un sommet tronqué et arrondi. Il est situé transversalement et animé de mouvements lents, capables de diriger les corps étrangers vers la bouche, mais incapables de déplacer la Noctiluque.

La bouche, au niveau de laquelle le tégument fait défaut, est le point par lequel les aliments pénètrent dans la masse du corps; elle fonctionne également comme anus. Le protoplasma renferme un noyau central, sphérique ou ovoïde, dépourvu de nucléole. Le corps cellulaire proprement dit est disposé autour du noyau en une zone peu épaisse, d'où partent en rayonnant des tractus protoplasmiques qui vont en se ramifiant de plus en plus, à mesure qu'ils se rapprochent du tégument. Ces filaments sarcodiques n'ont rien de fixe, mais peuvent changer profondément d'un instant à l'autre; ils traversent la cavité du corps, pleine d'un liquide incolore, et leurs derniers tractus, anastomosés entre eux, aboutissent à un réseau serré qui tapisse toute la face interne de la paroi propre de la Noctiluque.

Le protoplasma ne renferme point de vésicule contractile, mais on y voit çà et là se creuser des vacuoles, autour des corps étrangers qui ont été introduits par la bouche. Il est ordinairement chargé de granulations jaunes ou de gouttelettes huileuses; il est enfin éminemment contractile, surtout au niveau des filaments radiés.

Les Noctiluques se reproduisent de différentes manières : les deux plus fréquentes sont la gemmiparité et la fissiparité ; l'une et l'autre ne se présentent que chez des individus adultes, ayant un diamètre d'un demi-millimètre au moins.

La gemmation est précédée par la chute du flagellum et du tentacule, ainsi que par l'oblitération de la bouche et du sillon qui lui fait suite : l'animal s'est ainsi transformé en une sphère creuse à paroi close de toutes parts. Le corps cellulaire entourant le noyau se déplace pour gagner la périphérie et repousse devant lui la paroi cellulaire. Alors commence la segmentation du noyau et du protoplasma : à mesure qu'elle se fait, le tégument de la Noctiluque se soulève en une poche dans laquelle vient se loger chaque segment nucléaire et protoplasmique. Cette segmentation se fait très régulièrement en 2, 4, 8, 16, 32, 64, 128; elle s'arrête quelquefois au stade 256, mais va le plus souvent jusqu'au stade 512; onze à douze heures suffisent pour l'achèvement du phénomène.

Les gemmes, une fois que leur production est achevée, sont plus ou moins rapprochées les unes des autres et sont disposées en une sorte de calotte qui recouvre environ le tiers ou le quart de la sphère représentée par l'individu générateur. Leur base s'étrangle alors de plus en plus, présage de leur isolement prochain, en même temps qu'au voisinage de leur sommet on voit apparaître un flagellum. D'abord immobile, celui-ci commence à s'agiter dès qu'il a une fois et demie à deux fois la longueur de la gemme ; complètement développé, il est six à sept fois plus long que cette dernière : c'est alors que les gemmes s'isolent une à une, pour vivre isolément.

Devenues libres, les gemmes progressent rapidement, grâce aux ondulations de leur flagellum, qui les pousse en quelque sorte devant lui. Elles sont longues de 18 μ, larges de 12 à 14 μ. Outre le noyau et le sarcode à lentes contractions, on voit à leur intérieur une et quelquefois deux vésicules contractiles. Le développement des gemmes en Noctiluques est encore inconnu.

La fissiparité est un mode de reproduction moins fréquent que le précédent. Elle s'annonce par l'effacement de la dépression buccale, la disparition du flagellum et du tentacule; le corps de la Noctiluque s'allonge alors transversalement, puis s'étrangle circulairement de proche en proche, à partir du pôle aboral. Le sillon ainsi formé devient de plus en plus profond; finalement, au bout d'une heure et demie à deux heures, la Noctiluque est complètement divisée en deux sphères, qui peuvent encore rester plus ou moins longtemps accolées l'une à l'autre.

Les nouveaux individus ont toujours un diamètre de $0^{mm},2$ au moins et souvent plus. Ils sont aisément reconnaissables à ce qu'ils ont une bouche, mais sont dépourvus de tentacules ; pourtant, ce dernier commence déjà à se développer avant la séparation complète des deux individus; la striation transversale n'y apparaîtra que plus tard. Le développement du flagellum n'a pas encore été observé.

Les Noctiluques se maintiennent à peu près immobiles à la surface de la mer : elles sont agitées tout au plus de légers mouvements de balancement déterminés par le tentacule. Mais, pour qu'elles se montrent à la surface, il faut que certaines conditions de chaleur soient réalisées, il faut en outre le calme le plus absolu; la moindre pluie les force à regagner le fond. Elles sont parfois tellement abondantes que la mer présente une couleur rouge assez intense et acquiert la consistance du tapioca. Il est à remarquer que la phosphorescence de la mer s'observe surtout dans les points où les vagues se brisent et viennent frapper le rivage; d'autre part, une eau obscure auparavant devient tout d'un coup phosphorescente, si on y jette une pierre. Ces faits s'expliquent aisément, si l'on sait que la lumière émise par les Noctiluques ne se produit que lorsque celles-ci sont soumises à une excitation quelconque, par exemple lorsqu'elles viennent à se heurter les unes contre les autres. On peut déterminer la phosphorescence dans une eau chargée de Noctiluques en la faisant traverser par un courant électrique.

La phosphorescence des Noctiluques est due à un simple phénomène d'oxydation. Le principe photogénique ou *noctilucine* absorbe de l'oxygène et dégage de l'acide carbonique tant qu'on le maintient dans un milieu humide : en même temps, il demeure lumineux : son éclat augmente notablement quand on le place dans une atmosphère d'oxygène pur ou dans un air riche en ozone. Il y a des raisons de penser que ce même principe existe dans tous les animaux phosphorescents, aussi bien que dans celles des matières organiques en voie de putréfaction qui ont la propriété d'émettre de la lumière.

Hertwig a fait connaître sous le nom de *Leptodiscus medusoides* un Protozoaire pélagique, dépourvu de tentacule, qu'il range parmi les Cystoflagellés et qui établirait le passage de ceux-ci aux Flagellés ; d'autres observateurs, notamment G. Pouchet, rapprochent plus volontiers les Noctiluques des Péridiniens, et cet auteur pense même qu'elles proviennent directement de *Peridinium divergens*.

Ch. Robin, *Recherches sur la reproduction gemmipare et fissipare des Noctiluques*. Journal de l'anatomie, p. 563, 1878.

W. Vignal, *Recherches histologiques et physiologiques sur les Noctiluques*. Archives de physiologie, (2), V, 1879.

CLASSE DES INFUSOIRES

Primitivement, on désignait sous le nom d'Infusoires tous les petits animaux qui vivent dans les eaux stagnantes et qu'on ne peut voir qu'avec le secours du microscope : comprise de la sorte, cette dénomination s'appliquait, non seulement à tous les Protozoaires microscopiques, mais encore à d'autres animaux de fort petite taille, comme les Rotateurs, les Cercaires, les Anguillules, et beaucoup d'Algues. Peu à peu, ce nom d'Infusoires s'est spécialisé, et il s'applique maintenant à un groupe bien défini de Protozoaires.

Les Infusoires ont été découverts en 1675 par Leeuwenhœk, célèbre naturaliste hollandais. Qu'on place une substance végétale, une feuille, un fragment de tige, et mieux quelques brins de foin, dans une quantité d'eau suffisante pour que la putréfaction ne se produise point, et l'on trouvera au bout de quelques jours, allant et venant sans cesse dans le liquide, des milliers d'animalcules dont le microscope seul peut nous révéler l'existence. Ces êtres sont nés dans l'infusion que nous avons faite : de là le nom d'*Infusoires* qui leur a été donné en 1763 par Ledermüller.

La classe des Infusoires renferme un nombre immense d'animaux, presque tous invisibles à l'œil nu. Ils vivent dans les eaux, soit douces, soit salées, ou se trouvent parfois en parasite chez d'autres animaux; nous aurons à en décrire une espèce chez l'Homme. Par suite des conditions particulières dans lesquelles ils sont appelés à vivre, certains Infusoires passent par des alternatives d'humidité et de sécheresse : ils peuvent présenter alors de curieux phénomènes de reviviscence, dont nous aurons également à parler.

Malgré leur quantité innombrable, malgré la grande variété de leur forme et de leur structure, il est assez facile d'établir une classification rationnelle des Infusoires : celle-ci repose sur la présence de cils vibratiles à la surface du corps ou sur leur absence et leur remplacement par des sortes de tentacules protoplasmiques. Les Infusoires dont le corps porte des cils vibratiles forment la division des *Ciliés*; ceux dont le corps est dépourvu de cils, mais muni de tentacules suceurs, forment le groupe des *Acinètes*, *Suceurs* ou *Tentaculifères*. Les Ciliés se laissent diviser à leur tour en *Holotriches*, *Hétérotriches*, *Péritriches* et *Hypotriches*, suivant la nature et la répartition des cils à la surface du corps.

R. Blanchard, *Sur la préparation et la conservation des organismes inférieurs.* Revue internat. des sciences, III, p. 245, 1879.

G. Balbiani, *Les organismes unicellulaires. Les Protozoaires.* Journal de micrographie, V, 1881; VI, 1882.

Sous-classe des Ciliés.

ORDRE DES HOLOTRICHES

Ces animaux, extrêmement nombreux, ont comme caractère commun d'avoir la surface entière du corps couverte de cils vibratiles tous semblables entre eux et qui semblent être disposés suivant des lignes longitudinales. On voit parfois, au voisinage de la bouche, quelques cils plus longs, ce qui établit insensiblement la transition avec les Infusoires hétérotriches.

Paramæcium Aurelia O. F. Müller, 1786.

Cet Infusoire (fig. 54) se développe en grand nombre dans les infusions végétales; il est de forme oblongue et arrondi à ses deux extrémités. Son corps est limité par une cuticule, insoluble dans la potasse et probablement constituée par de la chitine; il est en outre recouvert sur toute sa surface de cils vibratiles délicats, au moyen desquels il se déplace. Les cils ne sont pas des prolongements de la cuticule, mais prennent naissance dans la substance même du corps : la cuticule est criblée de pertuis par lesquels ils passent, structure qui s'observe également sur les cellules épithéliales vibratiles.

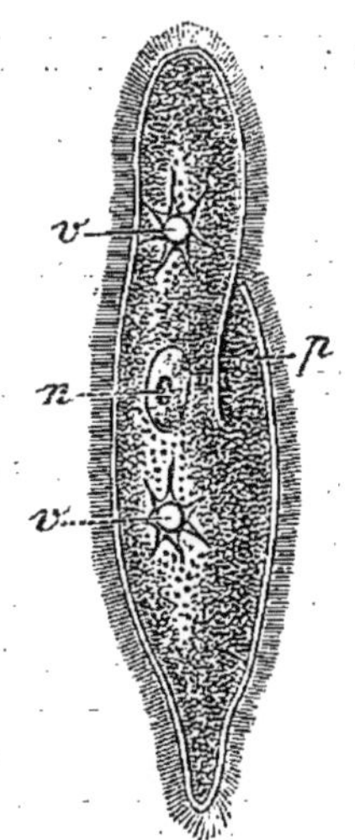

Fig. 54. — *Paramæcium Aurelia.* — *n*, noyau; *p*, péristome; *v*, vacuole contractile.

La masse du corps se laisse diviser en deux couches inégalement développées. La couche externe ou *couche corticale*, plus ou moins épaisse, est résistante et homogène; avec la cuticule, elle forme la paroi du corps. Très apparente chez les Paramécies, où elle renferme fréquemment des grains de chlorophylle, elle est difficile à distinguer chez d'autres Infusoires et se confond avec la masse centrale.

Quand on laisse une Paramécie se dessécher sur une lame de verre, quand encore on la comprime, on voit de sa surface jaillir de longs filaments semblables à des aiguilles cristallines, beaucoup plus longues que les cils vibratiles qui revêtent la cuticule. On peut constater que ces filaments proviennent de l'allongement de petits bâtonnets renfermés dans la couche corticale, au contact même de la cuticule, et perpendiculaires à celle-ci : ce sont les *trichocystes*. On les a comparés aux nématocystes des Cœlentérés, mais Stein croit plutôt que ce sont des filaments tactiles.

Les vésicules contractiles se trouvent encore dans la couche corticale. La Paramécie en présente deux, l'une en avant, l'autre en arrière ; mais leur nombre et leur situation varient considérablement chez les autres Infusoires. Elles n'ont pas de paroi propre, mais sont limitées par une simple condensation du protoplasma. Leurs pulsations sont régulières et leur nombre, variable d'une espèce à l'autre, reste le même pour les individus d'une même espèce ; on a remarqué que ce nombre était, d'une façon générale, moins considérable chez les Infusoires marins que chez les Infusoires d'eau douce. Les pulsations sont nettement influencées par la température : de +4 à +30°, leur nombre va en augmentant avec la température ; de 30 à 35°, ce nombre reste fixe ; enfin, au-dessous de 0° et au-dessus de +40°, les pulsations cessent complètement.

Les vésicules contractiles représentent un appareil aquifère rudimentaire ; elles reçoivent l'eau du milieu ambiant et sont chargées de distribuer celle-ci dans la masse du corps ; aussi les voit-on communiquer avec des canaux qui se dilatent quand elles se contractent et qui redeviennent plus ou moins invisibles quand les vésicules se dilatent. Ces dernières ont en outre pour rôle d'expulser au dehors les liquides chargés des produits de désassimilation : dans ce but, elles s'ouvrent au dehors par un étroit orifice ; quand l'Infusoire vide brusquement ses vésicules, il se trouve projeté en avant par un mouvement de recul et de choc en retour.

La *substance médullaire* ou *parenchyme* du corps de la Paramécie se distingue nettement de la couche corticale par les mouvements de rotation qu'elle présente : elle descend le long du bord droit et remonte le long du bord gauche, par un phénomène de circulation protoplasmique comme on en peut constater dans beaucoup de cellules, par exemple chez les Charagnes. Elle a l'aspect et la composition chimique du protoplasma cellulaire, notamment du protoplasma des cellules végétales ; après la mort de l'animal, elle se colore faiblement par le carmin, l'hématoxyline et les réactifs habituels, mais jouit de la curieuse propriété de se colorer pendant la vie par le dahlia, le brun Bismarck, le bleu de quinoléine, etc.

C'est dans le parenchyme que se rendent les aliments solides et liquides de la Paramécie. Ces aliments pénètrent par une bouche dont la position est très variable, mais qui, dans notre type, est latérale et située vers la partie moyenne du corps ; elle se continue par un court œsophage, le long duquel s'infléchit la cuticule et qui se termine brusquement dans le sarcode. Celui-ci se creuse de vacuoles dans lesquelles il englobe les matières nutritives; puis, quand la digestion en est achevée, on le voit se contracter pour en transporter le résidu jusqu'à l'anus, situé à peu près à égale distance entre la bouche et l'extrémité postérieure du corps.

La plupart des Infusoires munis d'une bouche sont également pourvus d'un anus, mais fréquemment celui-ci n'est visible qu'au moment où le bol fécal s'y engage. Sa situation par rapport à la bouche est très variable, il est le plus souvent placé à la partie postérieure. La position relative de ces deux orifices n'est pas sans intérêt : Balbiani a en effet démontré que, dans les cas de reproduction fissipare, la ligne de division passait toujours entre la bouche et l'anus. Il va sans dire que ces ouvertures n'ont aucune homologie avec les ouvertures de même nom chez les Métazoaires.

Nous avons vu que les Rhizopodes capturent à l'aide de leurs pseudopodes et introduisent indifféremment dans leur masse tous les corps alibiles qu'ils peuvent rencontrer ; ils sont incapables de faire aucun choix dans leur alimentation. Les Infusoires, au contraire, discernent avec une remarquable précision les êtres qui doivent servir à leur alimentation et, en cela, font preuve de mémoire, de volonté et de discernement. C'est ainsi, par exemple, que *Bursaria truncatella* se nourrit exclusivenent de Navicelles et d'Oscillaires, que *Didinium nasutum* ne fait la chasse qu'à *Paramæcium Aurelia*.

Le parenchyme renferme le *noyau* ou *endoplaste*, corpuscule arrondi ou elliptique, entouré d'une membrane d'enveloppe. Comme le noyau des cellules ordinaires, il semble être formé de *nucléine*, substance insoluble dans le suc gastrique et riche en phosphore. Le noyau des Infusoires est habituellement excentrique : il proémine plus ou moins dans le parenchyme et reste fixé à la face interne de la couche corticale. Les connexions avec cette dernière sont parfois assez lâches pour lui permettre des déplacements étendus ; c'est précisément ce qui a lieu chez la Paramécie, où, au lieu de rester à la partie moyenne du corps, il se trouve fréquemment reporté soit en avant, soit en arrière.

On trouve encore dans le parenchyme un petit corps arrondi appelé *endoplastule*; certains auteurs l'appellent *nucléole*, mais il faut rejeter cette dénomination, car, tandis que le nucléole véritable est toujours renfermé dans le noyau, l'endoplastule est toujours en dehors et à côté du noyau; il a du reste la signification d'un petit noyau. Il est de beaucoup plus petite taille que l'endoplaste, à la surface duquel il est souvent accolé; parfois même il est logé dans une petite dépression, qui l'enchâsse et le moule en quelque sorte. C'est toujours aux environs du noyau qu'il convient de le chercher ; il a même réfringence et même structure que celui-ci. L'endoplastule n'a encore été observé que chez les Infusoires ciliés ; il n'existe ni chez les Flagellés ni chez les Acinètes.

Les Infusoires se reproduisent de diverses manières : le mode le plus répandu, celui qui assure à ces êtres la propagation la plus rapide et la plus active, est la fissiparité ou scissiparité. On peut l'observer aisément chez les Paramécies. Le corps de l'animalcule commence par s'étrangler plus ou moins profondément, suivant un plan transversal qui passe entre la bouche et l'anus, puis on voit une bouche nouvelle apparaître dans le segment inférieur ; il est vraisemblable que le nouvel appareil buccal se forme en connexion avec celui de l'animal primitif et s'en détache par la suite. L'endoplaste, qui jusqu'alors était demeuré intact, commence alors à se modifier : il s'allonge, de manière à pénétrer profondément dans chacune des moitiés du corps, puis il s'étrangle en son milieu et se divise en deux noyaux qui s'écartent l'un de l'autre et se portent chacun dans un des nouveaux individus.

Cependant, l'endoplastule prend également part à la division. Il s'allonge parallèlement à l'endoplaste, de manière à se placer, comme lui, perpendiculairement au plan suivant lequel la Paramécie se dédouble et, en même temps qu'il s'allonge, il présente la striation longitudinale qui caractérise les noyaux des cellules en voie de segmentation ; chez les Paramécies, on peut même reconnaître cet aspect strié de l'endoplastule en dehors des phénomènes de multiplication par fissiparité, pendant toute l'existence de l'animal. L'analogie que présentent les phases de la division de l'endoplastule avec celles de la division des cellules ordinaires est assez frappante pour qu'on puisse attribuer à celui-là la signification d'un noyau de cellule ; cette analogie existe encore, il est vrai, pour l'endoplaste, mais avec une moindre netteté. Les vésicules contractiles se forment de toutes pièces et ne résultent pas de la division de celles que possédait l'individu primitif.

En outre de la division scissipare, les Infusoires présentent de curieux phénomènes de *conjugaison*, dont la signification resta longtemps incomprise : Stein y voulait voir une division longitudinale, Balbiani y reconnaissait au contraire une reproduction sexuelle, dans laquelle l'endoplaste aurait joué le rôle d'un ovaire, et l'endoplastule celui d'un testicule. Des travaux plus récents de Bütschli et de Balbiani lui-même ont fait voir que cette théorie de l'hermaphrodisme des Infusoires n'était pas fondée.

La conjugaison se fait à des époques qu'il est impossible de prévoir, et dans des conditions difficiles à saisir. Quand les Infusoires se sont multipliés activement par fissiparité, celle-ci s'arrête et on voit alors la conjugaison apparaître. Elle s'annonce toujours, comme l'a constaté Balbiani, par des actes analogues à ceux par lesquels les animaux supérieurs préludent au rapprochement sexuel. « Aux approches des époques de propagation, les Paramécies viennent de tous les points du liquide se rassembler en groupes plus ou moins nombreux qui, vus à l'œil nu, apparaissent comme de petits nuages blanchâtres, autour des objets flottant à la surface de l'eau ou sur divers points du flacon qui renferme la petite mare artificielle où l'on conserve les animalcules à l'état de captivité. Une agitation extraordinaire, et que le soin de l'alimentation ne suffit plus à expliquer, règne dans chacun de ces groupes. Un instinct supérieur semble dominer tous ces petits êtres; ils se recherchent, se poursuivent, vont de l'un à l'autre en se palpant à l'aide de leurs cils, s'agglutinent pendant quelques instants dans l'attitude du rapprochement sexuel, puis se quittent pour se reprendre bientôt de nouveau. Lorsqu'on disperse ces petits amas en agitant le liquide, ils ne tardent pas à se reformer sur d'autres points. Ces jeux singuliers, par lesquels ces animalcules semblent se provoquer mutuellement à l'accouplement, durent souvent plusieurs jours avant que celui-ci ne devienne définitif. »

Chez *Paramæcium Aurelia*, la conjugaison dure de vingt-quatre à trente-six heures : deux individus se placent parallèlement l'un à l'autre et s'accolent par la surface en contact ; cet accolement latéral s'observe chez toutes les espèces dont la bouche est déjetée sur le côté. Quand les deux animalcules se sont réunis de la sorte, l'endoplaste et l'endoplastule subissent de profondes modifications, qui ont été surtout étudiées par Bütschli et Balbiani ; les observations de ce dernier, faites à l'aide du vert de méthyle, qui colore les productions nucléaires sur l'Infusoire vivant, ont une valeur toute particulière.

L'endoplastule se divise tout d'abord en deux, puis en quatre capsules présentant une striation longitudinale ; au moment où les deux individus conjugués vont se séparer l'un de l'autre, les quatre capsules se divisent chacune en deux autres, en sorte que chaque Infusoire possède huit capsules striées, provenant du nucléole. La séparation achevée, les huit capsules s'arrondissent ; quatre d'entre elles ne se modifient pas davantage et conservent leur aspect strié, mais les quatre autres se transforment plus complètement : leur contenu se condense et prend un aspect granuleux ; en leur centre apparaît bientôt une petite vésicule claire, sur laquelle viennent se déposer des granulations brillantes qui, par leur accumulation progressive, finissent par se souder et par former une enveloppe à la vésicule. A partir de ce moment, ces quatre capsules ne se colorent plus par le vert de méthyle, ce qui indique que leur substance a perdu son caractère nucléaire et a pris les propriétés du protoplasma, que le réactif laisse incolore.

Balbiani donne à ces quatre capsules le nom de corps oviformes.

Ceux-ci grossissent et se montrent chez l'animal vivant comme des taches rondes et claires, très visibles, à l'intérieur desquelles on voit encore la vésicule centrale. Bientôt les corps oviformes, continuant à grossir, subissent une sorte de régression ; ils perdent leur vésicule centrale et se transforment chacun en un globule homogène qui pâlit de plus en plus. Dès lors, ils recommencent à se teindre par le vert de méthyle, ce qui annonce un retour de leur substance à l'état de substance nucléaire.

A partir de ce stade, la marche ultérieure des événements dépend des circonstances extérieures : les animaux conjugués pourront, ou non, se diviser par fissiparité. S'ils sont renfermés dans un liquide appauvri, la division n'a pas lieu : les corps oviformes se transforment alors en éléments nucléaires et se soudent très lentement pour constituer un nouveau noyau. S'ils sont, au contraire, contenus dans un liquide riche en principes nutritifs, chacun des deux animalcules conjugués se divise et produit ainsi deux Paramécies, présentant l'une et l'autre deux corps oviformes dans leur parenchyme. Une nouvelle multiplication a lieu, à la suite de laquelle chaque individu ne renferme plus qu'un seul corps oviforme, qui n'est autre chose désormais que le noyau ou endoplaste.

En effet, pendant que le nucléole subissait ses premières modifications et achevait de se segmenter en huit, le noyau ne restait pas inactif ; il se transformait en un cordon flexueux, pelotonné, qui se déroulait et se divisait en fragments plus petits, lesquels produisaient à leur tour des fragments sphériques de plus en plus petits. Lors de la bipartition des individus conjugués, ces fragments nucléaires se répartissent entre les deux animaux qui prennent ainsi naissance ; on les retrouve encore dans les autres générations, devenus de plus en plus rares et de moins en moins distincts. Il est du moins certain qu'ils ne jouent aucun rôle essentiel dans la conjugaison et qu'ils n'ont rien à voir avec le noyau redevenu normal à partir de la deuxième génération qui suit la conjugaison, celui-ci dérivant manifestement du nucléole des individus conjugués.

A la suite de la conjugaison, les Infusoires sont dépourvus de nucléole ; leurs descendants, au contraire, en présentent un. Comment donc se reconstitue-t-il ? On se rappelle que, des huit capsules striées, quatre seulement se sont transformées en corps oviformes. Balbiani admet que, des quatre capsules non transformées, il en est trois qui avortent et se résorbent ; il n'en persisterait qu'une seule, qui deviendrait le nucléole, lequel se partagerait par des divisions successives entre les individus provenant des générations fissipares consécutives à la conjugaison. C'est seulement les quatre individus de la seconde génération qui reprennent une structure normale et présentent un noyau et un nucléole, les deux individus de la première génération renfermant un nucléole et deux corps oviformes ou noyaux. Désormais, la reproduction se poursuit simplement par division transversale à travers un très grand nombre de générations successives.

Pendant la conjugaison, Balbiani a vu souvent des capsules striées, provenant de la division de l'endoplastule, s'engager dans l'ouverture buccale. Il voit là l'indice d'un échange de capsule entre les deux Paramécies conjuguées et il croit que c'est la capsule échangée entre les deux animaux qui persiste, alors que les trois autres se résorbent, et qui, en se divisant, donne naissance au nucléole des quatre petites filles provenant des individus accouplés.

Les résultats essentiels de la conjugaison sont donc la disparition du noyau après fragmentation et son remplacement par un segment du nucléole primitif. Quelle est la signification physiologique de ce curieux phénomène? Engelmann et Bütschli ne considèrent pas la conjugaison comme un mode particulier de reproduction : le premier y voit une réorganisation et un remaniement de l'individu, par suite de la reconstitution du noyau ; pour le second, c'est un rajeunissement qui consiste principalement en un remplacement de l'ancien noyau par un nouveau. Balbiani l'interprète au contraire comme un phénomène sexuel, comme un véritable accouplement, dans lequel le nucléole jouerait le rôle d'organe mâle et le noyau celui d'organe femelle. A la suite de la conjugaison, l'aptitude des Infusoires à la fissiparité se trouve considérablement augmentée : c'est là la conséquence la plus remarquable de la conjugaison, comme l'aptitude de l'œuf à se segmenter est la conséquence de sa fécondation.

Nous devons signaler encore, dans l'ordre des Holotriches, un certain nombre de formes présentant un intérêt particulier. De ce nombre sont les Colpodes, qui sont à proprement parler les Pleuronectes des Infusoires : en effet, leur corps ovalaire est aplati latéralement ; les faces dorsale et ventrale se réduisent chacune à un bord tranchant. Ils nagent sur le côté et la bouche, en forme de fente, et située sur le bord ventral ; elle s'ouvre directement dans le parenchyme. La vésicule contractile est unique et placée au voisinage de l'anus.

Les Colpodes vivent dans l'eau de nos mares et de nos ruisseaux. Ils se multiplient activement par fissiparité ; mais, chez eux, ce phénomène est remarquable en ce que, au préalable, chaque animal s'est renfermé dans un kyste, au sein duquel il se sépare en deux, quatre, huit, quelquefois même en seize fragments qui, après rupture de la membrane, forment seize individus nouveaux, jouissant d'une existence indépendante. La conjugaison s'accomplit encore à l'intérieur d'un kyste : deux individus se réunissent dans une même enveloppe, puis se fusionnent en une seule masse, qui finalement se divise en quatre.

Les Colpodes sont surtout remarquables par l'état de vie latente dans lequel ils tombent, lorsque les conditions extérieures deviennent défavorables, par exemple quand la mare qui les renferme vient à se dessécher ; ils s'enkystent encore et peuvent garder ainsi leur vitalité pendant un temps très long. Balbiani a conservé en vie latente, pendant plus de sept ans, des Colpodes enkystés sur une lame de verre, à condition de les humecter tous les ans. Les kystes de conservation diffèrent des kystes de reproduction par l'épaisseur plus considérable de leur paroi et aussi parce que l'animal enkysté a complètement suspendu les battements de sa vésicule contractile. Les Colpodes nous offrent donc un intéressant exemple de reviviscence, comme on en peut constater encore chez certains Vers, tels que les Anguillules et les Rotifères.

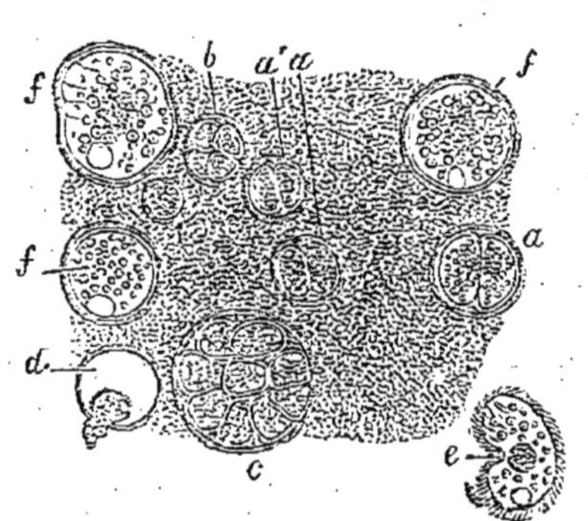

Fig. 55. — Enkystement des Colpodes. — a,b,c, Colpodes se divisant à l'intérieur de leurs kystes; d, Colpode sortant de son kyste; e, Colpode libre ; f, Colpode enkysté.

C'est encore un Holotriche, *Ichthyophthirius multifiliis*, qui vit dans la peau des Poissons d'eau douce et qui cause la mort des jeunes. Quand il a atteint son complet développement, il se détache et tombe au fond de l'eau ; il est alors gros comme une tête d'épingle. A ce moment, il forme des kystes très épais, à l'intérieur desquels il se multiplie par segmentation avec une telle activité que fréquemment un seul kyste renferme jusqu'à mille individus jeunes. Ceux-ci, mis en liberté par rupture du kyste, s'attachent aux alevins et se nourrissent par endosmose aux dépens de leur hôte. L'anus et la bouche font défaut : cette dernière existait sans doute chez l'ancêtre libre, mais, par adaptation à la vie parasitaire, elle s'est transformée en une petite ventouse, munie de cils vibratiles, qui sert exclusivement à la fixation de l'Infusoire.

L'absence de la bouche, par suite du parasitisme, est encore plus accusée chez certains Holotriches endoparasites, tels que *Haptophrya* et *Opalina*. Les Haptophryes habitent l'intestin des Batraciens; elles n'avaient été signalées que chez les Batraciens d'Algérie, quand nous en avons découvert une espèce intéressante (*H. tritonis* Certes), chez le Triton de nos pays.

Les Opalines se rencontrent également dans l'intestin des Batraciens ; elles sont assez grandes pour être visibles à l'œil nu. Ces Infusoires, au corps aplati et à peu près elliptique, n'ont ni bouche ni anus, ni vésicule contractile, ni nucléole ou endoplastule. En revanche, ils ont un grand nombre de noyaux, et ce nombre va en augmentant avec l'âge, par suite de divisions successives. Lors de la fissiparité, ces noyaux se répartissent simplement, en quantité à peu près égale, entre les deux individus, sans s'étrangler ni subir aucune segmentation.

ORDRE DES HÉTÉROTRICHES

Les Infusoires de cet ordre ont le corps recouvert sur toute son étendue de cils locomoteurs très fins. La bouche est située au fond d'une dépression en entonnoir ou péristome, dont le bord est en outre muni d'une rangée de cils longs et robustes qui servent à la préhension des aliments.

C'est à ce groupe qu'appartient le seul Infusoire qui ait été jusqu'à présent rencontré en parasite chez l'Homme.

Balantidium coli Stein, 1862.

Synonymie : *Paramæcium coli* Malmsten, 1857.
Plagiotoma coli Claparède et Lachmann, 1858.
Leucophrys coli Stein, 1860.
Holophrya coli Leuckart, 1863.

En 1856, le professeur Malmsten, de Stockholm, fut appelé à donner ses soins à un homme de trente-huit ans qui, deux ans auparavant, avait survécu à une violente attaque de choléra, mais qui se plaignait depuis de troubles digestifs constants, s'accompagnant tantôt de constipation, tantôt de diarrhée. L'examen du rectum permit de constater, à un pouce environ au-dessus de l'anus, l'existence d'une petite plaie produisant un pus sanguinolent dans lequel nageaient des Infusoires en grande quantité (fig. 56). L'ulcération guérit bientôt, mais les douleurs persistèrent, et on continua de rencontrer les parasites dans le mucus intestinal.

Le professeur Sven Lovén, chargé de l'examen du parasite, le rapporta avec doute au groupe des Holotriches et lui donna le nom de *Paramæcium coli*.

Peu de temps après, ce même parasite fut retrouvé en grande masse chez une femme qui, depuis plusieurs années, souffrait d'une colite chronique et qu'épuisaient des selles sanguinolentes et purulentes. La malade vint à mourir. A l'autopsie, on trouva dans le gros intestin un nombre considérable de petits abcès gangréneux. A partir de l'S iliaque, l'intestin était rempli de pus fétide. Dans cette région, les parasites étaient rares, mais ils pullulaient sur toute la portion saine de la muqueuse du gros intestin, c'est-à-dire dans le cæcum et l'appendice iléo-cæcal. On n'en trouvait pas trace dans l'intestin grêle ni dans l'estomac.

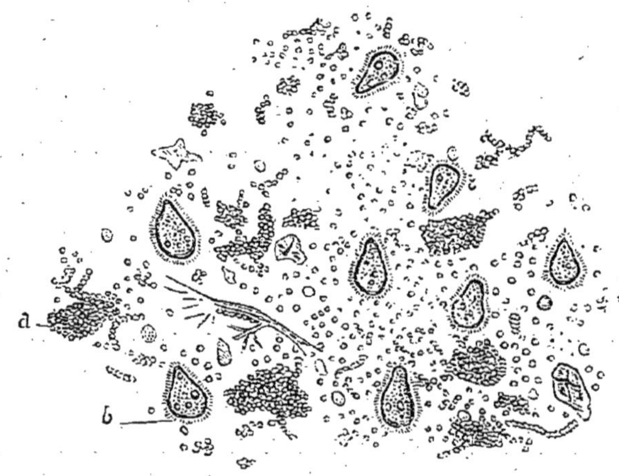

Fig. 56. — *Balantidium coli* dans les selles.

A la suite de Malmsten, un certain nombre d'auteurs observèrent *Balantidium coli*. Stieda le vit deux fois à Dorpat chez des typhiques. En Suède, Ekeckrantz, Belfrage, Winbladh et Wising le signalèrent chacun une fois ; Petersson le vit dans trois cas et Henschen dans six. Dans le cas de Belfrage, il accompagnait de nombreux abcès du gros intestin, particulièrement du cæcum, qui finirent par tuer le malade. Dans l'un des cas de Henschen, l'affection du gros intestin se compliquait d'un catarrhe aigu de l'estomac et de l'intestin ; mais on doit considérer ce fait comme exceptionnel.

En 1870, Lösch observa deux cas à Saint-Pétersbourg, dans la clinique du professeur W.-E. Eck. L'un des malades sortit de l'hôpital avant sa guérison ; l'autre mourut : à l'autopsie, on trouva des ulcérations du gros intestin. Ces observations de

Lösch ne semblent pas avoir été publiées; elles nous sont connues par la courte mention qu'en fait Raptchevsky.

Ce dernier auteur, en 1880 et en 1882, a vu trois fois le parasite à la clinique du docent Lösch, à l'hôpital Nicolas. Le premier cas est relatif à un gardien de l'hôpital, âgé de vingt-trois ans. Cet individu était atteint depuis une vingtaine de jours d'une diarrhée abondante : les selles étaient très liquides, brun jaunâtre, fétides et renfermaient des grumeaux muco-purulents colorés par du sang. L'examen microscopique pratiqué au bout de ce temps y fit découvrir des *Balantidium* en nombre tellement considérable, qu'on en voyait fréquemment 5 ou 6 exemplaires par champ visuel, à un grossissement de 300 diamètres. Les parasites étaient bien vivants et surtout nombreux dans les grumeaux. Le mucus pris dans le rectum, à l'aide d'une sonde, en contenait aussi en grande abondance.

Sur les conseils de Lösch, Raptchevsky essaya l'action de l'acide salicylique sur *Balantidium*. En traitant l'Infusoire par une solution au millième, celui-ci meurt au bout d'une minute et demie; il perd sa forme ovale, s'arrondit, devient anguleux, irrégulier, puis son protoplasma se trouble. Cette action nocive une fois constatée, Raptchevsky ordonna au malade des lavements à l'acide salicylique au millième et lui fit prendre également à l'intérieur 15 grammes d'acide salicylique additionnés de sulfate de soude et d'acide chlorhydrique; ce dernier agent avait pour but d'empêcher la formation de salicylates, dont l'action est moins énergique. Au bout de trois jours de ce traitement, le parasite devient plus rare dans les selles ; au quatrième jour, on ne l'y rencontre plus. Bientôt après, la diarrhée cesse, les selles reprennent leur aspect normal, les coliques disparaissent et le malade s'en va guéri.

La deuxième observation est relative à un individu de vingt et un ans, soldat dans la garde impériale. On trouvait dans les selles une grande quantité de *Balantidium*, qui disparurent complètement au bout de cinq jours, grâce au traitement par l'acide salicylique.

La troisième et dernière observation est celle d'un homme de vingt-trois ans, gardien à l'hôpital Nicolas. Le traitement fut encore efficace, mais le malade mourut d'une exténuation générale. A l'autopsie, on trouva l'intestin grêle hyperhémié, les follicules hypertrophiés et pigmentés sur leurs bords. La muqueuse du gros intestin était de couleur livide, parsemée de suffusions sanguines, épaissie, d'aspect spongieux; ses follicules étaient hypertrophiés, quelques-uns même présentaient à leur sommet des ulcérations cratériformes. La muqueuse du côlon descendant, et particulièrement de l'S iliaque, était épaissie, de couleur ardoisée et couverte d'ulcérations assez larges, s'étendant souvent jusqu'à la couche musculaire; les bords en étaient un peu épaissis et comme mordillés. L'examen microscopique du gros intestin permit de reconnaître les lésions ordinaires de l'inflammation chronique.

Jusqu'à présent, les observations de *Balantidium coli* se rapportent à une aire géographique très restreinte. On ne l'a vu qu'à Stockholm, à Upsal, à Dorpat et à Saint-Pétersbourg; on ne l'a signalé ni en France, ni en Angleterre, ni en Allemagne. Pourtant, au cours d'une campagne en Cochinchine et en Chine faite en 1874, Treille, alors médecin-major de l'aviso *le Volta*, l'a vu sur un certain nombre d'officiers et d'hommes d'équipage, atteints de dysenterie aiguë; cet auteur note que, contrairement à l'opinion de Malmsten, le parasite ne meurt pas pour ainsi dire aussitôt après l'évacuation des matières qui le contiennent, puisqu'on le retrouve encore vivant au bout de six heures et demie. Ajoutons enfin que Graziadei et Perroncito l'ont observé, en 1880, chez des ouvriers du Saint-Gothard atteints d'anémie des mineurs.

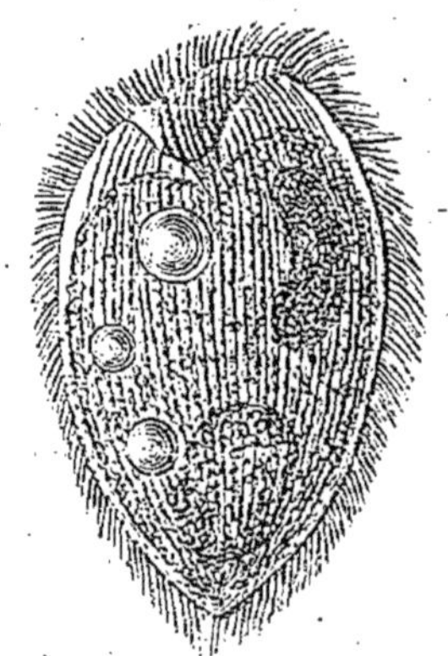
Fig. 57. — *Balantidium coli.*

Balantidium coli (fig. 57) est un animalcule ovoïde, long de 70 à 100 μ, large de 50 à 70 μ. La forme du corps est très constante. Il se compose d'une masse finement granuleuse dans laquelle on voit souvent, surtout dans la région postérieure, des gouttelettes graisseuses de taille variable et des corpuscules plus gros, granuleux, qui sont sans doute des excréments. La nutrition semble se faire par osmose, aux dépens des matières élaborées par l'individu chez lequel vit le parasite ; pourtant Wising a vu la substance de son corps renfermer des globules du sang et, chez le Porc nourri de pommes de terre, Leuckart y a signalé la présence de grains d'amidon.

La masse granuleuse dont nous venons de parler est entourée par une sorte de couche corticale de protoplasma clair et transparent, dans laquelle se trouvent renfermés le noyau et les vacuoles contractiles. Le noyau, situé dans la moitié antérieure du corps, est elliptique et faiblement incurvé, de manière à présenter un aspect réniforme; il est pâle, homogène, à contours plus ou moins nets et dépourvu de nucléole. Les vacuoles contractiles sont ordinairement au nombre de deux : l'une d'elles est située à l'extrémité postérieure du corps, l'autre en est plus ou moins éloignée ; quelquefois on en observe trois, quelquefois une seule, et c'est alors la postérieure qui persiste. Leurs contractions sont extraordinairement lentes et faibles, en sorte qu'elles peuvent facilement passer inaperçues. On les voit du reste fréquemment changer de place. Stein dit qu'elles communiquent l'une avec l'autre au moyen d'une lacune et que l'antérieure se vide dans la postérieure.

Au pôle antérieur, à peine tronqué, se voit le péristome, sorte de dépression en entonnoir qui, née un peu sur le côté du corps, s'enfonce obliquement vers le milieu de celui-ci. Le péristome a souvent été pris pour la bouche, mais il n'en est que le vestibule : il aboutit en effet à un court canal qui s'enfonce à travers la zone périphérique de protoplasma clair et se termine en cul-de-sac aux confins de la masse granuleuse interne. Observe-t-on l'animalcule en train de manger, on voit le péristome s'élargir et se contracter tour à tour; il prend alors une forme triangulaire ; son bord le plus proche du pôle est plus long et plus mobile que l'autre. Du reste, la faculté de contraction, toujours très atténuée, ne s'observe guère qu'au niveau du péristome et surtout de sa lèvre antérieure, qui s'étire parfois en une sorte de cou. L'anus, fort difficile à voir, est situé au pôle postérieur.

Le corps entier est recouvert d'une mince cuticule dont la surface est marquée de stries qui partent toutes du péristome pour s'en aller vers l'extrémité postérieure, en décrivant une spirale allongée. Ces stries sont surtout apparentes en avant, où elles se disposent en rayonnant autour du péristome. Elles sont très régulièrement espacées les unes des autres et dans leurs intervalles s'implantent de courts cils vibratiles qui revêtent la surface entière du corps. Le péristome est lui-même dépourvu de cils vibratiles, mais son bord postérieur est orné d'une rangée de cils longs et puissants qu'anime une vive vibration et qui donnent souvent l'illusion d'un mouvement de roue.

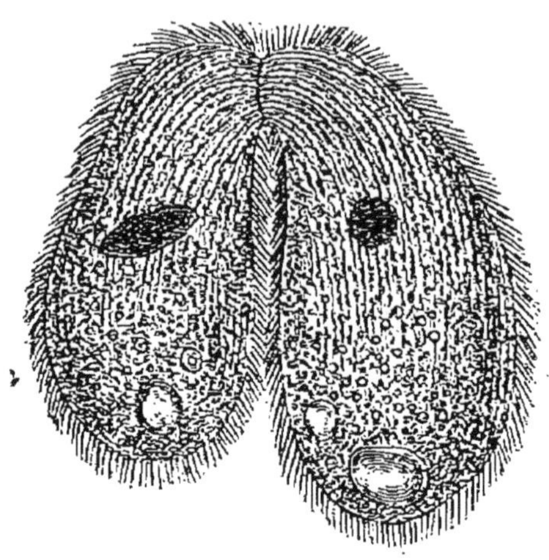

Fig. 58. — *Balantidium coli* en conjugaison, d'après Wising.

Wising a observé le début de la conjugaison de ces animalcules : deux individus s'accolent par le péristome et se fusionnent en ce point, le reste du corps demeurant libre (fig. 58). Cet auteur n'a pas vu le noyau subir la moindre modification.

La multiplication par division transversale est beaucoup plus fréquente (fig. 59). Stein, Ekeckrantz, Wising et Leuckart en ont souvent été témoins.

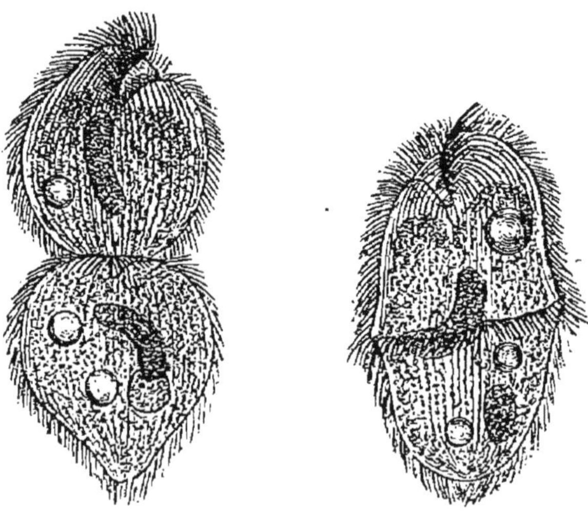

Fig. 59. — *Balantidium coli*. Reproduction fissipare, d'après Leuckart.

Elle débute par la production, vers la partie moyenne du corps, d'une ceinture de longs cils vibratiles, au niveau de laquelle le corps ne tarde pas à s'étrangler profondément. Le noyau et les vacuoles contractiles se dédoublent alors; puis le segment inférieur se déprime en une excavation qui deviendra le péristome et dans laquelle la ceinture de cils s'enfonce de plus en plus.

Les deux individus ainsi formés se séparent davantage et bientôt ne tiennent plus l'un à l'autre que par un pédoncule qui finit par se briser. Le fragment de ce pédoncule se rétracte par la suite, mais il persiste encore quelque temps sous forme d'une petite masse sphérique qui a donné lieu à des interprétations diverses. Certains auteurs la prenaient pour un excrément; Ekeckrantz la considérait au contraire comme un bourgeon, et partait de là pour admettre que la reproduction pouvait se faire encore par gemmiparité.

Dans la première édition de son grand ouvrage sur les parasites de l'Homme, en 1863, Leuckart faisait connaître que *Balantidium coli* se rencontre constamment en grande quantité dans le côlon et le cæcum du Porc de Saxe. Il suffit, pour l'observer, d'introduire une sonde par l'anus et de ramener ainsi un peu de matière fécale ou de mucus intestinal : déjà à la loupe, les Infusoires sont aisément reconnaissables; ils se présentent sous l'aspect de points blancs qui se déplacent.

Cette observation de Leuckart a été confirmée par Stein pour diverses localités de l'Allemagne, par Ekeckrantz et Wising pour la Suède, par Grassi pour l'Italie. Raptchevsky l'a également confirmée pour Saint-Pétersbourg : 3 Porcs sur 18 lui ont présenté *Balantidium coli* en grande quantité. L'intestin de Porc habité par le parasite a une muqueuse normale, ne présentant ni congestion ni hypersécrétion : il semble donc que le Porc ne soit pas incommodé par la présence du parasite.

Nous devons ajouter que nous avons nous-même cherché vainement le parasite sur les Porcs provenant des abattoirs de Paris, mais peut-être nos observations, n'ayant porté que sur un petit nombre d'individus, n'ont-elles pas été assez nombreuses.

Quoi qu'il en soit, on peut dire que le Porc est l'hôte véritable de *Balantidium coli*. C'est donc par ce quadrupède que le parasite est transmis à l'Homme, chez lequel il peut persister pendant longtemps et où il atteint, d'après Wising, une taille un peu moins considérable que chez le Porc (60 à 70 μ).

Si on met l'animalcule en contact avec l'eau, sa vivacité n'est pas tout d'abord ralentie, mais, au bout d'un temps assez long, on le voit s'arrêter, se contracter et perdre ses cils ; ceux du péristome disparaissent les derniers. Le corps prend alors l'aspect d'une boule de 80 à 100 μ, autour de laquelle la cuticule épaissie finit par s'isoler. A l'intérieur, on peut encore distinguer la zone claire périphérique de la masse centrale granuleuse; dans cette dernière se voient quelques gouttelettes graisseuses.

En faisant l'examen d'excréments de Porc en partie desséchés, on y retrouve des kystes semblables à ceux que nous venons de décrire. On doit admettre que leur formation est normale et qu'elle tient à ce que, sous l'influence de la dessiccation, comme tout à l'heure sous l'influence d'une trop grande humidité, les animalcules expulsés du gros intestin, cherchent à se mettre en garde contre des conditions qui leur sont défavorables.

Les kystes, dans lesquels *Balantidium* est à l'état de vie latente, sont doués d'une grande force de résistance aux causes diverses de destruction; ils s'effritent et se dispersent avec les excréments et viennent souiller de la sorte les objets les plus divers. L'Homme va donc s'infecter en avalant des substances sur lesquelles se sont déposés les kystes : le Porc s'infectera de la même façon, ou mieux en se repaissant d'excréments qui en renferment.

Ce mode de propagation du parasite ressemble à celui qu'Engelmann et Teller ont observé pour *Opalina ranarum.* Il nous explique, en outre, l'insuccès des expériences d'Ekeckrantz, de Wising et de Raptchevsky, qui essayèrent en vain de communiquer le parasite à des Chiens et à d'autres animaux en leur faisant absorber par la bouche ou par l'anus des matières fécales dans l'intérieur desquelles on s'était assuré de sa présence. Le kyste résiste à l'action du suc gastrique, tandis que l'animal adulte, imparfaitement protégé par une mince cuticule, ne peut traverser impunément l'estomac.

La valeur pathogénique de *Balantidium coli* est encore obscure. Chez le Porc, il vit dans un intestin tout à fait sain, mais on ignore s'il est capable de vivre chez l'Homme dans les mêmes conditions Jusqu'à présent, on ne l'y a observé que dans des cas de maladie : en est-il la cause déterminante, ou celles-ci préparent-elles simplement un terrain favorable à son développement? Autant de questions auxquelles nous ne pouvons, pour l'instant, donner aucune réponse.

Pour combattre ce parasite, Malmsten avait recours à l'acide chlorhydrique dilué; Henschen préférait des lavements d'acide acétique et de tannin. On peut également employer la benzine ou l'acide phénique; nous avons dit déjà quels résultats Raptchevsky a obtenus avec l'acide salicylique.

Malmsten, *Infusorien als Intestinalthiere bei Menschen*. Archiv für pathol. Anatomie, XII, p. 302, 1857.

P.-J. Wising, *Till kännedomen om Balantidium coli hos människan*. Nordiskt med. arkiv, III, n° 3, 1871.

O.-V. Petersson, *Nya fall af Balantidium coli*. Upsala läkareförenings förhandlingar, VIII, p. 251-266, 1873.

G. Treille, *Note sur le Paramecium coli observé dans la dysenterie de Cochinchine*. Archives de méd. navale, XXIV, p. 129, 1875.

Henschen, *Fem nya fall af Balantidium coli*. Upsala läkaref. förhandl., X, p. 120, 1875.

Graziadei, *Il Paramæcium coli umano in Italia*. Archivio per le scienze mediche, IV, n° 21, 1880.

Perroncito, *L'anemia dei contadini, fornaciai e minatori in rapporto coll' attuale epidemia negli operai del Gottardo*. Annali della R. accademia d'agricoltura di Torino, XXII, 1880. — Voir p. 228.

I.-F. Raptchevsky, *Un cas de catarrhe chronique du gros intestin, avec présence de Balantidium coli*. Vratch, n° 31, 1880. — Id., *De l'emploi de l'acide salicylique contre Balantidium coli*. Meditsinsky viestnik, n° 23, 24, 25, 1882.

A côté de *Balantidium coli*, on peut citer encore *B. duodeni* Stein, qui vit dans l'intestin de la Grenouille ; *Plagiotoma lumbrici* Duj., parasite de l'intestin du Ver de terre ; *Nyctotherus Duboisi* Künstler, qui habite l'intestin de la larve d'*Oryctes nasicornis*.

En outre de ces Hétérotriches parasites, il en est d'autres qui vivent en liberté, mais dont l'histoire mérite de fixer un instant notre attention : tels sont les Stentors. Ces animaux sont les plus gros de tous les Infusoires ; ils sont visibles à l'œil nu.

Stentor polymorphus Ehrenberg est très abondant dans l'eau des mares. Son corps a la forme d'un cône allongé, dont la base est antérieure et correspond au péristome. Le bord de celui-ci présente une échancrure, grâce à laquelle il affecte la forme d'une spire ; il est hérissé sur tout son parcours de soies longues et raides, qui ont pour fonction de déterminer des tourbillons amenant tout à la fois la nourriture et de l'eau chargée d'oxygène. Le péristome est fortement creusé en entonnoir et présente en son point le plus déclive une bouche située latéralement. La surface entière du corps est couverte de cils fins et délicats, réservés à la locomotion.

Les gros cils adoraux sont volontaires; les cils qui revêtent la cuticule sont involontaires. Des poisons tels que la strychnine, la morphine, l'alcool, arrêtent rapidement les vibrations des cils volontaires, mais ne paralysent que tardivement les cils involontaires; de même, quand la température s'abaisse, les cils volontaires cessent leurs mouvements bien plus tôt que les autres.

La couche corticale ou ectoplasme est parcourue d'une extrémité du corps à l'autre par des bandes longitudinales, suivant lesquelles se font toujours les contractions du corps : ce sont de véritables fibres musculaires. Une différenciation non moins intéressante nous est offerte par la vésicule contractile : elle se continue avec un long canal, qui parcourt toute la longueur du corps ; il convient de dire à ce propos que les *Haptophrya*, parmi les Holotriches, présentent une disposition analogue.

D'après ce que tout à l'heure nous disions des cils vibratiles, il est aisé de reconnaître qu'il existe pour ceux-ci deux centres moteurs distincts, diversement influencés par les agents toxiques. Or, on doit admettre un troisième centre, qui a sous sa dépendance les contractions de la vésicule : en effet, l'électricité arrête immédiatement les vibrations ciliaires, mais laisse intactes les contractions de la vésicule. Ces centres moteurs sont-ils constitués par de la substance nerveuse? Dans l'état actuel, il serait téméraire de l'affirmer; mais, en considérant les différenciations variées que peut subir le sarcode des Infusoires, notamment sa transformation en fibres contractiles analogues à des muscles, il ne semble pas impossible que des réactifs appropriés permettent de découvrir un jour une substance nerveuse.

La substance médullaire ou endoplasme du Stentor polymorphe renferme un grand nombre de grains d'amidon. Elle est surtout remarquable par son noyau : celui-ci est moniliforme et constitué par une série de onze fragments, reliés les uns aux autres par un filament qui semble tout d'abord être disposé comme le fil d'un chapelet; mais ce filament est un tube creux, qui entoure les grains et qui reste vide et s'accole à lui-même dans l'intervalle de ceux-ci; ce n'est donc pas autre chose qu'une véritable enveloppe nucléaire.

L'anus est situé au-dessous et à peu de distance de la bouche. La fissiparité se fait suivant un plan transversal légèrement oblique. Quand elle va s'accomplir, on voit le noyau présenter de curieuses modifications : tous les grains qui le composent se rapprochent les uns des autres et se fusionnent, en même temps que la membrane nucléaire revient sur elle-même. Puis le noyau simple qui provient de cette fusion s'allonge derechef et retourne à l'état moniliforme, mais il possède alors un nombre de grains double du nombre primitif. Quand la division sera achevée, chacun des deux animaux possédera un noyau normal, à onze segments.

Stentor polymorphus est véritablement un Infusoire libre; il peut pourtant se fixer à volonté par son extrémité postérieure, à la surface de corps étrangers. Cette faculté de fixation est bien plus manifeste chez une espèce voisine, *St. Rœseli* Ehrbg, qui est normalement fixée; ce Stentor sécrète même une logette tubuleuse, fermée à la base, béante à son autre extrémité, dans laquelle il peut se cacher lorsqu'il se contracte. Il nous conduit ainsi aux *Freia*, dont la carapace est encore plus développée.

ORDRE DES PÉRITRICHES

Les Infusoires péritriches ont le corps cylindrique et nu. Le péristome est orné d'une couronne spirale de longs cils sétacés; parfois le corps présente en outre, à une distance variable du péristome, une couronne circulaire de cils locomoteurs, ou de cirrhes rigides.

Dictyocysta mitra Hæckel, qui vit dans l'Atlantique et dans la Méditerranée, est remarquable par la présence d'une cuirasse siliceuse qui enveloppe tout son corps, sauf dans la région du péristome. Cette cuirasse ressemble tout à fait à la carapace d'un Radiolaire.

Les animaux les plus remarquables de ce groupe sont les Vorticelles, autour desquelles viennent se ranger un certain nombre de formes.

Les Vorticelles, si abondantes dans les ruisseaux et les étangs, ressemblent à de petites fleurs en forme de clochette, dressées à l'extrémité d'un *pédicule*. Celui-ci est éminemment contractile : ordinairement, la Vorticelle l'étend pour chercher sa nourriture aux alentours de son point de fixation; mais si un Infusoire plus gros qu'elle, et dont elle redoute l'attaque, vient à se montrer, soudain elle se contracte, et le pédicule s'enroule sur lui-même comme un ressort à boudin : l'animal s'applique alors contre l'objet sur lequel il s'est fixé et demeure immobile jusqu'à ce que tout danger ait disparu.

Le pédicule qui se contracte ainsi est constitué par un filament central, entouré d'une sorte d'enveloppe homogène (fig. 60). Si on décapite une Vorticelle, le pédicule s'enroule en hélice, mais il s'étend de nouveau quand le filament central commence à se détruire, soit par altération naturelle, soit par l'action des réactifs. Ce fait met donc hors de doute que le filament central est le siège véritable des contractions. Celles-ci ont toujours excité la curiosité des observateurs et le professeur Ch. Rouget leur a attribué une grande importance, en voulant assimiler à l'enroulement hélicoïde du style des Vorticelles la contraction de la fibre musculaire striée. On sait aujourd'hui que cette manière de voir ne correspond point à la réalité.

L'enveloppe amorphe du pédicule se continue avec la cuticule du corps, dont elle n'est qu'un prolongement. Le filament central s'épanouit lui-même en coupe autour de la Vorticelle et forme ainsi une cavité qui embrasse la surface entière de celle-ci. De la sorte se constitue au-dessous de la cuticule une membrane composée de fibrilles délicates et représentant la partie contractile du corps de l'animal. On trouve donc encore ici de véritables fibres musculoïdes, comme celles que nous avons signalées déjà chez les Stentors.

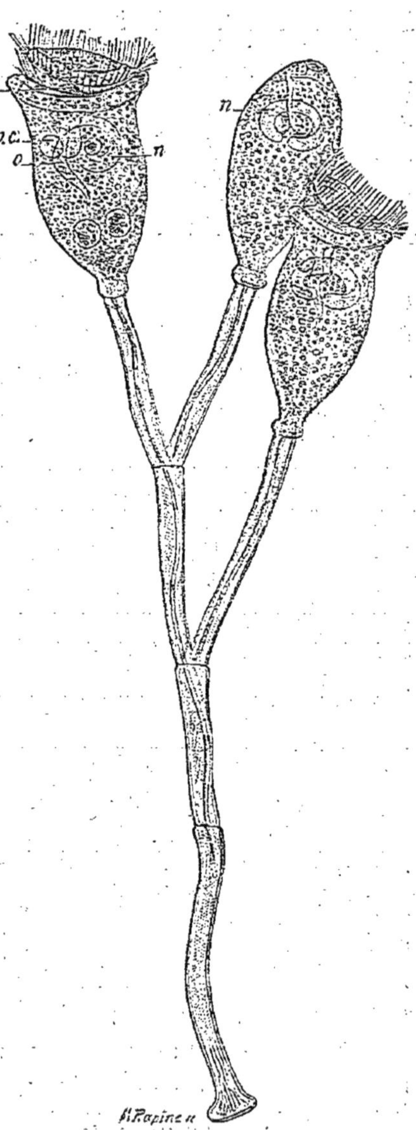

Fig. 60. — *Carchesium epistylis.*

Vers la partie antérieure du corps se voit une vacuole contractile, dont les battements se font avec une grande régularité de huit en huit secondes ; on y trouve encore un long noyau rubané, enroulé en forme de fer à cheval et accompagné d'un endoplastule non étiré.

Le corps, avons-nous dit, a la forme d'une cloche; le bord de celle-ci se renverse en dehors en un bourrelet plus ou moins épais, qui donne insertion à une rangée de cils vibratiles. Ainsi se trouve délimité le péristome, mais celui-ci ne circonscrit pas une ouverture libre, il est en effet obturé par le *disque*, sorte d'opercule qui adhère par la plus grande partie de son bord au bord du péristome, et qui laisse d'autre part entre lui et ce dernier un espace libre, correspondant à la bouche. Celle-ci donne accès dans le *vestibule*, large canal qui s'avance parallèlement au plan du disque et s'incurve en genou en arrière. Au fond du vestibule se trouvent deux orifices : l'un, l'anus, ne se voit qu'au moment de l'expulsion des résidus ; l'autre, la bouche véritable, se continue avec un œsophage légèrement sinueux et rétréci, qui se termine par une dilatation disposée de manière à empêcher le reflux des aliments. Enfin, au delà de cette ampoule, se voit un canal fin et recourbé, ayant l'apparence d'une ligne claire : c'est le *canal de Greeff;* il s'ouvre librement dans le parenchyme par son extrémité profonde. Dans le fond du vestibule, entre la bouche et l'anus, s'insère une longue soie qui fait saillie au dehors, soie raide et non vibratile, dont l'utilité n'est pas facilement saisissable.

Les Vorticelles sont toujours solitaires et sont portées par un pédicule rétractile. Certaines espèces voisines forment au contraire des colonies ramifiées, portées par un pédicule commun ; le style de chaque individu peut alors être contractile (*Carchesium* (fig. 60), *Zoothamnium*) ou rigide (*Epistylis*, *Opercularia*).

Les Vorticelles se reproduisent par fissiparité. Quand le moment est venu, l'animalcule ferme son péristome, le contracte fortement et n'admet plus aucune parcelle alimentaire, tant que dure le phénomène. Le noyau en forme de boudin allongé se ramasse sur lui-même, de façon à n'avoir plus que la moitié ou le tiers de sa longueur primitive et se transforme en une masse cylindrique qui vient se placer dans le sens où elle devra être coupée par le plan de division. L'animal se fend alors longitudinalement : l'un des individus nouveaux reste fixé au pédicule, l'autre acquiert une couronne de cils près de son extrémité postérieure, se détache et nage pendant quelque temps dans l'eau ; il se fixe alors, perd son revêtement ciliaire et se fabrique un style.

En outre de la reproduction fissipare, les Vorticelles peuvent encore se multiplier par gemmation, procédé fort rare chez les Infusoires ciliés, puisqu'il n'est connu que chez les Péritriches (Vorticelliens, *Ophrydium*, *Spirochona*). On voit apparaître un épaississement latéral du corps de l'Infusoire, sur une étendue égale au tiers ou au quart de sa longueur ; puis cet épaississement se sépare et s'isole peu à peu, par un étranglement qui marche à la fois d'avant en arrière et de dehors en dedans, en sorte que le bourgeon est latéral. Celui-ci n'adhère bientôt plus que par un étroit pédoncule au corps de la mère : il commence alors à s'organiser ; une petite cavité semi-lunaire se creuse à son intérieur ; de longs cils à mouvements ondulatoires apparaissent, qui indiquent le péristome ; le disque vibratile se dessine et la vacuole contractile se montre. Le bourgeon devient alors le siège de contractions, s'étrangle de plus, se munit d'une couronne de cils vibratiles à son pôle distal et finit par se séparer complètement ; il est alors pourvu d'un noyau qui provient par division de celui de la mère. La gemme qui a pris ainsi naissance nage pendant quelque temps, puis sécrète un style au moyen duquel elle se fixe sur un corps submergé ; on voit dès lors se résorber la couronne aborale de cils vibratiles.

Les Vorticelles présentent encore des phénomènes de conjugaison, et celle-ci peut même être de deux sortes, *latérale* ou *gemmiforme*.

Dans la conjugaison latérale (fig. 61), deux individus, fixés sur leur pédoncule, contractent adhérence par la région moyenne du corps; ils sont alors à l'état de demi-contraction, l'organe vibratile est rétracté à l'intérieur du corps. Les deux animaux se fusionnent de plus en plus et leur coalescence se fait de telle sorte, qu'ils sont déjà complètement confondus par leur partie postérieure, alors qu'ils sont encore distincts en avant. A ce moment, il se forme une couronne de cils autour de la partie postérieure de cet être mixte ou *zygozoïte;* celui-ci se sépare de son double pédicule et nage librement dans l'eau, la couronne ciliée en avant ; il présente un épais noyau, étendu transversalement dans le double corps et provenant de la fusion des deux noyaux primitifs. On ignore encore ce que devient le zygozoïte nageur.

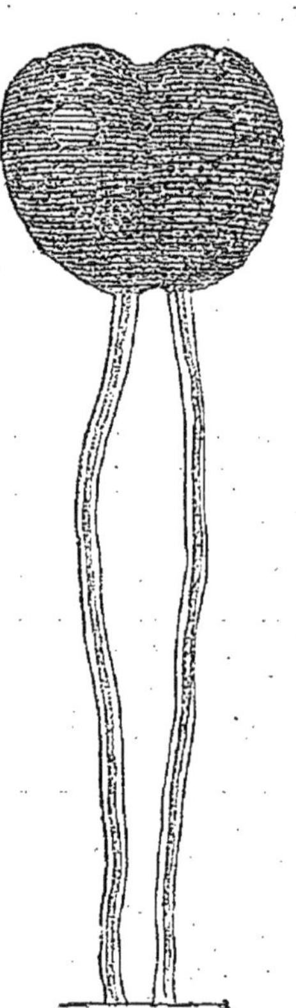

Fig. 61. — Conjugaison latérale de deux Vorticelles.

La conjugaison gemmiforme est beaucoup plus fréquente que la précédente ; chez les Vorticelliens vivant en colonies, comme *Epistylis*, *Carchesium*, etc., un individu se divise en deux, puis en quatre et parfois même en huit parties, qui se disposent en bouquet ou en rosette à l'extrémité d'un style commun. Chacune de ces *microgonidies* développe bientôt une couronne de cils vibratiles à sa partie postérieure et s'isole de ses congénères. Chez les Vorticelliens solitaires, comme *Vorticella*, la microgonidie naît sur individu normal, par un véritable bourgeonnement. Quoi qu'il en soit, la microgonidie, devenue libre, se met à la recherche d'un individu fixé ou *macrogonidie :* pour ne pas être rejetée au loin par les contractions de cette dernière, elle se fixe par un filament très ténu à la partie supérieure du style de la macrogonidie, et finit par se mettre en contact avec elle en un point situé un peu au-dessus de l'insertion du style. La microgonidie se fixe par son extrémité aborale, c'est-à-dire par celle qui porte la couronne de cils. Puis les deux individus contractent adhérence d'une façon si intime, que la substance du petit passe peu à peu dans celle du gros; bientôt il ne reste plus de la microgonidie qu'une membrane cuticulaire, vide et plissée, qui est rejetée par les contractions de la macrogonidie. Tandis que cette fusion s'accomplit, les noyaux et nucléoles des deux individus conjugués subissent des modifications sur la nature desquelles on n'est pas encore complètement fixé.

ORDRE DES HYPOTRICHES

Chez les Infusoires hypotriches, on distingue nettement une face dorsale convexe et une face ventrale plane où parfois même un peu

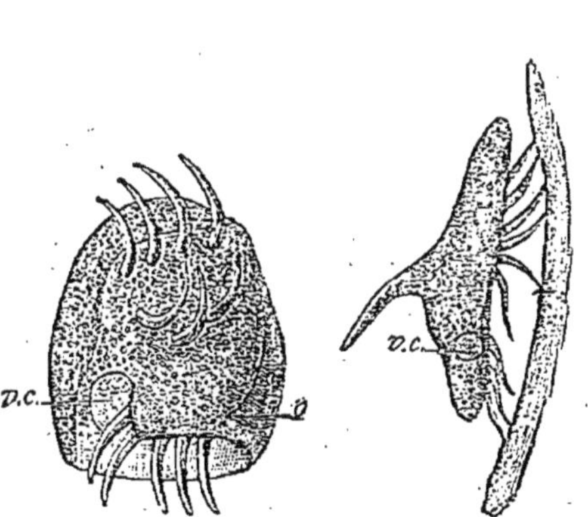

Fig. 62. — *Aspidisca turrita* de face et de profil.

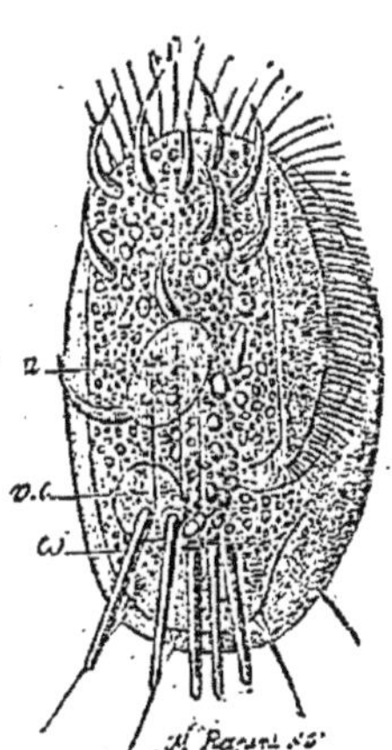

Fig. 63. — *Euplotes Charon.*

concave. La face dorsale est toujours dépourvue de cils ; la face ventrale porte au contraire des cils dont la forme, l'usage et les dimensions sont assez variables ; elle présente encore la bouche et l'anus, situés l'un et l'autre à une assez grande distance de l'extrémité antérieure. *Aspidisca turrita* (fig. 62), *Euplotes Charon* (fig. 63), *Oxytricha caudata* (fig. 64), qui sont au nombre des espèces les plus communes dans nos ruisseaux, permettent de bien comprendre l'organisation du groupe. *Stylonychia mytilus* (fig. 65) présente des phénomènes de fissiparité très analogues à ceux que nous avons décrits plus haut chez *Paramæcium Aurelia;* il est pourvu de deux noyaux accolés l'un à l'autre et munis chacun d'un double nucléole.

Sous-classe des Acinètes.

Les Acinètes ou Suceurs, pour lesquels *Podophrya elongata* (fig. 66) nous servira de premier type, ont une structure des plus simples.

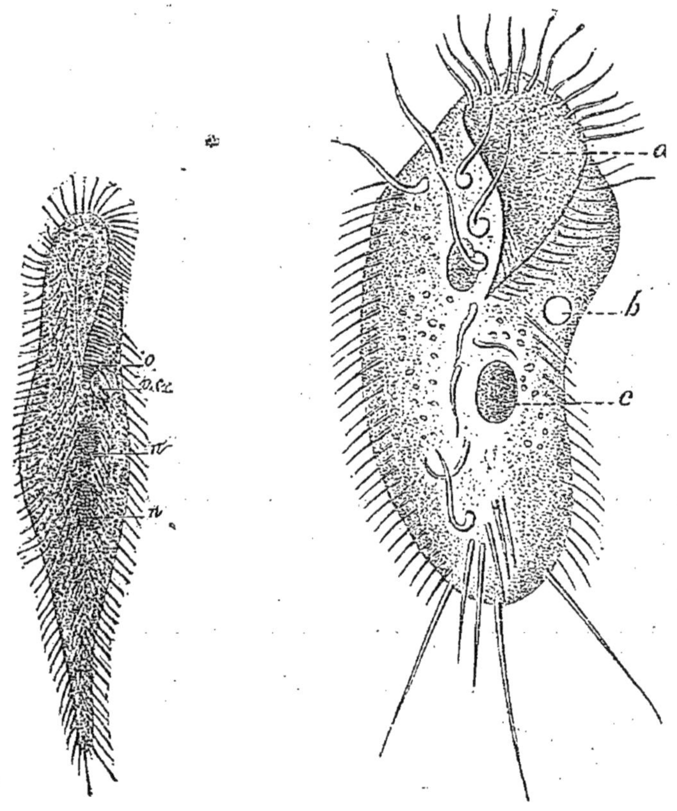

Fig. 64. — *Oxytricha caudata.* Fig. 65. — *Stylonychia mytilus.*

Le corps est formé de protoplasma granuleux, limité par une enveloppe mince et flexible, qui permet dans une certaine mesure des mouvements sarcodiques. A l'intérieur on observe un noyau allongé et quatre vésicules contractiles rapprochées de la surface. En regard de chacune d'elles, on voit partir une touffe de prolongements filiformes, rigides et constitués par des expansions protoplasmiques jouant le rôle de *suçoirs* : l'animal ne présente en effet ni bouche ni anus, ni aucun point de sa surface spécialement réservé à la pénétration des aliments ; sa membrane d'enveloppe est d'ailleurs assez résistante pour constituer pour les corps étrangers une barrière infranchissable. Les Suceurs se nourrissent de proie vivante : ils font habituellement la guerre à d'autres Protozoaires, en particulier aux Infusoires, qu'ils happent au passage et qu'ils vident petit à petit au moyen de leurs suçoirs.

Un bon nombre d'Acinètes sont constitués comme nous venons de dire: tel est le cas de *Trichophrya*, *Digitiphrya*, *Sphærophrya*, qui sont des formes libres. Mais *Podophrya elongata* est caractérisée en outre par la présence d'un pédoncule qui la fixe et l'immobilise à la surface des corps étrangers. Deux autres bouquets de tentacules se voient à la base du corps, au voisinage du pédoncule.

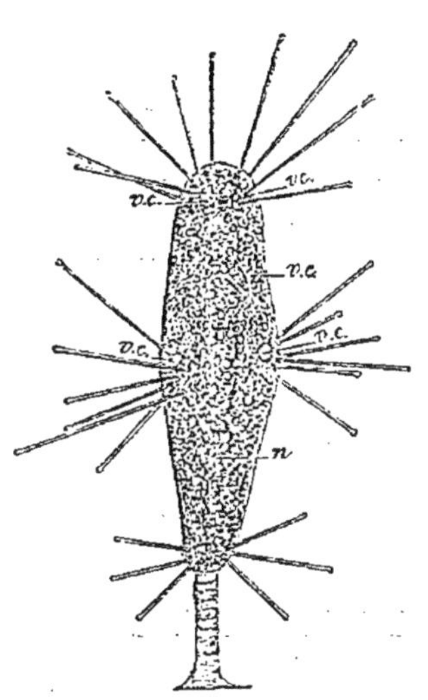

Fig. 66. — *Podophrya elongata.* — *n*, noyau; *vc*, vacuole contractile.

A côté de ces formes nues, il en est d'autres dont le corps est en partie protégé, sur une étendue variable, par une logette distincte, de la surface même du corps. Ici encore, il y a lieu de distinguer entre des formes libres (*Solenophrya*, *Calix*) et des formes supportées par un pédoncule (*Acineta*). Les *Urnula* établissent le passage des unes aux autres, en ce sens que, dépourvues de pédoncule, elles sont néanmoins fixées par le fond de leur logette.

La figure 67 représente *Acineta mystacina*. Cette espèce est une des mieux connues au point de vue de la reproduction. La fissiparité est le mode habituel ; l'un des deux individus résultant de la division reste dans la logette, l'autre se couvre de cils vibratiles sur toute sa surface, devient libre et nage quelque temps avant de se fixer et de sécréter une nouvelle carapace. Un autre mode de reproduction consiste dans la formation d'embryons à l'intérieur du corps de l'Acinète : ceux-ci soulèvent l'ectoplasme de leur mère, puis finissent par le déchirer ; ils se séparent alors sous forme de jeunes individus munis de cils vibratiles et renfermant un noyau provenant de la division du noyau de l'organisme mère.

Malgré leur plus grande simplicité de structure, les Infusoires tentaculifères sont apparentés étroitement aux Infusoires ciliés. Cette parenté est mise en évidence par l'état cilié de leurs embryons ; elle l'est plus encore par ce fait curieux que, dans de certaines conditions, on peut voir l'animal adulte, chez certaines espèces de Podophryes et chez toutes les Sphérophryes, perdre ses suçoirs, se couvrir de cils vibratiles et nager librement pendant un temps variable ; enfin, dans quelques espèces, l'embryon possède une bouche rudimentaire. Ces faits démontrent que les Acinètes ne sont que des Ciliés dégénérés. C. de Mérejkowsky a du reste attiré dernièrement l'attention sur *Acarella siro*, Infusoire marin qui possède à la fois

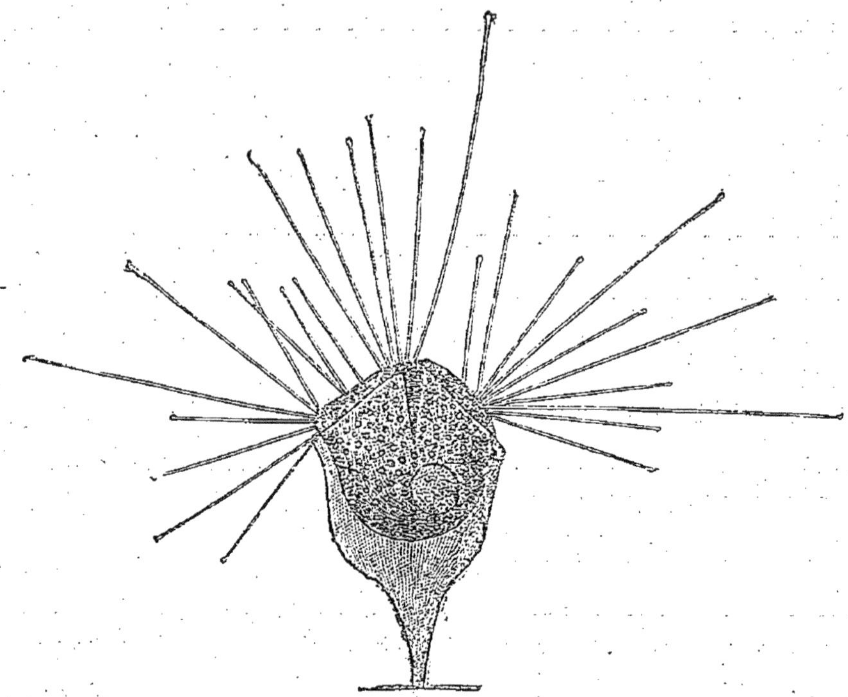

Fig. 67. — *Acineta mystacina.*

des suçoirs et des cils et qui, à ce point de vue, établit bien nettement le passage des Ciliés aux Tentaculifères. On peut toutefois se demander également si cet être ne devrait pas être considéré plutôt comme le représentant d'un ancien groupe d'où dériveraient les Infusoires ciliés et les Acinètes.

C. de Mérejkowsky, *Les Suctociliés, nouveau groupe d'Infusoires, intermédiaire entre les Ciliés et les Acinétiens.* Comptes rendus de l'Acad. des sciences, XCV, p. 1232, 11 décembre 1882. Voir aussi XCV, p. 1381 ; XCVI, p. 276 et 516, 1883.

Les Infusoires constituent un groupe très homogène, dans lequel s'observe le plus haut degré de complication organique qui se puisse rencontrer parmi les Protozoaires. Ils possèdent un appareil digestif rudimentaire, représenté par une bouche et un tube œsophagien; ils sont pourvus d'un véritable appareil d'excrétion, constitué par des vacuoles contractiles; ils sont parfois munis de fibres musculoïdes et d'organes sensoriels tels que les trichocystes, etc.; ils se reproduisent par des phénomènes aussi variés que compliqués. Mais, quelque perfection que présente leur structure, leur substance n'est jamais formée que d'une seule masse protoplasmique ; aussi a-t-on pu dire qu'ils étaient des êtres unicellulaires.

Cette formule n'est sans doute pas à l'abri de toute critique; elle est pourtant vraie quant au fond, et on peut même l'étendre à l'embranchement tout entier des Protozoaires, avec cette restriction toutefois que l'état unicellulaire est le maximum de complication que ceux-ci puissent atteindre. En effet, il ne viendrait à l'esprit de personne de considérer comme de véritables cellules les Monères, constituées par une simple masse de sarcode, sans noyau ni membrane d'enveloppe.

Les Protozoaires sont donc tous unicellulaires. Tous les autres animaux sont, au contraire, formés par l'accumulation d'un nombre parfois extrêmement considérable de cellules distinctes et d'autant plus différenciées qu'on s'élève davantage dans la série des êtres. Cette multiplicité cellulaire a pour conséquence une spécialisation physiologique que nous verrons désormais s'accentuer de plus en plus. On donne le nom de *Métazoaires* aux animaux pluricellulaires, qui vont nous occuper maintenant.

Une autre différence capitale sépare les Métazoaires des Protozoaires. Comme nous l'avons vu, ceux-ci se reproduisent par des procédés essentiellement divers, fissiparité, bourgeonnement, conjugaison, etc., mais on peut dire, en somme, que jamais chez aucun d'eux on n'a vu la reproduction se faire au moyen d'œufs et de spermatozoïdes. Les Métazoaires peuvent parfois se multiplier aussi par bourgeonnement, etc., mais, en outre de cette reproduction asexuelle, ils sont toujours capables de produire des œufs et des spermatozoïdes, organismes sexuellement distincts qui prennent naissance dans des organes spéciaux.

La reproduction sexuelle acquiert, même chez les Métazoaires, une telle importance que l'étude de ceux-ci n'est profitable que lorsqu'on a une connaissance exacte de l'œuf et des phénomènes compliqués qui accompagnent sa maturatiou, sa fécondation et les premières phases de son développement. C'est pour cette raison que, avant d'aborder l'histoire des Cœlentérés, qui constituent la première classe des Métazoaires, nous envisagerons l'œuf sous ces divers points de vue.

Les affinités des Infusoires avec les autres Protozoaires ne sont pas des plus précises. Tant qu'on a cru à l'existence de Cilio-Flagellés, il était tout naturel de les rattacher aux Flagellés par l'intermédiaire de ceux-ci ; mais, depuis qu'il est démontré que les Péridiniens sont dépourvus de cils vibratiles, la parenté des Infusoires et des Flagellés est moins manifeste. Néanmoins, c'est encore avec ces derniers qu'ils ont le plus d'affinités. Le tableau suivant montre du reste de quelle manière on doit concevoir la descendance des Protozoaires et leurs relations réciproques :

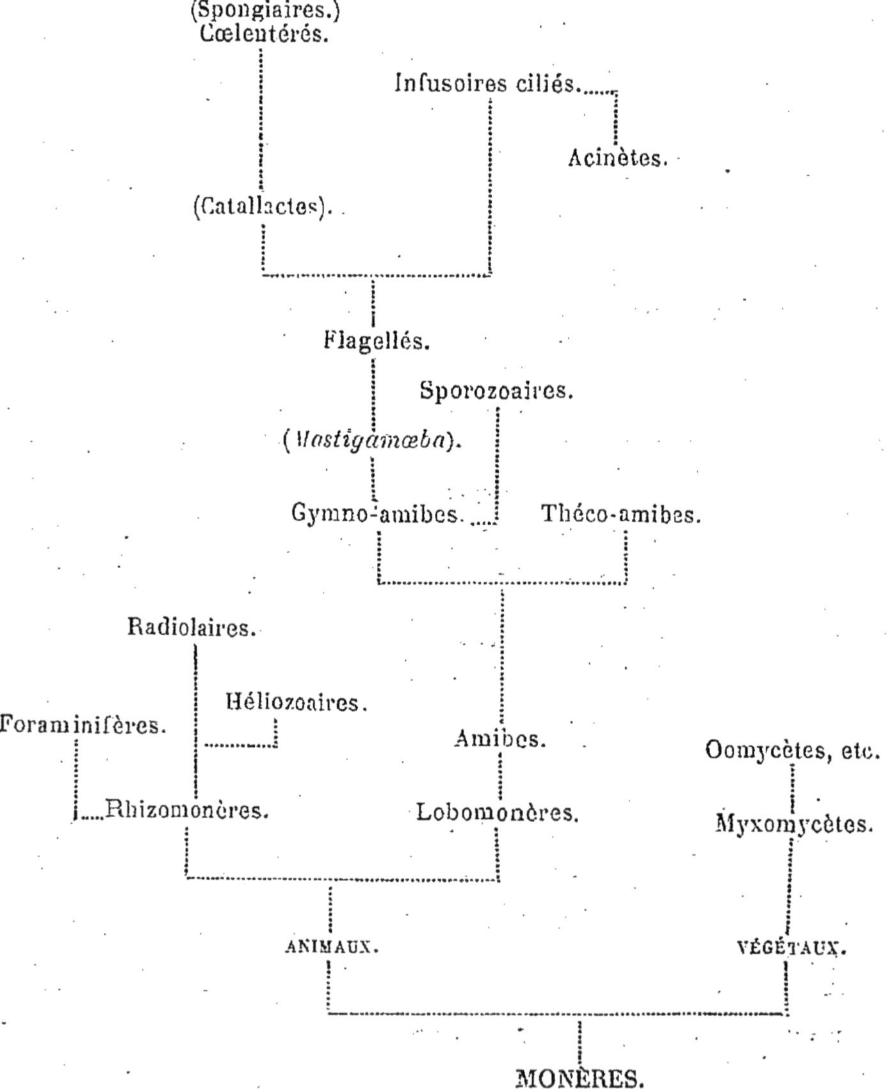

STRUCTURE ET COMPOSITION DE L'ŒUF

ŒUF ALÉCITHE

L'œuf a toujours la signification d'une cellule. Parfois celle-ci reste simple, parfois au contraire elle se complique par l'adjonction de parties destinées à servir à la nourriture de l'embryon et non à l'édification des tissus.

L'œuf le plus simple est donc l'œuf *alécithe*, c'est-à-dire celui qui ne renferme point de particules nutritives. Il peut lui-même varier de structure, suivant qu'il est nu ou au contraire entouré d'une membrane d'enveloppe.

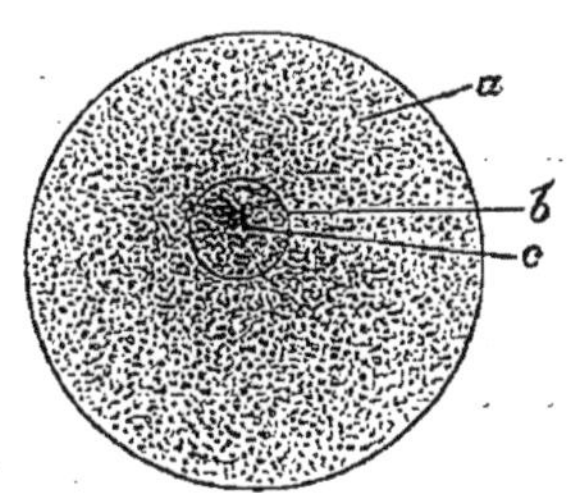

Fig. 68. — Diagramme de l'œuf.

L'ovule nu est composé d'une masse de protaplasma plus ou moins granuleuse, renfermant un noyau nucléolé (fig. 68). C'est là, comme on voit, la structure d'une véritable cellule, mais on a donné aux différentes parties que nous venons d'énumérer des noms que l'usage a consacrés. La masse protoplasmique s'appelle *vitellus*, *a*, le noyau *vésicule germinative* ou *vésicule de Purkinje*, *b*, et le nucléole *tache germinative* ou *tache de Wagner*, *c*.

Un œuf de ce genre s'observe chez les Éponges et chez bon nombre de Cœlentérés, notamment chez les Méduses. L'œuf des Spongiaires présente même une particularité intéressante : son vitellus est pénétré d'une quantité considérable de fines granulations, mais celles-ci n'arrivent point jusqu'à la surface, en sorte qu'on peut aisément distinguer un exoplasme et un endoplasme. Si on joint à cela que l'œuf mûr des Éponges (*Halisarca*) est animé d'actifs mouvements amiboïdes et qu'il rampe librement à la surface des cavités internes de l'animal, on ne sera pas surpris d'apprendre qu'il ait pu être pris pendant longtemps pour une Amibe parasite.

Chez certaines Méduses et chez l'Hydre d'eau douce (fig. 69), au moins pendant un certain temps, l'œuf est déjà limité par une délicate membrane d'enveloppe. Celle-ci est bien plus appa-

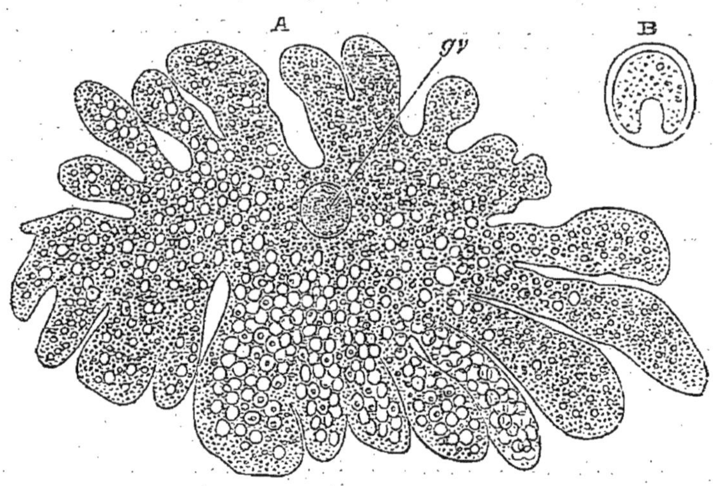

Fig. 69. — A, œuf de l'Hydre à l'état amiboïde, avec des sphérules vitelline (pseudocelles) et des grains de chlorophylle, d'après Kleinenberg ; B, pseudocelle isolée.

rente chez l'Amphioxus. On lui a donné le nom de *membrane vitelline*, pour rappeler qu'elle entoure le vitellus, dont elle n'est

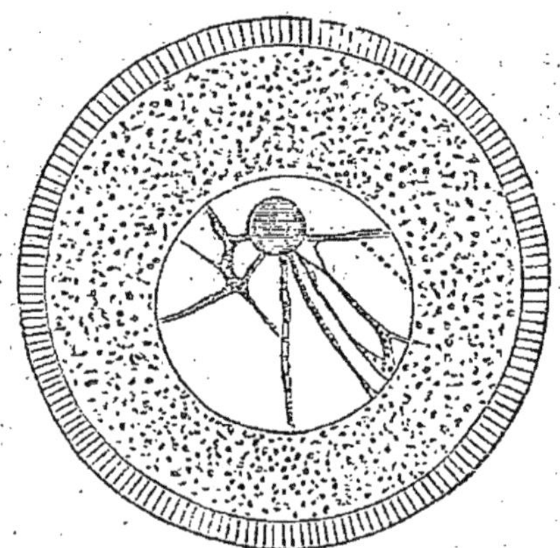

Fig. 70. — Œuf non mûr de *Toxopneustes lividus*, d'après O. Hertwig.

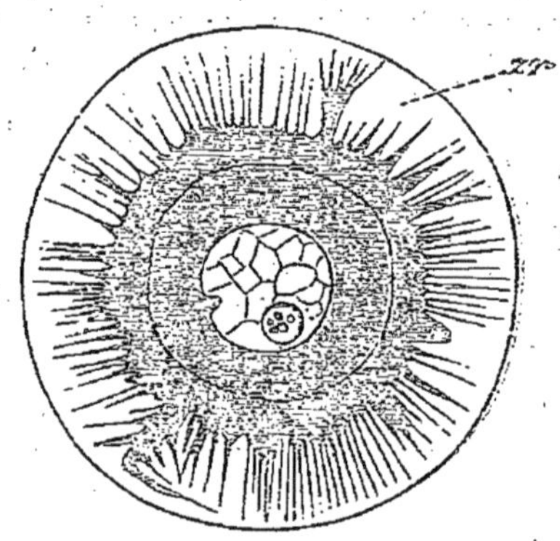

Fig. 71. — Œuf de *Toxopneustes variegatus* avec les prolongements en forme de pseudopodes pénétrant la *zona radiata*, *zr*.

qu'un produit. Elle peut être mince et complètement anhiste (*Amphioxus*) ou présenter au contraire une certaine épaisseur et être perforée de nombreux pores rayonnés, comme c'est le cas chez les Échinodermes (fig. 70) : ici, ces pores sont destinés à assurer la nutrition de l'œuf, ils permettent au vitellus de pousser au dehors des sortes de pseudopodes (fig. 71).

L'ovule des Tuniciers est encore entouré d'une enveloppe, mais celle-ci n'est point formée par le protoplasma de l'œuf et n'est point, par conséquent, une membrane vitelline. Elle provient au contraire du follicule de l'œuf et a reçu le nom de *chorion*.

La membrane vitelline et le chorion sont les deux seules *membranes ovulaires primaires ;* on les désigne sous ce nom pour les distinguer des *membranes ovulaires secondaires*, dont nous aurons à parler par la suite et dont on peut donner dès maintenant une idée, en disant que la coquille de l'œuf de Poule rentre dans cette catégorie. La membrane vitelline et le chorion, que nous avons vus exister séparément, peuvent également coexister.

Nous verrons, dans le chapitre suivant, que la caractéristique essentielle de l'œuf alécithe est de subir une segmentation totale et régulière.

ŒUF TÉLOLÉCITHE

Nous avons dit que l'œuf alécithe ne renfermait point de particules nutritives; il eût été plus exact de dire que, du moins dans le cas où de semblables particules existent évidemment dans l'ovule (1), celles-ci sont partout réparties d'une façon si régulière, qu'elles n'exercent aucune influence sur la marche de la segmentation, qui demeure complète et égale. Mais les particules alimentaires peuvent se séparer nettement des particules formatives et la segmentation régulière fait place désormais à la segmentation inégale ; de même, le fractionnement peut, dans ce cas, devenir incomplet.

Dans un œuf dont les parties nutritives tendent à s'accumuler en certains endroits et à se séparer plus ou moins nettement des parties formatives, il y a lieu de distinguer le *vitellus de formation* (*protoplasme*, Ed. van Beneden ; *archilécithe*, W. His ; *Bildungsdotter* des Allemands) et le *vitellus de nutrition* (*deutoplasme*, *paralécithe* ou *Nahrungsdotter*) ; ce dernier, dont la na-

(1) Par exemple, dans l'œuf de l'Hydre, on reconnaît, même sur notre figure des globules vitellins qui sont de véritables particules alimentaires.

ture est très variable, est le plus souvent composé de substances albuminoïdes ou graisseuses.

Le vitellus de formation et le vitellus de nutrition peuvent se disposer réciproquement de deux façons principales : ou bien chacun d'eux tend à occuper un pôle déterminé de l'œuf, ou bien le premier entoure complètement le second. De là une division toute naturelle des œufs à double vitellus : ceux du premier type sont appelés *télolécithes* par Ray Lankester et Balfour, ceux du second type prennent le nom de *centrolécithes*.

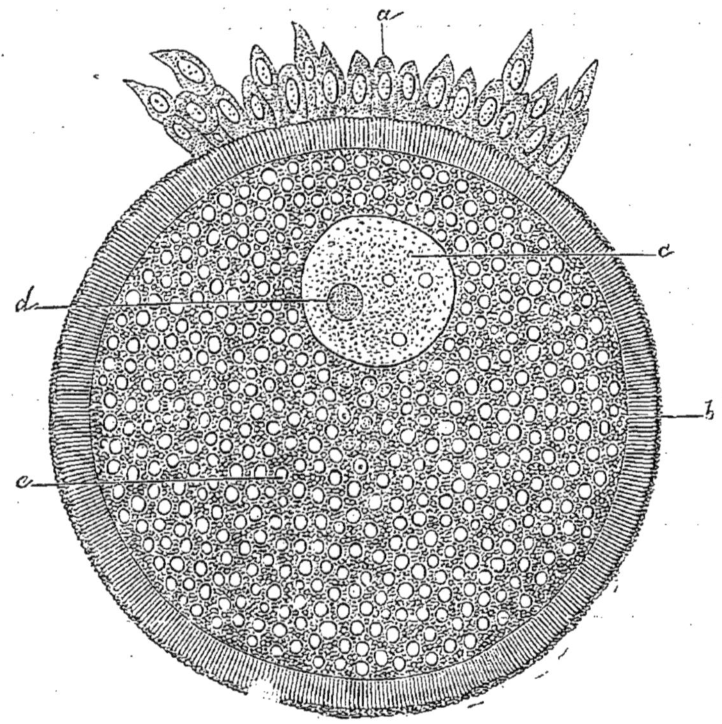

Fig. 72. — Ovule du Lapin. — *a*, cellules ovariennes de la vésicule de de Graaf ; *b*, membrane vitelline ; *c*, vésicule germinative ; *d*, tache germinative ; *e*, granulations du vitellus.

Nous commencerons par l'œuf télolécithe. Les ovules de tous les Vertébrés, à l'exception de l'Amphioxus, se rangent dans cette catégorie ; nous prendrons comme premier exemple l'ovule des Mammifères vivipares (fig. 72), c'est-à-dire de tous les Mammifères, à l'exception des Monotrèmes.

A ne considérer que sa structure, sa parfaite homogénéité et la grande régularité avec laquelle les granulations sont éparses dans le vitellus, on serait tenté de prendre l'ovule des Mammifères pour le type des œufs alécithes. C'est pourtant, à n'en pas douter, un œuf télolécithe, à segmentation inégale, comme cela ressort nettement des observations d'Ed. van Beneden chez le Lapin. L'inégalité se manifeste dès le début du fractionnement : l'œuf se divise en effet en deux blastomères presque égaux, dont l'un est un peu plus gros et plus transparent que l'autre.

Bien que le microscope soit impuissant à y déceler la présence d'un vitellus nutritif localisé à l'un des pôles, l'ovule des Mammifères doit donc être considéré comme télolécithe, mais on peut dire qu'il l'est au minimum. L'inégalité de la segmentation et la formation du blastoderme par épibolie sont l'indice d'un état ancien, dans lequel l'œuf renfermait une proportion plus ou moins considérable de vitellus de nutrition : alors la segmentation était encore plus inégale que maintenant, elle était même vraisemblablement partielle et le développement de l'embryon se faisait en grande partie, sinon en totalité, au dehors de l'organisme maternel, comme cela se voit encore actuellement chez les Monotrèmes.

Il faut donc envisager d'une part l'irrégularité du fractionnement et l'épibolie comme des restes de cet état primitif, d'autre part l'absence de vitellus nutritif comme une modification secondaire, par suite du passage de l'oviparité à la viviparité : autant des réserves alimentaires étaient nécessaires dans le premier de ces états, autant elles sont inutiles dans le second.

A ce point de vue, il est très désirable de connaître les premières phases du développement chez les Mammifères vivipares à naissance prématurée (Marsupiaux) : il est à prévoir qu'on trouvera la segmentation très inégale, par suite de la présence d'une certaine quantité de vitellus de nutrition (1). Il est possible d'autre part que, chez des Mammifères plus perfectionnés

(1) Cette prévision se trouve confirmée par une observation toute récente de Selenka (*Ueber die Entwicklung des Opossum*. Biologisches Centralblatt, V, p. 294, 15 Juli 1885). Ce naturaliste, ayant pu étudier les premiers développements de *Didelphys virginiana*, a reconnu que l'ovule, gros d'un demi-millimètre environ, tient le milieu entre l'œuf méroblastique et l'œuf holoblastique. On voit, pendant la segmentation, s'accumuler à l'un de ses pôles un vitellus de nutrition, que l'ectoderme ne vient recouvrir qu'au bout de trois jours.

que les Rongeurs, par exemple chez les Primates, la segmentation soit égale. On ne saurait contester que les Mammifères dérivent d'animaux vivipares, à œuf télolécithe et méroblastique : on les verrait de la sorte s'écarter de plus en plus de leur type primordial et partir de la segmentation inégale et partielle pour aboutir à la segmentation régulière et totale.

Un œuf plus franchement télolécithe que celui des Mammifères s'observe chez un grand nombre d'animaux, par exemple chez les Mollusques céphalophores, où le fractionnement est encore total. Sans nous arrêter à décrire ces variétés, abordons immédiatement l'étude des œufs à fractionnement partiel.

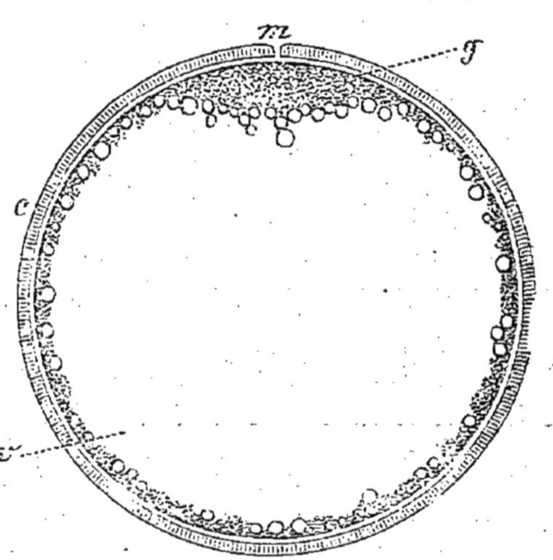

Fig. 73. — Œuf de Truite, d'après Balbiani. — *c*, coque ; *g*, germe ou vitellus de formation ; *m*, micropyle ; *v*, vitellus de nutrition.

Les Poissons osseux nous serviront d'exemple. Leur œuf est circonscrit par une capsule relativement épaisse et résistante, striée dans toute son épaisseur par des canaux poreux, trop fins pour que le spermatozoïde puisse les traverser : aussi cette capsule présente-t-elle en un certain point de sa surface un *micropyle*, orifice conique par lequel s'engage le filament fécondateur pour arriver jusqu'au vitellus. Cette enveloppe est un chorion : elle existe déjà dans le follicule, dont elle est vraisemblablement une production. En dedans d'elle, se voit le vitellus, ordinairement nu, parfois pourtant entouré d'une membrane vitelline, comme chez le Hareng.

L'ovule de ce Poisson est formé d'une masse vitelline homogène, à l'intérieur de laquelle les granulations sont régulièrement distribuées. Quand la fécondation va avoir lieu, on voit le vitellus formatif, d'abord uniformément répandu dans toute la masse de l'œuf, se condenser au pôle qu'occupe le micropyle et se séparer complètement du vitellus de nutrition. Celui-ci, qui représente la plus grande partie de l'œuf, a dès lors l'aspect d'une sphère dont un des pôles serait excavé en une cupule dans laquelle vient se loger le vitellus de formation. Chez d'autres Téléostéens, la séparation des deux vitellus se fait longtemps avant la maturité de l'œuf.

A part des différences secondaires, tenant surtout à la forme et à la structure de la coque, l'œuf des Plagiostomes, des Reptiles et des Oiseaux a la même constitution. Nous décrirons celui de la Poule, qui est d'une observation facile.

Le *jaune* ou vitellus de l'œuf d'Oiseau est le véritable ovule : lui seul provient de l'ovaire. Il est entouré d'une délicate membrane vitelline et se compose de deux parties qu'il est aisé de

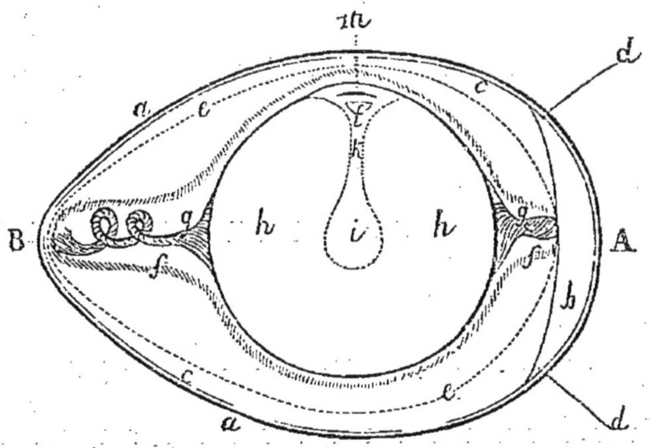

Fig. 74. — Coupe d'un œuf de Poule. — A, pôle obtus ; B, pôle aigu ; *a*, coquille ; *b*, chambre à air ; *c*, membrane coquillière ; *d*, dédoublement de la membrane coquillière au niveau de la chambre à air ; *e*, *f*, couche de l'albumine ; *g*, chalaze ; *h*, vitellus jaune ; *i*, *k*, latébra ; *l*, *m*, cicatricule.

distinguer, si l'on brise à sa face supérieure la coquille d'un œuf qui est resté pendant quelque temps en repos, couché sur son grand axe (fig. 74). Dans ces conditions, on observe à la surface de la sphère vitelline un petit disque blanc, large d'environ 4 millimètres : c'est le *blastoderme* ou la *cicatricule* (fig. 74, *l*, *m*); le reste du vitellus est jaune sur toute son étendue.

On peut donc reconnaître l'existence d'un vitellus blanc ou de formation et d'un vitellus jaune ou de nutrition, mais les rapports et l'importance relative de ces deux vitellus ne peuvent être saisis que si on pratique, sur un œuf durci par la coction, une coupe diamétrale du vitellus passant par la cicatricule. On constate alors que, partant de cette dernière, le vitellus blanc s'enfonce vers le centre de la sphère vitelline et prend l'aspect d'une sorte de bouteille, dont le col évasé en entonnoir correspondrait à la cicatricule et dont le corps renflé en sphère occuperait le centre de l'ovule ; cette masse blanche centrale, *i*, a reçu le nom de *latebra*. A la périphérie, le col de la bouteille se continue avec une mince couche de vitellus blanc qui se répand sur toute la surface de l'œuf.

Les deux sortes de vitellus ne diffèrent pas seulement par la couleur ; elles diffèrent aussi par la structure. Le vitellus jaune (fig. 75, A) est formé de vésicules assez grosses, mesurant de 25 à 100 μ, dépourvues de noyau et remplies de granulations très fines et très réfringentes ; ces granulations, insolubles dans l'alcool et dans l'éther, semblent être de nature albuminoïde. Le jaune renferme encore de la graisse, des sels, des globules

Fig. 75. — Éléments vitellins de l'œuf de Poule. — A, vitellus jaune ; B, vitellus blanc.

biréfringents de lécithine et une matière colorante qui serait de l'hématoïdine. On voit parfois dans l'épaisseur du jaune un certain nombre de zones blanches concentriques, qu'on a décrites comme constituées par du vitellus blanc : Balbiani s'est assuré que ces zones renfermaient encore des vésicules du vitellus jaune, mais dépourvues de matière colorante.

Le vitellus blanc (fig. 75, B) est formé de sphérules dont le diamètre varie entre 4 et 75 μ ; chacune d'elles renferme un corpuscule réfringent, de nature graisseuse et qu'on a pris souvent pour un noyau. A côté de ces sphérules, on en voit d'autres de plus grandes dimensions, renfermant chacune un certain nombre de petites sphères semblables aux précédentes : il semble que les premières proviennent de la rupture des secondes.

Telle est la structure de l'œuf de la Poule, au moment où il se détache de l'ovaire. Il est alors entouré d'une délicate membrane, formée de fibrilles entre-croisées dans tous les sens ; la plupart des auteurs la considèrent comme une membrane vitelline proprement dite, mais Balbiani croit plutôt que c'est un chorion, produit par le follicule ovarien.

A ce moment, si on étudie la structure de la cicatricule (fig. 76), on constate qu'elle est constituée par une masse lenticulaire de protoplasma, renfermant en son milieu un corps sphérique ou ellipsoïdal, fortement réfringent, qui est la vésicule germinative ; celle-ci, large d'environ 310 μ, contient elle-même une tache germinative.

En quittant l'ovaire, l'œuf est saisi par l'oviducte. Il en franchit rapidement la première portion, longue de 3 à 5 centimètres, mais marche avec plus de lenteur dans la portion suivante, longue de 25 centimètres environ ; il lui faut deux ou trois heures

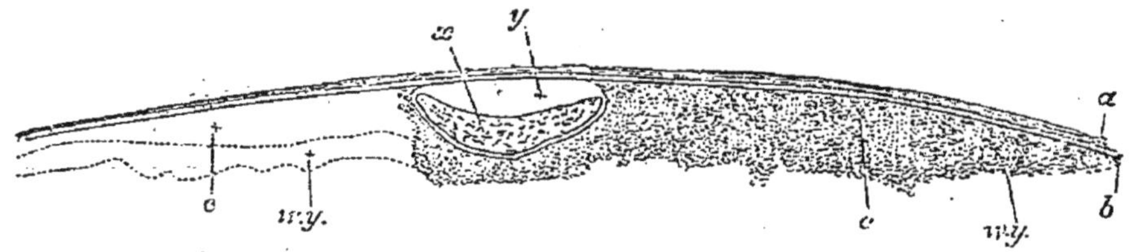

Fig. 76. — Coupe de la cicatricule de l'œuf de Poule encore contenu dans sa capsule. — *a*, tissu conjonctif de la capsule ; *b*, épithélium de la capsule, à la surface interne duquel est appliquée la membrane vitelline ; *c*, substance granuleuse de la cicatricule qui formera le blastoderme ; *wy*, vitellus blanc passant insensiblement à la substance finement granuleuse de la cicatricule ; *x*, vésicule germinative entourée d'une membrane distincte, mais rétractée ; *y*, espace primitivement rempli par la vésicule germinative.

pour la parcourir. C'est là qu'il s'entoure de la *membrane chalazifère*, qui double extérieurement la membrane vitelline, et de sa couche épaisse d'albumine. La membrane chalazifère est très fine ; aux deux extrémités du diamètre correspondant au grand axe de l'œuf, elle se termine par les *chalazes*, cordons enroulés en spirale (fig. 74, *g*) et formés d'une couche d'albumine condensée ; leur enroulement en tire-bouchon tient à ce que l'œuf, en descendant dans l'oviducte, est animé d'un mouvement de rotation sur lui-même, déterminé par les replis que présente la muqueuse de ce canal. L'albumine est elle-même déposée autour de l'œuf en une couche enroulée de gauche à droite et de la grosse à la petite extrémité ; sur un œuf non pondu, cette couche albumineuse est assez dense pour pouvoir être facilement déroulée; elle se liquéfie quelque temps avant la ponte, sans qu'on sache exactement la cause de ce phénomène.

La troisième portion de l'oviducte est longue de 9 centimètres seulement, mais, en raison de son étroitesse, qui lui a valu le nom d'*isthme* de l'oviducte, l'œuf met environ trois heures à la parcourir. Il s'y entoure de la *membrane coquillière* (fig. 74, *c*). Celle-ci est en réalité formée de deux feuillets intimement accolés l'un à l'autre et constitués chacun par un feutrage de fibres entre-croisées en tous sens; les fibres sont plus fines dans le feuillet externe que dans le feuillet interne. Il est vraisemblable que ces fibres ne sont autre chose que des concrétions de l'albumine; en agitant de l'albumine avec différents sels, ou en y insufflant simplement de l'air par un tube rétréci, on obtient des fragments d'une sorte de tissu formé de filaments entre-croisés.

La quatrième portion de l'oviducte n'est longue que de 4 centimètres, mais est élargie et constitue une sorte d'utérus. L'œuf y séjourne vingt-quatre heures et s'y entoure de sa *coquille*. Celle-ci (fig. 74, *a*) est blanche chez la Poule, mais peut se colorer de diverses nuances chez d'autres Oiseaux; on pense, sans preuves suffisantes, que cette teinte, qui se fait dans le cloaque, est due aux matières colorantes de la bile. La coquille a la même structure et la même origine que la membrane coquillière, elle doit sa consistance à ce qu'elle est imprégnée d'une sécrétion laiteuse chargée de carbonate de chaux, sécrétion produite par l'utérus.

Quand l'œuf est pondu, l'air y pénètre à travers les pores de la coquille et les deux feuillets de la membrane coquillière se séparent l'un de l'autre : il se forme une *chambre à air* (fig. 74, *b*), qui se montre habituellement au gros bout de l'œuf, mais qui peut, suivant les circonstances, apparaître en tout autre point. D'abord très petite, la chambre à air s'élargit avec le temps, en sorte qu'on peut, d'après ses dimensions, juger de la fraîcheur de l'œuf. Elle constitue un réservoir aérien, aux dépens duquel s'accomplira la respiration de l'embryon.

La membrane chalazifère, la membrane coquillière et la coquille sont autant de membranes ovulaires secondaires. Il faut aussi ranger parmi celles-ci la membrane vitelline, si, comme le pense Balbiani, elle est formée par le follicule ovarien.

ŒUF CENTROLÉCITHE.

Dans l'œuf centrolécithe, le vitellus de formation et le vitellus de nutrition sont encore nettement séparés l'un de l'autre, mais celui-ci est situé au centre de l'œuf et est complètement entouré par le vitellus formatif. L'œuf centrolécithe est caractéristique des Arthropodes. Sa segmentation peut se faire suivant divers modes, mais toujours elle est partielle, ainsi que nous aurons l'occasion de le voir par la suite.

Les enveloppes de l'œuf centrolécithe présentent les variétés que nous avons reconnues déjà pour les œufs alécithe et télolécithe. Par exemple, l'œuf des Aranéides et des Insectes est muni d'une membrane vitelline, quand il se sépare de l'ovaire; en parcourant l'oviducte, il s'entoure en outre d'un mince chorion; parfois même, il se forme deux chorions. De plus, la coque de l'œuf est fréquemment percée d'un micropyle, comme chez les Copépodes parasites et chez les Insectes; il est même des Insectes, comme la Puce, dont l'œuf présente un grand nombre de micropyles à chacune de ses extrémités.

En outre de la vésicule germinative, l'œuf des Arthropodes renferme fréquemment un corpuscule analogue, découvert en 1845 par von Wittich dans l'œuf de l'Araignée et revu depuis par von Siebold, V. Carus, etc. Ce dernier auteur lui donna le nom de *noyau vitellin;* en France, on le connaît plutôt sous le nom de *cellule* ou *vésicule embryogène*, que H. Milne-Edwards lui appliqua en 1867. Ce corpuscule a été surtout étudié par Balbiani. Si son observation est particulièrement facile chez les Arthropodes, il ne leur appartient pourtant pas en propre: on le connaît à l'heure actuelle chez un très grand nombre d'animaux, aussi bien chez les Vertébrés que chez les Invertébrés; Balbiani a même constaté sa présence dans l'ovule de la femme.

La vésicule embryogène (fig. 77) est une véritable cellule, munie d'un noyau nucléolé. Elle naît par bourgeonnement de l'une des cellules épithéliales qui entourent l'œuf dans le follicule de de Graaf; sa croissance achevée, elle se met en contact avec le vitellus de l'ovule primordial, le déprime et s'enfonce peu à peu dans son intérieur. Le canal par lequel elle a pénétré reste parfois visible pendant quelque temps ; le plus souvent il s'oblitère par l'accolement de ses parois. Arrivée dans l'œuf, la vésicule embryogène conserve son individualité : son protoplasma ne se fusionne pas avec le vitellus. Elle persiste jusqu'à la maturité de l'œuf, mais disparaît toujours avant le commencement du développement.

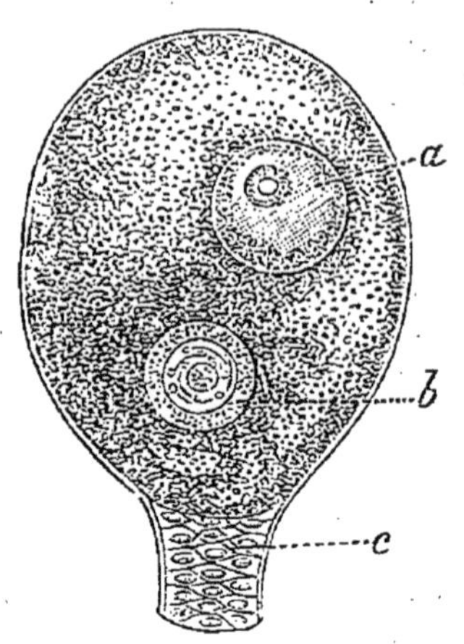

Fig. 77. — Follicule ovarien de *Clubiona atrox*. — *b*, vésicule embryogène entourée de granulations vitellines formant le germe de l'œuf; *a*, vésicule germinative; *c*, pédoncule du follicule.

Si l'origine de la vésicule embryogène n'est pas douteuse, le rôle qu'elle est appelée àjouer est moins certain. Balbiani pense que sa nature épithéliale en fait un élément analogue à une cellule séminale, qui doit exercer sur l'œuf une action semblable à celle d'un spermatozoïde. C'est sous l'influence de cette sorte de fécondation que se formerait le germe dans l'ovule : on constate, en effet, que c'est toujours autour de cet élément que se déposent les granulations plastiques. Là se bornerait le plus souvent son action; mais, dans certaines espèces animales, elle pourrait suffire à déterminer d'une façon plus ou moins complète les premières phases du développement de l'œuf. Parfois même, cette *préfécondation* de l'ovule par la vésicule embryogène aurait pour conséquence le développement total de l'œuf, et c'est ainsi que s'expliquerait la parthénogénèse.

Dans cette manière de voir, l'œuf serait donc constitué par la conjugaison de deux éléments, l'un mâle, l'autre femelle, et serait par conséquent un véritable organisme hermaphrodite.

Ed. van Beneden, *Recherches sur la composition et la signification de l'œuf*. Mém. couronnés de l'Acad. de Belgique, XXXIV, 1868.

H. Ludwig, *Ueber die Eibildung im Thierreiche*. Arbeiten aus dem zool.-zoot. Institut in Würzburg, I, 1874.

O. Galeb, *De l'œuf dans la série animale*. Thèse de médecine. Paris, 1878.

Al. Brandt, *Ueber das Ei und seine Bildungsstätte*. Leipzig, 1878.

G. Balbiani, *Leçons sur la génération des Vertébrés*. Paris, 1879.

LA MATURATION ET LA FÉCONDATION DE L'ŒUF

Les phénomènes qui accompagnent la maturation et la fécondation de l'œuf ont été, dans ces dernières années, l'objet d'un grand nombre de recherches, grâce auxquelles la lumière s'est faite complètement sur ces points jusqu'alors obscurs. Sans entrer dans le détail des observations des divers auteurs, nous renverrons le lecteur aux ouvrages de Strasburger et de Mark, ainsi qu'au mémoire dans lequel nous avons résumé l'état de la question, et nous décrirons ces phénomènes en les rapportant plus spécialement à *Asterias glacialis*, Echinoderme sur lequel Fol a fait récemment une série de belles observations.

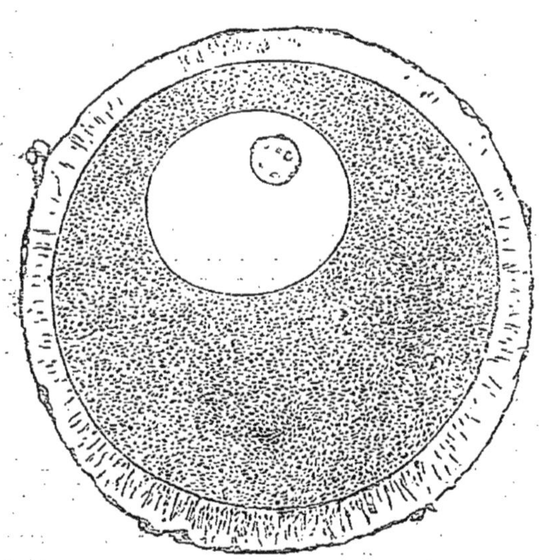

Fig. 78. — Œuf mûr d'*Asterias glacialis* revêtu d'une enveloppe mucilagineuse et contenant une vésicule germinative et une tache germinative excentriques. D'après H. Fol.

L'œuf ovarien (fig. 78), parvenu au stade ultime de son développement, est constitué par une masse vitelline finement granuleuse, que revêt extérieurement une enveloppe gélatineuse appelée *zona radiata*. La vésicule germinative, située excentriquement, est entourée d'une membrane; elle renferme une tache germinative et un réseau protoplasmique.

Aussitôt après la ponte, la vésicule germinative devient le siège de modifications qui vont aboutir à son expulsion du vitellus (fig. 79). Elle présente des contractions actives et change incessamment de forme, en même temps que sa membrane et son réseau protoplasmique disparaissent et que sa tache germinative, dont les contours vont en s'effaçant, finit par se dissoudre (fig. 80). Peu à peu, la vésicule germinative s'organise en un corps fusiforme, appelé *fuseau nucléaire*, autour des extrémités duquel les granulations vitellines, jusqu'alors disséminées au hasard, se disposent en séries longitudinales rayonnées, de façon à simuler deux étoiles accouplées : on a donné à cette figure le nom d'*amphiaster* (fig. 81). Le fuseau se montre parcouru dans le sens de sa longueur par un faisceau de fibrilles délicates, qui présentent

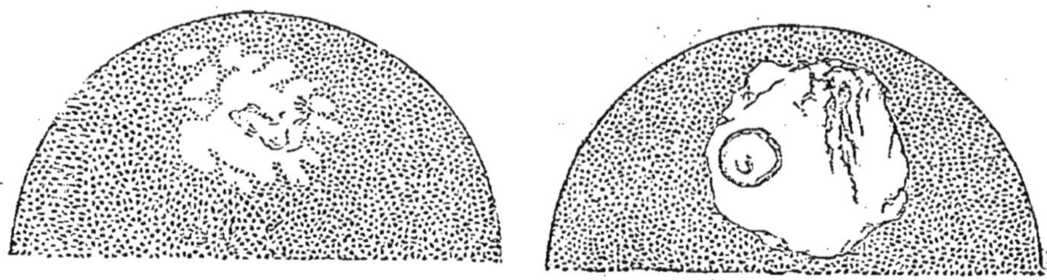

Fig. 79. — Deux stades successifs de la métamorphose graduelle de la vésicule et de la tache germinatives de l'œuf d'*Asterias glacialis*, immédiatement après la ponte. D'après Fol.

en leur milieu un épaississement constituant la *plaque nucléaire*. Il s'approche lentement de la périphérie de l'œuf, entraînant avec lui sa double auréole et tout en conservant une direction ra-

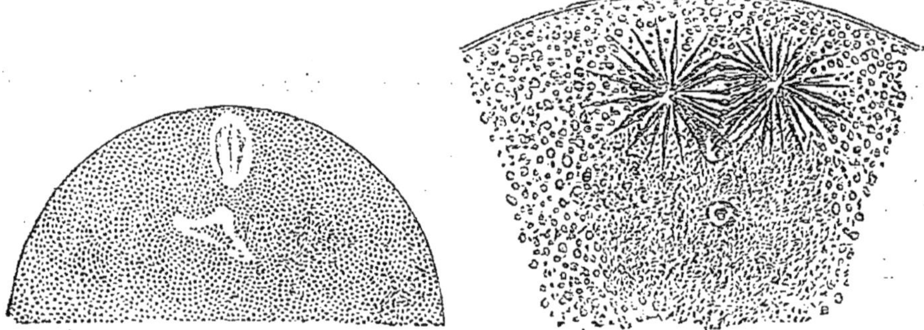

Fig. 80. — Œuf d'*Asterias glacialis* montrant les espaces clairs qui remplacent la vésicule germinative. Œuf vivant. D'après Fol.

Fig. 81. — Œuf d'*Asterias glacialis* au même stade que le précédent, mais traité par l'acide picrique. D'après Fol.

diaire par rapport au centre. L'extrémité du fuseau gagne bientôt la surface ; elle tend à sortir de l'œuf, refoulant devant elle une faible quantité de vitellus.

Quand le fuseau se trouve expulsé à moitié, il s'étrangle et se divise en deux parties, l'une située dans la protubérance et l'autre dans l'œuf; sa division s'accompagne du dédoublement de la lame nucléaire : les deux lames ainsi formées reculent chacune vers une extrémité du fuseau nucléaire et c'est seulement lorsqu'elles y sont parvenues que la division du noyau s'accomplit.

La protubérance s'étrangle à son tour et se sépare complète-

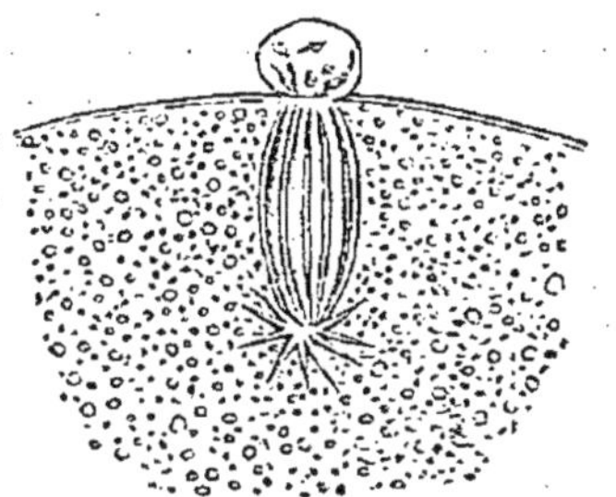

Fig. 82. — Portion de l'œuf d'*Asterias glacialis* au moment où le premier globule polaire se détache et le reste du fuseau se rétracte dans l'œuf. Préparation à l'acide picrique. D'après Fol.

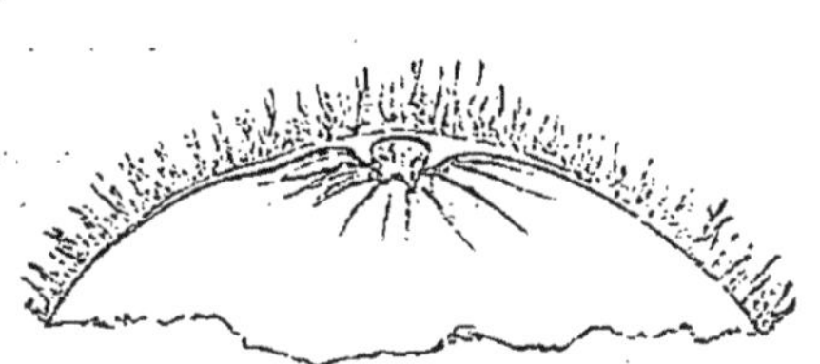

Fig. 83. — Portion de l'œuf d'*Asterias glacialis* avec le premier globule polaire tel qu'il se montre à l'état vivant. D'après Fol.

ment du vitellus, pour former un *globule polaire* (fig. 82, 83), dans l'intérieur duquel l'aster se désorganise, en même temps que le fragment du fuseau perd son aspect fibrillaire et prend l'apparence d'un simple noyau.

Le globule polaire a la valeur d'une cellule : son mode de production, comme Bütschli l'a fait voir, n'est qu'un simple processus actif de division, et les phénomènes qui président à sa formation ne diffèrent en rien de ceux qui accompagnent la division cellulaire ordinaire.

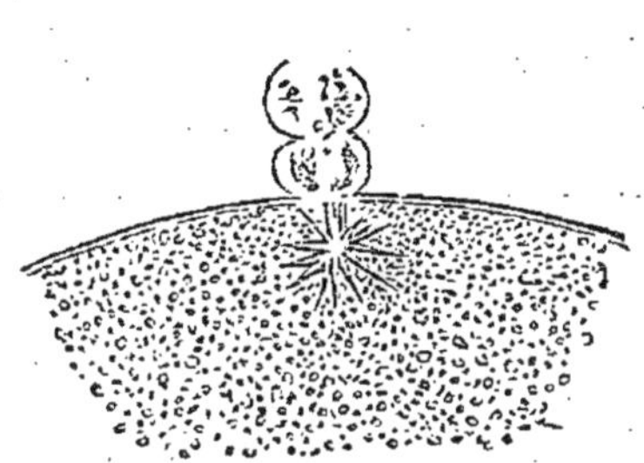

Fig. 84. — Portion de l'œuf d'*Asterias glacialis* immédiatement après la formation du second globule polaire. Préparation à l'acide picrique. D'après Fol.

Il est rare qu'il ne se forme qu'un seul globule polaire; il s'en produit d'ordinaire deux ou trois. Dans ce cas, la moitié du fuseau de direction qui est demeurée dans l'œuf, par simple allongement de ses fibres, se transforme en un second fuseau, muni d'un aster à chacune de ses extrémités. Ce fuseau, qui s'est reconstitué dans l'intérieur du vitellus, à une faible distance de la surface, va se rapprocher de celle-ci et se comporter comme le premier fuseau (fig. 84).

Les globules polaires proviennent donc de la vésicule germinative, opinion qui avait été jadis émise, mais sans preuves suffisantes, par Dumortier (1). Une fois produits, ils ne tardent pas à se détruire et ne jouent manifestement aucun rôle par la suite du développement de l'embryon. Il convient néanmoins de rechercher leur signification.

On a cru pendant longtemps, à la suite de Fritz Müller (2), qu'ils exercent une influence considérable sur la direction des sillons du vitellus et sur la situation réciproque des blastomères : de là le nom de *vésicules de direction*, sous lequel certains auteurs les décrivent encore ; nous savons maintenant que ce n'est point là leur rôle, du moins dans bon nombre de cas. Semper a voulu voir dans ces globules les produits « d'une sorte de défécation » par l'ovule « de matières devenues inutiles » ; Fol lui-même est d'un avis analogue et il leur donne le nom de « corpuscules de rebut ». « Il peut être important pour le vitellus, dit-il, de se débarrasser de certaines matières devenues superflues, et l'expulsion de cette matière peut avoir lieu en un point constant, sans que nous devions y voir autre chose qu'une simple excrétion. » Giard émet une opinion un peu plus satisfaisante : pour lui, les globules ne seraient que « des cellules rudimentaires ayant une signification atavique ».

Balfour fait remarquer que chez les Arthropodes et les Rotifères, les globules polaires n'ont pas été observés jusqu'à présent d'une manière satisfaisante : or, par une coïncidence frappante, ce sont là précisément les deux groupes chez lesquels la parthénogénèse se produit d'une façon normale. Il part de cette observation pour émettre l'hypothèse que, dans la formation des globules polaires, une portion des parties constituantes de la vésicule germinative, indispensables pour qu'elle fonctionne comme un noyau complet et indépendant, est rejetée pour permettre l'accès des parties nécessaires qui lui seraient rendues par la fécondation. Ce qui reste de la vési-

(1) Dumortier, *Mémoire sur l'embryogénie des Mollusques gastéropodes*. Ann. des sc. nat., VIII, 1837.

(2) Fr. Müller, *Zur Kenntniss des Furchungsprocesses im Schneckencie*. Archiv für Naturgeschichte, I, 1848.

cule germinative dans l'intérieur de l'œuf, après l'expulsion des globules polaires, serait donc incapable de se développer davantage sans le secours du spermatozoïde; et s'il ne se formait pas de globule polaire, la parthénogénèse pourrait normalement exister. En un mot, la faculté de former des cellules polaires aurait été acquise par l'œuf dans le but exprès de prévenir la parthénogénèse (1).

Enfin, Bütschli a produit récemment, à la suite de recherches sur le développement des Volvox et autres Flagellés vivant en colonie, une théorie qui consiste à considérer la formation des globules polaires comme rappelant un état dans lequel les Métazoaires primitifs étaient capables de former des colonies de gamètes femelles, semblables à celles qui s'observent encore aujourd'hui chez certains Protozoaires. Cette conception s'appuie du reste sur des faits trop spéciaux pour que nous puissions ici l'exposer en détail.

Quand la production des globules polaires est achevée, la moitié du dernier fuseau qui reste finalement dans l'œuf ne tarde pas à perdre sa striation longitudinale; elle se transforme en deux ou trois vésicules claires (fig. 85), qui se réunissent bientôt en un simple noyau arrondi. Celui-ci, entouré ou non d'un aster, suivant les cas, se rapproche du centre de l'œuf, que souvent il vient occuper (fig. 86); quand il est arrivé au terme de sa migration, l'aster qui l'entourait disparaît. Ce noyau prend le nom de *noyau de l'œuf* ou *pronucleus femelle*; il renferme un nucléole.

C'est seulement à la suite de ces métamorphoses que l'œuf est véritablement mûr et apte à être fécondé; chez un grand

(1) Il importe de remarquer, à propos de cette théorie de Balfour, que des globules polaires ont été signalés chez certains Arthropodes, par Leydig chez *Daphnia longispina*, par Grobben chez *Moina rectirostris*, par Henneguy chez *Oniscus* et chez *Asellus aquaticus*. Une observation de Hœk relative à l'œuf de *Balanus balanoïdes* semble moins positive.

Chez les Insectes, on désigne encore sous le nom de globules polaires des corpuscules qui se séparent de l'œuf avant la segmentation et dont le nombre est assez considérable (8 d'après Balbiani, 12 d'après Weismann, 16 à 20 d'après Ch. Robin). Mais ces corpuscules auraient une tout autre signification que les véritables globules polaires : ils ne se détruisent point comme le font ceux-ci, mais pénètrent dans l'œuf en voie de développement, et c'est à leurs dépens, suivant Balbiani (*Sur la signification des cellules polaires des Insectes*. Comptes rendus, XCV, p. 927, 13 novembre 1882), que se formeraient les organes génitaux.

nombre d'animaux à fécondation extérieure, ce n'est même qu'après avoir passé par ces différentes phases qu'il est expulsé au dehors.

L'acte de la fécondation consiste en une fusion directe des couches superficielles du vitellus avec la tête du spermatozoïde. Il faut donc, pour que ce phénomène se produise, que le spermatozoïde traverse l'en-

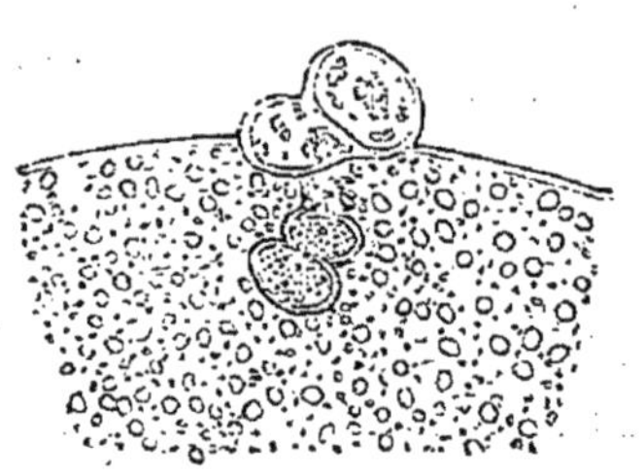

Fig. 85. — Portion de l'œuf d'*Asterias glacialis* après la formation du second globule polaire, montrant la partie du fuseau qui reste dans l'œuf se transformant en deux vésicules claires. Préparation à l'acide picrique. D'après Fol.

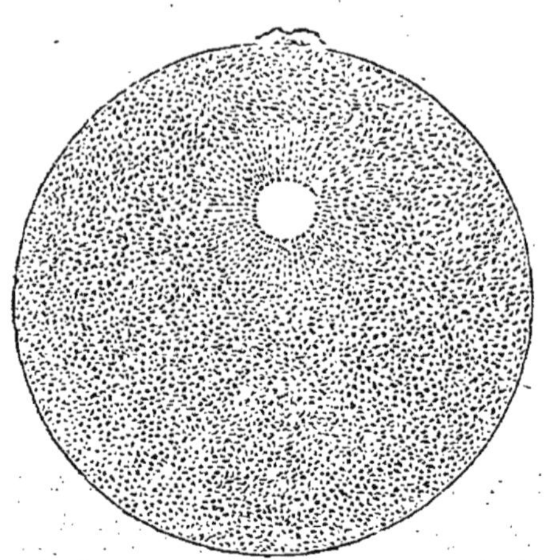

Fig. 86. — Œuf d'*Asterias glacialis* avec les deux globules polaires et le pronucléus femelle entouré de stries radiaires. Œuf vivant. D'après Fol.

veloppe de l'œuf. Dans le cas où celle-ci est dure et résistante, un micropyle lui livre passage, comme cela se voit chez les Poissons, les Insectes, etc. Lorsqu'au contraire l'enveloppe de l'œuf n'est représentée que par une masse gélatineuse plus ou moins épaisse, ou par un mince follicule jouant le rôle de membrane vitelline, sa force de propulsion suffit à faire traverser au spermatozoïde cette barrière peu résistante.

Dès que le spermatozoïde a traversé l'enveloppe de l'œuf pour pénétrer dans le liquide périvitellin, le vitellus présente des modifications remarquables. Ainsi que Fol l'a observé chez l'Etoile de mer, « avant qu'aucun contact ait eu lieu entre le zoosperme et le vitellus, le protoplasme de ce dernier s'amasse du côté qui fait face au spermatozoïde, et y constitue une mince couche hyaline qui recouvre le vitellus granuleux ; puis cette couche transparente se soulève à son centre en une bosse qui s'avance à la rencontre de l'élément mâle (fig. 87, A). La bosse se change en un cône, et bientôt on voit un mince filet de protoplasme établir la communication entre le sommet du cône et le corps du zoosperme (fig. 87, B). Ce dernier s'allonge et

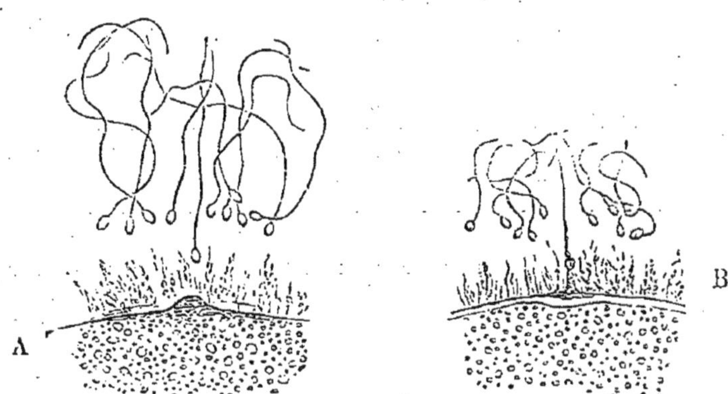

Fig. 87. — Faibles portions de l'œuf d'*Asterias glacialis*. Les spermatozoïdes sont représentés enveloppés dans la membrane mucilagineuse. En A, il se forme à la surface de l'œuf une protubérance dirigée vers le spermatozoïde le plus voisin. En B, le spermatozoïde et la protubérance se sont rencontrés. D'après Fol.

s'écoule pour ainsi dire dans le vitellus. La queue reste seule au dehors, où on peut la distinguer encore quelques minutes. »

Chez *Asterias glacialis*, au moment même où la couche protoplasmique hyaline, qui s'est différenciée à la périphérie de l'œuf, se met en contact avec la tête du spermatozoïde, on voit cette couche homogène se séparer de l'œuf et constituer une membrane vitelline (fig. 88). « La différenciation de cette membrane gagne tout le tour du vitellus, en commençant par le point de fécondation, où il reste une sorte de petit cratère. Chez un œuf bien mûr et bien frais, tous ces phénomènes sont tellement rapides que l'accès du vitellus est barré à tout zoosperme qui serait de peu de secondes en retard sur le premier. La pénétration a lieu en un point quelconque de la surface du vitellus. La fécondation normale de l'Etoile de mer se ferait à l'aide d'un seul zoosperme par œuf, ce qui est tout à fait évident chez l'Oursin. »

La tête du spermatozoïde, après avoir pénétré dans l'œuf, se transforme en un corps clair, réfringent, qui est le *noyau spermatique* ou *pronucléus mâle*. Ce noyau s'enfonce dans le vitellus, en se dirigeant vers le centre, non en vertu d'un mouvement propre, mais plutôt grâce aux contractions dont le vitellus est alors animé, contractions qui favorisent son déplacement. Au-

Fig. 88. — Portion de l'œuf d'*Asterias glacialis* après la pénétration d'un spermatozoïde. On voit la protubérance de l'œuf dans laquelle le spermatozoïde est engagé. Une membrane vitelline avec un orifice cratériforme est distinctement formée. D'après Fol.

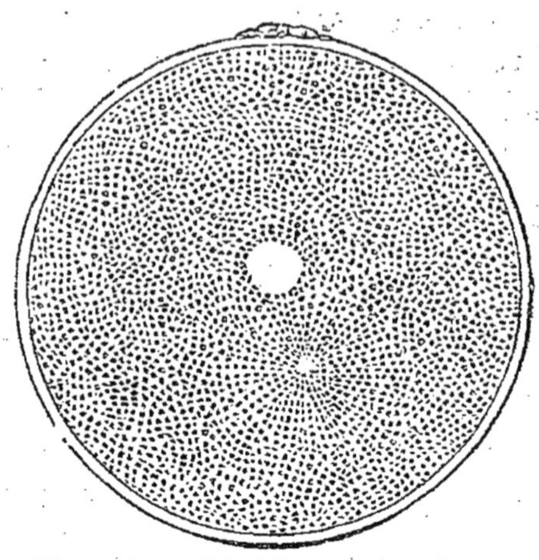

Fig. 89. — Œuf d'*Asterias glacialis* avec pronucléus mâle et pronucléus femelle, présentant une striation radiaire autour du premier. D'après Fol.

tour de lui, les granulations vitellines se déposent en rayonnant. La figure formée par l'ensemble du soleil et du noyau spermatique situé en son centre est l'*aster mâle* (fig. 89).

L'aster mâle marche à la rencontre du pronucléus femelle, et quand ses stries radiaires ont atteint ce dernier, on voit celui-ci se mettre en marche à son tour, pénétrer dans l'aster et se

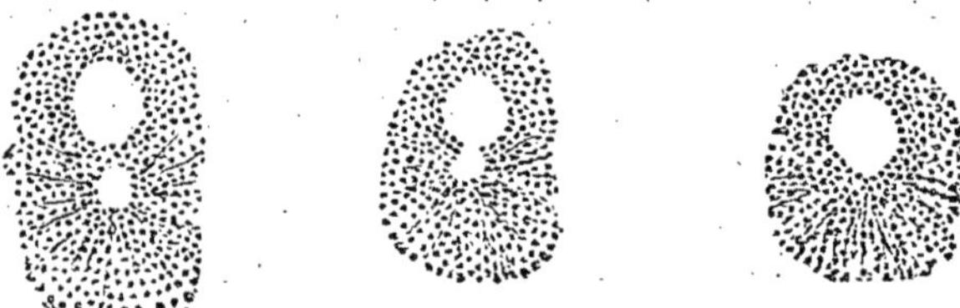

Fig. 90, 91, 92. — Trois stades successifs dans la fusion des pronucléus mâle et femelle chez *Asterias glacialis*. D'après Fol.

fusionner avec le pronucléus mâle (fig. 90, 91, 92). De la fusion de ces deux pronucléus résulte le *noyau de segmentation* (fig. 93). La fécondation est alors accomplie : comme on le voit, elle consiste essentiellement en la coalescence de deux noyaux de nature sexuelle différente (1).

(1) Quand plusieurs spermatozoïdes arrivent en même temps à la surface

Le noyau de segmentation, une fois constitué, se porte plus ou moins au centre de l'œuf : l'aster qui rayonnait autour du pronucléus mâle disparaît. Mais le noyau de segmentation ne reste pas longtemps inactif : il ne tarde pas à s'allonger, comme la vésicule germinative, en un corps fusiforme et fibreux, qui prend le nom de *fuseau de segmentation* et aux extrémités duquel se montre un amphiaster. Le fuseau s'étire de plus en plus ; finalement il se divise transversalement et sa division ne tarde pas à être suivie de celle du vitellus : l'œuf se fractionne de la sorte en deux moitiés, appelées *blastomères*, et qui ont la signification de cellules véritables (1). Chaque blastomère se divisant à son tour, et ainsi de suite, on est dès lors témoin du phénomène de la segmentation, qui aboutit à la constitution du blastoderme, c'est-à-dire à la formation de feuillets cellulaires qui vont donner naissance au corps de l'embryon. Nous assistons donc,

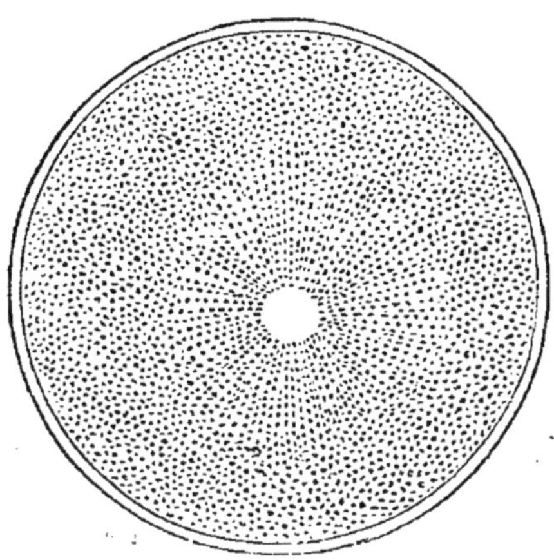

Fig. 93. — Œuf d'*Asterias glacialis* après la coalescence des pronucléus mâle et femelle. D'après Fol.

du vitellus, il se forme pour chacun d'eux un aster. Ces pronucléus mâles se mettent en marche vers le pronucléus femelle et plusieurs d'entre eux vont pouvoir se fusionner avec celui-ci ; d'autres restent en route et se résorbent. Ces divers pronucléus mâles se repoussent manifestement les uns les autres, mais sont attirés par le pronucléus femelle. Dans les cas de ce genre, l'embryon serait monstrueux, d'après Hertwig et Fol, et la monstruosité s'établirait d'emblée ; d'après Selenka, la segmentation se ferait normalement jusqu'au stade de la gastrula, et c'est seulement alors que le développement deviendrait anormal.

(1) Les phénomènes remarquables que nous venons de décrire à propos de la multiplication du noyau et de la division du vitellus ne sont point particuliers à l'œuf animal : Strasburger a observé un processus identique dans l'ovule des Conifères. Bien plus, ce n'est point seulement dans l'œuf qu'on peut constater des faits de cet ordre, mais on peut dire que toute division de cellule, animale ou végétale, s'accomplit de cette façon.

Les histologistes s'étaient, jusqu'à ce jour, accordés pour décrire la multiplication des noyaux des cellules animales comme se faisant par simple division en deux moitiés, après multiplication préalable des nucléoles. Il est possible que ce phénomène s'accomplisse dans certains cas, mais les observations de ces dernières années viennent toutes démontrer que, dans la plupart des cas, cette théorie si simple ne saurait être invoquée.

à partir de cet instant, au développement d'un nouvel être.

En règle générale, la fécondation est donc indispensable pour que le fractionnement du vitellus, prélude du développement de l'embryon, puisse s'accomplir. Il est pourtant, avons-nous dit, un certain nombre d'êtres, chez lesquels le développement peut se faire sans fécondation préalable ; ces exemples de parthénogenèse n'ont été jusqu'à présent observés d'une façon certaine que chez certains Vers (Rotifères) et chez un assez grand nombre d'Arthropodes : parmi les Crustacés, il convient de citer à cet égard des Branchiopodes tels que *Apus*, *Limnadia*, des Cladocères tels que *Daphnia ;* parmi les Insectes, des Lépidoptères tels que *Psyche helix*, des Hyménoptères tels que *Apis*, *Vespa*, *Nematus*, *Neurotherus*, etc. ; des Diptères tels que *Cecidomyia*, et surtout des Hémiptères tels que les Pucerons. Enfin, Greef aurait vu chez *Asterias rubens* un développement parthénogénésique, qui ne diffère que par sa lenteur du développement de l'ovule fécondé.

Dans tous ces cas, la parthénogenèse est complète : elle aboutit à la formation d'un nouvel être qui ne diffère en rien de ceux qui se développent normalement, aux dépens d'un œuf fécondé, ou bien elle produit un individu à caractères sexuels particuliers. D'autres fois, la parthénogenèse est incomplète et, dans ce cas, elle se limite d'ordinaire à la segmentation du vitellus et à la constitution plus ou moins parfaite des feuillets blastodermiques : des exemples de ce phénomène s'observent, parmi les Insectes, chez des Coléoptères tels que *Gastrophysa raphani* et *Adoxus vitis;* parmi les Vertébrés, chez les Batraciens tels que la Grenouille, chez des Oiseaux tels que la Poule, le Pigeon, etc.

Qu'elle soit complète ou incomplète, la parthénogenèse reste encore inexpliquée, à moins d'admettre la théorie exposée par M. Balbiani et que nous avons résumée plus haut, en parlant de la vésicule embryogène.

Ed. Strasburger, *Ueber Befruchtung und Zelltheilung.* Jenaische Zeitschrift, XI, p. 435-536, 1877.

R. Blanchard, *La fécondation dans la série animale, d'après les publications les plus récentes.* Journal de l'anatomie, 1878.

E.-L. Mark, *Maturation, fecundation and segmentation of Limax campestris.* Bull. of the Museum of comp. zool. at Harvard College, VI, n° 12, 1881.

H. Fol, *Recherches sur la fécondation et le commencement de l'hénogénie.* Genève, 1879.

O. Bütschli, *Gedanken über die morphologische Bedeutung der sog. Richtungskörperchen.* Biologisches Centralblatt, IV, p. 5, 1884.

LA SEGMENTATION DE L'ŒUF

ŒUF ALÉCITHE

L'œuf le plus simple, ainsi que nous l'avons vu déjà, est l'œuf alécithe, c'est-à-dire l'œuf dépourvu de vitellus nutritif (fig. 94, A, B). Il subit une segmentation *totale*, c'est-à-dire que toutes ses parties vont prendre part au phénomène du fractionnement et vont être directement employées à la formation du blastoderme; on peut désigner ces qualités d'un mot, en disant que c'est un œuf *holoblastique;* sa segmentation est toujours *égale* ou *régulière*.

Lorsque la segmentation est totale et régulière, l'œuf se divise en 2, puis en 4, 8, 16, 32, 64, etc., cellules ou blastomères, C, D. Quand la segmentation est achevée, les blastomères forment un amas mûriforme, que, à l'exemple d'Hæckel, on peut, par abréviation, désigner sous le nom de *morula*, E. Bientôt les cellules s'écartent les unes des autres ; elles sont refoulées peu à peu à l'extérieur, par suite de l'apparition, au centre de la morula, d'une cavité qui va sans cesse en grandissant : c'est la *cavité de segmentation*, *cavité de von Baer* ou *blastocœle*, F, G. Quand sa croissance est achevée, la morula a disparu : les cellules, disposées sur plusieurs couches, qui la constituaient, se sont réparties en un seul rang, pour former la paroi d'une sphère creuse qui est la *blastophère* ou *blastula*. La couche cellulaire unique, constituée par ces cellules semblables et à forme épithéliale, est le *blastoderme*.

Le plus souvent la cavité de segmentation se constitue d'emblée, en sorte que l'œuf, à la fin de son fractionnement, est une blastophère, sans avoir passé par la phase intermédiaire de la morula. Toutefois, cette phase s'observe chez un grand nombre de Cœlentérés, chez quelques Némertiens, etc. Il existe du reste tous les intermédiaires entre ces deux formes extrêmes.

Bientôt se produit à la surface de la blastula une dépression qui va en augmentant, à mesure que la cavité de segmentation

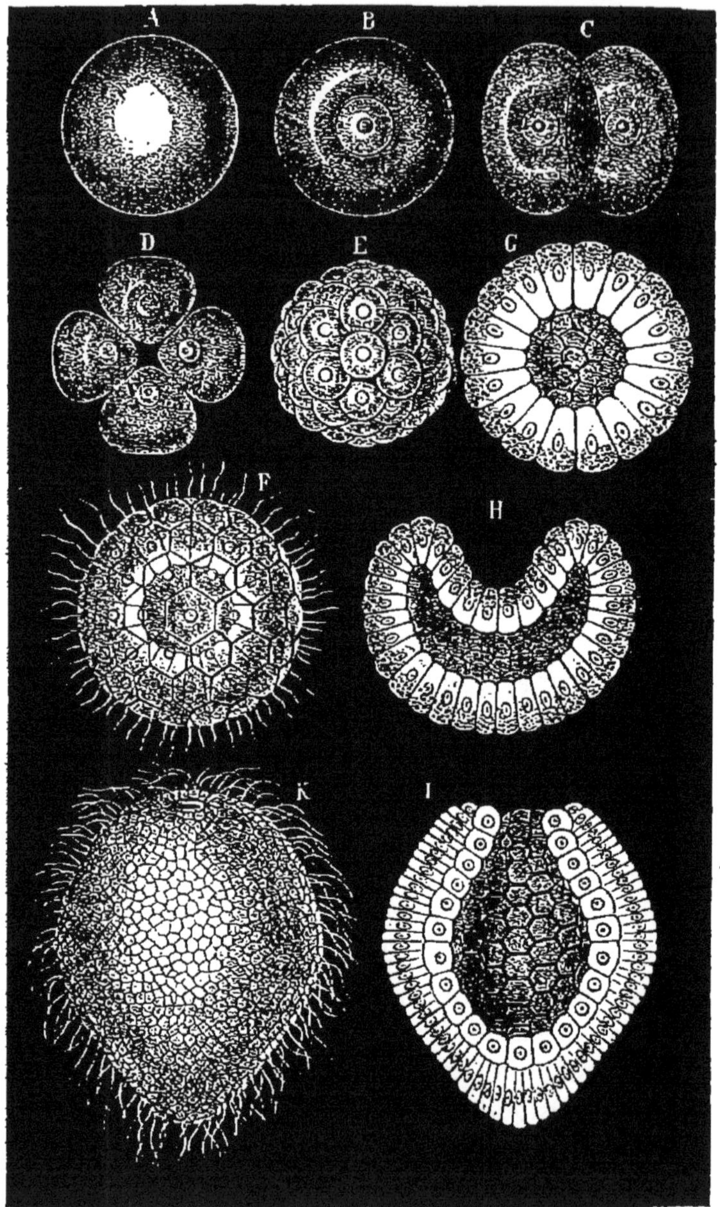

Fig. 94. — Segmentation et formation de la gastrula chez *Monoxenia Darwini*. D'après Hæckel.

diminue d'importance, H. Cette dernière finit par disparaître : l'invagination arrive de la sorte à son maximum, la paroi invaginée venant s'accoler à la paroi demeurée normale, I, K. La blastula s'est transformée de la sorte en une *gastrula*, formée de deux feuillets : le feuillet externe prend le nom d'*ectoderme*, le feuillet interne celui d'*endoderme* (1). Avant l'invagination, toutes les cellules de la blastula étaient semblables ; dès que l'embolie est achevée, les cellules se différencient, de façon à présenter dans chacun des deux feuillets des caractères spéciaux.

L'endoderme limite une cavité centrale, qu'il importe de ne pas confondre avec la cavité de segmentation : c'est l'*intestin primitif*, *progaster* ou *protogaster*. Cette cavité communique avec l'extérieur au moyen d'un orifice, *prostome*, *protostome* ou *blastopore*, qui correspond au point où l'invagination s'est faite et où les deux feuillets se continuent l'un avec l'autre. Enfin, le pourtour du blastopore mérite un nom spécial, en raison du rôle important qu'il est appelé à jouer lors de la formation d'un troisième feuillet blastodermique, le *mésoderme* (2), intermédiaire entre les deux premiers : on lui donne le nom de *propéristome*.

Au stade de la blastophère, le blastoderme était homaxial ; dès que la gastrula est constituée, il devient monaxial : l'axe embryonnaire passe par le blastopore et présente deux extrémités, appelées respectivement *orale* et *aborale*.

Sauf de très légères divergences qui peuvent s'observer à des stades divers du fractionnement, particulièrement chez des Eponges calcaires telles que *Sycandra*, chez les Cténophores et chez *Amphioxus*, la segmentation totale et régulière se rencontre très communément chez les Éponges et les Cœlentérés; elle est pour ainsi dire caractéristique des Échinodermes ; elle se présente encore chez un grand nombre de Vers comme les Turbellariés, les Némertiens, les Nématodes (*Gordius*), les Chétognathes (*Sagitta*), les Gastrotriches (*Chætonotus*), quelques Géphyriens (*Phoronis*) et quelques Chétopodes (*Serpula*). A mesure qu'on s'élève dans la série animale, on voit la segmen-

(1) L'ectoderme est encore souvent appelé *épiblaste* ou *feuillet externe du blastoderme ;* Ray Lankester l'appelle *déron*. De même, l'endoderme est désigné sous le nom d'*hypoblaste* ou de *feuillet interne du blastoderme ;* Ray Lankester lui donne le nom d'*entéron*.

(2) Appelé encore *mésoblaste* ou *feuillet moyen du blastoderme*.

tation totale et régulière devenir moins fréquente : dans le groupe des Arthropodes, elle n'est pourtant pas très rare parmi les Crustacés inférieurs et s'observe même chez des Amphipodes tels que *Phronima*, mais elle devient exceptionnelle chez les Trachéates, et jusqu'à ce jour *Podura* en fournit le seul exemple connu. Elle est également très rare chez les Mollusques ; *Chiton* en offre pourtant un bon type, et chez quelques Nudibranches elle s'est conservée presque intacte. Les Tuniciers la présentent assez communément; enfin *Amphioxus* est le seul Vertébré chez lequel on la rencontre.

La gastrula prend le plus souvent naissance par invagination ou embolie, comme l'ont fait voir les belles recherches de

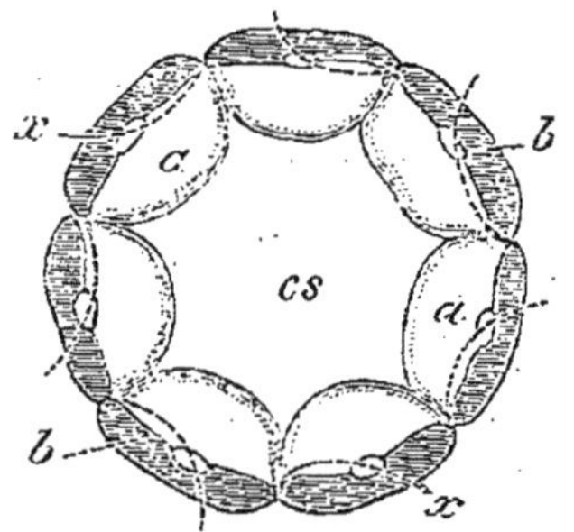

Fig. 95. — Figure diagrammatique de la délamination de l'œuf de *Geryonia*, d'après Fol. — *a*, endoplasme; *b*, ectoplasme; *cs*, cavité de segmentation. Les lignes pointillées indiquent le trajet des plans de division suivants.

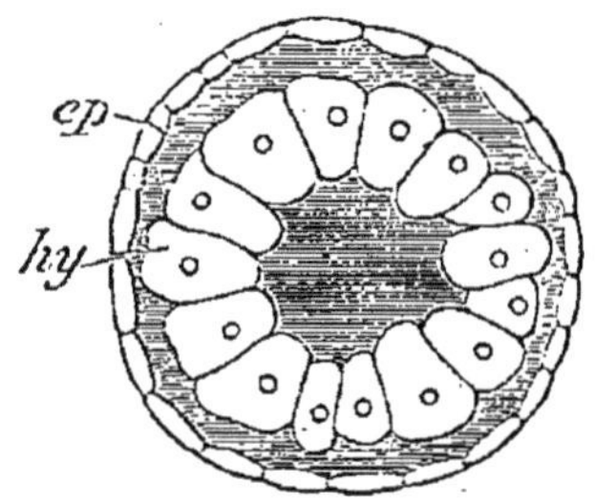

Fig. 96. — Embryon de *Geryonia*, après la délamination, d'après Fol. — *ep*, épiblaste; *hy*, hypoblaste.

Kowalewsky ; toutefois, elle peut se former encore par suite d'un autre processus, qui est connu sous le nom de *délamination*. Cette forme particulière de gastrula est beaucoup plus rare que la précédente, bien que pendant longtemps on l'ait crue très répandue : elle n'a guère été observée d'une façon positive que par H. Fol, dans l'œuf de *Geryonia*, Hydroïde du groupe des Trachyméduses. Néanmoins Ray Lankester croit à l'ancienneté de ce mode de formation du blastoderme, et suppose que, dans la suite des âges, l'invagination s'est peu à peu substituée à la délamination.

Quand la blastula est constituée, les cellules qui la composent vont bientôt, par suite de leur nutrition, se différencier chacune en deux zones : l'externe restera claire et homogène; l'interne, au contraire, se chargera de granulations (fig. 95). Puis, à l'endroit où ces deux zones se confondent, apparaîtra une ligne de séparation qui dédoublera finalement toutes les cellules dans le sens transversal. Ce processus achevé, la blastula se montrera composée de deux couches concentriques de cellules ayant respectivement le caractère d'un ectoderme et d'un endoderme (fig. 96) : Salensky a proposé d'appeler *diblastula* l'œuf parvenu à ce stade.

La diblastula ne diffère de la gastrula invaginée que par

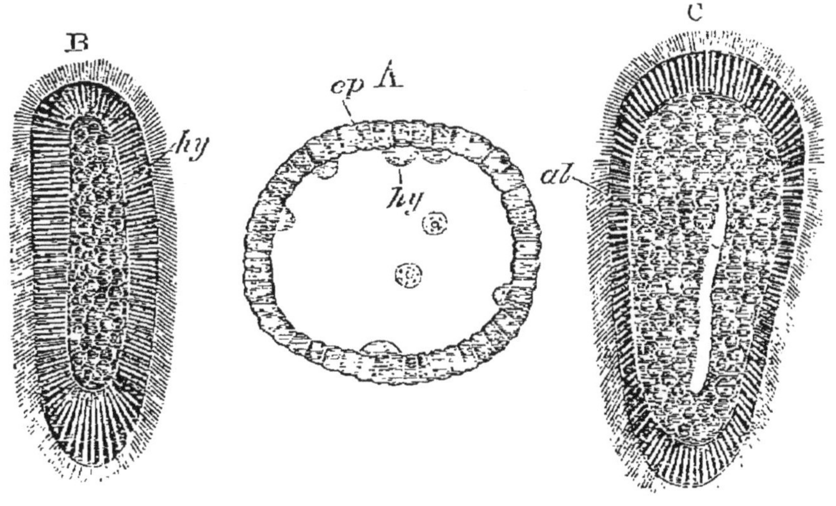

Fig. 97. — Trois stades larvaires d'*Eucope polystila*, d'après Kowalewsky. — A, blastula avec sphères hypoblastiques se détachant et tombant dans la cavité de segmentation ; B, parenchymula avec hypoblaste solide ; C, parenchymula avec cavité gastrique ; *ep*, épiblaste ; *hy*, hypoblaste ; *al*, cavité gastrique.

l'absence de blastopore. Celui-ci apparaîtra bientôt à l'un des pôles du blastoderme, par suite de la disparition, ou plutôt du déplacement de quelques cellules. La gastrula ainsi formée par délamination ne se distingue dès lors en rien de la gastrula née par invagination : il y a pourtant entre elles une différence fondamentale, c'est que, dans cette dernière, la cavité de segmentation et le progaster sont tout à fait distincts, tandis que, dans la gastrula délaminée, ils ne sont qu'une seule et même cavité.

On connaît enfin un troisième mode de formation du blastoderme dans les cas de segmentation totale et régulière : il a été décrit avec soin par C. de Mérejkowsky chez *Obelia*, et par Kowalewsky chez *Eucope*.

La blastula a la forme d'un ovale très large et le blastoderme est partout uniforme, partout de même épaisseur. Les cellules se munissent de cils vibratiles et la larve se met à nager, en même temps qu'elle devient ovoïde ; pendant la natation, la grosse extrémité est dirigée en avant. A cette période, la blastula présente une particularité remarquable : sa paroi est percée d'un grand nombre de pores, qui établissent une communication entre l'extérieur et la cavité de segmentation.

Cet état persiste pendant un certain temps ; la blastula est toujours formée d'une seule couche de cellules. Puis, on aperçoit à son intérieur une ou plusieurs cellules douées d'énergiques mouvements amiboïdes, qui rampent à la face interne du blastoderme ou nagent librement dans le liquide dont est remplie la cavité de segmentation : ce sont les cellules de l'endoderme ; elles apparaissent exclusivement à l'extrémité postérieure de la larve.

Ces cellules endodermiques étaient à l'origine des éléments du blastoderme : elles ont perdu leurs cils vibratiles, puis se sont ramassées sur elles-mêmes, de façon à perdre leur forme cylindrique et à devenir plus ou moins cubiques : cette métamorphose accomplie, elles ont émigré petit à petit à l'intérieur de la cavité de segmentation ; l'espace qu'elles occupaient s'est trouvé immédiatement rempli par les cellules voisines (fig. 97).

Une fois qu'il est établi, ce processus de migration se continue avec une certaine activité, en se limitant toutefois à la région postérieure de la blastula. La cavité de segmentation se comble donc peu à peu, mais l'endoderme, au lieu de former une couche régulière accolée à l'ectoderme, constitue un amas informe qui remplit toute la cavité de la larve : cette forme particulière de diblastula prend le nom de *parenchymula*. Le progaster ne se montrera que plus tard, dans l'intérieur du parenchyme endodermique, sous forme d'une simple fente longitudinale ; les cellules endodermiques se disposent alors en une couche régulière ; à un stade encore plus tardif, alors que la larve aura subi déjà des modifications importantes, on verra finalement une bouche se creuser.

La formation d'une parenchymula, par suite de l'immigration de certaines cellules de la région postérieure de la blastula, est un phénomène assez répandu chez les Métazoaires inférieurs : on le connaît chez des Éponges, telles que *Halisarca* et *Ascetta*, et chez des Hydroméduses, telles que *Eucope*, *Obelia*, *Tiaria*, *Zygodactyla*.

Metschnikoff attribue à la parenchymula une importance considérable : ce serait là, suivant lui, la forme la plus primitive des Métazoaires, et les gastrulas par délamination et par invagination ne représenteraient que des formes plus récentes, qu'il faudrait considérer comme des abréviations du procédé primitif de l'immigration. Cette hypothèse séduisante, mais rien moins que démontrée, est en opposition formelle avec celle dont Hæckel s'est institué la champion.

Ce dernier veut voir, au contraire, dans la gastrula la forme primitive des Métazoaires, qui tous, d'après ses conceptions phylogéniques, dériveraient de la *Gastræa* : cette forme ancestrale hypothétique, qui devait consister en une simple gastrula invaginée, aurait vécu dans les mers laurentiennes (1). La gastrula par invagination étant le point de départ de toute la série des Métazoaires, la gastrula délaminée et la parenchymula ne devraient être considérées que comme des falsifications du type. Hæckel trouvait un puissant appui pour sa théorie dans ce fait que, de nos jours encore, des Éponges très simples, telles que *Haliphysema* et *Gastrophysema*, restent pendant toute leur vie à l'état de gastrula invaginée. Mais, par un singulier retour des choses, les recherches les plus récentes sont toutes venues démontrer que la théorie de la *Gastræa*, basée plus spécialement sur le développement des Éponges, n'était précisément pas applicable à ce groupe d'animaux.

Telle est la manière dont se comportent les œufs alécithes : comme on voit, leur segmentation est totale et régulière, mais trois procédés différents, dont le plus fréquent est l'invagination, peuvent être employés en vue de la formation du blastoderme.

(1) « Sûrement, durant la période laurentienne, la gastræa a vécu dans la mer ; elle y nageait et s'y ébattait au moyen de ses cellules ciliées, comme le font encore les gastrulæ actuelles. » Hæckel, *Anthropogénie*, p. 345.

ŒUF TÉLOLÉCITHE.

Nous abordons maintenant l'étude des œufs télolécithes, dont la segmentation est, suivant les cas, *totale* ou *partielle;* en tout cas, elle est constamment *inégale* ou *irrégulière*. Les œufs à segmentation totale sont, comme précédemment, des œufs *holoblastiques;* ceux à segmentation partielle sont *méroblastiques*.

La segmentation peut être irrégulière d'emblée, la première division du vitellus produisant deux blastomères de taille inégale ; d'autres fois, ce n'est qu'au bout d'un certain nombre de divisions que l'irrégularité se manifestera. Quoi qu'il en soit, il se forme deux amas de cellules très distinctes, les unes plus

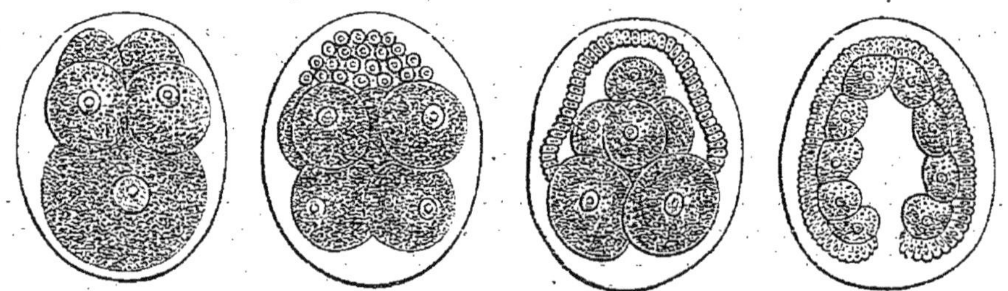

Fig. 98. — Segmentation totale et inégale de l'œuf de *Fabricia*, d'après Hæckel. Formation de la gastrula par invagination.

grosses, les autres plus petites : les plus grosses sont les cellules végétatives, elles formeront l'endoderme ; les plus petites sont les cellules animales, elles formeront l'ectoderme. Bientôt ces dernières se multiplient plus rapidement que les autres, en sorte qu'on trouve au pôle animal de l'œuf un grand nombre de petites cellules, et au pôle végétatif un petit nombre de grandes cellules. Par la suite de la segmentation, l'œuf peut également passer par les phases de la morula et de la blastula, une cavité de segmentation venant à se produire, et la gastrula peut se former encore par invagination, comme c'est le cas par exemple chez certains Chétopodes tels que *Fabricia* (fig. 98).

D'autres fois, elle se forme par *épibolie :* les petites cellules animales, par suite de leur pullulation plus active, empiètent petit à petit sur les grosses cellules végétatives, les enveloppent de plus en plus et finissent par se rencontrer au pôle végétatif, désormais pôle oral, circonscrivant en ce point un orifice qui est le blastopore (fig. 99, A) : ce stade, qui correspond à la gastrula des œufs précédents, est la *métagastrula ;* le blastopore est bouché, quoique sur un plan inférieur, par des cellules endodermiques qui forment le *bouchon vitellin* (Ecker) ou *bouchon endodermique* (Ed. van Beneden). Il ne se forme pas de cavité de segmentation. Plus tard, le blastopore finit par disparaître, obstrué qu'il est par les cellules de l'ectoderme (fig. 99, B). On a dès lors un blastoderme dont la disposition rappelle tout à fait la parenchymula d'*Obelia*, bien qu'il se soit constitué par un processus tout différent.

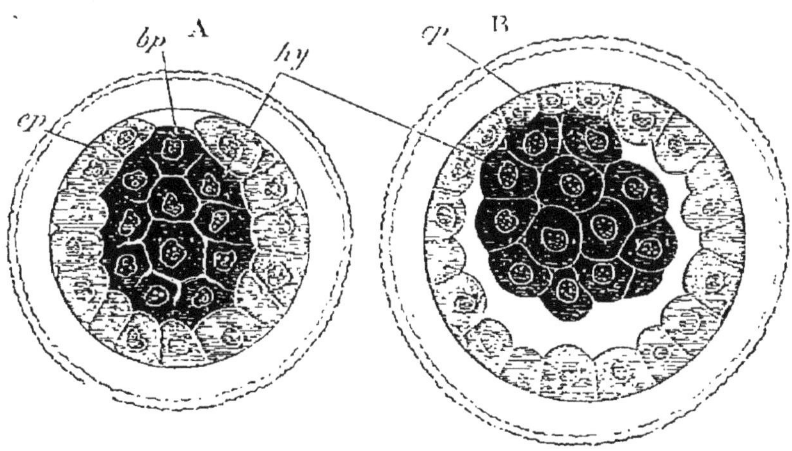

Fig. 99. — Coupes optiques d'un œuf de Lapin à deux stades peu après la segmentation. D'après Ed. van Beneden. — *ep*, épiblaste; *hy*, hypoblaste primaire; *bp*, blastopore.

Désormais, l'œuf augmente de volume dans son ensemble, beaucoup plus que ne le comporterait la simple hypertrophie ou segmentation de ses éléments constitutifs : il se produit dans son épaisseur, entre l'ectoderme et la masse endodermique, une cavité qui, bien distincte d'une cavité de segmentation, prend le nom de *cavité blastodermique*. L'ectoderme et l'endoderme demeurent intimement unis au pôle oral ; c'est donc au pôle aboral que se produira la fente blastodermique. Cette fente va en augmentant, et l'ectoderme, en même temps qu'il multiplie ses cellules et augmente de diamètre, se transforme en une cavité close dont la paroi est constituée, sur la plus grande partie de son étendue, par une seule couche cellulaire : la partie de la vésicule ectodermique à la face interne de laquelle s'applique la lame endodermique forme avec elle le *gastrodisque ;* l'épaississement médian du gastrodisque est le début de la tache embryonnaire (fig. 100).

Par la suite, l'endoderme va s'étendre à son tour et s'étaler de plus en plus vers le pôle aboral ; mais cette progression se fera avec une lenteur extrême, il faudra plusieurs jours pour que son occlusion s'achève et pour que le blastoderme se montre partout constitué de deux feuillets emboîtés l'un dans l'autre.

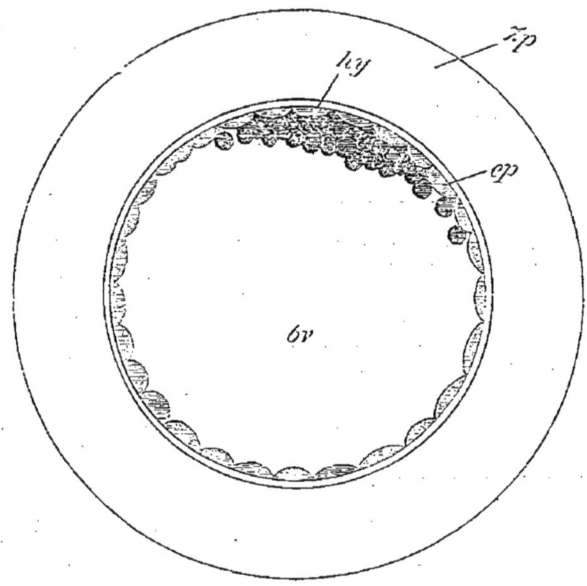

Fig. 100. — Œuf de Lapin de 70 à 90 heures après la fécondation, d'après Ed. van Beneden. — *bv*, cavité blastodermique (sac vitellin) ; *ep*, épiblaste ; *hy*, hypoblaste primaire ; *Zp*, enveloppe muqueuse (zone pellucide).

Avant même que l'occlusion de l'endoderme soit parfaite, ses éléments, jusqu'alors polygonaux et irréguliers, vont subir une différenciation : les cellules périphériques du gastrodisque et les cellules profondes de la tache centrale se transforment en cellules aplaties, de façon à constituer ensemble un feuillet cellulaire continu, qui est le véritable endoderme. Les éléments de la tache centrale qui n'ont point pris part à cette transformation constituent une couche intermédiaire entre l'ectoderme et l'endoderme, c'est-à-dire le mésoderme. L'endoderme et le mésoderme dérivent donc de l'amas cellulaire que jusqu'alors nous avions appelé amas endodermique et auquel il eût mieux valu, par conséquent, donner, avec Ch. Robin, le nom d'amas *endo-mésodermique*.

Nous avons dit que, lorsque cette différenciation s'accomplit, l'endoderme ne s'est encore pas étendu jusqu'au pôle aboral de l'œuf. A ce stade, la tache embryonnaire, située au pôle oral, est donc tridermique, la zone périphérique du gastrodisque est didermique, le reste du blastoderme est monodermique.

Ce mode particulier de formation du blastoderme, à la suite de la segmentation totale et inégale, n'a été reconnu jusqu'à présent que chez les Mammifères : Ed. van Beneden l'a décrit chez le Lapin, le même auteur et Julin l'ont également fait connaître chez les Chiroptères.

Chez les Mammifères, le mode suivant lequel se fait le fractionnement du vitellus ne diffère pas très notablement de la segmentation égale ; les différences caractéristiques ne s'accuseront qu'au bout d'un certain temps, lors de l'épibolie. Chez les Batraciens, dont l'œuf subit encore la segmentation totale et inégale, l'irrégularité se manifeste, au contraire, dès le début.

L'œuf de la Grenouille a été bien étudié; on peut le prendre pour type. Les deux hémisphères de cet œuf sont dissemblables, le supérieur étant chargé de pigment noir, l'inférieur en étant, au contraire, dépourvu. La segmentation débute par un sillon vertical qui, parti du pôle supérieur, se propage de moins en moins vite à mesure qu'il se rapproche du pôle inférieur (fig. 101). Dès qu'il s'est rejoint en bas à lui-même, un second sillon vertical apparaît, qui se dispose à angle droit avec le précédent et se comporte quant au reste de la même façon que celui-ci. Jusqu'ici, la segmentation s'est faite régulièrement, mais elle va devenir désormais inégale. L'irrégularité se manifeste, en effet, dès le stade 8 par l'apparition d'un sillon horizontal qui se montre entre l'équateur et le pôle supérieur de l'œuf, sillon qui conduit au stade 16 et qui divise l'œuf en quatre petits et en quatre gros blastomères. Ces huit cellules laissent entre elles un petit espace qui correspond à la cavité de segmentation ; on peut voir cette dernière augmenter de dimensions dans les stades ultérieurs.

La suite de la segmentation est nettement indiquée par la figure 101. On passe successivement, par les stades 16, 32

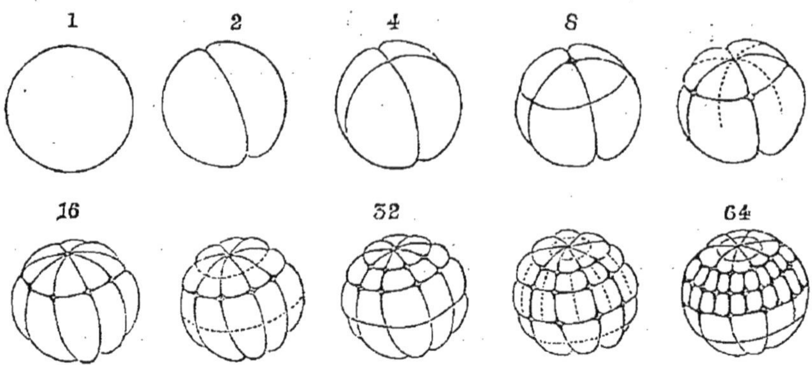

Fig. 101. — Segmentation de l'œuf de la Grenouille, d'après Ecker. Les numéros placés au-dessus des figures indiquent le nombre des segments du stade figuré.

et 64. Jusque-là, l'hémisphère supérieur s'est segmenté beaucoup plus vite que l'inférieur ; deux sillons horizontaux s'y montrent encore avant qu'aucun sillon nouveau n'apparaisse dans ce dernier ; on arrive ainsi au stade 128, dans lequel la moitié supérieure de l'œuf est composée de 96 cellules, l'inférieure de 32 seulement. Dès lors, il n'y a plus aucune régularité dans la segmentation, mais l'hémisphère supérieur continue pourtant à se fractionner plus vite que l'autre ; en même temps, la cavité de segmentation ne cesse de s'accroître, et finalement son plancher est constitué par de grosses cellules, remplies de vitellus formatif, tandis que son toit est formé de cellules plus petites (fig. 102).

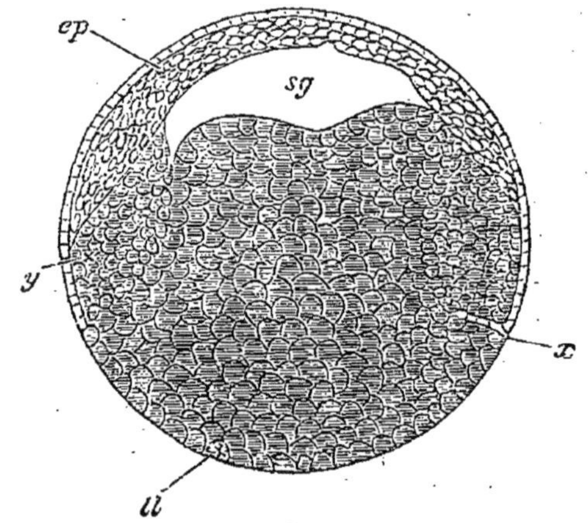

Fig. 102. — Coupe d'un œuf de Grenouille à la fin de la segmentation. — *sg*, cavité de segmentation; *ll*, grosses cellules remplies de vitellus nutritif; *ep*, petites cellules du pôle formatif (épiblaste).

Les œufs télolécithes méroblastiques, c'est-à-dire à segmentation partielle, se rencontrent chez les Poissons (1) et chez les Vertébrés allantoïdiens ovipares (2).

Nous avons vu déjà plus haut quelle est la structure de l'œuf de Poule; nous savons que le vitellus formatif est limité à la cicatricule ou disque germinatif et à la latebra qui est en continuité avec elle. La fécondation s'opère dans la portion supérieure de l'oviducte, vraisemblablement avant le dépôt des premières couches d'albumine et la segmentation est déjà commencée au moment où la coquille se forme autour de l'œuf.

En examinant la cicatricule par sa face supérieure, on voit naître un sillon vertical qui la sépare en deux moitiés, non pas absolument égales, comme l'a cru Coste, mais légèrement symétriques,

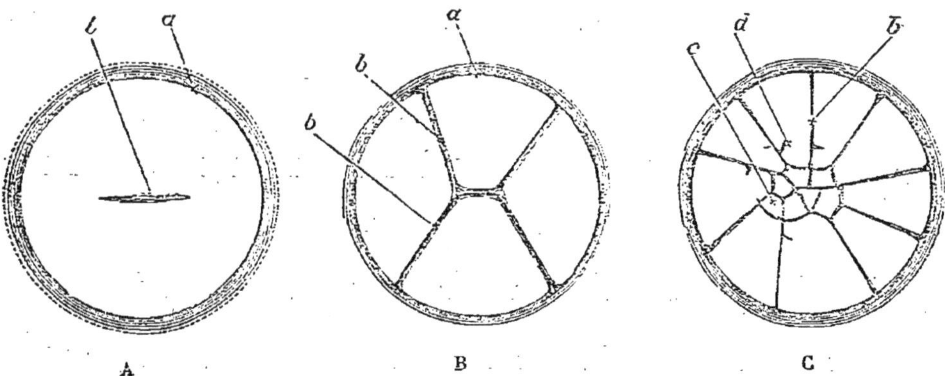

Fig. 103. — Vue de face des premiers stades de la segmentation de l'œuf de Poule, d'après Coste. — *a*, bord du disque germinatif; *b*, sillon vertical; *c*, petit segment central; *d*, segment périphérique plus grand.

ainsi que l'a démontré Kölliker (fig. 103, A). Un second sillon vertical se produit bientôt, qui croise le premier à angle droit et se propage comme lui jusqu'à la limite du disque prolifère, B. Chacun des quatre segments ainsi formés se divise à son tour en deux autres, par des segments verticaux rayonnants ; puis apparaissent, perpendiculairement aux rayons, d'autres sillons verticaux, qui divisent chacun des segments précédents en deux parties, l'une périphérique, l'autre centrale, cette dernière étant la plus petite, C. A partir de ce moment, la segmentation se

(1) Sauf chez l'Amphioxus, les Cyclostomes, les Ganoïdes et probablement aussi chez les Dipnoïques.

(2) C'est-à-dire chez les Reptiles, les Oiseaux et les Monotrèmes.

poursuit rapidement et semble se faire sans ordre; toutefois, elle marche notablement plus vite au centre de la cicatricule

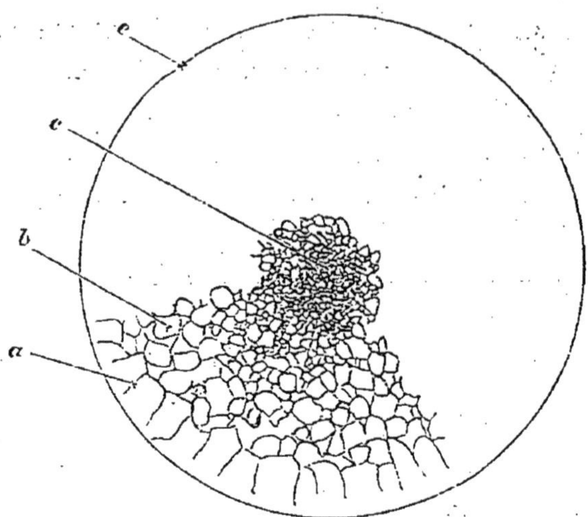

Fig. 104. — Vue de face du disque germinatif de l'œuf de Poule, à un stade avancé de la segmentation. — *a*, gros segments marginaux incomplètement circonscrits; *b*, segments moins gros en dedans des premiers; *c*, petites sphères de segmentation centrales; *e*, bord du disque germinatif.

qu'à sa périphérie (fig. 104). Si on étudie alors le blastoderme

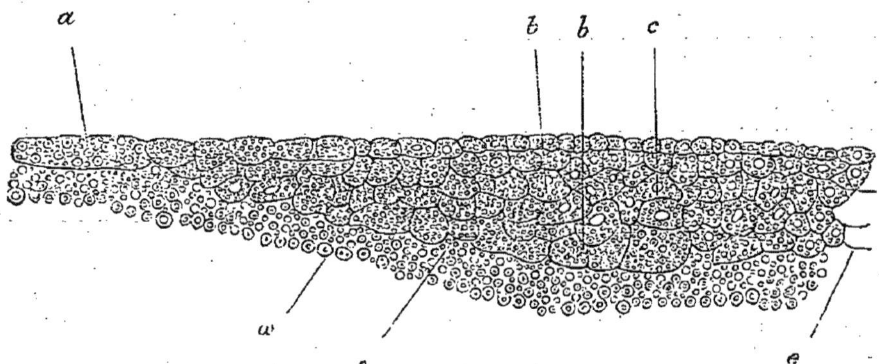

Fig. 105. — Coupe du disque germinatif de l'œuf de Poule aux derniers stades de la segmentation. Cette coupe représente un peu plus de la moitié de la largeur du blastoderme, la ligne médiane étant indiquée par le point *c*. — *a*, grosse cellule périphérique; *b*, cellules plus grosses des parties inférieures du blastoderme; *c*, ligne médiane du blastoderme; *e*, bord du blastoderme adjacent au vitellus blanc; *w*, vitellus blanc.

sur des coupes menées suivant le diamètre de la sphère vitelline, on constate que le fractionnement ne s'est pas fait seulement suivant le sens vertical ou diamétral, mais encore horizontalement, c est-à-dire suivant des plans perpendiculaires au rayon. Le disque germinatif se trouve ainsi divisé en un grand nombre de blastomères, très petits au centre, mais d'autant plus volumineux qu'on se rapproche davantage de la périphérie (fig. 105).

La segmentation partielle de l'œuf télolécithe, telle que nous venons de la voir se produire chez l'Oiseau, semble, au premier aspect, différer considérablement de la segmentation totale et inégale que nous avons reconnue dans l'œuf télolécithe des Batraciens. Toutefois, la dissemblance est plus apparente que réelle; elle tient uniquement à ce que, chez les Chondroptérygiens, les Téléostéens, les Reptiles, les Oiseaux et les Monotrèmes, l'ovule, c'est-à-dire la sphère vitelline, renferme une grande abondance de vitellus nutritif, plus nettement localisée à l'un des pôles de l'œuf et sur laquelle le fractionnement n'a que difficilement prise. Une moindre abondance du vitellus de nutrition permettrait au blastoderme de s'étaler à la surface de l'œuf sur une étendue proportionnellement plus considérable et nous ramènerait ainsi graduellement à la segmentation totale et inégale.

ŒUF CENTROLÉCITHE.

Le dernier groupe des œufs méroblastiques est constitué par les œufs centrolécithes : chez eux, le vitellus nutritif est accumulé au centre, tandis que le vitellus formatif est disposé à la périphérie. Les œufs de ce genre ne se rencontrent que chez les Arthropodes; leur segmentation, qui peut se faire suivant divers modes, est partielle et superficielle.

La segmentation régulière a été observée par Hæckel chez *Penæus* (fig. 106). L'œuf se divise en 2, puis en 4, 8, etc., mais la division ne porte que sur le vitellus de formation et les segments restent unis entre eux dans la profondeur, la division s'arrêtant aux confins du vitellus nutritif et n'empiétant point sur celui-ci. La segmentation aboutit alors à la formation d'une couche de cellules qui ne se sépareront que fort tard de la masse nutritive centrale. Ici, les stades de la morula et de la planula se confondent; la cavité de segmentation fait défaut, remplie qu'elle est par le vitellus de nutrition. La gastrula va se former bientôt par invagination, mais elle sera peu profonde et les deux couches de l'ectoderme et de l'endoderme ne viendront point en contact; quand elle sera achevée, on verra apparaître au propéristome quelques grosses cellules, qui dérivent probablement de l'endoderme et qui, s'insinuant entre les deux feuillets primitifs, sont le premier indice du mésoderne.

Des phénomènes du même ordre ont été observés par Bo-

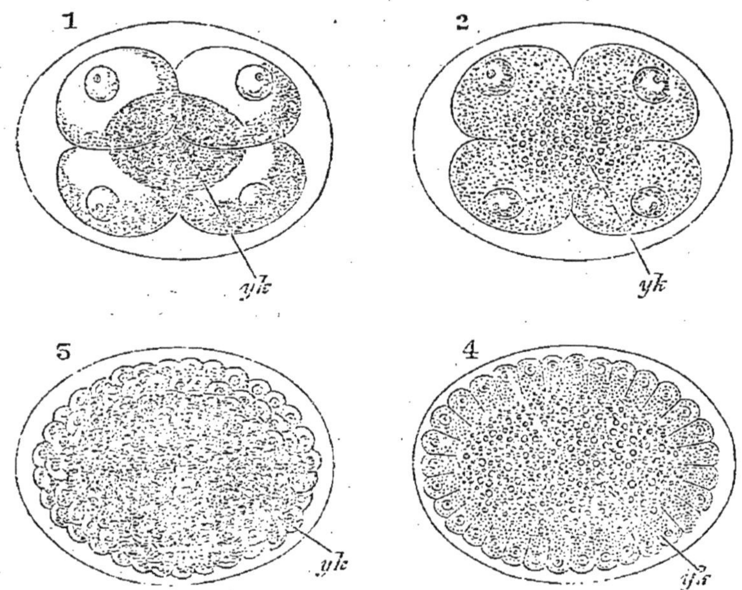

Fig. 106. — Segmentation de l'œuf de *Penæus*, d'après Hæckel. — *yk*, masse vitelline centrale; 1 et 2, vue de face et coupe du stade dans lequel l'œuf est divisé en quatre blastomères : en 2, on voit que les sillons, visibles à la surface, ne s'étendent pas jusqu'au centre de l'œuf; 3 et 4, vue de face et coupe d'un œuf vers la fin de la segmentation. La masse vitelline centrale est très visible en 4.

bretzky chez *Palæmon*, par Reichenbach et Huxley chez *Astacus fluviatilis*.

Chez un autre Crustacé décapode, *Eupagurus Prideauxi*, P. Mayer a signalé un mode de segmentation qui, au premier abord, semble différer totalement de celui-ci, mais qui n'en est pourtant qu'une variété (fig. 107). Le noyau se divise en 2, 4, 8 noyaux-filles, qui se portent dans les couches superficielles de l'œuf et s'écartent régulièrement l'un de l'autre. Puis l'œuf se segmente en 2, 4, 8 blastomères complètement séparés l'un de l'autre; la segmentation semble donc être totale; mais, après la quatrième phase du fractionnement, les blastomères se confondent au centre, et on retombe dès lors dans le cas précédent.

C. de Mérejkowsky a vu chez un autre Décapode, *Callianassa*, un procédé peu différent ; 16 noyaux se disposent à la périphérie de l'œuf avant que la segmentation ne commence ; on voit alors se former d'un seul coup 16 cellules qui n'atteignent pas le centre de l'œuf ; puis, la division continue comme précédemment. Il est à remarquer que, dans ce cas et dans

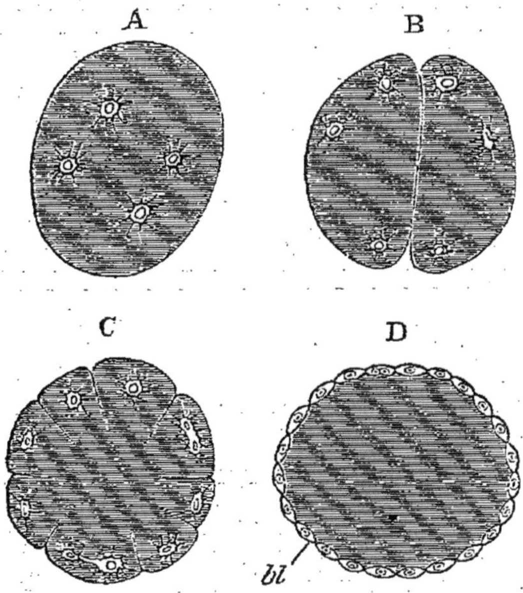

Fig. 107. — Coupes transversales de l'œuf d'*Eupagurus Prideauxi* à quatre stades de la segmentation. D'après P. Mayer. — *bl*, blastoderme.

celui d'*Eupagurus*, l'œuf a passé par l'état de syncytium, avant le début du fractionnement.

Supposons maintenant qu'au lieu de 16 noyaux, il en apparaisse un nombre considérable dans la couche périphérique du vitellus formatif, puis que le blastoderme se constitue d'un seul coup (fig. 108) : après que tous ces noyaux auront pris naissance, nous aurons le type de segmentation qui se rencontre chez les Insectes, d'après les observations de Ganin et de Metschnikoff.

La masse vitelline centrale finit d'ordinaire par se segmenter à son tour en un certain nombre de grosses sphères qui ont la signification de cellules, chacune d'elles renfermant un noyau. Celui-ci provient du noyau primitif de l'œuf, situé habituellement au centre, qui a pu se diviser plus ou moins avant que les noyaux-filles ne se portent à la périphérie. Ces phénomènes

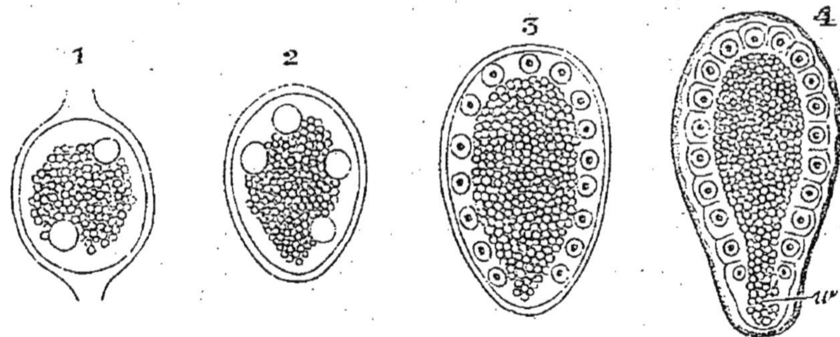

Fig. 108. — Segmentation de l'œuf d'*Aphis rosæ*, d'après Metschnikoff. Dans tous les stades, il existe une masse vitelline centrale entourée d'une couche de protoplasma. Dans celui-ci, deux noyaux sont apparus en 1, quatre noyaux en 2 : en 3, les noyaux ont pris une disposition régulière et, en 4, le protoplasma s'est divisé en cellules columnaires dont le nombre correspond à celui des noyaux; *w*, pôle du blastoderme qui ne prend pas part à la formation de l'embryon.

peuvent présenter de grandes variations qu'il serait hors de propos de rapporter ici; de même, le fractionnement du vitellus peut se faire d'après des processus fort divers, comme le montrent par exemple les observations de Ludwig sur les Araignées; toutefois ces différents modes ne sont que des variétés des formes typiques dont nous avons donné la description.

SEGMENTATION.

E. Hæckel, *Anthropogénie ou histoire de l'évolution humaine*. Paris, 1877.

E. Hæckel, *Studien zur Gastraea-Theorie*. Jena, 1877. Traduction française in Revue internationale des sciences, I, 1878.

E. Ray-Lankester, *De l'embryologie et de la classification des animaux*. Quarterly microsc. Journal, 1877. Traduction française in Revue internat. des sciences, VII, 1881. Publié à part in Biblioth. biologique internat., 1881.

F.-M. Balfour, *Sur la structure et les homologies des feuillets germinatifs de l'embryon*. Quart. Journ. micr. sc., 1882. Traduction française in Revue internat. des sc., IX, p. 414, 1882.

ŒUF ALÉCITHE.

A. Kowalewsky, *Entwicklungsgeschichte des Amphioxus lanceolatus*. Mémoires Acad. des sc. de Saint-Pétersbourg, (7), XI, 1867.

H. Fol, *Die erste Entwicklung des Geryonideneies*. Jen. Zeitschrift, VII, p. 47, 1873.

A. Kowalewsky, *Weitere Studien über die Entwicklungsgeschichte des Amphioxus lanceolatus*. Archiv für mikr. Anatomie, XIII, 1877.

E. Hæckel, *Die Physemarien (Haliphysema et Gastrophysema), Gastraeaden der Gegenwart*. Jen. Zeitschrift, XI, 1877.

Metschnikoff, *Vergleichend-embryologische Studien*. Z. f. w. Z., XXXVII, 1882.

C. de Mérejkowsky, *Histoire du développement de la Méduse Obelia*. Bull. de la Soc. zoologique de France, VIII, p. 93, 1883.

ŒUF TÉLOLÉCITHE.

α. — *A segmentation totale.*

Ch. van Bambeke, *Recherches sur l'embryologie des Batraciens*. Bull. Acad. de Belgique, 1875.

Götte, *Die Entwickelungsgeschichte der Unke*. Leipzig, 1875.

G. Moquin-Tandon, *Recherches sur les premières phases du développement des Batraciens anoures*. Ann. sc. nat., (6), III, 1875.

Ch. van Bambeke, *Nouvelles recherches sur l'embryologie des Batraciens*. Arch. de biologie, I, 1880.

Éd. van Beneden, *Recherches sur l'embryologie des Mammifères. La formation des feuillets chez le Lapin*. Arch. de biol., I, p. 136-225, 1880.

Ed. van Beneden et Ch. Julin, *Observations sur la maturation, la fécondation et la segmentation de l'œuf chez les Chéiroptères*. Arch. de biol., I, p. 551-571, 1880.

β. — *A segmentation partielle.*

M. Foster et F.-M. Balfour, *Éléments d'embryologie*. Paris, 1877.

ŒUF CENTROLÉCITHE.

E. Metschnikoff, *Embryologische Studien an Insecten*. Z. f. w. Z., XVI, 1866.

M. Ganin, *Beiträge zur Erkenntniss der Entwickelungsgeschichte bei den Insecten*. Z. f. w. Z., XIX, 1869.

H. Ludwig, *Ueber die Bildung des Blastoderms bei den Spinnen*. Z. f. w. Z., XXVI, 1876.

P. Mayer, *Zur Entwicklungsgeschichte der Dekapoden*. Jen. Zeitschr., XI, 1877.

C. von Mereschkowski, *Eine neue Art von Blastodermbildung bei den Decapoden*. Zoolog. Anzeiger, V, p. 21, 1882.

MÉTAZOAIRES

EMBRANCHEMENT DES CŒLENTÉRÉS

SOUS-EMBRANCHEMENT DES SPONGIAIRES

Fr. E. Schulze a bien étudié le développement de *Sycandra raphanus*, Éponge calcaire que nous prendrons pour type. L'œuf est alécithe, nu et se déplace à la façon d'une Amibe dans le réseau mésodermique de l'animal. Après la fécondation, il subit la segmentation

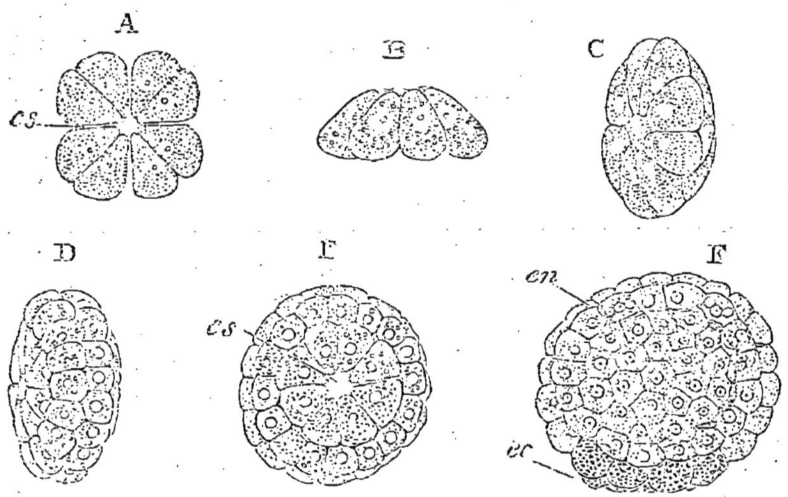

Fig. 109. — Stades successifs de la segmentation de *Sycandra raphanus*, d'après F.-E. Schulze. — A, stade à 8 segments encore disposés par paires, vu en dessus ; B, stade 8, vu de profil ; C, stade 16, vu de profil ; D, stade 48, vu de profil ; E, stade 48, vu en dessus ; F, blastosphère vue de profil ; huit des cellules granuleuses qui donnent naissance à l'épiblaste de l'adulte se montrent au pôle inférieur ; *cs*, cavité de segmentation ; *ec*, ectoderme ; *en*, endoderme.

totale et régulière, en présentant toutefois d'intéressantes particularités. Il se divise suivant un plan vertical en deux, puis en quatre blastomères cunéiformes ; la division suivante se fait encore verticalement, en sorte que l'œuf se trouve segmenté en huit cellules ayant chacune la forme d'une pyramide (fig. 109, A et B); ces cellules ne se rencontrent point au centre, mais laissent entre elles un léger espace équivalent à une cavité de segmentation. Du stade 8, on passe au stade 16, grâce à l'apparition d'un sillon horizontal

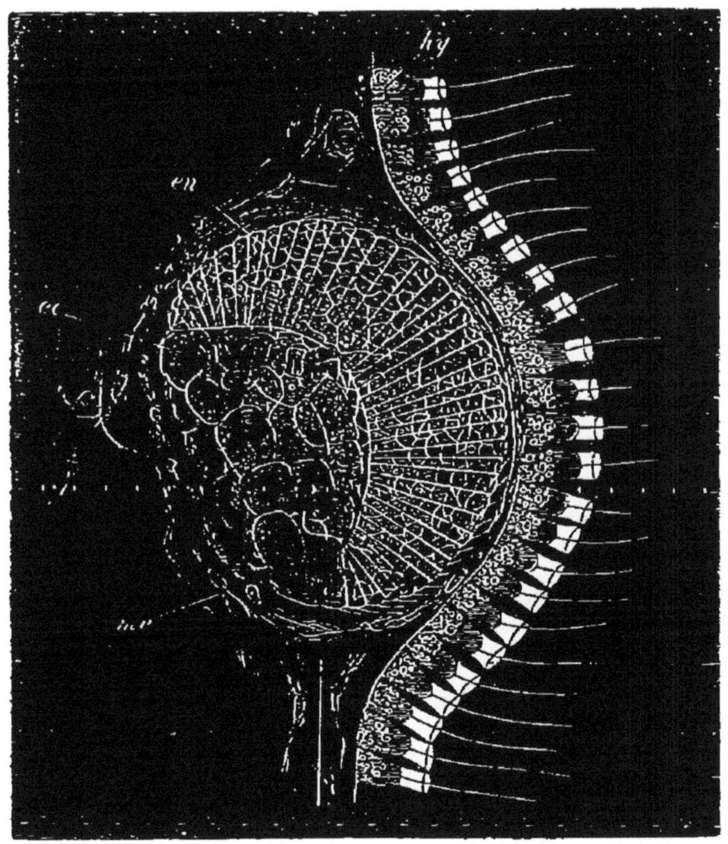

Fig. 110. — Larve de *Sycandra raphanus*, au stade pseudo-gastrula, en place dans les tissus maternels. D'après F.-E. Schulze. — *ec*, cellules granuleuses de la larve qui donnent naissance à l'ectoderme : à ce stade, elles sont en partie invaginées; *en*, cellules claires de la larve, qui finissent par s'invaginer pour former l'endoderme; *hy*, cellules à collerette formant l'endoderme ou hypoblaste de l'adulte; *me*, mésoderme de l'adulte.

(fig. 109, C) : l'œuf a pris l'aspect d'une lentille biconvexe, dont l'axe est encore traversé par un canal central; il est formé de deux rangées cellulaires superposées. Chacune de celles-ci, à son tour, est dédoublée par un sillon horizontal, de manière à ce qu'il se forme quatre assises cellulaires : les deux rangées extrêmes restent intactes, mais les cellules des deux rangées médianes se divisent chacune par un plan vertical : on arrive ainsi au stade 48 (fig. 109, D et E). Dès lors, les huit cellules basilaires deviennent granuleuses, ce qui constitue la première différenciation des feuillets blastodermiques : ces cellules, en effet, formeront l'ectoderme, toutes les autres étant destinées à donner naissance à l'endoderme. Les cellules endodermiques claires se multiplient alors au pôle opposé aux cellules granuleuses, et de la sorte se forme le canal axial, qui devient ainsi une véritable cavité de segmentation, en même temps que la masse des blastomères s'est transformée en une véritable blastula (fig. 109, F).

La segmentation est alors achevée, ce qui n'empêche pas les cel-

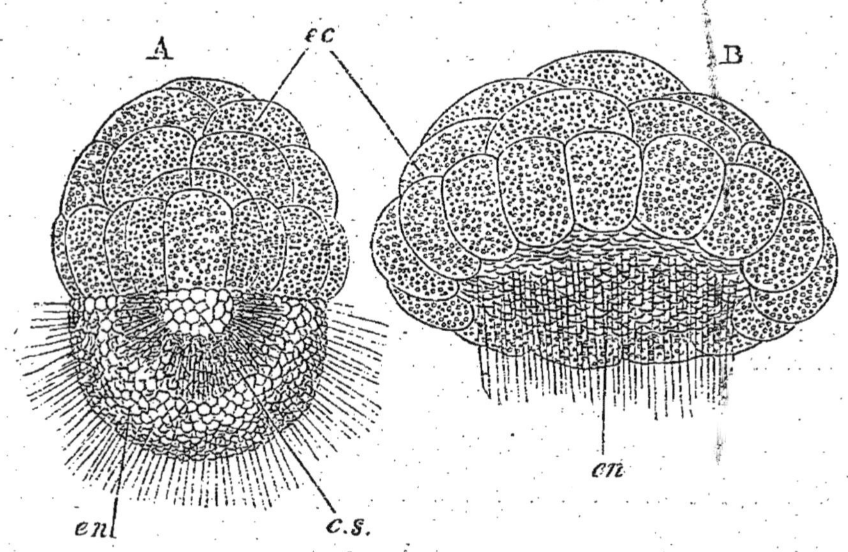

Fig. 111. — Deux stades libres du développement de *Sycandra raphanus*, d'après F.-E. Schulze. — A, amphiblastula ; B, stade ultérieur, après que les cellules ciliées ont commencé à s'invaginer ; *cs*, cavité de segmentation ; *ec*, ectoderme ; *en*, endoderme.

lules de la blastosphère de se multiplier encore et de subir certaines modifications. Les cellules endodermiques s'allongent en colonnes ou en palissades et se munissent à leur surface d'un seul cil vibratile ; les cellules ectodermiques se multiplient jusqu'à ce qu'elles soient à peu près au nombre de trente-deux, après quoi elles s'invaginent dans la cavité de segmentation, au point de s'appliquer contre les cellules ciliées (fig. 110). Il semble donc se former ainsi une gastrula, mais nous allons voir que ce n'est qu'une pseudo-gastrula, c'est-à-dire un état particulier de la blastula, déterminé sans doute par l'habitat spécial de l'embryon. En effet, celui-ci est jusqu'à présent renfermé dans le mésoderme de son parent, et l'on conçoit que l'espace restreint dont il dispose le contraigne à cette sorte d'invagination.

Parvenu au stade de la pseudo-gastrula, l'embryon va devenir libre : il lui suffit pour cela de perforer l'épithélium endodermique, *hy*, au-dessous duquel il s'est développé ; il tombe alors dans une cavité où les courants d'eau qui traversent le corps de l'Éponge le prendront bientôt pour l'entraîner au dehors.

Quand la larve est devenue libre, les grosses cellules granuleuses de l'ectoderme s'évaginent : la cavité de segmentation, tout à l'heure fort réduite, redevient considérable, et la larve se transforme en une amphiblastula (fig. 111, A). A celle-ci succède bientôt une gastrula comprimée (fig. 111, B), par suite de l'embolie de l'hémisphère à cellules columnaires et vibratiles.

La larve reste encore errante pendant quelque temps, tandis que son blastopore, qu'entoure une rangée de quinze à seize grosses cellules ectodermiques, se rétrécit de plus en plus. Quand il est devenu très étroit, la larve se fixe par sa face plane, c'est-à-dire par son propéristome, à la surface d'un corps étranger quelconque (fig. 112). En même temps, toutes les cellules ectodermiques deviennent amiboïdes et se fusionnent en un *syncytium*, c'est-à-dire que leurs contours disparaissent et qu'elles se confondent en une masse protoplasmique commune, au sein de laquelle sont épars des noyaux. Le blastopore est alors obturé ; son occlusion complète ne tardera pas à se faire.

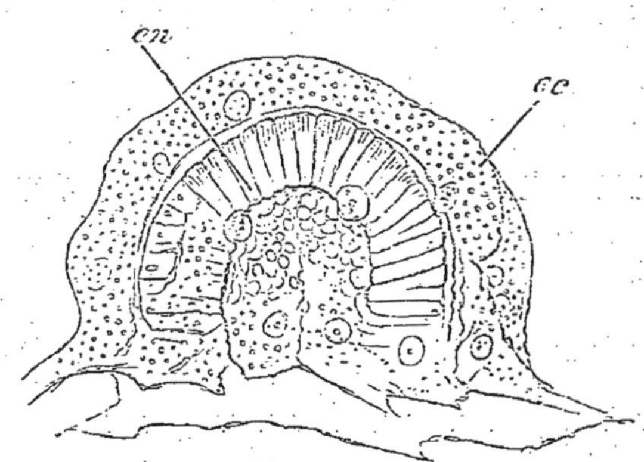

Fig. 112. — Fixation de la gastrula de *Sycandra raphanus*, d'après F.-E. Schulze.

Pendant que ces phénomènes s'accomplissent, les cellules endodermiques deviennent plus courtes, plus réfringentes et perdent leurs flagellums ; en même temps, le syncytium ectodermique s'éclaircit au point de laisser voir l'endoderme par transparence. Il apparaît en outre, entre les deux feuillets primitifs, une couche mésodermique, dérivée de l'ectoderme, et au sein de laquelle vont se former bientôt des spicules calcaires ayant l'aspect de baguettes non ramifiées et effilées à leurs deux extrémités.

Dès qu'elle est fixée, la larve s'allonge rapidement et s'étire en un cylindre. Les spicules se développent de plus en plus et présentent différentes variétés ; mais la plupart ont la forme d'étoiles à trois branches. L'extrémité libre du cylindre, ou extrémité aborale, est aplatie et dépourvue de spicules, mais est entourée d'un cercle de spicules à quatre rayons (fig. 113).

En cet état, la larve représente un cylindre creux et dépourvu d'ouvertures. Sa face supérieure se perce alors, à peu près en son centre, d'un orifice qui prend le nom d'*oscule exhalant*, en même temps que des pertuis plus étroits ou *pores inhalants* apparaissent

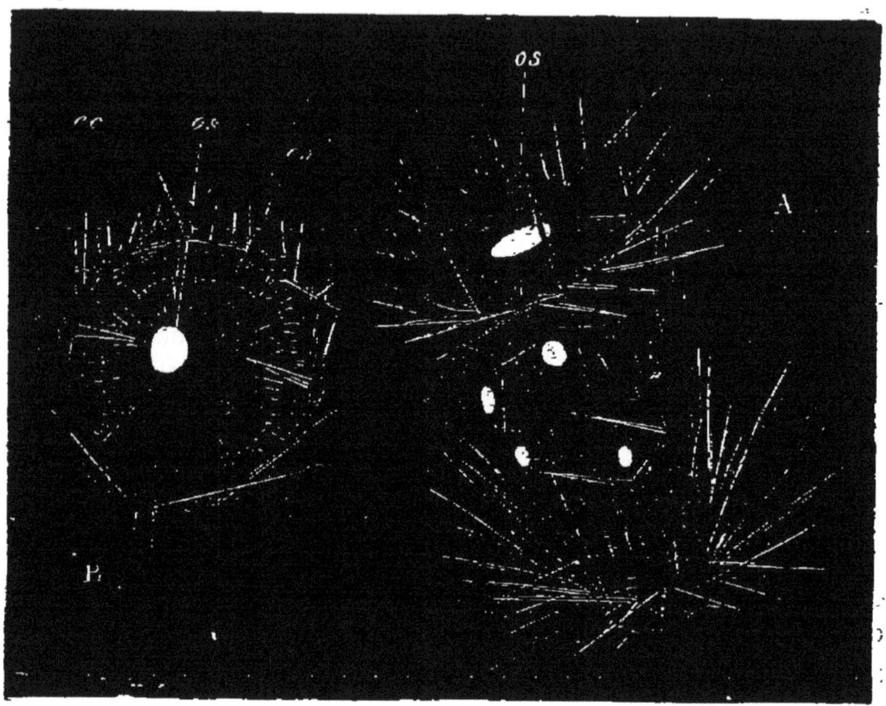

Fig. 113. — Jeune *Sycandra raphanus* peu après le développement des spicules, d'après F.-E. Schulze. — A, vu de profil ; B, vu par la face supérieure ; *ec*, ectoderme ; *en*, endoderme formé de cellules ciliées ; *os*, oscule. L'oscule et les pores sont représentés sous forme d'espaces blancs ovales.

sur la paroi latérale. La cavité centrale de la jeune Éponge se trouve de nouveau mise en communication avec l'eau ambiante ; elle va désormais être traversée par un courant dont la direction est déjà suffisamment indiquée par les noms que nous avons donnés aux orifices qui se formaient tout à l'heure : l'eau entre par les pores et est expulsée par l'oscule. Ce courant est déterminé par les cellules endodermiques qui, dès la formation des pores et de l'oscule, se sont munies chacune d'un long flagellum et ont développé autour de leur face libre une collerette tubuleuse (fig. 113, B, *en*). Un semblable épithélium endodermique, dont la figure 110, *hy*, indique bien la structure, est caractéristique des Spongiaires; nous verrons par la suite quelle signification lui a été attribuée.

Le développement de l'Éponge est alors achevé. Celle-ci pourra rester en cet état, comme c'est le cas, par exemple, pour *Sycandra ciliata* (fig. 114); le plus ordinairement, elle deviendra le point de départ d'une colonie dont la complication sera parfois extrême. Les colonies peuvent se former de diverses façons : si deux individus se trouvent en contact, leurs spicules s'entre-croisent, leurs syncytiums ectodermiques se fusionnent, puis des canaux de communication s'établissent de l'un à l'autre.

Fig. 114. — *Sycandra ciliata.*

Plus habituellement, c'est par bourgeonnement que la colonie se constitue. La paroi latérale de l'individu dont nous venons de suivre le développement, va se soulever en un point, de manière à former une sorte de sinus communiquant avec la cavité centrale. Ce sinus pourra acquérir des dimensions notables, devenir aussi gros que l'individu même sur lequel il a pris naissance et se percer à sa face supérieure d'un orifice exhalant et sur ses faces latérales d'orifices inhalants plus petits. On a dès lors deux individus, dont l'un provient d'un bourgeonnement de l'autre ; chacun de ces individus jouit d'une certaine indépendance, puisqu'il possède ses pores et son oscule; il reste néanmoins intimement uni à son voisin, avec lequel il communique par un canal plus ou moins rétréci. Le bourgeonnement que nous venons de constater peut se faire sur tous les points de la paroi latérale de l'individu primitif, en sorte que celui-ci est le point de départ d'une colonie nombreuse, dont les différents membres peuvent se comporter à leur tour de la même façon. La colonie ne se propage du reste pas seulement dans le sens horizontal, mais dans tous les sens à la fois : les individus se superposent sur plusieurs couches, en sorte que, munis au début chacun d'un oscule et de pores inhalants, ils vont bientôt se modifier de telle sorte que les individus de la surface auront seuls un oscule, les individus de la profondeur communiquant simplement avec leurs congénères au moyen de canaux plus ou moins allongés, simples ou ramifiés.

Une Éponge est donc habituellement une colonie dont la surface, tapissée d'un syncytium amiboïde, de nature ectodermique, présente une certaine quantité d'oscules et un nombre bien plus grand de pores. Ces derniers sont l'origine de canaux qui traversent la masse en tous sens, parfois avec une grande régularité. Les canaux sont revêtus d'un épithélium plat; çà et là ils se dilatent en des chambres plus ou moins vastes, plus ou moins arrondies, qui sont les *chambres flagellées* ou *corbeilles vibratiles*, et au niveau desquelles l'épithélium change de nature : il est alors formé de ces cellules flagellées à collerette dont nous avons déjà parlé plus haut (fig. 110, *hy*). Les chambres flagellées correspondent à la cavité du corps des divers individus de la colonie ; les canaux à épithélium plat établissent la communication entre ces individus; l'épithélium de ces deux sortes d'organes est de nature endodermique.

La masse au sein de laquelle sont creusés les canaux et les corbeilles vibratiles, et sur laquelle reposent les épithéliums, n'est autre que le mésoderme. Sa nature est assez variable : chez certaines Éponges (*Halisarca*), il reste mou, gélatineux, hyalin et dépourvu de spicules; dans les autres groupes, il se différencie en cellules conjonctives étirées en fibres et renferme des cellules amiboïdes migratrices, ainsi que des spicules dont la forme (fig. 115) et dont la nature chimique présentent de notables différences. Dans nos classifications actuelles, la composition chimique des spicules sert de base à la division de la classe des Spongiaires : ces productions squelettiques sont formées de carbonate de chaux, de silice ou de substance cornée.

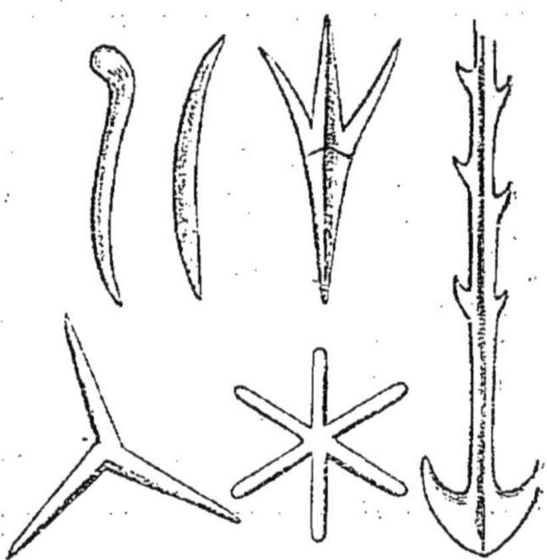

Fig. 115. — Spicules d'Éponges.

Les cellules migratrices que l'on voit se déplacer en rampant dans le mésoderme ont été prises pour des Amibes parasites. On sait maintenant que ce sont des productions normales et qu'elles sont de deux sortes : les unes sont destinées à devenir les œufs, les autres produiront les spermatozoïdes. Ceux-ci, observés déjà chez *Halisarca* et *Sycandra*, ont été découverts en 1882 chez *Sycandra raphanus* par Poléjaeff, qui a bien étudié leur développement ; ils ont la forme d'une épingle et mesurent 30 μ de longueur. *Sycandra raphanus* est donc hermaphrodite ; mais certains individus sont plus mâles que femelles ou réciproquement, ce qui nous conduit à des formes très nombreuses, où la diœcie est la règle. Par exception, *S. raphanus* est vivipare ; d'ordinaire, l'œuf est expulsé au dehors aussitôt après la fécondation.

La reproduction sexuée semble être moins fréquente qu'une reproduction asexuée au moyen de *gemmules;* cette dernière a été bien étudiée dans les Éponges d'eau douce. On voit, en certaines régions, les cellules du syncytium ectodermique devenir granuleuses et se délimiter par un contour net. Elles forment alors un amas sphérique, dont les cellules vont se différencier de telle sorte, que celles de la périphérie s'entourent d'une enveloppe de kératose qui, se fusionnant avec celle de la cellule voisine, finit par entourer la masse centrale d'une double membrane, dans l'épaisseur de laquelle est renfermée la zone de cellules périphériques : chacune de celles-ci développe alors dans son protoplasma un spicule siliceux ayant la forme de deux disques écartés l'un de l'autre et réunis par leur centre au moyen d'une tige délicate. Le développement de la gemmule est alors achevé ; sa capsule est percée en un point d'un *hile*, analogue au micropyle de l'œuf de certains animaux. Cependant la gemmule s'est séparée de l'organisme producteur : elle reste sous cette forme pendant toute la mauvaise saison ; au printemps, les cellules font irruption par le hile et se différencient de manière à reproduire les diverses parties du corps d'une petite Éponge. On ne saurait méconnaître les analogies que présente ce mode de reproduction par gemmules avec la propagation par kystes, si fréquente chez les Protozoaires.

On trouve chez les Éponges une première indication du système musculaire : certaines fibres du mésoderme sont manifestement contractiles. On y trouverait même, au moins chez les Éponges calcaires, un rudiment du système nerveux. Von Lendenfeld, en effet, a décrit chez les Sycons, dans la paroi des pores, immédiatement au-dessus du point où ceux-ci sont le plus rétrécis, des cellules sensorielles très petites, longues de 16 μ et larges de 1μ,4 au niveau du renflement nucléaire. Ces cellules dépendent du mésoderme ; elles forment un anneau autour du pore ; leur extrémité proximale se ramifie en fins prolongements qui se perdent dans le mésoderme. Les Leucons n'ont point de cercle de cellules sensorielles autour des pores, mais on retrouve ces cellules irrégulièrement dispersées par faisceaux à la surface externe de l'Éponge.

La respiration est diffuse, mais se fait principalement par les cellules à collerette. On a cru pendant longtemps que ces mêmes cellules étaient les agents de la digestion, mais on sait maintenant que celle-ci est intracellulaire et s'accomplit par l'épithélium plat des canaux qui conduisent aux chambres ciliées. Les ferments élaborés par cet épithélium sont analogues, sinon identiques à la pepsine et à la trypsine des animaux supérieurs. La nutrition est parfois si active que des réserves s'accumulent dans le mésoderme : on observe alors des amas d'une substance fortement réfringente, assez analogue à de la graisse ; cela montre bien l'homologie de ce mésoderme avec le tissu conjonctif, qui, chez les animaux supérieurs, est également d'origine mésodermique. Le feuillet moyen des Spongiaires renferme encore parfois des grains d'amidon, mais ceux-ci semblent toujours liés à la présence d'Algues parasites analogues aux cellules jaunes des Radiolaires. Enfin, le corps des Éponges est fréquemment coloré de façons diverses : ces teintes sont dues à ce que des pigments se sont déposés dans l'un quelconque des trois feuillets.

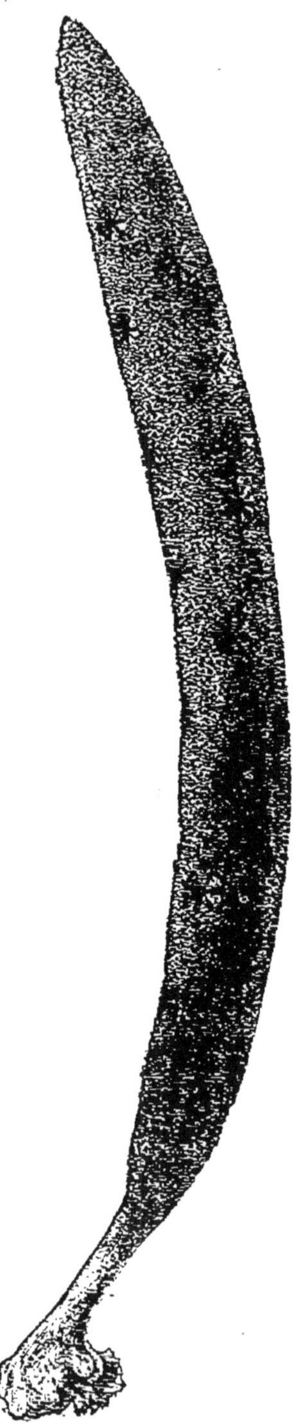

Fig. 116. — *Axinella polypoides.*

Les Éponges, avons-nous dit, se classent d'après la structure de leur mésoderme et d'après les productions squelettiques qui peuvent s'y développer. Nous les diviserons en quatre ordres.

I. **Myxosponges.** — Éponges muqueuses ou gélatineuses, dépourvues de squelette (*Halisarca*).

II. **Cératosponges.** — Éponges dont le squelette est formé de fibres cornées. A ce groupe appartiennent les espèces employées en médecine ou pour les usages domestiques, espèces dont il sera question plus loin (*Euspongia*).

III. **Silicisponges.** — Éponges dont le squelette est constitué par des spicules siliceux. Suivant la structure des spicules, cet ordre se laisse aisément diviser entre quatre sous-ordres :

1° *Monactinellides.* — Squelette de spicules monoaxes, auxquels s'adjoignent parfois des fibres cornées (*Chalina*, *Reniera*, *Suberites*, *Vioa*, *Desmacella*, *Axinella*, fig. 116). Les *Vioa* sont des Éponges perforantes ; certaines espèces (*V. typica*, *V. celata*) s'établissent sur les coquilles des Huîtres et les détruisent peu à peu; elles peuvent causer de grands dégâts dans les huîtrières. Il faut rattacher à ce groupe et particulièrement à *Reniera* la petite famille des Éponges d'eau douce (*Spongilla fluviatilis*, *Sp. lacustris*), dont il est fréquent de trouver des exemplaires aux environs de Paris, notamment dans le canal latéral à la Marne, à la surface des pieux ou des bois flottés.

2° *Tétractinellides*. — Squelette formé principalement de spicules en ancres ou à quatre rayons (*Geodia*, *Ancorina*).

3° *Lithistides*. — Spicules en ancres ou à quatre axes, branchus et parfois très irréguliers (*Corallistes*).

4° *Hexactinellides*. — Squelette formé de spicules à six rayons, quelquefois soudés entre eux par une substance siliceuse stratifiée. A ce groupe appartient *Euplectella aspergillum*, la plus élégante de toutes les Éponges; cette espèce, originaire des Philippines, loge souvent dans sa cavité deux sortes de Crustacés, un Isopode (*Aega spongiphila*) et un Décapode macroure (*Palæmon*).

IV. **Calcisponges**. — Squelette constitué par des spicules calcaires (*Grantia*, *Leucon*, *Sycon*).

Les Cératosponges employées en médecine ou servant aux usages domestiques sont de provenances très diverses et appartiennent par conséquent à plusieurs espèces. Elles ont été décrites par les auteurs sous le nom collectif de *Spongia officinalis*, mais O. Schmidt, qui a bien étudié les Éponges de la mer Adriatique, distingue parmi les Spongiaires de cette mer jusqu'à cinq espèces répondant au signalement de *Sp. officinalis*, savoir :

Spongia adriatica O. Schmidt;
Sp. quarnerensis O. S.;
Sp. zimocca O. S. (σπόγγος πυκνότατος Aristote);
Sp. equina O. S. (σπόγγος μανός Ar.);
Sp. mollissima O. S. (σπόγγος πυκνός Ar.).

Qu'on juge, d'après cela, du nombre considérable d'espèces qui ont été confondues sous la dénomination de *Sp. officinalis*.

A part quelques genres d'eau douce (*Spongilla*, *Carterella*, *Meyenia*, *Heteromeyenia*, *Tubella*), dont les quatre derniers sont américains, les Éponges sont des animaux marins. Elles vivent par des profondeurs variables et, suivant le cas, sont récoltées de diverses façons. Quand la profondeur est peu considérable et lorsque l'eau est suffisamment transparente, on les recueille au moyen d'une fourche à cinq dents, emmanchée à l'extrémité d'une perche et munie d'un filet. Si la profondeur est plus grande, des Hommes plongent au fond de l'eau et, à l'aide d'un couteau dont ils se sont munis, coupent le pied par lequel l'Éponge adhère au rocher. Mais c'est là un procédé dangereux et qui expose les pêcheurs aux redoutables atteintes du *mal des plongeurs*, dont Paul Bert a découvert les causes (1) et dont nous avons fait connaître l'anatomie pathologique (2). Par les fonds de 150 à 200 mètres, on se sert de la drague, mais les Éponges que cet instrument ramène sont souvent déchirées et ont par conséquent moins de valeur que les autres.

Le golfe du Mexique, les bancs de Bahama, la mer Rouge et une foule d'autres points fournissent des Éponges de grande taille, mais en général assez grossières et qu'on ne peut guère employer que pour laver les parquets ou pour des usages de ce genre. Les fines Éponges de toilette sont plus petites : elles proviennent des mers tempérées et particulièrement de la Méditerranée. C'est surtout dans l'Adriatique et dans l'Archipel, sur les côtes de Caramanie et de Syrie, qu'on se livre à leur pêche. Celle-ci ne peut guère se faire que pendant une moitié de l'année. Sur les côtes de Croatie seulement, les revenus de cette pêche pour une demi-année varient entre 150 000 et 300 000 francs. La récolte en est si active que les bancs se sont dépeuplés dans une notable proportion : aussi le gouvernement autrichien entreprit-il, de 1863 à 1872, des essais de spongiculture dans l'Adriatique. Ces essais furent finalement abandonnés comme improductifs ; il est pourtant certain que des cultures bien conduites pourraient donner des résultats satisfaisants.

Les Éponges contiennent toujours une notable proportion de corps étrangers, tels que du sable, du limon, etc. Pour les en débarrasser, on les comprime, on les soumet à des battages réitérés, ainsi qu'à des lavages à l'eau de mer, puis à l'eau douce ; on les traite ensuite par l'acide chlorhydrique dilué,

(1) P. Bert, *La pression barométrique*. Paris, 1878. Voir p. 939-981.

(2) R. Blanchard et P. Regnard, *Sur les lésions de la moelle épinière dans la maladie des plongeurs*. Société de biologie, 9 juillet 1881. Gazette médicale, p. 443, 1881.

dans le but de détruire les parties calcaires. Quand on les a soigneusement lavées une dernière fois, on les fait sécher, et les plus fines, destinées à la toilette ou aux usages médicaux, sont blanchies par le chlore.

On ne s'est servi pendant longtemps que d'Éponges pêchées dans la Méditerranée (1); la détermination des espèces ou plutôt des différentes sortes commerciales pouvait alors présenter quelque intérêt; cet intérêt n'existe plus, depuis qu'on apporte sur les marchés européens des Éponges venant pour ainsi dire de tous les coins du globe et sur la provenance desquelles il est parfois fort difficile d'avoir des renseignements précis. On trouvera encore à cet égard, dans les ouvrages consacrés à l'étude des drogues simples, des distinctions qui sont au moins subtiles et sur lesquelles nous ne croyons pas devoir nous arrêter (2). Disons simplement que l'Éponge fine et douce de Syrie serait donnée par *Spongia mollissima* O. Schmidt (*Sp. usitatissima* Lamarck), l'Éponge fine de l'Archipel par *Sp. zimocca*, l'Éponge grossière du nord de l'Afrique par *Sp. equina* et l'Éponge de Dalmatie (fig. 117) par *Sp. adriatica*. Enfin l'Éponge brune de Barbarie ou Éponge de Marseille est *Sp. communis* Lamk.

Fig. 117. — Éponge de Dalmatie.

Les Éponges servent, en chirurgie, non seulement à étancher le sang ou à nettoyer la surface des plaies, mais encore à dilater les orifices naturels ou accidentels, par exemple le col de l'utérus ou des trajets fistuleux. Dans ce but, on les prépare de trois manières.

L'*Éponge préparée à la cire* (*Spongia cerata* de l'ancienne pharmacopée) est d'abord lavée et coupée par tranches que

(1) Il en venait pourtant d'autres endroits, comme nous l'apprend Leymerie : « On dit qu'il en vient beaucoup d'une isle d'Asie nommée Icarie ou Nicarie, où les garçons sont obligez de les aller pêcher au fond et au milieu de la mer, s'ils veulent être mariez, car les filles sont le prix et la récompense de ceux qui demeurent le plus long-temps dans la mer, et qui en raportent le plus d'Éponges. » (N. Leymerie, *Traité universel des drogues simples*. Paris, 2e édition, 1714.

(2) Voir notamment Guibourt, *Histoire naturelle des drogues simples*, 7e édition, IV, p. 382 et suiv.

l'on maintient plongées dans la cire vierge en fusion, jusqu'à ce qu'elles en soient complètement imprégnées. Ces tranches sont ensuite modérément pressées entre deux plaques de fer qu'on a eu soin de chauffer au préalable : on obtient ainsi par refroidissement des gâteaux que l'on peut conserver indéfiniment et qu'il suffit de couper en morceaux de dimensions convenables. L'Éponge à la cire, introduite dans l'orifice qu'il s'agit de dilater, ne se gonfle que lentement et sous l'influence d'une chaleur assez intense; aussi n'en fait-on guère usage et lui préfère-t-on la préparation suivante.

L'*Éponge préparée à la ficelle* (*Spongia compressa*) s'obtient avec des Éponges fines et bien nettoyées. On les imbibe d'eau dans toutes leurs parties, parfois même de blanc d'œuf ou d'eau gommée, puis on exprime le liquide avec soin. Quand l'Éponge est encore humide, on enroule fortement une ficelle autour d'elle, de manière à ne laisser aucun espace entre les tours de spire ; on fait alors sécher l'Éponge dans une étuve. Quand on doit s'en servir, on déroule la ficelle sur une certaine étendue, et l'on se procure ainsi un morceau d'Éponge auquel on peut donner avec des ciseaux la forme convenable pour l'introduire dans le conduit que l'on veut élargir; l'Éponge se gonfle alors en absorbant les liquides et dilate en même temps le conduit qui la renferme.

L'*Éponge préparée à la gomme* (*Spongia gummata*) diffère peu de l'Éponge à la cire, mais est plus rarement employée. On imprègne l'Éponge avec de la gomme, au lieu de cire, puis on la presse dans du papier ciré, jusqu'à ce qu'elle sèche et se présente sous l'aspect de lames solides.

Les Cératosponges ont encore été employées pour l'usage interne à l'état d'Éponge calcinée ou de charbon d'Éponge. Arnaud de Villeneuve imagina le premier cette méthode pour guérir la scrofule, et les praticiens adoptèrent avec enthousiasme ce nouveau remède, auquel le scorbut et le goître, jadis rebelles à tout traitement, ne pouvaient résister. Mais, dit Chaumeton, « j'ai parcouru le pays des crétins ; j'ai observé une multitude de scrofuleux auxquels on a prescrit l'Éponge brûlée; pas un seul n'a été guéri (1). » Après que plusieurs

(1) Chaumeton, *Éponge*. Dictionnaire des sc. méd. en 60 vol. Paris, 1815.

médecins eurent reconnu l'inefficacité de l'Éponge calcinée, on en vint à considérer celle-ci comme un médicament inerte et ridicule; mais plus tard, l'analyse chimique y ayant décelé la présence de l'iode, on revint à l'opinion ancienne et l'on pensa que l'Éponge calcinée pouvait combattre utilement le goître.

L'iode existe, en effet, en grande quantité dans l'Éponge. Il s'y trouve à l'état d'iodure soluble dans l'eau, mais sa plus grande partie semble surtout être combinée à la spongine, c'est-à-dire à la substance organique qui constitue la trame fibreuse. Quand l'Éponge est torréfiée à une chaleur modérée, la matière organique seule est carbonisée et l'iode forme de l'iodure de calcium, en réagissant sur le carbonate de chaux qui se trouve constamment dans l'Éponge, même la mieux nettoyée. Si l'on chauffe au rouge, l'iodure de calcium est décomposé et l'iode se volatilise. En admettant que les cendres d'Éponge jouissent de quelques propriétés thérapeutiques, il importe donc de n'employer que des cendres obtenues à une température peu élevée.

Pour en finir avec l'histoire médicale des Éponges, ajoutons que les Russes, au dire de Gmelin (1), emploient contre les Vers une poudre préparée avec *Spongilla fluviatilis* : une poudre aussi rude peut déterminer une excitation de l'intestin ayant pour résultat l'évacuation des Vers (2).

La position systématique des Éponges a été longtemps discutée. A l'heure actuelle, les zoologistes ne sont point encore d'accord : les uns, comme J. Clark, Carter, Saville-Kent, O. Bütschli, ne veulent y voir que des Protozoaires vivant en colonie ; les autres, comme Huxley, en font un embranchement de Métazoaires parallèle à celui des Cœlentérés : d'autres enfin, et ce sont les plus nombreux, les considèrent, à l'exemple de Leuckart, comme de véritables Cœlentérés. Cette dernière opinion s'impose, quand on étudie de près la structure et l'embryogénie des Éponges.

La plupart des auteurs anglais et américains considèrent les Épon-

(1) Gmelin, *Reise durch Russland zur Untersuchung der drey Natur-Reiche*. Saint-Petersburg, 1770. Voir I, p. 150.

(2) Gmelin dit encore ceci : « Les filles cosaques se frottent le visage avec cette poudre, pour le rendre rouge; car ce qui est rouge est beau, puisque dans la langue russe la beauté est exprimée par la couleur rouge. » Les mots *krasnota* (rougeur) et *krasota* (beauté) sont en effet très voisins l'un de l'autre.

ges comme des colonies de Protozoaires : à la surface se trouveraient des Amibes réunies en un syncytium ; à l'intérieur se trouveraient des Flagellés du groupe des Craspédomonades. Dans cette conception, les cellules flagellées qui tapissent les chambres vibratiles représenteraient chacune un individu distinct. Il est en effet difficile de méconnaître l'analogie, voire même l'identité de structure que présentent ces cellules avec des Flagellés tels que *Codonosiga, Codonocladium* et *Salpingœca*, mais ce n'est point là une raison suffisante pour s'arrêter à l'opinion que nous venons de dire : le fait que les Spongiaires produisent des spermatozoïdes et des œufs, dont l'évolution marche d'après le type commun à tous les Métazoaires, est un argument d'une valeur bien plus grande et qui démontre surabondamment qu'il faut voir en eux de véritables Métazoaires.

Puisqu'il est acquis que les Éponges sont, dans la hiérarchie zoologique, placées au-dessus des Protozoaires, devra-t-on, avec W. J. Sollas, les séparer des Métazoaires et par conséquent des Cœlentérés, pour en faire un groupe particulier, celui des *Parazoaires?* Sollas admet qu'elles se sont développées des Craspédomonades comme un phylum indépendant, car, dit-il, il est malaisé d'admettre que des organes aussi compliqués que les cellules flagellées à collerette se rencontrent avec des caractères identiques dans deux groupes zoologiques différents, sans avoir une origine commune. Il pense donc que, chez les Spongiaires, ces cellules sont transmises par l'hérédité, qu'elles ont une signification phylogénique, tandis que les particularités d'ordre plus élevé, comme la reproduction sexuelle, sont des acquisitions de date récente.

Balfour rattache nettement les Éponges aux Cœlentérés, mais il croit qu'elles sont nées séparément des Protozoaires. Il appuie cette opinion sur plusieurs considérations, notamment sur la structure des larves libres, qui différeraient notablement de celles des autres Cœlentérés. Cette observation est exacte en ce qui concerne les Calcisponges, auxquelles appartient *Sycandra raphanus* : mais si l'espace nous avait permis de parler plus longuement des Spongiaires, il nous eût été facile de montrer que, chez beaucoup d'entre eux, la larve a précisément la même structure que celle de beaucoup de Cœlentérés.

Les Éponges sont de véritables Métazoaires : elles ont une reproduction sexuelle et leurs larves sont constituées par deux couches cellulaires. Mais, si c'est là un fait acquis, on peut discuter encore leurs relations avec les Protozoaires d'une part, avec les Cœlentérés d'autre part. En ce qui concerne les premiers, on se trouve amené, à cause de la présence des cellules à collerette, à rapprocher les Éponges des Craspédomonades et à établir entre ces deux groupes un lien phylogénique. Pourtant, un examen plus attentif permet de reconnaître que ce n'est là qu'une apparence. L'étude des Flagellés montre que l'acquisition de la collerette est en rapport avec la préhension des aliments; chez les Spongiaires, il en est tout autrement : nous avons vu, en effet, que ces animaux absorbent leur nourriture par toute la surface endodermique, à l'exception des chambres flagellées. De plus, les cellules à collerette n'apparaissent dans l'Éponge que lorsque la cavité du corps s'est mise en communication avec le milieu ambiant au moyen d'un double système d'orifices ; elles ne proviennent d'ailleurs que d'une différenciation spéciale de cellules endodermiques, qui d'abord avaient la même structure que les autres; or, si elles étaient un héritage légué par les Craspédomonades, elles se montreraient certainement au début, et non à la fin du développement ontogénique. On doit donc conclure que les Craspédomonades et les cellules flagellées des Éponges n'ont aucun lien phylogénique et que toutes deux doivent cette remarquable concordance de structure à des adaptations particulières.

Quant aux relations des Éponges avec les autres Cœlentérés, il nous est difficile de les discuter maintenant, puisque nous n'avons pas encore fait l'étude de ces derniers. Les différences essentielles entre ces deux groupes tiennent à ce que les Spongiaires sont dépourvus de tentacules et d'organes urticants (1) et il n'y a aucune raison de croire que leurs ancêtres en aient jamais possédé. Le reste de l'organisation générale des Éponges concorde d'ailleurs, comme nous le verrons bientôt, avec l'organisation des Cœlentérés supérieurs ; à part le cas des Calcisponges, les larves nageuses présentent notamment de remarquables analogies, et les différences fondamentales dans la structure des deux groupes ne se montrent qu'après la métamorphose. On doit donc admettre que les Spongiaires et les Cœlentérés dérivent d'une souche commune et que les premiers se sont séparés des seconds à un stade du développement phylogénique qui correspond au moment où la larve ciliée va passer à l'état adulte, moment où les caractères typiques des Cœlentérés n'étaient pas encore acquis. On comprend ainsi que les Spongiaires soient dépourvus de tentacules et de nématocystes.

Th. Eimer, *Nesselzellen und Samen bei Seeschwämmen*. Arch. f. mikr. Anat., VIII, p. 281, 1872.

H.-G. Bronn's *Klassen und Ordnungen des Thier-reichs*. — II. *Porifera* von G.-C.-J. Vosmaer. Leipzig, 1882-1885.

N. Poléjaeff, *Ueber das Sperma und die Spermatogenese bei Sycandra*

(1) Le caractère distinctif tenant à l'absence de nématocystes chez les Éponges n'est pourtant pas absolu : Eimer a trouvé des cellules urticantes autour des pores inhalants (*Reniera*) et dans les canaux qui aboutissent aux oscules (*Reniera fibulata, Desmacella vagabunda*).

raphanus Häckel. Sitzungsber. der Akad. d. wiss. zu Wien, LXXXVI, 1. Abth., p. 276, 1882.

B. Solger, *Ueber einige der anatomischen Untersuchung zugängliche Lebenserscheinungen der Spongien.* Biolog. Centralblatt, III, p. 227, 1883.

R. von Lendenfeld, *The digestion of Sponges effected by ectoderm or entoderm?* Proced. of the Linnean Soc. of New South Wales, IX, p. 434, 1884. — Id., *Das Nervensystem der Spongien.* Zool. Anzeiger, VIII, p. 47, 1885.

Fr.-E. Schulze, *Ueber das Verwandtschaftsverhältnis der Spongien zu den Choanoflagellaten.* Sitzungsber. der k. preuss. Akad. der Wiss. zu Berlin, p. 179-191, 1885.

W. Marshall, *Bemerkungen über die Cœlenteratennatur der Spongien.* Jenaische Zeitschrift, XVIII, p. 868, 1885.

SOUS-EMBRANCHEMENT DES CNIDAIRES

Des Cœlentérés tels que l'Actinie, la Méduse, le Béroé diffèrent autant entre eux qu'ils diffèrent des Éponges; ils méritent pourtant d'être réunis en un même groupe, à cause de particularités de structure qui leur sont communes, mais qui manquent aux Spongiaires. Ils sont tous urticants, par suite de la présence dans l'ectoderme de capsules qui, au moindre contact, projettent un filament d'une extrême délicatesse, avec émission probable d'une goutteletle de liquide corrosif. Ces capsules (fig. 118), développées aux dépens de certaines cellules ectodermiques, sont les *nématocystes* ou *cnidoblastes.* Aussi réunit-on les Cœlentérés qui les possèdent en un sous-embranchement des *Cnidaires.* Ceux-ci diffèrent d'ailleurs des Éponges par une complication notable de l'organisation et par un ensemble de particularités qu'on sera à même d'apprécier par la suite.

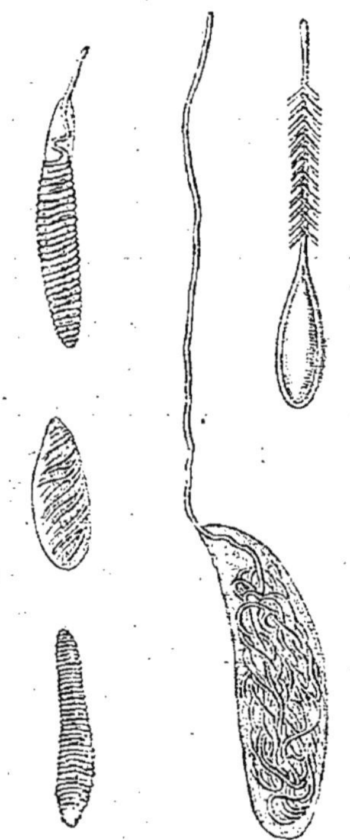

Fig. 118. — Nématocystes.

CLASSE DES ANTHOZOAIRES

ORDRE DES ZOANTHAIRES

Les Zoanthaires sont représentés sur nos côtes par les Actinies (fig. 119), dont quelques espèces sont particulièrement communes : de ce nombre est *Actinia equina* (*A. mesembryanthemum*), que nous prendrons pour type, en raison des études approfondies dont elle a été l'objet.

Fig. 119. — *Actinia effœta.*

L'œuf est toujours fécondé dans le corps de la mère, le plus souvent dans l'ovaire ; il subit les premières phases de son évolution dans la cavité générale de la mère. La segmentation est totale et aboutit à la formation d'une gastrula par invagination, dont le feuillet externe est cilié. Bientôt la gastrula prend une forme allongée et se revêt à l'extrémité aborale d'une houppe de longs cils vibratiles ; l'épiblaste se déprime en même temps à l'autre extrémité et s'invagine par le blastopore dans le progaster. De la sorte se constitue une sorte de tube raccourci, ouvert à sa partie inférieure dans le progaster et soudé à sa partie supérieure au pourtour du blastopore ; c'est le tube œsophagien, tapissé à sa face interne par l'épiblaste et à sa face externe par l'hypoblaste.

L'embryon est mis alors en liberté. Il nage, en dirigeant en avant son pôle aboral; son corps s'aplatit et sa bouche, jusque-là circulaire, s'allonge, de manière à déterminer une symétrie bilatérale. En même temps apparaît, entre l'ectoderme et l'endoderme, une zone d'abord simplement granuleuse, plus tard fibreuse, qui représente le mésoderme ou troisième feuillet blastodermique : cette couche ne prend pas naissance par une formation cellulaire distincte, mais résulte d'une simple différenciation de la région basilaire de l'ectoderme.

Le progaster, dont la cavité était demeurée simple, va commencer à se cloisonner, grâce à la formation de lamelles rayonnantes, auxquelles on donne le nom de *mésentères* ou de *replis mésentéroïdes* : leur développement a été suivi par de Lacaze-Duthiers. On voit, suivant un plan transversal par rapport au grand axe de la bouche, se former symétriquement deux bourrelets verticaux qui parcourent la cavité gastrique dans toute sa hauteur et qui, partis de la paroi de celle-ci, s'avancent de plus en plus vers le centre, sans pourtant l'atteindre jamais. Leur croissance marche lentement : elle s'arrêtera quand, par leur partie supérieure, ils auront rencontré le tube œsophagien et se seront soudés avec lui.

Les deux premiers mésentères divisent la cavité gastrique en deux *loges* inégales : ils sont constitués par le soulèvement de l'endoderme en deux lamelles entre lesquelles s'insinue un prolongement du mésoderme. Quand ils se sont avancés à une certaine distance, deux mésentères nouveaux se développent de la même façon dans la plus grande loge, puis une division semblable se fait dans la plus petite : on a donc 6 loges. La grande loge se divise à son tour par deux cloisons nouvelles. Ce processus se continuant par le développement successif de nouvelles paires de mésentères, comme l'indique la

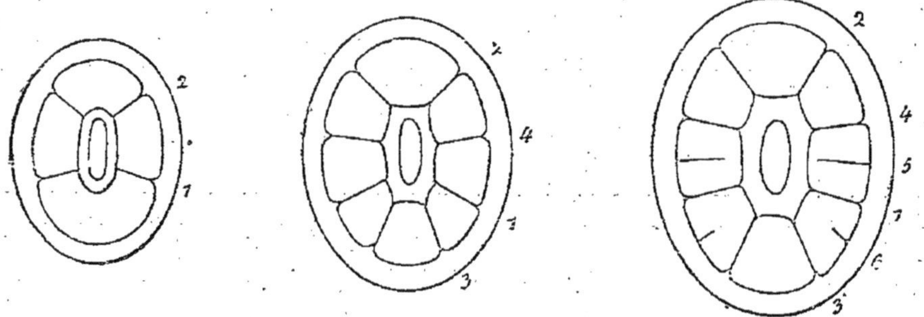

Fig. 120. — Schéma représentant le développement des lames d'après de Lacaze-Duthiers. Les chiffres indiquent l'ordre d'apparition des lames.

figure 120, on passe ainsi successivement par des états où il existe 8, 10 et 12 loges. Le nombre de celles-ci croît donc en progression arithmétique.

Tel est, d'après de Lacaze-Duthiers, le mode de développement des replis mésentéroïdes. Les frères Hertwig en donnent une description un peu différente. Pour eux, les replis apparaissent toujours par paires et d'après un procédé que met suffisamment en relief la figure 121. Les lames 3 et 4 sont toujours reconnaissables à certaines particularités de structure; de plus, elles sont situées dans l'axe de la bouche, tant que celle-ci a la forme d'une fente allongée, et elles indiquent, même chez l'Actinie adulte, le plan AB de symétrie bilatérale.

La structure particulière des mésentères 3 et 4 fournit sans doute un argument de valeur, mais ce n'est point le seul qui vienne démontrer que la symétrie rayonnée des Zoanthaires est une simple apparence; chez ces animaux, la symétrie est bien réellement bilatérale et cette règle s'applique même à toute la sous-classe des Cnidaires. Nous verrons par la suite qu'il en est exactement de même pour les Échinodermes, en sorte que la dénomination de *Rayonnés*, appliquée par Cuvier aux Cœlentérés et aux Échinodermes des classifications actuelles, pourrait à la rigueur disparaître du langage zoologique. Elle a pu être exacte, tant que l'étude des animaux s'est faite par la dissection; elle ne l'est plus, depuis que le microscope a permis de pénétrer la structure intime des tissus et de suivre le développement embryonnaire.

Quant au nom de *Zoophytes*, que Cuvier donnait encore à ces mêmes animaux, il ne saurait leur convenir davantage. Les véritables animaux-plantes, c'est-à-dire les êtres qui établissent la transition entre le

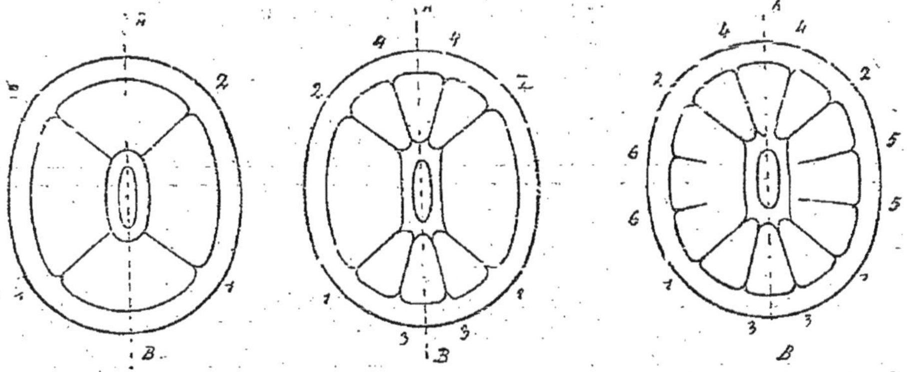

Fig. 121. — Schéma représentant le développement des lames, d'après O. et R. Hertwig. — AB, plan de symétrie bilatérale. Les chiffres indiquent l'ordre d'apparition des lames.

règne animal et le règne végétal, ce sont les Monères, les Amibes, les Flagellés; ce ne peut être en aucun cas des animaux aussi différenciés que l'Actinie ou l'Oursin.

Quand il en est arrivé au stade 12, le développement des mésentères s'arrête : les loges, jusqu'alors très inégales, régularisent leurs dimensions. A ce moment, la larve est très contractile : elle présente des changements de forme incessants. La surface externe est marquée de sillons longitudinaux qui correspondent aux lames mésentéroïdes ; l'ectoderme a gardé les caractères que nous lui connaissons déjà, il commence pourtant à montrer de nombreux nématocystes ; l'endoderme s'est couvert de cils vibratiles.

Avant que les cinquième et sixième paires de mésentères n'aient commencé à se développer, on voit déjà s'esquisser certains organes d'une grande importance; nous voulons parler des tentacules. Entre les lames 2 (fig. 120), c'est-à-dire dans la plus grande des deux loges primaires et à l'extrémité antérieure du grand axe de l'orifice buccal, le plancher se soulève en un bourrelet creux qui fait saillie à la face supérieure ou buccale de la larve et qui va en s'allongeant de plus en plus. Par la suite, il se formera de la même manière un tentacule au-dessus de chacune des douze loges, mais celui qui se développe au-dessus de la loge impaire antérieure, c'est-à-dire au-dessus de la plus grande des deux loges primitives, apparaît le premier et garde pendant quelque temps sa prééminence (fig. 122). Le second tentacule qui se forme est diamétralement opposé à celui-ci, mais les autres se développent sans qu'il y ait la moindre relation entre leur taille et leur ordre d'apparition. Quand chaque loge possède le sien, ils se divisent secondairement en deux cycles alternants, un premier cycle de six grands tentacules et un second cycle de six petits tentacules; le premier tentacule formé fait partie du premier cycle.

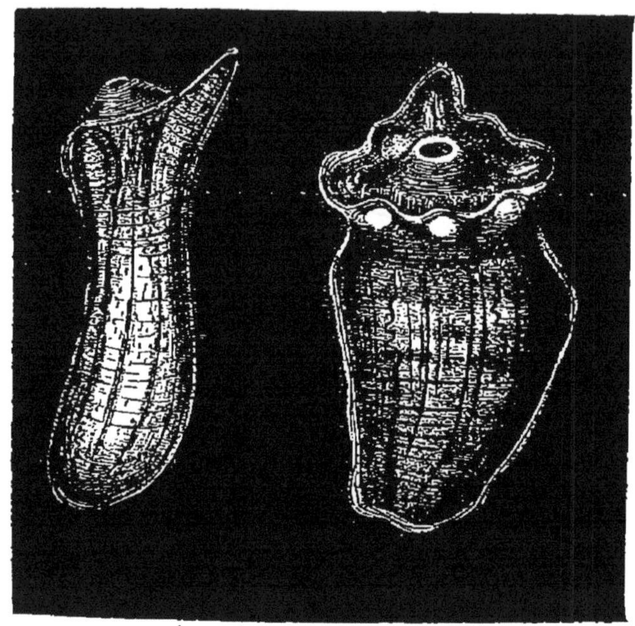

Fig. 122. — Deux stades du développement d'*Actinia equina*, d'après de Lacaze-Duthiers. — A, embryon vu de profil; un seul tentacule est développé; B, embryon plus âgé, vu de face; on voit l'indication des huit premiers tentacules.

Pendant ce temps, les lames sont venues se souder à la face externe de l'œsophage, mais elles restent flottantes, sans se réunir entre elles, au-dessous de celui-ci. Les organes de reproduction commencent alors à se développer dans l'épaisseur des replis mésentériques, dans l'ordre où ces replis eux-mêmes sont apparus, tandis que leur bord libre devient à son tour le siège de nouvelles différenciations. Il se charge d'un long renflement, suspendu, pour ainsi dire, à l'orifice œsophagien, et ressemblant à un gros cordon cylindrique, contourné sur lui-même à la façon des anses intestinales : c'est le *cordon entéroïde*.

C'est seulement quand celui-ci s'est développé, que le nombre des

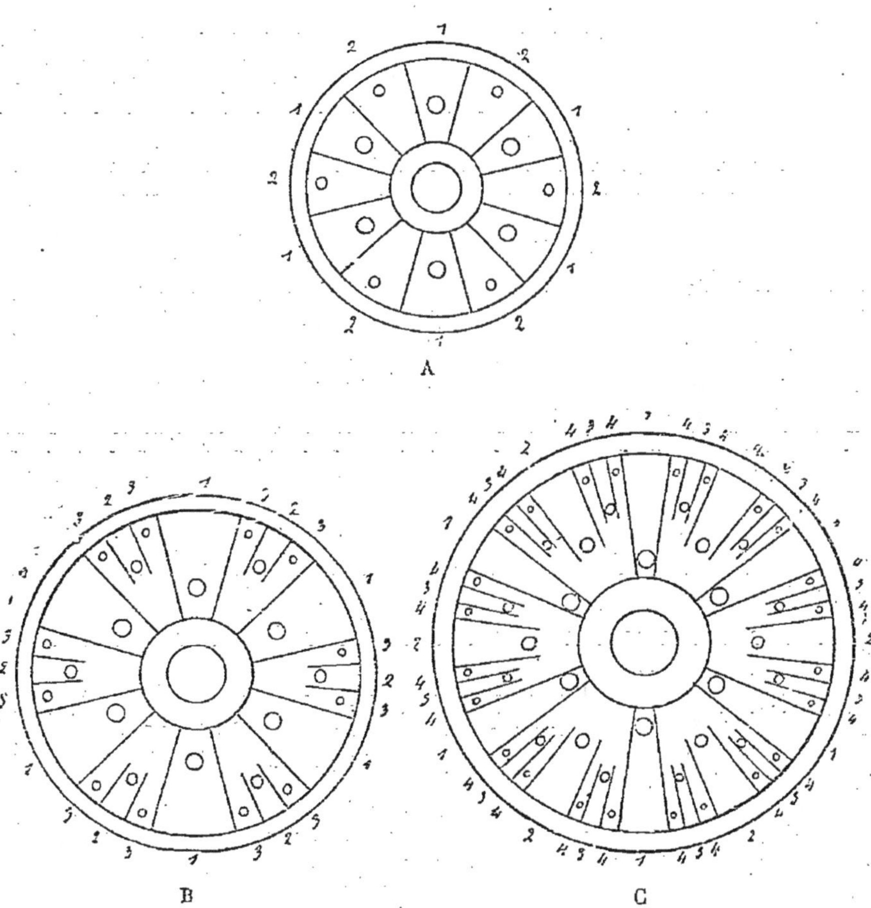

Fig. 123. — Schéma représentant le développement des lames et des tentacules. Les lames et les tentacules des divers cycles portent les numéros correspondants et sont figurés avec des dimentions proportionnelles.

lames et des tentacules subit une augmentation : on voit alors se former douze lames nouvelles. Elles ne naissent pas, ainsi qu'on pourrait s'y attendre, dans chacune des loges existant déjà ; elles se montrent par paires dans chacune des loges portant les petits tentacules ou tentacules du second cycle. Chacune des loges nouvelles développe bientôt un tentacule par sa partie supérieure, et on voit se former ainsi un troisième cycle, composé de douze tentacules, encore plus petits que ceux du second cycle (fig. 123, A). Les tentacules qui, au début, se trouvaient répartis suivant la formule 1.2.1.2.1.2, etc., indiquant leur alternance parfaite d'un cycle à l'autre, répondent maintenant à la formule 1.3.2.3.1.3.2.3.1.3 (fig. 123, B), c'est-à-dire que de chaque côté des tentacules du second cycle a pris naissance un tentacule de troisième ordre.

La larve, jusqu'alors errante, se fixe au moment où le nombre de ses tentacules passe de douze à vingt-quatre : elle perd sa houppe de cils allongés et adhère au rocher par le point où celle-ci était développée, c'est-à-dire par son extrémité aborale.

Le nombre des mésentères et des tentacules pourra s'accroître encore. Comme précédemment, les lames nouvelles apparaîtront par paires dans les loges de dernière formation, ainsi que le montre la figure 123. Les tentacules du quatrième cycle seront donc au nombre de 24, disposés d'après la formule 1.4.3.4.2.4.3.4.1.4.3.4.2.4.3.4.1.4 (fig. 123, C), etc.

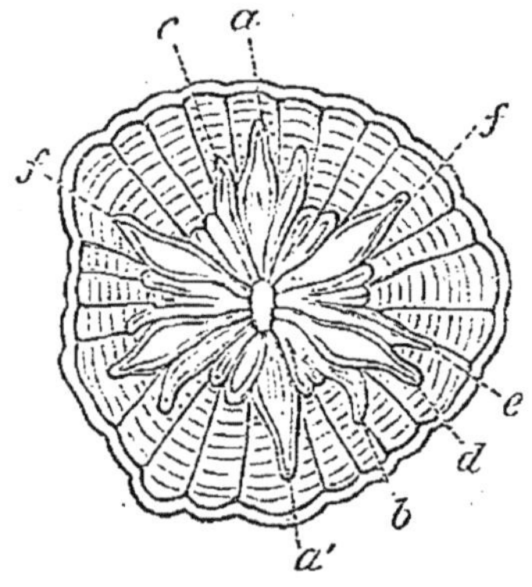

Fig. 124. — Larve d'*Actinia equina*, vue de face, d'après de Lacaze-Duthiers. 24 tentacules viennent de se former. Les lettres indiquent l'ordre de succession des tentacules (*e* et *f* doivent être intervertis).

Cependant, l'Actinie est arrivée à l'état adulte. Comme on le voit, le blastopore de la gastrula est devenu la bouche et le progaster est devenu la cavité gastro-vasculaire, dans laquelle se rencontrent à la fois les aliments, les résidus de la digestion, les œufs, les spermatozoïdes, et dans laquelle se rend encore l'eau chargée d'oxygène et destinée à la respiration. Cette eau, grâce aux cils vibratiles dont est muni l'endoderme, subit une sorte de circulation : elle pénètre par la bouche, remonte dans la cavité des tentacules et est expulsée par un pore qui s'est creusé à l'extrémité de ceux-ci. La cavité gastro-vasculaire est libre en son centre, mais elle est subdivisée à la périphérie en un certain nombre de loges, grâce à la présence de lames rayonnantes qui lui donnent l'aspect d'une capsule de pavot. Ces loges, ainsi que les tentacules qui les surmontent, sont en nombre variable, suivant que l'animal est plus ou moins avancé en âge, 12, 24, 48, mais toujours ce nombre est un multiple de 6. C'est pour cette raison qu'on a donné encore aux Zoanthaires le nom de *Hexactiniaires*, par opposition aux Alcyonaires ou *Octoactiniaires*, chez lesquels, ainsi que nous le verrons, le nombre des loges et des tentacules est toujours fixé à huit.

La paroi du corps est formée des trois couches que nous y avons reconnues précédemment, mais chacune de celles-ci s'est divisée en plusieurs assises, dont la structure varie suivant le point du corps qu'on vient à examiner.

L'ectoderme comprend d'abord une couche épithéliale dans laquelle on reconnaît jusqu'à quatre sortes d'éléments anatomiques : 1° des cellules vibratiles (fig. 125, *a*); 2° des cellules sensorielles, *b*, munies d'un seul cil à leur extrémité libre et se résolvant à leur extrémité profonde en un certain nombre de fibrilles délicates qui s'unissent à un réseau nerveux; 3° des nématocystes, très abondants sur le disque buccal et sur les tentacules; 4° enfin des cellules glandulaires, *c*, qui sécrètent le mucus dont se recouvre le corps de l'Actinie, quand on vient à l'exciter. Au-dessous de l'épithélium se trouve une couche nerveuse, constituée par un réseau serré de fibres, parmi lesquelles se voient un grand nombre de cellules ganglionnaires multipolaires, en connexion manifeste avec les cellules sensorielles de l'épithélium; la couche nerveuse s'observe sur les tentacules, sur le disque buccal et sur l'œsophage, mais fait totalement défaut dans la paroi latérale du corps. Enfin, on peut encore rattacher à l'ectoderme une couche musculaire, dont l'existence ne se constate que sur le disque buccal et sur les tentacules : elle se compose de longues fibres lisses (fig. 126), disposées sur les tentacules suivant la longueur et sur le disque buccal suivant le rayon. Chaque fibre présente latéralement, vers le milieu de sa longueur, un amas plasmatique granuleux, renfermant le noyau.

Le mésoderme est formé de fibres délicates, noyées dans une substance homogène; entre ces fibres, on trouve un grand nombre de petites cellules conjonctives, étoilées ou fusiformes, terminées par des prolongements ramifiés. Très réduite sur les tentacules, la couche conjonctive mésodermique augmente d'épaisseur sur le disque buccal et se développe au maximum dans la paroi latérale et sur le disque pédieux.

L'endoderme est constitué par un épithélium musculaire (fig. 127). Chaque cellule, munie d'un flagellum unique à sa face libre, s'implante par sa face profonde sur une fibre-cellule à direction transversale. Les cellules musculo-épithéliales sont habituellement infestées de ces Algues parasites qui constituent les « cellules jaunes » des Radiolaires et dont nous avons parlé à propos de ceux-ci.

A la face externe du corps, immédiatement au-dessous de la couronne externe de tentacules, on trouve un cercle de petites saillies sphériques qui, chez *Actinia equina*, attirent aussitôt le regard, à cause de leur belle teinte bleue : ce sont les *bourses marginales* ou *bourses chromatophores*. A leur niveau, l'ectoderme se montre extraordinairement riche en nématocystes : les bourses mar-

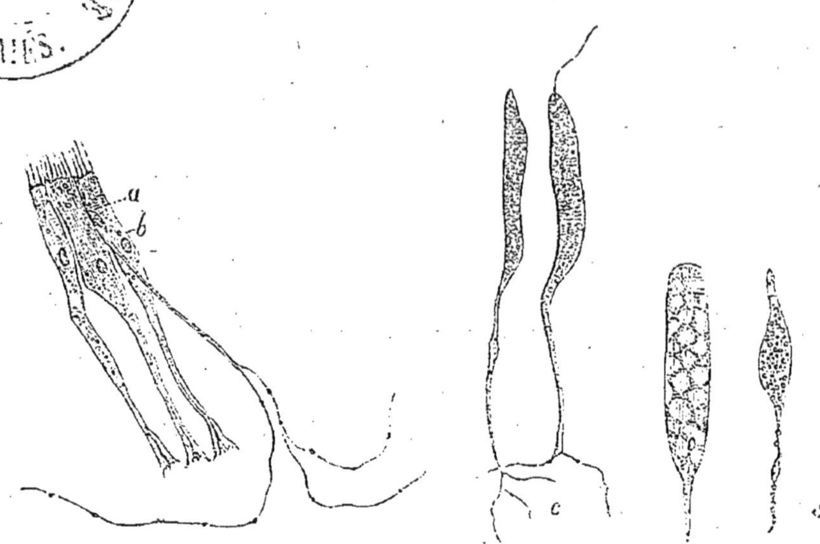

Fig. 125. — (*a* et *b* doivent être intervertis). — *a*, cellule vibratile de soutien ; *b*, cellule sensorielle ; *c*, *c'*, cellules glandulaires.

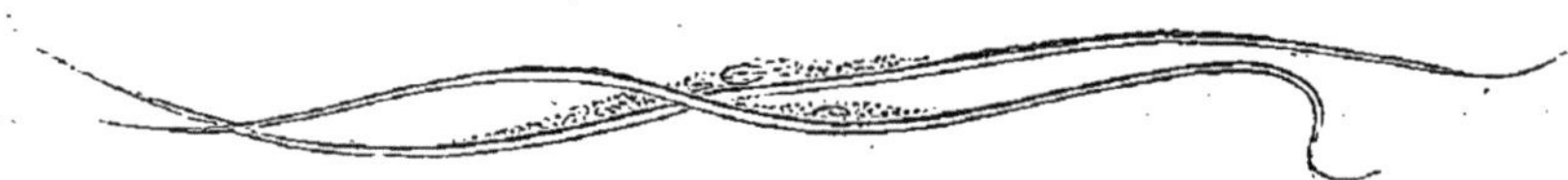

Fig. 126. — Fibres musculaires ectodermiques.

ginales sont donc de vraies batteries de cnidoblastes, fonctionnant comme organes du toucher, mais aussi surtout comme organes de défense.

Chez un certain nombre d'Actinies, la paroi latérale du corps est percée de pores délicats, appelés *cinclides*, par lesquels l'eau s'échappe, quand l'animal se contracte. Ces pores laissent encore sortir des organes de défense, les *aconties*, dont nous aurons à parler par la suite.

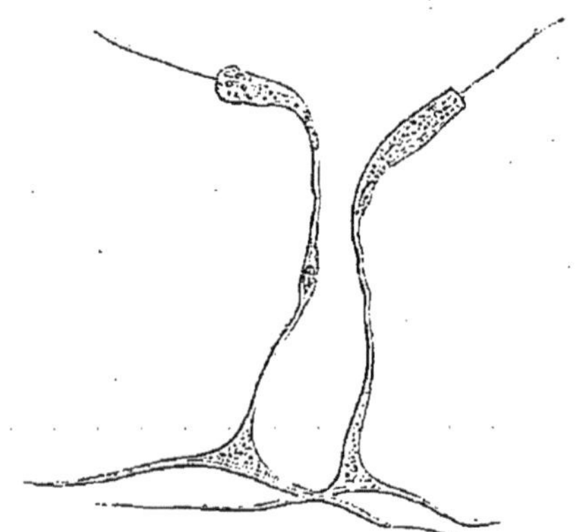

Fig. 127. — Cellules musculo-épithéliales de l'endoderme.

Les lames mésentéroïdes sont toujours en nombre multiple de six. Elles sont inégalement développées : d'ordinaire, les douze premières sont seules complètes, c'est-à-dire que seules elles se soudent au tube œsophagien; les autres restent incomplètes et s'avancent d'autant moins vers le centre qu'elles sont de formation plus récente.

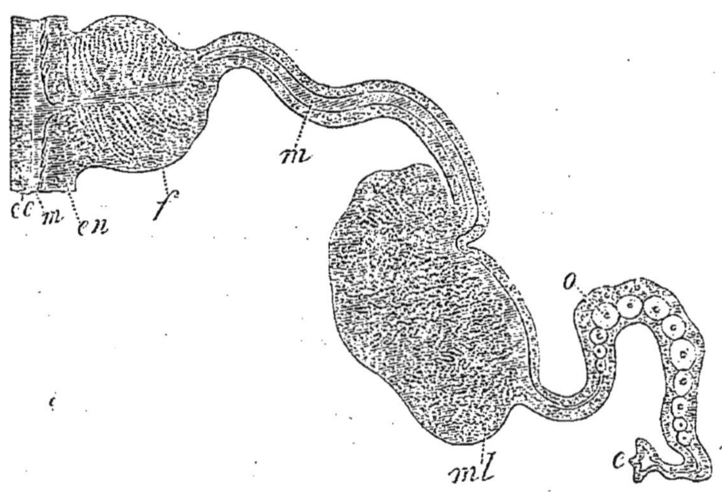

Fig. 128. — Coupe transversale d'une lame d'*Edwardsia tuberculata*, d'après O. et R. Hertwig. — *e*, entéroïde; *ec*, ectoderme; *en*, endoderme; *f*, couche musculaire; *m*, mésoderme; *ml*, muscles longitudinaux; *o*, ovules.

Quelque développement qu'ils présentent, les mésentères sont toujours formés par une lamelle de soutien, de nature fibro-conjonctive et d'origine mésodermique, recouverte à ses deux faces par la

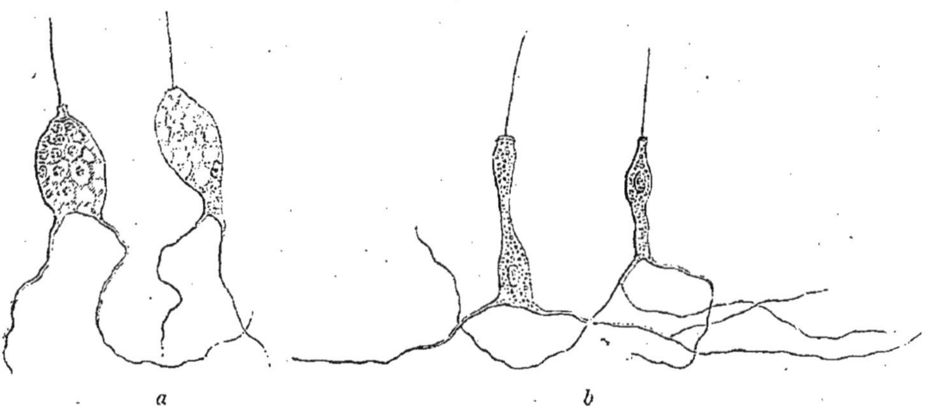

Fig. 129. — *a*, cellules glandulaires de l'épithélium des lames; *b*, cellules neuro-épithéliales de même provenance.

couche musculo-épithéliale de l'endoderme. Sur le bord libre de la lame, l'épithélium prend une structure spéciale et forme l'entéroïde, sur lequel nous aurons à revenir. On voit encore, dans l'épaisseur de la lame, deux couches musculaires séparées l'une de l'autre par la lamelle de soutien, une couche transversale ordinairement peu importante et une couche longitudinale, beaucoup plus considérable, et que la figure 128 nous dispensera de décrire.

L'épithélium des lames est semblable à celui qui revêt intérieurement la paroi du corps; mais, en outre des cellules musculo-épithéliales, on y trouve des cellules glandulaires (fig. 129, *a*), des nématocystes et des cellules neuro-épithéliales (fig. 129, *b*); ces dernières sont comparables aux cellules sensorielles de l'ectoderme et, comme elles, se continuent avec les fibrilles d'un réseau nerveux sous-jacent à l'épithélium.

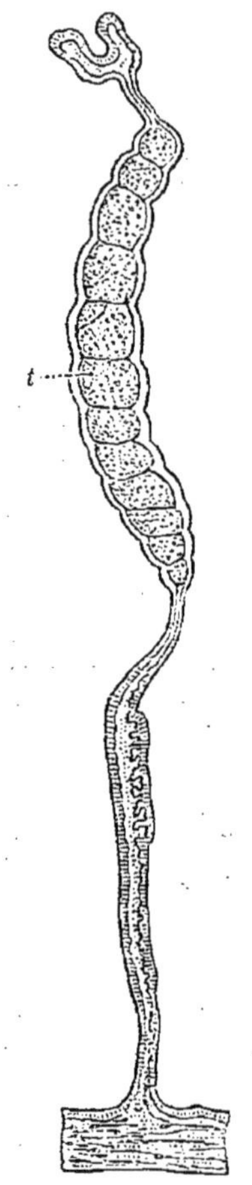

Fig. 130. — Coupe transversale d'une lame génitale mâle. — *t*, follicule testiculaire.

Les organes génitaux se développent dans l'épaisseur de la lamelle de soutien, mais se forment aux dépens de l'endoderme. Ils sont situés en dedans du muscle longitudinal et à moitié chemin de celui-ci et du bord libre du mésentère. A leur niveau, la lame s'amincit, en sorte qu'ils produisent à sa surface un épaississement ligamenteux qui se termine de part et d'autre par une extrémité arrondie. Ce cordon sexuel, beaucoup plus long que large, se replie transversalement sur lui-même. Partout où les glandes génitales se développent, la couche musculaire fait défaut.

On a considéré pendant longtemps les Actinies comme des animaux hermaphrodites, chez lesquels le testicule et l'ovaire se développaient soit en même temps, soit l'un après l'autre. On doit croire en effet qu'il en est ainsi chez bon nombre d'espèces, mais les frères Hertwig, auxquels nous devons l'étude la plus complète sur le développement et la structure des glandes génitales, ont fait voir que le nombre des espèces dioïques était assez considérable. Leurs observations ont porté surtout sur *Sagartia parasitica*.

Chez le mâle, chaque bande sexuelle est formée d'un grand nombre de follicules testiculaires (fig. 130), disposés en séries transversales. Ils sont renfermés dans la lamelle de soutien qui, par suite de leur développement, s'atrophie au point de ne plus être représentée que par de minces feuillets qui séparent les follicules les uns des autres et de l'épithélium. Les plus petits follicules sont remplis simplement de cellules assez grosses, à noyau très volumineux : ce sont les cellules-mères des spermatozoïdes. Les follicules de plus grande taille renferment en outre des spermatozoïdes mûrs. Ceux-ci se rassemblent en une sorte de papille qui fait saillie soit d'un côté, soit de l'autre, soulève l'épithélium, crève la membrane du follicule, puis l'épithélium lui-même et est expulsée au dehors.

Les organes femelles sont construits sur le même type que les organes mâles. A la place des follicules testiculaires, on trouve des œufs à vésicule germinative excentrique (fig. 131). L'œuf apparaît au début comme une cellule épithéliale qui, plus globuleuse et plus claire que ses voisines, va s'enfoncer bientôt dans le mésoderme. Il est vraisemblable que les follicules testiculaires sont également d'origine endodermique, mais on ne peut faire encore, dans l'état actuel, que des conjectures à ce propos.

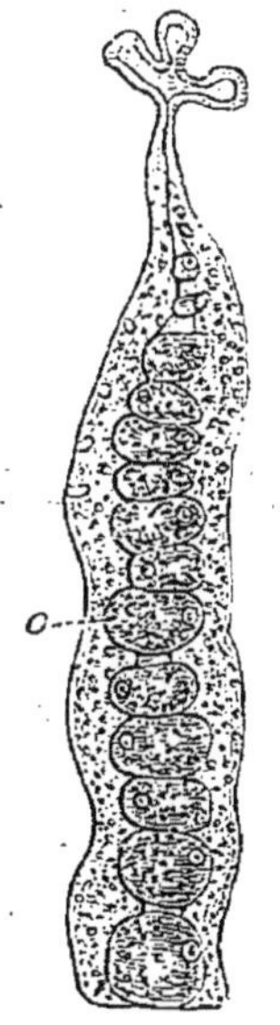

Fig. 131. — Coupe transversale d'une lame génitale femelle. — *o*, ovule.

Les entéroïdes, qu'on appelle encore *filaments mésentériques* ou *corps pelotonnés*, sont des organes filamenteux particuliers, situés sur le bord libre des plus grandes lames mésentériques, comme l'intestin grêle est appendu au bord libre du mésentère. Ils naissent à une certaine distance du disque pédieux et s'étendent jusqu'au bord inférieur de l'œsophage, au moins sur les lames qui se soudent à ce dernier. Sur les lames qui s'avancent moins loin vers le centre, les entéroïdes ne remontent pas jusqu'au disque buccal et ne descendent pas jusqu'au disque pédieux, en sorte que, dans ses parties supérieure et inférieure, le bord libre de la lame en reste dépourvu. A ses deux extrémités, l'entéroïde est assez rectiligne; à sa partie moyenne, il est au contraire tellement pelotonné sur lui-même que, étiré, il aurait plusieurs fois la longueur de l'animal. Il forme un peloton inextricable, qui pend au-dessous de l'œsophage et qui, sur le vivant, présente d'incessantes contractions vermiformes.

L'entéroïde n'a pas partout la même structure. Sur une coupe transversale, sa région supérieure affecte la forme d'une feuille de trèfle, l'épithélium se trouvant soulevé par trois prolongements du mésoderme (fig. 128, *e*). Les deux folioles latérales constituent les *bandes vibratiles*; leur épithélium est de très petites dimensions et est exclusivement composé de cellules filiformes, munies d'un cil unique et qu'on prendrait aisément pour des cellules sensorielles, si à leur base se rencontrait un réseau nerveux. La foliole médiane constitue la *bande à nématocystes* : son épithélium renferme quatre sortes d'éléments qui sont, par ordre de fréquence : des cellules glandulaires, des nématocystes, des cellules épithéliales proprement dites et des cellules sensorielles; ces dernières se prolongent par leur base en un filament très délicat qui se met en rapport avec un filet nerveux : les fibres et les cellules nerveuses forment, au-dessous de l'épithélium, une masse finement granuleuse qui repose immédiatement sur le mésoderme.

A mesure qu'on se rapproche de la base de la lame, on voit la structure de l'entéroïde se modifier. Sur les lames complètes, soudées à l'œsophage, les bandes vibratiles vont en s'atténuant et finissent par disparaître, la bande à nématocystes persistant seule, sans subir de modifications bien notables. Au contraire, sur les lames incomplètes, le ruban médian va en s'atrophiant et l'entéroïde n'est bientôt plus constitué que par les deux bandes vibratiles (fig. 130).

Les entéroïdes remplissent différentes fonctions : leurs nématocystes tuent les proies encore vivantes ; les bandes latérales, par leurs cils vibratiles, mettent en mouvement le contenu de la cavité gastro-vasculaire ; leurs cellules glandulaires ne sont sans doute que de simples cellules muqueuses et ne produisent point de sucs digestifs, d'autant plus que des cellules semblables se retrouvent dans l'ectoderme. Les entéroïdes sont encore chargés d'assimiler les aliments, mais la digestion est intra-cellulaire : les cellules épithéliales de l'endoderme jouissent de la propriété d'émettre des pseudopodes, au moyen desquels elles saisissent les corpuscules alimentaires et les font pénétrer dans leur intérieur, pour les y soumettre à l'élaboration digestive. Cette digestion intra-cellulaire est, on peut le dire, caractéristique des Cœlentérés; elle a été observée dans tous les groupes de cet embranchement et elle rend compte de l'absence d'organes digestifs particuliers.

On voit souvent sortir par la bouche ou par les cinclides des filaments urticants qui, une fois sortis, rentrent lentement dans le corps: ce sont les *aconties*, que la plupart des observateurs ont confondus avec les entéroïdes. Ils se distinguent pourtant de ceux-ci par leur teinte d'un blanc brillant ou violacé, autant que par leur situation. Ils s'attachent à la base des lames, non sur l'arête même, mais un peu de côté, et sont séparés de l'extrémité de l'entéroïde par un certain espace. Ils se présentent sous l'aspect de longs filaments, pelotonnés sur eux-mêmes et animés d'un mouvement vermiculaire. Ils n'existent point chez toutes les Actinies.

La structure de l'acontie est des plus simples : un cordon de tissu conjonctif, entouré de toutes parts d'une couche épithéliale. La section transversale est convexe-concave : sur la face concave, l'épithélium est formé uniquement de cellules endodermiques granuleuses, entre lesquelles se voient quelques cellules glandulaires ; sur la face convexe, on rencontre surtout des nématocystes, parmi lesquels se reconnaissent un petit nombre de cellules épithéliales, de cellules glandulaires et de cellules sensorielles ; ces dernières sont en rapport avec un réseau nerveux sous-épithélial. En raison de leur structure, les aconties doivent être considérés comme des batteries filiformes de nématocystes : ce sont de véritables armes offensives et défensives.

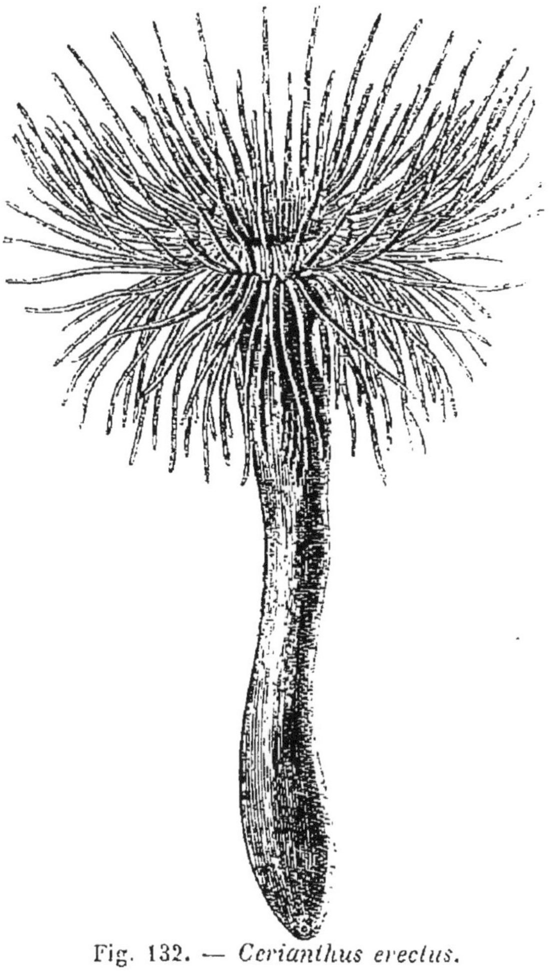

Fig. 132. — *Cerianthus erectus.*

A côté des Actinies, dont nous venons de faire longuement l'histoire, prend place le genre *Minyas*, qui habite les mers du sud ; il est remarquable en ce que les êtres qui le composent ont leur disque pédieux transformé en une sorte d'appareil hydrostatique, grâce auquel ils peuvent nager librement.

Les Cérianthes constituent un groupe voisin : ils se rencontrent dans la Méditerranée. Ce sont des animaux à corps allongé, dont l'extrémité inférieure amincie s'enfonce dans le sable et est percée d'un pore (fig. 132) ; celui-ci ne joue point le rôle d'un anus, mais sert à l'expulsion des produits de la génération et à la sortie de l'eau qui a pénétré par la bouche.

Tous ces animaux restent solitaires ; ils se reproduisent toujours par voie sexuelle, à part les *Zoanthus*, et sont incapables de se multiplier par bourgeonnement. De plus, la paroi de leur corps reste molle et ne s'incruste point de particules calcaires ou cornées. En tenant compte de ce dernier fait, on les réunit dans le sous-ordre des *Zoanthaires malacodermés*.

A part l'urtication peu redoutable que causent leurs nématocystes, aucun des animaux de ce groupe n'intéresse directement la médecine. Il paraîtrait qu'*Actinia edulis* Risso, espèce très molle et de couleur verte variée de brun, jouerait un certain rôle dans l'alimentation, aux environs de Nice. Gervais et van Beneden disent qu'*A. coriacea* se vend sur le marché de Rochefort, pendant les mois de janvier, février et mars.

H. de Lacaze-Duthiers, *Développement des Coralliaires. — I. Actiniaires sans polypier.* Archives de zool. expérim. I, p. 289-396, 1872.

O. Hertwig und R. Hertwig, *Die Actinien anatomisch und histologisch mit besonderer Berücksichtigung des Nervenmuskelsystems untersucht.* Jenaische Zeitschrift, XIII, p. 456-640, 1879; XIV, p. 39-89, 1880.

Et. Jourdan, *Recherches zoologiques et histologiques sur les Zoanthaires du golfe de Marseille.* Ann. sc. nat. Zool., (6), X, 1880.

E. Metschnikoff, *Ueber die intracelluläre Verdauung bei Cœlenteraten.* Zoologischer Anzeiger, III, p. 261, 1880.

H. de Lacaze-Duthiers, *Étude d'une Actinie prise comme type. Son embryogénie et son organisation.* Revue scientifique, (3), V, p. 513, 1883.

Les *Antipathaires* ou *Zoanthaires sclérobasiques* constituent un second sous-ordre. Ces animaux ne sont pourvus que de six tentacules très courts, non rétractiles; primitivement, ils possèdent aussi six mésentères, mais quatre s'atrophient bientôt et les deux qui persistent correspondent aux commissures de la bouche et portent des entéroïdes. Les Antipathaires forment des colonies, disposées autour d'un axe corné; leur écorce est molle, dépourvue de dépôts calcaires, mais renferme parfois des spicules siliceux, analogues à ceux des Éponges. Ce sont des animaux hermaphrodites, à l'exception de *Gerardia*, dont les colonies sont les unes monoïques, les autres dioïques; ce dernier se distingue encore par la possession de vingt-quatre tentacules, répartis en deux cycles.

L'Antipathe (fig. 133), que les pêcheurs connaissent sous le nom de *Corail noir*, ne doit pas être confondu avec la variété noire de *Corallium rubrum*. Il a longtemps joui d'une singulière réputation : on le croyait un remède souverain contre toutes les douleurs, et c'est cette propriété, purement imaginaire, qui lui a valu son nom (ἀντὶ, contre; πάθος, douleur). C'est le *Coral-*

lium nigrum, *C. adulterinum* ou *Antipathes* de la vieille pharmacopée. Son polypier renferme de la silice, mélangée à une petite quantité de magnésie, de phosphate de chaux et une proportion encore plus faible de carbonate de chaux.

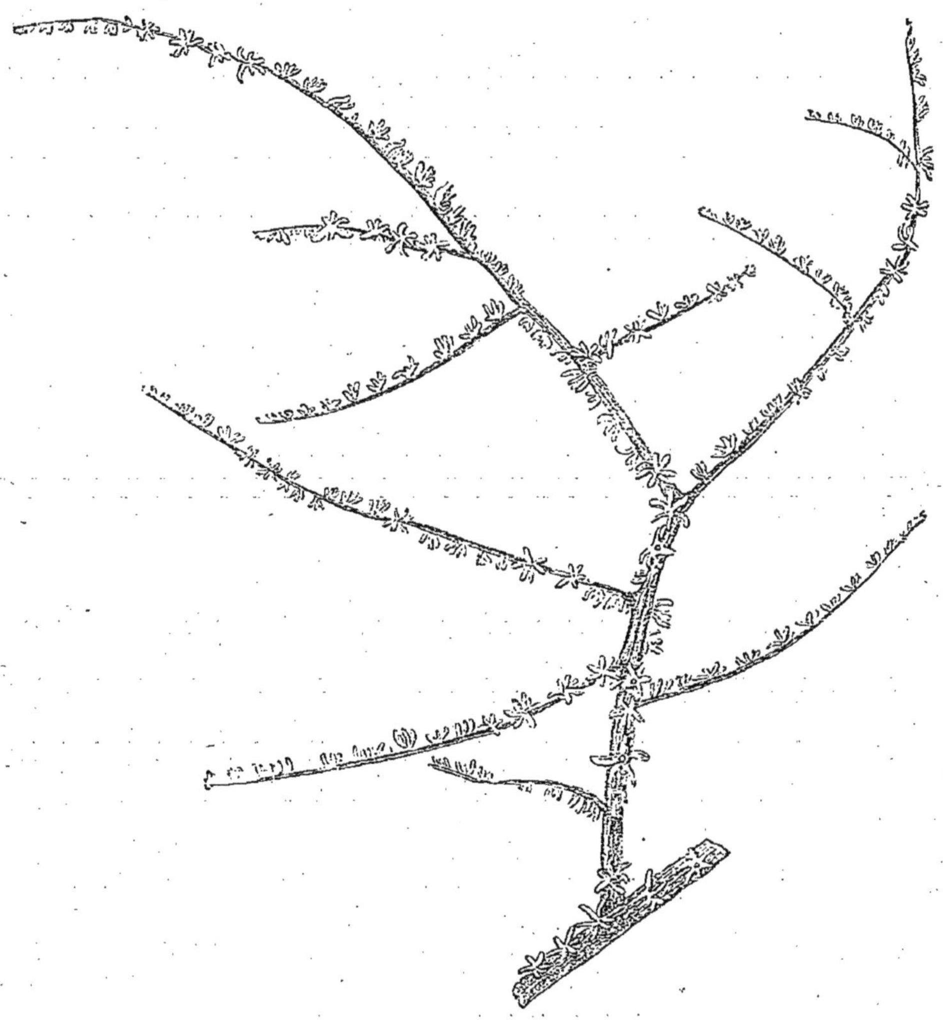

Fig. 133. — *Antipathes arborea*.

Les *Madréporaires* ou *Zoanthaires sclérodermés*, qui forment le troisième et dernier sous-ordre, représentent aussi le groupe le plus important. Ces animaux se reproduisent par voie sexuée, mais un individu primitif devient, par bourgeonnement et scissiparité, le point de départ d'une colonie (fig. 134), qui prend avec le temps une extension de plus en plus considérable.

Dans une colonie de Madréporaires, chacun des individus a la structure d'une Actinie, mais se construit un squelette ou sclérenchyme calcaire, qui a joué et joue encore un rôle considérable dans l'histoire de la terre. Ce squelette prend le nom de *polypier*; chacun des individus de la colonie est un *Polype* ou un *Polypiérite*.

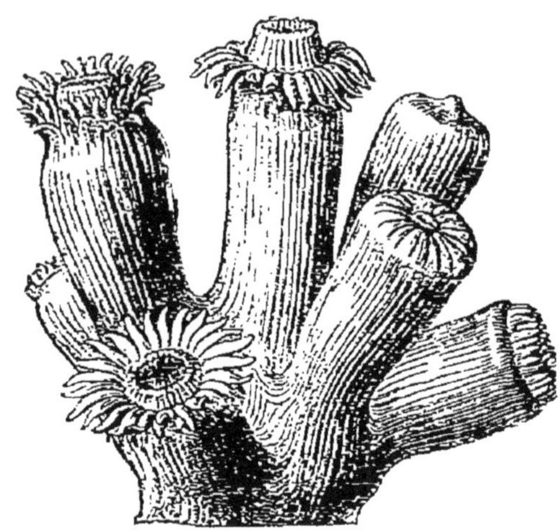

Fig. 134. — *Dendrophyllia ramosa.*

Les premières phases de la reproduction sexuée ont été suivies par de Lacaze-Duthiers chez *Astroïdes calycularis*. Elles sont à peu près les mêmes que pour les Actinies. La larve se fixe après l'apparition de douze mésentères et de douze tentacules : c'est alors qu'elle commence à se fabriquer un squelette. Des petits corpuscules solides, appelés *sclérites* et formés de carbonate de chaux, se déposent dans l'épaisseur de la couche mésodermique, non de la lame mésentéroïde, ainsi qu'on pourrait le croire, mais d'un repli radiaire de la paroi du corps, repli dont la valeur est facile à déterminer, si on remarque qu'il est immédiatement surmonté par le tentacule. Les sclérites se déposent, dans chaque repli, en trois centres de calcification, dont chacun finit par constituer une plaque. Les trois plaques s'unissent par la suite et produisent ainsi une plaque unique, bifurquée en Y (fig. 135). Cette plaque a reçu le nom de *cloison* ou *septum*.

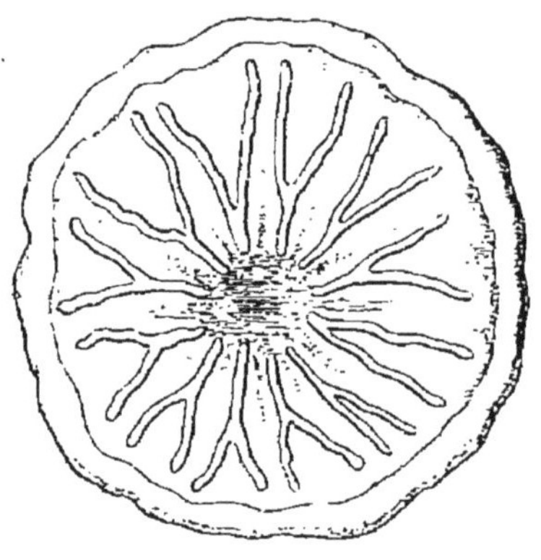

Fig. 135. — Larve d'*Astroïdes calycularis* peu après sa fixation, d'après de Lacaze-Duthiers. La figure montre le développement des cloisons en Y, dans les intervalles des mésentères. La position de ces derniers est indiquée par les lignes ombrées. La muraille s'est développée en dehors.

Quand les cloisons se sont développées, des sclérites se déposent dans le mésoderme du disque pédieux, puis envahissent la paroi latérale, de façon à constituer autour du corps une sorte de coupe ou *calice*, dont les bords s'élèvent de plus en plus avec les progrès de l'âge : de cette manière se forme une sorte de loge, à l'intérieur de laquelle peut rentrer, en se contractant, la partie supérieure du corps, restée molle et dépourvue de sclérites. L'enveloppe calcaire, qui s'est ainsi constituée autour du corps, est la *muraille* ou *theca*. D'abord complètement distincte des cloisons, elle se soude bientôt à celles-ci, et l'espace compris entre les deux branches de l'Y ne tarde pas à être comblé par un dépôt calcaire.

L'espace circonscrit par le cercle de la muraille est la *cellule;* elle renferme les organes internes. Les cloisons alternent régulièrement avec les lames mésentéroïdes. Nous nous rappelons que l'espace compris entre deux mésentères successifs s'appelle une *loge* (1) : le milieu de la loge est donc occupé par la cloison. De même, l'espace compris entre deux cloisons successives s'appelle une *chambre :* le milieu de la chambre est occupé par le mésentère.

Quand la muraille est formée, les douze cloisons, jusqu'alors semblables, subissent une modification qui a pour résultat de les diviser en deux cycles, par suite de l'accroissement prédominant de six d'entre elles. Il peut encore, par la suite, se développer d'autres cycles, dont le mode de formation n'est pas encore connu.

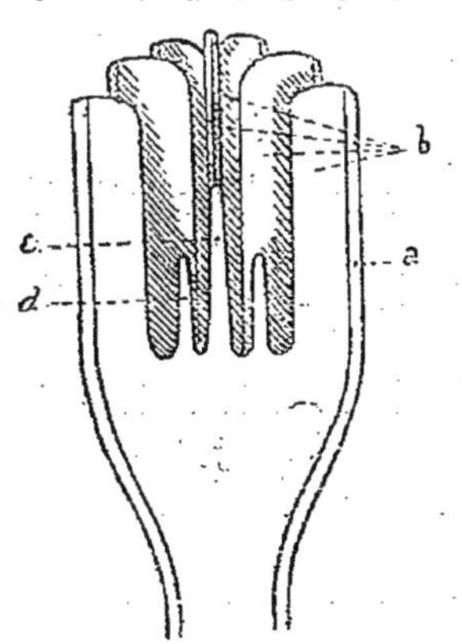

Fig. 136. — Coupe verticale d'un polypier. — *a*, muraille ; *b*, cloison ; *c*, columelle ; *d*, palis.

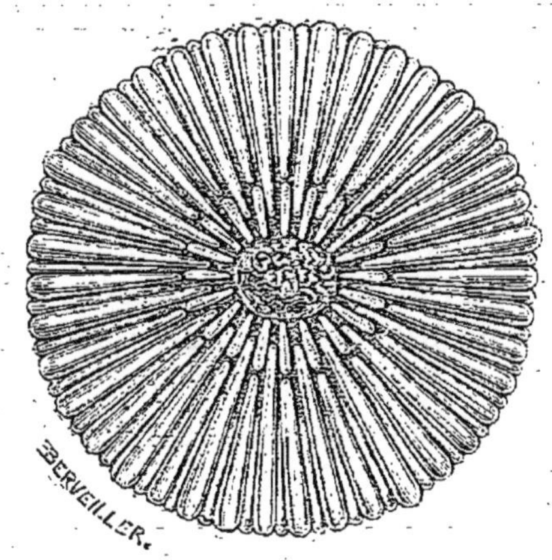

Fig. 137. — *Caryophyllia cyathus*, d'après H. Milne-Edwards. Calice vu d'en haut, montrant au centre la columelle, plus en dehors les palis et extérieurement les cloisons.

Les cloisons ne conservent pas partout la même largeur : à leur base, elles s'avancent davantage vers le centre de la cellule et peuvent même s'y rencontrer : elles peuvent alors se fusionner sur une

(1) On donne parfois ce nom à l'espace qu'ici nous appelons *cellule*. Cette dernière dénomination doit seule être conservée, encore qu'elle prête à confusion.

étendue plus ou moins grande. Il est alors assez fréquent de voir s'élever de leur point de rencontre une tige verticale qui est la *columelle* (fig. 136, *c*) ; souvent même, des tiges plus petites ou *palis*, *d*, s'élèvent latéralement à celle-ci et forment un cercle autour d'elle.

Les cloisons peuvent présenter à leur surface des prolongements coniques, papillaires, qui atteignent par leur extrémité une cloison voisine ou la pointe d'un prolongement opposé. Ces appendices sont les *synapticules* (fig. 138, *g*). Ils se développent parfois au point de constituer entre les cloisons des minces feuillets transversaux, qui donnent au tissu du polypiérite une structure spongieuse et qui sont les *dissépiments* ou *traverses endothécales*, *h*. Enfin, si les traverses se développent encore plus, se soudent entre elles d'une chambre à l'autre et envahissent le centre de la cellule, elles constituent les *planchers*, véritables cloisons transversales qui peuvent être disposées sur plusieurs étages.

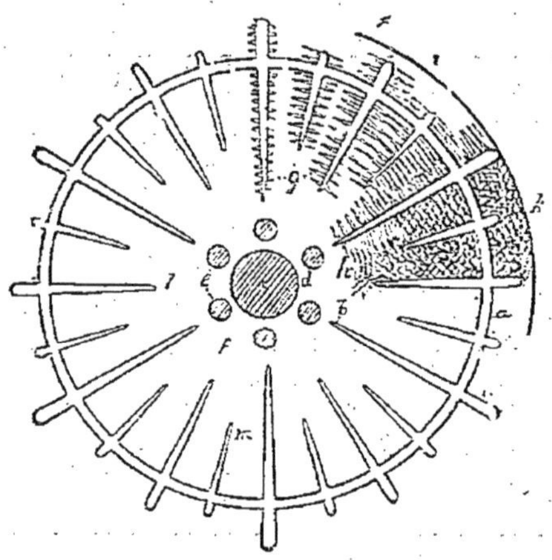

Fig. 138. — Schéma représentant le mode de développement des diverses parties qui peuvent entrer dans la constitution du polypier. — *a*, théca ou muraille ; *b*, cloison ou septum ; *c*, côte ; *d*, columelle ; *e*, palis ; *f*, chambre ; *g*, synapticules ; *h*, traverses endothécales ; *i*, épithèque ; *k*, traverses épithécales ; *b*, cloison du premier cycle ; *l*, cloison du second cycle ; *m*, cloison du troisième cycle.

Toutes les parties que nous venons d'énumérer sont situées en dedans de la thèque : elles forment donc l'*appareil endothécal*. Il peut se développer de même un *appareil exothécal*. Chaque septum peut se prolonger plus ou moins en dehors, sous forme de *côte*, *c* : celle-ci constitue à la surface de la muraille une saillie verticale qui proémine d'autant plus qu'elle correspond à une cloison elle-même plus développée. Les côtes peuvent également porter des synapticules, des dissépiments et des planchers. Le tout est quelquefois limité extérieurement par un *épithèque* ou *périthèque*, sorte de mur très mince.

Les Madréporaires, qui ont été représentés par un nombre considérable de formes aux âges géologiques antérieurs, sont encore très abondants dans nos mers. Ils se laissent aisément diviser en deux groupes, suivant que leur muraille est percée de pores ou en est, au contraire, dépourvue.

Les Perforés n'ont pas de côtes ; leurs cloisons restent rudimentaires et leurs planchers ne sont jamais complètement développés ; enfin, le sclérenchyme est partout percé de pores. A ce groupe appartiennent les Porites et les Madrépores (fig. 139), ainsi que les Dendrophyllies (fig. 134) et les Astroïdes.

Les Imperforés sont plus nombreux que les précédents. Chez eux, les cloisons atteignent un grand développement, ainsi que l'appareil endothécal. De ce groupe sont les Fongies, les Astrées (fig. 140), les Caryophyllies, les Oculines, etc.

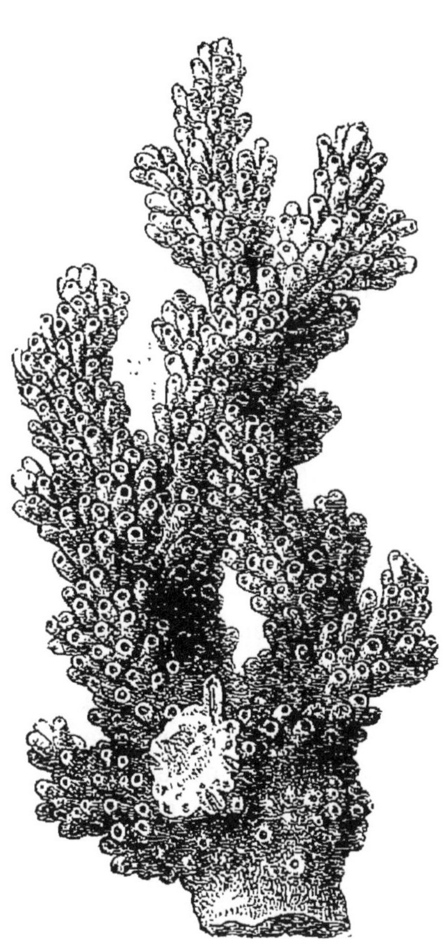

Fig. 139. — *Madrepora verrucosa.*

On employait autrefois, au même titre que le Corail rouge, et on désignait alors sous le nom de *Corail blanc*, un certain nombre de Madréporaires. Le plus estimé, connu sous le nom de *Corallium album oculatum*, n'était autre qu'*Oculina virginea* Lmk., qui se trouve dans l'Océan indien. Besler l'a décrit sous le nom de *Corallium album indicum*, et Rumph sous celui d'*Accarbarium album verrucosum*.

Les Madréporaires, représentés dans nos mers par quelques espèces qui n'atteignent qu'un faible développement, abondent au contraire dans les mers chaudes. Leurs colonies, d'une immense étendue, jouent un rôle important dans la nature, car ce sont elles qui forment ce qu'on appelle à tort les *récifs de Corail*. Les espèces qui prennent part à la formation de ces récifs sont toutes confinées dans une zone relativement étroite de la surface du globe : on ne les trouve, en effet, qu'entre les lignes isothermes de 60 degrés, c'est-à-dire qu'elles ne dépassent guère de chaque côté de l'équateur le 30e degré de latitude. Mais, dans cette zone, la distribution de ces êtres semble singulièrement capricieuse ; en effet, on n'en rencontre point sur la côte occidentale de l'Afrique, non plus que sur la côte orientale de l'Amérique du Nord, et il n'y en a que très peu sur la côte orientale de l'Amérique du Sud. Dans l'océan Indien, dans l'océan Pacifique et dans la mer des Antilles, ces Coraux sont

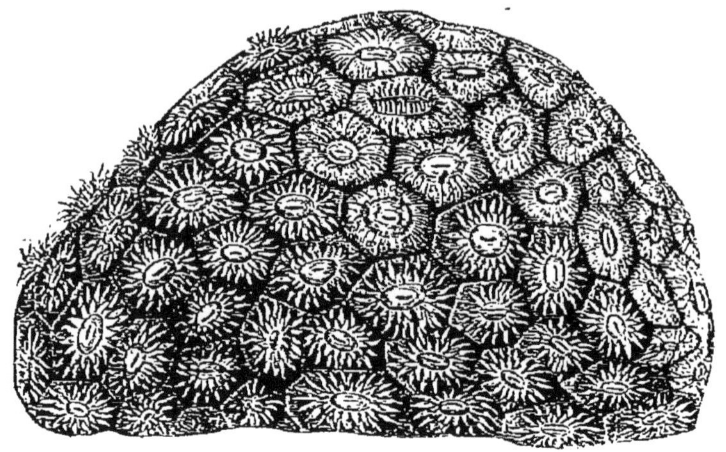

Fig. 140. — *Astraea pallida.*

au contraire extrêmement abondants et s'étendent sur des milliers de kilomètres carrés.

ORDRE DES ALCYONAIRES

Les Alcyonaires sont toujours pourvus de huit replis mésentéroïdes non calcifiés et de huit tentacules : ce sont des Octoactiniaires. Les tentacules ne sont pas perforés à leur sommet, comme ceux des Hexactiniaires, et sont remarquables en outre par leur largeur et par les denticulations en scie que présente chacun de leurs bords : c'est pour cette raison que de Blainville avait donné à ces animaux le nom de *Cténocères.*

La reproduction se fait par voie sexuelle : parfois le jeune individu provenant de l'œuf, ou *oozoïte,* demeure solitaire (*Haimea, Hartea*), mais c'est là un fait rare. Habituellement, l'oozoïte produit par bourgeonnement latéral d'autres individus, appelés *blastozoïtes,* et de la sorte se forment des colonies dont la forme est assez variable. Suivant l'abondance et la nature des dépôts calcaires qui s'accumulent dans les téguments, le polypier présente une consistance variable; celui-ci n'a pas la structure filamenteuse cristalline du polypier des Madréporaires, mais est formé de sclérites de forme déterminée, colorés d'ordinaire en rouge ou en jaune.

Il est de règle que les Polypes soient unisexués ; parfois même les deux sexes sont portés par deux colonies différentes, et on se trouve alors en face d'un véritable cas de diœcie. Le Corail présente même un exemple de polygamie, au sens que Linné attachait à ce mot dans sa classification du règne végétal : on observe en effet, sur un même polypier, des individus mâles, des individus femelles et, plus rarement, des individus hermaphrodites.

Nous citerons d'abord les Alcyons (fig. 141), dont le polypier charnu est dépourvu d'axe et représenté simplement par une substance molle, incrustée de spicules ; ceux-ci n'ont jamais la même forme d'une espèce à l'autre. Les Alcyons étalent sur les rochers sous-marins leurs croûtes charnues ; ils se fixent souvent sur la coquille des grands Mollusques et il n'est point rare, en particulier, de les voir, sur les côtes de Bretagne, fixés à l'une des valves de la coquille de *Pecten jacobaeus* ou de *P. maximus*. Au lieu de se ramifier à la façon d'un arbre, comme le fait le Corail, ils s'épanouissent sous forme de digitations : de là le nom de « doigts d'hommes morts » que leur donnent les Anglais.

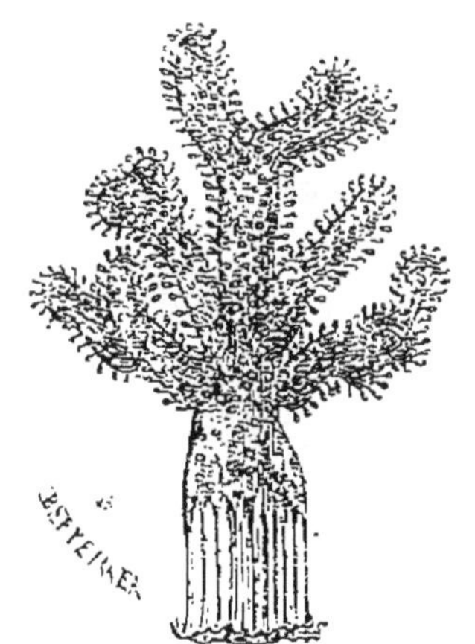

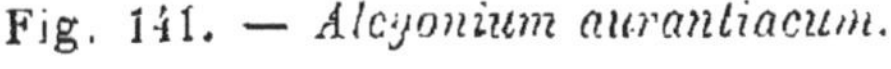

Fig. 141. — *Alcyonium aurantiacum.*

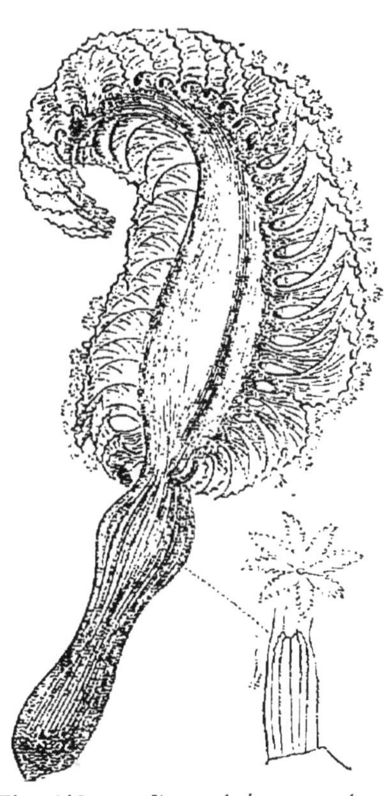

Fig. 142. — *Pennatula argentea*, avec polype isolé.

Les animaux les plus élégants de ce groupe sont assurément les Pennatules, qui habitent la Méditerranée et qui ont la taille et l'aspect d'une belle plume d'Autruche (fig. 142). La base de la colonie, au lieu d'adhérer fortement aux rochers, comme dans les espèces précédentes, est formée d'une simple tige cornée, qui s'enfonce plus ou moins dans le sable et qui porte à son extrémité supérieure des branches latérales sur lesquelles se trouvent les Polypes. Ces animaux se font souvent remarquer par une vive phosphorescence, produite par des cellules à contenu graisseux et brillant, disposées en cordons autour de la bouche. Les Pennatules sont encore remarquables par leur dimorphisme : à côté d'individus sexués, s'en trouvent d'autres complètement neutres.

Les Tubipores ou Orgues de mer (fig. 143) ont leur polypier formé

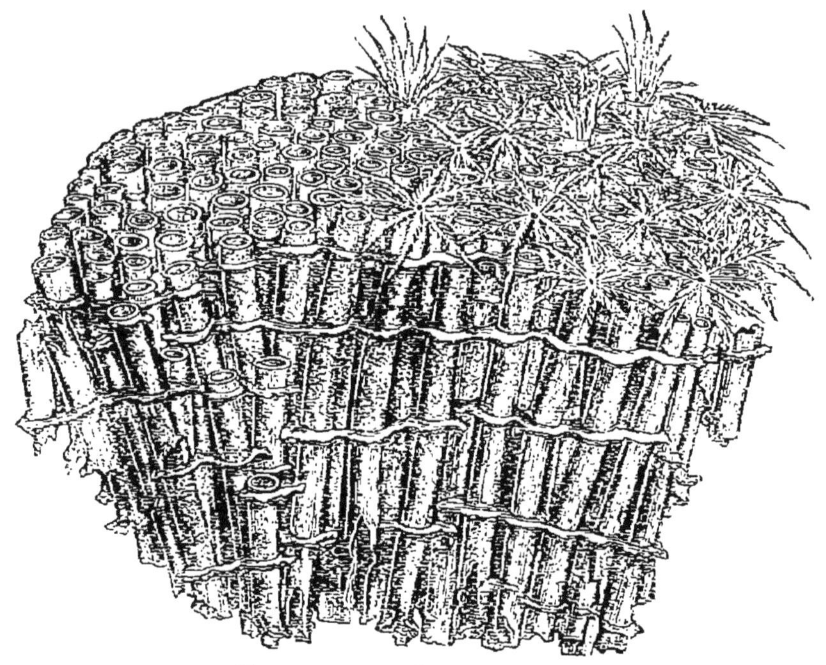

Fig. 143. — *Tubipora musica.*

de tubes calcaires parallèles entre eux, espacés les uns des autres, mais unis pourtant de distance en distance par des lamelles horizontales. Ce polypier est ordinairement coloré en rouge : il a la signification d'une simple thèque, c'est-à-dire que les tubes se sont formés aux dépens du mésoderme de la paroi latérale du Polype.

Le groupe le plus important d'Alcyonaires est celui des Gorgonides, dans lequel, à côté des Gorgones et des *Briarium*, on trouve le Corail rouge.

Corallium rubrum Lamouroux, 1816.

Le plus célèbre des Octoactiniaires est le Corail rouge. Il fut considéré pendant longtemps comme une pierre; mais la faculté de grandir que lui avaient reconnue les pêcheurs, lui faisait attribuer quelque chose de la nature végétale. Ferrante Imperato, en 1699, et Tournefort, en 1700, affirmaient que le

Corail était une plante pierreuse, mais ni l'un ni l'autre ne pouvait asseoir son opinion sur des bases inébranlables. La démonstration sembla définitive quand, en 1706, le comte L. de Marsilli annonça qu'il avait vu les fleurs du Corail. Cependant, en 1725, Peyssonel, jeune médecin marseillais envoyé par le roi sur les côtes de Barbarie, à l'effet d'en faire connaître les produits naturels, put observer le Corail à loisir et se convaincre ainsi de sa nature animale. « Je vis fleurir le Corail, dit-il, dans des vases pleins d'eau de mer, et j'observai que ce que nous croyions être la fleur de cette prétendue plante n'était, au vrai, qu'un Insecte semblable à une petite Ortie ou Poulpe. » Malgré la violente opposition de Réaumur et de Bernard de Jussieu, il ne fut plus permis dès lors de douter que le Corail ne soit un véritable animal.

Le Corail habite la Méditerranée : on le pêche sur les côtes d'Italie, autour de la Corse et de la Sardaigne, et sur la côte d'Afrique, de Bône à Tunis. Il se rencontre également dans l'océan Atlantique et n'est rare ni dans les parages de l'archipel du cap Vert ni sur les côtes du Sénégal. Les colonies qu'il forme poussent comme une plante, et il se présente sous l'aspect d'un arbre branchu, haut de 30 à 35 centimètres. Il se rencontre par des profondeurs qui varient de 3 à 300 mètres. Il s'attache aux corps durs sous-marins, mais il se fixe toujours la tête en bas, pour ainsi dire, au-dessous des aspérités des rochers, et c'est là une condition qui contribue à rendre sa pêche pénible et difficile. Il présente d'ordinaire une couleur rouge vif, mais sa teinte peut varier beaucoup, depuis le blanc jusqu'au noir, en passant par différentes nuances de rouge : le plus estimé est le rose, auquel les pêcheurs italiens donnent le nom de *peau d'ange*, et qui provient surtout de Dalmatie.

Si on place dans l'eau de mer une branche de Corail qui vient d'être pêchée, on voit à sa surface des petits mamelons coniques, au sommet desquels se montreront bientôt les Polypes, sous forme de tubes blancs, surmontés chacun d'une couronne de huit tentacules barbelés (fig. 144). A la moindre agitation de l'eau, le Polype se rétracte, ses tentacules et son corps lui-même s'invaginent, et on ne voit plus à la surface du mamelon qu'un orifice étroit.

Les Polypes sont donc logés dans une multitude de petites

cellules, creusées dans une substance molle qui se répand comme une écorce à la surface entière du Corail : cette sorte d'écorce est molle et charnue, facile à entamer avec l'ongle quand elle est fraîche, pulvérulente quand elle est sèche ; elle constitue la véritable couche vivante formée par les polypiers. H. Milne-Edwards et J. Haime l'appellent *polypiéroïde ;* de Lacaze-Duthiers lui donne le nom de *sarcosome*. Cette partie corticale revêt de toutes parts une sorte de tige centrale, dure, cassante, pierreuse, qui est le *polypier* (Réaumur). Voyons la structure de ces différentes parties.

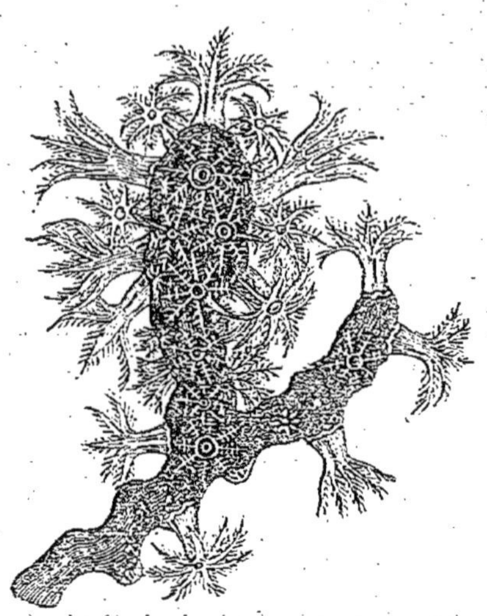

Fig. 144. — Branche de Corail avec Polypes épanouis, d'après de Lacaze-Duthiers.

Le sarcosome n'a pas partout la même épaisseur : il est beaucoup plus mince à la base que vers les extrémités. Il est constitué par une masse fondamentale, de nature mésodermique, creusée d'un grand nombre de vaisseaux et renfermant des spicules ou

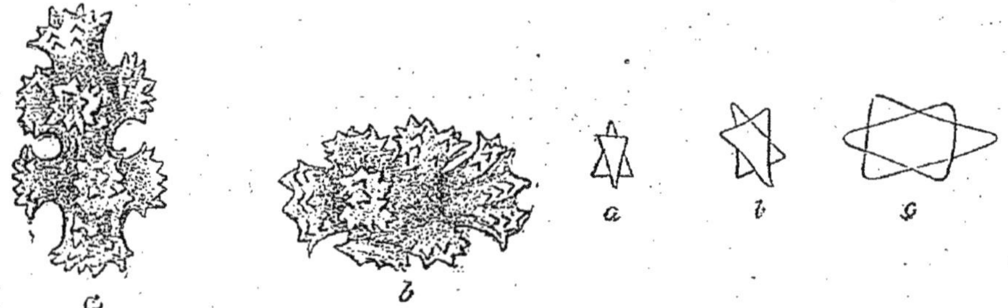

Fig. 145. — Spicules du Corail, grossis 500 fois, d'après de Lacaze-Duthiers.

Fig. 146. — Spicules en voie de développement.

sclérites vivement colorés en rouge. Ceux-ci se présentent sous des aspects très divers, mais leur forme typique est celle d'un corpuscule à peu près deux fois aussi long que large et hérissé de huit nodosités (fig. 145). En se développant, les sclérites ont la forme de deux triangles isocèles superposés, le sommet de l'un dépassant la base de l'autre et réciproquement (fig. 146);

c'est à eux seuls qu'est due la coloration du sarcosome, au sein duquel ils sont partout régulièrement répartis ; leur longueur moyenne est de 50 à 70 μ.

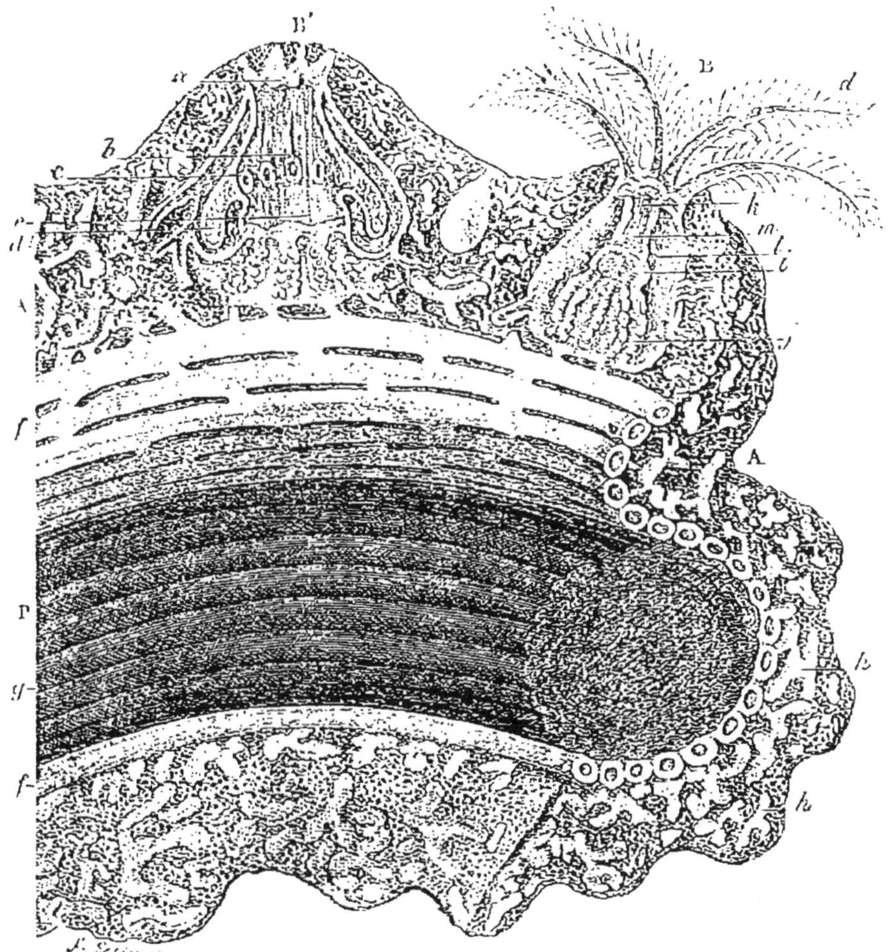

Fig. 147. — Coupe d'une portion de tige de Corail, d'après de Lacaze-Duthiers. Portion d'une tige dont l'écorce a été fendue suivant la longueur et en partie enlevée. — A, sarcosome avec ses vaisseaux en réseaux irréguliers ; *h*, en réseaux à tubes longitudinaux, *f*. B, Polype dont les tentacules, *d*, sont épanouis ; *k*, bouche ; *m*, œsophage ; *i*, bourrelet ou sphincter inférieur de l'œsophage ; *j*, replis mésentéroïdes. B', Polype à tentacules, *d*, rentrés dans les loges périœsophagiennes ; *e*, espace circulaire autour de la bouche et œsophage ; *c*, orifice correspondant aux tentacules retournés ; *b*, partie du corps formant le tube saillant quand l'animal est épanoui ; *a*, festons du calice. P, polypier ; *g*, ses cannelures, dans lesquelles se logent les vaisseaux longitudinaux, *f*.

La figure 147, qui représente la coupe d'une tige de Corail, va nous permettre de comprendre la disposition des vaisseaux du sarcosome. Ces vaisseaux sont de deux ordres : les uns, fort réguliers, sont situés au contact même du polypier et constituent une couche profonde de tubes longitudinaux parallèles, *f*, qui ne s'anastomosent que de place en place ; les autres, plus petits et très irréguliers, *h*, forment un réseau dont les mailles inégales se répandent dans toute l'épaisseur du sarcosome. Ces derniers canaux s'entre-croisent et s'anastomosent en tous sens ; ils communiquent avec les vaisseaux du réseau profond et présentent, d'autre part, des relations intimes avec la cavité du corps des Polypes. Il suit de là que tous les Polypes sont étroitement reliés les uns aux autres, non seulement sur une même branche, mais dans la colonie tout entière et que, par exemple, les aliments saisis par l'un d'eux peuvent profiter à ses voisins, grâce à la circulation de matières qui se fait à l'intérieur des canaux, tapissés par un épithélium vibratile. Si l'on casse l'extrémité d'un rameau vivant, on voit s'écouler un liquide blanc, miscible à l'eau et d'apparence laiteuse : on le connaît depuis bien longtemps sous le nom de *lait du Corail.* Ce liquide contient tout à la fois les produits de la digestion et les œufs, car il est à remarquer que ceux-ci ne sont expulsés au dehors qu'après avoir subi une partie de leur développement dans l'intérieur des canaux.

Le polypier, P, est une tige cylindro-conique, dont la surface est sillonnée de cannelures, *g*, parallèles entre elles, ordinairement rectilignes et longitudinales, quelquefois disposées en spirale ; ces cannelures ne sont autre chose que l'impression des vaisseaux profonds du sarcosome. Sur une coupe transversale, on s'assure que la vive couleur rouge du polypier n'est point partout égale : il se montre formé de zones à contours vagues, alternativement claires et foncées, disposées à la fois en couches concentriques et dans le sens du rayon ; son centre est occupé par une substance incolore, dure et compacte.

Le polypier est la partie du Corail que l'on utilise en bijouterie : pour cela, on lui fait subir certaines préparations qui ont principalement pour but de le polir et de faire disparaître les côtes de sa surface. La poussière qui s'en détache alors est employée pour la fabrication de certaines poudres dentifrices rouges, qui ont le défaut d'user à la longue l'émail des dents. Actuellement, c'est là le seul emploi du Corail en médecine, mais autrefois il jouissait d'une grande faveur. Louis Gansius (1) lui a consacré une curieuse monographie, où il nous apprend qu'il préserve de la foudre, des ombres sataniques; que, répandu en poudre sur les champs, il les féconde; que, porté au cou, il enlève les douleurs de ventre, etc. On le considérait encore comme capable d'exciter les désirs vénériens, si on le portait au cou ou au bras, mais Gansius doute de cette vertu (2).

Au temps de Lémery, le Corail était déjà grandement déchu de sa splendeur. On le tenait pour un alcalin, opinion que justifient pleinement sa composition chimique et sa richesse en carbonate de chaux, et on l'employait en poudre fine contre les aigreurs de l'estomac et dans les cas de diarrhée et d'hémorrhagie; on attribuait à sa matière colorante rouge « de grandes vertus pour purifier le sang, pour réjouir et fortifier le cœur ». Au commencement du siècle, on employait encore une teinture et un sirop préparés avec du Corail dissous dans le suc de Berbéris. Cette confection est elle-même tombée en désuétude, et le Corail n'est plus utilisé en médecine que pour la préparation de poudres dentifrices. Nous avons dit déjà que celles-ci étaient faites avec la poussière résultant du polissage des rameaux : on les prépare également en pulvérisant les rameaux dans un mortier de fer, en passant au tamis de crin et en lavant à l'eau bouillante à plusieurs reprises; on porphyrise ensuite la poudre humide, on sépare par l'agitation les parties les plus ténues et on recommence l'opération jusqu'à ce que le tout soit réduit en une poudre impalpable.

Le Corail disparut de la pharmacopée le jour où l'on connut enfin sa composition chimique. La première analyse en fut faite en 1814, par Vogel, de Munich. En voici les résultats :

Acide carbonique	27,50
Chaux	50,50

(1) Joan. Ludovici Gansii D. medici Francofurtensis *Corallorum historia, qua mirabilis eorum ortus, locus natalis, varia genera, præparationes chymicæ quamplurimæ, viresque eximiæ proponuntur*, 1630.

(2) « Coralia Venerem stimulare sunt qui credant. Quamobrem id fiat, causam nullam adferunt. Aiunt autem has illis vires esse, si collo aut brachio adalligata. Quod si ita se habet, haud scio cur fœminis licentia permittatur coralia collo et brachiis gestandi, cum vel sine illis satis appetentes videantur ».

Magnésie	3
Oxyde rouge de fer	1
Sulfate de chaux	0,50
Débris animaux	0,50
Eau	5
Chlorure de sodium	traces

Une autre analyse, faite par Walting, a conduit aux résultats suivants :

Carbonate de chaux	82,25
Carbonate de magnésie	3,50
Oxyde de fer	4,25
Matière organique	7,75
Pertes	2,25

Enfin, plus récemment le Dr Al. Tischer, professeur de chimie à l'Institut technique de Trévise, a fait, à la demande de G. et R. Canestrini, une analyse comparative du Corail rouge et de sa variété noire :

	Corail rouge.	Corail noir.
Carbonate de chaux	86,974	85,801
Carbonate de magnésie	6,804	6,770
Sulfate de chaux	1,271	1,400
Sesquioxyde de fer	1,720	0,800
Matière organique	1,350	3,070
Eau	0,550	0,600
Phosphates, silice, pertes	1,331	1,559
	100,000	100,000

Vogel concluait de son analyse que la couleur rouge du Corail était due à l'oxyde de fer, et cette opinion a été acceptée par la plupart des chimistes. Mais il en est d'autres qui font à cet égard les plus expresses réserves : de ce nombre sont Pelouze et Frémy, puis Guibourt. Ce dernier parle de la facilité avec laquelle le Corail se décolore par certains agents réductifs, et reprend ensuite sa couleur au contact de l'air, ce qui n'est pas le fait de l'oxyde de fer. « J'ai vu, dit-il, des boucles d'oreilles de Corail, blanchies par l'application d'un cataplasme de farine de lin, reprendre leur couleur primitive après quelques jours d'exposition à l'air. On sait aussi qu'une forte transpiration fait perdre au Corail une partie de sa couleur. Les corps gras et les huiles volatiles le décolorent également. Nul doute que l'oxyde de fer ne fasse une partie essentielle de la matière rouge du

Corail, mais il est possible qu'il ne la compose pas à lui tout seul. » La nature du principe colorant n'est pas encore suffisamment connue.

Quant au Corail noir, on doit le considérer comme une variété cadavérique. Vogel a montré que l'hydrogène sulfuré avait la propriété de faire passer au noir le Corail rouge. Or, le Corail noir, connu dans le commerce sous le nom de *Corail mort* ou de *Corail pourri*, est effectivement mort depuis plus ou moins longtemps, quand l'engin de pêche le ramène à la surface. La putréfaction qui s'est emparée de ses parties molles, après sa chute au fond de la mer, a donné naissance à l'hydrogène sulfuré, sous l'influence duquel le polypier a pris la coloration noire.

H. Lacaze-Duthiers, *Histoire naturelle du Corail.* Paris, 1864.
Giov. e Ric. Canestrini, *Il Corallo.* Annali dell'industria e del commercio. Roma, 1882.

CLASSE DES HYDROMÉDUSES

ORDRE DES HYDROIDES

La première division des Hydroïdes est constituée par les *Hydrocorallines*, qui établissent nettement le passage des Hydraires aux Coralliaires. Ce groupe, dont une famille, celle des Stromatoporides, se retrouve abondamment à l'état fossile dans les terrains silurien et dévonien, est encore représenté dans les mers chaudes de notre époque par les Milléporides (fig. 148) et les Stylastérides; ces deux dernières familles sont également fossiles dans le crétacé, l'éocène, le miocène. Moseley a démontré que le squelette des Milléporides est de nature ectodermique, tandis que celui des Anthozoaires est formé par le mésoderme.

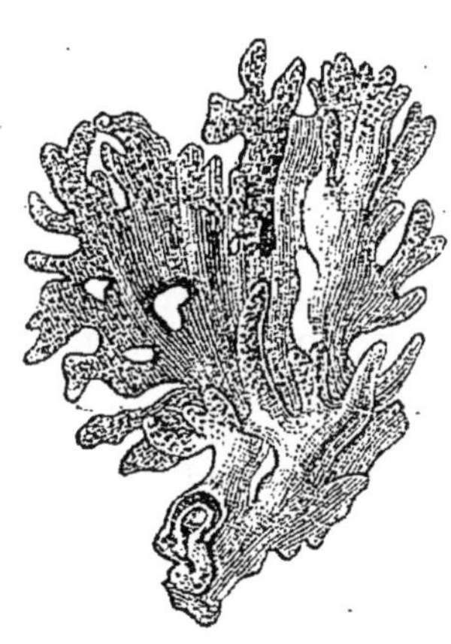
Fig. 148. — *Millepora alcicornis.*

Le sous-ordre des *Tubulaires* nous arrêtera plus longtemps : il renferme diverses formes dont la connaissance nous est indispensable.

Protohydra Leuckarti R. Greeff, semble être le plus simple des Cœlentérés actuels. Cet animal est long de $0^{mm},5$ à 3^{mm} et vit dans la vase du fond de la mer. Il est constitué par un simple sac allongé, fixé par son extrémité aborale et ne présentant ni cloisons ni tentacules. La reproduction sexuelle n'a pas été observée, mais l'animal se multiplie activement par division transversale (1).

Il n'est pas d'étang dans lequel on ne puisse trouver, fixés sur les plantes aquatiques, de petits êtres, longs au plu de 1 à 2 millimètres et dont le corps est terminé par une couronne de filaments déliés, capables de se mouvoir en tous sens. Ces animaux sont des Hydres d'eau douce (fig. 149). Leur corps se compose d'une simple poche, fixée aux herbes aquatiques par son extrémité en cul-de-sac; la cavité, qui fonctionne comme appareil digestif, communique avec l'extérieur par un orifice, tenant lieu tout à la fois de bouche et d'anus, et situé à la base des bras.

Ceux-ci sont ordinairement au nombre de 6, mais on peut en rencontrer 12 et même 18. Ils sont couverts d'un très grand nombre de nématocystes. Tantôt le Polype les étend autour de lui pour se fixer aux objets voisins, tantôt il s'en sert pour pêcher dans l'eau qui l'entoure : les animaux de petite taille qui viennent à les rencontrer sont aussitôt frappés de paralysie et restent adhérents au bras qu'ils ont touché. Celui-ci s'enroule autour d'eux et les porte à la bouche du Polype.

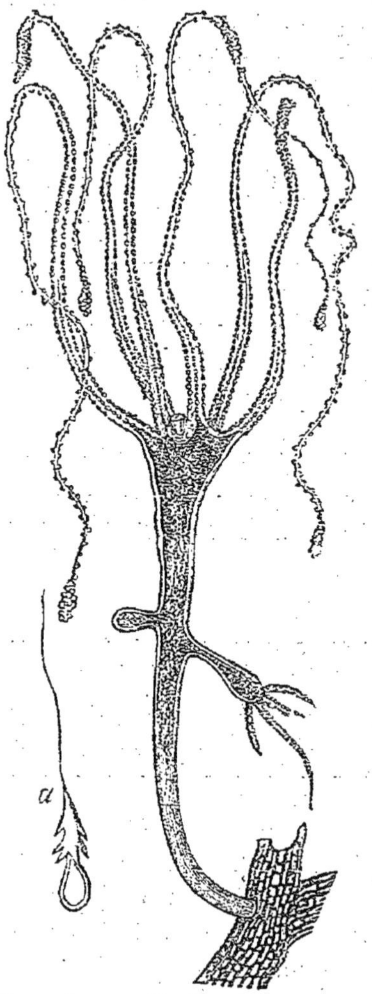

Fig. 149. — *Hydra fusca*, avec deux bourgeons — *a*, nématocyste.

L'Hydre d'eau douce a été observée pour la première fois en 1703 par Leeuwenhœk. En 1740, sans rien connaître des travaux antérieurs, Trembley la découvrit à son tour. Ces petits êtres de couleur verte, assez semblables à des plantes, l'intriguèrent fort : il pensa tout d'abord que c'étaient des végétaux; mais les ayant vus se déplacer et se mouvoir, le doute germa dans son esprit et il entreprit, pour l'élucider, les plus curieuses expériences.

(1) Edw. Potts (*The development and structure of Microhydra Ryderi*. American naturalist, XIX, p. 1232, 1885) vient de faire connaître un petit Cœlentéré d'eau douce très analogue à *Prosohydra Leuckarti*.

Élevons des Hydres dans un vase dont l'eau renferme en abondance des animalcules tels que les Cyclopes et les Daphnies : les Polypes, grâce à leur gloutonnerie, en avaleront un grand nombre, et leur estomac se dilatera outre mesure. Prenons alors l'un deux avec un peu d'eau dans une verre de montre et, au moyen d'une soie de Porc, refoulons lentement vers l'intérieur le fond du sac qui le constitue. Avec un peu de précaution, il est assez facile d'arriver à retourner l'animal à la façon d'un doigt de gant. Dans ces conditions, pensez-vous, l'Hydre ne pourra plus vivre? Le bouleversement apporté dans son organisme ne suffit-il pas en effet à lui donner la mort ? Pendant quelques heures, le Polype semble en effet mal à l'aise, il fait de grands efforts pour arriver à se *déretourner*, pour employer l'expression de Trembley. Mais ses tentatives demeurent très souvent infructueuses et, prenant bientôt son parti de cette situation nouvelle, il ne tarde pas à étendre de nouveau ses bras et à manger copieusement. Chose étrange! la paroi de son nouvel estomac digère les aliments avec autant de facilité que si rien d'anormal ne s'était produit; l'ancienne muqueuse stomacale, devenue la peau, fonctionne à son tour comme organe du tact.

Trembley découvrit encore d'autres faits tout aussi remarquables.

On peut faire avaler à une Hydre une autre Hydre, presque aussi grande qu'elle. Coupons à la première l'extrémité de son corps terminée en cul-de-sac : elle n'en continuera pas moins d'avaler sa proie et celle-ci, demeurée intacte, pourra dépasser à ses deux extrémités le Polype extérieur qui la recouvre exactement à la manière d'un manchon. Le Polype intérieur ne sera point digéré, mais s'efforcera, par ses contorsions, d'échapper aux étreintes de son hôte. Il parviendrait bientôt à ses fins, mais il est facile de l'en empêcher : il suffit pour cela d'embrocher les deux Polypes au moyen d'une soie. L'Hydre intérieure sera-t-elle alors digérée? Pas davantage. Bien plus, les deux animaux parviendront à se séparer l'un de l'autre, mais au prix de quelles mutilations! L'Hydre extérieure se fend suivant toute sa longueur, et sa victime se trouve alors mise en liberté; pour l'une et l'autre, se débarrasser de la soie n'est plus que l'affaire d'un instant. Avec de semblables blessures, voilà, pensez-vous, l'Hydre extérieure en grand danger de mort? Point. Les deux bords de la plaie se rapprochent, se soudent l'un à l'autre, le cul-de-sac se referme, et l'animal continue à vivre comme si de rien n'était.

Répétons cette expérience, mais en ayant soin de faire avaler à un Polype demeuré normal un autre Polype préalablement retourné en doigt de gant. Dans ces conditions nouvelles, les deux Polypes, mis en contact par leurs surfaces digestives, vont, au bout de quelques jours, se souder intimement l'un à l'autre : le Polype retourné pourvoira à la nourriture de tous les deux, et il est à remarquer que c'est par son ancienne peau qu'il digérera ses aliments.

Les expériences dont il vient d'être question sont d'une exécution fort délicate. Mais en voici de plus faciles et de non moins remarquables : Chez l'Hydre, toutes les parties du corps sont aptes non seulement à vivre séparées les unes des autres, mais encore à reproduire dans ces conditions un organisme analogue à celui de qui elles ont été détachées. Si on coupe une Hydre en deux moitiés dans le sens de la longueur, chaque moitié ne met pas plus d'un jour pour se refermer, de façon à constituer une Hydre nouvelle capable de digérer une proie. Si on coupe une Hydre en travers, deux jours suffisent pour que la moitié postérieure acquière de nouveaux tentacules et pour que la moitié antérieure se refasse un pied. Allons plus loin, et coupons une Hydre en cinquante morceaux, à la condition d'attendre que les parcelles en voie de restauration aient atteint une taille assez considérable pour qu'on puisse les saisir avec des ciseaux : nous pourrons ainsi, avec un seul et même individu, donner naissance à cinquante Hydres nouvelles. Ces phénomènes de rédintégration, c'est-à-dire de réédification des parties perdues, ne sont du reste point particuliers à l'Hydre, mais nulle part ils ne se manifestent avec une plus grande activité.

Le mode de multiplication par bourgeonnement, dont nous avons déjà constaté maint exemple, s'observe aussi très fréquemment chez l'Hydre. Les individus nouveaux se forment de préférence au point où le corps du Polype commence à s'amincir pour former le pied (fig. 149). C'est là le commencement d'une colonie, mais cet état dure peu : au bout de quelques jours ou de quelques semaines, suivant que la température est plus ou moins élevée, le jeune se sépare de sa mère et va se fixer ailleurs, pour vivre isolément.

L'étude histologique de l'Hydre d'eau douce a été faite par Kleinenberg, puis par Jickeli. Le système nerveux a été signalé en 1880 par le professeur Ch. Rouget : les cellules multipolaires qui le constituent sont interposées au mésoderme et à la couche épithélio-musculaire de l'ectoderme ; elles sont en continuité avec les nématocystes.

En outre de la reproduction par bourgeonnement, l'Hydre peut se multiplier encore par voie sexuelle. A la fin de la belle saison, on voit apparaître à la surface du corps des excroissances qui, au lieu de communiquer avec la cavité digestive, de se percer d'un orifice buccal et de produire des bras, se transforment en petits sacs dont les uns donnent des spermatozoïdes, les autres des ovules. Les testicules se développent à la partie supérieure du corps, presque au contact des tentacules ; ils sont toujours plus nombreux que les ovaires et se montrent un peu avant ces derniers. Ils s'organisent aux dépens de petites cellules granuleuses, disposées par amas entre les autres éléments de l'ectoderme; celles-ci se transforment en spermatozoïdes à tête globuleuse et à long flagellum. Le sac testiculaire finit par percer l'ectoderme et se vide à plusieurs reprises : son orifice s'oblitère dans l'intervalle des émissions.

Les ovaires se forment de la même façon que les testicules, mais se montrent vers la partie moyenne du corps. Les œufs proviennent directement des cellules qui occupent le milieu de l'amas ovarien ; ils sont d'abord amiboïdes et remplis de substances nutritives (fig. 69), mais bientôt ils régularisent leurs contours et tendent à faire irruption au dehors : la mince membrane ectodermique qui les recouvre finit par se percer d'un orifice, qui livre passage aux spermatozoïdes. Les premières phases du développement s'accomplissent avant l'expulsion de l'œuf. Le fractionnement est régulier, mais il ne se forme pas de cavité de segmentation, et la suite du développement présente encore d'autres anomalies sur lesquelles nous ne pouvons nous étendre ici.

Il existe dans nos étangs jusqu'à trois espèces d'Hydres déjà reconnues par Trembley, *Hydra viridis*, *H. grisea* ou *vulgaris*, et *H. fusca*; ce sont du reste, avec *Cordylophora*, les seuls Cœlentérés d'eau douce que possèdent nos pays. Ces espèces sont difficiles à distinguer l'une de l'autre; de Mérejkowsky a cherché récemment à les caractériser par l'époque à laquelle les tentacules se développent sur les individus nés par bourgeonnement; mais Jickeli a indiqué un caractère plus positif, en montrant que la forme des nématocystes, fixe dans une même espèce, variait au contraire d'une espèce à l'autre.

O. Kleinenberg. *Hydra*. Leipzig, 1872.

Ch. Rouget, *Les organes du mouvement et de la sensibilité chez les Polypes hydraires*. Rapport annuel des professeurs du Muséum, p. 69, 1880-1881.

C. F. Jickeli, *Der Bau der Hydroïdpolypen*. Morpholog. Jahrbuch, VIII, p. 373, 1883.

Comme second et dernier type du sous-ordre des Tubulaires, nous étudierons *Cladonema radiatum* Duj., Hydroïde qui vit dans la Méditerranée (fig 150). Déjà, par suite du bourgeonnement latéral, l'Hydre d'eau douce présentait une certaine tendance à la formation de colonies de Polypes; chez *Cladonema*, ces derniers se développent toujours sur une colonie rampante et ramifiée. Ils sont pourvus de huit tentacules capités, disposés sur deux verticilles égaux. Ici encore, la colonie a eu pour point de départ le bourgeonnement d'un individu primitif asexué et tous les Polypes, en nombre souvent considérable, qui ont ainsi pris naissance, sont eux-mêmes asexués. Mais, en outre de cette reproduction par bourgeonnement, on voit à certaines époques intervenir une reproduction sexuée, dans des conditions qui méritent de fixer notre attention.

Vers la base du corps du Polype se forme un bourgeon creux ou *gonophore* (fig. 151, A, B), dont la cavité, *a*, communique avec la cavité gastro-vasculaire du Polype lui-même. De bonne heure se différencie dans ce bourgeon, aux dépens des éléments de l'ectoderme, un amas cellulaire, *c*, qui donnera naissance aux produits sexuels, et que recouvre encore une membrane de nature ectodermique, *b*. Bientôt après, un bourrelet circulaire (fig. 151, C, *b'*) s'élève autour de la base du bourgeon et se dispose à l'égard de celui-ci comme une cloche par rapport à son battant. On peut dès lors distinguer deux parties : la *cloche* a reçu le nom de *disque* ou d'*ombrelle*, et le battant celui de *manubrium*. La cavité gastro-vasculaire du Polype, que nous avons vue se propager dans l'axe du manubrium (C, *a'*), présente alors, au niveau de l'ombrelle, des diverticules latéraux, *a''*, qui pénètrent dans l'épaisseur de cette dernière (D, *a''*) et s'étendent, sous forme de canaux, jusqu'au voisinage de son bord libre. Chez *Cladonema*, ces canaux radiaires sont au nombre de huit et partagent la surface de l'ombrelle

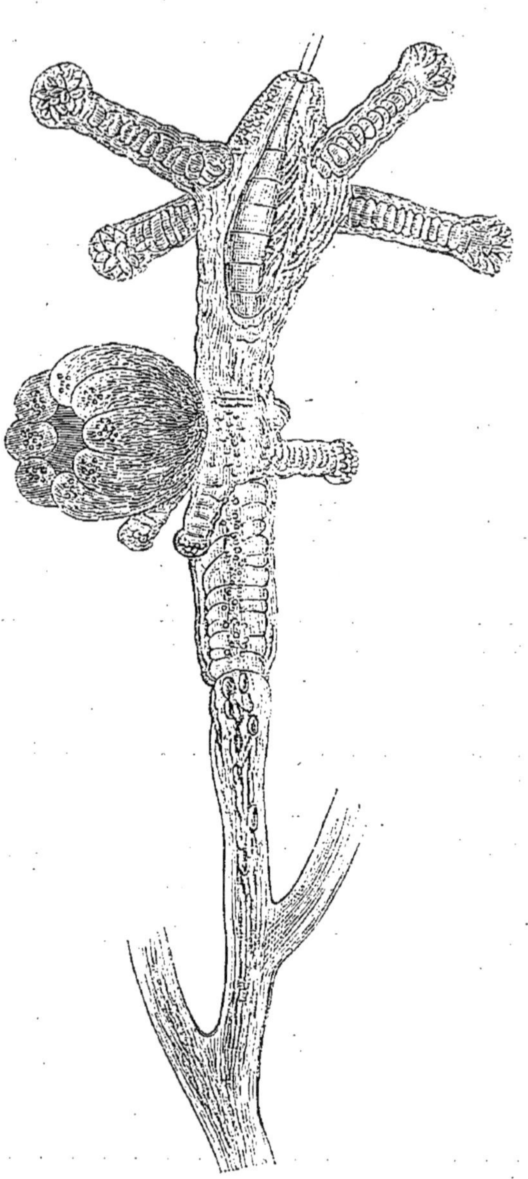

Fig. 150. — *Cladonema radiatum*. Fragment de colonie présentant un Polype dont la cavité gastrique renferme un petit Crustacé et sur lequel s'est développé un bourgeon sexuel.

en huit segments égaux; le long du bord de celle-ci, ils communiquent tous ensemble au moyen d'un canal circulaire. On peut voir

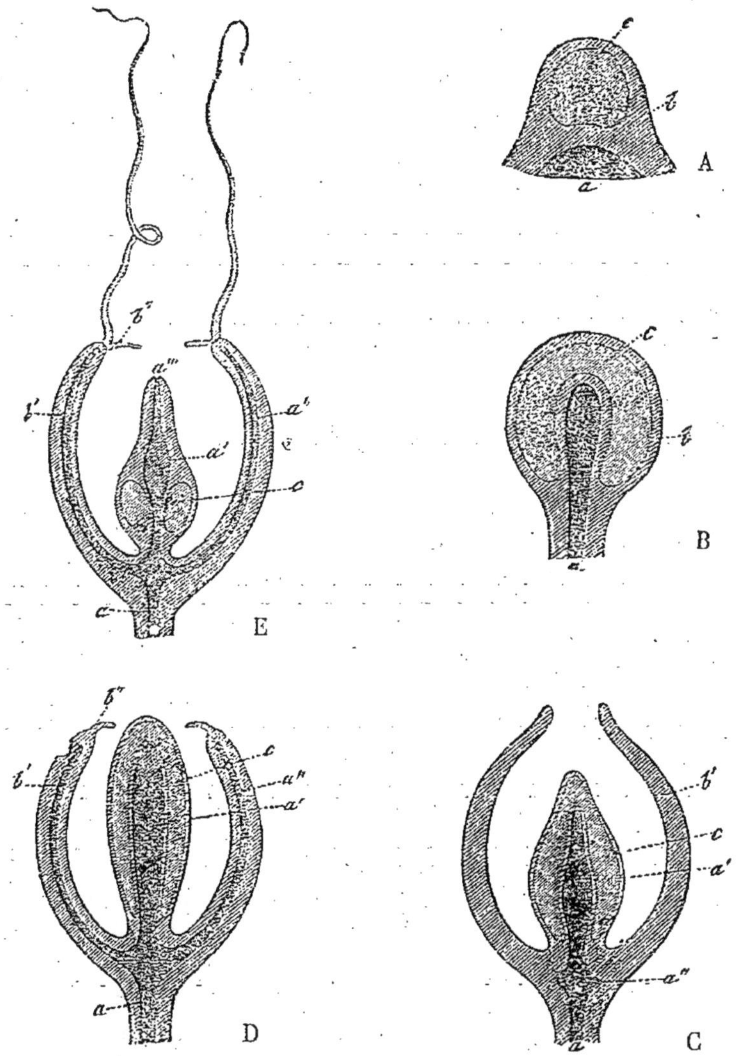

Fig. 151. — Schéma montrant la formation des bourgeons sexuels chez les Hydroïdes, d'après Gegenbaur. — *a*, cavité générale du corps avec prolongements dans les bourgeons; *a'*, continuation de la cavité du corps dans la cavité gastrique du Médusoïde; *a''*, prolongement latéral de la cavité du corps représentant les canaux rayonnants; *b*, manteau; *b'*, disque ou cloche du Médusoïde; *b''*, velum qui rétrécit l'ouverture de la cloche; *c*, produits sexuels; A, B, C, Médusoïdes en voie de développement; D, E, Médusoïdes complètement développés.

encore se développer sur le bord libre de l'ombrelle une sorte de diaphragme, *b''*, ou *velum*, percé en son milieu; ce voile est disposé de manière à rétrécir l'ouverture de l'ombrelle; l'orifice qu'il présente peut d'ailleurs, suivant le cas, livrer passage au manubrium ou aux appendices de nature diverse que celui-ci peut porter. Dans un dernier état (fig. 151, E), le canal qui parcourt l'axe du manubrium vient s'ouvrir au sommet de celui-ci et communique désormais avec l'extérieur par une sorte de bouche, *a'''*. En même temps, il se développe sur le bord de l'ombrelle, dans la continuation des canaux radiaires, des sortes de tentacules, dont le nombre et la forme sont variables suivant les espèces et constituent ainsi des caractères de classification.

Quand le gonophore est parvenu à cet état de développement, il se détache de son parent et nage librement, grâce aux alternatives de contraction et d'épanouissement qu'il imprime à son ombrelle : le canal *a*, qui se voyait dans son pédoncule, ne tarde pas à s'oblitérer ; mais les autres canaux, *a'*, *a''*, dont nous avons vu le mode de formation, persistent, ainsi que l'orifice buccal, *a'''*.

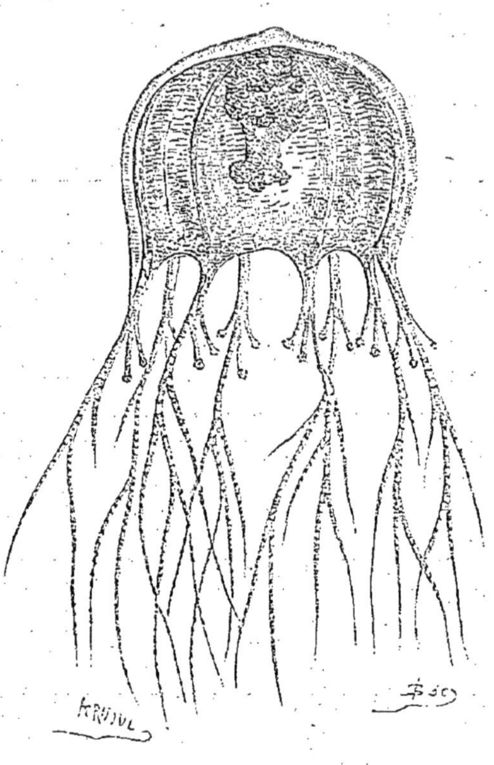

Fig. 152. — Médusoïde de *Cladonema radiatum.*

L'individu sexué qui a pris ainsi naissance est un *Médusoïde* (fig. 152 et 153) ; il importe de le distinguer des Polypes nourriciers et asexués ou *Hydranthes*, par lesquels a débuté la colonie. On donne encore au Médusoïde les noms de *Méduse craspédote*, *cryptocarpe* ou *gymnophthalme*, suivant qu'on le considère comme une vraie Méduse, caractérisée soit par la présence du vélum, soit par ce que les organes génitaux sont peu accessibles au regard, soit par ce que les yeux, dont nous allons parler tout à l'heure, ne sont point recouverts d'une membrane protectrice. Mais nous pensons avec Huxley, que le nom de Méduse ne saurait convenir à l'individu sexué qui provient du gonophore des Hydroïdes, et nous le désignerons sous le nom de Médusoïde, réservant celui de Méduse aux Acalèphes, qui ont une origine et une structure fort différentes.

Nous dirons quelques mots de la structure des Craspédotes (fig. 153).

L'ombrelle, *a*, est habituellement formée d'une masse homogène et anhiste, d'origine mésodermique. Les nématocystes sont peu abondants à sa surface; mais parfois ils s'accumulent au pourtour de celle-ci, de manière à constituer une véritable batterie, qui protège le système nerveux. Le voile, *c*, est un simple repli de l'ectoderme, entre les feuillets duquel s'insinue une lamelle mésodermique; les canaux gastro-vasculaires ne pénètrent jamais dans son épaisseur, mais il renferme de fortes assises de muscles annulaires, dont les contractions concourent à la natation de l'animal.

Les tentacules, *h*, prennent toujours naissance en dehors du vélum et s'insèrent au bord de l'ombrelle, mais parfois s'attachent plus ou moins haut sur celle-ci. Ils présentent de grandes variations quant à leur nombre et quant à leur configuration : habituellement au nombre de 4 ou d'un multiple de ce chiffre, ils sont exceptionnellement au nombre de 6 chez les Géryonides (fig. 159). Il est rare de les voir creusés d'un canal dépendant du système gastro-vasculaire et tapissé par l'endoderme; le plus souvent, leur axe est solide et constitué par des cellules endodermiques à protoplasma étoilé; ces traînées cellulaires peuvent même se poursuivre dans l'épaisseur de l'ombrelle, qu'elles rendent plus résistante.

Le système gastro-vasculaire est constitué par un tube stomacal (fig. 151, E, *a'*; fig. 153, *f*), percé dans l'axe du manubrium, et par les canaux radiaires (fig. 151, *a''*; fig. 153, *i*), qui partent du fond de l'estomac pour cheminer dans l'épaisseur de l'ombrelle, comme nous l'avons dit déjà. Ces canaux radiaires sont le plus souvent au nombre de 4 (*Podocoryne*, *Syncoryne*, *Bougainvillea*, *Campanularia*, *Obelia*), parfois au nombre de 8 (*Trachynema*, *Cladonema*), rarement en plus grand nombre (*Æquorea*); par exception, il y en a 6 chez *Geryonia*. Ils sont simples dans la grande majorité des cas, mais sont ramifiés chez *Berenice* et *Willia*.

Le système nerveux (fig. 153, *o*) est formé de deux cordons annulaires, placés l'un au-dessus de l'autre. Le cordon supérieur repose sur la lamelle de soutien du vélum; il est composé de fibres nerveuses très fines et ne renferme qu'un petit nombre de cellules ganglionnaires. Le cordon inférieur (fig. 153, *o*) se trouve situé entre les muscles du vélum et de la sous-ombrelle; ses fibres et ses cellules sont nombreuses et de grande taille et s'unissent par de délicates commissures avec le cordon supérieur. Chacun de ces cordons envoie dans l'épithélium voisin des filaments qui se mettent en relation avec des cellules sensitives, *m*, dont la surface porte un cil raide. On trouve encore dans tous les organes, sauf le vélum, des réseaux de fibres nerveuses, sur le trajet desquelles sont éparses des cellules ganglionnaires.

En outre des cellules sensitives dont il vient d'être question et de cellules tactiles qui se rencontrent le long des tentacules ou au bord de l'ombrelle, les organes des sens sont représentés par des *corpuscules marginaux*, *n*, qui sont ou des yeux ou des vésicules auditives. Ces deux sortes d'organes s'excluent réciproquement, en sorte qu'on a pu diviser les Craspédotes en ocellés et en vésiculés; *Tiaropsis* est le seul genre où l'on trouve les deux organes à la fois.

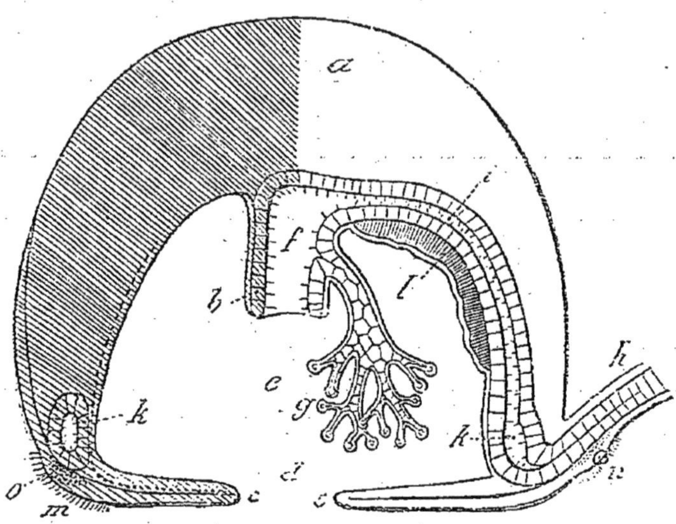

Fig. 153. — Schéma de l'organisation d'un Médusoïde. Coupe verticale passant par un rayon à droite, par un interrayon à gauche. — *a*, ombrelle; *b*, manubrium; *c*, voile; *d*, orifice du voile; *e*, cavité de la sous-ombrelle; *f*, cavité gastro-vasculaire; *g*, tentacules buccaux; *h*, tentacule radiaire; *i*, canal radiaire; *k*, canal circulaire; *l*, organes génitaux; *m*, zone sensorielle; *n*, corpuscule marginal; *o*, anneau nerveux.

Les *ocelles* sont situés à la base des tentacules, soit en dessus (*Oceania*), soit en dessous (*Lizzia*), suivant que le Médusoïde porte ses tentacules relevés ou pendants, de manière à toujours regarder en dehors. Ils atteignent leur maximum de complication dans des genres comme *Cladonema* et *Lizzia* (fig. 154), où l'on peut y reconnaître des parties analogues au cristallin, à la choroïde et à la rétine. Ils ne sont jamais recouverts d'une membrane protectrice.

Les *vésicules auditives* ou *otocystes* (fig. 155) sont toujours situées au-dessus de l'un des anneaux nerveux et proviennent d'une différenciation de l'épithélium sus-jacent. Elles sont caractérisées essentiellement par la présence de concrétions calcaires ou *otolithes* et de cellules sensorielles spéciales, surmontées de poils; elles peuvent être du reste diversement compliquées et le sont au maximum chez les Trachyméduses (*Geryonia*).

Les organes sexuels sont des productions ectodermiques. Ils sont situés soit dans l'épaisseur du manubrium (fig. 151,E, *c*), soit à l'origine et sur le parcours des canaux radiaires principaux (fig. 153, *l*); les produits sexuels sont mis en liberté par rupture des tissus. Les Médusoïdes sont toujours unisexués, mais les Hydraires qui les ont produits sont rarement monoïques (*Tubularia*). L'œuf est alécithe et nu; il se forme une planula ciliée, qui se transforme en gastrula par résorption d'un point de sa paroi; la gastrula se fixe par son pôle aboral et s'organise en Polype hydraire.

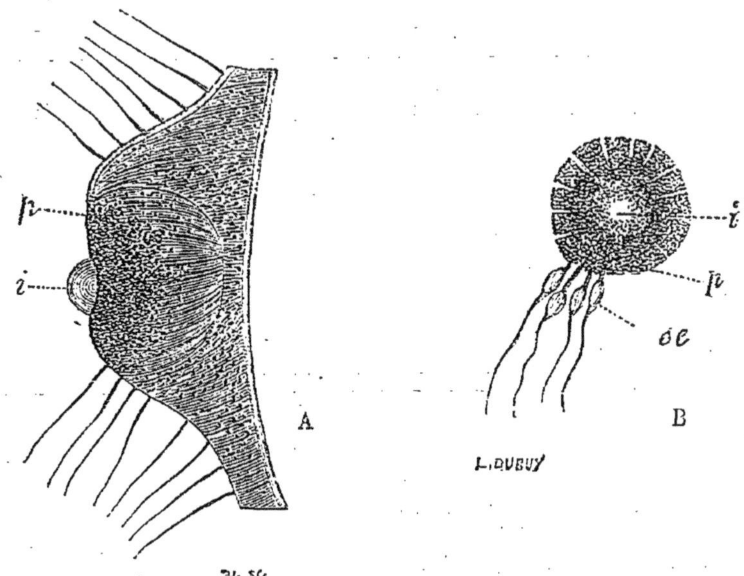

Fig. 154. — Œil de *Lizzia Köllikeri*, d'après O. et R. Hertwig. A, vu de côté. B, détails de structure. — *i*, cristallin; *p*, tunique pigmentaire; *se*, bâtonnets rétiniens.

Partis du Polype asexué, nous revenons donc au Polype asexué, après avoir passé par l'état de Médusoïde sexué. Dès lors les phénomènes se reproduiront indéfiniment dans l'ordre où nous les avons vus s'accomplir, c'est-à-dire que l'Hydroïde passera alternativement par les états de Polype et de Médusoïde. Ces faits remarquables constituent ce qu'on appelle *génération alternante* (Steenstrup), *métagenèse* (Owen) ou *généagenèse* (de Quatrefages). L'espèce comprend deux sortes d'individus fort dissemblables et qui se succèdent tour à tour : tous deux sont aptes à se reproduire, mais le Polype n'est capable que de bourgeonnement, ce qui assure à la colonie une extension peu considérable et forcément limitée à un étroit horizon, tandis que le Médusoïde produit des œufs, puis des larves nageuses qui peuvent se disséminer au loin : l'extension géographique de l'espèce se trouve facilitée d'autant.

Avec *Cladonema*, nous avons pris pour exemple un Hydroïde chez lequel les gonophores se transforment en Médusoïdes qui se séparent de la colonie et deviennent libres. Mais il n'en est pas toujours ainsi : dans bien des cas, les gonophores sont sessiles et restent fixés à la colonie. Certains naturalistes invoquent ce fait pour réfu-

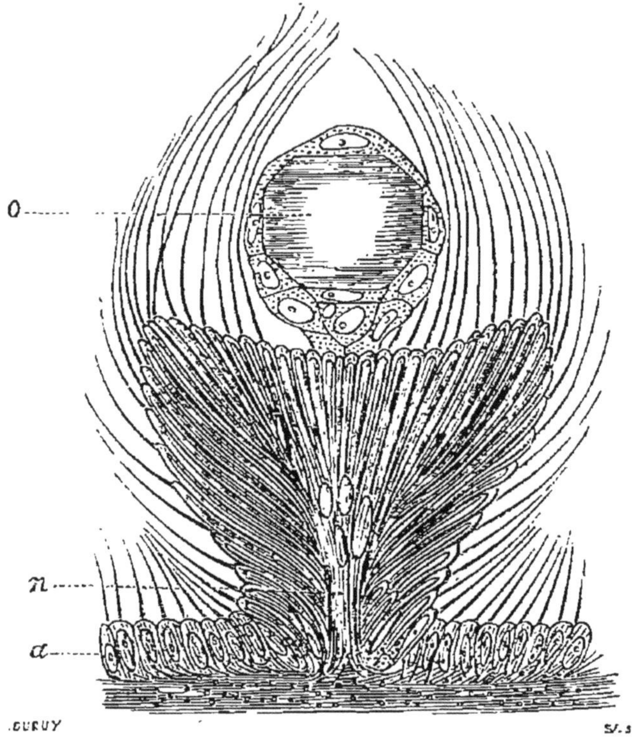

Fig. 155. — Otocyste de *Cunina*, d'après O. et R. Hertwig ; *a*, couche épithéliale ; *n*, rameaux nerveux gagnant l'otocyste ; *o*, otolithe unique et remplissant presque complètement la cavité de l'otocyste, que bordent de larges cellules nucléées.

ser au Médusoïde le caractère d'individu : ils le considèrent simplement comme un organe sexuel, dont la croissance est plus ou moins tardive ; séparé ou non de la colonie, il n'en aurait pas moins la signification d'un simple organe, et son apparition constituerait une simple métamorphose.

Il est difficile d'admettre cette manière de voir. La génération alternante n'est du reste point particulière aux Hydroméduses : nous la retrouverons chez les Trématodes et les Tuniciers, et sa réalité sera mise hors de doute quand l'étude des Insectes nous aura montré ses rapports intimes avec l'hétérogonie et la parthénogenèse.

Les Médusoïdes sont toujours des individus sexués ; mais, en outre de la reproduction sexuelle, ils peuvent parfois se multiplier par bourgeonnement. Les nouveaux individus sexués qui naissent de la sorte se montrent en des endroits divers : à la base des tentacules

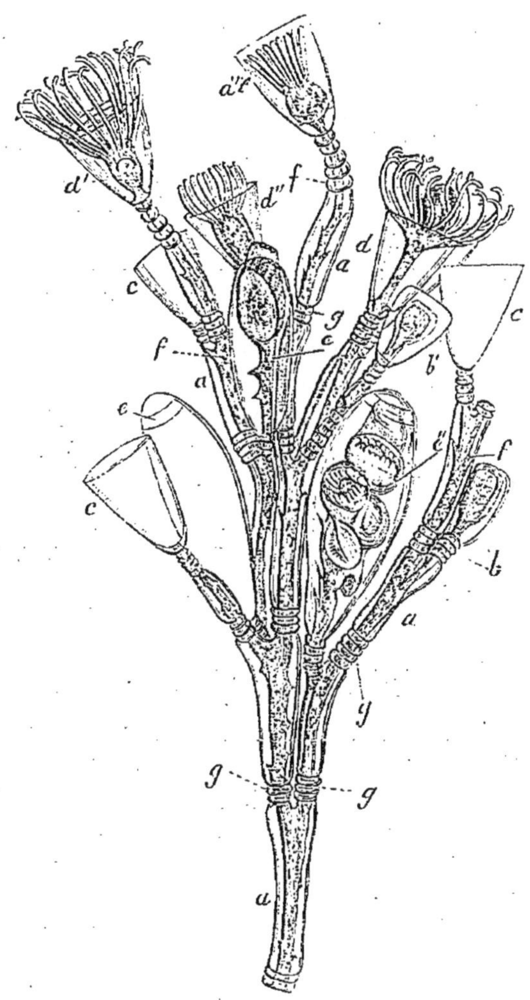

Fig. 156. — *Campanularia gelatinosa*, d'après van Beneden ; *a*, branches terminales portant des Polypes ; *b*, *b'*, bourgeons en voie de développement ; *c*, hydrothèques vides ; *d*, *d'*, *d''*, hydrothèques renfermant des Polypes ; *e*, *e'*, *e''*, gonophores ; *f*, cœnosarc ; *g*, étranglements annulaires à la base des rameaux.

(*Hybocodon*, *Sarsia*), sur le manubrium (*Cytaïs*, *Lizzia*, *Sarsia*), plus rarement sur le vaisseau circulaire (*Eleutheria*) ou sur les vaisseaux radiaires (*Tiaropsis*).

O. und R. Hertwig, *Ueber das Nervensystem und die Sinnensorgane der Medusen*. Jenaische Zeitschrift, XI, p. 355, 1877.

Id., *Das Nervensystem und die Sinnesorgane der Medusen monographisch dargestellt.* Leipzig, 1878.

Le sous-ordre des CAMPANULAIRES comprend des Hydroïdes vivant en colonie. Les rameaux de celle-ci (fig. 156, *a*), sont revêtus d'une gaine chitineuse, cornée, qu'on appelle *périderme* ou *périsarc* et qui, au niveau du Polype, s'épanouit en une sorte de calice ou *hydrothèque*, *c*, *d*, à l'intérieur duquel celui-ci peut se rétracter. Les gonophores ou bourgeons sexuels se développent aux dépens de Polypes dépourvus de tentacules et de bouche, incapables par conséquent de nourrir la colonie, et dont l'hydrothèque est elle-même close, *e*. Les Médusoïdes qui en proviennent (fig. 157) étaient autrefois décrits sous les noms de *Thaumantias*, *Eucope*, *Æquorea*. Il est possible que certaines Equorides, dont on ne connaît pas l'état polypoïde, se développent directement sans passer par la forme agame.

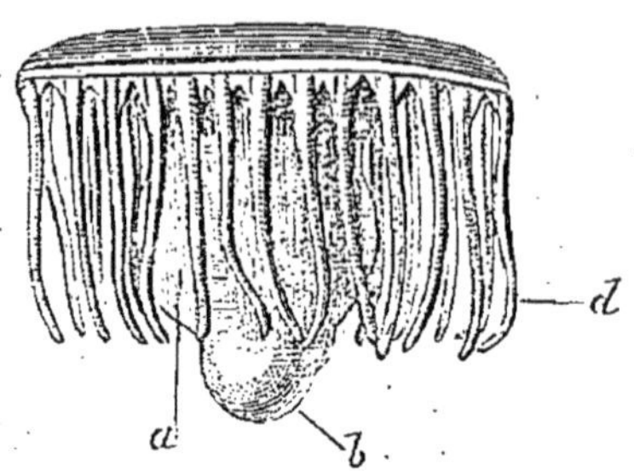

Fig. 157. — Médusoïde de *Campanularia gelatinosa*.— *a*, corps; *b*, bouche; *d*, tentacules.

Les genres *Plumularia*, *Sertularia*, *Campanularia*, *Obelia*, *Æquorea*, sont les principaux de ce groupe. Chez les Plumulaires, les hydrothèques des Polypes nourriciers sont accompagnées de petits calices accessoires ou *nématophores*, remplis d'une masse éminemment amiboïde, que l'on a longtemps considérée comme dépourvue de structure. C. de Mérejkowsky a vu, au contraire, que les nématophores étaient non seulement formés par des cellules, mais qu'on y pouvait reconnaître les trois couches blastodermiques. Il veut y voir des Polypes dégénérés, devenus inutiles pour la colonie. Nous pensons, au contraire, que les nématophores représentent un état ancien, par lequel ont passé à l'origine les Polypes. Cette opinion est la seule qui puisse nous donner une explication satisfaisante de la structure et des affinités des Graptolithes (fig. 158), Hydroïdes fort élémentaires, qui furent les premiers à se montrer : ils apparaissent à la fin de l'époque cambrienne, devien-

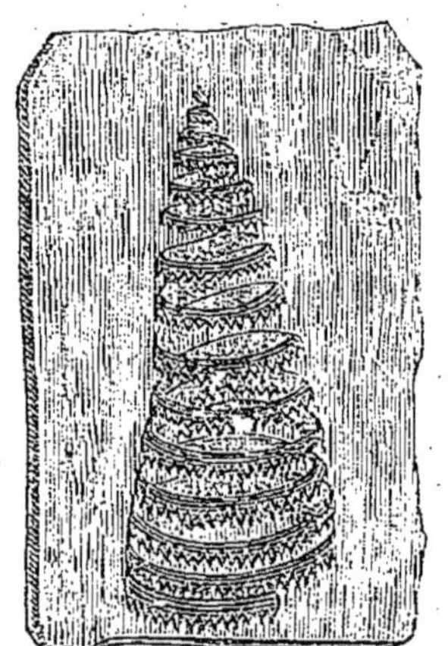
Fig. 158. — *Graptolithus turriculatus*.

nent très abondants dans les mers siluriennes et s'éteignent définitivement à l'aurore de l'époque dévonienne.

C. de Mérejkowsky, *Sur les nématophores des Hydroïdes*. Bull. de la Soc. zool. de France, VII, p. 220, 1882.

Le dernier sous-ordre des Hydroïdes est constitué par les TRACHYMÉDUSES, Médusoïdes qui ont la plus grande ressemblance avec ceux qui proviennent de Polypes hydraires, mais qui présentent le curieux caractère de se développer directement, sans passer par la forme polypoïde. Leur ombrelle est d'ordinaire assez consistante et soutenue par des cordons cartilagineux radiés. *Trachynema*, *Ægina*, *Cunina*, *Leuckartia* (fig. 159), *Geryonia* appartiennent à ce groupe.

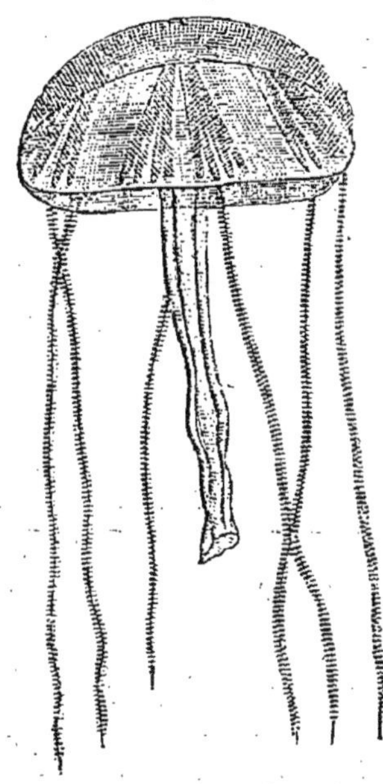

Fig. 159. — *Leukartiac proboscidalis.*

H. Fol a étudié le développement de *Geryonia*. La segmentation est totale et régulière ; la gastrula se forme par délamination (fig. 95 et 96). La vésicule endodermique s'écarte alors de la vésicule ectodermique, demeure à peu près inerte et s'aplatit comme une lentille, tandis que l'ectoderme continue de s'accroître rapidement. Les deux vésicules, de taille très inégale, sont en contact l'une avec l'autre en un certain point ; la cavité qui les sépare partout ailleurs est bientôt comblée par un tissu gélatineux. Des cils se développent alors à la surface de l'ectoderme, et la larve devient une planula nageuse. Cependant, au point où il est uni au

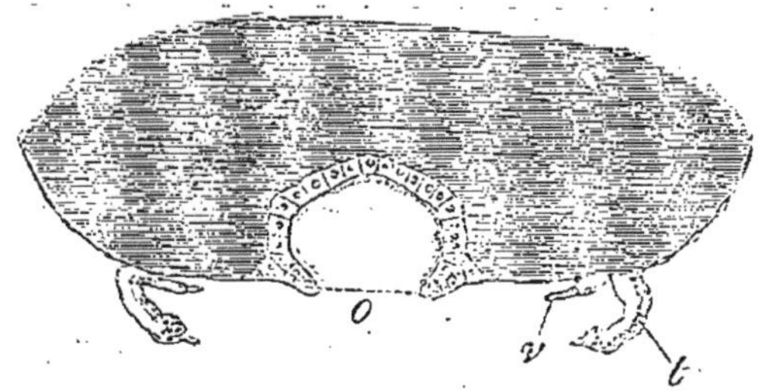

Fig. 160. — Coupe optique du pôle oral de *Geryonia*, après l'appareil du tissu gélatineux du disque, d'après Fol. — *o*, bouche ; *t*, tentacule ; *v*, voile. Les parties ombrées représentent le tissu gélatineux.

feuillet interne, l'ectoderme s'est épaissi en une sorte de disque dont le centre se perce d'un orifice, qui fait communiquer la cavité de segmentation avec l'extérieur et qui transforme la planula en gastrula (fig. 160, *o*). On voit alors se former au pourtour du disque un bourrelet ectodermique, qui est le premier rudiment du voile, *v*. En dehors de celui-ci apparaissent encore six tentacules, *t*. Quand la larve s'est ainsi constituée, elle perd sa forme arrondie, s'aplatit, puis se creuse à sa face inférieure ou buccale, pour prendre la forme d'ombrelle. Elle n'est pas alors très différente de l'adulte.

ORDRE DES SIPHONOPHORES

Il n'est pas d'êtres plus compliqués et plus capricieusement conformés que les Siphonophores : aucun n'affecte des formes plus étranges ou des aspects plus variés ; nul ne présente plus grande profusion de couleurs étincelantes, nul n'est plus gracieux ou plus délicat. Bien longtemps les naturalistes sont restés impuissants à pénétrer le secret de leur organisation : le voile est maintenant soulevé. Si l'on a bien saisi ce qui précède, si l'on s'est bien rendu compte de ce qu'est une colonie d'Hydraires, de sa constitution et de ses rapports avec les Médusoïdes, il ne sera pas difficile de comprendre ce que sont les Siphonophores.

Prenons comme exemple *Physophora hydrostatica* (fig. 161), espèce commune dans la Méditerranée. Le Physophore, comme tous les Sinophores, du reste, n'est jamais fixé, mais nage librement : d'ordinaire mollement ballotté à la surface des vagues et déplacé par elles au hasard de leurs ondulations, il est néanmoins capable de se déplacer à sa guise et de s'enfoncer dans la profondeur des eaux. Il se compose essentiellement d'une tige verticale, dont l'extrémité supérieure présente une très petite *vésicule aérifère* ou *pneumatophore*, véritable appareil hydrostatique, percé d'un pertuis apical. La tige porte en outre une double rangée de *cloches contractiles* diaphanes, au moyen desquels le Physophore se met en mouvement. Elle se termine enfin inférieurement par une sorte de plateau auquel sont ap-

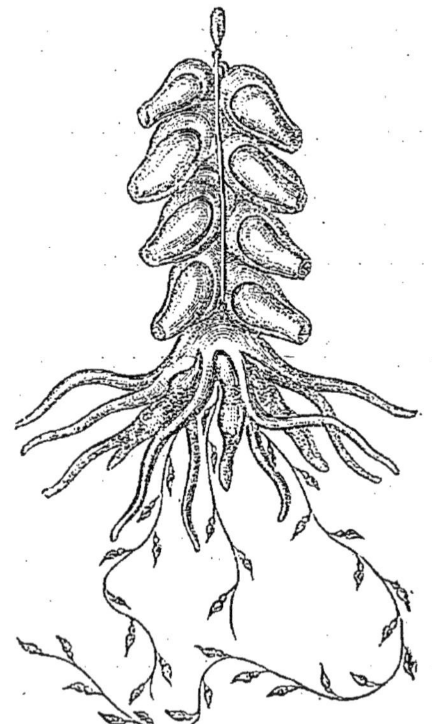

Fig. 161. — *Physophora hydrostatica*.

pendus des organes variés, parmi lesquels il est tout d'abord malaisé de se reconnaître, mais dont on ne tarde pas, avec un peu d'attention, à distinguer plusieurs sortes. Les uns, disposés circulairement autour du plateau, ont l'aspect de longs tubes vermiformes, imperforés à leur extrémité libre, mais communiquant à leur base avec la cavité dont est creusé l'axe de la tige : on les appelle les *dactylozoïdes*. Les autres, situés en dedans des premiers, sont plus gros, plus raccourcis et pourvus d'un orifice à leur extrémité libre; on leur a donné le nom de *siphons*, et leur présence constante chez les animaux dont nous faisons l'étude a valu à ceux-ci le nom de Siphonophores. Les siphons communiquent également avec la cavité de la tige. Ils portent chacun à sa face externe un long *filament pêcheur* présentant de distance en distance des boutons d'un beau rouge, constitués par un amas considérable d'énormes nématocystes. Enfin, les produits sexuels sont élaborés encore par d'autres appendices intercalés entre les siphons.

Chez les Hydroïdes, nous avons reconnu des individus de deux sortes : des Hydranthes ou individus nourriciers, et des Médusoïdes ou individus reproducteurs. Le polymorphisme s'exagère encore chez les Siphonophores : là est tout le secret de leur organisation. Ils sont constitués par des colonies d'Hydraires, à tige non ramifiée et dont les divers individus se sont modifiés en différents sens, pour s'adapter chacun à une fonction particulière. La division du travail, que nous avons pu voir s'esquisser chez les Hydroïdes, atteint ici un haut degré de perfectionnement.

Les siphons ou *gastrozoïdes* sont de véritables Hydranthes, bien que toujours dépourvus de tentacules : ils absorbent la nourriture et, après l'avoir élaborée, la distribuent dans tout le reste de la colonie ; ce sont, à proprement parler, des individus nourriciers. La proie leur est du reste transmise par les filaments pêcheurs : ceux-ci atteignent d'ordinaire une longueur considérable et se ramifient plus ou moins ; de nature musculaire, ils explorent sans cesse l'eau qui les entoure et sont capables de se contracter en s'enroulant en spirale. Les dactylozoïdes sont encore des Polypes, mais des Polypes incomplètement développés : n'étant point destinés à jouer le rôle d'individus nourriciers, leur bouche ne s'est point perforée et ils se sont transformés en des organes protecteurs ; comme les gastrozoïdes, ils portent un filament pêcheur, mais plus court, plus simple et dépourvu de filaments secondaires et de nématocystes.

En outre de ces Polypes de diverses sortes, la colonie produit encore des Médusoïdes, qui arrivent à un développement plus ou moins complet. Les bourgeons sexuels sont de ce nombre : les Médusoïdes qui les représentent se développent ordinairement en grand nombre, et, comme de vrais Médusoïdes, sont constitués par un manubrium bourré d'œufs ou de spermatozoïdes et entouré d'une ombrelle que parcourent un vaisseau circulaire et des vaisseaux radiaires. Les Siphonophores sont presque toujours monoïques ; la diœcie est rare (*Apolemia uvaria*, *Diphyes acuminata*). Il est également rare de voir les bourgeons sexuels s'isoler, comme chez les Vélelles, pour devenir des Médusoïdes nageurs, connus sous le nom de *Chrysomitra*.

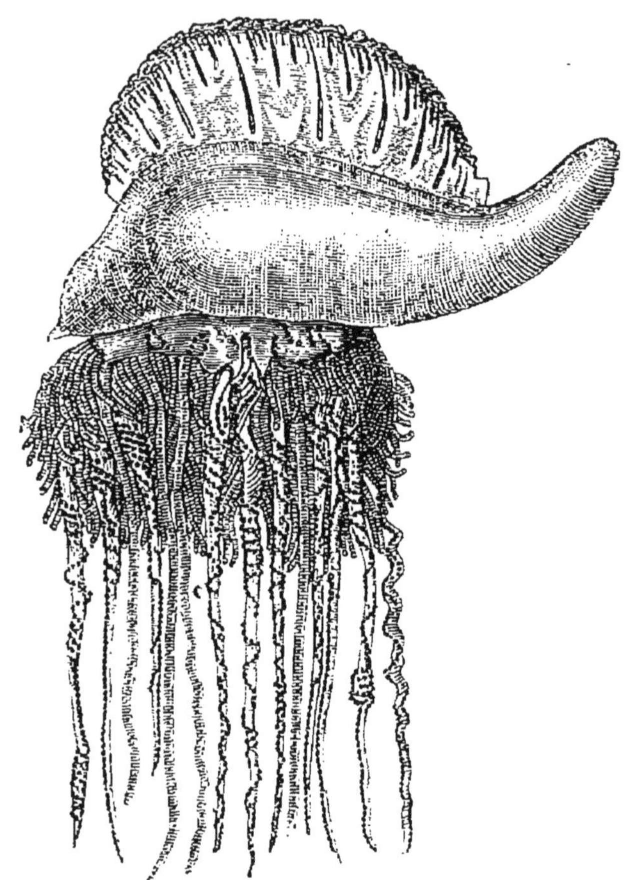

Fig. 162. — *Physalia pelagica*.

Les cloches contractiles ou *nectocalyces* sont encore des Médusoïdes modifiés : ils n'ont ni manubrium, ni bouche, ni tentacules, ni corpuscules marginaux ; par suite de la régression de ces derniers, le système nerveux a lui-même avorté. En revanche, la couche musculaire s'est hypertrophiée, pour répondre au rôle exclusivement locomoteur que les nectocalyces sont appelés à jouer.

Un autre type de Siphonophores est représenté par la Physalie ou Galère (fig. 162), qui se rencontre dans l'océan Atlantique. On ne trouve plus ici de nectocalyces, mais la tige s'est transformée en une large chambre, presque horizontale, à l'intérieur de laquelle se trouve un vaste pneumatophore communiquant avec l'extérieur par son extrémité effilée. L'ensemble présente à peu près l'aspect d'une cornemuse qui porterait à sa face supérieure une crête longitudinale; celle-ci n'est autre chose qu'une voile tendue au vent et grâce à laquelle la Physalie peut flotter à la surface des eaux. Au-dessous de ce réservoir à air, on voit une forêt de tubes et de filaments qui ne diffèrent pas essentiellement de ceux que nous avons étudiés chez le Physophore.

Les Siphonophores sont tous extrêmement urticants et, à ce point de vue, la Galère se place au premier rang, en raison des nématocystes innombrables dont ses longs filaments sont hérissés de toutes parts. Ces redoutables propriétés ont été signalées par bien des auteurs, entre autres par le P. du Tertre et par Labat. « Le poison de cet animal, dit ce dernier, est si caustique, si violent et si subtil, que s'il touche la chair de quelque animal que ce soit, il y cause une chaleur extraordinaire avec une inflammation et une douleur aussi pénétrante que si cette partie avait été arrosée d'huile bouillante. » Le mal n'est pourtant point de longue durée, et Labat conseille « de ne point appliquer d'autre remède que celui de la patience ».

Leblond s'exprime de la même manière, d'après sa propre expérience « Un jour, dit-il, je me baignais... sur une grande anse, devant l'habitation où je demeurais... Une Galère, dont plusieurs étaient échouées sur le sable, se fixa sur mon épaule gauche au moment où la lame me rapportait à terre; je la détachai promptement; mais plusieurs de ses filaments restèrent collés à ma peau jusqu'au bras. Bientôt je sentis à l'aiselle une douleur si vive que, prêt à m'évanouir, je saisis un flacon d'huile qui était là et j'en avalai la moitié pendant qu'on me frottait avec l'autre. Revenu à moi, je me sentis assez bien pour retourner à la maison, où deux heures de repos me rétablirent, à la cuisson près, qui se dissipa dans la nuit. »

Les Physalies ont encore la réputation de tuer ou tout au moins de rendre malades l'Homme et les animaux qui les mangent; la chair de ces derniers serait elle-même toxique. Mais

Ricord-Madiana a entrepris à la Guadeloupe des expériences qui ont démontré l'inexactitude de cette croyance.

J. du Tertre, *Histoire générale des Antilles habitées par les Français*. Paris, 4 vol. in-4°, 1667-1671.

Labat, *Nouveau voyage aux isles de l'Amérique*. La Haye, in-4°, 1724. Voir I, 1re partie, p. 158.

Leblond, *Voyage aux Antilles et à l'Amérique méridionale*. Paris, in-8°, 1813. Voir p. 350.

Ricord-Madiana, *Histoire naturelle et toxique de la Physalide pélasgienne*. Journal de pharmacie, XV, p. 375, 1829.

ORDRE DES ACALÈPHES

Sans nous arrêter aux deux groupes peu importants des Calycozoaires (*Lucernaria*, fig. 163) et des Charybdées, qui n'auraient pas grand intérêt pour nous, nous aborderons immédiatement l'histoire des Discophores ou Méduses acraspèdes. Nous prendrons pour type *Aurelia aurita*, dont Michaël Sars a découvert, en 1837, les curieuses métamorphoses.

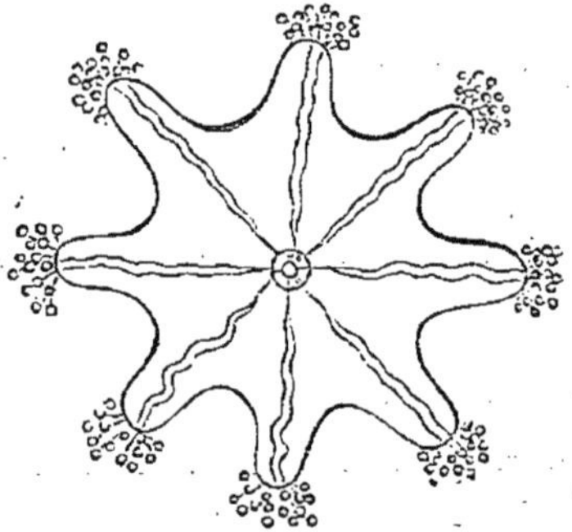

Fig. 163. — *Lucernaria campanulata*, vu de face, les tentacules écartés.

On connaissait sous le nom d'*Hydra tuba* ou de *Scyphistoma* un Polype marin, très semblable à une Hydre d'eau douce (fig. 164, A) : comme celle-ci, il était capable de se multiplier par bourgeonnement latéral. Un autre Polype, plus grand et plus allongé, avait un corps cylindrique régulièrement annelé : on en faisait le genre *Strobila*, B. Ce dernier présentait parfois de profonds étranglements, et chacun de ses segments portait sur son bord huit lobes échancrés en leur milieu, C.

Il semble au premier abord que le Scyphistome et le Strobile soient des animaux fort distincts, à peine apparentés l'un à l'autre. Or, il n'en est rien : on trouve entre eux toutes sortes de transitions et, en les observant de près, on peut voir le Scyphistome se transformer peu à peu en Strobile. Les deux êtres reconnus précédemment par Sars doivent donc être réunis : ils ne représentent que deux phases successives du développement d'un seul et même animal.

Le Strobile présente l'aspect d'une pile d'assiettes creuses. Le segment supérieur est également découpé en lobes, mais continue à porter les tentacules dont nous avons reconnu précédemment l'existence chez le Scyphistome. Par la suite, les divers segments du Strobile s'accentuent de plus en plus et se séparent les uns après les autres, D, pour vivre indépendants et libres. Ces segments détachés du Strobile ne sont pas autre chose que des petites Méduses

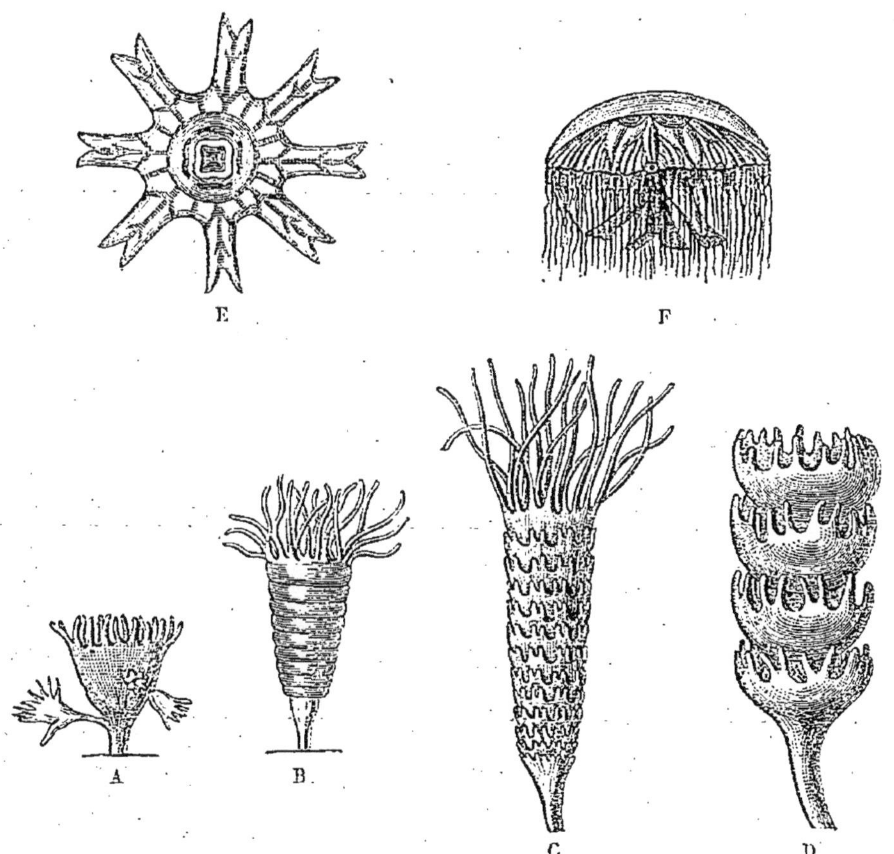

Fig. 164. — Développement d'*Aurelia aurita*, d'après Sars. — A, forme polypoïde avec des bourgeons en voie de formation (*Scyphistoma*) ; B, la même commençant à se diviser en segments transversaux (*Strobila*) ; C, la même dont la division est plus avancée ; D, Strobile dont il ne reste plus que quatre segments prêts à se détacher ; E, l'un de ces segments (*Proglottis*) détaché et libre (*Ephyra*) ; F, Méduse complètement développée.

connues depuis longtemps sous le nom d'*Ephyra*, E; celles-ci sont munies, au fond de l'échancrure des lobes, de taches pigmentaires sensorielles, dont on aurait déjà pu suivre le développement, sur les segments du Strobile.

Quand toutes les Ephyres se sont enfin détachées du Strobile, celui-ci, réduit à son segment basilaire, ne diffère plus du Polype primitif que par l'absence de tentacules : des appendices de ce genre se développent bientôt, et on revient ainsi à la forme *Hydra tuba*.

Les Ephyres qui proviennent du Strobile, ne sont pas encore des animaux parfaits. A mesure qu'elles grandissent, on les voit se transformer petit à petit : leur ombrelle devient plus large et plus régulière ; un grand nombre de filaments délicats se développent sur son bord, en même temps qu'un manubrium quadrifide apparaît dans son fond. L'Ephyre s'est métamorphosée en *Aurelia aurita*, forme sexuée, F. Celle-ci pond des œufs qui reproduiront des Scyphistomes. On se trouve donc ici en présence d'un nouvel exemple de génération alternante.

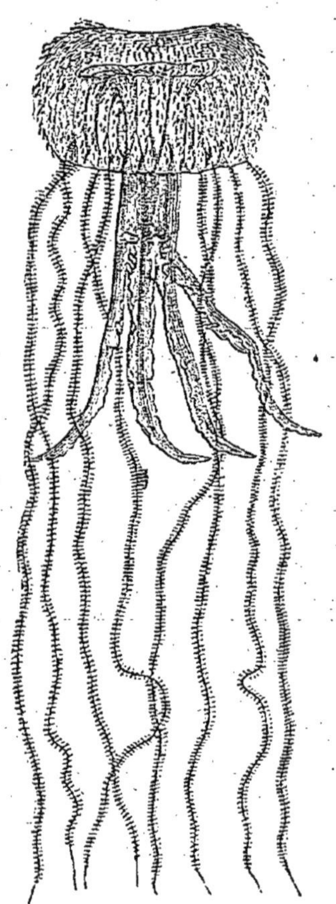

Fig. 165. — *Pelagia ponopyra.*

Sars a constaté encore un développement analogue pour une autre Méduse, *Cyanea capillata*. Toutes les Méduses ne passent pourtant point par les phases que nous venons de décrire : les Pélagides (fig. 165), dont certaines espèces habitent la Méditerranée, ne présentent jamais de génération alternante et ont un développement direct, accompagné d'une simple métamorphose : l'Ephyre provient directement de la gastrula (1).

A part cette exception, toutes les Méduses vraies proviennent de Scyphistomes. Déjà très différentes des Médusoïdes quant à leur mode de production, les Méduses ne sont pas moins bien caractérisées par leur structure et leur organisation. Avec les Lucernaires et les Charybdées, elles constituent l'ordre des *Acalèphes*, nom qui indique leurs propriétés urticantes. On les appelle encore *Acraspèdes*, pour indiquer qu'elles sont dépourvues de vélum ; *Discophores*, parce que leur ombrelle est discoïde ; *Phanérocarpes*, parce que leurs organes reproducteurs sont bien visibles ; ou *Stéganophthalmes*, parce que leurs corpuscules sensoriels (ocelles) sont recouverts d'une membrane protectrice.

Tous les Acalèphes ont le corps constitué par une ombrelle de consistance gélatineuse, transparente comme le cristal, irisée comme

(1) Ce développement direct, que Hæckel propose d'appeler *hypogenèse*, s'observerait parfois aussi chez *Aurelia aurita*.

le diamant. Sa couleur est assez variable : tantôt d'un blanc laiteux comme chez l'Aurélie à oreilles, tantôt jaunâtre avec ornements bruns ou pourprés, comme certaines Cyanées, tantôt d'un bleu d'azur, comme chez le Rhizostome de Cuvier. L'ombrelle est agitée de contractions incessantes : elle s'étale et se contracte tour à tour, à la façon d'un parapluie qu'on ouvre ou qu'on ferme, et grâce à ces contractions l'animal peut progresser au sein des eaux. Certaines espèces voyagent fréquemment par bandes nombreuses. Pendant la nuit,

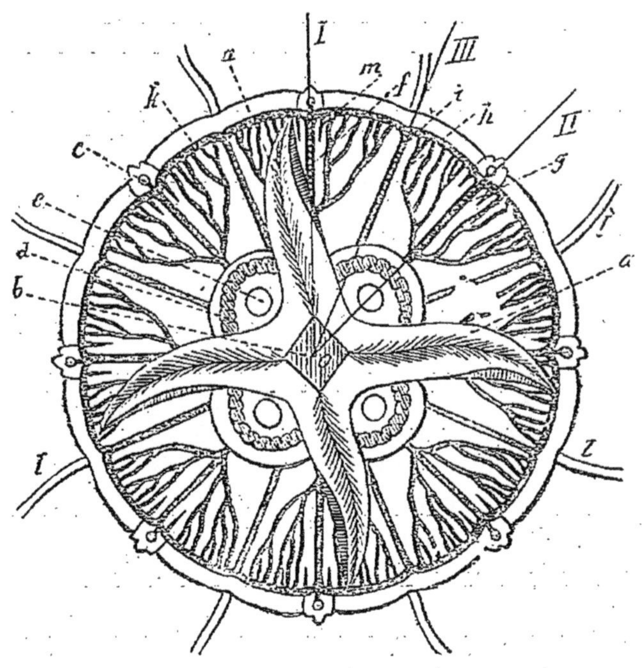

Fig. 166. — Vue théorique de la sous-ombrelle d'une Méduse acraspède. *a*, bras ; *b*, bouche ; *c*, corpuscule sensoriel ; *d*, glande génitale ; *e*, orifice de la poche génitale ; *f*, canal angulaire ; *g*, canal génital ; *h*, ramifications des canaux angulaires et génitaux ; *i*, canal intermédiaire ; *k*, canal circulaire ; *l*, tentacules ; *o*, centre de la bouche ; *o*I, perrayon ou rayon principal ; *o*II, interrayon ou rayon secondaire ; *o*III, adrayon ou rayon tertiaire.

elles tracent dans la mer (1) comme un sillage de feu : c'est qu'en effet beaucoup d'entre elles sont phosphorescentes, grâce à l'accumulation d'une matière graisseuse dans leur épiderme ou à la surface de quelques-uns de leurs organes : elles contribuent de la sorte à produire le phénomène de la phosphorescence de la mer.

(1) Les Méduses sont en effet des animaux marins, à l'exception d'un petit nombre d'espèces qui peuvent vivre dans l'eau saumâtre et même dans l'eau douce. De ce nombre sont *Crambessa Tagi*, qui se trouve dans le Tage, et quelques formes analogues, d'ailleurs mal connues, qu'on a signalées dans le Niger et dans les fleuves de Sierra Leone.

L'ombrelle, en général peu bombée, présente un bord festonné et découpé en lobes; le nombre fondamental de ces derniers est de 8 (*Aurelia*, fig. 166), mais peut devenir fréquemment un multiple de ce chiffre (1). Sur le bord de l'ombrelle et dans l'intervalle des lobes, on trouve les corpuscules marginaux, *c*, dont le nombre fondamental est également de 8; mais on en peut rencontrer 12 (*Polyclonia*), ou 16 (*Phacellophora*). Ces corpuscules, contrairement à ce qui s'observe chez les Médusoïdes, sont toujours recouverts d'une petite membrane protectrice, qui s'insère plus ou moins loin sur l'ombrelle ; la forme de la lamelle varie d'ailleurs beaucoup, mais il est rare de la voir se souder par son bord avec l'ombrelle, de manière à se transformer en une petite poche, au fond de laquelle est enchâssé le corpuscule sensoriel (*Pelagia*).

Le bord de l'ombrelle est dépourvu d'appendices chez les Rhizostomes (fig. 167), mais ce fait est exceptionnel. En règle générale, il porte des tentacules, au nombre de 8 et alternant alors avec les corpuscules marginaux (*Nausithoë, Pelagia*, fig. 165), de 24 (*Chrysaora*), de 40 (*Dactylometra*). Les tentacules sont tous semblables entre eux, ou au contraire sont dimorphes ; par exemple, *Chrysaora* en possède 8 grands et 16 petits. Au lieu de s'insérer au bord de l'ombrelle, ils s'attachent parfois à la face inférieure (*Cyanea*), ou à la face supérieure (*Aurelia*). Enfin, ils restent toujours simples et sont creusés, suivant leur axe, d'un canal qui ne fait défaut que chez *Nausithoë;* ce canal se termine en cæcum à l'extrémité libre du tentacule, mais débouche, à la base de celui-ci, dans le canal circulaire parallèle au bord de l'ombrelle.

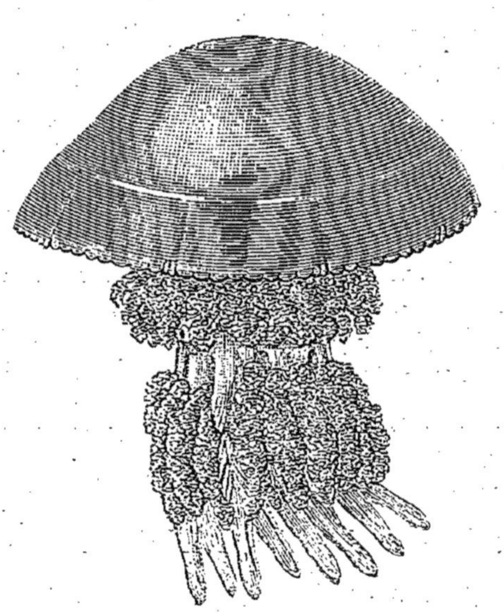

Fig. 167. — *Rhizostoma pulmo.*

En examinant la Méduse par sa face inférieure (fig. 166), on peut se rendre compte plus exactement de son organisation. Le manubrium quadrifide attire tout d'abord le regard : il est divisé en quatre bras, *a*, plus ou moins développés et dont chacun présente à sa face interne une rainure longitudinale, d'autant plus accentuée qu'on se

(1) Le véritable nombre fondamental des Méduses n'est pourtant point 8, mais 4, comme le montre l'existence de 4 replis gastriques chez le Scyphistome, de 4 glandes génitales et de 4 bras manubriaux chez la Méduse, etc.

rapproche davantage de la base. En suivant l'une quelconque de ces rainures, on aboutit à une cavité de forme quadrilatère, *b*, qui occupe exactement le centre de la Méduse : cette cavité est la bouche ; par elle, on tombe dans la cavité gastro-vasculaire.

Les Rhizostomes (fig. 167) présentent une disposition curieuse, dont il nous faut dire quelques mots. Au début, ils sont, comme les autres Méduses, pourvus de quatre bras et d'une bouche centrale, mais les bras se dédoublent bientôt, en même temps que la bouche s'oblitère : la jeune Méduse se modifie alors pour présenter la dispo-

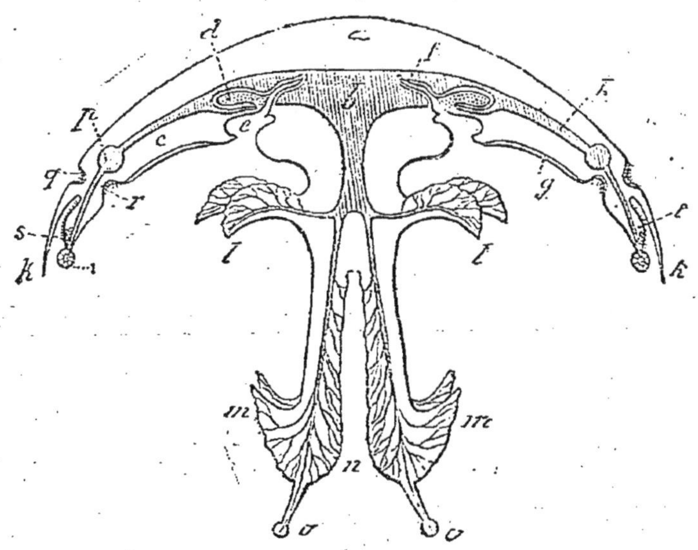

Fig. 168. — Coupe schématique verticale d'un Rhizostome, passant par un interrayon, d'après Claus, mais légèrement modifiée. — *a*, ombrelle ; *b*, estomac ; *c*, sous-ombrelle ; *d*, ruban génital ; *e*, cavité génitale ; *f*, filament gastrique ; *g*, muscles de la sous-ombrelle ; *h*, vaisseau radiaire ; *i*, corpuscule marginal (otocyste) ; *k*, lobe oculaire ; *l*, plis supérieurs du bras ; *m*, plis dorsaux ; *n*, plis ventraux ; *o*, extrémité des bras ; *p*, vaisseaux circulaires ; *q*, fosette olfactive ; *r*, fossette sensorielle ; *s*, tache oculaire ; *t*, épithélium sensitif.

sition qu'indique la figure 168. Chacun des huit bras, très festonné à sa partie inférieure et à sa face interne, se creuse d'un canal longitudinal ; celui-ci porte, au niveau des festons, un grand nombre de branches latérales, qui se ramifient plus ou moins et qui s'ouvrent finalement au dehors par une sorte de suçoir.

La cavité gastrique est toujours quadrangulaire, mais est assez variable dans ses dimensions (fig. 168, *b*). Comme chez les Médusoïdes, elle émet par sa périphérie des canaux qui s'enfoncent en rayonnant dans le tissu de l'ombrelle. Elle renferme d'autre part les organes génitaux, *d*, disposés sur son plancher sous forme de quatre, parfois de huit (*Nausithoë*, *Cassiopea*) glandes rubanées, pelotonnées sur elles-mêmes. A proprement parler, ces glandes ne sont pas renfermées dans la cavité gastrique, bien qu'elles puissent y faire parfois une saillie considérable : elles sont en effet toujours recouvertes d'une mince lamelle endodermique. Les organes génitaux sont très apparents en raison de leur grosseur et de leur vif éclat. Ils proviennent de l'ectoderme et s'enfoncent vers la cavité gastrique à mesure qu'ils se développent, en sorte que la sous-ombrelle se déprime à leur niveau en une sorte de cavité (fig. 166 et 168, *e*), ou *poche génitale*. Quand les produits sexuels sont mûrs, la glande se rompt et émet ses produits, non dans la poche située au-dessous, mais dans la cavité gastrique, d'où ils sont rejetés au dehors par la bouche. La diœcie est la règle ; *Chrysaora*, qui est hermaphrodite, fait seul exception.

En face et en dedans de chaque glande génitale, on voit dans la cavité gastrique un filament particulier (fig. 168, *f*), que l'on doit considérer comme étant l'analogue du repli mésentéroïde des Anthozoaires. Les filaments gastriques rappellent quatre bourrelets longitudinaux que présente la cavité du corps du Scyphistome. Ce sont de petits cæcums très contractiles et communiquant avec les poches génitales.

L'appareil vasculaire est plus compliqué que chez les Médusoïdes ; la figure 166 va nous rendre compte de sa disposition, en même temps qu'elle nous fera connaître les principaux plans de symétrie des Acalèphes. Quatre canaux radiaires, *f*, appelés *angulaires* par C. Vogt et E. Yung, correspondent aux quatre coins de la bouche, et parcourent l'ombrelle suivant la direction du rayon principal ou *perrayon*, oI, pour adopter la nomenclature proposée par Hæckel. Quatre autres canaux, *g*, ou *canaux génitaux*, intermédiaires aux précédents, divisent en deux parties égales l'espace laissé libre entre deux perrayons consécutifs : ils traversent l'ombrelle suivant un rayon secondaire ou *interrayon*, oII. Enfin, les huit segments délimités chacun par un perrayon et un interrayon consécutifs sont divisés en deux moitiés égales par un nouveau canal, *i*, ou *canal intermédiaire*, qui prend la direction d'un rayon tentaculaire ou *adrayon*, oIII.

Les canaux angulaires et les canaux génitaux se développent les premiers : ils aboutissent chacun à un corpuscule marginal, et émettent le long de leur trajet un nombre variable de branches latérales, qui s'en vont vers le bord de l'ombrelle en se ramifiant de plus en plus. Les canaux intermédiaires restent au contraire indivis ou ne se ramifient que fort peu, vers leur extrémité périphérique. L'ensemble des canaux que nous venons de décrire vient finalement se jeter dans un canal annulaire, *k*, situé au voisinage du bord de l'ombrelle.

Les perrayons, *o*I, passent par le coin de la bouche et correspondent aux divisions du manubrium. Les interrayons, *o*II, passent par les filaments gastriques et par les glandes génitales. Ces deux sortes de rayons passent en outre chacun par un corpuscule marginal sensoriel, et permettent de diviser le corps de la Méduse en deux moitiés symétriques. L'adrayon, *o*III, ne détermine jamais qu'une division asymétrique et ne passe par l'axe d'aucun organe essentiel, à part le canal radiaire, dont il prend la direction : il correspond pourtant aux tentacules, dans le cas où ceux-ci sont au nombre de huit.

L'ombrelle des Acraspèdes est d'ordinaire très épaisse et peut atteindre, chez les espèces de grande taille, une consistance voisine de celle du cartilage. Sa substance est rarement anhiste, comme chez les Craspédotes, mais est constituée par une masse gélatineuse, au sein de laquelle sont plongées des fibres élastiques disposées en réseau et des cellules ramifiées. On y trouve encore parfois, disséminées çà et là, des cellules fusiformes qui semblent s'être séparées de l'endoderme par une sorte de migration. Les muscles locomoteurs sont situés à la face inférieure de l'ombrelle, au voisinage du bord libre, et disposés en faisceaux longitudinaux et radiaires : le bord lobé qui les renferme est appelé *vélarium*; il correspond donc, dans une certaine mesure, au vélum des Craspédotes, mais il s'en distingue en ce que les dernières ramifications du système gastro-vasculaire pénètrent à son intérieur.

Le système nerveux central est plus rudimentaire que chez les Méduscoïdes. On n'a pas, jusqu'à présent, signalé d'anneau nerveux sur la face sous-ombrellaire, si ce n'est chez les Charybdées, et c'est seulement à la base et dans le pédoncule des corpuscules marginaux qu'on a pu déceler la présence d'une épaisse couche de fibres nerveuses, mélangées à des cellules bipolaires. Ce tissu nerveux fait partie de l'ectoderme et est en rapport avec les cellules épithéliales sus-jacentes. Il se réfléchit sur les bras du manubrium, mais y est difficile à suivre.

Le corpuscule marginal (fig. 168, *i*) est porté à l'extrémité d'un court pédoncule, dans l'axe duquel pénètre un petit diverticulum du canal gastro-vasculaire annulaire. Il correspond à une vésicule auditive ou otocyste (1) et présente à sa base et à sa partie supérieure une tache pigmentaire, *s*, qui est l'organe visuel. Entre celui-ci et l'insertion de la membrane protectrice, *k*, s'étend un épithelium vibratile particulier, *t*, doué sans aucun doute d'une sensibilité spéciale. On

(1) D'où le nom de *Méduses vésiculées* qui a encore été donné aux Acraspèdes.

peut encore reconnaître à la base du corpuscule marginal deux dépressions tapissées d'épithélium vibratile, l'une inférieure, *r*, l'autre supérieure, *q*; cette dernière est considérée par Claus comme étant une fossette olfactive.

L'œuf est alécithe et forme, après la segmentation, une gastrula (fig. 169, A), dont le blastopore se ferme prématurément. La larve astome est alors semblable à la planula des Hydraires ; elle se couvre de cils et s'allonge de manière à prendre un aspect ovoïde, B. Après être restée quelque temps errante, elle se fixe par son extrémité rétrécie ; une bouche nouvelle ou stomodæum se creuse bientôt à

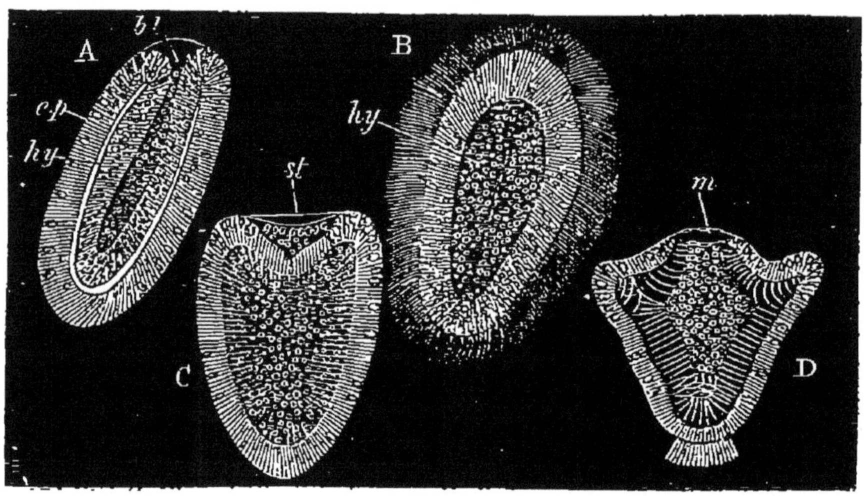

Fig. 169. — Quatre stades du développement de *Chrysaora*, d'après Claus. A, gastrula. — B, stade postérieur à la fermeture du blastopore. — C, larve fixée au moment de l'apparition de la nouvelle bouche. — D, larve fixée avec bouche et tentacules naissants. — *bl*, blastopore ; *ep*, épiblaste ; *hy*, hypoblaste ; *m*, bouche ; *st*, nouvelle bouche ou stomodæum.

l'extrémité opposée, C. Il se forme peu après une sorte de disque pédieux qui sert de base à la larve et, autour de la bouche, une sorte de plateau sur lequel se développent successivement deux paires de tentacules pleins, dont l'axe est occupé par un prolongement de l'endoderme, D. Quatre tentacules nouveaux apparaissent ensuite dans l'intervalle des premiers, en même temps que la cavité gastrique se subdivise incomplètement en quatre chambres, grâce à la production de quatre replis endodermiques longitudinaux, qui prennent naissance dans le même plan vertical que les tentacules de dernière formation. Les tentacules augmentent encore de nombre jusqu'à ce qu'il s'en soit formé seize, et la forme *Scyphistoma*, qui a été le point de départ de notre étude, se trouve alors reconstituée.

Grâce à leurs nombreux nématocystes, les Acalèphes sont au nombre des animaux les plus urticants. On est assurément loin de s'attendre à voir cette urtication mise à profit dans un but thérapeutique : le fait existe pourtant, il a été signalé récemment par Spencer Wells.

Aux eaux de Sandifjord, en Norvège, on traite les névralgies et les douleurs rhumatismales par l'application d'*Aurelia aurita*. Cette méthode fut imaginée, en 1837, par le Dr Thaulow et introduite par lui dans l'établissement thermal dont il est le fondateur; l'idée de ce traitement lui fut suggérée par l'observation d'un malade atteint de douleurs névralgiques et qui fut complètement guéri après avoir été piqué par une Méduse, en prenant un bain de mer. L'application de l'Acalèphe est d'ailleurs des plus simples. Un baigneur tient celui-ci par la face convexe ou supérieure de l'ombrelle, qui est lisse et dépourvue de nématocystes, et touche légèrement à plusieurs reprises, avec la face inférieure, les parties au niveau desquelles on veut produire une révulsion. Il en résulte une irritation assez forte; le patient ressent une vive cuisson, une brûlure; la peau rougit, la région se tuméfie et reste ainsi pendant plusieurs heures; parfois même, on observe de l'érythème qui persiste pendant quelques jours. Le malade ressent dans diverses parties du corps des douleurs fulgurantes et un ébranlement qu'il compare à une décharge électrique; la céphalée est assez fréquente. Des névralgies et des rhumatismes rebelles ont cédé rapidement à cette médication.

Th. Eimer, *Die Medusen physiologisch und morphologisch auf ihr Nervensystem Untersucht*. Tübingen, 1878.

E. Hæckel, *Das System der Medusen*. Iena, 1879.

E. Hæckel, *Die Tiefsee-Medusen der Challenger-Reise und der Organismus der Medusen*. Iena, 1881.

E. Hæckel, *Metagenesis und Hypogenesis von Aurelia aurita*. Iena, 1881.

T. Spencer Wells, *Remarks on holiday-making and health-resorts of Norway*. British med. journal, II, p. 504, 16 sept. 1882.

On ne peut méconnaître que les Acalèphes ont avec les Anthozoaires de grandes affinités, que nous avons eu déjà l'occasion de faire ressortir : il y a donc lieu de penser que ceux-ci ont été les ancêtres de ceux-là ou tout au moins que les uns et les autres dérivent d'une souche commune. Les Hydroïdes et les Siphonophores sont étroitement apparentés les uns aux autres; ils ont moins de ressemblance avec les Actinozoaires qu'avec les Hydrocorallines, dont l'origine est très ancienne. La classe des Hydroméduses semble donc provenir de deux souches fort distinctes. Dans les espèces à génération alternante, les observateurs s'accordent à regarder la forme sédentaire et asexuée comme la forme primitive. C. Vogt et E. Yung pensent au contraire que la forme médusaire représente l'état primitif de l'animal, et la forme fixe polypoïde un état tout secondaire. Les arguments qu'ils apportent à l'appui de leur opinion ne sont point encore suffisamment convaincants.

CLASSE DES CTÉNOPHORES

Les Cténophores sont tous des animaux marins. Ils nagent librement, ne présentent point d'alternances de génération et ne forment jamais de colonies. Leur corps est habituellement sphérique ou cylindrique, mais peut quelquefois s'aplatir comme un ruban (*Cestum*). La symétrie est nettement bilatérale, aussi bien suivant le plan transversal que suivant le plan sagittal. La substance du corps, constituée en grande partie par une masse gélatineuse analogue à celle des Méduses et d'origine mésodermique, est parfois d'une transparence parfaite (*Bolina*), en sorte qu'on peut aisément saisir les détails de son organisation, à moins que du pigment ne s'accumule dans l'ectoderme.

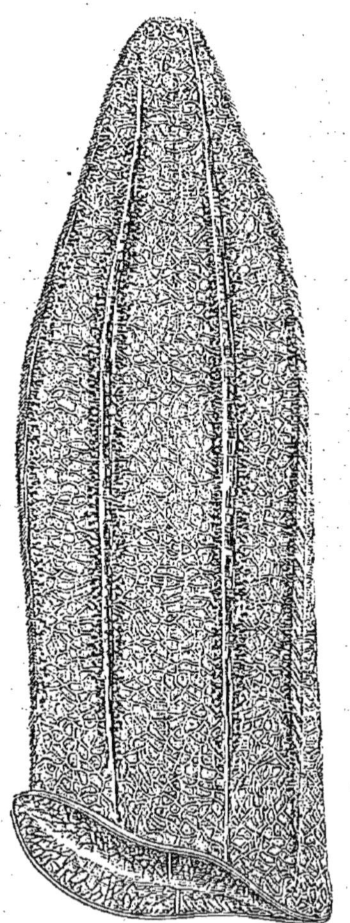

Fig. 170. — *Beroe Forskali.*

La surface du corps présente huit bandes de palettes ciliées (fig. 172, *q*), formant des plaques pectiniformes au moyen desquelles les Cténophores nagent et auxquelles ils doivent d'ailleurs leur nom ; ces bandes, dont l'étendue est très variable, sont disposées longitudinalement, suivant des méridiens. Dans les cas où les lobes péribuccaux font défaut, elles constituent le seul appareil de locomotion dont puisse disposer l'animal, le corps ne présentant point ces actives contractions que nous avons constatées chez les Méduses. Le Cténophore meut à son gré ses palettes natatoires, soit toutes ensemble, soit par séries, soit par groupes de palettes.

La bouche est toujours dirigée en arrière pendant la natation. Elle est située à l'un des pôles (fig. 172, *a*), et est assez fréquemment entourée de lobes plus ou moins développés. Large chez *Beroe* (fig. 170), elle est rétrécie chez *Pleurobrachia* (fig. 171), et cette différence de forme a permis de distinguer les Cténophores en Eurystomes (*Beroe*, *Idyopsis*, *Ringia*) et en Sténostomes (*Pleurobrachia*, *Cydippe*, *Owenia*, *Cestum*, *Bolina*, *Mnemia*, etc.). L'estomac (fig. 172, *b*), qui fait suite au

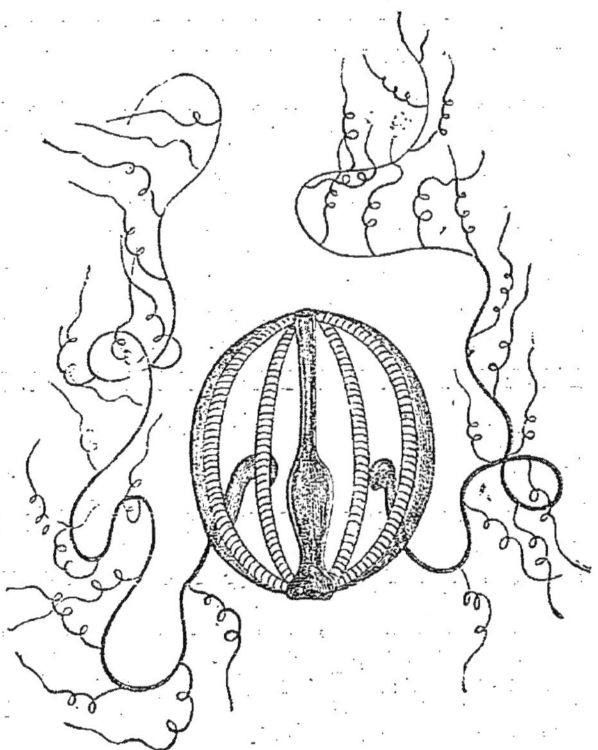

Fig. 171. — *Pleurobrachia pileus.*

tube buccal, est très vaste chez les Eurystomes, mais rétréci chez les autres Cténophores; il est parcouru longitudinalement par deux saillies glandulaires, *c*. Son fond, que des muscles spéciaux peuvent clore, communique avec une cavité nouvelle, l'*entonnoir*, *d*, qui occupe l'axe du corps et qui, au pôle aboral, émet deux petits canaux, *e*, venant chacun déboucher au dehors; leur orifice de sortie, entouré d'un muscle qui en permet l'occlusion, n'est situé dans aucun des deux plans de symétrie, mais est compris dans un plan qui croise ceux-ci suivant un angle de 45°.

L'entonnoir est fortement aplati dans le sens latéral. Il émet un certain nombre de diverticulums qui prennent tous naissance dans le plan transversal, au niveau de l'estomac. Ce sont d'abord deux culs-de-sac (fig. 172, *f*), qui marchent parallèlement à l'estomac c'est ensuite, de chaque côté, un canal gastro-vasculaire transversal, *g*. Ce dernier canal se divise de bonne heure en deux branches, *h*, dont chacune se bifurque à son tour, *i*, pour aller se terminer dans un canal méridien, *l*, qui court parallèlement à la bande ciliée et à peu de distance au-dessous d'elle. Eu égard à leur situation par rapport aux deux plans de symétrie, les huit bandes ciliées peuvent être divisées en deux groupes : les unes sont sub-sagittales, les autres sont sub-transversales ; les canaux méridiens correspondants peuvent recevoir la même dénomination. Chez les Pleurobrachies, les huit canaux méridiens se terminent de part et d'autre en cul-de-sac ; mais chez d'autres Cténophores, tels que les Mnémides, certains vaisseaux peuvent se réunir entre eux par des anastomoses transversales, sans que pourtant on observe jamais d'anneau vasculaire péri-buccal.

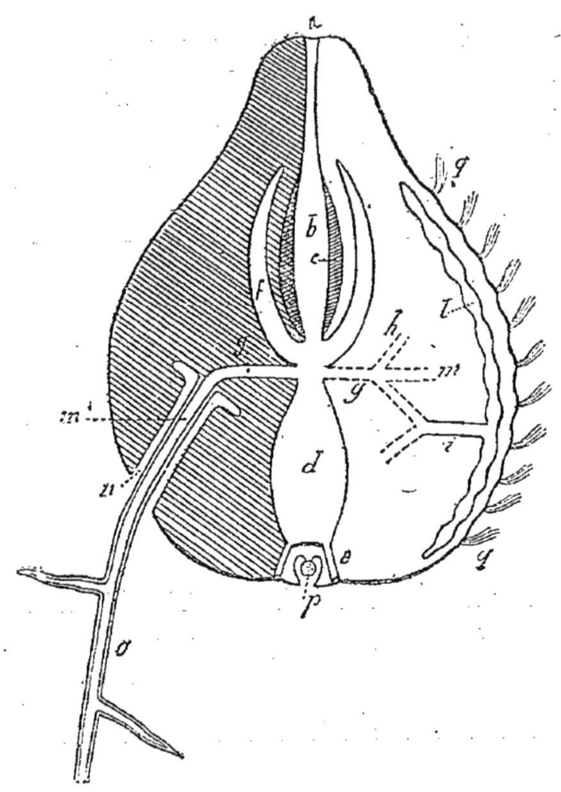

Fig. 172. — Coupe verticale théorique du corps d'un Cténophore (*Pleurobrachia*). La coupe passe par le plan transversal du côté gauche et par le plan du canal méridien subtransversal du côté droit. — *a*, bouche ; *b*, estomac ; *c*, bourrelet glandulaire ; *d*, entonnoir ; *e*, canaux par lesquels l'entonnoir s'ouvre au dehors ; *f*, cæcums parallèles à l'estomac ; *g*, canal gastro-vasculaire transversal ; *h*, ses branches de bifurcation ; *i*, branches de bifurcation du canal *h* ; *l*, canal méridien ; *m*, canal tentaculaire ; *n*, poche tentaculaire ; *o*, tentacule ; *p*, otocyste ; *q*, palette ciliée.

Tous les Sténostomes sont munis de deux longs tentacules latéraux, *o*, diversement ramifiés et capables de se rétracter dans une poche, *n*, creusée dans la substance gélatineuse. Comme chez les Méduses, ces tentacules sont creusés d'un canal, *m*, qui n'est lui-même qu'une branche du canal gastro-vasculaire transversal. Leur paroi est très musculeuse et est tapissée d'un épithélium externe renfermant un grand nombre de nématocystes d'une structure particulière; l'épithélium interne est cilié, comme du reste dans toute l'étendue du système gastro-vasculaire.

Le pôle aboral est occupé par une grosse vésicule, *p*, dans laquelle l'examen microscopique permet de reconnaître un otocyste, enchâssé au fond d'une dépression que l'animal peut faire disparaître à son gré. On n'a pas réussi jusqu'à présent à reconnaître le système nerveux central, mais il est vraisemblable que des recherches ultérieures le feront découvrir dans les tissus qui avoisinent la vésicule auditive.

Les Cténophores sont des animaux hermaphrodites. Leurs glandes génitales se développent dans les canaux méridiens et plus particulièrement dans des culs-de-sac que présentent latéralement ces canaux, au niveau de chaque palette ciliée. Les produits sexuels s'y forment d'une façon très régulière : un côté du canal est tout entier mâle, tandis que l'autre côté est femelle. Ces glandes dérivent sans doute de l'ectoderme : elles sont recouvertes par l'épithélium cilié qui tapisse le canal, mais, au moment de la maturité, leurs produits déchirent cet épithélium et tombent dans la lumière du vaisseau. Le développement est direct et sans métamorphoses.

E. Hæckel, *Ursprung und Stammverwandtschaft der Ctenophoren*. Sitzungsberichte der Jenaischen Gesellschaft, p. 70, 1879.

C. Chun, *Die Ctenophoren des Golfes von Neapel*. Leipzig, 1880.

R. Hertwig, *Ueber den Bau der Ctenophoren*. Jenaische Zeitschrift, XIV, p. 313, 1880.

Les affinités des Cténophores sont longtemps demeurées incertaines. Hæckel a décrit récemment, sous le nom *Ctenaria ctenophora*, un curieux Médusoïde qui se rattache étroitement à *Cladonema*, mais qui, de même que les Cténophores, présente un entonnoir, deux tentacules pouvant se rétracter dans des poches creusées dans le tissu de l'ombrelle, et huit zones méridiennes ciliées, situées à la surface dans le plan des adrayons. Il n'hésite pas à considérer cette forme comme établissant directement le passage des Anthoméduses, tels que *Cladonema* et *Gemmaria*, aux Cténophores tels que *Cydippe* et *Pleurobrachia*; il en conclut que les Cténophores dérivent des Craspédotes. Cette opinion est des plus plausibles ; on ne doit pourtant pas perdre de vue que, si leur phylogénie semble les rapprocher de ces derniers, l'ontogénie des Cténophores n'est pas sans analogie avec celle des Acalèphes, comme le prouve la formation d'un stomodæum chez la larve, c'est-à-dire d'une bouche secondaire produite par perforation du blastoderme, après oblitération du blastopore; il est d'ailleurs possible que ce caractère soit une acquisition secondaire.

Le tableau suivant montre la descendance et les affinités des Cœlentérés entre eux, autant que permettent d'en juger les données actuelles de la science :

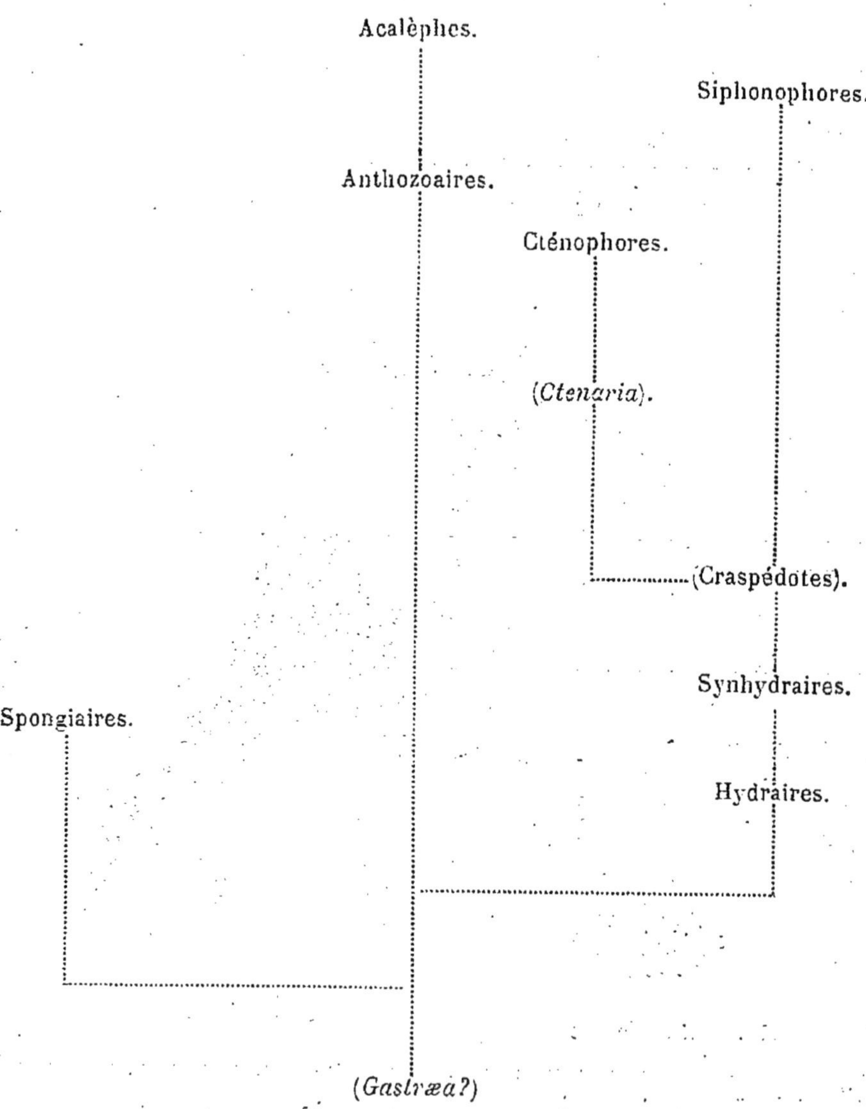

CŒLENTÉRÉS PRIMORDIAUX.

EMBRANCHEMENT DES ÉCHINODERMES

CLASSE DES CRINOÏDES

Les Crinoïdes sont les plus anciens des Échinodermes; ils apparaissent dans les mers cambriennes et un groupe important, celui des Cystidées, s'éteint déjà dans le carbonifère. Après avoir eu une période d'extraordinaire prospérité durant la période secondaire,

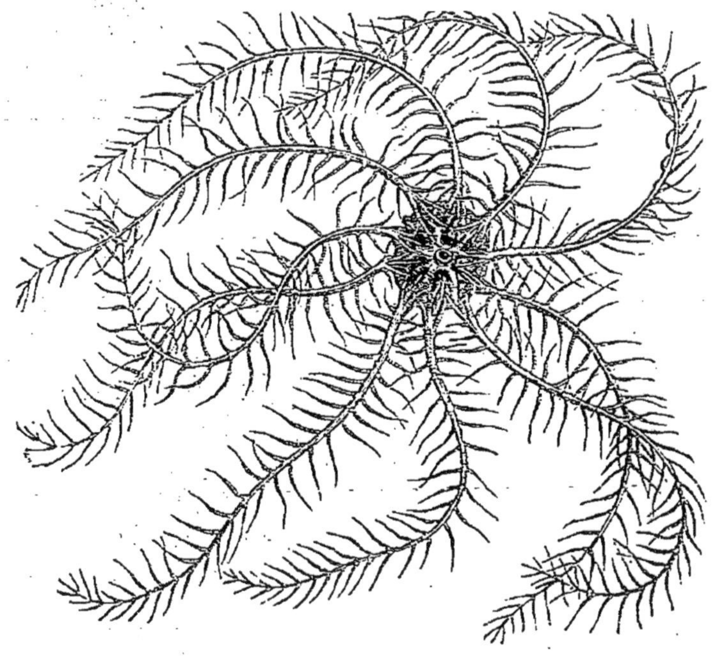

Fig. 173. — *Antedon rosaceus* (*Comatula mediterranea*), vu en dessous.

les Crinoïdes ont rapidement décliné dans les périodes suivantes; leurs espèces sont devenues infiniment moins nombreuses et infiniment moins bien représentées.

Il en existe pourtant encore dans toutes les mers, des deux pôles à l'équateur. La plupart vivent dans les plus grandes profondeurs: les

Bathycrines et les Hyocrines, par exemple, habitent des fonds de 1,800 à 4,500 mètres, en compagnie de certaines espèces de Comatules. D'autres Comatules, au contraire, remontent sur nos côtes, à peu de distance des grèves que le reflux laisse à découvert, et demeurent souvent à sec pendant quelques heures, au moment des marées d'équinoxe. L'espèce qui se trouve ainsi répandue dans nos mers est *Antedon rosaceus* Links (fig. 173).

Les Crinoïdes se divisent en trois ordres: 1° *Eucrinoïdes* ou *Brachiaires;* 2° *Cystidées;* 3° *Blastoïdes.* Les espèces actuellement vivantes appartiennent à la première de ces divisions. Leur étude, intéressante au point de vue de l'anatomie comparée, est trop spéciale pour que nous nous y arrêtions.

CLASSE DES ASTÉRIDES

ORDRE DES STELLÉRIDES

On trouve en abondance sur nos côtes un animal en forme d'étoile à cinq branches, d'un rouge violacé, brunâtre ou presque orangé sur la face supérieure ou dorsale, d'un blanc jaunâtre sur la face inférieure ou ventrale: c'est *Asterias rubens* L., que nous pouvons prendre pour type de l'ordre des Stellérides ou *Étoiles de mer.*

Le corps de cet animal est composé d'une partie médiane, le *disque*, et de cinq *rayons* ou *bras* divergents, un peu renflés à leur origine. Il est de forme aplatie et, malgré son apparence rayonnée, offre une symétrie bilatérale des plus nettes. On remarque en effet, à la face supérieure ou aborale, une plaque impaire et excentrique, la *plaque madréporique* (fig. 174 et 180, *f*), dont nous aurons à parler par la suite. Cette plaque est située dans l'un des angles formés par la réunion de deux bras: puisque le nombre de ces derniers est de cinq, elle est donc opposée à un bras. Celui-ci sera le bras antérieur, et les quatre autres bras se trouveront dès lors divisés en deux groupes égaux, dont l'un est situé à droite et l'autre à gauche. La ligne OC (fig. 174) qui, partie du centre, passe par les bras, constitue le *rayon;* la ligne intermédiaire OD, qui passe par l'intervalle des bras, constitue l'*interrayon.* Le plan de symétrie se trouve dès lors défini par la ligne AB, qui passe par le rayon du bras antérieur et par l'interrayon postérieur, sur le trajet duquel est situé la plaque madréporique.

Examinons maintenant notre Astérie par la face inférieure. Au centre se voit la bouche, située au fond d'une excavation pentagonale. Les cinq bras sont creusés suivant leur longueur d'un profond sillon (fig. 178), dans lequel on remarque, de part et d'autre de la ligne médiane, deux rangées d'appendices délicats et contractiles, capables de rentrer dans le corps ou au contraire de sortir au dehors : ce sont les *ambulacres, i;* le sillon qui les renferme prend le nom de *gouttière ambulacraire* ou d'*avenue*. Enfin, l'extrémité libre de chacun des rayons présente vers sa partie supérieure un petit corpuscule rouge (fig. 180, *y*), que l'on considère comme un œil.

Nous venons de voir que, chez *Asterias*, les séries d'ambulacres

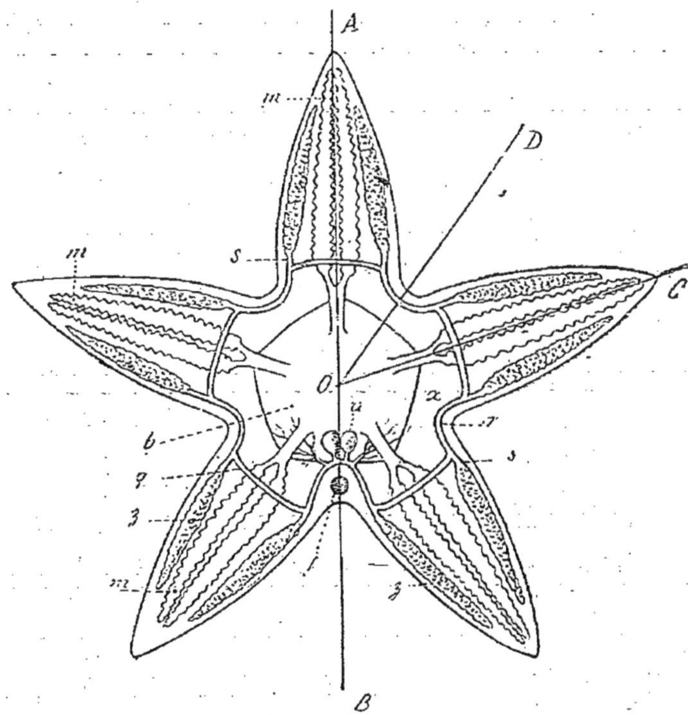

Fig. 174. — Schéma de l'organisation d'une Astérie, vue par la face dorsale. AB, plan de symétrie bilatérale : OA, OC, rayons ; OB, OD, interrayons ; *b*, estomac ; *f*, plaque madréporique ; *m*, cæcum hépatique ; *q*, canal périanal ; *r*, anses qu'il forme ; *s*, branches se rendant aux glandes génitales ; *t*, branches se rendant à l'estomac ; *u*, glandes de Greeff ; *x*, cavité générale ; *z*, glande génitale.

sont au nombre de quatre ; il en est de même chez *Stichaster*, *Anasterias*, *Calvasterias*, *Pycnopodia* et *Heliaster*. Mais toutes les autres Stellérides ont seulement deux rangées d'ambulacres (*Brisinga*, *Ilyaster*, *Caulaster*, *Echinaster*, *Linckia*, *Goniaster*, *Asterina*, *Pteraster*, *Astropecten*, *Archaster*, etc.). On peut, d'après ce caractère, classer les Astéries et la division ainsi établie coïncide à peu près exactement avec celle que nous indiquerons par la suite comme basée sur la structure de la bouche.

La constitution du tégument diffère notablement, suivant qu'on l'étudie à la face dorsale ou à la face ventrale ; elle varie également dans ses différentes parties. Examinons d'abord la face dorsale.

Elle est hérissée de mamelons ou d'épines (fig. 178, *u*), qui ne sont jamais articulés, mais font corps avec des plaques calcaires développées dans l'épaisseur du tégument. Ces plaques squelettiques, *b*, très variables d'aspect d'une espèce à l'autre, ont été étudiées avec grand soin par Viguier, qui a montré toute leur importance pour la classification. Elles laissent entre elles des lacunes ou méats, par lesquels font saillie des tubes en cæcum, disséminés çà et là, communiquant avec la cavité générale du corps et appelés *branchies dermiques*, *e*, en raison du rôle respiratoire qu'on leur attribue. Le squelette dermique des bras est plus parfait que celui du disque : les segments calcaires qui le constituent s'articulent entre eux, de façon à donner à l'Astérie une assez grande consistance et une certaine raideur. En dépit de cette rigidité, l'animal peut néanmoins plier ses bras ; son test représente en effet une sorte de cotte de mailles, dont la solidité n'est pas incompatible avec la flexibilité. En outre de la plaque madréporique, dont nous avons indiqué déjà la situation, la face supérieure offre en son centre l'orifice anal ; mais celui-ci peut faire défaut (*Astropecten*, *Ctenodiscus*, *Luidia*), et tel serait aussi le cas d'*Asterias rubens*, suivant Hoffmann ; on peut trouver, en revanche, des Astérides pourvues de plusieurs plaques madréporiques (*Ophidiaster*, *Acanthaster*).

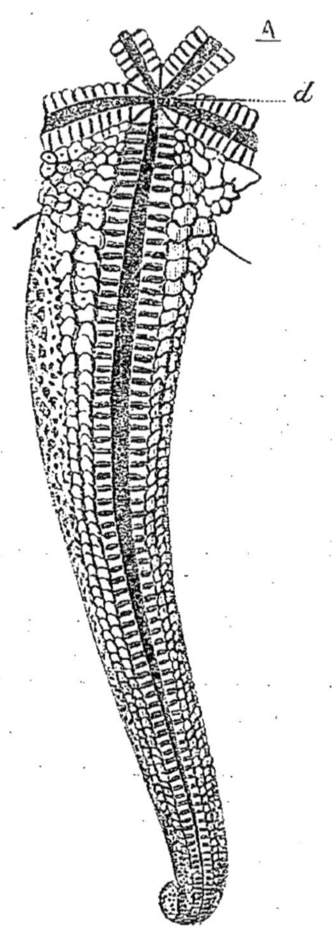

Fig. 175. — Squelette du bras d'*Echinaster sepositus* vu par la face ventrale, d'après Viguier ; *d*, dent.

Si maintenant nous passons à la face inférieure, les pièces calcaires du pourtour de la bouche se montrent dans l'épaisseur du tégument, réunies par des parties molles. Chacun des côtés de la gouttière ambulacraire est constitué par une file unique de *plaques ambulacraires* (fig. 176 et 178, *a*), qui laissent entre elles des pertuis par lesquels passent les ambulacres. En dehors de la gouttière, mais encore à la face orale, on peut en outre observer de chaque côté une *plaque adambulacraire*, *ad*, dont le bord externe s'unit aux plaques de la face dorsale.

La surface entière du corps est recouverte d'une cuticule, ciliée par places, notamment autour de la bouche, et surmontant un épithélium cylindrique, dont les cellules sont remplies de granulations pigmentaires auxquelles est due la couleur spéciale présentée par l'Astérie.

On trouve encore sur toute la surface du corps, mais plus particulièrement au voisinage du sillon ambulacraire, des appendices de très petite taille connus sous le nom de *pédicellaires* (fig. 178, *d*). Ce sont des sortes de pinces bivalves, de nature calcaire, mises en mouvement par des muscles spéciaux et supportées par un pédoncule qui s'attache directement sur la peau ; quelquefois le pédoncule fait défaut, et le pédicellaire est sessile (*Pentagonaster*). Les pédicellaires sont considérés comme des organes de préhension : un corps étranger vient-il à passer à leur portée, ces pinces minuscules le saisiraient, puis se le transmettraient de proche en proche, de manière à le porter vers la bouche.

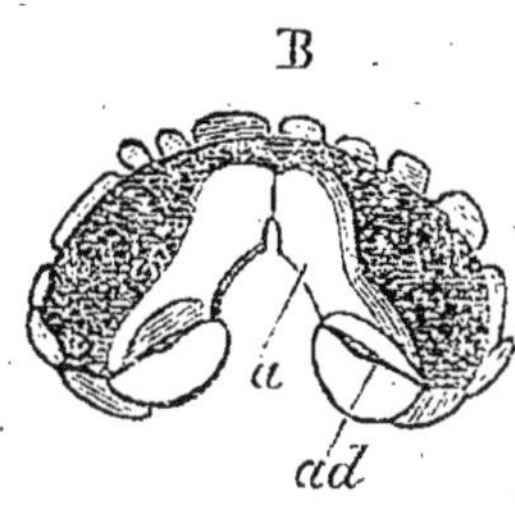

Fig. 176. — Coupe transversale d'un bras d'*Echinaster sepositus*. — *a*, pièce ambulacraire ; *ad*, pièce adambulacraire. D'après Viguier.

Le nombre des bras est habituellement de cinq, comme chez *Asterias rubens*, *Pedicellaster*, *Caulaster*, *Ilyaster*, etc., mais il peut être plus grand. C'est ainsi, par exemple, qu'*Asterias polaris*, *A. borealis* et *Solaster glacialis* en ont 6, *Solaster affinis* 7, *Luidia* 6 à 9, *Asterina* 8, *Solaster endeca* 9 à 11, *Solaster furcifer* 10, *Brisinga* 9 à 12, *Hymenodiscus Agassizi* 12, *Solaster papposus* 12 à 14 (fig. 177), *Acanthaster* 11 à 21, *Pycnopodia* 20, *Labidiaster radiosus* 30 et plus, *Heliaster* 29 à 40.

Quand on a fendu le tégument d'une Astérie ou de tout autre Échinoderme, on tombe dans une cavité générale ou *cœlôme* (fig. 174 et 178, *x*), dans laquelle sont contenus les divers organes et qui, contrairement à la cavité gastro-vasculaire des Cœlentérés, est distincte tout à la fois de l'appareil digestif et de l'appareil circulatoire. Le cœlôme, que nous observons ici pour la première fois, différencie nettement les Échinodermes des Cœlentérés ; nous allons le retrouver désormais chez tous les animaux, sauf chez quelques types dégradés par le parasitisme.

Dans le cas particulier de l'Astérie, il est partout revêtu d'une délicate membrane épithéliale ciliée (fig. 178, *f*), sorte de péritoine qui s'infléchit autour de tous les organes ou qui, en s'accolant à lui-même, leur constitue des ligaments fixateurs. Le cœlôme est rempli d'un liquide de même nature que celui que nous allons bientôt reconnaître dans les appareils ambulacraire et circulatoire. Il envoie enfin, au travers du tégument, des sortes de cæcums qui ne sont autre chose que les branchies dermiques, *e*, dont il a été déjà question.

La bouche, dépourvue d'appareil masticateur, est ronde, très contractile. Elle est percée au centre d'une *membrane buccale*, ciliée à sa surface et tendue dans un cadre solide dont la constitution varie. Suivant les cas, ce cadre, dont les pièces prennent le nom de *dents* (fig. 175, *d*), est formé de pièces ambulacraires ou de pièces adambulacraires modifiées : de là une importante division, mise en lumière par Viguier.

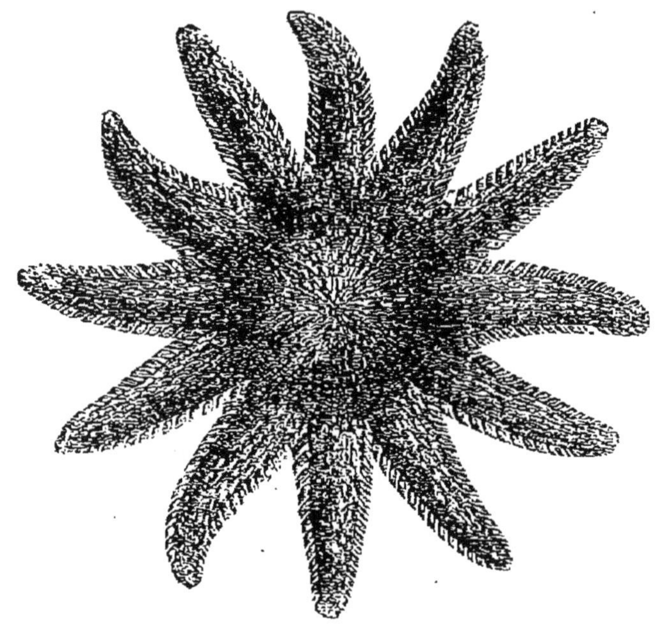

Fig. 177. — *Solaster papposus.*

La bouche présente sur ses bords des papilles et des pédicellaires. Elle s'ouvre directement dans une large poche stomacale (fig. 174 et 180, *b*), tapissée intérieurement d'un épithélium vibratile. L'estomac émet par sa partie supérieure cinq cæcums allongés, *m*, qui pénètrent dans la cavité des bras. Il se rétrécit alors pour se continuer par un rectum raccourci, *c*, qui débouche à la face supérieure du disque. L'anus est d'ordinaire plus ou moins excentrique, et s'ouvre au milieu des tubercules de la peau ; nous avons vu qu'il pouvait manquer.

L'estomac peut se retourner en dehors à la volonté de l'animal. De cette manière, celui-ci digère, en quelque sorte à l'extérieur, les débris d'animaux dont il se nourrit. Les sucs digestifs, capables de transformer les albuminoïdes et les matières amylacées, sont fournis par les *cæcums radiaux* ou *sacs hépatiques*. Ceux-ci, en pénétrant dans les bras, se divisent chacun en deux longs conduits auxquels sont appendus de petits diverticules glandulaires. Ils sont rattachés à la paroi supérieure du rayon par un double repli mésentérique émanant de la membrane qui revêt la cavité du corps, à la façon d'un péritoine (fig. 178, *s*).

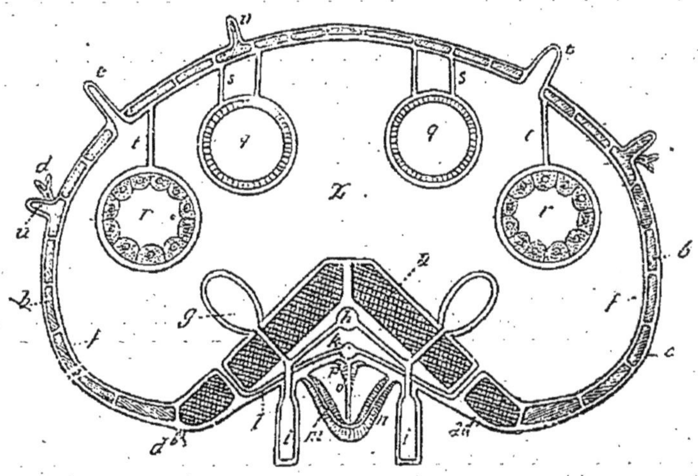

Fig. 178. — Coupe transversale schématique d'un bras d'Astérie. — *a*, pièce ambulacraire; *ad*, pièce adambulacraire; *b*, pièces calcaires de la surface aborale; *c*, épithélium externe; *d*, pédicellaire bivalve; *e*, branchie dermique; *f*, épithélium limitant la cavité générale (péritoine); *g*, vésicule ambulacraire; *h*, canal ambulacraire; *i*, ambulacre; *k*, canal infra-brachial; *l*, branche latérale du canal infra-brachial allant s'ouvrir librement dans la cavité générale; *m*, épithélium nerveux, d'après Lange; *n*, épithélium nerveux, d'après Ludwig; *o*, canal nerveux; *p*, épithélium nerveux, d'après Hoffmann et d'après Perrier et Poirier; *q*, cæcum hépatique; *r*, glande génitale; *s*, mésentère; *t*, mésoarium; *u*, épine calcaire; *x*, cavité générale.

Nous aurons achevé la description de l'appareil digestif, quand nous aurons signalé l'existence de petits cæcums qui se développent dans les interrayons, sur le trajet du rectum (fig. 180, *d*). Leur nombre n'est pas constant : on en trouve deux chez *Asterias rubens*, cinq dans d'autres espèces; ils manquent assez ordinairement, quand l'anus est lui-même absent. Leur rôle est encore inconnu; on les a considérés comme des organes urinaires.

Le *système aquifère* ou *ambulacraire*, auquel Hoffmann donne le nom de *système lymphatique*, communique avec l'extérieur par l'intermédiaire de la plaque madréporique (fig. 180, *f*). Sur cette plaque prend naissance le *canal hydrophore*, *g*, appelé encore *canal pierreux* ou *canal du sable*. Situé dans le plan de l'interrayon postérieur, il présente à son origine une sorte de dilatation ampullaire ; il descend obliquement de la face dorsale à la face ventrale, en se recourbant plus ou moins en S. Dans ses parois s'est déposé un squelette qui lui a valu son nom, et qui est constitué par 50 à 60 petits anneaux calcaires. Il existe parfois plusieurs canaux hydrophores, ayant chacun sa plaque madréporique interradiale (*Acanthaster*, *Ophidiaster*).

Le canal hydrophore aboutit à un anneau vasculaire circumbuccal, *h*, situé en dehors du test, immédiatement au-dessous de l'articulation médiane des plaques ambulacraires, mais au-dessus de la membrane buccale. L'anneau vasculaire présente d'ordinaire, dans le plan des interrayons, cinq *vésicules de Poli*, ampoules contractiles dont l'action, jointe à celle des cils vibratiles qui tapissent le système aquifère dans toute son étendue, a pour but de mettre en mouvement le liquide contenu dans ce système. Les vésicules de Poli existent chez la plupart des Astérides (*Solaster*, *Astropecten*). Elles manquent parfois *Pteraster*, *Asterias rubens*) et sont alors remplacées par cinq paires d'appendices sphériques, appelés *corpuscules de Tiedemann* et de structure glandulaire. D'après Hoffmann, les corpuscules de Tiedemann seraient les centres de production des éléments cellulaires qui nagent dans le liquide du système aquifère. En même temps qu'il donne aux ambulacres la turgescence qui leur est indispensable, ce liquide sert sans doute à la respiration : on est du moins en droit de le conclure d'une observation de Foettinger, qui y a rencontré, chez une Ophiure, *Ophiactis virens*, des globules teintés en rouge par l'hémoglobine.

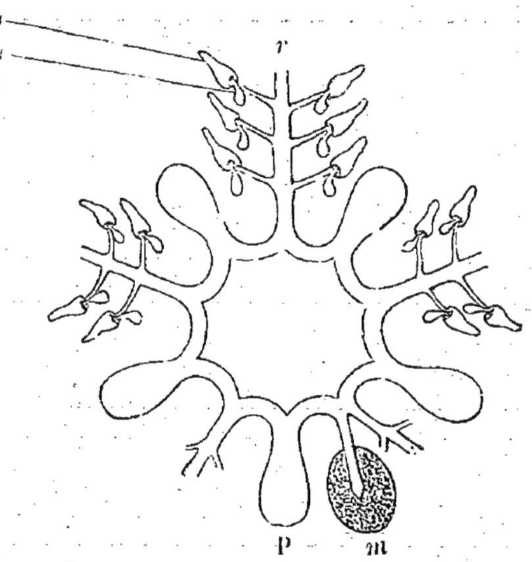

Fig. 179. — Schéma de l'appareil aquifère des Astéries. — *r*, canal ambulacraire avec ses expansions vésiculeuses latérales; *a* ; *p*, pieds ambulacraires. P, vésicules de Poli ; *m*, plaque madréporique avec le canal hydrophore.

L'anneau vasculaire donne encore naissance à cinq tubes radiaires (fig. 178, *h*; fig. 180, *i*), qui cheminent tout le long des bras, cachés chacun au fond d'un sillon ambulacraire, à l'extrémité duquel ils se terminent en cul-de-sac. Ces *canaux ambulacraires* communiquent, au moyen de branches latérales traversant le test, avec des *vésicules ambulacraires* contractiles (fig. 178, *g;* fig. 180, *k*), qu'il est aisé d'observer, après avoir fendu le bras suivant sa longueur, par la face dorsale, et après avoir déplacé ou enlevé les cæcums hépatiques et les glandes génitales : ces vésicules se montrent alors appliquées contre les plaques ambulacraires et disposées sur deux rangées de chaque côté de la ligne médiane ; elles alternent régulièrement d'une rangée à l'autre. Chaque vésicule est en communication directe avec un *tube* ou *pied ambulacraire* (fig. 178, *i;* fig. 180, *l*), sorte d'expansion érectile, terminée en cul-de-sac et capable de faire saillie au dehors ou de se rétracter à l'intérieur du corps, au gré de l'animal ; dans

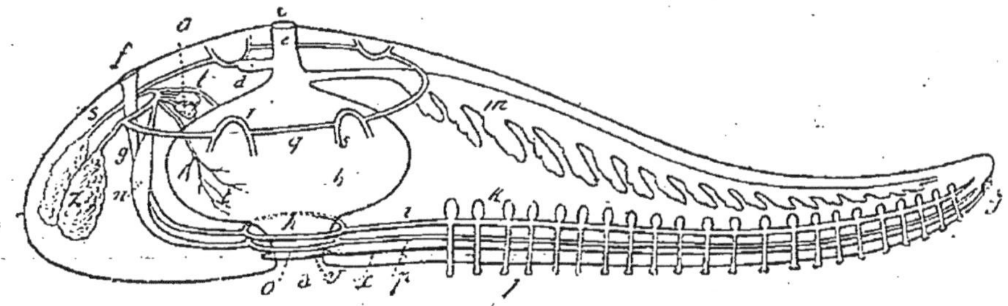

Fig. 180. — Coupe verticale schématique d'une Astérie, passant à droite par le rayon, à gauche par l'interrayon. — *a*, bouche ; *b*, estomac ; *c*, rectum ; *d*, cæcum rectal ; *e*, anus ; *f*, plaque madréporique ; *g*, canal hydrophore ; *h*, anneau ambulacraire ; *i*, canal ambulacraire ; *k*, vésicule ambulacraire ; *l*, ambulacre ; *m*, cæcum hépatique ; *n*, canal fusiforme et glande de Jourdain ; *o*, anneau circulatoire ; *p*, canal infra-brachial ; *q*, anneau péri-anal ; *r*, anses qu'il forme ; *s*, branches se rendant aux glandes génitales ; *t*, branches se rendant à l'estomac ; *u*, glande de Greeff ; *v*, anneau nerveux ; *x*, nerf radiaire ; *y*, œil ; *z*, glande génitale.

ce but sont ménagés entre les plaques ambulacraires des espaces par lesquels s'insinuent les ambulacres. Ces appendices en cæcum sont distendus et rendus turgides par le jeu des vésicules placées à leur base ; ils se fixent par leur extrémité libre, disposée en ventouse, puis, venant à se contracter, entraînent à leur suite le corps de l'Astérie ; ils jouent ainsi le rôle d'organes locomoteurs.

En même temps qu'ils servent à la locomotion, les ambulacres sont de délicats organes du toucher. Mais cette fonction semble être plus particulièrement dévolue à des ambulacres tentaculiformes, disposés en petit nombre à l'extrémité des bras et revêtus d'un épithélium dont les cellules en bâtonnet présentent les caractères d'un épithélium sensoriel.

L'appareil circulatoire se compose essentiellement de deux anneaux, l'un dorsal, l'autre ventral, réunis l'un à l'autre par un canal vertical.

L'anneau dorsal (fig. 174, et 180, *q*) circonscrit presque tout le disque, en englobant l'anus, mais non la plaque madréporique. Dans le plan des interrayons, il est interrompu par cinq anses, *r*, à convexité dirigée vers l'intérieur et, des points où chacune de ces anses se rattache à l'anneau dorsal, on voit un vaisseau, *s*, se diriger vers l'extérieur et se rendre à la glande génitale correspondante, *z*. L'anse postérieure est plus profondément infléchie et contourne la plaque madréporique, qui reste en dehors de l'anneau. A cette même anse sont suspendues en dedans les deux *glandes de Greeff*, *u*, organes pulsatiles qui débouchent dans l'anneau dorsal au point même où s'en sépare le *canal fusiforme*, *n*.

Ce dernier n'est autre chose que le canal vertical qui réunit l'anneau dorsal à l'anneau ventral. Il est intimement uni au tube hydrophore, à la droite duquel il est situé, et renferme dans son intérieur la *glande de Jourdain*, organe que Tiedemann, et, à sa suite, un grand nombre d'anatomistes ont décrit comme un cœur. Ce canal, suivant Hoffmann, déboucherait au dehors par la plaque madréporique ; suivant Jourdain, il s'ouvrirait également en bas, sur le plancher buccal par un très petit orifice destiné à livrer passage aux produits sexuels.

L'anneau ventral ou circumbuccal (fig. 180, *o*) est situé au-dessous de l'anneau ambulacraire ; comme ce dernier, il a la forme d'un pentagone dont les angles répondent aux rayons. De chacun de ces angles part un vaisseau radiaire, qui se place dans le fond du sillon ambulacraire et qu'on peut suivre jusqu'à l'extrémité du bras ; c'est le *vaisseau infrabrachial* (fig. 178, *k*; fig. 180, *p*). De bonne heure, il perd ses parois propres et n'est plus délimité que par le tissu ambiant. Ce vaisseau émet latéralement un grand nombre de branches transversales (fig. 178, *l*), qui s'avancent jusqu'au bord de la gouttière ambulacraire ; arrivées là, elles se bifurquent et, d'une paire à l'autre, deux rameaux se rapprochent pour pénétrer de concert dans un trou situé entre les deux pièces ambulacraires et les pièces adambulacraires voisines : pendant leur trajet à l'intérieur de ce trou, les deux rameaux se réunissent en un tronc commun, qui s'ouvre directement dans la cavité générale.

L'anneau ambulacraire et l'anneau vasculaire circumbuccal sont séparés l'un de l'autre par un troisième anneau pentagonal, de nature conjonctive. Celui-ci, par chacun de ses angles, envoie dans la gouttière ambulacraire un prolongement qui se poursuit jusqu'au bout des rayons et qui ne tarde pas à se dédoubler en deux feuillets, dont l'un s'étend transversalement au-dessous du canal ambulacraire, tandis que l'autre, disposé verticalement, comprend le vaisseau infra-brachial dans son épaisseur et divise en deux moitiés la cavité connue sous le nom de *canal nerveux* (fig. 178, *o*)

Le système nerveux se compose également d'un collier circumbuccal, de forme pentagonale et situé superficiellement, au-dessous de l'anneau vasculaire (fig. 180, *v*). De chacun des angles de ce pentagone se détache un filet nerveux qui vient se placer dans l'axe de la gouttière ambulacraire, à la surface de laquelle il se présente sous l'aspect d'un bourrelet médian (fig. 178, *m*, *n*, *p*). Le nerf radiaire se prolonge jusqu'à l'extrémité du rayon et aboutit à l'œil et aux ambulacres palpiformes que nous avons reconnus déjà à sa face inférieure.

L'œil des Astéries (fig. 180, *y*) a été découvert par Ehrenberg. Il se présente sous l'aspect d'une tache pigmentaire rouge, cachée au-dessous des palpes et enchâssée dans une rainure que présente inférieurement la *plaque ocellaire*, pièce impaire, située dans l'axe même du bras et parfois remarquable par ses grandes dimensions (*Astropecten, Ctenodiscus, Luidia*). Cet œil est supporté par un court pédoncule et se compose de 80 à 200 yeux simples coniques, que recouvre une cornée commune. Chacun de ceux-ci est formé d'une lentille réfringente surmontant des petits bâtonnets qui sont sans doute en rapport avec les nerfs ; il est séparé de son voisin par une cloison cellulaire infiltrée de pigment rouge. Il n'est pas douteux que ce ne soit là un appareil visuel : l'Astérie est attirée par la lumière, mais y reste indifférente quand on lui a extirpé l'œil.

Les Stellérides, comme la grande majorité des Échinodermes, ont les sexes séparés, mais aucun caractère extérieur ne permet de distinguer les mâles des femelles et souvent même la nature de la glande génitale est difficile à déterminer sans le secours du microscope. Ed. van Beneden a noté que, chez *Asterias*, l'ovaire est jaunâtre ou d'un brun pâle, alors que le testicule est d'un blanc de lait ; de plus, les lobules ovariens sont plus courts et plus arrondis que ceux du testicule.

Les glandes génitales sont au nombre de dix ; chacune d'elles est appendue à l'un des canaux divergents que nous avons vus se séparer des anses de l'anneau vasculaire dorsal. On doit les considérer théoriquement comme formées de cinq groupes interradiaux, qui se bifurquent bientôt et dont chaque branche s'insinue dans la cavité du bras correspondant ; un groupe génital se trouve donc à cheval sur deux bras.

Hoffmann croit que les vaisseaux sanguins sont chargés d'évacuer les produits de la génération. Jourdain va plus loin et dit que les œufs ou les spermatozoïdes, déversés dans l'anneau dorsal, puis dans le canal fusiforme, sortent de ce dernier par l'orifice qu'il présenterait au niveau du plancher buccal. Ces faits méritent confirmation; en tout cas, ils sont en complet désaccord avec les observations de H. Ludwig. Suivant cet auteur, le canal auquel est appendue la glande génitale n'est pas le canal excréteur de celle-ci, mais bien un sinus sanguin, à l'intérieur duquel se trouve le véritable canal excréteur. Ce dernier canal s'unit à son congénère, au point même où il rejoint les *plaques criblées*, pièces calcaires situées dans l'interrayon, au bout du disque, et percées de petits pores par lesquels sortent les produits sexuels.

La fécondation est extérieure et abandonnée au hasard. L'œuf,

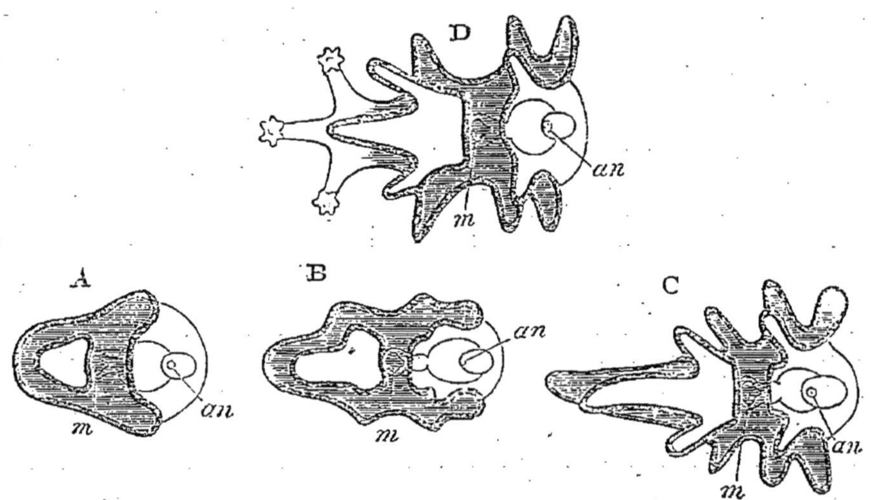

Fig. 181. — Diagrammes représentant diverses formes de larves d'Astérides, d'après J. Müller. A, B, C, *Bipinnaria*. D, *Brachiolaria*. — *an*, anus; *m*, bouche. Les lignes noires représentent les bandes ciliées et les parties ombrées l'espace intermédiaire aux bandes préorale et post-orale.

entouré d'une membrane vitelline, produit une gastrula invaginée. De celle-ci dérive une larve d'aspect singulier, connue sous le nom de *Bipinnaria* (fig. 181, A, B, C), caractérisée par la présence d'appendices brachiaux et de deux bandes ciliées, l'une préorale, l'autre post-orale. La Bipinnaria se transforme en Astérie, grâce à des métamorphoses des plus compliquées, mais il n'est pas rare de la voir auparavant acquérir trois nouveaux bras, sans rapports avec les bandes ciliées et couverts de papilles : elle passe ainsi à l'état de *Brachiolaria* (fig. 181, D).

Certaines Astéries présentent des mutilations volontaires qui constituent à proprement parler un mode de reproduction asexuelle. Des *Asterias*, tels que *A. tenuispina*, qui possèdent deux plaques madréporiques et plus de cinq bras, sont capables de se diviser spontanément, mais c'est surtout chez *Linckia Ehrenbergi* et *L. Guildingi* que s'observe ce phénomène. Par une sorte d'amputation spontanée, l'Astérie va détacher l'un de ses bras et ne tardera pas à se reconstituer de toutes pièces un bras nouveau qui, rapidement, acquerra la taille du premier. Le bras ainsi isolé ne mourra pas, mais bourgeonnera par sa surface de section, et petit à petit on verra se développer sur lui le disque et tous les autres bras d'un nouvel animal Hæckel considère même ce phénomène comme un mode normal de reproduction, qui interviendrait à des époques déterminées; il signale *Asterias glacialis*, parmi les animaux de nos pays, comme le présentant fréquemment. Les Stellérides jouissent donc à un haut degré de la faculté de rédintégration, c'est-à-dire de la possibilité de reproduire les parties détruites et de reconstituer l'intégralité de l'organisme.

Certaines Astéries, comme *Asterias rubens* et *Solaster papposus*, sont considérées comme des animaux vénéneux; elles ont la réputation de donner aux Huîtres et aux Moules des propriétés toxiques, en déposant leur frai dans la coquille de ces Mollusques; il est plus vraisemblable que les accidents qu'on a pu observer étaient dus à ces derniers eux-mêmes, ainsi que nous aurons l'occasion de le voir par la suite.

Il n'en est pas moins vrai que les Astéries peuvent renfermer des substances toxiques, sans doute du groupe de ptomaïnes, comme cela semble ressortir des expériences de Parker. Un *Solaster papposus* est donné en pâture à deux Chats, l'un parvenu à la moitié de sa croissance, l'autre adulte. Au bout de dix minutes, le plus petit est très malade et meurt en moins d'un quart d'heure. Bientôt après, l'autre commence à crier piteusement et présente des signes certains de malaise; il est bientôt incapable de marcher ou de se tenir debout et meurt dans de violentes convulsions, environ deux heures après avoir mangé l'Astérie. A l'autopsie, on ne trouve pas trace d'irritation stomacale.

Les Astérides présentent de notables affinités avec les Crinoïdes, qui sont les plus anciens de tous les Échinodermes. Certaines Cystidées, comme *Agelacrinus* et *Edrioaster*, sont des Crinoïdes à caractères d'Astérides; nous connaissons de même des Astérides qui se rapprochent des Crinoïdes par d'importants caractères.

On sait que les Crinoïdes sont fixés, au moins pendant le jeune âge, par un pédoncule. On ne connaissait rien d'analogue chez les Astérides, quand l'expédition du *Travailleur* trouva sur la côte nord de l'Espagne, par des fonds de 1960 et de 2650 mètres, deux exemplaires d'une Astérie de petite taille, munie de cinq bras et à laquelle Perrier donna le nom de *Caulaster pedunculatus.* Cet animal est caractérisé par la présence d'un pédoncule dorsal, tout à fait semblable pour sa position à celui qui soutient et fixe au sol les jeunes Comatules et les Crinoïdes adultes de toutes les autres familles ; de plus, les plaques dorsales de *Caulaster* présentent une disposition identique à celles du calice des Crinoïdes.

Peu de temps après, Danielssen et Koren firent connaître une observation analogue. Ils décrivirent sous le nom d'*Ilyaster mirabilis* une Astérie également munie d'un pédoncule dorsal, draguée dans l'océan Atlantique, à la hauteur de Drontheim, par 64° 2′ latitude nord et 5° 35′ longitude est de Greenwich ; elle provenait d'un fond de 911 mètres. Les zoologistes norvégiens s'accordent avec le professeur Perrier pour voir là une transition remarquable entre les Crinoïdes et les Astéries. Ce pédoncule dorsal, dernière trace de la tige des Crinoïdes, est allé en s'atténuant ; mais on le retrouve encore chez *Ctenodiscus,* sous la forme d'un léger tubercule, et peut-être faut-il en rapprocher aussi le tubercule qui, chez *Astropecten,* occupe le milieu de la face dorsale du disque.

C. K. Hoffmann, *Sur l'anatomie des Astérides.* Archives néerlandaises des sciences exactes et naturelles, IX, p. 131, 1874.

Viguier, *Anatomie comparée du squelette des Stellérides.* Archives de zoologie expérimentale, VII, p. 33, 1878.

Ch. A. Parker, *Poisonous qualities of the Star-fish* (*Solaster papposus*). The Zoologist, V, p. 214, 1881.

Edm. Perrier et J. Poirier, *Sur l'appareil circulatoire des Étoiles de mer.* Comptes rendus, XCIV, p. 658, 1882.

S. Jourdain, *Sur les voies par lesquelles le liquide séminal et les œufs sont évacués chez l'Astérie commune.* Comptes rendus, XCIV, p. 744, 1882.

Edm. Perrier, *Sur une Astérie des grandes profondeurs de l'Atlantique, pourvue d'un pédoncule dorsal.* Comptes rendus, XCV, p. 1379, 1882.

D. C. Danielssen og J. Koren, *Fra den norske Nordhavs-expedition.* Nyt magazin for naturvidenskaberne, XVIII, 1883.

D. C. Danielssen og J. Koren, *Asteroidea.* Den norske nordhavs-expedition, XI, 1884.

ORDRE DES OPHIURIDES

Les Ophiurides diffèrent notablement des Stellérides. Leur corps est encore étoilé, mais les bras, cylindriques et flexibles, sont nettement distincts du disque, dont il est très facile de les séparer. Ces bras restent simples chez les vraies Ophiures (fig. 182), mais peuvent se

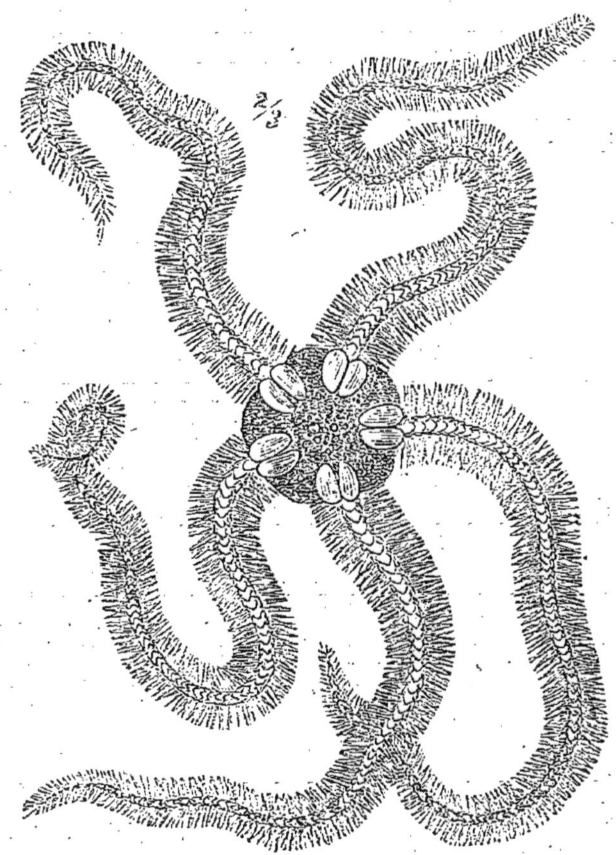

Fig. 182. — *Ophiothrix fragilis.*

ramifier plus ou moins chez les Euryales (fig. 183). Ils ne renferment jamais ni prolongements de l'estomac ni glandes sexuelles; ces dernières sont renfermées à l'intérieur du disque. Les bras sont donc simplement parcourus par un tube ambulacraire dépourvu de vésicules, par un vaisseau sanguin et par un filet nerveux; les ambulacres, au lieu d'être situés à la face inférieure des bras, se montrent sur les côtés. La plaque madréporique se voit à la face ventrale.

L'anus fait constamment défaut. Les pédicellaires n'existent que chez les Euryales.

Les Ophiurides se rencontrent dans toutes les mers; on en trouve fréquemment sur nos côtes, aussi bien dans la Méditerranée que dans l'Océan. Ces animaux subissent des métamorphoses non moins compliquées que celles des Astéries, mais la forme larvaire est différente; de la gastrula embolique dérive une larve appelée *Pluteus* et ayant la forme d'un chevalet ou d'un trépied. Notre figure 184 représente *Pluteus paradoxus*, larve d'*Ophiolepis ciliata*, sur laquelle J. Müller a fait ses mémorables observations.

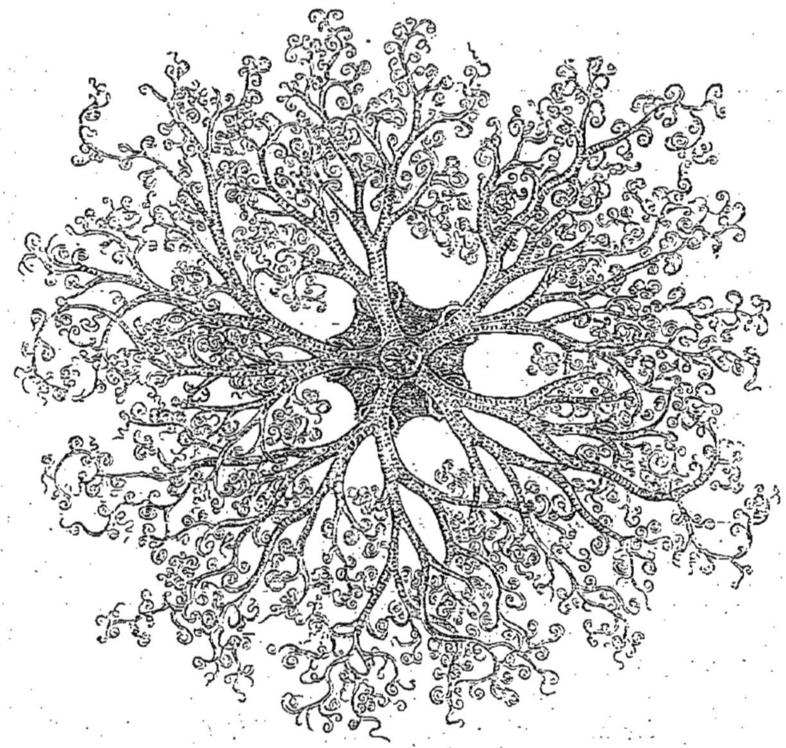

Fig. 183. — *Astrophyton verrucosum.*

L'oviparité est la règle, mais *Ophiocoma vivipara*, qui vit dans les grands fonds, est vivipare; dans les cas de ce genre, les métamorphoses se simplifient. La diœcie est également l'état normal, mais Metschnikoff a montré qu'*Amphiura squamata* est hermaphrodite. La distinction des sexes est assez facile; le testicule est blanc ou à peine rosé, l'ovaire est rouge intense ou orangé, colorations qui se perçoivent déjà par transparence, si on examine les interrayons par la face ventrale.

Les phénomènes de reproduction asexuelle, par mutilation spontanée, sont ici plus actifs que chez les Stellérides. Ils constituent, à proprement parler, des faits normaux chez bon nombre d'Ophiures,

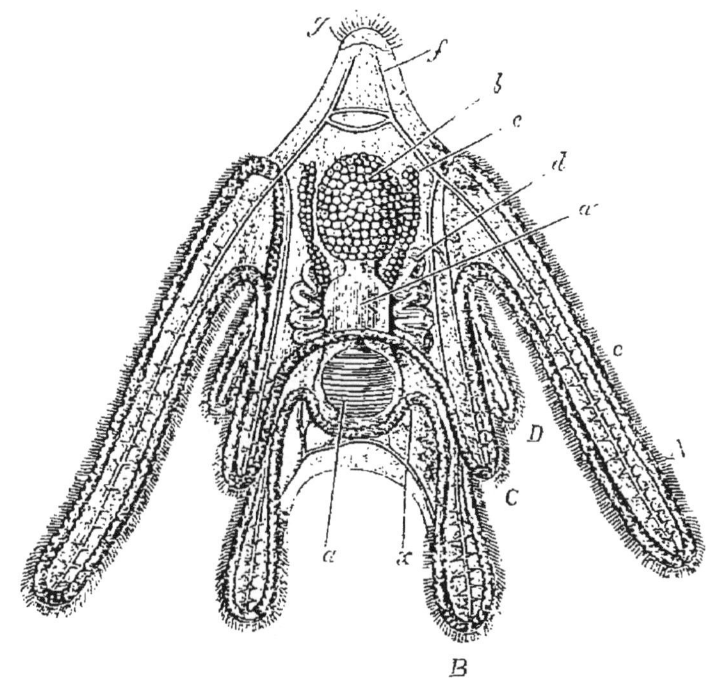

Fig. 184. — *Pluteus paradoxus*, larve d'*Ophiolepis ciliata*, d'après J. Müller. A, bras latéraux; B, bras inférieurs; C, bras antérieurs; D, bras postérieurs; *a*, bouche; *a'*, œsophage; *b*, estomac; *c*, corps granuleux; *d*, petits cæcums, premier indice du développement de l'Étoile; *e*, frange ciliée; *f*, tiges calcaires du squelette; *g*, bourrelet cilié de l'extrémité supérieure; *x*, noyaux et filets nerveux.

telles que *Ophiocoma Valenciennei*, *O. pumila*, *Ophiothela isidicola*, *Ophiactis Savignyi*, *O. sexradia*, *O. virescens*, *O. Krebsi*, *O. Mülleri*, *O. virens*.

N. Chr. Apostolidès, *Anatomie et développement des Ophiures*. Archives de zool. expérimentale, X, 1881.

CLASSE DES ÉCHINIDES

ORDRE DES RÉGULIERS

Nous prendrons comme type des Echinides réguliers l'Oursin livide, *Strongylocentrotus* (*Toxopneustes*) *lividus*, très abondant sur nos côtes.

Pour se rendre compte de la forme et de la structure du corps de cet animal, il est bon d'arracher les piquants qui en hérissent la surface entière (fig. 185) ; il se présente alors sous l'aspect d'une sphère aplatie dans le sens de sa hauteur et dont le plus court diamètre, ou diamètre vertical correspond à l'axe du corps. Comme chez l'Astérie, la bouche est située au pôle inférieur, tandis que l'anus occupe le pôle supérieur.

Le corps est limité par un test dur et résistant, non compressible, et formé de pièces distinctes, hexagonales, solidement enchâssées les unes dans les autres à la façon des lames d'un parquet. Ces plaques calcaires ou *assules* sont disposées en vingt rangées méridiennes, interrompues seulement au voisinage des deux pôles. Elles

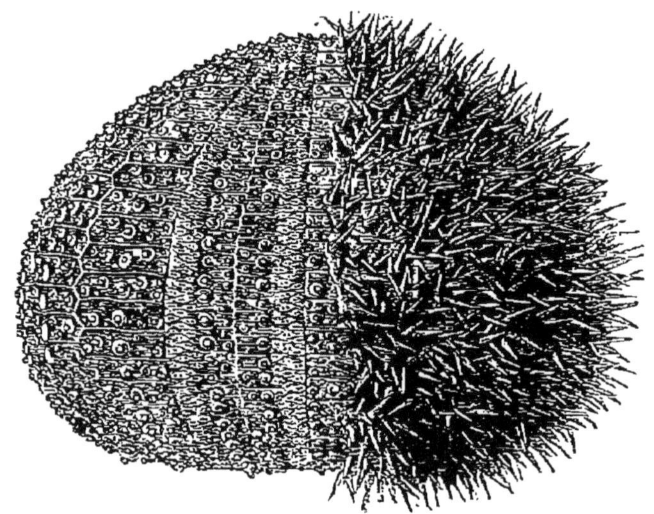

Fig. 185. — Test d'Oursin dont une moitié est dépourvue de ses piquants.

sont de deux sortes : les unes, percées de fins pertuis par lesquels passent des ambulacres analogues à ceux des Astéries, sont les *plaques ambulacraires ;* les autres, dépourvues de pores, sont les *plaques anambulacraires* ou *interambulacraires.* Les vingt rangées méridiennes d'assules se disposent par paires et alternent avec une grande régularité ; chaque double rangée de plaques ambulacraires correspond à un rayon (fig. 186, *a*) ; chaque double rangée de plaques interambulacraires correspond à un interrayon, *i*. De même que chez les Astéries, les rayons sont parcourus par les vaisseaux ambulacraires et sanguins et par un filet nerveux, les interrayons étant occupés par les glandes génitales.

Au pôle inférieur ou oral, les dix rangées doubles d'assules s'arrêtent à quelque distance du centre et circonscrivent un espace pentagonal, que ferme normalement une membrane au centre laquelle est creusée la bouche. Les deux dernières plaques de chaque rayon portent sur leur bord libre un appendice calcaire qui se dresse à l'intérieur du test et qui, en s'unissant à son congénère, constitue une sorte d'arc appelé *auricule* (fig. 190, *au*). Les cinq auricules sont séparés les unes des autres par les interrayons.

A la face supérieure, les rangées méridiennes d'assules s'arrêtent encore à quelque distance du pôle, mais celui-ci est comblé par des productions calcaires. Chez les jeunes Oursins, on ne trouve qu'une seule pièce, la *plaque centrale*, à l'un des bords de laquelle se montre l'anus. Par la suite, il se produit au pourtour de la plaque centrale un nombre variable de plaques plus petites, au milieu desquelles aboutit l'intestin et parmi lesquelles la plaque primitive est toujours reconnaissable à ses plus grandes dimensions.

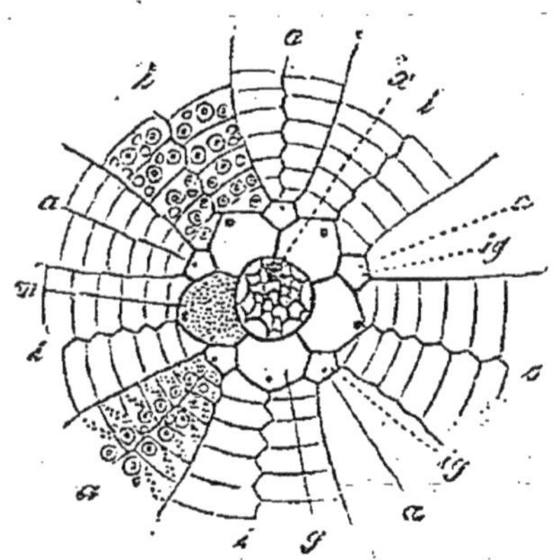

Fig. 186. — Pôle apical du test de *Strongylocentrotus lividus*. — *a*, aires ambulacraires ; *g*, plaques génitales ; *i*, aires interambulacraires ; *ig*, plaques intergénitales ; *m*, plaque madréporique ; *x*, ouverture anale. Les tubérosités des plaques n'ont été figurées que sur une aire interambulacraire et sur une aire ambulacraire ; sur celle-ci, les pores ont aussi été indiqués.

Cet amas arrondi de plaquettes, ou *aire apicale*, est enserré par la terminaison supérieure des rangées méridiennes d'assules, et plus spécialement par des plaques particulières, disposées sur deux zones, dont chacune correspond respectivement aux rayons ou aux interrayons. Chacune des doubles rangées de plaques interambulacraires aboutit à une grande *plaque génitale* ou *apicale*, de forme irrégulièrement pentagonale et présentant vers son sommet externe un *pore génital* (fig. 186, *g*) ; les cinq plaques génitales sont contiguës et forment un cercle ininterrompu. Chacune des doubles rangées de plaques ambulacraires aboutit, de son côté, à une petite *plaque ocellaire* ou *intergénitale*, *ig*, à la surface de laquelle on avait cru reconnaître un ocelle semblable à celui qui termine le bras des Astéries ; les cinq plaques ocellaires sont séparées les unes des autres et disposées en un cycle plus extérieur. L'ensemble des plaques génitales et des plaques ocellaires a reçu le nom de *périprocte*.

L'une des plaques génitales, *m*, légèrement plus grande que les autres, attire encore l'attention par son aspect criblé : on la dirait percée d'un nombre considérable de petits trous. C'est la *plaque madréporique*.

De tout ce qui précède, on pourrait conclure à la parfaite symétrie radiaire (quinaire) du corps de l'Oursin ; mais la situation de la plaque madréporique, à laquelle aboutit un canal hydrophore constamment unique, nous force à reconnaître une symétrie bilatérale. Le plan de symétrie passe par l'interrayon qui se termine à la plaque madréporique (*interrayon impair* ou *postérieur*) et par le rayon qui lui est diamétralement opposé (*rayon impair* ou *antérieur*) (1). Dès lors, on peut reconnaître dans un Oursin une face antérieure, constituée par une aire ambulacraire opposée à la plaque madréporique et suivant laquelle l'animal progresse le plus habituellement, une face postérieure, correspondant à la plaque madréporique, et deux faces latérales, dont chacune renferme deux aires ambulacraires et deux aires interambulacraires.

Le test n'est pas directement superficiel, mais est recouvert d'un *périsome*, couche conjonctive peu épaisse, au sein de laquelle sont des amas pigmentaires qui donnent à l'animal sa teinte caractéristique. Le périsome est tapissé d'un épithélium vibratile et se continue sur la plupart des appendices du test.

Ces appendices sont de nature diverse. Les plus importants sont les *piquants* ou *radioles*, sortes de bâtonnets calcaires dont la forme, constante dans une même espèce, varie au contraire d'une espèce à l'autre, en sorte qu'on a pu leur attribuer une grande valeur dans les classifications. Ils s'articulent sur des mamelons que présente la face externe du test, aussi bien sur les plaques ambulacraires que sur les plaques interambulacraires; il est exceptionnel (*Arbacia*, *Podocidaris*) de voir les mamelons faire défaut et les radioles s'insérer directement sur le test. Ceux-ci sont entourés à leur base d'une épaisse couche musculo-conjonctive qui, tout en les fixant solidement, leur permet une assez grande mobilité.

Les *pédicellaires* ne sont que des radioles modifiés, comme Agassiz l'a démontré. On les observe exclusivement dans les aires ambulacraires, et ils sont particulièrement nombreux autour de la bouche. On en peut distinguer plusieurs sortes. Quelle que soit leur forme, ils sont toujours constitués essentiellement par un pédoncule calcaire ou *hampe*, qui s'articule sur un très petit mamelon du test, et une *pince*, ordinairement à trois mors (fig. 187) ; ceux-ci sont pourvus de muscles spéciaux, chargés de les mouvoir. Fœttinger a fait connaître récemment chez *Sphærechinus granularis*, puis chez d'autres Oursins, une variété de pédicellaires dont la hampe présente, à une

(1) Lovén avait aussi reconnu chez les Oursins une symétrie bilatérale ; nous ne pouvons discuter ici son opinion, qui est peu admissible. Disons seulement que notre rayon impair correspond à son rayon V et notre interrayon impair à son interrayon 2.

certaine hauteur, trois sacs glandulaires alternes avec les trois valves de la pince et venant déboucher au dehors par un petit orifice situé au sommet de celles-ci.

On admet généralement que les pédicellaires ont pour fonction de saisir les particules alimentaires et de les amener jusqu'à la bouche. Agassiz les croit plutôt destinés à saisir, pour les rejeter dans l'eau, les matières expulsées par l'anus et tombées sur le périprocte. Kœhler a reconnu la réalité de ce phénomène, mais il faut admettre aussi que les pédicellaires servent à la locomotion, en saisissant, jusqu'à ce que les ambulacres aient eu le temps de s'y fixer, les aspérités que présentent les surfaces le long desquelles grimpe l'Oursin.

Loven a décrit sous le nom de *sphéridies*, de petits corps sphériques s'articulant sur un mamelon du test par un très court pédoncule calcaire. Le corps globuleux est en grande partie formé d'une substance vitreuse très dure, disposée par minces couches concentriques ; il est recouvert d'une mince couche conjonctive et d'un épithélium vibratile. Les sphéridies sont sans doute encore des piquants modifiés. Elles ne se rencontrent que dans les aires ambulacraires, le plus ordinairement tout près de la suture des plaques ; elles sont aussi très abondantes autour de la bouche. *Arbacia* ne possède, dans chaque aire ambulacraire, qu'une seule sphéridie, placée dans une petite fossette, tout près du bord du péristome ; *Cidaris* en est totalement dépourvu. Lovén rattachait les sphéridies aux organes des sens et les croyait destinées à apprécier la nature du milieu ambiant, comme le feraient des organes du goût ou de l'odorat ; leur rôle est encore inconnu.

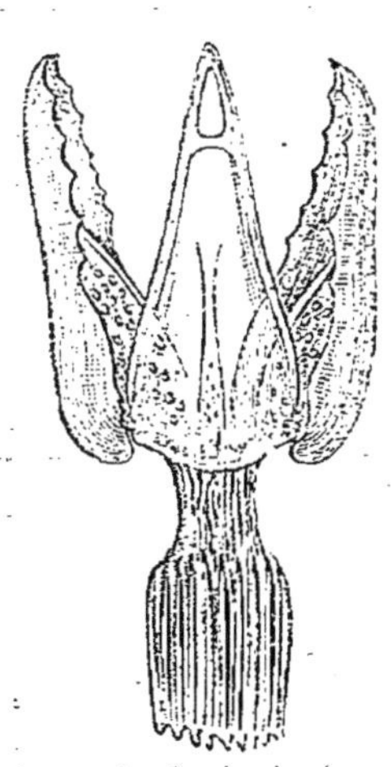

Fig. 187. — Pédicellaire de *Leiocidaris Stokesi*, d'après Edm. Perrier.

En brisant le test d'un Oursin, on tombe dans un cœlôme (fig. 190, *az*), à l'intérieur duquel sont renfermés les principaux organes. Ce cœlôme est tapissé de toutes parts, ainsi que les organes qui y sont contenus, par une membrane péritonéale vibratile. Il est rempli d'un liquide un peu trouble, d'une teinte légèrement gris rougeâtre, et dont la densité est la même que celle de l'eau de mer. Ce liquide n'est pourtant pas simplement de l'eau de mer : il est alcalin, renferme une matière albuminoïde peu abondante et se coagule au contact de l'air. Le caillot, d'abord volumineux, se contracte très vite et ne tarde pas à se réduire à quelques grumeaux d'un rouge brunâtre, qui occupent le fond d'un liquide transparent et à peu près incolore.

Le caillot est formé par des éléments figurés qui s'observent normalement dans le liquide périviscéral et dont l'étude détaillée a été faite par Geddes. Ces éléments figurés sont de diverses sortes : les uns sont des cellules blanches, amiboïdes et nucléées, à pseudopodes longs, filiformes, ramifiés et à sarcode finement granuleux ; les autres sont encore incolores, mais de bien plus grande taille que les précédents et remplis de gros granules sphériques qui cachent le noyau ; leurs pseudopodes sont courts et émoussés. D'autres corpuscules sont très semblables aux précédents, mais leurs granules ont une teinte brun-acajou et ne masquent pas le noyau.

Les vaisseaux sanguins de l'intestin et souvent aussi divers points de l'appareil ambulacraire renferment des cellules à l'intérieur desquelles se voient des sphères jaune verdâtre, de taille très variable. Bon nombre de ces sphérules s'observent aussi à l'état de liberté : elles s'unissent alors en amas irréguliers, et l'acide acétique montre qu'elles sont entourées d'une mince zone protoplasmique, mais dépourvues de noyau. Quelques-uns de ces corpuscules sont plus grands et ont une teinte brune plus ou moins foncée ; certains de ces corpuscules bruns possèdent enfin un noyau. Entre les cellules à granules brun-acajou de la cavité périviscérale et les sphérules vertes, on trouve donc tous les intermédiaires, en sorte que les premières dérivent des secondes. Le pigment acajou n'a pas encore été suffisamment étudié au point de vue chimique ; on sait pourtant qu'il renferme du fer, ce qui autorise à le considérer comme jouant un rôle dans la respiration.

Geddes pense que la cavité générale communique avec l'extérieur par l'intermédiaire de la plaque madréporique ; en revanche, elle ne communiquerait pas avec les canaux ambulacraires, et les cellules acajou s'y rendraient par migration à travers les tissus. De son côté, Perrier admet qu'il n'existe aucun orifice extérieur permettant l'introduction directe de l'eau dans la cavité générale.

Mourson et Schlagdenhauffen disent que certains habitants du midi de la France boivent le liquide périviscéral des Oursins comme excitant des fonctions digestives ; ils pensent qu'on en peut retirer quelque profit comme eau minérale animale analogue à l'eau des Huîtres et susceptible d'être prescrite dans les mêmes conditions. A la dose d'un demi-verre par jour, elle est tonique, reconstituante, eupeptique ; à la dose d'un ou deux verres pris en une seule fois, elle est purgative à la manière de l'eau de mer.

Ces observateurs ont fait une étude chimique détaillée du

liquide de *Strongylocentrotus lividus*. Ils ont pu reconnaître ainsi que ce liquide diffère de l'eau de mer en ce qu'il est plus riche en acide carbonique et en azote, plus pauvre en oxygène, en ce qu'il renferme des matières albuminoïdes et des matières grasses qui lui sont propres. Il contient encore des produits excrémentitiels, parmi lesquels ils ont pu définir l'urée et une ptomaïne particulière. Ces produits excrémentitiels sont sans doute d'autant plus abondants que l'activité nutritive est plus développée. Par exemple, la ptomaïne doit être produite en plus grande quantité au moment du frai, et c'est vraisemblablement à elle qu'il faut attribuer les phénomènes d'intoxication qu'il est si fréquent d'observer dans les pays chauds après ingestion d'Oursins, surtout à l'époque de la reproduction.

A la bouche fait suite un pharynx que circonscrit un appareil masticateur compliqué, connu sous le nom de *lanterne d'Aristote*. Cet

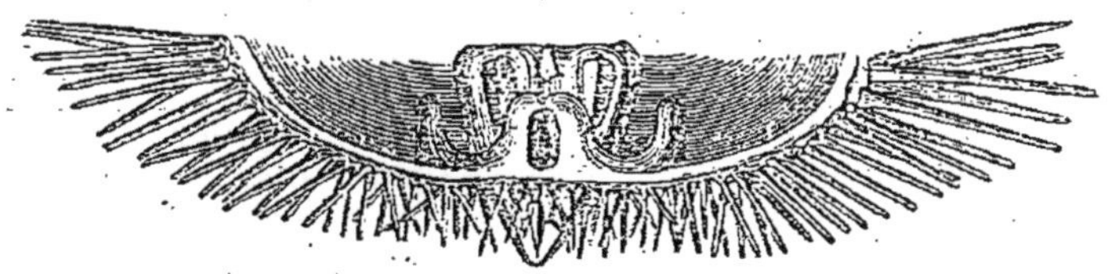

Fig. 188. — Lanterne d'Aristote, vue en place.

appareil (fig. 188 et 189) a la forme d'une pyramide à cinq côtés, dont la base serait supérieure et proéminerait dans la cavité générale de l'Oursin, et dont le sommet sortirait plus ou moins au dehors par l'orifice buccal. La lanterne d'Aristote est constituée par vingt-cinq pièces disposées en symétrie quinaire autour de l'axe vertical : ce sont les *compas* ou *pièces en* Y et les *faux*, situées dans le plan des rayons, et les *pyramides*, les *dents* et les *plumes*, situées dans le plan des interrayons. Ces différentes pièces calcaires sont mises en mouvement par des muscles puissants.

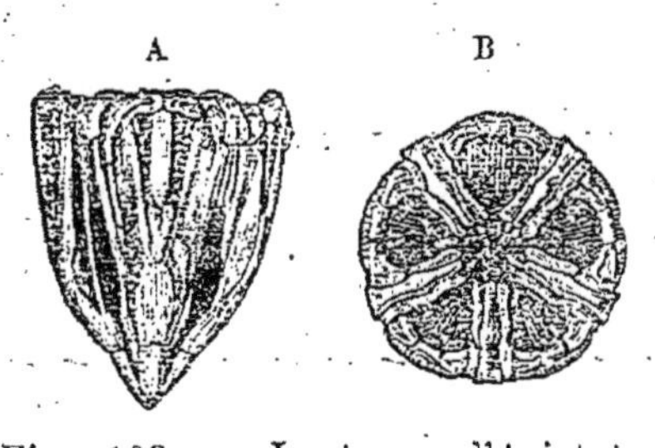

Fig. 189. — Lanterne d'Aristote. A, vue de profil; B, vue par sa face supérieure.

Le pharynx s'étend depuis la bouche jusqu'à la base de la lanterne (fig. 190, *l*); pentagonal en bas, il devient circulaire en s'éloignant de la bouche. Il se termine par un léger étranglement, qui sert de ligne de démarcation entre lui et l'œsophage. Celui-ci, *m*, s'avance verticalement vers la plaque madréporique, mais sans l'atteindre; en effet, il se recourbe dans la direction du rayon antérieur,

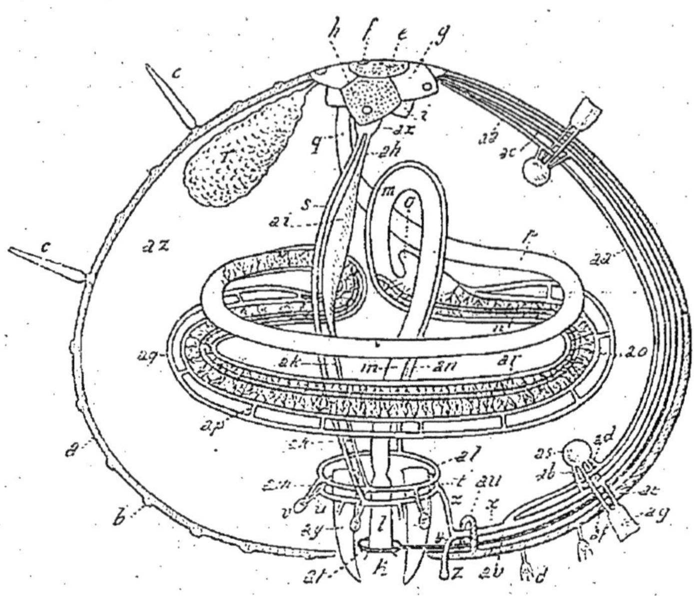

Fig. 190. — Schéma de l'organisation d'un Oursin régulier. Coupe verticale passant à droite par le rayon IV, à gauche par l'interrayon 1. — *a*, test; *b*, tubercules du test; *c*, radiole ou piquant; *d*, pédicellaire; *e*, périprocte; *f*, anus; *g*, plaque génitale; *h*, plaque madréporique; *i*, plaque ocellaire; *k*, bouche; *l*, pharynx; *m*, œsophage; *n*, première courbure de l'intestin; *o*, diverticule situé à son origine; *p*, seconde courbure intestinale; *q*, rectum; *r*, glande génitale; *s*, canal hydrophore; *t*, anneau vasculaire ambulacraire; *u*, vaisseau qu'il envoie à la vésicule de Poli; *v*, vésicule de Poli; *x*, vaisseau ambulacraire; *y*, branche qu'il envoie au tentacule circumbuccal; *z*, tentacule circumbuccal; *aa*, branche de division supérieure du vaisseau ambulacraire; *ab*, branche qu'elle envoie à la vésicule ambulacraire; *ac*, branche de division inférieure du vaisseau ambulacraire; *ad*, branche qu'elle envoie à la vésicule ambulacraire; *ae*, *af*, branches que la vésicule envoie à travers le test vers l'ambulacre; *ag*, ambulacre; *ah*, canal de la glande de Jourdain; *ai*, glande de Jourdain; *ak*, canal faisant communiquer la glande de Jourdain avec l'anneau vasculaire supérieur; *al*, anneau vasculaire supérieur; *am*, branches qu'il envoie à la vésicule de Poli; *an*, vaisseau marginal interne ou artère intestinale; *ao*, vaisseau marginal externe ou veine intestinale; *ap*, branches, au nombre de dix environ, que le vaisseau marginal externe émet en dehors et par lesquelles il s'unit au vaisseau collatéral; *aq*, vaisseau collatéral; *ar*, siphon; *as*, vésicule ambulacraire; *at*, anneau nerveux; *au*, auricule; *av*, nerf radiaire; *ax*, poche sous-madréporique dans laquelle viennent déboucher le canal hydrophore et le canal de la glande de Jourdain; *ay*, pièces de la lanterne d'Aristote; *az*, cœlôme.

puis se déjette vers la droite pour se continuer avec l'intestin, *n*. L'intestin débute par une dilatation, *o*, peu considérable chez les

Oursins réguliers, mais qui, chez les Spatangides, atteint de grandes dimensions. Il fait deux tours sur lui-même : en partant de la terminaison de l'œsophage, on le voit s'enrouler de gauche à droite et d'avant en arrière, suivant l'équateur du test. Quand il a accompli de la sorte un tour complet, il se replie sur lui-même et trace de droite à gauche et d'avant en arrière une nouvelle circonférence, *p*, superposée à la première. Finalement, il se redresse en une sorte de rectum, *q*, qui marche verticalement vers le périprocte.

Les deux circonvolutions intestinales se distinguent aisément l'une de l'autre par leur coloration : la première est brun foncé, la seconde est claire et jaunâtre. Cela tient à ce que les vaisseaux sanguins se distribuent exclusivement à la courbure inférieure, dont l'épithélium est constitué par de grandes cellules à protoplasma fortement granuleux ; l'épithélium de la courbure supérieure est moins riche en granulations, ce qui est sans doute en rapport avec une moindre activité dans la production des sucs digestifs.

De la terminaison de l'œsophage naît un canal qui court le long du bord interne de la première circonvolution intestinale, entre ce bord et l'artère intestinale ou vaisseau marginal interne, qui le longe également. Ce canal, appelé *siphon intestinal*, *ar*, s'ouvre d'autre part dans l'intestin, à l'endroit où la première circonvolution, après avoir décrit une circonférence entière, se réfléchit sur elle-même pour se continuer avec la seconde courbure. Le siphon a une structure analogue à celle de l'intestin ; son calibre est environ d'un millimètre. Considéré par Agassiz comme un organe glandulaire, il joue sans doute un rôle fort différent : il est probable qu'une grande partie de l'eau avalée par l'Oursin suit la route du siphon pour passer directement de l'œsophage dans la seconde courbure de l'intestin, où elle sert à la respiration ; de plus, la paroi de cette seconde circonvolution étant amincie, l'eau doit la traverser facilement par osmose, pour aller se mélanger au liquide de la cavité générale.

Les deux courbures intestinales décrivent des arcades dont la concavité est tournée du côté des aires ambulacraires et dont la convexité regarde les aires interambulacraires. Au niveau de ces dernières, l'intestin est appendu au test par de minces tractus mésentériques. On voit en outre, tendue entre la partie recourbée de l'œsophage et la dilatation du début de l'intestin, une mince lamelle fibreuse, qui s'insère d'autre part sur la partie voisine du test et remonte ainsi jusqu'au pôle apical ; cette lamelle renferme dans son épaisseur la *glande de Perrier*.

Celle-ci est formée de tubes ramifiés et enchevêtrés entre eux, qui s'unissent les uns aux autres pour former un canal unique s'ouvrant dans la terminaison du canal excréteur de la glande de Jourdain, *ah* ;

d'autres tubes glandulaires débouchent directement dans un espace infundibuliforme, *ax*, délimité au-dessous de la plaque madréporique par un prolongement de la membrane du test; cet espace communique avec l'extérieur par l'intermédiaire des pertuis de la plaque. La glande de Perrier, comme la glande de Jourdain, constitue donc un organe d'excrétion qui déverse ses produits au dehors par les pores de la plaque madréporique. Elle est analogue aux glandes de Greeff, que nous avons signalées chez l'Astérie.

L'appareil aquifère est construit sur le même plan que celui des Astéries. Le canal hydrophore, *s*, est vertical et réunit la plaque madréporique, *h*, à un cercle vasculaire, *t*, entourant l'œsophage et situé sur la base même de la lanterne d'Aristote. Cinq vésicules de Poli interradiales, *v*, sont suspendues à ce cercle et c'est au niveau même de la vésicule postérieure gauche qu'aboutit le canal hydrophore. Du cercle *t* on voit partir, dans le plan des rayons, cinq canaux, *x*, qui, d'abord horizontaux et dirigés vers l'extérieur, s'insinuent chacun sous la faux correspondante et ressortent de la lanterne au-dessous de l'échancrure des compas. Ces canaux descendent alors vers les auricules et, au moment de les traverser, ils envoient deux petites branches latérales, *y*, qui se distribuent chacune à un grand tentacule buccal, *z*. Après avoir franchi l'orifice de l'auricule, *au*, le vaisseau se divise en deux branches de calibre inégal, *aa*, *ac*, qui restent dans le plan des rayons et se superposent exactement, la plus petite étant supérieure ou interne. Ces deux vaisseaux ambulacraires, dont Kœhler a reconnu la disposition, remontent le long de l'aire ambulacraire ; chacun d'eux se termine finalement en un cul-de-sac qui s'enfonce dans une petite dépression de la plaque ocellaire, dépression qui correspond à un pore fermé par une délicate membrane et dans lequel on avait cru reconnaître un œil. Chemin faisant, ces vaisseaux envoient des branches tranversales *ab*, *ad*, aux vésicules ambulacraires, *as*.

Les rapports de ces dernières avec les ambulacres sont autres que chez les Astéries. Ici encore, chaque vésicule correspond à un ambulacre, mais la communication entre les deux organes se fait au moyen de deux canaux d'une grande délicatesse *ae*, *af*, qui, nés de la vésicule, traversent le test chacun par un pore particulier, et s'ouvrent dans la cavité de l'ambulacre, *ag* (*Echinus*, *Sphærechinus*, *Strongylocentrotus*). Chez *Dorocidaris*, les pores ambulacraires ne sont pas géminés, mais simples : la vésicule et l'ambulacre sont reliés l'un à l'autre par un canal unique. Les ambulacres des Oursins ont une structure un peu spéciale : leur ventouse terminale est soutenue par des pièces calcaires, le *cadre* et la *rosace*.

En outre de leur rôle locomoteur, les ambulacres sont considérés comme servant à la respiration. Immédiatement autour de la bouche, on en trouve dix, désignés plus haut sous le nom de *tentacules buccaux*, ce qui indique qu'on les rapporte plus volontiers aux organes des sens : ils sont remarquables par leur taille raccourcie et par

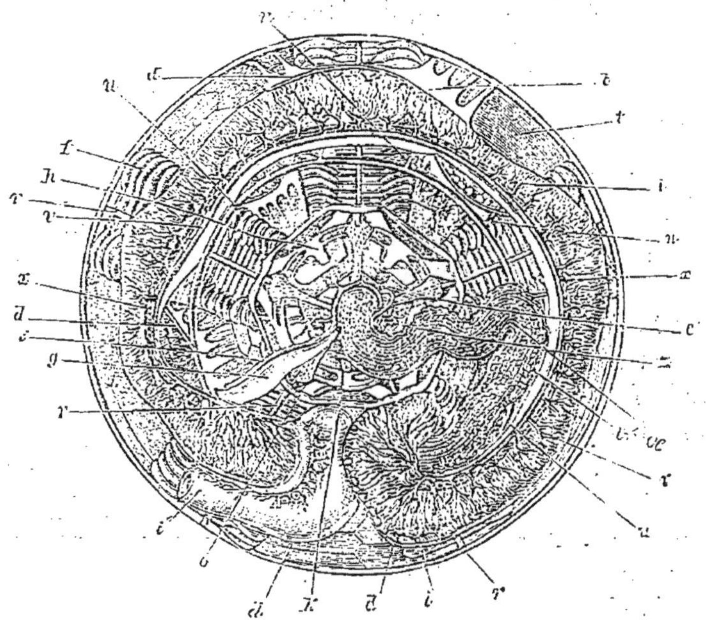

Fig. 191. — Appareil vasculaire d'*Echinus sphæra*, d'après Edm. Perrier. — *b*, brides unissant l'intestin au test; *t*, bord dorsal de l'intestin; *c*, anneau vasculaire situé sur le plan supérieur de la lanterne d'Aristote et auquel aboutit le tube hydrophore; *d*, vaisseau marginal externe (ce vaisseau ne se prolonge ni sur l'œsophage ni sur la plus grande partie de la seconde courbure de l'intestin; il est uni tout le long de la première courbure au vaisseau *v* par des arborescences vasculaires formant un réseau capillaire très riche); *f*, feuillets des branchies internes ou ampoules ambulacraires; *g*, glande de Jourdain; *h*, pyramides de la lanterne d'Aristote; *i*, première courbure de l'intestin; *i'*, seconde courbure coupée tout près de sa naissance pour montrer les détails de la première; *k*, plumes dentaires; *n*, branches vasculaires ascendantes faisant communiquer le vaisseau *u* avec le vaisseau *d*; *o*, auricules; *œ*, œsophage; *r*, vaisseaux ambulacraires; *s*, canal hydrophore; *t*, test calcaire; *u*, grand canal de dérivation du vaisseau *d*, flottant librement dans la cavité générale et s'abouchant dans ce canal par ses deux extrémités (canal collatéral); *v*, vaisseau marginal interne; *v'*, vaisseau naissant de l'anneau *c*, remontant le long de l'œsophage et se réfléchissant sur le bord libre de l'intestin pour former le vaisseau marginal interne; *x*, siphon intestinal; *z*, vésicules de Poli.

leur grosseur; de plus, au lieu d'une ventouse concave, ils présentent à leur terminaison un léger renflement.

La glande de Jourdain ou glande ovoïde, *ai*, s'ouvre supérieurement par son canal excréteur dans un espace clos, sous-jacent à la plaque madréporique et auquel aboutit également le canal hydrophore. En bas, elle se continue par un canal, *ak*, qui s'accole à ce dernier et qui débouche dans un second anneau vasculaire périœsophagien, *al*, superposé à celui dont nous avons déjà parlé. Ce nouvel anneau, découvert par Kœbler, envoie également des branches, *am*, aux vésicules de Poli. De plus, on en voit partir, suivant le plan de l'interrayon antérieur droit, un vaisseau qui remonte le long de l'œsophage et auquel on donne le nom d'*artère intestinale* ou de *vaisseau marginal interne* (fig. 190, *an*; fig. 191, *v*). Ce vaisseau continue son trajet le long du bord interne de la première courbure intestinale et, au point où celle-ci va s'unir à la seconde courbure, on le voit se renfler considérablement en une sorte d'ampoule irrégulière et allongée qui envoie à l'intestin un grand nombre de grosses branches et qui passe sur la seconde courbure, mais pour s'y perdre presque aussitôt.

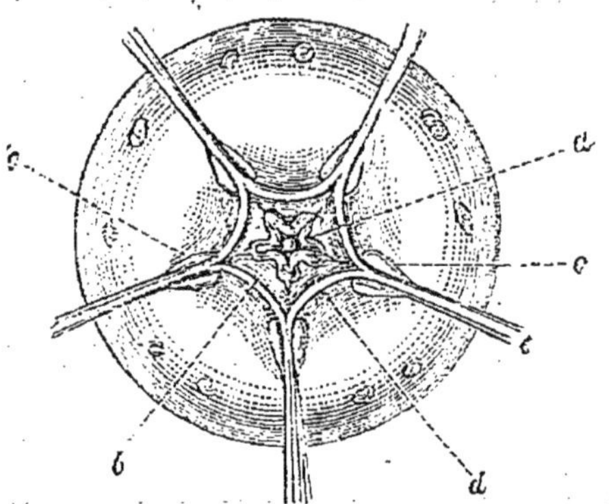

Fig. 192. — Anneau et troncs nerveux de *Strongylocentrotus lividus*, d'après Krohn. — *a*, œsophage coupé en travers; *b*, fond de la cavité buccale; *c*, bandelettes qui lient ensemble les extrémités des pyramides de l'appareil masticateur; *d*, commissures nerveuses formant autour de l'œsophage un anneau pentagonal; *e*, troncs nerveux rayonnants.

Au point où l'œsophage s'unit à l'intestin, on voit naître un autre vaisseau, la *veine intestinale* ou *vaisseau marginal externe* (fig. 190, *ao*; fig. 191, *d*), qui court le long du bord externe de la première circonvolution intestinale, et se prolonge sur la seconde courbure un peu plus loin que le vaisseau précédent. L'artère et la veine émettent un grand nombre de rameaux qui se distribuent dans les parois de l'intestin et qui établissent de faciles communications d'un vaisseau à l'autre. La veine intestinale donne encore naissance, par son côté externe, à dix branches (fig. 190, *ap*; fig. 191, *n*), venant toutes aboutir à un gros vaisseau circulaire qui est suspendu à l'intestin et qui fait à peu près le tour complet du test. Ce *vaisseau collatéral* (fig. 190, *aq*; fig. 191, *u*) n'est soutenu que par les dix branches qui le rattachent au vaisseau marginal externe, avec lequel il communique par ses deux extrémités.

L'anneau nerveux pentagonal (fig. 190, *at*; fig. 192, *d*), est situé autour du pharynx, au voisinage de la bouche; il est en dedans de la lanterne et se voit assez facilement quand on écarte les pyramides. De chacun de ses angles part un filet radiaire, *av*, *e*, qui passe entre deux pyramides, à leur point d'origine, sort de la lanterne, traverse l'auricule et remonte tout le long du test, au-dessous du vaisseau ambulacraire, pour aller se terminer, en compagnie de celui-ci, dans la dépression que présente la plaque ocellaire. Cette terminaison nerveuse est d'ordinaire dépourvue de tout appareil optique; elle n'est pas sensible à la lumière.

Le nerf radiaire émet une branche latérale pour chaque ambulacre ; au point où ce dernier sort par l'orifice de la plaque ambulacraire, la branche en question l'accompagne et, devenue extérieure au test, se met en rapport avec un réseau nerveux sous-épithélial qui enveloppe le corps entier et qui a sous sa dépendance les mouvements des radioles et des pédicellaires. Ce réseau communique à travers le test avec un réseau semblable, sous-jacent à la membrane péritonéale qui tapisse la cavité générale.

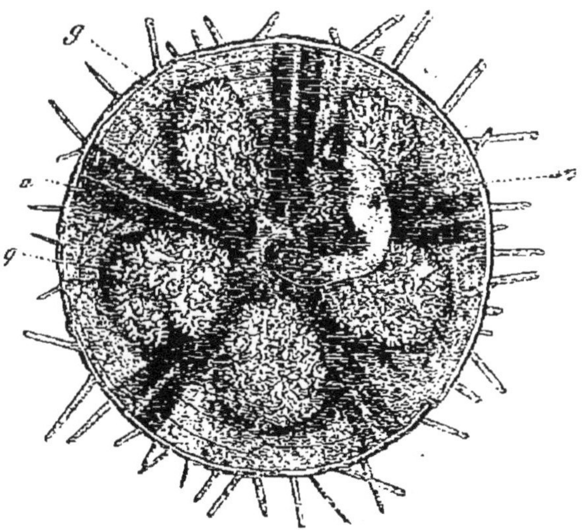

Fig. 193. — Organes sexuels de l'Oursin. — *a*, ampoules des ambulacres ; *g*, glandes sexuelles; *i*, dernière portion de l'intestin.

Nous avons déjà dit que les plaques ocellaires, malgré leur nom, étaient dépourvues d'yeux; jusqu'ici on ignorait même l'existence d'organes visuels chez les Oursins. Les frères Sarasin en ont récemment découvert chez *Diadema setosum*. Les plaques ocellaires ne présentent rien de particulier ; sur les plaques génitales, ainsi que dans les aires interambulacraires, se voient au contraire des séries de grosses taches bleues, dont chacune représente un véritable œil composé, de structure complexe.

Les Oursins ont les sexes séparés. Leurs glandes génitales, au nombre de cinq, occupent les aires interambulacraires (fig. 190, *r*;

fig. 193) et sont toutes d'égales dimensions, si ce n'est que la glande de l'interrayon antérieur gauche (interradius 5 de Lovén) est toujours un peu moins développée que les autres. Aucun caractère extérieur ne permet de distinguer les mâles des femelles ; l'examen des produits est indispensable pour arriver à cette détermination. Mais quelquefois une coloration spéciale de la glande permet déjà de reconnaître le sexe : chez *Strongylocentrotus*, les testicules sont ordinairement roses et les ovaires jaunes ; chez *Psammechinus*, les testicules sont plus petits et plus bruns que les ovaires, qui ont la même teinte que dans le cas précédent.

Les organes génitaux sont des glandes en grappe ; leurs culs-de-sac déversent leur produit dans un canal excréteur commun, qui s'ouvre à l'extérieur par le pore génital. Originairement distinctes les unes des autres, ces glandes finissent très fréquemment par se souder entre elles, comme van Ankum l'a reconnu chez un grand

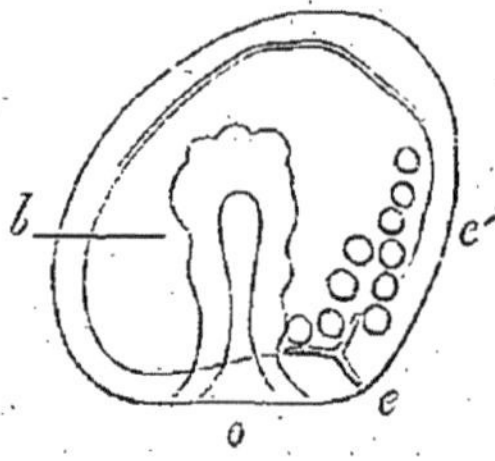

Fig. 194. — *Gastrula* d'*Echinus pulchellus*, deux jours après la fécondation. — *b*, progaster ; *e*, premier état des tiges calcaires ; *e'*, cellules qui se montrent dans l'endroit où commence la sécrétion calcaire ; *o*, blastopore.

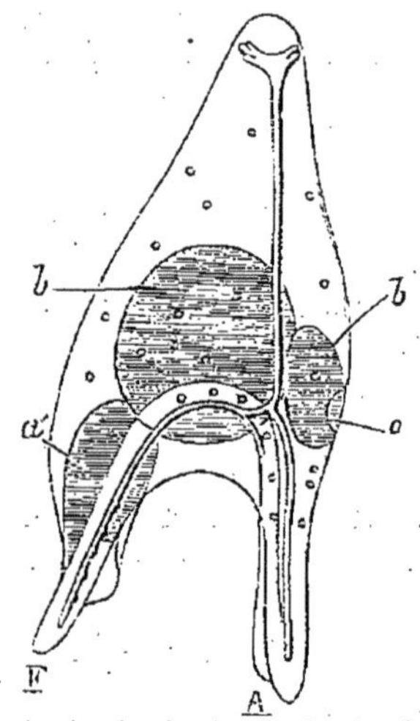

Fig. 195. — *Pluteus* d'*Echinus pulchellus*, sept jours après la fécondation. — *a*, bouche ; *a'*, pharynx ; *b*, estomac ; *b'*, intestin ; *o*, anus A, bras ventraux du voile ; F, bras de l'appareil buccal ou du voile oral.

nombre d'Oursins réguliers appartenant aux genres les plus divers (*Strongylocentrotus*, *Psammechinus*, *Echinus sphæra*, *Acrocladia mamillata*, *Tripneustes angulosus*, *Echinometra lucunter*, *Cidaris hystrix*). Très fréquemment, la soudure ne se fait pas entre les glandes des deux aires interambulacraires du côté gauche, parce que le rayon qui les sépare (rayon antérieur gauche) est occupé par l'œsophage. Enfin, chez *Echinus melo*, *Sphærechinus granularis*, *Strongylocentrotus brevispinosus*, *St. lividus* et *Psammechinus tuberculatus*, il n'y a jamais soudure d'aucune glande. Quand il y a soudure, les canaux excréteurs des glandes génitales sont tous réunis par un canal circulaire, qui a été souvent décrit comme un cercle vasculaire anal et qui s'ouvre au dehors par les pores génitaux.

Van Ankum a encore observé chez divers Oursins réguliers (*Sphærechinus granularis*, *Tripneustes angulosus*, *Acrocladia mamillata*), aussi bien dans dans les glandes génitales que dans d'autres parties du corps, par exemple dans la paroi de l'intestin, des spicules en forme d'S ou de croissant. Ces spicules sont constitués par du carbonate de

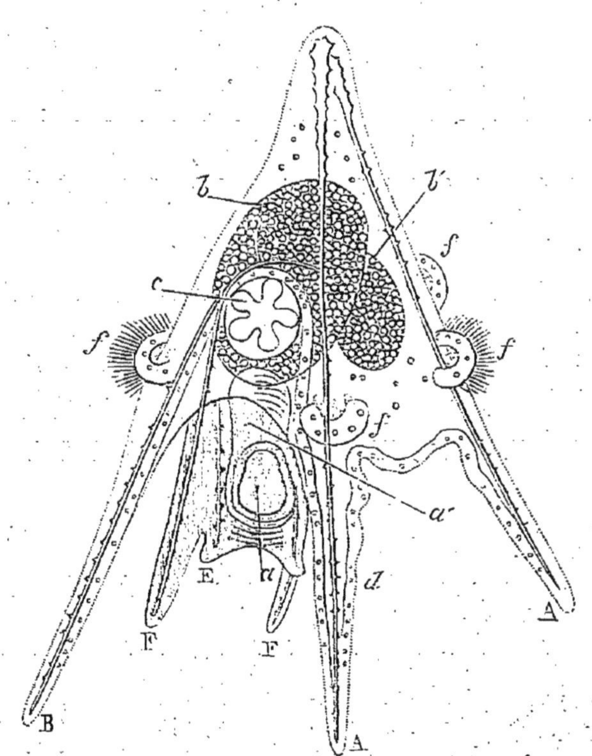

Fig. 196. — *Pluteus* d'*Echinus pulchellus*, d'après J. Müller. Stade un peu plus avancé que le précédent. Les lettres ont la même signification. B, bras latéraux postérieurs; E, bras accessoires de l'appareil buccal; *c*, disque échinodermique; *d*, frange ciliée; *f*, épaulettes ciliées.

chaux et par une substance organique, la spiculine ; ils sont creusés, comme ceux des Éponges, par un fin canal central dans lequel se trouve un filament protoplasmique. Des productions analogues ont été signalées encore dans les ambulacres d'un grand nombre d'espèces par Ch. Stewart et par Bell.

Chez les Oursins, la fécondation est extérieure. L'œuf se transforme en une gastrula dans l'épaisseur de laquelle s'effectuent de bonne heure des dépôts calcaires (fig. 194). La larve qui provient de cette gastrula présente une symétrie bilatérale; c'est encore un *Plu-*

teus (fig. 195 et 196), qui ne diffère de celui des Ophiures que par des caractères secondaires. *Plutéus* se transformera finalement en un animal adulte, en subissant des métamorphoses compliquées (fig. 197), dont la connaissance exacte est due à J. Müller.

Au temps de Lemery, on administrait les Oursins à l'extérieur et à l'intérieur; on les considérait comme « aperitifs, détersifs, incisifs, digestifs, résolutifs, propres pour nettoyer les vieux ulcères ». Aujourd'hui, on ne croit plus guère à leurs vertus curatives, mais, dans certaines contrées, ils entrent pour une part assez importante dans l'alimentation; en France, par exemple, on les mange très communément sur tout le littoral méditerranéen; à Naples, on les sert sous le nom de *frutti di mare*. Les glandes génitales sont seules comestibles et se mangent crues; il est donc prudent de ne faire usage de ce mets, d'ailleurs agréable, qu'à l'époque où ces glandes sont au repos, c'est-à-dire de septembre à avril; en toute autre saison, l'on court le risque de s'intoxiquer, par suite de la production plus active de la ptomaïne dont Mourson et Schlagdenhauffen ont reconnu l'existence.

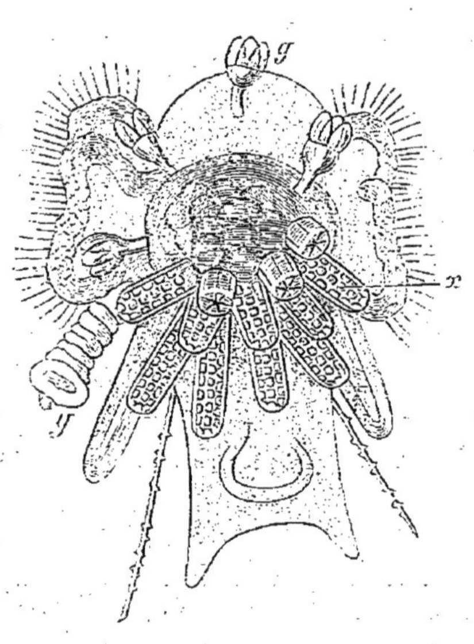

Fig. 197. — *Pluteus* se transformant en Échinoderme, d'après J. Müller. — *g*, pédicellaires; *x* ambulacres; *y*, tentacules.

ORDRE DES CLYPÉASTRIDES

Les Clyspéastrides constituent un premier groupe d'Oursins irréguliers. Leur test, aplati en forme de bouclier, présente, au centre de sa face inférieure, une bouche armée d'un appareil dentaire qui diffère notablement de la lanterne d'Aristote des Oursins réguliers. Le test possède en outre des prolongements internes, en forme de piliers ou de lamelles, qui réunissent l'une à l'autre les faces ventrale et dorsale. La plaque madréporique est située au centre de cette dernière et est entourée de pores génitaux, ordinairement au nombre de cinq ; mais l'anus a pris une position excentrique : il est déjeté en arrière, au point de devenir marginal ou même inframarginal.

Le test est presque entièrement constitué par des assules interambulacraires, portant un grand nombre de petits radioles, ordinairement inclinés. Les plaques ambulacraires sont localisées à la

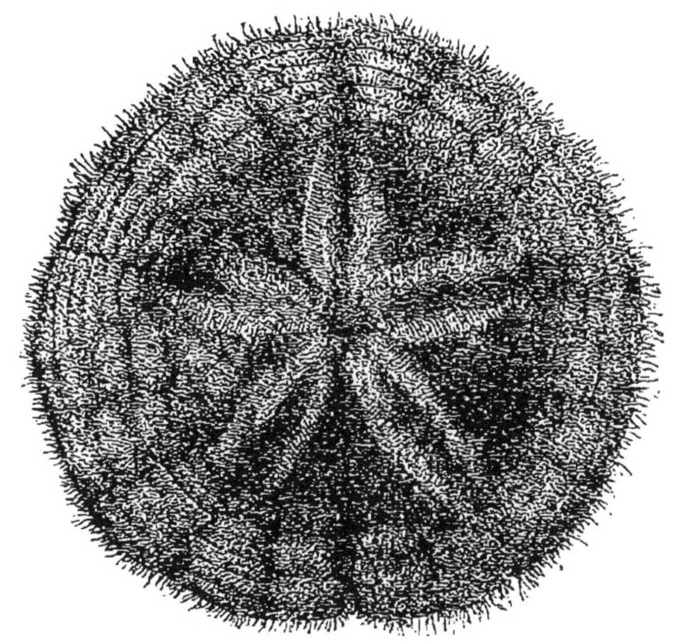

Fig. 198. — *Echinarachnius parma.*

face dorsale, où elles se disposent en une *rosace* à cinq *pétales* (fig. 198).

Les Clypéastrides ont commencé à apparaître dans le trias (*Pygaster*), mais ont été surtout abondants à l'époque tertiaire. Ils ne sont plus représentés dans nos mers que par un petit nombre de formes (*Echinocyamus*, *Fibularia*, *Clypeaster*, *Laganum*, *Dendraster*, *Echinarachnius*, *Arachnoides*), dont l'anatomie est très imparfaitement connue.

ORDRE DES SPATANGIDES

Ce troisième ordre renferme des Oursins irréguliers dont le test est allongé, plus ou moins cordiforme. Comme chez les Clypéastrides, les aires ambulacraires sont disposées en une rosace à quatre pétales qui occupe la face supérieure. L'anus est encore déjeté à la face inférieure, dans l'interrayon postérieur; la bouche est encore ventrale, mais elle a quitté le centre et s'est avancée dans le rayon antérieur.

La plaque madréporique est apicale; autour d'elle se voient au plus quatre pores génitaux.

Le test porte des piquants petits, minces et semblables à des soies. Il est en outre parcouru de bandes sur lesquelles les radioles font défaut et qui ont été appelées *sémites* par Philippi et *fascioles* par Agassiz. Les fascioles s'observent chez tous les Spatangides actuels, mais se comportent différemment d'un genre à l'autre, en sorte que leur étude a pu fournir de bons caractères de classification. Elles sont occupées par des *clavules*, sortes de soies en forme de massue et qui, comme les pédicellaires, proviennent sans doute d'une transformation des radioles. Ces clavules sont formées d'une tige calcaire, renflée à son extrémité, tantôt articulée, tantôt directement fixée sur le test; elles sont tapissées d'un épithélium vibratile délicat; le rôle qu'elles jouent est encore inconnu.

Les pédicellaires sont abondants à la surface du corps des Spatangides. Kœhler en a découvert une forme tédradactyle, c'est-à-dire à quatre mors, qui semble être propre au genre *Schizaster*.

Par sa face interne, le test émet des appendices calcaires qui font saillie dans la cavité générale et sur lesquelles viennent s'insérer les replis mésentériques.

La bouche, qu'entourent deux lèvres, l'une antérieure, l'autre postérieure, se montre tout d'abord au centre de la face ventrale, ainsi que l'a vu Lovén, et devient excentrique avec l'âge. Elle est totalement dépourvue d'appareil masticateur. Le tube digestif est construit sur le même plan que celui des Oursins réguliers, mais l'intestin débute par une dilatation considérable.

Les glandes génitales sont au nombre de quatre : celle qui occupe l'interrayon postérieur droit disparaît et sa place est prise par l'anus. Chez *Brissus*, la glande antérieure gauche fait également défaut; enfin, chez *Schizaster*, l'atrophie porte tout à la fois sur les deux glandes déjà nommées et sur celle de l'interrayon postérieur gauche. Philippi, en 1845, a signalé le fait que *Hemiaster cavernosus* est vivipare, observation qu'Al. Agassiz a récemment confirmée. *Anochanus sinensis* est également vivipare.

Un assez grand nombre de Spatangides sont encore vivants à l'heure actuelle. D'ordinaire ils s'enfouissent complètement dans la vase. Les genres *Spatangus*, *Echinocardium*, *Schizaster*, *Brissopsis* et *Brissus* sont représentés sur nos côtes.

Les Paléchinides, c'est-à-dire les Echinides qui se montrèrent les premiers à la surface du globe, diffèrent considérablement des formes actuelles. En revanche, certains d'entre eux présentent des caractères ambigus qui les rapprochent des Crinoïdes; de ce nombre sont *Cystocidaris* Zittel (*Echinocystites* Wyv. Thom.) et *Bothriocidaris*, fossiles du silurien inférieur, que l'on doit considérer comme étroitement apparentés aux Cystidées. Pendant tout le cours de la période primaire, les Paléchinides subissent des différenciations et des modifications graduelles qui aboutissent, dès le début de l'époque secondaire, à l'apparition des Échinides vrais et à la constitution du type *Cidaris*, autour duquel se groupent naturellement les Oursins réguliers.

La phylogénie des Clypéastrides est facile à établir : les Galéritides (*Echinoconus, Discoidea, Pygaster*), du terrain crétacé, les relient directement aux Cidarides. C'est encore à ceux-ci que se rattachent les Spatangides, par l'intermédiaire des Collyritides (*Dysaster*) et des Echinocorydes (*Holaster*).

Les Cystidées ont donc été le point de départ des Paléchinides. Ceux-ci, en modifiant peu à peu leurs caractères, ont fini par constituer le type *Cidaris* ou du moins un type voisin, et c'est de ce dernier que sont dérivées les trois formes principales d'Oursins actuels. La bouche et l'anus étaient donc primitivement centraux; leur position excentrique n'est que secondaire, comme suffiraient du reste à le prouver les observations de Lovén chez les Spatangides. De même, la disparition de l'appareil masticateur et la réduction des aires ambulacraires à de simples rosettes se sont faites graduellement.

C. K. Hoffmann, *Zur Anatomie der Echinen und Spatangen*. Niederl. Arch. f. Zool., I, p. 11, 1871.

H. J. van Ankum, *Jets omtrent de generatie-organen bij Echinus esculentus*. Tijdschr. der nederl. dierk. Vereeniging, I, p. 52, 1872.

Lovén, *Etudes sur les Echinoïdés*. Kongl. svenska Vetenskaps-Akad. handlingar, XI, 1874.

H. J. van Ankum, *Sur la soudure des organes génitaux des Oursins réguliers*. Archives néerl. des sc. exactes, XI, p. 97, 1876.

Al. Agassiz, *On viviparous Echini from the Kerguelen islands*. Proceed. amer. Acad. of arts and sciences, (2), III, p. 231, 1876.

Patr. Geddes, *Observations sur le liquide périviscéral des Oursins*. Arch. de zool. expérim., VIII, p. 483, 1880.

F. J. Bell, *Note on the spicules found in the ambulacral tubes of the regular Echinoidea*. Journal of the R. microscopical Society, (2), II, p. 297, 1882.

J. Mourson et F. Schlagdenhauffen, *Nouvelles recherches chimiques et physiologiques sur quelques liquides organiques*. Comptes rendus, XCV, p. 791, 1882.

Romanes und Ewart, *Zur Nervenphysiologie der Echinodermen*. Biolog. Centralblatt, III, p. 44, 1883.

R. Kœhler, *Recherches sur les Échinides des côtes de Provence*. Annales du musée de Marseille. Zoologie, I, nº 3, 1883. Thèse de la Faculté des sciences de Paris, 1883.

C. F. und P. B. Sarasin, *Ueber einen mit zusammengesetzten Augen bedeckten Seeigel*. Zoolog. Anzeiger, VIII, p. 715, 1885.

CLASSE DES HOLOTHURIDES

Les Échinodermes de cette classe sont répandus dans toutes les mers; par exemple, la Méditerranée renferme en abondance *Holothuria tubulosa* (fig. 199), que nous pouvons considérer comme le type

Fig. 199. — *Holothuria tubulosa*.

du groupe. Cet animal, long de 15 à 20 centimètres, est à peu près cylindrique et arrondi à ses extrémités. Son corps aplati ne présente pas la moindre trace de symétrie radiaire, mais, comme celui des Vers, a une symétrie bilatérale. Ses téguments ne forment point un test calcaire solide, mais constituent une enveloppe résistante et coriace, dans l'épaisseur de laquelle se montrent, disséminées çà et là, des incrustations de carbonate de chaux, ressemblant à des ancres, à des roues, à des hameçons (fig. 200). A l'extrémité antérieure du corps se voit la bouche, orifice arrondi, en arrière duquel se trouve un anneau complet, formé de dix plaques calcaires qui constituent un squelette interne (fig. 201, K), analogue aux auricules des Oursins.

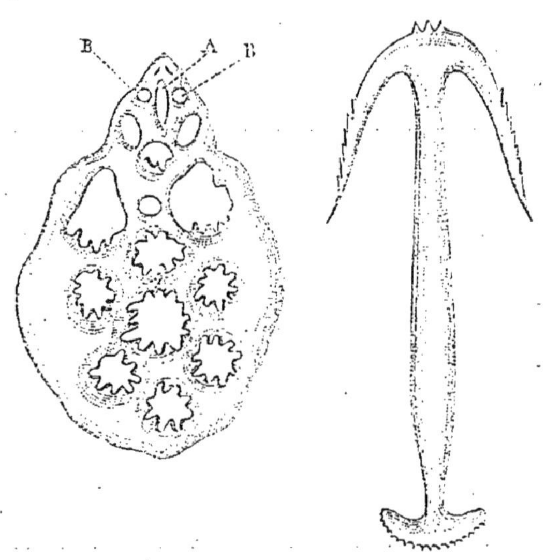

Fig. 200. — Corpuscules calcaires de la Synapte, d'après de Quatrefages.

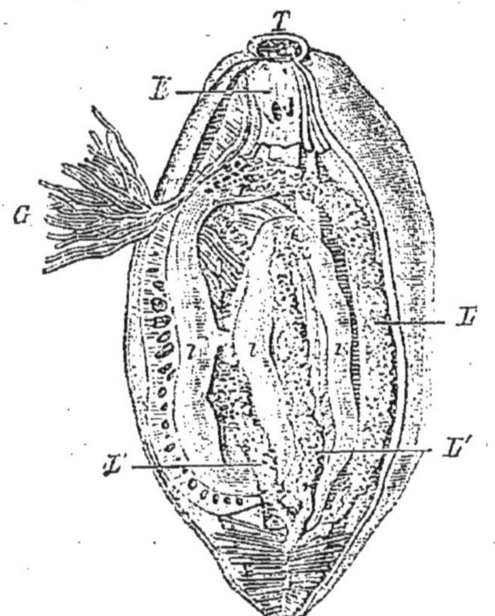

Fig. 201. — *Haplodactyla holothurioides*, d'après Selenka. — G, appareil reproducteur ; K, cercle calcaire, L, L', tubes foliacés respiratoires ; T, bouche ; *i*, intestin.

La bouche, qu'entoure une couronne de vingt tentacules tubuleux, n'est pas inférieure et centrale, comme chez les autres Echinodermes, mais est située à l'extrémité antérieure du corps, comme chez les Vers. L'anus est situé à la partie postérieure ; à son voisinage, l'intestin présente deux poches tubuleuses très ramifiées, dans les parois desquelles viennent se répandre de nombreux vaisseaux sanguins, et dont la cavité se trouve constamment remplie par de l'eau venue de l'extérieur : ces appendices ramifiés, ou *poumons*, servent sans nul doute à la respiration ; mais on les considère encore comme des organes excréteurs. Ils sont ordinairement au nombre de deux, mais on en rencontre parfois trois (*Haplodactyla*, fig. 201, L, L') ou quatre (*Psolus*, *Echinocucumis*, *Rhopalodina*).

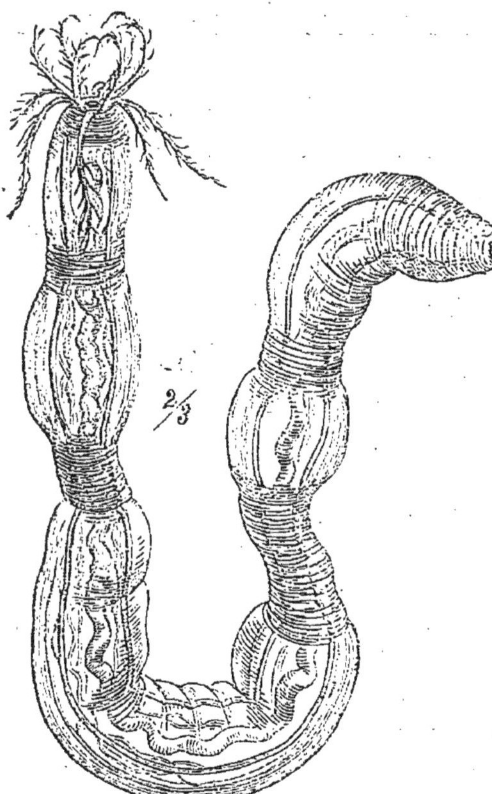

Fig. 202. — *Synapta inhærens*.

Les organes locomoteurs sont représentés par des ambulacres, répartis à la surface du corps suivant cinq bandes longitudinales. Ils atteignent un développement excessif sur l'une de ces bandes, qui devient alors la face de reptation. Les Holothurides qui possèdent des ambulacres constituent un premier groupe, celui des *Pédicellés*. Il existe en effet des animaux de cette classe qui sont *Apodes*, c'est-à-dire dépourvus d'ambulacres; les uns ont des poumons (*Molpadia*,

Haplodactyla), les autres n'en possèdent point (*Synapta*, fig. 202).

Les organes génitaux (fig. 201, G) forment un (*Holothuria*, *Mülleria*, Apodes) ou deux (*Stichopus*, *Thyone*, *Cucumaria*) groupes de tubes ramifiés, dont le canal excréteur vient s'ouvrir en avant sur la face dorsale et tout près de la bouche. Les Apodes sont hermaphrodites,

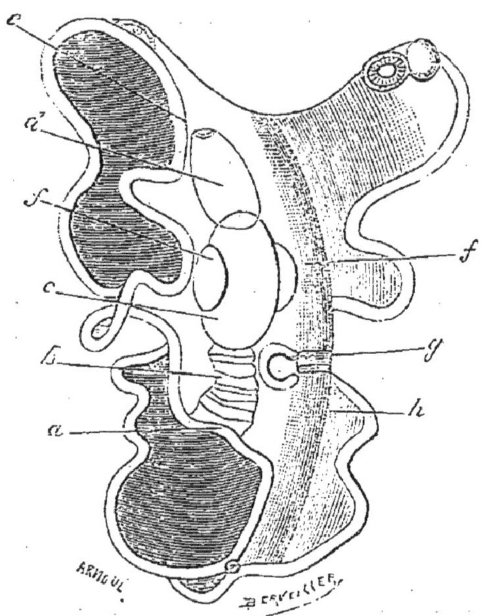

Fig. 203. — *Auricularia* vue par la face dorsale. — *a*, bouche ; *b*, œsophage ; *c*, estomac ; *d*, intestin ; *e*, anus ; *g*, filament canaliculé attiré latéralement sur la face dorsale ; *h*, vésicule qui lui est suspendue et aux dépens de laquelle se forme la couronne de tentacules.

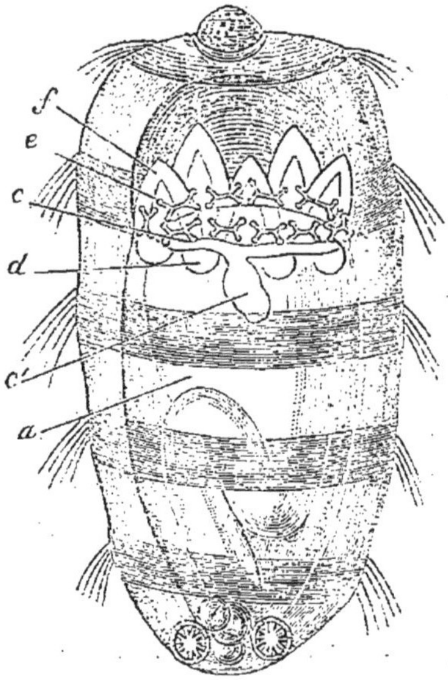

Fig. 204. — Chrysalide d'Holothurie. — *a*, intestin ; *c*, canal annulaire du système aquifère ; *c'*, vésicule de Poli ; *d*, vésicules avec les doubles noyaux ; *e*, anneau calcaire ; *f*, tentacules.

ce qui est exceptionnel dans l'embranchement des Échinodermes. Le développement direct n'est pas rare. Quand il y a des métamorphoses, le larve ou *Auricularia* (fig. 203) se transforme en une sorte de chrysalide (fig. 204), à l'intérieur de laquelle se développe la forme adulte.

Dans le midi de l'Europe, les classes pauvres se nourrissent parfois d'Holothuries, mais la pêche de ces Échinodermes n'y est jamais importante. Elle constitue au contraire une industrie des plus florissantes en certaines autres régions.

On connaît, sous le nom malais de *tripang* ou *trépang* et sous le nom portugais de *bicho do mar* (1), un produit alimentaire fort

(1) D'où les Français ont fait *Biche de mer* et les Anglais *Beach la mar*.

apprécié des Chinois et qui consiste en conserves d'Holothuries. Chaque année, des centaines de jonques malaises quittent Macassar et les îles de la Sonde pour aller pêcher les *Cornichons de mer*. On part en automne, à la mousson d'ouest, et on revient en avril, à la mousson d'est. Les jonques, montées surtout par des Bouguis, nation essentiellement maritime de la Malaisie, s'en vont dans toute les îles disséminées dans la partie sud-ouest de l'océan Pacifique; elles se rendent notamment aux îles qui avoisinent le détroit de Torrès, dans l'archipel des Nouvelles-Hébrides, jusque sur les côtes de la Nouvelle-Calédonie. Dans cette dernière île, les indigènes se livrent eux-mêmes à la pêche des Holothuries, et il en est de même sur la côte nord de l'Australie.

Les Holothuries vivent ordinairement près des côtes : en marchant dans les eaux peu profondes, le pêcheur les heurte du pied ; il lui est dès lors facile de les prendre à la main ou de les saisir avec un bâton dont l'extrémité est armée d'un crochet et de les jeter dans la barque qu'il traîne à sa remorque. Quand l'eau est plus profonde, on va les chercher en plongeant, comme Dumont d'Urville l'a vu faire dans la baie Raffles (Australie).

Quand la barque est remplie, on revient en toute hâte au campement installé sur le rivage, car l'action du soleil dessèche et racornit rapidement les Holothuries. On les jette alors dans de vastes chaudières, où on les fait cuire dans l'eau de mer pendant environ vingt minutes. Cela fait, on les fend suivant leur longueur, de la bouche à l'anus, on enlève tous les viscères ; puis on les porte sous des hangars, on les y dispose sur des claies de Bambou et on les enfume avec des vapeurs de Mimosa. Le tripang est très hygrométrique ; aussi convient-il de laisser le feu allumé jusqu'au moment de l'embarquement.

Ainsi préparé, le tripang est expédié sur les marchés de Macassar, de Manille, de Chine et de Cochinchine : il y arrive en énormes quantités; pour Port-Essington seulement, Gronen évalue à 1200 le nombre des pêcheurs occupés à la récolte des Holothuries et à 600 tonnes la quantité de tripang qui s'exporte annuellement.

Les Holothuries qui servent à la fabrication du tripang appartiennent au moins à six espèces distinctes; les mieux connues sont *Holothuria edulis*, *H. tremula* et *H. vagabunda*. Elles constituent un mets fort recherché des peuples polygames de l'extrême Orient, à cause des propriétés aphrodisiaques qu'on lui attribue. « D'après les renseignements, dit Péron, que nous nous sommes procurés à Timor, auprès de quelques Chinois éclairés, il paraîtrait que la forme des tripangs, qui leur a mérité, en diverses contrées, le nom de *Priapus marinus*, ainsi que leurs grandes dimensions, sont la source principale des rares vertus qu'on leur prête. »

Péron, *Voyage de découvertes aux terres australes*. II. Paris, 1810.
Dumont d'Urville, *Voyage de* l'Astrolabe *et de la* Zélée. Paris, 1844. Voir VI, p. 47.
Gronen, *Die Trepang-Fischerei in Nord-Australien*. Zoologischer Garten, XXII, p. 94, 1881.
H. Jouan, *La chasse et la pêche des animaux marins*. Bibliothèque utile, LXXV. Paris, 1883.

Les Holothuries ont tant de ressemblance avec les Géphyriens inermes, et en particulier avec les Siponcles, que pendant longtemps ces Vers leur ont été adjoints. Cette ressemblance n'est point seulement extérieure, mais porte encore sur divers points d'organisation. Les Holothuries se rapprochent donc des Vers à certains égards, et les seules raisons importantes pour lesquelles on les rattache aux Echinodermes sont, d'une part, la présence (non constante) de l'appareil ambulacraire, d'autre part la structure de la larve. A ce dernier point de vue, elles présentent, au moins au début de leur évolution, de remarquables affinités avec les Astéries (fig. 205). On est donc autorisé à considérer les Holothurides comme ménageant la transition entre les Vers et les Echinodermes à symétrie radiaire apparente.

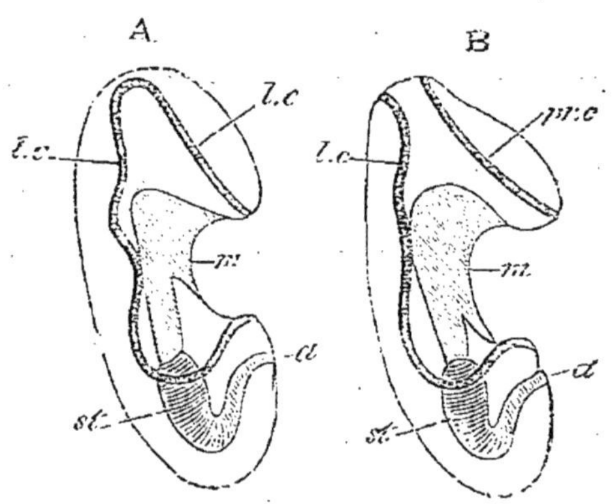

Fig. 205. — A, larve d'Holothuride ; B, larve d'Astéride ; *a*, anus ; *l. c*, bande ciliée longitudinale primitive ; *m*, bouche ; *pr. c*, bande ciliée préorale ; *st*, estomac.

CLASSE DES ENTÉROPNEUSTES

On doit rattacher à l'embranchement des Échinodermes le curieux animal découvert par delle Chiaje dans le golfe de Naples et connu

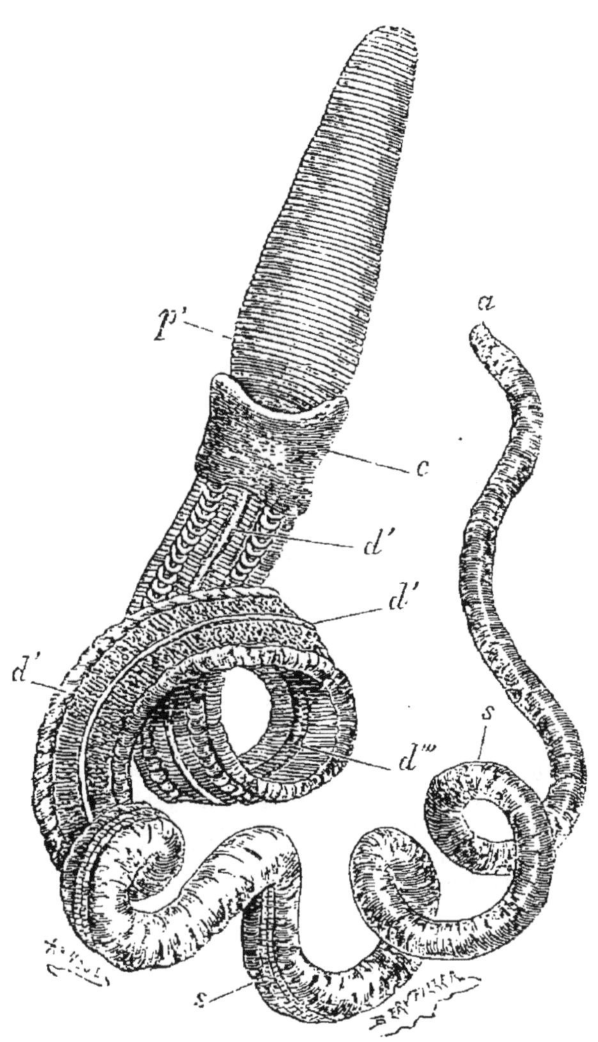

Fig. 206. — *Balanoglossus Kowalewskyi*, d'après Al. Agassiz. — *a*, anus; *c*, collet; *d'*, *d'''*, vaisseau dorsal central; *p'*, trompe; *s*, estomac ou tube digestif.

sous le nom de *Balanoglossus* (fig. 206). A l'état adulte, il a l'aspect d'un Ver aplati, parfois long de près d'un mètre, et dont l'extrémité antérieure est munie d'une trompe, *p'*, au moyen de laquelle il peut s'enfoncer dans le sable; mais sa larve ou *Tornaria* (fig. 207) est si semblable à de jeunes *Bipinnaria*, que J. Müller, qui la décrivit en 1848, n'hésita pas à la considérer comme une larve d'Échinoderme. Cette opinion est encore soutenue actuellement par Metschnikoff, Giard, Claus, qui rangent résolument les Balanoglosses à la suite des Echinodermes.

D'autre part, on ne peut méconnaître la similitude de *Tornaria* avec les larves trochosphères des Chétopodes : l'aspect vermiforme de l'adulte rapproche encore *Balanoglossus* de ces derniers.

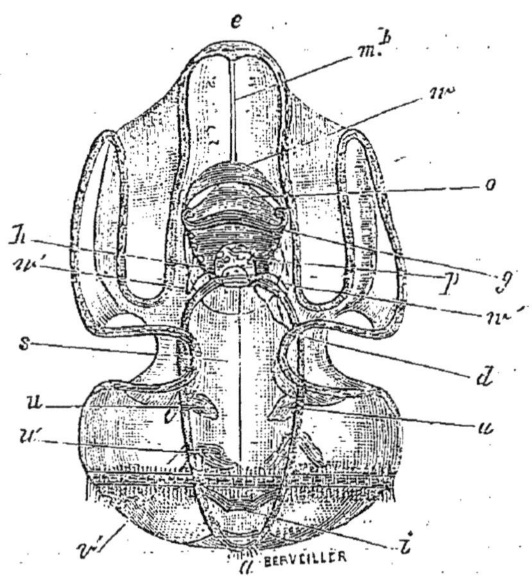

Fig. 207. — *Tornaria*, d'après Al. Agassiz. — *a*, anus ; *d*, pore dorsal ; *e*, taches oculaires ; *g*, branchies ; *i*, intestin ; *mb*, bande musculaire s'étendant des taches oculaires à la partie antérieure du système aquifère ; *o*, œsophage ; *p*, squelette de la base de la trompe ; *s*, estomac ou tube digestif ; *u*, ses appendices supérieurs ; *u'*, ses appendices inférieurs ; *v'*, bande ciliée longitudinale ; *w*, système aquifère ; *w'*, éperons droit et gauche de ce système.

Enfin l'adulte a certaines affinités avec les Tuniciers et avec *Amphioxus :* il possède une corde dorsale, suivant Bateson. L'appareil respiratoire est analogue à celui d'*Amphioxus* et même de certains Poissons : il consiste en un certain nombre de branchies, entre lesquelles se voient des fentes par où l'eau pénètre jusque dans l'œsophage; la respiration se fait donc par une portion du tube digestif, d'où le nom d'*Entéropneustes* donné par Gegenbaur aux Balanoglosses.

Les animaux qui nous occupent nous présentent donc des caractères ambigus, qui les rapprochent à la fois des Tuniciers, des Acrâniens, des Annélides et surtout des Échinodermes. En réalité, ils n'appartiennent en propre à aucun de ces groupes; ils représentent bien plutôt les derniers survivants d'êtres fort anciens, aux dépens desquels ont pris naissance certains types d'Échinodermes et de Vers. Du type primitif, que *Balanoglossus* représente dans la nature actuelle, ont pu dériver encore, par une différenciation dans un autre sens, les Tuniciers et les Acrâniens.

Al. Agassiz, *The history of Balanoglossus and Tornaria.* Mem. of the amer. Acad. of arts and sciences, IX, 1873. — Analyse par Edm. Perrier dans Arch. de zool. expér., II, p. 395, 1873.

J.-W. Spengel, *Ueber den Bau und die Entwicklung von Balanoglossus.* Amtlicher Bericht der 50. Versammlung deutscher Naturforscher und Ærzte. München, 1877.

El. Metschnikoff, *Ueber die systematische Stellung von Balanoglossus.* Zoologischer Anzeiger, IV, p. 139 et 153, 1881. — Traduit dans Bulletin scientif. du département du Nord, IV, p. 361, 1881.

W. Bateson, *The later stages in the development of Balanoglossus Kowalewskyi, with a suggestion as to the affinities of the Enteropneusta.* Quarterly Journal of micr. science, XXV, suppl., p. 81, 1885.

Les Échinodermes n'ont aucune relation avec les Cœlentérés, ni par la constitution des larves ni par la structure de l'adulte; la seule raison qui a fait si longtemps réunir l'un à l'autre ces deux groupes est l'apparence rayonnée qu'offrent quelques Échinodermes; mais nous savons que ces derniers présentent toujours, et à travers les divers stades de leur évolution, une symétrie bilatérale, quelque déguisée qu'elle puisse être. Ce n'est donc point du côté des Cœlentérés qu'il faut chercher leurs affinités.

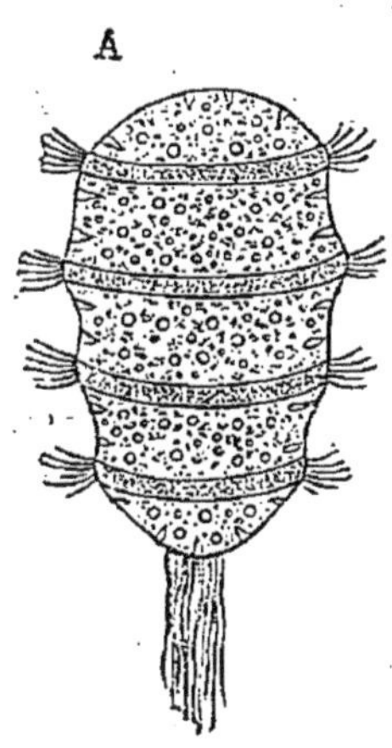

Fig. 208. — Larve d'*Antedon rosaceus* immédiatement après l'éclosion.

Ils se montrent au contraire étroitement apparentés aux Vers, comme nous avons eu maintes fois l'occasion de le faire ressortir dans les pages qui précèdent, et il est particulièrement intéressant de constater que les Crinoïdes, qui semblent avoir produit secondairement les Astérides et les Échinides, ont un *Echinopædium* (1) fort semblable à certaines larves d'Annélides (fig. 208). On se rappelle d'autre part les relations manifestes qui existent entre les Holothurides et les Géphyriens. Tout cela tend à prouver que les Échinodermes se sont séparés, à une époque fort ancienne, du grand groupe des Vers. Contrairement à quelques auteurs qui attribuent à ceux-là

(1) Huxley donne ce nom aux larves d'Échinodermes à symétrie bilatérale et pourvues de bandes ciliées.

un ancêtre commun, nous pensons qu'ils dérivent de trois souches distinctes, en sorte que les Vers primordiaux ou Prothelminthes ont suivi trois voies différentes pour arriver à constituer, à des degrés divers, le type Échinoderme. Ce type est complètement développé chez les Crinoïdes, les Astérides et les Échinides; il est beaucoup plus restreint chez les Holothurides; il est enfin transitoire et réduit à la période larvaire chez les Entéropneustes.

Quant à la façon dont on peut concevoir les relations des Vers avec les Échinodermes du premier groupe, nous nous bornerons à renvoyer le lecteur à un ouvrage dans lequel Perrier a exposé cette théorie.

Edm. Perrier, *Les colonies animales et la formation des organismes.* Paris, 1881.

C. Viguier, *Constitution des Echinodermes.* Comptes rendus, XCVIII, p. 1451, 1884.

Nous résumerons dans le tableau synoptique ci-joint les considérations que nous venons d'exposer :

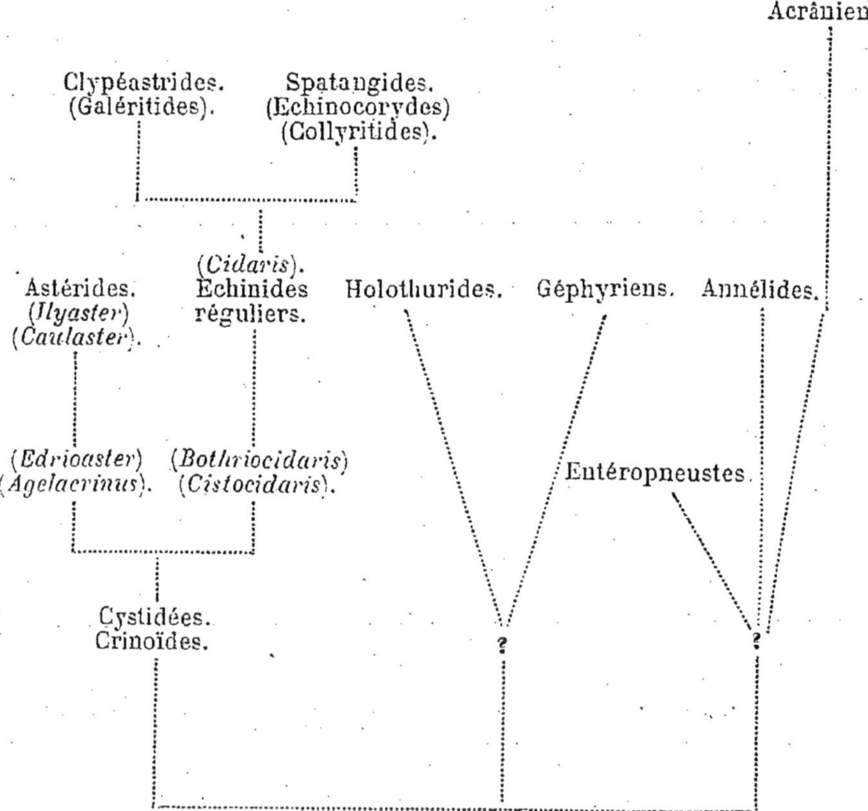

EMBRANCHEMENT DES VERS

CLASSE DES ANEURIENS

ORDRE DES RHOMBOZOAIRES

Les Rhombozoaires vivent en parasites dans les organes rénaux des Céphalopodes. Ils ont été bien étudiés, dans ces derniers temps, par Ed. van Beneden et par Whitman. La structure de leur corps est d'une extrême simplicité, puisqu'il ne se compose que d'un endoderme unicellulaire, qu'enveloppe un ectoderme formé de plusieurs cellules.

Fig. 209. — *Dicyemennea Mülleri.*

Dicyemennea (*Dicyemella*) *Mülleri* (fig. 209) est parasite d'*Eledone cirrosa*. L'ectoderme est formé d'une rangée unique de cellules plates, dont la face externe est couverte de cils vibratiles. L'animal se fixe au corps spongieux de son hôte par le renflement céphalique ou tête, séparé du tronc par un sillon circulaire. La tête est formée par les *cellules polaires*, constituant par leur ensemble la *coiffe polaire* et régulièrement disposées autour de l'extrémité antérieure du corps. Ces cellules sont toujours, lorsqu'elles existent, disposées sur deux rangs : le premier en renferme toujours quatre, dites *cellules propolaires;* le second en contient soit quatre (*Dicyema*), soit cinq (*Dicyemennea*), dites *cellules métapolaires*. Les Rhombozoaires pourvus d'une coiffe polaire forment le groupe des Dicyémides; cette formation ectodermique ne s'observe jamais chez les Hétérocyémides (*Conocyema*, *Microcyema*).

Le nombre des cellules qui constituent le corps semble être constant chez un même animal : *Dicyema typus* en a toujours 26, savoir, une endodermique et 25 ectodermiques, dont 8 polaires. Chez l'embryon et le jeune, les cellules ectodermiques sont cuboïdes; à mesure que l'individu avance en âge, elles s'allongent dans la direction du grand axe du corps, deviennent fusiformes et se creusent en gouttière à leur face interne pour se mouler sur la cellule endodermique, qui est toujours cylindroïde; elles peuvent atteindre une taille considérable. En outre de leur noyau uninucléolé, elles ne renferment d'abord qu'un protoplasma finement granuleux, mais, avec l'âge, elles se chargent de granules, de globules volumineux, de bâtonnets, de gouttelettes claires. Toutes ces productions se déposent sans ordre, en sorte que l'ectoderme ne s'épaissit pas également sur tous les points de sa surface, mais prend un aspect bosselé, verruqueux.

Le cellule unique qui constitue l'endoderme s'étend dans toute la longueur du corps et se trouve partout recouverte par l'ectoderme. Elle est cylindroïde et présente partout le même diamètre, sauf aux deux extrémités du corps, où elle s'effile pour se terminer en pointe mousse. Sa structure rappelle celle des cellules végétales : elle est en effet limitée extérieurement par une couche assez dense de protoplasma, d'où part un réticulum dont les mailles sont occupées par des vacuoles d'apparence gélatineuse; ce réseau sarcodique est animé de lents mouvements de translation. La cellule axiale présente toujours vers le milieu de sa longueur un énorme noyau ovalaire, entouré d'une épaisse membrane et muni d'un très petit nucléole. Whitman a reconnu que le noyau était souvent multiple : dans ce cas, les noyaux sont toujours en nombre impair chez les Nématogènes, tandis qu'ils sont indifféremment en nombre pair ou impair chez les Rhombogènes.

Le cellule axiale est à la fois l'organe formateur des germes et le lieu dans lequel s'accomplissent toutes les phases de l'évolution de l'embryon. Les Dicyémides produisent deux sortes d'embryons : les uns, vermiformes, sont produits par des individus plus grêles et plus allongés, que van Beneden appelle *Nématogènes;* les autres, infusoriformes, tirent leur origine d'individus plus courts et plus gros, appelés *Rhombogènes.* Van Beneden pensait qu'on ne rencontre jamais les deux sortes d'embryons chez un même individu, mais Whitman a reconnu que les embryons vermiformes et infusoriformes pouvaient naître dans un même parent.

Les germes qui produisent les embryons vermiformes dérivent primitivement du noyau de la cellule axiale du Nématogène. Ils mesurent de 12 à 14 μ et présentent un noyau sphérique de 5 à 6 μ, pourvu d'un nucléole punctiforme. Leur nombre et leurs dimensions sont très variables. Arrivés à l'état de complet développement, ils se comportent à la façon d'un ovule et subissent une segmentation totale et inégale, aboutissant à la formation d'une gastrula épibolique à 13 cellules, dont 12 ectodermiques et une endodermique (fig. 210, A). Par la suite, l'embryon s'allonge et augmente de volume, la cellule centrale s'étire elle-même et devient fusiforme, en même temps que les cellules ectodermiques augmentent de nombre et que le blastopore s'oblitère; pour Ed. van Beneden, cette oblitération se ferait à l'extrémité du grand axe où se montrera plus tard la coiffe polaire; pour Whitman elle se ferait à l'extrémité opposée. L'embryon est dès lors véritablement vermiforme (fig. 210, B).

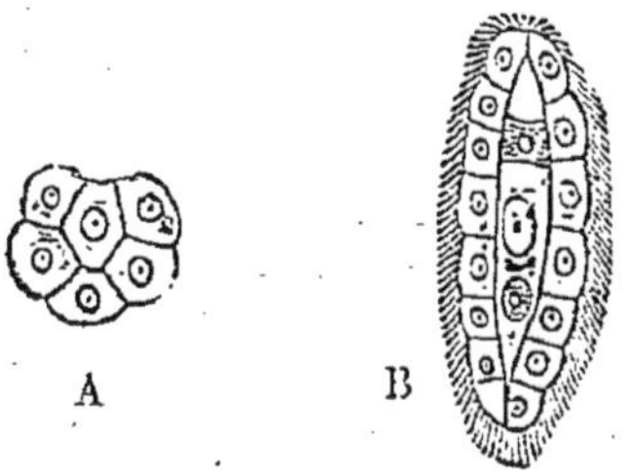

Fig. 210. — A, gastrula de *Dicyema typus*; B, embryon vermiforme. D'après Ed. van Beneden.

La suite du développement consiste en ce que le noyau de la cellule axiale de l'embryon se divise à deux reprises successives, de manière à former deux germes nouveaux, qui se montrent de chaque côté du noyau et qui sont destinés à produire eux-mêmes des embryons de deuxième génération. Les cellules antérieures se différencient alors, puis des cils vibratiles apparaissent sur toute la surface ectodermique, et l'embryon, qui ne diffère plus de l'adulte que par la taille, sort du corps de son parent par le pôle oral; plus rarement il sort par la face latérale du corps maternel, soit en s'insinuant entre les cellules ectodermiques, soit même en perforant l'une de celles-ci. Devenu libre, le jeune *Dicyema* vermiforme reste en parasite dans l'organe spongieux du Céphalopode.

Au moment où l'embryon quitte son parent, son endoderme renferme quatre germes, deux en avant du noyau et deux en arrière; un peu plus tard, il en contient huit, disposés en deux groupes. Tous ces germes nouveaux proviennent exclusivement de la division des deux germes primitifs; le noyau reste désormais en repos. Si ce processus se poursuit, le jeune individu libre deviendra un Nématogène; si, au contraire, le nombre des germes reste de 4 ou 8, on aura un Rhombogène, ainsi que l'a reconnu Whitman.

Les Rhombogènes, moins longs et plus larges que les Nématogènes, sont caractérisés en outre par ce fait que le nombre de leurs cellules ectodermiques est moins considérable. Ils donnent naissance aux embryons infusoriformes, mais par un procédé différent de celui que nous venons de décrire. Les germes ou plutôt les *cellules germigènes*, dont nous avons reconnu l'origine, mesurent en moyenne 21 μ. Chacune de ces cellules commence d'abord par expulser un corps analogue à un globule polaire. Ce corpuscule, qui a toute l'apparence d'un corps nucléaire entouré d'une mince zone sarcodique, est le *paranucléus;* il se sépare complètement, devient indépendant, grossit et persiste dans la cellule axiale sous forme d'un noyau. Le germigène se divise alors : il en résulte la formation d'un amas de cellules qui, par épibolie, en enveloppent une plus grosse. Cette dernière engendre à son tour des générations successives de germes, c'est-à-dire de cellules qui toutes, sauf celles de la dernière génération, sont destinées à produire des embryons infusoriformes. Le germigène ne tarde pas à s'épuiser : tout son corps protoplasmique est employé à la formation de la dernière génération de germes ; son noyau persiste seul et se retrouve dans la cellule axiale, sous forme de *noyau résiduel.*

Chacun des germes se développe alors en un embryon infusori-

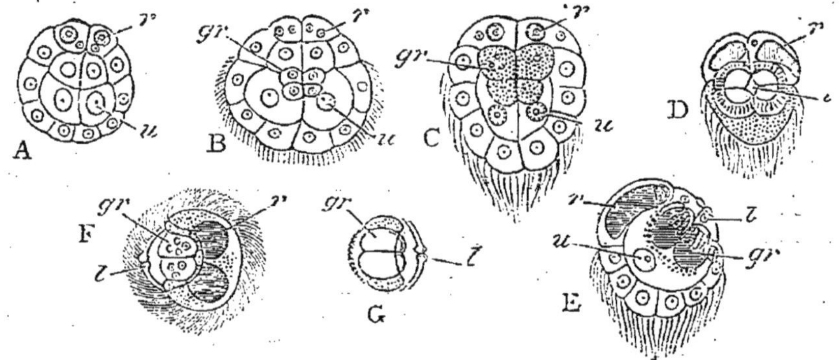

Fig. 211. — Embryon infusoriforme de *Dicyema typus.* — A, B, C, trois stades avancés du développement ; D, E, F, larve complètement développée, vue de face en D, de profil en E et par la face supérieure en F ; G, vue latérale de l'urne ; *gr*, corps granuleux remplissant l'intérieur de l'urne ; *l*, couvercle de l'urne ; *r*, corps réfringents ; *u*, paroi de l'urne.

forme, en subissant à son tour la segmentation totale et inégale et en passant par les phases que représente la figure 211. L'embryon devient cilié et atteint à peu près son développement complet avant de quitter l'organisme maternel : il nage quelque temps à l'intérieur de la cellule endodermique, puis devient libre en traversant la paroi du corps de son parent, ordinairement par l'extrémité céphalique. Il présente alors l'aspect d'une poire ou d'une toupie et nage en dirigeant en avant sa grosse extrémité ou tête, dépourvue de cils.

La tête se compose de trois organes, dont un symétrique et médian, situé du côté du ventre, est l'*urne;* les deux autres, latéraux et dissymétriques, placés au-dessus et en avant de l'urne, sont les *corps réfringents*, *r*. La paroi ou capsule de l'urne est formée de deux grosses cellules, *u*, au-dessus desquelles se voient deux autres cellules plus petites, *l*, formant le couvercle. Le contenu de l'urne est constitué par quatre petites cellules, *gr*, qui finissent par devenir multinucléées et par se remplir de granulations : celles-ci représentent de véritables spermatozoïdes, en sorte que l'urne serait un testicule et l'infusoriforme un individu mâle. Le reste des cellules de l'embryon forme la queue ou le corps ciliaire. Les cellules granuleuses sont souvent rejetées au dehors, en apparence à la volonté de l'animalcule.

Contrairement à l'embryon vermiforme, l'infusoriforme résiste à l'action de l'eau de mer : il nage activement dans celle-ci et s'y trouve, à n'en pas douter, dans son milieu normal. Son sort ultérieur est inconnu, mais il est probable que l'espèce se propage par lui d'un Céphalopode à l'autre.

Ed. van Beneden, *Recherches sur les Dicyémides, survivants actuels d'un embranchement des Mésozoaires.* Bull. acad. des sc. de Belgique (2), XLI, p. 1160-1205 ; XLII, p. 35-97, 1876.

Ed. van Beneden, *Contribution à l'histoire des Dicyémides.* Archives de biologie, III, p. 195-228, 1876.

C. O. Whitman, *A contribution to the embryology, life-history, and classification of the Dicyemids.* Mittheil. aus der zool. Station zu Neapel, IV, p. 1 — 90, 1882.

ORDRE DES ORTHONECTIDES

Les détails dans lesquels nous venons d'entrer relativement aux Dicyémides nous permettent d'être bref à l'égard des Orthonectides. Ces animaux, bien étudiés par Giard, par Metschnikoff et par Julin, sont parasites des Némertiens, des Turbellariés et des Ophiures ; ils vivent dans les organes génitaux, dont ils amènent l'atrophie.

Rhopalura Giardi est parasite d'*Ophiocoma neglecta*. Le mâle adulte est long de 104 μ et a la forme d'un fuseau allongé, dont les extrémités sont peu effilées. L'ectoderme, composé de nombreuses cellules dont la plupart sont ciliées, présente cinq sillons transversaux, ce qui détermine la production de six anneaux. L'endoderme, d'abord formé de plusieurs cellules, se résout finalement en un sac allongé, limité par une membrane anhiste et rempli de spermatozoïdes. On peut reconnaître encore, entre l'ectoderme et le *corps testiculaire* dérivé de l'endoderme, l'existence d'une couche fibrillaire à direction longitudinale, d'abord continue, mais disposée en plusieurs faisceaux. Quand la maturité sexuelle est arrivée, le sac testiculaire se rompt, les cellules ectodermiques se détachent çà et là, et les spermatozoïdes sont mis en liberté.

Julin reconnaît deux sortes de femelles : une *forme cylindrique* et une *forme aplatie*. Nous ne pouvons insister sur leurs caractères : il importe pourtant de noter que les œufs de la première ne produisent que des mâles et que ceux de la seconde ne produisent que des femelles. Chacune de ces deux formes se compose essentiellement d'un ectoderme multicellulaire, d'une couche sous-jacente fibrillaire et d'un endoderme multicellulaire, dont les éléments se transforment en œufs. Ceux-ci donneront des mâles ou des femelles, suivant la manière dont ils se comporteront au moment de la segmentation. Voyons d'abord le développement du mâle.

L'œuf est nu et sphérique et mesure 15 μ. Il subit la segmentation totale et inégale et forme son blastoderme par épibolie. L'endoderme reste longtemps représenté par une seule grosse cellule ; mais on voit bientôt celle-ci émettre à chacun de ses pôles une petite cellule qui se divisera en deux autres : ce sont les *cellules intermédiaires antérieures* et *postérieures*. Les antérieures bouchent le blastopore; mais ce dernier ne tarde pas à être oblitéré d'autre part par la pullulation des éléments ectodermiques, qui se rejoignent à son niveau, puis se couvrent de cils vibratiles. Par la suite, les modifications les plus essentielles tiennent à ce que la grosse cellule endodermique se segmente activement et à ce que les cellules intermédiaires se multiplient de manière à se réunir d'un pôle à l'autre et à former ainsi une couche cellulaire continue, séparant l'ectoderme de l'endoderme. Cette couche intermédiaire se transformera en la couche fibrillaire dont il a été question plus haut, tandis que les cellules endodermiques produiront les spermatozoïdes.

Quand l'œuf doit donner naissance à une femelle, la segmentation est encore totale et inégale, le blastoderme se forme encore par épibolie, mais l'endoderme est pluricellulaire d'emblée. Le blastopore s'oblitère, l'ectoderme devient cilié, puis les cellules endodermiques, d'abord toutes semblables entre elles, se différencient en une assise périphérique à éléments cylindriques et en une masse centrale à éléments polygonaux : la masse centrale produira les œufs, l'assise périphérique deviendra la couche fibrillaire.

Les femelles adultes peuvent sortir du corps de l'Amphiure et, après avoir nagé librement pendant quelque temps, pénétrer dans le corps d'un nouvel hôte.

A. Giard, *Les Orthonectides, classe nouvelle du phylum des Vers*. Journal de l'anat., XV, 1879.

El. Metschnikoff, *Zur Naturgeschichte der Orthonectiden*. Zool. Anzeiger, II, p. 547, 1879.

El. Metschnikoff, *Nachträgliche Bemerkungen über Orthonectiden*. Zool. Anzeiger, II, p. 618, 1879.

S. Jourdain, *Sur une forme très simple du groupe des Vers*. Revue des sciences naturelles, 1880.

El. Metschnikoff, *Untersuchungen über Orthonectiden*. Z. f. w. Z., XXXV, 1881.

Spengel, *Die Orthonectiden*. Biologisches Centralblatt, I, p. 175, 1881.

Ch. Julin, *Contribution à l'histoire des Mésozoaires. Recherches sur l'organisation et le développement embryonnaire des Orthonectides*. Archives de biologie, III, p. 1-54, 1882.

Les affinités des Orthonectides avec les Rhombozoaires sont très évidentes. Ces derniers se présentent sous deux formes distinctes : les Nématogènes qui produisent les embryons vermiformes, destinés sans doute à devenir des femelles, et les Rhombogènes qui produisent les embryons infusoriformes, c'est-à-dire les mâles. De même, on peut reconnaître chez les Orthonectides deux sortes de femelles : la forme aplatie, qui donne exclusivement des femelles, et la forme cylindrique, qui donne exclusivement des mâles. Dans l'un et l'autre cas, la gastrula se forme par épibolie. Tout l'organisme de l'adulte consiste en deux couches cellulaires, mais l'endoderme est unicellulaire chez les Dicyémides, tandis qu'il est pluricellulaire chez les Orthonectides ; de plus, ces derniers possèdent, entre leurs deux assises cellulaires, une couche fibrillaire d'origine endodermique. Ces ressemblances sont assez considérables pour nous autoriser à réunir les deux ordres dont nous venons de faire l'étude en une classe des *Aneuriens*, caractérisée par l'absence complète de tout organe nerveux. Il nous faut discuter maintenant la place qu'il convient de lui attribuer dans la classification.

Ed. van Beneden, Julin, C. Vogt et Yung, d'autres encore, admettant que les Aneuriens ne présentent jamais qu'un ectoderme et un endoderme et sont toujours dépourvus de mésoderme, en font un groupe des *Mésozoaires*, intermédiaire aux Protozoaires sans blastoderme et aux Métazoaires triblastiques. D'autres auteurs, comme Giard et Whitman, les rattachent aux Vers. Nous n'hésitons pas à adopter cette opinion.

Pour nous, les Aneuriens sont des Vers véritables, mais ils ne peuvent rentrer dans la classe des Plathelminthes, à cause de leur organisation vraiment rudimentaire, à cause surtout de l'absence de tout appareil nerveux. Notre manière de voir se trouverait ébranlée, si l'on venait à démontrer la nature nerveuse du petit organe cellulaire que Julin a reconnu chez la forme aplatie des femelles d'Orthonectides, à la partie antérieure du corps. Il n'en demeurerait pas moins vrai que les Aneuriens diffèrent encore des Plathelminthes par l'absence de tout appareil excréteur, digestif ou fixateur et par un ensemble de caractères primordiaux, sur lesquels nous ne pouvons insister. Ce n'est pas à dire pourtant qu'ils n'aient pu dériver primitivement des Plathelminthes, mais leur séparation est sans doute fort ancienne, et leur vie parasitaire a contribué encore fortement à leur donner la structure rudimentaire que nous leur avons reconnue.

Quant à l'opinion de van Beneden et Julin, il suffit, pour en faire la critique, de rappeler l'existence de la couche fibrillaire, séparée de l'endoderme et qui n'est ni plus ni moins développée que ce qu'on est convenu d'appeler mésoderme chez bon nombre de Cœlentérés ; il suffit de faire remarquer d'autre part qu'il est au moins prématuré d'établir un groupe des Mésozoaires avec des êtres que le parasitisme a certainement dégradés.

CLASSE DES PLATHELMINTHES

ORDRE DES CESTODES

L'ordre des Cestodes renferme des Vers plats dont l'histoire, déjà fort importante pour le naturaliste, en raison de leur structure compliquée et de leurs migrations curieuses, est plus importante encore pour le médecin. Les deux principales familles de cet ordre, celles des Ténias et des Bothriocéphales, sont représentées chez l'Homme par des espèces endoparasites, qui peuvent s'y rencontrer soit à l'état adulte, soit à l'état larvaire.

FAMILLE DES TÉNIADÉS

Les animaux fort nombreux (1) qui constituent cette famille diffèrent entre eux par la structure, par le mode de développement, par la taille, par l'habitat, en un mot par tous les caractères que l'on invoque d'ordinaire pour établir des coupes génériques dans une famille naturelle ; néanmoins ils sont tous réunis encore à l'heure actuelle en un seul et même genre, *Tænia*, le plus disparate qui existe. On peut prévoir que, dans un avenir prochain, un zoologiste autorisé n'hésitera pas à le démembrer. En 1845, Dujardin faisait déjà des tentatives dans ce sens, lorsqu'il reconnaissait parmi les Ténias sept sections, établies d'après la disposition des orifices génitaux et d'après

(1) En 1878, O. von Linstow en cite 256 espèces dans son *Compendium der Helminthologie*. On peut évaluer à peu près à 300 le nombre des espèces actuellement connues.

la présence ou l'absence de crochets. En 1851, Diesing reconnut dans le genre Ténia deux sections, caractérisées par la présence ou l'absence de rostre et subdivisées chacune en deux groupes. P. J. van Beneden admit dans la famille des Téniadés les trois genres *Tænia*, *Halysis* et *Triænophorus;* mais le genre *Halysis* n'a pas été conservé, et le genre *Triænophorus* a été rattaché à la famille des Bothriocéphalidés. En 1858, Weinland établit la sous-famille des *Sclerolepidota* pour les Ténias dont l'œuf a une coque épaisse et dure, et celle des *Malacolepidota* pour les Ténias dont l'œuf est entouré d'une coque mince; la première comprenait les cinq genres *Tænia*, *Acanthotrias*, *Tæniarhynchus*, *Echinococcifer* et *Diplacanthus;* la seconde renfermait un grand nombre de genres, mais les genres *Hymenolepis* et *Alyselminthus* étaient seuls parasites de l'Homme.

En se basant sur l'embryologie, Leuckart put diviser les Ténias en deux groupes : les Ténias vésiculaires ou Cystiques (*Tænia saginata*, *solium*, *acanthotrias*, *marginata*, *echinococcus*) et les Ténias non vésiculaires ou Cysticercoïdes (*T. nana*, *flavopunctata*, *madagascariensis*, *cucumerina*). De son côté, Küchenmeister reconnaît trois groupes de Ténias : les Platycerques (*T. cucumerina*, *nana*, *flavopunctata*), les Cysticerques (*T. solium*, *acanthotrias*, *marginata*, *saginata*) et les Cystoplatycerques (*T. echinococcus*). Enfin, en tenant compte de la façon dont naît la vésicule caudale de la larve ou Cystique, Villot arrive à classer les Ténias de la même façon que Leuckart. C'est également la classification que nous adopterons.

A. Villot, *Classification des Cystiques des Ténias fondée sur les divers modes de formation de la vésicule caudale.* Revue des sciences naturelles (3), II, 1882.

A. Villot, *Mémoire sur les Cystiques des Ténias.* Annales des sciences naturelles, Zoologie (6), XV, 1883.

TÉNIAS DU PREMIER GROUPE (TÉNIAS VÉSICULAIRES)

« *Cystiques dont la vésicule caudale procède du Proscolex par simple accroissement et modification de structure, sans qu'il y ait, à proprement parler, production d'une partie nouvelle.* » Villot.

Ce groupe de Ténias correspond à peu près à la première division admise par Leuckart. Les Cystiques sont toujours parasites d'un animal vertébré; ils sont entourés d'un kyste adventice fourni par les tissus de ce dernier. Villot reconnaît dans ce groupe les trois genres *Cysticercus*, *Cœnurus* et *Echinococcus*.

Tænia serrata Göze, 1782.

Ce Ver n'est point parasite de l'Homme; sa larve ou *Cysticercus pisiformis* Zeder vit chez le Lapin, le Lièvre, la Souris; à l'état adulte, il se rencontre dans l'intestin grêle du Chien. Il est pourtant indispensable d'en faire une étude détaillée, parce que son histoire, bien mieux connue que celle des Ténias de l'Homme, est de nature à nous fournir les plus précieux renseignements sur le développement de ces derniers.

Les premières phases du développement se passent alors que l'œuf est encore renfermé à l'intérieur des derniers anneaux de l'animal; elles ont été bien étudiées par le professeur Moniez, aux belles recherches duquel nous aurons maintes fois recours. Après la fécondation, la cellule ovulaire se divise en deux parties égales, mais dont les caractères optiques ne tardent pas à devenir dissemblables : dans l'un des deux segments (fig. 212 A,*a*), les granules sont très réfringents et nettement circonscrits; dans l'autre, *b*, ils ont un aspect moins brillant et sont moins bien délimités. Ces deux *masses vitellines* ne feront point partie du corps de l'embryon, mais produiront par bourgeonnement les cellules blastodermiques, B,*c*. Au moment où la première se forme, on voit apparaître la membrane vitelline, *d*. La cellule blastodermique ne tarde pas à se diviser et il se forme ainsi un grand nombre d'éléments indépendants les uns des autres. Ceux-ci continuent à se diviser activement et forment une morula dépourvue de membrane propre, C,*c*. Désormais, les deux masses vitellines ne prendront plus aucune part à la vie de l'embryon; elles se désagrégeront et chacune d'elles mettra en liberté une petite cellule réfringente, cachée primitivement au sein de ses granulations et que Moniez considère comme un globule polaire, G,*h*.

A mesure qu'ils se multiplient, les blastomères deviennent plus petits; la masse qu'ils forment s'arrondit, puis leur couche périphérique se sépare des éléments sous-jacents, formant ainsi une sorte de membrane cellulaire, D,*f*, autour des autres cellules blastodermiques, D,*c*. La couche délaminée se modifie activement : les cellules qui la constituent se détruisent et se transforment en une zone granuleuse, E,*f*. Les granules périphériques se soudent alors entre eux, et acquièrent une grande

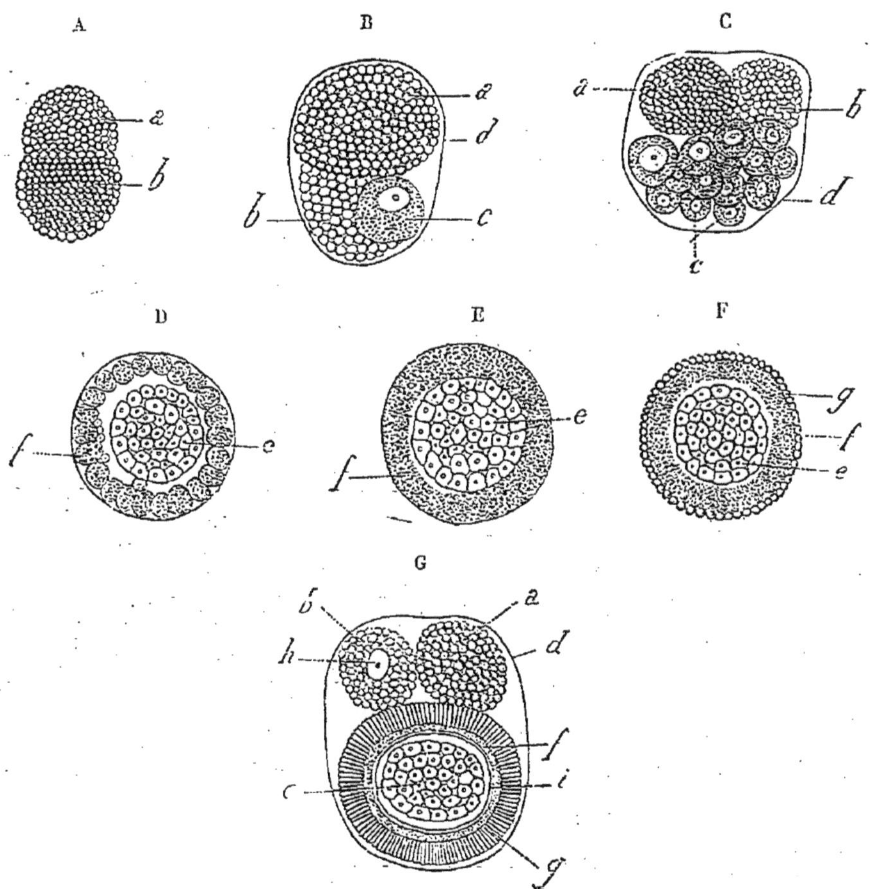

Fig. 212. — Embryologie des Ténias du groupe de *Taenia saginata*, d'après Moniez. Les figures A, B, C, G se rapportent à *T. marginata*, les figures D, E, F à *T. serrata*. — *a*, *b*, masses vitellines ; *c*, cellules blastodermiques ; *d*, membrane vitelline ; *e*, embryon ; *f*, zone délaminée ; *g*, granules périphériques donnant naissance à la membrane de bâtonnets ; *h*, globule polaire ; *i*, membrane chitineuse entourant l'embryon.

réfringence, F,*g*. ; puis ils augmentent de volume, perdent leur forme sphérique et deviennent des corps très allongés, origine d'une membrane de bâtonnets qui entoure définitivement l'embryon, G,*g*. La partie interne de la membrane délaminée, n'ayant pris aucune part à la formation des bâtonnets, constitue une couche granuleuse qui ne se résorbe pas; du côté de l'embryon, elle s'organise en une mince lamelle chitineuse.

L'amas cellulaire que circonscrivent la membrane de bâtonnets et la couche granuleuse sous-jacente constitue donc désormais l'embryon. Au moment où les bâtonnets se forment, on voit apparaître à la surface de celui-ci six crochets, dont l'origine n'a pas été suffisamment reconnue : on est alors au stade de l'*oncosphère* ou de l'*embryon hexacanthe* (fig. 217, B,C). Celui-ci est constitué par une petite masse de cellules, identiques en apparence, au sein de laquelle on ne peut distinguer aucune trace d'organisation. Les crochets sont disposés en trois paires et situés à la surface d'un même hémisphère.

C'est en cet état que l'œuf, jusqu'alors renfermé dans l'utérus, arrive au dehors, par suite de la séparation et de l'expulsion spontanée des anneaux qui le renferment. Rejetés au dehors en même temps que les matières fécales ou même dans l'intervalle des selles, les anneaux se détruisent rapidement et les œufs se trouvent mis en liberté : la membrane vitelline s'est rompue depuis longtemps déjà, et l'embryon, entouré de son épaisse coque striée, est mélangé à la poussière ou entraîné par les eaux. C'est lui qu'on a l'habitude, par un manifeste abus de langage, de considérer comme l'œuf. Il est ovoïde, long de 36 à 40 μ, large de 31 à 36 μ.

L'embryon renfermé dans sa coque est capable de rester en vie latente pendant un temps fort long, jusqu'à ce qu'il se trouve placé dans les conditions indispensables à la suite de son évolution. Ces conditions, il les trouve réalisées quand il est amené, par les aliments ou par les boissons, dans le tube digestif du Lapin ou du Lièvre. Les sucs digestifs dissolvent la coque, et l'embryon est mis en liberté. Il revient alors à la vie active et ne tarde pas à traverser la paroi de l'intestin : dans ce but, il se fraye un chemin à l'aide de ses crochets, comme une personne pressée dans une foule joue des coudes pour se faire de la place. L'embryon tombe ainsi dans une des branches d'origine de la veine porte et le torrent circulatoire l'entraîne dans le foie. Cette migration accomplie, il subit des modifications qui l'amènent à l'état de *Cysticerque*, de *Cystique*, de *larve* ou de *Ver vésiculaire*.

Leuckart et Moniez ont pu suivre les premières phases du développement : ils ont vu l'oncosphère émigrer dans le foie, puis dans le péritoine du Lapin et nous ont ainsi fait connaître les modifications diverses qu'elle subit.

L'infestation s'annonce de bonne heure et, dès le second jour, on observe dans le foie de très petits tubercules blancs et des traînées particulières. Le volume des tubercules augmente rapidement et ils acquièrent une certaine dureté : le cinquième jour, ils ont atteint la taille d'un petit grain de Chènevis ; ils sont accompagnés de fines traînées distribuées dans tous les sens et que l'on trouve, comme les nodosités, aussi abondamment dans la profondeur des tissus qu'à la surface de l'organe. On ne peut énucléer ces nodosités sans arracher en même temps des fragments de tissu hépatique. Elles sont peu transparentes ou même opaques et se montrent formées d'une enveloppe très épaisse, renfermant un corps réfringent et de forme ovale. L'enveloppe passe insensiblement au tissu du foie et résulte uniquement de la transformation des cellules hépatiques ; la partie claire qui y est contenue a la même origine et ne rappelle en rien l'embryon ; elle est simplement plus avancée en régression.

Ce processus inflammatoire se produit en certains points du foie, autour d'un embryon mort. L'embryon vivant siège au contraire, dans les fins canalicules disposés en traînées, dans lesquels Laulanié a toujours reconnu des branches d'origine de la veine sus-hépatique. Il est de fort petite taille et mesure à peine 1 millimètre de long, pour une largeur bien moindre. Sa structure est des plus simples : son enveloppe est une mince cuticule, son tissu est formé d'un réseau très délicat, très finement granuleux, emprisonnant dans ses mailles un liquide clair et non coagulable. Les crochets de l'embryon hexacanthe ont disparu sans laisser de trace et il est impossible de savoir où et quand a eu lieu cette disparition. Les mailles du réseau ressemblent à celles qui s'observent dans le corps des Cystoflagellés ; elles ont été longtemps considérées comme des contours cellulaires, mais on ne voit jamais de véritable épithélium sous la cuticule des Cysticerques.

Les embryons arrivés dans le foie depuis huit jours se trouvent dans les mêmes conditions. Leur croissance est rapide :

au douzième jour, ils sont déjà longs de 3 millimètres et peuvent accomplir d'obscurs mouvements de contraction; on voit enfin se développer à leur surface des papilles que nous retrouverons plus tard. Les contractions dont nous venons de parler sont déterminées par des éléments sous-cuticulaires qui se continuent avec le tissu parenchymateux; ces éléments sont fort distincts des fibres musculaires, qui ne sont pas encore différenciées.

A mesure que le jeune Ver se développe, il prend un aspect de plus en plus allongé, et la galerie qui le loge va en s'élargissant. Leuckart pensait que les nodosités se transformaient progressivement en galeries, mais Moniez a reconnu qu'elles se forment autour de Cysticerques morts de bonne heure, tandis que les galeries sont en rapport avec des Cysticerques vivants, qui se meuvent pour aller de la profondeur à la surface, ou qui vivent près de la surface du foie et savent résister au travail d'enkystement en agrandissant progressivement leur galerie. Aussi voit-on le volume des nodosités rester bientôt stationnaire, alors que les galeries s'agrandissent.

Nous avons dit que, huit jours après leur arrivée dans le foie, le tissu des jeunes Cysticerques présente un réticulum très finement granuleux, dont les mailles sont remplies d'un liquide. Le réticulum se modifie bientôt et, chez des individus âgés de moins d'un mois, il a pris déjà l'aspect d'un tissu conjonctif. Tout le corps de l'embryon subit cette transformation, à part le point où va se développer le rudiment du futur Ténia; il reste pourtant entre les trabécules conjonctives une certaine quantité de la substance liquide primitive. Celle-ci se modifie à son tour, devient coagulable, au moins par les agents chimiques, et est capable de se charger de matières inorganiques : elle forme alors des éléments particuliers, les *corpuscules calcaires*. Ceux-ci sont des éléments ovalaires ou arrondis, formés de couches concentriques et faisant effervescence sous l'influence des acides.

Au vingt-deuxième jour qui suit l'infestation, les larves sont longues d'environ 1 centimètre et larges de moins de 1 millimètre. On peut les voir alors présenter un curieux phénomène, que Moniez a découvert. Le Cysticerque s'étrangle en son milieu et se montre constitué par deux parties animées de contractions et reliées l'une à l'autre par un pédicule plus ou moins rétréci. Celui-ci finit par se rompre et les deux portions se trouvent de la sorte isolées l'une de l'autre. Vient-on alors à les examiner attentivement; on constate que le segment postérieur a conservé partout sa structure primitive; il en est de même pour l'autre segment, sauf pour sa partie antérieure, où l'on peut reconnaître une zone réfringente, formée de cellules très petites, très finement granuleuses, très serrées, disposées en demi-sphère et correspondant à une dépression circulaire peu profonde : on se trouve en présence du rudiment de la tête du futur Ténia; la tête naît donc, non par une invagination pure et simple, mais en même temps par une active prolifération cellulaire, localisée à l'un des pôles de la larve.

Moniez donne de ces faits l'explication suivante : il pense que la larve se divise en deux et perd sa moitié postérieure parce que celle-ci est devenue histologiquement impropre à la reproduction, cette fonction étant dévolue à la moitié antérieure, et que, conservée en entier, elle eût été superflue, même pour protéger la tête et le cou du jeune Ténia. La moitié postérieure se vide de ses éléments et n'est bientôt plus représentée que par sa cuticule et quelques fibres conjonctives : finalement elle se détruit. Quoi qu'il en soit, il est très intéressant de rapprocher ces faits d'observations analogues faites par Thomas sur le sporocyste de *Distoma hepaticum* (1).

Nous avons vu en quel point apparaissaient les premiers rudiments de la tête du jeune Ténia. Suivons maintenant de plus près son développement. Cet organe prend naissance par un processus de bourgeonnement qu'avaient entrevu déjà Wagener et von Siebold, et que Moniez a pu suivre récemment. Les belles recherches de cet auteur contredisent formellement l'opinion de Leuckart, adoptée sans conteste jusqu'à ce jour par tous les zoologistes.

Au pôle antérieur de la larve, on voit la surface se déprimer en une invagination circonscrite par une couche très épaisse de cellules granuleuses; à mesure que l'invagination s'accentue et que la prolifération cellulaire dont elle est le siège devient plus active, la cavité s'élargit dans sa portion inférieure. En

(1) Ouvrage cité plus loin, pl. II, fig. 9.

même temps, le fond se soulève en un mamelon qui est le premier indice de la tête. En réalité, ce mamelon ne prend pas naissance exactement au fond du *receptaculum*, mais un peu sur le côté ; il est formé de très petites cellules granuleuses et serrées, et ne se trouve recouvert extérieurement par aucune membrane cuticulaire (fig. 213).

Le bourgeon céphalique continue son développement : à sa base apparaissent bientôt quatre autres protubérances arrondies, peu volumineuses, qui sont les rudiments des ventouses ; leur transformation n'a pas été suivie. En même temps que l'invagination s'accentue et que le rudiment céphalique se complète, on voit apparaître la première indication des crochets.

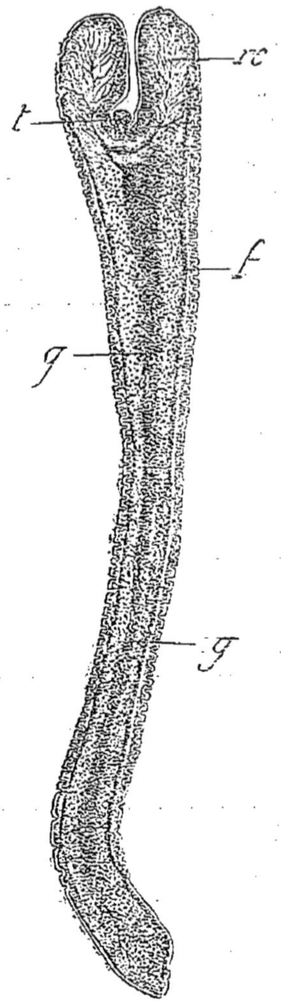

Fig. 213. — *Cysticercus pisiformis*, larve âgée d'environ un mois, d'après Moniez. — *f*, fibres longitudinales courant à la base des papilles ; *g*, partie centrale, finement grenue, suivant laquelle se fera la déchirure des tissus ; *rc*, *receptaculum capitis* ; *t*, bourgeon céphalique.

Ceux-ci se montrent sous la forme d'aiguillons chitineux, implantés par leur grosse extrémité autour du mamelon céphalique et disposés parallèlement à lui, la pointe en haut. Ils ne présentent point encore les diverses parties qu'on y reconnaîtra plus tard (fig. 214, 215, 216). D'abord répartis irrégulièrement en trois ou quatre rangées, ils se régularisent peu à peu, deviennent alternes et se disposent sur deux rangs, un certain nombre des crochets primitifs ne se développant pas.

A ce moment, la larve a d'ordinaire plus d'un centimètre de longueur : elle est douée de mouvements assez énergiques et, à l'état de repos, se présente sous l'aspect vermiforme qu'indique la figure 213 ; de plus, elle est renflée à la partie où bourgeonne la tête. La surface entière du corps est couverte de formations particulières, constituées par des plis circulaires. Ces sortes de papilles ont une structure assez simple :

devant elles courent quelques fibres longitudinales, *f*, qui vont s'unir aux éléments de même nature formés dans les rudiments

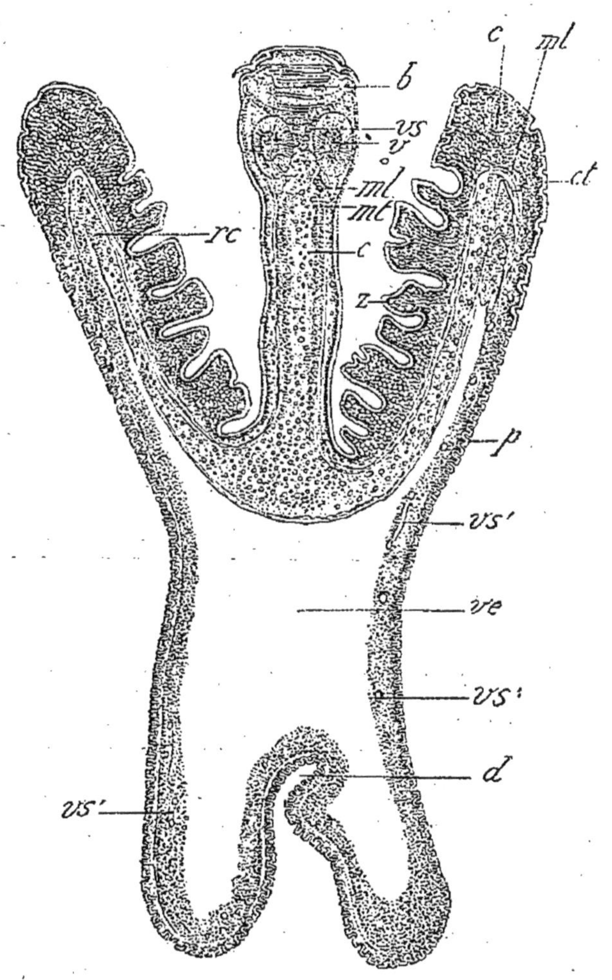

Fig. 214. — Coupe de *Cysticercus pisiformis* complètement développé, d'après Moniez ; la tête est dévaginée. — *b*, bulbe ; *c*, corpuscules calcaires ; *ct*, cuticule ; *d*, dépression constante à la partie postérieure du Cysticerque et due à l'atrophie de la partie postérieure du corps ; *ml*, fibres musculaires longitudinales ; *mt*, fibres musculaires transversales ; *p*, papilles ; *rc*, *receptaculum capitis* ; *v*, ventouses ; *ve*, vésicule ; *vs*, coupe des vaisseaux longitudinaux au moment où ils s'anastomosent ; *vs'*, coupe des vaisseaux dans la vésicule ; *z*, zone sous-cuticulaire, formée d'éléments en prolifération.

du jeune Ténia et qui régularisent les mouvements de la larve.

La partie centrale du corps présente alors une zone granuleuse, *g*, qui marque la régression des tissus. On voit bientôt se produire une déchirure dans toute la partie de la larve située en arrière du bourgeon céphalique, et le corps se transforme ainsi en une vésicule gonflée de liquide et dans laquelle s'enfoncent les formations nouvelles : cette invagination s'accentue d'autant plus que les parties environnantes, qui forment les parois de l'invagination, prolifèrent considérablement et se plissent, de manière à constituer le *receptaculum capitis*, *rc*. La larve passe donc à l'état de Ver vésiculaire ou de Cysticerque proprement dit (fig. 214).

Cependant les jeunes Cysticerques quittent le foie et arrivent dans le péritoine, où ils ne tardent pas à devenir hydropiques. Le bourgeon céphalique s'organise, achève la formation de ses crochets, développe un bulbe musculaire, *b*, des ventouses, *v*, des masses nerveuses, des vaisseaux, *vs*. Ceux-ci, que nous étudierons plus complètement chez *Tænia saginata* adulte, se continuent sur la vésicule elle-même, *vs'*, où on les retrouve tant que dure l'état vésiculaire et où ils forment un réseau très développé, dont les mailles sont plus étroites au haut de la vésicule et plus larges, en général, quand elles courent transversalement. De la tête partent encore des muscles, *ml*, *mt*, qui suivent exactement les contours du *receptaculum*, pour gagner finalement la paroi de la vésicule et se mettre en continuité de tissu avec les fibres longitudinales que tout à l'heure nous voyions courir contre les papilles.

La vésicule pourra encore grandir, le pédoncule plus ou moins raccourci qui porte la tête pourra s'allonger, de manière à constituer un cou, et le Cysticerque arrivera de la sorte à son complet développement.

Mourson et Schlagdenhauffen ont reconnu que le liquide qui remplit la vésicule des Cysticerques renferme des proportions relativement considérables d'albumine et de leucomaïne (1) et possède des propriétés vénéneuses très accusées. Si on l'injecte sous la peau d'un animal, on observe les mêmes symptômes qu'à la suite de la piqûre de certains animaux venimeux. Un Lapin, dans la cavité péritonéale duquel ce liquide a été

(1) Page 260, ligne 24, et page 270, ligne 7, il faut lire *leucomaïne* au lieu de *ptomaïne*. La feuille 17 était tirée avant que le professeur A. Gautier n'ait publié le remarquable mémoire dans lequel il fait connaître et caractérise la classe de principes toxiques auxquels il a donné le nom de *leucomaïnes*.

introduit, meurt avec des signes de décomposition du sang.

Parvenu à l'état que nous venons de dire, c'est-à-dire après s'être complètement développé, le Cysticerque ne subira plus aucune modification nouvelle. Pour que son évolution puisse se poursuivre, il est indispensable qu'il passe chez un hôte nouveau, qui est le Chien. Amené dans l'intestin de celui-ci avec les entrailles du Lapin ou du Lièvre qui l'hébergeait, il se transformera rapidement en un animal adulte et sexué. Mais si le Lapin, dans les organes duquel il est logé, n'est pas mangé par le Chien, le Cysticerque finira par mourir et sera dès lors envahi par des concrétions calcaires, qui persisteront sous forme de nodule, comme trace de son existence ancienne.

Les migrations du Ténia en scie ont été définies par Küchenmeister et par Baillet. Introduit dans l'intestin du Lapin, l'œuf livre passage à un embryon hexacanthe qui se transforme en *Cysticercus pisiformis* dans le foie et le péritoine. Ce Cysticerque, avalé par le Chien, devient *Tænia serrata* dans l'intestin de ce dernier. Le Ténia pond finalement des œufs grâce auxquels le cycle pourra recommencer.

Ces faits, et d'autres du même genre, sont assez solidement établis pour qu'on doive admettre qu'un changement d'habitat est indispensable au Cysticerque et peut seul lui permettre d'arriver à l'état adulte : son hôte tarde-t-il à être dévoré, le Cysticerque meurt et subit la dégénérescence calcaire.

D'après cela, les animaux carnivores devraient seuls posséder des Ténias. Or, les herbivores en sont également infestés. Comment donc les contractent-ils ? Ce n'est assurément pas en se repaissant de Mammifères qui en hébergeraient la larve et l'origine de ces Ténias est encore problématique. Remarquons en passant que les Ténias des carnivores sont habituellement armés, tandis que ceux des herbivores sont d'ordinaire inermes. Mégnin est parti de ces diverses considérations pour émettre l'opinion « 1° que les Ténias inermes des herbivores sont des Ténias parfaits qui ont suivi toutes leurs phases, et subi toutes leurs métamorphoses chez le même animal ; 2° que les Ténias armés sont des Ténias imparfaits, quoique adultes, provenant des mêmes larves cystiques dont dérivent les premiers — (chaque Ténia inerme ayant son correspondant armé), — mais transportées dans les intestins d'un carnassier ou d'un omnivore, où leur transformation dernière a subi, sous l'influence de ce même milieu, un temps d'arrêt caractérisé par la persistance de la couronne de crochets du scolex. »

Mégnin dit avoir observé dans plusieurs circonstances ce polymorphisme des Ténias. D'après lui, *Cysticercus pisiformis* devient *Tænia serrata*, forme armée, dans l'intestin du Chien, mais deviendrait aussi *T. pectinata*, forme inerme, dans l'intestin et le péritoine du Lapin. De même, l'Échinocoque du Cheval devient *T. echinococcus*, forme armée, dans l'intestin du Chien, et deviendrait *T. perfoliata*, forme inerme, dans l'intestin du Cheval. Ainsi s'expliquerait la présence de Ténias chez les herbivores.

Malgré toute l'attention que méritent les travaux de Mégnin, il est difficile d'admettre l'opinion que nous venons de rapporter : la sagacité habituelle de cet habile observateur s'est trouvée en défaut. Sa manière de voir s'appuie sur des observations trop peu nombreuses et les formes adultes qu'il fait dériver d'un même Cysticerque sont si profondément dissemblables que, même en admettant la possibilité du polymorphisme chez les Ténias, on ne peut songer à établir entre elles les moindres relations de parenté.

P. Mégnin, *Nouvelles observations sur le développement et les métamorphoses des Ténias des Mammifères*. Journal de l'anatomie, XV, p. 225, 1879.

Parvenu dans l'intestin grêle du Chien, le Cysticerque se trouvera mis en liberté : les sucs digestifs sont sans action sur lui. Il évagine alors sa tête, se fixe solidement à la muqueuse intestinale au moyen de ses quatre ventouses et subit aussitôt d'importantes modifications.

Celles-ci sont très comparables à celles que nous avons reconnues précédemment chez les Acalèphes. Nous avons vu le Scyphistome se transformer par bourgeonnement en un Strobile dont chaque segment devenait un individu sexué, capable de vivre isolément et de pondre des œufs aux dépens desquels se reconstituait le Scyphistome. Les Ténias présentent également les phénomènes de la génération alternante. Le Cysticerque est, comme le Scyphistome, un individu asexué. Sa *tête* ou *scolex* n'est qu'un organe de fixation, en arrière duquel la portion que nous avons désignée déjà sous le nom de *cou* va produire par bourgeonnement, et d'une façon incessante, un très grand nombre de segments qui transformeront le corps de l'animal en un véritable *strobile* (1). Les divers

(1) La séparation de la vésicule caudale, désormais inutile, est un phénomène qui coïncide avec l'évagination de la tête et qui précède la production des premiers anneaux.

anneaux de ce strobile sont appelés *proglottis* ou *cucurbitins* : chacun d'eux représente un individu adulte et hermaphrodite, dont les œufs reproduiront le Cysticerque, analogue au Scyphistome. D'après cela, un Ténia n'est donc pas un animal, mais bien une colonie d'animaux : chacun de ceux-ci sera d'autant plus avancé dans son développement qu'il aura pris naissance plus anciennement, c'est-à-dire qu'il sera plus éloigné de la tête. A mesure qu'ils atteignent leur maturité sexuelle, les anneaux se séparent du strobile, soit isolément, soit en chaînons plus ou moins allongés et sont rejetés hors de l'intestin. Cette période d'existence libre est fort courte, encore qu'elle puisse durer plusieurs jours : l'anneau finit par mourir, se putréfie et les œufs qu'il renferme vont pouvoir pénétrer dans l'intestin du Lapin par un procédé que nous avons déjà fait connaître.

L'interprétation que nous venons de donner du développement des Ténias a cours dans la science depuis que Steenstrup a défini la génération alternante : elle a été adoptée notamment par von Siebold, van Beneden et Leuckart.

Le professeur Moniez a émis une autre opinion. D'après lui, il n'y a chez les Cestodes ni alternance de génération, ni bourgeonnement d'un individu sur un autre, et la tête du Ténia n'est pas un être nouveau, mais un organe de fixation. « Pour nous, dit-il, le Cysticerque entier n'est qu'un même animal, un jeune Ténia : la vésicule représente le premier anneau de la chaîne future ; elle tombe dans la plupart des cas, sans rien produire, après avoir servi d'organe de protection... L'on sait que, dans l'embryon hexacanthe, les crochets sont situés à la partie antérieure, du moins au point qui, dans la progression, se tient en avant. Il est certain que la tête bourgeonne toujours à l'extrémité de l'embryon opposée aux crochets, en d'autres termes à la partie postérieure. Cela est démontré par les observations de Stein, de Siebold, de Ratzel, de Leuckart et il n'y a pas de raison pour admettre, comme dans l'ancienne interprétation, le changement complet dans l'orientation de l'animal. Ce qu'on appelle la tête est donc morphologiquement un organe de fixation, développé à la partie postérieure du Ténia, et cette tête est comparable aux armatures de la partie postérieure des Polystomes et non aux armatures antérieures que l'on observe chez certains Trématodes endo-parasites. La présence d'une commissure nerveuse ne doit pas être mise en objection car elle s'explique par l'importance fonctionnelle de l'organe.

« Si l'on accepte cette manière de voir basée sur la morphologie, outre que l'on simplifie l'histoire des Cestodes, on fait disparaître une de leurs particularités les plus exceptionnelles, et l'on facilite la comparaison avec ce qui se passe d'ordinaire chez les autres Vers. Je veux parler du point où se forment les anneaux nouveaux. L'on sait que, jusqu'ici, les Cestodes étaient opposés aux autres Vers, par le fait que le point où se forment chez eux les nouveaux anneaux, était situé près de la tête, tandis que, chez les Annélides par exemple, ce point est à la partie postérieure du corps.

« Dans notre interprétation, les anneaux des Cestodes naissent à la partie postérieure du corps, comme chez les autres Vers et, si on les considère comme des individus, on doit dire que l'embryon hexacanthe, la vésicule, a représenté le premier d'entre eux et a porté la véritable tête, tandis que les nouveaux anneaux naissent à l'extrémité postérieure, au voisinage de la pseudo-tête qui est véritablement un organe de fixation. »

L'opinion de Moniez, appuyée sur des arguments de valeur et défendue avec une grande habileté, mérite d'être prise en sérieuse considération. Nous ne croyons pas toutefois que le moment soit venu d'abandonner l'ancienne théorie de la génération alternante, et cela pour plusieurs raisons. D'abord, si on se range à l'avis de Moniez, il n'en reste pas moins certain que la métagenèse existe chez les Vers plats, par exemple chez les Trématodes. En second lieu, Niemiec a fait voir récemment que ce que Moniez considère comme une simple commissure nerveuse constituait en réalité des centres nerveux « qu'il faudrait homologuer avec l'anneau œsophagien des Annélides ».

Tænia serrata se rencontre avec une extrême fréquence dans l'intestin grêle du Chien. S'il était pour nous de la plus haute importance d'étudier avec soin son développement, il serait hors de propos de décrire longuement son état adulte : nous achèverons donc sa description en indiquant ses caractères essentiels.

C'est un Ver long de 50 à 170 centimètres, à tête arrondie,

subtétragone et légèrement plus large que le cou. Un rostre court et épais donne insertion à une double couronne de 34 à

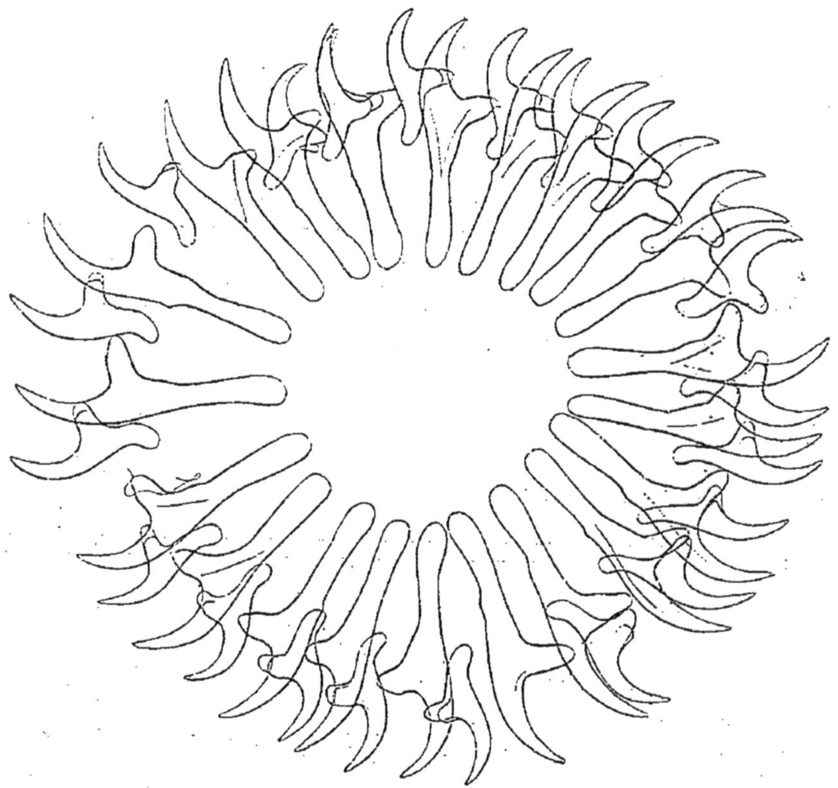

Fig. 215. — Couronne de crochets de *Tænia serrata*, d'après Krabbe. Grossie 120 fois.

48 crochets (fig. 215 et 216); les plus grands mesurent de 225 à 250 μ, les plus petits de 130 à 162 μ. D'abord notablement

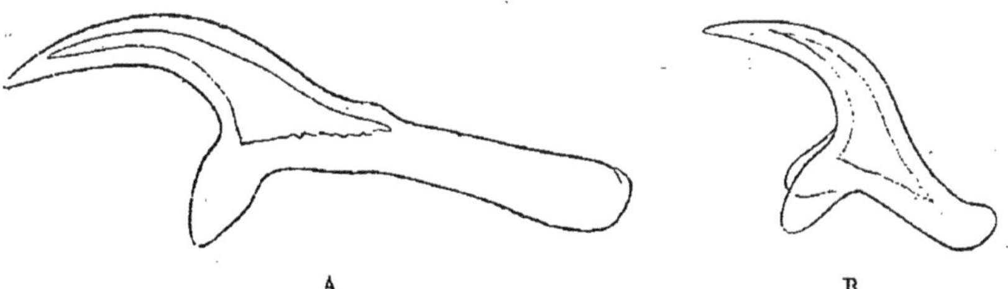

Fig. 216. — A, grand crochet de *Tænia serrata*; B, petit crochet. Grossis 245 fois.

plus larges que longs, les anneaux deviennent carrés à 25 ou 30 centimètres de la tête : leur bord postérieur est plus long que l'antérieur, d'où résulte un aspect en dents de scie présenté par les côtés de l'animal. Cette disposition ne se retrouve plus sur les anneaux mûrs : ceux-ci sont longs de 10 à 17 millimètres et larges de 4 à 6. Les pores génitaux, au nombre d'un seul par anneau, sont irrégulièrement alternes. L'utérus présente un petit nombre de branches transversales, irrégulièrement ramifiées.

D'après Vital, *Tænia serrata* aurait été vu deux fois chez l'Homme, à Constantine. La première observation remonte à 1838 et se rapporte à un Arabe qui, en même temps qu'un *T. solium*, aurait évacué un *T. serrata* long de 1 mètre et large de 6 millimètres. La seconde observation est de date plus récente : il s'agit d'une Femme, mise au régime de la viande crue et qui aurait expulsé deux *T. saginata* et un *T. serrata*, déterminés par Cauvet. On doit faire, à l'égard de ces deux observations, les plus expresses réserves.

A. Vital, *Les entozaires à l'hôpital militaire de Constantine.* Gazette médicale, p. 285, 1874.

Tænia saginata Göze, 1782.

ONYMIE : *Tænia solium* Linné, 1767 (*pro parte*).
T. cucurbitina Pallas, 1781 (*pro parte*).
T. inermis hominis Brera, 1802 (*pro parte*).
Pentastoma coarctata Virey, 1823.
Tænia dentata Nicolaï, 1830.
T. lata Pruner, 1847.
Bothriocephalus tropicus Schmidtmüller, 1847.
Tænia mediocanellata Küchenmeister, 1852.
T. solium, var. *mediocanellata* Diesing, 1854.
Tænia vom Cap der guten Hoffnung Küchenmeister, 1855.
Tæniarhynchus mediocanellatus Weinland, 1858.
Tænia inermis Moquin-Tandon, 1860.
T. tropica Moquin-Tandon, 1860.
T. (Cystotænia) mediocanellata Leuckart, 1862.

En 1700, Nicolas Andry décrit sous le nom de *Solium* ou de *Ténia sans épine* un Cestode qui n'est autre que *Tænia saginata;* les figures qu'il en donne, les caractères qu'il lui attribue ne laissent pas le moindre doute à cet égard. En 1714, Vallisneri décrit et figure encore ce même parasite sous le nom de *Solium*.

En 1750, le célèbre philosophe génevois Ch. Bonnet entreprend l'étude du Ténia de l'Homme : il lui reconnaît une tête teintée en noir, munie de quatre ventouses groupées par paires et présentant un enfoncement au lieu de la couronne de crochets que Tyson, par exemple, avait fait connaître pour le Ténia du Chat. Il s'agissait bien là d'une tête de *T. saginata;* Bonnet la fit dessiner et la fit placer, dans sa planche, au-dessus de quelques anneaux de Bothriocéphale. Notre auteur reconnut son erreur 37 ans plus tard, en 1777, et indiqua la véritable structure de la tête du Bothriocéphale.

Ce mémoire rectificatif de Bonnet semble avoir passé à peu près complètement inaperçu. Aussi l'ancienne erreur se propage-t-elle et voit-on tous les auteurs, même les plus recommandables, comme Pallas, Gœze, Bloch et Rudolphi, décrire sous le nom de *T. lata* le Ténia à articulations courtes de Bonnet, c'est-à-dire un être fantastique à tête de *T. saginata* et à corps de Bothriocéphale.

Cependant la 12e édition du *Systema naturæ* de Linné avait désigné sous le nom de *T. solium* un Ver parasite de l'Homme, dont les anneaux étaient allongés et présentaient un orifice sur leur bord latéral : chose remarquable Linné prend comme forme typique de son espèce un *T. saginata.* Il constate d'ailleurs lui-même que ce Ver ne présente pas toujours le même aspect.

Pallas confirme cette observation : *T. solium* (qu'il appelle *T. cucurbitina* et auquel il attribue une couronne de crochets) est tantôt délicat, mince et étroit, tantôt fort, épais et comme engraissé. Aujourd'hui, ces deux formes sont aisément explicables : la première se rapporte à notre *T. solium*, la seconde à *T. saginata.*

Les deux formes dont il vient d'être question n'échappent point à la perspicacité de Göze, qui les sépare résolument l'une de l'autre, pour en former deux espèces. La première reçoit le nom de *Tænia cucurbitina, grandis, saginata*, la seconde celui de *Tænia cucurbitina, plana, pellucida.* Göze possédait neuf exemplaires de *T. saginata;* dont deux complets avec la tête et sept incomplets ; il note expressément la rareté relative de cette espèce à Quedlinburg, duché de Brunswick (1).

Batsch se range à l'opinion de Göze. Comme Pallas, il préfère le nom de *T. cucurbitina* et distingue dans cette espèce deux variétés constantes, reconnaissables même aux ramifications de l'utérus : l'une est grande et forte, l'autre est aplatie, délicate et transparente. Il semble, ajoute-t-il, que, suivant les régions, l'une ou l'autre variété devienne plus fréquente.

Ces judicieuses distinctions passèrent inaperçues. On continua de

(1) Les figures 1, 2 et 3 de la planche XXI de Göze se rapportent à *T. saginata.* Quoi qu'en pense Küchenmeister, il n'est pas certain qu'il en soit de même pour la fig 12 : les ramifications latérales de l'utérus nous paraissent ressembler bien plus à celles de *T. solium.*

confondre *T. saginata* avec *T. solium*, le considérant comme une simple variété de ce dernier.

A Montpellier, Montblanc semble avoir rencontré surtout des Ténias inermes : « in apice quator papillas perforatas, tenuissimis pilis *quandoque* circumdatas. »

A Berlin, Rudolphi observait surtout des Ténias armés ; à Vienne, Bremser examinait au contraire cinq à six Ténias sans y voir la double couronne de crochets ; mais Rudolphi et Gœrgen lui envoyèrent chacun un exemplaire qui la présentait. Bremser pense alors, avec Mehlis, que la plupart des Ténias sont armés seulement pendant le jeune âge et perdent leurs crochets en vieillissant.

Parmi un grand nombre de Ténias observés par lui à Vienne, Wawruch n'en a jamais rencontré un seul armé. Weishaar note que, dans la partie du Würltemberg située dans le bassin du Danube, on trouve surtout le Ténia inerme, tandis que dans le bassin du Neckar on ne trouve que le Ténia armé, à de rares exceptions près.

A Java, la variété inerme semble seule exister : en 15 ans, Schmidtmüller observe 148 Ténias, dont aucun n'était armé ; il les décrit sous le nom de *Bothriocephalus tropicus*.

En 1822, B. A. Gomez publiait à Lisbonne une brochure relatant les observations qu'il avait pu faire sur le Ténia, tant au Brésil qu'en Portugal : il n'a jamais rencontré que des Ténias inermes, et la planche qui accompagne son mémoire permet de reconnaître sans peine la tête et les anneaux de *T. saginata*. La tête de l'un des individus décrits offrait une dépression centrale, que Gomez considéra comme une cinquième ventouse et Virey proposa même d'appeler du nom de *Pentastoma coarctata* les Ténias qui présentent ce caractère, créant pour eux le genre *Pentastoma*, bien que cette dénomination ait été attribuée déjà par Rudolphi à d'autres parasites.

En 1831, B. A. Gomez fils reprend l'étude des Vers plats parasites de l'Homme et continue à confondre *T. saginata* avec *T. solium* ; il constate l'absence fréquente du rostre et des crochets. L'année suivante, Mérat fait la même constatation.

Dujardin ne dit rien du Ténia inerme, mais les caractères qu'il attribue à *T. solium* sont assez précis. Diesing n'admet encore que cette dernière espèce, mais la description qu'il en donne est fort ambiguë et prouve qu'il a dû observer nos deux espèces actuelles à peu près avec une égale fréquence. Il place en effet son *T. solium* dans un groupe de Cestodes dont la caractéristique serait : « Os limbo elevato, uncinulorum corona *interdum decidua* armatum. » Il ajoute la remarque suivante : « In collectione Mus. Cæs. Vind. prostant individua longitudine varia, capite inermi v. armato, articulis brevissimis v. longissimis, latissimis v. angustissimis, crassis v. tenuibus diaphanis, subquadratis, parallelepipedis, cuneatis v. lunatis. »

En 1852, Seeger se montre fort intrigué par la prétendue variété inerme de *T. solium*. « Le Ténia à tête inerme, dit-il, qui s'observe dans certaines régions, semble former une variété assez constante (1). » Et ailleurs : « Un phénomène remarquable, c'est le fait, basé sur de nombreuses observations, qu'il y a des régions, même des pays entiers, où le Ténia indigène n'a jamais ou presque jamais été trouvé armé de la couronne de crochets, tandis que dans d'autres le Ténia armé est presque toujours seul expulsé. » Quant à l'opinion de Mehlis et de Bremser, Seeger ne peut l'accepter sans réserves expresses, car, chez des Ténias qui semblaient être de même âge, et même chez de vieux individus, il a constaté tantôt la présence et tantôt l'absence de la couronne de crochets.

La question se trouvait donc déjà suffisamment élucidée quand, cette même année 1852, F. Küchenmeister vint déclarer qu'il y avait lieu de reconnaître, parmi les Ténias de l'Homme, deux espèces distinctes, caractérisées par leur aspect général, mais surtout par la structure de leur tête et de leur ovaire. L'une, *T. solium*, est armée de crochets ; l'autre, plus grande et plus large, est toujours inerme. Küchenmeister donna à cette dernière le nom de *T. mediocanellata*. Au bout de 70 ans, la question en était donc revenue au point même où l'avait laissée Göze. Mais pendant ce laps de temps, grâce surtout aux travaux de Rudolphi, le nom de *T. solium*, attribué d'abord par Linné au Ténia inerme, avait été reporté au Ténia armé. En bonne justice, il faudrait donc réserver au Ténia inerme le nom de *T. solium* et donner au Ténia armé la dénomination de *T. pellucida* Göze, mais cette rectification, d'accord avec les règles de la nomenclature zoologique, aurait le désavantage d'augmenter la confusion déjà grande qui règne dans les écrits des différents auteurs qui se sont occupés des Cestodes.

N. Andry, *De la génération des Vers dans le corps de l'Homme.* 1re édition, Paris, 1700 ; Amsterdam, 1701. 2e édition, Paris, 1714. 3e édition, Paris, 1741. — Dans la dernière édition, la figure de la page 4 de la préface et celles des pages 198, 202, 205, 224 et 268 se rapportent à *Tænia saginata* ; il en est de même pour la première planche de la page 200. Andry ne semble pas avoir vu le Ténia armé.

A. Vallisneri, *Opere fisico-mediche.* Venezia, 1733. — Les planches XVIII et XIX du tome I se rapportent à *T. saginata.*

Ch. Bonnet, *Dissertation sur le Ver nommé en latin Tænia et en français*

(1) Les figures 1 β, γ et δ, fig. 5 α et β, fig. 7 et fig. 15 de la planche I de Seeger se rapportent à *Tænia saginata,* ce qui montre la grande fréquence de ce parasite dans le Württemberg en 1852.

solitaire. Mémoires de math. et de physique présentés à l'Académie r. des sciences, I, p. 478, 1750.

Ch. Bonnet, *Nouvelles recherches sur la structure du Tænia.* Observations sur la physique, l'hist. nat. et les arts, p. IX, 243, 1777.

Pallas, *Neue nordische Beyträge.* Saint-Petersburg und Leipzig, 1781. — *Bemerkungen über die Bandwürmer in Menschen und Thieren*, p. 39.

J. A. E. Göze, *Versuch einer Naturgeschichte der Eingeweidewürmer thierischer Körper.* Blankenburg, 1782.

A. J. G. C. Batsch, *Naturgeschichte der Bandwurmgattung überhaupt und iherr Arten insbesondere.* Halle, 1786.

J. B. Montblanc, *Tentamen medicum de Taenia.* Thèse de Montpellier, an XII (1804).

J. G. Bremser, *Ueber lebende Würmer im lebendem Menschen.* Wien, 1819. — *Traité zoologique et physiologique sur les Vers intestinaux de l'Homme.* Traduction française. Paris, 1837.

B. A. Gomez, *Memoria sobre a virtude tænifuga da casca da vair de Romeira.* Lisboa, 1822. — Analysé par Mérat dans Journal complém. du dict. des sc. méd., XVI, p. 194, 1823.

Virey, *Usage de l'écorce de Grenadier comme vermifuge et description du Pentastome, genre nouveau de Ver solitaire du corps humain.* Journal de pharmacie, IX, p. 219, 1823.

B. A. Gomez fils, *Dissertation sur les Vers plats articulés qui existent chez l'Homme.* Thèse de Paris, n° 187, 1831.

E. O. Mérat, *Du Tænia ou Ver solitaire.* Paris, 1832.

Wawruch, *Practische Monographie der Bandwurmkrankheit.* Wien, 1844.

G. Seeger, *Die Bandwürmer des Menschen.* Stuttgart, 1852.

F. Küchenmeister, *Ueber die Cestoden im Allgemeinen und die des Menschen insbesondere.* Zittau, 1853.

F. Küchenmeister, *Quellenstudien über die Geschichte der Cestoden.* Deutsches Archiv für Geschichte der Medicin, II, p. 77, 183, 308 et 379, 1879; III, p. 25, 149, 273 et 410, 1880.

Pour des raisons que nous avons fait connaître plus haut, nous avons dû, pour l'étude des premières phases du développement des Ténias, prendre comme type une espèce chez laquelle ces premières phases fussent bien connues : c'est pourquoi nous avons commencé par décrire *Tænia serrata.* Il ne faudrait pas croire que l'étude que nous en avons faite nous ait éloigné beaucoup de *T. saginata* ou de *T. solium.* A part des détails d'importance secondaire, qui trouveront leur place par la suite, tout ce que nous avons dit de *Cysticercus pisiformis* peut au contraire s'appliquer en tous points aux Cysticerques des deux Ténias de l'Homme. Et le fait que *T. saginata* est inerme, alors que *T. serrata* et *T. solium* sont munis de crochets, ne saurait constituer un argument contre cette opinion, car la marche générale du développement est la même pour ces trois Ténias.

L'œuf de *T. saginata* (fig. 217, A) se développe exactement de la même manière que celui de *T. serrata*. Au moment où il est expulsé de l'intestin de l'Homme, il est encore renfermé dans l'anneau, mais, au bout de peu de temps, il est mis en liberté par suite de la destruction de ce dernier : il a perdu alors sa membrane vitelline et est réduit à la coque striée renfermant l'embryon hexacanthe. Cette coque est légèrement ovale et a une longueur moyenne de 36 à 39 μ sur une largeur de 28 à 35 μ; son épaisseur est de 5,7 à 6,4 μ; Heller a vu parfois la coque mesurer 44 μ sur 35 μ et plus rarement encore 47 μ sur 43 μ. L'embryon hexacanthe qui y est contenu

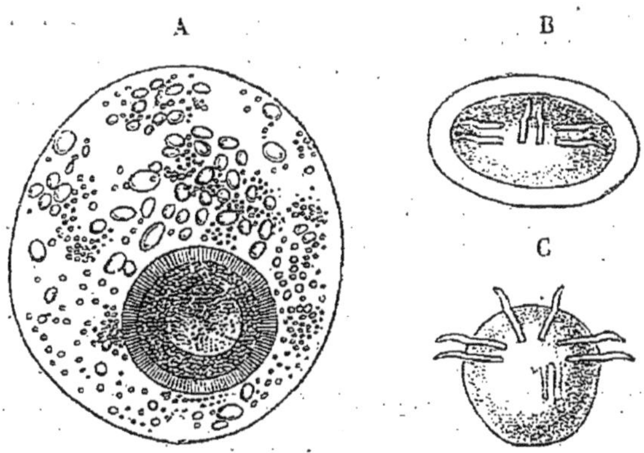

Fig. 217. — A, œuf de *Tænia saginata*, grossi 1050 fois ; B, C, embryons libres grossis 1500 fois, d'après Stein.

(fig. 217, B, C) mesure lui-même 20 μ suivant Leuckart, et de 28 à 32 μ de long sur 23 à 26 μ de large, d'après Küchenmeister, Davaine et Laboulbène.

Il n'est pas rare de rencontrer des embryons qui possèdent plus de six crochets : Heller en a vu avec 12, 16 et même 32 crochets, en partie bien développés, en partie représentés par de très courts bâtonnets chitineux. Moniez a observé des embryons à 12 crochets; Leuckart en a vu à 10 et 24. Les embryons ont alors une taille notablement plus considérable qu'à l'état normal; on pense qu'en se développant ils produisent certaines catégories de Ténias monstrueux dont il sera question plus loin.

L'embryon hexacanthe reste en vie latente, renfermé dans sa coque, jusqu'à ce qu'il se trouve amené avec l'eau ou avec les aliments dans l'intestin du Bœuf, de la Girafe (1) et probablement aussi de quelques autres Ruminants.

Cette pénétration de l'œuf de *T. saginata* dans l'intestin du Bœuf, puis de l'embryon hexacanthe dans l'intimité des tissus, est démontrée tout à la fois par des preuves indirectes et par des preuves directes. Les premières consistent en la découverte, dans les organes du Bœuf, de Cysticerques présentant des caractères tels, qu'il est impossible de les rapporter à aucune autre espèce qu'à *T. saginata*. Les secondes sont tirées d'expériences par lesquelles on a fait avaler à des Bœufs ou à des Veaux des œufs de Ténia, ingestion à la suite de laquelle on a vu se développer chez ces animaux des Cysticerques identiques aux premiers.

Le Cysticerque du Ténia inerme a été vu par Judas en 1854, dans les poumons des Bœufs des abattoirs d'Orléansville en Algérie (1). En 1860, Küchenmeister crut le découvrir dans le tissu cellulaire du Porc, à côté de *Cysticercus cellulosæ*. Vers la même époque, Huber émettait l'avis que la larve devait se rencontrer dans les muscles et les viscères du Bœuf et Leuckart appuyait cette manière de voir. Les observations de Knoch à Saint-Pétersbourg, celles d'Arnould et de Cauvet en Algérie, celles de Talairach à Beyrouth achevèrent de démontrer le fait. Il était donc acquis, par voie indirecte, que le Bœuf est l'hôte véritable de la larve du Ténia inerme.

Comme celui de *Tænia solium*, le Cysticerque de *T. saginata* se fixe dans le tissu conjonctif, surtout dans celui qui est situé à l'intérieur ou à la périphérie des muscles volontaires.

La fréquence de plus en plus considérable du Ténia inerme permet de supposer que ce Cysticerque n'est pas rare chez le Bœuf; sauf les cas d'infestation expérimentale dont il est question plus loin, il est pourtant rare de l'y observer, au moins en Europe, ce qui tient sans aucun doute à ses petites

(1) Ant. Fritsch (Der zoologische Garten, IV, p. 64, 1863) et K. Möbius (*Beobachtungen der Finne der Tænia mediocanellata Küchm. in einer Giraffe.* Ibidem, XII, p. 168, 1871) ont trouvé des Cysticerques de *T. saginata* dans le foie et les poumons de la Girafe.

(1) « Il s'abat ici, dit-il, peu de Bœufs qui n'aient les poumons farcis de tubercules, de kystes, etc. » On pourrait croire qu'il s'agit là non du Cysticerque de *T. saginata*, mais de *Cysticercus tenuicollis*, larve de *T. marginata*. Nous ferons observer que ce dernier Cysticerque se rencontre surtout dans le foie et dans le mésentère, tandis que celui du Ténia inerme se développe volontiers dans le poumon.

dimensions, et aussi à ce que, dans les abattoirs, la viande de Bœuf est soumise à un contrôle moins sévère que la viande de Porc. Cobbold dit expréssement que personne en Angleterre n'a encore pu constater sa présence. En ce qui concerne l'Allemagne, Heller ne cite qu'une observation, due au Dr Closs de Francfort-sur-le-Mein ; celui-ci a trouvé des Cysticerques dans une langue de Bœuf dont un fragment est conservé à l'Institut pathologique de Kiel, et un autre au Musée Senckenberg, à Francfort. Ces mêmes Cysticerques ont été vus deux fois en Suisse : à Zurich par Siedamgrotzky dans les muscles de la lèvre d'un Bœuf, à Worb près Berne par Guillebeau dans les muscles de la langue. Railliet dit encore qu'on les a trouvés en Hongrie et en Alsace, mais, à notre connaissance, personne ne les a vus en France.

Il n'en est pas de même en Algérie, en Syrie, en Abyssinie, et même aux Indes, où, suivant Cobbold la ladrerie du Bœuf serait extrêmement fréquente, surtout dans les provinces du nord-ouest. On trouvera dans l'ouvrage de Cobbold, de longs détails à cet égard, empruntés aux rapports de J. Fleming, Hewlett, Lewis et Veale.

A. Judas, *Nouveaux documents sur la fréquence du Tænia en Algérie.* Recueil de mémoires de médecine, de chir. et de pharm. militaires (2), XIII, p. 230, 1854. — Voir p. 299.

F. Küchenmeister, *Développement du Tænia mediocanellata.* Comptes rendus, L, p. 367, 1860.

Huber, Bericht des naturhist. Vereins in Augsburg, p. 127, 1860.

R. Leuckart, *Bericht über die wiss. Leistungen in der Naturgeschichte....* Troschel's Archiv, II, p. 279, 1861.

J. Knoch, *Mikroskopische Studien auf dem Gebiete der Parasitenlehre.* Saint-Petersburger med. Zeitschrift, X, p. 245, 1866. — J. Knoch, *Der Nachweis des Cysticercus Tæniæ mediocanellatæ in den quergestreiften Muskeln der Rinder.* Bull. Acad. des sciences de Saint-Pétersbourg, XII, 1868.

Siedamgrotzky, Bericht der naturforschenden Gesellschaft zu Zürich, 1869.

Cauvet, *Note sur le Ténia d'Algérie.* Gazette médicale, p. 412, 1874.

J. Arnould, *Sur le Ténia d'Algérie, à propos de la note de M. Cauvet.* Gazette médicale, p. 425, 1874.

Rochard, *Note sur la fréquence du Tænia mediocanellata en Syrie, et sur la présence du Cysticerque qui lui donne naissance dans la chair musculaire des Bœufs de ce pays.* Bulletin de l'Académie de médecine (2), VI, p. 998, 1877. — Rapporte les observations de Talairach.

Guillebeau, Mittheil. der naturf. Ges. in Bern, p. 21, 1879.

T. S. Cobbold, *Parasites; a treatise on the Entozoa of man and animals.* London, 1879. — Voir p. 61 et 76.

Arrivons maintenant aux preuves directes. Les expériences

que nous résumons sont remarquablement concordantes. Nous en citerons quelques-unes avec détails, ce qui nous permettra de reconnaître en quels points de l'organisme peuvent se développer les Cysticerques.

1re *expérience. Leuckart*, 1861. — Le 13 novembre, on administre à un Veau de quatre semaines un fragment de Ténia long de 4 pieds. Huit jours après, administration d'un fragment plus court. L'animal ne semble pas malade, mais on le trouve mort 25 jours après la première ingestion, 17 jours après la seconde. A l'autopsie, tous les muscles, surtout ceux du cou, de la poitrine, le psoas sont farcis de kystes longs d'environ 2 à 4^{mm}, larges d'environ $1^{mm},5$. Chacun de ces kystes renferme un Cysticerque mesurant $0^{mm},7$ sur $0^{mm},4$. Les plus grands présentent un bourgeon céphalique long de $0^{mm},3$. Des Cysticerques se voient encore dans le cœur, dans la capsule adipeuse des reins, dans les ganglions lymphatiques, entre les circonvolutions cérébrales.

2e *expérience. Leuckart*, 1861. — On administre à un Veau 25 à 30 anneaux de Ténia. Dans la 3e semaine, il est très malade, mais il se rétablit complètement. Le 48e jour, on lui enlève une portion du muscle sterno-mastoïdien, dans laquelle on compte une douzaine de Cysticerques à tête bien développée, munie de quatre ventouses, mais dépourvue de crochets.

3e *expérience. Mosler*, 1863. — Le 10 mars, un Veau âgé d'environ deux mois et demi prend dans du lait 100 anneaux de Ténia mûrs et conservés dans l'eau depuis 7 jours. Le 13, nouvelle ingestion de 50 anneaux de même provenance. Jusqu'au 21, l'animal est bien portant : alors il devient triste, est pris de fièvre et présente les symptômes de l'helminthiasis aiguë ; il meurt le 1er avril. L'autopsie est faite 5 heures après la mort. Tous les muscles sont envahis par de nombreux Cysticerques, mais surtout le diaphragme ; le cœur en est criblé. On en trouve encore dans la langue, dans les muscles du pharynx, de l'œsophage et même de l'intestin, dans le tissu conjonctif sous-péritonéal, dans la capsule adipeuse des reins ; le cerveau, les poumons, le foie, la rate, les reins, la vessie n'en présentent point.

4e *expérience. Mosler*, 1863. — Expérience analogue, même résultat.

5e *expérience. Cobbold et Simonds*, 1864. — Le 21 décembre, un Veau d'un mois prend dans du lait 80 anneaux mûrs. Il continue à se bien porter, mais, le 6 janvier 1865, il manifeste une certaine agitation qui dure 2 ou 3 jours. Le 25 janvier, plus de 200 anneaux mûrs, dont 100 avaient été placés dans l'alcool dilué, sont administrés de nouveau. Le 1er février, l'animal devient souffrant; du 8 au 12, la fièvre se déclare avec des phénomènes morbides qui font craindre pour sa vie. Une petite portion du muscle sterno-mastoïdien étant enlevée, on y trouve 3 Cysticerques en voie de développement. Une amélioration se manifeste au bout de quelques jours et, le 15, la convalescence est établie. Le 3 avril, le Veau est bien portant: on le tue. On trouve un grand nombre de Cysticerques sous la peau, ainsi que dans les muscles de la poitrine, de la colonne vertébrale, du cou, de la face, de l'œil et dans les muscles extrinsèques de la langue; les muscles propres de cet organe n'en renferment pas. On en rencontre encore dans les muscles des membres, mais, sauf le cœur, aucun des organes internes n'en contient.

6e *expérience. Cobbold et Simonds*, 1865. — Le 3 mars, une génisse hollandaise prend 90 anneaux; le 15 mars, 108; le 5 avril, 100. Quelques jours après, l'animal est agité, mais il reprend bientôt son état normal. Le 13 avril, on administre encore 200 anneaux. Les jours suivants, agitation; au bout de 8 jours, tout rentre dans l'ordre. Le 4 avril 1866, l'animal est abattu. On ne trouve pas de Cysticerques, mais en examinant les muscles à la loupe, on y observe un grand nombre de dépôts calcaires à contour irrégulier, correspondant à des Cysticerques dégénérés.

7e *expérience. Röll*, 1865. — Expérience faite à Vienne sur de jeunes Bœufs. Résultat positif.

8e *expérience. Gerlach*, 1870. — Expérience faite à Hanovre sur un Veau. Résultat positif.

9e *expérience. Zürn*, 1872. — Un Veau âgé de trois mois prend 57 anneaux de Ténia. Il meurt au bout de 23 jours, avec les signes d'une helminthiasis aiguë. Tous les muscles et surtout le cœur sont envahis par une innombrable quantité de vésicules larges de $0^{mm},05$, dépourvues de bourgeon céphalique, et renfermées dans des kystes de 3^{mm}.

10e *expérience. Cobbold et Simonds*, 1872. — Le 27 mai, un Veau avale des anneaux mûrs. Le 7 juin, se montrent des symptômes marqués; ils s'atténuent le 12 et disparaissent le 20. Résultat positif.

11e *expérience. Cobbold et Simonds*, 1872. — Le 17 octobre 1872, le 1er et le 11 janvier 1873 et le 8 mars, un Veau prend des anneaux de Ténia. On l'observe pendant six à huit mois. Aucun symptôme. Pas d'autopsie.

12e *expérience. Cobbold et Simonds*, 1873. — Le 18 octobre, un Veau de six mois prend des anneaux mûrs. Aucun symptôme. On l'abat au bout de quelques mois. Résultat négatif?

13e *expérience. Saint-Cyr*, 1873. — On administre des anneaux de Ténia à une génisse. Deux petites tumeurs se montrent sous la langue. L'animal est tué au bout de 224 jours. Pas de Cysticerques, mais neuf kystes calcifiés dans le cœur et deux sous la langue.

14e *expérience. Saint-Cyr*, 1873. — Un Veau prend 40 anneaux. On le tue au bout de 54 jours. On trouve 20 Cysticerques dans le tissu conjonctif, sous la muqueuse linguale, le long de l'œsophage, sous le péritoine, aucun dans les muscles ou dans les organes internes.

15e *expérience. Jolicœur*, 1873. — Un Veau de deux mois prend deux anneaux desséchés. Aucun accident. L'animal est abattu le 23 janvier 1874. On trouve un grand nombre de Cysticerques dans le cœur; on en voit aussi, mais en plus petite quantité, dans les muscles de la région antérieure du cou, dans ceux de la poitrine et dans les muscles avoisinant l'anus. Rien dans le diaphragme.

16e *expérience. Cobbold et Simonds*, 1874. — Le 19 mai et le 12 juin, une jeune génisse prend des anneaux de Ténia. Aucun symptôme apparent, mais l'animal meurt en octobre. On trouve des Cysticerques calcifiés, mais dans le foie seulement.

17e *expérience. Cobbold et Simonds*, 1875. — Le 24 mai, un Veau prend des anneaux mûrs. Il succombe le 15 juillet à une maladie du larynx. On trouve dans le foie des vingtaines de Cysticerques bien dévoleppés, à côté de centaines d'autres Cysticerques à divers états de calcification. On rencontre encore dans le poumon quatre Cysticerques, dont deux dégénérés.

18e *expérience. Masse et Pourquier*, 1876. — Le 10 mai, on administre des anneaux de Ténia à un Veau âgé d'un mois. A trois reprises différentes et à trois jours d'intervalle, on renouvelle l'ingestion. Dès le vingtième jour, le Veau se montre malade. Son état va en s'aggravant jusqu'au 61e jour; il est devenu très maigre; on le tue. On trouve des Cysticerques uniquement dans le tissu musculaire de la vie de relation : dans le grand pectoral, dans l'ilio-spinal, dans les fessiers, dans l'ischio-tibial postérieur et sous la langue. Tous les viscères, y compris le cœur, en sont exempts.

19e *expérience. Perroncito*, 1876. — Le 1er novembre, on donne à un Veau de deux mois environ un fragment de Ténia long de 1m,50. L'animal est tué le 2 mars 1877. On trouve des Cysticerques dans les muscles de diverses régions, dans le tissu conjonctif sous-cutané, surtout dans les muscles de la langue et dans le tissu conjonctif ambiant. Rien dans le cœur ni dans les viscères.

20e *expérience. Perroncito*, 1876. — Le 1er novembre, on donne à un Veau âgé d'environ 3 mois et demi un fragment de Ténia long de 1m,50. L'animal est tué le 16 mars 1877. On trouve de grands Cystiserques dans le mésentère et dans l'épiploon, une vingtaine dans le cœur, deux sous la capsule du foie, quelques-uns dans les poumons, sous le péritoine abdominal, sous la capsule du rein, dans le diaphragme, dans les muscles des membres, sous l'arachnoïde, etc. Ajoutons que Zenker a fait sur la Chèvre trois expériences positives et Heller deux; que ce dernier a réussi encore à infester le Mouton. En revanche, des expériences négatives ont été faites par Zürn sur la Chèvre; par Zürn, Leuckart, Masse et Pourquier sur le Mouton; par Küchenmeister, Zenker, Leuckart, Schmidt sur le Porc; par Probtsmayr, Heller, Masse et Pourquier sur le Chien; par Heller, Masse et Pourquier sur le Lapin; par Heller sur le Cochon d'Inde et le Singe.

Cobbold et Simonds, Voir Cobbold, *Parasites; a treatise on the Entozoa of man and animals.* London, 1879.

Zürn, *Zoopathologische und physiologische Untersuchungen.* Stuttgart, 1872.

Saint-Cyr, *Expériences sur le scolex du Tænia mediocanellata.* Comptes rendus, LXXVII, p. 536, 1873. — Recueil de méd. vétérinaire, p. 773, 1873. — Journal de l'anatomie, IX, p. 504, 1873.

Jolicœur, *Conférence clinique sur le Tænia inerme, ou Tænia mediocanellata de Küchenmeister.* Bulletin de la Soc. méd. de Reims, XII, p. 178, 1873.

Masse et Pourquier, *Note sur la ladrerie du Bœuf par le Tænia inerme de l'Homme.* Comptes-rendus, LXXXIII, p. 236, 1876. — Recueil de méd. vétérinaire. p. 893, 1876.

E. Perroncito, *Esperimenti sulla produzione del Cisticerco nelle carni dei bovini, coll' amministrazione di anelli della Tænia mediocanellata dell' uomo.* Lo Studente veterinario, Parma, p. 146, 1876. — E. Perroncito, *Esperimenti sulla produzione del Cysticercus della Tænia mediocanellata nelle carni dei vitelli.* Annali della R. Accad. d'agricoltura di Torino, XX, 1877.

Le Cysticerque dont nous venons de reconnaître l'existence chez le Bœuf a été désigné par Davaine sous le nom *Cysticercus Tæniæ mediocanellatæ* et par Cobbold sous celui de *C. bovis.* Sa surface présente de simples papilles, et non des plis circulaires comme *C. pisiformis.* Contrairement à ce dernier, que nous avons vu se développer dans le foie, puis émigrer dans le péritoine, il se fixe en des organes très divers: on pourra se faire une idée exacte de sa répartition dans les organes du Bœuf en se reportant au résumé des expériences qui précèdent; on se convaincra de la sorte qu'il siège de préférence dans les muscles striés. Il se développe au sein du tissu conjonctif intermusculaire, et celui-ci lui constitue un kyste adventice épais et dense, rempli d'un liquide dans lequel le Cysticerque flotte parfois à la manière d'une vésicule oviforme renfermée dans la première; le liquide qui distend le kyste provient sans doute des tissus voisins et non du Cysticerque lui-même.

Un Cysticerque de *T. saginata* est-il placé dans de l'eau dont la température est maintenue à 37 ou 40° C, il ne tarde pas à évaginer sa tête ; on obtient le même résultat en le pressant délicatement entre deux lames de verre. On peut se convaincre alors qu'il ne diffère que fort peu du Cysticerque de *T. serrata*, comme le démontre l'existence d'un bulbe musculeux tout à fait comparable à celui qui, chez les vrais Ténias armés tels que *T. serrata* ou *T. solium*, est le premier indice du rostre, à la base duquel s'insère la double couronne de crochets. La seule différence tient à ce que le bulbe, au lieu de poursuivre son développement comme chez ces deux derniers Ténias, reste bientôt stationnaire et se retrouve chez l'adulte avec une structure presque identique à celle qu'il avait chez le Cysticerque. On ne saurait dire si la présence de ce bulbe est en rapport avec la régression d'une ancienne couronne de crochets ou au contraire avec le développement progressif de ces mêmes organes : en tout cas, elle montre l'étroite parenté qui existe entre les vrais Ténias armés et *T. saginata*.

On n'a pas encore déterminé d'une façon précise combien de temps le Cysticerque est capable de résister à la mort, au cas où ne s'effectue point le passage dans son milieu définitif ; les expériences rapportées plus haut nous renseignent pourtant à cet égard d'une façon très approximative. Saint-Cyr a trouvé les Cysticerques calcifiés 224 jours après l'infestation ; dans deux expériences, Cobbold et Simonds les ont vus dans le même état au bout d'un an et au bout de cinq mois ; dans une dernière circonstance, ces mêmes expérimentateurs ont trouvé, au bout de 53 jours et chez un même Veau, la plupart des Cysticerques dégénérés, alors que d'autres étaient encore vivants. D'autre part, les Cysticerques ont été retrouvés encore vivants par Saint-Cyr après 54 jours, par Masse et Pourquier après 61 jours, par Cobbold et Simonds après 72 jours, par Perroncito après 122 et 136 jours. Il est difficile, d'après des données aussi incertaines, de dire combien de temps le Cysticerque est capable de garder sa vitalité.

Quoi qu'il en soit, le Cysticerque sera introduit dans l'intestin de l'Homme en même temps que la viande de Bœuf au sein de laquelle il est plongé, et, si celle-ci n'a pas été soumise à une cuisson capable de le tuer, il ne tardera pas à se développer en un Ténia. Les expériences de Perroncito ont montré qu'il meurt habituellement quand il se trouve exposé pendant 5 minutes à une température de 44° C, mais qu'il meurt toujours entre 47 et 48° C. Il importe d'observer que ces déterminations ont été faites sur des Cysticerques isolés et soumis directement à l'action de la chaleur. Dans les conditions ordinaires, les choses ne se passent point ainsi et le Cysticerque, abrité par les tissus qui l'environnent, pourra n'être soumis qu'à une température insuffisante pour le tuer. Par exemple, les viandes grillées sont bien cuites à la périphérie, mais leur centre est saignant, c'est-à-dire crû ou très incomplètement cuit: le Cysticerque renfermé dans ces parties centrales ne meurt pas. Nous verrons plus loin que *T. saginata* devient partout de plus en plus fréquent: on doit attribuer ce fait à l'habitude peu généralisée de manger crue la viande de Bœuf, mais surtout à l'usage très répandu des viandes saignantes.

Le développement de *Cysticercus bovis* en *Tænia saginata* dans l'intestin de l'Homme nous est démontré par des preuves indirectes et par des preuves directes. Les premières reposent sur la présence habituelle du Ténia inerme chez les individus qui font usage de viande de Bœuf crue ou insuffisamment cuite. Les secondes résultent d'expériences par lesquelles on a donné à l'Homme le Ténia inerme en lui faisant avaler des Cysticerques pris dans les muscles du Bœuf; ces expériences sont encore intéressantes en ce qu'elles permettent d'apprécier avec quelle rapidité se développe le parasite. Nous aurons plus tard l'occasion de parler des preuves indirectes; voyons maintenant en quoi consistent les essais d'infestation.

C'est à Oliver, médecin de l'armée des Indes, en garnison à Jullundur, que l'on doit les premières expériences d'infestation de l'Homme au moyen de Cysticerques du Bœuf. En 1869, il fit prendre à deux indigènes de la viande de Bœuf renfermant des Cysticerques bien vivants. Le premier était un groom musulman; il développa un Ténia dans l'espace de trois mois environ. Le second était un jeune Hindou qui n'avait jamais mangé de Bœuf: au bout de trois ou quatre mois, il rendait des fragments de Ténia.

Les expériences de Perroncito sont plus précises. Ce savant eut recours au bon vouloir de quelques-uns de ses élèves. Le 4 mars 1877, le Dr Ragni avale un Cysticerque porté préalablement à la température de 47° C, et ne donnant plus signe de vie : rien ne s'ensuivit. Le 16 mars, l'étudiant Gemelli ingère un Cysticerque chauffé à 45° et privé de mouvements : résultat négatif. Le 16 mars, l'étudiant Ant. Martini ingère un Cysticerque chauffé à 44° et présentant des mouvements fort obscurs: aucun Ténia ne se développa par la suite.

Par mesure de contrôle, le 4 mars, une autre personne prend un Cysticerque bien vivant et non chauffé. Au bout de 54 jours, des anneaux commencent à être éliminés. Le 67e jour, une dose de kousso et d'huile de ricin détermine l'expulsion en 17 fragments d'un *Tænia saginata*, long de $4^{m},274$ et formé de 866 anneaux. En y ajoutant les 34 anneaux rendus précédemment et dont chacun était long de 14 millimètres en moyenne, on arrivait ainsi à reconstituer un Ver long de $4^{m},75$. Si l'on admet enfin que le cou et la tête aient été longs de 8 millimètres, on obtient au total un Ténia long de $4^{m},83$, formé de 900 anneaux et développé en 67 jours. Le Ver croît donc de 72 millimètres et produit de 13 à 14 anneaux par jour.

Ed. Perroncito, *Sulla rapidità di sviluppo della Tenia mediocanellata nell' uomo e nuove prove sulla tenacità di vita del Cisticerco della stessa Tenia.* Archivio per le scienze mediche, II, 1878.

Tænia saginata, lorsqu'il est arrivé à complet développement, est le plus long des Ténias de l'Homme. C'est un Ver aplati, formé d'un nombre considérable d'anneaux disposés en série linéaire : Sommer en a compté 1221 sur un Ténia de longueur moyenne.

La forme des anneaux varie suivant qu'ils sont plus ou moins avancés dans leur développement. Les plus jeunes, c'est-à-dire les plus proches de la tête, sont plus larges que longs. Ils passent insensiblement à des anneaux carrés, dont la longueur et la largeur sont égales. Enfin, les anneaux les plus anciens sont plus longs que larges et d'autant plus allongés qu'il sont plus avancés en âge. Les derniers anneaux, qui se détachent spontanément et tombent dans l'intestin, sont assez souvent jusqu'à six et huit fois plus longs que larges.

La longueur que peut atteindre l'animal est assez variable. Küchenmeister l'évalue à 8 ou 9 mètres, Leuckart à 7 ou 8 mètres à l'état d'extension et seulement à 4 mètres à l'état de contraction. Les plus longs Ténias qu'ait mesurés Laboulbène avaient 5, 6 et au plus 8 mètres. Tous ces chiffres sont d'accord avec la statistique suivante, publiée par Hamon-Dufougeray et dressée d'après des mensurations faites sur *Tænia saginata* dans les hôpitaux maritimes de Saint-Mandrier, de Cherbourg et de Lorient.

	Saint Mandrier.	Cherbourg.	Lorient.	
Au dessous de 2 mètres.	19	8	7	46, 5 p. 100 ayant moins de 5 mètres.
De 2 à 3 mètres........	15	12	10	
3 à 4.............	20	22	5	
4 à 5.............	16	23	3	
5 à 6.............	14	19	6	40, 7 p. 100 entre 5 et 10 mètres.
6 à 7.............	17	13	8	
7 à 8.............	11	11	4	
8 à 9.............	11	11	3	
9 à 10.............	4	7	1	
10 à 11.............	6	3	4	8, 4 p. 100 entre 10 et 15 mètres.
11 à 12.............	1	4	»	
12 à 13.............	1	2	»	
13 à 14.............	2	1	»	
14 à 15.............	2	2	1	
15 à 16.............	2	2	1	4, 3 p. 100 ayant plus de 15 mètres.
16 à 17.............	»			
17 à 18.............	»			
18 à 19.............	1		1	
19 à 20.............	»		»	
20 à 21.............	»	1	1	
21 à 22.............	»	1	»	
22 à 23.............	»	»	1	
23 à 24.............	»	1	»	
Ayant 36 mètres........	»	1	»	
Totaux........	142	146	56	

C'est donc à une longueur moyenne de 8 à 10 mètres qu'il faut évaluer la taille de *T. saginata*. Sur un Ver de cette dimension, les derniers anneaux sont mûrs, renferment des œufs déjà pourvus d'un embryon hexacanthe et se détachent spontanément. Au-dessous de cette taille, l'animal n'est pas encore arrivé à son complet développement, ses derniers anneaux ne sont pas mûrs. Quant aux Ténias longs de 18, de 20, de 24, de 36 mètres, il faut croire à une erreur d'appréciation : si un Ver de cette longueur était rendu d'un seul morceau, le doute ne serait pas permis, mais, à cause de l'opinion erronée que le Ténia est solitaire, on a trop de tendance à rapporter à un seul et même parasite des fragments provenant de plusieurs Vers qui vivent côte à côte dans le même intestin ; l'erreur est d'autant plus facile, que fréquemment la tête n'est point expulsée.

La tête de *T. saginata* est assez grosse pour être visible à l'œil nu ; elle atteint fréquemment une largeur de 2 millimètres et une épaisseur de 1^{mm},5. De forme presque carrée, elle présente latéralement quatre larges ventouses, visibles à l'œil nu, et se termine par une surface plane, dépourvue de couronne de crochets : cette absence de crochets a valu à l'animal le nom de Ténia inerme, sous lequel on a l'habitude de le désigner.

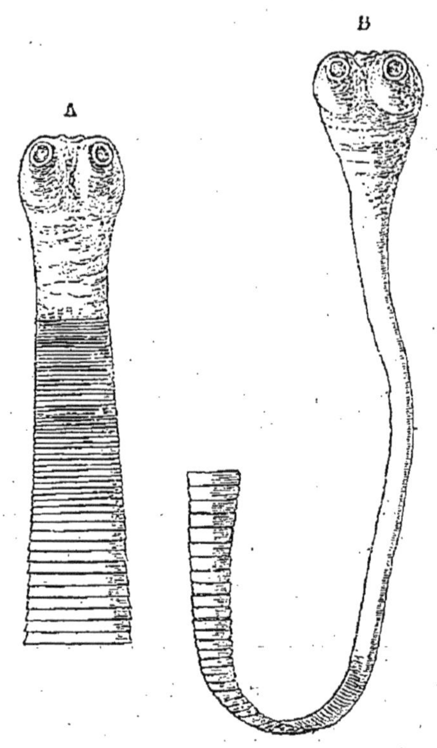

Fig. 218. — Extrémité céphalique de *Taenia saginata*, grossie 8 fois, d'après Leuckart. — A, à l'état de rétraction ; B, à l'état d'extension.

Les ventouses sont oblongues et mesurent 0^{mm},829 sur 0^{mm},711, d'après Küchenmeister ; elles sont arrondies et larges de 0^{mm},8, d'après Leuckart. Chacune d'elles est constituée par une sorte de cupule creusée dans les tissus de la tête et communiquant avec l'extérieur au moyen d'un orifice rétréci, reporté en avant et dont le diamètre est à peine supérieur au tiers de la largeur totale de l'organe. Sur des Ténias morts, les ventouses se montrent plus ou moins rétractées ; mais, chez l'animal vivant, elles sont douées d'actives contractions et peuvent se projeter au dehors, comme portées par un pédoncule.

Elles sont habituellement teintées en noir par un pigment qui les rend bien apparentes et qui parfois peut se répandre aussi sur les parties voisines : il s'y dépose alors sous forme de stries ou de lignes plus ou moins régulières. La pigmentation de la tête n'est nullement en rapport avec l'âge du Ténia et dépend uniquement de conditions individuelles. Bien marquée chez certains Vers, elle peut être très réduite ou même faire défaut chez d'autres : on pourra donc rencontrer, parmi les

Ténias inermes, des individus à tête noire et d'autres individus à tête blanche. Nous ignorons d'ailleurs dans quelles conditions se forme ce pigment, et l'opinion qui le fait dériver de l'hémoglobine ne repose sur aucune observation directe.

On se rappelle que nous avons constaté chez le Cysticerque l'existence des premiers rudiments d'un rostre analogue à celui qui, chez les Ténias armés, se développe pour donner insertion par sa base à la couronne de crochets. Cette formation persiste le plus habituellement chez le Ténia adulte : elle a l'aspect d'une dépression centrale s'ouvrant au dehors par un pore rétréci. Göze l'avait déjà considérée comme une cinquième ventouse. Batsch y voyait une « papille médiane », Bremser la décrivit comme « une petite ouverture presque imperceptible », Gomez en fit une cinquième ventouse, Leuckart lui donna le nom de *cupule frontale*. Tout récemment, Bonnet la considéra comme une bouche (fig. 219, E), dont le fond communiquerait avec les anses céphaliques de l'appareil aquifère, C, au moyen de canalicules rayonnants, D ; mais l'existence de ces derniers est purement illusoire, en sorte qu'il n'existe pas la moindre communication entre les canaux excréteurs et la cupule frontale.

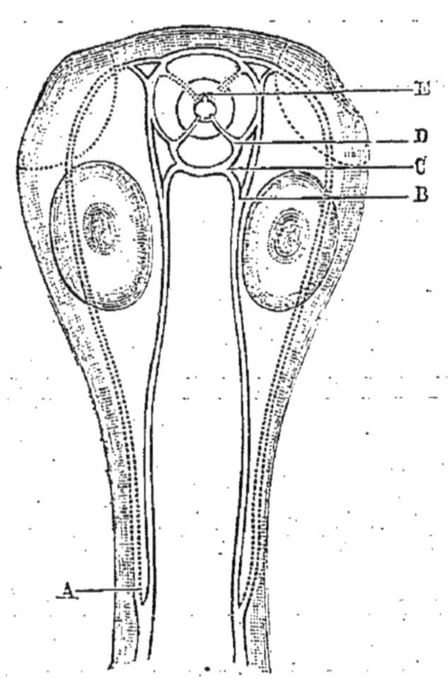

Fig. 219. — Tête de *Tænia saginata* vue un peu obliquement, d'après Bonnet.

A la suite de la tête vient un cou qui, d'après Küchenmeister, serait très court et large. Leuckart est plus exact, quand il reconnaît que sa forme est variable suivant son état de contraction et suivant les conditions dans lesquelles on l'observe : par exemple, s'il est tué par l'alcool ou par tout autre liquide dont l'action est énergique et rapide, le Ver se contracte fortement et son cou raccourci est presque aussi large que la tête ; meurt-il, au contraire, dans un liquide plus indifférent, son cou est long et effilé et se sépare de la tête par une ligne de démarcation assez nette (fig. 218).

Les premières portions du cou n'attirent l'attention par aucune particularité, si ce n'est par les corpuscules calcaires qui sont accumulés en nombre immense dans ses tissus; sa région postérieure présente des stries transversales, d'abord peu apparentes et serrées les unes contre les autres, puis de plus en plus marquées et de plus en plus espacées, à mesure qu'on s'éloigne de la tête. Ces lignes transversales sont la première indication des anneaux, ainsi que Baumes l'avait déjà reconnu en 1781. « Cette partie antérieure filiforme, dit-il, est composée de si petites articulations qu'elle en semble ridée. Ces rides sont sans doute les rudiments des anneaux du Ver, et à mesure

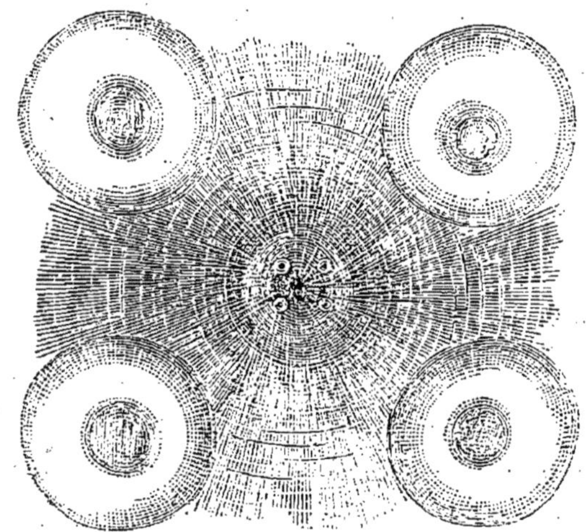

Fig. 220. — Sommet de la tête de *Tænia saginata*, d'après Bonnet.

que l'animal vieillit, ou qu'il souffre des pertes, ces rides ou ces petites articulations se développent et s'allongent de plus en plus (1). » Pour être de tous points exact, ce vieil observateur aurait dû ajouter qu'il se forme sans cesse de nouveaux anneaux, entre la tête et ceux qui existent déjà, au fur et à mesure que ceux-ci se développent.

Les jeunes anneaux ont une structure très simple. Ils sont limités extérieurement par une cuticule mince et anhiste, due à une modification des cellules sous-jacentes. Celles-ci sont volumineuses, douées de propriétés conctractiles, serrées les unes contre les autres et souvent disposées sur plusieurs cou-

(1) Baumes, *Lettres sur le Taenia, à M. P***, docteur en médecine de Montpellier*. Journal de méd., chir. et pharm., LVI, p. 406, 1781.

ches. De cette assise cellulaire part un réseau conjonctif aux mailles serrées, qui forme toute la masse du corps ou le parenchyme de l'anneau. Le réseau est constitué par des cellules plus ou moins développées, complètes ou réduites à l'état de simple nodule, et munies de prolongements à l'aide desquels elles s'unissent aux cellules voisines. Très nombreux et peu différenciés dans les jeunes anneaux, ces éléments deviennent plus rares dans les anneaux âgés, parce qu'ils ont subi diverses transformations: les uns prennent l'aspect de fibres conjonctives, d'autres deviennent des corpuscules calcaires, d'autres encore vont donner naissance aux vaisseaux, au système nerveux, aux rudiments des glandes génitales et de leurs annexes.

Fraipont, qui a bien étudié l'appareil excréteur des Plathelminthes, a reconnu, chez ces Vers, l'existence d'espaces et de canalicules peu étendus, creusés entre les cellules du tissu conjonctif. C'est là un véritable cœlôme lacunaire, dans lequel circule un liquide nourricier qui tient en suspension des granules; la circulation est provoquée par les contractions du corps. Nous aurons bientôt à déterminer les relations de ce système lacunaire avec l'appareil excréteur.

Au sein même du réseau conjonctif et en intime connexion avec lui, on trouve des éléments particuliers, auxquels on attribue la signification de fibres musculaires. Ils sont disposés en deux couches principales, dont l'externe est longitudinale et l'interne transversale. Les muscles longitudinaux forment une couche épaisse à quelque distance des grosses cellules sous-cuticulaires; ils envoient vers ces dernières un grand nombre de fibres ou même de faisceaux secondaires. Les muscles transversaux sont justaposés aux précédents: il ne forment point autour de l'anneau un cercle complet, mais constituent deux plans, l'un dorsal, l'autre ventral, qui s'étendent sur toute la largeur de l'anneau et se perdent sur les côtés dans la zone sous-cuticulaire, sans se réunir entre eux. Les muscles transversaux circonscrivent la zone centrale de l'anneau à l'intérieur de laquelle se développe l'appareil génital hermaphrodite.

Les corpuscules calcaires, que déjà nous avons rencontrés chez le Cysticerque (fig. 214, *c*) se rencontrent presque partout dans le parenchyme, mais deviennent surtout abondants dans les vieux anneaux. Ils proviennent de la transformation de certaines cellules du parenchyme, et Schiefferdecker admettait que la calcification débutait par le noyau, pour s'étendre peu à peu à toute la cellule. Moniez a suivi leur évolution. « La cellule, dit-il, qui doit donner naissance à un corpuscule calcaire subit d'abord une transformation assez analogue à la cuticularisation; elle augmente aussi de volume. Elle se divise ensuite en deux parties, dont l'une, plus volumineuse, forme le corpuscule calcaire même, et dont l'autre s'atrophie progressivement. La membrane cellulaire reste intacte, aussi, lorsqu'elle est déchirée par un accident et que le corpuscule calcaire tombe au dehors, elle persiste à la façon d'une maille, maintenue qu'elle est par ses prolongements. On ignore la signification exacte de ces cellules encroûtées; mais leur répartition très inégale parfois entre deux individus de la même espèce, leur extrême abondance dans les parties du Cysticerque qui doivent se détruire, etc., semblent leur enlever tout sens morphologique pour ne leur laisser qu'une valeur physiologique de peu d'importance. » Fraipont a émis l'opinion que ces corpuscules étaient de nature excrémentitielle, à cause de leur analogie avec les éléments produits par les reins d'autres animaux inférieurs; en outre des carbonates qui font effervescence sous l'action des acides, il renfermeraient encore de la guanine.

L'appareil vasculaire débute par un anneau situé au sommet de la tête. De cet anneau se séparent quatre vaisseaux de même calibre, qui descendent vers le cou en passant chacun derrière une ventouse. Mais les deux vaisseaux du même côté se rapprochent bientôt des cordons nerveux principaux, en dedans desquels il se placent, tout en conservant leur symétrie. A une faible distance de la tête, on verra finalement l'un de ces vaisseaux tourner en dehors, augmenter de volume et prendre une forme ovale; l'autre vaisseau ne change ni ses caractères ni sa situation.

Désormais on aura donc, dans toute la série des anneaux, et de chaque côté, deux vaisseaux bien distincts: l'externe, situé à côté mais en dedans du gros tronc nerveux latéral, est la *lacune longitudinale;* l'interne est le véritable *vaisseau*. Sur les figures 222 à 228, la lacune est indiquée par la lettre *b*, et le vaisseau par la lettre *t*.

Les quatre canaux qui courent ainsi tout le long du corps du Ténia sont tout d'abord réunis, à la partie postérieure de chaque anneau, par deux vaisseaux transverses, correspondant à un vaisseau circulaire. Mais cet état dure peu, la plus grande partie de cet anneau vasculaire entre en régression et il ne persiste que la branche qui unit entre elles les deux lacunes. Les deux systèmes de canaux longitudinaux ne communiquent donc plus entre eux qu'au niveau de l'anastomose qui les réunit dans la tête.

La lacune provient d'une transformation de celui des deux vaisseaux de chaque paire céphalique qui est le plus rapproché de la face ventrale. Elle va en augmentant graduellement de largeur : son diamètre, qui est de 77 μ sur l'anneau 180, atteint la dimension de 444 μ sur l'anneau 872. De plus, elle est reliée de distance en distance à la lacune du côté opposé par une large anastomose transversale, désignée par la lettre *c* sur toutes nos figures. Cette anastomose se rencontre dans chaque anneau : elle est toujours située à la partie la plus postérieure de celui-ci. Immédiatement au-dessous du point où l'anastomose débouche dans la lacune, celle-ci présente une sorte de valvule, découverte par Platner en 1838. La valvule permet au liquide qui remplit la lacune, de couler vers l'extrémité postérieure du Ténia, où il est expulsé au dehors, mais lui interdit la marche inverse. Sous l'influence de l'alcool absolu, ce liquide se coagule en une sorte de bouillie dans laquelle l'analyse décèle la présence de substances très voisines de la xanthine ou de la guanine, ce qui met hors de doute le rôle de la lacune comme appareil d'excrétion.

Contrairement à la lacune, le vaisseau garde partout le même calibre : aussi bien sur l'anneau 180 que sur l'anneau 872, son diamètre est de 44 μ ; il ne présente d'ailleurs ni anastomoses transversales, ni clapets ; son parcours est sinueux. Il est encore renfermé dans la couche moyenne du corps, mais Sommer a reconnu qu'il était plus rapproché de la face supérieure, tandis que la lacune était plutôt tournée du côté ventral. Le vaisseau a une paroi extrêmement délicate ; on le voit avec une netteté particulière quand il croise l'anastomose transversale des lacunes ou lorsque, comme chez *Tænia solium*, sa paroi est infiltrée de pigment noir. Il renferme un liquide homogène et facilement coagulable, que Sommer considère comme le sang.

Les gros vaisseaux que nous venons de décrire ne représentent qu'une partie de l'appareil vasculaire, ou plutôt de l'appareil excréteur du Ténia, celle qui est facilement accessible à l'observation. Ce ne sont en effet que des troncs collecteurs, chargés de rejeter au dehors certaines substances excrémentitielles, qui proviennent de l'intimité même des tissus et qui leur sont amenées par un système compliqué de très fins canalicules. Nous avons signalé plus haut l'existence de lacunes lymphatiques représentant une cavité du corps : dans ces lacunes se voient des entonnoirs ciliés, d'où partent des canalicules délicats, qui viennent se jeter dans les vaisseaux longitudinaux ; ces capillaires peuvent s'observer dans toute l'étendue du corps, mais ils sont surtout apparents dans les endroits de moindre épaisseur et de moindre opacité, par exemple dans la tête, où Leuckart les a représentés chez *T. saginata* (1).

Chez le Cysticerque, les vaisseaux longitudinaux affectent la même disposition, dans la tête et le cou, que chez le Ténia adulte, mais ils constituent, dans les parois de la vésicule, un réseau compliqué, dont nous avons déjà parlé plus haut et qui débouche finalement au dehors par un orifice unique et postérieur, le *foramen caudale;* celui-ci s'ouvre dans la région marquée *d* dans la fig. 214. Quand le Ver perd sa vésicule caudale, par suite de son passage de l'état de Cysticerque à l'état adulte, les vaisseaux se réunissent à l'extrémité postérieure pour former un nouveau *foramen caudale*, d'après les observations de Fraipont sur *T. echinococcus ;* cette disposition persiste sans doute jusqu'à ce que, le Ténia ayant atteint toute sa croissance, les derniers anneaux commencent à se détacher.

Il peut se former alors un nouveau pore caudal sur le nouvel anneau terminal, ainsi que Leuckart l'a reconnu chez *T. cucumerina*, ou bien, suivant Fraipont, certains canaux se ferment en cul-de-sac, tandis que les autres restent ouverts et débouchent librement au dehors.

Quand le corps subit un allongement considérable, le *foramen caudale* ne suffit plus à l'expulsion des produits excrétés : on voit alors apparaître des *foramina secundaria*, c'est-à-dire des pores latéraux qui mettent les canaux longitudinaux en communication avec l'extérieur. Ces pores se montrent en des points variables suivant les espèces, soit dans la tête (Hoek, Fraipont), soit au cou, en arrière des ventouses (Wagener, Leuckart, Kölliker). Le corps s'allonge-t-il encore plus, les canaux se mettent en communication avec l'extérieur

(1) Leuckart, *Die Parasiten des Menschen*. 2te Auflage, I, p. 379, fig. 153.

par un plus grand nombre de pores latéraux : on n'en trouve plus seulement à l'extrémité antérieure du corps, mais dans chaque anneau; leur répartition devient même symétrique.

Telle est la disposition générale de l'appareil excréteur des Cestodes. Sa structure n'a pas été étudiée chez les Ténias de l'Homme, mais on doit penser que les choses se passent comme nous venons de dire. Malgré les recherches de Fraipont et de Pintner, nos connaissances relativement à cet appareil sont encore bien incomplètes; il est du moins démontré qu'il ne diffère pas essentiellement de celui des Trématodes.

Les Cestodes sont tous dépourvus d'appareil digestif: ils n'ont ni bouche, ni intestin et ils se nourrissent simplement en absorbant par endosmose, à travers leur tégument, les matières assimilables renfermées dans l'intestin de leur hôte et élaborées par les sucs digestifs de celui-ci. Il y a néanmoins des raisons de penser qu'ils possédaient primitivement un appareil digestif et que son atrophie est une conséquence de leur vie parasitaire: Kahane a vu dans la tête de *Tænia perfoliata* du Cheval des masses musculaires qu'il assimile aux muscles pharyngiens des Trématodes et des Turbellariés, et Lang a rencontré des cellules glandulaires qu'il rapproche des glandes salivaires de ces mêmes Plathelmintes.

Le système nerveux des Ténias a été découvert en 1847, par Em. Blanchard ; récemment, Niemiec en a repris l'étude et en a donné une bonne description. La figure 221 fera comprendre quelle complication le système nerveux central présente dans la tête de *Tænia saginata*. Au-dessous de la cupule frontale se trouve un anneau nerveux, *a*, qui offre sur son trajet des renflements caractérisés par la présence de cellules ganglionnaires. Chez les Ténias armés, cet anneau émet une série de branches qui se rendent aux muscles des crochets ; ici, il se borne à donner naissance, au niveau de ses renflements, à huit troncs nerveux descendants. Ce sont d'abord, de chaque côté, deux grosses branches, qui se réunissent presque aussitôt en un tronc commun, *b*, lequel se termine sur le ganglion latéral, *c*. Les deux ganglions latéraux sont unis transversalement l'un à l'autre par une commissure, sur le trajet de laquelle se voit le gros ganglion central, *d*; Niemiec donne le nom de cerveau à l'ensemble de ces trois ganglions.

Chacun des ganglions latéraux émet neuf branches nerveuses : 1° la branche supérieure, *b*; 2° deux branches acétabulaires ou nerfs des ventouses, *l*; 3° deux branches, *i*, qui se dirigent vers les nerfs descendants secondaires, *g*, et se soudent à eux; ces derniers sont d'autre part réunis entre eux par une commissure transversale, *j*, en sorte qu'il se forme à ce niveau une commissure polygonale; 4° deux branches descendantes latérales, *f*; 5° un cordon nerveux principal, *e*; 6° la commissure principale qui se rend au ganglion central, *d*.

L'anneau nerveux, *a*, donne naissance à huit nerfs descen-

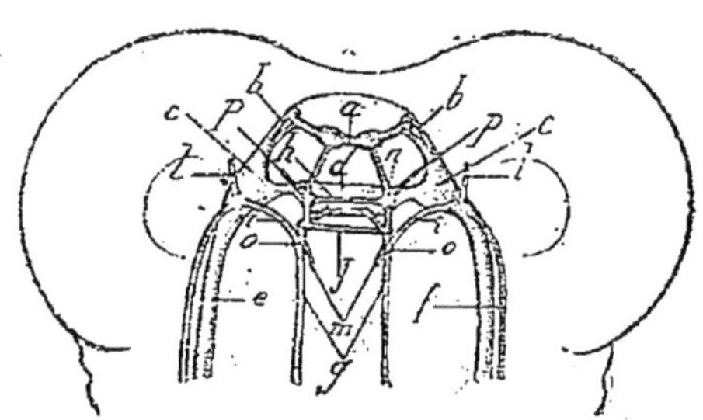

Fig. 221. — Schéma du système nerveux central de *Tænia saginata* (moitié inférieure ou ventrale), d'après Niemiec. — *a*, anneau nerveux; *b*, branche réunissant l'anneau nerveux avec le ganglion latéral; *c*, ganglion latéral; *d*, ganglion central; *e*, cordon nerveux principal; *f*, branches latérales accompagnant le cordon principal; *g*, faisceaux nerveux secondaires; *h*, branche commissurale supérieure des faisceaux nerveux secondaires; *i*, commissure unissant le nerf descendant secondaire au ganglion latéral; *j*, commissure transversale unissant les deux nerfs descendants secondaires; *l*, branches acétabulaires partant du ganglion; *m*, branches acétabulaires partant des faisceaux secondaires; *n*, renflement supérieur des nerfs secondaires; *o*, renflement inférieur des mêmes nerfs.

dants. Quatre de ces nerfs, disposés en deux paires, nous sont déjà connus: ce sont les origines du tronc latéral, *b*, qui aboutit au ganglion latéral et qui, au delà de celui-ci, se continue dans toute la longueur de la tête et du cou, puis dans toute la série des anneaux, formant ainsi le cordon nerveux principal, *e*, qu'accompagnent sur toute sa longueur deux branches latérales, *f*.

Les quatre autres branches qui naissent de l'anneau nerveux sont plus fines et disposées par paires : elles s'en détachent suivant les faces dorsale et ventrale et se portent directement en arrière, en suivant également le cou et la chaîne des anneaux. Elles constituent les faisceaux nerveux secondaires, *g*. Au niveau du ganglion central, *d*, les deux nerfs du même côté s'unissent l'un à l'autre au moyen d'une commissure transversale, *h*, et ils présentent en cet endroit un premier renflement, *n*, d'où part un rameau nerveux, *p*, qui se perd de bonne heure. Un peu plus en arrière, les deux nerfs secondaires sont encore réunis l'un à l'autre par une seconde commissure, *j*, dont nous avons déjà parlé : ils se renflent encore à ce niveau en une nouvelle masse, *o*, qui émet vers la ventouse correspondante une petite branche, *m* ; de chaque extrémité de la commissure inférieure part enfin un filet nerveux qui aboutit au ganglion central.

Quant à la structure de toutes ces parties, Niemiec a vû des cellules ganglionnaires, pour la plupart bipolaires, dans tous les points où les faisceaux nerveux s'entre-croisent ; les faisceaux eux-mêmes n'en ont pas.

Voilà pour le système nerveux central. En dehors de la tête, le système nerveux est représenté par les dix branches descendantes *e*, *f*, *g*, qui poursuivent leur trajet dans toute la série des anneaux ; primitivement, ils se répandaient à la surface de la vésicule du Cysticerque. Aucun Cestode ne présente d'organes des sens.

Les différences profondes qui s'observent entre les divers anneaux d'un même Ténia portent principalement sur la structure et le développement des organes génitaux. Nous devons entrer dans quelques détails à cet égard, mais il importe de bien préciser au préalable la valeur de certains termes que nous allons employer. Contrairement à Sommer qui supposait le Ténia placé verticalement, la tête en haut et la face femelle en avant, il nous semble plus rationnel de supposer l'animal dans sa position normale, la tête en avant et la face femelle en bas. Nous reconnaîtrons donc dans chaque anneau un bord antérieur tourné vers la tête, un bord postérieur en rapport avec l'anastomose transversale des lacunes longitudinales, un bord latéral droit, un bord latéral gauche, une face inférieure, ventrale ou femelle et une face supérieure, dorsale ou mâle.

Pour achever notre description anatomique du Ténia, il nous reste à parler des organes génitaux. Nous indiquerons d'abord, d'après Sommer, dans quel ordre ils se développent ; cela fait, nous étudierons leur structure quand ils sont définitivement constitués, en prenant encore pour guide les recherches de Sommer, mais en tenant compte des corrections importantes que Moniez y a apportées sur plus d'un point.

Anneau 140. — Première indication de l'appareil génital hermaphrodite. On reconnaît, au sein du parenchyme indifférent qui forme la masse fondamentale de l'anneau, un cordon cellulaire qui s'étend transversalement, mais sans l'atteindre, vers le vaisseau longitudi-

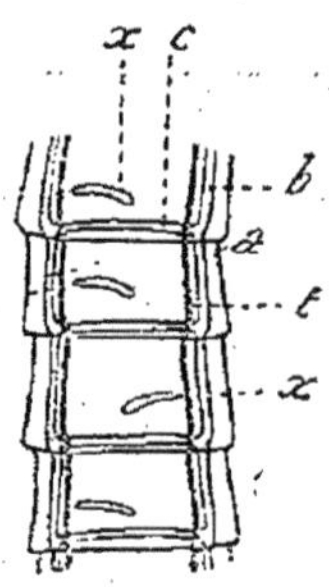

Fig. 222. — Organisation de l'anneau 140 de *Tænia saginata*, vu par la face dorsale. — *a*, bord postérieur de l'anneau ; *b*, lacune longitudinale ; *c*, anastomose transversale des lacunes ; *t*, vaisseau longitudinal ; *x*, cordon cellulaire transversal. — Les figures 222 à 227 sont d'après Sommer.

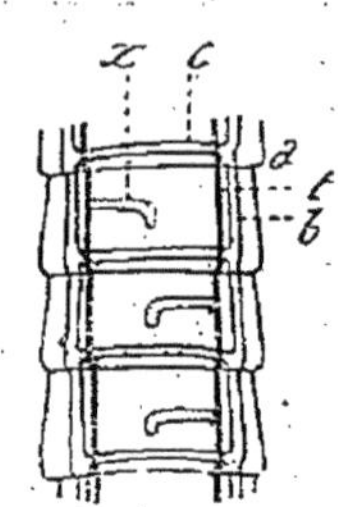

Fig. 223. — Anneau 178. — Les lettres comme dans la figure précédente.

nal (fig. 222, *x*) ; par son extrémité interne, légèrement incurvée en arrière, ce cordon ne dépasse pas la ligne médiane.

A. 178. — Le cordon cellulaire est peu modifié : son extrémité interne s'est épaissie et s'infléchit presque à angle droit en arrière ; son bout externe atteint, mais ne dépasse pas le vaisseau (fig. 223).

A. 268. — Ce même cordon s'étend latéralement jusqu'au bord externe de la lacune : il passe dans l'espace compris entre celle-ci et le vaisseau, c'est-à-dire que la lacune est située au-dessous et le vaisseau au-dessus de lui. Son bout interne s'est bifurqué : la branche antérieure (fig. 224, *y*) deviendra le canal déférent ; la postérieure, *z*, produira le vagin et ses annexes.

A. 287. — Le cordon cellulaire dépasse la lacune et s'avance jusqu'au voisinage du bord latéral. La bifurcation dont nous venons de parler s'est poursuivie jusqu'à la lacune. Le cordon qui formera le canal déférent (fig. 225, *d*) est large seulement de 11 μ. Celui d'où proviendra le vagin, *f*, est très renflé à son extrémité interne : en arrière, il émet quelques traînées cellulaires délicates, qui sont les premiers rudiments des oviductes ; en avant et suivant l'axe même de l'anneau, il donne naissance à un nouveau cordon cellulaire, *k*, qui est le premier indice de l'utérus.

A. 328. — Les premières vésicules testiculaires apparaissent dans les régions antérieure et latérales.

A. 363. — Première indication du pore marginal.

A. 366. — La poche du cirre apparaît à l'extrémité latérale du canal déférent : les deux cordons cellulaires mâle et femelle sont maintenant partout séparés.

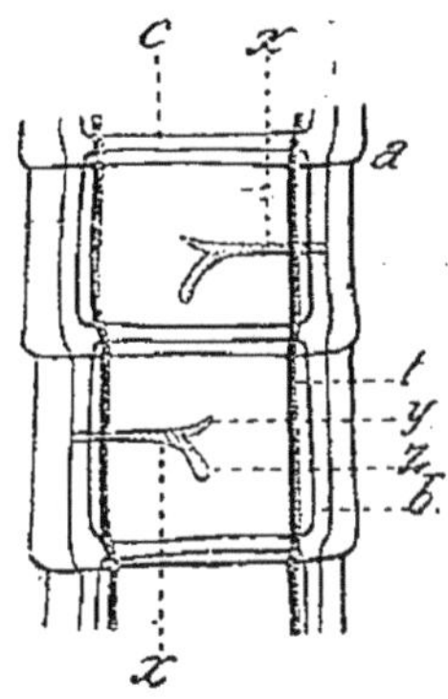

Fig. 224. — Anneau 268. — Bifurcation du cordon cellulaire et sa division en deux branches dont l'une, *y*, deviendra le canal déférent et dont l'autre, *z*, formera le vagin.

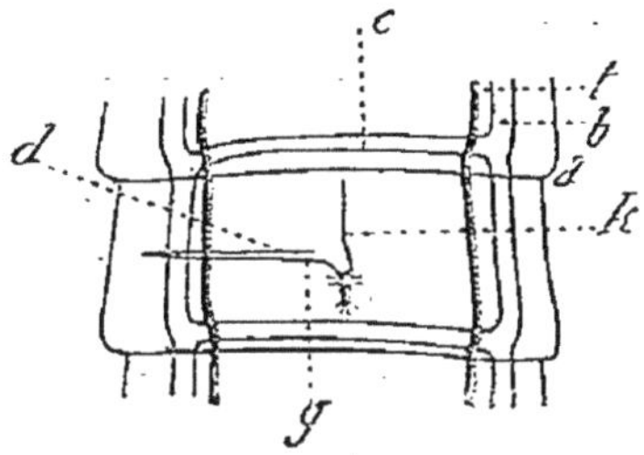

Fig. 225. — Anneau 287. — *d*, canal déférent; *f*, vagin; *k*, utérus.

A. 379. — L'extrémité postérieure du cordon vaginal s'est incomplètement séparée par un étranglement, pour former le premier rudiment du corps de Mehlis. En arrière se montre le lobe médian de l'ovaire (fig. 226, *s*); sur les côtés apparaissent les lobes latéraux, *q*.

A. 395. — Le cordon du canal déférent commence à se creuser à son extrémité interne; du même point partent en rayonnant des traînées qui sont le premier rudiment des canaux spermatiques.

A. 411. — Le cordon vaginal commence à se creuser d'un canal par son extrémité interne; celle-ci se renfle pour former la vésicule séminale.

A. 417. — Le canal déférent est déjà perforé jusqu'au niveau de la lacune longitudinale.

A. 419. — On voit apparaître tous les organes qui proviennent du bout central du cordon vaginal, savoir : le canal de la vésicule séminale, celui de la glande ovarienne médiane, l'oviducte; le corps de Mehlis s'accentue.

A. 440. — La fossette marginale est perforée et communique avec le cloaque génital, provenant de ce que le vagin et le canal déférent débouchent dans la même cavité.

A. 442. — Le canal déférent est perforé sur toute son étendue.

A. 445. — Il en est de même pour le vagin.

A. 461. — La fossette marginale commence à s'entourer d'un bourrelet saillant.

A. 481. — On trouve du sperme dans le canal déférent. Le passage du sperme dans le vagin s'opère régulièrement à partir de l'anneau suivant.

A. 494. — Le cordon utérin est parcouru dans toute sa longueur par un très fin canal.

A. 570. — La cavité de l'utérus s'est élargie; le fond de l'organe s'est renflé (fig. 227).

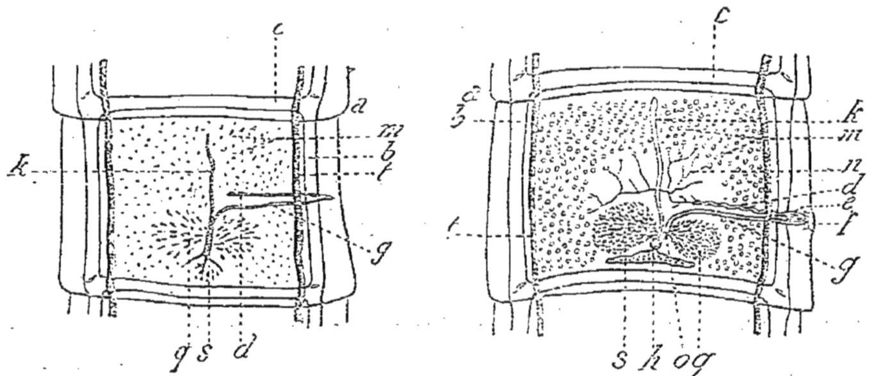

Fig. 226. — Anneau 379. — *m*, vésicules testiculaires; *q*, lobes latéraux de l'ovaire; *s*, lobe médian de l'ovaire.

Fig. 227. — Anneau 570. — *e*, poche du cirre; *f*, fossette marginale; *h*, corps de Mehlis; *n*, canaux spermatiques.

A. 581. — Les œufs commencent à pénétrer dans l'utérus.

A. 602. — L'utérus présente à son extrémité antérieure une dilatation dans laquelle s'accumulent des œufs.

A. 612. — L'utérus présente de petits diverticulums, première indication des branches latérales.

A. 628. — État un peu plus avancé (fig. 228).

A. 790. — Les branches latérales de l'utérus se sont considérablement développées (fig. 233).

A. 880. — Les lobes latéraux de l'ovaire cessent de produire des œufs et commencent à s'atrophier.

A. 980. — On voit encore les restes des lobes latéraux de l'ovaire; à partir de cet anneau, on n'en trouve plus trace.

A. 996. — L'utérus est gorgé d'œufs dont quelques-uns sont déjà en train de former la coque entourant l'embryon.

A. 1054. — Le lobe médian de l'ovaire s'atrophie.

A. 1102. — Ce même lobe a complètement disparu (fig. 234).

A. 1215. — Le corps de Mehlis est encore visible, mais est en voie d'atrophie (fig. 235). Les six derniers anneaux sont en train de se détacher spontanément.

Voyons maintenant quelle est la structure des organes reproducteurs, lorsqu'ils sont arrivés à leur complet développement.

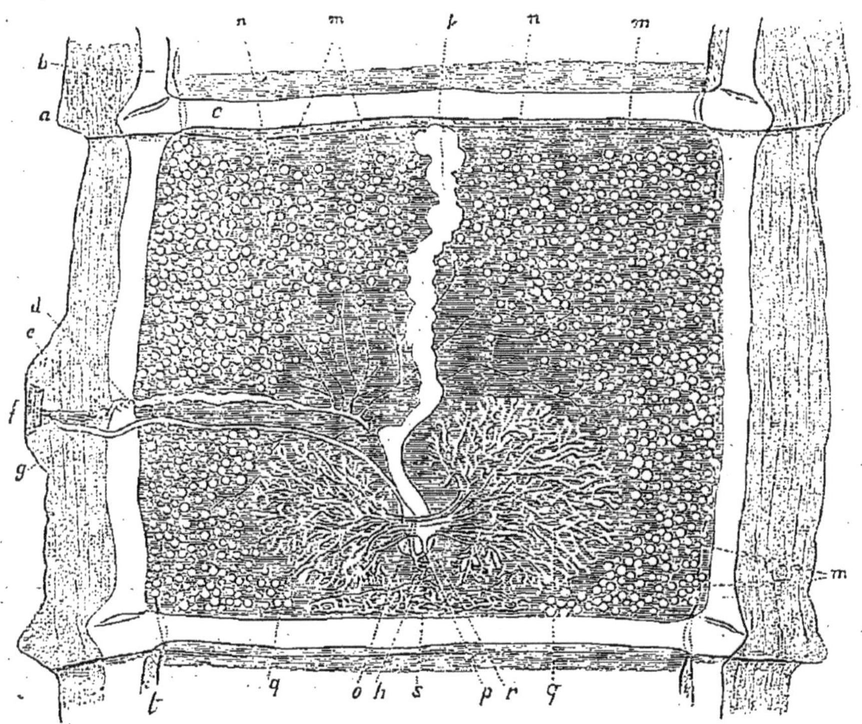

Fig. 228. — Anneau 628 de *Tænia saginata*, vu par la face inférieure ou femelle, d'après Sommer. — *a*, bord postérieur de l'anneau 627; *b*, lacune longitudinale; *c*, lacune transversale établissant la communication entre les deux lacunes longitudinales; *d*, canal déférent; *e*, poche du cirre; *f*, fossette marginale; *g*, vagin; *h*, corps de Mehlis; *k*, utérus; *m*, vésicules testiculaires; *n*, traînées spermatiques; *o*, réservoir spermatique; *p*, branche descendante de l'oviducte; *q*, lobe latéral de l'ovaire; *r*, canal réunissant les deux lobes latéraux de l'ovaire; *s*, lobe ovarien impair; *t*, vaisseau longitudinal.

L'anneau 628 (fig. 228) nous offre un excellent objet d'études.

L'appareil génital mâle va nous occuper tout d'abord. Il comprend un nombre considérable de vésicules testiculaires, arrondies ou ovales, renfermées dans la couche moyenne de l'anneau. Ces vésicules, *m*, sont surtout abondantes dans la moitié antérieure de celui-ci : elles remplissent tout l'espace interposé entre l'utérus et les lacunes longitudinales ; dans la moitié postérieure, elles sont moins nombreuses et n'occupent qu'un étroit espace, à cause de la grande expansion de l'ovaire. On peut évaluer à 1200 en moyenne le nombre de testicules que renferme un seul anneau : l'anneau 560 en contient 612 dans un seul de ses côtés.

Sur les jeunes anneaux, les testicules sont de petite taille. Mais, au moment où la formation des œufs commence, ils grossissent ; puis, quand l'acte de la fécondation se fait activement et que les branches de l'utérus s'étendent de plus en plus vers le bord latéral de l'anneau, le nombre des testicules diminue progressivement. L'un après l'autre, ils se vident de leur contenu et deviennent invisibles. Ce processus débute par les vésicules les plus voisines de la ligne médiane et s'étend de proche en proche jusqu'aux plus éloignées. En même temps, les testicules qui persistent viennent se placer au-dessus des ramifications de l'utérus. Ils sont donc plus éloignés de la face inférieure de l'anneau que de la face supérieure, c'est pourquoi cette dernière mérite de porter le nom de face mâle.

Chaque testicule se compose d'une fine membrane d'enveloppe et d'un contenu qui varie suivant l'anneau qu'on examine. Sur l'anneau 422 (fig. 229), par exemple, le contenu consiste en petites cellules nucléées, appliquées contre la paroi à la façon d'un épithélium et faisant saillie dans la cavité de la vésicule, *a*. Ailleurs, *b*, on voit des noyaux isolés, entourés seulement d'une très petite quantité de protoplasma ; ailleurs encore, dans les plus grosses vésicules, les cellules sont plus volumineuses et renferment deux ou trois noyaux à contour délicat.

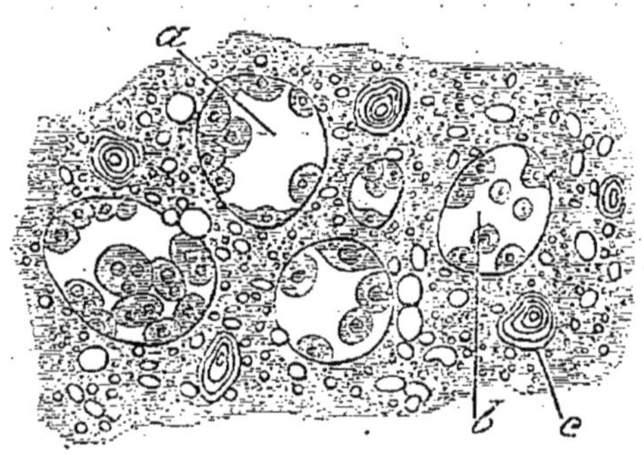

Fig. 229. — Vésicules testiculaires de l'anneau 422, d'après Sommer. Grossissement de 975 diamètres. — *a*, *b*, vésicules à divers degrés de développement ; *c*, corpuscules calcaires renfermés dans la masse fondamentale de nature conjonctive.

Sur l'anneau 522, les vésicules testiculaires ont considérablement grossi : la plupart des cellules ont plusieurs noyaux, quelques-unes même ont commencé à produire des spermatozoïdes.

La formation de ceux-ci est en pleine activité dans l'anneau 582 (fig. 230) : les cellules testiculaires mesurent 44 μ, sont infiltrées de fines granulations et ont perdu en grande partie leurs contours réguliers. Sur une étendue plus ou moins grande, leur bord est dentelé, comme rongé : le protoplasma se prolonge en franges auxquelles sont appendus des faisceaux de spermatozoïdes. La tête de ceux-ci est très délicate et est enfoncée dans le protoplasma cellulaire ; la queue pend librement dans la vésicule. Les zoospermes proviennent donc du protoplasma et non du noyau cellulaire. A mesure qu'ils se forment, le protoplasma disparaît, les noyaux deviennent libres et présentent un contour net ; ils semblent gonflés, homogènes et clairs comme de l'eau ; ils finissent par s'affaisser, comme s'ils se vidaient d'un liquide, et se détruisent ou bien sont expulsés avec le sperme.

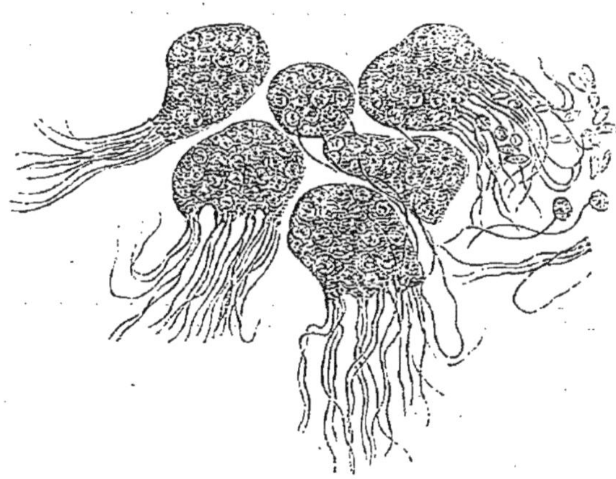

Fig. 230. — Grandes cellules spermatiques multinucléées, provenant d'un testicule mûr de l'anneau 582, d'après Sommer. Production spermatique très active. Grossissement de 975 diamètres.

Moniez décrit le développement des spermatozoïdes d'une façon un peu différente. Le premier phénomène consiste en une augmentation de volume des cellules embryonnaires des follicules testiculaires, augmentation de volume corrélative de l'apparition de granules très fins et très nombreux à l'intérieur de ces cellules ; les follicules testiculaires ne seraient pas entourés d'une membrane d'enveloppe. D'abord très net, le noyau finit par disparaître, dissous ou caché par les granules, et ce second stade est suivi brusquement de l'apparition, à l'intérieur de la cellule primitive, d'un grand nombre de cellules-filles nées par voie endogène. Celles-ci, augmentant de volume et de nombre, se trouvent bientôt à l'étroit dans la cellule-mère : l'une d'elles soulève la paroi de cette dernière, à la manière d'un bourgeon, et finit par devenir nettement extérieure. Cette première cellule qui fait hernie est bientôt suivie par une seconde, puis par une troisième, mais le bourgeonnement ne se produit que sur un seul côté de la cellule-mère ; finalement, on peut voir à l'un des pôles de celle-ci un bouquet de cellules-filles au nombre de 12, 16, 18 et plus, nettement pédiculées, arrondies dans leur partie libre et qui arrivent même à se superposer en plusieurs étages, puis à recouvrir entièrement la cellule-mère. Les cellules-filles grossissent rapidement et se détachent; elles forment alors des amas en rosettes, dont les éléments pyriformes deviennent de plus en plus granuleux, puis s'isolent complètement et s'arrondissent. Chacune d'elles se divise alors en cellules petites-filles, qui sortent par tous les points de la surface, s'amincissent à leur extrémité libre et deviennent pyriformes : la partie effilée prend un allongement considérable et devient ainsi la queue d'un spermatozoïde, dont la tête est représentée par la cellule petite-fille.

Parvenus à maturité, les spermatozoïdes s'éloignent du point où ils ont pris naissance et s'acheminent vers le canal déférent (fig. 228, *d*), en se frayant un chemin à travers le tissu fondamental de l'anneau. Ils se disposent ainsi en traînées, *n*, qui partent de points très divers et convergent toutes vers l'extrémité interne du canal déférent, en passant au-dessus de l'utérus et de ses ramifications. La communication entre les testicules et le canal déférent ne s'établit donc pas, à proprement parler, par des tubes à paroi propre, mais par de simples lacunes creusées dans la substance de l'anneau. Sommer avait déjà soupçonné cette disposition, dont Moniez a démontré la réalité.

Le canal déférent ou spermiducte, *d*, est au contraire un tube véritable; nous savons déjà de quelle manière il se développe. Sur les jeunes anneaux, il occupe à peu près exactement l'axe transversal; sur des anneaux plus âgés, il est reporté plus ou moins en arrière, mais il reste toujours parallèle à cet axe. Il est reporté vers la face dorsale de l'anneau et est situé en avant de l'oviducte, qu'il rencontre néanmoins à son extrémité latérale. D'abord rectiligne, le canal déférent, lorsqu'il se creuse d'un canal, commence à décrire des ondulations et des sinuosités qui vont toujours en s'accentuant et finissent par être très développées.

A son extrémité latérale, le canal déférent est entouré d'un organe musculeux, connu sous le nom de *poche du cirre* ou de *poche péniale* (fig. 228, *e*; fig. 232, *f*). C'est un corps cylindroïde, arrondi à son extrémité interne, effilé à son extrémité externe; cette dernière est capable de s'évaginer et de s'allonger au point de faire saillie au dehors, sous forme de pénis ou de cirre; elle est percée d'un orifice, qui est la terminaison du canal déférent. La poche du cirre est formée d'une épaisse couche de muscles circulaires; de sa face interne part un système de fibres rayonnantes, qui vont se fixer à la terminaison du canal déférent.

Les glandes génitales femelles sont constituées par trois lobes ovariens, situés dans la moitié postérieure de l'anneau et rapprochés de la face ventrale. Deux de ces lobes sont latéraux et symétriques (fig. 228, *q*) et réunis l'un à l'autre par un canal commun, *r*. Le troisième lobe, *s*, décrit par Leuckart comme un germigène et par Sommer comme une glande albumineuse, est médian et de plus petites dimensions que les précédents: de forme très surbaissée, il s'étend transversalement dans l'étroit espace laissé entre ceux-ci et la lacune anastomotique. Son canal excréteur n'a aucune connexion avec celui des deux lobes latéraux, mais va s'ouvrir directement dans l'oviducte.

Les lobes latéraux ont été considérés par Leuckart comme des vitellogènes et par Sommer comme les ovaires véritables; ils ont une taille considérable et atteignent en hauteur presque la moitié de l'anneau; ils sont assez éloignés des vaisseaux et par conséquent aussi des bords latéraux. Ils sont arrondis, et celui qui est situé du même côté que le vagin est toujours plus petit que l'autre.

Sommer décrit l'ovaire comme constitué par des glandes en tube dont les canaux, limités par une membrane anhiste, extrêmement mince et élastique, communiquent entre eux en formant un réseau et, dans la région périphérique, s'incurvent les uns vers les autres en arcades. Ces canaux présentent toujours sur leur trajet un grand nombre d'appendices en cæcum; ils convergent vers la ligne médiane de l'anneau, en se réunissant entre eux à angle aigu pour former des canaux plus volumineux, mais sans présenter d'appendices en cæcum. Moniez a démontré que les trois lobes ovariens avaient la même structure et que la membrane délicate décrite par Sommer n'existait point: les ovules proviennent de cellules parenchymateuses disposées en amas dichotomiques ou irrégulièrement réticulés et leur structure est la même dans la prétendue glande albumineuse que dans les lobes latéraux.

Au voisinage du plus grand des deux lobes latéraux, le canal transversal qui réunit ceux-ci (fig. 228, *r*; fig. 231, *e*) donne naissance à un pavillon infundibuliforme, constitué par des muscles circulaires. De son fond part l'oviducte (fig. 228, *p*; fig. 231, *f*), canal qui se dirige en arrière jusqu'au voisinage du lobe impair de l'ovaire; avant d'atteindre ce dernier, il s'incurve en avant et en haut (fig. 231, *g*, *h*) et remonte jusqu'à l'extrémité postérieure de l'utérus, en suivant un parcours très sinueux. Dans les anneaux où l'utérus est encore linéaire et ne renferme pas d'œufs, la branche montante de l'oviducte s'ouvre simplement dans le fond de l'utérus. Mais quand ce

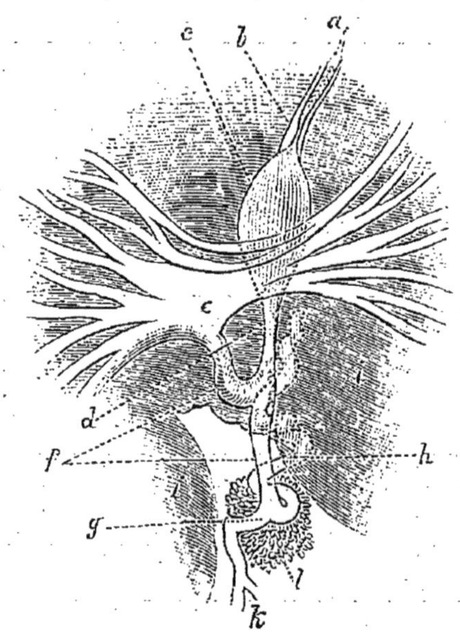

Fig. 231. — Mode d'union des diverses parties de l'appareil génital femelle, d'après Sommer. Anneau 781 vu par la face inférieure ou femelle. Grossissement de 540 diamètres. — *a*, vagin; *b*, lamelle chitineuse intercalée à l'extrémité du vagin; *c*, réservoir séminal; *d*, son conduit; *e*, canal réunissant les deux lobes latéraux de l'ovaire; *f*, branche descendante de l'oviducte; *g*, inflexion de l'oviducte; *h*, branche de l'oviducte montant derrière l'utérus; *i*, ramifications de l'utérus; *k*, canal excréteur du lobe postérieur de l'ovaire; *l*, corps de Mehlis.

dernier a pris une plus grande extension, elle remonte au-dessus de l'extrémité de l'utérus et débouche sur sa face dorsale, après un trajet contourné.

Le conduit excréteur du lobe postérieur de l'ovaire (fig. 231, *k*) vient déboucher dans l'oviducte au point *g*, c'est-à-dire à l'endroit même où ce canal change de direction.

C'est également en ce point que se voit le *corps de Mehlis*, considéré par Sommer comme une glande coquillère (fig. 228, *h*;

fig. 231, *l*) et par Moniez comme une simple dilatation de l'oviducte, à laquelle il donne le nom de *col de la matrice*. D'après Sommer, cet organe serait formé d'un amas de glandes unicellulaires, serrées les unes contre les autres, rondes ou ovales, larges de 20 μ et dont la membrane propre s'étirerait en un court et fin canal excréteur, large de 2 μ et venant s'ouvrir dans l'incurvation de l'oviducte. Nous savons que la coque qui entoure les embryons des Ténias n'est nullement un produit de sécrétion : la fonction attribuée par Sommer au corps de Mehlis n'est donc pas exacte; les observations histologiques de cet auteur ne sont pas plus précises. Moniez a fait voir qu'il s'agissait simplement d'une dilatation fusiforme de l'oviducte, entourée d'un appareil fibrillaire au milieu duquel on peut observer de nombreuses cellules. Ces fibres passent d'un côté aux tissus de la zone centrale de l'anneau et s'attachent de l'autre aux parois du col de l'utérus. Il est bien probable que les cellules de cette enveloppe fibrillaire sont douées simplement de propriétés musculaires et ne jouent pas le rôle de glandes dont le produit se déverserait dans l'oviducte.

La première portion de l'oviducte communique encore avec un canal (fig. 231, *d*), qui est la terminaison du vagin; nous l'étudierons plus tard. L'oviducte est formé d'un tube incurvé en anse et sinueux sur tout son trajet ; par le pavillon infundibuliforme, il se sépare du canal qui unit les deux lobes latéraux de l'ovaire, se porte en arrière, puis change de direction pour venir en avant et déboucher dans le fond de l'utérus ; sa première branche reçoit le vagin; au niveau de sa réflexion aboutit le canal excréteur du lobe postérieur de l'ovaire; c'est au même endroit que se trouve le corps de Mehlis. Le pavillon et la portion de l'oviducte qui s'étend de son fond jusqu'à la terminaison du vagin sont hérissés intérieurement de cils dirigés vers ce dernier et destinés à s'opposer au refoulement des œufs vers l'ovaire.

L'utérus est tout d'abord constitué par un tube linéaire (fig. 225-227, *k*), situé dans l'axe de l'anneau ; par la suite, ce tube va prendre un développement considérable, dont le point de départ est indiqué par les légères dilatations sacciformes qui se peuvent observer déjà sur l'anneau 628 (fig. 228, *k*). A ce stade, l'utérus n'est plus absolument rectiligne, mais présente de légères inflexions; on peut remarquer notamment qu'il forme, au niveau et du côté du canal déférent, un coude très prononcé, qui est caractéristique de *Tænia saginata*.

Nous avons noté déjà les rapports de l'oviducte avec l'utérus; par son extrémité antérieure, ce dernier organe se termine en cul-de-sac. Sommer dit qu'il est limité par une membrane anhiste, très élastique, capable de se dilater beaucoup et qu'il est dépourvu de toute enveloppe musculaire. Moniez a reconnu, au contraire, que l'utérus « se présente d'abord sous l'aspect d'un organe tapissé d'une couche entièrement cellulaire. L'accumulation des œufs, par suite de leur accroissement continu en nombre et en volume, détermine sur les parois de la matrice un certain nombre de hernies bientôt remplies, mais qui ne tardent pas à céder en écartant les éléments cellulaires qui les limitent; les œufs se répandent alors dans la zone centrale et se disposent assez régulièrement, sans toutefois être maintenus dans une membrane propre. »

En même temps qu'il communique avec le fond de l'utérus, l'oviducte est mis en rapport avec l'extérieur par l'intermédiaire du vagin (fig. 228, *g*), canal long et mince qui va déboucher au dehors à côté de la poche du cirre. Dans ce long trajet, le vagin n'est point rectiligne, mais marche suivant deux directions : il remonte d'abord à peu près parallèlement à l'axe de l'anneau, puis contourne le plus petit des lobes latéraux de l'ovaire et marche transversalement vers sa terminaison; c'est seulement dans sa portion la plus externe qu'il devient parallèle au canal déférent et à la poche du cirre, en arrière et au-dessous desquels il est situé.

Sauf à ses deux extrémités, le vagin a partout le même calibre. A son extrémité externe, il est élargi; à son extrémité interne, il est notablement rétréci (fig. 231, *d*). Il présente d'autre part, à très peu de distance de l'oviducte, une vaste dilatation qui fonctionne comme *réservoir séminal* (fig. 228, *o*; fig. 231, *c*) : c'est là que le sperme vient s'accumuler, en attendant que les œufs arrivent à maturité et puissent recevoir l'imprégnation fécondante. Enfin, Sommer signale, au point même où la portion antérieure du vagin débouche dans le réservoir séminal, l'existence d'une portion rétrécie (fig. 231, *b*), que Moniez dit n'avoir pas observée.

Sur de jeunes anneaux, le vagin est limité par de grosses cellules fusiformes, plus volumineuses et plus serrées au voisinage de son embouchure dans l'oviducte, assez lâches plus loin ; il contient à l'intérieur des cils nombreux, dirigés de dedans en dehors et visibles tantôt dans la moitié interne seulement, tantôt dans toute l'étendue du vagin, sauf dans la portion qui est située immédiatement en arrière de la poche du cirre : ces cils sont allongés, chitineux et semblent n'avoir d'autre rôle que de s'opposer à la pénétration de corps étrangers. Sur des anneaux plus âgés, Sommer admet que le vagin est limité par une membrane anhiste, à double contour, épaisse de 1, 3 μ et très résistante. A la longue, les cils se détachent et ne sont pas remplacés; dans les anneaux d'où ils ont disparu, la membrane du vagin devient habituellement le siège d'un dépôt de pigment noir.

Nous avons dit qu'à leur extrémité latérale le canal déférent et le vagin venaient déboucher côte à côte au dehors. Il nous faut maintenant préciser la façon dont les choses se passent.

Le bord latéral de l'anneau présente, en alternance irrégulière, tantôt à droite, tantôt à gauche, une petite fossette ta-

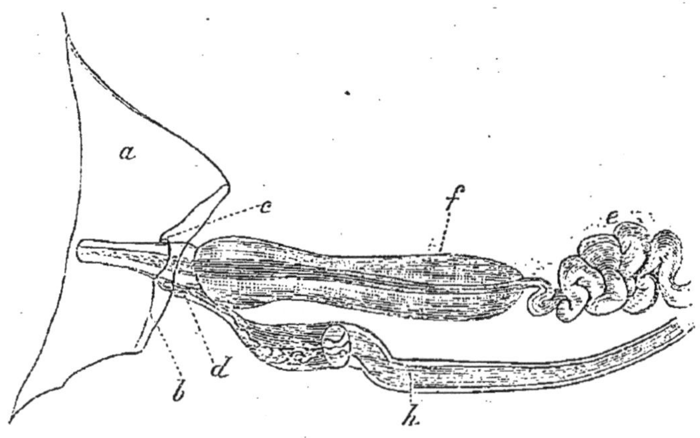

Fig. 232. — Appareil marginal et orifices sexuels latéraux de l'anneau 750, d'après Sommer. Grossissement de 187 diamètres. — *a*, fossette marginale; *b*, son fond aplati et légèrement relevé ; *c*, pore génital ; *d*, sinus génital ; *e*, canal déférent ; *f*, poche du cirre ; *h*, vagin.

pissée par la cuticule (fig. 228, *f*; fig. 232, *a*). Cette *fossette marginale* ne devient apparente qu'à partir de l'anneau 363; elle se montre tout d'abord vers le milieu de la longueur de l'anneau (fig. 228); mais, plus tard, quand ce dernier a vieilli et grandi, elle se trouve plus ou moins reportée en arrière (fig. 233-235). Elle a la forme d'une poche dont le fond est surélevé (fig. 232, *b*) et dans laquelle on accède par un *pore marginal*. Celui-ci, suivant l'état de contraction des muscles longitudinaux, est circulaire, anguleux ou en fente. Sur les anneaux mûrs, le pourtour du pore se soulève en un bourrelet saillant. Le fond de la fossette est percé en son milieu d'une petite ouverture, le *pore génital*, *c*, qui conduit dans une petite cavité, le *cloaque sexuel* ou *sinus génital*, *d*. C'est dans le fond de ce sinus que viennent s'ouvrir, en avant le canal déférent, *e*, traversant la poche du cirre, *f*, en arrière le vagin, *h*. Notre figure représente le cirre en protraction, traversant le sinus génital et le pore génital pour venir faire saillie dans la fossette marginale.

L'appareil que nous venons de décrire a une grande importance, en ce que nous pourrons maintenant nous rendre compte de la manière dont s'effectue la fécondation. Leuckart avait pensé que le cirre en protraction représentait un véritable organe d'accouplement, capable de s'introduire dans le vagin, pour y amener les spermatozoïdes: il aurait eu notamment cette disposition chez *Tænia echinococcus*. D'après Sommer, les choses se passeraient autrement. Pendant l'acte de la fécondation, le pore marginal est obturé, par suite d'une énergique contraction des muscles longitudinaux, le pore génital est lui-même fermé, le cirre est totalement rétracté. On voit alors s'étendre à travers le sinus génital une traînée filamenteuse de sperme, qui sort du canal déférent et se propage jusque dans le vagin, puis dans le réservoir spermatique, où il s'accumule.

Le sperme pénètre dans l'appareil génital femelle à partir de l'anneau 482: c'est seulement sur l'anneau 581 qu'on voit les œufs pénétrer dans l'utérus. Les glandes mâles fonctionnent donc plus tôt que les glandes femelles; leur activité cessera aussi plus tôt que celle de ces dernières ; et quand l'atrophie s'emparera des glandes génitales, on verra les testicules disparaître avant les ovaires. On peut donc dire que l'anneau d'un Ténia n'est hermaphrodite qu'en apparence, en ce sens que ses deux appareils sexuels se succèdent et ne fonctionnent point en même temps. Il se passe là quelque chose de comparable à ce qui s'observe dans la glande hermaphrodite des Mollusques gastropodes et dans les plantes dichogames protérandres.

Sur l'anneau 268, qui nous a servi de type dans l'étude qui précède, nous observions déjà la première indication des branches latérales de l'utérus. Dans les anneaux suivants, ces dila-

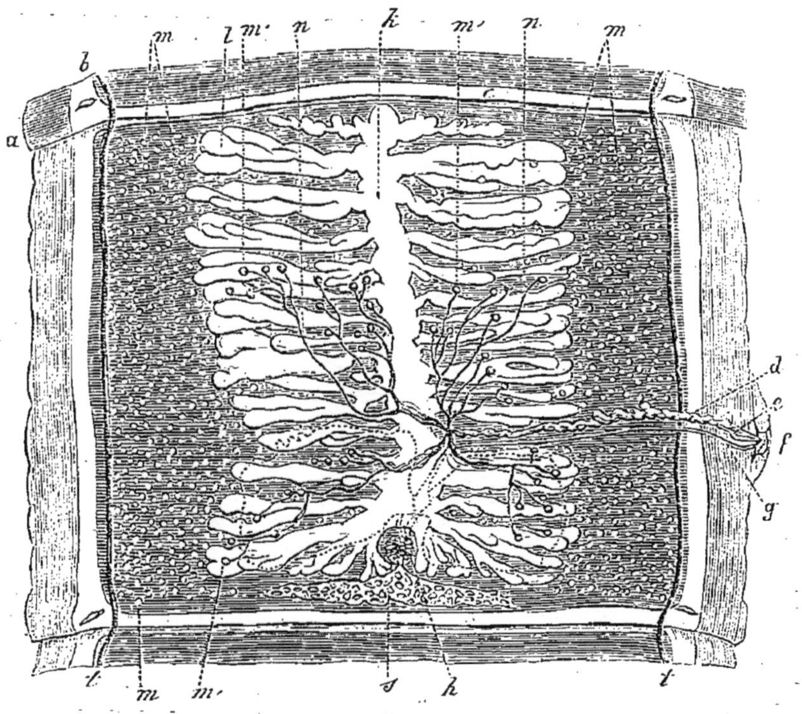

Fig. 233. — Anneau 790 de *Tænia saginata*, vu par la face supérieure ou mâle, d'après Sommer. — *l*, ramifications latérales de l'utérus; *m'*, grosses vésicules testiculaires, fortement remplies et en voie d'active production séminale. — Les autres lettres comme dans la figure 228. Les lobes latéraux de l'ovaire sont indiqués en pointillé.

tations sont allées en s'accentuant, par suite de la réplétion de l'utérus par un nombre d'œufs toujours croissant. Sur l'anneau 790, elles sont déjà bien développées (fig. 233, *l*) et se sont plus ou moins subdivisées ; elles tendent à se rapprocher du vaisseau longitudinal, ainsi que de la lacune anastomotique. On peut dès lors reconnaître avec Platner trois sortes de ramifications : des branches latérales très nombreuses, des branches postérieures ou radicales et des branches antérieures ou apicales ; ici, ces dernières sont encore peu marquées.

Sommer croyait toutes ces branches limitées par une membrane propre, provenant d'une dilatation excessive de la paroi de l'utérus. Au début, cette paroi se laisse en effet distendre, mais Moniez a constaté qu'elle ne tarde pas à se rompre ; les œufs se répandent alors dans le parenchyme de l'anneau.

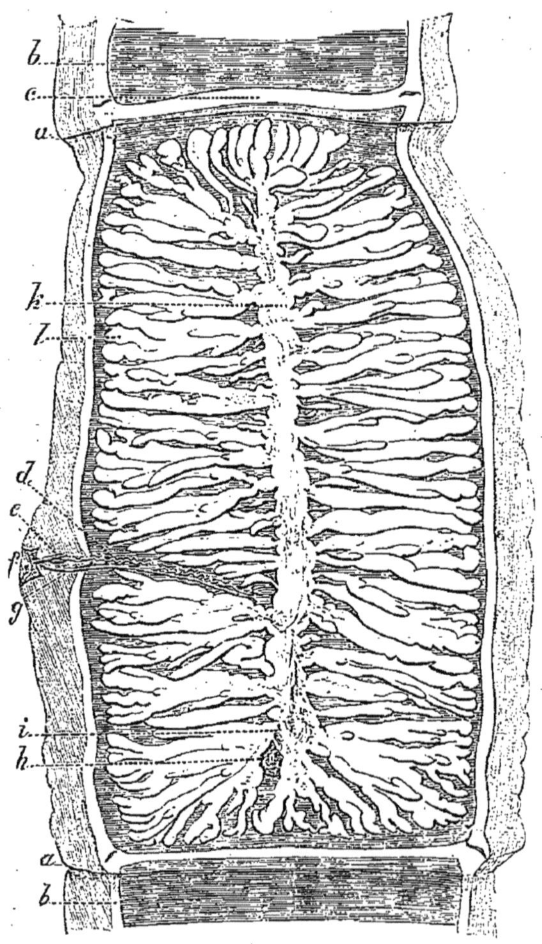

Fig. 234. — Anneau 1102 de *Tænia saginata*, vu par la face supérieure ou mâle, d'après Sommer. Les testicules, l'ovaire et la glande de l'albumine sont déjà atrophiés. — *i*, branche montante de l'oviducte. — Les autres lettres comme dans la figure 228.

Sur l'anneau 1102 (fig. 234), les ramifications utérines sont encore plus développées et atteignent en arrière la lacune anastomotique, sur les côtés les vaisseaux, en avant le bord antérieur de l'anneau ; les branches apicales se montrent avec leur forme en doigts de gant qui est caractéristique du *Tænia saginata*. Les testicules ont disparu depuis longtemps. Il en est de même pour les lobes latéraux de l'ovaire, dont la dernière trace s'est évanouie sur l'anneau 980. Le lobe impair s'est conservé plus longtemps ; il n'a commencé à s'atrophier qu'à partir de l'anneau 1003 et a disparu définitivement à partir de l'anneau 1101.

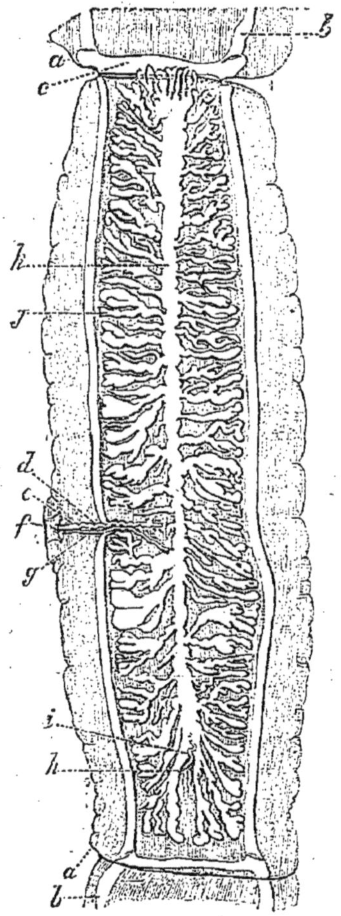

Fig. 235. — Anneau 1215 de *Tænia saginata*, d'après Sommer. L'anneau a déjà commencé à s'étrangler. Les glandes coquillières sont en voie de résorption. — *j*, ramifications latérales de l'utérus. Les autres lettres comme dans la figure 228.

Les œufs ont eux-mêmes subi d'importantes modifications : ils ont parcouru peu à peu les diverses phases que nous connaissons déjà (fig. 212) et l'embryon, à partir de l'anneau 996, s'est entouré de sa coque striée. Jusqu'alors les œufs, enveloppés de leur délicate membrane vitelline, étaient restés indépendants les uns des autres : à partir de ce stade, ils perdent cette membrane et les deux masses vitellines extérieures à l'embryon, en s'agglutinant à celles des œufs voisins, contribuent à former une masse réfringente et disposée en mailles étroites dans lesquelles sont renfermés les embryons.

Plus loin encore, à l'extrémité postérieure du Ténia, l'anneau 1215 (fig. 235) présente d'intéressantes modifications. Le corps de Mehlis, *h*, n'a pas encore disparu, bien que son atrophie marche à grands pas ; la branche de l'oviducte qui l'unit au fond de l'utérus, *i*, est encore bien visible. On ne trouve plus la moindre trace des organes génitaux, soit mâles, soit femelles, si ce n'est que la moitié externe et transversale du canal déférent et du vagin s'est conservée : on constate en même temps que les branches latérales de l'utérus font défaut à leur niveau, ou du moins sont très réduites. Les branches radicales de l'utérus n'atteignent pas complètement la lacune transversale; en revanche, les branches apicales empiètent légèrement sur l'anneau précédent.

C'est en cet état que les anneaux se détachent spontanément : sur notre figure, on peut reconnaître déjà que l'anneau est en train de s'isoler du précédent. Cette séparation se fait simplement par suite d'une exagération de l'étranglement interannulaire. Une fois qu'il s'est détaché, l'anneau va pouvoir continuer à vivre pendant plus ou moins longtemps : c'est alors, suivant la pittoresque expression de Pallas, un véritable « ovaire ambulant ». En même temps, grâce à la double solution de continuité que présente son tégument, aux points où il s'est séparé des deux anneaux entre lesquels il était primitivement intercalé, il pourra se vider plus ou moins de ses œufs : ceux-ci tomberont dans l'intestin et seront expulsés avec les matières fécales, dans lesquelles le microscope permettra de les reconnaître. L'anneau qui se débarrasse ainsi de ses œufs perd plus ou moins complètement ses ramifications utérines et diminue de taille, surtout de largeur. Mégnin a dans sa collection des anneaux de Ténia inerme, expulsés en mars 1881 par un cuisinier : ce sont des sortes de bandelettes longues de 30 à 35 millimètres, larges de 5 millimètres seulement, et dans l'intérieur desquelles on ne voit plus que quelques œufs épars. Une ponte toute semblable à celle que nous venons de dire s'observe encore assez fréquemment sur le dernier anneau du Ténia et même, par son intermédiaire, sur les deux ou trois anneaux qui le précèdent immédiatement.

A moins de violences, telles que l'administration d'un médicament anthelmintique, qui ont pour résultat habituel de rompre le Ver plus ou moins près de la tête et de provoquer l'expulsion d'un chaînon composé d'un grand nombre d'anneaux, les segments de *Tænia saginata* se séparent un à un et sont expulsés de l'intestin, non seulement avec les matières fécales, mais encore dans l'intervalle des selles, malgré la volonté du malade et quelques efforts que fasse celui-ci pour contracter le sphincter anal. C'est là un caractère important, qui permet déjà de diagnostiquer presque à coup sûr le Ténia inerme.

Des signes plus précis seront fournis par l'examen même du Ver, soit qu'on en obtienne un fragment formé de plusieurs anneaux, soit qu'on obtienne un seul anneau. Dans le premier cas, l'alternance irrégulière des pores marginaux permettra de distinguer *T. saginata* et de ne point le confondre avec *T. solium*, chez lequel l'alternance se fait au contraire régulièrement d'anneau à anneau. Dans le second cas, on pourra, même à l'œil nu et sans le secours d'aucun réactif, mais plus aisément après action de la potasse à 1 p. 100 ou de l'acide acétique à 1 p. 5, distinguer de chaque côté du tronc de l'utérus 20 à 30 branches parallèles, dont chacune se subdivise en 2 ou 3 rameaux secondaires. Chez *T. solium*, on ne trouverait que 6 à 13 de ces branches et leurs ramifications seraient plus dendritiques (fig. 250). Ajoutons que l'anneau du Ténia inerme est doué, après son expulsion de l'intestin, d'une active contractilité : il rampe en changeant de forme, et en s'allongeant et se raccourcissant tour à tour. Enfin, la forme générale de l'anneau est plus allongée chez *T. saginata* que chez *T. solium :* il est ordinairement long de 15 à 20 millimètres et atteint souvent des dimensions plus considérables; sa largeur est de 6 à 8 millimètres; Mégnin l'a vu atteindre parfois jusqu'à 35 millimètres de longueur.

F. Sommer, *Ueber den Bau und die Entwickelung der Geschlechtsorgane von Tænia mediocanellata (Küchenmeister) und Tænia solium (Linné)*. Z. f. w. Z., XXIV, p. 499, 1874.

Fr. H. Welch, *Observations on the anatomy of Tænia mediocanellata*. Quarterly journal of microsc. science (2), XV, p. 1, 1875.

A. Laboulbène, *Sur les Ténias, les Échinocoques et les Bothriocéphales de l'Homme*. Mém. de la Soc. méd. des hôpitaux (2), XIII, p. 38, 1876.

Arn. Heller, *Darmschmarotzer*. H. v. Ziemssen's Handbuch der speciellen Pathologie und Therapie, VII, 2. Th., p. 559, 1876.

R. Moniez, *Contribution à l'anatomie des Cestodes*. Bull. scientif. du départ. du Nord (2), I, p. 220, 1878.

J. Fraipont, *Recherches sur l'appareil excréteur des Trématodes et des Cestoïdes*. Arch. de biologie, I, p. 415, 1880 ; II, p. 1, 1881. — Voir aussi Zoolog. Anzeiger, IV, p. 308, 455 et 572, 1881.

Th. Pintner, *Untersuchungen über den Bau des Bandwurmkörpers*. Arbeiten a. d. zool. Institut Wien, III, 1880. — Id., *Zu den Beobachtungen über das Wassergefässsystem der Bandwürmer*. Ibidem, IV, 1881.

R. Moniez, *Mémoires sur les Cestodes.* Thèse de la Fac. des sciences de Paris, 1881.

Ed. van Beneden, *Recherches sur le développement embryonnaire de quelques Ténias.* Arch. de biologie, II, p. 183, 1881.

S. Th. Stein, *Entwickelungsgeschichte und Parasitismus der menschlichen Cestoden.* Lahr, 1882.

H. Griesbach, *Beiträge zur Kenntniss der Anatomie der Cestoden.* Arch. f. mikr. Anat., XXII, p. 525, 1883.

J. Raum, *Beiträge zur Entwickelungsgeschichte der Cysticercen.* Inaug. diss. Dorpat, 1883.

H. Griesbach, *Bindesubstanz und Cœlom der Cestoden.* Biolog. Centralblatt, III, p. 268, 1883.

Arn. Lang, *Sur l'anatomie comparée des organes excréteurs des Vers.* Archives des sc. phys. et nat. (3), XII, p. 432, 1884.

R. S. Bergh, *Die Excretionsorgane der Würmer.* Kosmos, XVII, p. 97, 1885.

J. Niemiec, *Recherches sur le système nerveux des Ténias.* Recueil zoologique suisse, II, p. 589, 1885.

Les Ténias présentent de fréquentes anomalies, et *T. saginata* semble être particulièrement remarquable à cet égard. Nous avons dit déjà que les ventouses étaient habituellement teintées en noir par du pigment. Il n'est pas rare de voir celui-ci se répandre au voisinage des ventouses, et la tête présente alors dans son ensemble une coloration noire plus ou moins régulière. Dans certains cas, la production de pigment peut s'exagérer encore : le cou et même la chaîne tout entière des anneaux peuvent prendre une teinte noire.

Le professeur Laboulbène a décrit, en 1875, sous le nom de *T. nigra*, une variété de Ténia inerme remarquable par sa coloration noire ou plutôt d'un noir ardoisé. Ce Ver, long de 6m50, avait été rendu par un Homme qui avait longtemps habité les États-Unis ; les pores marginaux, saillants et gonflés, avaient une teinte blanchâtre qui tranchait sur le fond du corps et les faisait ressembler à des perles. La femme du malade, ayant elle-même habité l'Amérique du Nord, assura que les négresses rendaient souvent des Vers noirs. De son côté, Libermann a pu voir à Monterey les débris de deux Ténias à coloration gris ardoisé foncé, recueillis au Mexique, chez des métis de Mexicains et d'Indiens ; on lui affirma que cette variété se rencontrait parfois dans ces contrées.

Il s'agit encore d'une anomalie du même genre dans l'observation de Bruneau, qui a vu rendre par une femme « un fragment de Tænia d'une longueur de 75 centimètres, à anneaux très petits, mais presque *cylindriques* et dont les pores génitaux présentaient une saillie très marquée : de plus, la couleur de ce Tænia était d'un *brun assez foncé*. La tête ne fut point trouvée ».

Nous croyons devoir rapprocher de ces variétés celle que Redon a rencontrée chez les soldats des colonnes du Sud-Oranais et qu'il a décrite sous le nom provisoire de *Tænia algérien*. Il s'agit d'un Ténia inerme, d'une teinte uniformément grise, mais dont les ventouses, profondes et arrondies, seraient dépourvues de pigment.

Le nombre des ventouses peut par exception être porté à 5 ou 6, par suite du développement de 1 ou 2 ventouses surnuméraires; mais il faut bien se garder de prendre pour une ventouse, comme l'a fait plus d'un observateur, et notamment Gomez, la dépression qui parfois occupe le sommet de la tête. L'augmentation du nombre des ventouses semble être en rapport avec certaines monstruosités doubles dont il sera question plus loin.

Chaque anneau ne présente normalement qu'un seul pore marginal, correspondant à un seul appareil génital hermaphrodite. Mais il n'est pas rare de rencontrer des Ténias dont quelques anneaux sont remarquables par la pluralité des orifices marginaux, soit que ceux-ci se trouvent placés les uns au-dessus des autres, plus ou moins nombreux, sur un même bord latéral, soit qu'ils se disposent régulièrement sur l'un et l'autre côté. Cobbold parle d'un *T. saginata* dont quelques anneaux consécutifs présentaient un pore marginal de chaque côté. Pallas a vu 2 et 3 pores marginaux sur un même anneau; Leuckart en a compté jusqu'à 5. Dans les cas de ce genre, il est possible de constater, par une étude anatomique délicate, qu'un appareil génital hermaphrodite est en rapport avec chacun des pores marginaux : les organes centraux, tels que l'ovaire et l'utérus, sont plus ou moins réduits, mais le vagin et le canal déférent acquièrent d'habitude un développement normal. Cette observation a, dans l'espèce, une certaine importance, en ce qu'elle nous montre que l'anomalie en question est due à la coalescence et à la fusion complète de plusieurs anneaux, ou plutôt à ce que la segmentation est venue à manquer sur une certaine longueur.

Si cette anomalie se produit sur une étendue encore plus considérable, le Ténia se présente sous le singulier aspect qu'a décrit et figuré le professeur Colin, du Val-de-Grâce, d'après un fragment de *T. solium* expulsé, en 1868, par un officier revenant du Sénégal. Ce fragment (fig. 236) était formé de 6 anneaux à structure normale, à la suite desquels venait un ruban long d'environ 15 centimètres et sur toute la longueur duquel tous les anneaux s'étaient fusionnés en une seule masse, sans aucune ligne de démarcation. Les pores marginaux étaient répartis sans ordre, 14 d'un côté et 12 de l'autre, tantôt espacés, tantôt pressés les uns contre les autres. Colin propose de donner à cette anomalie le nom de *Tænia fusa* ou *T. continua*.

Welch mentionne un cas analogue chez *T. saginata* : sur une étendue d'environ 5 centimètres, on ne distinguait aucune limite, ni externe ni interne, entre les anneaux; les pores marginaux étaient amassés des deux côtés en paquets de 2 à 5 et leur nombre total était bien supérieur à la normale. Un utérus commun s'étendait d'un bout à l'autre de la région ainsi constituée, sans présenter la moindre trace de segmentation; les vagins et les canaux déférents étaient nombreux, au contraire, et l'appareil femelle était rempli d'œufs bien développés.

Vallin a pu encore observer cette anomalie sur un Ténia expulsé par un individu qui revenait du Sénégal : il y avait fusion complète des anneaux sur une grande longueur ; les pores génitaux étaient situés sur le bord et très irrégulièrement disposés, mais quelques-uns d'entre eux se voyaient sur l'une des faces de l'anneau. Ce même Ténia présentait encore d'autres anomalies : quelques-uns de ses anneaux étaient fenêtrés et sa portion terminale était brune sur une longueur de deux mètres; le changement de teinte se faisait brusquement au niveau d'un anneau dont une moitié était brune et l'autre d'un blanc nacré.

Au dire de Cobbold, il existe également au musée du Royal College of Surgeons deux fragments de *T. solium* qui présentent une semblable anomalie: l'un d'eux est percé de 32 orifices sexuels, disposés irrégulièrement sur les bords et dont l'un s'ouvre sur la ligne médiane de la face ventrale, comme chez les Bothriocéphales.

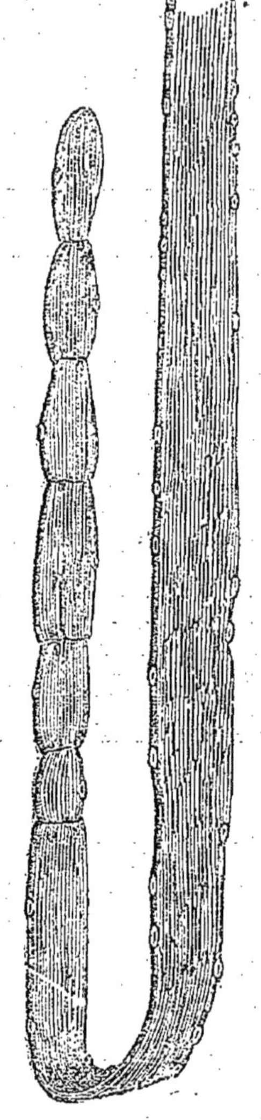

Fig. 236. — *Tænia fusa* ou *continua*, d'après Léon Colin.

Entre la fusion et la séparation complètes des différents anneaux, on peut s'attendre à voir, comme terme de transition, des exemples de coalescence imparfaite, une ligne de démarcation partant de l'un des bords et s'avançant plus ou moins loin, mais sans l'atteindre, à la rencontre du bord opposé. Andry a déjà figuré cette anomalie chez *T. saginata*, où nous l'avons nous-même observée; Weinland l'a rencontrée aussi chez *T. solium*. Chaque segment de ces anneaux doubles, présentant un pore marginal, possède aussi ses glandes génitales; à l'endroit où toute ligne de démarcation fait défaut, elles peuvent se rapprocher plus ou moins de celles du segment contigu, mais sans pourtant se fusionner avec ces dernières.

Une autre anomalie se trouve réalisée dans les cas, observés par

Welch, où un anneau à limites nettes est pourvu de deux pores marginaux, s'ouvrant vis-à-vis l'un de l'autre et chacun sur un bord latéral. Il semble au premier abord que l'on ait affaire à une disposition analogue à celle qui s'observe chez *T. cucumerina*, mais, si les testicules sont répartis en deux groupes, dont chacun communique avec un canal déférent, il est du moins facile de constater que l'appareil femelle est unique, à part la duplicité du vagin.

Il faut rapprocher des cas précédents ceux où un anneau surnuméraire s'enfonce plus ou moins profondément, à la façon d'un coin, entre deux autres anneaux. Cette anomalie a encore été vue et figurée par Weinland chez *T. solium*, par Leuckart chez *T. saginata* (fig. 237). Moniez pense qu'elle tient à un dédoublement transitoire de la zone génératrice des anneaux.

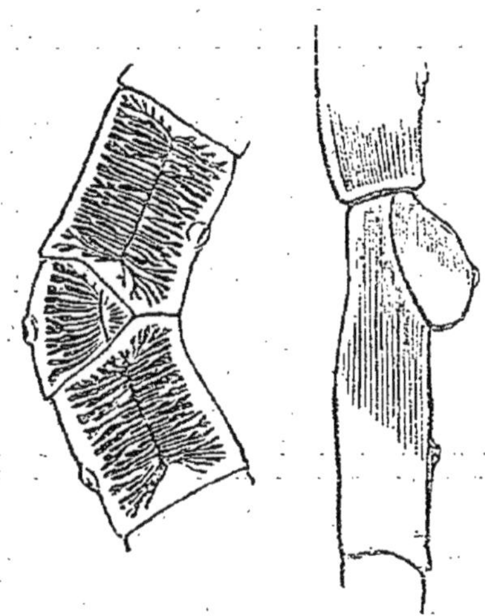

Fig. 237. — Anneaux surnuméraires de *Tænia saginata*, d'après Leuckart.

On doit encore considérer comme une simple variété de *T. saginata* le Ver décrit par Weinland sous le nom de *T. solium*, var. *abietina*. Ce Ver figure dans les collections du Musée zoologique de Cambridge, Mass. ; il provient d'un Indien de Saut Sainte-Marie (Lac Supérieur) et a été rapporté en 1850 par L. Agassiz. C'est une chaîne de quelques pieds de longueur, formée par la partie mûre du Ver : la tête, le cou et la moitié antérieure font défaut. Bien que Weinland considère ce Ténia comme une simple variété de *T. solium*, il est plus rationnel de le rapporter au Ténia inerme, auquel il ressemble notablement par ses œufs et par ses anneaux, si ce n'est que ces derniers sont plus étroits et plus minces.

Tous les anneaux sont en effet très minces, presque transparents et tous également étroits : leur largeur est d'environ 4 millimètres, leur longueur de 12 millimètres (fig. 238, A). Les orifices génitaux sont très petits et sans lèvres extérieures. L'utérus est plus régulier que chez *T. solium* ou chez *T. saginata;* toutefois, il ressemble davantage à celui de ce dernier. Le tronc médian de l'organe est droit; les branches qui en partent sont au nombre de 30 environ; elles naissent à angle droit sur le tronc principal, ou bien en formant un angle d'environ 45°. Ces branches sont toujours parallèles entre elles et ordinairement droites; elles ne se subdivisent pas à leur extrémité, sauf l'antérieure et la postérieure de chaque anneau. Les œufs sont très nombreux et donnent à l'utérus une teinte jaunâtre visible à l'œil nu. Ils mesurent 30 μ sur 33 μ (fig. 238, B) : leur membrane extérieure est épaisse de 3 μ; en dedans d'elle se voit une seconde enveloppe, épaisse de 0,6 μ et renfermant un embryon long de 16 μ.

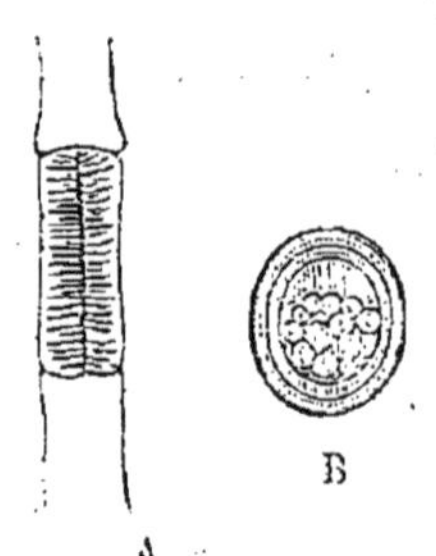

Fig. 238. — *Tænia abietina*, d'après Weinland. — A, anneau montrant les ramifications de l'utérus. B, œuf grossi 350 fois.

Bremser a décrit comme résultant de la coalescence de deux Ténias une monstruosité caractérisée par l'aspect prismatique ou trièdre des anneaux. « C'est, dit-il, un morceau de Ténia de plusieurs pieds de long, et qui offre cela de particulier, qu'il y a deux Ténias fortement unis au bord d'une articulation. » Ce spécimen est encore conservé dans la collection helminthologique du Musée de Vienne ; Diesing en parle en ces termes : « Adest præterea fragmentum circa tripedale, individuis binis lateribus concretis, marginibus vero liberis. » Sur un Ténia de Chat qui présentait la même anomalie, Bremser a pu reconnaître que celle-ci coïncidait avec l'existence de six ventouses et Leuckart a fait plus récemment une observation semblable chez *T. cœnurus*.

Le « Ténia hybride » signalé par Brera rentre sans doute dans cette anomalie. Il en est certainement de même pour les cas de Levacher, de Zenker, de Vaillant, pour *T. capensis* Küch., pour *T. lophosoma* Cobbold, etc. Levacher a vu une fillette de trois ans expulser un Ténia porteur d'une crête longitudinale, qu'il était capable de coucher ou de redresser à volonté. Küchenmeister a décrit sous le nom de « Ténia du cap de Bonne-Espérance » un Ver que le Dr Rose lui avait envoyé de l'Afrique australe : l'animal, dont la tête est inconnue, avait les anneaux conformés comme ceux du spécimen vu par Levacher ; Leuckart montra qu'il s'agissait d'une simple anomalie et l'espèce *T. capensis* dut disparaître du cadre zoologique.

Vaillant a décrit un Ténia d'espèce indéterminée, sans doute *T. saginata*, dont chaque anneau présentait sur l'une de ses faces une crête médiane et longitudinale, dont la hauteur était égale à la moitié de la largeur de l'anneau ; les pores génitaux, bien visibles sur chaque article, étaient irrégulièrement alternes sur chacun des trois bords. La tête n'a pas été observée, mais Vaillant admet avec raison que la monstruosité avait été occasionnée par une malformation primitive de l'extrémité céphalique.

Il ne faut voir encore qu'une monstruosité du même ordre dans la prétendue espèce que Cobbold a décrite sous le nom *T. lophosoma*, d'après un exemplaire du Musée du Middlesex Hospital. Complet, l'animal devait avoir une longueur de 8 pieds : une crête longitudinale en occupe toute l'étendue. Les segments sont beaucoup plus petits que les anneaux adultes de *T. solium;* ils sont de plus caractérisés par la disposition des pores génitaux en une série unilatérale, occupant le milieu du bord gauche de chaque anneau. Les œufs mesurent environ 30 μ.

Cullingworth a observé, chez une femme âgée de 40 ans, un Ténia dépourvu de tête et muni d'une crête longitudinale sur laquelle s'ouvrait le pore génital. Sur 304 anneaux examinés, 4 seulement avaient le pore s'ouvrant sur le côté; un seul anneau présentait deux orifices, savoir : l'un sur le côté, l'autre sur la crête. Les œufs étaient semblables à ceux de *T. saginata;* l'utérus envoyait des prolongements dans la crête. Cette observation est fort semblable à celle de Cobbold et des considérations diverses conduisent à penser que l'espèce *T. lophosoma*, encore défendue par cet helminthologiste, n'est pas valable.

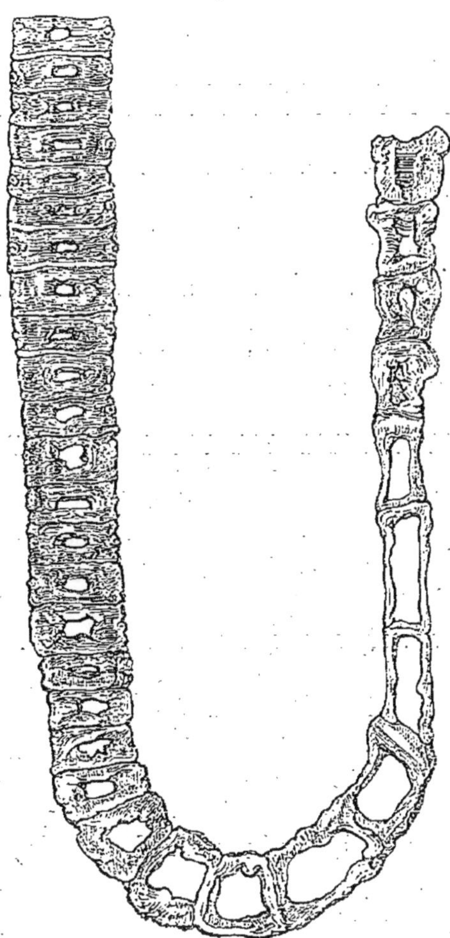

Fig. 239. — *Tænia fenestrata*, d'après Léon Colin.

Les observations précédentes se rapportent à *T. saginata*. La suivante nous est au contraire fournie par *T. solium :* elle est particulièrement intéressante en ce qu'elle nous démontre l'existence possible de monstruosités identiques chez ces deux Cestodes, ce qui d'une part montre leur étroite parenté, et d'autre part nous autorise encore une fois à établir une comparaison, au point de vue de la tératologie, entre les deux grands Ténias de l'Homme. Zenker a vu un exemplaire de *T. solium* long de 46 centimètres et parcouru par une crête longitudinale et médiane, sur laquelle s'ouvraient tous les pores génitaux. Ce qui rend cette observation particulièrement importante, c'est que la tête était pourvue de six ventouses.

Pour en finir avec les monstruosités des Ténias, nous devons parler encore de ceux dont les anneaux se montrent perforés. Cette anomalie a été décrite et figurée pour la première fois sur *T. saginata* par Masars de Cazeles : cet observateur crut avoir affaire à une espèce particulière, le Ténia fenêtré. Bremser a vu deux fois cette monstruosité : dans un cas, quelques anneaux seulement étaient perforés ; dans l'autre tous les anneaux étaient troués sur une longueur de plusieurs pieds. Delle Chiaje a représenté 18 anneaux d'un Ténia fenêtré. Semblable anomalie a été observée par le professeur Colin sur un *T. saginata* (fig. 239) rendu par un soldat qui l'avait contracté pendant la campagne de Syrie : 32 anneaux étaient fenêtrés, les autres étant pleins et normaux. Leuckart a observé des fragments provenant de deux Ténias qui présentaient une malformation analogue : sur l'un d'eux, formé de 121 anneaux, on pouvait suivre l'anomalie depuis son point de départ jusqu'à son complet développement. Récemment enfin, Notta et Marfan ont encore rencontré cette même monstruosité chez le Ténia inerme. De tous ces faits on peut conclure que la perforation débute par le centre et s'irradie vers le bord de l'anneau ; elle est d'autant plus accentuée qu'on examine des anneaux plus éloignés de la tête. La lésion se produit de dedans en dehors et semble être occasionnée, dans la plupart des cas, par la rupture de l'utérus, qui a pour conséquence la déchirure de la paroi des anneaux. Il est pourtant des cas où la perforation débute par une érosion superficielle, que Küchenmeister et Marfan ont voulu expliquer par une action digestive.

Andry, *De la génération des Vers dans le corps de l'Homme*. 3e édition. Paris, 1741. — Voir p. 202.

Masars de Cazeles, *Sur le Tænia, ou Ver solitaire, et plus particulièrement sur un Tænia percé à jour*. Journal de méd., chir., pharm., XXIX, p. 26, 1768.

Bremser, *Traité zoologique et physiologique sur les Vers intestinaux de l'Homme*. Paris, 1837. — Voir p. 197 et Atlas par Leblond, pl. VI, fig. 6, 7 et 8 ; pl. VII, fig. 9.

Levacher, Comptes rendus de l'Académie des sciences, XIII, p. 661, 1841.

S. delle Chiaje, *Elmintografia umana*. Napoli, 1844. — Voir pl. IV, fig. 2 et 6.

Fr. Küchenmeister, *Die in und an dem Körper des lebenden Menschen vorkommenden Parasiten*. Leipzig, 1855. — Voir p. 93.

D. F. Weinland, *Beschreibung zweier neuer Tænioiden aus dem Menschen*. Verhandl. der k. Leop.-Carol. deutschen Akademie, XXVIII, 1861. — Voir pl. V.

Cobbold, *New species of human tape-worm*. Trans. of the pathol. Soc. of London, XVII, p. 438, 1866.

L. Vaillant, *Note sur un Tænia monstrueux de l'Homme*. Comptes rendus Soc. de biologie, p. 168, 1869.

Cullingworth, *Notes of a remarkable specimen of tape-worm, Tænia lophosoma Cobbold*. Med. Times and Gaz., II, p. 660, 1873.

A. Laboulbène, *Observation d'un Ténia remarquable par sa coloration ardoisée.* Bull. de la Soc. méd. des hôpitaux (2), XII, p. 298, 1875.

L. Colin, *Tænia fusa ou continua.* Ibidem, p. 323.

Vallin. Ibidem (2), XIV, p. 238, 1877.

R. Moniez, *Observations tératologiques sur les Tænias.* Bull. scientif. du départ. du Nord (2), I, p. 20?, 1878.

Fr. E. Bruneau. Répertoire de pharmacie (2), VII, p. 379, 1879.

H. G. Redon, *Recherches sur les Tænias de l'homme. Une nouvelle espèce de Tænia en Algérie.* Archives de méd. militaire, II, p. 181, 1883.

M. Notta, *Note sur un Tænia solium fenestrata. Des avantages qu'il y aurait à lui substituer le nom de Tænia scalariforme.* Union méd. (3), XL, p. 673, 1885.

Marfan, *Recherches sur un Tænia solium fenêtré.* Comptes rendus de la Soc. de biologie, p. 63, 1886.

M. Notta et Marfan, *Recherches histologiques et expérimentales sur le Tænia solium fenêtré.* Progrès médical (2), III, p. 217, 1886.

La présence du Ténia une fois constatée, le malade a hâte de se débarrasser de cet hôte incommode : aussi n'a-t-on que peu de renseignements quant à sa longévité. Mialhes a publié l'observation d'un Ténia ayant duré plus de 3 ans; Judas et Maublanc l'ont vu durer 4 ans, Strandberg 5 ans et demi, Lebail 8 ans, Judas et Delpech 9 ans, Judas et van Peteghen 10 ans, Mérat et Gomez 12 et 15 ans. Wawruch rapporte quelques cas où la maladie a persisté pendant 15, 25 et même 35 ans.

Dans tous ces cas, l'expulsion du parasite a été provoquée par l'administration d'un médicament approprié ; il ne s'agit donc point ici de sa mort naturelle. Ce que nous savons de la chute des anneaux et de la production incessante de nouveaux segments dans la région du cou nous amène presque à conclure que l'existence du Ténia n'est limitée que par celle de l'individu qui l'héberge. Et pendant toute la durée de sa longue existence, il produira chaque jour, comme l'a montré Perroncito, 13 à 14 anneaux dont chacun renferme en moyenne 8800 œufs. Existe-t-il dans la nature un seul animal qui dispose, pour assurer sa reproduction, d'aussi puissants moyens?

Sans sortir du domaine des faits habituels, évaluons à 15 années la longévité du Ténia inerme et supposons que tous les anneaux demeurent attachés les uns aux autres : au bout de ce temps, il se sera formé une chaîne longue d'environ 400 mètres, composée d'à peu près 7500 anneaux et renfermant plus de 650 millions d'œufs.

Le Ténia inerme siège dans l'intestin grêle : nous avons indiqué déjà ce fait, mais il ne sera pas hors de propos d'y revenir, pour le préciser. Ce parasite se fixe d'ordinaire à peu de distance du pylore, parfois même dans la première portion du duodénum : il engage sa tête entre les villosités et adhère si fortement à l'aide de ses ventouses qu'il est très difficile de le détacher; il s'étire et s'allonge quand on cherche à l'isoler et se brise dans la région cervicale, plutôt que de lâcher prise. Il faut croire que, chez les Ténias armés, les crochets ne servent pas, ou du moins ne servent que secondairement à la fixation : les cliniciens savent en effet que, des deux Ténias habituels de l'Homme, *Tænia solium* est plus facile à expulser que *T. saginata*.

Du point où il s'attache sur la muqueuse, le Ver s'étend vers la valvule iléo-cœcale, en suivant les circonvolutions de l'intestin ; il est d'ordinaire allongé; plus rarement, il se replie ou se pelotonne sur lui-même. Pruner a trouvé chez un nègre, dont il faisait l'autopsie, cinq Ténias occupant tout l'intestin, qui en paraissait comme rembourré. Dans le cas où le parasite atteint une longueur exceptionnelle, on peut le voir passer dans le gros intestin : Robin (1766) a trouvé dans le cadavre d'un Homme, immédiatement au-dessous du pylore, un Ténia formant dans le duodénum un peloton gros comme une pomme de reinette et qui s'étendait, en outre, dans toute la longueur des intestins, jusqu'à 7 ou 8 pouces de l'anus. L'extrémité de l'animal peut même sortir de l'anus au moment de la défécation, puis remonter dans l'intestin, comme Andry l'a constaté. On doit considérer comme exceptionnel le cas, observé par Brendel sur le cadavre d'un enfant de dix ans : un Ténia s'attachait à l'iléon et se dirigeait vers le duodénum, en sens inverse du cours des matières intestinales. Siebert a vu également le Ténia se diriger vers l'estomac.

On croit assez généralement que le Ténia est expulsé spontanément au cours des maladies graves pouvant occasionner la mort, en sorte qu'on ne le trouverait pas à l'autopsie. C'est là une erreur contre laquelle s'élevait déjà Davaine : on trouvera citées dans son excellent ouvrage (1) un grand nombre

(1) Davaine, *Traité des Entozoaires*, 2e édit. Paris, 1877. — Voir p. 95 et 96.

d'observations de Ténia sur le cadavre. Davaine lui-même n'a jamais constaté le fait, mais le professeur Laboulbène a eu récemment l'occasion de trouver vivant, 33 heures après la mort subite du malade, un *Tænia saginata* long de $4^{m},10$. Welch rencontra quatre Ténias inermes dans l'intestin d'un individu dont il fit l'autopsie à l'hôpital de Netley.

A. Laboulbène, *Le Ténia observé dans l'intestin*. Bull. de la Soc. méd. des hôpitaux (2), XVII, p. 148, 1880.

Dans l'immense majorité des cas, le Ténia est évacué par l'anus : il peut exceptionnellement être rendu par le vomissement. La première observation de ce genre est due à J. Rodriguez (*Amatus Lusitanus*) : une femme rendit par la bouche, après une quinte de toux, un Ver dont la description se rapporte au Ténia. Schenck, en 1644, a vu une femme vomir un Ténia rassemblé en boule et long de 3 aunes ; Vallisneri dit d'une femme juive qu'elle rendait des fragments de Ténia par la bouche ; van Dœveren rapporte l'histoire d'un paysan auquel on avait administré l'émétique et qui vomit un Ténia ; White vit, en 1797, un homme de trente-six ans vomir un Ténia long de 18 aunes ; Lavalette (de Meaux) parle d'une femme de trente ans qui rendait des cucurbitins par la bouche ; Rebsaamen, en 1836, a vu, dans le canton de Zurich, une femme vomir un Ténia ; Weishaar a vu une phthisique, peu de temps avant sa mort, vomir un Ténia complet ; Schneider, de Fulda, a encore observé le même fait chez une femme. Seeger ajoute à cette liste deux cas nouveaux : l'un est relatif à une femme de trente-deux ans, chez laquelle le parasite avait déterminé de très graves accidents épileptiformes ; l'autre se rapporte à une petite fille d'un an et demi, qui rendit par le vomissement deux jeunes Ténias armés. Plus récemment, Bérenger-Féraud a rapporté l'observation d'un soldat d'infanterie de marine qui vomit un fragment de Ténia de 2 mètres, et Hitch a vu, au Poplar and Stepney Sick Asylum, une femme de soixante-dix-neuf ans évacuer par la bouche un *Tænia saginata* muni de sa tête et long de 28 pieds. Labbé a observé un fait analogue chez le Chien.

On connaît enfin des cas, d'ailleurs fort rares, où des Ténias erratiques sont sortis par une lésion de l'intestin. Davaine fait remarquer avec raison que le Ver n'est pour rien dans la production de la lésion qui lui donne issue ; sa tête, qu'il enfonce dans la membrane muqueuse de l'intestin, ne détermine aucune inflammation, aucun changement appréciable dans cette membrane et ne peut en causer la perforation. Bellacatus, Darbon, Law et Burdach ont vu des Ténias sortir par le canal de l'urèthre, les deux premiers chez des hommes, les deux derniers chez des femmes ; le parasite avait sans doute pénétré dans la vessie par le moyen d'une ulcération faisant communiquer celle-ci avec le rectum ; une observation du même genre rapportée par Jobert (de Guyonvelle) est douteuse. Hildesius a vu sortir un Cestode par un abcès inguinal ; Rosenstein, Spöring, Moulenq ont vu des Ténias sortir par une fistule inguinale ; von Siebold en vit un autre apparaître au dehors par un abcès ombilical. Enfin, Bellom rapporte l'observation, faite sur un nègre du Sénégal, d'un Ténia ayant passé presque entièrement dans la cavité péritonéale par une ulcération étroite et sinueuse faisant communiquer cette dernière avec le jéjunum.

Ed. Labbé. *Bull. de la Soc. méd. des hôpitaux* (2), XVII, p. 200, 1880.

F. Hitch, *Case of tapeworm passed by the mouth.* British med. journal, II, p. 789, 1882.

Les Ténias sont appelés vulgairement *Vers solitaires*, en raison de la croyance que l'intestin ne peut jamais renfermer qu'un seul de ces parasites. En effet, le Ténia est le plus souvent unique ; on a pu pourtant, dans bien des cas, en observer un plus ou moins grand nombre chez la même personne. Bremser, delle Chiaje, Seeger, Küchenmeister, Cobbold, Laboulbène, H. Roger, C. Paul, Laveran, Hamon-Dufougeray en ont vu évacuer 2 à la fois ; la plupart des mêmes observateurs, puis Dozy, Martin-Solon, Brasseur, Bérenger-Féraud et Féréol en ont vu expulser 3 ; Rudolphi, Küchenmeister, Welch, Vidal, Palm, Krabbe, Friis, Bérenger-Féraud et Hamon-Dufougeray 4 ; Werlhove, Pruner, Bilharz, Küchenmeister, Donnadieu (cité par Vaillant) et Elben 5 ; Weishaar, Seeger et Barth 6 ; Pfaff, Louis et Arm. Moreau 7 ; Salathé, Küchenmeister, Bilharz et Krabbe 8 ; Mongeal et Bérenger-Féraud 12 ; Mayer 13, Escallier et Zenker 14, Kubyss 15, Leprieur 16, Leuckart 17, Gérard Nitert (cité par de Haen) 18, Werner 21, Laveran 23, Kubyss 25, Richard 27, le professeur Heller (de Kiel) 28, Mme Heller (de Hambourg) 30, Küchenmeister 33, Kleefeld 41 et Laker 59.

Dans ce dernier cas, il s'agissait de jeunes *Tænia solium*, encore dépourvus d'organes génitaux et longs seulement de quelques centimètres ; il en était probablement de même dans l'observation précédente.

Pour la plupart de ces observations, surtout pour les plus

anciennes, on ne saurait dire à quel Ténia on avait affaire. Cette détermination n'aurait du reste pas grande importance, car *Tænia solium* et *T. saginata* semblent à cet égard se comporter de la même manière : par exemple, Richard a vu 27 *T. saginata* et Heller 28 *T. solium* chez le même malade.

Les observations qui précèdent nous montrent la pluralité possible des Ténias chez un même individu, mais il ne faut pas perdre de vue que ce fait est exceptionnel, surtout lorsqu'il s'agit de chiffres élevés. Aussi convient-il de ne mentionner qu'avec réserve le cas rapporté par Lister, qui aurait trouvé 100 Ténias dans un duodénum très dilaté.

Dans les cas de pluralité des Cestodes chez un même individu, on peut rencontrer parfois des Vers d'espèce différente. Le professeur Heller, de Kiel, a vu chez un boucher *Tænia saginata* en même temps que *T. solium*. Des observations toutes semblables ont été faites par Müller et par Werner. D'autre part, Créplin a trouvé un Ténia d'espèce indéterminée en même temps qu'un Bothriocéphale, et Boéchat a vu un malade expulser à la fois un Ténia inerme long de 5 mètres et un Bothriocéphale long de 16 mètres ; Davaine rapporte également quelques cas analogues.

L. Vaillant, *Remarques à l'occasion d'une observation de Tænia multiple chez l'Homme.* Comptes rendus de la Société de biologie (5), II, p. 50, 1870.

P. Boéchat, *Sur un cas de Vers intestinaux chez l'Homme.* Gazette médicale, p. 581, 1874.

Müller, *Statistik der menschlichen Entozoen.* Inaug. diss. Erlangen, 1874.

E. Richard, *Vingt-sept Ténias inermes chez le même individu.* Bulletin de la Soc. méd. des hôpitaux, XVIII, p. 325, 1881.

C. Laker, *Ueber multiples Vorkommen von Tænia solium beim Menschen.* Deutsches Archiv für klin. Medicin, XXXVII, p. 487, 1885.

T. A. Palm, *A case in which four tapeworms coexisted in one person.* The Lancet, II, p. 991, 1885.

T. Sp. Cobbold, *Four tapeworms at once.* Ibidem, p. 1069.

A. Laveran, *Vingt-trois Ténias expulsés le même jour par un officier. Observation et réflexions.* Arch. de méd. et pharm. militaires, V, p. 173, 1885.

Werner, *Tænia saginata und Tænia solium.* Med. Korrespondenzblatt des württemb. ärztl. Landesvereins, p. 221, 1885.

C'est surtout chez des adultes que s'observe le Ténia, mais on le rencontre aussi assez souvent chez des enfants et chez des vieillards. Il est particulièrement digne d'intérêt de constater sa présence chez des enfants nouveau-nés ou chez des enfants qui ne mangent pas encore de viande et qui, par conséquent, semblent devoir échapper aux causes habituelles d'infestation. En 1830, Müller (de Tübingen) fit rendre à un enfant de cinq jours un Ténia long d'un pied et demi. En 1871, Armor vit au Long Island Hospital, à Brooklyn, N.-Y., un enfant de trois jours rendre par l'anus des anneaux mûrs de Ténia. Il n'est pas possible de révoquer en doute ces observations, surtout la dernière, qui a été relevée au jour le jour pendant un mois et demi et qui présente toutes les garanties de sincérité désirables. Les faits auxquels elles se rapportent n'en sont pas moins paradoxaux et difficilement explicables dans l'état actuel de nos connaissances quant au développement et au mode de propagation des Ténias.

Il est plus aisé de comprendre la présence de Ténias chez des enfants âgés de quelques mois, encore que ce soit là un rare phénomène. Kennedy parle d'un enfant de 5 mois, en parfaite santé et nourri au biberon, qui expulsa spontanément un Ténia de petite taille. Hufeland a vu un Ténia rendu par un enfant de 6 mois. Weishaar a observé à peu près 500 cas de Ténia, dont deux se rapportaient à des enfants de 6 mois. Wolfius a vu un Ténia chez un enfant de 8 mois ; Betz, Laroche, Legendre, Fleischmann, chez des enfants de 10 mois ; Spire, chez un enfant de 13 mois ; Legendre et Cobbold, chez des enfants de 14 et 15 mois.

Pendant une période de sept années, de novembre 1867 à décembre 1874, Roger n'a observé que 10 cas de Ténia à la clinique de l'hôpital des Enfants : le parasite est donc rare à Paris pendant l'enfance. Il en serait tout autrement à Vienne, d'après Monti. Cet observateur rapporte l'histoire de 159 cas de Ténia observés par lui, pendant une période de dix ans, de 1872 à 1881, dans la première division d'enfants de la policlinique générale de Vienne; il rapporte également, d'après les documents que lui a transmis Fürth, l'histoire de 81 cas observés dans la deuxième division de la même policlinique, pendant la même période. Il arrive ainsi à un total de 240 cas, qui se répartissaient comme le montre le tableau suivant :

	Première division.	Deuxième division.
Au-dessous de 3 mois	0	0
De 3 à 6 mois	3	0
De 6 mois	0	3
De 6 à 12 mois	2	0
De 12 à 18 mois	5	0
De 18 à 24 mois	18	1
De 2 à 3 ans	36	13
De 3 ans	0	17
De 4 ans	12	9
De 5 ans	18	12
De 6 ans	9	3
De 7 ans	18	5
De 8 ans	9	5
De 9 ans	4	
De 10 ans	6	2
De 11 ans	3	1
De 12 ans et au delà	16	4
Totaux	159	81

Le Ténia est donc rare chez les nourrissons. Il est surtout fréquent dans la première enfance, d'un à trois ans, c'est-à-dire au moment où on commence à nourrir les enfants avec de la viande : ce fait contredit l'opinion de Lebert et de Bouchut, qui croyaient ce parasite plus abondant dans la seconde enfance. Quant à sa fréquence comparée chez l'enfant et chez l'adulte, Monti dit que, pendant la période décennale qui a fait l'objet de ses recherches, 18 pour 1000 des enfants venus à la policlinique souffraient du Ténia ; pendant cette même période, la proportion n'était que de 10 pour 1000 chez les adultes. Il en conclut que le Ténia est plus rare à l'âge adulte que dans l'enfance. Cette conclusion, à laquelle Monti se trouve amené par les chiffres mêmes qu'il a publiés, ne nous semble pas exacte : si on vient volontiers consulter le médecin pour un enfant, dont le moindre malaise cause toujours de vives inquiétudes, il ne faut pas oublier que l'adulte, qu'incommode rarement son Ténia, se contente le plus souvent de demander au pharmacien un remède propre à l'en débarrasser.

Les faits suivants démontrent du reste que le Ténia se contracte le plus habituellement à l'époque moyenne de la vie. Wawruch, qui a étudié 173 cas, dit que l'époque de la plus grande fréquence du parasite est comprise entre 15 et 40 ans. Pour Mérat, elle serait un peu plus courte et irait seulement de 20 à 30 ans. C'est également à ce résultat qu'arrive Krabbe, par l'étude de 94 cas de *Tænia saginata* et de 43 cas de *T. solium;* ces cas se répartissaient ainsi :

	Tænia saginata.	*Tænia solium.*
Au-dessous de 1 an...........	0	0
De 1 an à 10 ans...............	6	7
De 10 à 20 ans.................	6	5
De 20 à 30 ans.................	36	14
De 30 à 40 ans.................	24	11
De 40 à 50 ans.................	13	4
De 50 à 60 ans.................	6	2
De 60 à 70 ans.................	3	0
Totaux.....	94	43

Les individus les plus âgés chez lesquels Krabbe et Friis aient observé des Ténias avaient 63 et 55 ans. On a encore rencontré ces parasites chez des vieillards plus avancés en âge : Lombard en a trouvé chez un centenaire ; Duhaume en a vu deux chez une femme de 80 ans ; de Thomas en a observé un autre chez une femme de 86 ans.

Hufeland, *Ein Bandwurm in einem halbjährigen Kinde.* Journal der practischen Heilkunde, XVIII, n° 1, p. 111, 1804.

Paasch, *Pädiatrische Mittheilungen. — III. Tænia solium bei einem 21 Monate alten Kinde.* Journal für Kinderkrankheiten, XXX, p. 207, 1858.

H. Krabbe, *Beretning om 100 Tilfälde af Bändelorm hos Mennesket, iagttagne her i Landet, meddeelt paa Prof. A. Hannovers og egne Vegne.* Ugerskrift for Läger (3), VII, 1869. — Id., *Om Forekomsten af Bändelorme hos Mennesket i Danmark.* Nordiskt med. Arkiv, XII, n° 23, 1880.

S. G. Armor, *A fully matured Tænia solium expulsed from a child five days old.* New York med. journal, XIV, p. 618, 1871.

H. Kennedy, *Tapeworm.* Dublin journal of med. science, LXII, p. 245, 1876.

H. Roger, *Du Ténia chez les enfants; du Ténia inerme produit par le régime de la viande crue.* Bull. de la Soc. méd. des hôpitaux (2), XIII, p. 38, 1876.

Monti, *Erfahrungen über Tænia im Kindesalter.* Archiv für Kinderheilkunde, IV, p. 175, 1882.

L. Deligny, *Des Vers intestinaux chez les enfants.* Annales de la Soc. de méd. d'Anvers, XLV, p. 213, 1884.

Friis, 50 *Tilfälde af Bändelorme hos Mennesket.* Nordiskt med. Arkiv, XVI, 1884.

Il est difficile d'admettre que le sexe puisse constituer une prédisposition à contracter le Ténia. Il est pourtant à remarquer que la plupart des observateurs ont constaté la plus grande fréquence du parasite chez la femme : Bremser, Weishaar, etc., sont de cet avis. Parmi les 173 malades de Wawruch se trouvaient 117 femmes et seulement 56 hommes. Crisp a rapporté 247 cas, dont 151 chez des femmes. Seeger arrive à des chiffres très analogues : 10 hommes contre 16 femmes.

Parmi les 240 enfants dont Monti rapporte l'histoire, se trouvaient 111 garçons et 129 filles. Parmi les 10 enfants observés par Roger se trouvaient 3 garçons et 7 filles.

Pour 97 cas de *Tænia saginata*, Krabbe comptait 31 hommes et 66 femmes ; pour 49 cas de *T. solium*, 13 hommes et 36 femmes.

En regard de ces observations, nous devons placer celles de Theurer (de Leonberg), qui prétend au contraire que, parmi les malades atteints de Ténia, les trois quarts sont des hommes; de son côté, Mérat dit qu'il n'y a pas de différences appréciables entre les deux sexes.

Si le sexe semble être sans influence, il n'en est plus de même pour la profession : les relations de celle-ci avec le développement du Ténia sont des plus manifestes. En 1804, Fortassin remarquait déjà « que ceux qui sont occupés à des préparations de matières animales fraîches ont plus souvent le Ténia que ceux qui ont une autre profession. » En 1825, Deslandes faisait des observations du même genre, à propos d'une femme atteinte du Ténia : « Je consignerai ici, dit-il, une remarque trop singulière pour que je l'omette. Mme Saint-Aubin était charcutière ; le mari de cette dame a rendu, à diverses époques, de longues portions de Ténia ; le sujet d'une autre observation..... était aussi charcutier. Ces personnes connaissent et m'ont cité un certain nombre d'individus de la même profession qui sont affectés du Ténia ; on m'en a, d'autre part, désigné plusieurs autres. »

Wawruch pensait, avec d'autres médecins de son époque, que l'usage habituel de la viande, particulièrement du Porc fumé et des saucissons préparés avec de la viande crue, prédisposait au Ténia : parmi les 173 malades observés par lui à Vienne, se trouvaient 39 cuisinières, 26 servantes, 13 restaurateurs, garçons et bouchers. Merk (de Ravensburg) notait également la fréquence du Ténia chez les charcutiers ; en Bavière, Jan en observait 6 cas, dont quatre chez des restaurateurs ; en Angleterre, Mason Good était frappé de sa fréquence chez les bouchers. Enfin, Seeger constatait que presque tous les bouchers et brasseurs de sa contrée avaient le Ténia : il ne connaissait qu'un seul boucher qui ne l'eût point.

Maintenant que les migrations des Ténias nous sont connues, la plus grande fréquence de ces parasites chez « ceux qui sont occupés à des préparations de matières animales fraîches » ne saurait nous surprendre. Mais, avant de savoir que le Ténia inerme était transmis à l'Homme par la viande de Bœuf, on avait remarqué déjà que la présence de ce Ver était en relations avec l'usage de la viande de Bœuf crue. En 1819, Knox mentionnait une véritable épidémie de Ténias chez les soldats anglais de la colonie du Cap qui combattaient les Cafres et qui, pour la plupart, étaient nourris de Bœufs non sains et surmenés. En 1861, Karschin mentionnait que les Burètes, qui se nourrissent de viande crue de Bœuf, de Mouton, de Chameau et de Cheval, étaient très souvent atteints de Ténias. En 1841, Weisse, de Saint-Pétersbourg, proposait la viande de Bœuf crue pour combattre la diarrhée des enfants sevrés : ce traitement donnait d'excellents résultats, mais il avait l'inconvénient de provoquer l'apparition du Ténia chez les petits malades, ainsi que Weisse lui-même ne tardait pas à le constater.

L'usage de la viande de Bœuf étant presque universel, le Ténia inerme est lui-même cosmopolite. Le court historique par lequel débute ce long chapitre met hors de doute que l'espèce qui nous occupe était déjà très répandue en Europe avant que Göze et Küchenmeister l'aient distinguée de *Tænia solium*, mais ce dernier était lui-même fort commun. Aujourd'hui, il n'en est plus ainsi et on a pu observer, dans ces dernières années, une propagation extrême de *T. saginata*, en même temps qu'une diminution de *T. solium*. Ce phénomène remarquable reconnaît plusieurs causes : la plus grande fréquence de *T. saginata* tient à l'usage de plus en plus répandu de la viande crue ou saignante, et aussi à ce que, dans les abattoirs ou sur les marchés, la viande de Bœuf n'est soumise qu'à un contrôle illusoire ; son Cysticerque, nous le savons, est d'ailleurs de petites dimensions et assez difficilement visible. Il résulte de là une rareté relative de *T. solium*. La rareté de ce Ver est également absolue, en raison du contrôle sévère dont la viande de Porc est l'objet.

Sans insister outre mesure sur ce point, nous emprunterons

à la thèse de Hamon-Dufougeray un tableau résumant les cas de Ténia observés dans les hôpitaux maritimes de Saint-Mandrier, Cherbourg et Lorient de 1860 à 1883. Ce tableau est intéressant, en ce qu'il montre d'une façon frappante la marche envahissante du Ténia inerme. C'est à cette espèce en effet qu'appartiendraient tous les Ténias observés pendant la période en question, à supposer qu'il n'y ait pas eu la moindre erreur de détermination spécifique ; à Lorient seulement, on aurait observé un Ténia armé.

	Saint-Mandrier.	Cherbourg.	Lorient.
1860....	0	0	0
1861....	1	1	0
1862....	0	1	1
1863....	1	2	0
1864....	6	0	0
1865....	4	0	0
1866....	5	5	0
1867....	7	2	1
1868....	8	6	0
1869....	6	1	1
1870....	9	3	1
1871....	15	10	3
1872....	18	14	2
A reporter.	80	45	9

	Saint-Mandrier.	Cherbourg.	Lorient.
Report..	80	45	9
1873....	20	36	10
1874....	41	35	9
1875....	36	27	4
1876....	71	42	6
1877....	52	41	7
1878....	123	30	17
1879....	165	21	22
1880....	113	35	27
1881....	84	61	27
1882....	114	54	9
1883....	149	95	15
Totaux..	1048	528	162

Le tableau qui précède résume tous les cas de Ténia observés chez la population des hôpitaux maritimes : c'est dire qu'il ne se rapporte point exclusivement à des Ténias contractés en France. Tel qu'il est, il démontre néanmoins la fréquence de plus en plus grande du parasite. Quant aux cas de Ténia inerme contractés en France, il est certain qu'ils deviennent eux-mêmes de plus en plus abondants : tous les observateurs sont d'accord sur ce point. En 1862, van Peteghen signalait à Lille une recrudescence considérable dans les cas de Ténia inerme et, en 1869, J.-B. Jobert faisait à Strasbourg une remarque analogue. A l'hôpital Necker, à Paris, le professeur Laboulbène observait déjà, en 1875, de 15 à 20 *Tænia saginata* pour 1 *T. solium*, alors que, les années précédentes, ou bien il y avait égalité entre les deux espèces ou bien la dernière l'emportait sur l'autre. En 1877, Jolicœur constatait également, à Reims, une plus grande fréquence du Ténia, cette fréquence étant le fait du Ténia inerme.

On a voulu expliquer ces faits par l'importation croissante de Bœufs algériens, chez lesquels le Cysticerque du Ténia inerme est loin d'être rare; on a même voulu circonscrire la zone de France dans laquelle ces Bœufs africains étaient introduits et où, par conséquent, le Ténia inerme devrait être surtout abondant, par un triangle dont la base correspondrait à la côte méditerranéenne et dont Paris serait le sommet. Ce sont là sans doute des opinions fort vraisemblables, mais il ne faudrait pas croire que le Bœuf français n'héberge point de Cysticerques ou que le Ténia inerme ne s'observe point en dehors de la zone dont nous venons d'indiquer les limites.

En Allemagne et en Autriche, les anciennes observations de Bremser, de Rudolphi, de Wawruch, de Weishaar, de Seeger, nous montrent que *Tænia solium* était surtout abondant dans le nord, tandis que *T. saginata* s'observait dans le sud. Dans la première édition de son ouvrage, Leuckart disait encore que cette dernière espèce ne se rencontrait qu'exceptionnellement dans les parties septentrionales de l'Allemagne. Aujourd'hui, elle a pris une grande extension et tend à prédominer. En 1874, Fritsch et Robinski constataient déjà qu'elle était à peu près aussi fréquente à Berlin que *T. solium*. Dans le Holstein, on trouve en moyenne 4 *T. saginata* pour 1 *T. solium*.

En Suisse, le Ténia inerme se propage également. A l'heure actuelle, il est bien plus fréquent que le Bothriocéphale, même dans les villes où celui-ci prédominait. Zäslein dit qu'à Bâle, en 1881, on ne rencontrait que *T. saginata* et son abondance était telle que 7,2 pour 1000 habitants en étaient atteints. La fréquence relative des deux espèces de Ténia était d'ailleurs la suivante :

A Bâle......	102	*T. saginata* pour	10	*T. solium.*
A Zurich....	61	—	7	—
A Saint-Gall.	17	—		—

En Italie, on constate aussi la propagation du Ténia inerme. En moyenne, on trouve 34 *T. saginata* pour un 1 *T. solium*. Pour l'Espagne et le Portugal, les documents précis font défaut, mais si on veut bien se rappeler que Gomez, en 1822, observait à Lisbonne à peu près exclusivement le Ténia inerme, il sera permis de penser que cette espèce est encore actuellement très répandue dans la péninsule ibérique. En Angleterre, d'après Bateman, 1 malade sur 500 souffre du Ténia, et celui-ci n'est autre que *T. saginata*, comme le prouvent les 100 observations publiées par Cobbold.

Les statistiques publiées par Krabbe nous montrent de la manière la plus frappante la propagation du Ténia inerme en Danemark, en même temps que la rareté plus grande du Ténia armé. Avant 1869, ce savant helminthologiste observait 37 cas de *T. saginata* et 53 cas de *T. solium* ; de 1869 à 1880, il observait au contraire 67 cas de *T. saginata* et 19 cas de *T. solium*. De 1862 à 1883, Friis relevait à Tönder 42 cas de *T. saginata* et seulement 6 cas de *T. solium*.

Le Ténia inerme est également très répandu en Asie et dans les régions voisines. Pendant une station du croiseur *le Ducouëdic* à Beyrouth, Talairach a vu le parasite sur 19 des 152 hommes d'équipage ; la plupart des malades avaient plusieurs Vers à la fois. Bonnet, Bérenger-Féraud et d'autres médecins de la marine ont remarqué l'extraordinaire fréquence du Ténia inerme chez les marins qui revenaient du Levant et de Cochinchine (1) ; dans ce dernier pays, Candé nous a fait connaître également son abondance, et Challan de Belval a noté le même fait pour le Tonkin. Bälz dit encore que ce parasite est le Cestode le plus répandu au Japon. On se rappelle que, pendant un séjour de quinze ans à Java, Schmidtmüller a observé 148 Ténias, qui tous étaient inermes. A part le Bothriocéphale, dont la fréquence est extrême, le Ver qui nous occupe est encore le seul Cestode qu'ait recueilli Fedchenko, au cours de son exploration scientifique du Turkestan. Il est enfin le seul Ténia que l'on observe en Perse et aux Indes : dans certaines régions de ces dernières, il est si commun qu'un soldat sur trois en est atteint, exception faite des régiments indigènes qui ne se nourrissent que de végétaux. Ceci nous amène à faire remarquer que, de *T. solium* et de *T. saginata*, le dernier doit seul s'observer chez les musulmans, les israélites, les bouddhistes et en général chez tous ceux qui, par mesure d'hygiène ou par prescription religieuse, ne consomment point de viande de Porc.

(1) Bérenger-Féraud dit que 77 pour 100 des malades traités pour le Ténia à l'hôpital Saint-Mandrier, depuis 1870 jusqu'en 1879, revenaient de Cochinchine.

L'Afrique n'échappe point à cet envahissement: peut-être même n'est-il point de pays où le Ténia inerme soit plus répandu. En Abyssinie, l'habitude de manger le *brondo*, *brindo* ou *brondou*, fait de viande de Bœuf crue et hachée, a pour conséquence la présence du Ténia chez tous les habitants. Le fait a été signalé tout d'abord par Bruce. « Les Abyssiniens des deux sexes et de tout âge, dit-il, sont affligés d'une maladie terrible, qu'ils s'habituent à supporter avec une sorte d'indifférence. Chaque individu rend, au moins une fois par mois, une grande quantité de Vers. » Pruner, Ferret et Galinier, H. Blanc, etc., disent également que personne en Abyssinie n'est épargné par le Ténia, pas même les Européens, s'ils adoptent le genre de vie des indigènes. « Tous les Abyssins, sans exception, dit Rochet d'Héricourt, sont affectés du Tænia... Heureusement la nature a placé le remède à côté du mal. Dès l'âge de quatre ans les enfants commencent à prendre la fleur du Cousso qui a la propriété d'extirper le Ver solitaire... On évacue le Ver sous forme de boule, mais très rarement avec la tête: celle-ci demeure presque toujours dans le corps de l'individu... On fait usage de ce remède de deux mois en deux mois. »

Tænia saginata est encore très abondant en d'autres régions du continent africain. En Égypte, au dire de Pruner, presque tous les nègres dont on fait l'autopsie en renferment plusieurs. Il est très commun au Cap et au Sénégal, ainsi que dans le Haut-Sénégal et dans le Haut-Niger, d'après des renseignements que nous a transmis le Dr Bellamy; ce médecin distingué a constaté souvent l'existence de Cysticerques dans les muscles du Bœuf. Dès les premiers temps de l'occupation de l'Algérie, les médecins de notre armée furent frappés de l'extrême fréquence du Ténia, aussi bien chez les soldats que dans la population civile ; on sait maintenant de façon certaine que la grande majorité de ces observations se rapportent au Ténia inerme. Nous ne pouvons insister sur ce point, pour lequel le lecteur devra se reporter à de nombreux mémoires, dont nous indiquons les principaux; nous nous bornerons à citer quelques chiffres à l'appui de notre assertion. De 1866 à 1874, on a observé, à l'hôpital de Constantine, 81 cas de Ténia chez les Européens et 71 cas chez les indigènes: sur ce nombre, les premiers n'ont présenté que 3 Ténias armés et les derniers un seul. Ajoutons encore que le Dr Bertherand signale la fréquence croissante du Ténia inerme en Algérie, surtout à Bône et à Oran, et que, d'après Redon, un quart des soldats en colonne dans le Sud-Oranais a été ou est porteur du Ténia.

L'Amérique n'est pas non plus épargnée par le Ténia inerme. Il abonde dans la République argentine et au Brésil, où Gomez l'avait déjà rencontré ; il se propage au Pérou d'une façon alarmante. En revanche il semble être très rare aux États-Unis. Leidy le vit pour la première fois en 1871, puis en observa deux nouveaux cas en 1878, dont l'un chez un individu qui avait l'habitude de manger de la viande de Buffle crue.

On peut résumer tout ce qui précède en disant que le Ténia inerme est bien plus répandu que le Ténia armé : c'est, à proprement parler, un parasite cosmopolite.

Bruce, *Voyage en Nubie, en Abyssinie pendant les années* 1768-1773. Paris, 1791. — Voir XIII, p. 120.

L. Aubert, *Mémoire sur les substances anthelminthiques usitées en Abyssinie*. Mém. de l'Acad. de médecine, IX, p. 689, 1841.

Ferret et Galinier, *Voyage en Abyssinie*. Paris, 1847. — Voir II, p. 109.

Rochet d'Héricourt, *Voyage sur la côte orientale de la mer Rouge, dans le pays d'Adel et le royaume de Choa*. Paris, in-8°, 1841. — Voir p. 308.

Boudin, *Notice sur l'endémicité du Ténia en Algérie*. Recueil de mém. de méd., de chir. et de pharm. militaires, (2), IV, p. 204, 1848.

A. Judas, *Seconde note sur la fréquence du Ténia en Algérie*. Ibidem, p. 208.

Mialhes, *Observations sur trois cas de Tænia, recueillies à l'hôpital militaire de Cherchell*. Ibidem, p. 212.

A. Judas, *Nouveaux documents sur la fréquence du Tænia en Algérie*. Ibidem, XIII, p. 230, 1854.

Frasseto, *Rapport spécial sur divers cas de Tænia observés à l'hôpital militaire de Sidi-Bel-Abbès*. Ibidem, p. 308.

Tarneau, *Du Ténia en Algérie et de son endémicité dans la ville de Bône* Thèse de Montpellier, 1860.

J.-B. Jobert, *Note sur l'étiologie et la fréquence du Tænia mediocanellata*. Thèse de Strasbourg, 1869.

J. Leidy, *Remarks on Tænia mediocanellata*. Proceed. Acad. nat. hist. Philadelphia, p. 53, 1871. — Id., *Tænia caused by the use of raw beef*. Amer. journal of med. science, 1871.

H. Blanc, *Notes médicales recueillies durant une mission diplomatique en Abyssinie*. Gazette hebdom., 1874.

A. Vital, *Les Entozoaires à l'hôpital militaire de Constantine*. Gazette médicale, p. 274 et 285, 1874.

Sev. Robinski, *Das Vorkommen der Tænia mediocanellata in Berlin*. Berliner klin. Woch., p. 461, 1874.

G. Fritsch, *Zur differentiellen Diagnose von Tænia solium und Tænia mediocanellata*. Ibidem, p. 461, 1874.

Levi, *Della frequenza della Tenia.* Giornale veneto di scienze mediche, I, p. 169, 1874.

Sp. Cobbold, *Remarks on eighty cases of tapeworm.* The Lancet, I, 1874. Id., *Additional cases of tapeworm.* Ibidem, II, p. 566, 1885.

C. Giacomini, *Sul Cysticercus cellulosæ hominis e sulla Tænia mediocanellata.* Giornale della r. Accad. di med. di Torino (3), XVI, p. 128, 149 et 179, 1874.

V. Laborde, *Le Tænia mediocanellata ou inermis. Ses caractères distinctifs. Sa fréquence relative dans l'espèce humaine.* Tribune médicale, VII, p. 789, 1875; VIII, p. 32, 69, 118 et 151, 1876.

A. Dumas, *Six cas de Tænia à la suite de l'usage de la viande crue. Fréquence de ce Ver à Cette.* Montpellier médical, XXXV, p. 1, 1875.

Castiaux, *Observations de Tænia chez un malade faisant usage de la viande crue.* Bull. méd. du Nord, p. 11, 1875. — Id., *Un nouveau cas de Tænia inermis chez une malade ayant fait usage de la viande de Bœuf crue.* Ibidem, XXIII, p. 387, 1884.

E. Vidal, *De la fréquence du Ténia inerme.* Bull. de la Soc. méd. des hôpitaux (2), XIII, p. 72, 1876.

J. Leidy, *On Tænia mediocanellata.* Proceed. Acad. nat. hist. Philadelphia, p. 405, 1878.

Roth, *Ueber das Vorkommen der Bandwürmer in Basel.* Correspondenzblatt für Schweizer Aerzte, p. 743, 1878.

J. Ch. Huber, *Ueber die Verbreitung der Cestoden, besonders der Tänien im bayerischen Schwaben.* Aerztl. Intelligenzblatt, 1879. — Id., *Helminthologische Notizen.* Ibidem, p. 75, 1885.

Bérenger-Féraud, *Le Tænia à l'hôpital Saint-Mandrier.* Bull. gén. de thérapeutique, XCIX, p. 49 et 106, 1880. — Id., *Le Tænia à l'hôpital de Cherbourg.* Ibidem, CIII, p. 97, 1882.

Zäslein, *Ueber die geographische Verbreitung und Häufigkeit der menschlichen Entozoën in der Schweiz.* Correspondenzblatt für Schweiz. Aerzte, XI, 1881.

J. B. Candé, *Quelques recherches sur les helminthes cestoïdes de l'Homme en Cochinchine, précédées d'un coup d'œil sur les caractères généraux et la distribution géographique des Téniadés et des Bothriocéphalidés.* Thèse de Paris, 1882.

B. Almenara, *Frecuencia alarmante de la Tenia en Lima.* Crón. méd. de Lima, II, p. 130, 1885.

B. Dupont, *Endémia de la Ténia solium en la República argentina.* Buenos-Aires, in-8° de 69 p., 1885.

H. Vierordt, *Zur Statistik der Bandwürmer in Würtemberg.* Med. Correspondenzblatt des württemb. ärztl. Vereins, LV, p. 193, 1885.

Challan de Belval, *Au Tonkin.* Paris, 1886.

Dans la plupart des cas, le Ténia ne détermine par sa présence aucun symptôme particulier, la santé générale reste bonne: c'est tout au plus s'il cause un peu de dyspepsie et quelques phénomènes d'embarras gastrique. Il n'est pourtant point rare de le voir occasionner des accidents divers, notamment des phénomènes nerveux, d'ordre réflexe et extrêmement variés. Nous ne pouvons, sans sortir du cadre de cet ouvrage, nous étendre sur ce point. On trouvera dans le livre de Davaine quelques observations remarquables et nous donnons ci-après l'indication de travaux récents qui méritent de fixer l'attention.

Pasquiou, *Des helminthes vivant dans le tube digestif.* Thèse de Paris, 1865.

P. M. P. Bellom, *Considérations sur la pathologie du Tænia et son traitement par la graine de Courge.* Thèse de Paris, 1875.

A. Puistienne, *Des helminthes et des accidents qu'ils déterminent.* Thèse de Paris, 1875.

Féréol, *Vertiges épileptiques et attaque épileptiforme chez un individu qui rendait des fragments de Ténia depuis plusieurs années. Administration du Kousso. Expulsion simultanée de trois têtes de Tænia solium.* Bull. de la Soc. méd. des hôpitaux (2), XIII, p. 172, 1876.

F. Morano, *Ambliopia amaurotica per Tenia.* Giornale delle malattie degli occhi, 1880.

Langer, *Hemiplegie und Tænia.* Medizinische Jahrbücher der Gesellschaft der Aerzte in Wien, p. 485, 1881.

N. Letulle, *Tænia solium. Accidents hépatiques ressemblant au début d'une cirrhose et rapidement amendés après l'expulsion de l'helminthe.* Revue de médecine, p. 439, 1882.

Vodiagni, *De l'avortement provoqué par les Vers intestinaux.* Medizinskoïé obozrénié, nov. 1883.

F. Despagnet, *Des troubles oculaires provoqués par le Tænia.* Recueil d'ophthalmologie (3), VII, p. 284, 1885.

Leontieff, *Un cas d'épilepsie causé par le Ténia solium.* Vratch, 1885.

Tænia solium Rudolphi, 1810 (nec Linné, 1767).

SYNONYMIE : *Tænia cucurbitina* Pallas, 1781.
T. cucurbitina, plana, pellucida Göze, 1782.
T. vulgaris Werner, 1782.
T. dentata Gmelin, 1790.
Halysis solium Zeder, 1800.
Tænia humana armata Brera, 1802.
T. (*Cystotænia*) *solium* Leuckart, 1862.

Les longs détails dans lesquels nous sommes entrés à propos de *Tænia saginata* vont nous permettre de retracer plus brièvement l'histoire de *T. solium*. Ces deux Cestodes sont si voisins l'un de l'autre, au point de vue purement zoologique, qu'on ne sera pas surpris de les voir se ressembler aussi au point de vue de leurs diverses manifestations chez l'Homme : nombre, longévité, fréquence, valeur pathogénique, etc. Il nous a semblé plus rationnel de développer ces différentes questions en parlant du Ténia inerme, à cause de la plus grande fréquence de ce dernier.

Le mot *solium* est d'origine inconnue ; on ne le trouve dans aucun auteur latin, même de la basse latinité, et Ducange ne le mentionne point dans son *Glossaire*. Leuckart a voulu élucider cette question et s'est adressé pour cela à son collègue Krehl, professeur de langues orientales à l'Université de Leipzig. D'après ce philologue, il faudrait faire dériver le mot *solium* du mot syriaque *schuschl*, qui signifie chaîne. Les Arabes auraient transformé ce mot en *susl* ou *sosl*, devenu *sol* dans les langues romanes ; en ajoutant la désinence *ium*, on arrive à la solution cherchée. Mais quel détour ne faut-il pas suivre ! Et quelle torture infliger à son esprit ! Aucun texte ne vient démontrer l'existence des mots *susl* ou *sosl* chez les auteurs arabes ; ceux-ci appellent le Ténia *dûd* ou *chabb-al-kar'i*.

Combien plus admissible et naturelle est l'opinion qui voit dans le mot *solium* une simple altération du mot *solum*, par exemple une forme populaire, comme la langue latine en possédait tant. Cela, du reste, ressort nettement de certain passage d'un viel auteur, Arnauld de Villeneuve, qui vivait vers l'an 1300 : « quidam dicunt quod isti cucurbitini generantur in ventre cujusdam maximi lumbrici qui aliquando emittitur longior uno vel duobus brachiis, qui *solium sive cingulum* dicitur (1). » Andry n'était pas d'un autre avis, quand il parlait d'une espèce de Ténia « qui se nomme Solium, parce qu'il est toujours seul de son espèce dans les corps où il se trouve. »

L'œuf de *Tænia solium* a la même structure que celui de *T. saginata* ; il s'en distingue pourtant par ses dimensions un peu plus petites et par sa forme globuleuse ou à peine ovoïde. Son diamètre est de 30 μ d'après Leuckart, de 33 μ d'après Davaine et Laboulbène, de 31 à 36 μ d'après Railliet, de 36 μ sur 32 μ d'après Heller. L'embryon hexacanthe a une taille moyenne de 20 μ.

Le développement de l'embryon se fait normalement chez le Porc, dans le tissu conjonctif intermusculaire duquel il se transforme en un Cysticerque connu, depuis Rudolphi, sous le nom de *Cysticercus cellulosæ*. Par exception, cet état larvaire peut s'observer aussi chez d'autres animaux, tels que le Sanglier, le Chevreuil, le Mouton, l'Ours, le Chien, le Chat, le Rat, le Singe, enfin chez l'Homme lui-même.

Cysticercus cellulosæ détermine chez le Porc un état particulier, la *ladrerie*, dont Delpech a fait une remarquable étude.

(1) Arnaldi Villanovani *Opera omnia*. Basileæ, in-fol., 1585. — Voir p. 1220 ; *Breviarii* lib. II, cap. XXI, *De lumbricis et ascaridibus*.

Les Cysticerques, déjà bien connus du temps d'Aristophane, sont répandus dans le système musculaire, mais surtout dans les muscles de la langue, du cou et des épaules ; puis viennent, par ordre de fréquence, les muscles intercostaux, les psoas, les muscles de la cuisse et enfin ceux de la région vertébrale postérieure. Le cœur est aussi très fréquemment atteint, mais le pannicule adipeux ne l'est que par exception. Les kystes écartent les fibres musculaires, sans les détruire, et se disposent dans leur intervalle (fig. 240).

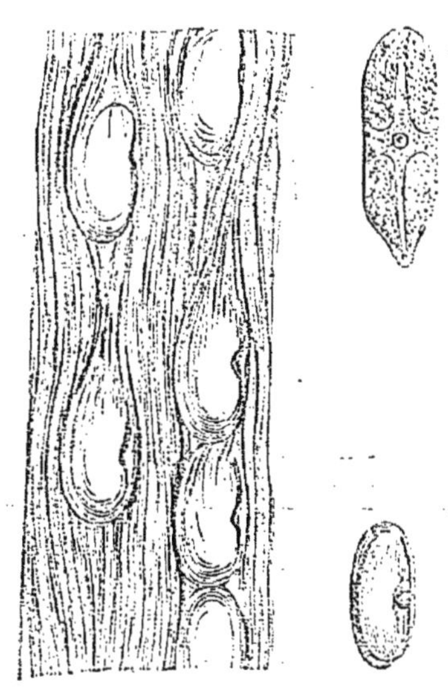

Fig. 240. — Ladrerie du Porc. A droite, on voit deux Cysticerques isolés de leur kyste adventif.

Le tissu conjonctif sous-muqueux de la face inférieure de la langue est encore très fréquemment envahi par les Cysticerques. C'est vers la base de la langue et vers les parties latérales du frein qu'on en aperçoit le plus grand nombre : ils constituent des élevures opalines, demi-transparentes, globuleuses ou ovoïdes, qui soulèvent la muqueuse. Le doigt passé sur ces vésicules en reconnaît aisément la saillie. C'est là un fait du plus haut intérêt, puisqu'il porte sur un point accessible à l'examen pendant la vie de l'animal, et qu'il peut servir au diagnostic de l'affection parasitaire. Aussi l'opération du *langueyage* ne doit-elle pas être négligée ; dans la plupart des cas, elle seule peut faire reconnaître avec certitude la ladrerie du Porc vivant. Il devait venir à l'esprit des éleveurs de faire disparaître ce signe : d'où la pratique à laquelle on a donné le nom d'*épinglage*. Cette pratique consiste à crever les vésicules des Cysticerques, soit en les piquant avec une épingle, soit en les coupant avec des ciseaux. Une autre fraude, usitée par les garçons d'abattoirs, consiste à enlever les grains de ladrerie de la surface de la viande abattue, de façon à tromper les inspecteurs.

En France, d'après Delpech, la ladrerie s'observerait principalement chez les Porcs appartenant aux races limousine et périgourdine ;

mais elle ne serait pas rare non plus en Normandie, en Picardie, en Lorraine, dans le Bordelais, en Gascogne, en Dauphiné. A Paris même, on voit assez rarement des Porcs ladres : en 1860, on n'en a saisi que 33 à l'abattoir de la rue Château-Landon et 40 en 1861, ce qui tient d'une part à l'usage très peu répandu de la viande de Porc, et d'autre part à ce qu'on n'expédie vers la capitale que des animaux sains et de belle qualité.

Kniebusch dit que la ladrerie n'existe pas chez les Porcs serbes et roumains dits *Bakonyer*, que l'on nourrit avec du maïs ; on ne l'observe pas davantage chez les Porcs mecklembourgeois, d'origine anglaise, que l'on nourrit avec des fèves et des pois. Au contraire, elle est très fréquente chez les Porcs de Pologne et de Poméranie, nourris avec les eaux de vaisselle, les reliefs de table et des pommes de terre.

De 1872 à 1874, on inspecta dans le district de Cassel 149,500 Porcs : 158 étaient ladres, ce qui donne une proportion de 1 pour 945. En 1876, on examina en Prusse 1,728,600 Porcs : 4705 étaient ladres, soit 1 pour 370. La même année, on vit à Vienne la ladrerie chez 163 Porcs sur 10,000, soit 1 pour 307. D'autre part, Mosler rapporte une statistique d'après laquelle 9 Porcs seulement ont été trouvés ladres sur 20,000, soit 1 pour 2222 ; sans qu'il y eût ladrerie généralisée, le huitième de ces Porcs hébergeait quelques Cysticerques. En tenant compte de ces différences considérables dans le nombre des parasites, Leuckart émet l'opinion que, dans certaines régions d'Allemagne, on observe la ladrerie, même très restreinte, chez 2 ou 3 pour 100 des Porcs.

En Italie, Pellizzari estime à 1 pour 3 à 4000 le nombre des Porcs à ladrerie généralisée. Perroncito dit au contraire, d'après des renseignements communiqués par les langueyeurs, qu'on trouve à Turin 1 Porc ladre sur 250, à Milan 1 sur 70.

Quelque imparfaites que soient ces statistiques, elles montrent du moins que la ladrerie du Porc n'est pas une affection rare. On comprend du reste que sa fréquence doive présenter des variations considérables, suivant que le Porc est élevé dans une étable ou laissé libre ; dans ce dernier cas, les chances d'infestation augmentent notablement. Quand un individu est porteur de *Tænia solium*, il est donc de toute nécessité de soustraire ses matières fécales aux atteintes des Porcs. Mosler rapporte l'histoire d'un malade qui infesta 15 Porcs, ceux-ci ayant brisé la clôture qui les séparait des fosses d'aisance. C'est à des faits analogues, ou plus simplement à l'exposition des excréments humains sur les fumiers, qu'il faut attribuer l'extrême fréquence de la ladrerie du Porc en Irlande, en Esclavonie et dans certaines contrées de l'Amérique du nord.

A. Delpech, *De la ladrerie du Porc, au point de vue de l'hygiène privée et publique.* Annales d'hygiène publique et de méd. légale (2), XXI, 1864. — Id., *Ladrerie.* Dictionnaire encyclop. des sciences médicales, 1868.

J. M. Guardia, *La ladrerie du Porc dans l'antiquité.* Ann. d'hygiène publ. et de méd. légale (2), XXIII, p. 420, 1865.

S. Alv. Montequin, *Estudios sobre la lepra del Cerdo, como productora de la Tænia solium en el Hombre.* Rev. asturiana de cienc. med., I, p. 75, 97 y 110. Oviedo, 1884-1885.

Le fait que la ladrerie du Porc est due à ce que cet animal ingère des œufs du Ténia armé de l'Homme a été démontré au moyen des expériences suivantes.

1re *expérience. P. J. van Beneden*, 1853. — « Nous avons donné à un Cochon des œufs de *Tænia solium* à avaler, et quand il a été abattu, il était ladre ; un grand nombre de Cysticerques celluleux étaient logés dans ses muscles. Un autre Cochon, nourri et élevé dans les mêmes conditions que le précédent, né en même temps de la même mère et qui n'avait pas pris des œufs de *Tænia solium*, n'en contenait pas. »

2e et 3e *expériences. Haubner et Küchenmeister*, 1855. — Le 30 mars et le 5 avril, des anneaux d'un Ténia rendu la veille sont administrés à deux Cochons de lait. L'un est sacrifié le 15 mai : on ne découvre aucun Cysticerque. L'autre est autopsié le 20 mai : même résultat.

4e, 5e et 6e *expériences. Haubner et Küchenmeister*, 1855. — Les 7, 24 et 26 juin, 2 et 13 juillet, trois Cochons de lait prennent des anneaux de Ténia. L'un, tué le 26 juillet, avait de petits Cysticerques dont la tête était incomplètement développée. Chez le second, tué le 9 août, on trouva un millier de Cysticerques disséminés dans divers organes. Le troisième, tué le 23 août, possédait un grand nombre de Cysticerques. Un quatrième Cochon de lait, n'ayant pas pris d'œufs de Ténia, n'avait aucun Cysticerque.

7e *expérience. Leuckart*, 1856. — A deux reprises, un Cochon de lait prend des anneaux de Ténia. On le tue quarante jours après la première ingestion, trente-deux jours après la seconde. Les Cysticerques sont extrêmement nombreux, longs de 1 à 5 millimètres, les plus grands déjà de forme oblongue ; le bourgeon céphalique est en voie de formation, mais ni les crochets ni les ventouses ne sont encore indiqués. Ils sont particulièrement nombreux dans les muscles de l'abdomen, de la poitrine et du cou, ainsi que dans le diaphragme ; quelques-uns se trouvent dans le cerveau et le foie.

8e *expérience. Leuckart*, 1856. — Un Cochon de lait prend des anneaux de Ténia. Au 42e jour, on prélève un fragment du muscle sterno-hyoïdien, dans lequel on constate la présence de Cysticerques. Le 104e jour, nouvelle ingestion d'œufs de Ténia. Le 124e jour, on trouve, surtout dans les muscles de la poitrine et du cou, quelques centaines de Cysticerques complètement développés, longs de 12 millimètres, larges de 5mm,5 et pourvus d'un bourgeon céphalique long de 3 millimètres.

9e *expérience. Leuckart*, 1856. — Un Cochon de lait prend des œufs de Ténia; on renouvelle l'infestation au bout de 36 et de 67 jours. L'autopsie est faite le 107e jour. On trouve un nombre considérable de Cysticerques, au moins 12,000, répandus partout, dans le cœur, le poumon, le cerveau, aussi bien que dans les muscles volontaires. Il n'y en a pas dans le globe oculaire, mais l'orbite et les muscles de l'œil en sont farcis. Les plus grands sont longs de 8 millimètres; les plus petits, qui se trouvent dans le cerveau, mesurent 2mm,5.

10e *expérience. Leuckart*, 1856. — Cochon de lait tué 82 jours après la première ingestion d'anneaux de Ténia et 29 jours après la seconde. On ne peut trouver qu'un seul Cysticerque, logé dans les muscles de la nuque.

11e *expérience. Leuckart*, 1856. — Cochon de lait tué six mois après l'infestation. On trouve de 2 à 3000 Cysticerques complètement développés; sauf quelques exceptions, ils sont tous logés dans les muscles périphériques du corps.

12e *expérience. Mosler*, 1865. — Un Cochon avale des anneaux mûrs de Ténia. Au 9e jour, on trouve, entre les fibres musculaires du cœur, des petits Vers mesurant 33 μ sur 24 μ.

13e *expérience. Gerlach*, 1870. — Dans les muscles d'un Cochon de six mois, 21 jours après l'infestation, on trouve un grand nombre de vésicules qui portent les premières ébauches de la tête du Cysticerque ladrique.

14e, 15e, 16e *et* 17e *expériences. Gerlach*, 1870. — Mêmes expériences. L'autopsie du Porc est faite 40, 60, 110 jours après l'infestation. Résultat positif pour les jeunes Cochons de lait, négatif pour des animaux âgés de neuf mois et même de six mois. Gerlach conclut que le Porc ne peut contracter la ladrerie que pendant sa jeunesse.

P. J. van Beneden, *Mémoire sur les Vers intestinaux*. Supplément aux Comptes rendus des séances de l'Acad. des sciences, II, 1861. — Voir p. 146.

Mosler, *Helminthologische Studien und Beobachtungen*. Giessen, 1865. — Voir p. 52.

Gerlach. Zweiter Jahresbericht der kgl. Thierarzneischule in Hannover, 1870.

Les premières phases du développement de *Cysticercus cellu-*

losæ sont très imparfaitement connues (1). Au 9e jour de l'infestation, Mosler a vu les jeunes Cysticerques constitués par des vésicules ovales, longues de 33 μ, larges de 22 μ, situées dans l'interstice des fibres musculaires et dépourvues de capsule enveloppante. A cette époque, ce sont donc des Vers dont les dimensions sont peu supérieures à celles de l'embryon hexacanthe, mais qui se distinguent de celui-ci par l'absence d'épines et par leur contenu granuleux.

Au 21e jour, Leuckart a trouvé les Cysticerques dans les muscles; c'étaient des vésicules libres, à mince paroi, mesurant au plus $0^{mm},8$. De forme sphérique, ils s'effilaient à l'extrémité céphalique et le rudiment de la tête se montrait en ce point sous forme d'un petit bourgeon. Leur corps n'était pas encore creusé d'une cavité, ni parcouru par des vaisseaux.

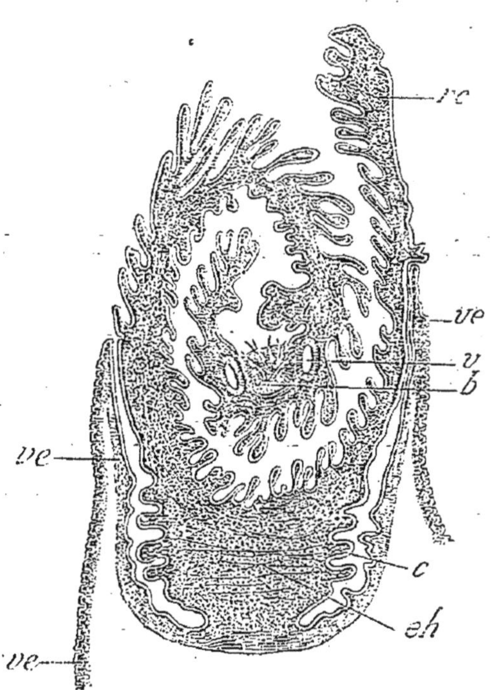

Fig. 241. — Coupe de *Cysticercus cellulosæ*, d'après Moniez. — *ch*, tissus appartenant à l'embryon hexacanthe. Les autres lettres comme dans la fig. 214.

Au 32e jour, ce sont des vésicules longues de 1 millimètre, larges de $0^{mm},7$, autour desquelles le tissu conjonctif intermusculaire ne s'est pas encore condensé en un kyste adventice; ce tissu présente néanmoins, au voisinage même du kyste, une zone finement granuleuse, formée de cellules serrées les unes contre les autres; à mesure que le Cysticerque avancera en âge, on verra ces cellules se modifier pour lui constituer une capsule. La jeune larve est alors hydropique; sa paroi, épaisse seulement de 70 μ, est parcourue par

(1) Rainey, qui a rencontré pour la première fois *Sarcocystis Miescheri* dans les muscles du Porc, avait pris ce Sporozoaire pour un jeune Cysticerque. — Voir page 60.

un grand nombre de vaisseaux ramifiés, qui s'anastomosent en partie : des entonnoirs vibratiles se voient sur les plus petites branches.

Les modifications que subira désormais le Cysticerque porteront sur la tête ou sur son *receptaculum*. La tête, avec ses ventouses et ses crochets (fig. 241), se forme de la même manière que chez *Cysticercus pisiformis* (fig. 214) : elle prend naissance dans le fond du *receptaculum capitis* et un peu sur le côté. Le *receptaculum* est lui-même remarquable par l'extrême développement de ses plis. D'après Moniez, il persiste, derrière le *receptaculum*, « une masse importante des tissus de l'embryon hexacanthe, et cette masse est même plissée d'ordinaire

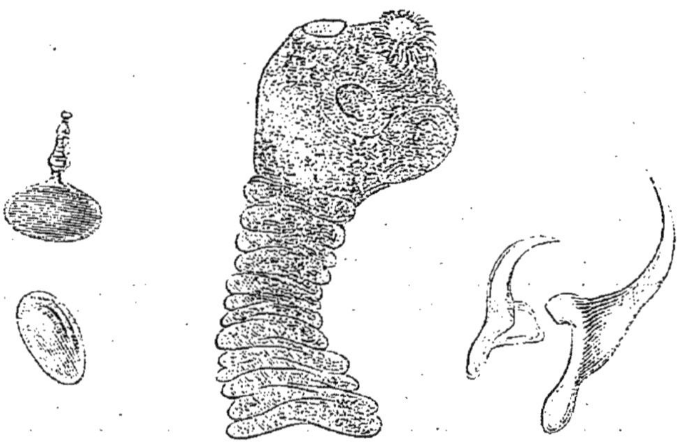

Fig. 242. — *Cysticercus cellulosæ*. A gauche, de grandeur naturelle : en bas, intact ; en haut, avec la tête et le cou évaginés. Au milieu, tête et cou très grossis. A droite, deux crochets, un de chaque rangée, très grossis.

comme s'il s'agissait d'anneaux (fig. 241, *eh* ; fig. 242). La partie de la vésicule qui lui fait suite se réfléchit et glisse sur les parois du *receptaculum*, et peut atteindre jusqu'à son sommet. Notre dessin représente un Cysticerque dont les deux lèvres de la paroi d'invagination ont cessé d'être intimement appliquées sur les autres parties du *receptaculum* et se sont dégagées de la vésicule. » Les corpuscules calcaires n'existent pas chez *Cysticercus cellulosæ* ; on en trouve bien dans les tissus de la vésicule qui suivent le *receptaculum*, mais ce dernier en est totalement dépourvu (fig. 241, *c*).

Leuckart admet que le Cysticerque est parvenu à son complet développement avant la fin du troisième mois. Quant à sa longévité, les documents précis font encore défaut, du moins pour la ladrerie du Porc; nous aurons plus loin l'occasion de revenir sur ce point. Les expériences de Perroncito ont fait voir que ce Cysticerque ne résistait pas à une chaleur de 47 à 48° ; il est un peu plus tenace que celui de la ladrerie du Bœuf. Dans les viandes de la cuisse du Porc, on le trouve encore vivant vingt-neuf jours après la mort de son hôte; dans les mêmes conditions, le Cysticerque du Bœuf est déjà mort au bout de quatorze jours.

La ladrerie du Porc engendre le Ver solitaire. Ce fait est assurément connu depuis l'antiquité la plus reculée, et c'est à lui, sans aucun doute, qu'il faut attribuer l'interdiction de la viande de Porc faite par Moïse aux Hébreux, interdiction que prononça également Mahomet.

Au dire de Leuckart, Küchenmeister est le premier qui ait montré, en se basant sur la parfaite similitude de la tête, les rapports de *Cysticercus cellulosæ* du Porc avec *Tænia solium* de l'Homme, et qui ait conclu que le premier était l'état jeune du second. Il est vrai que Küchenmeister est le premier qui ait songé à faire dériver ces deux formes l'une de l'autre, grâce à une migration; mais il n'est pas exact, sauf ce dernier point, de dire qu'il ait le premier admis leur étroite parenté. Cette opinion était déjà nettement exprimée par Dujardin en 1845 (1).

Les expériences que nous avons rapportées plus haut prouvent que *Cysticercus cellulosæ* du Porc provient du développement des œufs de *Tænia solium*. Pour achever de démontrer l'identité spécifique de ces deux Cestodes, il était indispensable de voir le Cysticerque se transformer en Ténia adulte. En outre de l'observation journalière de Ténias chez les individus qui mangent habituellement de la viande de Porc crue ou peu cuite, la question a été résolue expérimentalement.

1re *expérience. Humbert,* 1854. — Le 11 décembre, Aloys Humbert avale, en présence de Carl Vogt et de Moulinié, 14 Cysticerques provenant d'un Porc ladre. Dans les premiers jours de mars 1855, il commence à rendre des fragments considérables de Ténia, que Vogt reconnaît pour appartenir à *Tænia solium.*

(1) F. Dujardin, *Histoire naturelle des helminthes*, Paris, 1845. — Voir p. 544 et 633.

2e *expérience. Küchenmeister*, 1855. — Un condamné à mort prend successivement et à son insu, dans du boudin et du potage, 12, 18, 15, 12, 18 Cysticerques ladriques, à des époques correspondant à 72, 60, 36, 24, 12 heures avant l'exécution. Ces Cysticerques provenaient d'un Porc tué 84 heures avant la première ingestion. L'autopsie est faite 48 heures après l'exécution : on trouve dans le duodénum 4 jeunes Ténias, qui tous avaient encore sur la tête une ou deux paires de crochets; l'un de ces Vers avait encore la couronne de crochets presque complète. On trouve en outre, dans la lavure des intestins, six autres Ténias qui manquaient de crochets.

3e *expérience. Leuckart*, 1856. — Un Homme de trente ans prend 4 Cysticerques. Deux mois et demi après, il rend des anneaux; un mois plus tard, une dose de Cousso expulse deux *Tænia solium*, dont l'un sans la tête.

4e *expérience. Leuckart*, 1856. — Un Homme de quarante-cinq ans, atteint du mal de Bright, prend environ 12 Cysticerques provenant d'un Porc ladre. Résultat négatif.

5e *expérience. Leuckart*, 1856. — On administre à un phthisique environ 12 Cysticerques provenant d'un Porc ladre; le malade meurt deux mois après. Résultat négatif.

6e *expérience. Hollenbach*, 1859. — Hollenbach avale lui-même une cuillerée à thé de Cysticerques ladriques. Il rend au bout de 5 mois un fragment de Ténia long de 5 pieds, dépourvu de tête.

7e *expérience. Küchenmeister*, 1859. — Le 24 novembre 1859 et le 18 janvier 1860, on administre un total de 40 Cysticerques à un condamné à mort, dont l'exécution eut lieu le 31 mars suivant. A l'autopsie, on trouve 11 Ténias avec les anneaux mûrs et 8 autres non encore tout à fait mûrs.

8e *expérience. Heller*, 1876. — Un phthisique prend 25 Cysticerques ladriques. Il meurt au bout de 18 jours : à l'autopsie, on trouve dans l'intestin 12 têtes de *Tænia solium*, encore très petites et ne présentant pas de segmentation visible à l'œil nu.

Ajoutons que des expériences du même genre ont été tentées, mais en vain, chez le Lapin, le Cochon d'Inde, le Chien et chez *Macacus cynomolgus*. Après 24 heures, on retrouvait encore les têtes de Ténia ingérées; plus tard, on n'en voyait plus la moindre trace, elles avaient sans doute été digérées.

G. Bertolus, *Dissertation sur les métamorphoses des Cestoïdes*. Thèse de Montpellier, 1856, rapporte l'expérience de Humbert, p. 47.

Fr. Küchenmeister, *Offenes Sendschreiben an die k. k. Gesellschaft der Ærzte zu Wien. Experimenteller Nachweis, dass Cysticercus cellulosæ innerhalb des menschlichen Darmkanales sich in Tænia solium umwandelt*. Wiener med. Wochenschrift, V, p. 1, 1855. — Id., *Erneuter Versuch der Umwandlung des*

Cysticercus cellulosæ in Tænia solium hominis. Deutsche Klinik, XII, p. 187, 1860.

Leuckart, *Die Blasenbandwürmer und ihre Entwicklung.* Giessen, 1856. — Voir p. 53.

Hollenbach. Wochenschrift der Thierheilkunde und Viehzucht, II, p. 301 u. 353, 1859.

Heller, *Darmschmarotzer.* Ziemssen's Handbuch der speciellen Pathologie und Therapie, VII, 2, p. 597. Leipzig, 1876.

Avant d'aborder l'étude de *Tænia solium*, nous devons parler maintenant des cas où *Cysticercus cellulosæ* se rencontre chez l'Homme. Rumler, en 1558, est le premier observateur qui en fasse mention : il trouva sur la dure-mère et contre la boîte cranienne d'un épileptique des tumeurs dans lesquelles il est aisé de reconnaître des Cysticerques (1). En 1650, Panarolus en vit également sur le corps calleux d'un prêtre épileptique. En 1656, Wharton retrouva ces mêmes parasites en grand nombre dans le pannicule adipeux et dans les muscles d'un soldat ; il les prit pour des glandes (2). La nature animale des Cysticerques fut reconnue en 1685 par Ph.-J. Hartmann, de Königsberg, d'après des observations faites sur *Cysticercus tenuicollis* ; trois ans plus tard, ce même auteur exprimait encore la même opinion : « glandia, aut quocunque nomine his affines veniant pustulæ, nidos esse vermiculorum, mihi fit verosimile. »

Nous devons rechercher maintenant de quelle manière se fait l'infestation. Au premier abord, il semble évident qu'elle s'ef-

(1) « Secto a me, in capite, pustulæ supra duram meningem apparuerunt, erosâ ipsâ et cerebro per foramina eminente pluribus in locis. » — J. Ud. Rumleri *Observationes medicæ*, 1558. Voir obs. LIII, p. 32.

(2) Cette observation vaut la peine d'être citée en entier : « Hujus generis glandulas sanas valde numerosas nuper vidimus in milite quodam, cui nomen Rice Evans, in nosocomio Sabaudiensi London, curationis gratia tunc morante. In cujus brachiis et femoribus modo simplices, modo racematim crescentes sub cute deprehendebantur, et vel in panniculo carnoso, vel cute adiposa sedem habebant. Omnes autem mobiles erant et indolentes, licet pressiuscule contractarentur. Chirurgus expertissimus M. Trappam, ut huic malo occurreret, salivationem, inuncto mercurio, movebat, sed frustra : quanquam enim æger ad tempus levaminis aliquid percipere visus est : paulo post tamen morbus, ut prius, incruduit. Chirurgus me præsente, facta incisione, unam majusculam ex femore dextre extrahebat. Quæ citra ullum putridum aut corruptum humorem tota ex solida glandulosa atque alba carne constabat. Quod satis demonstrat, dari glandulas adventitias plane sanas, nisi quod in numero partium præternaturalium recenseantur. » — Th. Wharton, *Adenographia, sive glandularum totius corporis descriptio.* Londini, in-8, 1656 ; Amstelodami, in-12, 1659. — Cap. XXXVIII, *Divisio glandularum adventitiarum, et primo de sanis.*

fectue pour l'Homme de la même façon que pour le Porc, c'est-à-dire par la simple pénétration des œufs de *Tænia solium* dans le tube digestif. Ces œufs microscopiques peuvent être amenés par l'eau, par des végétaux au contact desquels on a mis du fumier, par des poussières déposées à la surface de différents objets que l'on a coutume d'introduire dans la bouche, etc. Des habitudes de malpropreté seront une cause prédisposante : Stich a reconnu que la ladrerie étaitplus fréquente dans les classes pauvres que dans la classe aisée. Dans ces conditions, on peut s'attendre à ne trouver chez le malade qu'un petit nombre de Cysticerques, parfois même un seul : d'après Dressel, ce dernier cas s'observerait 37 fois sur 100.

Mais si l'individu est soumis à des causes persistantes d'infestation, par exemple s'il ignore les soins de propreté les plus usuels, s'il cohabite avec une personne atteinte de Ténia, les Cysticerques pourront être nombreux. Baistrocchi en a trouvé 154 chez un homme, dont 141 dans les muscles. Stich en a trouvé de 500 à 600 dans les muscles et sous la peau d'une femme. Lessing a vu, chez une aliénée, plus de 1000 Cysticerques répandus sur toute la surface du corps ; sous la peau, on les sentait disposés en cordons. Lancereaux a publié l'observation d'une chiffonnière, qui survécut à la ladrerie et dont, par conséquent, l'autopsie n'a pas été faite : les Cysticerques accessibles au regard et à la palpation étaient au nombre de plus de mille.

Chez un vieillard de soixante-dix-sept ans, mort à l'Hôtel-Dieu de Lyon, Bonhomme put retirer des muscles 900 kystes ; il évalue à plus de 2000 le chiffre total des kystes renfermés dans les divers organes. Un gendarme de la garde, vu par Onimus au Val-de-Grâce, avait les muscles littéralement farcis de Cysticerques. Ces parasites étaient aussi extrêmement nombreux chez le malade vu par Boyron dans le service de Broca, chez ceux de Féréol, de Duguet, de Rendu, etc. Chaillou compte 20 ou 25 Cysticerques dans un carré de 5 centimètres. Après avoir sectionné longitudinalement un morceau de muscle de la face postérieure de la cuisse, Rendu compta 63 Cysticerques sur les deux surfaces de la section, mesurant ensemble un peu plus de 20 centimètres carrés.

Notons d'une façon toute spéciale que la femme de l'un des

malades de Troisier était atteinte du Ténia depuis sept ans.

On doit admettre encore que les coprophages puissent être pour le Cysticerque ladrique une proie facile, comme le montrent des observations de Wendt et de Birch-Hirschfeld, et que le parasite se développe en grande masse à la suite de l'introduction dans l'estomac, non plus d'œufs isolés, mais d'anneaux entiers : ceux-ci peuvent être amenés à la bouche dans diverses circonstances, par exemple pendant le sommeil chez les individus porteurs d'un Ténia : on se trouve alors en présence d'une auto-infestation véritable.

L'auto-infestation peut d'ailleurs se faire sans que l'anneau rempli d'œufs passe nécessairement par la bouche. Tant à cause des mouvements de reptation dont ils sont capables, que par suite des contractions antipéristaltiques de l'intestin grêle, un ou plusieurs anneaux peuvent remonter jusque dans l'estomac; nous avons déjà parlé des cas où le Ténia était rendu par le vomissement. Dans ces circonstances, le suc gastrique agit sur l'anneau, dénude les œufs et en digère la coque ; l'embryon hexacanthe se trouve mis en liberté et peut traverser la paroi du tube digestif pour s'en aller dans les organes.

Cette explication n'est valable que dans les cas où la présence de *Tænia solium* a été constatée dans l'intestin du malade soit au moment où les Cysticerques se développaient, soit un peu avant.

La coexistence du Ténia et des Cysticerques ne serait pas très rare : en 1875, Lewin pouvait en réunir 20 ou 21 cas, dont 5 ou 6 étaient dus à von Gräfe. Depuis lors, Müller en a observé deux cas nouveaux et Pertot, Heller, de Wecker, Boyron, Féréol, Rathery, Rampoldi et Troisier chacun un cas, ce qui fait un total de 30 à 31 cas bien constatés.

Quel que soit le mode d'infestation, les embryons hexacanthes pénètrent dans les organes et s'y transforment en Cysticerques. Ceux-ci n'ont point encore été rencontrés dans les os, du moins une observation de ce genre rapportée par Froriep n'est pas indiscutable ; ils sont rares également dans le foie, mais se voient avec une grande fréquence dans les muscles, dans l'encéphale, sous la peau et dans l'œil, etc.

On trouvera dans l'ouvrage de Davaine le résumé d'un grand nombre d'observations de ladrerie chez l'Homme. Nous devons néanmoins entrer nous-même dans quelques détails quant à la distribution et quant à la fréquence des Cysticerques dans les différents organes.

Le vieillard dont Bonhomme a fait l'autopsie avait environ 2000 Cysticerques dans le tissu conjonctif sous-cutané, sous-aponévrotique et intermusculaire; son mésentère était farci de kystes; on en trouvait encore 111 dans les centres nerveux, 16 dans les poumons, 3 ou 4 sur les côtés du larynx, plusieurs dans la parotide, quelques-uns à la surface des reins, un seul à la base de la langue, dans le pancréas et dans le cœur. On n'en rencontrait aucun dans les os, les yeux, le foie, la rate, les reins, la moelle ; cette dernière, il est vrai, n'a été qu'incomplètement examinée. L'intestin ne renfermait pas de Ténia.

L'individu dont Baistrocchi a fait l'autopsie avait 141 Cysticerques dans les muscles, 9 dans le cerveau, 2 dans le péritoine, 1 dans le cœur et 1 dans le poumon.

Müller a relevé 36 cas de ladrerie chez l'Homme dans les registres d'autopsie des hôpitaux de Dresde et d'Erlangen ; 22 cas se rapportent à la première de ces villes, 14 à la seconde. Le parasite siégeait 21 fois dans le cerveau, 12 fois dans les muscles (11 cas à Dresde, 1 cas à Erlangen) et 3 fois dans le cœur. De la même manière, Dressel a relevé 87 cas de ladrerie à l'Institut pathologique de Berlin. Le parasite siégeait 72 fois dans le cerveau (dont 66 fois à l'exclusion de tout autre organe), 13 fois dans les muscles (dont 5 fois à l'exclusion de tout autre organe), 6 fois dans le cœur (dont 2 fois à l'exclusion de tout autre organe), 3 fois dans le poumon, 3 fois sous la peau et 2 fois dans le foie.

Les observations de Bonhomme et de Baistrocchi nous amènent à conclure que, de même que chez le Porc, le Cysticerque ladrique se loge, chez l'Homme, de préférence dans le tissu conjonctif intermusculaire. Mais les statistiques publiées par Müller et Dressel conduisent à une conclusion toute différente : il en résulte que le parasite se fixerait le plus habituellement dans l'encéphale. Malgré la concordance des résultats obtenus par ces deux auteurs, nous estimons qu'il s'agit là d'une pure apparence, et que bien réellement le Cysticerque siège d'ordinaire dans les muscles. Plongé dans ces organes, il passe aisément inaperçu et ne trahit sa présence que par des accidents peu graves; il amène rarement la mort et, même dans ce cas, l'autopsie n'est pas toujours faite. Renfermé dans les centres nerveux, il provoque au contraire l'apparition de symptômes et d'accidents variés, dont la mort est l'issue habituelle et dont la cause, le plus souvent obscure, doit être recherchée par le médecin : celui-ci pratique donc l'autopsie, qui lui fait découvrir le parasite.

Les Cysticerques sous-cutanés et sous-aponévrotiques rentrent dans la catégorie des Cysticerques intramusculaires. Comme ceux-ci, ils siègent au sein du tissu conjonctif; et Lewin, qui leur a consacré une importante étude, est d'accord avec tous les auteurs pour reconnaître que les Cysticerques dits cutanés « ne siègent pas dans la peau, mais au-dessous d'elle, dans le tissu sous-cutané ou dans les diverses couches de la musculature. » Ce fait a encore été confirmé récemment par Sevestre, qui eut l'occasion de faire l'autopsie d'un individu mort de ladrerie « sous-cutanée » : tous les parasites siégeaient dans les muscles, bien que faisant saillie sous la peau.

A l'inverse de ce qui s'observe chez le Porc, il est extrêmement rare de rencontrer le parasite sous la langue de l'Homme: le langueyage ne saurait ici éclairer en rien le diagnostic. Les seuls observateurs qui, à notre connaissance, aient signalé l'existence de kystes sublinguaux sont Rudolphi, Bonhomme et Lancereaux.

Lessing. Schmidt's Jahrbücher, XCIX, p. 98, 1858.

Bonhomme, *Observation de généralisation de Cysticerques chez l'Homme.* Comptes rendus de la Soc. de biologie (3), V, p. 62, 1863.

Onimus, *Cysticerques chez l'Homme. Mort.* Gazette des hôpitaux, XXXVIII, p. 237, 1865.

Paulet, *Des Cysticerques chez l'Homme.* Ibidem, p. 257.

Lancereaux, *Sur la ladrerie chez l'Homme.* Arch. gén. de méd. (6), XX, p. 543, 1872.

Merli, *Sull' autoinfezione elmintica.* Il Morgagni, XVI, p. 460, 1874.

Lewin, *Ueber Cysticercus cellulosæ und sein Vorkommen in der Haut des Menschen.* Charité-Annalen, II, p. 609, 1875.

J. Boyron, *Essai sur la ladrerie chez l'Homme, comparée à cette affection chez le Porc.* Thèse de Paris, 1876.

Gillette, *Nouveau cas de ladrerie chez l'Homme.* Union médicale (3), XXI, p. 662 et 720, 1876.

Dressel, *Zur Statistik des Cysticercus cellulosæ.* Inaug. diss. Berlin, 1877.

J. Rendu, *Ladrerie généralisée chez l'Homme.* Lyon médical, XXV, p. 474, 1877.

Ed. Schiff, *Ein Fall von Cysticercus cellulosæ cutaneus.* Vierteljahrsschrift für Dermatologie und Syphilis, IX, p. 275, 1879.

Féréol, *Ladrerie généralisée chez un Homme ayant rendu un Tænia; complication de diabète sucré.* Bull. de la Soc. méd. des hôp. (2), XVI, p. 151, 1879.

Rathery, *Observation de ladrerie chez l'Homme.* Ibidem (2), XVII, p. 62, 1880.

Duguet, *Ladrerie chez l'Homme.* Ibidem, p. 68.

J. Pellot, *De la ladrerie chez l'Homme.* Thèse de Paris, 1880.

Ett. Baistrocchi, *Un caso di Cysticercus cellulosæ hominis.* Rivista clinica di Bologna, p. 414, 1881.

Fr. Guermonprez, *La ladrerie chez l'Homme.* Journal des sc. méd. de Lille, IV, p. 877, 1882. — Id., *Note sur un cas de Cysticerque du sein.* Lyon médical, XLIV, p. 73, 1883.

Troisier, *Un cas de ladrerie chez l'Homme. Coïncidence de Ténia solium et de Cysticerques.* Bull. de la Soc. méd. des hôp. (2), XIX, p. 206, 1882. — Id., *Contribution à l'histoire de la ladrerie chez l'Homme.* Ibidem (2), XXII, 1885.

A. Sevestre, *Note sur un cas de ladrerie chez l'Homme. Note complémentaire.* Union médicale (3), XXXV, p. 457, 1883. — (Malade vu déjà par Rathery).

C. Bergonzini, *Caso di Cisticerchi multipli in una donna.* Lo Spallanzani (2), XII, p. 316, 1883.

T. de Amicis, *Tre nuovi casi di Cysticercus cellulosæ nella cute umana diagnosticati sul vivente.* Giorn. internaz. delle scienze mediche (2), VII, p. 145, 1885.

Les Cysticerques s'observent très fréquemment dans l'encéphale. En 1868, Küchenmeister en a rassemblé 88 cas, à propos desquels il a publié d'intéressantes statistiques. De son côté, Dressel en a recueilli 71 observations. Les parasites se répartissaient comme suit, dans les cas rapportés par Küchenmeister :

Méninges	Dure-mère	6	40 fois.
	Arachnoïde	11	
	Pie-mère	23	
Plexus choroïdes		9	—
Surface des hémisphères		59	—
Substance corticale		41	—
Substance médullaire		19	—
Ventricules et aqueduc de Sylvius		16	—
Corps strié et commissure antérieure		17	—
Couches optiques et commissure grise		15	—
Tubercules quadrijumeaux		4	—
Glande pinéale		4	—
Protubérance annulaire		4	—
Nerf olfactif		2	—
Corps calleux		2	—
Bulbe		2	—
Olives		1	—
Lobes frontaux		4	—
Nerf optique		1	—
Entre les nerfs optiques		1	—
Cervelet		18	—

Bonhomme nous fournit aussi des renseignements statistiques sur la distribution des Cysticerques dans l'encéphale. L'individu qu'il eut l'occasion d'examiner lui présenta 111 parasites encéphaliques, dont 22 siégeaient dans les méninges, 84 dans le cerveau, 5 dans le cervelet et 1 dans le bulbe.

Les Cysticerques se trouvent logés le plus souvent dans les méninges ou à la surface du cerveau : on les voit alors s'étirer volontiers dans le sens des sillons qui séparent les circonvolutions cérébrales. Par ordre de fréquence, on les trouve ensuite dans l'épaisseur des diverses parties de l'encéphale ; plus rarement, ils sont libres dans la cavité des ventricules. Nous ne pouvons du reste insister sur les particularités nombreuses qu'ils peuvent présenter.

Avant de parler des Cysticerques de l'œil, nous devons pourtant signaler encore une forme remarquable que peuvent prendre parfois les Cysticerques encéphaliques. Zenker a fait

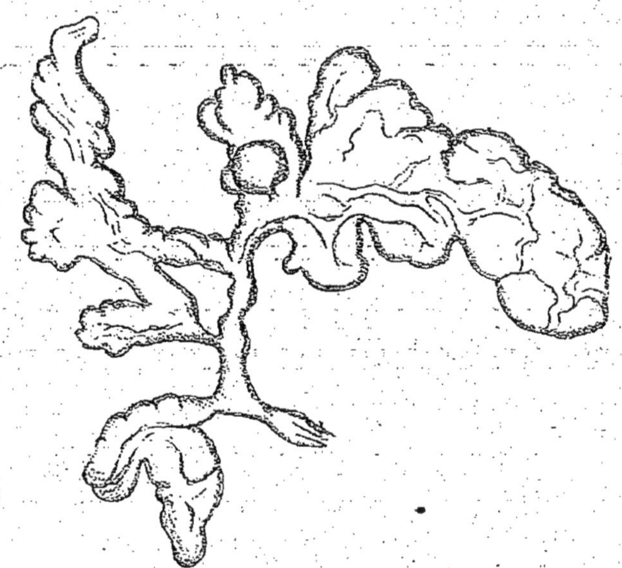

Fig. 243. — Fragment d'un *Cysticercus racemosus*, d'après Zenker (grandeur naturelle).

connaître sous le nom de *Cysticercus racemosus* (1) une variété de *C. cellulosæ* qui se présente sous un aspect singulier. Au lieu d'être arrondie et globuleuse, la vésicule du Cysticerque prend

(1) Heller appelle cette variété *Cysticercus botryoides* et Küchenmeister *C. multilocularis*.

la forme la plus irrégulière : elle est constituée par une série d'étranglements et de dilatations de taille très inégale; elle se bifurque de manière à ressembler plus ou moins à une grappe de raisin (fig. 243). Zenker a fait une étude détaillée de cette variété de Cysticerques; il en reconnaît quatre formes : 1° forme festonnée, 2° forme plurivésiculée, 3° forme acineuse, 4° forme en grappe. Ces distinctions, tout artificielles, n'ont d'autre importance que de montrer que l'état en question peut se développer à des degrés très divers.

Les vésicules ainsi modifiées atteignent parfois une taille considérable. Zenker a vu l'une d'elles mesurer 15 centimètres de longueur et, dans un cas, Heller leur aurait même trouvé une longueur de 25 centimètres. La véritable nature de ces productions est suffisamment démontrée par leur structure même, qui est celle des Cysticerques normaux : aussi, l'observation de la tête n'est-elle pas indispensable pour assurer le diagnostic. Celle-ci, du reste, est difficile à trouver : elle peut se développer aussi bien sur le trajet d'une portion rétrécie que dans une dilatation; dans bien des cas, elle demeure incomplète, ses crochets étant en petit nombre ou même ne dépassant point la forme de bâtonnets chitineux sous laquelle ils se montrent tout d'abord. D'une façon générale, on peut dire que plus il se différencie et s'écarte du type normal, plus *Cysticercus racemosus* a de tendance à la stérilité. Il ne faut pourtant pas croire, avec Marchand, que la tête s'est d'abord complètement développée, pour entrer ensuite en régression : l'absence de bourgeon céphalique est primitive, comme dans la variété d'Hydatides que nous apprendrons plus tard à connaître sous le nom d'*Acéphalocystes*.

La variété rameuse du Cysticerque ladrique n'a encore été observée qu'au niveau des centres nerveux. Elle occupe les espaces sous-arachnoïdiens de l'encéphale et de la moelle, ainsi que les ventricules cérébraux. Sauf de rares exceptions, les Cysticerques sont libres, c'est-à-dire non enkystés, et la forme remarquable qu'ils affectent tient d'une part à ce que l'absence de capsule leur permet de s'étaler, d'autre part à la disposition même des espaces dans lesquels ils sont contenus, espaces dont ils suivent les sinuosités et les détours. Ajoutons à cela que l'irrégularité est encore déterminée par la présence des brides vasculaires qui traversent les espaces sous-arachnoïdiens : en venant buter contre celles-ci, les Cysticerques s'étranglent et poussent de chaque côté de l'obstacle un prolongement qui pourra se comporter à son tour de la même manière.

Quelle que soit la voie suivie par l'embryon hexacanthe pour parvenir jusqu'à l'encéphale, on doit se demander si les Cysticerques se sont trouvés libres d'emblée dans les espaces lymphatiques ou s'ils n'ont pas été primitivement enkystés. Leuckart est de ce dernier avis : s'appuyant sur des faits analogues dont nous parlerons bientôt à propos des Cysticerques de l'œil, il admet que l'état libre n'est que secondaire. Telle est aussi notre manière de voir : nous pensons que le Cysticerque, renfermé tout d'abord dans le tissu même de l'arachnoïde ou de la pie-mère et n'y jouissant que d'un espace fort restreint, a fait saillie en dehors de celle-ci au fur et à mesure de son développement hydrophique et a fini de la sorte par tomber dans la cavité sous-arachnoïdienne. Cette sorte de migration passive s'accomplit de bonne heure, avant que le tissu conjonctif ambiant se soit condensé autour du parasite.

En raison des conditions spéciales qui lui donnent naissance, la variété rameuse du Cysticerque s'observe assez rarement. Les premiers cas en ont été signalés par Calmeil et par Forget ; ces deux observateurs croyaient avoir affaire à des Hydatides intra-craniennes. Plus tard, Virchow en observa 3 cas, Zenker 7, Marchand 3, Klob 2, Westphal et Merkel chacun un cas. Enfin, Davaine a rencontré lui-même cette forme, si on en juge par le n° 3 de sa figure 14.

Calmeil, *Encéphale*. Dictionnaire de méd. en 30 volumes. Paris, 1835.

Forget, *Cas d'Hydatides intra-craniennes*. Gazette méd. (3), I, p. 975, 1846.

R. Virchow, *Helminthologische Notizen. — V. Trauben-hydatiden der weichen Hirnhaut*. Virchow's Archiv, XVIII, p. 528, 1860.

Westphal, *Cysticercen des Gehirns und Rückenmarks*. Berliner klin. Wochenschrift, p. 425, 1865.

Klob, *Cysticercus cellulosæ im Gehirn*. Wiener med. Wochenschrift, p. 115 u. 129, 1867.

Fr. Küchenmeister, *Ueber die Cysticercen des Hirns und ihr Verhältniss zu Lähmungen, Epilepsie und Geisteskrankheiten*. Oesterr. Zeitschrift für pract. Heilkunde, 1868.

H. Wendt, *Fall von Cysticercen im Gehirn als Folge, nicht als Ursache der Geistesstörung*. Allgemeine Zeitschrift für Psychiatrie, XXXI, p. 401, 1874.

Pertot, *Cisticerco multiplo del cervello*. Il Morgagni, XVI, p. 379, 1874.

Arn. Heller, *Invasions-Krankheiten*. Ziemssen's Handbuch der spec. Patho-

logie und Therapie, III. 1te Auflage, p. 333, 1874; 2te Auflage, p. 360, 1876.
A. Sevestre, *Cysticerques de l'encéphale.* Bull. de la Soc. anatomique, (2), XX, p. 847, 1875.
F. Marchand, *Ein Fall von sogenannten Cysticercus racemosus des Gehirns.* Virchow's Archiv, LXXV, p. 104. 1879. — Id., *Ueber zwei neue Fälle von Cysticercus racemosus des Gehirns.* Breslauer ärztliche Zeitschrift, nº 5, 1881.
Fr. Flint, *A case of Cysticercus cellulosæ in the ventricles of the brain; sudden death.* The Lancet, I, p. 574, 1881.
F. A. Zenker, *Ueber den Cysticercus racemosus des Gehirns.* Beiträge zur Anat. und Embryol. als Festgabe Jacob Henle zum 4. April 1882 dargebracht von seinen Schülern. Bonn, p. 119, 1882.
D. Bernard, *Note sur un cas de Cysticerques celluleux de l'encéphale.* Arch. de neurologie, VII, p. 218, 1884.

Les Cysticerques se rencontrent fréquemment dans l'œil ou dans ses annexes; depuis la découverte de l'ophthalmoscope, les cas s'en sont considérablement multipliés, surtout dans la chambre postérieure et sous la rétine. Jusqu'en 1866, A. von Gräfe a observé 80 000 individus atteints de maladies des yeux : 80 avaient des Cysticerques. La distribution de ces derniers était la suivante :

Sous la conjonctive	5 fois.
Dans le tissu conjonctif de l'orbite	1 —
Dans la chambre antérieure	3 —
Dans le cristallin	1 —
Dans le corps vitré	70 —

De son côté, Poncet a publié en 1873 une statistique relative à 54 cas de Cysticerques de l'œil relevés par lui dans les auteurs; la publication de von Gräfe semble lui être demeurée inconnue. Les parasites se répartissaient ainsi :

Dans les paupières	3 fois.
Dans le tissu conjonctif de l'orbite	10 —
Sous la conjonctive et dans la cornée	13 —
Dans la chambre antérieure	9 —
Dans le corps vitré	19 —

D'après Berlin, de Stuttgart, les Cysticerques seraient très rares dans le tissu conjonctif de l'orbite : cet auteur n'en connaît que 3 observations authentiques, dues à von Gräfe, Horner et Higgens. C'est là, sans aucun doute, un chiffre trop faible : Poncet en a réuni 10 cas, parmi lesquels figure celui de Horner, ce qui nous amène à un total de 12 observations. Le parasite se voit plus fréquemment au-dessous de la conjonctive, comme le montrent les statistiques précédentes, ainsi que les observations plus récentes de Lainati et de Manfredi.

Le premier cas de Cysticerque du globe oculaire est dû à Portal, qui écrivait, en 1803 : « J'ai trouvé des Hydatides entre ces deux membranes (la choroïde et la rétine). » Puis viennent les observations de Schott et de Logan, en 1830 et 1833, relatives

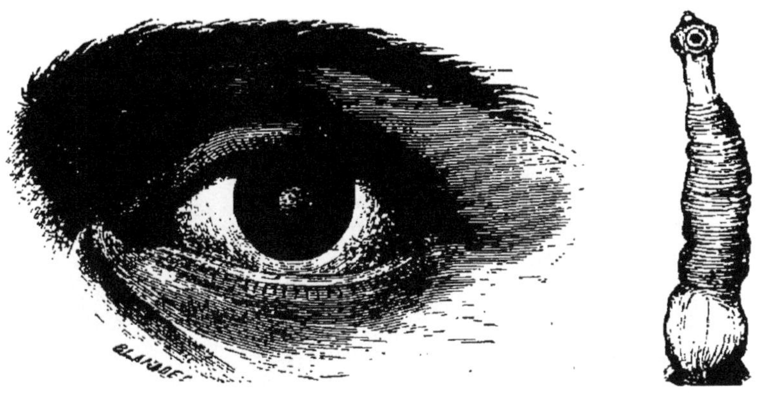

Fig. 244. — Cysticerque de la chambre antérieure de l'œil. A, tête du Cysticerque.

à des parasites de la chambre antérieure de l'œil (fig. 244). Les premiers auteurs qui aient signalé des Cysticerques dans le corps vitré sont Coccius en 1853 et von Gräfe en 1854; depuis lors, des observations analogues ont été faites bien des fois, grâce à l'emploi de l'ophthalmoscope.

Le Cysticerque du cristallin s'observe très rarement en France : on n'en connaît que quelques cas, relatés par Follin, Desmarres, Sichel fils, Poncet, de Wecker; ce dernier ne l'a vu qu'une fois sur 60 000 malades. Il semble être également très rare en Autriche, où Mauthner n'en a pas vu un seul cas sur 30 000 malades. En revanche, il est assez commun en Allemagne : von Gräfe et Hirschberg en ont publié des séries d'observations.

Le parasite se voit bien plus souvent sous la rétine ou dans le corps vitré (fig. 245) et, toute proportion gardée, on l'y observerait plus fréquemment dans le nord de l'Allemagne qu'en Suisse, en France ou dans l'Allemagne du sud.

Le Cysticerque qui siège dans les chambres de l'œil est presque toujours libre, c'est-à-dire dépourvu de membrane d'enveloppe : il nage dans le liquide et change de place suivant la position donnée à la tête; en outre de ces mouvements passifs, il est capable lui-même de contracter sa vésicule, d'évaginer ou de rétracter sa tête.

Leuckart a montré que les Cysticerques du cristallin et des chambres de l'œil ne se sont pas développés en ces endroits, mais bien dans les membranes voisines, l'iris ou la choroïde. Ce n'est que secondairement, et par une sorte de migration, qu'ils

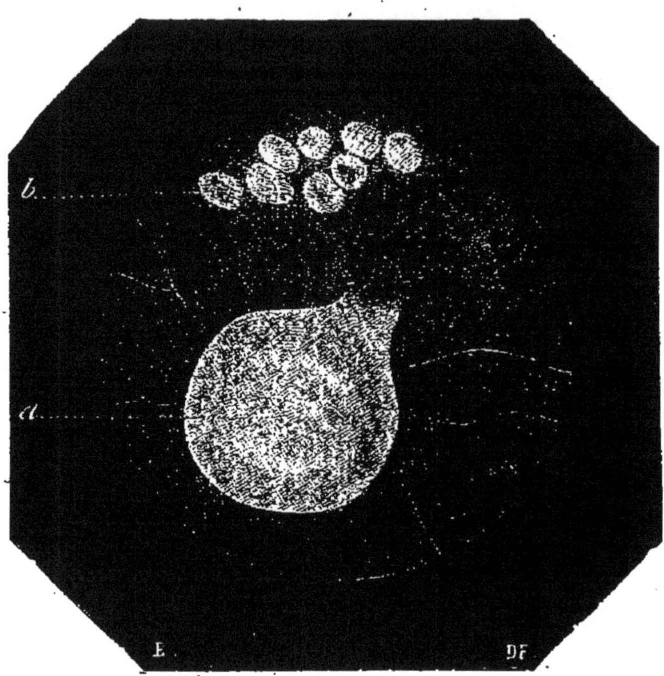

Fig. 245. — Cysticerque du corps vitré vu à l'ophthalmoscope, d'après von Gräfe; *a*, Cysticerque, derrière lequel disparaissent les vaisseaux rétiniens; *b*, impressions laissées sur la rétine et causées peut-être par le parasite.

tombent dans les milieux de l'œil : par exemple, le Ver sous-rétinien, par suite de son développement hydropique, décolle la rétine sur une étendue plus ou moins considérable, en même temps qu'il déprime cette membrane; il finit le plus souvent par la déchirer, et l'orifice ainsi produit lui permet de tomber dans la chambre postérieure ou dans le cristallin. Quand la rétine se laisse décoller facilement, le Cysticerque ne fait point irruption dans le corps vitré : il s'entoure alors d'une capsule conjonctive qui prend une épaisseur et une consistance considérables. L'examen ophthalmoscopique du fond de l'œil permet toujours de constater sa présence.

On ne connaît encore aucun cas de bi-latéralité du Cysticerque de l'œil, et Otto Becker est le seul observateur qui ait rencontré deux Cysticerques dans le même œil. Ce dernier fait, exceptionnel chez l'Homme, est beaucoup plus fréquent chez le Porc.

A. v. Gräfe, *Bemerkungen über Cysticercus*. Archiv für Ophthalmologie, XII, 2, p. 174, 1866.

F. Poncet, *Note sur un cas de Cysticerque de l'œil, logé entre la choroïde et la rétine*. Mém. de la Soc. de biologie, (5), V, p. 155, 1873.

Lainati, *Cisticerco sotto-congiuntivale*. Annali universali di medicina, CCXXIX, p. 182, 1874.

L. von Wecker, *Die Erkrankungen des Uvealtractus und des Glaskörpers*. A. von Gräfe und Sämisch's Handbuch der ges. Augenheilkunde, IV, p. 707, 1876.

Vignes, *D'un ophthalmozoaire occupant l'humeur vitrée; opération et guérison*. Progrès médical, VI, p. 157, 1878.

Berlin, *Die Tumoren der Augenhöhle*. A. von Gräfe und Sämisch's Handbuch der ges. Augenheilkunde, VI, p. 689, 1880.

R. Rampoldi, *Cisticerco retroretinico*... Annali diottalmologia, IX, p. 264, 1880.

H. Cohn, *Ueber fünf Extractionen von Cysticerken*. Breslauer ärztl. Zeitschrift, nº 28, 1881.

L. Jany, *Ueber Einwanderung des Cysticercus cellulosæ in's menschliche Auge*. Breslau, in-8º, 23 p., 1882; Wiesbaden, 1884.

G. Souquières, *Un cas de Cysticerque du corps vitré*. Lyon médical, XLIV, p. 353, 1883.

N. Manfredi, *Un caso di Cisticerco sotto-congiuntivale*. Atti della r. Accad. di med. di Torino, VI, p. 1, 1884.

F. Sperino, *Cisticerco retroretinico e suoi movimenti*. Ibidem, p. 85.

Les phénomènes pathologiques provoqués par la présence des Cysticerques sont variables suivant le siège même des parasites. Ceux qui sont logés sous la peau ou dans les muscles ne déterminent d'ordinaire que des accidents peu graves, à moins que leur nombre ne soit considérable. Les Cysticerques du cœur méritent pourtant une mention spéciale : quand ils sont placés sous l'endocarde ou suspendus aux valvules par un pédoncule, ils peuvent amener de la dyspnée, des syncopes, des battements de cœur, etc.

Les Vers intra-oculaires sont plus redoutables encore. Ceux du cristallin causent l'opacité de cet organe, ceux de la choroïde décollent la rétine et amènent une irido-choroïdite qui a pour conséquence la perte de la vision ; Poncet a décrit avec grand soin les lésions histologiques produites dans l'œil par un Cysticerque qui avait décollé la rétine. En revanche, les Vers de la chambre antérieure se laissent facilement extirper. On conçoit quels troubles visuels peuvent résulter de la présence de ces parasites dans l'œil ; il est intéressant de remarquer à ce propos que de semblables troubles peuvent être occasionnés par des Cysticerques encéphaliques, ainsi que Bernard l'a reconnu chez un individu dont le champ visuel était considérablement rétréci. A titre d'exception, nous devons citer encore le cas de Teale, dans lequel un Cysticerque a pu séjourner dans l'œil pendant deux ans, sans amener aucun trouble visuel.

Les Cysticerques de l'encéphale sont rarement inoffensifs. Le plus souvent, ils manifestent leur présence par des accidents redoutables, tels que des accès épileptiformes, des crampes, des paralysies, des troubles mentaux, etc., soit seuls, soit associés entre eux. La mort est l'issue habituelle; parfois elle est subite, sans qu'aucun accident préalable ait permis de supposer l'existence d'une tumeur ou d'un parasite encéphalique. Küchenmeister a fait l'étude de 88 cas de Cysticerques du cerveau : les principaux phénomènes observés pendant la vie du malade avaient été les suivants :

Pas de symptômes appréciables	16	fois.
Maux de tête, somnolence, langueur	6	—
Vertiges	1	—
Épilepsie	34	—
Paralysies	15	—
Troubles psychiques sans épilepsie	24	—
— — avec épilepsie	17	—
— — avec apoplexie	10	—

La longévité du Cysticerque de l'Homme semble être considérable. D'après Cobbold, elle serait de huit mois; mais ce chiffre est certainement bien au-dessous de la réalité. Stich l'évalue à une période de 3 à 6 années pour les Cysticerques sous-cutanés. Lafitte a vu dans le service de B. Anger un Homme de trente-cinq ans qui portait un Cysticerque dans la paume de la main; le parasite avait commencé à se montrer 4 ans auparavant. Von Dumreicher a vu, chez un Homme de vingt-cinq ans, un Cysticerque qui occupait la région temporale droite et qui remontait à 4 ans environ.

Le parasite vit encore plus longtemps dans l'œil et dans le cerveau. Sämisch a trouvé en parfait état de conservation, dans un œil qu'il avait énucléé, un Cysticerque dont il avait reconnu la présence 10 ans auparavant. Zülzer parle d'une femme de Breslau qui, pendant plus de 20 ans, servit dans les cours d'ophthalmologie à démontrer la présence du Ver dans l'œil. Quant à l'encéphale, Giac. Sangalli a vu durer 7 ans des phénomènes épileptiformes reconnaissant pour cause un Cysticerque; von Gräfe a vu des troubles nerveux durer 9 ans; Davaine les a vu durer 10 ans, Rodust 12, Voppel 19.

La ladrerie de l'Homme est plus rare en France et en Suisse

qu'en Allemagne. Zäslein nous donne pour la Suisse les renseignements suivants : à Zurich, Hasse ne l'a jamais vue et Eberth ne l'a pas observée une seule fois sur 2500 cadavres; à Bâle, C. E. E. Hoffmann ne l'a pas rencontrée non plus sur 1100 cadavres, mais Roth l'a vue 6 fois sur 1914 cadavres. En Allemagne, on l'observerait en moyenne 6 fois pour 1000 à Kiel, 6,7 fois à Erlangen, 11,3 fois à Dresde et 16,4 fois à Berlin. En ce qui concerne cette dernière ville, Virchow arrive à une moyenne un peu moins forte, 12,5 fois seulement pour 1000 malades, comme cela ressort de la statistique suivante, basée sur les cas observés à la Charité de 1875 à 1879 :

En 1875	16,3	cas pour 1000
En 1876	13,2	—
En 1877	11,1	—
En 1878	9,7	—
En 1879	12,3	—

On doit s'attendre à rencontrer quelque jour des Cysticerques dans les organes du fœtus ou chez des enfants nouveau-nés. Certains observateurs ont vu naître des Cochonnets atteints de ladrerie et, dans l'espèce humaine, on a vu les parasites se développer dans les tissus du placenta. Ces faits s'expliquent suffisamment par les migrations de l'embryon hexacanthe.

Il est actuellement hors de doute que les Cysticerques de l'Homme appartiennent tous à une seule et même espèce et représentent l'état larvaire de *Tænia solium*. D'anciens auteurs, Laennec et Kœberlé, ont cru pouvoir en reconnaître plusieurs variétés ou même plusieurs espèces, mais ces distinctions n'ont pas été adoptées : elles ne répondent à aucun caractère zoologique certain et n'ont d'ailleurs aucune utilité pratique.

L'identité du Cysticerque de la ladrerie de l'Homme avec celui de la ladrerie du Porc est déjà évidente pour qui fait une étude comparative de l'un et de l'autre. Il était bon néanmoins, pour couper court à toute discussion, de démontrer le fait expérimentalement : c'est à Redon que revient le mérite d'avoir résolu cette intéressante question.

Redon ingère, dans du lait tiède, quatre des kystes recueillis sur un cadavre échoué à l'amphithéâtre des hôpitaux de Lyon. En outre, comme ces Cysticerques pouvaient être ceux d'un Ténia porté par un animal en relation fréquente avec l'Homme;

comme d'autre part, si le Cysticerque de l'Homme et le Cysticerque du Porc ne font qu'un, le même individu peut porter les deux états, cystique et rubanaire, du même entozoaire, on prit la précaution d'en faire avaler un certain nombre à des Porcs et à des Chiens à la mamelle.

Des trois sujets mis en expérience, un seul, l'Homme, a fourni le milieu favorable. Les Porcs, nourris dans des conditions spéciales, ont succombé à de l'entérite, à des intervalles plus ou moins éloignés de l'époque de l'ingestion, sans que l'autopsie, faite avec le plus grand soin, révélât des traces de parasite. Les Chiens ne contenaient non plus aucune trace de Ver rubanaire. L'expérimentateur, au contraire, après trois mois et deux jours d'attente, constata la présence d'anneaux dans ses selles. Au premier examen, le professeur Lortet crut pouvoir affirmer que ceux-ci appartenaient à *Tænia solium*. Cette opinion fut bientôt confirmée par l'expulsion d'un Ver complet, qui fut déposé au Musée de la Faculté de médecine de Lyon.

Th. Laennec, *Mémoire sur les Vers vésiculaires, et principalement sur ceux qui se trouvent dans le corps humain*. Mém. de la Fac. de méd. de Paris et de la Société établie dans son sein, (1804) 1812.

E. Kœberlé, *Des Cysticerques de Ténias chez l'Homme*. Gazette hebdom. de méd. et de chir., VIII, p. 182, 216, 263 et 328, 1861. — Paris, in-8 de 50 p. et 3 pl., 1861.

L. Lafitte, *Cysticerque de la paume de la main*. Union médicale, (3), VII, p. 801, 1869.

Von Dumreicher, *Cysticercus cellulosæ im Unterhautzellgewebe der rechten Schläfegegend*. Wiener med. Presse, XIII, p. 425, 1872.

Redon, *Expériences sur le développement rubanaire du Cysticerque de l'Homme*. Comptes rendus, LXXXV, p. 676, 1877.

Introduit dans l'estomac de l'Homme avec la viande de Porc dans laquelle il est renfermé, *Cysticercus cellulosæ* ne tarde pas à subir des modifications qui nous sont déjà connues et qui l'amènent à l'état parfait. Il évagine sa tête, sa vésicule est digérée et se rompt à la base du cou, puis il est entraîné dans l'intestin grêle, entre les villosités duquel il se fixe au moyen de ses ventouses. A ce moment, le jeune Ver est à peine long de $1^{mm},5$: il représente simplement la tête du Cysticerque primitif et est doué d'actives contractions. A partir du deuxième jour, le cou commence déjà à se segmenter et l'on assiste désormais à la formation incessante de nouveaux anneaux. Bien que des données précises fassent encore défaut à cet égard, on doit penser que cette multiplication des anneaux se fait à peu près avec la même rapidité que chez l'espèce précédente.

Parvenu à l'état parfait, *Tænia solium* ressemble beaucoup à *T. saginata*; on trouve pourtant dans les dimensions générales, dans la forme et la structure des anneaux, dans la forme et la structure de la tête, dans les phénomènes cliniques déterminés par le parasite, un ensemble de caractères différentiels que nous allons passer en revue.

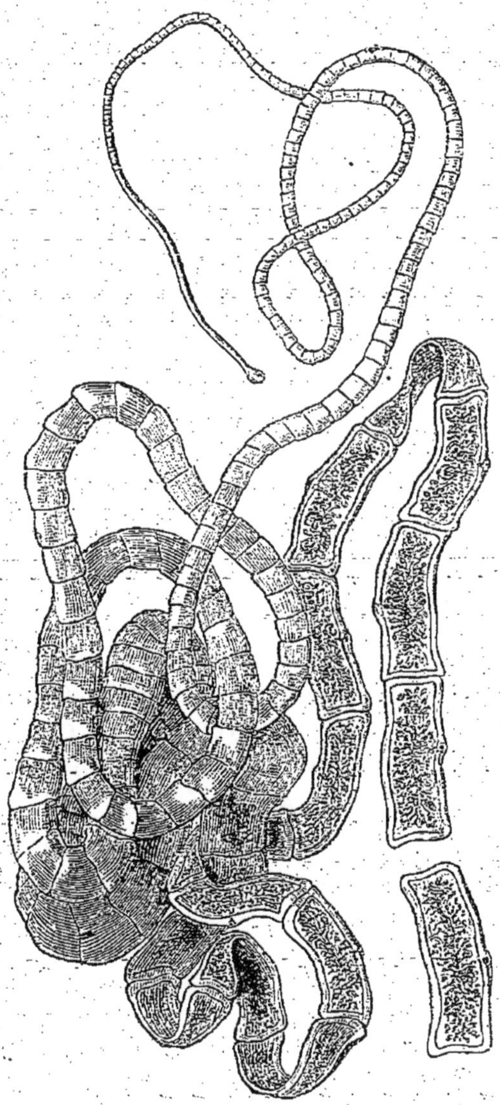

Fig. 246. — *Tænia solium.*

Tænia solium (fig. 246) est plus court que le Ténia inerme : Davaine lui attribue une longueur de 6 à 8 mètres, Küchenmeister une longueur de 2 à 3 mètres seulement; d'après Leuckart, il mesurerait 3 mètres à 3^{m},50 à l'état d'extension et le plus souvent moins de 2 mètres après rétraction par l'alcool. Les chiffres indiqués par ces deux derniers auteurs sont certainement au-dessous de la réalité, car il n'est pas rare de rencontrer des exemplaires complets, dont la taille est de 5 à 7 ou 8 mètres.

D'accord avec cette moindre longueur du Ver adulte, on constate une réduction du nombre des anneaux : Leuckart admet qu'ils sont au nombre de 850 environ; les 80 ou 100 derniers sont mûrs et, à eux seuls, occupent plus du tiers de la longueur totale.

La tête (fig. 247) est plus ou moins arrondie, large de $0^{mm},5$ à $0^{mm},7$; exceptionnellement elle atteint 1 millimètre de largeur. Sa face antérieure est surmontée d'une sorte de saillie appelée *rostre* ou *proboscide*, qui se montre parfois teintée en noir et au pourtour de laquelle s'insèrent deux rangées concentriques de crochets. Le rostre est d'ailleurs doué d'une grande contractilité : l'animal peut le retracter, l'invaginer même dans les tissus de la tête, ou l'étirer au contraire en une sorte de trompe. Les crochets suivent ces divers mouvements et il en résulte pour eux des situations variées.

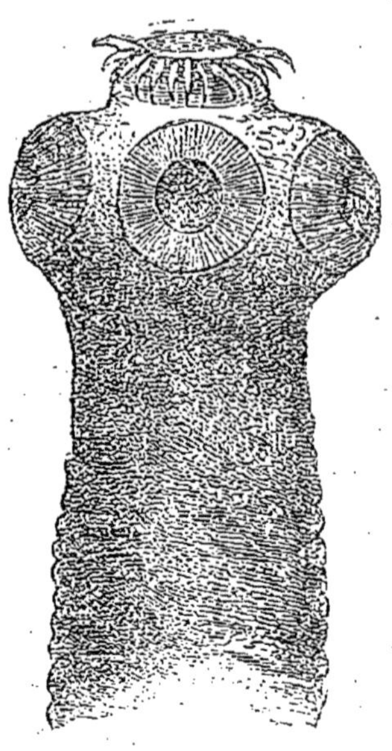

Fig. 247. — Tête de *Tænia solium*, grossie 45 fois, d'après Leuckart.

Les ventouses, au nombre de quatre, sont exactement arrondies et mesurent de $0^{mm},4$ à $0^{mm},5$. Elles sont également très contractiles et sont capables de faire une saillie encore plus considérable que celles du Ténia inerme. C'est surtout grâce à elles que se fait la fixation du Ténia sur la muqueuse intestinale, bien que les crochets puissent intervenir aussi dans une certaine mesure, comme le montrent les mouvements de rétraction et de protraction qu'accomplit le rostre : lors de l'évagination de ce dernier, les crochets s'enfoncent en effet dans la muqueuse, d'abord directement, puis en divergeant, ce qui augmente leur adhérence.

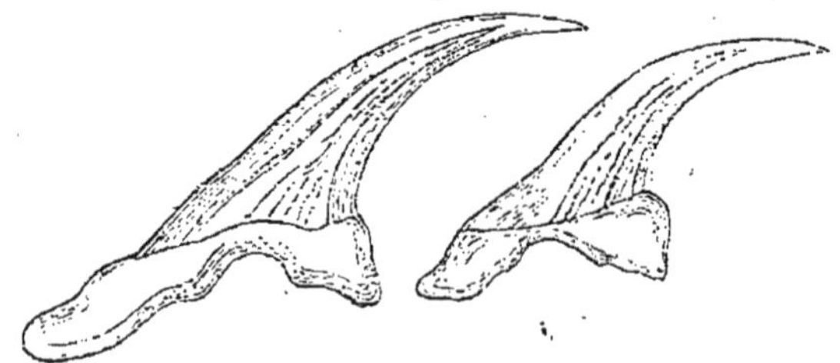

Fig. 248. — Grand et petit crochets de *Tænia solium*, grossis 280 fois, d'après Leuckart.

Les crochets, répartis en deux rangées égales et alternantes, diffèrent de taille d'une rangée à l'autre (fig. 248) : ils sont disposés de manière à présenter leur pointe sur une même ligne circulaire, les plus petits s'insérant un peu au-dessous des plus grands. Leur nombre est de 26 à 28 d'après Leuckart et de 22 à 32 d'après Davaine. Ces différences tiennent sans doute à des variations individuelles, et aussi à ce que les crochets se détachent aisément après que le Ver a été expulsé de l'intestin. Par un examen attentif, on peut assez facilement s'assurer du fait, les crochets déjà tombés laissant sur la tête, comme trace de leur existence, une logette au fond de laquelle ils étaient enchâssés.

On a distingué dans un crochet trois parties distinctes : un *manche*, une *garde* ou *talon* et une *lame* ou *griffe*. Il est plus simple et en même temps plus exact de n'y reconnaître qu'une *lame* et une *base*. Celle-ci est échancrée en son milieu, de manière à présenter deux lobes ou racines, et est renfermée tout entière dans la petite dépression dont il était question tout à l'heure ; la griffe, légèrement incurvée en faucille, fait seule saillie au-dessus du niveau du rostre. Le crochet s'insère sur le rostre de telle sorte que l'une de ses racines est antérieure et interne, et l'autre postérieure et externe, la pointe de la griffe étant postérieure et le rostre complètement évaginé ; la racine antérieure correspond à la convexité de la griffe (1).

La taille des petits crochets est à celle des grands à peu près comme 2 : 3. Leuckart leur attribue les dimensions suivantes :

	Grand crochet.	Petit crochet.
De l'extrémité de la racine antérieure à l'extrémité de la griffe..............	167 à 175μ.	110 à 130μ.
De l'extrémité de la racine postérieure à l'extrémité de la griffe..............	90 à 100μ.	64 à 70μ.
Longueur de la base..................	90 à 100μ.	64 à 70μ.

La base du crochet est donc à peu près aussi longue que la distance qui sépare la racine postérieure de l'extrémité de la griffe. En outre des différences de taille, on peut constater encore des différences dans la forme générale des crochets. Par

(1) Nous désignons sous le nom d'antérieure la racine que Leuckart considère comme postérieure, et *vice versâ*. Nous avons eu en vue la situation relative qu'occupent les racines quand le crochet est en place et le rostre en extension.

exemple, la racine postérieure des petits crochets est plus large que celle des grands et comme bilobée; la griffe est un peu plus courte, plus amincie à sa base et plus fortement incurvée. On pourrait signaler encore d'autres particularités de moindre importance.

La structure de *Tænia solium* rappelle beaucoup celle de *T. saginata;* les principales dissemblances s'observent dans les organes génitaux, mais le reste de l'organisation n'est pas sans présenter quelques particularités intéressantes. Les corpuscules calcaires sont moins nombreux que chez le Ténia inerme, la couche musculeuse est moins développée. D'après Leuckart, le système vasculaire subirait une remarquable modification : on le voit, à partir de la tête, se disposer exactement comme chez le Ténia inerme, puis la lacune se continue jusqu'à l'extrémité postérieure, sans présenter aucun changement; le vaisseau interne, au contraire, ne tarderait pas à disparaître. Moniez pense que cette oblitération est occasionnée par le développement des ramifications utérines, mais Leuckart dit qu'on l'observe déjà sur les anneaux dont les organes génitaux sont encore de petites dimensions. L'oblitération est, du reste, incomplète, et un examen attentif permet le plus souvent de retrouver la trace des vaisseaux (fig. 249, *t*)

Les glandes génitales se développent d'une façon qui nous est déjà connue : elles font leur apparition vers l'anneau 250. Le pore marginal, d'après Küchenmeister, se montre lui-même à partir de l'anneau 317, et acquiert une plus grande netteté sur l'anneau 350; Leuckart ne l'a vu se développer qu'à 25 centimètres de la tête, c'est-à-dire vers l'anneau 370 ou 380.

Étudions maintenant la structure des organes génitaux complètement formés. La figure 249 représente un anneau parvenu à peu près au même stade que l'anneau 628 de *Tænia saginata* (fig. 228). On reconnaît, au premier coup d'œil, que la structure est essentiellement la même, sauf de légères différences dont il nous faut dire un mot. On sera frappé notamment de la forme surbaissée de l'anneau.

L'appareil génital mâle est tout à fait semblable à celui de *T. saginata;* notons pourtant que le canal déférent décrit des sinuosités plus nombreuses.

L'appareil génital femelle est également construit sur le

même plan. Mais, en outre des trois lobes que nous avons reconnus chez le Ténia inerme, l'ovaire présente un lobe accessoire, intercalé entre les deux lobes latéraux et tourné du côté

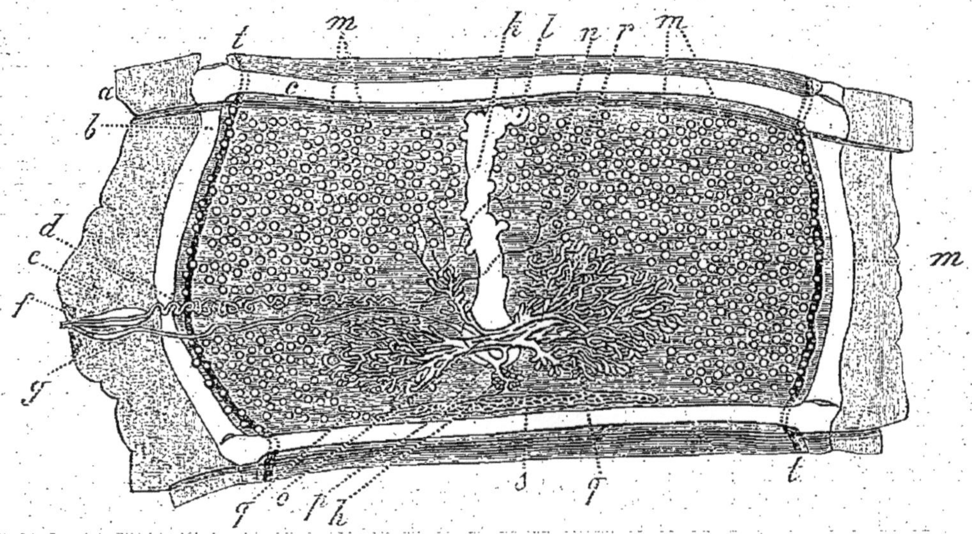

Fig. 249. — Anneau de *Tænia solium*, vu par la face ventrale, d'après Sommer. Les lettres comme dans la fig. 228.

du canal déférent ; ce lobe accessoire est de petites dimensions et se dirige obliquement d'arrière en avant. Le vagin est sinueux et l'arc qu'il décrit, depuis le réservoir séminal jusqu'au sinus génital, est à peine marqué. Le réservoir séminal est proportionnellement plus petit que chez le Ténia inerme ; il est aussi plus fusiforme, surtout dans les anneaux anciens.

L'anneau mûr que représente la figure 250 est au même stade que l'anneau 1215 de *T. saginata* (fig. 235), si ce n'est que le corps de Mehlis est moins fortement atrophié. L'anneau est notablement plus court que celui du Ténia inerme. Les branches latérales qui partent du tronc de l'utérus sont moins nombreuses : on en compte de sept à douze de chaque côté ; elles se disposent fréquemment en alternance irrégulière et les rameaux qu'elles émettent naissent à une certaine distance les uns des autres et affectent une disposition dendritique. Les branches radicales ou postérieures sont souvent dilatées en massue par une énorme accumulation d'œufs. Les branches apicales ou antérieures ont l'aspect de bourgeons et n'empiètent point sur l'anneau précédent. Lors de la distension de l'utérus, l'anneau s'est allongé dans toutes ses parties, mais surtout dans sa moitié postérieure : il en est résulté que le canal déférent et le vagin, d'abord exactement transversaux, décrivent maintenant une courbe oblique d'arrière en avant et de dedans en dehors.

Tel est l'état sous lequel les derniers anneaux du Ténia armé se séparent du reste de l'animal. On ne les voit que par exception se séparer un à un, mais le plus habituellement le

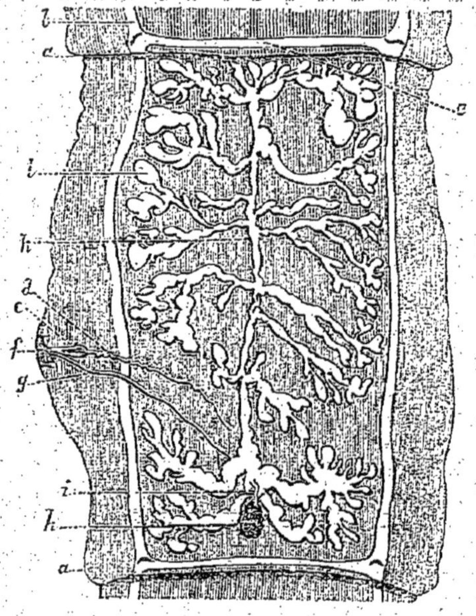

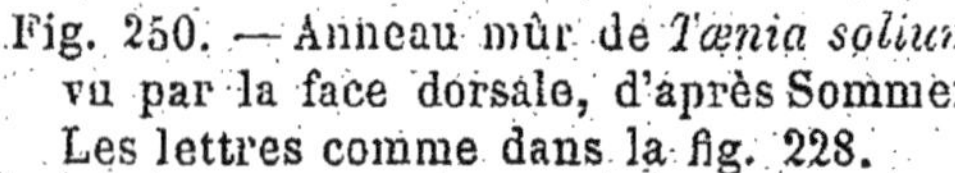

Fig. 250. — Anneau mûr de *Tænia solium*, vu par la face dorsale, d'après Sommer. Les lettres comme dans la fig. 228.

Fig. 251. — Fragment de *Tænia solium* composé d'anneaux mûrs, d'après Laboulbène.

malade rend un chaînon formé de 4, 6 ou 10 anneaux, et parfois davantage, attenant les uns aux autres. C'est là, au premier abord, un élément important de diagnostic; des indications non moins précises seront fournies par l'aspect général des anneaux, qui sont plus étroits, plus minces, moins forts et moins gros que ceux du Ténia inerme, et aussi par ce fait capital que les pores marginaux alternent régulièrement d'un anneau à l'autre (fig. 251). Les chaînons ainsi constitués ne sortent jamais dans l'intervalle des selles ou malgré la volonté du malade; la motilité des anneaux est moindre que chez *T. saginata*; elle peut pourtant durer jusqu'à vingt-quatre heures.

Il a déjà été question des anomalies que peuvent présenter les Ténias; nous avons reconnu qu'elles étaient en général les mêmes chez *Tænia saginata* et chez *T. solium*; ce dernier peut pourtant offrir certaines malformations qui lui sont particulières et qui, à ce titre, méritent une mention spéciale.

Les variations dans le nombre des ventouses semblent être assez fréquentes chez *Tænia solium*, sans que cette anomalie coïncide forcément avec l'existence d'une crête longitudinale sur le corps : cela ressort du moins des observations de Laker, qui trouva deux Ténias à six ventouses parmi les cinquante-neuf Vers expulsés par sa malade. Lewin a figuré (1) un Cysticerque de l'Homme avec cinq ventouses ; cette observation est particulièrement intéressante à cause de l'absence totale de crochets, la ventouse surnuméraire occupant la place même de la couronne de crochets. Ceux-ci peuvent donc faire défaut, mais il est plus fréquent de les voir augmenter de nombre et se disposer sur trois rangs.

C'est évidemment à une anomalie de ce genre qu'il faut rapporter les Vers vésiculaires que Weinland a décrits sous le nom de *Cysticercus acanthotrias*.

En 1845, le Dr Jeffries Wyman, de Richmond (Virginie), faisait l'autopsie d'une femme de race blanche, âgée de cinquante ans, et ayant succombé à la phthisie : il trouva de douze à quinze Cysticerques disséminés dans le tissu conjonctif intermusculaire et dans le tissu sous-cutané, à l'exception d'un seul qui était situé à la face interne de la dure-mère, au voisinage de l'apophyse *crista-galli*; les muscles renfermaient en outre des kystes de Trichine. Ces Cysticerques furent conservés dans les collections de la *Boston Medical Improvement Society*, où ils furent étiquetés : *Cysticercus cellulosæ*; quelques-uns furent donnés au Musée anatomique de Cambridge, Mass.

Weinland eut l'occasion d'examiner ces Cysticerques, en 1857. A l'œil nu, ils semblent ne différer en rien de *C. cellulosæ*, mais l'examen microscopique permet de reconnaître l'existence d'une triple couronne de crochets à la base du rostre (fig. 252). En outre de deux rangées de crochets à long manche, *a*, *b*, ressemblant à ceux de *T. solium*, on trouve une rangée externe de crochets plus petits, *c*, dont le manche fait défaut. Malgré leur taille inégale, les crochets de ces trois rangées atteignent tous par leur pointe un même cercle

(1) *Loc. cit.*, pl. III, fig. 3.

extérieur, par suite de leur insertion à des hauteurs diverses sur le rostre.

Un seul de ces Cysticerques fut rapporté par Weinland en Europe, et Leuckart a pu l'examiner. D'après le premier de ces observateurs chaque rangée renfermerait 14 crochets, soit un total de 42 crochets ; l'exemplaire étudié par Leuckart avait 16 crochets dans chaque rangée, soit un total de 48 crochets. Le rostre, comme les ventouses, était large de 350 μ. La longueur des trois sortes de crochets est, d'après Weinland, 153 μ, 114 μ et 63 μ ; Leuckart leur attribue une

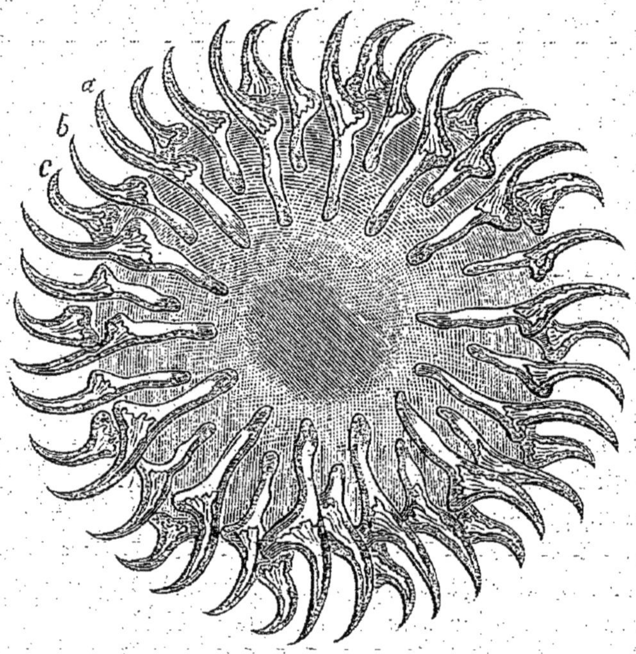

Fig. 252. — Couronne de crochets de *Cysticercus acanthotrias*, d'après Weinland.

taille un peu plus grande : 196 μ, 140 μ et 70 μ. Les deux prolongements radicaux (manche et garde) présentent à leur extrémité un écartement de 100 μ, 70 μ et 35 μ ; la distance entre l'extrémié de la garde et celle de la lame est de 100 μ, 80 μ et 45 μ. Le manche est donc proportionnellement plus long que celui des crochets de *T. solium ;* la forme générale du crochet est également plus élancée.

Weinland et Leuckart considérent ces Cysticerques comme la larve d'un Ténia distinct de *T. solium* et encore inconnu, mais qui peut-être serait capable de se développer dans l'intestin de l'Homme ; à l'état larvaire, il doit être normalement parasite d'un animal de boucherie. Weinland avait décrit le Cysticerque sous le nom de

C. acanthotrias; Leuckart donne au Ténia supposé le nom de *T. acanthotrias*.

Küchenmeister admet au contraire qu'il s'agit ici d'une simple variété de *C. cellulosæ* : à l'appui de son opinion, il rappelle que *T. echinococcus* présente fréquemment dans la forme, la constitution et le nombre de ses crochets, des différences considérables qui s'expliquent par des variations individuelles autant que par la diversité des hôtes chez lesquels il se développe. Davaine et Cobbold sont également de cet avis; ce dernier ajoute que le Rev. W. Dallinger possède un *C. cellulosæ* armé d'une triple couronne de crochets et trouvé dans le cerveau de l'Homme. Ajoutons encore que, sur une centaine de Cysticerques examinés par lui, Redon en a rencontré un dont la tête portait 41 crochets disposés sur trois rangs.

On doit aussi considérer, au moins provisoirement, comme une simple variété de *Tænia solium*, le Ténia humain décrit par Cobbold sous le nom de *T. tenella* (nec *T. tenella* Pallas, 1781; nec *T. tenella* Pruner, 1847). Cette espèce nominale a été établie d'après des exemplaires de petite taille, dépourvus de tête, à anneaux longs de 7^{mm},62 et larges de 3^{mm},80; l'utérus était rempli d'œufs et ses branches étaient tellement contournées qu'il était difficile d'en dire exactement le nombre; les pores marginaux étaient *irrégulièrement* alternes. Cobbold pense que ce Ténia provient du Mouton : dans le but de donner de cette opinion une démonstration expérimentale, il fit prendre à un Agneau, pendant l'automne de 1872, des anneaux d'un Ténia qu'il rapportait à l'espèce *T. tenella*. Le 22 janvier 1873, l'animal fut mis à mort, mais l'examen des muscles n'amena la découverte d'aucun Cysticerque. Il n'en est pas moins certain que le Mouton héberge un Cysticerque armé, que Cobbold appela *Cysticercus ovis* : des observations de J. Chatin, communiquées en 1880 à la Société nationale et centrale d'agriculture de France, mais demeurées inédites, ont montré qu'il s'agit simplement, dans ce cas, de *C. tenuicollis*, larve de *Tænia marginata*.

Guzzardi Asmundo a décrit récemment sous le nom de *T. solium* var. *minor*, un Ténia long de 1^{m},35 et qui nous semble se rapprocher beaucoup de la variété précédente. La tête et le cou faisaient défaut; à part cela, l'animal était complet et ses derniers anneaux étaient remplis d'œufs; les pores marginaux alternaient. Les derniers anneaux étaient les plus longs et mesuraient 12^{mm} sur 2^{mm},5. Les anneaux mûrs occupaient une longueur de 30^{cm}, les branches de l'utérus, au nombre de 15 à 20 et non parallèles entre elles, se subdivisaient dendritiquement et se renflaient à leur extrémité. Les œufs étaient ovoïdes, longs de 36 μ, larges de 31 μ; quelques-uns étaient arrondis.

La variété amaigrie de *T. solium* a encore été vue par Mégnin. « J'ai, nous écrit ce savant, des Ténias armés, provenant d'enfants malingres et misérables, qui sont eux-mêmes très étriqués, et d'autres qui ont le double de largeur, provenant d'individus en bonne santé. »

Mentionnons encore un fait que nous avions omis de signaler précédemment. La collection helminthologique de la Faculté de médecine de Paris renferme 18 anneaux de *T. solium* trièdre, envoyés à Davaine, en juin 1881, par le Dr Balp, de Draguignan.

Pour la bibliographie de *Tænia tenella*, voir Cobbold, *Parasites*, p. 99.

M. G. Asmundo, *Intorno ad una nuova varietà di Tenia umana; Tænia solium, varietas minor*. Giornale internaz. delle scienze mediche, (2), VII, p. 577, 1885.

Tænia solium semble occuper à la surface du globe une aire de distribution égale à celle du Porc lui-même ; c'est donc un parasite à peu près cosmopolite ; sa fréquence correspond du reste à celle de la ladrerie du Porc. On ne l'observe pas chez les populations juives ou musulmanes, non plus que dans la zone torride, où le Porc s'élève mal ; il est aussi des populations qui ne font point usage de viande de Porc et chez lesquelles, par conséquent, le Ténia armé ne se rencontre point.

Nous avons noté déjà que *T. solium* devenait partout de plus en plus rare : la ladrerie du Porc n'a pas diminué de fréquence, mais l'habitude de faire cuire convenablement la viande de cet animal s'est généralisée et d'ailleurs cette viande est soumise, sur les marchés ou dans les abattoirs, à une surveillance sévère. En France, la diminution progressive des cas de *T. solium* est reconnue par des observateurs tels que Laboulbène, Mégnin, Bérenger-Féraud, etc., et il en est de même pour les autres pays d'Europe : on le trouve partout, mais partout il est bien moins fréquent que *T. saginata*. Leuckart dit pourtant qu'il prédomine dans certaines régions d'Allemagne, en Thuringe, en Saxe, dans le duché de Brunswick, en Westphalie, dans la Hesse, en Württemberg, en un mot dans des régions où l'élevage du Porc est une industrie florissante et où la viande de cet animal est la base de l'alimentation. Mais ce sont là des conditions particulières qui n'infirment en rien la règle que nous avons établie.

Celle-ci est encore applicable à l'Angleterre, bien qu'on

trouve en ce pays certains centres d'élevage du Porc dans lesquels le Ténia armé prédomine également. Elle trouve aussi son application à la Scandinavie et à la Suisse, comme le prouvent les statistiques de Krabbe, de Friis et de Zäslein.

Nous n'avons pas à revenir sur la rareté relative de *T. solium* en Asie et en Afrique : au Japon, Bälz ne l'a vu qu'une seule fois, alors que *T. saginata* est fréquent. Il est encore relativement rare dans l'Amérique du Sud, mais il redevient assez fréquent aux États-Unis, à cause du nombre considérable de Porcs qui sont élevés en certaines contrées.

L. Boursin, *Étude sur le Tænia solium.* Thèse de Paris, 1877.

Tænia echinococcus von Siebold, 1853.

SYNONYMIE : *Tænia cateniformis* (*cucumerina* Bloch) Rudolphi, 1810.
T. crassicollis Diesing, 1851.
T. serratas Röll, 1852 (nec Göze, 1782).
T. serrata Rölli Küchenmeister.
T. nana van Beneden, 1861 (nec Bilharz et von Siebold, 1853).
Echinococcifer echinococcus Weinland, 1861.

Ce Ténia vit dans l'intestin grêle du Chien. Son œuf (fig. 253) est légèrement ovale et mesure 27 μ sur 30 μ ; il est limité par une coque assez amincie, faiblement granuleuse sur sa face externe. L'embryon hexacanthe se développe normalement dans le foie du Mouton, mais il est fréquent de l'observer dans d'autres organes, ainsi que chez d'autres animaux ; il donne naissance à un Ver vésiculaire connu sous le nom d'*Échinocoque* ou d'*Hydatide* et que l'on rencontre chez l'Homme avec une fréquence particulière.

Fig. 253. — Œufs de *Tænia echinococcus*, grossis 245 fois d'après Krabbe.

Les Échinocoques ont été signalés chez les Singes (*Inuus cynomolgus*, *I. ecaudatus*, *Macacus sp.?*, *Theropithecus silenus*), chez les Carnivores (Chat, Mangouste), chez les Rongeurs (Écureuil), chez les Artiodactyles (Porc, Sanglier), chez les Ruminants (Bœuf, Argali, Mouton, Chèvre, Girafe, Chameau, Dromadaire, Élan, Antilope), chez les Périssodactyles (Cheval, Zèbre, Tapir) et chez les Marsupiaux (Kanguroo géant). Le Paon est le seul Oiseau où on les ait observés.

Les premiers développements de la larve du Ténia échinocoque ont été suivis par Leuckart. Des essais d'infestation au moyen d'anneaux mûrs ne donnèrent aucun résultat chez le Mouton, mais réussirent pleinement sur quatre Cochons de lait. Au bout de quatre semaines, on aperçoit, au-dessous de la tunique séreuse du foie, de petits nodules d'aspect tuberculeux et mesurant à peu près un millimètre : chacun de ces nodules est constitué par un kyste de tissu conjonctif, situé dans le tissu interlobulaire, aux dépens duquel il a pris naissance. Ce kyste, d'épaisseur négligeable, renferme un corps sphérique ou vésiculeux, qui mesure de $0^{mm},25$ à $0^{mm},35$ et qui n'est autre chose qu'un jeune Échinocoque.

La structure de ce dernier est des plus simples et rappelle celle de l'ovule des Mammifères. Une capsule homogène et transparente, épaisse de 20 à 50 μ, circonscrit un contenu infiltré de grosses granulations. La capsule est très indifférente à l'égard des réactifs ; elle est totalement anhiste, et se montre à un haut degré élastique et extensible. Son contenu, solide dans toute son étendue, renferme une masse de gros granules brillants comme des gouttelettes graisseuses et surtout nombreux à la périphérie. Enfin, la capsule est entourée d'une épaisse couche granuleuse, dans laquelle on peut reconnaître des cellules mal délimitées, mesurant en moyenne 27 μ ; ces cellules sont le siège d'un actif processus de multiplication.

A la fin de la huitième semaine après l'infestation, les Échinocoques ont à peu près doublé de taille. Les kystes qui les renferment ont eux-mêmes grandi, mais dans une moindre proportion ; quelques-uns seulement mesurent plus de $1^{mm},5$ de largeur ; tous siègent encore dans le tissu conjonctif interlobulaire et la plupart sont immédiatement au-dessous de la capsule de Glisson. Les plus petits Échinocoques mesurent de $0^{mm},5$ à $0^{mm}8$, les plus gros de 2^{mm} à $2^{mm},5$: ce ne sont plus des masses solides, mais des sphérules creuses, au centre desquelles s'est accumulé un liquide clair comme de l'eau. Par suite de la présence de ce liquide, la masse granuleuse qui remplissait primitivement toute la capsule s'est condensée à la périphérie en une seconde membrane, la *membrane germinale* ou *fertile* (1),

(1) *Parenchymschicht* ou *Keimschicht* des Allemands, *Parenchym* des Danois, *endocyst* des Anglais, *strato germinale* ou *parenchimale* des Italiens.

qui revêt intérieurement la capsule. Celle-ci a pris le caractère d'une véritable cuticule, dont l'épaisseur peut atteindre parfois jusqu'à 70 μ : elle est formée d'un plus ou moins grand nombre de lamelles superposées (fig. 254). La membrane germinale s'est elle-même différenciée en cellules dont la taille et l'aspect sont très variables : la plupart sont pâles et à contours délicats, d'autres sont chargées de granulations et de forme

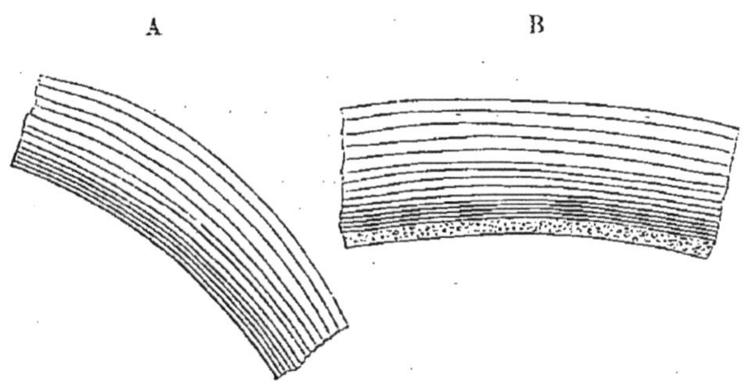

Fig. 254. Coupes de la paroi d'un jeune Échinocoque. A, coupe de la cuticule seule. B, coupe de la cuticule et de la membrane germinale.

étoilée. Sur les plus grosses Hydatides, on peut remarquer que ces diverses sortes de cellules se sont groupées d'une certaine façon : les plus petites cellules sont en dehors; les plus grosses, ressemblant à des gouttelettes, sont en dedans; les cellules granuleuses et étoilées occupent les interstices irréguliers de la surface.

Dix-neuf semaines après l'infestation, le foie renferme des kystes de la grosseur d'une noix, soulevant plus ou moins la tunique séreuse du foie; le tissu de ce dernier n'est aucunement modifié. Chacun des kystes renferme une Hydatide. Celle-ci est plus ou moins sphérique et présente un diamètre moyen de 10 à 12^{mm}. Sa cuticule a acquis une épaisseur notable; elle est nettement stratifiée et s'exfolie facilement. L'Hydatide est fortement distendue par son liquide intérieur; elle s'aplatit néanmoins à la façon d'un coussin, quand elle repose sur un plan solide (fig. 255), preuve que sa paroi ne jouit que d'une force de résistance limitée.

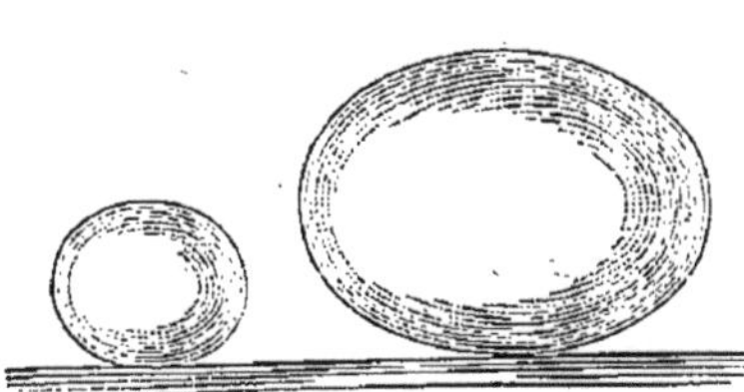

Fig. 255. — Hydatides.

L'Hydatide est transparente. Sa surface présente de délicates crevasses qui s'entre-croisent en divers sens : on dirait que les couches cuticulaires les plus externes se sont gercées, plutôt que de se laisser distendre davantage par la pression intérieure ; il est du moins certain que les couches externes de la cuticule sont plus distendues que les couches les plus internes. Sur une Hydatide large d'un centimètre, cette cuticule est épaisse de $0^{mm},2$. Les différentes assises qui entrent dans sa constitution sont d'autant plus nettes et d'autant plus minces qu'on se rapproche davantage de la membrane germinale. A mesure que les assises périphériques se perdent et s'exfolient, il s'en forme de nouvelles au contact de cette dernière.

La membrane germinale, découverte par Goodsir, en 1844, et bien étudiée par le professeur Ch. Robin, en 1854, est assez mince, malgré le rôle important qu'elle est appelée à jouer : son épaisseur est à peine de $0^{mm},12$. Sa structure est la même qu'à la fin de la huitième semaine, si ce n'est qu'entre les cellules de la couche externe se voient des corpuscules calcaires de taille variable et atteignant parfois d'assez grandes dimensions. Ces corpuscules sont pour la plupart lenticulaires ; par leur aspect général et leur structure stratifiée, ils ressemblent à ceux des autres Cestodes ; ils en diffèrent pourtant en ce que les acides les éclaircissent sans dégager de gaz. On les trouve ordinairement épars sur toute la surface du Ver ; ils n'apparaissent que chez des Hydatides larges de 8^{mm}.

A la face interne de la membrane germinale, Naunyn signale, soit isolés, soit groupés par 3 à 10, des cirres vibratiles, qu'on pourrait croire en rapport avec un appareil excréteur, plus spécialement avec des entonnoirs analogues à ceux que nous avons signalés déjà chez *Tænia saginata* (page 337) ; toutefois, on n'a pu jusqu'à présent constater avec certitude l'existence d'un semblable appareil. L'existence des cirres eux-mêmes n'a pu être vérifiée ni par Leuckart ni par Moniez.

L'étude rapide que nous venons de faire nous montre des différences considérables entre les Échinocoques et les Cysticerques. L'analogie entre les deux états larvaires ne saurait être méconnue, mais l'Échinocoque est caractérisé par la grande épaisseur de sa cuticule, par l'absence de toute musculature, par la lenteur de sa croissance, par le développement tardif du système vasculaire, des corpuscules calcaires et des rudiments céphaliques. La formation de ceux-ci est très remarquable ; nous l'étudierons avec soin, quand nous connaîtrons la composition chimique de la vésicule et du liquide qui la remplit.

Frerichs a démontré que la cuticule des Hydatides n'était formée ni de substances protéiques, ni de substances capables de produire du mucus. Cette étude chimique fut reprise par Lücke, qui reconnut un corps très voisin de la chitine, mais en différant par quelques caractères secondaires. Il est du reste possible de noter également plus d'une différence entre la cuticule des Échinocoques jeunes et celle des Échinocoques âgés, non seulement au point de vue des réactions, mais aussi quant à la composition élémentaire. La nature chitineuse de la cuticule est encore prouvée par ce fait que, par la méthode de Berthelot, elle donne de la glycose tout aussi bien que la chitine véritable.

Le liquide qui remplit l'Hydatide est incolore ou légèrement jaunâtre, de réaction neutre ou faiblement acide ; son poids spécifique est de 1009 à 1015. Il renferme environ 1,5 pour 100 de sels inorganiques, constitués pour moitié par du chlorure de sodium. Claude Bernard y reconnut le premier la présence de la glycose ; par la suite, ce sucre a été signalé par Ch. Bernard et Axenfeld, par Lücke, Naunyn et d'autres. On y rencontre encore de l'inosite (1), de la leucine, de la tyrosine, de l'acide succinique combiné à la chaux. Il ne se coagule pas par la chaleur, ainsi que l'avaient déjà reconnu Redi en 1684 et Dodart en 1697 ; il renferme pourtant de l'albumine. Celle-ci, signalée d'abord par Naunyn, a été revue par Mourson et Schlagdenhauffen ; elle est en très petite quantité et proviendrait du sérum sanguin, l'Échinocoque se nourrissant aux dépens du sang suivant les lois de l'osmose.

Il est d'ailleurs certain que bon nombre de substances, dont il est possible de déceler la présence dans le liquide des Hydatides, n'ont pas été élaborées par celle-ci, mais proviennent soit du sang, soit des organes voisins. Ainsi s'explique la présence de l'hématoïdine, signalée par Jones, Leudet, Hyde Salter, Robin et Mercier, Charcot et Davaine, puis soigneusement étudiée par Habran ; ainsi s'explique également la présence, mentionnée par Barker, des sels de l'urine dans le liquide d'Hydatides du rein. C'est encore à une filtration pure et simple qu'on doit attribuer la présence de la bile, celle de la cholestérine, celle de l'hémoglobine, peut-être même celle du sucre ;

(1) Suivant Naunyn, l'inosite existerait toujours dans les Hydatides du Mouton, mais ne se trouverait jamais dans celles de l'Homme.

en effet, il est peu vraisemblable que ce dernier résulte d'une transformation de la capsule de l'Échinocoque ; il provient plus probablement du sang, d'autant plus qu'on ne l'a guère signalé jusqu'ici que dans les Hydatides du foie. Toutefois, en ce qui concerne l'hématoïdine et l'hémoglobine, il y a lieu d'admettre que leur présence dans le liquide hydatique est déterminée par une rupture préalable et plus ou moins ancienne des nombreux capillaires qui arrosent le kyste. La parfaite perméabilité des Échinocoques est d'ailleurs connue depuis longtemps : en 1811, Fréteau (de Nantes) attirait déjà l'attention sur elle.

En outre des substances accidentelles dont il vient d'être question, les Hydatides semblent contenir normalement, dans leurs déchets nutritifs, des proportions variables d'une leucomaïne dont Mourson et Schlagdenhauffen ont signalé l'existence. Cet alcaloïde doit être la cause des accidents toxiques (urticaire, péritonite souvent mortelle) observés maintes fois chez l'Homme, dans les cas où l'Hydatide vient à s'ouvrir dans une des grandes cavités séreuses. Les déchets nutritifs, au nombre desquels figure cette leucomaïne, sont en rapport avec l'activité nutritive. Leur abondance probable au moment de l'évolution des têtes de Ténia et leur rareté dans les périodes de repos de l'Échinocoque expliquent pourquoi l'irruption du liquide hydatique dans une des grandes séreuses est tantôt suivie d'accidents plus ou moins graves, tantôt est inoffensive.

Ch. Bernard et Axenfeld, *Présence du sucre dans le liquide d'un kyste hydatique du foie*. Comptes rendus de la Soc. de Biologie, (2), III, p. 90, 1856.

A. Lücke, *Die Hüllen der Echinococcen und die Echinococcen-Flüssigkeit*. Virchow's Archiv, XIX, p. 189, 1860.

B. Naunyn, *Ueber Bestandtheile der Echinococcus-Flüssigkeiten*. Archiv für Anatomie, p. 417, 1863.

Bödeker, *Pathologisch-chemische Mittheilungen..... — I. Bernsteinsäure in der Flüssigkeit einer Lebercyste*. Zeitschr. f. rat. Medicin, (2), VII, p. 137, 1855.

Davaine, *Recherches sur les Hydatides, les Échinocoques et le Cœnure et sur leur développement*. Mémoires de la Soc. de la biologie, (2), II, p. 157, 1855. — Gazette médicale, (3), XI, p. 45, 1856.

F. von Recklinghausen, *Echinococcusflüssigkeit*. Virchow's Archiv, XIV, p. 481, 1858.

J. Habran, *De la bile et de l'hématoïdine dans les kystes hydatiques*. Thèse de Paris, 1869.

Im. Munk, *Ueber die chemische Zusammensetzung der Echinococcusflüssigkeit*. Virchow's Archiv, LXIII, p. 560, 1875.

Dans des cas exceptionnels, l'Échinocoque peut demeurer en cet état : c'est, pour ainsi dire, un Cysticerque qui serait devenu hydropique, mais dont la tête ne se serait point développée. On a dès lors affaire à un *Acéphalocyste*. Laënnec, qui lui a donné ce nom, croyait cette forme d'Échinocoque particulière à l'Homme et la considérait comme constituant un genre distinct des Hydatides du Bœuf et du Mouton, dans lesquelles il avait reconnu la présence de têtes. L'opinion de cet illustre observateur fut généralement acceptée ; en 1809, Himly s'efforça de prouver que l'Acéphalocyste est un animal et peut-être, dit-il, le plus simple de tous les animaux ; en 1830, Kuhn (de Niederbronn) le rangea parmi les Psychodiaires de Bory de Saint-Vincent. Cependant, Bremser avait montré, dès 1821, que les Hydatides de l'Homme ne sont pas plus dépourvues de têtes que celles des animaux ; la preuve en fut définitivement donnée par les recherches de Livois.

Le genre *Acephalocystis* de Laënnec devait donc disparaître et rentrait par conséquent dans le genre *Echinococcus*, tel que l'avait établi Rudolphi. Il importe néanmoins de noter l'existence possible d'Acéphalocystes, c'est-à-dire d'Échinocoques dépourvus de tête pendant toute leur vie, non seulement chez l'Homme, mais encore chez les divers animaux. Du reste, on doit être fréquemment exposé à prendre pour des Acéphalocystes véritables des Hydatides dont l'évolution n'est pas encore achevée ; on se rappelle que ces dernières croissent avec une grande lenteur et qu'elles atteignent une taille assez considérable, avant que toute formation céphalique fasse son apparition.

Les Échinocoques stériles se rencontrent de préférence dans certains organes, plus fréquemment dans le cerveau, dans les os, dans les membres, que dans le foie. Dans une observation de Charcot et Davaine dont nous reparlerons plus loin, les Hydatides appendues à l'intestin grêle étaient toutes stériles ; celles des autres organes renfermaient toutes des têtes de Ténia.

Bremser, *Notice sur l'Echinococcus hominis*. Journal complém. du dict. des sc. méd., XI, p. 282, 1821.

Kuhn, *Recherches sur les Acéphalocystes et sur la manière dont ces productions parasitaires peuvent donner lieu à des tubercules*. Mém. de la Soc. d'hist. nat. de Strasbourg, I, 1830. — Gaz. méd., III, p. 887, 1832. — Annales des sc. nat., XXIX, p. 285, 1833.

Eug. Livois, *Recherches sur les Échinocoques chez l'Homme et chez les animaux*. Thèse de Paris, 1843.
H. Helm, *Ueber die Productivität und Sterilität der Echinococcusblasen*. Virchow's Archiv, LXXIX, p. 141, 1880.

Quand l'Échinocoque ou *vésicule-mère* (1) a suffisamment grandi, le bourgeon céphalique commence à se montrer. Contrairement à ce qui a lieu pour les Cysticerques, il ne se produit pas une seule tête, mais des centaines, parfois même des milliers.

Le développement de la tête est assez compliqué. Avant que von Siebold ne fît la découverte des vésicules proligères, on admettait généralement qu'elle se formait par un procédé très simple, aux dépens d'un bourgeon développé à la surface de la membrane germinale (fig. 256) : on pensait également qu'elle se séparait de celle-ci au bout d'un temps plus ou moins long, pour nager librement dans le liquide de l'Échinocoque. Nous allons voir que ces deux opinions sont inexactes. Les recherches de Naunyn, de Leuckart et de Moniez ont mis hors de doute que la tête (2) prend toujours naissance par un autre procédé, qu'il nous faut étudier maintenant.

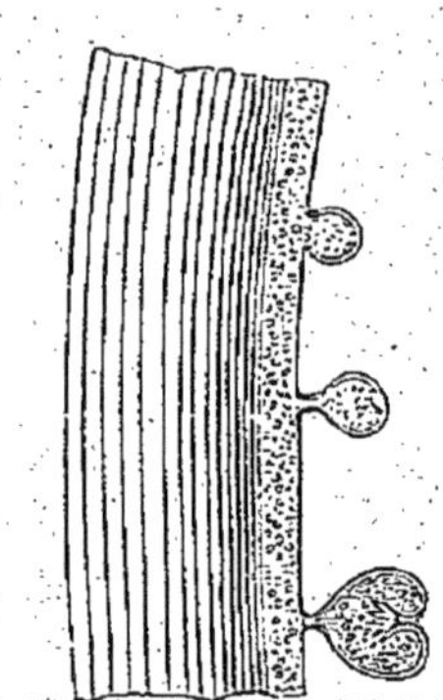

Fig. 256. — Coupe d'Échinocoque montrant, de haut en bas, le développement supposé de la tête.

A la face interne de la membrane germinale apparaissent de petites papilles, dont la surface, d'après Naunyn, peut présenter également quelques soies vibratiles. Quand leur épaisseur est devenue double de celle de la couche germinale, elles se creusent d'une petite cavité arrondie, à la surface interne de laquelle se différencie bientôt une mince cuticule (fig. 257, *a*). La papille continue de croître, en même temps que sa cavité s'agrandit, *b*, et que sa paroi cellulaire va en s'amincissant ; finalement elle se transforme en une cavité plus ou moins

(1) *Mutterblase* des Allemands, *Moderblaere* des Danois.

(2) Davaine et quelques autres helminthologistes français restreignent le sens du mot Échinocoque : pour eux, l'Hydatide n'est autre chose que le Ver vésiculaire, analogue au Cysticerque ; l'Échinocoque est la tête de Ténia née par bourgeonnement. Nous ne pouvons adopter cette terminologie, qui nous semble être en désaccord avec les règles de la nomenclature zoologique.

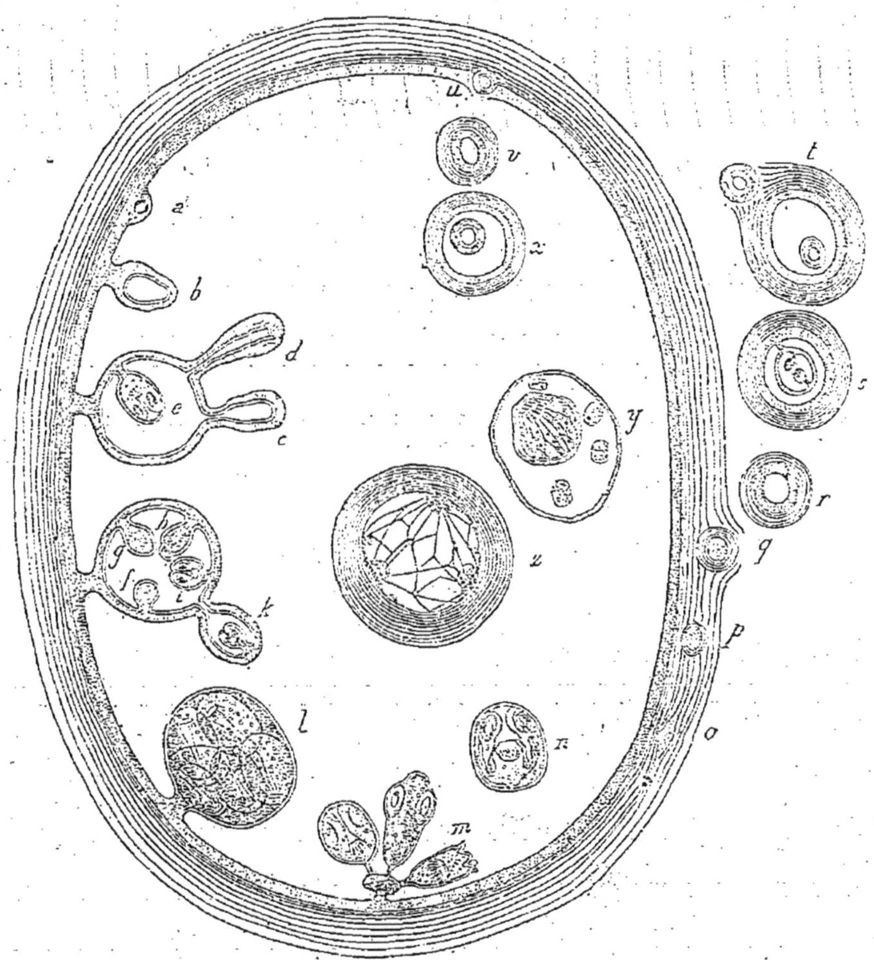

Fig. 257. — Figure théorique représentant les divers modes de multiplication de l'Échinocoque. — *a*, *b*, développement de la vésicule proligère à la surface et aux dépens de la membrane germinale. — *c*, *d*, *e*, développement des têtes de Ténia, d'après Leuckart. — *f*, *g*, *h*, *i*, *k*, développement des têtes de Ténia, d'après Moniez. — *l*, vésicule proligère complètement développée et remplie de têtes de Ténia. — *m*, vésicule proligère dont la paroi s'est rompue ; on n'en retrouve plus qu'un fragment, sur lequel s'attachent trois têtes, à différents degrés d'invagination. — *n*, tête mise en liberté par la rupture de la vésicule proligère, invaginée en elle-même et parcourue par des vaisseaux. — *o*, *p*, *q*, *r*, mode de formation des vésicules secondaires exogènes. — *s*, vésicule exogène à l'intérieur de laquelle se voit une vésicule proligère fertile. — *t*, vésicule exogène ayant produit deux vésicules petites-filles, l'une exogène, l'autre endogène. — *u*, *v*, *x*, mode de formation des vésicules secondaires endogènes, d'après Kuhn et Davaine. — *y*, *z*, mode de formation des vésicules secondaires endogènes, d'après Naunyn et Leuckart : *y*, aux dépens d'une tête de Ténia ; *z*, aux dépens d'une vésicule proligère.

spacieuse, qui a reçu le nom de *vésicule proligère* (1) et dans laquelle se formeront les têtes de Ténia, par un procédé que Leuckart et Moniez interprètent différemment. La vésicule proligère est formée d'éléments analogues à ceux de la membrane germinale, mais l'aspect de ces éléments est plus jeune ; ils ne renferment pas de globules graisseux. Tapissée d'une cuticule à l'intérieur, mais non à l'extérieur, la vésicule proligère est en réalité située en dehors de la cavité de l'Échinocoque, de la même manière que le foie ou l'estomac sont en dehors de la cavité péritonéale.

D'après Leuckart, la tête prendrait naissance par le procédé qu'il admet pour le bourgeon céphalique du Cysticerque : un bourgeon creux, communiquant avec la cavité de la vésicule proligère par un canal plus ou moins rétréci, se formerait en dehors de celle-ci, *c*. Ce bourgeon, tapissé intérieurement par la cuticule, ne diffère de la membrane sur laquelle il est né que par sa grande épaisseur. Son fond s'élargit bientôt, puis on voit apparaître sur ses parois des crochets et quatre ventouses, *d*. Dès que la formation de la tête est achevée, elle se dévagine et devient fixe à l'intérieur de la vésicule proligère, *e*.

Moniez a suivi de près le développement des têtes et les a vues débuter par des mamelons pleins. « Ces bourgeons naissent bien par un épaississement en forme de disque sur la membrane de la vésicule proligère, mais cet épaississement ne reste pas à l'intérieur de la vésicule comme le veulent Naunyn et Rasmussen ; il fait saillie à l'extérieur en même temps que se soulève la partie centrale, tournée vers la cavité de la vésicule proligère. Le mamelon naissant glisse entre les lèvres qui limitent la dépression et il la force ainsi à s'accentuer d'abord, mais bientôt le disque qui le porte ne peut s'éloigner davantage et le mamelon pénètre alors dans la cavité de la vésicule proligère où il se développe à l'aise. »

Le mamelon est d'abord arrondi, *f*; par la suite, il s'amincit et devient ovale, *g*. Comme l'a vu Wagener, il se forme ensuite, vers le haut, une sorte de collerette qui entoure le sommet du cône, et c'est au-dessous de cette collerette qu'apparaissent les crochets, semblables, dans cet état rudimentaire, à ceux

(1) *Brutkapsel* des Allemands, *Brood-capsule* des Anglais, *Rėdeblaere* des Danois, *Cisti-nido* ou *Vescicola germinativa* des Italiens.

de *Cysticercus pisiformis*, mais moins nombreux, disposés sur quatre à six rangs et irrégulièrement alternes, *h*. « La partie entourée par la collerette correspond au mamelon céphalique du Cysticerque de *Tænia serrata* : elle va s'invaginer un peu à la fois et on ne la verra plus quand les crochets seront très développés. En même temps, la partie postérieure du mamelon se pince, s'étire, les éléments arrondis qui forment tout le corps du jeune Ver se modifient en ce point et, par suite de cet allongement, se transforment en fibres qui se perdent dans les tissus de la vésicule-fille, *i*. »

Il se forme ainsi de 5 à 10 ou 20, parfois même jusqu'à 34 têtes à l'intérieur d'une même vésicule (1). Si on considère que les vésicules peuvent se développer elles-mêmes en grande quantité, on comprendra qu'un nombre considérable de têtes de Ténia puissent prendre naissance dans un seul Échinocoque.

A côté de têtes nées comme nous venons de dire, quelquefois sur la même vésicule proligère, Moniez a remarqué d'autres formations, beaucoup moins fréquentes et de caractère différent, qui correspondent évidemment aux bourgeons extérieurs que Leuckart considère comme le point de départ des rudiments céphaliques. Une tête de Ténia se forme bien, comme le dit Leuckart, au fond de cette cavité, avec la différence que les crochets n'apparaissent pas sur les parois, mais sur un mamelon qui a bourgeonné dans le fond, *k*. Il est d'ailleurs vraisemblable que cette tête est toujours incapable de rentrer dans la vésicule ; elle reste en dehors, dans son enveloppe spéciale, en communication cependant avec la cavité de la vésicule proligère. Naunyn considérait ces diverticules comme produits sous l'influence du froid et comme résultant de la dévagination des bourgeons qui normalement donnent naissance à la tête. Cette interprétation est manifestement inexacte, puisque ces derniers ne sont pas creux.

Les têtes se développent donc toujours à l'intérieur de vésicules proligères. Elles restent appendues à leur paroi et les

(1) En examinant au hasard les vésicules proligères provenant d'une Hydatide du foie du Mouton, nous avons trouvé les chiffres suivants : 2, 3, 5, 6 (quatre fois), 7 (deux fois), 8 (cinq fois), 9 (deux fois), 10, 11, 12 (trois fois), 14 (deux fois), 15, 16 (trois fois), 18 (cinq fois), 21 (deux fois).

vésicules elles-mêmes restent fixées à la membrane germinale, tant que l'Échinocoque est vivant (fig. 257, *l*). Les vésicules n'éclatent, les têtes ne se séparent d'elles, pour nager librement dans le liquide, *m*, *n*, qu'assez longtemps après la mort de l'Hydatide, ou bien lorsque celle-ci est plongée dans un liquide dialysable, tel que l'eau. C'est évidemment à des faits de ce genre qu'il faut attribuer l'opinion ancienne, qui faisait naître la tête directement sur la membrane germinale ; mais un examen attentif permettra de reconnaître à la base des têtes, soit isolées, soit réunies en bouquets, des débris de la capsule, *m*.

La grande impressionnabilité que présentent les vésicules proligères à l'égard des agents extérieurs s'explique suffisamment par la délicatesse de leur paroi, dont l'épaisseur dépasse à peine 4 μ, même sur les plus grandes vésicules. Malgré cette minceur considérable, on peut distinguer deux couches dans la paroi : en dedans une délicate cuticule, en dehors une assise de cellules nucléées. On n'y trouve point d'éléments musculaires, bien qu'on y puisse constater assez souvent d'énergiques mouvements péristaltiques, qui prennent ordinairement naissance au point où la vésicule s'attache sur la membrane fertile. En revanche, on y peut reconnaître sans trop de peine des vaisseaux qui sont en rapport avec ceux que nous allons décrire tout à l'heure dans la tête ; ils s'anastomosent donc avec ceux des têtes du voisinage, et se réunissent, au niveau du pédoncule de la vésicule, en un réseau dont les branches efférentes peuvent être poursuivies tout le long de ce pédoncule, jusqu'à la membrane germinale ; ils échappent dès lors à toute investigation.

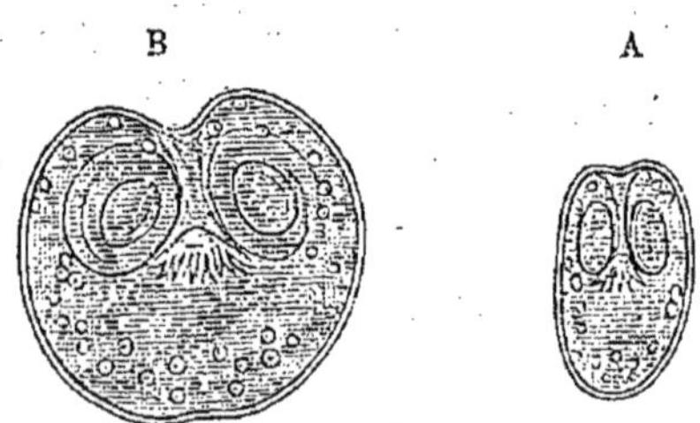

Fig. 258. — Têtes dont la portion antérieure est invaginée. — A, état jeune. B, état définitif.

Les têtes de Ténia renfermées dans une même vésicule proligère sont souvent d'âge et de taille inégaux. Arrivées à complet développement (fig. 258, B), elles ont une dimension moyenne de $0^{mm}19$ sur $0^{mm}16$; elles sont donc plus ou moins arrondies. Elles s'implantent sur la paroi de la vésicule par le pédicule rétréci dont nous avons parlé. Au pôle opposé se voit une dépression plus ou moins considérable, résultant de l'invagination de la tête en elle-même. Sur les côtés de cette dépression se voient les ventouses et, dans le fond, les crochets formant une double couronne, large de 68 à 80 μ et dont les différentes pièces ont la pointe dirigée en avant. Un assez grand nombre de corpuscules calcaires de 8 à 10 μ sont encore distribués dans les parties périphériques de la tête.

Celle-ci se présente-t-elle complètement évaginée (fig. 259), on reconnaît qu'elle est formée d'une masse solide et subcylindrique, longue de $0^{mm},3$ au plus. On y distingue deux régions, séparées d'ordinaire l'une de l'autre par un étranglement plus ou moins accusé. La partie postérieure est la plus rétrécie ; elle correspond au cou du futur Ténia et se termine par une surface arrondie, dont le milieu présente une dépression, au fond de laquelle vient s'insérer le pédoncule qui rattache l'Échinocoque à la vésicule proligère. Les corpuscules calcaires sont plus nombreux dans la moitié postérieure que dans l'antérieure. Celle-ci est renflée au niveau des quatre ventouses, dont les muscles sont très peu différenciés, et se termine également par une surface arrondie, au pourtour de laquelle s'insèrent les crochets disposés en une double couronne.

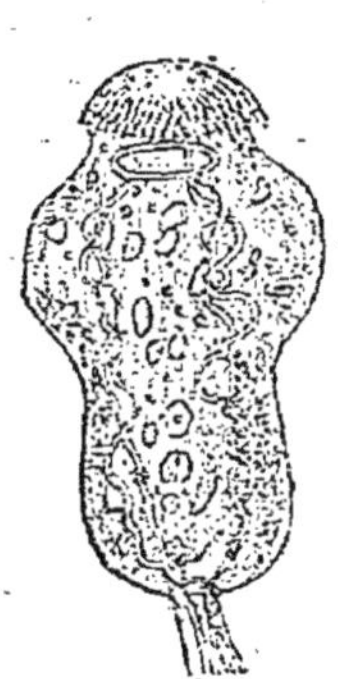

Fig. 259. — Tête grossie 90 fois.

Les crochets (fig. 260) présentent la configuration générale de ceux du Ténia adulte (fig. 264) ; ils en diffèrent pourtant par la moindre longueur et par la forme plus effilée de leur base. Leuckart leur attribue des dimensions notablement supérieures à celles que nous avons relevées nous-même.

	Grand crochet.		Petit crochet.	
	Lkt.	R. Bl.	Lkt.	R. Bl.
De l'extrémité de la racine antérieure à l'extrémité de la griffe	30μ	23μ	24μ	20μ
De l'extrémité de la racine postérieure à l'extrémité de la griffe	15	13	13	10
Longueur de la base	14	13	14	12

La tête du jeune Ténia est parcourue dans le sens de sa longueur par quatre vaisseaux (fig. 259), que réunit en avant un anneau situé au-dessous de la couronne de crochets et qui, en arrière, s'unissent deux à deux, cheminent le long du pédoncule et affectent avec les vaisseaux de la vésicule proligère des rapports que nous avons déjà signalés.

Parvenu à ce degré de développement, l'Échinocoque a parcouru toutes les phases de la période larvaire : il restera en cet état jusqu'à ce qu'il soit amené dans l'intestin du Chien, où les jeunes Ténias trouveront l'occasion de passer à l'état parfait. Si ce transport n'a pas lieu et si aucune cause étrangère, telle que l'intervention d'un homme de l'art, ne vient à le dé-

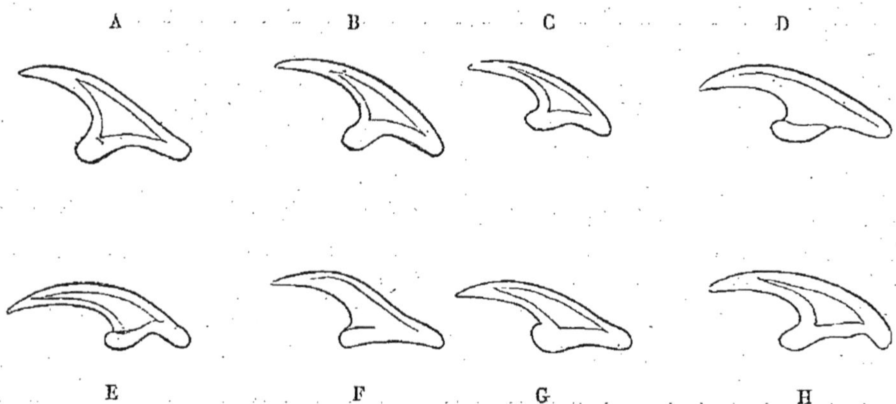

Fig. 260. — A-D, crochets d'une tête de Ténia provenant d'un kyste hydatique de l'Homme en Islande. E-H, crochets d'une tête de Ténia provenant d'un kyste hydatique de l'Homme à Copenhague. Grossis 900 fois, d'après Krabbe.

truire, il continuera de vivre pendant un temps plus ou moins long; sa mort pourra être spontanée ou subordonnée au contraire à celle de son hôte.

Nous n'avons encore que des données incertaines quant à la longévité des Hydatides. Finsen dit qu'elles peuvent exister, même pendant des dizaines d'années, dans un organe interne sans annoncer leur présence par aucun symptôme ; il cite des cas où la maladie serait restée latente pendant 16 ans et 18 ans au moins. Courty a vu un kyste hydatique de la région iliaque qui datait de 35 ans.

Bien qu'ayant achevé son évolution, l'Échinocoque peut subir néanmoins certaines modifications. A part l'augmentation du nombre des vésicules proligères et des têtes, il subit une croissance lente et régulière. Si le milieu lui permet de grossir, il peut acquérir de la sorte des dimensions considérables, jusqu'à 15 centimètres de diamètre ; mais c'est là l'exception : sa taille dépasse rarement celle du poing et est ordinairement plus petite encore.

A mesure que la vésicule-mère s'accroît, sa cuticule va en s'épaississant et atteint parfois jusqu'à 1^{mm} d'épaisseur. La membrane germinale ne subit pas un développement corrélatif, mais le développement du kyste conjonctif suit celui de l'Hydatide : il peut mesurer jusqu'à 5 et même 10^{mm} d'épaisseur, devient coriace, résistant et est parcouru d'un grand nombre de vaisseaux sanguins. Sa face interne est lisse et adhère intimement par endroits à la surface de l'Hydatide ; on peut enfin retrouver les débris de la masse cellulaire dont nous avons déjà reconnu l'existence en dehors de cette dernière.

L'Hydatide est ordinairement sphérique. Mais son expansion est-elle gênée par quelque obstacle, elle prend une forme ovale ou irrégulière.

Les Échinocoques ne se reproduisent pas seulement par les vésicules proligères ; ils peuvent encore se multiplier par ce que Kuhn a nommé les *vésicules secondaires* (1).

Ce sont des vésicules tout à fait semblables à la vésicule-mère, dont elles dérivent par un processus que Kuhn a découvert, que Levison a vu d'un peu plus près et que Leuckart a pu suivre dans ses moindres détails.

Entre deux lamelles de la couche profonde de la cuticule, on voit apparaître un amas de substance granuleuse (fig. 257, *o*), qui écarte les unes des autres les diverses couches cuticulaires et, au bout d'un certain temps, s'entoure d'une cuticule propre. Par suite de la formation répétée d'assises cuticulaires, cet amas granuleux devient le centre d'un système stratifié, *p*, qui ressemble entièrement aux premiers stades du développement de la vésicule-mère : on peut lui donner dès maintenant le nom de vésicule secondaire. Son contenu s'éclaircit, en même temps qu'elle tend à se rapprocher de plus en plus de la périphérie de la vésicule-mère : elle gagne finalement la surface externe, *q*, et tombe en dehors de l'Échinocoque. Si celui-ci est étroitement enserré par son kyste adventif, la vési-

(1) *Tochterblase* ou *secundäre Blase* des Allemands, *Datterblaere* des Danois.

cule secondaire se détruit; si au contraire elle dispose d'un espace suffisant, elle continue à se développer, se creuse d'une cavité centrale, qui lui fait prendre l'aspect d'une jeune Hydatide, *r*, pourvue d'une membrane fertile et d'une cuticule stratifiée. Elle se comporte dès lors exactement de la même façon que la vésicule-mère et développe à son intérieur des vésicules proligères, dans lesquelles se forment des têtes de Ténia, *s*; ou bien elle produit à son tour, par le procédé que nous venons de décrire, de nouvelles vésicules ou *vésicules petites-filles* (1), *t*, dans lesquelles prennent encore naissance des vésicules proligères.

On observe de grandes différences dans l'état de développement qu'a atteint la vésicule secondaire, au moment où elle crève la cuticule de l'Échinocoque : tantôt elle n'est pas encore creusée d'une cavité, ainsi que nous l'avons admis dans la description qui précède; le plus souvent, cette cavité s'est déjà constituée; parfois enfin, comme Morin l'a constaté, les têtes se forment déjà dans les vésicules proligères.

La vésicule secondaire, une fois isolée, pourra rester dans la poche kystique renfermant l'Hydatide qui lui a donné naissance; d'autres fois, elle se creuse un diverticule, qu'une cloison conjonctive isolera bientôt de la poche primitive et transformera de la sorte en un nouveau kyste. On comprend qu'il soit presque impossible, dans des cas de ce genre, de savoir si l'on a affaire à une vésicule secondaire ou à une vésicule-mère, provenant de la transformation d'un embryon hexacanthe. Leuckart croit pourtant avoir remarqué que les vésicules secondaires sont moins tardivement que leur mère capables de produire des vésicules proligères.

Les vésicules secondaires, que nous venons de voir prendre naissance par bourgeonnement exogène, ont été décrites par Kuhn sous le nom d'*Echinococcus exogena* et par Küchenmeister sous celui d'*E. scolecipariens;* Leuckart propose de leur donner le nom d'*E. simplex* ou *E. granulosus*, sous prétexte qu'elles partagent avec toutes les autres variétés d'Hydatides, et particulièrement avec celle dont il nous reste à parler, la faculté de produire des têtes de Ténia.

(1) *Enkelblase* des Allemands.

Les vésicules exogènes se rencontrent principalement chez les Ruminants et chez le Porc; Mégnin en a publié un cas remarquable chez le Cheval. Elles ne sont pas rares chez l'Homme : dans la première édition de son ouvrage, Küchenmeister n'en signalait que deux observations, mais Sommerbrodt pouvait, en 1866, en rassembler 17, et les travaux plus récents de Böcker, de Neisser et de Helm ont presque triplé ce chiffre.

Chez l'Homme, on les trouve surtout dans l'épiploon et dans les os ; elles sont plus rares dans le foie, la rate et le poumon, où elles cèdent habituellement la place à l'autre variété.

Celle-ci prend naissance de la même manière que la précédente, mais les vésicules secondaires (fig. 257, *u*), au lieu de devenir libres à la surface de l'Hydatide-mère, tombent dans la cavité de cette dernière, *v*. Elles sont du reste capables à leur tour de produire des vésicules proligères ou de donner naissance, par bourgeonnement intra-cuticulaire, à des vésicules petites-filles, *x*, exactement comme dans le cas précédent.

Les Hydatides qui produisent cette variété de vésicules secondaires ont été appelées *Echinococcus endogena* par Kuhn, *E. altricipariens* par Küchenmeister et *E. hydatidosus* par Leuckart. Elles atteignent d'ordinaire un poids et un volume bien plus considérables que ceux des plus grandes Hydatides à multiplication exogène : Leuckart parle de cas où elles auraient pesé jusqu'à 10 et 15 kilogrammes. Finsen assure qu'en Islande les Hydatides de l'abdomen atteignent fréquemment un volume extraordinaire : elles sont parfois si grosses, que l'abdomen est aussi détendu que dans l'ascite la plus développée. Dans un cas, il a fait sortir d'une semblable tumeur jusqu'à 18 litres de liquide. D'après ses observations, des kystes d'aussi énormes dimensions renferment toujours des vésicules secondaires (1).

Le nombre des vésicules secondaires renfermées à l'intérieur de l'Échinocoque est très variable : il varie naturellement d'après l'âge de la vésicule-mère, mais aussi avec les individus ; leur taille est tout aussi peu fixe. Dans de grandes Hydatides, Krabbe et Andral n'ont trouvé, l'un que deux, l'autre que trois

(1) D'après Finsen et contrairement à l'opinion généralement admise, l'Échinocoque avec vésicules secondaires serait relativement rare chez l'Homme : sur 48 cas opérés par lui en Islande, l'Échinocoque simple s'est rencontré 39 fois.

petites vésicules secondaires; dans une Hydatide « du volume d'un boulet de douze livres (1) », Lelouis trouva dix vésicules de la grosseur d'une noix. Un Échinocoque d'environ quinze livres, observé par Krüger, renfermait vingt-cinq vésicules secondaires; celui qu'Eschricht a décrit en contenait une trentaine, de la grosseur d'un pois à celle d'un œuf de Poule; l'un de ceux qu'a vus Velpeau, gros à peu près comme un œuf de Poule, renfermait au moins une centaine de vésicules offrant le volume d'une tête d'épingle à celui d'une noix. Leroux a vu le grand lobe du foie entièrement détruit par une Hydatide « dans laquelle on aurait pu faire tenir huit à dix litres de fluide.... Elle renfermait plusieurs centaines d'autres Hydatides, quelques-unes de la grosseur d'un œuf de Poule, d'un œuf de Pigeon, le plus grand nombre de la grosseur d'une noisette et même d'un pois. »

Le nombre des vésicules secondaires, déjà remarquable dans ces dernières observations, peut être encore plus considérable. Leuckart rapporte, d'après le récit que lui en a fait Luschka, l'histoire d'une femme de soixante ans qui, depuis plusieurs dizaines d'années, portait une tumeur que l'on croyait causée par une grossesse extra-utérine; mais l'augmentation constante du volume de la tumeur dut faire abandonner ce diagnostic. A l'autopsie, on trouva une énorme Hydatide, dont le foie avait été le point de départ et qui s'était peu à peu développée en une poche du poids de trente livres, dans laquelle on trouva un nombre immense de vésicules secondaires, plusieurs milliers au moins, de la taille du poing à celle d'un pois et au dessous (2).

Quand les vésicules secondaires internes prennent un développement aussi considérable, elles peuvent distendre et dilater la vésicule-mère au point de lui enlever toute vitalité ; celle-ci entre alors plus ou moins en régression et peut passer inaperçue, adhérente qu'elle est au kyste conjonctif, à moins d'un examen attentif.

On a dit et répété sans raison que, dans les cas d'Échino-

(1) Leuckart a traduit : « un Échinocoque de douze livres ! » (*Die Parasiten des Menschen*, 2 Auflage, I, p. 783.)

(2) On trouvera dans l'ouvrage de Davaine (*loc. cit.*, p. 372) une série d'observations du même genre.

coques endogènes, la vésicule-mère et les vésicules secondaires étaient toujours des Acéphalocystes. Il est certain que la tendance à la production des vésicules proligères et des têtes de Ténia est fréquemment amoindrie, parfois même au point de faire complètement défaut, mais il faut se garder de généraliser ce fait. Leuckart, il est vrai, a souvent dû passer en revue bien des vésicules secondaires avant d'en trouver une qui fût pourvue de vésicules proligères et de têtes, et pareille chose est arrivée à Lebert et à Helm. Mais il est des Hydatides dont les vésicules endogènes sont toutes fertiles : tel était le cas dans l'observation d'Eschricht; Helm a observé des faits analogues. Grâce à l'obligeance de M. Baudouin, interne des hôpitaux, nous avons pu nous-même étudier récemment des Hydatides provenant du foie d'un Homme : toutes étaient remplies d'un nombre plus ou moins considérable de vésicules endogènes, dont l'infime minorité était demeurée stérile.

Une Hydatide produisant des vésicules exogènes développe ordinairement à son intérieur des vésicules proligères et non des vésicules secondaires endogènes. Il ne faudrait pourtant pas croire que la multiplication exogène et la multiplication endogène s'excluent réciproquement et conclure à une différence spécifique entre les Ténias au cycle évolutif desquels appartiennent les Hydatides qui présentent des dissemblances à cet égard. On peut concevoir l'existence d'Hydatides qui produisent tout à la fois des vésicules endogènes et des vésicules exogènes ; si le fait s'observe rarement, cela tient uniquement à ce que le mode de formation des vésicules secondaires est déterminé par la nature même du terrain au sein duquel se développent les Hydatides.

Un certain nombre d'observations démontrent la justesse de cette opinion et prouvent que les Hydatides n'appartiennent point à des espèces différentes, suivant qu'elles sont exogènes ou endogènes. Haen, Davaine, Wunderlich et Helm ont rencontré côte à côte les deux sortes d'Hydatides dans le foie d'un même individu.

Nous avons dit plus haut que la vésicule-mère et les vésicules secondaires auxquelles elle donne naissance pouvaient rester stériles, c'est-à-dire ne développer à leur intérieur ni vésicules proligères ni têtes de Ténia. On a prétendu que, dans les cas de multiplication endogène, l'Hydatide était normalement stérile : cette opinion nous semble être totalement inadmissible. Küster a trouvé dans un humérus humain un Échinocoque ayant produit des vésicules endogènes en même temps que des vésicules exogènes. Moniez a observé dans le foie du Porc une Hydatide de petites dimensions, qui présentait tout à la fois des vésicules exogènes, des vésicules endogènes et des vésicules proligères.

Le mode de production des vésicules endogènes dont nous venons de donner la description a été reconnu par Kuhn et par Davaine ; Leuckart l'admettait également dans la première édition de son ouvrage. Aujourd'hui, ce savant professe une autre manière de voir et adopte l'opinion de Naunyn, d'après laquelle les vésicules secondaires endogènes se formeraient tantôt aux dépens d'une vésicule proligère, tantôt aux dépens d'une tête de Ténia.

Dans ce dernier cas, parmi les nombreuses têtes que renferment les vésicules proligères ou qui nagent librement dans le liquide de l'Échinocoque, il n'est pas rare d'en rencontrer quelques-unes dont la forme s'est singulièrement modifiée (fig. 257, *y*). Elles sont plus grandes et plus transparentes que leurs congénères. Leur partie postérieure s'est dilatée ; elle s'est en outre creusée d'une cavité à parois amincies, remplie d'un liquide clair. A la surface de l'organisme, les cirres vibratiles sont encore en mouvement. La face profonde de la paroi est occupée par un fin réseau d'éléments réfringents, dont le point de départ est l'endroit où s'insèrent les crochets ; aux anastomoses de ce réseau et sur le trajet de ses branches, on trouve des gouttelettes de taille variable et d'aspect graisseux. La limite extérieure est constituée par une cuticule anhiste, qui s'épaissit et prend une structure stratifiée, à mesure que l'organisme s'accroît et s'arrondit.

Cependant la vésicule intérieure s'étend de proche en proche vers l'extrémité antérieure de la tête. Les ventouses disparaissent, les corpuscules calcaires se fondent ; seule la couronne de crochets trahit l'origine de l'organisme : elle finit elle-même par disparaître, quand celui-ci a atteint à peu près la taille d'un grain de Millet. La tête ainsi transformée ne peut dès lors être en rien distinguée d'une jeune Hydatide, pas même par son habitat, car la vésicule proligère se rompt avant l'achèvement de cette métamorphose, qui avait commencé dans son intérieur.

A l'appui de cette singulière théorie, Naunyn et Leuckart n'apportent aucun fait précis. Il n'est pas très rare, en effet, de voir nager au sein d'une vésicule proligère des têtes qui ont subi les modifications que nous venons de décrire, mais personne encore ne les a vues produire des bourgeons à leur intérieur, en sorte que rien ne prouve qu'elles deviennent des vésicules secondaires. En raison de leur pauvreté en éléments vivants et de l'aspect encore plus délabré des grands individus, Moniez croit que ces têtes doivent se détruire. Des recherches nouvelles sont nécessaires sur ce point.

Dans certaines circonstances, les vésicules proligères se transformeraient elles-mêmes en vésicules secondaires. La portion granuleuse, dépendant de la membrane germinale, qui les revêt extérieurement, se détruit, en même temps que leur cuticule interne s'épaissit et se stratifie. Le pédicule qui rattachait la vésicule à la paroi de l'Échinocoque se rompt alors et cette vésicule devient libre : les têtes qu'elle renfermait entrent en régression et se résolvent finalement en une couche qui se répartit uniformément à la surface interne de la cuticule, de façon à constituer une nouvelle membrane fertile (fig. 257, *z*). Ainsi transformée, la vésicule ressemble à une jeune Hydatide. La métamorphose est parfois limitée à une portion plus ou moins considérable de la vésicule proligère : cette portion se sépare alors par un étranglement.

Telle est l'opinion de Naunyn et de Leuckart. Eschricht et Rasmussen admettent au contraire que la cuticule stratifiée dérive, non de la cuticule interne de la vésicule proligère, mais d'une membrane délicate qui limiterait celle-ci extérieurement. La transformation de la vésicule proligère en Hydatide consisterait donc en une sorte d'enkystement et la membrane germinale ne serait autre que celle-là même qui constituait la vésicule primitive.

Quelle que soit leur origine, les Hydatides secondaires internes sont capables de se multiplier comme le fait la vésicule-mère, c'est-à-dire au moyen de bourgeons intérieurs qui produisent des vésicules proligères, puis des têtes de Ténia. Ou bien, comme nous l'avons dit déjà plus haut, ces Hydatides se comportent à leur tour comme celle qui leur a donné naissance et présentent à leur intérieur des vésicules petites-filles, que Leuckart fait dériver d'une métamorphose des têtes renfermées dans les vésicules proligères produites par la vésicule secondaire.

L'Hydatide qui renferme des vésicules secondaires est le siège d'un singulier phénomène physique, dont Briançon a reconnu, en 1828, et l'existence et la cause. « Lorsqu'on applique une main sur un kyste contenant des Acéphalocystes, de manière à l'embrasser le plus exactement possible, en exerçant une pression légère, et qu'avec la main opposée on donne un coup sec et rapide sur cette tumeur, on sent, dit cet auteur, un frémissement analogue à celui que ferait éprouver un corps en vibration ; c'est le *frémissement hydatique.* Si l'on réunit l'auscultation à la percussion, on entend des *vibrations* plus ou moins graves, semblables à celles que produit une corde de basse. Les signes dont je parle n'ont pas, dans tous les cas, une égale intensité. Tantôt, en effet, ils sont très prononcés, tantôt ils le sont moins. C'est au nombre des Acéphalocystes et à la quantité de liquide contenu dans le kyste que l'on doit attribuer tout ce qu'il y a de variable en intensité dans les phénomènes dont je parle... J'ai appelé ce frémissement *frémissement hydatique*, bien qu'on le retrouve ailleurs que dans les Hydatides, dans une masse gélatineuse, par exemple... Ce sont les parois des vessies membraneuses dont je parle qui sont le siège de ce frémissement ; le liquide qu'elles renferment ne paraît y contribuer qu'en les tenant dans une tension médiocre. »

Briançon pensait que le frémissement en question ne peut se produire que lorsque l'Hydatide renferme un grand nombre de vésicules secondaires dans un liquide relativement peu abondant. Cette opinion est parfaitement exacte dans la grande majorité des cas ; mais Küster a reconnu que deux ou plusieurs Hydatides dépourvues de vésicules secondaires, mais serrées les unes contre les autres, sont capables de produire le frémissement. Au point de vue du traitement, ce fait n'est pas sans valeur : perçoit-on le frémissement sur un kyste qui, après la ponction, se montre dépourvu de vésicules secondaires, c'est l'indice certain de la présence d'une seconde Hydatide.

J.-B. Mougeot, *Essai zoologique et médical sur les Hydatides.* Thèse de Paris, n° 240, an IX (1801).

P.-A. Briançon, *Essai sur le diagnostic et le traitement des Acéphalocystes.* Thèse de Paris, n° 216, 1828.

Er. Wilson, *Classification, structure and development of the Echinococcus.* Med. chir. Transactions, XXVIII, p. 21, 1845.

Frerichs, cité par R. Leuckart, *Beobachtungen und Reflexionen über die Naturgeschichte der Blasenwürmer.* Archiv f. Naturgeschichte, I, p. 7, 1848. — Voir p. 24.

Th.-H. Huxley, *On the anatomy and development of Echinococcus veterinorum.* Proceedings of the zool. soc. of London, XX, p. 110, 1852.

Von Siebold, *Ueber die Verwandlung der Echinococcusbrut in Tänien.* Z. f. w. Z., IV, p. 409, 1853.

G. Wagener, *Die Entwicklung der Cestoden*. Verhandl. der k. Leop.-Carol. deutschen Akademie, XXIV, Supplement, 1854.

Vald. Rasmussen, *Bidrag til Kundskaben om Echinococcernes Udvikling hos Mennesket*. Afhandling for Doctorgraden, Kjöbenhavn, 1866.

Eschricht, *Ueber Echinocokken*. Zeitschr. f. die ges. Naturw., X, p. 231, 1857.

Levison, *Disquisitiones nonnullæ de Echinococcis*. Diss., Gryphiæ, 1857.

C. Davaine, *Recherches sur le frémissement hydatique*. Gazette médicale, (3), XVII, p. 300 et 323, 1862.

B. Naunyn, *Entwickelung des Echinococcus*. Arch. f. Anat., p. 612, 1862.

H.-J. Krabbe, *Recherches helminthologiques en Danemark et en Islande*. Copenhague et Paris, 1866.

E. Küster, *Ein Fall von Echinococcus im Knochen*. Berliner klin. Woch., p. 145, 1870.

Laboulbène, *Corpuscules calcaires des Échinocoques*. Mém. de la Soc. de biologie, (5), II, p. 57, 1870.

E. Küster, *Ein Fall von geheiltem Leberechinococcus nebst Bemerkungen über das Hydatidenschwirren*. Deutsche med. Woch., VI, p. 6, 1880.

Malassez, *Sur la structure des Échinocoques*. Gaz. méd., p. 218 et 288, 1880.

R. Moniez, *Essai monographique sur les Cysticerques*. Thèse de la Faculté de médecine de Lille, 1880. — Travaux de l'Institut zoologique de Lille, III, n° 1, 1880.

Gratia, *De l'évolution du Tænia échinocoque et des accidents qu'il provoque chez l'Homme et chez les animaux*. Presse méd. belge, XXXV, p. 17, 1883.

Vogler, *Noch einmal die Echinococcus-Haken*. Correspondenzblatt für Schweizer Aerzte, XV, p. 586, 1885.

Les variétés d'Hydatides que nous venons d'étudier ont été diversement dénommées par les auteurs, à l'époque où on les considérait comme des Vers à l'état adulte. Nous savons maintenant, à n'en pas douter, qu'elles appartiennent à l'état larvaire d'un seul et même Cestode, *Tænia echinococcus*. Il ne sera pas sans intérêt de rapporter ici les principaux noms sous lesquels elles ont été décrites :

Tænia visceralis socialis granulosa Göze, 1782.
Hydatigena granulosa Batsch, 1786.
Vesicaria granulosa Schrank, 1788.
Tænia granulosa Gmelin, 1790.
Polycephalus hominis Zeder, 1880.
P. granulosus Zeder, 1803.
P. humanus Zeder, 1803.
P. echinococcus Zeder, 1803.
Acephalocystis Laennec, 1804.
Hydatis erratica Blumenbach, 1810.
Echinococcus veterinorum Rudolphi, 1810.
E. simiæ Rudolphi, 1810.
E. granulosus Rudolphi, 1810.
E. hominis Rudolphi, 1810.
E. infusorium Fr. S. Leuckart, 1827.
Diskostoma acephalocystis Goodsir, 1844.

E. giraffæ Gervais, 1847.
E. polymorphus Diesing, 1851.

Rudolphi distinguait trois espèces d'Hydatides, *Echinococcus veterinorum*, *E. simiæ* et *E. hominis*. Dujardin n'en reconnaissait qu'une seule, *E. veterinorum*, dont les deux autres n'étaient que des variétés développées chez le Singe ou chez l'Homme. Diesing se range à ce dernier avis, et, jugeant avec raison qu'aucune des trois espèces admises par Rudolphi ne méritait d'imposer son nom aux deux autres, il désigne les Hydatides sous le nom d'*E. polymorphus*, que nous leur conserverons. Bien que les Hydatides ne soient pas des animaux parfaits, il y a en effet quelque utilité pratique à maintenir cette ancienne appellation, comme nous l'avons fait déjà pour les Cysticerques.

Il n'est aucun parasite de l'Homme dont le siège soit aussi variable que celui de l'Échinocoque. On peut l'observer dans presque tous les organes, même dans le tissu osseux. Toutefois, on ne le trouve point partout avec une égale fréquence : son siège de prédilection est le foie; puis on le rencontre avec une fréquence décroissante dans le poumon, le rein, la rate, le cerveau, etc. Le tableau suivant montre sa répartition dans les diverses parties du corps; il indique la fréquence relative des Hydatides suivant les organes, d'après les observations recueillies par Davaine, Böcker, Neisser, Finsen et Madelung.

	Davaine.	Böcker.	Neisser.	Finsen.	Madelung.
Foie	166	17	451	176	132
Poumon	40	5	67	7	21
Rate	»	4	28	2	3
Plèvre	»	»	17	»	2
Appareil circulatoire	12	1	29	»	1
Cavité crânienne	22	»	68	»	1
Canal rachidien	3	»	13	»	»
Rein	31	2	80	3	7
Petit bassin	26	1	36	»	7
Organes génitaux femelles et mamelle	13	»	44	»	3
Organes génitaux mâles	3	»	6	»	»
Os	17	»	28	»	3
Face, orbite, bouche	16	»	21	4	»
Cou	7	»	10	1	»
Tronc et membres	20	»	»	8	13
Péritoine, épiploon	»	2	2	54	3
Totaux	376	32	900	255	196

Il est fréquent de n'observer chez l'Homme qu'un seul Échinocoque, ou du moins de n'en trouver qu'un petit nombre (1); il n'est point rare non plus de ne rencontrer les parasites que dans un seul organe, qui est presque toujours le foie. Ce fait ne laisse pas que de surprendre un peu, si on se rappelle quelle prodigieuse quantité de Cysticerques nous avons constatée dans bien des cas; il s'explique par la rareté relative du Ténia échinocoque, au moins dans nos pays, rareté qui a pour conséquence de rendre l'infestation moins facile; il s'explique surtout par ce que le Ténia adulte n'émet jamais, ainsi que nous le verrons plus tard, qu'un seul anneau rempli d'œufs mûrs.

Ce n'est pas à dire pourtant que les Hydatides ne puissent parfois s'observer en plus ou moins grand nombre. Dans ce cas, on les trouve non seulement dans le foie, mais aussi dans d'autres organes, le poumon, le rein, la rate, mais surtout dans le péritoine et dans le grand épiploon. Le cas rapporté par Charcot et Davaine est particulièrement instructif à cet égard : chez un Homme de soixante-trois ans, ces observateurs ont trouvé dans le foie une grande quantité de kystes hydatiques, dont trois atteignaient de très vastes dimensions. « Dans l'épiploon gastro-hépatique se trouvent deux tumeurs hydatiques, égalant le volume d'un œuf de Poule. Dans l'épiploon gastro-splénique s'en trouve une autre plus volumineuse. A la surface du mésentère, on remarque un très grand nombre de kystes du volume d'une noix à celui d'un pois... Dans le petit bassin, entre le rectum et la vessie, existe un kyste hydatique du volume du poing. »

Nous voilà bien loin des milliers de parasites dont nous notions la présence dans les cas de ladrerie : le nombre des Échinocoques est rarement supérieur à quelques dizaines, à moins que l'on ne compte comme des parasites distincts les vésicules secondaires nées par bourgeonnement d'une Hydatide primitive.

Nous ne saurions avoir la prétention de retracer ici l'histoire clinique des Échinocoques développés dans les diverses

(1) Sauf au cuir chevelu, où l'on rencontre ordinairement de 5 à 10 Échinocoques, Finsen n'a pu diagnostiquer que dans six cas plus d'une Hydatide chez un même malade.

régions du corps. Nous nous bornerons à des indications succinctes ; quant au reste, on pourra trouver les renseignements les plus circonstanciés dans le livre de Davaine ; on pourra consulter également avec profit l'ouvrage de Neisser (1).

Le foie ne renferme parfois qu'une seule Hydatide ; on en trouve plus souvent deux ou trois, rarement jusqu'à douze. Le parasite, amené sans doute par le sang de la veine porte, peut se fixer en un point quelconque de l'organe (2) et s'y développer à des degrés très divers : l'Échinocoque acquiert-il de grandes dimensions, le foie prend les aspects les plus variés et acquiert des dimensions six ou sept fois plus considérables qu'à l'état normal.

Le parenchyme hépatique demeure normal tant que la poche hydatique est de petite taille. Mais, à mesure que celle-ci s'accroît, le tissu du foie est comprimé ; il s'atrophie de plus en plus, en sorte que des lobes entiers peuvent disparaître ou du moins se réduire à une sorte de lame épaisse d'un millimètre. Quand elle atteint de grandes dimensions, l'Hydatide peut amener dans les organes voisins des lésions plus ou moins graves ; on la voit alors déprimer le diaphragme et s'enfoncer dans le thorax ou dans le parenchyme pulmonaire ; elle peut perforer le diaphragme et, suivant les cas, s'ouvrir dans la plèvre ou dans les bronches ; elle peut encore s'ouvrir dans l'estomac ou l'intestin, dans les voies urinaires ; elle peut déterminer une perforation spontanée de la paroi abdominale ; elle peut enfin, en comprimant les canaux biliaires ou les gros troncs sanguins contenus dans l'abdomen, provoquer l'apparition de phénomènes divers. Nous avons expliqué déjà par l'action d'une leucomaïne renfermée dans le liquide hydatique les accidents divers (urticaire, etc., voire même la mort) dont s'accompagne la rupture des Échinocoques dans une cavité séreuse.

Les Hydatides du poumon se rencontrent ordinairement dans le parenchyme de l'organe. Il est assez rare d'en ren-

(1) Cet ouvrage renferme un index bibliographique assez complet. A moins qu'il ne s'agisse de travaux importants, nous ne citerons, parmi les plus intéressants, que ceux qui lui sont postérieurs en date.

(2) L'Échinocoque siège pourtant de préférence dans le lobe droit : sur 86 cas de kystes du foie, Finsen a vu le parasite 58 fois à droite et 28 fois à gauche.

contrer deux dans un même poumon ; les cas d'un kyste dans l'un et l'autre poumon sont plus fréquents ; en même temps qu'il se trouve en ce point, le parasite s'observe souvent dans le foie. L'Échinocoque pulmonaire atteint parfois une taille véritablement énorme ; du côté malade, la poitrine s'élargit notablement, les côtes sont soulevées, le poumon est refoulé sur lui-même, le cœur et le foie peuvent être écartés par la tumeur ; les deux feuillets de la plèvre peuvent se réunir l'un à l'autre au moyen d'adhérences. Bien souvent, le kyste finit par se rompre et par s'ouvrir au dehors, soit à travers les parois de la poitrine, soit à travers le diaphragme et la paroi abdominale ; il est plus fréquent de le voir se faire jour au dehors en perforant les bronches. En revanche, il est plus rare de voir l'Échinocoque s'ouvrir dans la plèvre ou dans le péricarde, éroder les vaisseaux sanguins et amener la mort par hémorrhagie, acquérir un volume tellement énorme que la mort arrive par suffocation, etc. Davaine rapporte un grand nombre d'observations d'Hydatides du poumon ; il en résulte que ces parasites occasionnent toujours de graves phénomènes ; la mort arriverait deux fois sur trois cas. On ne lira pas sans intérêt la thèse dans laquelle Chachereau a relaté sa propre observation.

Dans la plèvre, l'Échinocoque est rare. Des dix-sept cas relevés par Neisser, les uns se rapportaient à des parasites développés dans la cavité même de la séreuse, les autres à des parasites siégeant en dehors de son feuillet pariétal. On peut se demander si, dans le premier cas, il ne s'agit pas réellement d'Hydatides devenues libres par suite de leur développement, grâce à un phénomène de migration analogue à celui que nous avons reconnu pour les Cysticerques sous-rétiniens tombant dans le corps vitré ou dans le cristallin.

L'Échinocoque est plus rare encore dans la capsule surrénale. Deux cas seulement nous en sont connus : celui de Perrin en 1853 et celui de Huber en 1882. Ce dernier est remarquable en ce qu'il se rapporte à une variété d'Hydatide dont nous devons nous occuper avant d'aller plus loin.

Barrier, *De la tumeur hydatique du foie.* Thèse de Paris, 1840.

Krummacher, *Ueber uniloculären Echinococcus der Leber.* Inaug. Diss. Marburg, 1873.

Gérin-Rôze, *Note sur un cas de kyste hydatique du foie; sept ponctions avec aspiration. Bons résultats*. Bull. de la Soc. méd. des hôpitaux, (2), XII, p. 111, 1875. — Id., *Kyste hydatique du foie vidé à deux reprises au moyen de l'aspirateur et guéri spontanément par rupture et évacuation dans l'estomac*. Ibidem, XIV, p. 199, 1877.

A. Laveran, *Kyste hydatique du foie; guérison après une seule ponction; urticaire consécutive à la ponction*. Ibidem, XII, p. 88, 92 et 106, 1875. — Id., *Observations pour servir à l'histoire des kystes hydatiques des poumons*. Arch. de méd. et pharm. militaires, V, p. 33, 1885.

Martineau, *Kyste hydatique de la face inférieure du foie; mort subite après ponction*. Bull. de la Soc. méd. des hôp., (2), XII, p. 103, 107 et 111, 1875.

Vidal, *Kyste hydatique suppuré du foie. Ponctions; incision; guérison*. Ibidem, XIII, p. 52, 1876.

Alb. Neisser, *Die Echinococcen-Krankheit*. Berlin, in-8° de 228 p., 1877.

Ch. Lehmann, *Des kystes hydatiques du poumon ouverts dans la plèvre*. Thèse de Paris, 1882.

Max. Gutierrez, *Hidatides del pulmon*. Tésis de Buenos Aires, 1882.

Marmonnier, *Kyste hydatique suppuré du foie, guérison*. Lyon médical, XLIV, p. 389 et 450, 1883.

M. P. Em. Chachereau, *Un kyste hydatique du poumon. Urticaire hydatique*. Thèse de Paris, 1884.

H. Faille, *Contribution à l'étude d'une complication rare du kyste hydatique du foie*. Thèse de Paris, 1884.

A. Reymondon, *Étude sur l'élimination simultanée des kystes hydatiques du foie dans les voies biliaires et dans la cavité thoracique*. Thèse de Paris, 1884.

S. D. Bird, *On Hydatids of the lung: their diagnosis, prognosis and treatment* 2nd edition. Melbourne, 1877.

L. Queyrat, *Kystes hydatiques du foie simulant une ascite et communiquant avec les voies biliaires*. Revue de médecine, VI, p. 443, 1886.

J. Camescasse, *Kyste hydatique du foie évacué par ponction, il y a deux ans. Récidive. Ouverture dans le poumon, vomique. Mort par cachexie*. — Progrès médical, (2), III, p. 500, 1886.

L'Échinocoque du foie, du poumon et de la capsule surrénale se présente le plus souvent sous l'aspect que nous lui avons décrit jusqu'ici; parfois cependant, il affecte une forme spéciale, que les médecins confondaient anciennement avec une tumeur colloïde ou avec un carcinome gélatineux. Virchow reconnut le premier, en 1856, la véritable nature de cette tumeur, qu'il désigna sous le nom de « tumeur à Échinocoques multiloculaire, à tendance ulcéreuse. » Avec Carrière, nous l'appellerons *tumeur hydatique alvéolaire*.

Cette tumeur est constituée par une substance fondamentale, d'une dureté en général considérable, creusée de cavités peu volumineuses, ressemblant à des alvéoles, dans lesquels sont contenues des masses gélatiniformes; celles-ci ne sont autre chose que des Hydatides repliées sur elles-mêmes, au lieu d'avoir la forme globuleuse habituelle. Cette production présente une grande tendance à l'ulcération, qui se manifeste par la formation d'une ou de plusieurs cavités à parois anfractueuses dans son intérieur.

En 1869, Carrière en relevait 19 cas, parmi lesquels la tumeur occupait 15 fois le foie seul, 2 fois le foie et le poumon, une fois le poumon seul et une fois le foie, le poumon et le péritoine. Marie Prougeansky en a fait connaître 5 cas, observés à Zurich de 1867 à 1873, et le nombre des cas actuellement connus peut être évalué à 70 environ.

Dans le foie, la lésion se présente sous la forme d'une masse plus ou moins volumineuse, solide à sa périphérie, diffluente dans ses parties centrales, de façon à présenter là une caverne remplie de détritus. Son siège le plus fréquent est dans le lobe droit (11 fois sur 16, d'après Carrière); son volume est très variable, depuis la taille d'un œuf de Canard (Leuckart) jusqu'à celle de deux têtes d'Homme (Griesinger); entre ces deux extrêmes, on peut trouver tous les intermédiaires. La tumeur est constituée par une quantité considérable de petites cavités dont les dimensions sont très variables : quelques-unes mesurent seulement $0^{mm},03$; le plus souvent, leur taille est à peu près celle d'un grain de Chènevis, ou même celle d'un pois. Les alvéoles les plus volumineux sont parfois au centre et les plus petits à la périphérie. Dans d'autres circonstances, le centre de la tumeur est occupé par une grande poche, dont la dimension varie depuis celle d'une noix jusqu'à celle du poing; sa forme est des plus irrégulières : elle présente une série de diverticules petits, anfractueux, à parois déchiquetées. En dehors de cette cavité centrale, se voient des alvéoles de petite taille; à son intérieur, il peut s'en rencontrer aussi.

Ces différents aspects nous renseignent d'une façon suffisante sur la nature de la tumeur qui nous occupe. La poche centrale dont nous avons reconnu l'existence n'est autre chose qu'une Hydatide mère qui, suivant la résistance plus ou moins grande opposée par le tissu dans lequel elle est venue se fixer, a gardé des dimensions plus ou moins restreintes; les alvéoles qu'une coupe permet de reconnaître à son intérieur sont des vésicules endogènes; les alvéoles extérieurs, beaucoup plus nombreux, sont des générations successives de vésicules secondaires exogènes, comme le démontrent leur pullulation périphérique et les grandes différences de taille qu'ils présentent entre eux.

Les vésicules exogènes sont disposées les unes à côté des autres, dans des cavités creusées au sein d'un stroma fibro-conjonctif; elles sont affaissées et repliées sur elles-mêmes, au lieu de demeurer globuleuses, comme à l'état normal; elles sont trop grosses pour l'alvéole qui les renferme, de là les replis nombreux que présente leur paroi. Dans les points où le réseau conjonctif ambiant offre une moindre résistance, on voit la vésicule pousser des diverticules qui lui donnent un aspect assez semblable à celui que nous avons décrit pour les Cysticerques rameux de l'encéphale. Certains observateurs, Luschka, Leuckart, Heschel, Friedreich, invoquent cette structure pour admettre que les vésicules extérieures prennent naissance, non par le procédé ordinaire de bourgeonnement intra-cuticulaire, mais par isolement de ces diverticules périphériques ; Marie Prougeansky pense même que c'est là leur unique mode de production. Chacune des vésicules ainsi constituées s'entourerait à son tour d'une coque conjonctive. Nous ne voulons pas nier la possibilité, voire même la prédominance d'un semblable processus ; nous ferons remarquer simplement que cela n'exclut pas le mode habituel de multiplication exogène : Marie Prougeansky a noté l'existence d'amas granuleux, point de départ des vésicules secondaires, entre les lamelles de la cuticule de l'Hydatide principale. D'accord avec Virchow et contrairement à cette dernière, Klemm a d'ailleurs reconnu nettement la production de vésicules exogènes et endogènes.

La plupart des auteurs admettent que les vésicules qui composent la tumeur hydatique alvéolaire demeurent stériles ; Leuckart dit que la fertilité serait exceptionnelle. Cette opinion est contredite par les faits : Helm a établi que les Hydatides ordinaires étaient fertiles 78,7 fois sur 100 et les Échinocoques alvéolaires 64,7 fois sur 100. Il est vrai néanmoins que ces derniers ne produisent le plus souvent qu'un petit nombre de têtes, dont la constatation nécessite parfois des recherches prolongées.

Ces têtes sont identiques à celles qui se développent dans les vésicules proligères des Hydatides normales : dimensions, structure, tout est semblable. D'après cette comparaison, il est déjà difficile d'admettre la manière de voir de Kuhl, de Morin et de Huber, qui pensent que l'Échinocoque alvéolaire est causé par l'état larvaire d'un Ténia différent de *Tænia echinococcus*. Cette opinion est formellement contredite par les expériences de Klemm, qui a pu développer le véritable Ténia échinocoque dans l'intestin d'un Chien auquel il avait fait avaler des Hydatides fertiles provenant d'une tumeur hydatique alvéolaire.

Bien que *Echinococcus polymorphus* et *E. multilocularis s. alveolaris* soient deux états d'un même parasite, l'aspect différent sous lequel ils se présentent n'en reste pas moins obscur. Il tient probablement à la manière variable dont l'organisme se comporte vis-à-vis de l'embryon hexacanthe, puis du Ver cystique qui lui succède ; cette différence de réaction de la part de l'organe reconnaît sans doute pour cause une différence dans le siège qu'occupe l'embryon. C'est ainsi que la forme cystique ordinaire se développerait presque sans provoquer de réaction, vite et régulièrement, dans des voies non préformées; elle se creuserait un gîte au sein des tissus. La forme alvéolaire aurait au contraire son point de départ dans un système de canaux (vaisseaux lymphatiques, d'après Virchow; canaux biliaires, d'après Friedreich, Schrœder van der Kolk et Morin; vaisseaux sanguins, d'après Leuckart): ceux-ci, doués d'une exquise sensibilité, réagiraient violemment; il se produirait ainsi une abondante prolifération conjonctive et l'Échinocoque, contraint de lutter contre elle, ne pourrait croître que lentement.

La singulière distribution géographique de l'Échinocoque alvéolaire n'a pu encore être expliquée. En Islande, où les kystes hydatiques sont endémiques, on ne l'a jamais observé. Dans l'Allemagne du nord, où l'Échinocoque est relativement fréquent, on n'en connaît encore que deux cas : l'un vu par Bartels à Kiel en 1873, l'autre observé par Trendelenburg à Rostock en 1881; le cas de Fr. Meyer se rapporte au centre de l'Allemagne. En France, on n'en connaît pas la moindre observation, puisque le malade de Carrière était un Bavarois. Jusqu'à présent, c'est surtout en Suisse et dans l'Allemagne du sud, où les kystes hydatiques sont relativement rares, qu'on a observé l'Échinocoque alvéolaire; on l'a signalé aussi dans la haute et la moyenne Italie et chez un nègre d'Amérique. Heller croit pouvoir rapporter encore à l'Hydatide alvéolaire deux pièces figurant dans les collections d'anatomie pathologique de Londres et d'Édimbourg.

Ajoutons que cette variété d'Hydatides s'observe aussi chez le Bœuf, où Friedreich en 1860, Huber en 1861, Perroncito en 1871, Harms en 1872, Bollinger en 1875 et Brinsteiner en 1884, en ont vu chacun un cas.

J. Carrière, *De la tumeur hydatique alvéolaire*. Thèse de Paris, 1868. — On trouvera dans cet excellent travail la traduction de toutes les observations antérieures de tumeurs hydatiques alvéolaires.

Ducellier, *Etude clinique sur la tumeur à Échinocoques multiloculaire du foie et des poumons*. Paris, 1868.

J. Carrière, *De la tumeur hydatique alvéolaire* (*tumeur à Échinocoque multiloculaire*). Arch. de physiol., II, p. 132, 1869.

Huber, *Ueber Echinococcus multilocularis*. Virchow's Archiv, LIV, p. 265, 1871. — Id., *Ueber zwei neue Fälle von Echinococcus multilocularis*. Deutsches Arch. f. klin. Med., XXIX, p. 203, 1881.

M. Prougeansky, *Ueber die multiloculäre ulcerirende Echinococcusgeschwulst in der Leber*. Inaug. Diss. Zurich, 1873.

Bollinger, *Echinococcus multilocularis in der Leber des Rindes*. Deutsche Zeitschr. f. Thiermedicin, II, p. 109, 1875.

E. Haffter, *Ein Fall von Echinococcus multilocularis hepatis*. Archiv der Heilkunde, XVI, p. 362, 1875.

Fr. Morin, *Deux cas de tumeurs à Échinocoques multiloculaires.* Thèse de Berne, 1876.

Buhl. Annalen der städtischen Krankenanstalt zu München, II, p. 454, 1880.

L. Kränzle, *Fünf neue Fälle von Echinococcus multilocularis hepatis.* Inaug. Diss. Tübingen, 1880.

L. Waldstein, *Ein Fall von multiloculärem Echinococcus der Leber.* Virchow's Archiv, LXXXIII, p. 41, 1881.

Fr. Meyer, *Ein Fall von Echinococcus multilocularis.* Inaug. Diss. Göttingen, 1882.

J. Ch. Huber, *Studien und Beobachtungen über den multiloculären Echinococcus der Leber und der Nebenniere.* Bericht des naturhist. Vereins in Augsburg, XXVI, p. 151, 1882.

H. Klemm, *Zur Kenntniss des Echinococcus alveolaris der Leber.* Inaug. Diss. München, 1883.

J. Brinsteiner, *Zur vergleichenden Pathologie des Alveolar-Echinococcus der Leber.* Inaug. Diss. München, 1884.

Quand les Hydatides se développent dans le tissu conjonctif

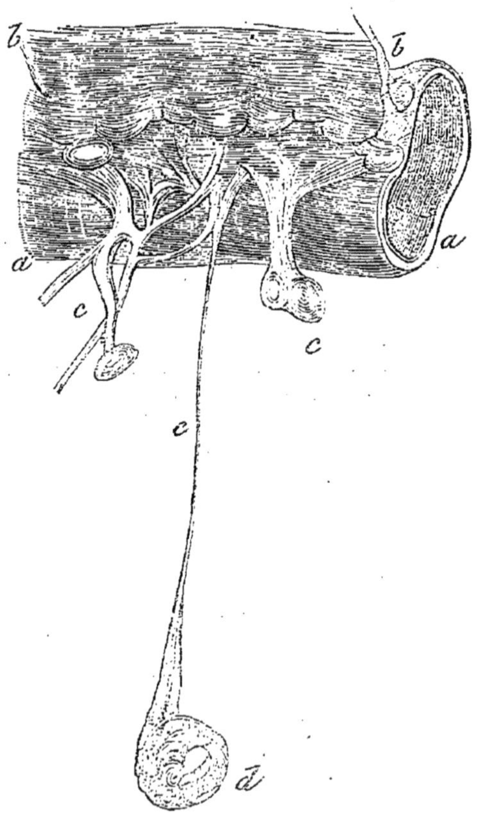

Fig. 261. — Kystes hydatiques pédonculés, d'après Charcot et Davaine. — *a*, intestin grêle; *b*, mésentère; *c*, kystes ayant un court pédoncule; *d*, kyste supporté par un pédoncule, *e*, très long et très aminci.

sous-séreux, il peut se faire qu'elles repoussent la membrane séreuse, s'en coiffent en quelque sorte et ne restent en rapport avec leur point d'origine que par un pédicule plus ou moins allongé et aminci. Chez un vieillard dont Charcot et Davaine ont publié l'observation, un grand nombre de kystes pédiculés existaient à la surface du péritoine ; le pédicule de quelques-uns d'entre eux avait jusqu'à 7 centimètres de longueur et n'était pas plus gros qu'un crin de Cheval (fig. 261). Gérard a rencontré une disposition toute semblable. Que le pédicule vienne à se rompre et le kyste deviendra libre dans la cavité péritonéale, phénomène qu'il n'est pas rare d'observer.

Il ne sera pas hors de propos de rappeler encore que, dans les deux cas précédents, les Hydatides pédiculées étaient stériles, alors que toutes celles du foie ou des replis du péritoine étaient fertiles : nous avons expliqué déjà ce fait par la moindre vitalité des premières, auxquelles le sang n'arrivait qu'en très faible quantité.

On doit rattacher aux Échinocoques du péritoine ceux qu'il est si fréquent de rencontrer dans le grand épiploon, dans le rein, dans la rate, dans les organes que renferme le bassin ; ces derniers ont été confondus plus d'une fois, chez la femme, avec des kystes de l'ovaire et ont été cause de regrettables interventions chirurgicales. Bröse en cite quelques exemples.

Charcot et Davaine, *Note sur un cas de kystes hydatiques multiples.* Mém. de la Soc. de biologie, (2), IV, p. 103, 1857.

H. Scherenberg, *Enormer Echinococcus des Netzes. Verwechslung mit Hydrops ovarii.* Virchow's Archiv, XLVI, p. 392, 1869.

Widal, *Présentation de kystes hydatiques du péritoine.* Bull. de la Soc. méd. des hôp., (2), XIII, p. 202, 1876.

F. Gérard, *Des kystes hydatiques du péritoine.* Thèse de Paris, 1876.

P. Bröse, *Zur Lehre von den Echinococcen des weiblichen Beckens.* Inaug. Diss. Göttingen, 1882.

Ph. Masseron, *Des kystes hydatiques multiples de la cavité abdominale.* Thèse de Paris, 1882.

J. B. Backhouse, *Short notes on three cases of abdominal Hydatids.* Australian med. journal. Melbourne, (2), VII, p. 409, 1885.

Les Hydatides se rencontrent assez rarement dans le cœur : jusqu'à Œsterlen, dix-sept auteurs seulement en avaient publié des observations. Dans les muscles, elles sont plus fréquentes : Marguet leur a consacré une intéressante monographie, dans laquelle il reprend et appuie de preuves nouvelles l'opinion, émise précédemment par Cruveilhier, Paul-Boncour et Danlos, que leur développement reconnaît le traumatisme comme cause occasionnelle (1).

Les Échinocoques des os ont été récemment étudiés avec beaucoup de soin par Gangolphe, qui a pu en réunir cinquante-deux observations. Dans ce milieu spécial, les parasites présentent d'intéressantes particularités : ils siègent de préférence dans les épiphyses des os longs, là où le tissu est spongieux, et leur permet de se multiplier sans trop de difficulté. Le kyste adventif de nature conjonctive fait constamment défaut ; les vésicules restent toujours de très petites dimensions, sauf dans les cas où elles parviennent à se loger dans la cavité médullaire (Eug. Hahn, Uchlovski), et se multiplient activement par voie exogène. Elles déterminent l'érosion du tissu osseux et peuvent, entre autres accidents, amener des fractures spontanées.

Nous ne dirons rien des Hydatides de l'encéphale et de la moelle, si ce n'est qu'elles semblent être plus rares que les Cysticerques dans la première de ces régions ; les phénomènes pathologiques dont s'accompagne leur présence sont du reste les mêmes que pour ceux-ci. Elles sont également moins fréquentes que les Cysticerques dans l'œil et ses annexes, mais semblent, en revanche, s'observer plus souvent dans la glande mammaire.

A. Böcker, *Zur Statistik der Echinococcen.* Inaug. Diss. Berlin, 1868.

O. Oesterlen, *Ueber Echinococcus im Herzen.* Virchow's Archiv, XLII, p. 404, 1868.

P. E. M. Clémenceaux, *Des entozoaires du cerveau humain.* Thèse de Paris, 1871.

C. Westphal, *Ueber einen Fall von intracraniellem Echinococcus mit Ausgang in Heilung.* Berliner klin. Woch., X, p. 205, 1873.

Ep. Kotsonopulos, *Zur Casuistik der Hirntumoren.* Virchow's Archiv, LVII, p. 534, 1873.

E. Hansen, *Zur Diagnose der äusseren Echinococcusgeschwülste.* Deutsche Zeitschr. für Chirurgie, III, p. 354, 1873.

(1) Dans 105 cas d'Hydatides des muscles, relevés par Marguet, notamment dans les publications françaises, la distribution anatomique des parasites était la suivante : cuisse, 17 fois ; région sacro-lombaire, 13 ; bras, 12 ; paroi abdominale antérieure, 12 ; cou, 12 ; lèvre inférieure, 7 ; deltoïde, 6 ; partie antérieure du thorax, 6 ; partie postérieure du thorax, 6 ; fessiers, 4 ; avant-bras, 3 ; face, 3 ; psoas, 1 ; œil, 1 ; jambe, 1 ; paroi abdominale postérieure, 1. Le parasite siège de préférence dans les points où l'irrigation sanguine est le plus active.

Lauenstein, *Ueber das Vorkommen von Echinococcus in der Mamma.* Inaug. Diss. Göttingen, 1874.

G. L. H. Brassart, *Etude sur le diagnostic des kystes hydatiques externes.* Thèse de Paris, 1877.

Eug.-Paul Boncour, *Des kystes hydatiques des membres.* Thèse de Paris, 1878.

A. Jaenicke, *Ein Fall von Echinococcus des Wirbelkanals.* Breslauer ärztl. Zeitschrift, n° 21, 1879.

Fieuzal, *Contribution à l'étude des entozoaires sous-conjonctivaux.* Gazette hebd., p. 583, 1879.

Danlos, *De l'influence du traumatisme accidentel considéré comme cause occasionnelle des kystes hydatiques.* Thèse de Paris, 1879.

A. Fricke, *Zwei Fälle von Echinococcus intracranialis.* Inaug. Diss. Berlin, 1880.

H. Martinet, *Difficultés du diagnostic des kystes hydatiques externes.* Thèse de Paris, 1880.

Kanzow und Virchow, *Echinococcus und spontane Fractur des Oberschenkels.* Virchow's, Archiv, LXXIV, p. 180, 1880.

Höppener, *Ein Fall von Echinococcen in der weiblichen Brustdrüse.* Petersburger med. Woch., n° 51, 1881.

Jos. Frey, *Beitrag zur Lehre von Tænia echinococcus.* Inaug. Diss. Berlin, 1882.

Barabasheff, *Échinocoques de l'œil.* Vratch, III, p. 290, 1882.

G. Franceschi, *Due casi d'echinococco della mamma.* Bullettino delle scienze med., 1883.

Ad. Kühn, *Achtzehn Monat alter Echinococcus der Arachnoïdea in der mittleren Schädelgrube bei chronischem Hydrocephalus internus.* Berliner klin. Woch., XX, p. 632, 1883.

Bucquoy, *Hémiplégie et hémiatrophie faciales; kyste hydatique de la base du crâne.* Bull. de la Soc. méd. des hôpitaux, (4), I, p. 246, 1884.

Eug. Hahn, *Ueber Knochenechinoccocus.* Berliner klin. Woch., XXI, p. 81, 1884.

J.-A. Uchlovski, *Échinocoque dans la cavité médullaire de l'humérus.* Medizinsky sbornik. Tiflis, n° 37, p. 145, 1884.

A. Bourel-Roncière, *Kystes hydatiques des muscles.* Thèse de Paris, 1884.

H. Berger, *Beiträge zur Casuistik über die Echinococcus-Khrankheit.* Inaug. Diss. Berlin, 1885.

A. Lenzi, *Due case di ciste da echinococco nella parotide e nella glandola mammaria.* Lo Sperimentale, LV, p. 47, 1885.

L. Hahn et Ed. Lefèvre, *Échinocoques.* Dictionn. encyclop. des sc. méd., (1), XXXII, p. 59, 1885.

Em. Marguet, *Des kystes hydatiques dans les muscles volontaires.* Thèse de Paris, 1886 (cette thèse est encore inédite au moment où paraît le second fascicule de notre *Traité*, juin 1886).

M. Gangolphe, *Kystes hydatiques des os.* Thèse d'agrégation. Paris, 1886.

L'Échinocoque peut s'observer à tous les âges, mais sa fréquence est plus grande chez les adultes, de vingt à quarante ans : cela ressort du tableau suivant, qui résume les statistiques dressées par différents auteurs, tant en Islande (Finsen) qu'en Allemagne.

	Wolff.	Krum-macher.	Böcker.	Finsen.	Neisser.	Helm.
0 à 10 ans	»	4	»	20	29	»
11 à 20 ans	6	15	4	49	66	10
21 à 30 ans	12	14	8	65	154	10
31 à 40 ans	9	15	8	38	123	17
41 à 50 ans	1	8	6	32	76	7
51 à 60 ans	»	4	3	23	31	13
61 à 70 ans	»	4	4	11	14	1
71 à 80 ans	»	1	»	5	7	1
Au delà de 80 ans	»	»	»	2	»	»
Totaux	28	65	33	245	500	59

L'influence du sexe sur le développement des Échinocoques n'est guère admissible; on ne saurait donner aucune raison sérieuse de la fréquence plus grande du parasite chez la femme. Quelque inexplicable qu'il soit, le fait n'en semble pas moins démontré :

Krummacher	a observé	41	hommes et	45	femmes sur	86	malades.
Finsen	—	74	—	181	—	255	—
Neisser	—	148	—	210	—	358	—

La position ou les habitudes sociales ont avec la maladie des rapports bien plus manifestes. Puisque l'Échinocoque est la larve d'un Ténia du Chien, il est évident qu'il se développera surtout chez les individus qui admettent cet animal dans leur intimité. D'autre part, la migration du Ténia se faisant du Mouton au Chien, la maladie sera plus fréquente chez ceux qui vivent dans la compagnie des Chiens de berger ou des Chiens d'abattoir : elle sera beaucoup plus commune dans les campagnes que dans les villes. Nous verrons une confirmation éclatante de ces considérations, quand nous étudierons la distribution géographique du parasite et de la maladie dont il est cause.

L'Échinocoque qui s'est développé dans les tissus de l'Homme s'est, à proprement parler, embarqué dans une impasse : il est sans avenir, sans espoir, car il a bien peu de chances pour passer jamais dans l'intestin du Chien, où il pourrait poursuivre son évolution et arriver à l'état adulte. L'Homme n'intervient que fortuitement dans le cycle de développement de ce Ténia, dont le Mouton est normalement le premier hôte. Le Chien a souvent l'occasion de manger les entrailles du Mouton et, par conséquent, d'introduire dans son tube digestif des Hydatides, qui, si elles sont fertiles, pourront, après digestion de leur cuticule, mettre en liberté un nombre considérable de jeunes têtes de Ténia. On ne sera donc pas surpris, en examinant des Chiens porteurs de Ténias échinocoques, de constater que ceux-ci existent toujours en très grand nombre chez un même animal.

Les migrations que nous venons d'esquisser ont été reconnues pour la première fois par von Siebold, en 1853 : en faisant ingérer à des Chiens des Hydatides du Mouton, cet expérimentateur obtint un Ténia de fort petite taille, qui jusqu'alors était passé inaperçu. Plus tard, Küchenmeister, van Beneden, Leuckart et Nettleship virent le même Ténia se développer dans l'intestin de Chiens auxquels ils avaient administré des Échinocoques du Mouton, du Porc et du Bœuf.

Ces mêmes expériences réussirent moins aisément avec les Hydatides de l'Homme : Küchenmeister, Zenker, Ercolani et Vella, Levison, les tentèrent en vain. Plus heureux, Krabbe, Finsen et Naunyn, les uns en Islande, l'autre à Berlin, démontrèrent en 1863 qu'elles donnaient encore naissance au Ténia découvert par von Siebold. Une démonstration toute semblable a été donnée récemment par Thomas, à Adélaïde.

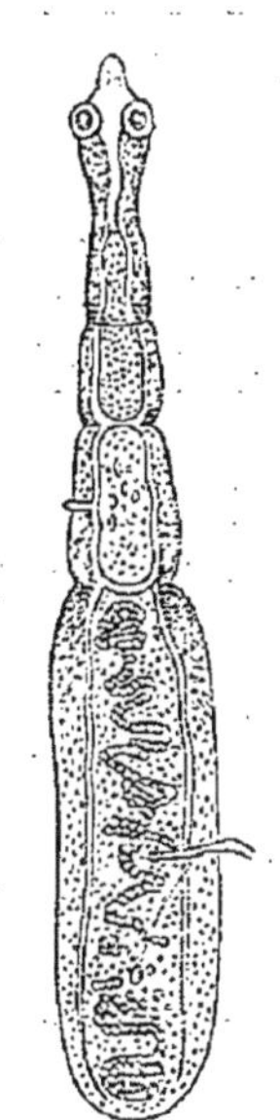

Fig. 262. — *Tænia echinococcus*, grossi 12 fois, d'après Leuckart.

Tænia echinococcus est le plus petit des Cestodes connus. Sa longueur est de 2mm,5 à 3 millimètres, au plus de 5 millimètres; Krabbe considère comme tout à fait exceptionnelle une taille de 6mm,5. Il se compose d'une tête armée, à laquelle font suite trois ou quatre anneaux seulement (fig. 262) ; le dernier, lorsqu'il est mûr, atteint à lui seul, ou dépasse même la moitié de la longueur totale.

La tête, large à peine de 0mm,3, est munie de quatre ventouses et d'un rostre assez allongé, large de 0mm,13 et dont la base donne insertion à une double couronne de crochets (fig. 263). Les auteurs sont loin d'être d'accord quant au nombre de ces derniers ; chaque rangée en renfermerait quatorze à dix-huit, d'après von Siebold et Küchenmeister, quatorze à vingt-cinq d'après Leuckart, quinze à dix-sept d'après Eschricht, seize à vingt d'après Krabbe. Ces divergences considérables tiennent à ce que les crochets, surtout les plus grands, sont extrêmement caducs; il est rare d'observer un Ténia dont la couronne soit intacte.

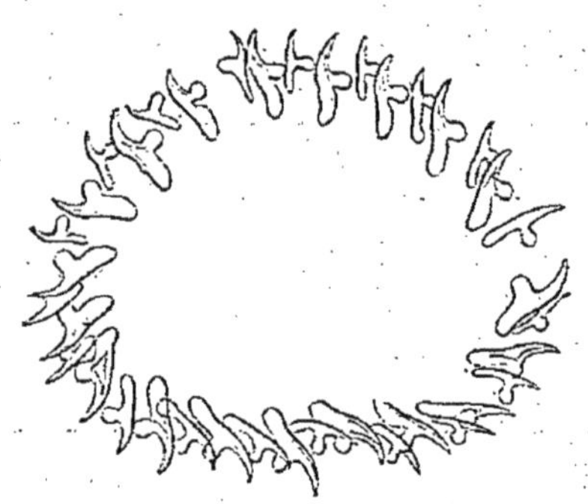

Fig. 263. — Couronne de crochets de *Tænia echinococcus* d'un Chien islandais, d'après Krabbe, grossie 245 fois.

Si on compare les crochets d'un Ténia adulte avec ceux d'une tête renfermée dans une Hydatide, on observe entre eux d'importantes différences, tenant à ce qu'ils n'atteignent leur complet développement qu'au moment de la métamorphose. La griffe atteint son entier développement déjà chez l'Échinocoque, mais la base, d'abord courte et déliée, augmente progressivement de taille et devient plus massive chez le Ver adulte. Cette modification se fait avec lenteur, en sorte qu'on peut assez facilement suivre sa marche sur des Ténias d'âge différent.

Quand sa croissance est achevée, le crochet (fig. 264) possède une lame délicate et fortement incurvée; sa base est épaissie. Ses dimensions sont les suivantes, d'après Leuckart :

Fig. 264. — Grands crochets de *Tænia echinococcus* d'un Chien danois, grossis 900 fois, d'après Krabbe.

	Grand crochet.	Petit crochet.
De l'extrémité de la racine antérieure à l'extrémité de la griffe..............	40 à 45µ.	30 à 38µ.
De l'extrémité de la racine postérieure à l'extrémité de la griffe...............	17 à 19µ.	13 à 15µ.
Longueur de la base..............................	25 à 28µ.	22 à 25µ.

Comme dans tant d'autres circonstances, les chiffres donnés

par Leuckart diffèrent notablement de ceux qu'indiquent les autres observateurs. Von Siebold attribue une longueur de 34 μ aux grands crochets, de 21 à 28 μ aux petits ; d'après Krabbe, la longueur serait de 29 à 46 μ pour les premiers, de 21 à 33 μ pour les seconds.

A la suite de la tête vient un cou large d'environ $0^{mm},25$, qui se continue insensiblement avec la première portion du corps. Celle-ci est dépourvue de toute segmentation : elle est suivie d'un premier anneau à limites mal accusées, à peu près aussi long que large, et à l'intérieur duquel on ne distingue aucun organe particulier. Le deuxième anneau est environ deux fois plus long que le précédent ; on y reconnaît déjà des organes génitaux mâles et femelles, un cirre marginal, un oviducte et des œufs.

Le troisième et dernier anneau est arrivé à maturité complète ; il est long de 2 millimètres, large de $0^{mm},6$ et renferme environ cinq cents œufs. Ceux-ci sont limités par une délicate membrane vitelline et présentent la structure que nous avons figurée plus haut chez *Tænia marginata* (fig. 212, G) ; ils mesurent 65 μ et renferment une coque assez mince et ponctuée, à l'intérieur de laquelle se voit l'embryon hexacanthe. Le pore marginal n'est pas situé du même côté que sur l'anneau précédent, en sorte que *T. echinococcus*, malgré ses dimensions si restreintes, appartient nettement au groupe des Ténias à pores génitaux alternes. Quand approche le moment où ce dernier anneau doit se séparer, on voit un nouvel anneau prendre naissance dans la région du cou, en sorte que l'animal présente pendant un certain temps quatre segments ; mais cet état est de courte durée.

L'appareil excréteur a été étudié par Fraipont. Il est encore formé de quatre canaux longitudinaux, disposés par paire de chaque côté de la ligne médiane ; chacun de ces groupes comprend une assez large lacune située en dehors, et un vaisseau. Dans son trajet, la lacune se subdivise sur une étendue plus ou moins considérable, pour redevenir ensuite simple et former ainsi des boutonnières. Le vaisseau est plus grêle et plus sinueux ; il communique avec son congénère par des branches transversales traversant toute l'épaisseur du corps et avec la lacune voisine par une ou deux anastomoses très courtes. Un peu au-dessous des ventouses, les quatre canaux longitudinaux se réunissent deux à deux; ils forment alors, de chaque côté, un tronc unique, qui va se jeter dans un anneau vasculaire placé transversalement au-dessus des ventouses. A l'extrémité postérieure du corps, les quatre canaux se réunissent encore deux à deux, puis s'ouvrent dans une vésicule médiane, globuleuse et à paroi épaisse et contractile. On trouve enfin, surtout dans la partie postérieure, un grand nombre d'entonnoirs ciliés, qui se prolongent dans de petits canalicules dont les rapports avec les gros canaux sont encore ignorés.

L'appareil reproducteur hermaphrodite est d'une structure plus simple que chez les Ténias dont nous avons fait jusqu'à présent l'étude. Les vésicules testiculaires, au nombre d'une soixantaine environ, mesurent en moyenne 70 μ. Les spermatozoïdes présentent une longueur et une grosseur exceptionnelles. Le canal déférent se contourne plusieurs fois sur lui-même avant d'atteindre la poche du cirre, très contractile et longue de $0^{mm},4$ à $0^{mm},5$.

Les glandes génitales femelles sont encore représentées par trois ovaires : deux sont antérieurs et latéraux, le dernier est postérieur et médian. Les deux glandes latérales, d'aspect lobé plutôt qu'acineux, se réunissent l'une à l'autre par un canal transversal, d'où part, vers le milieu de son trajet, un oviducte qui se porte en arrière, à la rencontre d'un conduit analogue provenant du lobe médian de l'ovaire. Le canal unique qui prend ainsi naissance aboutit presque aussitôt au réservoir spermatique, vésicule large de 14 μ, qui se continue en avant et en dehors par un vagin à peu près rectiligne. La partie moyenne de celui-ci est occupée, sur une assez grande étendue, par une dilatation large de 50 μ, dont la paroi chitineuse porte des sortes d'épines dirigées en dehors. L'oviducte de l'ovaire postérieur donne naissance, par sa partie moyenne, à un canal qui remonte vers le fond de l'utérus. Celui-ci ne se montre qu'assez tard. Il n'y a pas de corps de Mehlis. Le pore marginal est dépourvu de bourrelet saillant.

Von Siebold, *Ueber die Verwandlung der Echinococcusbrut in Tänien*. Z. f. w. Z., IV, p. 409. 1853.

Levison, *Disquisitiones nonnullæ de Echinococcis*. Inaug. diss. Gryphiæ 1857.

B. Naunyn, *Ueber die zu Echinococcus hominis gehörige Tänie.* Archiv für Anatomie, p. 412, 1863.

Edw. Nettleship, *Notes on the rearing of Tænia echinococcus in the Dog from Hydatids, with some observations on the anatomy of the adult Worm.* Proceed. of the R. Society, XV, p. 224, 1866.

Zenker. Sitzungsber. der med. phys. Gesellschaft in Erlangen, p. 88, 29. Juli 1872.

Vogler, *Die Echinococcus-Haken.* Correspondenzblatt für Schweizer Aerzte, XV, p. 192 u. 586, 1885.

J.-D. Thomas, *Notes upon the experimental breeding of Tænia echinococcus in the Dog from the Echinococci of Man.* Proceed. R. Soc., XXXVIII, n° 238, p. 449, 1885.

Tænia echinococcus vit dans l'intestin grêle du Chien ; Panceri l'a rencontré encore chez le Chacal et Cobbold chez le Loup. Il est rare chez le Chien, au moins dans nos pays, mais les animaux qui le possèdent l'hébergent souvent en grande abondance. A l'Institut physiologique de la Sorbonne, où nous avons fait l'autopsie d'un grand nombre de Chiens, de toute provenance, dans le but d'en rechercher les parasites, nous ne l'avons jamais observé. Dans les villes, on le rencontre pourtant avec une fréquence relative chez les Chiens qui vivent dans les abattoirs ; dans les campagnes, où il est plus commun, c'est encore chez les Chiens vivant dans les boucheries, ou au milieu des troupeaux, qu'on l'observe surtout. Krabbe a reconnu qu'il ne se trouve en Danemark que chez 2 Chiens sur 500 ; en Islande, au contraire, on le rencontre chez le quart de la population canine.

Comme le Chien et le Mouton, le Ténia échinocoque est un animal à peu près cosmopolite. Les kystes hydatiques qu'il occasionne chez l'Homme sont également répandus sur toute la surface du globe, mais leur fréquence est en rapport avec les habitudes sociales et avec certaines conditions que nous devons examiner.

Les Hydatides ne sont pas rares chez l'Homme, en France ; même à Paris, il ne se passe, pour ainsi dire, pas de mois sans qu'on en puisse observer quelque cas dans les hôpitaux. Elles sont, d'après Leudet, plus communes à Rouen qu'à Paris : on les rencontrerait 6 fois sur près de 200 autopsies.

Gratia dit que le parasite serait un peu plus rare en Belgique qu'en France, mais sans donner aucune statistique à l'appui de cette assertion. Dans le Royaume-Uni, Cobbold évalue à 400 au moins le nombre des décès causés annuellement par les Échinocoques; cet helminthologiste n'a jamais vu le Ténia échinocoque chez le Chien, sauf dans les cas d'infestation expérimentale. Murchison rapporte que, sur 2100 autopsies pratiquées au Middlesex hospital de 1853 à 1863, on trouva 13 fois des Hydatides; 7 fois, elles avaient causé la mort.

La fréquence du parasite en Suisse est indiquée par Zäslein dans la statistique suivante :

A Zurich,	Lebert l'a vu	0	fois sur	800	autopsies.
—	Biermer	2	—	768	—
—	Eberth	2	—	2500	—
A Bâle,	Hoffmann,	4	—	1100	—
—	Roth	1	—	1914	—
A Berne,	Klebs	2	—	900	—

Notons aussi que, parmi les cas connus d'Échinocoque alvéolaire, 19 se rapportent à la Suisse.

Le tableau suivant montre la fréquence du parasite en Allemagne :

A Berlin, on l'a vu	33	fois sur	4770	autopsies.
A Breslau	39	—	5128	—
A Dresde, Zenker l'a vu	2	—	168	—
A Göttingen, Förster	3	—	639	—
A Rostock, Wolff	4	—	150	—
— Simon	8	—	101	—
— Thierfelder	13	—	775	—

La statistique des cas observés chez des malades mérite aussi d'être citée :

A Breslau, on l'a vu	20	fois chez	85 062	malades.
—	22	—	26 367	—
A Nuremberg	0	—	15 500	—
A Hambourg	0	—	18 000	—

A Würzburg, d'après Rinecker, il y aurait eu seulement 3 cas d'Hydatides, de 1833 à 1850, et pas un cas en 1870 et 1871; à Leipzig, d'après Linder, 18 cas de 1852 à 1869; à Greifswald, 11 cas de 1870 à 1875; dans la même ville, Mosler en a vu 27 cas en 20 ans; à Iéna, d'après Seidel, on observerait au moins un cas par an.

D'après ces statistiques, c'est donc dans le Mecklembourg, à Rostock, que la maladie hydatique serait le plus fréquente en Allemagne. Un intéressant ouvrage que viennent de publier quelques médecins mecklembourgeois, sous la direction du professeur Madelung, confirme pleinement cette déduction et met hors de doute la grande fréquence des Échinocoques chez l'Homme, dans les deux grands-duchés de Mecklembourg-Schwerin et de Mecklembourg-Strelitz. Il ressort de ce travail, non seulement, comme l'avait dit Leuckart, que la maladie est bien plus fréquente dans le nord de l'Allemagne que dans le reste de l'Empire, mais qu'elle est plus fréquente dans le Mecklembourg que dans tout autre pays d'Europe, l'Islande exceptée. Malgré cela, on se rappelle que la plupart des cas d'Échinocoque alvéolaire signalés en Allemagne l'ont été dans le sud-ouest (Württemberg, Bavière, duché de Bade); un seul a été observé à Rostock.

Les kystes hydatiques sont rares en Autriche. A Prague, Wrany les a vus 3 fois sur 1 287 cadavres. A l'hôpital général de Vienne, on les a observés 3 fois sur 1 229 autopsies et 38 fois sur 369 713 malades; à l'hôpital de Wieden, il n'y en a pas eu un seul cas de 1870 à 1874. Trois cas d'Échinocoque alvéolaire ont été observés à Vienne.

Des renseignements positifs quant à la fréquence et à la répartition de la maladie hydatique en Russie nous font encore défaut; on doit penser qu'elle est assez fréquente parmi les populations qui se livrent à l'élevage du bétail. Disons seulement qu'un cas d'Échinocoque multiloculaire a été constaté à Dorpat.

Krabbe dit que les Hydatides sont rares en Danemark; c'est à peine si on en observe un cas par an dans les hôpitaux de Copenhague. Pendant un séjour de huit ans dans le Jütland et de dix ans dans l'île de Falster, Jón Finsen n'en a pas observé un seul cas, mais 6 cas sont parvenus à sa connaissance.

En Norvège, l'affection serait plus rare encore. Un cas a été constaté à Tromsœ par Rolfsen, en 1882; ce serait la première observation connue.

Il n'en est malheureusement pas de même pour l'Islande. La maladie, connue sous le nom populaire de *Brioslveike* (maladie de poitrine), s'observerait chez un septième des habitants d'après Thorstensen et Schleisner, chez un sixième d'après Eschricht. Mais pendant un séjour de cinq mois en Islande, et malgré toutes ses recherches, Krabbe n'a pu rencontrer que 20 à 30 malades. Du reste, Skaptason et Finsen, médecins dans le nord du pays, regardent la proportion de 1/7 comme fort exagérée, et Hjaltelin, de Reykjavik, partage également cette opinion. Pour les deux districts d'Oefjord et de Thingœ, qui comptent ensemble environ 10 000 habitants, c'est-à-dire plus du septième de la population de l'île, Finsen a constaté l'existence d'Hydatides chez 1/43 des individus. Suivant Jónas Jónassen, la proportion serait seulement de 1 pour 61, sauf pour Reykjavik, où la maladie est plus rare qu'en tout autre point de l'île (1). Pendant neuf ans, de 1857 à 1865, Finsen a noté toutes les maladies qu'il a traitées et il a pu s'assurer de la sorte que la proportion entre les Échinocoques et les autres maladies était de 1 : 26,9. La fréquence de l'affection n'est, du reste, pas la même dans toutes les parties du pays : la proportion précédente s'élève à 1 : 20 dans le district de l'est.

. . . .

La présence si commune des Échinocoques chez les Islandais est en relation étroite avec l'apparition encore bien plus fréquente de ces parasites à l'état de Vers vésiculaires chez le bétail et à l'état de Ténias chez le Chien. Au nombre des causes qui exposent les habitants à être infestés par les Hydatides, l'une des plus actives est assurément le nombre considérable, relativement à la population, de Chiens et de Ruminants qui se trouvent en Islande. Krabbe a calculé que, pour une population de 70 000 habitants, il y avait environ 20 000 Chiens, soit 1 Chien par 3,5 habitants. Or, ces Chiens sont atteints du Ténia échinocoque dans la proportion de 28 p. 100. La présence du parasite dans l'intestin de ces animaux s'explique du reste aisément. En Islande, les Ruminants domestiques sont extrêmement nombreux : en 1861, on y comptait 488 Moutons et 36 Bœufs pour 100 habitants. Ces animaux ont leurs viscères farcis d'Échinocoques. A l'automne, le défaut de fourrage rend nécessaire l'abattage d'un certain nombre d'entre eux : on en sale la chair, mais les viscères sont rejetés, sans qu'on prenne la peine de les enfouir : les Chiens s'en repaissent et contractent ainsi le Ténia.

La présence de l'Hydatide chez l'Homme et chez le bétail s'explique tout aussi aisément. Pendant les longs mois d'hiver, l'absence de

(1) Galliot rapporte que, pendant une période de neuf années, de 1868 à 1876, Jónassen a traité 42 cas de kystes hydatiques ; mais il a pu observer un nombre trois fois plus considérable de kystes pour lesquels aucun traitement n'a été institué.

combustible contraint Hommes et bêtes à s'enfermer ensemble dans la même cabane : on y vit dans la plus dangereuse promiscuité. Le Chien, dont l'intestin renferme un nombre considérable de Ténias, émet sans cesse des anneaux mûrs, qui viennent souiller les objets les plus divers, vêtements, vaisselle, ustensiles de cuisine, Morues desséchées, etc., et qui, en raison de leurs faibles dimensions, passent aisément inaperçus. La saleté repoussante dans laquelle vivent la plupart des Islandais contribue encore puissamment à propager la terrible maladie.

Pendant la belle saison, le bétail va paître les pâturages avoisinant les bœrs et avale de la sorte les œufs ou les anneaux mûrs que les Chiens de garde y laissent sans cesse tomber.

La preuve que tel est bien le mode de propagation de l'Échinocoque nous est donnée par ce fait, que la maladie est relativement très rare chez les pêcheurs de la côte, qui n'ont ni Chiens, ni troupeaux, et chez les habitants de Reykjavik, qui ont un grand nombre de Chiens, mais pas de bétail.

Nous ne savons à peu près rien de la fréquence des Échinocoques en Asie et en Afrique. D'après Budd, les médecins de l'armée des Indes les mentionnent rarement; Challan de Belval les croit assez fréquents au Tonkin. Bilharz en a vu 3 cas en Égypte, et Vital rapporte qu'on en a vu 52 cas à l'hôpital militaire de Constantine : 7 cas sur 6044 autopsies d'Européens, 45 cas sur 1463 autopsies d'indigènes. Arnould rencontrait communément ces parasites chez les Arabes dont il faisait l'autopsie, pendant le typhus de 1868.

Ces parasites seraient également très rares en Amérique. En 1856, le professeur Leidy, de Philadelphie, n'en signalait que deux cas, l'un chez un mousse anglais, l'autre chez un français; il ajoute n'en connaître aucune observation chez un anglo-américain. Weinland parle d'Échinocoques endogènes du poumon présentés par Ellis à la Boston Society for medical Improvement et ajoute que les journaux du pays en ont encore publié d'autres cas. L'observation faite par Gutierrez à Buenos-Aires et mentionnée déjà plus haut se rapportait à un Italien de 35 ans, arrivé depuis trois ans en Amérique.

Les kystes hydatiques semblent être presque aussi fréquents en Australie qu'en Islande. Pour une période de onze années, de 1862 à 1872, J.-P. Rowe a relevé 200 cas de mort, dont 125 chez des hommes et 75 chez des femmes. De son côté,

J.-D. Thomas a noté 307 décès en dix ans, de 1868 à 1877. Ce même observateur constate que, parmi les Chiens examinés par lui dans diverses localités de l'Australie du sud et à Melbourne, 43 pour 100 renfermaient des Ténias, depuis un petit nombre jusqu'à plusieurs milliers.

H. Krabbe, *Die isländischen Echinokokken*. Virchow's Archiv, XXVII, p. 225, 1863. — Id., *Die Echinococcen der Isländer*. Archiv für Naturgeschichte, I, p. 110, 1865.

W.-L. Richardson, *Notes on some of the diseases prevalent in Victoria, Australia*. Edinburgh medical journal, XIII, p. 525, 1867.

J. Finsen, *Bidrag til Kundskab om de i Island endemiske Echinococcer*. Ugeskrift for Laeger, III, p. 71, 1867. — Id., *Les Échinocoques en Islande*. Archives gén. de méd., (6), XIII, p. 23 et 191, 1869 (Traduction du précédent mémoire). — Id., *Nogle Bemerkninger i Anledning af « Ekinokoksygdommen, belyst ved islandske Laegers Erfaring » af Jónas Jónassen*. Ugeskrift for Laeger, (4), VII, p. 21 og 41, 1883.

Hjaltelin, *Note sur le traitement des Hydatides en Islande*. Archives de méd. navale, XII, p. 331, 1869.

Galliot, *De l'infection par le Tænia echinococcus et du traitement des kystes hydatiques en Islande*. Bull. gén. de thérapeutique, XCVII, p. 97, 1879.

J. Arnould, *Les Échinocoques de l'Homme et les Ténias du Chien*. Annales d'hygiène, (3), VI, p. 305, 1881.

J.-D. Dunlop, *Case of hydatid disease under Dr J. C. Verco*. Australasian med. Gazette. Sydney, II, p. 264, 1882.

J.-W. Barrett, *Hydatid disease in Victoria*. Med. Times and Gazette, II, p. 678, 1883.

J.-D. Thomas, *Hydatid disease with special reference to its prevalence in Australia*. Adelaïde, 225 p., 1884. — Id., *Note upon the frequent occurrence of Tænia echinococcus in the domestic Dog in certain parts of Australia*. Proceed. R. Society, XXXVIII, p. 457, 1885.

O.-W. Madelung, *Beiträge mecklenburgischer Aerzte zur Lehre von der Echinococcen-Krankheit*. Stuttgart, in-8° de 219 p., 1885.

Fr. Mosler, *Ueber endemisches Vorkommen der Echinococcen-Krankheit in Neuvorpommern, mit besonderer Berücksichtigung eines Falles von Echinococcus der rechten Niere*. Deutsche med. Woch., XII, p. 101 u. 119, 1886.

Par son développement, *Tænia echinococcus* semble, au premier abord, différer totalement des trois autres Cestodes que nous avons étudiés jusqu'ici. On ne saurait méconnaître, en effet, qu'il n'y ait entre eux des différences à cet égard, mais celles-ci sont de moindre importance qu'on ne pourrait le supposer.

L'Hydatide ou vésicule-mère est morphologiquement identique à la vésicule caudale du Cysticerque : elle se constitue de la même façon que cette dernière, par suite de l'hydropisie de l'embryon hexacanthe, après que celui-ci a perdu ses crochets et a subi une augmentation de volume; elle n'en diffère que par un caractère tout secondaire, l'épaississement considérable et la stratification de sa cuticule.

On sera frappé de voir *Echinococcus polymorphus* produire à son intérieur un nombre considérable de têtes, renfermées dans des vésicules proligères, tandis que *Cysticercus cellulosæ*, par exemple, n'en produit jamais qu'une seule, qui bourgeonne en dehors de la vésicule caudale. Là encore, la différence est toute secondaire : elle s'explique en partie par la comparaison avec *Tænia cœnurus*.

Cet animal vit dans l'intestin du Chien. Sa larve ou *Cœnurus cerebralis* est parasite du cerveau de diverses espèces de Ruminants, particulièrement du Mouton, chez lequel elle cause le *tournis*. Le Cœnure n'est autre chose qu'un Cysticerque dont la vésicule caudale a la faculté de produire non plus un seul bourgeon céphalique, mais un nombre considérable de bourgeons. Or, c'est précisément ce qui s'observe chez l'Échinocoque, mais avec un nouveau degré de différenciation.

Celle-ci tient à la formation des vésicules proligères : on peut les assimiler à des ramifications de la membrane germinale. Dans le cas des Cysticerques et des Cœnures, les choses se passent comme pour une plante dont l'axe, dépourvu de branches, porterait une ou plusieurs fleurs ; dans le cas de l'Échinocoque, il s'agit d'une plante munie de ramifications primaires, qui seules porteraient des fleurs. « De même que les branches, dit Leuckart, ne sont autre chose, au point de vue morphologique, que des répétitions du tronc sur lequel elles s'attachent, de même les vésicules proligères ne sont, dans un certain sens, rien autre chose que des répétitions du corps vésiculaire qui les porte ; ce sont des vésicules-filles, des membres de l'Échinocoque développés individuellement et dont la germination a pour effet de transformer en une colonie le Cystique primitivement simple. Bien que morphologiquement homologues de la vésicule-mère, elles n'arrivent jamais, comme c'est, du reste, fréquemment le cas dans les colonies animales, à l'état d'indépendance physiologique complète : elles restent unies à la vésicule-mère et prennent même, à la place de celle-ci, conformément à la loi de la division du travail, le soin de produire des têtes. »

Quant au fait que les têtes se forment en dedans chez l'Échinocoque, tandis qu'elles prennent naissance en dehors chez le Cysticerque, il reconnaît pour cause unique l'épaisseur exceptionnelle de la cuticule chez la première de ces larves. Dans un cas comme dans l'autre, la tête se forme toujours par un bourgeonnement local de la couche granuleuse, douée d'actives propriétés vitales, qui est sous-jacente à la cuticule.

Villot a émis une opinion différente. Il considère la vésicule proligère comme l'homologue du corps des Cysticerques ou des Cœnures : l'Échinocoque est pourvu de plusieurs de ces corps, dont chacun renferme plusieurs têtes; c'est donc un Cystique polysomatique et polycéphale. Chez le Cœnure, chaque bourgeon céphalique représente un corps portant une seule tête : le Cœnure est donc un Cystique polysomatique et monocéphale. Enfin, le Cysticerque ne produit qu'un seul bourgeon, terminé par une seule tête : c'est donc un Cystique monosomatique et monocéphale.

TÉNIAS DU SECOND GROUPE (TÉNIAS NON VÉSICULAIRES).

« *Cystiques dont la vésicule caudale se forme par bourgeonnement du proscolex, c'est-à-dire par adjonction d'une partie nouvelle.* » Villot.

Ce groupe de Ténias correspond aux Cysticercoïdes de Leuckart et aux Platycerques de Küchenmeister. Leurs Cystiques sont toujours parasites des Invertébrés; ils se logent dans les tissus ou dans la cavité du corps de leur hôte, mais celui-ci ne leur fournit pas d'enveloppe protectrice. Villot reconnaît dans ce groupe les genres *Polycercus*, *Monocercus*, *Cercocystis*, *Staphylocystis*, *Urocystis* et *Cryptocystis*. Ce dernier seul nous intéressera.

Tænia nana von Siebold, 1853 (nec P.-J. van Beneden, 1861).

SYNONYMIE : *Diplocanthus nanus* Weinland, 1858.
Hymenolepis (Tænia) nana Leuckart, 1863.

Ce Ténia (fig. 265) est de petite taille, mais plus long que *T. echinococcus*. A l'œil nu, il a l'aspect d'un court filament et peut aisément passer inaperçu. Il n'atteint pas un pouce de longueur : les plus grands mesurent de 15 à 20mm ; la largeur maximum est de 0mm,5.

La tête (fig. 266) est à peu près moitié plus épaisse que le cou qui lui fait suite et dont la segmentation ne devient apparente qu'après une certaine distance. Elle est sphérique, large d'environ 0mm,3 et pourvue de quatre ventouses arrondies, dont le diamètre est de 0mm,1. Elle présente en avant un rostre long de 60 μ, qui porte sur son segment antérieur émoussé une rangée unique de 22 à 24 crochets extrêmement fins. Leuckart, auquel nous devons une bonne description de ce Ténia, a toujours trouvé le rostre invaginé.

Les crochets (fig. 266, *a*) sont encore formés d'une lame et

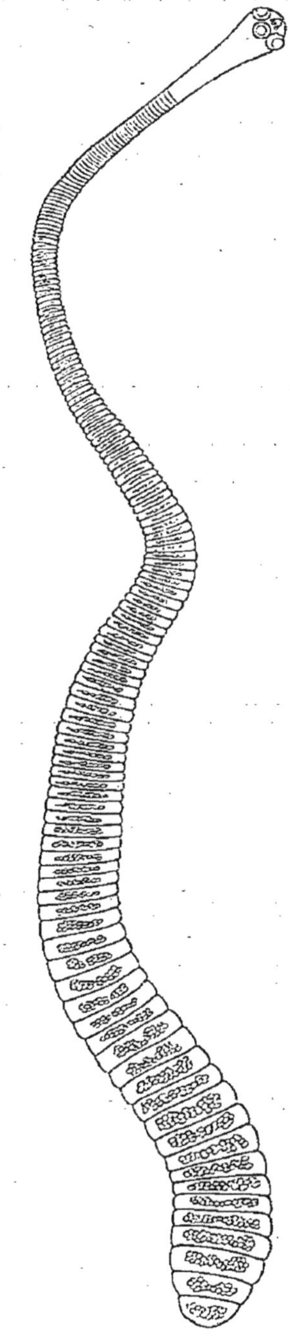

Fig. 265. — *Tænia nana*, grossi 18 fois, d'après Leuckart.

d'une base; la racine postérieure de celle-ci est très épaisse, l'antérieure est mince et effilée. Tous les crochets ont sensiblement la même forme et la même taille; leurs dimensions sont les suivantes :

De l'extrémité de la racine antérieure à l'extrémité de la griffe...........	18 μ.
De l'extrémité de la racine postérieure à l'extrémité de la griffe...........	7,6μ.
Longueur de la base...............	15 μ.

Dans son tiers antérieur, le corps est mince comme un fil; il s'élargit assez rapidement au delà de cette limite, puis conserve à peu près partout la même largeur jusqu'à sa terminaison. Les corpuscules calcaires sont peu abondants et sont de très petite taille. Le nombre des anneaux est de 150 à 170; les 20 à 30 derniers sont remplis d'œufs mûrs. Leur longueur est très peu considérable et, même dans les dernières portions du corps, égale à peine le quart de la largeur.

L'appareil excréteur et l'organe mâle n'ont pas été vus; les testicules sont vraisemblablement situés de chaque côté des ovaires. Seule, la poche du cirre est bien visible : elle accompagne l'ovaire, en avant duquel elle est située et se présente sous l'aspect d'un organe claviforme, à contours nets, rapproché du bord antérieur de l'anneau et dirigé en travers de ce dernier (fig. 267). Par son extrémité la plus épaisse, elle s'étend d'abord jusqu'au milieu de l'anneau, mais à mesure que celui-ci s'élargit et se laisse distendre par les œufs, elle semble se rapprocher de l'un des bords latéraux. Elle est creusée d'un canal cylindrique, terminaison du canal déférent, dont l'extrémité interne se renfle en une cavité sphérique. Contrairement à ce que nous présentaient les Ténias précédents, tous les pores marginaux sont situés d'un seul et même côté, sur toute la longueur de l'animal.

Les organes génitaux femelles se montrent de bonne heure : on voit déjà sur le milieu des premiers anneaux un amas de granules sombres, qui devient d'autant plus abondant et d'autant plus net qu'on s'avance davantage en arrière et qui prend aussi peu à peu des contours plus arrêtés. En se rapprochant de la partie moyenne du corps, cette masse granuleuse se montre comme formée de lobules fortement serrés les uns contre les autres : ce sont là les ovaires.

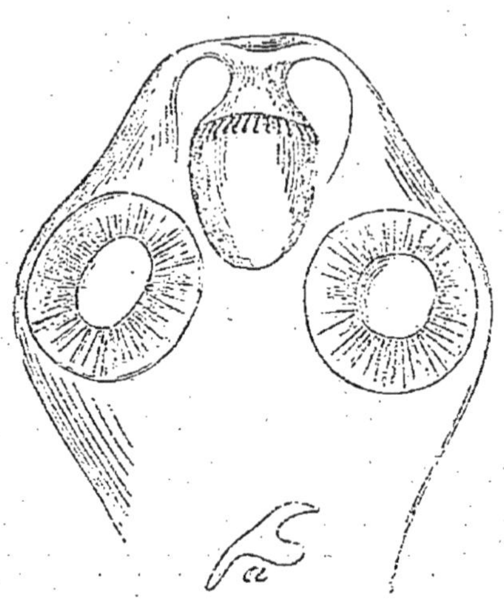

Fig. 266. — Tête de *Tænia nana*, grossie 100 fois ; le rostre est invaginé. — *a*, crochet isolé, grossi 600 fois. D'après Leuckart.

Les lobes de l'organe femelle se groupent en une figure irrégulière bilobée, qui s'étend sur les deux moitiés latérales de l'anneau, de manière à constituer deux lobes ovariens (germigènes de Leuckart). En arrière de ceux-ci se voit encore un lobe ovarien impair, d'aspect plus finement granuleux (vitellogène de Leuckart).

Les anneaux du milieu du corps (fig. 267, *b*) présentent, en dedans de la poche du cirre, une poche pyriforme, remplie de sperme : c'est le réservoir séminal, communiquant avec le vagin. Celui-ci s'ouvre à côté, plutôt qu'en arrière de la poche du cirre et, comme cette dernière, se trouve de plus en plus repoussé vers le bord antérieur, à mesure que l'utérus se gorge d'œufs.

La forme de l'utérus est caractéristique. Sur les anneaux mûrs (fig. 267, *c*), les glandes génitales ont disparu : il ne reste plus, comme traces de l'ancien appareil hermaphrodite, que la poche du cirre et le réservoir spermatique. Le reste de l'anneau, considérablement distendu, est occupé par l'utérus, dont la forme se moule exactement sur celle du segment. C'est un vaste sac bourré d'œufs. Ceux-ci sont entourés de deux membranes claires et minces, mais assez résistantes, séparées l'une de l'autre par un large espace. Ils mesurent 40 μ de dia-

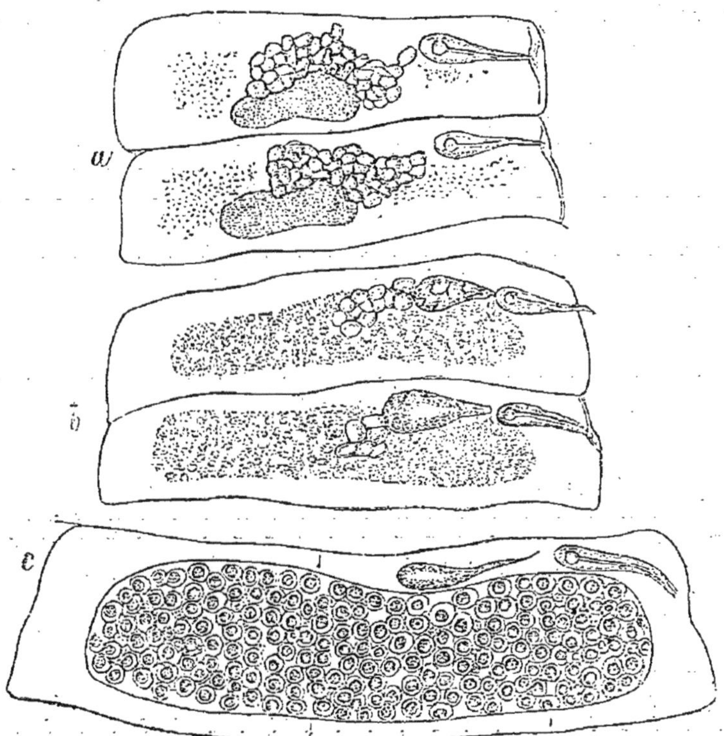

Fig. 267. — Anneaux de *Tænia nana*, grossis 100 fois, d'après Leuckart. — *a*, anneaux dont l'ovaire est développé ; *b*, anneaux dans lesquels les œufs commencent à se former ; *c*, anneau mûr.

mètre et renferment des embryons hexacanthes, larges de 23 μ. Les crochets de ces derniers sont difficiles à voir : ce sont des bâtonnets longs de 9,5 μ et recourbés en faux à leur extrémité.

On ignore encore la provenance de *Tænia nana*, mais, en raison de son analogie avec les Ténias des Insectivores, on doit penser qu'il passe sa période larvaire chez un Insecte ; peut-être est-il amené chez l'Homme par suite d'une perversion du goût.

Ce Ténia a été découvert au Caire par Bilharz, en 1851, dans l'iléon d'un jeune homme mort de méningite ; il s'y trouvait en nombre considérable. Von Siebold et Bilharz en ont donné une description succincte, que Leuckart a pu compléter, d'après les exemplaires donnés par Bilharz aux Musées de Vienne et de Halle. Quatre exemplaires de ce même Ténia figurent dans la collection helminthologique de la Faculté de médecine de Paris ; ils avaient été donnés à Davaine par Burguières.

Le Ténia nain a encore été trouvé à Belgrade, en 1885, chez une enfant de sept ans, fille d'un barbier. A la suite de troubles digestifs, imputables à la présence d'un Cestode, le Dr Holez administre à la fillette l'extrait éthéré de Fougère mâle : elle expulse un *Tænia solium*, quelques Oxyures et 50 *Tænia nana*. Le pharmacien militaire Helic conseille alors l'administration de nouvelles doses de l'anthelminthique : à quatre reprises successives, la malade expulse environ 50 exemplaires nouveaux du Ténia : en cinq fois, elle rejette donc un total de 250 Ténias nains. Ceux-ci, communiqués à Leuckart, ont été reconnus par ce savant comme identiques à *Tænia nana*. Nous avons pu nous-même nous assurer de l'exactitude de cette détermination, sur quelques exemplaires qu'a bien voulu nous remettre le professeur Dokitch, en septembre 1885, lors de notre passage en Serbie ; ces exemplaires sont déposés au Musée Orfila.

En 1873, Spooner crut avoir rencontré aussi le Ténia nain aux États-Unis, chez un jeune homme ; des exemplaires en furent présentés au College of Physicians de Philadelphie. C'étaient des Vers longs de 8 à 10 lignes (17 à 21^{mm}), composés de 150 à 170 anneaux. La tête était large, obtuse, quadrangulaire ; le cou, long et rétréci, s'élargissait vers le corps ; celui-ci était trois fois plus large que la tête.

Les dimensions que Spooner assigne à ces Ténias concordent bien avec celles de *T. nana*, mais la description qu'il en donne est trop incomplète pour qu'on puisse se prononcer sur la détermination spécifique. Contrairement à l'opinion de Leuckart, nous ne pensons pas qu'il s'agisse ici de *T. flavopunctata*, dont la taille est bien plus grande, à moins que Spooner n'ait eu affaire qu'à des individus très jeunes.

C. Th. von Siebold, *Ein Beitrag zur Helminthographia humana; aus brieflichen Mittheilungen des Dr Bilharz in Cairo*. Z. f. w. Z., IV, p. 53, 1852. — Voir p. 64.

E.-A. Spooner, *Specimens of Tænia nana*. Amer. Journal of med. sciences (2), LXV, p, 136, 1873.

Tænia flavopunctata Weinland, 1858.

SYNONYMIE : *Hymenolepis flavopunctata* Weinland, 1858.

Ce Ténia, encore très incomplètement connu, est long de 20 à 30 centimètres, d'après Weinland, de 33 à 42 centimètres d'après Leidy. La tête est très petite, cuboïde, large de $0^{mm},5$; elle est arrondie en avant, dépourvue de rostre et de crochets (1) et ressemble assez, sauf par la taille, à celle de *Tænia saginata*; elle présente dans sa région antérieure quatre ventouses elliptiques, mesurant 88 µ sur 112 µ. Le cou est filiforme, long de 2 à 4^{mm}; large de $0^{mm},1$. Il débute par un étranglement et se continue insensiblement avec le corps, dont les anneaux sont bien délimités.

Ceux-ci sont trapézoïdes, à angles arrondis, toujours moins longs que larges; on les voit augmenter progressivement de taille, aussi bien dans le sens de la longueur que dans le sens transversal, à mesure qu'ils s'éloignent de la tête. Dans la région antérieure, ils sont, d'après Weinland, longs de $0^{mm},2$ à $0^{mm},5$ et larges de 1^{mm} à $1^{mm},25$; d'après Parona, longs de $0^{mm},5$ et larges également de $0^{mm},5$.

La région postérieure est occupée par des anneaux mûrs dont la longueur atteint 1 millimètre et la largeur $2^{mm},3$ d'après Weinland; Parona leur attribue une longueur maximum de 3 millimètres et une largeur maximum de 4 millimètres. C'est sur ces anneaux que la forme trapézoïde se voit avec le plus de netteté : le bord antérieur est plus ou moins rétréci, parfois jusqu'à donner à l'anneau tout entier l'aspect d'un triangle.

Les corpuscules calcaires sont petits et rares. Les lacunes longitudinales sont très visibles. Comme chez le Ténia nain, les pores marginaux sont tous situés du même côté.

Les anneaux antérieurs non mûrs ne montrent pas la moindre trace d'organisation interne : ils renferment simplement de grosses granulations. Un peu plus en arrière, le segment est marqué, dans sa partie médiane, d'une assez grosse tache

(1) Peut-être les crochets sont-ils simplement de fort petite taille et difficiles à voir, comme chez *Tænia nana*.

jaune, que Weinland a considérée comme caractéristique de l'espèce et qui n'est autre chose que le réservoir spermatique (1). Plus loin encore, les anneaux ont perdu leur tache jaune et, par suite de l'accumulation des œufs à leur intérieur, présentent une coloration gris brunâtre.

Les organes génitaux mâles n'ont pu être reconnus, à moins qu'on ne doive considérer comme des testicules des corps arrondis, ordinairement au nombre de 2 à 5, que Leidy a vus disséminés au sein du parenchyme des anneaux qui demeurent stériles.

La connaissance de l'appareil génital femelle est également très imparfaite. Le réservoir séminal (fig. 268, *a*, *b*), formé d'une vaste poche plus ou moins subdivisée par un étranglement, a le même aspect et la même disposition générale que chez *Tænia nana*. Ses rapports avec l'oviducte, l'ovaire et l'utérus sont encore inconnus; il communique avec l'extérieur au moyen d'un vagin large et court, *c*, dont l'orifice, *d*, est situé sur le bord latéral, un peu en arrière du milieu de la longueur. Réservoir spermatique et vagin se trouvent refoulés vers le bord antérieur de l'anneau, au fur et à mesure que les œufs, *e*, distendent l'utérus. Ici encore, ce dernier est une simple cavité creusée dans le parenchyme et limitée par la paroi amincie de l'anneau.

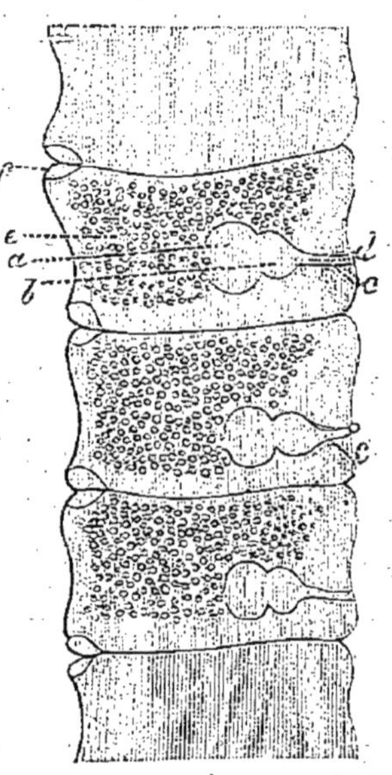

Fig. 268. — Anneaux mûrs de *Tænia flavopunctata*, d'après Weinland. — *a*, *b*, réservoir spermatique; *c*, vagin; *d*, son orifice extérieur; *e*, œufs.

A la partie postérieure du Ver, les anneaux mûrs ne forment pas une série ininterrompue : çà et là s'interposent entre eux un nombre variable d'anneaux stériles, c'est-à-dire dans lesquels les œufs ne se sont point développés (2). Ce caractère, reconnu par

(1) Ce caractère est d'ailleurs inconstant. Weinland et Parona l'ont constaté, mais Leuckart et Leidy ont noté son absence.

(2) Sur un fragment long de 8cm25, Leidy a reconnu la succession suivante des anneaux fertiles et stériles : à la suite de deux anneaux stériles venaient

Weinland et par Leuckart et mentionné depuis par Leidy, permet d'affirmer que ces observateurs ont eu bien réellement affaire à des parasites de même nature.

Les anneaux mûrs renferment un très grand nombre d'œufs. Ceux-ci (fig. 269) sont sphériques d'après Weinland, ovoïdes d'après Parona; ils sont limités par une membrane vitelline, *a*, à l'intérieur de laquelle se voit une masse vitelline, *b*, renfermant un embryon hexacanthe, *d*, entouré d'une coque assez épaisse, striée radiairement. Les dimensions de l'œuf sont de 54 μ d'après Weinland, de 60 μ d'après Leuckart, de 58 μ sur 68 μ d'après Parona. L'embryon hexacanthe est large de près de 30 μ ; après action de la potasse, il montre nettement ses deux crochets, longs de 17 μ.

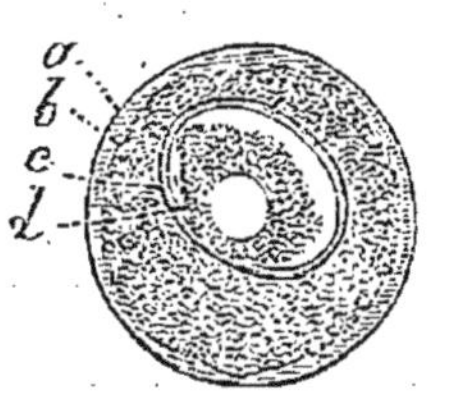

Fig. 269. — Œuf de *Tænia flavopunctata*, d'après Weinland. — *a*, membrane vitelline ; *b*, masse vitelline ; *c*, enveloppe de l'embryon hexacanthe ; *d*, embryon hexacanthe.

On ignore encore chez quel animal s'accomplit la phase larvaire de *Tænia flavopunctata;* il est alors probablement parasite des Insectes. Ce Ténia est très voisin du Ténia nain; il en diffère néanmoins par l'état inerme de sa tête, si les observations de Parona sont exactes et si elles ont porté véritablement sur le même parasite que celles de Weinland et de Leidy.

Tænia flavopunctata n'a encore été observé que trois fois. Les premiers exemplaires connus figurent à Boston dans la collection de la Medical Improvement Society, sous le n° 903 du catalogue. Le Dr Ezra Palmer les obtint, en 1842, d'un enfant de dix-neuf mois, bien portant et sevré depuis six mois; il les prit d'abord pour des fragments de *Bothriocephalus latus.* En 1858, Weinland eut l'occasion d'examiner ces exemplaires et reconnut qu'ils appartenaient à un Ténia d'espèce nouvelle, qu'il appela *Hymenolepis* (*Tænia*) *flavopunctata* et dont il fit une description sommaire. Il s'assura notamment que les fragments qui se trouvaient à sa disposition provenaient de six individus, dont aucun n'avait été rendu avec la tête; il reconnut les affinités de ce parasite avec certains Ténias des Mammifères et des

1, 2, 1, 6, 1, 1, 1, 5, 1, 18, 1, 3, 1, 3, 5, 1, 1, 3, 4, 1, 1, 3, 1, 1, 5, 2, 7, 1, 10, 1, 6, 3, 3, 15, 1, 2, 2, 2, 2 anneaux alternativement fertiles et stériles.

Oiseaux insectivores. De retour en Allemagne, Weinland transmit à Leuckart quelques anneaux, grâce auxquels ce savant put compléter la description du parasite.

Une seconde observation est due à Leidy. En 1884, le professeur W. Pepper lui adressa quelques fragments expulsés par un enfant de trois ans, après administration de la santonine. Le Dr T.-V. Crandall, dans la clientèle duquel le cas s'était présenté, raconta que l'enfant, né à Philadelphie de parents allemands, avait été sevré à vingt mois, et depuis lors, avait toujours eu la même nourriture que ses parents. Ces spécimens consistaient en une douzaine de fragments provenant sans doute de trois Ténias ; la tête était absente.

La dernière observation nous vient d'Italie ; elle est due à Ed. Parona. Ayant trouvé dans les selles d'une fillette de deux ans, des environs de Varese, des œufs ressemblant à ceux de *Tænia solium*, il administra divers ténifuges à la petite malade et lui fit rendre ainsi quatre fragments d'un Ver incomplet ; ces fragments étaient identiques entre eux, longs chacun de 12 à 20 centimètres. La tête ne faisait pas défaut.

J. Leidy, *Occurrence of a rare human Tapeworm* (*Tænia flavopunctata*). Amer. Journal of med. sc. (2), LXXXVIII, p. 110, 1884. — Id., *A rare human Tape-worm* (*Tænia flavopunctata ?*). Proceed. of the Academy of nat. sc. of Philadelphia, p. 137, 1884.

E. Parona, *Di un caso di Tænia flavo-punctata (?) riscontrata in una bambina di Varese*. Giornale della r. Accademia di medicina di Torino, XXXII, p. 99, 1884.

Tænia madagascariensis Davaine, 1869.

Le Ténia de Madagascar est très imparfaitement connu. Davaine pense que c'est un Ver long de 10 centimètres environ ; les anneaux doivent être au nombre d'environ 125 ; la tête est inconnue. Les anneaux les plus proches du cou sont courts et larges et mesurent $2^{mm},2$ sur $0^{mm},8$; les derniers anneaux sont carrés et mesurent $2^{mm},6$ en long comme en large. Il importe de remarquer que ces mesures ont été prises sur des échantillons conservés depuis plusieurs mois dans l'alcool et par conséquent très rétractés. Les anneaux mûrs, vus par Grenet au moment de leur sortie de l'intestin, étaient doués d'une grande contractilité.

En l'absence de la tête et du cou, les premiers anneaux sont asexués. Les suivants possèdent un organe mâle dont les portions apparentes, après action de la potasse caustique ou de la glycérine, sont le canal déférent et le pénis. Celui-ci est court, lisse, cylindrique, exsertile, pouvant faire au dehors une saillie de 40 μ et ayant un diamètre de 25 μ. Le pore génital est situé au milieu de la marge de chaque anneau ; à cet orifice aboutit aussi un vagin distinct. Tous les pores génitaux sont unilatéraux ; aucun des anneaux ne possède deux pores génitaux opposés.

Sur les anneaux mûrs, l'appareil femelle est très remarquable. L'anneau est complètement rempli de petits corps sphériques ou ovoïdes, opaques au centre, demi-transparents à la périphérie, offrant l'apparence d'un œuf formé par un vitellus entouré d'un albumen abondant. Ces corps, que le Dr Grenet prenait pour des œufs, sont disposés en séries juxtaposées, dont l'ensemble donne l'image d'un quinconce. Rien ne paraît relier tous ces petits corps entre eux ; ils semblent, dans l'anneau mûr, tout à fait indépendants les uns des autres. Ils ont environ $0^{mm},9$ dans leur grand diamètre, sur $0^{mm},6$ pour le plus petit. La partie centrale opaque a $0^{mm},5$ sur $0^{mm},3$. Ces corps sont au nombre de cent vingt à cent cinquante dans chaque anneau.

L'examen microscopique montre que ces corps ne sont pas des œufs, mais des poches ovariennes d'une structure particulière, dont la partie centrale opaque contient une grande quantité d'œufs, au nombre de trois ou quatre cents.

La couche externe de la poche ovarienne a une structure qui la fait ressembler à un cocon de Sangsue : elle est formée d'un tissu fibroïde dont les fibres partent en rayonnant de l'amas ovulaire et se dirigent vers la périphérie en se ramifiant de plus en plus ; on dirait des nervures de la feuille des plantes dicotylédones ; souvent l'extrémité des plus fines ramifications se termine par un petit renflement. Dans le parenchyme demi-transparent que constituent toutes ces ramifications, se trouve un petit nombre de corpuscules calcaires.

L'œuf est limité par une membrane vitelline, plissée et ratatinée, de telle sorte qu'on ne puisse se faire une idée exacte de ses dimensions ; on peut les évaluer approximativement à

40 μ. En dedans se trouve une coque membraneuse, large de 20 μ et enveloppant un embryon hexacanthe qui mesure lui-même 15 μ.

Tænia madagascariensis est une espèce fort bien caractérisée par la structure de son ovaire. Celles dont il se rapproche le plus sont assurément *T. nana* et *T. flavopunctata*, mais il en diffère par la configuration de ses glandes génitales femelles.

Ce Ver n'a encore été rencontré que deux fois. Ces deux cas ont été observés par le Dr Grenet, chef du service de santé à Mayotte (Comores), l'un chez un petit garçon de dix-huit mois, créole des Antilles, l'autre chez une petite fille de deux ans, créole de la Réunion. Le petit garçon était à Mayotte depuis cinq mois, la fillette depuis deux mois seulement.

Dans l'un et l'autre cas, les symptômes ont été les mêmes : l'enfant est en parfaite santé, quand soudain ses yeux se voilent, ses pupilles se dilatent, se portent en haut. L'enfant tombe dans un état convulsif avec menace de suffocation ; il est tantôt pâle, tantôt bleu jusqu'à l'asphyxie ; il a l'écume à la bouche, est sans parole et sans cris ; la tête va de côté et d'autre ; la mort paraît imminente. Au moyen de révulsifs externes, on le rappelle à la vie. Puis, une dose d'huile de ricin provoque l'expulsion des parasites.

Les Ténias, envoyés par Grenet à Le Roy de Méricourt, ont été décrits par Davaine ; ils font actuellement partie de la collection helminthologique de la Faculté de médecine de Paris. L'un d'eux consistait en plusieurs fragments, dont le plus long avait 6,5 centimètres et formait environ soixante-quinze anneaux ; deux autres plus courts étaient composés de dix-sept et dix-huit anneaux ; enfin, trois fragments n'avaient chacun que deux anneaux. L'autre Ténia était représenté par une chaîne de quinze anneaux mûrs, dans lesquels l'organe mâle avait disparu.

Grenet et Davaine, *Note sur une nouvelle espèce de Tænia recueillie à Mayotte (Comores), suivie de l'examen microscopique de ce Tænia.* Mém. de la Soc. de biologie, (5), I, p. 233, 1869. — Archives de méd. navale, XIII, p. 134, 1870.

Tænia canina Linné, 1767 (nec Batsch, 1786).

SYNONYMIE : *Tænia osculis marginalibus oppositis* Linné, 1748.
T. moniliformis Pallas, 1781.
T. cucumerina Bloch, 1782.
T. cateniformis Göze, 1782 (*pro parte*).
T. elliptica Batsch, 1786 (*pro parte*).
T. cuneiceps Zeder, 1800.
Alyselminthus ellipticus Zeder, 1800 (*pro parte*).
Halysis elliptica Zeder, 1803 (*pro parte*).
T. (Alyselminthus) cucumerina Weinland, 1858.
T. (Dipylidium) cucumerina Leuckart, 1863.

Comme son nom l'indique, ce Ténia est normalement parasite du Chien, mais il n'est pas très rare de le rencontrer aussi dans l'espèce humaine, chez les jeunes enfants. Ses migrations ont été étudiées par Melnikow.

L'œuf, dont le développement, suivi par Moniez, présente de notables différences avec ce que nous avons observé chez les espèces appartenant au type de *T. serrata*, est large de 37 à 46 μ d'après Davaine, de 50 μ d'après Leuckart. L'embryon exacanthe mesure lui-même 23 à 30 μ d'après Davaine, 33 μ d'après Leuckart ; ses crochets ont 15 μ de longueur.

Avec les matières fécales ou avec l'anneau mûr qui le renferme, l'œuf va être expulsé de l'intestin du Chien : il se trouve mélangé à la poussière du sol ou à la litière sur laquelle le Chien a l'habitude de se coucher et il pourra de la sorte être transporté dans le pelage de l'animal. Là, les Ricins ou Trichodectes (*Trichodectes canis*), Hémiptères parasites du Chien, pourront le rencontrer et s'en repaître.

L'embryon hexacanthe, mis en liberté dans l'intestin du Trichodecte, se rend dans la cavité générale de l'Insecte et s'y transforme en une larve cysticercoïde (fig. 270). A l'œil nu, cette larve a l'aspect d'un petit point blanc ; examinée au microscope, elle est pyriforme, fortement contractée, de couleur gris-noirâtre, en raison de la grande réfringence de ses nombreux corpuscules calcaires ; elle est entourée d'une zone claire et brillante et mesure environ $0^{mm},3$. L'appareil excréteur est bien apparent ; il s'ouvre au dehors par un large pore situé à l'extrémité postérieure. L'extrémité antérieure est au contraire occupée par une invagination, au fond de laquelle se voit un rostre claviforme, dont le sommet présente plusieurs rangées de très petits crochets ; contrairement à ce qui s'observe pour les têtes renfermées dans les vésicules proligères des Hydatides, ce rostre est simplement refoulé au fond de la dépression, et non retourné sur lui-même en doigt de gant; ses crochets ne sont pas renversés.

Tel est le Cystique auquel Villot propose de donner le nom de *Cryptocystis trichodectis*. On l'a comparé à une tête d'Échinocoque invaginée en elle-même. Villot fait remarquer avec raison que l'analogie entre ces deux êtres est au moins lointaine.

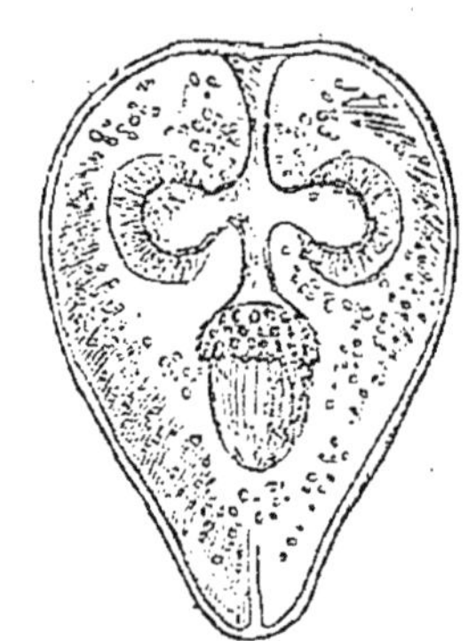
Fig. 270. — Cysticercoïde de *Tænia canina*, grossi 60 fois, d'après Leuckart.

Dans le but de démontrer que le Trichodecte était véritablement l'hôte intermédiaire de *Tænia canina*, Melnikow entreprit quelques expériences et chercha à faire développer le Cysticercoïde dans le corps de l'Insecte. Sur une portion de la peau du Chien, envahie par un grand nombre de Ricins, il applique une sorte de bouillie faite d'anneaux de Ténia mûrs et broyés. Au bout de sept jours, les Trichodectes, qui s'étaient nourris de la bouillie, furent examinés : dans la cavité du corps de l'un d'eux, on trouva quatre embryons hexacanthes, entièrement semblables à ceux que renferment les œufs mûrs, mais deux fois plus gros ; ils mesuraient 60 μ de longueur. Chez un autre, on rencontra encore des embryons, mais à un stade plus avancé.

De cette unique tentative, Melnikow conclut que rien n'est plus clair que les migrations de *Tænia canina*. Les œufs arrivent tôt ou tard avec les excréments sur les poils du Chien, soit renfermés encore dans les anneaux, soit isolés. Les Trichodectes qui habitent le pelage du Chien avalent ces œufs et le développement du Cysticercoïde peut ainsi s'effectuer. D'autre part, le Chien, tourmenté par la démangeaison que lui causent ses Poux, mord et avale ceux-ci : le Cysticercoïde, parvenu dans l'intestin, s'y transforme en Ténia parfait.

Si les migrations s'accomplissent réellement, ainsi que nous venons de dire, il est vraisemblable que le Ricin du Chat (*Trichodectes subrostratus*) est également l'hôte intermédiaire de *Tænia elliptica*. Ce Ver, fort analogue à *T. canina*, n'est probablement qu'une variété féline de ce dernier; du moins, les différences qui les séparent l'un de l'autre sont tellement faibles, qu'elles peuvent s'expliquer suffisamment par la diversité de l'habitat des animaux adultes.

Si *Tænia canina*, dont la fréquence est extrême, provenait toujours du Trichodecte, celui-ci devait être lui-même un parasite fort commun. Or, c'est le contraire qui est vrai. Hering l'a cherché « avec zèle » pendant des années sans pouvoir le rencontrer; nous-même avons bien des fois examiné soigneusement, sans jamais y trouver des Trichodectes, le pelage de Chiens dont l'intestin renfermait pourtant un très grand nombre de Ténias.

On sait, d'autre part, que les Chiens d'appartement, qui n'ont jamais eu de Poux, sont hantés du Ténia presque aussi fréquemment que les Chiens de campagne. On doit donc penser que la théorie de Melnikow ne nous donne qu'une explication incomplète de la provenance du parasite. Ces réserves ne sauraient d'ailleurs nous amener à partager l'opinion de Hering, d'après laquelle le Ténia se développerait directement, sans passer par aucune phase larvaire.

D'autres critiques peuvent encore être adressées à Melnikow. Si le Trichodecte héberge normalement le Cysticercoïde, il est surprenant que, parmi le grand nombre d'Insectes qui, dans son expérience, pullulaient dans le pelage du Chien et se sont repus des œufs du Ténia, deux seulement aient été trouvés porteurs de jeunes larves. Enfin, l'expérience est incomplète : pour arriver à une démonstration indiscutable, il eût fallu voir se développer en Ténias, dans l'intestin d'un Chien, les Cysticercoïdes de la cavité générale des Trichodectes. Nous pensons donc qu'il faut conclure à la nécessité de nouvelles recherches sur ce point.

Le Ver adulte est long de 15 à 35 centimètres. La tête, ornée de quatre ventouses, est à peu près rhomboïdale et deux fois aussi large que le cou. Elle est surmontée d'un prolongement claviforme, assez court et obtus, dont le diamètre est égal à $0^{mm},1$: c'est le rostre. Celui-ci peut, à l'état de repos, s'invaginer dans la tête. Quand, au contraire, il est en protraction, on voit à sa base des crochets disposés sur trois ou quatre rangs : il semble y avoir, à cet égard, assez peu de constance. Le nombre des crochets n'est pas moins variable : Leuckart en aurait compté environ 60, mais Davaine n'en a vu que 48 au maximum : ce dernier auteur a constaté du reste qu'ils tombaient aisément. Les plus grands crochets forment le cercle le plus élevé : ils mesurent de 11 à 15 μ. ; les plus petits forment le cercle le plus inférieur et mesurent à peine 6 μ.

Le cou est très contractile. A l'état d'extension, il est filiforme et large de 0^{mm},15 ; contracté, il a 0^{mm},25 de largeur. Les 40 premiers anneaux sont très courts et très étroits ; ils n'occupent qu'une étendue de 6 à 8 millimètres. Au delà de ce point, les anneaux s'allongent et deviennent successivement carrés, arrondis, moniliformes, enfin semblables à des semences de Courge : ils sont alors 4 à 5 fois plus longs que larges et mesurent 6 à 7 millimètres de long sur 2 à 3 millimètres de large.

A mesure que la taille des anneaux va en augmentant, on voit ceux-ci se séparer plus nettement les uns des autres. Les points de réunion s'étranglent, les angles s'arrondissent et la partie postérieure du Ver prend ainsi un aspect de plus en plus nettement caténulé. Les anneaux mûrs, au nombre de 10 à 25 et plus, ont une teinte rougeâtre due aux ovules ; ils se détachent avec la plus grande facilité du reste de l'animal.

D'après Steudener, la première trace de l'appareil génital se montre déjà sur l'anneau 17. Ici encore, le développement des organes mâles précède celui des organes femelles, en sorte que les spermatozoïdes sont formés assez longtemps avant que ces derniers se soient entièrement constitués. La maturité sexuelle est atteinte vers l'anneau 50 ; à partir de l'anneau 60, l'ovaire entre déjà en régression.

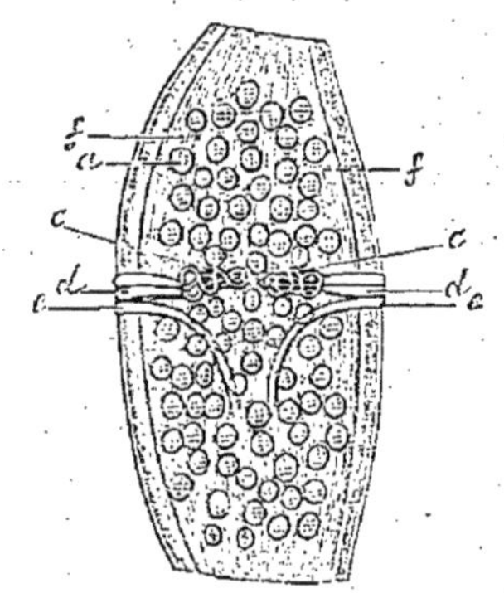

Fig. 271. — Anneau mûr de *Tænia elliptica*, d'après P.-J. van Beneden. — *a*, œufs ; *c*, canal déférent ; *d*, poche du cirre ; *e*, vagin ; *f*, parenchyme de l'anneau.

L'anneau mûr (fig. 271) a un aspect des plus caractéristiques. Chacun de ses bords latéraux présente, un peu en arrière de la moitié de sa longueur, un pore marginal auquel aboutissent un canal déférent et un vagin ; il y a, dans chaque anneau, un double système de glandes génitales, un double oviducte, un double corps de Mehlis ; mais l'utérus est unique et médian.

Les vésicules testiculaires sont presque sphériques, logées en grand nombre dans la couche moyenne de l'anneau. Chacune d'elles produit un grand nombre de spermatozoïdes, que de fins canalicules amènent vers le milieu de l'anneau. Là prend naissance, de chaque côté, un canal déférent, *c*, qui court vers le bord latéral en décrivant des sinuosités de plus en plus grandes. Ce canal pénètre dans la poche du cirre, *d*, organe lagéniforme et musculaire, long de 160 μ., épais de 60 μ., au sein duquel il se contourne encore une fois en boucle; finalement il s'ouvre sur le bord latéral de l'anneau.

Chaque moitié latérale de l'anneau renferme encore trois glandes ovariennes : les deux antérieures, symétriquement placées par rapport au vagin, communiquent directement avec la terminaison de celui-ci au moyen de courts canaux excréteurs. La glande impaire et postérieure, formée d'un grand nombre de tubes anastomosés entre eux, déverse ses produits dans l'oviducte, au niveau du corps de Mehlis.

L'oviducte se continue d'une part avec le vagin, dont il est séparé par un large réservoir spermatique, d'autre part avec l'utérus, sans ligne de démarcation appréciable. Le vagin, *e*, est dirigé très obliquement d'arrière en avant et de dedans en dehors; il décrit quelques légères sinuosités et débouche au dehors par un orifice situé immédiatement en arrière de la poche du cirre.

L'utérus est unique et commun aux deux groupes de glandes sexuelles. Il affecte la disposition d'un réseau qui se ramifie entre les vésicules testiculaires et forme des cæcums sur les parties latérales de l'anneau. Ceux-ci se laissent distendre par les œufs et, par rupture de leur pédoncule, s'isolent et simulent alors des poches, à l'intérieur desquelles on reconnaît un nombre d'œufs plus ou moins considérable, 3, 4, 10, 15, 20, ou davantage.

Tænia canina est un parasite extrêmement fréquent chez le Chien, dans l'intestin grêle duquel il peut produire certaines lésions décrites par Schiefferdecker. Krabbe l'a rencontré à Copenhague chez 240 Chiens sur 500, soit 48 fois sur 100 ; en Islande, chez 57 Chiens sur 93. « Le nombre de ces Vers, dit Krabbe, était souvent inférieur à 10, mais, dans la plupart des cas, il y en avait une quantité plus considérable, jusqu'à 100, et il n'était pas rare d'en rencontrer plusieurs centaines ; j'en ai même une fois trouvé 2000. » A Paris, nous sommes habitués à trouver ce parasite au moins dans les trois quarts des Chiens ; il y existe en nombre variable, ordinairement plusieurs dizaines.

Ce Ver, avons-nous dit, peut s'observer aussi chez l'Homme,

surtout dans l'enfance. Il y a été signalé pour la première fois par God. Dubois, élève de Linné : « est Taeniae species quae... vulgariter in Canibus et sæpissime apud Homines invenitur. »

Cette observation, bien que contestée par Pallas et bien que passée sous silence par Göze, Bloch et Rudolphi, n'en doit pas moins être considérée comme exacte. En effet, ce n'est point la seule de ce genre qui soit actuellement connue (1).

Dans le Musée d'anatomie comparée de Halle, se trouve, au dire de Leuckart, un flacon qui, d'après l'étiquette écrite par la main même de H. Meckel, renfermerait des *T. canina* expulsés par un jeune garçon de 13 ans, dans la clinique chirurgicale de Blasius. Leuckart a pu examiner ces Vers et se convaincre de la justesse de leur détermination.

Salzmann, d'Esslingen, a constaté ce même parasite chez un enfant de 16 mois. Le Dr A. Schmidt, de Francfort, fit connaître à Leuckart un autre cas, observé chez un enfant de 13 semaines : le Ver était incomplet et long d'environ 17 centimètres. En outre de ces cas, Leuckart a eu connaissance de six observations nouvelles : le parasite était toujours porté par des enfants de 9 mois à 3 ans. Les anneaux sont d'ordinaire expulsés isolément, tantôt spontanément, tantôt avec les selles : ils conservent leur mobilité quelque temps encore après leur expulsion. Dans un cas, ils ont été expulsés par le nez. Schoch-Bolley, de Zurich, a vu sortir deux Vers à la fois.

Cobbold rapporte que ce même parasite a été vu chez l'Homme, en Écosse : l'animal est conservé dans le Musée anatomique d'Édimbourg.

C'est surtout en Scandinavie que ce parasite semble être fréquent chez l'Homme. Jusqu'en 1869, Krabbe ne l'y avait rencontré qu'une seule fois, mais, de 1869 à 1880, il en relate quatre observations nouvelles. Tous ces cas se rapportent à des enfants âgés de moins d'un an. De son côté, Friis a vu deux fois ce parasite, de 1862 à 1883 ; dans un cas, il s'agissait d'une fillette âgée de sept semaines ; dans l'autre, d'un garçon d'environ six mois.

A ces observations, nous pouvons en ajouter une autre, la première, à notre connaissance, qui ait été faite en France ;

(1) Dans le cas d'Eschricht, rapporté par plusieurs auteurs, il s'agit, non de *Tænia canina,* mais bien de *T. cucurbitina,* c'est-à-dire de *T. solium.*

elle nous a été gracieusement communiquée par le Dr H. Ch. Martin, de Passy. Cette observation présente un intérêt particulier, en ce qu'elle est jusqu'à présent la seule qui se rapporte à un adulte. La personne qui en fait l'objet avait l'habitude de faire coucher son Chien au pied de son lit, souvent même le laissait entrer dans le lit ; le Ver était long de 40 centimètres environ.

En récapitulant ces faits, on arrive donc à un total de 19 observations certaines de *Tænia canina* chez l'Homme.

God. Dubois, *Tænia.* Linnaei Amœnitates academicae. Holmiae, 1751. — Voir II, p. 59.

Salzmann, *Ueber das Vorkommen der Tænia cucumerina im Menschen.* Jahreshefte des Vereins für vaterländ. Naturkunde in Württemberg, XVII, p. 102, 1861.

N. Melnikow, *Ueber die Jugendzustände der Tænia cucumerina.* Archiv für Naturgeschichte, I, p. 62, 1869.

H. Krabbe, *Om Udviklingen af Hundens Tænia cucumerina.* Tidsskrift for Veterinairer, XVII, 1869.

Hering, *Versuche mit Fütterung von Tænia cucumerina an Hunden.* Württemberg. naturwiss. Jahreshefte, p. 356, 1873.

P. Schiefferdecker, *Ueber eine eigenthümliche pathologische Veränderung der Darmschleimhaut des Hundes durch Tænia cucumerina.* Virchow's Archiv, LXII, p. 475, 1875.

J. Chatin, *Sur la constitution de l'appareil femelle et le mode d'union des œufs chez le Tænia cucumerina.* Comptes rendus de la Soc. de biologie, (6), III, p. 281, 1876.

Fr. Steudener, *Untersuchungen über den feineren Bau der Cestoden. — V. Ueber den Bau der Geschlechtsorgane von Tænia elliptica Batsch.* Abhandl. der naturforsch. Gesellschaft in Halle, XIII, p. 295, 1877.

En terminant l'histoire des Ténias, nous croyons utile de résumer en un tableau dichotomique les caractères tenant à la disposition des pores marginaux. Ce tableau permettra d'arriver aisément à la détermination spécifique, au cas très ordinaire où le Ver aurait été expulsé sans la tête.

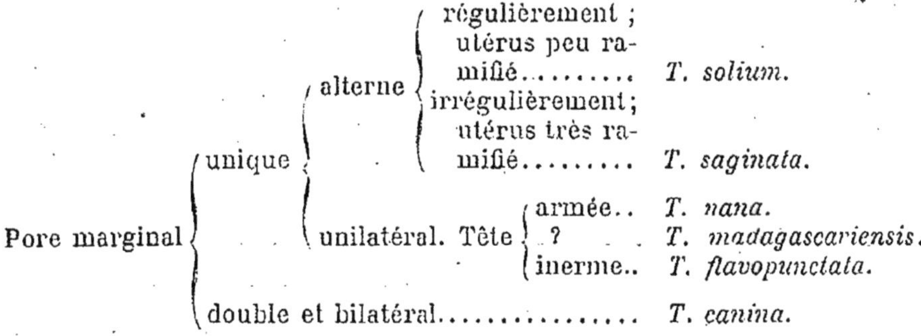

Le tableau suivant servira, au contraire, dans le cas beaucoup plus rare où on n'aurait à sa disposition qu'une extrémité céphalique de Ténia. Quand le Ver sera complet, une comparaison de deux tableaux en fera rapidement reconnaître l'espèce.

Crochets	absents. Pores marginaux	irrégulièrement alternes.	*T. saginata.*
		unilatéraux............	*T. flavopunctata.*
	présents......	sur un rang...........	*T. nana.*
			T. madagascariensis.
		sur deux rangs.........	*T. solium.*
		sur trois ou quatre rangs.	*T. canina.*

FAMILLE DES BOTHRIOCÉPHALIDÉS

La famille des Bothriocéphalidés comprend les trois genres *Triænophorus*, *Schistocephalus* et *Bothriocephalus*. Le premier ne renferme qu'une seule espèce, *Tr. nodulosus* Rudolphi, qui vit à l'état larvaire dans le foie et le mésentère de plusieurs Poissons, notamment des Cyprins et des Épinoches, et à l'état adulte dans l'intestin du Brochet. Le second renferme deux espèces, dont une seule, *Sch. dimorphus* Creplin, est européenne : elle vit à l'état de larve dans la cavité viscérale des Épinoches et à l'état adulte dans l'intestin des Oiseaux aquatiques.

Le genre *Bothriocephalus* est beaucoup plus riche en espèces : on en peut rencontrer des représentants dans toutes les classes des Vertébrés, mais c'est surtout chez les Poissons et les Mammifères que ces parasites s'observent habituellement. L'Homme lui-même en héberge quatre espèces, dont trois sont très imparfaitement connues.

Bothriocephalus latus Bremser, 1819.

SYNONYMIE : *Tænia prima* Plater, 1603.
T. veterum Spigel, 1618.
T. sive Fascia intestinorum Spigel, 1618.
Ténia de la seconde espèce Andry, 1700.
T. à épine Andry, 1700.
T. vulgaris Linné, 1748.
T. lata Linné, 1748.
Ténia à anneaux courts Bonnet, 1750.

T. grisea Pallas, 1766.
T. membranacea Pallas, 1781.
T. tenella Pallas, 1781.
T. dentata Batsch, 1786.
T. humanis inermis Brera, 1802.
Halysis lata Zeder, 1803.
H. membranacea Zeder, 1803.
The broad Tapeworm Bradley, 1813.
Dibothrium latum Diesing, 1850.

L'œuf du Bothriocéphale large (fig. 272) est brunâtre et parfaitement elliptique; il est long de 68 à 70 μ et large de 44 à 45 μ. Sa coque est un peu épaisse et présente à l'un des pôles un opercule ou calotte qui donne à l'ovule l'aspect d'une pyxide: ce clapet devient surtout visible après l'action de la glycérine ou de l'acide sulfurique; il s'accuse de plus en plus, à mesure qu'avance le développement de l'embryon à l'intérieur de l'œuf.

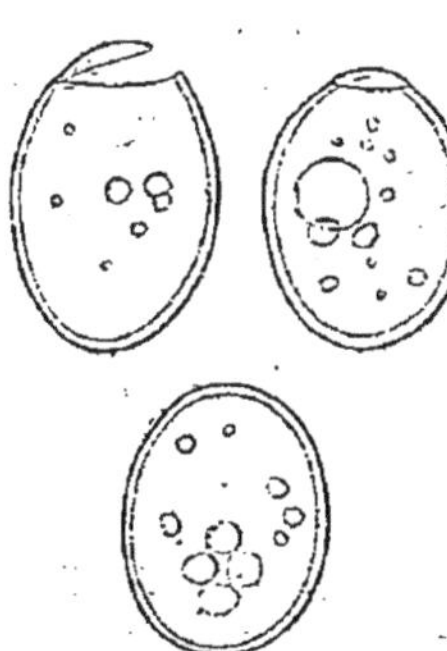

Fig. 272. — Œufs de *Bothriocephalus latus* grossis 245 fois, d'après Krabbe.

Celui-ci, lorsqu'il est rejeté au dehors avec les excréments, a une structure assez simple: son centre est occupé par une ou plusieurs masses cellulaires claires, qui représentent le vitellus formatif et qu'enveloppent complètement des masses cellulaires opaques, à grosses granulations, représentant le vitellus de nutrition.

Le développement se fait dans l'eau: Schauinsland a pu le suivre à peu près complètement. Contrairement aux Ténias, dont les anneaux mûrs contiennent déjà des embryons hexacanthes, l'évolution de l'embryon se fait ici avec une extrême lenteur et exige des semaines ou des mois, ainsi que Schubart et Knoch l'ont reconnu. Bertolus a vu le développement se faire en six à huit mois, dans l'eau courante; en maintenant les œufs à une haute température, parfois à 30 ou 35°, Schauinsland a pu hâter artificiellement l'éclosion des embryons: dans ces conditions, il les a vus sortir de l'œuf au dixième jour, au plus tard au quatorzième jour.

La première indication du développement consiste en l'apparition, au milieu des cellules nutritives (fig. 273, A, *a*), d'une masse elliptique, formée de quatre cellules embryonnaires:

trois d'entre elles, *c*, destinées à devenir l'endoderme, sont coiffées comme d'un capuchon par la quatrième, *c'*, qui formera l'ectoderme. A un stade plus avancé, B, cette différenciation s'est déjà effectuée : les cellules endodermiques, *e*, se sont multipliées ; la cellule ectodermique s'est comportée de même et les divers éléments auxquels elle a donné naissance ont envahi par épibolie la masse de l'endoderme,

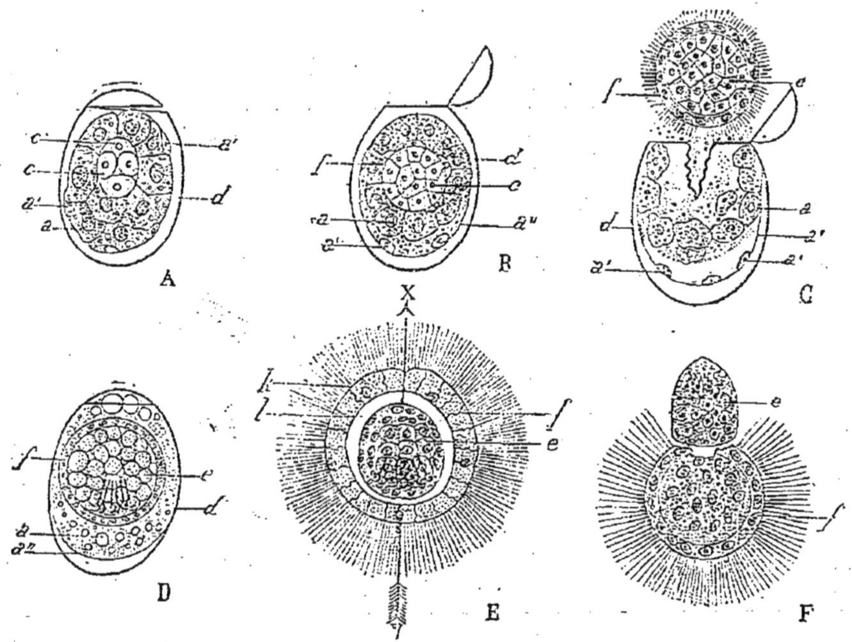

Fig. 273. — Développement de *Bothriocephalus latus*, d'après Schauinsland. — *a*, vitellus de nutrition ; *a'*, cellules périphériques donnant naissance au chorion *a"* ; *c*, cellules endodermiques ; *c'*, cellule ectodermique ; *d*, membrane vitelline ou coque de l'œuf ; *e*, endoderme, embryon proprement dit ; *f*, ectoderme, manteau de l'embryon ; *k*, lamelle externe du manteau ; *l*, lamelle interne du manteau. XY, direction suivant laquelle la larve libre progresse. — Dans le but d'établir les homologies, la plupart des lettres ont la même signification que dans la figure 212.

autour de laquelle elles forment une assise cellulaire unique, *f*. A la périphérie du vitellus nutritif et dans les interstices de ses cellules, se voient des cellules plus petites, *a'*, qui donnent bientôt naissance à une délicate membrane d'enveloppe, *a"*, sorte de chorion situé à l'intérieur de la coque de l'œuf.

L'ectoderme, formé d'abord de cellules fortement renflées au niveau de leur noyau, se modifie bientôt de manière à constituer une zone plus épaisse, à chacune des faces de laquelle se différencie une sorte de cuticule : c'est alors un syncytium à grosses granulations, dans lequel sont épars des noyaux et dont la surface externe se revêt de bonne heure de cils vibratiles courts et délicats, qui par la suite s'allongeront peu à peu, C. En même temps, les cellules endodermiques, d'abord peu nombreuses, se multiplient : elles forment une masse sphérique solide, en sorte que l'embryon présente l'aspect de deux sphères concentriques.

Le vitellus nutritif subit une destruction progressive: il est utilisé au fur et à mesure que se fait le développement de l'embryon et son importance est en raison inverse du volume de ce dernier: les cellules dont il était composé tout d'abord diminuent progressivement de nombre, leur noyau devient indécis, C, *a*. Quand l'embryon a atteint sa maturité, il ne reste plus, comme dernière trace du vitellus de nutrition, que quelques gouttelettes ou sphérules de volume variable, D, *a*.

La suite du développement consiste en une augmentation de taille de l'embryon, qui demeure sphérique ; en même temps, il s'amasse dans l'épaisseur de son ectoderme, *f*, auquel Schauinsland donne le nom de *manteau*, un nombre de plus en plus grand de granules et de gouttelettes, en sorte que les noyaux, jusqu'alors bien visibles, échappent presque complètement à l'observation. Après l'apparition des trois paires de crochets, dont les rudiments se montrent de bonne heure, sous forme de petites saillies, et après que les cils qui revêtent le manteau ont atteint leur taille définitive, l'embryon est mûr pour l'éclosion, D.

Les contractions de son corps, apparentes depuis longtemps déjà, deviennent plus énergiques, ainsi que les mouvements des crochets : les cils entrent en vibration et, au bout d'un certain temps, le couvercle se lève et l'embryon devient libre, E. Dans la coque de l'œuf restent alors les débris du vitellus et parfois aussi le chorion, qui a pu se conserver intact jusque là ; d'ordinaire, il se détruit plus tôt.

Devenue libre, la larve mesure de 45 à 50 μ de largeur, d'après Bertolus ; l'ectoderme est épais d'environ 10 μ, les crochets longs de 13 μ. Elle nage assez lentement, en roulant autour de son axe, ses crochets étant toujours dirigés en arrière. Bien qu'elle soit presque absolument sphérique, elle n'en présente pas moins, par la façon dont elle nage, une tendance à la symétrie bilatérale. L'axe autour duquel elle tourne n'est pas quelconque, mais est parallèle à la paire médiane de crochets, les deux autres paires étant disposées symétriquement de chaque côté; la progression se fait suivant la direction XY, qui coïncide avec le prolongement de cet axe. Assez souvent, le corps prend même une forme allongée, surtout au début, quand la larve nage très rapidement. Les cils vibratiles sont très serrés et d'une longueur considérable, bien que d'une délicatesse et d'une minceur extrêmes; ils sont d'une observation difficile.

Peu de temps après l'éclosion, les deux lamelles du manteau s'écartent l'une de l'autre, par suite de la pénétration de l'eau: le contenu de ce dernier se délaye et devient de plus en plus clair et transparent. En même temps apparaissent de délicats filaments protoplasmiques, qui s'étendent d'une lamelle à l'autre et entre lesquels se disposent les granulations, E. Ces travées protoplasmiques sont si régulières qu'on dirait des contours cellulaires, erreur dans laquelle sont tombés Bertolus et Leuckart; mais il n'y a plus, à cette époque, de véritables cellules dans le manteau et les nombreux noyaux qu'il renfermait sont déjà disparus pour la plupart; ceux qui ont persisté se trouvent suspendus aux travées sarcodiques, ou plutôt sont compris dans leur épaisseur.

L'endoderme, c'est-à-dire l'embryon véritable, est presque complètement séparé du manteau: entre eux se trouve un espace libre, traversé seulement d'un petit nombre de travées. Celles-ci sont d'une extrême finesse, à l'exception d'une seule, située exactement dans l'axe de rotation ou du moins dans son voisinage; elle est en rapport avec une dépression infundibuliforme de la lamelle externe du manteau.

Les embryons parvenus à ce stade sont formés de deux sortes de cellules: au milieu, de grosses cellules à noyau arrondi; à la périphérie, de petites cellules dont le noyau est souvent fusiforme. Ces dernières ne sont point disposées régulièrement en un épithélium: elles s'insinuent fréquemment entre les cellules précédentes.

La larve nage pendant plusieurs jours dans l'eau; dans de bonnes conditions, on peut même la conserver vivante pendant une semaine et plus. Si elle n'a pu rencontrer l'hôte qui lui convient pour son développement ultérieur, son mouvement vibratile s'affaiblit alors, elle tombe au fond, agite lentement ses cils pendant quelque temps encore, puis cesse toute vibration. Les crochets continuent encore à se mouvoir, alors que les mouvements du manteau ont pris fin et de légères contractions du corps montrent tout à la fois que la larve n'est pas encore morte et que son endoderme est dans une grande indépendance à l'égard de son ectoderme ; ces mouvements eux-mêmes s'arrêtent et le jeune animal se désorganise.

On voit souvent des larves sortir déjà de leur enveloppe ciliée avant que celle-ci ne soit morte. Il n'est pas rare non plus de voir la lamelle externe du manteau se déchirer seule : l'interne s'en sépare complètement et reste encore quelque temps autour de l'embryon, sous forme d'une membrane délicate et transparente : c'est elle que Leuckart désignait sous le nom de *membrane albumineuse.*

La larve peut cependant aussi se débarrasser d'un seul coup de la totalité de son manteau, F. Elle rampe alors très lentement, tandis que ses crochets sont animés de mouvements d'avant en arrière, semblables à ceux qu'effectuent les bras d'un nageur. A voir la vivacité de ces mouvements, on comprend combien il doit être facile à l'animal de perforer les tissus.

On ignore encore combien de temps la larve peut ramper sans son manteau, et si le rejet de son enveloppe ciliée, lors de son séjour dans l'eau, est un phénomène pathologique ou normal. Knoch est du premier avis, Leuckart du second.

Le développement du Bothriocéphale présente de grandes ressemblances avec celui des Ténias ; on peut constater pourtant certaines différences, mais elles tiennent à une sorte d'adaptation au milieu dans lequel doit vivre l'embryon, avant de passer chez son premier hôte.

La coque de l'œuf du Bothriocéphale est une véritable membrane vitelline, homologue de celle qui s'observe d'une façon transitoire autour de l'œuf d'un Ténia, par exemple au moment où il arrive dans l'utérus. Cette homologie étant admise, toute la suite du développement sera facilement comprise. La zone délaminée (fig. 212, *f*), qui deviendra l'enveloppe striée de l'embryon hexacanthe du Ténia, a la même origine que le manteau cilié de l'embryon du Bothriocéphale (fig. 273, *f*) : dans l'un et l'autre cas, il s'agit d'un véritable ectoderme.

L'embryon des Ténias, destiné le plus souvent à se développer chez des animaux terrestres, est entouré d'une coque épaisse et résistante qui le protège contre la dessiccation ; l'embryon du Bothriocéphale, destiné à se développer chez des animaux aquatiques, présente au contraire une enveloppe vibratile, au moyen de laquelle il nage à la rencontre de l'hôte qui lui convient. C'est là, nous le répétons, une différence toute secondaire, qui s'explique suffisamment par le milieu spécial dans lequel vivent les deux sortes d'embryons.

Puisque l'enveloppe ciliée de l'embryon du Bothriocéphale et la coque striée de l'embryon du Ténia sont un véritable ectoderme, que le jeune animal abandonnera lors de son éclosion, le Ver, parvenu à l'état de larve ou à l'état adulte, ne possède donc plus de couche ectodermique. On a pu déjà remarquer plus haut que les Ténias n'avaient point d'épiderme au-dessous de leur cuticule ; nous ne tarderons pas à faire la même observation chez les Bothriocéphales.

Schauinsland a fait d'infructueuses tentatives dans le but de déterminer le mode de migration des larves. Plus d'une fois, il a introduit, à l'aide d'une pipette, de grandes quantités de larves nageuses dans l'estomac de jeunes Lottes, mais il n'a pu les voir percer la paroi intestinale ni subir la moindre modification, même au bout de 24 heures : il les retrouvait vivantes, entourées pour la plupart de leur membrane vibratile et accumulées principalement dans les appendices pyloriques. Ainsi que l'avait déjà supposé Max Braun, il pense que les larves du Bothriocéphale ne se développent pas chez ces Poissons, mais bien chez d'autres animaux aquatiques, qui sont la proie des Brochets et des Lottes, en sorte que *Bothriocephalus latus* serait forcé de passer par plusieurs hôtes avant d'arriver chez l'Homme.

Avant Schauinsland, Knoch avait déjà tenté d'infester divers animaux au moyen d'embryons ciliés, dans l'espoir de voir ceux-ci se transformer en larves analogues aux Cysticerques ou aux Cysticercoïdes des Ténias. Ses expériences, faites surtout sur des Chiens, n'eurent point de résultats ; mais, comme il trouvait assez souvent des Bothriocéphales dans l'intestin des animaux sur lesquels il expérimentait, il crut pouvoir en conclure que l'embryon de *B. latus*, amené par l'eau dans l'intestin d'un

Mammifère tel que le Chien ou l'Homme, s'y changeait directement en Ver adulte, sans subir aucune autre métamorphose.

Cette opinion est inacceptable. Les expériences de Knoch n'ont pas été faites avec la rigueur nécessaire: les animaux n'avaient été soumis à aucun régime particulier. Knoch n'avait rien fait pour les soustraire aux causes habituelles d'infestation ; il n'avait pas même vérifié au préalable si leur intestin renfermait ou non des Bothriocéphales. Or, on sait que ceux-ci se développent assez souvent chez le Chien, et on ne saurait être surpris de les y rencontrer à Saint-Pétersbourg, puisque, d'après Birsch-Hirschfeld, environ 15 pour 100 des habitants de cette ville sont porteurs du parasite.

A Giessen, où le Bothriocéphale n'est pas endémique, Leuckart a donné des milliers d'œufs et d'embryons ciliés à quatre Chiens, sans rencontrer le moindre Ver adulte dans leur intestin. Lui-même a avalé sans succès à peu près une douzaine d'embryons, et la même expérience fut tentée en vain sur huit de ses élèves. Des essais du même genre furent également faits sur des Truites, sans plus de résultats. Enfin, plus récemment, Grassi reprit ces mêmes expériences et essaya vainement de s'infester lui-même en avalant des œufs.

Tous ces faits contredisent formellement l'opinion de Knoch. Néanmoins, le développement direct est encore invoqué par Mégnin, pour expliquer la présence d'un Bothriocéphale chez un jeune Chien, né et élevé à Vincennes et qui n'avait jamais quitté cette localité.

On sait aujourd'hui, grâce aux observations du professeur Max Braun, de Dorpat, que, de même que les Ténias, *B. latus* accomplit des migrations, en même temps qu'il subit une métamorphose. Comme on le soupçonnait depuis longtemps déjà, les Poissons donnent asile à la larve; il est possible que plusieurs espèces puissent être les hôtes de celle-ci: le fait est du moins démontré pour deux espèces d'eau douce, le Brochet (*Esox lucius* Lin.) et la Lotte (*Lota vulgaris* Cuvier).

Ayant remarqué que les diverses espèces de Bothriocéphales s'observent chez des animaux exclusivement ichthyophages ou, du moins, dans l'alimentation desquels les Poissons entrent pour une bonne part, Braun pensa qu'il fallait chercher les hôtes intermédiaires de *B. latus* parmi les Poissons mangés ordinairement par l'Homme. Partant de cette idée, il examina soigneusement les Poissons apportés au marché de Dorpat et ne tarda pas à rencontrer chez le Brochet, puis chez la Lotte, de jeunes Bothriocéphales qu'avait déjà vus Knoch, mais dont il n'avait pas reconnu la nature.

Ces Vers (fig. 274), dont la taille varie entre 8 et 30 millimètres, représentent des larves, analogues aux Cysticerques, aux Échinocoques et aux Cysticercoïdes, mais ayant avec ces derniers des affinités particulièrement étroites : Braun leur donne le nom de *Plérocercoïdes* (1). Les Brochets vendus à Dorpat proviennent du lac Peipus, du Wirzjerw et de l'Embach. Les Plérocercoïdes sont si fréquents dans ces Poissons, qu'on les y trouve 79 fois sur 80 ; ils siègent au hasard dans tous les viscères. En ouvrant l'abdomen, on les voit aisément dans la paroi de l'intestin, sous forme de stries blanchâtres ; on les trouve encore très fréquemment dans la rate, les organes génitaux, le mésentère, plus rarement dans le foie. Ils ne sont jamais enkystés, mais sont logés simplement dans un canal creusé par eux, et dans lequel ils peuvent se déplacer confusément. Il n'est pas rare de les voir à moitié sortis des organes et comme appendus à leur surface ; on peut enfin les trouver libres dans la cavité générale, ce qui donne encore à penser qu'ils sont doués de mouvement ; du reste, il est parfois possible d'observer çà et là des traces de leur passage.

Fig. 274. — Larve de Bothriocéphale des muscles du Brochet. — A, à l'état de rétraction ; B, à l'état d'extension. D'après Braun.

Si on enlève par couches successives les muscles du tronc d'un Brochet, on rencontre ordinairement les Plérocercoïdes dès la première incision. Ils sont disposés de la façon la plus irrégulière et ne suivent pas toujours la direction des fibres.

Ces Plérocercoïdes du Brochet sont en nombre variable, mais presque toujours abondants : chez des Brochets de taille

(1) La forme larvaire *plérocercoïde* s'observe dans les genres *Triænophorus*, *Piestocystis* et *Bothriocephalus* : c'est la plus simple qui s'observe chez les Cestodes ; elle est caractérisée par la présence d'une queue solide, rubanaire ou ovale, et provient sans doute de l'embryon hexacanthe par simple allongement. Braun appelle *Plérocerques* les larves dont la queue est sphérique et solide, comme chez les Tétrarhynques.

moyenne, on en trouve de 10 à 30, parfois même davantage, dans le tissu musculaire. Leur taille est de 1 centimètre à $2^{cm},5$; ils sont doués de mouvements très obscurs. Dans le corps du Poisson, leur tête est toujours invaginée; on peut la faire sortir, si on plonge le Ver dans l'eau tiède, dans une solution de chlorure de sodium à 0,5 p. 100, dans de l'albumine, etc., et si on le place dans une étuve. Les mouvements de l'animal deviennent alors très énergiques, presque comme ceux d'un fouet : la tête s'évagine et s'invagine tour à tour et subit les changements de forme les plus considérables, en même temps que des ondes de contraction se succèdent en se propageant tout le long du corps.

Les larves extraites des muscles du Brochet conservent longtemps leur vitalité dans l'eau salée, 8, 10 jours et davantage. On peut alors les étudier à loisir et reconnaître leur structure : ce sont de petits Vers rubanaires, sans la moindre cavité centrale, sans organes différenciés; la queue, dépourvue d'appendices, est le plus souvent invaginée; la tête est munie de deux ventouses allongées en forme de fentes et occupant le milieu des faces supérieure et inférieure.

Les Brochets du lac Ladoga et ceux du golfe de Finlande, qui sont apportés sur les marchés de Saint-Pétersbourg, sont tout aussi infestés de Plérocercoïdes que ceux de Dorpat. Ceux du lac Burtnek le sont encore, mais moins, puisqu'on n'y trouve le parasite qu'une fois sur trois. Enfin, ce dernier est bien plus rare dans la Lotte que dans le Brochet.

D'où proviennent ces Plérocercoïdes? La question n'est pas encore tranchée. Malgré l'examen le plus attentif, Braun n'en a jamais rencontré dont la taille fût au-dessous de celle que nous avons indiquée plus haut. Il propose de ce fait plusieurs explications, par exemple que les jeunes alevins sont seuls capables de se laisser infester, ou bien que le Brochet et la Lotte ne sont pas les premiers hôtes des larves, mais trouvent celles-ci déjà bien développées dans d'autres animaux dont ils font leur proie : introduites chez un nouvel hôte, les larves perforeraient l'estomac de ce dernier, pour s'en aller dans ses divers organes.

Quoi qu'il en soit, il est du moins certain que les Plérocercoïdes dont il vient d'être question sont la larve du *Bothrioce-*

phalus latus, comme Braun l'a définitivement prouvé par de nombreuses expériences.

1re, 2e et 3e *expériences*. — A Dorpat, le Bothriocéphale est rare chez le Chien et ne s'observe pas chez le Chat. En raison de cette rareté, on donne à trois jeunes Chiens, sans prendre de précautions particulières, des Plérocercoïdes renfermés encore dans les muscles du Brochet ou extraits soigneusement de ceux-ci. Aux 4e, 8e et 11e jours, les Chiens sont sacrifiés : on trouve dans le tiers moyen de leur intestin grêle un grand nombre de Bothriocéphales de petite taille, qui se distinguent par plusieurs particularités des Plérocercoïdes du Brochet. La tête est plus grosse, plus épaisse et plus longue, un peu en forme de gland, effilée en avant ; elle est toujours évaginée, fixée entre les villosités, et reste en extension même après la mort du jeune Ver. Les ventouses, dont l'entrée se présente sous l'aspect d'une fente profonde, occupent les deux faces de la tête, comme le montre la disposition des troncs nerveux (fig. 275), qui, dans la tête comme dans le cou, occupent la partie latérale.

Le nombre des Bothriocéphales est relativement considérable et correspond plus ou moins exactement au nombre des larves ingérées ; on en trouvait jusqu'à 12 et 15. Ceux du 11e jour étaient remarquables par leur grande taille.

4e *expérience*. — Dans cette expérience et dans les suivantes, on soumit les animaux à un traitement anthelminthique (Kamala, Cousso, extrait éthéré de Fougère mâle), quelques jours avant l'infestation ; on s'assura en outre, par l'examen microscopique, de l'absence de tout Bothriocéphale dans leur intestin. Les animaux furent soumis dès lors à un régime tel, que toute cause d'erreur était évitée.

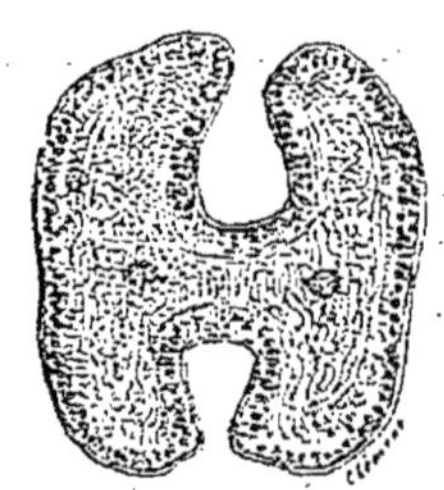

Fig. 275. — Coupe transversale de la tête d'un Bothriocéphale âgé de quatre jours et développé dans l'intestin du Chat (4e expérience).

Le 13 septembre 1881, on donne à un jeune Chat des pilules de Cousso, puis on le nourrit avec du lait cuit. Le 15, on lui administre un grand nombre de Plérocercoïdes d'un Brochet de l'Embach. Le 19, l'animal est mis à mort : on trouve dans son intestin grêle 16 petits Bothriocéphales fixés entre les villosités ; la tête a grossi, mais la segmentation du corps n'est pas encore commencée.

5e *et* 6e *expériences*. — Un Chat et un Chien, placés dans les mêmes conditions que l'animal de l'expérience précédente, reçoivent des Plérocercoïdes en même temps que celui-ci. Au bout de quatre jours, résultat positif.

7e *expérience.* — Le 13 septembre 1881, un Chien de 4 mois prend du Kamala; on le nourrit alors avec du lait, de l'eau filtrée, de la viande cuite et de la soupe. Le 15, on lui donne 20 larves de Bothriocéphale dans une saucisse. Le 4 novembre, autopsie : résultat négatif.

8e *expérience.* — Le 24 octobre 1881, un Chien de quelques semaines, ayant toujours tété jusqu'alors, prend 17 Plérocercoïdes. On le nourrit avec du lait étendu d'eau et cuit. Le 3 novembre, on le sacrifie : on trouve 15 Bothriocéphales longs de 9 à 14 centimètres.

9e *expérience.* — Expérience négative sur le Canard.

10e *expérience.* — Le 19 octobre 1881, un jeune Chat prend du Kamala. Le 31, on lui donne 8 Plérocercoïdes des muscles du Brochet; l'animal les mâche longuement. Le 19 novembre, autopsie : résultat négatif.

11e *expérience.* — Le 7 novembre 1881, un Chat reçoit une pilule de Kamala; le 10, il prend du Kamala et de l'huile de Ricin. Le 15, on lui donne 15 Plérocercoïdes. Le 19, on le tue : un seul Bothriocéphale dans l'intestin. L'expérience n'a réussi qu'incomplétement, à cause de l'inflammation de la muqueuse, consécutive aux purgations réitérées.

12e *expérience.* — Le 29 novembre 1881, un Chat adulte prend du Kamala. Jusqu'au 9 décembre, on le nourrit de viande de Bœuf cuite et de Poissons chez lesquels la larve du Bothriocéphale n'existait pas. L'animal prend alors 6 Plérocercoïdes du Brochet. Jusqu'au 26 décembre, on le nourrit presque exclusivement de Brochets et de Lottes; on choisit des morceaux dépourvus de larves, mais quelques-unes, cachées dans les muscles, ont bien pu passer inaperçues. Du 26 décembre 1881 au 26 janvier 1882, on cesse l'usage du Poisson : le Chat est nourri de viande de Bœuf cuite, de lait cuit, de pain, de Souris. Du 26 janvier au 4 février, on lui donne de nouveau du Brochet chargé de Plérocercoïdes. Le 4 février, autopsie : l'intestin renferme 3 grands Bothriocéphales, dont le plus long mesure 50 centimètres; les derniers anneaux possèdent des organes sexuels, l'utérus est rempli d'œufs. On trouve encore 9 petits Bothriocéphales de taille diverse, dont les plus petits ne peuvent être distingués de ceux des muscles du Brochet, si ce n'est que leur tête est évaginée.

13e *expérience.* — Expérience négative sur le Canard.

14e *expérience.* — A partir du 13 février 1882, un Chat mange chaque jour du Brochet crû et du Veau cuit. Le 29 mars, il meurt. On trouve dans son intestin 11 jeunes Bothriocéphales mesurant jusqu'à 4 centimètres de longueur.

15e *expérience.* — A partir du 13 février 1882, un Chat mange chaque jour du Brochet cru et du Veau cuit. Le 4 avril, autopsie : l'intestin renferme un grand nombre de petits Bothriocéphales et un individu de plus grande taille, pourvu déjà des rudiments des glandes génitales.

16e *expérience.* — A partir du 27 février, un Chat mange chaque jour du Brochet ; dans les premières semaines de l'expérience, on lui donne du Brochet gelé, où les Plérocercoïdes sont certainement morts, puis on lui donne du Brochet frais. Le 4 avril, on le sacrifie. On trouve dans son intestin plus d'une douzaine de jeunes Bothriocéphales pourvus d'anneaux, mais dont aucun n'était encore parvenu à maturité sexuelle.

17e, 18e et 19 *expériences.* — Trois étudiants de l'Université de Dorpat, originaires de Saint-Pétersbourg et non porteurs du Bothriocéphale, se purgent avec de l'huile de Ricin. Le 27 novembre 1882, A et B prennent chacun, avec du lait ou de la saucisse et du pain, 3 Plérocercoïdes du Brochet ; C en prend 4. Le régime n'est pas modifié, si ce n'est que le Poisson, sous quelque forme que ce soit, et l'eau crue sont rigoureusement exclus. Au bout de 3 semaines, l'un des expérimentateurs ressent de légères douleurs intestinales ; un autre commence bientôt à se plaindre. On fait alors l'examen microscopique des matières fécales, le 27 novembre : on trouve un grand nombre d'œufs de Bothriocéphale chez chacun des trois patients. Dans les jours suivants, on administre l'extrait éthéré de Fougère mâle. A expulse 2 Bothriocéphales, C en expulse 3 et B rend seulement des fragments provenant d'un ou plusieurs Vers. L'examen des fèces pratiqué au bout de quelques jours n'a montré chez ce dernier aucun œuf de Bothriocéphale ; il est probable que le parasite aura été expulsé par une selle non examinée.

Les 5 Vers obtenus de la sorte appartiennent, à n'en pas douter, à l'espèce *Bothriocephalus latus ;* 3 seulement ont été expulsés avec la tête ; les autres se terminent en avant par des extrémités effilées, où l'œil nu ne distingue aucune segmentation.

Le Ver nº	1	est long de	310cm,7	et formé d'environ	1 000	anneaux.
—	2	—	362 ,9	—	1 115	—
—	3	—	452 ,8	—	1 300	—
—	4	—	257 ,8	—	1 305	—
—	5	—	312 ,8	—	1 326	—

Comme on voit, la longueur du Ver n'est pas exactement en rapport avec le nombre des anneaux qui le composent ; il faut compter avec l'extension ou la contraction des anneaux, comme cela ressort de la comparaison des Vers 3, 4 et 5.

Les expériences ci-dessus mettent hors de doute que, dans les pays où le Bothriocéphale se rencontre chez l'Homme, sa larve est logée dans les muscles et dans les viscères du Brochet et de la Lotte (1). Ainsi tombe l'opinion de Carl Vogt, qui affirmait que le Bothriocéphale n'est point transmis à l'Homme par un Poisson.

Après des expériences aussi nettes, on est vraiment surpris de voir Küchenmeister se refuser à croire que le Brochet et la Lotte soient les premiers hôtes du Bothriocéphale. Ce savant admet, d'ailleurs sans apporter la moindre preuve à l'appui de son opinion, que le parasite est transmis à l'Homme par les Salmonidés, notamment par *Salmo salar*. Pour la Suisse, il admet en outre que la transmission puisse se faire par la Lotte et par quelques Corégones : il incrimine gratuitement *Coregonus Wartmanni* du lac de Constance et, pour l'ouest de la Suisse, *C. lavaretus* et *C. fera*. Ce dernier Poisson était du reste soupçonné depuis longtemps, mais on n'a pas encore démontré l'existence dans ses organes de Plérocercoïdes du Bothriocéphale large.

J. Knoch, *Vorläufige Mittheilung über den Bothriocephalus latus, die Entwickelung desselben, die Wanderung und endliche Uebertragung seines Embryo's in den Menschen.* Virchow's Archiv, XXIV, p. 453, 1862. — Id., *Die Naturgeschichte des breiten Bandwurms (Bothriocephalus latus auct.) mit besonderer Berücksichtigung seiner Entwickelungsgeschichte.* Mémoires de l'Acad. des sciences de Saint-Pétersbourg, (7), V, nº 5, 1862. — Id., *Sur le mode de développement du Bothriocéphale large.* Journal de l'anatomie, VI, p. 140, 1869.

Bertolus, *Sur le développement du Bothriocéphale de l'Homme.* Comptes rendus de l'Acad. des sciences, LVII, p. 569, 1863.

C. Vogt, *La provenance des entozoaires de l'Homme et de leur évolution.* Paris, 1877.

(1) Voilà fort longtemps que l'on a reconnu la présence de Cysticercoïdes dans le foie de la Lotte, puisque Conrad Gesner, au commencement du XVIe siècle, en fait déjà mention. Voici en quels termes ce vieil auteur parle du foie de la Lotte, qu'il appelle *Quappe*, *Aalrupe* ou *Mustela fluviatilis :*

« Jecur earum magnum, inque cibo lautissimum est ; sed aliquando *grandine morbo, ut sues*, vitiatur : in lacustribus duntaxat quibusdam, fluviatilibus nullis, in Gryffio lacu hoc malum eis accidere negant : in nostro autem, præsertim quo tempore pariunt et aliquandiu post, hoc morbo laborant : excepta parte lacus quæ supra Rappersuillam est, in qua salubrius degunt. » (C. Gesneri *Historiæ animalium liber III.* Tiguri, 1558. Voir page 710, ligne 13.) Un peu plus loin, Gesner revient encore sur ce point : « Commendantur a nostris hi pisces septembri mense, alibi vero aprili et maio. Fluviatiles, præsertim in puris et rapidis fluviis carne albiore solidioreque lautiores habentur..... Laudantur apud nos jecinora earum præcipue ante Natalem Dominicum : circa partum improbantur : quo tempore etiam nonnullis in aquis *grandinosa* sunt. » (*Ibidem*, p. 713, l. 53.)

B. Grassi, *Contribuzione allo studio dell' elmintologia*. Gazzetta medica ital.-Lombardia, n° 16, 1879.

Max Braun, *Zur Frage des Zwischenwirthes von Bothriocephalus latus Brems.* Zoologischer Anzeiger, IV, p. 593, 1881; V, p. 39 u. 194, 1882; VI, p. 97, 1883. — Id., *Ueber die Herkunft des Bothriocephalus latus.* Saint-Petersburger med. Woch., n° 16 u. 52, 1882. Virchow's Archiv, LXXXVIII, p. 119, 1882. — Id., *Bothriocephalus latus und seine Herkunft.* Virchow's Archiv, XCII, p. 364, 1883. — Id., *Zur Entwicklungsgeschichte des breiten Bandwurmes (Bothriocephalus latus Brems.).* Würzburg, in-8° de 56 pages, 1883. — Id., *Untersuchungen über Entwickelungsgeschichte des Bandwurmes.* Sitzungsber. der Naturf.-Ges. bei der Universität Dorpat, VI, p. 528, 17. März 1883. — Id., *Ergebnisse der Untersuchung von sechs Hechten.* Ibidem, VII, p. 45, 15. März 1884. — Id., *Salm oder Hecht?* Berliner klin. Woch., XXII, p. 804, 1885.

P. Mégnin, *De la présence d'un Bothriocephalus latus Bremser chez un Chien de 10 mois, né et élevé à Vincennes, et qui n'a jamais quitté cette localité.* Compte rendu de la Soc. de biologie, (7), IV, p. 308, 1883.

H. Schauinsland, *Die embryonale Entwicklung der Bothriocephalen.* Ienaische Zeitschrift für Naturwissenschaft, XIX, p. 520, 1885.

Fr. Küchenmeister, *Wie steckt sich der Mensch mit Bothriocephalus latus an?* Berliner klin. Woch., XXII, p. 505 u. 527, 1885.

Les 5 Bothriocéphales développés chez l'Homme dans les expériences 17, 18 et 19 avaient une longueur moyenne de 339^{cm},4; le nombre moyen de leurs anneaux était de 1 209. Braun arrive ainsi à reconnaître que ces Cestodes forment de 31 à 32 anneaux nouveaux par jour et subissent un accroissement de 86 millimètres. Ces chiffres se rapprochent beaucoup de ceux auxquels Eschricht était arrivé déjà : cet auteur parle d'un Russe qui, en un an, expulsa des fragments de Bothriocéphale longs au total d'environ 60 pieds; en évaluant à 10 pieds la portion non expulsée, on arrive ainsi à une croissance de 2 pouces 1/3 par jour. La croissance du Bothriocéphale est donc comparable à celle de *Tænia saginata*, bien qu'un peu plus rapide.

Lorsqu'il est entièrement développé, *Bothriocephalus latus* est le plus long de tous les parasites de l'Homme. Il présente l'aspect général des Ténias, mais il s'en distingue déjà de prime abord par le nombre et la forme de ses anneaux, ainsi que par la position de ses orifices sexuels.

Ce Ver est formé communément de 3 500 à 4 000 anneaux; un individu observé par Stein en comptait 4 133. Suivant le point où on les examine, ceux-ci présentent des différences de taille, mais toujours ils sont beaucoup plus larges que longs. Vers le milieu de la chaîne, ou un peu en arrière, là où les œufs distendent les anneaux, ils présentent une longueur moyenne de 2 à 4 millimètres, pour une largeur de 10 à 12 millimètres, parfois même de 18 à 20 millimètres. Les derniers anneaux ont pondu leurs œufs dans l'intestin, par un orifice spécial que nous décrirons plus tard : aussi les voit-on se rétrécir notablement; et comme le Ver ne les rejette point spontanément, les voit-on prendre l'aspect, chez des individus intacts, de segments flétris et ridés (fig. 276, *g*; fig. 277). Remarquons encore que le bord antérieur des anneaux est plus étroit que le bord postérieur, d'où résulte un aspect en dents de scie présenté par les côtés de l'animal.

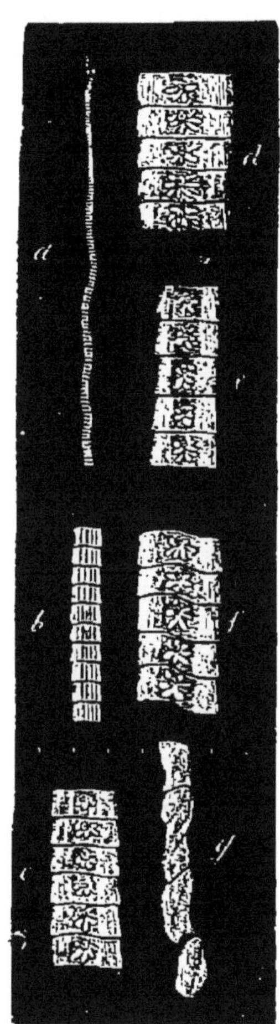

Fig. 276. — *Bothriocephalus latus* de grandeur naturelle; fragments pris de distance en distance. — *a*, tête et cou ; *d*, anneaux moyens, avec glandes génitales bien développées ; *f*, *e*, anneaux chez lesquels la ponte est plus ou moins avancée; *g*, derniers anneaux, ratatinés après la ponte.

Le Bothriocéphale mesure ordinairement de 6 à 10 mètres de longueur; des individus bien développés peuvent atteindre jusqu'à 12, 14 et 16 mètres; une taille plus considérable est tout à fait exceptionnelle ou tient à une erreur d'observation.

L'aspect de la tête présente de notables variations, suivant l'état de contraction ou d'extension de cet organe : sa forme générale est celle d'une amande; elle varie du reste suivant la nature du liquide dans lequel on a tué le Ver. La tête est longue de 2 millimètres à $2^{mm},5$ et large de $0^{mm},7$ à 1 millimètre. Elle est dépourvue de rostre et de crochets et se termine en avant par une surface obtuse ; en arrière, elle se continue insensiblement avec le cou (fig. 278). On ne trouve pas de ventouses à sa surface, mais celles-ci sont remplacées par deux fentes profondes et allongées, qui ont reçu le nom de *bothridies*, et dont chacune est située le long d'un des bords latéraux.

La figure 275 montre ces organes sur une coupe transversale.

en même temps qu'elle permet de préciser leur situation par rapport au reste du corps. La tête, comme on peut voir, est notablement aplatie, mais il est à remarquer que l'aplatissement est latéral et non dorso-ventral; cela ressort nettement de la place occupée par les filets nerveux principaux, dont la situation est toujours latérale. La tête repose donc soit sur sa face supérieure, soit sur sa face inférieure, par suite d'une torsion d'un quart de cercle effectuée par le cou : cela revient à dire que les bothridies correspondent respectivement aux faces dorsale et ventrale de la chaîne des anneaux.

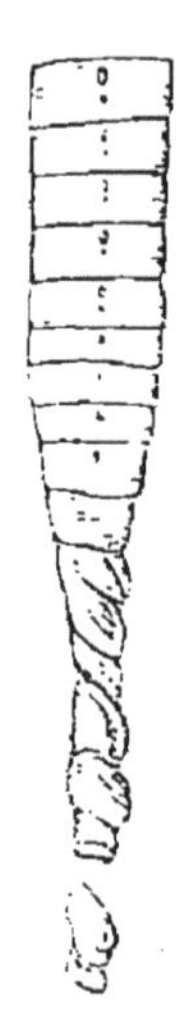

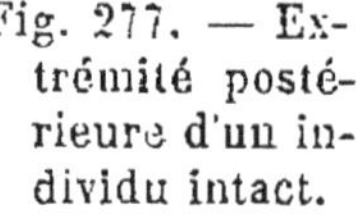
Fig. 277. — Extrémité postérieure d'un individu intact.

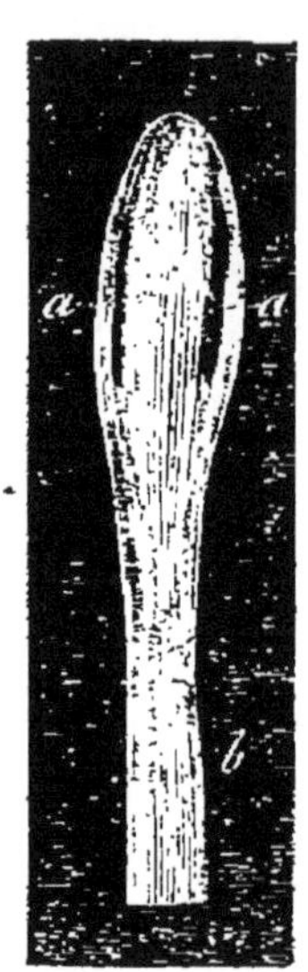

Fig. 278. — Tête de Bothriocéphale. — *a*, bothridies ; *b*, cou.

Le cou est ordinairement long de 6 à 10 millimètres, plus ou moins; dans certains cas, il est si contracté que la segmentation semble commencer immédiatement en arrière de la tête; plus fréquemment, la première indication des anneaux ne devient apparente qu'à 15 ou 20 millimètres, parfois même à 30 millimètres de la tête.

Si nous voulions suivre pas à pas le développement des anneaux, il nous faudrait répéter en grande partie ce que nous avons dit des Ténias; nous montrerions derechef que les somites sont d'autant plus courts et ont une structure d'autant plus simple qu'ils sont plus jeunes, c'est-à-dire plus rapprochés de la tête; que l'évolution des glandes sexuelles se fait progressivement, les organes mâles précédant les femelles, etc. Les longs détails sur lesquels nous nous sommes appesanti à propos des Ténias nous permettront d'être bref et de ne considérer que la structure des anneaux mûrs et entièrement développés.

Le corps est limité par une cuticule transparente, épaisse de 6 à 10 μ, qui semble, à première vue, être formée d'une matière homogène, très réfringente et absolument sans structure. Cette cuticule est produite par les couches sous-jacentes, non par sécrétion, mais par transformation directe; aussi peut-on y rencontrer, en certains points, des cellules fusiformes, des fibres et des corpuscules calcaires, en un mot tous les éléments des couches sous-cuticulaires, lorsque, pour une cause quelconque, ces éléments n'ont pas pris part au phénomène général de cuticularisation. Cette membrane est encore traversée dans son épaisseur par ce que différents auteurs ont décrit comme des canalicules; Moniez a démontré que c'étaient plutôt des sortes de cils, en continuité avec les fibres sous-cuticulaires, dont ils ne sont que le prolongement, et destinés sans doute à venir puiser la nourriture dans le milieu ambiant.

A la face ventrale et dans la région médiane, la cuticule est ornée d'une série de papilles dans lesquelles s'enfonce la couche sous-cuticulaire. Cette zone de papilles commence à se montrer un peu en arrière du bord antérieur de l'anneau et s'élargit rapidement en se rapprochant de la poche du cirre; latéralement, elle ne s'étend jamais jusqu'aux vitellogènes. En arrière du cirre, elle va en se rétrécissant et se termine au niveau de l'orifice utérin. Ces papilles avaient été déjà figurées, sinon décrites par Eschricht; Braun, qui croit les avoir découvertes, admet qu'elles ont pour rôle de permettre le contact et l'adhérence réciproques des faces portant les orifices sexuels. Une semblable opinion serait soutenable si les divers anneaux s'accouplaient entre eux: or, on sait qu'il n'en est rien.

Immédiatement au-dessous de la cuticule, se voit une couche granuleuse peu épaisse, à laquelle font suite plusieurs assises de grandes cellules fusiformes, chargées de gros granules réfringents. Les cellules des diverses assises diminuent progressivement de taille et se continuent avec une nouvelle zone formée de grosses cellules granuleuses, en dedans desquelles se trouvent les deux couches musculaires (fig. 279, *zmc*, *zml*). Celles-ci ont la même disposition que chez les Ténias; il en est de même pour la structure du parenchyme de l'anneau, qui est encore constitué par un réticulum conjonctif, au sein duquel se développent et restent plongés tous les organes.

Les corpuscules calcaires sont peu nombreux chez le

Bothriocéphale; Leuckart avait même nié leur existence. Ils sont renfermés dans le parenchyme et atteignent de grandes dimensions. A côté d'eux, et en nombre peut-être plus considérable, on trouve de nombreux éléments calcaires de petite taille et de forme ovoïde, qui sont également formés aux dépens du tissu fondamental.

L'appareil excréteur est assez différent de celui des Ténias, en ce sens qu'on ne rencontre qu'un seul vaisseau de chaque côté du corps (fig. 279, *vs;* fig. 280, D; fig. 282, E). Ce canal, rendu très visible par les grosses cellules qui l'entourent, est d'abord situé au voisinage de la face supérieure de l'anneau, mais le développement des organes le refoule vers le plan inférieur des muscles annulaires. Dans les jeunes anneaux, il est situé à peu près au milieu de l'espace qui s'étend de la ligne médiane de l'anneau à son bord latéral, un peu en dedans du cordon nerveux, qui occupe juste le point médian; plus tard, selon Moniez, ces rapports sont modifiés et, tandis que le cordon nerveux conserve sa situation, le vaisseau se dispose à peu près au milieu de l'espace qui sépare celui-ci de la ligne médiane. Le vaisseau longitudinal n'est pas réuni à son congénère par une anastomose transversale, à la manière de la lacune des Ténias; on ignore encore comment il se comporte dans la tête et quels sont ses rapports exacts avec l'extérieur et avec le *système des canaux plasmatiques*.

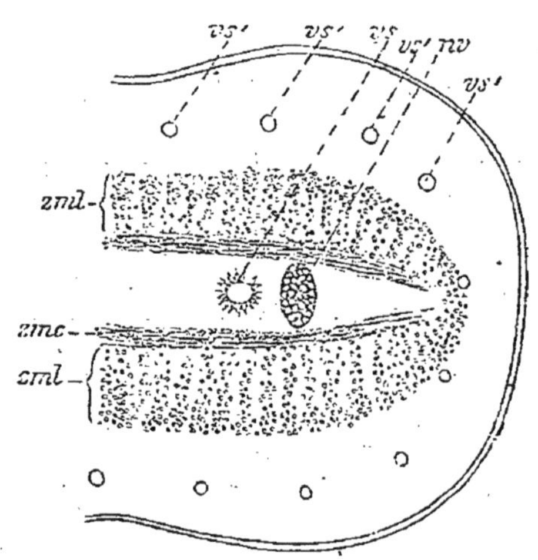

Fig. 279. — Coupe transversale d'un anneau jeune de *Bothriocephalus latus*, d'après Moniez; la figure ne représente qu'une moitié de la coupe. — *nv*, cordon nerveux; *vs*, vaisseau de la zone centrale; *vs'*, vaisseaux sous-cuticulaires; *zmc*, muscles circulaires; *zml*, muscles longitudinaux.

Celui-ci est formé d'une série de vaisseaux longitudinaux, à parois très minces ou nulles et situées dans la zone sous-cuticulaire (fig. 279, *vs'*); ils sont surtout visibles sur les jeunes anneaux, mais se retrouvent aussi sur les anneaux plus âgés :

sur la coupe transversale d'un anneau jeune, Moniez en a compté une vingtaine; ils semblent être plus nombeux dans la tête.

L'appareil excréteur de *Bothriocephalus latus* est encore imparfaitement connu: l'étude d'une espèce voisine peut néanmoins nous fournir à son égard des renseignements utiles. Fraipont a bien décrit cet appareil chez *B. punctatus*, de l'intestin du Turbot.

Sur un des anneaux médians du corps, le parenchyme se montre creusé de lacunes, munies çà et là d'entonnoirs ciliés Ceux-ci sont le point de départ de fins canalicules, qui se disposent en réseau et qui viennent, de distance en distance, s'ouvrir dans les canaux du réseau superficiel. Ce dernier, situé dans la couche corticale du corps, forme un système de canaux anastomosés entre eux, de façon à constituer des mailles polygonales irrégulières et de dimensions variables ; il s'étend sur toute la surface du Ver et se prolonge aussi, sans interruption, d'un segment à l'autre. Sur chaque face, il débouche en certains points, par de petites branches, dans deux canaux latéraux, situés de chaque côté de la ligne médiane. Ceux-ci s'étendent dans toute la longueur du segment et passent d'un anneau à l'autre. A son tour, chacun de ces canaux communique çà et là, par de petites branches latérales, avec les gros canaux descendants.

Ceux-ci sont au nombre de douze; ils semblent être situés à la face interne de la couche musculaire et passent ininterrompus d'un segment à l'autre. Chaque face du corps en présente donc six : les deux plus gros sont médians, anastomosés entre eux par deux à cinq branches transversales ou obliques, simples ou bifurquées ; leur parcours est ondulé.

On voit en outre, de chaque côté, deux autres troncs longitudinaux plus rétrécis, sur le trajet desquels viennent déboucher les branches latérales des canaux ascendants. Les deux troncs du même côté communiquent entre eux par un grand nombre de branches transversales, en sorte que cette partie de l'appareil d'excrétion peut prendre l'aspect d'un véritable réseau. De ces quatre canaux, les deux externes fournissent des branches latérales qui vont s'ouvrir à la surface de la cuticule, mettant ainsi le système des canaux descendants en rapport avec l'extérieur par un grand nombre de *foramina secundaria*. Tout le système des canaux descendants, leurs branches anastomotiques et leurs branches transversales externes sont contractiles.

Dans la tête, le système des fins canalicules à entonnoirs ciliés et le réseau superficiel se comportent comme dans les anneaux médians ; les canaux descendants s'anastomosent entre eux, se contournent dans toutes les directions et forment des anses (1).

Si le Ver a perdu déjà quelques-uns de ses segments, les gros canaux longitudinaux sont rompus au niveau du bord postérieur du dernier anneau : les uns s'ouvrent directement au dehors, les autres se sont oblitérés et se terminent en cul-de-sac. Si, au contraire, le Ver est encore intact, l'appareil excréteur présente des modifications notables dans les deux derniers segments, parfois même dans les quatre ou cinq derniers. Le système des fins canalicules à entonnoirs vibratiles et le réseau superficiel sont disposés comme précédemment, tandis que tous les canaux descendants se résolvent en un réseau à mailles irrégulières. Les deux canaux externes restent seuls reconnaissables : tout le long du dernier somite, ils émettent un nombre variable de branches latérales qui vont déboucher à l'extérieur. Ils s'anastomosent en arcade à l'extrémité postérieure et, en ce même point, donnent naissance à une dernière branche latérale, un peu plus grosse que la plupart des autres et qui peut-être représente un rudiment de vésicule pulsatile terminale.

Le système nerveux de *Bothriocephalus latus*, décrit en 1849 par Em. Blanchard, a été méconnu par la plupart des auteurs qui suivirent : Böttcher, puis Sommer et Landois prirent les troncs nerveux latéraux pour des vaisseaux. Moniez redressa cette erreur, indiqua leur trajet par toute la chaîne des anneaux et montra leurs relations avec les vaisseaux véritables. Enfin, tout récemment, Nieimec décrivit en détail le système nerveux du Bothriocéphale qui nous occupe.

Les cordons latéraux (fig. 279, *nv*) remontent de la région cervicale dans la tête, où ils continuent à cheminer toujours dans la même direction, sans qu'on observe sur leur trajet ni ganglions ni commissures. C'est seulement lorsqu'ils ont atteint l'extrémité antérieure, qu'ils marchent l'un vers l'autre, se renflent légèrement (ganglion latéral) et s'unissent par une commissure puissante. Cette dernière présente en son milieu un épaississement pourvu de cellules ganglionnaires et analogue au ganglion central que nous avons décrit plus haut chez *Tænia saginata* (fig. 221, *d*).

En avant, les troncs nerveux latéraux poursuivent leur

(1) La tête de *B. latus* est entourée d'un fin réseau vasculaire, qu'on voit aisément chez les individus frais; Böttcher l'a figuré et Knoch dit l'avoir observé sur tout le corps des jeunes.

chemin au delà des ganglions ; ils envoient à la couche sous-cuticulaire de la tête une série de filets délicats ; d'autres fibres nerveuses semblent se réunir dans le plan transversal pour former une sorte d'anneau nerveux antérieur. Immédiatement au-dessous des ganglions latéraux, par lesquels ils se terminent, les troncs principaux donnent naissance à quatre nerfs de chaque côté. Ces huits filets prennent d'abord une direction radiaire, mais se recourbent bientôt en arrière pour accompagner les cordons principaux, disposition très analogue à celle que nous présentaient les Ténias. En somme, la ressemblance est grande entre le système nerveux des Ténias et celui des Bothriocéphales, mais celui de ces derniers représente un état plus simple et plus primitif de l'évolution.

Passons maintenant à l'étude de l'appareil reproducteur et voyons quelle est sa structure sur un anneau mûr.

L'appareil génital mâle doit être étudié par la face supérieure ou dorsale. Il est constitué par un très grand nombre de follicules testiculaires, découverts par Eschricht en 1841. Ceux-ci (fig. 280, *a* ; fig. 281, *b*), au nombre de près de 1 200 par anneau, s'étendent en une couche simple au sein du parenchyme ; en dehors des grands vaisseaux latéraux, ils occupent tout l'espace interposé aux deux plans musculaires ; en dedans de ces vaisseaux (fig. 280, D), ils n'occupent qu'une zone rétrécie : quelques-uns pourtant s'avancent jusqu'à l'utérus et se logent même entre ses circonvolutions.

Les follicules, de forme ronde ou ovalaire, mesurent en moyenne 136 μ : ils ne sont limités par aucune membrane d'enveloppe et représentent de simples cavités creusées dans le parenchyme et remplies par les éléments séminaux. Ils proviennent d'une différenciation des cellules du parenchyme : on voit d'abord les cellules indépendantes, isolées les unes des autres et munies chacune de deux ou plusieurs prolongements qui la rattachent au tissu ambiant ; plus tard, par suite de leur prolifération, de leur augmentation de taille et de la transformation fibrillaire des éléments interposés, ces cellules se groupent en follicules et donnent naissance à des spermatozoïdes, pourvus d'une très fine tête globuleuse et d'une longue queue.

Les follicules les plus proches de la ligne médiane arrivent les premiers à maturité. Au fur et à mesure qu'ils produisent des spermatozoïdes, ceux-ci s'acheminent vers le canal déférent : ils se disposent ainsi en traînées rayonnantes (fig. 280, *b*;

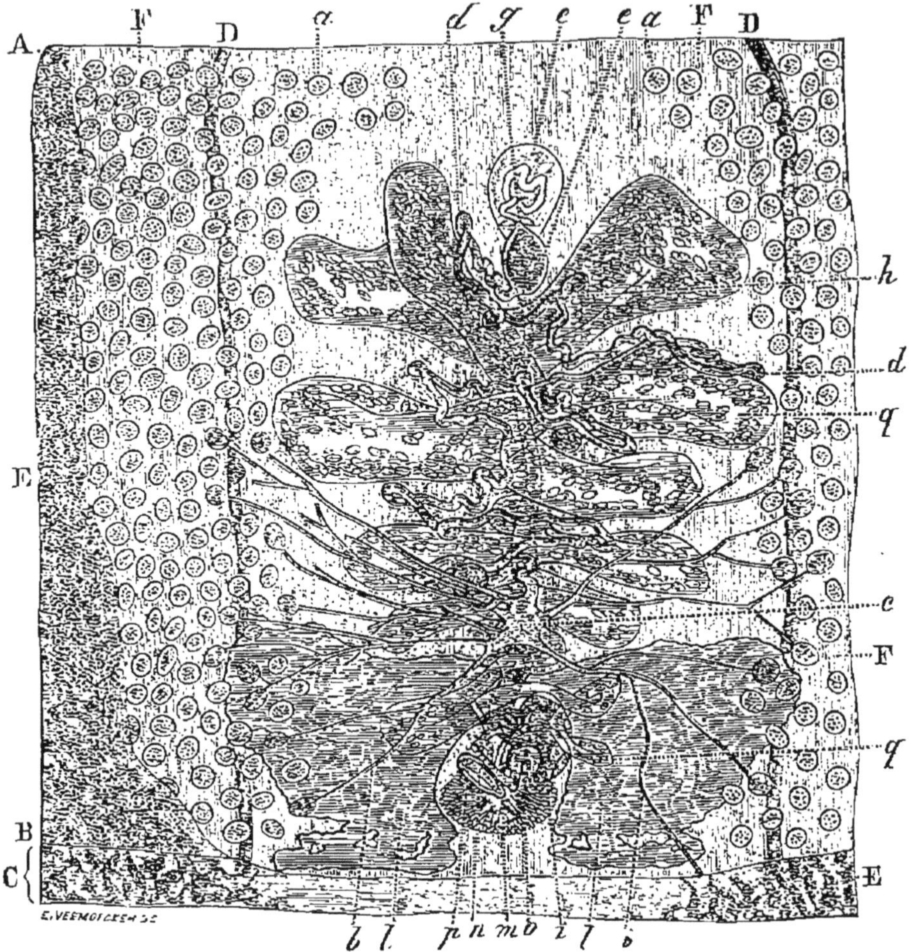

Fig. 280. — Partie moyenne d'un anneau de *Bothriocephalus latus*, vu par la face supérieure ou mâle, d'après Sommer et Landois. La couche corticale de l'anneau est enlevée, à l'exception d'une petite bordure et la couche moyenne (parenchyme) est mise à nu. — A, bord antérieur de l'anneau; B, bord postérieur; C, portion antérieure de l'anneau suivant; D, grand vaisseau latéral ; E, couche corticale ; F, couche moyenne ou parenchyme. *a*, follicules testiculaires ; *b*, traînées spermatiques ; *c*, citerne spermatique ; *d*, canal déférent ; *e*, corps en cloche; *f*, poche du cirre ; *g*, vulve ; *h*, vagin ; *i*, réservoir séminal ; *l*, lobes latéraux de l'ovaire ; *m*, oviducte ; *n*, vitelloducte ; *o*, lobe ovarien impair ; *p*, dilatation fusiforme de l'utérus à son origine ; *q*, utérus. — Le premier *e* à la droite de *g* doit être remplacé par la lettre *f*.

fig. 281, *d*), qui se jettent les unes dans les autres et viennent aboutir finalement à un réservoir commun (fig. 280, *c* ; fig. 281, *e*), sorte de *citerne spermatique* située sur la ligne médiane. Il est probable que, comme chez les Ténias, ces traînées sont de simples lacunes creusées dans le parenchyme et dépourvues de paroi propre. Quelques-unes d'entre elles, en raison de la stagnation du sperme, produit en grande abondance, peuvent acquérir de notables dimensions (fig. 281, *d'*).

Un fait remarquable, c'est que le sperme élaboré par les testicules de la portion antérieure de l'anneau ne se rend point à la citerne séminale de ce même anneau, mais bien à la citerne de l'anneau précédent (fig. 281, *a*, *c*). Cette disposition, pensons-nous, tient à ce que les segments du Bothriocéphale sont moins indépendants les uns des autres que ne le sont ceux des Ténias ; une autre preuve de cette plus grande solidarité nous est encore donnée par le fait, signalé déjà plus haut, que le Bothriocéphale ne rejette pas spontanément ses anneaux. A ce double point de vue, le Bothriocéphale doit être considéré comme moins différencié que le Ténia, bien qu'il le soit plus que d'autres Cestodes, la Ligule par exemple.

Par sa portion antérieure, la citerne spermatique donne naissance au canal déférent (fig. 280, *d* ; fig. 281, *f*). Ce canal, limité par une délicate membrane, a un parcours des plus sinueux; ses ondulations accompagnent celles de l'utérus, mais sont situées dans un plan supérieur, immédiatement au-dessous de la couche musculaire dorsale. Les dimensions du canal déférent varient suivant son état de réplétion : elles peuvent osciller ainsi entre 25 et 75 μ, sans que d'ailleurs il présente partout le même calibre. Malgré ses nombreuses circonvolutions, sa direction générale est postéro-antérieure et médiane. Quand l'utérus se remplit d'œufs, l'anneau s'allonge et s'élargit tout à la fois et, pour se conformer à cette augmentation de taille, le canal déférent s'étire plus ou moins; ses ondulations s'effacent en partie, parfois même il devient presque rectiligne.

A son extrémité antérieure, le canal déférent aboutit au *corps en cloche* ou *bulbe de la poche du cirre* (fig. 280, *e* ; fig. 281, *g*; fig. 282, *b*), organe ovoïde formé de fibres très serrées, disposées en une couche épaisse; de ses fibres se détachent, à l'intérieur, des cils dirigés en bas et vers le centre de la cavité, cils dont la nature cellulaire n'est pas douteuse, puis-

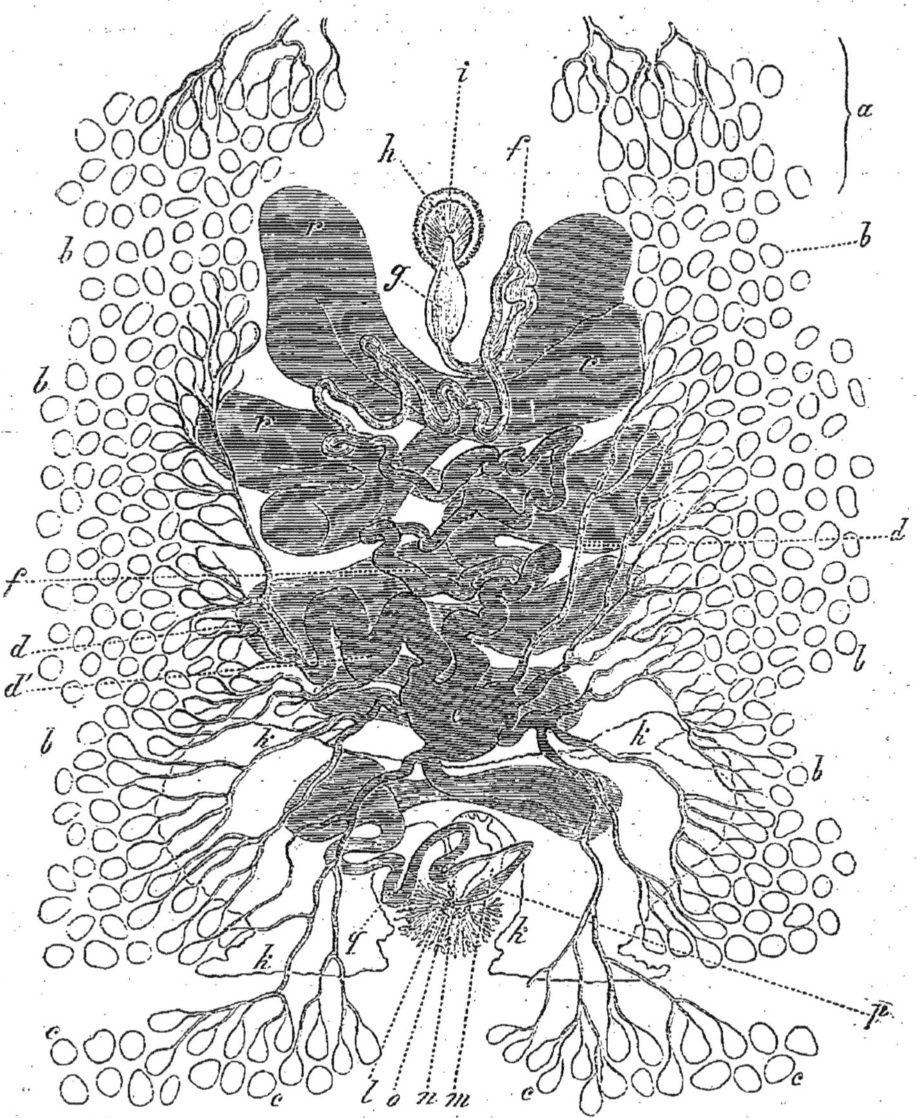

Fig. 281. — Partie moyenne d'un anneau mûr, vu par la face supérieure ou mâle, d'après Sommer et Landois. — *a*, follicules testiculaires de la portion antérieure de l'anneau, qui déversent leur sperme dans le canal déférent de l'anneau précédent ; *b*, testicules ; *c*, testicules de la portion antérieure de l'anneau suivant ; *d*, traînées spermatiques ; *d'*, traînée spermatique très dilatée par une accumulation de sperme ; *e*, citerne spermatique ; *f*, canal déférent ; *g*, corps en cloche ; *h*, muscles radiaires de la poche du cirre ; *i*, enveloppe musculeuse de la poche du cirre ; *k*, lobe latéral de l'ovaire ; *l*, oviducte ; *m*, vitelloducte ; *n*, lobe ovarien impair ; *o*, point d'union de l'oviducte avec l'utérus ; *p*, dilatation fusiforme de l'utérus à son origine ; *q*, circonvolutions entéroïdes de la partie postérieure de l'utérus ; *r*, anses utérines.

qu'ils sont rattachés par leur prolongement interne aux fibres qui constituent la trame du bulbe. A l'extérieur, de gros éléments, doués sans doute de propriétés musculaires, rayonnent de la couche fibrillaire feutrée qui forme le bulbe ; ils s'y rattachent par une extrémité, tandis que par l'autre ils passent aux tissus ambiants.

Au delà du bulbe, le canal déférent aboutit enfin à la poche du cirre (fig. 280, *f*; fig. 281, *h*, *i*; fig. 282, G), à l'intérieur de laquelle il décrit un trajet sinueux et se montre revêtu d'une mince cuticule. La poche du cirre est une cavité ovoïde, longue de 644 μ, large de 444 μ ; sa grosse extrémité, dirigée en avant, est tournée vers la face dorsale de l'anneau ; sa petite extrémité est reportée en arrière et s'ouvre à la face ventrale par un orifice qui est le pore génital (fig. 282, H). Celui-ci donne accès dans le sinus génital, *i*, dans lequel le canal déférent se termine par une portion libre, *c*, percée à son sommet d'un orifice par où s'écoule le sperme. Cette extrémité libre du canal déférent est le cirre ; elle peut se renverser et saillir au dehors sous l'influence des contractions de la poche ; peut-être alors est-elle capable de pénétrer dans la vulve, *d*, qui se trouve située tout à côté, bien que Sommer et Landois n'admettent pas cette intromission.

La poche du cirre est une cavité musculaire, formée intérieurement d'une puissante couche de muscles radiaires (fig. 281, *h*) ; à la périphérie, elle est limitée par une seconde couche musculeuse, *i*, constituant un solide feutrage. Le cirre est réuni à la face interne de sa poche par un réticulum fibreux.

Les glandes génitales femelles sont constituées par trois lobes ovariens, développés dans le parenchyme de la partie postérieure de l'anneau. Deux de ces lobes, disposés symétriquement de chaque côté de la ligne médiane (fig. 280, *l*; fig. 282, *j*), sont réunis l'un à l'autre par une partie moyenne, autour de laquelle ils semblent rayonner ; ils sont rapprochés de la face ventrale, situés au-dessous de l'appareil mâle et renfermés dans la zone médiane de l'anneau : il n'est pourtant point rare de les voir s'étendre jusque dans les zones latérales et même y acquérir un développement assez considérable. Les deux lobes latéraux sont considérés par Sommer et Landois comme représentant à eux seuls le germigène, c'est-à-dire le véritable ovaire; par leur bord postérieur, ils empiètent plus ou moins sur l'anneau suivant.

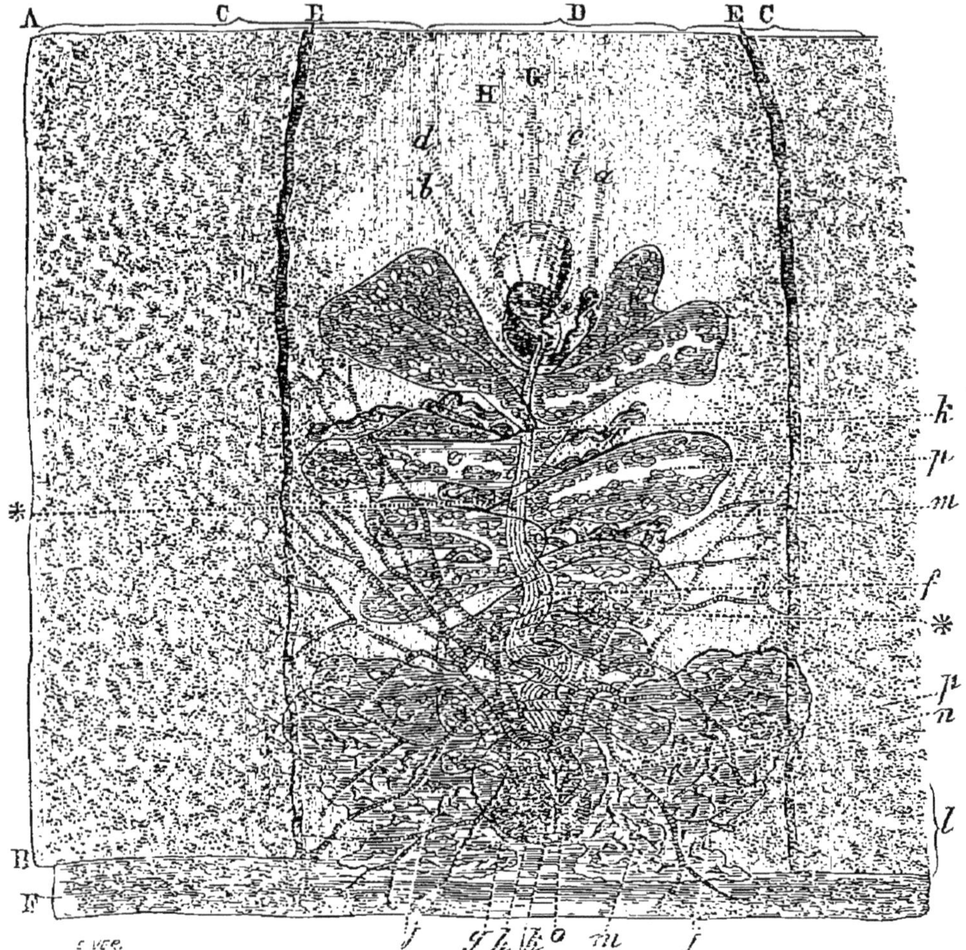

Fig. 282. — Anneau mûr de *Bothriocephalus latus*, vu par la face inférieur ou femelle, d'après Sommer et Landois. — A, bord antérieur de l'anneau; B, bord postérieur; C, champ latéral sombre; D, champ médian clair; E, grand vaisseau latéral; F, zone marginale antérieure de l'anneau suivant; G, proéminence de la face ventrale causée par une saillie de la poche du cirre; H, pore génital; *a*, canal déférent; *, étranglements du canal déférent au niveau desquels le sperme a subi la dégénérescence graisseuse; *b*, corps en cloche; *c*, cirre portant à son sommet l'orifice du canal déférent; *d*, vulve; *e*, vestibule du vagin; *f*, vagin; *g*, réservoir séminal; *h*, canal de dérivation réunissant le réservoir séminal à l'oviducte; *i*, sinus génital; *j*, lobe latéral de l'ovaire (germigène); *k*, oviducte; *k'* orifice du fond de l'utérus; *l*, vitellogènes; *m*, conduits vitellins; *n*, vitelloducte; *o*, lobe ovarien impair; *p*, utérus. — Le *k* situé en haut et à droite doit être remplacé par *k'*.

Ces mêmes observateurs ont décrit comme un amas de glandes unicellulaires, destinées à produire la coque de l'œuf, un troisième lobe ovarien, impair et médian (fig. 280, *o*; fig. 281, *n*; fig. 282, *o*; fig. 283, *k*). Moniez, qui a reconnu sa véritable nature, lui donne le nom d'*ovaire central*. C'est un lobe très étendu, décrivant une courbe à convexité postérieure ; il aboutit en avant au point où l'oviducte des deux lobes latéraux (fig. 283, *f*) vient s'aboucher dans l'utérus, *i*, et reçoit le tube

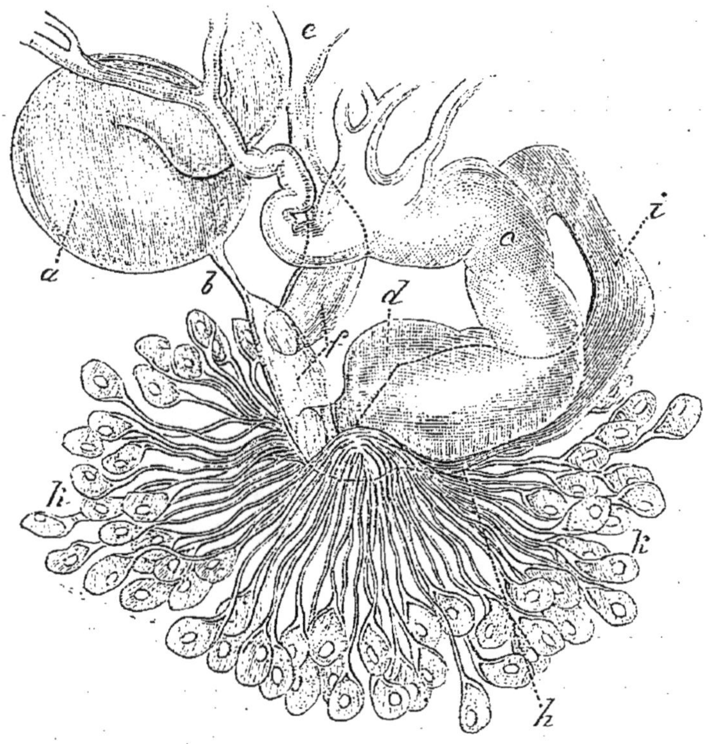

Fig. 283. — Mode d'union des diverses parties de l'appareil génital femelle, d'après Sommer et Landois. — *a*, réservoir séminal; *b*, canal de dérivation réunissant le fond du vagin à l'oviducte; *c*, conduit collecteur du vitellogène; *d*, dilatation ampullaire de ce conduit; *e*, pavillon; *f*, oviducte; *h*, dilatation fusiforme de l'utérus à son origine; *i*, première circonvolution de l'utérus; *k*, lobe ovarien impair (glandes coquillères de Sommer et Landois).

vitelloducte, *c*; par son extrémité postérieure, il s'étend jusqu'au bord postérieur de l'anneau et s'applique d'autre part contre la face dorsale : il est donc situé dans un plan supérieur à celui des lobes latéraux.

Pour Sommer et Landois, l'ovaire aurait la structure d'une glande en tube très ramifiée; ses branches seraient limitées par une délicate membrane anhiste. Moniez a démontré la fausseté de cette opinion et prouvé que les trois lobes ovariens avaient une même origine et une même structure : les ovules proviennent de cellules parenchymateuses modifiées ; celles-ci forment tout d'abord des amas séparés, mais qui, par suite de la croissance de leurs éléments, se rencontrent et se fusionnent de manière à se disposer en traînées irrégulières et réticulées, que ne limite aucune membrane d'enveloppe. Moniez a constaté en outre que l'ovaire central est déjà en voie de régression dans les anneaux mûrs; ses cellules perdent leur noyau, subissent la dégénérescence graisseuse et se détruisent sans se transformer en ovules. Cet auteur admet que le lobe ovarien impair n'est plus qu'un organe rudimentaire, sorte de vestige d'un état primitif dans lequel il était plus développé, les lobes latéraux n'ayant pas acquis eux-mêmes l'extension actuelle.

Les lobes latéraux représentent donc l'ovaire véritable. La partie moyenne, par laquelle ils s'unissent l'un à l'autre, donne naissance, par son bord postérieur, à un large pavillon infundibuliforme, dont l'épaisse paroi, formée de muscles circulaires, émet par sa périphérie de grosses cellules musculaires qui vont se perdre en rayonnant dans le tissu voisin. Du fond de ce pavillon (fig. 283, *e*) part l'oviducte (fig. 282, *k*; fig. 283, *f*). Ce canal a lui-même une paroi épaisse sur une assez grande longueur, mais il ne présente pas les fibres circulaires caractéristiques du pavillon. L'oviducte se dirige en arrière, à la rencontre du lobe médian de l'ovaire : au point où celui-ci vient s'y aboucher, il se continue à plein canal avec l'utérus, dont le commencement est marqué d'une dilatation fusiforme (fig. 283, *h*). Vers le milieu de sa longueur, l'oviducte communique encore, au moyen d'un étroit canal (fig. 282, *h*; fig. 283, *b*), avec le réservoir séminal (fig. 282, *g* ; fig. 283, *a*), qui se trouve situé à l'extrémité interne du vagin.

A l'appareil génital femelle se rattachent les *vitellogènes*, dont les Ténias ne possèdent aucune trace. Ils constituent un système de follicules pairs, situés dans les champs latéraux de l'anneau, *l* (fig. 282, C) et développés dans la couche corticale seulement, entre le tissu sous-cuticulaire et les muscles longitudinaux.

Moniez a pu suivre le développement de ces organes, que

Sommer et Landois considéraient à tort comme un appareil glandulaire très ramifié. On voit apparaître d'abord, dans l'espace que nous venons d'indiquer, des cellules très grandes, ayant le caractère des ovules, nucléées, pourvues d'un nucléole et chargées d'un grand nombre de granulations vitellines. Ces cellules, dont le prolongement se continue avec les éléments du tissu ambiant, sont rapprochées, mais très distinctes les unes des autres. Par la suite, elles augmentent beaucoup de volume, en même temps que leurs granulations se multiplient et deviennent plus grosses. Quelques-unes d'entre elles évoluent isolément, mais la plupart se groupent en follicules ovales ou arrondis, larges de 64 à 110 μ.

Les vitellogènes prennent donc naissance de la même façon que les follicules testiculaires ou ovariens; pas plus que ces derniers, ce ne sont des glandes véritables; comme eux encore, ils sont dépourvus de membrane d'enveloppe et de canaux excréteurs préformés.

Quand les autres parties de l'appareil reproducteur sont prêtes à entrer en fonctions, les cellules vitellogènes deviennent complètement granuleuses, en commençant par les plus proches du centre : elles rompent leur paroi et mélangent plus ou moins leur contenu à celui des cellules et des follicules voisins, en fusant entre les mailles du tissu. Ainsi se forment des traînées de vitellus, les *conduits jaunes* d'Eschricht (fig. 282, *m*), qui se réunissent les uns aux autres. On observe alors pour les follicules vitellogènes le fait remarquable que nous avons signalé déjà pour les testicules, c'est-à-dire que ceux de la partie antérieure de l'anneau vont déverser leurs produits dans l'anneau précédent.

Ces produits progressent donc ainsi dans les tissus de la zone corticale de l'anneau, chassés par une sorte de *vis a tergo* résultant de leur active élaboration. Formés uniquement dans le champ latéral, ainsi que nous l'avons déjà dit, ils empiètent alors sur la zone médiane, en convergeant vers la région occupée par le lobe médian de l'ovaire. En ce point, les traînées vitellines aboutissent à un canal à paroi propre, le vitelloducte, qui prend naissance en dedans de la couche des muscles annulaires, par un pavillon comparable à celui de l'oviducte. Le vitelloducte (fig. 281, *m*; fig. 282, *n*; fig. 283, *c*) se dresse verticalement à travers le parenchyme central et, après un très court trajet, dont notre figure 283, empruntée à Sommer et Landois, ne donne pas une idée très exacte, il vient s'ouvrir dans l'oviducte, au point même où celui-ci se continue avec l'utérus.

Le vagin (fig. 280, *h*; fig. 282, *f*) débute par une vulve (fig. 280, *g*; fig. 282, *d*) située dans le sinus génital, au voisinage immédiat de son bord postérieur. Cet orifice est large de 52 à 94 μ et conduit dans un tube rétréci, le vestibule du vagin (fig. 282, *e*), qui passe à la face inférieure du bulbe de la poche du cirre. Au delà de cette première région raccourcie, le vagin s'élargit progressivement, à mesure qu'il se dirige d'avant en arrière, en suivant la face ventrale de l'anneau ; son trajet n'est pourtant pas absolument rectiligne, mais légèrement sinueux, surtout dans sa partie postérieure. Il passe immédiatement au-dessus du plan musculaire inférieur, c'est-à-dire qu'il est renfermé dans la zone moyenne du corps ; il est recouvert par les circonvolutions de l'utérus, mais recouvre à son tour la terminaison antérieure de cet organe, ainsi que la partie médiane des lobes latéraux de l'ovaire.

Le vagin, découvert par Stieda, est limité par des petites cellules pourvues de cils dans toute sa longueur. En arrière, il se termine par une vaste dilatation ou réservoir séminal (fig. 282, *g*; fig. 283, *a*), dont la paroi est dépourvue de cils, mais est tapissée par des cellules plus petites que celles du tube vaginal. C'est dans ce réservoir, dont les dimensions peuvent varier de 150 μ à 220 μ, suivant son état de réplétion, que les spermatozoïdes, introduits par la vulve, viennent s'accumuler en attendant le moment de la fécondation. Quand ce moment est venu, ils s'engagent dans un canal (fig. 282, *h*; fig. 283, *b*), large seulement de 7 μ, que nous avons déjà signalé plus haut comme faisant communiquer le réservoir spermatique avec l'oviducte.

La seconde moitié de l'oviducte est donc une région d'une haute importance, puisque c'est là que viennent se rencontrer les ovules amenés par le pavillon, les spermatozoïdes déversés par le vagin et les éléments vitellins charriés par le vitelloducte ; toutefois, les choses sont disposées de telle sorte que le germe, jusqu'alors représenté par une cellule nue, puisse être fécondé avant d'être englobé par le vitellus. C'est évidemment en cet endroit que l'œuf complet s'organise, sans que nous puissions encore préciser comment se fait cette organisation. Un peu plus loin, au commencement de l'utérus, l'œuf est déjà parfaitement isolé : sa coque, qui a la signification d'une membrane vitelline, a acquis son épaisseur, sinon sa solidité définitive; elle renferme la jeune cellule-œuf avec tout le vitellus de nutrition. A partir de ce moment, l'œuf se trouve définitivement constitué : il a la forme et la structure que nous lui avons reconnues au début de ce chapitre.

Après avoir acquis dans l'oviducte ses derniers éléments, l'œuf pénètre dans l'utérus. Cet organe est représenté par un tube dont la direction générale s'étend d'arrière en avant, suivant la ligne médiane, mais dont le trajet est, en réalité, des plus sinueux (fig. 280, *q*; fig. 281, *r*; fig. 282, *p*). L'utérus débute par une dilatation fusiforme, large de 40 μ (fig. 280, *p*; fig. 281, *p*; fig. 283, *h*), qui se continue par un canal rétréci, dont les ondulations et les sinuosités ont été comparées aux circonvolutions de l'intestin de l'Homme (fig. 281, *q*; fig. 283, *i*).

Au delà de cette première région, l'utérus s'élargit graduellement, sans présenter pourtant de calibre bien régulier, et décrit, de chaque côté de la ligne médiane, cinq à sept grandes anses qui passent au-dessus de l'ovaire et du vagin et s'étendent à peine, sur les côtés, jusqu'au vaisseau longitudinal. Les deux dernières anses atteignent le niveau de la poche du cirre, en arrière de laquelle elles se disposent en arc de cercle. Finalement, le tube utérin vient se terminer sur la ligne médiane et déboucher au dehors par un pore ventral, situé un peu en arrière du sinus génital (fig. 282, *k'*).

L'utérus n'a pas la même structure sur toute son étendue La partie initiale a une paroi cellulaire relativement très mince, tandis que le reste du tube a une paroi fort épaisse, constituée par plusieurs assises de grosses cellules fusiformes, rattachées au parenchyme par leurs prolongements. Quand les œufs viennent s'accumuler dans sa cavité, l'utérus se dilate considérablement ; ses circonvolutions s'écartent les unes des autres, par suite de l'allongement de l'anneau ; en même temps, les cellules de la paroi du canal se disposent sur une seule couche et parfois même perdent leur contact réciproque.

Telle est la structure des anneaux mûrs. Parvenus à cet état, les segments vont commencer à pondre leurs œufs dans l'intestin (1), en même temps que leurs glandes génitales entreront en régression. L'évolution des appareils reproducteurs marche rapidement et la ponte commence de bonne heure, puisque Braun a constaté qu'elle se faisait déjà à 50 ou 60 centimètres de la tête : les œufs sont déjà développés, quoique en petite quantité, chez un Bothriocéphale âgé de deux semaines.

Quand l'utérus est distendu par les œufs, ses sinuosités se voient facilement par transparence, si on examine l'animal par la face ventrale : il se présente alors sous l'aspect d'une rosette ou d'une fleur de Lis, aspect que les anciens auteurs avaient grand soin de signaler comme la principale caractéristique du «*Tænia lata* » (fig. 276, *d*, *e*, *f*; fig. 284) ; en particulier, c'est à cause de cette structure, qui parcourt l'axe du corps du Bothriocéphale comme l'épine dorsale parcourt la ligne médiane du corps d'un Vertébré, qu'Andry décrivit ce Ver sous le nom de *Ténia à épine*.

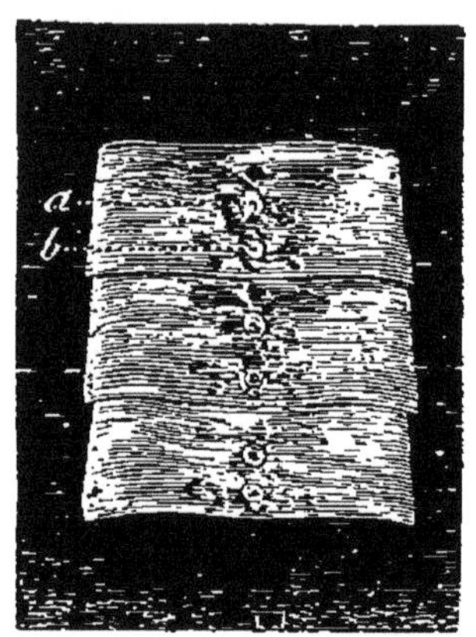

Fig. 284. — Trois anneaux du Bothriocéphale, vus par la face ventrale et montrant la rosette formée par l'utérus. — *a*, mamelon formé par la poche du cirre ; *b*, pore ventral de l'utérus. Sur le premier anneau, le cirre fait saillie au dehors.

A mesure que l'utérus se vide, l'anneau se rétrécit et la rosette disparaît. Ce n'est donc point, comme chez les Ténias, sur les derniers anneaux de l'animal, mais bien sur les anneaux du milieu de sa longueur, que les caractères distinctifs sont le mieux accusés. Toutefois, même pour les segments dont la ponte est achevée, l'existence d'un double orifice sur la ligne médiane de la face ventrale permettra toujours de reconnaître à coup sûr la nature du parasite.

(1) Meschede (Tageblatt der 45. Versammlung deutscher Naturforscher und Aerzte in Leipzig, p. 186, 1872. — Voir aussi : *Zur pathologischen Anatomie des Besessenheitswahns*. Allgem. Zeitschrift für Psychiatrie, XXX, p. 109, 1874) attribue un cas de folie épileptique à la présence d'œufs de Bothriocéphale dans la substance du cerveau. Dans ce cas, il s'agissait probablement de Coccidies.

D. F. Eschricht, *Anatomisch-physiologische Untersuchungen über die Bothriocephalen.* Nova Acta Acad. cæs. Leop.-Carol. naturæ curiosorum, XIX, suppl. II, 1841.

Em. Blanchard, *Recherches sur l'organisation des Vers.* Annales des sc. nat., (3), XI, p. 113, 1849.

L. Stieda, *Ein Beitrag zur Anatomie des Bothriocephalus latus.* Archiv für Anatomie, p. 174, 1864.

Arth. Böttcher, *Studien über den Bau des Bothriocephalus latus.* Virchow's Archiv, XXX, p. 97, 1864. — Id., *Verschiedene Mittheilungen. — I. Das oberflächliche Gefässsystem des Bothriocephalus latus.* Ibidem, XLVII, p. 370, 1869.

F. Sommer und L. Landois, *Beiträge zur Anatomie der Plattwürmer. — I. Ueber den Bau der geschlechtsreifen Glieder von Bothriocephalus latus Bremser.* Z. f. w. Z., XXII, p. 40, 1872.

J. Niemiec, *Sur le système nerveux des Bothriocéphalides.* Comptes rendus de l'Acad. des sciences, C, p. 1013, 1885.

Comme les Ténias, le Bothriocéphale est sujet à diverses anomalies dont la connaissance n'est pas indifférente au médecin.

Le dédoublement des orifices sexuels est une des monstruosités les plus fréquentes. Le Musée de Vienne, au dire de Bremser, a reçu de Sömmerring « un fragment de Bothriocéphale qui fait voir, à l'endroit où il a été déchiré (ce qui a pu avoir lieu dans toute la longueur de l'animal) deux fossettes sur chaque articulation ; ces fossettes ne sont pas placées l'une après l'autre, mais bien l'une à côté de l'autre. Cette disposition des fossettes ne se trouve cependant que sur onze articulations, car au delà de la onzième il n'y a, sur le reste du morceau, qu'une seule fossette sur chaque articulation. » Delle Chiaje figure également un individu chez lequel cette anomalie s'observait sur six anneaux.

Cette monstruosité est très fréquente chez certaines espèces de Bothriocéphales : Krabbe l'a rencontrée sur plusieurs exemplaires de *Bothriocephalus variabilis*, parasite de *Phoca cristata*. La duplicité des organes génitaux serait même la règle chez *B. fasciatus*, parasite de *Phoca hispida*.

Une autre anomalie, dont on ne connaît encore qu'un seul exemple et que nous croyons devoir rapprocher de celle qui donne aux anneaux des Ténias l'aspect trièdre, a été décrite par Pittard, d'après un échantillon du Musée Huntérien du College of Surgeons : « Du côté droit, il y a trois demi-segments ; celui du milieu s'unit à deux demi-segments du côté gauche et laisse isolées et indépendantes la supérieure et l'inférieure de ces trois moitiés droites ; l'une de celles-ci renferme un appareil reproducteur. »

Le Ver décrit par Grassi sous le nom de *Bothriocephalus latus*, var. *tenellus* ne constitue évidemment qu'une simple variété du parasite qui nous occupe : l'individu examiné par le naturaliste italien présentait une extrême finesse et une largeur maximum de 2 millimètres. Pallas signalait déjà, en 1781, une variété semblable.

Par contre, nous croyons devoir considérer, au moins provisoirement, comme appartenant à une variété à larges anneaux, les Vers observés récemment à Lausanne par le Dr Ed. Bugnion, et dont ce savant a bien voulu nous adresser de belles photographies.

L'anomalie de toutes la plus fréquente est la perforation des anneaux : le Bothriocéphale présente alors l'aspect si singulier que nous avons étudié déjà chez les Ténias (fig. 239); ses segments sont percés à jour, par suite d'une perte de substance due à la rupture de l'utérus et à l'expulsion de son contenu. La perforation peut se développer à des degrés divers : dans le cas le plus simple, elle ne siège que sur quelques anneaux, comme cela se voyait dans les cas observés par Rayer et par Laboulbène (fig. 285). A un degré plus avancé, elle s'étend à un grand nombre d'anneaux et les troncs de plusi eurs anneaux consécutifs peuvent s'unir entre eux pour former des fentes plus ou moins allongées, comme si le Ver était bifide. Si l'animal vient à se rompre au niveau de cette fente longitudinale, l'extrémité postérieure du corps se montrera comme bifurquée sur une étendue plus ou moins considérable, formant ainsi deux lanières longues et étroites. On conçoit d'ailleurs que ces divers degrés de l'anomalie puissent se rencontrer sur un seul et même Bothriocéphale, comme cela s'observait dans les cas de Pallas, de Bremser, de Boéchat et de Fock (cité par Lereboullet).

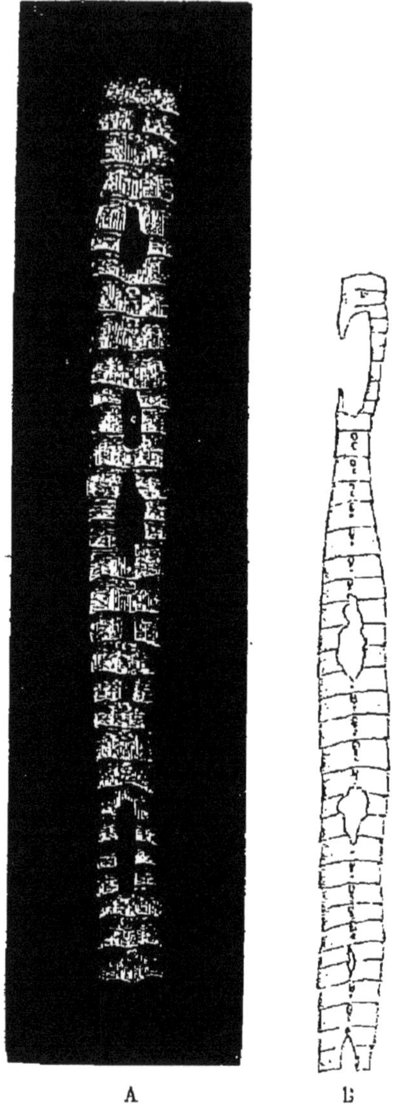

Fig. 285. — Bothriocéphales fenêtrés. — A, cas de Rayer; B, cas de Laboulbène.

Pallas est le premier auteur qui ait décrit et figuré la perforation des anneaux du Bothriocéphale. En outre des observateurs que nous avons nommés, delle Chiaje et Fiévet ont encore signalé cette anomalie ; Seeger la considérait comme très fréquente.

Pallas, *Neue nordische Beiträge*. Saint-Petersburg und Leipzig, 1781. — *Bemerkungen über die Bandwürmer in Menschen und Thieren*, fig. III, 16.

Bremser, *Traité zoologique et physiologique sur les Vers intestinaux de l'Homme*. Paris, 1837. — Voir p. 172 et *Atlas* de Ch. Leblond, pl. IV, fig. 8 à 12.

S. delle Chiaje, *Elmintografia umana*. Napoli, 2ª edizione, 1833, pl. III, fig. 3. — 4ª ediz., 1844, pl. IV, fig. 3.

J. C. Fiévet, *Quelques mots sur les helminthes de l'Homme*. Thèse de Paris, nº 255, 1855. Voir p. 11.

S. R. Pittard, *Symmetry*. Todd's Cyclopædia, IV, p. 848, 1849-1852.

H. Krabbe. *Recherches helminthologiques...*, p. 34 et 35. — Id., *Diplocotyle Olriki, en uleddet Baendelorm af Bothriocephalernes Gruppe*. Videnskab. Medd. fra den naturhist. Forening i Kjöbenhavn, p. 22, fig. 7, 8 et 9, 1874.

P. Boéchat, *Sur un cas de Vers intestinaux chez l'Homme*. Compte rendu de la Soc. de biologie, p. 336, 1874. Gazette médicale, p. 581, 1874.

Lereboullet, *Presentation d'un Bothriocephalus latus fenêtré et à extrémités bifides*. Bull. de la Soc. méd. des hôpitaux, (2), XIII, p. 320, 1876.

Laboulbène, *Communication sur le Bothriocéphale*. Ibidem, XIV, p. 269, 1878.

B. Grassi, *Intorno ad un Botriocefalo dell' Uomo*. Milano, 1880.

L'appareil de fixation du Bothriocéphale semble être moins parfait que celui des Ténias. On a cru devoir en conclure que ce parasite restait moins longtemps dans l'intestin et était plus facile à expulser que les autres Cestodes : or, c'est précisément l'inverse qui se produit et, suivant Laboulbène, ce Ver est, de tous les Cestodes, le plus tenace et le plus difficile à évacuer. Mosler a vu à Greifswald, où le Bothriocéphale n'est pas endémique, un Ver expulsé par un malade qui, 6 ans auparavant, avait habité la Suisse française. Bremser parle d'un jeune Suisse, sorti depuis 12 ans de son pays et qui ne fut averti qu'au bout de ce temps, par l'évacuation de quelques morceaux, qu'il hébergeait un Bothriocéphale dans son intestin. Le malade observé par Frazer à Dublin était originaire de la Pologne russe : il avait voyagé quelque temps dans l'Allemagne du nord et habitait l'Irlande depuis 12 ans. Leuckart parle également d'un professeur allemand qui nourrissait depuis 12 ans un Bothriocéphale contracté à Dorpat. Mosler cite encore le cas d'un individu qui ne se débarrassa définitivement qu'en 1873 d'un parasite acquis à Dorpat en 1859, c'est-à-dire 14 ans auparavant. Knoch a vu la maladie durer 20 ans et Seeger 21 ans.

Pas plus que le Ténia, le Bothriocéphale n'est expulsé spontanément au cours des maladies graves : dans la seconde observation de Mosler, ce parasite avait résisté à une fièvre typhoïde et à une fièvre rémittente. L'opinion de Rudolphi et de Bremser, d'après laquelle on n'aurait jamais rencontré de Bothriocéphale sur le cadavre est donc difficilement admissible *a priori :* en effet, des observations nombreuses sont venues démontrer qu'elle n'était pas exacte.

O'Brien Bellingham signale comme constituant le troisième cas de Bothriocéphale en Irlande un Ver trouvé à l'autopsie d'un individu mort dans les hôpitaux de Dublin. Böttcher parle d'une femme, à l'autopsie de laquelle on trouva dans l'intestin près d'une centaine de Bothriocéphales, qui tous ne mesuraient que quelques pouces de longueur, à l'exception d'un seul, long d'environ une aune. D'après Cruse, le parasite a été rencontré à Dorpat 28 fois sur 482 autopsies, soit dans 6 pour 100 des cas; Hirsch dit qu'on le trouve à Saint-Pétersbourg dans 15 autopsies sur 100. Le professeur Damaschino a vu dans l'intestin grêle un Bothriocéphale long de 70 centimètres.

Jusqu'à présent, on ne connaît aucun exemple de Bothriocéphale expulsé par une autre voie que l'anus. Seule, l'observation rapportée par Itzigsohn pourrait donner le change : ce médecin fut appelé à Neudamm (Brandebourg), où le Bothriocéphale n'est pas endémique, auprès d'un enfant d'un an qui, assurait-on, venait de vomir un Ver. On lui montra effectivement un Bothriocéphale, mais un examen rigoureux des circonstances permit de reconnaître que l'enfant avait joué avec un Pigeon tué la veille par son père et dans lequel on put retrouver un Ver tout semblable.

Le Bothriocéphale est ordinairement solitaire dans l'intestin; on a pu pourtant, dans bien des cas, en observer un plus ou moins grand nombre chez le même individu. Sur les côtes de la province de Norrbotten (Suède), où ce parasite est endémique, le Ver, au dire de Magnus Huss, est rarement solitaire; en Danemark, d'après Krabbe, on trouve également, dans la plupart des cas, 2 ou 3 parasites de cette espèce chez le même malade. Bonnet dit que Herrenschwand lui fit voir 2 Vers, longs de plusieurs aunes, expulsés à la fois par la même personne. Brandt, Wagler et Rontet (d'Anvers) en ont également vu évacuer 2. Göze, qui cite l'observation de Wagler, dit qu'on en trouve fréquemment 3 et davantage. Une femme qui était, en 1843, dans le service de Rayer, à la Charité, rendit 3 Bothriocphales à la fois; Parona vit, à l'hôpital de Varese, un malade expulser 3 Vers, dont chacun mesurait près de 16 mètres; Schoch (de Zurich) vit un cas semblable. Carl Vogt vit expulser 4 parasites d'un coup. Le professeur Laboulbène a vu, à l'hôpital de la Charité, un Polonais, récemment arrivé à Paris, qui rendit 4 ou 5 Bothriocéphales. Ronus (de Bâle) en vit expulser 6. Polese, en 1837, vit rendre d'un seul coup 9 Vers, dont 6 étaient entiers et longs de 15 à 20 pieds; Maurice a rapporté récemment une observation analogue. Enfin, Heller a vu un malade expulser 48 jeunes Bothriocéphales et Böttcher en a trouvé près d'une centaine en pratiquant une autopsie.

Le Bothriocéphale peut vivre dans l'intestin à côté d'autres Cestodes. Aux observations de Creplin, de Boéchat et de Davaine, que nous avons citées déjà plus haut (1), nous pouvons en ajouter quelques autres. Rudolphi et Böhni ont noté la coexistence du Bothriocéphale et du Ténia chez un même individu. Seeger rapporte l'histoire d'un jeune homme, vu par Frank (de Tübingen) et qui expulsa en même temps un Ténia et un Bothriocéphale. Des observations toutes semblables ont été faites par Maier, par Bruckert (de Berlin), par Breton, par Vrolik (cité par Creplin) et par Valenta. Enfin, Krabbe et Brandt ont vu chacun un malade expulser tout à la fois deux Bothriocéphales et un *Tænia solium*.

Göze, *Versuch einer Naturgeschichte der Eingeweidewürmer...*, p. 32 et 272.

Creplin, *Eingeweidewürmer*. Ersch und Grube's Encyclopädie, XXXII, 1839.

Maier. Württemberg. medic. Correspondenz-Blatt, VI, p. 192.

P. Breton, *On the efficacity of the bark of the pomegranate tree in cases of Tænia*. Medico-chirurgical Transactions, XI, p. 301, 1821.

Seeger, *Die Bandwürmer des Menschen*, p. 61.

O'Brien Bellingham, *Catalogue of the entozoa indigenous to Ireland*. Annals and magasin of natural history, XIII, p. 424, 1844.

H. Itzigsohn, *Pathologische Bagatellen. — II. Angebliches Bandwurmerbrechen bei einem Kinde*. Virchow's Archiv, XV, p. 167, 1858.

Wm. Frazer, *Case of Bothriocephalus latus occurring in Ireland*. Med. Press and Circular, III, p. 333, 1867.

Al. Valenta, *Ein Fall von gleichzeitigem Vorkommen der Tænia solium und des Bothriocephalus latus in einem Individuum*. Memorabilien, XIII, p. 181, 1868.

Böttcher. Sitzungsberichte der naturf. Gesellschaft in Dorpat, Febr. 1871.

Mosler, *Ueber Lebensdauer und Renitenz des Bothriocephalus latus*. Virchow's Archiv, LVII, p. 529, 1873.

(1) Voir page 370.

Ern. Parona, *Tre casi di Bothriocephalus latus, di cui uno triplice.* Osservatore, Gazzetta delle cliniche, XVI, p. 545, 1880.

Damaschino. Bull. de la Soc. méd. des hôp., (2), XVII, p. 200, 1880.

Maurice, *Neuf Bothriocéphales expulsés simultanément.* Annales de la Soc. de méd. de Saint-Étienne et de la Loire, VII, p. 663, 1880.

E. K. Brandt, *Présence simultanée de deux Bothriocephalus latus et d'un Tænia solium.* Roussk. med. voskresensk, I, p. 14, 1883.

Le Bothriocéphale s'observe surtout chez les adultes, mais, dans les pays où il est endémique, on le rencontre à tous les âges, jusque dans la plus tendre enfance. C'est ainsi que Magnus Huss cite le fait de Waldenström (de Lulea), « qui a vu le Cestode chez des nourrissons qui n'avaient encore pris d'autre nourriture que le lait maternel. »

Dans 18 cas rapportés par Krabbe, la répartition du parasite était la suivante :

De 20 à 30 ans............ ...	7 cas.
De 30 à 40 ans...	5 »
De 40 à 50 ans...............	4 »
De 50 à 60 ans.............. .	0 »
De 60 à 70 ans	2 »
Total......	18 »

Pas plus que pour le Ténia, nous ne pouvons admettre que le sexe puisse constituer une prédisposition à contracter le parasite; une semblable influence serait totalement inexplicable. Aussi enregistrons-nous, à titre de document, et sans y attacher une grande importance, le fait qu'un seul homme se trouvait parmi 20 malades dont parle Krabbe.

Les relations de la profession et du régime avec la présence du Ver sont plus manifestes. Puisque le Bothriocéphale est transmis à l'Homme par un Poisson, on doit penser déjà, d'après cette seule notion, que le parasite doit être surtout fréquent chez les pêcheurs ou dans les populations particulièrement ichthyophages; ce qui va suivre confirmera cette prévision.

Contrairement aux *Tænia saginata* et *solium*, qui sont de véritables parasites cosmopolites, le Bothriocéphale est loin d'être répandu à la surface entière du globe; il ne se rencontre même pas dans toute l'Europe, mais sa distribution géographique est en rapport intime avec la constitution hydrologique du pays et avec la distribution de certaines espèces de Poissons.

La patrie classique du Bothriocéphale est la Suisse française, la région des lacs de Genève, de Neuchâtel, de Bienne et de Morat; Lebert dit n'avoir jamais vu d'autres Cestodes dans le canton de Vaud. Zäslein a décrit avec un soin méticuleux la distribution du parasite sur le territoire de la République helvétique. Au voisinage immédiat des quatre grands lacs que nous venons de nommer, le Ver est partout commun, si commun même qu'à Nidau, sur le lac de Bienne, on le voit chez 20 pour 100 des habitants.

A Genève, il était jadis si universellement répandu, qu'Odier a pu émettre cet aphorisme : « Le *Tænia lata* est si fréquent à Genève, qu'au moins le quart des habitants l'a, l'a eu ou l'aura. » Il y a 50 ans, bon nombre de Génevois hébergeaient au moins un Bothriocéphale et les étrangers qui faisaient dans la ville un séjour, même peu prolongé, acquéraient presque sûrement ce parasite. Depuis 30 ans, au dire de Carl Vogt, la faune helminthologique de Genève s'est modifiée : le Bothriocéphale est devenu plus rare et a cédé la place au Ténia inerme.

La fréquence du Bothriocéphale diminue graduellement, à mesure qu'on s'éloigne des lacs pour s'enfoncer dans l'intérieur des terres. Dans les villes distantes des lacs de plus de cinq lieues, il est déjà devenu très rare : à Berne, il est à peu près aussi commun que le Ténia ; à Bâle, on ne rencontre plus que 16 Bothriocéphales pour 116 Ténias (2 cas sur 1,526 autopsies, soit 0,13 pour 100), à Zurich 7 Bothriocéphales pour 68 Ténias.

Dans les villages situés à une même distance des lacs ou dans la campagne, le parasite ne se montre plus qu'à l'état sporadique ou même est complètement inconnu : à Sierre-Saxon, dans le Valais, le Dr Bonvin n'a vu que 2 Bothriocéphales en 25 ans ; aux environs de Soleure, le parasite n'a pas été vu depuis de longues années ; à Moutier, le Dr Herzog n'en a pas vu un seul cas en 27 ans.

Il importe encore de remarquer qu'aucun des autres lacs de Suisse ne transmet le Bothriocéphale : dans la région des lacs de Constance, de Zurich, de Zug, des Quatre-Cantons, de Thun, de Brienz, de Lugano, etc., le Ver ne s'observe jamais, ou du moins ne s'observe que chez des individus qui sont allés précédemment dans la Suisse française ou qui ont consommé du Poisson venant de cette contrée.

Le Ver se rencontre encore dans la Haute-Italie ; il semble y être endémique, mais beaucoup plus rare que les Ténias. Déjà G. P. Franck et delle Chiaje avaient noté sa présence. Grassi, Ern. Parona et Bizzozero précisèrent ces faits, en démontrant l'existence du Bothriocéphale chez des Lombards qui n'avaient jamais quitté leur province. A l'hôpital de Varese, en Lombardie, Ern. Parona put en observer 3 cas dans l'espace de quelques mois; un des malades rendit 3 Vers. Le Dr Petracchi, au dire de Bizzozero, en avait lui-même noté 2 cas, en 1880, dans cette même localité. Le professeur L. Maggi, de Pavie, en possède un exemplaire, rendu par un individu de Varallo Pombia, qui n'avait jamais quitté l'Italie. A Milan, Dubini en a observé plusieurs cas.

Le Piémont n'est pas épargné davantage. Perroncito parle d'une dame qui n'était jamais allée à l'étranger et qui rendit un Bothriocéphale long de 5m,75. Ce même savant a, dans sa collection, des Vers rendus par des Chiens qui étaient nés et avaient été élevés dans la contrée.

Le Bothriocéphale s'observe parfois encore en d'autres pays de l'Europe. Davaine dit qu'il n'est pas rare en Hollande et en Belgique; nous pensons le contraire. Van Beneden ne le signale dans aucun de ces deux pays et Fock (d'Utrecht) affirme qu'il est extrêmement rare en Hollande : en 40 ans, il n'en a observé que deux cas, chez des israélites.

En France, ce parasite est toujours très rare, sauf dans les départements voisins de la Suisse; on doit admettre alors qu'il s'observe de préférence, sinon exclusivement, chez des individus qui l'ont contracté en Suisse. Il en est de même quand on le rencontre à Paris (1) : le malade dont le professeur Laboulbène rapporte l'observation était un Polonais. Disons pourtant que ce Ver peut être transmis exceptionnellement à l'Homme par des Poissons indigènes : Dujardin l'a vu à Saint-Malo et Mégnin a constaté sa présence chez un Chien né et élevé à Vincennes.

Cobbold dit expressément qu'on ne le voit en Angleterre que

(1) Le Bothriocéphale semble n'avoir pas été rare à Paris, au commencement du siècle dernier. Andry en a eu d'assez nombreux exemplaires à sa disposition. Dans la 3e édition de son ouvrage, publiée en 1741, les figures des pages 195, 196, 197, 201 et 266, ainsi que la planche II de la page 200, représentent ce parasite.

chez des personnes qui sont allées à l'étranger. Il est indigène en Irlande et, pour ce fait, on l'a appelé « irish tapeworm ». Toutefois, il semble être fort rare dans ce dernier pays : les quatre ou cinq cas connus ont été publiés par Graves, par Bellingham et par Frazer; cette dernière observation, que nous avons déjà signalée, se rapportait à un Polonais.

En Prusse, ce Ver est à peu près inconnu. On le signale parfois dans les grandes villes (1), où le Poisson des lacs suisses est importé; il n'y est donc pas spontané. En 1853, Mme Heller faisait connaître à Küchenmeister sa présence à Hambourg, mais seulement parmi les Juifs. A Berlin, Rudolphi n'en a constaté qu'un seul cas, chez une jeune Poméranienne. Mosler dit expressément qu'on ne l'observe jamais à Greifswald chez des personnes qui n'ont pas quitté la contrée. Von Siebold ne l'a jamais rencontré à Dantzig, mais n'a vu que lui à Königsberg. Ce dernier fait va s'expliquer tout à l'heure.

Le Bothriocéphale n'existe pas non plus en Autriche-Hongrie : Bremser et Wawruch ne l'ont vu que chez des étrangers. En revanche, les médecins bavarois ont récemment attiré l'attention sur sa fréquence relative dans l'Allemagne du sud. De 1879 à 1885, Bollinger a pu en recueillir huit observations; quelques malades n'avaient jamais quitté Munich ou son voisinage immédiat; d'autres n'avaient pas voyagé depuis longtemps. Toutefois, 5 d'entre eux avaient séjourné sur les bords du lac de Starnberg; ce lac fournit à la capitale de la Bavière la plus grande partie de son Poisson, notamment des Brochets. L'examen de la collection helminthologique de Munich prouva qu'aucun cas de Bothriocéphale n'avait été observé dans cette ville, depuis de longues années, fait que von Siebold vint d'ailleurs confirmer. Bollinger pense donc que le lac de Starnberg a été infesté tout récemment, par l'un des nombreux étrangers qui viennent le visiter. Toujours est-il que le Bothriocéphale, inconnu naguère en Bavière, y est actuellement autochtone et endémique. A la suite de ces observations de Bollinger, Huber (de Memmingen) constata également la présence du parasite chez un individu qui n'avait jamais quitté la Souabe et la Vieille-Bavière.

(1) Stein en possède un exemplaire long de 7^m^,56, provenant d'un Juif qui n'avait pas quitté Francfort depuis 15 ans.

Le Bothriocéphale ne s'observe point seulement dans la Suisse française, en Bavière et dans la Haute-Italie : il occupe encore en Europe une vaste zone qui, partant de la rive droite de la Vistule, s'étend le long du littoral de la mer Baltique, en contournant les golfes de Riga, de Finlande et de Bothnie. Cette zone, déjà plus importante que la précédente par son extension, l'est surtout par la fréquence extraordinaire du parasite en certaines de ses contrées ; elle comprend la Poméranie orientale, les provinces russes de la Baltique (Courlande, Livonie, Esthonie, Saint-Péterbourg), la Finlande et la côte orientale de Suède.

Le cours inférieur de la Vistule constitue donc la limite occidentale et méridionale de cette vaste zone : cela nous explique un fait que nous signalions tout à l'heure, à savoir l'absence du Bothriocéphale à Dantzig et son endémicité à Königsberg.

Schauinsland a fait les observations que nous avons résumées plus haut sur des Vers provenant de la région du Kurisches Haff. Là, le parasite est en si extraordinaire abondance, qu'aucun des pêcheurs qui habitent la Kurische Nehrung n'en est dépourvu. Ils contractent le Ver en faisant usage de Poisson cru, entre autres de Lottes et de Brochets ; ils emploient encore, comme remède contre les maux d'estomac, les viscères de la Lotte, principalement les appendices pyloriques à peine desséchés.

Les habitants de la terre ferme s'infestent d'une autre manière, mais non moins sûrement. On vend sur les marchés des Brochets faiblement fumés, dans lesquels les Plérocercoïdes sont d'ordinaire encore vivants. Au printemps, au moment du frai, on pêche le Brochet en telle abondance, qu'on en apporte au marché des charges entières de voitures ou de bateaux. Avec les œufs mal séparés de l'ovaire et faiblement salés, on prépare une sorte de caviar qui, à cause de son prix peu élevé, est fort recherché des gens du peuple : il renferme également des larves vivantes.

Nous avons assez longuement parlé des recherches de Braun pour n'avoir pas à démontrer la fréquence extrême du Bothriocéphale dans les provinces russes de la Baltique. A Dorpat, Szydlowski a trouvé les œufs du Ver dans les selles de

10 pour 100 des habitants. Cruse indique une proportion un peu plus faible, 6 pour 100; en revanche, il porte à 15 pour 100 le chiffre des individus qui, à Saint-Pétersbourg, hébergent le parasite.

Si, partant de ce centre, on pénètre en Russie ou dans la Pologne russe, on voit le Ver devenir de moins en moins fréquent; on le rencontre pourtant dans presque toute l'étendue des provinces polonaises; on le voit même quelquefois à Moscou, mais il est vraisemblablement introduit par des Poissons d'importation.

Nous ne pouvons donner aucun renseignement précis quant à sa fréquence ou son aire de distribution en Finlande; il est indiqué comme très commun; Faxe l'a trouvé en abondance à Björneborg. Pour la Suède, les documents dont nous pouvons disposer sont déjà anciens, puisqu'ils remontent à 1854. Dans les provinces de Lappmark et de Norrbotten, suivant Magnus Huss, le Bothriocéphale est extrêmement abondant sur la côte; à mesure qu'on s'enfonce dans les terres, sa fréquence diminue; il disparaît finalement à une distance de 8 à 9 lieues. En raison de cette remarquable concordance avec ce que nous avons observé en Suisse, on doit se demander si, dans cette partie de la Suède, le parasite ne serait pas transmis à l'Homme par un Poisson de mer, par exemple par un Salmonide?

La fréquence du Ver est d'ailleurs démontrée par ce fait que, à Haparanda et dans les environs, « c'est à peine s'il existe une maison dont une ou plusieurs personnes ne soient atteintes du parasite. » A Gefle, celui-ci s'observe chez un habitant sur quinze; sa fréquence a beaucoup augmenté vers la fin de la première moitié de ce siècle.

Il n'est pas très rare en Danemark. Avant 1869, Krabbe en a relevé 9 cas; de 1869 à 1880, il a pu en recueillir 11 autres observations. Parmi ces 20 malades, 14, qui tous habitaient l'île de Seeland, avaient sûrement acquis le parasite dans le pays même.

On a dit pendant longtemps que le Bothriocéphale ne s'observait pas en dehors de l'Europe : aujourd'hui, semblable opinion n'est plus soutenable. L'expédition de Fedchenko dans le Turkestan a prouvé que le Ver qui nous occupe était à peu près le seul Cestode de l'Homme dans ces contrées : Krabbe en a du moins reconnu 45 exemplaires pour un seul *Tænia saginata*. Baelz l'a rencontré très communément au Japon.

Nous n'avons pas de renseignements pour les autres pays d'Asie ; on peut affirmer pourtant qu'on le signale à tort à Ceylan, l'animal indiqué par Schmidtmüller, sous le nom de *Bothriocephalus tropicus*, étant vraisemblablement le Ténia inerme et non le Bothriocéphale. Il manque en Afrique, probablement aussi dans l'Amérique du sud et aurait été signalé quelquefois dans l'Amérique du nord ; il était inconnu aux États-Unis du temps de Weinland.

Graves, *Occurence of the Bothriocephalus latus in several members of a family*. The Dublin journal of med. science, XVII, p. 514, 1840.

Dubini, *Entozoografia umana per servire di complemento agli studi di anatomia patologica*. Milano, 1849. Voir p. 196.

M. Huss, *Ueber die endemischen Krankheiten Schwedens*. Bremen, 1854. — Voir p. 5 et 24.

Fock, Bull. de la Soc. méd. des hôpitaux, (2), XV, p. 38, 1872. — Voir aussi : Cobbold, *Parasites*, p. 108.

Szydlowski, *Beiträge zur Mikroskopie der Fäces*. Inaug. Diss. Dorpat, 1879. — Voir p. 51.

O. Bollinger, *Ueber das autochtone Vorkommen des Bothriocephalus latus in München*. Aerztliches Intelligenblatt, XXVI, 1879. — Id., *Ueber das autochtone Vorkommen des Bothriocephalus latus in München, nebst Bemerkungen über die geographische Verbreitung der Bandwürmer*. Deutsches Archiv für klin. Medicin, XXXVI, p. 277, 1884.

Ern. Bernier, *Observations sur divers points ignorés, obscurs, ou mal vulgarisés de l'histoire du Bothriocéphale et observation d'un cas de Bothriocéphale*. Bull. de la Soc. méd. des hôpitaux, (2), XVI, p. 246, 1879.

Ed. Perroncito, *Il Bothriocephalus latus in Piemonte*. Osservatore, Gazzetta delle cliniche, XVI, p. 641, 1880.

Fedchenko, *Voyage dans le Turkestan*. — *III. Recherches zoogéographiques, 2e partie*. — *Vers, 1er fascicule : Cestodes*, par H. Krabbe. Isviestia imp. obtchestva lioubitelei estestvosnania, anthropologii i ethnographii, XXXIV, 1883. — Voir p. 20.

Huber, *Helminthologische Notizen*. Aerztliches Intelligenzblatt, XXXII, p. 75, 1885.

L. Hahn, *Le Bothriocéphale, son développement, ses migrations, sa distribution géographique et sa prophylaxie*. Gazette hebdom. de méd. et de chirurgie, (2), XXII, p. 450, 1885.

Bothriocephalus cordatus Leuckart, 1863.

Ce Ver atteint une longueur maximum de $1^m,15$; il peut comprendre jusqu'à 660 anneaux, mais n'en présente d'ordinaire que 400 environ. Il est extrêmement contractile : pour une longueur de 26 centimètres seulement, le seul spécimen jusqu'à présent connu comme provenant de l'Homme (fig. 286) comptait au moins 300 anneaux; les 100 premiers occupaient une longueur d'à peu près 30 millimètres, les 100 suivants une longueur de 100 millimètres et les 100 derniers une longueur de 130 millimètres.

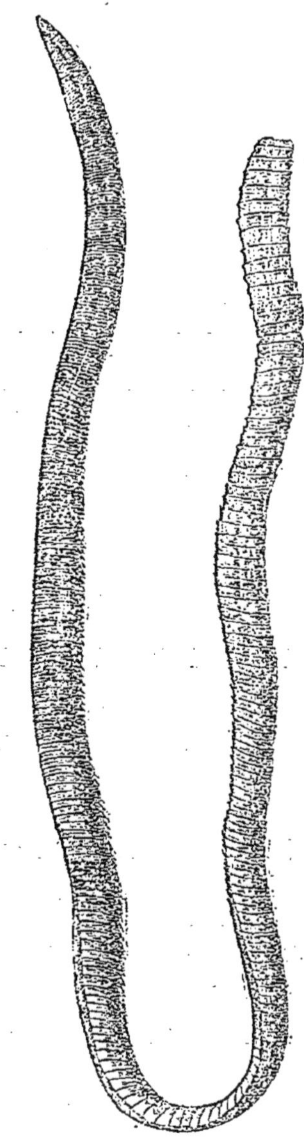

Fig. 286. — *Bothriocephalus cordatus* de l'Homme, d'après Leuckart. Grandeur naturelle.

Au lieu d'être allongée et claviforme et de porter ses ventouses sur le bord latéral comme chez *Bothriocephalus latus*, la tête est courte, large, aplatie dans le sens latéral et porte une bothridie sur chacune de ses deux faces(1). La tête (fig. 287) est longue de 2 millimètres et large également de 2 millimètres. A partir de sa région moyenne, elle va en s'effilant en avant, tandis que ses deux moitiés latérales font en arrière une saillie plus ou moins considérable, suivant l'état de contraction ; dans son ensemble, elle présente l'aspect d'un cœur de carte à jouer ou d'une pointe de flèche. Elle s'aplatit peu à peu à partir de sa pointe, sans pourtant acquérir une minceur considérable; sa plus grande épaisseur s'observe dans la moitié postérieure.

La moitié antérieure de la tête, déjà remarquable par sa minceur, l'est encore plus par la grande profondeur des bothridies, qui ne sont plus séparées l'une de l'autre que par un étroit pont de substance (fig. 288, *a*). A mesure qu'on s'éloigne

(1) On se rappelle qu'il en est de même chez *Bothr. latus* et que les bothridies ne semblent occuper les côtés de la tête que par suite d'une torsion de 90° subie par le cou. Voir plus haut page 499.

du sommet de la tête, on voit celles-ci devenir moins profondes et moins spacieuses et se réduire progressivement à une simple fente longitudinale (fig. 288, *b*). En quelque point qu'on les examine, les lèvres qui les bordent se montrent toujours dépourvues de muscles spéciaux, comme il est aisé de s'en convaincre sur des coupes transversales ; c'est là du reste un caractère commun à tous les Bothriocéphales. La musculature des bothridies est simplement constituée par un renforcement de la couche des muscles sous-cuticulaires.

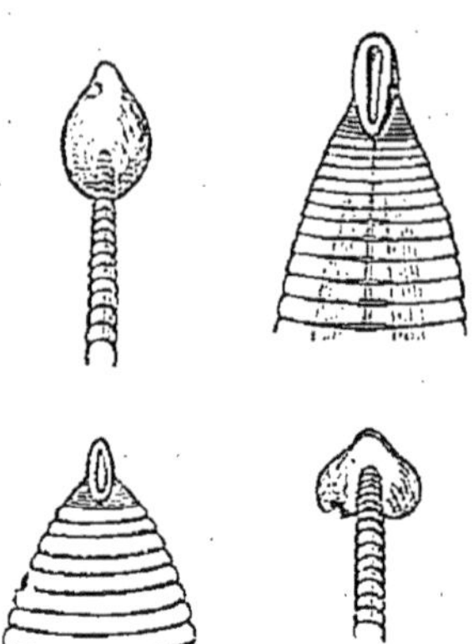

Fig. 287. — Tête et partie antérieure du corps de *Bothriocephalus cordatus*, d'après Leuckart.

A proprement parler, le cou fait défaut, la tête est immédiatement suivie par le corps, muni, dès le début, de segments visibles à l'œil nu (fig. 286 et 287). Ceux-ci s'élargissent si rapidement que la partie antérieure du corps a la forme d'une lancette; ils se développent si vite, qu'à 3 centimètres de la tête, ils sont déjà parvenus à maturité sexuelle ; 3 centimètres plus loin, ils ont acquis toute leur largeur.

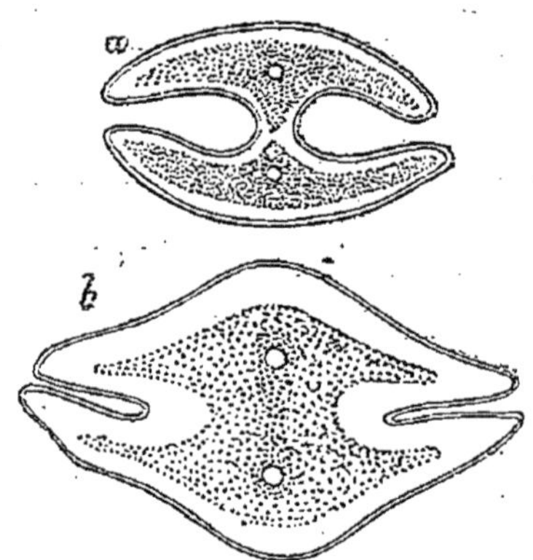

Fig. 288. — Coupes transversales de la tête de *Bothriocephalus cordatus*, d'après Leuckart. — *a*, en avant de la partie moyenne ; *b*, en arrière de la partie moyenne.

Le nombre des anneaux non mûrs est tout au plus d'une cinquantaine ; et encore la plupart d'entre eux présentent-ils déjà, sur la ligne médiane de la face ventrale, des orifices sexuels. Ces anneaux sont reconnaissables à ce que leur utérus ne renferme point d'œufs à coque solide et à ce que, par suite, on ne distingue à leur surface ni champ moyen ni champs latéraux. Ces différentes zones ne deviennent apparentes que plus tard, à mesure que la maturité s'accentue : elles sont d'abord claires, mais les champs latéraux finissent par prendre une teinte sombre.

La face dorsale est parcourue, suivant sa ligne médiane, par un sillon longitudinal. Un sillon analogue se voit également à la face ventrale de chaque anneau, en arrière des orifices sexuels. Ce sont là de bons caractères distinctifs, mais l'animal est encore mieux caractérisé par les corpuscules calcaires, larges de 28 à 30 μ, qui sont renfermés en grande abondance dans son parenchyme, ainsi que par la forme de la rosette utérine : celle-ci (fig. 289) est plus longue, plus étroite et présente un plus grand nombre de branches latérales (6 à 8) que chez le Bothriocéphale large.

Fig. 289. — Anneaux mûrs de *Bothriocephalus cordatus*, d'après Leuckart.

Les anneaux mûrs ont une longueur moyenne de 3 à 4 millimètres ; mais le Ver est doué d'une contractilité si considérable qu'ils peuvent se raccourcir au point de ne plus présenter qu'une longueur de 1mm,3 ; la largeur maximum est de 7 à 8 millimètres. Les derniers anneaux peuvent être plus ou moins carrés et présenter un diamètre de 5 à 6 millimètres.

L'animal n'émet point isolément ses anneaux, mais les rejette par chaînons plus ou moins longs, comme le fait le Bothriocéphale large. L'examen du seul Ver observé dans l'espèce humaine (fig. 286) met le fait hors de doute. A 23 millimètres de l'extrémité postérieure, cet individu présente un étranglement annulaire tendant à isoler les 17 derniers anneaux ; un second étranglement, moins profond et isolant 15 anneaux, se voit 16 millimètres plus loin.

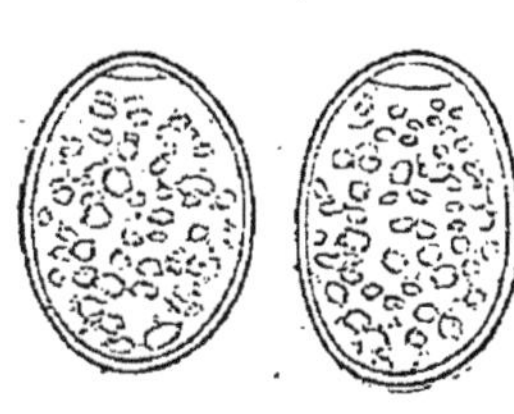

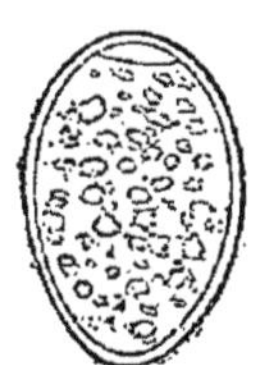

Fig. 290. — Œufs de *Bothriocephalus cordatus*, grossis 245 fois, d'après Krabbe.

L'étude des glandes génitales était difficile en raison de l'état de conservation des Vers. La poche du cirre a une taille remarquable et mesure 0mm,60 de long sur 0mm,43 de large. L'œuf (fig. 290) est très semblable à celui de *Bothriocephalus latus* ; il est long de 75 à 80 μ, large de 50 μ. On ignore complètement comment il se développe et quel hôte héberge le Plérocercoïde ; en revanche, on connaît les premiers états du développement de l'adulte. Leuckart, en effet, a pu étudier quelques jeunes individus provenant du Chien et présentant différents stades de l'évolution (fig. 291).

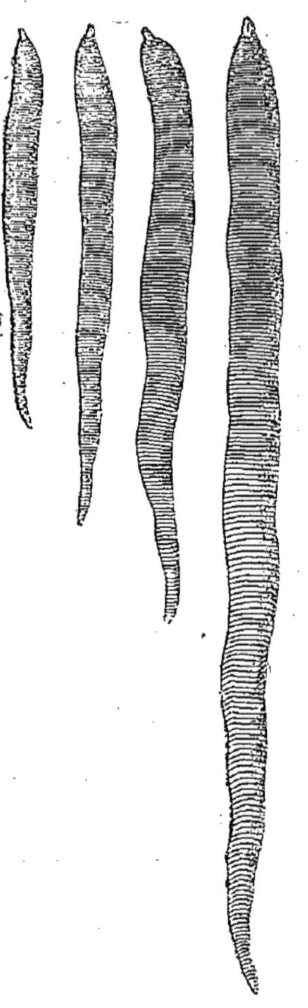

Fig. 291. — Quatre jeunes *Bothriocephalus cordatus*, d'après Leuckart. Grandeur naturelle.

Le plus petit de ces Vers est long de 30 millimètres. Clair et presque transparent, par suite du manque de corpuscules calcaires dans la zone corticale et à cause du faible développement de la musculature, il a une largeur maximum de 3 millimètres ; celle-ci s'observe à peu de distance de la tête. A part des dimensions plus réduites, l'extrémité céphalique présente exactement la même structure que chez l'adulte ; l'extrémité postérieure s'effile, au contraire, progressivement et s'étire en une pointe amincie. Le corps est formé de 140 anneaux ; ceux de la partie moyenne sont à la fois les plus larges et les plus allongés.

Les autres individus présentaient la même structure que celui-ci : leur longueur était de 40 à 100 millimètres, leur largeur allait jusqu'à $5^{mm},5$. Chose remarquable, malgré ces différences de taille, le nombre des anneaux restait pour tous à peu près le même, 125 à 154. Le développement s'arrête donc à un certain moment, en tant qu'il porte sur la multiplication des segments : il concentre alors toute son activité sur l'augmentation de taille de ceux-ci et sur la formation des organes génitaux.

Sur un Ver long de 80 millimètres et non tronqué à son extrémité postérieure, les anneaux médians sont plus grands que les autres ; on y voit déjà un orifice sexuel et les premiers rudiments des glandes génitales. Ces dernières ne sont bien accusées que sur un individu long de 100 millimètres; en même temps, le champ médian du corps s'est surélevé comme chez l'adulte, sous forme d'une bande longitudinale; c'est là l'indice du développement de l'appareil reproducteur qui, chez ce même animal, n'occupe encore que les segments de la partie moyenne. C'est seulement quand le Ver a atteint une longueur d'environ 270 millimètres que la maturité sexuelle gagne les derniers anneaux; sur les 184 segments qui le composent, les 40 à 50 premiers sont seuls encore stériles.

On ignore encore quel est le premier hôte de *Bothriocephalus cordatus* et de quelle manière il est transmis aux animaux et à l'Homme. Sa présence à l'état adulte chez des Esquimaux et chez les animaux essentiellement ichthyophages, comme les Pinnipèdes et le Chien des régions polaires, démontre suffisamment que l'état larvaire se passe chez un Poisson.

Ce Ver est, en effet, particulier aux régions boréales. Il a été découvert dans le nord du Groenland, à Godhavn, par Olrik, inspecteur du gouvernement danois. Une vingtaine d'exemplaires furent recueillis par Olrik chez cinq Chiens; un seul fut rendu par une femme de trente-quatre ans, en 1860; ce dernier individu, représenté par notre figure 286, ne se distinguait de ceux du Chien que par sa taille relativement moindre. C'est là l'unique observation dans l'espèce humaine; on peut donc penser que le parasite est rare chez l'Homme.

En revanche, il est très fréquent chez le Chien. Trois Chiens examinés par Pfaff, médecin dans le nord du Groenland, hébergeaient un total de 24 Vers. A l'île de Disco, Pfaff rencontra encore 4 Vers dans l'intestin grêle d'un Phoque barbu; il en trouva également chez le Morse.

Bothriocephalus cordatus n'a pas encore été rencontré en dehors du Groenland. Krabbe dit expressément qu'il n'habite pas l'intestin du Chien islandais, et Max Braun a reconnu qu'un Ver de la collection de Stieda, à Dorpat, signalé par Leuckart comme appartenant à l'espèce *B. cordatus*, n'était autre chose qu'un *B. latus*.

R. Leuckart, *Jahresbericht über die wissensch. Leistungen in der Naturgeschichte der niederen Thiere für* 1861. Archiv für Naturgeschichte, p. 81, 1862.

Max Braun, *Berichtigung betreffend das Vorkommen von Bothriocephalus cordatus Leuck. in Dorpat.* Zoologischer Anzeiger, V, p. 46, 1882.

Bothriocephalus cristatus Davaine, 1874.

Ce Bothriocéphale n'a encore été vu que deux fois d'une façon certaine; les seuls exemplaires connus font partie de la collection helminthologique de la Faculté de médecine de Paris. Ils ont été décrits par Davaine, dont nous nous bornons à reproduire la description. Le premier spécimen a été évacué par un enfant de cinq ans, né et élevé à Paris : il se composait de plusieurs fragments, dont l'un portait la tête; il a été remis à Davaine par Féréol. Le second spécimen, long de 92 centimètres, n'avait point de tête; il avait été expulsé spontanément par un individu âgé d'environ quarante ans et habitant le département de la Haute-Saône.

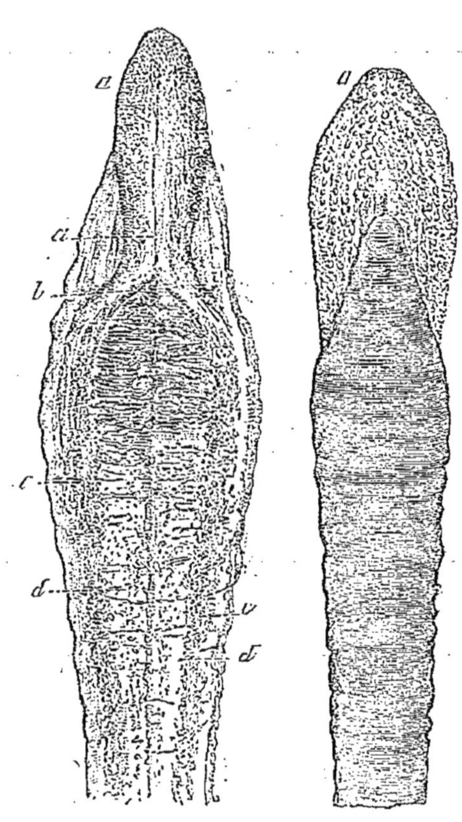

Fig. 292. — Tête de *Bothriocephalus cristatus*, vue de face et de profil, d'après Davaine. *a*, crête médiane; *b*, son prolongement en arrière; c, traînée externe de corpuscules calcaires; *d*, traînée interne.

Bothriocephalus cristatus constitue un long ruban, épais et raide; il est gris-roussâtre, opaque, finement et très élégamment strié en travers avec un sillon longitudinal médian visible sur les deux faces et constitué surtout par la dépression des pores génitaux. Sur la face ventrale, ce sillon est limité par deux lisérés étroits, blanchâtres, formés par la saillie du champ médian des anneaux.

La tête (fig. 292) est très remarquable et diffère beaucoup de celle de *B. latus*. Elle est aplatie, ovale-lancéolée, pointue en avant et a la forme d'une graine de Lin dont le bout obtus se continuerait avec le cou. Elle est longue de 3 millimètres, large de 1 millimètre, épaisse de $0^{mm},6$. L'extrémité libre et pointue présente sur chacune de ses faces planes une crête longitunale saillante et longue de 1 millimètre. Cette double crête constitue un véritable rostre, qui est raide et couvert de papilles saillantes, disposées en séries; les autres parties de la tête sont dépourvues de semblables papilles. Chacune de ces crêtes se continue en arrière par deux prolongements ou *cuisses*, qui s'écartent de la ligne médiane et laissent entre elles une sorte de *calamus scriptorius*. Il n'existe aucune apparence de ventouse (1), à moins qu'on n'en trouve l'indice dans un sillon de la ligne médiane qui semble séparer en deux lèvres longitudinales le limbe de chacune des crêtes, comme on le voit d'une manière très marquée chez *B. cordatus*. Le reste de la tête offre des rides transversales. Le tissu en est serré, compact et renferme une grande quantité de corpuscules calcaires, disposés en quatre traînées longitudinales, *c*, *d*, se prolongeant jusque dans le cou. Les deux traînées latérales *c*, sont remarquables par le grand nombre de corpuscules calcaires qui les constituent.

Le cou continue la tête sans délimitation bien appréciable; il s'amincit jusqu'à 2 millimètres en arrière de celle-ci. Il ne mesure alors que $0^{mm},5$ dans le sens transversal. Il s'élargit ensuite insensiblement; à 15 centimètres de la tête, il est large d'un millimètre; de 15 à 20 centimètres, il s'élargit brusquement et acquiert une largeur de 4 millimètres.

Le corps du Ver continue de s'élargir régulièrement jusqu'à la distance de 90 centimètres en arrière de la tête : il atteint en ce point sa plus grande largeur, qui est de 9 millimètres. Il décroît ensuite lentement et insensiblement; à l'extrémité postérieure, les anneaux ne sont plus larges que de 3 millimètres.

La longueur totale du Ver ne dépasse probablement pas 3 mètres.

(1) Une coupe transversale eût pu décider de l'existence de deux lèvres longitudinales formant chaque crête et interposant entre elles une ventouse qui, quoi qu'il en fût, eût été très rudimentaire. En raison de la rareté du parasite, Davaine n'a pas cru devoir le sacrifier pour cet examen.

Les anneaux sont remarquables par leur peu de longueur. A 2 millimètres de la tête, ils sont déjà bien distincts : il sont alors longs de $0^{mm},085$. Leur longueur est de $0^{mm},4$ à 10 centimètres de la tête; elle est de 1 millimètre à 60 centimètres, de $1^{mm},15$ à 90 centimètres, où les anneaux ont atteint leur plus grande largeur, de $1^{mm},42$ à $1^{m},90$, qui est l'extrémité du premier segment. Leur plus grande longueur se trouve à l'extrémité postérieure du second segment, où elle est de $2^{mm},5$, alors que leur largeur n'est plus que de 3 millimètres.

Les anneaux sont encore remarquables par la saillie de leur bord postérieur, qui embrasse l'anneau suivant comme une manchette. Ce rebord a jusqu'à $0^{mm},2$ de saillie. La série des bords postérieurs donne au Ver une apparence fortement striée sur les faces et dentelée en scie sur les côtés.

L'épaisseur et l'opacité des anneaux ne permettent pas de distinguer la structure des organes génitaux. Ceux-ci, par la saillie du champ médian, semblent exister déjà à 15 ou 20 centimètres en arrière de la tête. Sur un anneau situé à $1^{m},90$, le sinus génital, situé sur la ligne médiane de la face ventrale, se voit à $0^{mm},25$ du bord antérieur de l'anneau. Il est entouré de plusieurs cercles de papilles cutanées fortement saillantes, arrondies, quelquefois bifurquées au sommet et mesurant jusqu'à $0^{mm},5$ de largeur et $0^{mm},4$ de hauteur. Ces papilles occupent une zone ovalaire dirigée transversalement et mesurant environ 1 millimètre dans son plus grand diamètre. L'orifice du fond de l'utérus se voit à $0^{mm},3$ en arrière du précédent, sur le bord de la zone des papilles.

Les sinuosités de l'utérus ne sont distinctes que sur les derniers anneaux, en partie vides et flétris. La rosette, qui n'a que 2 millimètres de large, paraît plus étroite et plus longue relativement que chez *B. latus*.

Les corpuscules calcaires sont nombreux, surtout dans le cou; ils ont jusqu'à 20 μ de diamètre.

Les œufs ne diffèrent point sensiblement de ceux de *B. latus*. Assez variables dans leurs dimensions, ils mesurent environ 75 μ sur 55 μ. On voit assez ordinairement à l'un des pôles, et quelquefois aux deux, un épaississement de la coque en forme de bouton.

A cela se bornent les renseignements fournis par Davaine

sur le Bothriocéphale crêté; l'histoire du Ver est donc encore fort incomplète; on ignore notamment de quelle manière il pénètre chez l'Homme. Malgré l'imperfection de nos connaissances à son égard, un point capital est pourtant acquis : les deux spécimens recueillis par Davaine provenaient d'une contrée où ne se trouve pas d'ordinaire le Bothriocéphale large ; ils avaient été rendus par des Français qui n'avaient jamais quitté leur pays.

Les deux observations de Davaine ne sont certainement pas les seules qui se puissent rapporter à ce Ver remarquable ; peut-être est-il assez fréquent, mais par manque d'examen microscopique suffisant, on le confond avec *B. latus*. Davaine a du reste reconnu qu'il ne s'agissait pas d'une autre espèce dans le Ver décrit et dessiné de grandeur naturelle, en 1777, par un auteur anonyme, d'après un exemplaire rendu par un homme de trente ans, à Kempten en Bavière. De son côté, Cobbold pense que plusieurs Bothriocéphales de l'Homme, conservés à Londres dans le musée du Westminster Hospital medical College, peuvent lui être rapportés.

Anonyme, *Beschreibung des Bandwurms, nebst den Mitteln wider denselben, besonders desjenigen, welcher auf Befehl Sr. jetzt regierenden kgl. Maj. in Frankreich ohnlängst bekannt worden.* Kempten, 2. Auflage, in-4°, 1776.

C. Davaine, *Cestoïdes*. Dictionnaire encyclopédique des sciences médicales (1), XIV, p. 589, 1873. — Id., *Traité des entozoaires*, 2e éd., p. 928, 1877.

Cobbold, *Tapeworms*, 3rd ed., 1875. — Voir p. 21.

Bothriocephalus Mansoni R. Bl., 1886.

Synonymie : *Ligula Mansoni* Cobbold, 1883.
Bothriocephalus liguloïdes Leuckart, 1886.

Ce Ver, trouvé par Patrick Manson, d'Amoy, et décrit par Cobbold, n'a encore été vu qu'une seule fois chez l'Homme; il s'y trouvait à l'état larvaire.

Le 21 septembre 1881, en faisant l'autopsie d'un Chinois mort de dysenterie et d'ulcère de l'œsophage, à la suite de l'opération de l'éléphantiasis scrotal, Manson rencontra 13 Vers dont les mouvements étaient lents comme ceux d'un Ténia : 12 étaient situés au-dessous du péritoine, au voisinage de la fosse iliaque, derrière les reins ; un seul était libre dans la plèvre droite.

A l'état vivant, ces Vers étaient longs de 30 à 35 centimètres, larges de 3^{mm},17 et épais de 0^{mm},4. Ils furent envoyés à Cobbold, qui les étudia seulement à la fin de septembre 1882. L'alcool les avait fortement rétractés : le plus long mesurait seulement 8^{cm},25, et le plus court 3^{cm},04. La plupart présentaient leur plus grande largeur à la tête et mesuraient à ce niveau 2^{mm},5.

Cobbold crut reconnaître en eux des Ligules et les décrivit sous le nom de *Ligula Mansoni*. Un examen ultérieur permit à Leuckart de constater qu'il s'agissait de jeunes Bothriocéphales, appartenant à une nouvelle espèce pour laquelle il propose le nom de *Bothriocephalus liguloïdes*. Mais les règles de la nomenclature zoologique s'opposent formellement à un semblable changement dans le nom spécifique et la seule dénomination qui soit désormais applicable aux parasites en question est celle de *B. Mansoni*.

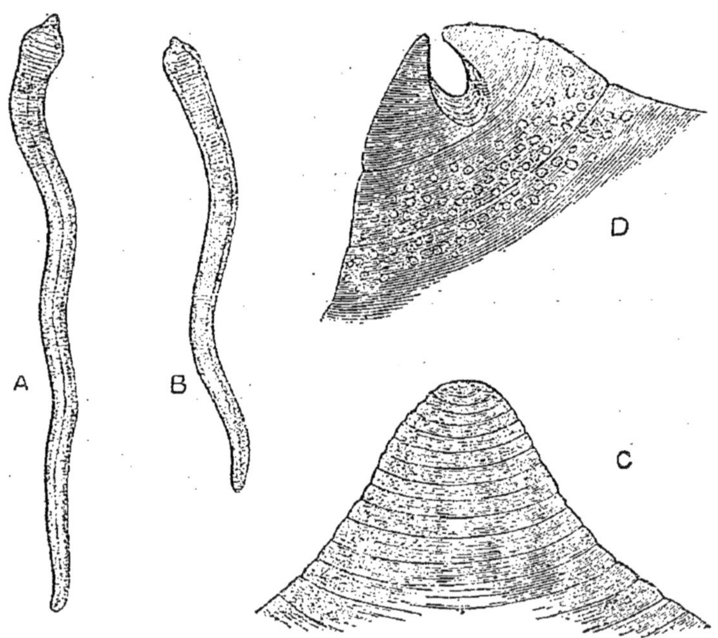

Fig. 293. — Larves de *Bothriocephalus Mansoni*, d'après Cobbold. — A, individu un peu grossi, vu par la face ventrale. B, individu un peu grossi, vu par la face dorsale. C, papille céphalique grossie 15 fois. D, extrémité de la papille, montrant la fossette et les corpuscules calcaires.

L'animal, dont nous avons indiqué déjà les dimensions, est rubané, aplati, plus large en avant qu'en arrière (fig. 293, A, B).

A la loupe, on distingue sur tout le corps des stries transversales, plus apparentes et plus régulières dans la région céphalique. La tête présente à son extrémité une sorte de papille, C, dont la pointe est rétractée en une coupe profonde ayant l'aspect d'une ventouse, D. Sur quelques spécimens, on distingue à la face ventrale une rainure longitudinale s'étendant de la tête à la queue. Il est impossible, même sur des coupes microscopiques, de trouver la moindre trace d'organes génitaux. Les corpuscules calcaires sont ovales, aplatis, larges d'environ 25 μ.

Quelque incomplète qu'elle soit, cette observation n'en présente pas moins un intérêt considérable. Elle est, en effet, la première qui démontre la présence de larves de Bothriocéphale, non seulement chez l'Homme, mais aussi chez les Vertébrés autres que les Poissons.

On est réduit aux conjectures, quant à la manière dont l'infestation s'est faite : on se heurte ici aux mêmes difficultés que pour les Plérocercoïdes du Brochet. Les parasites proviennent-ils directement d'embryons ciliés nageant librement dans l'eau et introduits avec elle dans le tube digestif, ou bien ont-ils été amenés avec les viscères d'un animal aquatique, chez lequel ils auraient accompli les premières phases de leur état larvaire ? Ces points sont encore incertains. Ce qu'on sait du développement des Bothriocéphales autorise du moins à rejeter l'opinion de Cobbold, qui croyait pouvoir expliquer la présence de ces parasites par une sorte d'auto-infestation analogue à celle dont nous avons reconnu l'existence dans les cas de ladrerie de l'Homme, lorsqu'on trouve chez le même individu un *Tænia solium* et des Cysticerques.

P. Manson, *Case of lymph scrotum, associated with Filariae and other parasites*. The Lancet, II, p. 616, 14 oct. 1882.

T. Sp. Cobbold. *Description of Ligula Mansoni, a new human Cestode.* Journal of the Linnean Soc. of London, Zoology, XVII, p. 78, 1883.

A l'ordre des Cestodes se rattachent encore quelques formes remarquables, constituant plusieurs familles et appartenant aux genres *Anthocephalus*, *Tetrarhynchus*, *Echineibothrium*, *Phyllobothrium*, *Anthobothrium*, *Acanthobothrium*, *Caryophylleus*, etc. Tous sont parasites des Poissons. Nous les passerons sous silence et nous nous bornerons simplement à dire quelques mots des Ligules.

Ce sont des Vers très allongés, aplatis, dont la tête n'a pas de ventouses proprement dites, mais est pourvue de deux fossettes latérales, allongées en forme de fentes ; elle est munie ou non de crochets. Le corps présente le minimum de segmentation qui s'observe chez les Cestodes, celle-ci portant exclusivement sur les organes génitaux, dont les cirres sont disposés en série longitudinale sur la ligne médiane de la face inférieure ; les ovaires sont disposés en une série simple ou double.

Les Ligules, dont on ne connait qu'un très petit nombre d'espèces, vivent à l'état larvaire dans la cavité générale des Poissons osseux, notamment des Cyprins ; cette forme asexuée correspond à *Ligula simplicissima* Rudolphi. Elles achèvent leur développement dans le tube digestif des Oiseaux aquatiques, tels que le Canard, et y deviennent sexuées (*L. alternans* Rud., *L. interrupta* Rud., *L. sparsa* Rud.). Les migrations et les métamorphoses des Ligules ont été décrites pour la première fois par Creplin, en 1839, longtemps avant que P.-J. van Beneden ne découvrît celle des Ténias.

On a trouvé des Ligules à l'état larvaire (*Ligula reptans* Diesing) chez un très grand nombre de Mammifères, d'Oiseaux ou de Reptiles ; elles étaient enkystées en divers organes ou libres dans la cavité générale. On n'en a pas encore signalé chez l'Homme.

Rudolphi a rapporté à une Ligule un Ver que Lorenz Montin eut l'occasion d'examiner en 1763 et qui avait été expulsé par une femme de vingt-cinq ans. L'observation, décrite avec détails, n'est pas douteuse, mais la détermination du parasite est certainement inexacte : il s'agissait probablement d'un fragment de Ténia présentant l'anomalie dont nous avons parlé plus haut (1) sous le nom de *Tænia fusa*. Montin dit du reste que sa malade rendit des Ascarides et des Ténias, en même temps que sa prétendue Ligule.

Dans certaines contrées de l'Italie, le peuple rechercherait comme un mets délicat les larves de Ligule qui se trouvent enkystées chez les Poissons ; Briganti les a décrites sous le nom de *Ligula edulis*. Rudolphi rapporte cette coutume dans les termes suivants : « Ligulæ in pisciculi, Cyprino barbo affinis, abdomine obviæ Italis, nomine *macaroni piatti* edules, in deliciis sunt. »

L. Montin, *Utdrag af en Casus, om Fasciola intestinalis med flere slag af maskar hos en sjuk*. Vetensk. Acad. Handlingar, p. 113, 1763.

Dans l'état actuel de nos connaissances, il est fort difficile d'établir les affinités des Cestodes, animaux évidemment dégénérés par suite de leur adaptation à la vie parasitaire. On ne saurait méconnaître

(1) Voir page 360.

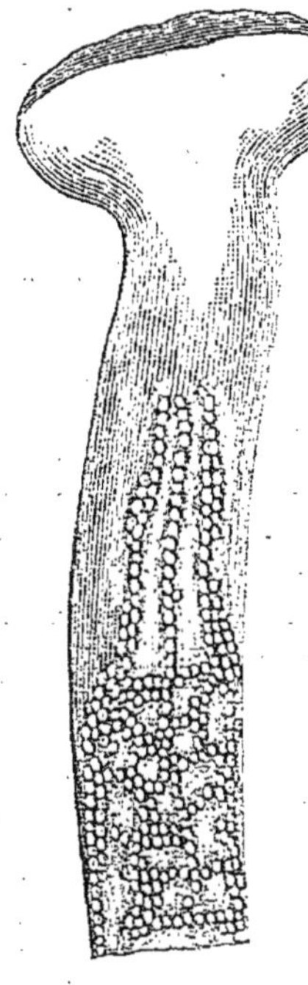

pourtant leur étroite parenté avec les Trématodes, et il est à peu près certain que ces deux groupes d'animaux, aujourd'hui nettement différenciés et classés en deux ordres distincts, ont eu à l'origine un point de départ commun.

A part la conformation de la tête, la différence essentielle que l'on constate entre les Ténias et les Bothriocéphales tient à ce que, chez ceux-ci, le pore génital s'ouvre sur le milieu de la face ventrale de l'anneau, tandis que chez les premiers il est situé sur le bord latéral, soit d'un seul côté, soit des deux côtés. Il est intéressant de constater qu'il existe des termes de passage entre ces deux formes: par exemple, un Ténia du Renard, encore incomplètement étudié (*Tænia litterata* Batsch), nous a montré ses pores génitaux dans une situation identique à celle que ces mêmes orifices occupent chez les Bothriocéphales.

Les Cestodes dérivent d'animaux qui devaient vivre à l'état de liberté: ils possédaient alors un appareil digestif et leur bouche était armée d'une ventouse. Les rudiments de cette dernière se retrouvent chez *Rhynchobothrium corollatum*, parasite des Plagiostomes, et chez quelques Tétrarhynques. Chez ces derniers, on retrouve encore des glandes salivaires plus ou moins développées, analogues à celles des Trématodes et des Turbellariés; on les voit même chez *Anthocephalus elongatus*, parasite d'*Orthagoriscus mola*, déboucher dans le fond de la ventouse buccale rudimentaire. Enfin, nous avons déjà noté plus haut que certains Ténias (*Tænia perfoliata*) présentaient les débris des muscles pharyngiens. Tous ces faits remarquables nous autorisent à conclure à l'existence ancienne d'un appareil digestif, qui est allé en s'atrophiant sous l'influence du parasitisme.

Il est tout aussi certain que la métamérisation des Cestodes, c'est-à-dire la formation d'anneaux disposés en série linéaire, est un phénomène se-

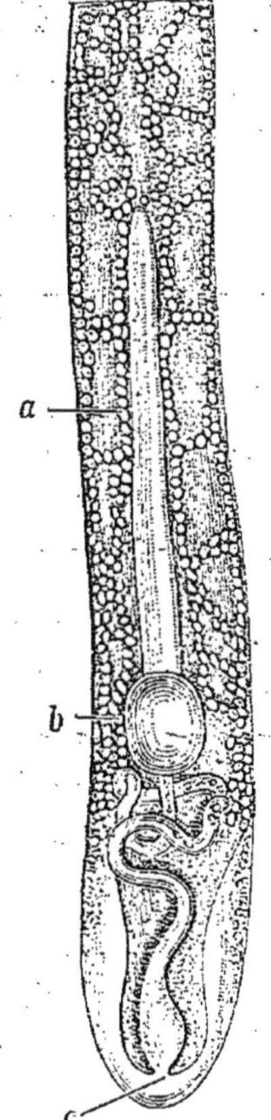

Fig. 294. — *Caryophyllæus mutabilis*, d'après Em. Blanchard. — *a*, testicule; *b*, capsule spermatique; *c*, origine de l'utérus. Les ovaires se voient dans presque toute la longueur du corps.

condaire : de même que les Trématodes, ces animaux étaient tout d'abord dépourvus de segmentation. Cet état primitif est conservé, dans une certaine mesure, chez *Caryophyllæus mutabilis* (fig. 294), dont le corps n'est point segmenté et dont l'appareil génital est simple. Les Ligules, dont le corps est également non segmenté, mais dont les organes génitaux sont multiples et disposés en série linéaire, nous présentent le premier degré de différenciation. Celle-ci s'accentue chez les Bothriocéphales, est plus nette encore chez les Ténias et atteint son maximum chez *Echeneibothrium*. L'anneau isolé est alors capable de vivre indépendant, à la façon d'un véritable animal : non seulement il se contracte et exécute des mouvements de reptation, mais encore il se nourrit et augmente de volume.

ORDRE DES TRÉMATODES

L'ordre des Trématodes renferme des Vers plats vivant en parasites chez les animaux les plus divers ; leur corps est inarticulé ; ils présentent une bouche et un tube digestif bifurqué, mais sont dépourvus d'anus.

D'après l'ensemble de leurs caractères morphologiques, embryologiques et biologiques, on peut les diviser en deux groupes naturels ou sous-ordres : les Distomiens et les Polystomiens.

Les Distomiens sont munis au plus de deux ventouses ; ils vivent en parasites à l'intérieur des organes et présentent des phénomènes fort compliqués de génération alternante. La plupart sont hermaphrodites, mais quelques formes sont unisexuées (*Monostoma*, *Bilharzia*). Ce groupe comprend les quatre familles des Monostomidés, des Holostomidés, des Distomidés et des Gastérostomidés ; la première et la troisième renferment des parasites de l'Homme.

Les Polystomiens sont au contraire des ectoparasites ; ils se développent sans génération alternante et présentent toujours deux petites ventouses antérieures et un plus ou moins grand nombre de ventouses postérieures. Ils comprennent les trois familles des Tristomidés, des Polystomidés et des Gyrodactylidés, dont chacune renferme plusieurs genres ; aucun ne se rencontre chez l'Homme.

FAMILLE DES MONOSTOMIDÉS

Cette famille comprend le seul genre *Monostoma* Zeder, 1803, représenté par plus de 60 espèces : une seule a été indiquée chez l'Homme, et encore l'observation n'est-elle point incontestable. Les Monostomes sont des Trématodes à corps ovale, plus ou moins arrondi, pourvus d'une seule ventouse entourant la bouche. Ils sont fort analogues aux Distomes, mais diffèrent de ceux-ci par l'absence de ventouse ventrale.

Monostoma lentis von Nordmann, 1832.

Synonymie : *Festucaria lentis* Moquin-Tandon, 1860.

Dans le cristallin d'une femme âgée, opérée de la cataracte, von Nordmann rencontra huit Monostomes. Ces parasites étaient logés dans les couches superficielles de la substance du cristallin, avaient $0^{mm},21$ de longueur et se mouvaient, quoique lentement, après avoir été mis dans l'eau chaude. L'examen fut pratiqué aussitôt après l'opération. Il est à remarquer que le cristallin n'était point encore obscurci, que la cataracte était en voie de formation et que le tissu du cristallin était encore mou.

Diesing, Leuckart et Cobbold pensent que *Monostoma lentis* est identique à *Distoma oculi humani;* Küchenmeister croit d'autre part qu'il s'agissait là d'une Rédie. Il est certain que l'observation rapportée par von Nordmann est trop sommaire pour qu'on puisse se prononcer avec assurance sur la nature des parasites qu'il a rencontrés; mais la présence de Monostomes dans l'œil de l'Homme n'est pas chose impossible. On sait en effet que certaines espèces peuvent vivre chez les Mammifères et *Monostoma Setteni* a été trouvé par Numan dans l'œil du Cheval (1).

Al. von Nordmann, *Mikrographische Beiträge zur Naturgeschichte der wirbellosen Thiere.* Berlin, in-4°, 1832. Voir II, p. IX. — Analysé par Rayer, *Note additionnelle sur les Vers observés dans l'œil ou dans l'orbite des animaux vertébrés.* Archives de médecine comparée, I, p. 113, 1843. Voir p. 116.

(1) De même, *Monostoma constrictum* a été vu par Diesing dans l'œil de la Brême.

A. Numan, *Over Wormen, voorkomende in de oogen van sommige dieren en den Mensch, vergezeld van eene waarneming omtrent een, tot dus ver niet beschreven, Worm, verwijderd uit het oog van een Paard door de opening van hat hoornvlies.* Tijdschrift voor natuurl. geschiedenis en physiologie, VII, p. 358, 1840.

FAMILLE DES DISTOMIDÉS

Cette importante famille est constituée par des animaux à corps lancéolé, munis de deux ventouses. En outre de la ventouse buccale, on trouve en effet à la face ventrale une seconde ventouse dont la situation varie : est-elle rapprochée de la précédente, on a affaire au genre *Distoma* Retzius, 1786; est-elle reportée vers l'extrémité postérieure du corps, large et plus ou moins excavée, on a affaire au genre *Amphistoma* Rudolphi, 1810. Les Distomes et les Amphistomes sont hermaphrodites; les animaux du genre *Bilharzia* Cobbold sont, au contraire, à sexes séparés.

Les trois genres que nous venons de nommer sont les principaux de la famille: tous trois renferment des espèces parasites de l'Homme. Les Amphistomes et les Bilharzies sont peu nombreux, mais on connaît environ 350 espèces de Distomes, les unes microscopiques, les autres de très grande taille et mesurant jusqu'à 10 ou 12 centimètres de longueur, comme *Distoma ingens* Moniez et *D. gigas* Nardo.

Distoma hepaticum Retzius, 1786.

Synonymie : *Fasciola hepatica* Linné, 1767.
F. humana Gmelin, 1789.
F. lanceolata Rudolphi, 1803.

La Douve hépatique vit normalement dans les canaux biliaires du foie du Mouton; on l'observe aussi quelquefois chez l'Homme et chez un certain nombre d'animaux, notamment chez des Ruminants et des Rongeurs.

Les œufs se voient en très grande quantité dans les canaux et dans la vésicule biliaire; ils donnent à la bile une teinte brun sombre et un aspect sableux; ils s'accumulent parfois dans les plus fins canalicules, au point de former une masse brune et compacte qui les oblitère complètement. Ils sont entraînés avec la bile dans l'intestin, et l'examen microscopique des matières fécales permet de les retrouver, en même temps qu'il est le seul moyen de diagnostiquer la présence du parasite.

L'œuf, en effet, a une structure caractéristique. C'est un corps ovoïde, limité par une coque chitineuse, lisse, transparente et d'un brun jaunâtre. Ses dimensions moyennes sont de 130 μ sur 80 μ; elles peuvent varier d'ailleurs de 105 à 145 μ pour la longueur et de 66 à 90 μ pour la largeur. L'extrémité antérieure est un peu plus arrondie que la postérieure; celle-ci est parfois légèrement épaissie et rugueuse. Au pôle antérieur se voit une ligne circulaire légèrement ondulée, qui limite un opercule large de 28 μ. Ainsi constitué, cet œuf ressemble beaucoup à celui de *Bothriocephalus latus*, dont il ne se distingue guère que par sa taille à peu près double; il ne lui ressemble pas moins par la structure et par le mode de développement.

L'œuf mûr renferme une seule cellule ovulaire, fournie par le germigène, et un grand nombre de cellules nutritives, fournies par le vitellogène. La segmentation commence lorsque l'œuf descend dans l'oviducte; ses diverses phases n'ont pas encore été suivies chez *Distoma hepaticum*, mais Schauinsland, que nous prendrons encore pour guide, les a bien étudiées chez diverses autres espèces, notamment chez *D. tereticolle*.

Le vitellus de formation, représenté par la cellule ovulaire (fig. 295, A, *c*), occupe le pôle de l'œuf où se formera la partie antérieure de l'embryon et où se voit l'opercule. Le reste de l'œuf est constitué par le vitellus de nutrition, *b*, dont l'origine cellulaire est encore indiquée par un grand nombre de noyaux; il est infiltré dans toute sa masse de granulations réfringentes. C'est le vitellus formatif qui, par ses divisions successives, fournit toutes les cellules blastodermiques, processus au cours duquel le vitellus nutritif est absorbé peu à peu.

La cellule-œuf possède un gros noyau nucléolé; elle est d'abord complètement sphérique. Elle s'allonge bientôt dans le sens du grand axe de l'œuf, puis se divise en deux blastomères, B, *d*. Ceux-ci se placent ordinairement l'un derrière l'autre et sont de taille inégale. L'irrégularité de la segmentation se poursuivant, on passe par des stades avec 3, 4, 5, 6, 7 cellules de dimensions variables; il devient bientôt très difficile de fixer le nombre des blastomères: leurs contours sont si incertains, que l'ensemble a l'aspect d'une grande cellule plurinucléée.

Vers les derniers stades de la segmentation, on remarque une cellule qui se sépare légèrement des autres, dont elle se distingue d'autre part en ce qu'elle occupe le sommet de l'amas des blastomères. Cette cellule ne tarde pas à se diviser en deux cellules nouvelles, D, *e*, qui recouvrent la morula à la façon d'une calotte et l'enveloppent progressivement, leurs bords s'allongeant en une membrane extrêmement mince. Ainsi se constitue un chorion, qui ne prend aucune

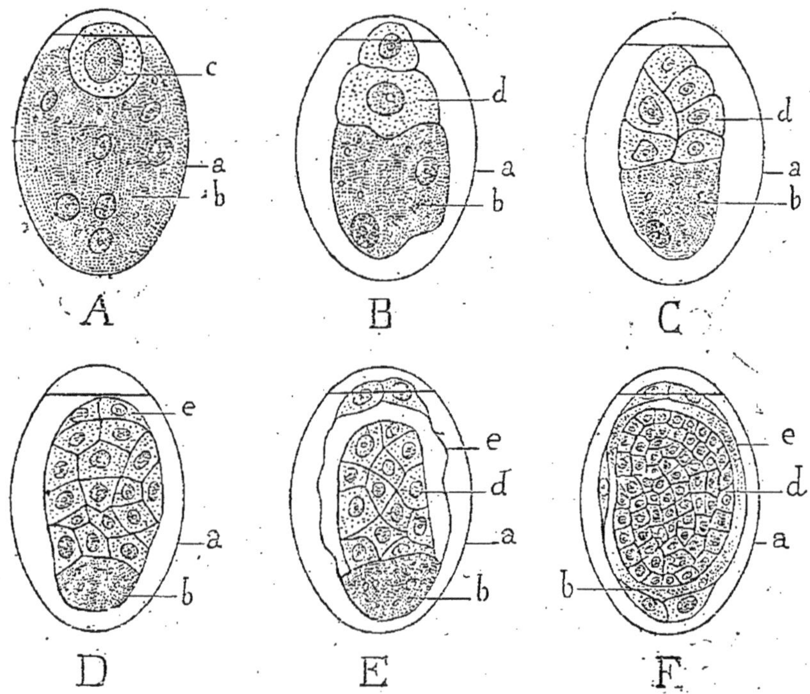

Fig. 295. — Développement de *Distoma tereticolle*, d'après Schauinsland. — *a*, coque de l'œuf ou membrane vitelline ; *b*, vitellus nutritif ; *c*, vitellus formatif ou cellule ovulaire ; *d*, blastomères provenant de la segmentation de la cellule ovulaire et aboutissant à la formation de la morula ; *e*, cellules polaires donnant naissance au chorion.

part à la formation de l'embryon. Il n'est d'abord formé que par les deux cellules dont nous venons de parler, et ne s'avance que jusqu'à la limite du vitellus de nutrition, enveloppant ainsi tout l'amas embryonnaire, E, *e*. A mesure que le vitellus nutritif est absorbé et que la morula augmente de taille, les deux cellules qui ont donné naissance au chorion se multiplient par division : on voit apparaître en divers points de ce dernier quelques cellules plates, ordinairement groupées par paire. La membrane enveloppe alors progressivement le vitellus de nutrition et englobe ainsi tout le contenu de l'œuf ;

cela fait, il se montre au pôle postérieur du chorion, comme naguère au pôle antérieur, une cellule en capuchon qui se divise bientôt en deux, F, *e*.

Pendant que le chorion se constituait, la segmentation se poursuivait sans relâche. Les blastomères deviennent plus nombreux et plus petits, et forment une masse solide qui refoule de plus en plus le vitellus nutritif, jusqu'à ce qu'enfin elle remplisse l'œuf tout entier. Il ne reste plus alors que quelques débris du vitellus de nutrition, sous forme de petits globules très réfringents, suspendus dans une masse homogène semi-liquide. Ces globules sont groupés aux deux pôles de l'œuf et se disposent aussi en une mince couche entre la membrane d'enveloppe et la morula, F, *b*.

A cette phase du développement, le contenu de l'œuf consiste donc en une morula solide, ayant l'aspect d'un ellipsoïde de révolution et formée de petites cellules toutes semblables entre elles, à noyau nucléolé et à contours très peu accentués. Le tout est enveloppé par un chorion complètement clos, qui englobe également les résidus du vitellus de nutrition.

Le développement entre dès lors dans une phase nouvelle, caractérisée par la différenciation de l'endoderme et de l'ectoderme; ce dernier se forme vraisemblablement par épibolie. L'amas des cellules embryonnaires, jusque-là complètement homogène, se montre alors revêtu sur toute sa surface d'une couche unique de cellules aplaties, qui se recouvrent bientôt de cils vibratiles longs et serrés. L'endoderme est d'abord représenté par une masse solide, mais bientôt quelques-unes de ses cellules se disposent régulièrement, de manière à former un cul-de-sac intestinal qui s'enfonce à l'intérieur du corps jusque vers le milieu de la longueur. Ce cæcum est rempli par une masse granuleuse; son extrémité antérieure constitue un rostre qui demeure invaginé tant que l'embryon reste dans l'œuf.

Quant aux autres cellules endodermiques, certaines d'entre elles s'appliquent contre l'ectoderme; elles sont reconnaissables à leur forme aplatie et à leur disposition régulière; elles délimitent ainsi une sorte de cœlôme que remplissent un grand nombre de cellules sphériques conservant l'aspect et les propriétés des cellules embryonnaires primitives. Ces blastomères, non utilisés dans la formation de l'embryon, sont destinés à devenir les cellules germinatives, aux dépens desquelles proviendront en partie les générations nouvelles.

L'embryon se meut alors à l'intérieur de l'œuf: une légère pression suffit à faire sauter le clapet et à déchirer le chorion. Ce dernier reste dans l'œuf, alors que l'embryon devient libre; pendant le cours du développement, il a perdu de plus en plus son caractère cellulaire et s'est transformé en une membrane mince et vitreuse, dans laquelle les réactifs colorants sont seuls capables de déceler la présence de noyaux en partie détruits.

Tel est, d'après Schauinsland, le développement de *Distoma tereticolle ;* il y a lieu de penser que, sauf de légères différences, les choses se passent de la même manière pour l'œuf de *D. hepaticum.* Ce dernier se développe rapidement, s'il est placé dans l'eau et soumis à une température modérée, telle que 23 à 26° ; l'embryon cilié, infusoriforme (fig. 296), se forme alors en deux à trois semaines ; le développement se trouve encore accéléré par l'adjonction de 0,5 p. 100 de chlorure de sodium. A une température moins élevée, le développement est plus lent : à 16°, par exemple, il exige deux ou trois mois. Le froid de l'hiver arrête tout travail évolutif, mais l'œuf n'est pas tué par une température de 0°. Tous les œufs ne se développent du reste pas avec une égale rapidité : dans les conditions normales, l'œuf étant exposé dans l'eau pure à la température ambiante, Baillet a vu l'éclosion se faire après un minimum de 50 à 52 jours, parfois au bout de 47 jours ; mais il n'est point rare de la voir se produire avec un retard de 24, 33, 41 et même 54 jours.

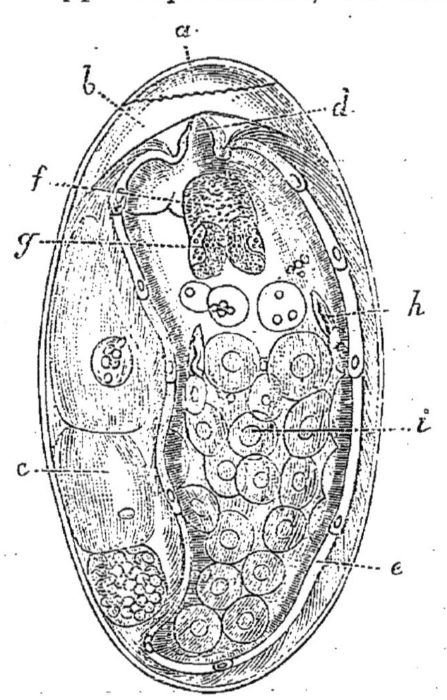

Fig. 296. — Œuf contenant un embryon près d'éclore, d'après Thomas. — *a*, opercule ; *b*, capuchon de mucus contre lequel s'appuie l'extrémité céphalique de l'embryon ; *c*, résidus vitellins ; *d*, rostre ou papille céphalique ; *e*, épiderme vibratile ; *f*, rudiments de l'appareil digestif ; *g*, taches oculaires ; *h*, entonnoir cilié ; *i*, cellules blastodermiques remplissant la cavité du corps.

Quand l'embryon, complètement formé, est prêt à éclore, il présente l'aspect que représente la figure 296. C'est un animalcule légèrement incurvé sur lui-même et à côté duquel se voient les débris du vitellus de nutrition, *c*. Il est limité par un épithélium, *e*, couvert de longs cils vibratiles sur toute son étendue, sauf à l'extrémité antérieure, où se distingue un rostre ou papille céphalique, *d*. Ce rostre est toujours tourné du côté de l'opercule, *a*, et s'appuie contre une masse muqueuse qui forme une sorte de coussinet, *b*.

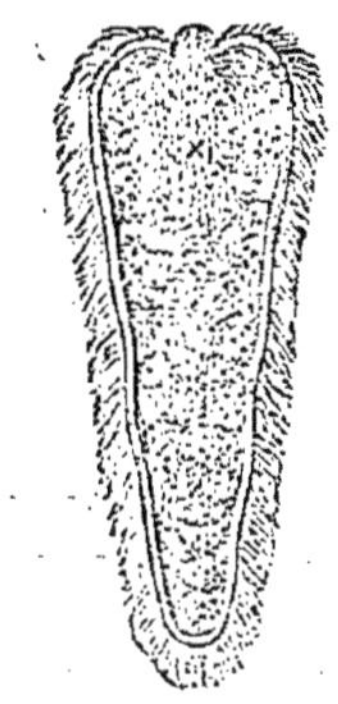

Fig. 297. — Embryon cilié, au moment de l'éclosion.

Parvenu à ce degré de développement, l'embryon est capable de vivre librement : ses mouvements deviennent de plus en plus marqués et finalement, par un mouvement d'extension de tout le corps, il fait sauter le clapet de l'œuf. Le coussinet muqueux est expulsé du même coup et l'embryon fait sortir de la coque de l'œuf la partie antérieure de son corps : les cils commencent à vibrer aussitôt que l'eau les touche. L'animalcule a encore quelques efforts à faire pour passer tout entier par l'étroite ouverture; quand il s'est enfin dégagé, il part comme un trait et s'éloigne rapidement dans l'eau (fig. 297).

L'embryon a l'aspect d'un cône allongé, à sommet arrondi ; il est long d'environ 130 μ et large de 27 μ à son extrémité antérieure. Celle-ci correspond à la base du cône et présente en son centre une sorte de rostre ou papille céphalique, courte et rétractile (fig. 296 et 298, *d*). Le corps est limité extérieurement par un ectoderme dont les cellules, larges et aplaties, sont disposées en cinq et parfois en six rangées transversales : la longueur de ces cellules varie entre 25 et 35 μ ; chacune d'elles possède un noyau large seulement de 3 μ. Les cellules de la première rangée, au nombre de quatre et parfois de cinq, sont plus épaisses que les autres et ressemblent à des épaulettes (fig. 298, *l*); celles de la seconde rangée sont au nombre de cinq ou six; les deux rangées suivantes en contiennent quatre et la dernière seulement deux. Toutes ces cellules sont polygonales et couvertes de cils vibratiles longs de 12 μ; ces derniers sont plus serrés et plus apparents sur les cellules du premier rang; ils n'existent point sur le rostre.

Au-dessous des cellules ciliées se trouve une couche granuleuse, dont Thomas a démontré la nature cellulaire et que Biehringer considère comme un véritable épiderme, analogue à l'hypoderme des autres Vers. Cette couche granuleuse est elle-même superposée à une double assise musculaire, dont les fibres transversales, situées en dehors, sont beaucoup plus développées que les fibres longitudinales. De cette couche dépendent les deux taches oculaires : on les représente habituellement sous la forme d'un X (fig. 297), mais ce sont en réalité deux masses de pigment sombre, ayant l'aspect de croissants adossés par leur face convexe, au voisinage de leurs cornes antérieures (fig. 296 et 298, *g*). Chaque tache oculaire est en réalité composée d'une cellule dans laquelle le pigment est déjeté d'un côté, sous forme d'un croissant dont la concavité est remplie par une substance réfringente jouant le rôle de cristallin. La paroi du corps renferme encore un grand nombre de granules jaunâtres réfringents, notamment en arrière des taches oculaires.

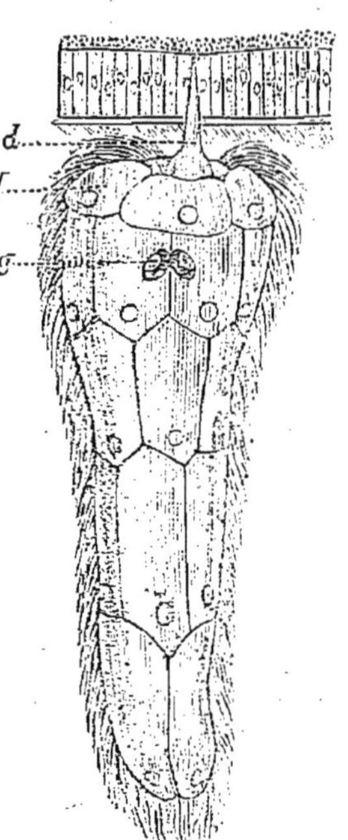

Fig. 298. — Embryon en train de perforer les tissus du Mollusque, d'après Thomas. — *l*, cellules en épaulettes de la première rangée ; *d* et *g*, comme dans la figure 296.

L'embryon est pourvu d'un appareil excréteur, représenté par deux espaces infundibuliformes et ciliés (fig. 296, *h*). Ceux-ci sont situés de chaque côté de la partie moyenne du corps : chacun d'eux renferme un grand cil porté par une cellule nucléée et ordinairement dirigé en avant. Le cil s'unit par un disque à la cellule basilaire ; il est linguiforme et est constamment en mouvement, par suite d'ondulations qui se propagent de la base au sommet.

Immédiatement en arrière du rostre, on remarque une masse granuleuse, que Thomas considère comme un appareil digestif rudimentaire, *f*. Le reste de la cavité du corps est occupé par des cellules fortement granuleuses, qui proviennent directement des cellules de segmentation, *i*.

L'embryon est extrêmement actif : il tient son rostre rétracté et nage rapidement, sans trêve ni repos ; il ressemble alors beaucoup à un gros Infusoire, quoiqu'il soit plus agile. Parfois il se dirige en avant : il tourne alors sur son grand axe, se déviant tantôt à droite, tantôt à gauche, comme pour chercher quelque chose. D'autres fois il s'incurve sur lui-même et se déplace vivement en cercle ; parfois encore, il s'incurve davantage et tourne sur lui-même sans changer de place. Arrive-t-il au contact de quelque objet, il s'arrête un instant, comme pour en reconnaître la nature; s'il n'est pas satisfait de cet examen, il s'éloigne en toute hâte. Il ne s'arrête que lorsqu'il rencontre enfin l'hôte chez lequel il doit accomplir la suite de son développement; dans le cas contraire, ses mouvements se ralentissent et il meurt au bout de huit heures environ.

Cet hôte intermédiaire est resté longtemps ignoré. Ce qu'on savait du développement et des migrations des Distomes voisins de la Douve hépatique donnait pourtant à penser que ce devait être un Mollusque. Le revêtement cilié de l'embryon, reconnu par Creplin, indiquait d'autre part un habitat aquatique et aurait dû faire songer à un Mollusque fluviatile. Aussi a-t-on lieu d'être surpris de voir Moulinié proclamer que *Limax agrestis* est l'hôte intermédiaire, comme si le passage de l'embryon dans ce Gastropode terricole était chose possible.

Plus tard, von Willemœs-Suhm fit remarquer que la Douve du foie est très commune chez les Moutons des îles Færœ. Or, la faune des Gastropodes terrestres et fluviatiles de cet archipel se réduit à huit espèces (*Arion ater*, *A. cinctus*, *Limax agrestis*, *L. marginatus*, *Vitrina pellucida*, *Hyalina alliaria*, *Limnæa truncatula* et *L. peregra*). En raison de l'extrême fréquence de *Limax agrestis*, von Willemœs-Suhm considéra cet animal comme l'hôte intermédiaire. De leur côté, Rolleston et Küchenmeister attribuaient le même rôle à *Arion ater;* Ercolani l'attribuait également à *Helix carthusianella* et *H. maculosa* et Piana à certaines espèces terrestres.

Von Linstow essaya sans succès d'infester *Succinea amphibia* et *Planorbis vortex*, au moyen d'embryons éclos dans des aquariums renfermant ces Mollusques.

C'est à Weinland que revient le mérite d'avoir donné la première indication quant à l'hôte intermédiaire. En août 1873, il trouva à Urach, dans les Alpes de Souabe, un *Limnæa truncatula* dont le foie était rempli de Cercaires. Celles-ci étaient dépourvues d'aiguillon céphalique, mais étaient couvertes de fines épines. Elles avaient une tendance marquée à ramper à la surface des objets : elles perdaient alors leur queue. Weinland pensa que ces Cercaires s'enkystaient sur l'herbe, au voisinage de l'eau et, passant dans l'intestin du Mouton, se transformaient en Douves hépatiques.

Cette observation de Weinland mit Leuckart sur la voie qui devait le conduire à une rigoureuse démonstration expérimentale. Le professeur de Leipzig avait déjà tenté de vaines expériences d'infestation sur divers animaux aquatiques, quand, vers le milieu de l'été de 1879, il plaça dans ses aquariums un certain nombre de *Limnæa peregra* (fig. 299, B). Peu de jours après, il constata que des embryons de Douve étaient allés se fixer sur la plupart de ces Mollusques; on les trouvait surtout dans le fond de la cavité respiratoire, tantôt isolés, tantôt réunis en grand nombre; ils avaient déjà perdu leur manteau cilié et se trouvaient à l'état de Sporocyste.

Fig. 299. — A, *Limnæa truncatula*; B, *Limnæa peregra*.

Leuckart en conclut que les embryons de *Distoma hepaticum* sont capables de se développer à l'intérieur de *Limnæa peregra*. Plus les Mollusques sont jeunes, plus l'infestation est sûre et complète. Chez des individus gros comme une tête d'épingle, on trouve fréquemment enkystés plusieurs douzaines d'embryons; les animaux adultes ou à moitié développés sont presque complètement épargnés. Les autres espèces de Limnées (*L. palustris, L. auricularia*) se sont comportées de la même façon.

Cependant des expériences ultérieures ont montré à Leuckart que, bien loin de produire des Cercaires, les Rédies développées chez *L. peregra* meurent au bout de quatre à cinq semaines: ce Mollusque n'est donc point le véritable hôte intermédiaire, encore qu'il en soit très voisin. Dans le but d'expérimenter sur *L. (minuta) truncatula* (fig. 299, A), espèce inconnue aux environs de Leipzig, Leuckart eut recours à Weinland pour se procurer ce Mollusque. Ce dernier est, à n'en pas douter, l'hôte intermédiaire, il se laisse infester bien plus aisément que le précédent et est apte à recevoir le parasite à tout âge.

Tandis qu'en Allemagne Leuckart faisait cette importante observation, en Angleterre Thomas arrivait à un résultat identique. En décembre 1880, cet observateur trouva dans un *Limnæa truncatula* capturé dans un champ infesté, à Wytham, près Oxford, une Cercaire qu'il crut devoir rapporter à la Douve hépatique. Pendant l'été de 1882, il expérimenta sur cette même Limnée et fut assez heureux pour voir l'embryon de la Douve s'y développer jusqu'à l'état de Cercaire mûre; comparant celle-ci avec celle qu'il avait trouvée à Wytham, il reconnut leur parfaite identité (1).

(1) Bien que les publications de Thomas soient un peu antérieures à celles de Leuckart, le mérite d'avoir démontré le premier expérimentalement le passage de l'embryon de la Douve chez *Limnæa truncatula* revient pourtant à celui-ci. En effet, dès 1880, Leuckart faisait connaître à Cobbold le résultat

Limnæa truncatula est donc l'hôte chez lequel se développe l'embryon de la Douve. Dès qu'il rencontre le Mollusque, l'embryon commence à en perforer les tissus; dans ce but, il se sert de son rostre. Cet organe n'est ordinairement long que de 6 μ; son axe est occupé par une sorte de baguette semi-rigide. Dès que le forage commence, le rostre s'allonge, s'effile et devient conique : l'embryon tourne autour de son axe, les cils de sa surface vibrent énergiquement et le pressent contre le Mollusque; cette pression est encore augmentée par les mouvements de l'embryon, qui tour à tour se contracte sur lui-même et se relâche brusquement. Le rostre s'allonge de plus en plus, à mesure qu'il s'enfonce dans les tissus de la Limnée; il peut atteindre ainsi jusqu'à cinq fois sa longueur première (fig. 298). Les tissus finissent par s'écarter, comme sous la pression d'un coin, et par présenter une brèche, grâce à laquelle l'embryon pénètre dans le Mollusque.

Nous avons reconnu plus haut que l'embryon sait discerner exactement l'hôte qui lui convient; mais il n'est pas toujours aussi heureux dans le choix de l'organe dans lequel il pénètre. Assez souvent il s'enfonce dans le pied, où il ne pourra qu'exceptionnellement poursuivre son développement : il y meurt d'ordinaire au bout de deux ou trois jours. Son habitat naturel semble être la chambre pulmonaire, que la minceur de ses parois rend très accessible. On peut rencontrer aussi quelques embryons dans la cavité du corps.

L'embryon subit alors une métamorphose consistant en la perte de ses organes locomoteurs : il perd sa couche de cellules ciliées, exactement comme le fait l'embryon du Bothriocéphale et se transforme en un Sporocyste inerte. Au cours de sa métamorphose, il peut présenter divers aspects, mais finit par prendre la forme d'une masse elliptique. Les taches oculaires se séparent l'une de l'autre et perdent leur aspect en croissant; elles persistent néanmoins, ainsi qu'un rudiment du rostre. Le rudiment du tube digestif persiste encore quelque temps, mais finit par s'effacer.

de ses observations et, dans une lettre adressée au *Times*, à la date du 7 avril 1880, l'helminthologiste anglais écrivait ceci : « Les recherches récentes de Leuckart indiquent le Mollusque appelé *Limnæa truncatula* comme l'hôte de la Cercaire de *Fasciola hepatica*. »

Quand tous ces changements sont accomplis, le Sporocyste n'est long que de 70 μ. Il atteint sa taille définitive en moins de quinze jours, pendant la chaleur de l'été ; en un mois environ, pendant l'automne. Il reste elliptique jusqu'à ce qu'il atteigne une longueur de 150 μ ; sa croissance se fait alors plus rapidement suivant le diamètre longitudinal et il acquiert la forme d'un sac dont la paroi se compose de trois couches.

Conformément à ce que nous avons reconnu chez le Bothriocéphale, le manteau cilié que rejette l'embryon au moment où il se transforme en Sporocyste représente l'ectoderme tout entier, au-dessous duquel se développe une cuticule. Biehringer n'admet pas cette manière de voir : pour lui, le manteau cilié correspond seulement à la couche externe de l'ectoderme, comparable à la couche épithéliale externe d'une larve d'Échinoderme ou de Némertien ; la cuticule aurait donc la signification d'un véritable épiderme. Au-dessous de celle-ci viennent une très mince couche musculaire, formée de deux assises rudimentaires, et un épithélium qui limite intérieurement la cavité du corps et constitue la partie principale de la paroi du Sporocyste (1).

La cavité du corps est remplie d'une masse de cellules claires et arrondies que l'on appelle *cellules germinatives*. Quelques-unes dérivent peut-être des cellules blastodermiques dont nous avons noté l'existence dans la cavité du corps de l'embryon, mais la plupart prennent naissance aux dépens de l'épithélium interne du Sporocyste. En un point quelconque de la couche épithéliale, on peut voir une cellule se diviser en deux suivant un plan perpendiculaire au grand axe de l'animal ; par suite de divisions successives, il se forme 4, 8, 16 cellules et plus, qui se disposent en une sorte de morula. Cette masse, développée dans l'épaisseur de l'épithélium, proémine bientôt à la surface de ce dernier et finit par tomber dans la cavité centrale, où elle complète son développement, c'est-à-dire arrive à l'état de Rédie.

Cependant le Sporocyste continue de croître : il atteint fina-

(1) Quelques Sporocystes présentent parfois une quatrième couche, qui enveloppe les trois premières. Leuckart avait déjà reconnu qu'elle n'appartenait pas véritablement à la paroi du Sporocyste ; Biehringer montre qu'elle est formée par les globules sanguins de l'hôte.

lement une longueur de $0^{mm},5$ à $0^{mm},7$; les cellules germinatives sont déjà libres et disposées en masses ayant l'aspect de morulas, alors qu'il n'est encore long que de $0^{mm},2$.

L'appareil excréteur est logé dans l'épaisseur de la paroi du Sporocyste; on trouve dans le tiers moyen de la longueur du corps, de chaque côté de la ligne médiane, une demi-douzaine d'entonnoirs ciliés, ayant la même structure que chez l'embryon. Ces entonnoirs ne semblent pas être en rapport avec des canaux, mais ils communiquent avec un vaste système de lacunes irrégulières, interposées aux cellules de la paroi du corps. On n'a pu voir encore ces lacunes s'ouvrir ni à l'intérieur, dans la cavité générale, ni à l'extérieur, à la surface du tégument.

Le Sporocyste est capable de se multiplier directement, soit par division transversale, soit par production de nouveaux Sporocystes aux dépens des amas de cellules germinatives, soit encore indifféremment par l'une et l'autre manière chez une même espèce (*Cercaria chlorotica*). Le premier cas peut se continuer à travers plusieurs générations, comme chez *Cercaria limacis;* il s'observe quelquefois chez *Distoma hepaticum*, mais ne s'effectue que chez de très jeunes Sporocystes.

Nous avons vu les cellules se multiplier activement et se disposer en amas mûriformes. Chacun de ces derniers se comporte par la suite à la façon d'une véritable morula, c'est-à-dire qu'il produit par invagination une gastrula d'abord arrondie, puis ovale, que délimite bientôt une délicate membrane. Le germe ainsi constitué va se développer en une *Rédie*, qui prendra bientôt une forme allongée (fig. 300). A l'entrée du progaster, certaines cellules se différencient en un pharynx sphérique, *b;* un peu en arrière de celui-ci, une sorte de collier fait légèrement saillie à la surface du corps, *c*, tandis que, vers l'extrémité postérieure, se montrent deux appendices courts et mousses, *e*, analogues à des membres rudimentaires.

Le Sporocyste mûr renferme donc un certain nombre de Rédies à différents degrés de développement. Quand la Rédie a atteint une longueur moyenne de 260 μ, elle est apte à quitter le Sporocyste qui lui a donné naissance : elle est alors animée de mouvements dont l'énergie augmente jusqu'à ce qu'elle finisse par rompre la paroi du Sporocyste : elle élargit la déchirure ainsi produite et se sépare de son parent. Certains Sporocystes, comme celui d'où dérive *Cercaria gracilis*, ont un orifice spécial pour la mise en liberté des Rédies; le Sporocyste du Distome hépatique ne présente rien de semblable.

Aussitôt qu'elle est devenue libre, la Rédie (fig. 300) se fraye un chemin à travers les tissus de son hôte et va se fixer dans divers organes, mais surtout dans le foie. Elle grandit jusqu'à ce qu'elle atteigne une longueur de 1mm,3 à 1mm,6 ; elle est alors d'une forme cylindrique allongée. L'extrémité antérieure s'effile légèrement, puis se termine brusquement par une surface tronquée, au centre de laquelle se voit la bouche. Un peu en arrière du pharynx, *b*, on remarque à la surface du corps le collier circulaire, *c*, dont nous avons déjà parlé. En arrière de celui-ci, le corps se rétrécit légèrement, puis va en s'élargissant jusque vers le milieu de sa longueur; il s'effile alors plus ou moins rapidement jusqu'à l'extrémité postérieure, qui se termine par une surface arrondie. A peu près à l'union des trois quarts antérieurs et du quart postérieur du

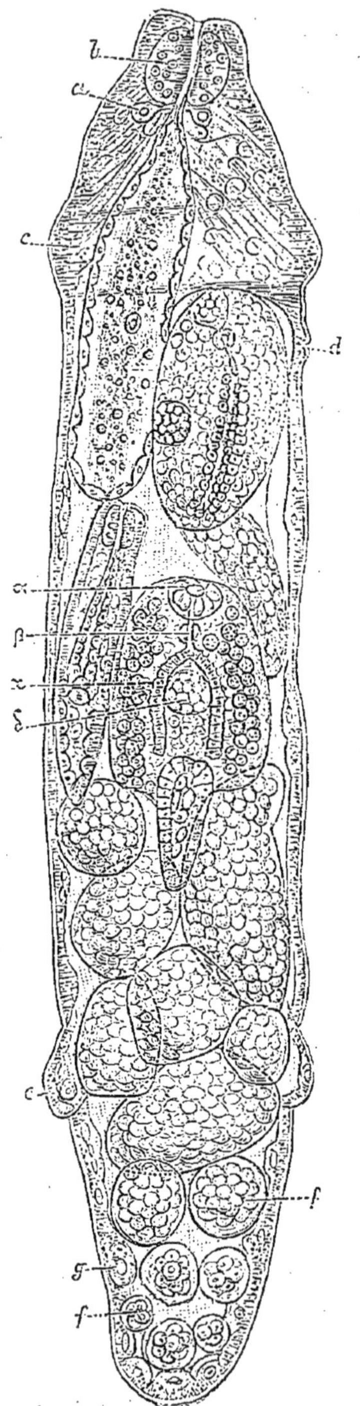

Fig. 300. — Rédie adulte contenant une Rédie-fille, une Cercaire approchant de sa maturité, deux autres Cercaires plus jeunes et des germes de toutes dimensions. D'après Thomas. — *a*, cellules glandulaires?; *b*, pharynx; *c*, collier; *d*, orifice d'éclosion; *e*, appendices postérieurs représentant des membres rudimentaires; *f*, germes à divers états de développement; *g*, cellule germinative. — Les lettres grecques se rapportent à la Cercaire. α, ventouse buccale; β, œsophage; κ, cæcum intestinal; δ, rudiments de la ventouse ventrale.

corps, se trouvent les deux appendices coniques et mousses qui jouent le rôle de membres rudimentaires, *e* : ils servent en effet à affermir la Rédie et l'empêchent de glisser en arrière, tandis qu'elle se déplace au sein des tissus de son hôte. Ces appendices sont symétriquement opposés l'un à l'autre, situés à la face ventrale et dirigés en dehors et en arrière.

La paroi du corps a la même structure que chez le Sporocyste, sauf de légères différences. Les fibres musculaires sont beaucoup plus développées, surtout dans la partie antérieure, en sorte que la Rédie est notablement plus mobile que le Sporocyste. Elles sont surtout marquées dans le collier où elles présentent une disposition particulière : les fibres transversales semblent être immédiatement sous-jacentes à la cuticule ; elles sont plus denses vers les bords du collier que vers sa partie convexe. Les fibres longitudinales ne s'infléchissent pas pour suivre la surface du collier, mais traversent directement d'un bord à l'autre de sa base. La saillie que fait le collier à la surface du corps varie considérablement suivant les individus ; elle tient à l'état de contraction des fibres musculaires. Le collier a pour fonction de maintenir la forme du corps et de donner au cou une base solide sur laquelle il puisse se mouvoir.

L'appareil sécréteur de la Rédie est mieux développé que celui du Sporocyste : on observe dans la paroi du corps des canaux à limites nettes. De chaque côté se voit un vaisseau longitudinal sinueux ; il est difficile de le suivre sur une bien grande longueur, mais ses ramifications sont plus distinctes. On ne saurait dire si ce système de vaisseaux s'ouvre à l'extérieur : ses branches prennent naissance par un entonnoir long et étroit, dans lequel un gros cil est sans cesse en mouvement. Les entonnoirs vibratiles sont disposés en deux groupes de chaque côté du corps : le groupe antérieur est situé un peu en arrière du collier, le postérieur est contigu au prolongement latéral.

La Rédie se distingue essentiellement du Sporocyste par la présence d'un appareil digestif. La bouche est entourée de plis saillants ou lèvres auxquels un développement particulier des muscles permet de fonctionner à la façon d'un sphincter. Les lèvres circonscrivent un espace fort étroit, qui débouche presque directement dans le pharynx, *b*, organe musculaire elliptique, au moyen duquel l'animal déchire les tissus dont il se nourrit. Le pharynx est limité en dehors par une membrane; il est tapissé en dedans par une épaisse cuticule. A sa suite vient le tube digestif, simple cul-de-sac dont la longueur varie d'un individu à l'autre, mais dépasse rarement $0^{mm},3$ à $0^{mm},4$. Il se compose d'une simple membrane anhiste, à l'intérieur de laquelle se voit une couche unique de cellules claires et nucléées; quand il est distendu par la masse alimentaire, celles-ci s'aplatissent tellement que le noyau proémine à leur surface.

La cavité du corps est traversée en différentes directions par un tissu trabéculaire dont l'abondance est des plus inégales, suivant les individus. Il s'accumule en grande quantité dans la partie antérieure, autour du pharynx et du cul-de-sac digestif; il fait parfois complètement défaut dans la partie postérieure. A l'union du pharynx et de l'intestin, on remarque dans ce tissu quelques grandes cellules rondes dont le protoplasma est clair et le noyau de grande taille : ce sont probablement des cellules glandulaires, *a*.

Sur l'un des côtés de la Rédie, un peu en arrière du collier, se trouve un petit orifice impair, *d*, par où sortiront, quand ils seront aptes à quitter leur parent, les êtres qui se développent à l'intérieur du corps.

Par un procédé semblable à celui que nous avons étudié chez le Sporocyste, la Rédie produit des cellules germinatives, *g*, dont l'évolution en morulas nous est déjà connue, *f*. Chaque morula est entourée d'une délicate membrane et se transforme en une gastrula dont l'évolution peut se faire de deux façons, suivant qu'elle produit une Rédie-fille ou une Cercaire.

La cause de cette remarquable différence dans le développement est encore ignorée. Thomas croit la trouver dans la saison : il n'a vu les Rédies donner naissance aux Rédies-filles que pendant la saison chaude ; en hiver, elles produisent toujours directement des Cercaires. Dans les saisons intermédiaires, telles que l'automne, on peut voir parfois, chez une même Rédie, une seule Rédie-fille se développer au milieu d'un grand nombre de Cercaires. La Rédie destinée à produire une nouvelle génération de Rédies est ordinairement plus petite que celle qui produit des Cercaires, mais son pharynx et son tube digestif sont plus grands que chez cette dernière. De plus, une Rédie-mère ne contient jamais plus de 10 Rédies-filles ou germes de Rédies-filles à divers états de développement; elle renferme au contraire jusqu'à 23 Cercaires.

La Rédie-fille se développe exactement de la même façon que sa mère; l'évolution de la Cercaire suit une marche différente. La gastrula, dont nous avons reconnu l'origine, s'allonge et l'une de ses extrémités s'effile plus que l'autre. L'extrémité la plus grêle se comprime pour former la queue. Le reste de la gastrula s'aplatit en une sorte de disque qui représente le corps de la Cercaire. Les cellules superficielles se différencient à l'extrémité antérieure, de manière à produire une ventouse buccale (fig. 300, α; 301, *a*), au fond de laquelle s'ouvre la bouche; les cellules situées au milieu de la face inférieure se différencient également en une ventouse ventrale (fig. 300, δ; fig. 301, *d*), de même taille que la précédente.

L'appareil digestif se présente alors sous la forme d'un cordon cellulaire plein. Le bulbe pharyngien (fig. 300, β; fig. 301, *b*) vient immédiatement à la suite de la ventouse buccale; il est suivi lui-même d'un étroit œsophage (fig. 301, *b'*), qui remonte légèrement vers la face dorsale et qui, en avant de la ventouse ventrale, se bifurque en deux branches intestinales (fig. 300, κ; fig. 301, *c*). Chacune de ces dernières se prolonge, de chaque côté de la ventouse ventrale, jusque vers l'extrémité du corps; elle est encore constituée par une simple rangée d'épaisses cellules discoïdes.

Les parties latérales du corps sont occupées par des cellules dont quelques-unes, qui se laissent infiltrer par des granulations, sont destinées à prendre part à la formation du kyste de la Cercaire et méritent le nom de *cellules cystogènes*, *e*. Les granulations sont d'abord en petit nombre et peu apparentes; elles deviennent progressivement plus nombreuses et finissent par obscurcir le noyau et par rendre la cellule opaque. Parmi les autres cellules constituant le parenchyme du corps de la Cercaire, on en voit beaucoup dont le protoplasma est rempli de corpuscules en bâtonnets, dont la forme et la taille rappellent celles des Bactéries. Ceux-ci sont longs de 6 μ et se disposent souvent côte à côte en rangées qui, à l'intérieur d'une même cellule, marchent toutes sensiblement dans la même direction. Leuckart croyait ces bâtonnets destinés à se réunir en faisceaux, pour donner naissance aux spicules qui se montrent à la surface de la Douve adulte; Thomas rejette cette interprétation, sans pourtant pouvoir dire rien de précis sur la nature de ces corpuscules.

La Rédie adulte renferme à peu près une vingtaine de germes; parmi ceux-ci, on trouve communément d'une à trois, parfois même jusqu'à six Cercaires approchant de leur maturité.

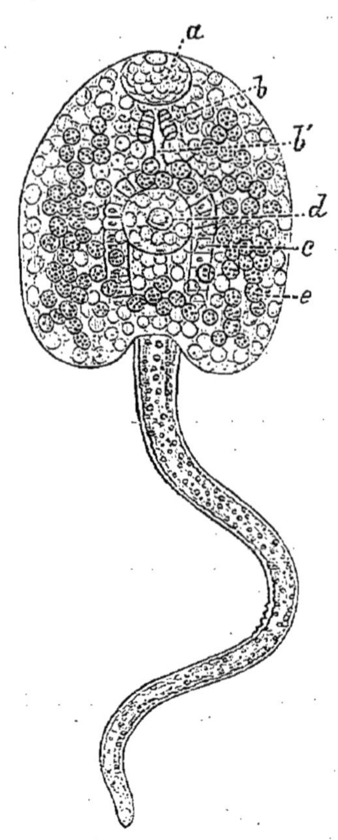

Fig. 301. — Cercaire libre, d'après Thomas. — *a*, ventouse buccale; *b*, pharynx; *b'*, œsophage; *c*, cæcum intestinal: *d*, ventouse ventrale; *e*, cellules cystogènes.

Dès que son développement est achevé, la Cercaire sort du corps de la Rédie par l'orifice d'éclosion (fig. 300, *d*): à l'aide de ses ventouses et de sa queue, elle rampe et serpente jusqu'à ce qu'elle parvienne au dehors de son hôte. Devenue libre, elle est très agile et se contracte si activement que sa forme et ses dimensions présentent des modifications incessantes. A l'état de repos, elle est de forme ovale et déprimée (fig. 301); elle mesure en moyenne $0^{mm},28$ de long sur $0^{mm},23$ de large; les plus grands exemplaires mesurent parfois plus de $0^{mm},30$ de longueur. La queue a plus de deux fois la longueur du corps; elle est extrêmement contractile. La ventouse buccale est subterminale; l'orifice de la bouche est dirigé en bas et en avant et est large de 60 μ; le pharynx est large de 34 μ. La ventouse ventrale, située un peu en arrière du centre de la face inférieure, a les mêmes dimensions que la précédente ou est même un peu plus grande.

Comme il arrive dans la plupart des cas où les Cercaires sont produites par des Rédies, la Cercaire est dépourvue d'épine céphalique. Dans sa partie antérieure, la surface des individus mûrs est couverte d'épines d'une extrême finesse. Mais ce qui caractérise surtout la Cercaire, c'est la présence des cellules cystogènes, si infiltrées de gros granules réfringents qu'elles en paraissent tout à fait opaques. Elles sont réparties en deux lobes situés de chaque côté du corps (fig. 301, *e*), depuis le pharynx jusqu'à l'extrémité postérieure. Immédiatement en avant de la ventouse ventrale, on voit un autre groupe de semblables cellules ; cet amas est souvent assez large pour se fusionner avec les deux masses latérales. Quelques autres cellules sont encore éparses en arrière de la ventouse ventrale.

Les cellules cystogènes masquent les autres organes renfermés dans le corps de la Cercaire; on peut voir néanmoins la vésicule contractile du système excréteur et, de chaque côté, les vaisseaux latéraux.

La Cercaire libre (1) ne nage pas longtemps dans l'eau ; elle s'arrête bientôt à la surface d'un corps submergé, par exemple sur une plante aquatique, et s'enferme dans un kyste blanc comme neige. Elle s'arrondit tout d'abord, puis du mucus suinte de toute la surface de son corps, entraînant les granulations que contenaient les cellules cystogènes. La queue tombe parfois avant que l'animal ne commence à s'enkyster ; habituellement elle persiste tant que dure la formation du kyste et continue à fouetter énergiquement de côté et d'autre, jusqu'à ce qu'enfin elle se détache par une contraction plus vigoureuse. L'enkystement est très rapide : en quelques minutes il se forme une couche très épaisse, qui durcit presque aussitôt. Si on isole alors la Cercaire avec précaution, on constate qu'elle est devenue claire et transparente : les cellules cystogènes ont disparu ; sous l'effort des contractions de l'animal, elles ont été expulsées et ont servi à la construction du kyste.

Les mœurs de *Limnæa truncatula* nous rendent compte de

(1) Ercolani avait noté que l'eau légèrement salée exerce sur les Cercaires une action mortelle. Perroncito a déterminé le titre de la solution de chlorure de sodium capable de tuer les Cercaires et les petits Distomes. Les Cercaires hébergées par *Limnæa palustris* meurent rapidement dans une solution à 4 p. 100 ; elles succombent en moins de cinq minutes à 2 p. 100 ; elles meurent au bout de 20 à 35 minutes à 1 p. 100, après avoir progressivement ralenti leurs mouvements. La mort arrive en une demi-heure à 0,65 p. 100, mais elles vivent encore après 20 heures dans la solution à 0,25 p. 100.

la manière dont les Cercaires enkystées peuvent être avalées par les Mammifères herbivores chez lesquels elles parviennent à l'état adulte. Ce Gastropode d'eau douce est en réalité amphibie : il se tient très souvent hors de l'eau. Après des pluies abondantes, on le trouve en très grande quantité dans l'herbe, sur le bord des fossés ; il reste vivant dans le gazon aussi longtemps que celui-ci est humide ; pendant la sécheresse, il se ramasse dans sa coquille et demeure plus ou moins longtemps en une sorte de vie latente. Dans de semblables conditions, il est aisé de comprendre comment se fait l'infestation du bétail, soit en avalant les plantes sur lesquelles s'est enkystée la Cercaire, soit en avalant le Mollusque lui-même.

Quant aux cas où le Distome pénètre chez l'Homme, ils s'expliquent par l'ingestion d'eau renfermant des Cercaires en liberté ou de Cresson dont la tige ou les feuilles supportent des kystes.

J.-J. Moulinié, *De la reproduction chez les Trématodes endo-parasites*. Mém. de l'Institut genevois, III, 1855.

R. von Willemœs-Suhm, *Helminthologische Notizen. — III. Bau und Embryologie der Trematoden*. Z. f. w. Z., XXIII, p. 332, 1873.

D. F. Weinland, *Die Weichthierfauna der schwäbischen Alb*. Stuttgart, 1875. Voir p. 101. — Jahreshefte des Vereins für vaterl. Naturkunde in Württemberg, XXXII, p. 234, 1876. Voir p. 333. — Id., *Zur Entwicklungsgeschichte des Leberegels* (*Distoma hepaticum*). Jahreshefte des Vereins für vaterländische Naturkunde Württembergs, XXXIX, p. 89, 1883.

O. von Linstow, *Beobachtungen an neuen und bekannten Helminthen*. Archiv für Naturgeschichte, I, p. 183, 1875. Voir p. 193.

C. Baillet, *Note sur le développement de l'embryon dans les œufs de la Douve hépatique*. Mém. de l'Acad. des sciences de Toulouse, (2), I, p. 197, 2e semestre 1879.

G. Rolleston. The Times, 14th april 1880.

G. B. Ercolani, *Sull' ovulazione dei Distomi epatico e lanceolato delle Pecore e dei Buoi*. Rendiconti dell' Accad. delle scienze dell' Istituto di Bologna, p. 123, 1880-1. — Id., *Dell' adattamento della specie all' ambiente. Nuove ricerche sulla storia genetica dei Trematodi*. Memorie dell' Accad. delle sc. dell' Istituto di Bologna, (4), II, p. 239, 1881. — Id., *De l'adaptation des espèces au milieu ambiant, nouvelles recherches sur l'origine des Trématodes*. Archives italiennes de biologie, I, p. 439, 1882.

A. P. Thomas, *Report of experiments on the development of the liver-fluke* (*Fasciola hepatica*). Journal of the R. agricultural Society of England, (2), XVII, p. 1, april 1881. — Id., *A second report of experiments on the development of liver-fluke* (*Fasciola hepatica*). Ibidem, XVIII, p. 439, oct. 1882. — Id., *A parasite of Limnæa truncatula*. Journal of Conchology, III, p. 329, 1882. — Id., *Second report of experiments on the development of the liver-fluke* (*Fasciola hepatica*), Veterinarian, LVI, p. 18', 338 and 404, 1883. — Id., *The life-*

history of the liver-fluke (Fasciola hepatica). Quarterly journal of micr. science, XXIII, p. 99, 1883.

R. Leuckart, *Zur Entwickelungsgeschichte des Leberegels.* Zoologischer Anzeiger, IV, p. 641, 12 déc. 1881; V, p. 524, 9 oct. 1882. Archiv für Naturgeschichte, I, p. 80, 1882. Analysé dans Archives des sc. physiques et nat., (3), VIII, p. 467, 1882.

G. P. Piana, *Le Cercarie nei Molluschi studiate in rapporto colla presenza del Distoma epatico e del Distoma lanceolato nel fegato dei Ruminanti domestici.* La clinica veterinaria, V, 1882.

H. Schauinsland, *Beiträge zur Kenntniss der Embryonalentwickelung der Distomeen.* Zoolog. Anzeiger, V, p. 494, 1882. — Id., *Beitrag zur Kenntniss der Embryonalentwicklung der Trematoden.* Jenaische Zeitschrift, XVI, p. 465, 1883.

J. T. Marshall, *On a parasite of Limnæa truncatula.* Journal of conchology, IV, p. 10, 1883.

W. H. Jackson, *Note on the life history of Fasciola (Distoma) hepatica.* Zoolog. Anzeiger, VI, p. 248, 1883.

G. Joseph, *Vorläufige Mittheilung über die Jugendzustände des Leberegels.* Zoolog. Anzeiger, VI, p. 322, 1883.

J. Biehringer, *Beiträge zur Anatomie und Entwickelungsgeschichte der Trematoden.* Arbeiten aus dem zool.-zoot. Instituts an der Universität Würzburg, VII, p. 1, 1884.

E. Perroncito, *Action du chlorure de sodium sur les Cercaires et de leur dessèchement.* Archives italiennes de biologie, VI, p. 154, 1884.

W. Schwarze, *Die postembryonale Entwicklung der Trematoden.* Z. f. w. Z., XLIII, p. 41, 1886.

Dès qu'elle a pénétré chez son hôte définitif, la Cercaire subit rapidement les transformations qui l'amènent à l'état adulte. Son kyste est dissous par les sucs digestifs ; elle redevient active et remonte par le canal cholédoque jusque dans les canaux biliaires. Elle s'accroît alors très vite et change complètement de forme ; la partie postérieure, dans laquelle se développent les organes génitaux, l'emporte bientôt sur l'antérieure. La ventouse postérieuse prend part elle-même, dans une certaine mesure, à l'accroissement de la partie postérieure du corps : chez la Cercaire, les deux ventouses étaient à peu près d'égale taille ; chez la Douve adulte, l'antérieure est à la postérieure comme 1 : 1,35.

La Douve hépatique a été déjà décrite bien des fois ; son étude anatomique a été faite surtout par Mehlis, Em. Blanchard, Stieda, Leuckart, Sommer et Macé ; la plupart des détails qui suivent sont empruntés aux excellentes descriptions de ces trois derniers auteurs.

C'est un animal dont le corps aplati, plus long que large, a la forme d'une feuille de Myrte ou d'une lancette (fig. 302). La longueur moyenne est de 15 à 33 millimètres, la largeur de 4 à 13 millimètres. L'épaisseur est variable suivant l'état de réplétion ou de vacuité des organes sexuels, qui occupent la partie médiane du corps.

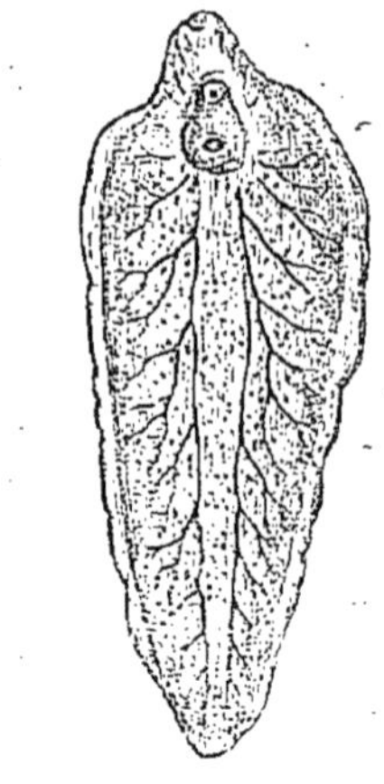

Fig. 302. — *Distoma hepaticum*, de grandeur naturelle, vu par la face ventrale.

Celui-ci est divisé en deux parties, de taille inégale. L'antérieure, longue seulement de 3 à 4 millimètres, large de 3 millimètres à sa base et épaisse de 2^{mm},5, a la forme d'un cône tronqué, dont la plus petite base est antérieure : c'est le *prolongement céphalique*, toujours tourné en avant lors de la locomotion et renfermant les centres nerveux et la partie initiale du tube digestif. L'autre partie, beaucoup plus large, est le corps proprement dit ; elle contient la plupart des organes.

Qu'on l'examine par la face dorsale ou par la face ventrale, le *corps* de la Douve se montre parcouru dans le sens de la longueur par cinq zones différentes d'aspect : une zone médiane et, de chaque côté, deux zones latérales.

La zone médiane (1) est blanchâtre chez les individus jeunes ; elle présente de grosses taches brunes à sa partie antérieure, chez les individus en pleine maturité sexuelle. La couleur blanchâtre est due aux tubes testiculaires, dont les sinuosités remplissent cet espace médian, du moins dans ses deux tiers postérieurs; les taches brun rougeâtre tiennent aux œufs mûrs, à coque colorée, qui distendent l'oviducte.

Les deux bandes qui, de chaque côté, bordent la zone médiane sont les zones latérales (2). La zone latérale interne forme une bande assez large, fortement piquetée de brun noir; elle est occupée par les vitellogènes, très développés chez les adultes. Enfin, la zone latérale externe, d'aspect blanchâtre et limitée au bord latéral du corps, est occupée par les cæcums latéraux de l'intestin.

Si l'on examine une Douve par la face ventrale, on remarque tout d'abord les deux ventouses, au moyen desquelles se fixe

(1) *Mittelfeld* ou *Hodenfeld* de Leuckart.
(2) *Seitenfelder* de Leuckart.

l'animal et qui jouent d'autre part un rôle important dans la locomotion. L'antérieure (fig. 303 et 306, A ; fig. 304, c ; fig. 305, e), au fond de laquelle se trouve l'orifice buccal, est située au sommet du prolongement céphalique : elle est large de $0^{mm},72$ à $0^{mm},84$; la plupart des auteurs la décrivent comme exactement terminale, bien qu'elle soit manifestement reportée sur la face ventrale. La ventouse postérieure (fig. 303 et 306, B), située à l'union du prolongement céphalique avec le corps, est plus grande et plus forte que la précédente et mesure de 1 millimètre à $1^{mm},10$; son orifice est triangulaire. Les anciens observateurs pensaient que cette ventouse était perforée et la considéraient comme une seconde bouche ; on a depuis longtemps reconnu l'inexactitude de cette opinion.

En avant de la ventouse postérieure, on voit un orifice elliptique, dirigé obliquement en bas et en dehors : c'est le sinus génital (fig. 306, D), sorte de cloaque peu profond où viennent s'ouvrir, à gauche la vulve, petite et en forme de boutonnière, à droite la poche du cirre. Le sinus génital est à une distance de $0^{mm},3$ à $0^{mm},5$ en avant de la ventouse postérieure ; il est habituellement médian, mais il n'est point rare de le voir déjeté sur la gauche. Sa forme est variable ; il a d'ordinaire l'aspect d'un ovale dont le diamètre longitudinal mesure $0^{mm},35$ à $0^{mm},50$ et le transversal de $0^{mm},07$ à $0^{mm},44$.

La face dorsale est elle-même pourvue d'orifices, mais de plus petites dimensions que les précédents. Vers la partie moyenne, on remarque la terminaison du canal de Laurer, orifice large de 20 μ, qui le plus souvent se trouve déjeté en dehors de la ligne médiane, soit à droite, soit à gauche. A l'extrémité postérieure se voit enfin un dernier pertuis, en forme de fente : c'est le pore terminal de l'appareil excréteur (fig. 303, *h*).

Les téguments, dans lesquels Macé a le premier reconnu l'existence de corpuscules calcaires, analogues à ceux des Cestodes, se composent de plusieurs couches.

La première est constituée par une cuticule anhiste et transparente, épaisse de 20 à 30 μ et présentant des plis transversaux assez réguliers. Elle ne recouvre pas seulement toute la surface du corps, mais tapisse aussi l'intérieur des ventouses et se réfléchit dans la première portion de l'appareil digestif, dans le sinus génital et dans le commencement de l'utérus. Elle est hérissée de petites écailles losangiques, dont l'extrémité antérieure est arrondie et l'extrémité postérieure tronquée. Ces écailles, plus épaisses au milieu que sur les côtés, ont leur bord antérieur grossièrement pectiné : par la pression, on peut les décomposer en une série de petits bâtonnets qui tiennent tous entre eux par la base, comme les rayons d'un éventail. Elles résistent aux réactifs, même à la potasse concentrée, ce qui démontre leur nature chitineuse.

La répartition des écailles n'est pas la même sur les deux faces de l'animal. Elles sont serrées les unes contre les autres à la face ventrale et se montrent partout distribuées uniformément; à la face dorsale, elles sont beaucoup plus espacées et font même complètement défaut dans la région postérieure. D'après Macé, ce fait s'expliquerait aisément : les écailles servent à maintenir la Douve quand elle progresse dans les conduits biliaires; comme elle s'y tient enroulée en cornet, la face dorsale devenant interne, cette dernière face a moins besoin que l'autre d'être munie d'aiguillons. Ceux-ci sont disposés en rangées transversales alternes, plus serrées sur la tête et plus espacées sur le corps; ils sont longs de 36 à 40 μ sur la tête, de 50 à 68 μ sur le corps.

Au-dessous de la cuticule, Macé décrit une couche élastique facile à décomposer en fibres d'une extrême longueur. Puis vient la couche musculaire, dans laquelle on reconnaît jusqu'à quatre systèmes de fibres : 1° des fibres annulaires, assez irrégulièrement développées et atteignant leur maximum sur le prolongement céphalique; 2° des fibres diagonales, qui n'existent que dans le tiers antérieur du corps : elles ne sont pas intriquées dans les muscles longitudinaux, comme le pense Leuckart, mais entre ceux-ci et les muscles annulaires ; 3° des fibres longitudinales, surtout développées dans la partie postérieure du corps : ces fibres sont disposées en faisceaux épais et fréquemment anastomosés entre eux; leurs intervalles sont souvent comblés par les éléments de la couche cellulaire sous-jacente; 4° des fibres dorso-ventrales, groupées en faisceaux plus ou moins épais, qui partent de l'une des faces du corps, traversent le parenchyme et vont prendre insertion dans les couches musculaires de la face opposée.

La partie profonde du tégument est constituée par l'hypoderme, que la plupart des auteurs ont cru formé de glandes unicellulaires déversant leur produit au dehors par de prétendus canalicules de la couche cuticulaire. Cette assise est, en réalité, formée par des amas de cellules jeunes, éléments de réserve destinés à prendre part, suivant les cas, soit à l'accroissement des différentes couches que nous venons d'étudier, soit à celui du parenchyme.

Les ventouses, dont nous avons indiqué déjà la position et les dimensions, se rattachent au système tégumentaire. L'antérieure, dont l'épaisseur est considérable, est séparée des téguments et du parenchyme par une épaisse coque fibreuse qui lui donne sa forme caractéristique et qui sert à l'insertion des muscles dont est formée la majeure partie de l'organe. Ceux-ci sont disposés en quatre couches : la première, sous-jacente à la capsule fibreuse, est constituée par des fibres méridiennes, allant du bord supérieur au bord inférieur ; la seconde comprend des fibres annulaires, qui font le tour de la ventouse et sont disposées en petits faisceaux ; la troisième, qui est de beaucoup la plus importante et qui forme presque à elle seule la masse de l'organe, est formée de fibres radiaires allant de la face externe à la face interne ; enfin vient une seconde couche de fibres annulaires. La ventouse est revêtue intérieurement d'une cuticule assez épaisse, qui est en continuation directe avec celle des téguments.

La ventouse postérieure présente la même structure générale.

En outre de leurs muscles intrinsèques, les ventouses donnent encore insertion, par leur face externe, à des faisceaux musculaires étalés en éventail, qui vont se perdre dans les téguments et semblent appartenir au système de muscles diagonaux ou dorso-ventraux. Ces faisceaux sont de véritables muscles rotateurs de la ventouse, qu'ils ont pour fonction de déplacer.

La structure de la ventouse étant connue, il est aisé de comprendre son fonctionnement. L'organe étant appliqué sur quelque surface, les fibres radiaires se contractent, agrandissent ainsi la cavité centrale et, par conséquent, y font un vide relatif qui est cause de l'adhérence. La contraction des autres couches musculaires ramène, au contraire, la cavité de la ventouse à son volume primitif et rétablit l'équilibre de pression avec l'extérieur.

Le mode de locomotion de la Douve est tout aussi facile à expliquer. Les mouvements du corps sont dus à la contraction des diverses couches musculaires et sont presque localisés dans le prolongement céphalique. Tandis que la partie postérieure ne présente qu'une succession de mouvements ondulatoires peu étendus, le prolongement céphalique est extrêmement contractile : il s'allonge en se portant de côté et d'autre, comme en tâtonnant. L'extrémité antérieure s'abat bientôt et se fixe par la ventouse. Les muscles longitudinaux prennent alors un point d'appui sur cette partie fixée, se contractent et ramènent la ventouse postérieure près de l'antérieure, entraînant à sa suite toute la partie élargie du corps, qui aide à la progression par des ondulations. La ventouse postérieure se fixe alors à son tour, l'antérieure se détache et le prolongement céphalique recommence à s'allonger.

L'appareil tégumentaire délimite la cavité du corps, qui se trouve remplie complètement par une masse parenchymateuse au sein de laquelle sont plongés tous les organes. Ce parenchyme est formé de grosses cellules polyédriques ou arrondies qui, sous l'influence de certains réactifs et par suite de la rupture de leurs parois, peuvent donner l'illusion de traînées conjonctives. Ces cellules, larges d'environ 80 μ, non seulement comblent les vides laissés entre les divers organes, mais fournissent encore à ceux-ci une sorte d'enveloppe protectrice.

C'est dans le parenchyme que prend naissance l'appareil excréteur, dont Bojanus, en 1821, donna la première description. Pour en faire l'étude, il est indispensable d'injecter un liquide coloré dans l'une de ses branches principales (fig. 303).

L'appareil excréteur est construit d'après le type général que nous avons reconnu chez les Cestodes. Entre les cellules du parenchyme existe un système de lacunes et de petits espaces, véritable cœlôme dans lequel circule, grâce aux contractions du corps, un liquide chargé de granulations. De ce système lacunaire part une infinité de fins canalicules qui naissent au moyen d'entonnoirs vibratiles (1) et qui aboutissent d'autre

(1) Les entonnoirs vibratiles et les fins canalicules qui en partent sont assez faciles à voir chez les Distomes de petite taille. Il n'en est pas de même chez *Distoma hepaticum*, à cause de la trop grande épaisseur du corps : Fraipont est pourtant parvenu à les observer, en se servant de très forts grossissements et en comprimant progressivement l'animal vivant.

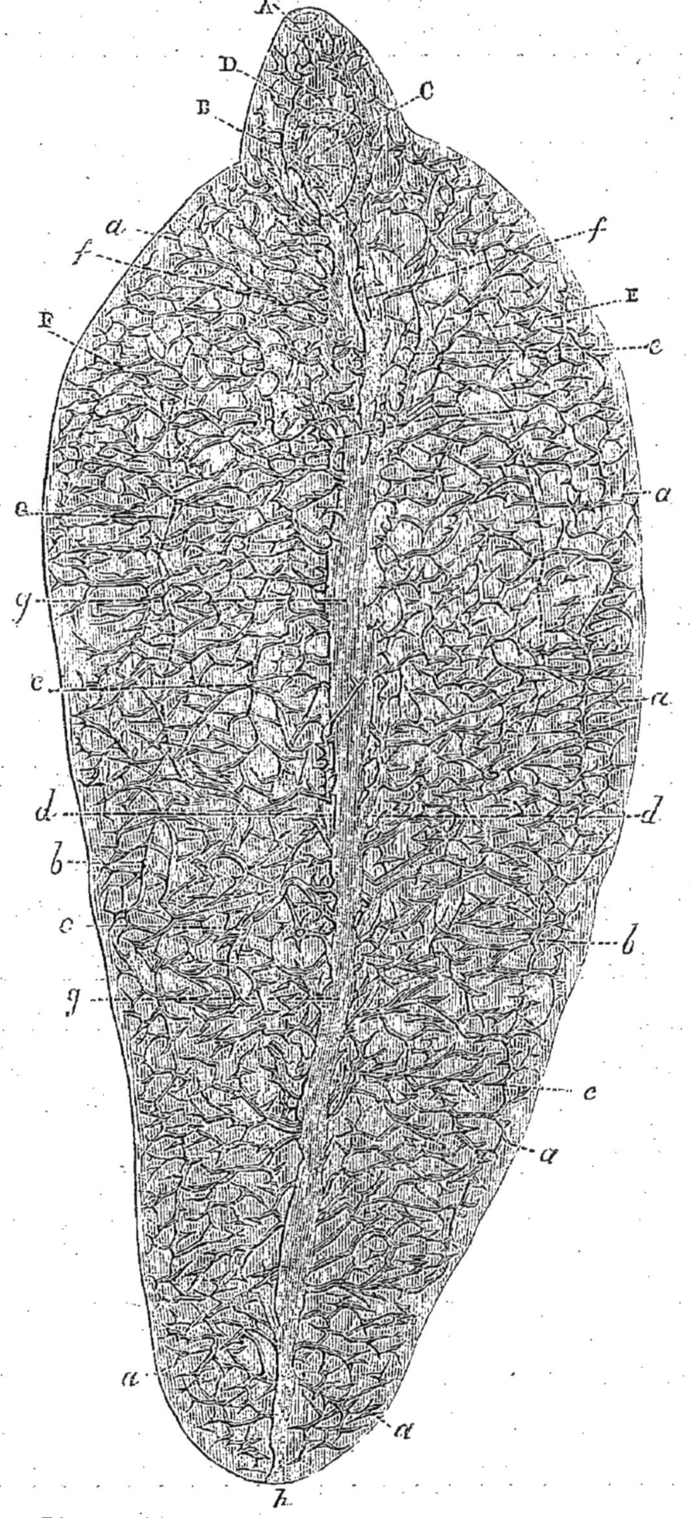

Fig. 303. — *Distoma hepaticum* vu par la face supérieure ; l'appareil excré-

part à des vaisseaux collecteurs de dimensions notablement plus grandes, *a*.

Ceux-ci forment un lacis superficiel à chacune des deux surfaces du corps. Sur des préparations injectées, le lacis superficiel de chaque face semble être distinct de celui de la face opposée : ses plus fines branches paraissent s'arrêter au bord latéral du corps, un peu au delà de la limite des vitellogènes ; on doit pourtant penser qu'à ce niveau les deux réseaux dorsal et ventral communiquent entre eux, de manière à constituer une sorte de sac à mailles étroites qui entoure le parenchyme et les divers organes.

De ce premier réseau se séparent des branches plus volumineuses, qui s'étalent encore sous la couche tégumentaire, mais plus profondément, *b*. Ce réseau, plus régulier que le précédent, se distribue dans le parenchyme et se comporte de façon variable, suivant le point où on l'examine. Dans le prolongement céphalique, ses trabécules s'unissent entre elles de façon à constituer deux branches principales, *f*, dans lesquelles viennent se jeter un très grand nombre de ramuscules venus de tous les organes voisins. Ces deux vaisseaux, dont l'origine se voit nettement au niveau de la ventouse antérieure, sont rapprochés de la face ventrale : ils courent d'avant en arrière, sous les téguments et parallèlement aux troncs nerveux principaux. Au niveau de la ventouse postérieure, ils reçoivent encore quelques grosses branches et, plus loin, finissent par s'anastomoser l'un avec l'autre, au point même où ils rencontrent un vaisseau analogue, *e*, né de la même manière à la face dorsale de la portion antérieure du corps.

Ainsi se trouve constitué un tronc unique et ordinairement médian, *g*, qui, né dans la région ventrale, remonte aussitôt vers le dos, puis continue à se porter en arrière ; chemin faisant, il reçoit un nombre considérable de ramuscules dont

teur est injecté, d'après Sommer. — A, ventouse buccale ; B, ventouse ventrale ; C, poche du cirre ; D, sinus génital ; E, contour des conduits vitellins longitudinaux ; F, contour des conduits vitellins transversaux ; *a*, vaisseaux collecteurs de l'appareil excréteur ; *b*, réseau excréteur ; *c*, canaux de dérivation prenant naissance dans le réseau ; *d*, branches latérales du tronc longitudinal impair ; *e*, branches dorsales de la portion céphalique du tronc longitudinal ; *f*, branches ventrales de la portion céphalique du tronc longitudinal ; *g*, tronc longitudinal impair et médian ; *h*, pore excréteur.

quelques-uns, avant de l'atteindre, forment même par leur réunion des branches assez volumineuses, *d*. Le tronc longitudinal médian se rétrécit à mesure qu'il se rapproche de l'extrémité postérieure ; il aboutit finalement au pore excréteur ou *foramen caudale*, *h*, dont nous avons déjà signalé l'existence. Cet orifice, situé sur la face dorsale, est en réalité subterminal : il a la forme d'une fente dont la longueur est d'environ $0^{mm},5$, mais dont la largeur atteint à peine $0^{mm},1$. Chez beaucoup de Distomes, le pore excréteur est immédiatement précédé d'une dilatation pulsatile, dont la présence n'a pas été constatée chez la Douve hépatique.

L'appareil digestif est très développé ; il occupe, en long et en large, toute la partie moyenne du corps et présente en surface une étendue considérable (fig. 306) ; chez des animaux adultes, le développement des organes génitaux le refoule vers la face dorsale. Cet appareil forme un système très ramifié, ne communiquant avec l'extérieur que par une seule ouverture, la bouche, *a*, située au fond de la ventouse antérieure, A. Nous avons vu déjà que l'absence d'orifice anal est caractéristique de l'ordre des Trématodes : les résidus de la digestion, s'il y en a, sont donc rejetés par l'unique ouverture.

Cet appareil est formé de deux parties : l'une, intestin buccal ou œsophagien, est destinée à l'ingestion des aliments ; l'autre, intestin stomacal ou tube digestif proprement dit, les transforme et les digère. Ces deux portions, séparées l'une de l'autre par un étranglement (fig. 304 et 305, *h*), diffèrent considérablement dans leur structure : l'épithélium caractéristique ne se trouve que dans la seconde.

L'intestin buccal est lui-même formé de trois parties : l'infundibulum buccal, le pharynx et l'œsophage.

L'infundibulum buccal occupe le fond de la ventouse antérieure (fig. 304, *c* ; fig. 305, *e*). Il est constitué par deux culs-de-sac assez profonds, situés l'un du côté dorsal, l'autre du côté ventral et séparés l'un de l'autre par deux lames de tissu fibrillaire, *d*, faisant saillie en avant dans la cavité de la ventouse buccale et circonscrivant l'orifice de la bouche ; le cul-de-sac antérieur est de beaucoup le plus considérable. Ces deux culs-de-sac ont une structure qui se rapproche beaucoup de celle des téguments : on leur trouve une épaisse cuticule et deux couches musculaires, l'une annulaire et l'autre longitudinale. On a longtemps considéré ces formations comme des glandes, mais cette opinion est manifestement inexacte et il est probable que les culs-de-sac ont pour but de permettre une extension plus grande de la ventouse et de laisser au pharynx une certaine mobilité dans la cavité ainsi formée.

Les deux replis fibrillaires, *d*, qui sont situés en dedans de

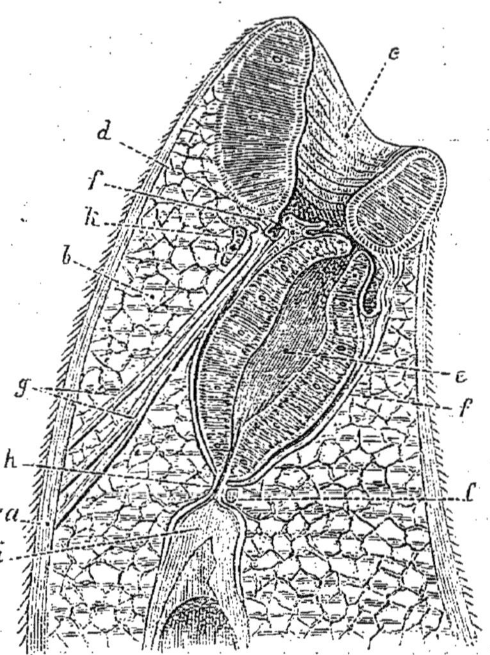

Fig. 304. — Coupe dorso-ventrale antéro-postérieure et médiane de la partie antérieure du corps de *Distoma hepaticum*, d'après Sommer. — *a*, couche musculo-cutanée, avec son revêtement d'écailles; *b*, parenchyme du corps; *c*, ventouse buccale; *d*, repli semi-lunaire du vestibule de la bouche; *e*, pharynx; *f*, muscle protracteur du pharynx; *g*, muscle rétracteur du pharynx; *h*, rétrécissement par lequel l'intestin buccal communique avec l'œsophage; *i*, œsophage; *k*, coupe de la commissure supérieure du pharynx; *l*, ganglion pharyngien inférieur.

ces diverticulums, ont la forme d'un coin dont la base ferait saillie dans la cavité de la ventouse et dont le sommet s'enfoncerait profondément entre le pharynx et les tissus voisins. Ils sont limités par une cuticule, au-dessous de laquelle se trouve une couche de fibres longitudinales; la masse est constituée par un tissu fibrillaire très extensible, parcouru par de gros faisceaux musculaires à direction circulaire.

A la suite du vestibule de la bouche vient le pharynx (fig. 304, *e*; fig. 305, *c*; fig. 306, *b*), organe ovoïde, dirigé obliquement de bas en haut et d'avant en arrière et dont la grosse extrémité est tournée vers l'œsophage. Il est long en moyenne de $0^{mm},6$, large de $0^{mm},4$, et percé, suivant son grand axe, d'un canal assez étroit. Sa structure est identique à celle des ventouses : limité extérieurement par une coque fibreuse, il présente de

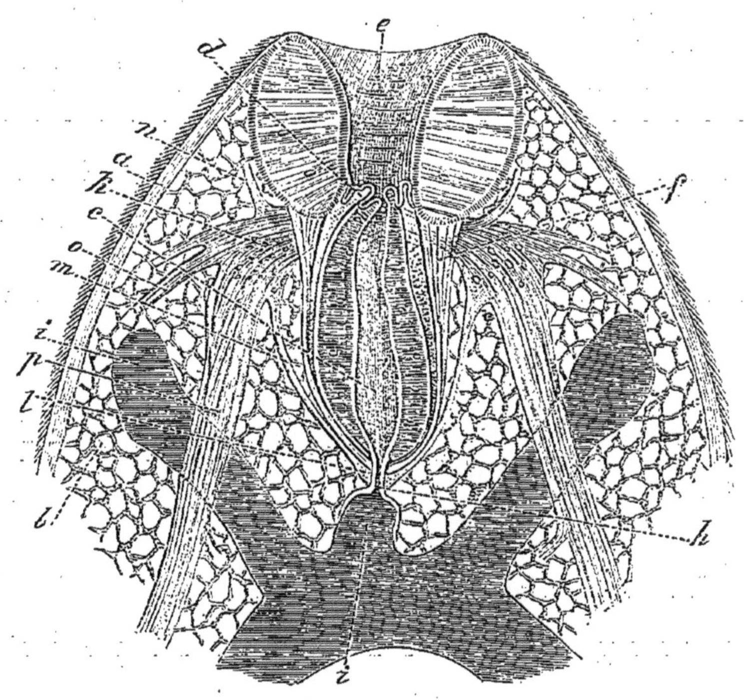

Fig. 305. — Coupe horizontale antéro-postérieure de la partie antérieure du corps de *Distoma hepaticum*, d'après Sommer. — *a*, *b*, *d*, *f*, *h*, *i*, *l*, comme dans la figure précédente ; *c*, pharynx ; *e*, ventouse buccale ; *k*, ganglion pharyngien supérieur ; *m*, commissure latérale réunissant le ganglion pharyngien supérieur au ganglion pharyngien inférieur ; *n*, nerf antérieur ; *o*, nerf postéro-externe ; *p*, nerf postéro-interne.

dehors en dedans une couche mince de fibres musculaires longitudinales, une couche de fibres annulaires, une épaisse couche de fibres radiales formant la majeure partie de l'organe et enfin une nouvelle couche de muscles annulaires. La cuticule qui revêt la ventouse et ses culs-de-sac se continue à la face interne du pharynx et présente les mêmes ornements qu'à la surface du corps.

L'œsophage (fig. 304 et 305, *i*; fig. 306, *c*), qui fait suite au pharynx, est regardé par la plupart des auteurs comme le début de l'intestin stomacal, mais Macé fait observer avec raison que cette portion, où manque l'épithélium caractéristique de la région digestive, n'exerce aucune action sur la masse alimentaire et doit, par conséquent, être rattachée à l'intestin buccal. Elle est tapissée par une épaisse cuticule plissée, continue avec la couche correspondante du pharynx, et comprend en outre deux assises musculaires, dont l'annulaire est interne et peu développée.

La longueur de l'œsophage égale à peine celle du pharynx. Immédiatement en avant de la poche du cirre et de la ventouse postérieure, l'œsophage se bifurque et donne naissance ainsi à deux branches (fig. 306, *d*) qui bientôt se rapprochent l'une de l'autre et se prolongent jusqu'à l'extrémité postérieure du corps, où elles se terminent en cæcum. De chaque côté, ces branches intestinales émettent des rameaux qui, à peine marqués du côté interne, se développent au contraire d'une façon considérable vers le côté externe et se divisent dichotomiquement, de manière à constituer des arborescences compliquées, *e*. Celles-ci sont au nombre de 16 à 17 de chaque côté : les deux premières, renfermées dans la portion céphalique de l'animal, ne se ramifient qu'une ou deux fois ; toutes les autres se subdivisent un assez grand nombre de fois et présentent jusqu'à six et sept dichotomies. Chacun de ces rameaux se termine par un petit cul-de-sac arrondi, ordinairement distendu par les matières alimentaires.

Malgré leur grande extension, les deux cæcums intestinaux et les branches nombreuses qui en partent présentent partout la même structure. Le parenchyme du corps leur forme extérieurement une tunique adventive, en dedans de laquelle se voit une couche musculaire : celle-ci est constituée par des fibres longitudinales, auxquelles sont interposés de nombreux faisceaux à direction circulaire. La couche musculaire est limitée intérieurement par une membrane hyaline, que revêt d'autre part l'épithélium digestif. Celui-ci est constitué par de grandes cellules cylindriques, renfermant un noyau volumineux et un protoplasma fortement granuleux ; leur longueur peut atteindre jusqu'à 50 μ.

Les cæcums intestinaux sont remplis d'un liquide brun et

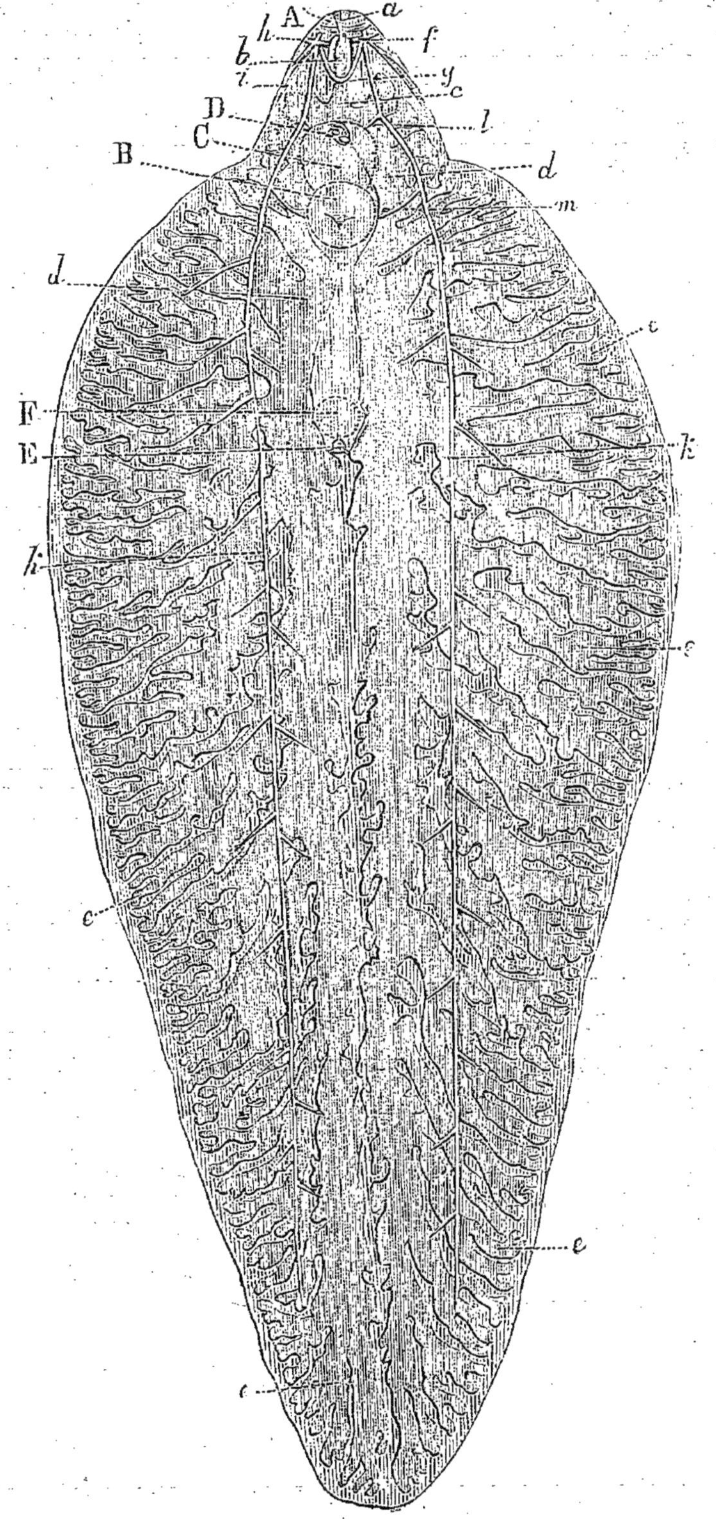

ig. 306. — *Distoma hepaticum* vu par la face ventrale et montrant le

visqueux, semblable à celui qui se trouve accumulé dans les canaux biliaires de l'hôte de la Douve. Cette bile ne doit pas sa coloration à la présence exclusive des excréments ou des œufs du parasite, ainsi qu'on l'a prétendu. Les œufs du Distome s'y retrouvent en effet en grande abondance, mais il n'est pas prouvé que celui-ci rejette des matières excrémentitielles : la teinte spéciale du liquide biliaire tient à ce que ses matières colorantes normales se sont, par suite d'altérations, transformées en une substance peu définie, la bilihumine. L'examen microscopique permet de reconnaître dans le contenu de l'intestin des cellules épithéliales altérées, provenant des conduits biliaires, et un assez grand nombre de petits globules dont l'aspect rappelle celui des globules de chyle. En outre de la bilihumine, l'analyse chimique permet encore de déceler la présence d'une grande quantité d'acides biliaires; aucun procédé ne révèle la présence de globules sanguins ou de matières colorantes provenant du sang de l'animal qui héberge la Douve.

La bile, aux dépens de laquelle le Distome se nourrit, est introduite dans le tube digestif par le jeu de l'appareil musculaire du pharynx. Nous avons étudié déjà les muscles intrinsèques de cet organe; voyons maintenant les muscles extrinsèques.

Ils sont au nombre de deux, un protracteur et un rétracteur. Le muscle protracteur du pharynx (fig. 304 et 305, *f*), s'insère sur tout le pourtour inférieur de la ventouse buccale et vient d'autre part embrasser le pharynx dans ses deux tiers inférieurs, sauf au point d'insertion de l'œsophage. Prenant son point d'appui sur la ventouse, il a évidemment pour fonction de projeter le pharynx dans l'infundibulum buccal.

Le muscle rétracteur du pharynx (fig. 304, *g*) s'attache d'une part à la partie antérieure du pharynx, en s'insinuant sous la

système nerveux et l'appareil digestif injecté, d'après Sommer. — A, ventouse buccale; B, ventouse ventrale; C, poche du cirre; D, sinus génital; E, réservoir vitellin; F, contour de la glande coquillère; *a*, orifice buccal; *b*, pharynx; *c*, œsophage; *d*, cæcum intestinal; *e*, ses branches latérales; *f*, ganglion pharyngien supérieur; *g*, ganglion pharyngien inférieur; *h*, filets nerveux partant du ganglion pharyngien supérieur et se portant en avant; *i*, filets nerveux partant du même ganglion et se dirigeant en arrière et en dehors; *k*, tronc nerveux longitudinal ou nerf latéral; *l*, branche se séparant du nerf latéral et se rendant à la poche du cirre *m*, branche se rendant à la ventouse postérieure.

commissure nerveuse supérieure, *k*; il s'insère d'autre part au tégument dorsal, vers le milieu du prolongement céphalique. Son rôle consiste à faire basculer la partie antérieure du pharynx vers la face supérieure, puis à tirer en arrière l'organe tout entier.

Grâce au jeu de ces muscles, l'appareil pharyngien fonctionne à la façon d'une pompe aspirante et foulante. La Douve se fixe par sa ventouse et la cavité de cette dernière, élargie par la dilatation des culs-de-sac, se remplit du mélange de mucus et de bile qui doit pénétrer dans le tube digestif. Le pharynx, tiré en avant par son muscle protracteur, se projette béant dans la cavité, se remplit de liquide, puis est ramené dans sa position primitive par son muscle rétracteur. Une nouvelle quantité de bile pénètre dans la ventouse, puis le cycle recommence.

Une fois dans le pharynx, le liquide est refoulé en arrière par la contraction des muscles propres de l'organe. Il arrive ainsi jusque dans l'intestin, où il est également poussé de proche en proche par les contractions des parois, bien plus que par celles des faisceaux musculaires du parenchyme.

Le système nerveux est représenté par un collier, constitué par l'union de trois masses ganglionnaires, et par des filets dirigés en différents sens. Les deux ganglions antérieurs (fig. 305, *k*; fig. 306, *f*) sont disposés symétriquement à l'origine du pharynx, immédiatement au-dessous de la ventouse buccale. Ils ont une forme irrégulièrement quadrilatère et sont réunis l'un à l'autre par une commissure transversale (fig. 304, *k*), qui passe au-dessus du pharynx.

Au niveau du rétrécissement qui fait communiquer le pharynx avec l'œsophage, on voit en outre, à la face ventrale, un petit ganglion impair et médian (fig. 304, *l*; fig. 306, *g*), le ganglion pharyngien postérieur ou inférieur. Il est réuni à chacun des précédents par une commissure antéro-postérieure et dorso-ventrale (fig. 305, *m*), qui contourne la face inférieure du pharynx et complète ainsi le collier nerveux.

Le ganglion inférieur et postérieur n'a que peu d'importance: une seule fois, Macé en a vu partir deux nerfs qui, descendant obliquement, prenaient sensiblement la direction des deux branches de la bifurcation intestinale. Les ganglions antérieurs et supérieurs sont au contraire le point de départ d'importants filets nerveux. Chacun d'eux émet au moins trois nerfs : l'un se porte directement en haut, vers la ventouse buccale dont il perce la coque fibreuse pour se perdre dans sa masse musculaire (fig. 305, *n*) ; le second, dirigé plus obliquement, se rend aux téguments du prolongement céphalique (fig. 305, *o*; fig. 306, *h*, *i*) ; le dernier enfin, beaucoup plus important que les autres, constitue le tronc nerveux longitudinal ou nerf latéral (fig. 305, *p* ; fig. 306, *k*).

Les deux nerfs latéraux ont une largeur assez notable. Ils s'écartent tout d'abord assez fortement l'un de l'autre, de manière à marcher à peu près parallèlement au bord latéral du prolongement céphalique ; à partir de la ventouse postérieure, ils reprennent une direction longitudinale et se portent parallèlement à l'axe du corps, jusqu'au voisinage de l'extrémité postérieure. Dans tout leur trajet, ils sont accolés aux téguments de la face ventrale et recouverts par l'intestin et les organes génitaux. Chemin faisant, ils émettent de chaque côté des branches destinées aux organes voisins. On remarque surtout, dans le prolongement céphalique, un fort rameau qui va se distribuer aux téguments ; d'autres branches se rendent à la poche du cirre et à la ventouse postérieure (fig. 306, *l*, *m*).

Nous avons dit déjà que les Distomes étaient des animaux hermaphrodites. Les testicules forment deux glandes en tubes dont les sinuosités remplissent une grande partie de la zone médiane du corps. Leurs nombreux culs-de-sac, situés sous les téguments de la face ventrale, se réunissent en trois ou quatre troncs efférents qui convergent pour donner naissance à un canal de moindre diamètre, le canal déférent (fig. 309, *c*).

D'après leur position, les testicules peuvent être distingués en antérieur et en postérieur. L'antérieur, *b*, est celui dont le canal déférent est à gauche de la ligne médiane ; il est situé un peu au-dessous de son congénère, dont les sinuosités le recouvrent en partie. Son canal déférent prend naissance à peu près au niveau de la bifurcation du tronc médian de l'appareil excréteur ; les culs-de-sac dont il émane ne pénètrent guère sur la moitié postérieure du corps ; en avant, ils s'étendent jusqu'au vitelloducte transversal et même jusque sous les branches inférieures de l'ovaire.

Le testicule postérieur, *a*, s'étend beaucoup plus loin que le précédent; chez les individus bien développés, il s'avance jusqu'au dernier cinquième du corps de l'animal. Son canal déférent naît tout à fait en arrière; il se porte en avant en décrivant tout d'abord quelques inflexions, mais il devient rectiligne dès qu'il a atteint l'origine de son congénère, auquel il est alors parallèle.

Les tubes testiculaires sont limités par une mince paroi, que parcourent longitudinalement de petites fibrilles d'aspect élastique. Les culs-de-sac sont tapissés de petites cellules arrondies, larges de 15 μ et renfermant un gros noyau (fig. 307, *a*). En s'éloignant du cæcum, les cellules deviennent plus grosses et présentent quatre à six noyaux plus ou moins serrés les uns contre les autres, *b*, *c*. Plus loin encore, le protoplasma cellulaire tend à disparaître et les noyaux se transforment en autant de petites têtes de spermatozoïdes dont le corps est noyé dans une masse granuleuse, provenant de la destruction des cellules-mères.

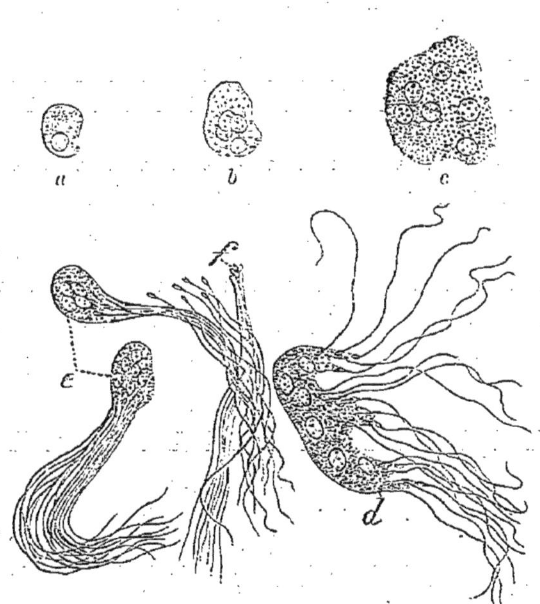

Fig. 307. — Contenu des tubes testiculaires, d'après Sommer. — *a*, *b*, *c*, cellules spermatogènes à divers états de développement; *d*, *e*, détritus cellulaires avec spermatozoïdes; *f*, spermatozoïdes libres.

Les spermatozoïdes sont longs de 76 μ; leur tête est sphérique, leur queue filiforme et très mobile. L'eau abolit instantanément leurs mouvements, en même temps qu'elle gonfle la tête.

Les canaux déférents ont une paroi beaucoup plus épaisse que celle des tubes testiculaires. Arrivés au niveau des vitelloductes transversaux (fig. 309, *i*), ils passent au-dessus de ceux-ci, circonscrivent la glande coquillère, *m*, et poursuivent leur trajet dans un plan supérieur à celui des organes femelles.

Quand ils ont atteint la ventouse postérieure, ils se rapprochent l'un de l'autre et se réunissent à la base de la poche du cirre en un seul canal impair et renflé, auquel on donne le nom de *vésicule séminale* (fig. 308, *f*; fig. 309, *d*).

Cette vésicule est fusiforme, plus large dans sa première portion et contournée en S dans la partie postérieure de la poche du cirre. Sa grosseur varie suivant qu'elle est plus ou moins remplie de sperme; sa paroi est assez épaisse et renferme une

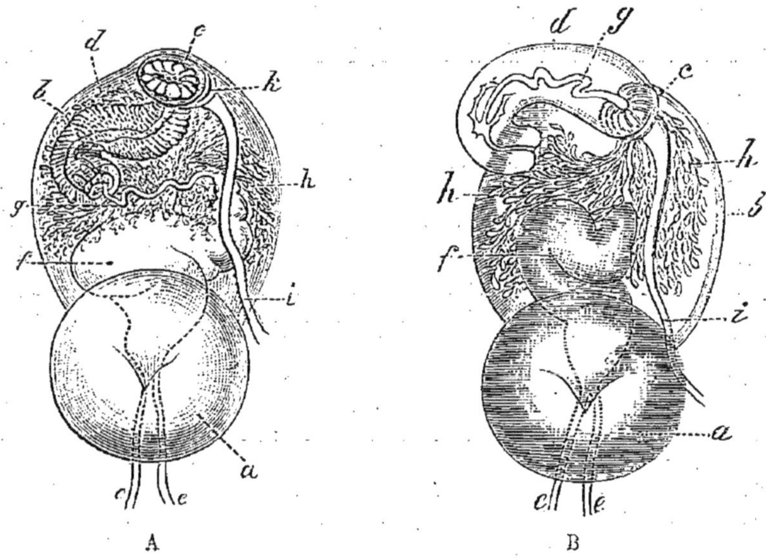

Fig. 308. — Sinus génital, d'après Sommer. — A, le retournement du cirre commence à s'effectuer; B, l'évagination du cirre est achevée; *a*, ventouse postérieure; *b*, poche du cirre; *c*, sinus génital; *d*, cirre; *e*, canaux déférents; *f*, vésicule séminale; *g*, canal éjaculateur; *h*, glandes unicellulaires annexées à l'appareil copulateur; *i*, vagin; *k*, vulve.

double couche de fibres musculaires, les unes annulaires, les autres longitudinales.

La vésicule séminale se rétrécit à son extrémité et se continue avec le *canal éjaculateur* ou *canal séminal* (fig. 308, *g*; fig. 309, *e*). Celui-ci est large de 30 μ; sa paroi est assez épaisse et semble n'être que la continuation de la cuticule du cirre, auquel il aboutit après un court trajet. Le canal séminal est entouré d'un amas de glandes unicellulaires (fig. 308, *h*; fig. 309, *f*), qui viennent déboucher dans sa lumière et qui sont plongées dans un tissu fibrillaire particulier.

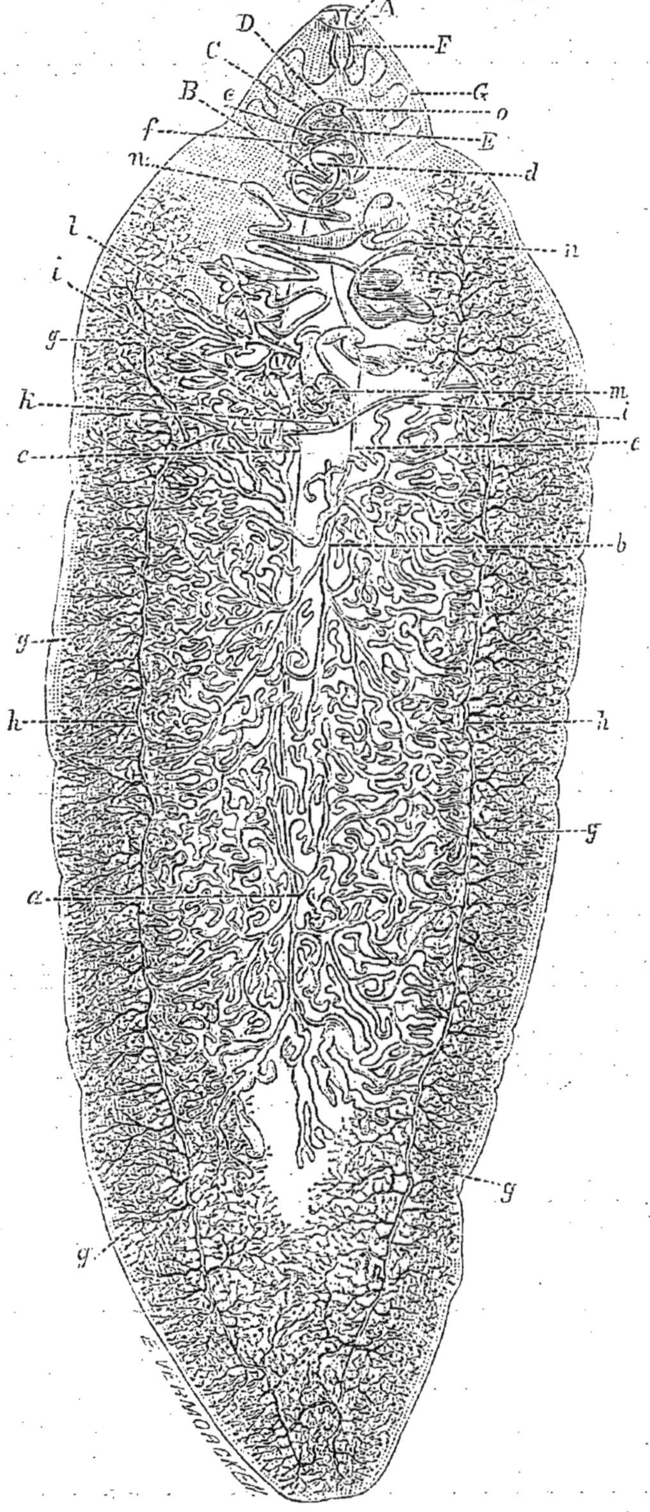

Fig. 309. *Distoma hepaticum* vu par la face ventrale et montrant le double

Le cirre (fig. 308, *d*; fig. 309, E) est la dernière portion de l'appareil mâle; il est formé des mêmes couches que les téguments dont il n'est qu'une invagination. C'est un tube cylindrique, long d'environ $1^{mm},2$, large de $0^{mm},35$ et diversement contourné sur lui-même. Il aboutit à l'orifice génital mâle (fig. 308, A, *c*), par lequel il est capable de faire saillie après s'être entièrement retourné sur lui-même à la façon d'un doigt de gant (fig. 308, B) : c'est alors seulement qu'il constitue un véritable organe copulateur.

La vésicule séminale, le canal séminal et le cirre sont contenus à l'intérieur de la *poche du cirre* (fig. 308, *b*; fig. 309, C), organe ovoïde dont la petite extrémité, tournée en arrière, est située dans l'espace compris entre le tiers antérieur de la ventouse ventrale et les téguments de la face dorsale. Cette poche est dirigée obliquement de haut en bas et d'arrière en avant; sa longueur dépasse 1 millimètre et sa plus grande largeur est de $0^{mm},8$. Ses parois sont très épaisses et renferment deux couches musculaires, dont l'interne est annulaire et l'externe longitudinale : la présence de ces muscles rend compte du rôle que joue la poche lors de l'émission du sperme. En dehors des organes dont nous avons parlé, la cavité de la poche du cirre est comblée par un tissu fibrillaire réticulé, au sein duquel on peut reconnaître quelques rares fibres musculaires.

Les organes femelles sont encore plus compliqués que les organes mâles. L'ovaire ou germigène (fig. 309, *l*) est une glande rameuse située dans la moitié droite du corps (1), en avant du canal vitellin transversal, entre le canal vitellin longitudinal et le canal déférent du même côté; il est appliqué contre la face

(1) L'ovaire est quelquefois situé à gauche; parfois même il est pair et symétrique. Ce dernier cas, très exceptionnel, était considéré par Bojanus comme la règle.

appareil génital, d'après Sommer. — A, B, C, D, comme dans la figure 306; E, cirre; F, contour du pharynx; G, contour de l'œsophage. — *a*, testicule postérieur; *b*, testicule antérieur; *c*, canaux déférents droit et gauche; *d*, vésicule séminale; *e*, canal éjaculateur; *f*, glandes annexes de l'appareil éjaculateur; *g*, vitellogène; *h*, canaux vitellins longitudinaux; *i*, canaux vitellins transversaux; *k*, réservoir vitellin se continuant avec le vitelloducte; *l*, germigène ou ovaire; *m*, glande coquillère; *n*, oviducte ou utérus; *o*, vulve ou orifice génital femelle.

ventrale du corps et s'étend en avant jusque vers le milieu de l'espace compris entre la glande coquillère, *m*, et la ventouse postérieure, B.

Les cæcums principaux de l'ovaire sont seulement au nombre de six à douze ; leur extrémité ramifiée est entourée par le vitellogène voisin. Ils sont répartis en deux petits lobes, munis chacun d'un canal excréteur. Leur paroi, plus épaisse que celle des testicules, comprend trois couches : à l'extérieur se voit une enveloppe assez dense, constituée par une modification du parenchyme ; la couche moyenne, qui forme la paroi proprement dite de la glande, est fibro-élastique ; la couche interne est un épithélium à petites cellules cubiques qui, en se détachant, deviendront les ovules. Ceux-ci sont des cellules nues, larges de 15 à 25 μ et renfermant un noyau et un nucléole de grande taille.

Chacun des deux lobes ovariens émet un petit canal qui s'unit à son congénère au niveau du canal déférent : il se forme ainsi un canal excréteur unique (fig. 310, *a*), qui se porte obliquement en dedans et en arrière, vers la glande coquillère (fig. 309, *m* ; fig. 310, *g*). En pénétrant dans celle-ci, le canal excréteur de l'ovaire ou *germiducte* se rétrécit notablement (fig. 310, *b*) et ne tarde pas à se rencontrer avec le vitelloducte, *e*. De l'union de ces deux canaux résulte l'oviducte, *h*, sur lequel nous aurons à revenir.

Les vitellogènes sont représentés par un important système de glandes en grappe (fig. 309, *g*), réparties en deux groupes distincts, dont l'un appartient à la face dorsale et l'autre à la face ventrale. Ces glandes, localisées dans les zones latérales externes, occupent presque toute la longueur du corps ; dans le cinquième postérieur, elles se fusionnent même complètement avec celles du côté opposé. Les culs-de-sac glandulaires sont appendus à de fins canalicules qui, après s'être réunis entre eux pour former successivement des conduits de deuxième, de troisième et de quatrième ordres, aboutissent finalement à un long *canal vitellin longitudinal*, *h*.

Ce canal prend naissance à la hauteur de la ventouse postérieure ; de là, il se dirige en arrière et court tout le long du corps, à quelque distance du bord latéral. D'abord de petites dimensions, il augmente progressivement de calibre, en se rapprochant de la face ventrale : au niveau de la glande coquillère, il atteint déjà un diamètre d'environ 130 μ, qu'il conserve dans presque tout le reste de son parcours ; parvenu à l'extrémité postérieure, il se rapproche de la ligne médiane et s'unit au canal du côté opposé.

Les canaux vitellins longitudinaux sont les tubes collecteurs dans lesquels viennent se déverser les produits élaborés par les vitellogènes, aussi bien de la face dorsale que de la face ventrale. Au niveau de la glande coquillère, chacun de ces canaux donne naissance à un *canal vitellin transversal* (fig. 309, *i;* fig. 310, *c*), qui marche vers la ligne médiane, où il s'anastomose par inoculation avec son congénère, immédiatement en arrière de la glande. En ce même endroit, on remarque une dilatation, véritable *réservoir vitellin* (fig. 309, *k;* fig. 310, *d*), dont la forme et le volume varient beaucoup d'après la quantité de son contenu. Ce réservoir est habituellement pyriforme ; par son sommet dirigé en avant, il donne naissance à un court canal impair et médian, le *vitelloducte* (fig. 310, *e*), qui est compris tout entier dans la glande coquillère, au sein de laquelle il se rencontre avec le germiducte.

Les cæcums du vitellogène ont une paroi hyaline et d'une extrême minceur, que revêtent intérieurement de grosses cellules remplies de sphérules très réfringentes et d'une coloration brun noirâtre. Dans les canaux excréteurs, les cellules se sont rompues et ont mis en liberté les corpuscules qui les remplissaient : ceux-ci vont parcourir les différents conduits de l'appareil vitellogène et arriver finalement au contact de l'ovule, autour duquel ils se disposeront ; ainsi prendra naissance le vitellus de nutrition, véritables réserves albumineuses dont la structure nous est déjà connue et dont nous avons indiqué le rôle lors du développement embryonnaire.

Nous avons dit que le germiducte et le vitelloducte se rencontraient dans l'épaisseur même de la glande coquillère. Celle-ci (fig. 309, *m;* fig. 310, *g*) est entourée d'une mince membrane propre et se compose d'un nombre considérable de glandules unicellulaires ; l'extrémité effilée de chacune d'elles se continue par un fin et long canal qui vient s'ouvrir au point de rencontre des deux gros conduits émanant du vitellogène et de l'ovaire. Ces cellules, disposées en couches concentriques, produisent de petites gouttelettes brillantes et incolores qui se réunissent entre elles en prenant une teinte brun clair, puis s'accolent à l'œuf autour duquel elles finissent par former une membrane continue.

Au point où aboutissent le germiducte, le vitelloducte et les

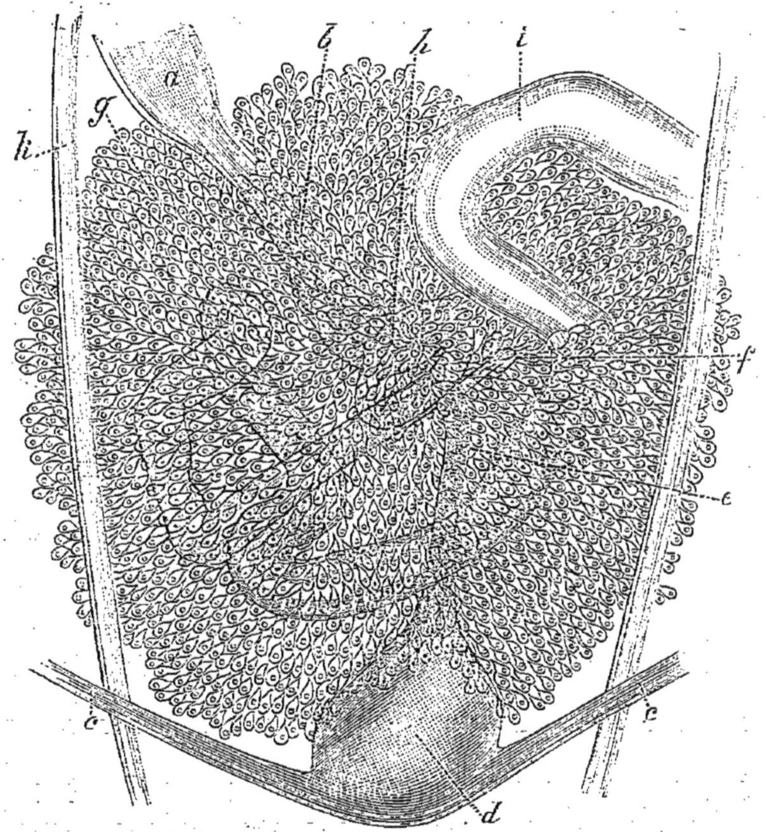

Fig. 310. — Mode d'union des diverses parties de l'appareil génital femelle, d'après Sommer. Grossissement de 185 diamètres. — *a*, *b*, germiducte; *c*, canaux vitellins transversaux; *d*, réservoir vitellin; *e*, vitelloducte; *f*, canal de Laurer; *g*, glande coquillère; *h*, début de l'oviducte; *i*, son premier repli se dégageant de la glande coquillère; *k*, canaux déférents.

canalicules de la glande coquillère, point d'où part également l'oviducte (fig. 310, *h*), on voit se terminer encore le *canal de Laurer*, *f*, sorte de conduit dont l'existence a été signalée pour la première fois par Laurer, en 1830, chez *Amphistoma conicum;* von Siebold est le premier qui l'ait rencontré chez les Distomes, en 1836.

Le canal de Laurer est constitué par une invagination des

téguments; il s'ouvre sur la ligne médiane de la face dorsale et se porte de haut en bas, pour se terminer au point de l'appareil femelle que nous venons d'indiquer, après s'être contourné une fois sur lui-même. Il est épais de 35 μ; sa paroi a la plus grande analogie de structure avec les téguments. On trouve en dedans une cuticule épaisse de 13 μ; au-dessous de celle-ci se voit une couche de muscles annulaires et, moins distinctement, une couche longitudinale; puis vient une couche cellulaire hypodermique. La lumière du canal est plus étroite et de forme étoilée; elle mesure à peine 4 μ.

Les fonctions du canal de Laurer ne sont pas élucidées. Von Siebold pensait qu'il réunissait les organes femelles aux organes mâles et le considérait comme permettant l'auto-fécondation chez les Trématodes. Blumberg démontra qu'il prenait naissance sur la face dorsale et le trouva, chez *Amphistoma conicum*, rempli de spermatozoïdes: Stieda crut alors pouvoir le considérer comme le véritable vagin de la Douve et admit que le cirre pénétrait dans ce canal, suffisamment dilaté pour le recevoir. Cette singulière opinion a été assez généralement admise, malgré son inexactitude évidente: de même que l'anneau de Ténia, le Distome est capable de se féconder lui-même; or il y a impossibilité absolue à ce que la fécondation se fasse par cette voie, d'abord à cause de l'énorme disproportion des organes, puis à cause de leur éloignement considérable, qui empêche tout rapprochement. La présence de spermatozoïdes dans le canal de Laurer n'a d'ailleurs rien de surprenant: le sperme pénètre normalement jusqu'au vestibule commun des conduits femelles et il est aisé de comprendre qu'il puisse accidentellement refluer jusque dans ce canal. Chez les Distomes, dont l'appareil femelle est pourvu d'un réservoir spermatique, ce réservoir est du reste toujours situé au voisinage de l'extrémité interne du canal de Laurer, comme chez *Distoma sinense*, parfois même est intimement uni à ce dernier.

Quelle est donc la signification morphologique du canal de Laurer? Leuckart admet qu'il est l'homologue du vagin des Cestodes et le considère comme un vagin supplémentaire qui n'entre en action, et cela d'une manière incomplète, que dans certaines circonstances. Nous serions plus porté à croire, avec Sommer, Macé et Poirier, qu'il sert à déverser au dehors le trop-plein des vitellogènes et qu'il joue, à l'égard de ceux-ci, le rôle d'un canal de dérivation ou d'une soupape de sûreté.

L'oviducte, dont l'origine nous est déjà connue (fig. 340, *h*), est un long canal situé originairement à la face ventrale, au-dessous de l'appareil digestif, et dont les sinuosités occupent la zone médiane dans le quart antérieur de la partie élargie du corps ; ses premières anses sont comprises dans l'épaisseur de la glande coquillère, mais il se dégage bientôt de celle-ci, *i*, et suit alors une direction postéro-antérieure, tout en décrivant de part et d'autre de la ligne médiane de nombreuses circonvolutions (fig. 309, *n*).

Son diamètre varie considérablement d'un endroit à l'autre, suivant le nombre des œufs qu'il renferme; sa portion moyenne dilatée prend plus particulièrement le nom d'*utérus*. Au voisinage de la ventouse postérieure, son calibre se régularise, ses parois s'épaississent et il ne laisse plus passer les œufs qu'un à un et avec difficulté. Cette portion antérieure est le *vagin* (fig. 308, *i*) : elle passe à gauche de la ventouse, suit la face inférieure de la poche du cirre et aboutit à la vulve (fig. 308, *k*; fig. 309, *o*), dont l'orifice se voit dans la partie gauche du sinus génital.

La paroi de l'oviducte a une épaisseur variable, suivant son état de distension. On y distingue deux couches : l'interne est une membrane transparente, pourvue de fibres élastiques et revêtue de cellules peu distinctes ; l'externe est formée de quelques fibres musculaires à direction circulaire. Le vagin, dont le diamètre transversal est sensiblement uniforme et mesure environ 60 μ, a la même structure que le canal de Laurer : il provient donc, comme celui-ci, d'une invagination du tégument. Sa lumière n'est pas assez large pour laisser passer les œufs : aussi ces derniers n'y progressent-ils que péniblement, grâce aux contractions péristaltiques du canal (1).

Le *sinus génital* ou *cloaque sexuel* (fig. 308, *c*; fig. 309, D), auquel aboutissent le canal éjaculateur et le vagin, est analogue à l'organe du même nom chez les Ténias et les Bothriocéphales. C'est une sorte de cupule ovalaire, à grand axe transversal, et située un peu à droite de la ligne médiane. Cette cupule a la même structure que le tégument, dont elle n'est encore qu'une invagination ; elle est munie pourtant d'un système de fibres musculaires rayonnantes qui, partant de ses

(1) Thomas estime à plusieurs centaines de mille le nombre des œufs que peut pondre chaque Douve.

bords, vont se perdre dans les couches tégumentaires voisines; ces muscles ont pour fonction d'ouvrir et de fermer le sinus.

Il nous reste à rechercher de quelle manière les ovules arrivent à être fécondés. Nous avons dit déjà que le canal de Laurer n'était point un organe d'accouplement. Nous ne pouvons admettre davantage l'intromission directe du cirre dans le vagin : des considérations de divers ordres s'opposent en effet à cette manière de voir. Tout d'abord, l'intromission est impossible, en raison de la grosseur considérable du cirre; d'autre part, celui-ci ne fait jamais saillie chez l'animal vivant; il est enfin un grand nombre de Trématodes chez lesquels il ne peut faire saillie en dehors du sinus génital.

On se trouve donc conduit à admettre que la fécondation se fait de la même manière que chez les Ténias : le cloaque sexuel se ferme, par suite de la contraction de ses muscles. Le sperme, amené par les canaux déférents, est déversé dans sa cavité, d'où il pénètre par capillarité, et grâce aussi aux mouvements des spermatozoïdes, jusque dans le vagin; il suit alors les sinuosités de l'utérus et de l'oviducte et arrive finalement au carrefour vers lequel nous avons vu converger les canaux venus du germigène, du vitellogène et de la glande coquillère. La fécondation se fait donc en ce point, avant que la coque ne se soit formée autour de l'œuf.

K. A. Ramdohr, *Anatomische Bemerkungen über den Egel in der Schafleber*. Magazin der Gesellschaft naturforschender Freunde zu Berlin, VI, 1814.

A. W. Otto, *Ueber das Nervensystem der Eingeweidewürmer*. Ibidem, VII, 1816.

L. H. Bojanus, *Enthelminthica*. Oken's Isis, I, 1821.

C. Fr. L. Mehlis, *Observationes anatomicæ de Distomate hepatico et lanceolato*. Gottingæ, 1825.

J. Fr. Laurer, *Disquisitiones anatomicæ de Amphistomo conico*. Inaug. Diss. Gryphiæ, 1830.

Em. Blanchard, *Recherches sur l'organisation des Vers*. Annales des sc. nat., Zoologie, (3), VII, p. 87; VIII, p. 119 et 271, 1847.

G. Walter, *Beiträge zur Anatomie und Histologie einzelner Trematoden*. Archiv für Naturgeschichte, I, p. 287, 1858.

L. Stieda, *Beiträge zur Anatomie der Plattwürmer. — I. Zur Anatomie des Distoma hepaticum*. Archiv für Anatomie, p. 52, 1867. — Id., *Ueber den angeblichen inneren Zusammenhang der männlichen und weiblichen Organe bei den Trematoden*. Ibidem, p. 31, 1871.

Blumberg, *Ueber den Bau des Amphistoma conicum*. Dorpat, 1871.

J. Leidy, *On Distoma hepaticum*. Proceed of the Acad. of nat. sc. of Philadelphia, p. 364, 1873.

A. Villot, *Sur l'appareil vasculaire des Trématodes*. Comptes rendus de l'Acad. des sciences, LXXXII, p. 1344, 1876. — Id., *L'appareil vasculaire des Trématodes, considéré sous le double point de vue de sa structure et de ses fonctions.* Zoolog. Anzeiger, V, p. 505, 1882.

O. Bütschli, *Bemerkungen über den excretorischen Gefässapparat der Trematoden.* Zoolog. Anzeiger, II, p. 588, 1879.

F. Sommer, *Die Anatomie des Leberegels, Distomum hepaticum L.* Z. f. w. Z., XXXIV, p. 539, 1880.

E. Macé, *Recherches anatomiques sur la grande Douve du foie (Distoma hepaticum).* Thèse de Nancy, 1882. Paris, in-8° de 91 p., 1882.

E. Gaffron, *Zum Nervensystem der Trematoden.* Zoolog. Anzeiger, VI, p. 508, 1883.

Looss, *Beiträge zur Kenntniss der Trematoden.* Z. f. w. Z., XLI, p. 390, 1884.

J. Poirier, *Contribution à l'histoire des Trématodes.* Thèse de la Sorbonne, 1885. Archives de zool. expérim., (2), III, p. 465, 1885.

La Douve hépatique s'observe avec une extrême fréquence dans les voies biliaires du Mouton (1); elle détermine une maladie qu'il convient de désigner sous le nom de *distomatose*, mais que les vétérinaires connaissent mieux sous ceux de *pourriture* et de *cachexie aqueuse* (2). Dans les années pluvieuses, la Douve peut devenir si abondante, qu'il en résulte de véritables épizooties qui déciment les troupeaux : on cite notamment les épizooties qui ont sévi aux environs d'Arles, en 1743 et 1744, dans le Boulonnais en 1761 et 1762, dans le Beaujolais en 1809, dans les départements du Rhône, de l'Hérault et du Gard en 1812, aux environs de Béziers en 1820, dans la Meuse en 1829 et 1830, dans le Berry, le Gâtinais et la Sologne en 1853 et 1854, etc. Le nombre des parasites qui se rencontrent dans les canaux biliaires d'un animal présente de grandes variations : s'il est habituel de n'en trouver que quelques-uns, ou tout au plus quelques dizaines, il n'est pourtant point rare d'en voir 100 et davantage; parfois même, on en trouve jusqu'à 600. Il va sans dire que, dans ces cas extrêmes, le parasite détermine des lésions hépatiques, des troubles digestifs et même un état cachectique général qui peut causer la mort.

Les auteurs sont d'accord pour admettre que la Douve ne demeure dans le foie de son hôte que pendant un certain temps, après lequel elle est évacuée par l'intestin : Pech et Friedländer l'évaluent à 9 mois, Gerlach à 13 mois au plus.

(1) Le parasite se rencontre encore chez la Chèvre, le Bœuf, le Chameau, le Cheval, l'Ane, le Porc, le Lièvre, le Chat, etc.

(2) Les Anglais donnent à la distomatose le nom de *rot;* les Allemands lui donnent ceux de *Leberfäule, Egelfäule, Leberegelkrankheit, Leberegelseuche, Anbrüchigkeit.*

Thomas a constaté, de son côté, qu'elle peut vivre plus d'une année et a trouvé les appareils digestif et reproducteur en pleine activité chez des individus âgés de 13 mois au moins. Quelques-unes des observations ci-dessous donnent à penser que la longévité du parasite est encore plus grande.

Distoma hepaticum se rencontre très rarement dans l'espèce humaine. La première observation positive est due à Pallas et date de 1760; avant lui trois auteurs, Pierre Borel, Malpighi et Bidloo, avaient déjà signalé la présence du parasite dans les voies biliaires de l'Homme, mais sans rapporter d'observations précises.

Les observations authentiques de Douve hépatique dans les voies biliaires de l'homme sont jusqu'à présent au nombre de 17. Nous croyons utile de les résumer ici.

1° *Cas de Pallas*, 1760. — « In hepate et biliario systemate... abundant Fasciolæ variæ, inque humano jecinore a se visas asserit Bidlous, quemadmodum ipse quoque Berolini easdem mortuas, contractasque ramo hepatici ductus incuneatas in feminæ cadavere vidi. » Ailleurs : « Et mea me denique docuit experientia in theatro anatomico Berolinensi, ubi in feminæ fibris Fasciolam ramo ductus hepatici insertam vidi. »

2° *Cas de Fortassin* (1), 1804. — « Bidloo a cru en avoir vu (des Douves) dans le foie d'un Homme... Il y a longtemps que j'en ai trouvé deux dans les pores biliaires du foie d'un Homme. »

3° *Cas de Frank*, 1821. — « Antoinette Aragnoli, âgée de huit ans, fut reçue à l'hôpital de Milan le 27 novembre 1782 ; elle était réduite au dernier degré du marasme ; elle avait le pouls fréquent et très faible, la face cadavéreuse, l'abdomen météorisé. La diarrhée la fatiguait depuis six mois et s'accompagnait d'une douleur à la région hépatique. Cette douleur devenait quelquefois si vive que la malade l'exprimait par des contorsions et une anxiété violente; malgré la longueur de la maladie, on n'observa jamais de nuance ictérique. La vie se soutint encore quelques jours dans cet état fâcheux et la mort survint au milieu des convulsions. A l'ouverture du cadavre, on remarqua que le conduit hépatique avait le volume d'une plume à écrire de médiocre grosseur; il présentait de plus, à sa naissance, une poche au milieu de laquelle étaient cinq Vers roulés en peloton, tous vivants, de couleur vert jaunâtre, de la grosseur d'une paille plate, de la longueur d'un Ver à soie. »

(1) Le nom de cet auteur devient *Fontassin* dans l'ouvrage de Leuckart et *Fontaine* dans celui de Küchenmeister.

Cette observation, dont Frank n'indique point la source, est fort incomplète, au moins en ce qui touche à la description des parasites ; il est pourtant difficile de reconnaître en ceux-ci autre chose que des Douves hépatiques.

4° *Cas de Mehlis*, 1825. — L'observation rapportée par Mehlis a été considérée par Küchenmeister et par Leuckart comme apocryphe. Nous ne pouvons partager cette manière de voir et l'authencité du cas en question ne nous semble pas douteuse ; il est même particulièrement intéressant de remarquer la grande similitude de cette observation avec celle de Prunac, dont nous parlons plus loin.

Une femme de trente et un ans vomit à plusieurs reprises, au printemps de 1821, du sang coagulé renfermant des Douves vivantes. L'administration d'un purgatif n'amène l'évacuation d'aucun parasite ; la malade se porte mieux. Deux semaines plus tard, elle rend par l'anus un assez grand nombre de Vers (« satis multos illorum vermium ») enveloppés dans une masse muqueuse et non mélangés aux matières fécales. Dans le courant de l'année suivante, la malade présente divers phénomènes nerveux : jaunisse et dyspnée fréquentes, toux sèche, tuméfaction de l'abdomen, douleur et tension des hypocondres, grande lassitude dans les membres ; de temps à autre, vomissements muqueux ou sanguinolents, après quoi une amélioration notable s'établit ; l'état général est d'ailleurs bon, l'appétit est conservé. En juin 1823, tous ces symptômes s'aggravent considérablement ; la malade finit par vomir des matières bilieuses contenant plusieurs *Distoma hepaticum*. Quelques jours plus tard, les vomissements reviennent : ils renferment encore des Douves hépatiques, soit entières, soit à l'état de débris, et jusqu'à cinquante *D. lanceolatum* ; aucun Ver dans les selles. Depuis lors, la malade va mieux, mais son foie ne semble pas être encore totalement débarrassé de ses parasites.

5° *Cas de Partridge*, 1852. — Ce cas est rapporté par Budd. En assistant à l'autopsie d'un individu mort à l'hôpital de Middlesex, le professeur Partridge, de King's College, fut frappé de l'apparence de la vésicule biliaire qui, au lieu d'être colorée comme d'ordinaire par la bile, était parfaitement blanche. Il trouva dans son intérieur un Distome que le professeur Owen ne put différencier en rien de la grande Douve du Mouton. La vésicule et le canal cystique, qui étaient parfaitement sains, sont conservés dans le musée de King's College.

6° *Cas de Kratter*, 1858. — Diesing rapporte, d'après le dire de Jos. Kratter, médecin de district dans la basse Dalmatie, que la Douve y est très commune chez l'Homme : « In incolarum ad Narentam ductibus hepaticis, in Dalmatia frequentissime. »

7° *Cas de Lambl*, 1859. — Un Italien de vingt et un ans meurt de pleurésie purulente à l'hôpital militaire de Prague. A l'autopsie, on trouve une Douve dans l'un des canaux biliaires du grand lobe du foie. Cet organe était notablement hypertrophié, mais Lambl ne pense pas que cette hypertrophie doive être attribuée à la présence du parasite.

8° *Cas de Biermer*, 1863. — Un individu âgé de quarante-trois ans, originaire du canton de Berne et depuis trois ans soldat à Sumatra, entre le 5 janvier 1863 à la clinique médicale de Berne (1), où il meurt le 18 février. En juin 1862, se montre un ictère, avec accompagnement de phénomènes fébriles. En août, départ de Java pour l'Europe : survient une amélioration notable, mais l'ictère persiste et les matières fécales sont décolorées ; le malade présente des signes de périhépatite. Arrivée en Europe à la fin de novembre : amaigrissement considérable pendant la traversée ; l'ictère s'accentue.

Le 5 janvier 1863, jour de l'entrée à l'hôpital, la peau est d'une teinte brun jaunâtre intense ; pas de fièvre ; le foie est lisse et non hypertrophié. Le 10, très vives douleurs dans la région hépatique. Le 12, crachats sanguinolents ; les douleurs hépatiques arrivent au paroxysme ; l'ictère augmente. Du 21 au 29, symptômes thoraciques : toux et vomissements consécutifs ; infiltration du poumon droit ; vue indistincte au crépuscule. Le 29, frissons, vomissements, douleurs dans la région gastro-hépatique. Le 31, selles sanguinolentes ; abcès diffus et extrêmement douloureux de la région parotidienne gauche. Le 1er février, céphalalgie, fièvre intense (40°2) ; les douleurs parotidiennes augmentent et l'inflammation se propage au tissu cellulaire du cou ; la fièvre tombe. Le 11, symptômes d'un nouveau genre : très vive douleur dans le côté droit, suffusion sanguine au-dessous de l'aisselle ; en ce point, la peau est lisse, chaude, brillante. Le 15, le malade commence à délirer ; la température tombe à 35°4 ; collapsus qui, le 18, se termine par la mort.

A l'autopsie, le foie est de volume à peu près normal. Vers la moitié du trajet du canal cholédoque, on trouve une Douve de taille moyenne, qui remplit tout le canal, mais sans le dilater. Le canal cystique est perméable, mais le canal hépatique est totalement oblitéré et transformé en un cordon plein, sur une longueur de 5 millimètres, au point où il se bifurque. En amont de cette oblitération, les canaux biliaires sont extrêmement dilatés et présentent un grand nombre de dilatations ampullaires. Biermer n'hésite pas à considérer tous les graves symptômes que nous avons sommairement décrits, ainsi que les lésions trouvées à l'autopsie, comme uniquement dus à la présence du parasite.

(1) Leuckart, Davaine et d'autres auteurs disent par erreur que le cas a été observé à Zurich.

9° *Cas de Wyss*, 1868. — En faisant l'autopsie d'une femme de trente-trois ans, morte d'une intoxication, le Dr Carl Bock, de Breslau, trouva dans le canal cholédoque un peu élargi, mais d'ailleurs absolument sain, une Douve enroulée sur elle-même dans le sens de la longueur. La malade n'avait jamais eu d'ictère ni de douleurs hépatiques. Par son absolue bénignité, ce cas se range donc à côté de ceux de Partridge et de Lambl.

10° *Cas de Klebs*, 1869. — Cas observé à Berlin par Virchow, à l'époque où Klebs était son assistant. Deux Douves furent trouvées dans les canaux biliaires ; ceux-ci ne présentaient pas trace de dilatation ni d'aucune autre lésion. L'individu était mort de fièvre typhoïde.

11° *Cas de Murchison*, 1877. — Un Homme de trente-neuf ans, ayant joui jusqu'alors d'une excellente santé, devient gravement ictérique; inappétence, abattement; pas de douleurs ni de vomissements; selles peu colorées, urine foncée. Le 8 mai 1874, foie un peu gros; voussure légère, mais distincte en avant des cartilages costaux, à droite de l'extrémité inférieure du sternum : légère sensibilité en cet endroit, mais rien qui ressemble à de la fluctuation. Le 13 octobre 1874, l'ictère est, depuis quelques semaines, plus intense; la voussure persiste; les selles sont très claires et l'urine très foncée; l'appétit est bon, le malade est bien disposé et n'éprouve aucune douleur dans la région du foie. Le 3 février 1876, amélioration notable: les forces et l'appétit augmentent ; les selles ont la couleur et la consistance normales ; la voussure des côtes s'est effacée. Le malade reste en cet état et continue à vaquer à ses occupations jusqu'en août 1876. Alors se développe une ascite, qui augmente lentement et s'accompagne de douleur intense dans la région hépatique et d'émaciation rapide. Les selles sont claires et muqueuses, l'urine chargée de bile. Une ponction amène l'évacuation de près de 9 litres de liquide séreux, jaune. Un grand soulagement s'ensuit, mais le malade continue à maigrir et meurt le 26 janvier 1877.

A l'autopsie, on trouve les canaux cholédoque et cystique complètement oblitérés par la rétraction cicatricielle du tissu fibreux dans la scissure porte. Vésicule biliaire considérablement distendue, pleine d'un liquide incolore, floconneux. Les canaux biliaires sont modérément distendus : l'un d'eux contient une Douve.

12° *Cas de Prunac*, 1879. — Cette très remarquable observation, fort analogue à celle de Mehlis, a été faite chez une femme de trente et un ans. « Depuis trois ans, la malade se plaint de troubles digestifs ; elle éprouve souvent de vives douleurs à l'épigastre et de l'endolorissement dans les hypocondres, spécialement à droite. Les digestions sont lentes, laborieuses. Elle eut, en 1876, une hématémèse abondante qui s'est reproduite à cinq reprises différentes et à intervalles plus ou moins éloignés. Depuis six mois, elle vomit du sang presque toutes les semaines. Elle s'administre 30 grammes d'huile de ricin, qui amènent l'expulsion de quatre Lombrics par les garde-robes. Depuis deux mois, mélæna en même temps que syncopes fréquentes, presque continuelles; elle en a éprouvé autrefois, mais plus éloignées; actuellement, elles sont d'une excessive fréquence.

« Cette femme est sujette aussi à la toux, mais à une toux sèche accompagnée d'oppression. Rien à l'auscultation du cœur et de la poitrine, souffle très intense dans les carotides. Pâleur considérable des téguments. Aménorrhée, amaigrissement et perte de l'appétit. Constipation opiniâtre; selles noirâtres, constituées par du sang coagulé. A plusieurs reprises, tremblements violents dans les membres; durant ces crises, intégrité de l'intelligence, mais aphonie complète, modifications sensibles du caractère de la malade, qui devient apathique et indifférente.

« En raison de ces divers phénomènes, le diagnostic d'ulcère simple nous avait paru rationnel: nous trouvions, en effet, réunis tous les symptômes classiques de cette affection, jusqu'aux points rachidien et xiphoïdien qui nous étaient nettement accusés. Seule, l'absence de vomissements alimentaires nous inspirait des doutes sur la nature vraie de la maladie.

« La diète lactée, le nitrate d'argent à l'intérieur, les alcalins furent concurremment employés; cette médication resta sans résultat. Pour faire cesser la constipation, nous eûmes recours au sel de Seignette (30 gr.). Peu d'instants après survinrent des convulsions générales avec perte de connaissance et consécutivement l'expulsion, par le vomissement, de deux Distomes mélangés avec du sang coagulé, en même temps que des selles sanguinolentes noirâtres, dans lesquelles la malade découvrit un amas de Distomes pelotonnés (une trentaine environ), vivants et animés de mouvements parfaitement perceptibles.

« Le lendemain, nouvelle purgation qui amena l'expulsion de fragments de Ténia (25 à 30 centim.). Nous prescrivons, le soir, 8 grammes d'extrait éthéré de Fougère mâle, puis 30 grammes de sel de Seignette. Le Ténia est expulsé avec la tête, en même temps qu'un nouvel amas de Distomes (une vingtaine environ). » Les troubles digestifs diminuent alors notablement, mais l'inappétence et la constipation persistent. Les règles, supprimées depuis sept mois, se rétablissent: l'état général s'améliore. Une nouvelle purgation provoque des selles diarrhéiques non sanguinolentes et ne renfermant plus ni Distomes ni anneaux de Ténia.

« Le mois suivant, nouvelle hématémèse; la diarrhée persiste. On constate, par intervalles, du sang dans les garde-robes ; la région du foie est toujours douloureuse ; la pression et les mouvements exaspèrent la douleur. Les jours suivants, expulsion, par le vomissement, de trois Distomes mélangés avec du sang liquide et rutilant. »

Les Vers rendus par la malade qui fait l'objet de cette curieuse observation furent remis au professeur Martins, de Montpellier, qui reconnut en eux des *Distoma hepaticum*. Au bout de cinq ans, la malade continuait à se bien porter.

13° *Cas de Wilson*, 1879. — Une jeune fille de seize ans évacue par l'anus une Douve, que l'on retrouve sur la chemise au moment où on va la laver. Après enquête minutieuse, Wilson ne doute pas que le Ver ait été rendu par l'anus : la patiente se plaignait à cette même époque de douleurs internes et de troubles gastriques.

14° *Cas de Humble et Lush*, 1881. — Un laboureur de cinquante-deux ans vient consulter le Dr Humble, le 6 novembre 1879 : depuis deux mois, il souffre de vomissements incoërcibles et de douleurs à la partie supérieure de l'abdomen ; son état général rappelle celui des malades atteints de cancer de l'estomac ou de cancer du foie, mais le diagnostic n'est pas net. Le malade entre au Dorset County Hospital, le 21 novembre et meurt le 31 mars 1880. A l'autopsie, le foie pèse 3 livres et présente une coloration rouge grisâtre ; il est mou et friable. Les canaux biliaires, considérablement épaissis et dilatés, renferment à peu près vingt-six Douves adultes.

15° *Cas de Roth*, 1881. — Cette observation, rapportée par Zäslein, est due au professeur Roth, de Bâle. Le canal cholédoque d'un Homme de vingt-quatre ans renfermait un jeune *Distoma hepaticum*, dont la présence n'avait occasionné de troubles d'aucune sorte.

16° *Cas de Perroncito*, 1881. — Des œufs de Douve ont été vus dans les selles d'un individu dont l'intestin renfermait des Ankylostomes.

17° *Cas de Boström*, 1883. — Un individu âgé de soixante-cinq ans, garde d'écluses sur le canal du Danube au Main, entre à la clinique médicale d'Erlangen le 28 juillet 1880 et meurt le 9 août. Les premiers signes de maladie apparurent le 11 juillet, sans cause appréciable : inappétence, douleurs à l'épigastre, sécheresse de la bouche. Le 26, jaunisse, teinte ictérique de l'urine, faiblesse généralisée. Le 28, jour de l'entrée à l'hôpital, hypertrophie du foie et de la rate ; la palpation de cette dernière est douloureuse ; la vésicule biliaire, très dilatée, soulève la peau. Les jours suivants, cette vésicule augmente encore de taille et soulève la peau de plus en plus. Le 6 août, l'ictère est encore augmenté. Une pneumonie du lobe inférieur gauche, en voie d'évolution depuis le 3, s'accentue et amène la mort, le 9 août. Depuis le 7, le volume de la vésicule biliaire avait diminué considérablement.

A l'autopsie, on trouve un rétrécissement cicatriciel du canal hépatique et de ses branches, avec induration conjonctive des tissus voisins; ce canal renferme une Douve. Les canaux biliaires sont très dilatés. Le canal cystique est oblitéré ; hydropisie de la vésicule biliaire. Pneumonie pseudo-membraneuse du lobe inférieur gauche ; indurations plates du sommet des deux poumons; emphysème et œdème pulmonaire. Hypertrophie du ventricule droit du cœur.

Dans tous les cas qui précèdent (1), les Distomes étaient logés dans les voies biliaires : nous rangeons dans cette catégorie les observations de Mehlis et de Prunac, car la présence de parasites dans le foie nous semble être démontrée par les vives douleurs que ressentaient les malades dans la région hépatique. Les Vers évacués par le vomissement ou avec les matières fécales provenaient sans aucun doute du foie et étaient amenés dans l'intestin avec la bile, ce qui explique leur évacuation intermittente.

Le nombre des Douves est variable : le plus souvent, on n'en trouve qu'une seule (cas n°s 1, 5, 7, 8, 9, 11, 13, 15, 17), quelquefois 2 (n°s 2, 10), plus rarement 5 (n° 3), plus rarement encore 26 ou un plus grand nombre (n°s 4, 12, 14). Klebs croyait à l'innocuité du parasite, lorsqu'il était unique : la lecture des observations qui précèdent montrera combien cette opinion est erronée : s'il est des cas où la mort ne semble pas avoir été causée par le parasite (n°s 5, 7, 9, 15), il en est d'autres où elle doit lui être attribuée (n°s 3, 8, 11, 17). Dans les cas de Distomes multiples, la mort peut de même survenir (n° 14) ou le malade peut, au contraire, revenir à la santé, après avoir évacué ses parasites, soit par la bouche, soit par l'anus (n°s 4, 12).

Les 17 observations que nous avons rapportées nous semblent être d'une authenticité incontestable (2) : seule, celle de

(1) Aux cas rapportés ici nous pouvons en ajouter trois autres, observés en Australie par H. B. Allen (*Fluke in the human liver.* The Australian med. journal, (2), III, p. 257, 1881). « Pendant les cinq dernières années, dit cet auteur, j'ai trouvé trois fois des Douves dans les canaux du foie de l'Homme. Dans un cas, il y en avait sept; dans chacun des autres cas, une seulement. L'espèce était le Distome hépatique ordinaire. Il y avait, dans chaque cas, un abcès du foie. » En ajoutant ces trois observations aux précédentes, on arrive donc à un total de vingt cas de *Distoma hepaticum* chez l'Homme. (*Note ajoutée au moment de la mise en pages.*)

(2) Nous signalons, dans notre index bibliographique, une note de Shibazaburo Kirazato, sur laquelle nous n'avons aucun renseignement. L'*Index*

Wilson (nº 13) pourrait donner prise à la critique, mais l'expulsion d'une Douve vivante par l'anus peut se faire sans que le malade en ait conscience; qu'on se rappelle ce que nous avons dit plus haut (page 357) de l'évacuation des anneaux de *Tænia saginata* et on demeurera convaincu que la Douve peut se comporter de la même manière.

Distoma hepaticum ne se rencontre point seulement dans les voies biliaires de l'Homme : un certain nombre de faits précis nous montrent que des individus erratiques peuvent pénétrer dans les vaisseaux sanguins et, par l'intermédiaire de ceux-ci, s'en aller dans diverses régions du corps.

Treutler a décrit, en 1793, sous le nom d'*Hexathyridium venarum*, un Ver plat (fig. 311) qu'il aurait extrait de la veine tibiale antérieure, ouverte spontanément chez un jeune Homme, pendant que celui-ci se baignait à la rivière. « Jam igitur enarrabo historiam morbi adolescentis sedecim circiter annorum... Hic « nimirum adolescens sordidam fabri ferrarii artem ediscens ad munditiem corporis servandam frequenti lavatione in « flumine uti admonitus est. Is igitur cum « aliquando pedetentim aquam intrasset, « vix per horæ momentum ibi commoranti « sponte rupta est vena tibialis antica dextri pedis, atque non levis hæmorrhagia « eam rupturam secuta est, quæ modo « intermisit, modo vehementior rediit. « Quod sanguinis profluvium nec remediis stipticis, nec firmiori fascia cohiberi « poterat ; in quod diligentius inquirendum eapropter sum « provocatus. Et dum huic examini præessem, sanguis modo « lentiori, modo citatiori flumine promanavit, atque cum ea « vena materiem aliquam densiorem eminere viderim, eam « pro cruore sanguinis coagulato primum habui, sed accuratius intuenti duo animalcula vivendi et se movendi facultate « instructa se obtulerunt, quibus sine magna opera e vena

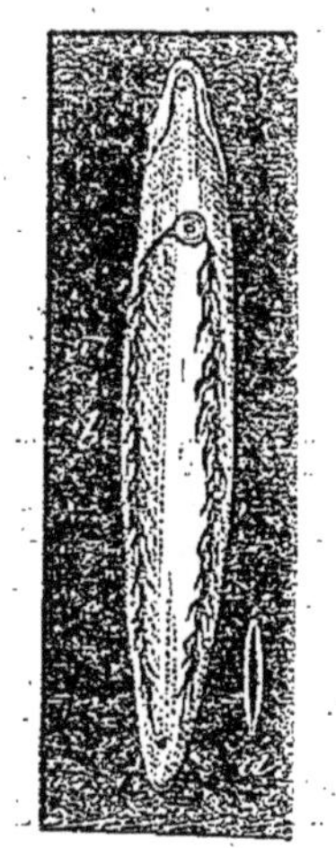

Fig. 311. — *Hexathyridium venarum*, d'après Treutler. — *a*, de grandeur naturelle ; *b*, grossi six fois.

medicus la donne comme se rapportant à *Distoma hepaticum*; l'auteur japonais ne parle-t-il pas plutôt de *D. sinense* ou de *D. japonicum* ?

« rupta extractis, confestim sanguis effluere desiit : vulnus au-« tem ruptum post tres fere septimanas demum coaluit (1). »

L'observation ci-dessus a donné lieu à bien des controverses ; il était, en effet, difficile de l'admettre, tant qu'on ne connaissait point d'exemples plus authentiques de la présence de Distomes dans les vaisseaux sanguins. Mais ce fait, longtemps considéré comme douteux, est aujourd'hui démontré. On peut donc admettre que les *Hexathyridium venarum* de Treutler n'étaient autre chose que des *Distoma lanceolatum* ou, plus vraisemblablement, de jeunes *D. hepaticum*, ainsi que semblent l'indiquer les ramifications latérales portées par chacun des deux cæcums intestinaux (2).

Un cas plus remarquable est rapporté par Duval, professeur d'anatomie à l'École de médecine de Rennes. En disséquant le système veineux abdominal chez un Homme âgé d'environ quarante-neuf ans, mort de maladie indéterminée, mais qui, de son vivant, ne s'était jamais plaint de rien de particulier, Duval trouva cinq à six *Distoma hepaticum* de grande taille. Ces helminthes étaient contenus dans le tronc de la veine porte, dans le sinus et les divisions sous-hépatiques de ce vaisseau et dans les branches de la veine situées à l'intérieur du foie.

D'après Vital, une observation analogue aurait été faite en 1845, à l'hôpital militaire de Constantine : en faisant l'autopsie

(1) Brera (*Memorie*, p. 114) rapporte que ce même parasite a été trouvé chez une nonne, en 1807, dans le sang extrait d'une veine par une saignée. Delle Chiaje assure également qu'il a été vu dans le sang d'individus hémoptysiques par Gallo, par Folinea, par Civinini et par lui-même (S. delle Chiaje, *Compendio di elmintografia umana*. Napoli, 2ª edizione, p. 15, 1833. — *Elmintografia umana*, 4ª ediz., p. 18, 1844).

(2) Treutler a encore fait connaître sous le nom d'*Hexathyridium pinguicola* un prétendu Trématode trouvé par lui dans une petite tumeur adipeuse entourant l'ovaire d'une femme de vingt-six ans, morte à la suite d'un accouchement laborieux. L'observation est vraisemblablement apocryphe, ainsi que cela ressort du passage suivant de Rudolphi : « Phialam quidem benevole mecum communicavit (Treutlerus), quæ Pinguicolam forsan contineret, sed eandem Berolini attentissime perscrutando non nisi corpusculum nigrum contractum et durum reperi, quod omnem organisationis notam denegavit. » (Rudolphi, *Entozoorum synopsis*, p. 437-438, 1819.)

Nous ne croyons pas devoir insister longuement sur d'autres Trématodes, rencontrés par Lucarelli en 1826, dans les urines d'une femme sexagénaire, et décrits par Delle Chiaje sous le nom de *Tetrastoma renale*. Il n'est pas certain que ces Vers aient été rendus avec l'urine (Delle Chiaje, *loc. cit.*, 2ª ediz., p. 13 e 116; 4ª ediz., p. 16 e 128).

d'un Maltais de quarante-trois ans, mort de pleuro-pneumonie, on trouva dans le sang veineux un Ver vivant, long de 22 millimètres, large de 15 millimètres aussitôt après le cou, qui était très court, et large seulement de 4 millimètres à l'extrémité caudale. Vital ne doute pas qu'il ne s'agisse là d'une Douve hépatique.

Il convient de rapprocher de ces cas ceux où des Douves ont été trouvées dans des tumeurs sous-cutanées. Ces Vers, sans aucun doute, étaient primitivement libres dans le sang : entraînés avec celui-ci, ils se sont arrêtés dans les capillaires et leur présence s'est manifestée par la production d'une tumeur.

Le premier cas de ce genre a été rapporté par Giesker. Depuis plusieurs mois, une femme présentait à la plante du pied droit une tuméfaction indolore et sans fluctuation. La tumeur fut ouverte : elle ne laissa échapper ni pus ni corps étranger, mais seulement du sang coagulé. Après que l'écoulement du sang fut arrêté, on fit un pansement avec de la charpie et on laissa l'appareil pendant huit jours. Au bout de ce temps, on leva les pièces du pansement pour la première fois : en comprimant de haut en bas, on fit sortir de la plaie deux jeunes Distomes hépatiques ; l'un d'eux fut écrasé par mégarde, l'autre était vivant et mesurait 13 millimètres de longueur. La guérison se fit rapidement.

Penn Harris, de Liverpool, cite l'observation d'un enfant de vingt-cinq mois, chez lequel une tumeur large comme une orange se développa à la partie supérieure de l'occiput. L'abcès s'ouvrit spontanément et rendit une grande quantité de pus : il continua à suppurer pendant environ trois semaines, quand un jour, après avoir enlevé le cataplasme et abstergé le pus, on aperçut, sur la serviette destinée à cet usage, six Distomes qui ne donnaient aucun signe de vie (1).

Une observation très analogue est rapportée par Fox, de Topsham, Devonshire. Il s'agit d'un marin âgé de trente-huit ans, chez lequel un bouton apparut un peu en arrière de l'o-

(1) Cette observation de Penn Harris est généralement considérée comme une mystification. Il est, en effet, possible que la bonne foi de l'auteur ait été surprise et que la serviette sur laquelle ont été trouvés les Distomes ait déjà servi à d'autres usages, par exemple à envelopper un foie de Mouton ; mais ce n'est là qu'une supposition toute gratuite.

reille. « Ce bouton grossit et atteignit la taille d'une petite noix. Une solution iodée fut appliquée pour dissoudre la tumeur, mais sans succès. Quelque temps après, pendant que cet homme était en mer, le bouton s'enflamma et s'ouvrit, rendant par deux petites ouvertures un liquide séro-sanguinolent. Le bouton se guérit alors, et, après quelque temps, se remplit de nouveau d'un liquide semblable. On en fit l'ouverture et la plaie fut pansée avec de la charpie sèche. Le lendemain, examinant cette plaie, je crus voir quelque chose se mouvoir, et, l'ayant extrait, je reconnus un Distome. »

Le dernier cas a été publié par Dionis des Carrières. Un Homme de trente-cinq ans portait dans la région hypocondriaque droite une petite tumeur très douloureuse, qui le privait de sommeil et l'empêchait de vaquer à ses occupations. Cette tumeur, de la grosseur d'un œuf de Pigeon, était très dure et non fluctuante. Au bout de quelques mois, elle n'était pas encore acuminée et n'offrait pas la moindre trace de fluctuation; la peau avait partout sa coloration normale, mais au centre se voyait un petit point bleuâtre de la grosseur d'une tête d'épingle et formé par une pellicule mince et transparente comme une pelure d'Oignon, derrière laquelle on distinguait facilement une gouttelette de sérosité de couleur violacée. En pressant à droite et à gauche avec les deux pouces, comme on ferait pour une petite tumeur sébacée, une goutte de sérosité jaillit, et aussitôt après s'échappa un Distome hépatique très vivace, ayant à peine 1 centimètre de longueur. Des pressions plus fortes et réitérées ne firent plus rien sortir. En quelques jours la tumeur s'affaissa, et depuis ce temps le malade n'a plus rien ressenti.

Il ne sera pas hors de propos de rappeler encore que des Douves erratiques ont été vues dans le poumon du Bœuf par Rivolta et par Mégnin; dans l'observation de ce dernier auteur, elles étaient renfermées dans des tumeurs à paroi fibreuse très épaissie et bosselée.

M. Malpighi, *Opera posthuma.* Londoni, 1697. Voir p. 84.

G. Bidloo, *Observatio de animalculis, in ovino aliorumque animantium hepate detectis.* Delft, 1698.

Bidloo et P. Borel cités par D. Le Clerc, *Historia naturalis et medica latorum Lumbricorum.* Genevæ, p. 119 et 283, 1715.

P. S. Pallas, *Dissertatiō de infestis viventibus intra viventia.* Lugd. Bat., 1760. Voir p. 5 et 28.

Fr. A. Treutler, *Observationes pathologico-anatomicæ auctarium ad helminthologiam humani corporis continentes.* Lipsiæ, 1793.

L. Fortassin, *Considérations sur l'histoire naturelle et médicale des Vers du corps de l'Homme.* Thèse de Paris, an XII, 1804. Voir p. 19.

P. Frank, *Traité de médecine pratique.* Paris, 1823. Voir V, p. 351.

Duval, *Note sur un cas de Distome hépatique.* Gaz. méd., X, p. 769, 1842.

Giesker und Frey, *Helminthologischer Beitrag.* Mittheil. der naturforsch. Gesellschaft in Zürich, II, p. 89, 1850.

Delafond, *Traité sur la pourriture ou cachexie aqueuse des bêtes à laine.* Paris, 2e édition, 1854.

Ch. Fox et J. Penn Harris, cités par Edw. Lankester dans l'édition anglaise de Küchenmeister, I, appendice B, p. 434. Londres, 1857.

C. M. Diesing, *Revision der Myzhelminthen.* Sitzungsber. der k. k. Akad. der Wiss. in Wien, XXXII, 1858. Voir p. 331.

W. Lambl, *Mikroskopische Untersuchungen der Darm-Excrete.* Prager Vierteljahrsschrift, LXI, 1859. Voir p. 49.

A. Biermer, *Distomum hepaticum beim Menschen.* Schweizerische Zeitschrift für Heilkunde, II, p. 381, 1863.

Al. An. Florance, *De la distomatose chez l'Homme et les animaux.* Thèse de Strasbourg, 1866.

O. Wyss, *Ein Fall von Distomum hepaticum beim Menschen.* Archiv der Heilkunde, IX, p. 172, 1868.

E. Klebs, *Handbuch der pathologischen Anatomie.* Berlin, 1869. Voir I, p. 520.

E. D. Harrop, *Remarks on the Fluke (Fasciola hepatica).* Proceed. of the R. Society of Tasmania, p. 12, 1869.

A. Vital, *Les entozoaires à l'hôpital militaire de Constantine.* Gazette méd., (4), III, p. 274, 1874.

Dionis des Carrières, cité par Davaine, *Traité des entozoaires*, 2e éd., p. 386. Paris, 1877.

C. Murchison, *Clinical lectures on diseases of the liver.* London, 2nd ed., 1877. Voir p. 634. — *Leçons cliniques sur les maladies du foie.* Paris, 1878. Voir p. 637.

A. Prunac, *De la Douve ou Distome hépatique chez l'Homme.* Gazette des hôpitaux, LI, p. 1147, 1878. — Id., *Note sur la grande Douve du foie (Distoma hepaticum).* Montpellier et Paris, in-8° de 14 p., 1884.

A. Wilson, *On the occurrence of the common Fluke (Fasciola hepatica) in the human subject.* Edinburgh med. journal, XXV, p. 413, 1879.

Zündel, *La distomatose ou cachexie du Mouton; sa nature, ses causes et les moyens naturels de la combattre.* Strasbourg, 1880.

Wm. Edw. Humble and Wm. Vawdrey Lush, *A case of Distoma hepaticum (liver-fluke) in man.* British med. journal, II, p. 75, 1881.

Ed. Perroncito, *L'anemia dei contadini, fornaciai e minatori in rapporto coll' attuale epidemia negli operai del Gottardo.* Annali della R. Accad. d'agricoltura di Torino, XXIII, 1881.

P. Mégnin, *Tubercules des poumons chez une Vache causés par des Douves (Distoma hepaticum).* Compte rendu de la Soc. de biologie, p. 221, 1882.

Eug. Boström, *Ueber Distoma hepaticum beim Menschen.* Deutsches Archiv f. klin. Medicin., XXXIII, p. 557, 1883.

Shibazaburo Kitazato. Chiuga-Iji Shinpo. Tokio, n° 99, 10 mai 1884 (en japonais).

L. Hahn et Ed. Lefèvre, *Douves.* Dictionnaire encyclop. des sc. méd., 1884.

On serait tenté d'admettre que la distribution géographique de *Distoma hepaticum* doive être intimement liée à celle de *Limnæa truncatula*, qui lui sert d'hôte intermédiaire. Ce Mollusque habite toute l'Europe, la Sibérie, l'Afghanistan, le Thibet, le territoire de l'Amour, le Maroc, l'Algérie et la Tunisie (1). Mais la répartition du Distome à la surface du globe n'est pas absolument corrélative de celle de son hôte : il manque en certaines régions où se trouve celui-ci ; inversement, on l'observe dans des pays où la Limnée fait défaut. On doit donc penser que le Ver est capable d'accomplir les premières phases de son développement chez des hôtes appartenant à des espèces diverses, dont une seule nous est actuellement connue.

La Douve est répandue par toute l'Europe, sauf l'Islande, ainsi que Krabbe et Jonsson le disent expressément ; *L. truncatula* et *L. peregra* se trouvent pourtant dans cette île, d'après Mörch. Elle est très fréquente dans les îles Shetland, où, d'après Forbes, on ne trouverait que *L. peregra ;* elle n'est pas rare aux îles Færœ, d'après Krabbe. Ce parasite cause parfois en Europe des épizooties désastreuses, dont on trouvera le récit dans le livre de Davaine et dans divers ouvrages de médecine vétérinaire.

Le Distome, que nous sachions, n'a pas encore été observé en Asie, bien que son hôte intermédiaire vive en plusieurs contrées et bien que le Mouton soit partout abondant. Il est rare en Afrique (Égypte (2), Algérie). Peu répandu dans l'Amérique du nord (3), où le genre *Limnæa* est représenté, mais par aucune des deux espèces *L. truncatula* et *L. peregra*, il devient très fréquent dans l'Amérique du sud.

Dans la République argentine, d'après Wernicke, deux espèces de Planorbes et une espèce de Limnée lui servent probablement d'hôtes intermédiaires. Dans le district de Tandil, plus de 100,000 Moutons ont succombé à la distomatose

(1) *Limnæa peregra* habite toute l'Europe, la Sibérie, le Thibet, l'Asie Mineure et le territoire de l'Amour.

(2) W. Youatt (*Sheep, their breeds, management and diseases.* London, 1837. Voir p. 460, en note) dit que la distomatose est très fréquente en Égypte, notamment après les crues du Nil. Hamont, fondateur de l'École vétérinaire en Égypte, a donné des détails précis sur les ravages causés par cette maladie.

(3) « Heureusement pour les fermiers américains, cette maladie destructive est comparativement peu fréquente dans leurs troupeaux. » L. A. Morrell, *The american shepherd.* New-York, 1863, p. 362.

pendant les huit premiers mois de l'année 1886 : de petits éleveurs n'ayant que 6 à 8,000 Moutons ont perdu leurs troupeaux presque en totalité. On trouve jusqu'à 280 exemplaires chez un même animal ; dans un cas, on en a même vu jusqu'à 480. Le Ver se rencontre aussi chez le Bœuf, mais cause rarement la mort.

On le voit encore en Tasmanie et en Australie, pays où les Limnées ne se rencontrent pas, d'après les observations de Hutton. Enfin, Leuckart le signale au Groenland, mais Rolleston fait remarquer que c'est là sans doute une erreur : vers l'année 1855, il n'y avait au Groenland, d'après Rink, que 30 à 40 Vaches, 100 Chèvres et 20 Moutons ; cette poignée de bétail était réunie à Julianshaab, sur la côte occidentale.

O. A. L. Mörch, *Faunula Molluscorum Islandiæ*. Meddelelser fra den naturhistorisk Forening, I, p. 185, 1868.

F. W. Hutton, *On the geographical relations of the New Zealand fauna*. Transactions of the New Zealand Institute, V, p. 227, 1872. Voir p. 244.

Sn. Jonsson, *Hausthierzucht und Hausthierkrankheiten in Island*. Deutsche Zeitschrift f. Thiermed. und vergl. Pathologie, V, p. 388, 1879. Voir p. 413.

G. Rolleston, *Note on the geographical distribution of Limax agrestis, Arion hortensis and Fasciola hepatica*. Zoologischer Anzeiger, III, p. 400, 1880.

R. Wernicke, *Die Parasiten der Haustiere in Buenos-Ayres*. Deutsche Zeitschr. f. Thiermed. und vergl. Pathologie, XII, p. 304, 1886.

Distoma lanceolatum Mehlis, 1825.

SYNONYMIE : *Planaria latiuscula* Göze, 1782.
Fasciola hepatica Bloch, 1782.
Distoma hepaticum Zeder, 1800 ; Rudolphi, 1810.
F. lanceolata, Rudolphi, 1803.
D. (Dicrocœlium) lanceolatum Dujardin, 1845.
Dicrocœlium lanceolatum Weinland, 1858.

L'œuf du Distome lancéolé est noirâtre, long de 40 à 45 μ, large de 30 μ ; les deux pôles sont émoussés ; l'antérieur est muni d'un clapet, tandis que le postérieur est orné d'un épaississement en forme de bouton. La coque de l'œuf est plus épaisse que chez la Douve hépatique et est constituée par deux couches différant par leurs propriétés optiques. Le développement commence déjà dans l'utérus ; il se fait avec une telle rapidité qu'au moment de la ponte on peut voir déjà dans chaque œuf l'embryon tout formé.

Celui-ci, d'après Moulinié, se présente sous l'aspect d'un corps pyriforme clair et dont la partie postérieure arrondie serait ornée latéralement de deux amas granuleux de forme ovale et de nature encore indéterminée. Il est long de 26 à 33 μ, large de 16 μ; chacune des masses granuleuses mesure 7μ, 5. Le parenchyme du corps est formé d'une substance claire et transparente, à peu près homogène. L'embryon a toujours son extrémité céphalique effilée et tournée du côté du clapet; elle en est séparée encore par un coussinet de mucus relativement plus développé que dans l'œuf de la Douve hépatique.

Malgré l'état de développement avancé dans lequel se trouve l'embryon au moment de la ponte, l'éclosion n'a guère lieu qu'après trois semaines de séjour dans l'eau. On voit alors sortir de l'œuf un animalcule sphérique ou pyriforme (fig. 312), moins agile que l'embryon de l'espèce précédente, ce qui tient à ce que les cils, longs de 10 μ, ne se montrent que dans la partie antérieure du corps, sur le prolongement céphalique. Ce dernier a une structure granuleuse particulière et est armé d'une épine frontale, qui peut être tour à tour projetée en avant ou rétractée et qui joue, mais plus efficacement, le même rôle que le rostre chez l'embryon de *Distoma hepaticum*.

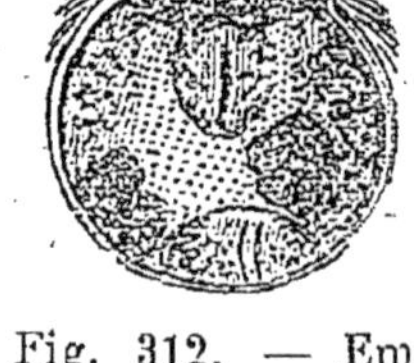

Fig. 312. — Embryon de *Distoma lanceolatum*, d'après Leuckart.

On a longtemps ignoré chez quel animal l'embryon se fixait: la présence de l'épine frontale faisait néanmoins penser à un Mollusque; le revêtement ciliaire indiquait d'autre part un animal aquatique. Il est donc surprenant, en tenant compte de ces importantes considérations, de voir Piana émettre l'avis que *Cercaria lungo-caudata*, parasite d'*Helix carthusiana*, doit être la larve de la Douve lancéolée. Les observations de Leuckart et de von Willemœs-Suhm donnent à penser, malgré les récentes dénégations d'Ercolani, que ce Distome accomplit sa période larvaire chez *Planorbis marginatus*, dans les organes duquel il se présenterait sous la forme de *Cercaria cystophora* Wagener. Toutefois, la démonstration de ce fait ne saurait encore être considérée comme définitive.

En 1866, Guido Wagener décrivit chez le Planorbe bordé des Sporocystes qu'il faudrait considérer comme provenant des embryons décrits ci-dessus. Ce sont des sacs allongés, fusiformes, visibles à l'œil nu. Le tégument est marqué de fines stries transversales, régulièrement espacées, et recouvre une double couche musculaire, au-dessous de laquelle se voit la couche cellulaire donnant naissance aux Rédies. Celles-ci remplissent la cavité du corps, soit à l'état de morulas, soit à l'état de Rédies plus ou moins parfaites. L'appareil excréteur est très développé, mais n'a été qu'incomplètement étudié. Les entonnoirs vibratiles sont nombreux : ils sont surtout abondants vers le tiers postérieur du corps et se montrent à ce niveau disposés en une sorte de large ceinture, en rapport avec des vaisseaux à direction transversale.

Les Rédies sont mises en liberté par la déchirure des parois du Sporocyste; elles ont plus de 2 millimètres de longueur, sont très agiles et sont remplies de germes de Cercaires. Le pharynx est très petit; le cul-de-sac digestif est de couleur brunâtre et occupe plus de la moitié de la longueur du corps. Le tégument est dépourvu de striation transversale, mais renferme un riche système vasculaire émanant de deux gros troncs longitudinaux. Ceux-ci occupent les parties latérales, sont limités par une paroi propre et, un peu avant d'atteindre chacune des extrémités, se résolvent en un bouquet de vaisseaux plus petits; ils reçoivent d'autre part un grand nombre de branches latérales. L'orifice qui livre passage aux Cercaires mûres semble être situé sur la ligne médiane, immédiatement en arrière du pharynx.

Les Cercaires ont une structure des plus remarquables. Lorsque leur évolution est encore peu avancée, un étranglement annulaire vient séparer leur partie postérieure, de manière à former une portion caudale, dont l'extrémité se bifurque bientôt : l'une des branches de bifurcation reste courte et épaisse; l'autre est plus longue et plus mince; cette dernière deviendra la queue.

La Cercaire arrivée à son complet développement présente une ventouse buccale presque deux fois aussi large que la ventouse postérieure, et surmontée d'une sorte de capuchon mobile, formé par les muscles du cou. Le pharynx est immédiatement accolé à la ventouse buccale; l'œsophage reste assez longtemps sans se diviser et donne naissance à deux cæcums latéraux, qui s'avancent en décrivant de légères sinuosités jusqu'au voisinage de la portion caudale. Le tégument est orné de petits spicules dans la région céphalique.

La portion caudale s'est transformée en un kyste globuleux, limité par une épaisse paroi et rempli intérieurement par une masse transparente et finement granuleuse; celle-ci disparaît de bonne heure. Le kyste est alors devenu une sorte de calice, au fond duquel la Cercaire s'attache par son extrémité postérieure et dans lequel la queue prend également insertion. Ce long appendice, mince et aplati, est formé d'une membrane anhiste dont l'extrémité renflée se creuse d'une petite cavité à contenu très réfringent; au voisinage de ce renflement, on remarque à la surface de la queue une striation transversale des plus nettes.

Le kyste s'ouvre au dehors par un col marqué de replis annulaires. La Cercaire peut se rétracter complètement à son intérieur et peut également y rétracter sa queue : l'animal se replie alors sur lui-même à la façon du chiffre 8, et l'orifice finit par s'oblitérer.

Cercaria cystophora a été trouvée par von Willemœs-Suhm chez des Planorbes bordés vivant dans des aquariums dont l'eau avait été ensemencée quelques mois auparavant avec des œufs de Douve lancéolée : avant cet ensemencement, on n'avait rencontré chez ces mêmes Mollusques aucune Cercaire de ce genre, et il ne fut pas possible d'en découvrir davantage chez d'autres Planorbes capturés à l'endroit même d'où provenaient les premiers.

Quant à l'évolution ultérieure de la Cercaire, elle se ferait, au moins partiellement, chez le Planorbe lui-même : à l'intérieur de son kyste, la Cercaire prendrait les caractères d'une Douve lancéolée (1). C'est ainsi que vers 1861, en examinant des Planorbes bordés qu'il conservait depuis quelque temps dans un aquarium, Leuckart rencontra, presque dans chaque exemplaire, des kystes de Distome longs d'environ $0^{mm},2$; les jeunes animaux qui y étaient renfermés ressemblaient si complètement à la Douve lancéolée par plusieurs caractères, qu'il résolut de les utiliser pour une expérience d'infestation. Il fit avaler quelques douzaines de ces kystes à un agneau de quatre mois qui, depuis sa naissance, n'avait été nourri qu'avec du fourrage sec et par conséquent à peu près inoffensif. Au bout de six semaines, l'autopsie fut faite : on trouva dans les canaux biliaires huit *Distoma lanceolatum* complètement adultes.

G. R. Wagener, *Ueber Redien und Sporocysten Filippi*. Archiv für Anatomie, p. 145, 1866.

R. von Willemœs-Suhm, *Ueber einige Trematoden und Nemathelminthen*. Z. f. w. Z., XXI, p. 175, 1871.

(1) Quelque singulier qu'il paraisse, le fait n'est pas sans exemple : de la Valette Saint-George l'a signalé chez *Cercaria echinifera*.

Distoma lanceolatum (fig. 313) est un animal de forme lancéolée, long de 8 à 10 millimètres, large de 2 à 2^{mm},4. Le corps est lisse, dépourvu d'écailles, aminci et effilé à ses deux extrémités, l'antérieure étant la plus étroite ; la plus grande largeur s'observe à la région postérieure, par suite de l'accumulation des œufs dans les circonvolutions de l'utérus.

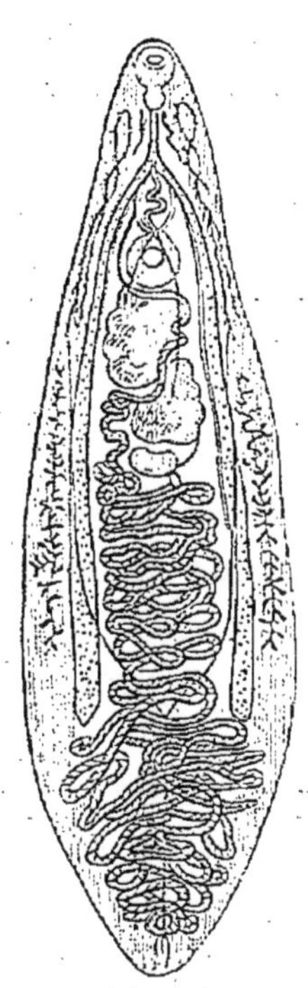

Fig. 313. — *Distoma lanceolatum*, vu par la face dorsale.

Les cellules musculaires du tégument sont à peu près d'aussi grande taille que chez *D. hepaticum*, mais elles sont peu nombreuses et fortement séparées les unes des autres ; elles sont plus serrées dans la couche circulaire que dans la couche diagonale. Elles se condensent surtout dans la partie antérieure du corps ; aussi cette région est-elle de toutes la plus mobile ; elle peut, comme chez la grande Douve du foie, s'allonger au point de ressembler à un appendice en forme de filament ou de trompe.

Les deux ventouses sont situées à la face ventrale : par rapport aux dimensions du corps, elles sont plus grandes que chez *D. hepaticum*, mais leur grandeur absolue est moins considérable. La ventouse antérieure, large de 0^{mm},5, est surmontée d'un rebord cutané dont la surface est criblée d'orifices glandulaires ; sa marge est ornée de délicates denticulations et pourvue d'un puissant sphincter, ce qui semble devoir faire attribuer à celles-ci un certain rôle dans la préhension des aliments. La ventouse elle-même est dans le fond d'une dépression ; pendant la vie, son orifice a fréquemment la forme d'une fente transversale ; après la mort, il redevient circulaire. La ventouse postérieure est large de 0^{mm},6 et, par conséquent, un peu plus grande que la précédente. L'espace qui les sépare l'une de l'autre correspond à peu près à la cinquième partie de la longueur totale et se confond insensiblement avec le reste du corps.

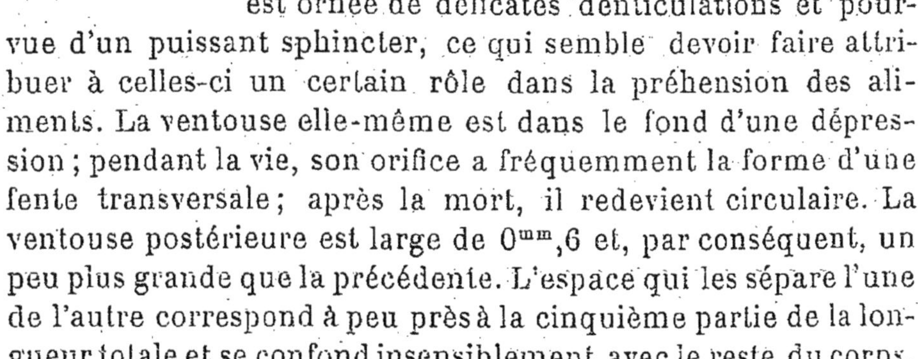

Le parenchyme a la même structure que chez la Douve hépatique, si ce n'est que les cellules sont beaucoup plus petites ; elles ont rarement plus de 25 µ de largeur ; leur noyau mesure 7 à 9 µ.

L'appareil excréteur est moins compliqué que dans l'espèce précédente. Les entonnoirs vibratiles ont été vus par Walter ; les canalicules qui en partent donnent naissance de chaque côté du corps à un canal qui, devenu apparent dans le tiers antérieur, se porte en avant. Arrivé au voisinage du pharynx, ce canal s'infléchit sur lui-même et, changeant de direction, continue son trajet vers l'extrémité postérieuse ; son diamètre est alors d'à peu près 20 μ. Tout en décrivant des sinuosités plus ou moins accusées, il court à côté du cæcum intestinal et du nerf latéral ; vers le tiers postérieur du corps, on le voit se rapprocher de la ligne médiane, de manière à s'anastomoser avec son congénère. De la sorte prend naissance un tronc dorsal médian et impair qui occupe à peu près le quart de la longueur totale et qui s'ouvre à l'extrémité postérieure par un *foramen caudale* large de 45 μ et pourvu d'une sorte de sphincter.

Le pharynx, immédiatement accolé à la ventouse buccale, est assez régulièrement sphérique. A sa suite vient un œsophage long de $0^{mm}6$, large de 18 μ, mince canal pourvu de puissants muscles circulaires. Immédiatement en avant du sinus génital, il se divise en deux cæcums intestinaux qui diffèrent considérablement de ceux de la Douve hépatique, en ce qu'ils ne présentent pas la moindre ramification latérale. Ce sont deux tubes dont le calibre augmente progressivement en arrière : larges de 20 μ à l'origine, ils atteignent finalement un diamètre de 100 à 130 μ ; leur largeur varie du reste avec leur degré de réplétion. Les deux cæcums s'avancent jusqu'au voisinage du quart postérieur du corps ; ils restent normalement distincts l'un de l'autre et séparés par un large espace qu'occupent les circonvolutions de l'utérus, mais ils peuvent parfois se rapprocher sur la ligne médiane et entrer en coalescence, ainsi que J. Chatin l'a observé.

Walter a décrit comme des organes salivaires déversant leur produit dans la ventouse buccale, des cellules glandulaires dispersées en assez grande quantité dans la partie antérieure du corps. Ces cellules mesurent jusqu'à 37 μ, leur noyau est large de 11 μ ; chacune d'elles possède un long canal excréteur, large de 7 μ, qui vient s'ouvrir, après un trajet plus ou moins rectiligne, à l'un des pores dont nous avons déjà noté l'existence sur le prolongement cutané qui recouvre la ventouse buccale.

Le système nerveux a la disposition générale que nous lui avons déjà reconnue dans l'espèce précédente : la commissure transversale qui unit l'un à l'autre les deux ganglions pharyngiens antérieurs est seulement un peu plus reportée en arrière. Les nerfs partent tous du bord externe du ganglion. Ils sont au nombre de cinq : l'antérieur, remarquable par sa grande finesse, se rend à la ventouse buccale ; les autres ont le trajet habituel. Le postérieur ou nerf latéral passe à la face inférieure du cæcum intestinal correspondant, puis poursuit son trajet en suivant le bord interne de ce même cæcum.

Les organes génitaux sont également beaucoup moins compliqués que chez la grande Douve du foie ; leur disposition réciproque n'est pas non plus la même, les diverses glandes étant forcées, en raison de l'allongement du corps, de se loger les unes à la suite des autres. Le sinus génital occupe exactement l'angle de bifurcation du tube digestif ; à l'état de repos, les deux orifices sexuels sont placés l'un derrière l'autre, la vulve étant située en avant ; mais quand le cirre vient à faire saillie au dehors, la vulve se trouve rejetée du côté gauche.

Les testicules se voient immédiatement en arrière de la ventouse postérieure, sur la ligne médiane et entre les deux branches de l'intestin. Ce sont deux sacs aplatis, à contour plus ou moins sinueux et occupant toute l'épaisseur du corps ; leur largeur est presque de 1 millimètre. Le testicule antérieur émet le canal déférent du côté gauche ; le postérieur donne le canal du côté droit, de longueur à peu près double. L'union de ces deux canaux se fait au niveau du bord antérieur de la ventouse ventrale : ainsi se constitue un canal éjaculateur qui atteint presque aussitôt l'extrémité postérieure arrondie de la poche du cirre, à l'intérieur de laquelle il se dilate en une large vésicule séminale contournée en S ou en spirale. Cette vésicule est ordinairement remplie de sperme ; sa paroi possède une couche musculaire assez puissante et est tapissée intérieurement d'une couche de cellules granuleuses, larges de 15 μ, que Leuckart considère comme produisant quelque substance qui se mélange à la masse spermatique. La vésicule séminale se continue finalement par le cirre, appendice mince et filiforme, long de $0^{mm},3$, peu ou point recourbé sur lui-même et dans la paroi duquel on reconnaît, au-dessous de la cuticule, une double couche musculaire. La poche du cirre est assez allongée ; elle occupe à peu près tout l'espace compris entre la bifurcation intestinale et la ventouse postérieure; c'est un organe de forme ovale, long de $0^{mm},65$, large de $0^{mm},26$ et légèrement effilé en avant.

En arrière des deux testicules se voit un organe arrondi, de taille plus petite et large seulement de $0^{mm},4$. Quelques observateurs, entre autres Mehlis, l'ont décrit comme un troisième testicule, mais on sait maintenant que ce n'est autre chose que l'ovaire ou germigène. Le germiducte, qui s'en échappe à la partie postérieure et du côté droit, se renfle aussitôt en un *réservoir spermatique* large de $0^{mm},15$, auquel aboutit un mince conduit provenant du bord droit du testicule postérieur, conduit qui se montre toujours plein de sperme.

Les deux vitellogènes sont relativement peu développés et occupent à peine la cinquième partie de la longueur du corps. Ils sont situés dans la région moyenne, en dehors des cæcums intestinaux. Chacun d'eux est formé d'un canal longitudinal auquel sont appendus un grand nombre de petits sacs glandulaires plus ou moins arrondis, dont la largeur est de 20 à 40 μ et dont la longueur peut atteindre jusqu'à 150 μ. Vers le milieu de l'organe, c'est-à-dire au niveau du réservoir spermatique, ce canal donne naissance à un vitelloducte transversal qui vient s'ouvrir dans le germiducte, à quelque distance en arrière du réservoir spermatique et au sein même de la glande coquillère. Celle-ci est encore constituée comme chez la Douve hépatique, mais les glandes unicellulaires ne sont pas aussi serrées les unes contre les autres que chez cette dernière.

L'oviducte ou utérus fait suite au germiducte, il prend naissance au delà du point de rencontre des deux vitelloductes avec ce dernier et renferme des œufs dont la structure et les dimensions nous sont déjà connues et dont le nombre est extrêmement considérable, puisque Leuckart l'évalue à plus d'un million; leur coque brunit progressivement, en sorte que les œufs qui séjournent depuis longtemps dans l'utérus présentent une teinte noirâtre plus ou moins foncée.

Le tube utérin est relativement beaucoup plus étendu que chez *Distoma hepaticum* : il a plus de douze fois la longueur de l'animal, c'est-à-dire qu'il mesure au moins 10 centimètres de longueur ; à l'état de vacuité, il est large de 23 μ, mais atteint jusqu'à 70 μ quand il est distendu par les œufs. Il occupe toute la partie postérieure du corps et forme, entre les cæcums intestinaux et en arrière de ceux-ci, un grand nombre d'étroites circonvolutions qui s'étendent d'un côté à l'autre du corps et se disposent en deux couches : l'une, rapprochée de la face ventrale, contient des circonvolutions dont la direction générale est antéro-postérieure; l'autre, reportée vers la face dorsale, est formée de replis dont la direction générale est postéro-antérieure. La distinction entre ces deux couches n'est d'ailleurs pas absolue et les circonvolutions de l'une s'entremêlent plus ou moins avec celles de l'autre.

Dès que les circonvolutions antérieures de la face dorsale ont atteint le niveau des vitelloductes transversaux, elles restreignent considérablement leur parcours et s'insinuent dans l'espace laissé libre entre l'ovaire, le testicule postérieur et le cæcum intestinal du côté gauche; elles s'atténuent alors au point de devenir un tube à peu près rectiligne qui passe entre les deux testicules, chemine le long du bord droit du testicule antérieur, puis, contournant le bord gauche de la ventouse postérieure, va se terminer dans le sinus génital par un vagin pourvu d'une puissante couche de muscles annulaires.

G. Walter, *Beiträge zur Anatomie und Histologie einzelner Trematoden.* Archiv für Naturgeschichte, p. 269, 1858.

J. Chatin, *Anomalies de l'appareil digestif chez la Douve lancéolée.* Compte rendu de la Soc. de biologie, p. 244, 1886.

La Douve lancéolée se rencontre dans les canaux biliaires du Mouton (1), très souvent en compagnie de la Douve hépatique; elle vit ordinairement en colonies nombreuses, formées de plusieurs centaines d'individus. Comme l'espèce précédente, elle peut également produire parfois de véritables épizooties, notamment pendant les années pluvieuses : les rivières et les ruisseaux débordent dans les prairies et les eaux, en se retirant, abandonnent dans les pâturages les Mollusques porteurs de Cercaires.

(1) On la trouve encore chez d'autres animaux, tels que le Bœuf, la Chèvre, l'Antilope, le Cerf, le Porc, le Lapin, le Lièvre et le Chat.

Distoma lanceolatum n'a encore été vu que cinq fois chez l'Homme; dans le cas de Mehlis, il était associé à *D. hepaticum*.

1° *Cas de Buchholz*, 1790. — Cette observation a été publiée par Jördens. « La nouvelle découverte de feu le conseiller des mines Buchholz, à Weimar, éloigne ce qu'il y a de douteux dans cette observation (de Vers dans le foie) et les autres pareilles; en effet, il a trouvé, en 1790, dans la vésicule biliaire d'un forçat, mort de fièvre putride, une grande quantité de Vers qu'il envoya au professeur Lenz, qui me les a communiqués..... Malheureusement, Buchholz ne nous a rien dit des circonstances particulières de la maladie de ce condamné et des changements contre nature qu'il a trouvés dans le cadavre. » Les parasites sont conservés dans la collection de Weimar; ils ont été examinés par Rudolphi et Bremser, puis par Leuckart, qui reconnut en eux des Douves lancéolées.

2° *Cas de Chabert*, 1810. — Ce cas a été publié par Rudolphi; le célèbre vétérinaire français lui avait envoyé une grande quantité de Vers rendus par une jeune fille, à laquelle il avait administré son huile empyreumatique. Rudolphi décrit ces parasites comme de jeunes Douves hépatiques; il prenait en effet *Distoma lanceolatum* pour l'état jeune de *D. hepaticum*.

3° *Cas de Brera*, 1811. — « Le cadavre d'un individu scorbutique et hydropique m'offrit un foie assez dur et volumineux, couvert à la surface d'Hydatides et rempli de Douves dans sa substance interne, lesquelles ici solitaires, là réunies en nombre plus ou moins grand, se trouvaient principalement dans les acini biliaires. » Leuckart considère cette observation comme douteuse; avec Davaine, nous la croyons authentique, mais nous pensons qu'il s'agit du Distome lancéolé.

4° *Cas de Mehlis*, 1825. — Nous ne reviendrons pas sur cette observation, qui se trouve déjà résumée plus haut.

5° *Cas de Kirchner*, 1863. — L'observation est rapportée par Leuckart. « Je suis redevable de ce cas à la communication amicale du Dr Kirchner, de Kaplitz en Bohême, qui, sur ma demande, mit à ma disposition un certain nombre de Vers, en accompagnant son envoi de la notice suivante, fort intéressante pour l'histoire de *Distoma lanceolatum* et de son existence chez l'Homme.

« C'est, comme dans le cas de Chabert, une jeune fille (de quatorze ans) qui hébergeait ces parasites. Son père était berger communal à Kaplitz et, depuis sa neuvième année, elle était employée à la garde des Brebis. La lande sur laquelle elle paissait son troupeau était entourée de bois, traversée par deux fossés et couverte d'une dizaine de mares, dont l'eau malpropre était habitée par un grand nombre de Batraciens et de Mollusques (Limnées, Paludines, etc.). La fillette se désaltérait tout le jour avec l'eau de ces fossés ou de ces mares. Sa nourriture consistait en pain sec, auquel elle peut avoir ajouté, suivant la coutume des pâtres bohémiens, du Cresson qui croissait abondamment en cet endroit. Depuis assez longtemps déjà, la fillette était maladive : l'abdomen se tuméfiait, les jambes maigrissaient, les forces disparaissaient. Elle dut prendre le lit six mois avant sa mort. Le Dr Kirchner, qui la vit pour la première fois trois jours seulement avant son décès, la trouva gonflée, avec les pieds œdémateux, et le foie fortement hypertrophié. L'enfant prétendait y avoir ressenti de vives douleurs depuis plusieurs années. A l'autopsie, on trouva dans le foie très hypertrophié (du poids de 11 livres) huit calculs biliaires, et dans la vésicule du fiel, qui était d'ailleurs très contractée et presque vide de bile, 47 Distomes lancéolés complètement développés. On ne put déterminer si les deux lésions étaient en rapport l'une avec l'autre ou indépendantes l'une de l'autre, de même que rien ne permettait de croire d'une façon précise que l'état anormal du foie fût déterminé par les parasites. »

La Douve lancéolée a une aire de distribution à peu près identique à celle de la Douve hépatique, autant qu'on en peut juger d'après des renseignements fort incomplets. Sa distribution n'est qu'imparfaitement liée à celle de *Planorbis marginatus* : c'est ainsi que, d'après Thomas, le parasite n'existerait pas en Angleterre, pays où le Mollusque se rencontre pourtant. Ce dernier habite toute l'Europe, la Sibérie, le territoire de l'Amour et l'Algérie.

Les lésions déterminées par le Distome lancéolé sont identiques à celles que provoque l'espèce précédente, si ce n'est que, en raison de la plus petite taille du parasite, elles sont en général beaucoup plus bénignes.

J. H. Jördens, *Entomologie und Helminthologie des menschlichen Körpers.* Hof, in-4°, 1802. Voir p. 64 et pl. VII, fig. 13 et 14.

Chabert, cité par Rudolphi, *Entozoorum sive vermium intestinalium historia naturalis.* Paris, 3 vol. in-8°, 1810. Voir I, p. 326; II, p. 356.

V. L. Brera, *Memorie fisico-mediche sopra i principali Vermi del corpo umano vivente.* Crema, in-4°, 1811. Voir p. 94.

Distoma conjunctum Cobbold, 1859.

Cet animal (fig. 314) est de forme lancéolée, effilé à ses deux extrémités, mais plus obtus en arrière; il est long en moyenne de 9^{mm},5, large de 2^{mm},5 et couvert sur toute sa surface de petites écailles. La ventouse buccale (fig. 315, *a*) est plus grande que la postérieure, *d*. Les cæcums intestinaux, *c*, sont dépourvus de ramifications latérales. Les deux testicules, *k*, *l*, globuleux et bien distincts, sont situés dans la région postérieure du corps, en arrière des organes femelles. Ceux-ci sont représentés par deux vitellogènes, *h*, et un germigène, *g*, duquel part un utérus très sinueux, *f*. Le sinus génital, *e*, est situé immédiatement en avant de la ventouse postérieure. L'œuf (fig. 316) est ovale, à double contour, long de 34 μ, large de 21 μ.

Fig. 314. — *Distoma conjunctum* de grandeur naturelle, d'après Mac Connell.

Ce parasite a été découvert en 1858 par Cobbold, chez un Renard américain (*Canis fulvus*) mort dans la ménagerie de la Société zoologique de Londres : les canaux biliaires renfermaient un grand nombre de Vers longs de 6 millimètres environ. Lewis et Cunningham ont retrouvé ce même helminthe à Calcutta, dans le foie du Chien paria ; il y serait même assez fréquent. Enfin, Mac Connel l'a rencontré deux fois chez l'Homme.

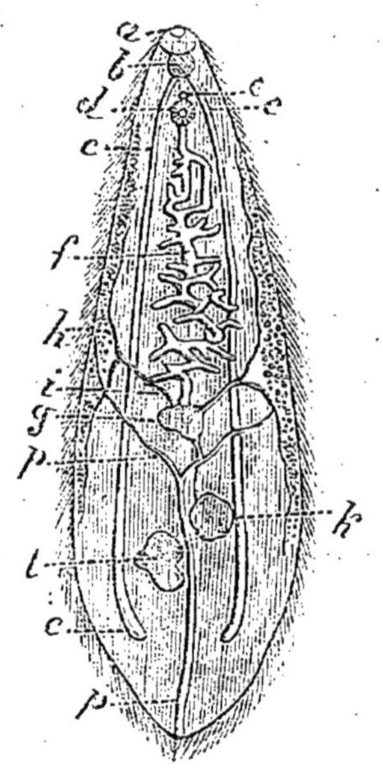

Fig. 315. — *Distoma conjunctum* grossi environ 6 fois, d'après Mac Connell. — *a*, ventouse buccale ; *b*, pharynx ; *c*, cæcum intestinal ; *d*, ventouse postérieure ; *e*, sinus génital ; *f*, utérus ; *g*, ovaire ou germigène ; *h*, vitellogène ; *i*, vitelloducte ; *k*, testicule antérieur ou droit ; *l*, testicule postérieur ou gauche ; *p*, appareil excréteur.

1er *cas. Mac Connell*, 1876. — Jamalli Khan, coolie mahométan, âgé de vingt-quatre ans, entre à l'hôpital du Medical College de Calcutta le 25 décembre 1875. Depuis deux mois, il souffre d'une fièvre qui, d'abord intermittente, est devenue plus ou moins continue. Le malade est très émacié et très affaibli. La compression du foie et de la rate est douloureuse ; cette dernière est hypertrophiée. La mort arrive le 8 janvier 1876.

L'autopsie est faite treize heures après la mort. Tous les organes sont plus ou moins anémiés ; la rate est hypertrophiée. Le foie est de volume à peu près normal: sa substance est résistante, mais d'une teinte foncée anormale. Les canaux biliaires sont épaissis, dilatés et remplis de Distomes: la première incision en laisse échapper environ une douzaine et on en trouve à peu près deux fois autant dans les canaux d'une partie du lobe droit; le foie entier n'en contenait probablement pas moins d'une centaine. Tous ces parasites étaient morts. La vésicule biliaire ne contient ni Douve, ni œufs; le canal cystique n'est pas obstrué : la bile coule normalement dans l'intestin. La présence des Distomes semble avoir occasionné un catarrhe de la muqueuse des canaux biliaires, en même temps que l'épaississement et la dilatation de ces canaux. Pas d'ictère. Le tissu hépatique est sain, hormis une légère infiltration graisseuse des lobules. Le côlon transverse et le côlon descendant présentent de nombreuses ulcérations pigmentées; dans le rectum se voient d'autres ulcérations, de formation plus récente; le tissu sous-muqueux est partout épaissi.

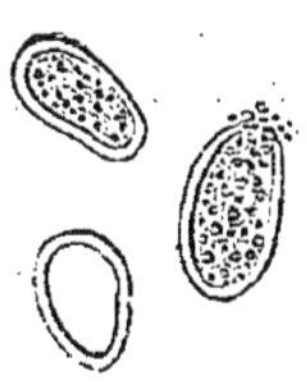

Fig. 316. — Œufs de *Distoma conjunctum* grossis environ 300 fois, d'après Mac Connell.

2e *cas. Mac Connell*, 1878. — Bhanoo, batelier mahométan, âgé de vingt-quatre ans, entre à l'hôpital du Medical College de Calcutta, le 23 janvier 1878, pour une dysenterie. Celle-ci dure depuis environ deux mois; le malade est amaigri et anémique. Les selles, d'abord rares, sont devenues abondantes, séreuses et souvent involontaires. Le foie et la rate ne sont pas hypertrophiés; pas de douleur à la région hépatique. Le malade meurt le 20 février, toute médication ayant été inefficace.

L'autopsie est faite dix-huit heures après la mort. La totalité du gros intestin, mais surtout l'S iliaque, est couverte d'un nombre immense de petits ulcères. Le foie est petit; sa capsule est épaissie; à la section il est foncé et grisâtre. Les canaux biliaires sont dilatés, remplis d'une bile jaune et épaisse et renferment un grand nombre de Douves; on en rencontre deux autres dans la vésicule biliaire, mais aucune dans l'intestin. Tous ces parasites sont morts.

Dans chacun de ces deux cas, les Distomes mesurent $9^{mm},5$, parfois même jusqu'à $12^{mm},7$ de longueur et sont, par conséquent, un peu plus grands que les exemplaires décrits par Cobbold, ceux-ci ne mesurant que $6^{mm},3$; il y a, quant au reste, complète identité de structure.

La provenance du parasite est encore ignorée; il accomplit probablement ses premiers développements chez un petit Mollusque.

T. Sp. Cobbold, *Synopsis of the Distomidæ.* Journal of the Linnean Soc. of London, Zoology, V, p. 1, 1859. — Id., *Further observations on Entozoa, with experiments.* Transact. of the Linnean Society, XXIII, p. 349, 1860. — Id., *List of Entozoa, including Pentastomes, from animals dying at the Society's Menagerie, between the years* 1857-60. Proceed. of the Zoolog. Soc., p. 117, 1861.

T. R. Lewis and D. D. Cunningham, *Microscopical and physiological researches.* Eighth annual report of the sanit. commission with the government of India. Calcutta, 1872. Voir appendix C, p. 168, en note.

J. F. P. Mac Connell, *On the Distoma conjunctum as a human entozoon.* The Lancet, I, p. 343, 1876. — Id., *Distoma conjunctum.* Ibidem, I, p. 476, 1878.

Distoma sinense Cobbold, 1875.

Synonymie : *Distoma spathulatum* Leuckart, 1876.

Ce Distome (fig. 317) a une longueur moyenne de 18 millimètres et une largeur maximum de 4 millimètres. Il est étroit, aplati, lancéolé, l'extrémité antérieure étant plus effilée que la postérieure. La surface du corps est lisse, sans spicules ; les bords sont légèrement ondulés.

Fig. 317. — *Distoma sinense* de grandeur naturelle, d'après Mac Connell.

La ventouse buccale (fig. 318, *a*), large de 1 millimètre environ, est intimement accolée au pharynx, *b*, en arrière duquel le tube digestif se divise immédiatement en deux cæcums intestinaux, *c*, qui s'étendent jusqu'à l'extrémité postérieure du corps et ne présentent de ramifications latérales en aucun point de leur trajet. La ventouse ventrale, *d*, est large de 0mm,8 et est par conséquent plus petite que la précédente, à 4 millimètres de laquelle elle est située.

L'appareil excréteur est représenté par un canal impair et médian, *p*, dont l'origine n'a pas été reconnue. Il devient apparent en arrière de l'ovaire, *g*; il passe au-dessus de l'appareil génital mâle et se termine au *foramen caudale,* après un trajet sinueux.

Contrairement à ce qui s'observe chez *Distoma lanceolatum*, l'appareil mâle est situé en arrière de l'appareil femelle ; sa structure n'a pas été suffisamment élucidée. Le testicule est représenté par une sorte de canal à ramifications dendritiques, *m*, en rapport avec deux organes ovoïdes, *k*, *l*, dont la nature

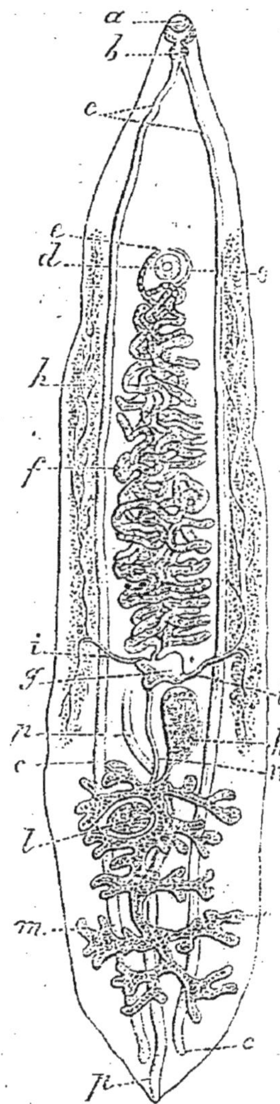

Fig. 318. — *Distoma sinense* grossi environ 6 fois, d'après Mac Connell. — *e*, vulve; *k*, glande coquillère (?); *l*, réservoir spermatique (?); *m*, testicule; *n*, canal déférent; *o*, terminaison du canal déférent. — Les autres lettres comme dans la figure 315.

est indéterminée (1). Le postérieur, *l*, de l'aveu même de Mac Connell, n'aurait pas une existence constante; l'antérieur, *k*, est peut-être une glande coquillère, auquel cas ses rapports avec les parties voisines n'auraient pas été figurés exactement. L'ensemble de ces organes est granuleux et d'une teinte de rouille.

Le canal déférent, *n*, s'échappe de la partie antérieure du testicule et se dirige en avant. Dès qu'il a atteint l'ovaire, il échappe à la vue, mais on le retrouve dans la partie antérieure, sous forme d'un étroit canal, *o*, qui contourne le côté droit de la ventouse postérieure et s'ouvre dans le sinus génital, à côté de la vulve. La poche du cirre semble faire défaut.

L'ovaire ou germigène, *g*, est situé immédiatement en avant des organes mâles, mais occupe la partie la plus postérieure de l'appareil génital femelle. Il est aplati, plus ou moins carré et reçoit de chaque côté un vitelloducte, *i*, provenant du vitellogène correspondant, *h* (2). D'autre part, l'oviducte ou utérus, *f*, se sépare de la portion antérieure de l'ovaire : c'est un long tube, rempli d'œufs et replié sur lui-même, de manière à former des circonvolutions inextricables. Il occupe tout le tiers moyen du corps; il passe finalement à gauche

(1) Cobbold considère les deux organes *k* et *l* comme des réservoirs spermatiques; Mac Connell les prenait au contraire pour les véritables testicules et considérait l'organe *m* comme un réservoir spermatique.

(2) Telle est la description donnée par Mac Connell, mais il est plus vraisemblable que les vitelloductes viennent déboucher au commencement de l'oviducte.

de la ventouse ventrale, en avant de laquelle il aboutit à la vulve, *e*. L'œuf (fig. 319) est ovoïde, long de 30 μ, large de 16 μ et présente un clapet à sa petite extrémité.

Fig. 319. — Œufs de *Distoma sinense* grossis environ 300 fois, d'après Mac Connell.

On ignore chez quel hôte s'accomplissent les premiers développements du parasite. Macgregor et Mac Connell pensent que celui-ci est transmis à l'Homme par le Tripang, mets fort estimé en Chine et préparé avec des Holothuries; plus vraisemblablement il provient d'un Mollusque d'eau douce.

Distoma sinense a été observé dix fois chez l'Homme; il habite les canaux biliaires. On ne l'a vu encore que chez des Chinois, ce qui tient sans doute à quelque habitude culinaire de ce peuple.

1er *cas. Mac Connell*, 1874. — Le 9 septembre 1874, en faisant l'autopsie d'un charpentier chinois âgé de vingt ans, le professeur Mac Connell, du Medical College de Calcutta, trouva les canaux biliaires obstrués par un grand nombre de Douves d'une espèce particulière. L'individu avait été apporté mourant à l'hôpital, la veille à minuit, en sorte qu'on ne put avoir que peu de renseignements sur son compte; on sut seulement qu'il avait eu continuellement la fièvre pendant la dernière quinzaine. A l'autopsie, faite cinq heures et demie après la mort, la conjonctive a la teinte ictérique; le foie est gros, gonflé, rouge pourpre à sa surface, plus pâle intérieurement. En incisant l'organe, on trouve les canaux biliaires obstrués çà et là par un grand nombre de parasites, dont aucun n'est vivant. La vésicule biliaire est pleine de bile, mais ne renferme ni œufs ni Douves; les canaux cystique et cholédoque sont perméables. Le tissu du foie est en voie de dégénérescence granulo-graisseuse, mais la mort tiendrait bien plutôt à des accidents de cholémie, déterminés par l'obstruction des canaux biliaires. Mac Connell pense que la découverte de *Distoma sinense* est de nature à éclairer la pathogénie de certaines hypertrophies du foie, avec ou sans ictère, qu'il est fréquent d'observer dans la région indo-chinoise.

2e — 9e *cas. Macgregor*, 1874-1877. — En 1877, Macgregor, médecin de la colonie de Fiji, fit connaître huit cas nouveaux, observés par lui à l'hôpital civil de Port-Louis, île Maurice : tous se rapportaient à des Chinois et quatre avaient été mortels. Les malades présentaient une forme spéciale de paralysie réflexe à marche rapide, accompagnée d'atrophie musculaire : les jambes et les bras étaient ordinairement le siège de cette paralysie, mais la face, la langue et les sphincters restaient indemnes. Macgregor considère la paralysie comme liée à la présence du parasite.

10ᵉ *cas. Mac Connell*, 1878. — Affoo, Chinois de quarante-cinq ans, maître-coq à bord d'un des paquebots faisant le service entre Calcutta et Hong-Kong, entre à l'hôpital le 2 janvier 1878 : il ne comprend ni l'anglais ni l'hindoustani, en sorte qu'on ne peut avoir aucun renseignement positif sur son histoire. Un mois avant son entrée à l'hôpital, il a été pris d'une sorte de fièvre intermittente ; pendant les dix derniers jours, œdème des jambes avec gêne de la respiration. L'auscultation révèle une dilatation du cœur droit et une insuffisance aortique et mitrale. Le foie n'est pas notablement hypertrophié, mais la pression exercée dans la région hépatique s'accompagne de douleur; la rate est normale. La mort arrive le 5 janvier, sans fièvre, pendant une syncope.

A l'autopsie, le diagnostic de la lésion cardiaque se vérifie; quelques îlots de pneumonie lobulaire ; muqueuses stomacale et intestinale fortement congestionnées par places. Le foie est un peu petit; sa capsule est épaissie, sa surface est granuleuse. Il résiste à l'incision et présente la teinte muscade. On trouve 5 Douves dans les canaux biliaires ; on n'en rencontre ni dans la vésicule biliaire ni dans l'intestin. Mac Connell ne pense pas qu'il y ait la moindre relation entre la présence de ces parasites dans le foie et une forme quelconque de paralysie.

J. F. P. Mac Connell, *Remarks on the anatomy and pathological relations of a new species of Liver-fluke.* The Lancet, II, p. 271, 1875. — Id., *Distoma sinense (Mac Connelli).* Ibidem, I, p. 406, 1878.

T. Sp. Cobbold, *The new human Fluke.* Ibidem, II, p. 423, 1875.

Macgregor, *A new form of paralytic disease associated with the presence of a new species of liver parasite.* Glasgow med. journal, 1877. Analysé dans *The Lancet*, I, p. 775, 1877.

Distoma japonicum R. Bl., 1886.

SYNONYMIE : *Distoma hepatis endemicum sive perniciosum* Bälz, 1883.
D. hepatis innocuum Bälz, 1883.

Nous croyons devoir réunir l'une à l'autre et décrire sous ce nom les deux sortes de Douves que Bälz, de l'Université de Tokio, a découvertes au Japon en 1883 ; il les a décrites sous les deux noms indiqués en synonymie. En comparant avec soin les descriptions de ces deux formes, on se convainc que toutes deux appartiennent à une seule et même espèce ; les différences qu'elles présentent sont trop secondaires pour légitimer une distinction spécifique. Nous reproduirons tout d'abord les descriptions de Bälz, en adoptant provisoirement ses dénominations.

Distoma hepatis endemicum sive perniciosum (fig. 320) est long de 8 à 11 millimètres, large de 3 à 4 millimètres. C'est un Ver de couleur rougeâtre, aplati, un peu transparent; sa forme est celle d'un ovale allongé; il s'effile en avant et s'arrondit en arrière.

La ventouse buccale (fig. 321, *a*) est très puissante, ses mus-

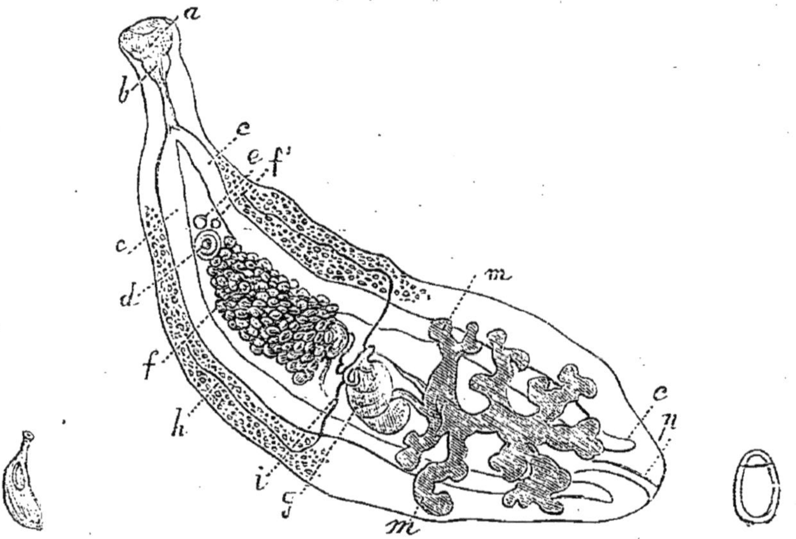

Fig. 320. — *Distoma perniciosum* de grandeur naturelle, d'après Bälz.

Fig. 321. — *Distoma perniciosum*, d'après Bälz. — *e*, point où débouche le canal déférent ; *f'*, vulve. Les autres lettres comme dans la figure 318.

Fig. 322. — Œuf de *Distoma perniciosum* grossi 300 fois, d'après Bälz.

cles circulaires sont très développés. La ventouse postérieure, *d*, plus petite que la précédente, est à 2 millimètres en arrière de celle-ci. Elle présente en dedans une couche de muscles annulaires et en dehors une couche de muscles rayonnants; elle est fixée aux muscles du tégument par des fibres musculaires plus ou moins longues.

A l'intérieur de la cavité buccale se trouvent de nombreux petits crochets cuticulaires. Le pharynx, *b*, se continue par un long œsophage qui, longtemps avant d'atteindre la ventouse postérieure, se divise en deux cæcums non ramifiés, *c*. L'appareil excréteur est bien développé : en arrière, on reconnaît aisément l'existence d'un canal impair et médian, *p*.

Les testicules sont situés dans la partie postérieure du corps et représentés par un organe tubulaire à ramifications dendritiques, *m*, formé tantôt d'un seul lobe, tantôt de deux. Le canal déférent, légèrement sinueux, remonte le long de la face dorsale. L'ovaire, *g*, est en avant du testicule. Les vitellogènes, *h*, occupent surtout la moitié antérieure du corps : ce sont des organes foncés, dendritiques, qui souvent se divisent en six à huit glomérules distincts. L'oviducte ou utérus, *f*, est long de 2 à 3 millimètres, large de 1 à 2 millimètres et débouche au dehors immédiatement en avant de la ventouse postérieure. La vulve, *f'*, est située à gauche et assez distante de l'orifice du canal déférent, *e*.

L'œuf (fig. 322) est brunâtre, entouré d'une mince coquille, long de 20 à 30 μ, large de 15 à 17 μ. Il présente un clapet à son plus petit pôle ; l'autre pôle est souvent orné d'une sorte de petit bouton. Les œufs qui séjournent depuis quelque temps dans l'utérus sont absolument noirs et donnent à cet organe une teinte sombre.

Le développement et la provenance de ce Ver sont inconnus ; il se développe sans doute chez quelque Mollusque et la Cercaire pénètre dans l'estomac de l'Homme avec l'eau de boisson.

Le parasite est endémique dans deux régions bien circonscrites du centre du Japon ; il y cause une véritable calamité publique, tant sa fréquence est considérable. L'une de ces régions, comprise dans la province d'Okayama, est limitée à quelques petits villages bâtis sur un sol insalubre, fangeux, gagné depuis peu sur la mer et transformé en rizières ; celles-ci sont recouvertes par les vagues à marée haute. Les habitants de ces villages boivent une eau depuis longtemps stagnante, trouble et d'une incroyable saleté : aussi sont-ils envahis par le parasite dans la proportion de plus de 20 p. 100, sans distinction d'âge ni de sexe. Déjà à 1 ou 2 kilomètres dans les terres, là où l'eau de boisson est meilleure, la distomatose est à peu près inconnue.

La seconde région où se rencontre le parasite est éloignée

de la précédente de 70 kilomètres et en est séparée par un territoire absolument indemne. Là, l'affection est encore mieux localisée; elle ne frappe que Katayama, petit village de 200 habitants. Il est vraisemblable que cette affection peut s'observer encore en d'autres région du Japon.

La maladie peut être diagnostiquée pendant la vie, l'examen microscopique des selles permettant de reconnaître la présence des œufs. Elle est caractérisée par les symptômes suivants : la faim augmente, on éprouve une sensation de pression et de douleur à l'épigastre, le foie s'hypertrophie considérablement; il est habituellement douloureux à la pression. Pas d'ictère. La rate est notablement hypertrophiée. Cet état peut durer plusieurs années, supporté tant bien que mal. Mais tôt ou tard, malgré une nourriture abondante, surviennent des troubles de la nutrition : diarrhées incoercibles, souvent sanguinolentes, ascite, œdème des jambes, cachexie et mort.

A l'autopsie, on trouve le foie hypertrophié, mais de couleur normale. Dans la paroi de la vésicule biliaire et des canaux biliaires se voient des diverticules kystiques ou des cavités dont la taille va de celle d'une noisette à celle d'une noix; ils renferment des centaines de petits Vers rougeâtres. Ces espaces communiquent avec les canaux biliaires largement dilatés, en sorte qu'on peut trouver quelques Vers libres dans les canaux, et même dans le duodénum. Le tissu hépatique est atrophié au voisinage des kystes et des canaux biliaires. La rate a augmenté de volume; catarrhe gastro-intestinal; ascite, œdème.

Distoma hepatis innocuum (fig. 323 et 324) est identique au précédent, comme suffit à le prouver l'examen comparatif des figures et des principales mensurations. Les caractères invoqués par Bälz pour légitimer la séparation spécifique de ces deux formes sont sans aucune importance : *D. innocuum* pourrait atteindre jusqu'à 20 millimètres de longueur; ses œufs seraient longs de 21 à 36 μ, larges de 18 à 20 μ.

Fig. 323. — *Distoma hepatis innocuum* de grandeur naturelle, d'après Bälz.

Ce parasite a été trouvé, au nombre d'environ 50 exemplaires, dans le foie d'un phthisique qui, pendant sa vie, n'avait présenté aucun trouble hépatique. Le foie n'était ni hypertrophié ni affecté d'une façon quelconque par la présence du parasite. Les canaux biliaires étaient élargis, leur paroi était fortement épaissie; ils étaient remplis d'une masse jaunâtre semi-liquide qui renfermait un grand nombre d'œufs. Cette première observation se rapporte à un Japonais de Tokio. Six mois plus tard, le même helminthe fut retrouvé à Okayama chez un individu mort d'une maladie de cœur.

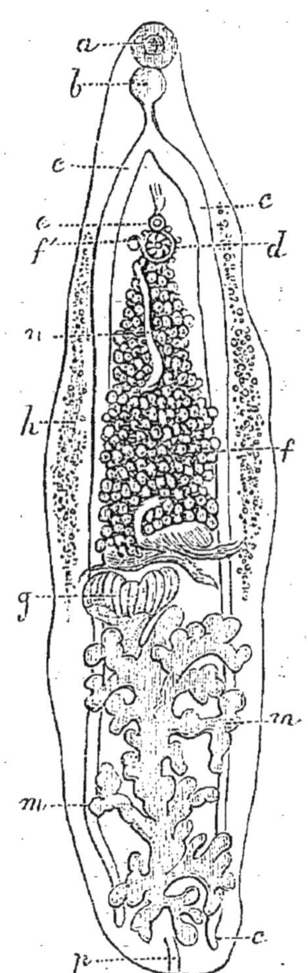

Fig. 324. — *Distoma hepatis innocuum*, d'après Bälz. — Les lettres comme dans la figure 321.

Distoma japonicum a les plus grandes analogies avec *D. sinense*; peut-être des études ultérieures démontreront-elles l'identité spécifique de ces deux formes.

Nakahama Toichiro. Journal de médecine de Tokio, 1883 (en japonais).

E. Bälz, *Ueber einige neue Parasiten des Menschen*. Berliner klin. Wochenschrift, p. 235, 1883.

Ch. Rémy, *Notes médicales sur le Japon*. Archives générales de médecine, I, p. 513, 1883.

W. Taylor, *Distomata hominis*. China. Imperial maritime customs. Medical reports, XXVII, p. 44, 1884.

Distoma Buski Lankester, 1857.

SYNONYMIE : *Dicrocœlium Buski* Weinland, 1858.
Distoma crassum Busk, 1859 (nec von Siebold, 1836).

Ce Distome, l'un des plus grands que l'on connaisse, est plat, très épais, oblong, obtus à chacune de ses extrémités, mais plus étroit en avant qu'en arrière. Il est long de 4 à 7 centimètres, large de $1^{cm},7$ à 2 centimètres. Le tégument est lisse, dépourvu de spicules. Les deux ventouses sont arrondies et distantes l'une de l'autre de 3 millimètres; la postérieure, qui est la plus volumineuse, est circulaire et large de $1^{mm},6$.

Les cæcums intestinaux s'étendent jusqu'à l'extrémité postérieure du corps; ils sont dépourvus de ramifications latérales. L'appareil excréteur est formé d'un tronc médian qui se divise en avant en deux branches latérales.

Les testicules sont représentés par deux masses volumineuses, situées l'une derrière l'autre, dans la moitié postérieure du corps. L'ovaire n'a pas été vu; il se trouve probablement en avant du testicule antérieur. Les vitellogènes sont très développés. L'utérus décrit de nombreuses circonvolutions qui occupent toute la partie antérieure du corps et qui aboutissent au sinus génital, situé immédiatement en avant de la ventouse postérieure et un peu à gauche. L'œuf a une dimension moyenne de 125 μ sur 75 μ.

Ce parasite a été rencontré six fois chez l'Homme.

1er *cas. Busk*, 1843. — Cette observation est rapportée par Budd en ces termes : « Dans l'hiver de 1843, 14 Douves furent trouvées par M. Busk dans le *duodénum* d'un lascar mort au Seamen's Hospital. Il n'y en avait ni dans la vésicule ni dans les conduits biliaires. Ces Douves étaient beaucoup plus épaisses et plus grandes que celles du Mouton; elles avaient d'un pouce et demi à près de trois pouces de longueur. Leur forme rappelait celle de *Distoma hepaticum*, mais leur structure était semblable à celle de *D. lanceolatum*. Comme chez ce dernier, les deux canaux digestifs étaient sans ramifications; l'espace compris entre eux, dans la région postérieure du corps, était occupé par un utérus ramifié. Deux des Douves qui m'ont été données par M. Busk se trouvent dans le musée du King's College (prép. 346). »

Des 14 Vers recueillis par Busk, plusieurs ont été perdus. Cobbold remit à Leuckart celui qu'il avait lui-même reçu de Busk. Un second exemplaire se trouve au musée du Middlesex Hospital. Un troisième, le mieux conservé de tous, est au musée du Royal College of Surgeons.

2e *cas. Kerr*, 1873. — Une fillette de quatre ans, née de parents anglais et habitant Canton, rejette par l'anus 9 Vers en une seule fois.

3e *cas. Kerr*, 1873. — Un jeune Chinois de quinze ans, habitant Canton, vomit un Ver ayant l'aspect d'une Sangsue. Le Ver encore vivant est apporté au Dr J.-G. Kerr, qui le fait parvenir au professeur J. Leidy, de Philadelphie. Celui-ci le présente à l'Academy of natural sciences, le 14 octobre 1873, et le considère comme un *Distoma hepaticum*, malgré d'importants caractères différentiels. L'animal est notablement plus grand que la Douve hépatique : après un séjour prolongé dans l'alcool fort, il est long de 40 millimètres, large de 14 millimètres et épais de 2 millimètres en son milieu. Le tégument est lisse sur toute son étendue. La ventouse antérieure est large de

$0^{mm},8$; la postérieure est large de $1^{mm},7$. Le sinus génital est situé immédiatement en avant de cette dernière ; le cirre est évaginé.

4e, 5e et 6e *cas. Cobbold*, 1873-1878. — Un missionnaire et sa femme font en Chine un séjour de quatre ans. Ils demeurent quelque temps dans la province de Ningpo et, pendant ce temps, se nourrissent principalement d'Huîtres et de Poissons. En novembre 1872, ils quittent Ningpo et s'avancent jusqu'à 130 milles dans l'intérieur du pays. En septembre 1873, le missionnaire est atteint d'une diarrhée qui persiste jusqu'à ce qu'il évacue quelques parasites ; quelques mois plus tard, sa femme elle-même est prise de diarrhée. Chez tous les deux, les selles sont décolorées et d'autres symptômes encore font croire à une affection du foie ; indigestions ; filets de sang dans les selles, mais pas de dysenterie.

En 1874, ces deux malades sont revenus à Londres. Ils consultent le Dr G. Johnson pour leurs parasites. Celui-ci les adresse à Cobbold, auquel ils apportent deux Douves conservées dans l'alcool. Cobbold reconnaît des *Distoma Buski* et insiste pour qu'on lui procure des individus frais : quelques jours après, on lui en apportait 7, dont 3 étaient mutilés. Cobbold put ainsi examiner 12 exemplaires, dont le plus grand mesurait à peine 5 centimètres de longueur ; sa largeur maximum était de $1^{cm},4$. Le plus petit, déposé dans le musée de l'Université d'Oxford, avait moins de $2^{cm},5$. Aucun de ces Vers n'approchait des dimensions que Busk assigne à quelques-uns de ceux qu'il a examinés.

En février 1875, Cobbold revoit le missionnaire et sa femme : les symptômes indicateurs de la présence du Distome sont tous revenus. Toutefois, les médications les plus variées sont incapables d'expulser le moindre parasite. Le missionnaire retourne alors en Chine.

Il revient en Europe au printemps de 1878 : il avait récemment ressenti les attaques du parasite, ainsi que sa femme. Bien plus, un de ses enfants, une fillette, est elle-même atteinte de ce même helminthe et en rend quelques exemplaires par l'anus.

G. Budd, *On diseases of the liver*. London, 2nd edition, 1852 ; 3rd ed., p. 494, 1875.

Edw. Lankester, dans Küchenmeister's *Manual of animal and vegetable parasites*, I, appendix B, p. 437. Londres, 1857.

T. Sp. Cobbold, *Synopsis of the Distomidæ*. Journal of the Linnean Society, V, p. 1, 1859. — Id., *On the supposed rarity, nomenclature, structure, affinities, and source of the large human Fluke* (*Distoma crassum* Busk). Ibidem, XII, p. 285, 1875. — Id., *Observations on the large human Fluke, with notes of two cases in which a missionary and his wife were the victims*. The Veterinarian, febr. 1876. — Id., *Remarks on the human Fluke fauna, with especial reference to recent additions from India and the east*. Ibidem, april 1876.

J. Leidy, *On Distoma hepaticum.* Proceed. of the Acad. of nat. sc. of Philadelphia, p. 364, 1873.

Q. C. Smith, *The Distomum crassum.* Nashville journal med. and surg., (2), XXVIII, p. 14, 1881.

Distoma heterophyes von Siebold, 1852.

SYNONYMIE : *Dicrocœlium heterophyes* Weinland, 1858.
Fasciola heterophyes Moquin-Tandon, 1860.

Cette Douve (fig. 325) a été vue deux fois par Bilharz au Caire, dans l'intestin grêle. Le 26 avril 1851, en faisant l'autopsie d'un jeune garçon, il trouva dans l'intestin une masse de petit points rouges, dans lesquels le microscope permit de reconnaître des Distomes adultes. Un peu plus tard, Bilharz eut encore l'occasion de faire une observation analogue. Les parasites étaient en nombre considérable : il en recueillit à peu près une centaine, mais en laissa une quantité plus grande encore dans l'intestin. Ces Vers furent donnés au musée de Halle, où Leuckart put s'en procurer quelques-uns, sur lesquels il rectifia et compléta la description de Bilharz; deux exemplaires furent également transmis à Cobbold par Leuckart.

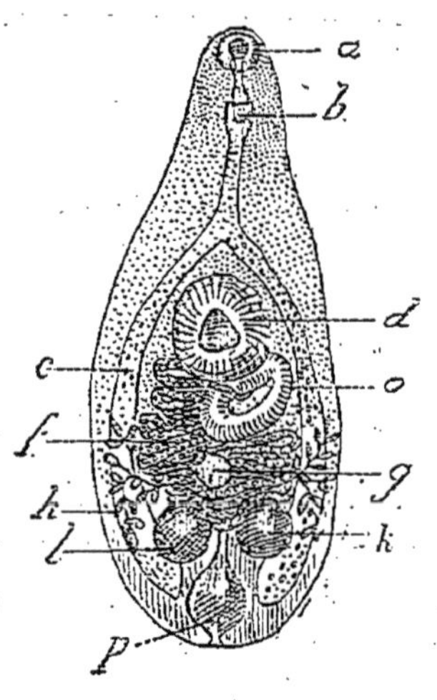

Fig. 325. — *Distoma heterophyes*, d'après Bilharz. — *a*, ventouse buccale; *b*, pharynx; *c*, cæcum intestinal; *d*, ventouse ventrale; *f*, utérus; *g*, germigène; *h*, vitellogène; *k*, testicule gauche; *l*, testicule droit; *o*, bourrelet circulaire entourant les orifices sexuels; *p*, appareil excréteur.

Distoma heterophyes a la forme d'un ovale allongé; il est effilé en avant et arrondi en arrière. Sa longueur est de 1 millimètre à $1^{mm},5$; sa largeur maximum est de $0^{mm},7$. La face inférieure est plane; immédiatement en avant de sa partie moyenne, elle présente une puissante ventouse, *d*, qui est large de $0^{mm},25$ à $0^{mm},35$, et qui occupe plus du tiers de la largeur totale. La face supérieure est légèrement bombée. La moitié antérieure du corps est couverte d'un revêtement serré de petits piquants dirigés en arrière; au delà de la moitié de la longueur, ces piquants disparaissent progressivement.

La ventouse buccale, *a*, est subterminale et reportée à la face inférieure; elle est large de $0^{mm},10$ à $0^{mm},13$ et est, par conséquent, près de trois fois plus petite que la ventouse ventrale. Le pharynx, *b*, est situé à quelque distance en arrière de la bouche; il est à peu près quatre fois moins large que la ventouse postérieure. L'œsophage, qui lui fait suite, se porte directement en arrière : arrivé au niveau de la ventouse ventrale, il se divise en deux cæcums intestinaux, *c*. Ceux-ci gagnent les côtés et se prolongent jusque dans la partie postérieure du corps; en arrière, l'espace qu'ils laissent entre eux est occupé par les deux testicules, *k*, *l*, disposés symétriquement, et par la poche pulsatile de l'appareil excréteur, *p*. Sur les côtés de l'œsophage, on remarque des traînées sombres, dues sans doute à la présence de ce tissu spécial que, chez *Distoma lanceolatum*, nous avons étudié sous le nom de « glandes salivaires. »

Les testicules, dont nous venons reconnaître la position, sont larges d'environ 140 μ; les canaux déférents n'ont pas été vus. L'appareil génital femelle est situé en avant des glandes mâles, entre les cæcums intestinaux. Le germigène, *g*, mesure à peu près $0^{mm},1$; il est peu apparent, caché qu'il est par les circonvolutions utérines. Ces dernières, *f*, sont assez développées; elles sont remplies d'œufs qui mesurent 26 μ sur 15 μ et dont la coque, épaisse et colorée en rouge brunâtre, communique à l'animal tout entier la teinte rouge que nous avons déjà signalée. Les vitellogènes, *h*, sont de petites dimensions; ils sont constitués par quelques culs-de-sac claviformes, situés au niveau du germigène, en dehors et au-dessus des cæcums intestinaux.

Les orifices sexuels présentent une disposition fort remarquable; ils s'ouvrent en arrière de la ventouse ventrale, et non en avant de celle-ci, comme c'est la règle pour les autres Distomes. Ils sont entourés d'un bourrelet circulaire, *o*, qui a l'aspect d'une ventouse surnuméraire et que Bilharz considérait comme la poche du cirre. Ce bourrelet est large d'au moins $0^{mm},2$; il a presque la taille de la ventouse, à gauche et en arrière de laquelle il est situé, tout en lui étant accolé. Sur une coupe transversale, il a la forme d'un prolongement semi-lunaire, dont la base est entourée d'une collerette de muscles circulaires. Leuckart n'est pas éloigné de penser que cet organe est capable de s'enfoncer dans le corps, de manière à représenter une fossette dont l'orifice serait fermé par une sorte de sphincter ; dans cette fossette viennent déboucher les organes mâles et femelles, encore que l'orifice de la vulve ou du canal déférent n'ait pas été vu ; on n'a vu non plus ni poche du cirre ni réservoir spermatique.

Le bord interne de ce sinus génital est orné d'un cercle de 70 à 72 petits bâtonnets cornés ou chitineux, longs de 20 μ et enchâssés dans la cuticule par toute leur longueur (1). Chacun d'eux présente, sur son côté convexe, cinq branches latérales longues de 7 μ et qui donneraient insertion à des fibres musculaires.

On ignore si la présence du parasite détermine quelque phénomène pathologique. Peut-être une irritation plus ou moins considérable de la muqueuse intestinale est-elle occasionnée par le grand nombre de Vers et par les épines qui hérissent leur surface.

La provenance de ce Distome est inconnue. En raison de l'existence de « glandes salivaires » le long de l'œsophage, on peut penser qu'il dérive d'une Cercaire armée, et alors son premier hôte a pu être tout aussi bien un Insecte ou une larve d'Insecte qu'un Mollusque. Les centaines d'exemplaires que Bilharz a trouvés sur le même cadavre montrent que l'infestation s'est faite à plusieurs reprises. Et comme d'autre part ce parasite n'est observé que très rarement, on doit probablement l'attribuer à une perversion du goût, par exemple à l'ingestion d'Insectes.

Bilharz, *Ein Beitrag zur Helminthographia humana; nebst Bemerkungen von Prof. C. Th. von Siebold. Z. f. w. Z.*, IV, p. 53; 1852. Voir p. 62.

Distoma Ringeri Cobbold, 1880.

Synonymie : *Distoma pulmonale* Bälz, 1883.

Ce Ver (fig. 326) est parasite du poumon de l'Homme ; il cause des hémoptysies. C'est un animal trapu, de forme cylindrique,

(1) Chez *Octobothrium*, le pourtour des orifices génitaux est également orné de baguettes cornées disposées en cercle; mais celles-ci font saillie comme des griffes.

long de 8 à 10 millimètres, large de 5 à 6 millimètres; fortement arrondi en avant, il l'est un peu moins en arrière. Il est épais, la coupe transversale du corps étant presque circulaire. L'animal vivant est brun rougeâtre; après la mort, il est gris mat. Ses mouvements ressemblent à ceux de la Sangsue. Les ventouses buccale et postérieure sont presque d'égale taille; cette dernière a une limite nette, comme si elle était creusée à l'emporte-pièce. L'œuf est ovoïde et mesure en moyenne de 80 à 100 μ sur 50 μ. La coque, d'un brun rougeâtre sale, est à double contour, sans ornements et pourvue d'un opercule à sa grosse extrémité.

Fig. 326. — *Distoma Ringeri* de grandeur naturelle, d'après Bälz.

L'anatomie de ce Distome est encore très peu connue; la seule figure détaillée que l'on en ait a été publiée dans le *Journal de médecine de Tokio* rédigé en langue japonaise et a été reproduite par Wallace Taylor; elle est trop imparfaite pour que nous la donnions ici. On ignore également la provenance et les migrations du parasite; on sait du moins, par les expériences de Patrick Manson, que l'œuf se développe dans l'eau.

Les œufs sont entraînés hors du poumon avec les mucosités expectorées par le malade. Celles-ci tombent à terre et se dessèchent; l'œuf reste ainsi en vie latente pendant un temps plus ou moins long. Il se trouve finalement entraîné par la pluie ou de tout autre manière jusque dans l'eau des ruisseaux ou des étangs; son développement commence alors. Au bout de vingt-six à vingt-huit jours, par une température de 26 à 34 degrés, on reconnaît déjà dans l'œuf un embryon mobile, couvert de longs cils vibratiles dans ses deux tiers postérieurs; la partie antérieure est nue et munie d'une sorte de rostre. C'est seulement après six semaines à deux mois d'incubation que l'embryon est apte à sortir de l'œuf : il soulève le clapet, puis nage dans l'eau à la façon d'un Infusoire.

Quel est le sort ultérieur de cet embryon? On l'ignore encore; Manson a pu le garder vivant pendant vingt-quatre heures. Il passe sans doute alors dans le corps d'un Mollusque d'eau douce et, si celui-ci vient à être avalé par l'Homme, pénètre ainsi chez ce dernier. La Cercaire, devenue libre, peut encore être introduite dans le tube digestif avec l'eau de boisson ou avec des plantes aquatiques, à la surface desquelles elle serait enkystée. De l'intestin, la jeune Douve est transportée par les vaisseaux sanguins jusque dans le poumon.

Elle s'arrête dans les branches de l'artère pulmonaire et, à mesure qu'elle grandit, provoque des ruptures vasculaires qui détruisent partiellement le tissu pulmonaire et occasionnent parfois des hémoptysies dangereuses. On trouve alors les parasites, non dans la paroi ou dans la cavité des bronches, mais isolés dans des espaces caverneux disposés à la périphérie de l'organe, à peu près comme des infarctus hémorrhagiques. Ces cavités renferment une sorte de bouillie rougeâtre formée de mucus, de globules rouges, de leucocytes, de débris du tissu pulmonaire, de cristaux de Charcot et d'un nombre immense de Douves. Ces cavités sont limitées par une paroi plus ou moins épaisse formée de tissu conjonctif condensé; elles ne communiquent avec les bronches que par des orifices rétrécis, par lesquels les œufs sont expulsés. Ceux-ci se retrouvent dans les crachats, parfois en très grande abondance, en sorte que le diagnostic peut se faire pendant la vie.

Le malade tousse fréquemment et rejette des crachats sanguinolents, auxquels la présence des œufs à coque brunâtre donne, d'autre part, l'aspect des crachats de la pneumonie. La maladie ne serait pas incurable. Manson a obtenu des guérisons à la suite d'inhalations de diverses substances, telles que teinture et infusion de Quassia, infusion de Kousso, solutions alcooliques de térébenthine et de santonine.

La distomatose pulmonaire est une maladie extrêmement commune à Formose; d'après des documents recueillis par Manson, elle frapperait au moins 15 p. 100 de la population. Elle semble ne pas exister dans la région continentale correspondante, par exemple, dans les environs d'Amoy. En revanche, elle est également très répandue au Japon; Bälz (1) en a observé plus de cent cas dans toutes les parties du pays; elle semble particulièrement fréquente dans les provinces d'Okayama et de Kumamoto, toutes deux très montagneuses, et Taylor dit qu'elle est surtout répandue dans le sud du Japon.

(1) Dès 1880, Bälz avait reconnu les œufs du parasite dans les expectorations; il les prenait tout d'abord pour un Sporozoaire auquel il donnait le nom de *Gregarina pulmonalis* ou *G. fusca*.

Bälz a constaté encore que l'hémoptysie parasitaire n'est point particulière aux îles, mais se retrouve aussi sur le continent asiatique. Il a pu l'observer chez un prince de la famille royale de Corée qui, depuis huit ans, avait chaque jour des crachats sanguinolents et qui, peu auparavant, avait eu deux fortes hémoptysies.

E. Bälz, *Ueber parasitäre Hämoptoë (Gregarinosis pulmonum)*. Centralblatt für die med. Wissenschaften, p. 721, 1880.

P. Manson, *Distoma Ringeri*. China. Imp. maritime customs. Medical reports, XX, p. 10, 1881. Medical Times and Gazette, II, p. 8, 1881. — Id., *Distoma Ringeri and parasitical hæmoptysis*. China. Imp. mar. customs. Med. reports, XX, p. 55, 1882. Med. Times and Gazette, II, p. 42, 1882.

Nakbama Toichiro, *Sur les Distomes du poumon et du rein.* Chiugai Iji Shinpo. Tokio, 25 février 1883 (en japonais).

P. Sonsino, *Della emottisi da Distoma endemica in Giappone e in Formosa in confronto colla ematuria da Bilharzia endemica in Egitto e in altre contrade affricane.* Lo Sperimentale, LIV, p. 17, 1884.

Chédan, *Le Distoma Ringeri et l'hémoptysie parasitaire.* Archives de méd. navale, XLV, p. 241, 1886.

Distoma oculi humani von Ammon, 1833.

SYNONYMIE : *Distoma ophthalmobium* Diesing, 1850.
Dicrocœlium oculi humani Weinland, 1858.
Fasciola ocularis Moquin-Tandon, 1862.

Le professeur von Ammon, de Dresde, eut l'occasion d'examiner l'œil d'un enfant de cinq mois, venu au monde avec une cataracte lenticulaire accompagnée d'opacité partielle de la capsule et mort d' « atrophie mésentérique ». Entre le cristallin et sa capsule étaient logés quatre Distomes, dont Gescheidt a donné la description. En examinant la capsule par sa face externe, on pouvait reconnaître à l'œil nu le lieu qu'ils occupaient, à de petites taches opaques. Les animalcules étaient longs d'une demi-ligne à un quart de ligne (1 millimètre à $0^{mm},50$) et étaient entourés par une matière blanchâtre non transparente, qui formait autour d'eux comme une enveloppe. Leur largeur était à leur longueur comme 1 : 3 ; leur couleur était blanche. La ventouse antérieure, d'un tiers plus petite que la postérieure, paraissait demi-circulaire avec des bords garnis de bourrelets à peine perceptibles et avec des fibres rayonnantes. Le pharynx était court et étroit et se terminait brusquement par un œsophage de dimension à peu près égale, qui se bifurquait un peu au-dessus de la ventouse postérieure, descendait sur les deux côtés de celle-ci, vers l'extrémité caudale et là, recouvert par les ovaires, devenait invisible. Il était difficile de reconnaître l'organisation de ces derniers.

Les Distomes observés par Gescheidt étaient de jeunes individus chez lesquels les organes sexuels n'étaient pas encore développés ; aussi est-il difficile de dire s'il s'agit là d'une espèce particulière ou simplement de l'état jeune d'une des espèces habituellement parasites de l'Homme. Leuckart les considère comme de jeunes Distomes lancéolés qui auraient pénétré jusque dans l'œil, soit par les vaisseaux sanguins, soit directement du dehors en perforant la cornée. La question ne peut être actuellement résolue.

Gescheidt, *Die Entozoen des Auges.* Zeitschrift für Ophthalmologie, III, p. 405, 1833.

Von Ammon, *Klinische Darstellungen der Krankheiten des menschlichen Auges*, 1838. Voir I, pl. XII, fig. 24 et 25 ; III, pl. XIV, fig. 19 et 20.

Avec *Distoma oculi humani* finit la liste des Distomes qui se peuvent observer chez l'Homme. Le tableau suivant fera ressortir quelques-uns de leurs caractères distinctifs, ceux du moins qui sont de nature à conduire à une détermination rapide.

Tableau comparatif des Distomes parasites de l'Homme.

	DISTRIBUTION GÉOGRAPHIQUE.	HABITAT.	DIMENSIONS DU VER en millimètres.		DIMENSIONS DE L'OEUF en millièmes de millimètre.	
			Longueur.	Largeur.	Longueur.	Largeur.
Distoma hepaticum.	Cosmopolite....	Foie.	15 à 33	4 à 13,5	130 à 140	70 à 90
D. lanceolatum....	Cosmopolite....	Foie.	8 à 10	2,2	45	30
D. conjunctum.....	Indes, Amérique du Nord......	Foie.	9,5	2,5	34	21
D. sinense.........	Chine..........	Foie.	15,7	3,8	30	15
D. japonicum......	Japon.........	Foie.	8 à 20	3,5 à 4	20 à 36	15 à 20
D. crassum.	Indes, Chine....	Intestin grêle.	40 à 70	17 à 20	125	85
D. heterophyes. ...	Égypte.........	Intestin grêle.	1	0,5	»	»
D. Ringeri........	Chine, Japon...	Poumon.	8 à 10,6	5 à 7,6	80 à 100	50
D. oculi humani...	Europe.	Œil.	0,5 à 1	0,15 à 0,33	»	»

Les Amphistomes, dont on connaît à peine vingt-cinq espèces, sont représentés chez l'Homme par une espèce dont la découverte est assez récente.

Amphistoma hominis Lewis et Mac Connell, 1876.

Ce Trématode n'a encore été vu que deux fois, dans l'Hindoustan, et les deux observations, ainsi que la description de l'animal, ont été publiées par T. R. Lewis et J. F. P. Mac Connell.

Le 28 mai 1871, le Dr J. O'Brien, de Gowhatty, envoyait à Lewis des parasites qu'il avait trouvés avec le Dr R. H. Curran dans le gros intestin d'un Assamite mort du choléra. Ces animaux s'y rencontraient par centaines, surtout au voisinage de la valvule de Bauhin; ils se trouvaient également en grand nombre dans l'appendice iléo-cæcal. Vus à l'état frais et en place dans l'intestin, ils ressemblaient à des Limaces en miniature et paraissaient s'attacher à la muqueuse au moyen de leur ventouse postérieure.

Cette observation attira l'attention de Lewis et Mac Connell sur une pièce d'anatomie pathologique, donnée par le Dr Simpson au musée du Medical College de Calcutta et mentionnée comme suit au catalogue :

« Cæcum d'un prisonnier indigène mort du choléra à l'infirmerie de la prison de Tirhoot, avec un grand nombre de parasites particuliers et probablement inconnus jusqu'à ce jour, trouvés vivants dans cette partie du tube digestif. »

En même temps qu'il déposait cette pièce au musée, Simpson consignait, dans le rapport annuel de la prison de Tirhoot pour 1857, l'histoire du malade et les résultats de l'autopsie. Le prisonnier, âgé de trente ans, fut atteint du choléra le 13 juillet et mourut le 14; jusqu'alors, il n'était jamais allé à l'hopital et était employé à nettoyer la prison. L'autopsie fut faite trois heures après la mort. « Côlon livide extérieurement, contracté; contient un peu de sérosité avec des flocons de mucus. Membrane muqueuse saine, à part une injection veineuse. Dans le cæcum et le côlon ascendant, de nombreux parasites ressemblant à des têtards, vivants, adhérant à la muqueuse par la bouche (1). Membrane muqueuse marquée d'un grand nombre de petites taches rouges semblables à des piqûres de Sangsue, produites par ces parasites. Ceux-ci ne se trouvent que dans le cæcum et le côlon ascendant; aucun ne se rencontre dans l'intestin grêle. Je n'ai jamais vu de semblables parasites et, apparemment, ils sont inconnus aux indigènes. Ils sont de couleur rouge, de la taille d'un têtard, les uns jeunes, les autres adultes, bien vivants et adhérant à la membrane muqueuse. Tête ronde, munie d'une bouche circulaire, qu'ils peuvent dilater et contracter. Corps court et terminé en pointe mousse (2). »

Dans le cas de Simpson, comme dans celui de O' Brien et Curran, le parasite fut trouvé chez un cholérique, mais il ne faut voir là qu'une simple coïncidence, car de semblables animaux n'ont été observés dans aucun autre cas. Peut-être aussi peut-on admettre que, par suite de l'irritation produite à la surface de la muqueuse intestinale, des accidents cholériformes sont venus se surajouter, dans l'un et l'autre cas, à toute autre maladie mortelle. Lewis et Mac Connell ont pu reconnaître, sur la préparation de Simpson, que les glandes solitaires du cæcum étaient partout proéminentes et hypertrophiées; cet état, il est vrai, s'observe communément dans le choléra, mais il semble avoir été particulièrement accentué dans ce cas, probablement à cause de l'irritation déterminée par la présence du parasite.

Amphistoma hominis (fig. 327) est long de 5 à 8 millimètres et large de 3 à 4 millimètres, dans le sens du plus grand diamètre. Il a la forme d'un disque aplati, auquel se rattache une sorte de pédoncule; on peut donc aisément y reconnaître deux parties : le disque correspond au corps et le pédoncule à la région antérieure ou céphalique ; cette dernière est à peu près moitié aussi longue que le corps. La face supérieure de l'animal est lisse et dépourvue d'orifices; du moins, le canal de Laurer n'a pas été reconnu.

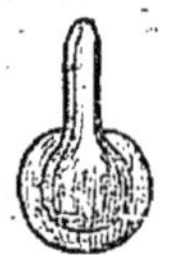

Fig. 327. — *Amphistoma hominis*, vu par la face ventrale et par la face dorsale, d'après Lewis et Mac Connell. Grossi deux fois.

(1) Ce que Simpson prend ici pour la bouche n'est autre chose que la ventouse postérieure.

(2) Ici encore, Simpson se trompe sur la signification des parties : il prend le corps pour la tête et réciproquement.

La face ventrale présente au contraire plusieurs particularités intéressantes : la petite ventouse buccale, située à l'extrémité antérieure, puis le pore génital, vers le milieu de la longueur du pédoncule. Le corps est formé d'une bourse circulaire, à l'extrémité postérieure de laquelle est située la ventouse ventrale; cette bourse se montre à différents états de contraction chez les divers spécimens : quand elle est dilatée et aplatie, elle est large d'environ 4 millimètres. La ventouse postérieure a la forme d'une coupe et est constituée par des muscles annulaires et rayonnants. Son diamètre transversal est de 1mm,25, mais elle présente une largeur de 2mm,10, si on la mesure en partant de

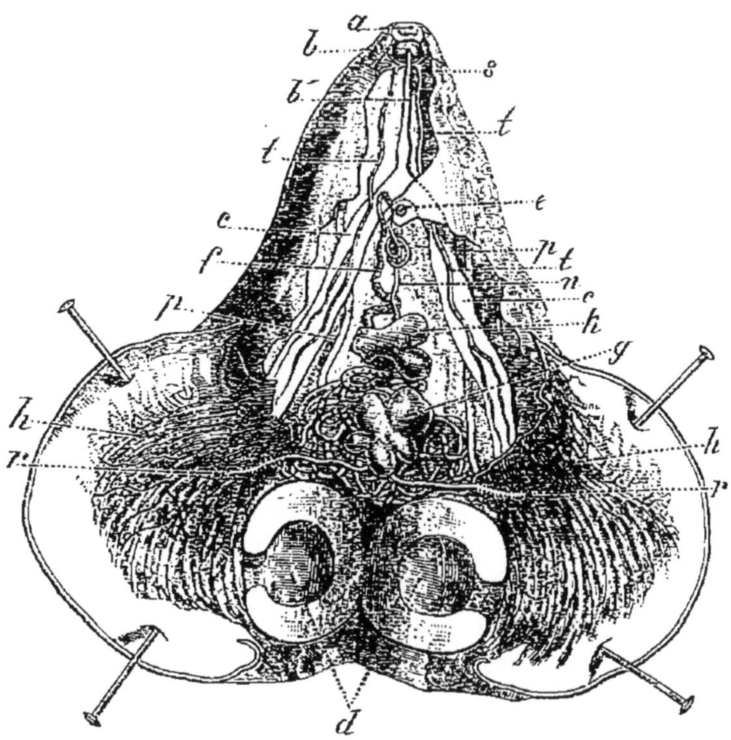

Fig. 328. — *Amphistoma hominis*, d'après Lewis et Mac Connell. Section longitudinale grossie 12 fois. — *a*, ventouse buccale ; *b*, pharynx ; *b'*, œsophage ; *c*, cæcum intestinal ; *d*, ventouse postérieure ; *e*, pore génital ; *f*, vagin ; *g*, ovaire ; *h*, vitellogène vu par transparence à travers la peau ; *k*, testicule ; *n*, canal déférent ; *p*, canal excréteur ; *r*, vitelloducte ; *s*, ganglion œsophagien ; *t*, nerf.

la lèvre externe du bourrelet qui la limite ; dans la figure 328, elle est coupée suivant un plan vertical.

La ventouse buccale, *a*, dont nous avons indiqué déjà la situation, se présente sous l'aspect d'un orifice ovale, dirigé transversalement et entouré d'un anneau musculaire. Elle conduit à un pharynx bulbeux et cordiforme, *b*, à sommet dirigé en avant, et auquel fait suite un œsophage, *b'*, long de 1^{mm},6 à 2^{mm},1, qui se bifurque au niveau ou un peu au-dessus du pore génital; chacun des deux canaux ainsi formés se termine en cæcum à peu près en face de la partie moyenne de la ventouse postérieure.

L'appareil excréteur est représenté de chaque côté par un tronc principal, en connexion intime avec le tube intestinal et duquel se détachent un grand nombre de fins canalicules.

Le système nerveux consiste en deux ganglions que réunit une commissure sous-œsophagienne et qui émettent des nerfs en tous sens; on voit notamment, de chaque côté, un gros tronc nerveux, *t*, courir le long de la face ventrale de l'intestin.

Le pore génital, comme nous l'avons dit déjà, est situé à 2 millimètres environ en arrière de la bouche; c'est à lui qu'aboutissent le vagin et le canal éjaculateur; il est entouré de muscles circulaires et radiés. L'appareil reproducteur mâle est formé d'un testicule, *k*, situé à peu près à l'union du corps avec la partie céphalique, et qui se continue par le canal déférent, *n*; ce canal se replie ordinairement deux fois sur lui-même; il est large de 90 μ.

L'appareil femelle se compose d'un ovaire, *g*, en rapport avec un tube extrêmement contourné et dont les ciconvolutions occupent une grande partie de l'intérieur de l'animal : c'est l'utérus, à la suite duquel vient le vagin, *f* (1). Ce dernier, chez les individus à maturité sexuelle, est rempli d'œufs et a, près de son orifice de sortie, un diamètre transversal d'environ 180 μ, c'est-à-dire qu'il est deux fois plus large que le canal déférent. L'œuf (fig. 329) a une capsule solide; il est muni d'un clapet et mesure en moyenne 72 μ sur 150 μ. Déjà à tra-

(1) L'organe que, d'après Lewis et Mac Connell, nous décrivons ici comme l'ovaire est considéré par Cobbold comme un second testicule et par Küchenmeister comme la glande coquillère : Lewis et Mac Connell disent en effet qu'on y voit parfois aboutir les canaux du vitellogène. Il se peut que l'une ou l'autre de ces opinions soit exacte, mais, dans l'impossibilité où nous sommes de trancher la question, il nous semble prudent de réserver notre appréciation et de nous en tenir, au moins provisoirement, à la description des deux auteurs anglais.

vers le tégument de l'Amphistome, on peut voir les canaux ramifiés du vitellogène présenter un arrangement dendriforme, particulièrement distinct sur toute la surface de la bourse. Ces conduits principaux (fig. 328, *r*) se portent vers l'ovaire.

Fig. 329. — Œufs grossis 65 fois.

L'Amphistome de l'Homme a les plus grands rapports avec *Gastrodiscus Sonsinoi* Cobbold, vers lequel il sert de transition. Ce dernier, découvert à Zagazig (Égypte), en 1876, par Sonsino, dans l'intestin du Cheval, ressemble à notre Amphistome, en ce que sa face ventrale est transformée en une sorte de large capsule, à bords relevés, en arrière de laquelle est située la ventouse postérieure ; mais cette capsule ventrale présente en outre, disséminées à sa surface, un grand nombre de très petites ventouses.

T. R. Lewis and J. F. P. Mac Connell, *Amphistoma hominis : n. sp. A new parasite affecting man*. Proceed. of the Asiatic Society of Bengal, p. 182, 1876.

Bilharzia hæmatobia Cobbold, 1858.

SYNONYMIE : *Distomum hæmatobium* Bilharz, 1852.
Gynækophorus hæmatobius Diesing, 1858.
Schistosoma hæmatobium Weinland, 1858.
Thecosoma hæmatobium Moquin-Tandon, 1860.
Distoma capense Harley, 1864.

Ce Trématode appartient à un groupe remarquable de Distomes unisexués. Il a été découvert en 1851, dans le sang de la veine porte, par Bilharz, alors professeur à l'Ecole de médecine du Caire.

Le mâle (fig. 330, *m*) est long de 11 à 14 millimètres ; sa largeur peut atteindre 1 millimètre ; il est à peu près gros comme un Oxyure et d'un blanc d'opale. L'extrémité antérieure du corps est nettement aplatie et porte les ventouses. Celles-ci, *a*, *d*, sont à peu près d'égale taille, situées à peu de distance l'une de l'autre, et font une notable saillie à la surface du corps ; elles ont un diamètre d'environ 260 μ.

En arrière de la ventouse ventrale, *d*, le corps s'épaissit assez brusquement, puis conserve la même épaisseur jusqu'à l'extrémité caudale, terminée en pointe arrondie. Le corps semble tout d'abord cylindrique, mais un examen plus attentif permet de reconnaître qu'il est lui-même aplati, plus aplati même que la partie antérieure. L'apparence cylindrique tient, ainsi qu'on peut le constater aisément sur des coupes transversales (fig. 331), à ce que la face ventrale s'est enroulée sur elle-même en gouttière ; cet enroulement est si complet que les deux bords chevauchent l'un sur l'autre. Il se forme de la sorte, à la partie postérieure du corps du mâle, un canal incomplètement clos (fig. 330, *r*), qui sert d'abri à la femelle, *f*. Ce canal a été reconnu par Bilharz, qui lui donna le nom de *canalis gynæcophorus*. Quand la femelle est fécondée et qu'elle grossit par suite du développement des œufs, les lèvres du canal s'écartent l'une de l'autre, mais jamais assez pour ne plus la retenir et pour la laisser tomber.

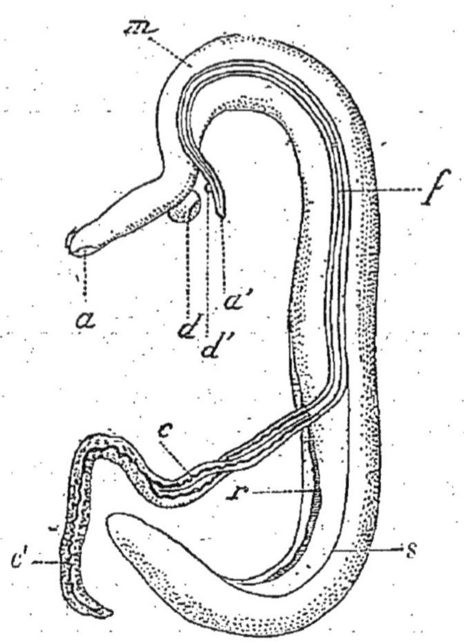

Fig. 330. — Deux individus de *Bilharzia hæmatobia* en voie d'accouplement, d'après Bilharz. Le mâle, *m*, renferme dans sa rainure ventrale ou canal gynécophore, *r*, une femelle, *f*, dont les deux extrémités sont libres et pendantes; *a*, ventouse buccale du mâle; *a'*, ventouse buccale de la femelle; *c*, branches intestinales ; *c'*, cul-de-sac unique provenant de leur réunion dans la partie postérieure; *d*, ventouse ventrale du mâle; *d'*, ventouse ventrale de la femelle; *f*, corps de la femelle; *m*, corps du mâle; *r*, canal gynécophore; *s*, fond du canal.

La partie antérieure du corps n'occupe que la huitième ou la neuvième partie de la longueur totale; le tégument en est lisse et mou. Le reste du corps est au contraire orné, sur sa face supérieure ou externe, d'un grand nombre de papilles surmontées de petites épines. La face ventrale, c'est-à-dire l'intérieur du canal gynécophore, est elle-même pourvue d'innombrables petites saillies coniques, très serrées les unes contre les autres; seule, la ligne médiane du canal reste lisse. Les deux ventouses ont un aspect chagriné, grâce à la juxtaposition d'un nombre considérable de granules aplatis qui se trouvent disposés à leur surface interne.

Au-dessous de la cuticule se voit une double assise musculaire; la couche longitudinale, qui est la plus importante, est formé de cellules fusiformes parallèles entre elles, bien distinctes les unes des autres et longues de 30 μ; la couche diagonale est constituée par des faisceaux très espacés les uns des autres. Le parenchyme du corps est formé de cellules conjonctives serrées, dont le noyau mesure 4 μ. L'enroulement de la partie postérieure du corps n'est point dû à l'action des muscles.

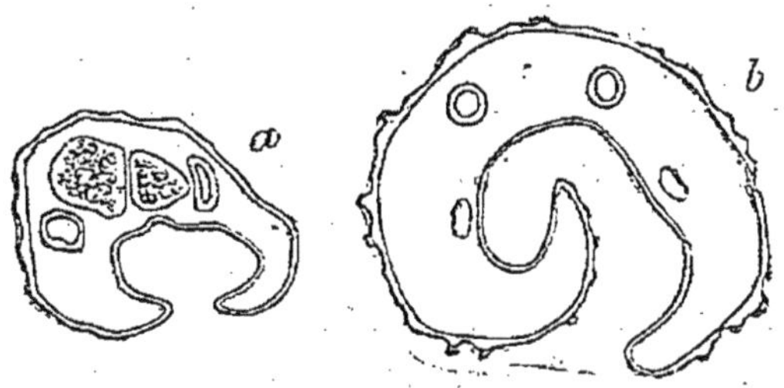

Fig. 331. — Sections transversales du corps de *Bilharzia hæmatobia* mâle, d'après Leuckart. — *a*, coupe au niveau des organes génitaux; *b*, coupe pratiquée vers le milieu de la longueur du corps.

L'appareil excréteur est représenté par deux canaux clairs et étroits, de largeur inégale et non ramifiés, qui sont situés dans les parties latérales du corps, mais se réunissent en arrière, suivant la ligne médiane, en un canal unique : celui-ci, après un court trajet, s'ouvre à l'extrémité de la queue. Au point où les deux branches latérales s'anastomosent, on voit également aboutir un fin canalicule qu'il est possible de suivre quelque temps sur la ligne médiane.

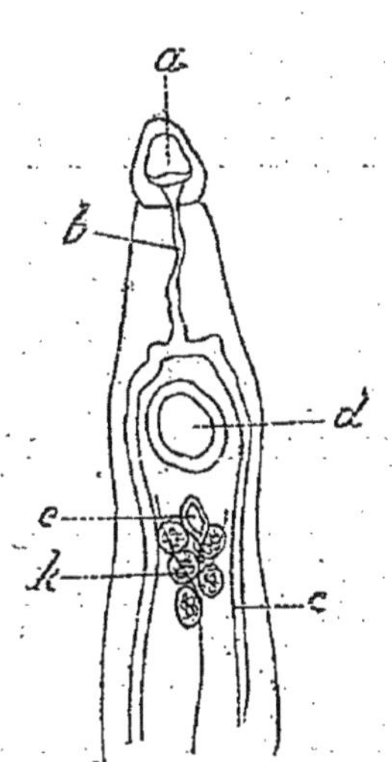

Fig. 332. — Partie antérieure du corps de *Bilharzia hæmatobia* mâle, vue par la face ventrale, d'après Bilharz. — *a*, ventouse buccale; *b*, œsophage; *c*, branches intestinales; *d*, ventouse ventrale; *e*, orifice génital; *k*, vésicules testiculaires.

Le tube digestif commence à la ventouse antérieure ou buccale; il se renfle en un pharynx de petites dimensions, puis se continue, sous forme d'un canal étroit et sinueux (fig. 332, *b*), jusqu'à la ventouse ventrale, *d*. Immédiatement en avant de celle-ci, il se divise en deux branches, *c*, dont chacune se porte dans la partie latérale correspondante et présente un diamètre transversal de 40 μ au maximum. Les deux branches intestinales poursuivent leur trajet d'avant en arrière, puis finissent par se réunir en un seul cæcum, dont le fond se trouve situé à peu près à $0^{mm},3$ de l'extrémité caudale.

Les organes génitaux ont une structure des plus simples. Un peu en arrière de la ventouse postérieure, au point précis où la partie antérieure du corps, lisse et aplatie, se continue avec la partie postérieure, on voit cinq à six vésicules testiculaires arrondies, serrées les unes contre les autres, larges de 120 μ et disposées en alternance suivant la longueur (fig. 332, *k*). Ces vésicules aboutissent à un canal déférent que limite une paroi propre et qui s'ouvre presque aussitôt dans le fond du du canal gynécophore par un orifice qui semble être circonscrit par un bourrelet, *e*. A sa terminaison, ce canal présente du côté gauche un diverticule constitué par une vésicule séminale à paroi contractile. L'appareil copulateur fait défaut ; il n'existe pas de poche du cirre.

La femelle (fig. 330, *f*) est plus longue que le mâle, dont elle diffère considérablement par sa complication anatomique ; elle mesure de 15 à 20 millimètres, son corps est plus élancé, presque cylindrique et rappelle par son aspect général celui des Nématodes. Elle est d'une grande ténuité, fine comme un fil de soie et passe aisément inaperçue dans le sang de la veine porte, si on n'a pas soin de verser celui-ci en mince nappe sur une assiette, pour l'examiner attentivement ; elle se présente alors sous la forme d'un filament blanchâtre, tandis que le mâle, environ quatre fois plus épais, est enroulé sur lui-même en une sorte de grumeau.

Sur une coupe transversale, le corps de la femelle présente une forme très variable. Depuis la ventouse buccale (fig. 330 *a'*; fig. 333, *a*) jusqu'à la ventouse ventrale (fig. 330, *d'* ; fig. 333, *d*), la section a l'aspect d'un ovale aplati. La distance entre ces deux ventouses est seulement de $0^{mm},225$, malgré la taille relativement considérable de l'animal ; elles font saillie à la surface du corps et ont un diamètre de 80 μ. A la ventouse postérieure commence un profond sillon qui s'étend tout le long de la ligne médiane de la face ventrale et qui correspond au canal gynécophore de mâle ; ce sillon s'efface vers la partie moyenne du corps, mais réapparaît dans la région caudale et se continue jusqu'à l'extrémité postérieure.

Le corps s'épaissit progressivement d'avant en arrière et son épaisseur va de 70 μ à 280 μ. La cuticule n'est pas complètement lisse, mais porte de fines épines cylindriques, qui sont particulièrement développées dans la région caudale, où elles forment un revêtement serré à la surface du sillon ventral : ces épines sont dirigées en avant et s'opposent peut-être à ce que la femelle ne glisse dans le canal gynécophore.

La ventouse buccale, étirée en avant en une pointe mousse et profondément échancrée sur les côtés, conduit par un étroit orifice dans un large pharynx en forme de bocal et à faible musculature. A celui-ci fait suite un œsophage sinueux qui, immédiatement en avant de la ventouse ventrale, se divise en deux branches, dont la largeur est considérable, mais qui se rétrécissent notablement, aux points où les organes génitaux viennent à les comprimer. En arrière de ces derniers, les deux branches intestinales (fig. 330, *c*) se réunissent comme chez le mâle, en un tube assez large, *c'*, qui se contourne d'ordinaire légèrement en spirale et se termine en un cul-de-sac dont le fond est séparé de l'extrémité caudale par une distance de $0^{mm},12$ à $0^{mm},28$.

Dans les premières portions du tube digestif, l'épithélium est souvent mal développé, surbaissé, indistinct; plus loin, mais surtout après la fusion des deux branches latérales, il est encore irrégulier ,mais devient plus puissant, sans que pourtant on y puisse reconnaître de hautes cellules cylindriques. Les cellules cubiques ou cylindriques surbaissées portent à leur surface libre des filaments protoplasmiques granuleux, analogues à ceux qu'a décrits Sommer chez la Douve hépatique. Ces prolongements remplissent en grande partie la cavité intestinale; ils se séparent parfois des éléments sous-jacents, sous forme de masse cohérente et laissent derrière eux des cellules à contours bien accusés et à sommet arrondi. Plus l'intestin est étroit, plus sa paroi devient visible; celle-ci est certainement contractile, bien qu'on ne puisse encore rien dire de précis sur les muscles qui entrent dans sa structure.

L'appareil excréteur est très développé ; sa disposition générale est la même que chez le mâle. Deux larges canaux, qui occupent les côtés et qu'il est facile de suivre jusque vers le milieu de la longueur du corps, s'anastomosent entre eux; à leur confluent aboutit également un petit canal médian. Ces différents canaux sont tapissés par un épithélium vibratile; ils constituent par leur rencontre une poche collectrice longue de 80 à 180 μ; cette poche communique avec l'extérieur au moyen d'un orifice étroit et contractile, percé à l'extrémité caudale.

Les organes génitaux femelles ont la même structure générale que chez les Distomes, si ce n'est qu'ils sont plus dissociés, en raison de l'allongement exceptionnel du corps.

L'ovaire ou germigène est de forme ovale allongée; on le trouve dans l'angle que constituent les deux branches intestinales en se fusionnant en un cul-de-sac unique. Il est lobé, épais, long de $0^{mm},4$; son épithélium est formé de cellules polyédriques très distinctes et de taille différente suivant leur état de maturité. Les cellules ovulaires les plus mûres sont ovales et entourées d'une couche d'albumine, substance qui s'accumule çà et là en grande quantité à l'intérieur de l'ovaire et sépare les ovules les uns des autres.

De l'extrémité postérieure de l'ovaire part un canal qui se réfléchit aussitôt en avant et se dirige vers l'orifice sexuel : ce canal est l'oviducte; on voit souvent à son intérieur des ovules en plus ou moins grand nombre, reconnaissables à la réfringence de leur vésicule germinative. Après un assez long trajet, il aboutit à la glande coquillère; mais avant, il s'est uni au conduit qui provient des vitellogènes.

Ceux-ci sont représentés par deux organes glandulaires, longs de 12 à 14 millimètres et situés de chaque côté du cæcum intestinal. Ils émettent de toutes parts des canaux courts et à mince paroi, de l'union desquels résulte un canal unique, le conduit vitellin.

L'oviducte et le conduit vitellin suivent la même direction; ils s'enroulent l'un autour de l'autre, mais sans quitter pourtant la ligne médiane, serrés qu'ils sont de part et d'autre par les branches intestinales. Ils sont d'ailleurs assez faciles à distinguer l'un de l'autre; le conduit vitellin augmente progressivement de calibre, jusqu'à acquérir une largeur à peu près égale à celle de l'oviducte; il est en outre caractérisé par son contenu, formé d'éléments vitellins cellulaires, à grosses granulations, agglomérés entre eux et de même taille que les ovules.

L'oviducte et le conduit vitellin finissent donc par s'anastomoser : le canal unique qui résulte de leur fusion se jette immédiatement dans la glande coquillère. Celle-ci a la forme d'un fruit légèrement effilé par sa partie supérieure et supporté par un court pédoncule ; elle semble ne pouvoir contenir qu'un seul œuf à la fois. Elle est revêtue intérieurement d'un épithélium glandulaire, dont les cellules cubiques sont disposées en séries longitudinales, ce qui détermine une sorte de striation ; cet épithélium se surbaisse peu à peu, pour se continuer jusque dans le pédoncule. Le produit sécrété par la glande se dispose autour de l'œuf dont il forme la coquille ; la cavité du pédoncule produit elle-même l'éperon dont tout à l'heure nous reconnaîtrons l'existence à la surface de l'œuf. Cet éperon, d'après Fritsch, serait exactement terminal quand l'utérus débouche dans le fond même de la glande coquillère ; il serait latéral quand l'orifice utérin est situé en dehors de l'axe de la glande.

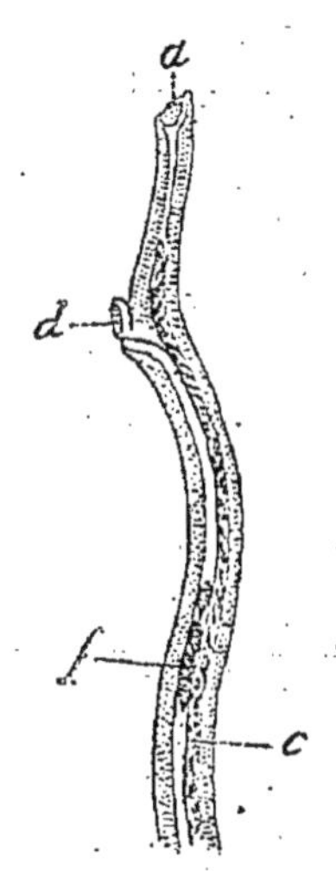

Fig. 333. — Partie antérieure du corps de *Bilharzia hæmatobia* femelle, vue de profil, d'après Bilharz. — *a*, ventouse buccale ; *c*, branche intestinale ; *d*, ventouse ventrale ; *f*, vagin.

Par son extrémité antérieure, située à $0^{mm},6$ en arrière de la ventouse ventrale, la glande coquillère donne naissance à l'utérus, canal large et sinueux, limité par une mince paroi, qui se dirige d'arrière en avant et se termine par un rétrécissement subit. Au delà de celui-ci, se voit une chambre spacieuse, à paroi épaissie, longue de 160 μ, large de 100 μ. Cette chambre ou réservoir séminal se continue finalement par un vagin étroit et musculeux, long de 180 μ, large de 30 μ (fig. 333, *f*), qui débouche au dehors par une vulve située immédiatement en arrière de la ventouse ventrale, comme l'orifice sexuel du mâle.

Nous avons dit déjà que le canal gynécophore, formé par l'enroulement du corps du mâle sur lui-même, était destiné à donner abri à la femelle, lors de l'accouplement. Le corps de cette dernière est trop long pour être contenu en entier dans le canal : il s'en échappe par chacune de ses extrémités, mais surtout en arrière; les parties qui sont ainsi pendantes représentent plus de la moitié de la longueur totale de la femelle (fig. 330).

Les deux animaux en copulation sont disposés ventre à ventre. Par suite de l'absence de tout organe d'accouplement, le sperme s'écoule dans le canal gynécophore et fuse sans doute le long du sillon ventral de la femelle, jusqu'à l'orifice vaginal qui l'aspire par capillarité. Cette manière de voir est d'autant plus vraisemblable qu'on n'a pas observé jusqu'à présent d'une façon certaine le canal de Laurer.

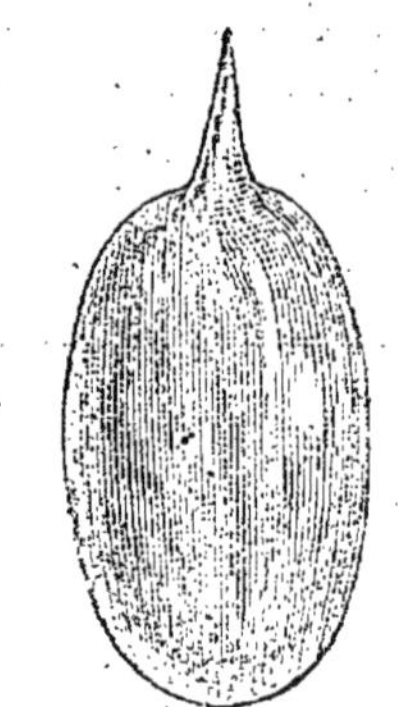

Fig. 334. — Œuf de Bilharzie, d'après J. Chatin.

L'œuf est de forme allongée (fig. 334), assez régulièrement ovale et mesure 160 μ sur 60 μ; il porte à l'un de ses pôles un éperon effilé, long de 25 μ et terminé par une pointe très acérée (1). A part cet appendice, dont le rôle important va nous être révélé tout à l'heure, la coque de l'œuf est absolument lisse; elle est du reste très mince, doublée intérieurement d'une seconde enveloppe ovulaire et dépourvue du clapet caractéristique de l'œuf des Distomes hermaphrodites.

L'éperon est d'ordinaire exactement polaire, c'est-à-dire situé à l'une des extrémités du grand axe de l'œuf; parfois il est plus ou moins latéral : nous avons indiqué plus haut quelle disposition anatomique semblait être cause de cette variation. Certains observateurs ont voulu en conclure à l'existence de deux espèces distinctes de Bilharzies, mais cette opinion doit être définitivement rejetée; on trouve en effet tous les intermédiaires entre l'œuf à éperon polaire et l'œuf à éperon franchement latéral. De même, on peut voir, dans certains cas, l'éperon diminuer de taille, au point que l'œuf semble dépourvu d'appendice; mais on ne saurait considérer cette variété d'ovules comme caractéristique d'une espèce particulière de Bilharzie, puisque, cette fois encore, on peut trouver toutes les transitions entre l'œuf à éperon et l'œuf à coque inerme :

(1) L'œuf de *Distoma ovatum* Rud., qui vit dans la bourse de Fabricius de divers Oiseaux (*Fringilla cœlebs* L., *Passer montanus* L., *Turdus viscivorus* L.), a également une épine polaire, mais plus petite et plus courte.

Harley admettait que cette dernière variété était propre à l'espèce nominale *Bilharzia capensis*, du cap de Bonne-Espérance, alors que *B. hæmatobia*, d'Égypte, avait toujours des ovules éperonnés.

L'embryon ne se développe qu'après la ponte, mais son évolution commence fréquemment avant que l'œuf soit expulsé : aussi, en examinant avec attention un assez grand nombre d'ovules éliminés avec l'urine, en trouve-t-on toujours quelques-uns à l'intérieur desquels l'embryon est déjà complètement formé.

La segmentation est totale et semble être régulière. Elle aboutit à la formation d'un embryon cilié, assez semblable à celui des Distomes et ressemblant, comme lui, à un Infusoire

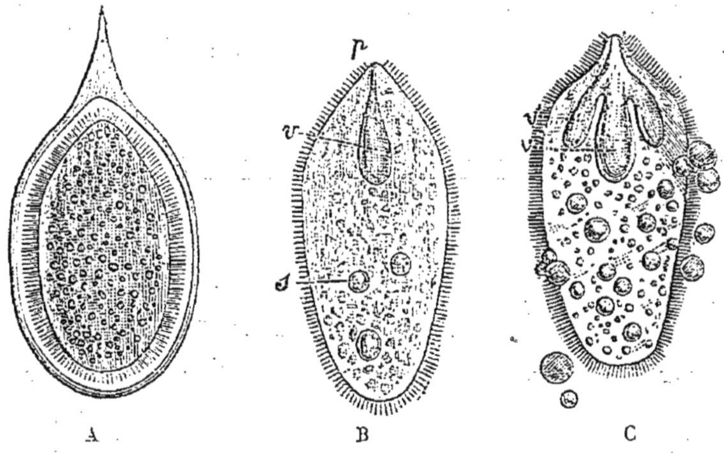

Fig. 335. — Premières phases du développement de la Bilharzie, d'après J. Chatin. — A, embryon inclus dans l'œuf et vu par transparence ; B, embryon plus avancé, mais non encore éclos ; C, embryon éclos et expulsant ses corpuscules contractiles. — *p*, rostre ; *s*, corpuscules contractiles ; *v*, cæcum principal ; *v'*, cæcums latéraux.

holotriche (fig. 335, A). Sa masse interne est encore remplie par un amas cellulaire et ne présente aucune trace de différenciation. Cependant, un cœlôme ne tarde pas à se creuser, en même temps que la région céphalique se trouve indiquée par la production d'une sorte de mamelon conique, B, *p*, au niveau duquel les cils vibratiles disparaissent. En ce même point naît alors par invagination un cæcum intestinal, *v*, qui plonge dans le cœlôme ; on voit en même temps apparaître, vers le pôle opposé, deux ou trois grosses masses arrondies et réfringentes, *s*, véritables germes de Rédies qui se meuvent librement dans la cavité et dont le nombre ira en augmentant.

Le cæcum ne se développe parfois qu'après l'éclosion; plus rarement ses branches latérales se sont déjà formées avant l'éclosion.

Jusqu'à ce moment, l'embryon était demeuré immobile; il devient alors le siège de vigoureuses contractions, qui se produisent surtout dans la région antérieure. Celle-ci vient heurter par saccades et à de courts intervalles la paroi de l'ovule, qu'elle cherche à briser comme ferait un bélier. Sous ces chocs répétés, la coque se déchire longitudinalement sur les deux tiers de sa longueur; presque toujours la première rupture se fait entre l'éperon et la région médiane. L'embryon apparaît donc au dehors, mais il est rare qu'il parvienne à se dégager d'un seul coup, et de nouveaux efforts sont nécessaires pour qu'il puisse atteindre ce résultat. Au moment de sa sortie, il s'étrangle en son milieu à la façon d'un sablier, par suite de l'étroitesse de la déchirure pratiquée dans la coque; quand il est définitivement mis en liberté, sa forme redevient promptement ovalaire.

La rapidité avec laquelle l'embryon sort de l'œuf varie notablement suivant la nature du liquide au sein duquel se fait l'éclosion; d'après Cobbold, deux minutes suffiraient dans l'eau pure; si l'on ajoute quelques traces d'urine, l'éclosion serait beaucoup plus lente et exigerait cinquante-cinq minutes; elle ne se ferait pas dans l'urine pure et les embryons ne donneraient aucun signe de vitalité. Zancarol a eu pourtant l'occasion de trouver l'embryon libre dans la vessie même, dans le parenchyme rénal ou dans la muqueuse du gros intestin.

A partir du moment de l'éclosion, le tégument de l'embryon s'épaissit notablement, et l'on voit s'y développer un appareil aquifère constitué essentiellement par deux troncs principaux qui se dirigent d'avant en arrière en suivant un trajet sinueux et en émettant un certain nombre de branches anastomotiques; on ne trouve pas de pore excréteur à l'extrémité postérieure.

Pendant que cet appareil se développe, le cæcum intestinal (fig. 335, B et C, *v*) donne bientôt naissance, par une invagination nouvelle, à deux branches latérales, *v'*, que Cobbold croit pouvoir comparer aux lemnisques des Echinorhynques. Finalement, les masses sarcodiques réfringentes augmentent de nombre et de volume à l'intérieur de la cavité somatique.

Quand la formation de ces corpuscules a pris fin, l'embryon cilié ne tarde pas à se rompre; les globules sarcodiques, dans lesquels il faut sans doute voir des Rédies en voie de développement, sont ainsi mis en liberté et on les trouve nageant et se contractant au sein du liquide ambiant. L'embryon se vide donc peu à peu comme le fait le Sporocyste des Distomes; quand tous les globules se sont séparés de lui, il continue encore à nager quelque temps, bien que réduit à sa cuticule ciliée.

A cela se bornent nos connaissances sur le développement de la Bilharzie; les phases ultérieures de l'évolution sont encore inconnues, et on ne pourrait sans doute les étudier avec succès que dans les pays infestés.

Cobbold a entrepris le premier des expériences d'infestation avec l'embryon infusoriforme : il le mit en présence de Mollusques d'eau douce, de petits Crustacés, de Poissons; il essaya de faire pénétrer les œufs chez des larves de Diptères, chez des Entomostracés, des Écrevisses, des Limnées, des Paludines, des Planorbes et chez d'autres espèces de Mollusques fluviatiles : toutes ces tentatives demeurèrent infructueuses; il vit simplement les embryons éclore et émettre leurs germes contractiles. Dans une autre série d'expériences, le même observateur put voir l'embryon essayer de pénétrer dans le corps d'*Helix alliaria*.

Des tentatives du même genre furent faites par Harley : pensant que la Bilharzie se développait directement, sans passer par un hôte intermédiaire, ce dernier fit avaler des embryons à des animaux vertébrés, tels que le Chien et le Lapin; il n'obtint aucun résultat.

Cette même question fut encore reprise, sans plus de succès, par Sonsino; les expériences étaient faites avec des œufs séparés de l'urine aussi soigneusement que possible, puis divisés en deux lots : un premier lot servait pour les expériences faites directement sous le microscope, le reste était mis dans un aquarium renfermant un certain nombre de Gastropodes d'eau douce (*Vivipara unicolor*, *Cleopatra cyclostomoides*, *Cl. bulimoides*, *Physa alexandrina* et *Melania tuberculata*); on ne retrouva pas la moindre trace des œufs ni de leurs coques dans aucun organe de ces Mollusques, malgré l'examen le plus attentif. Le résultat ne fut pas plus favorable avec des larves d'Insectes, avec de petits Coléoptères ou Névroptères aquatiques. En présence de tentatives aussi infructueuses, Sonsino considère comme assez probable que la Bilharzie, qui s'éloigne à tant de points de vue des autres Distomes, ait pour hôtes intermédiaires des animaux appartenant à d'autres classes que ceux chez lesquels se fixent ces derniers, ou même puisse accomplir tout son cycle évolutif en pénétrant chez un hôte unique et définitif (Homme, Singe); peut-être même se développerait-elle sans génération alternante.

Nous croyons devoir faire les plus expresses réserves à l'égard de cette opinion. Malgré l'insuccès des expériences que nous venons de rapporter, il demeure probable que la Bilharzie passe par un hôte intermédiaire et que celui-ci est un Gastropode.

L'infestation se fait par les eaux de boisson, soit qu'on ingère l'hôte intermédiaire lui-même, et alors il s'agirait d'un Mollusque de petites dimensions, soit plutôt qu'on avale la Cercaire nageant librement dans l'eau. Cette larve, autant qu'on en peut juger par analogie, doit être armée d'une dent perforante, grâce à laquelle elle s'enfonce dans les parois intestinales et tombe dans une des branches d'origine de la veine porte.

Th. Bilharz, *Ein Beitrag zur Helminthographia humana, nebst Bemerkungen von Prof. C. Th. von Siebold.* Z. f. w. Z., IV, p. 53, 1852. — Id., *Ferne Mittheilungen über Distomum hæmatobium.* Ibidem, p. 454.

T. Sp. Cobbold, *On the embryos of Bilharzia.* British association Report, 1864. — Id., *On the development of Bilharzia hæmatobia, together with remarks on the ova of another urinary parasite occurring in a case of hæmaturia from Natal.* British med. journal, II, p. 89, 1872.

J. Chatin, *Sur l'embryon cilié de la Bilharzie.* Comptes rendus de l'Acad. des sciences, XCI, p. 554, 1880. — Id., *Observations sur le développement et l'organisation du proscolex de la Bilharzia hæmatobia.* Annales des sc. nat. (6), XI, 1881. Bibliothèque de l'École des Hautes Études, XXIV, 1881. — Id., *Sur les œufs de la Bilharzie.* Compte rendu de la Soc. de biologie, p. 364, 1884.

P. Sonsino, *Ricerche sullo sviluppo della Bilharzia hæmatobia.* Giornale della reale Accad. di med. di Torino, XXXII, p. 380, 1884.

G. Fritsch, *Zur Anatomie von Bilharzia hæmatobia Cobbold.* Zoolog. Anzeiger, VIII, p. 407, 1885.

On a supposé que le parasite pénétrait dans l'organisme à travers la peau et, par suite, on a interdit formellement les bains de rivière. Cette interdiction ne nous semble aucunement justifiée; encore que nous ignorions les phases ultimes du développement, il y a de sérieuses raisons d'admettre que l'Helminthe pénètre réellement par la voie que nous avons indiquée plus haut. C'est donc l'usage d'eau non filtrée ou non bouillie qu'il faut rigoureusement proscrire dans les pays contaminés ; l'usage des bains est indifférent.

La Bilharzie se rencontre à l'état adulte dans la veine porte et ses branches (notamment dans la veine splénique), dans la veine rénale et dans les plexus veineux de la vessie et du rectum. On a vu de quelle manière la larve pouvait s'introduire dans le système porte, mais la présence du parasite dans les veines du petit bassin ou dans les branches de la veine cave est moins facile à comprendre. Le fait n'est pourtant pas inexplicable.

Les veines du système porte sont, comme on sait, dépourvues de valvules ; rien ne s'oppose donc à ce que la Bilharzie descende par la veine mésentérique inférieure jusque dans les veines rectales. De celles-ci, elle peut passer également dans les veines hémorrhoïdales moyennes et inférieures, qui s'anastomosent avec les branches pelviennes de la veine cave ; des hémorrhoïdales inférieures, elle peut remonter dans les veines honteuses internes et gagner les veines vésicales par l'intermédiaire du plexus de Santorini.

Le parasite se nourrit de sang ; on en retrouve les globules en grand nombre dans son tube digestif. Küchenmeister admet qu'il puise ce sang dans les *vasa vasorum* bien plus que dans le torrent circulatoire au sein duquel il est plongé ; cette opinion nous semble peu soutenable.

Zuckerkandl, *Ueber die Wanderung des Distomum hæmatobium aus der Pfortader in die Blase. Eine anatomische Notiz aus dem Nachlasse des Herrn Dr H. Sachs-Bey.* Wiener med. Blätter, III, p. 1253, 1880.

Les œufs sont pondus par amas dans les vaisseaux sanguins ; le cours du sang les entraîne dans les capillaires de divers organes où ils s'accumulent et déterminent à la longue des lésions dont la nature est très variable, suivant l'organe qui en est le siège. Ces lésions et les symptômes qui les accompagnent ont été étudiés déjà par de nombreux observateurs : Bilharz, Griesinger, Harley, Sonsino, Mantey, Guillemard, etc. Les recherches les plus complètes et les plus récentes sont dues à Zancarol, Damaschino, Belelli et Kartulis.

Pour les lésions anatomo-pathologiques, dans le détail desquelles le cadre de cet ouvrage ne nous permet pas d'entrer, nous renverrons le lecteur à notre article *Hématozoaires* du Dictionnaire encyclopédique des sciences médicales. Disons seulement que la Bilharzie est un des plus redoutables parasites de l'Homme ; elle détermine, dans les organes urinaires ou du côté du rectum, des lésions assez souvent mortelles.

La *bilharziose*, dont l' « hématurie d'Égypte » n'est que la manifestation la plus ordinaire, n'a encore été observée qu'en Afrique ou du moins chez des individus ayant fait dans ce continent un séjour plus ou moins long (1). Comme on sait, le parasite qui la cause a été découvert en Égypte, et c'est encore dans ce pays que la maladie semble être le plus répandue. Elle y est si fréquente que Griesinger trouvait le Ver 117 fois sur 363 autopsies, et Sonsino 30 fois sur 54 autopsies de sujets arabes; ces chiffres suffisent à montrer que le parasite reste très fréquemment à peu près inoffensif, sans doute parce que le patient n'a été soumis qu'accidentellement et pendant un temps fort court aux causes d'infestation.

La race semble n'être pas sans influence sur la production de la maladie, mais ce n'est là qu'une simple apparence due à ce que certaines castes, par leur habitat et par leur genre de vie, se trouvent particulièrement exposées à ses atteintes. C'est ainsi que l'hématurie est surtout fréquente dans les villages et chez les individus de la classe pauvre, qui ne font jamais usage d'eau filtrée ; elle est plus rare chez les femmes. D'après Bilharz, les fellahs et les Coptes sont le plus fréquemment atteints ; puis viennent, par ordre de fréquence, les Nubiens et les nègres. Quant à la provenance du parasite, Belelli accuse formellement l'eau du Nil et note qu'il est à peu près inconnu dans les villes qui reçoivent de l'eau filtrée.

La bilharziose s'observe dans toute l'Égypte, notamment dans le delta du Nil. Les médecins qui nous ont laissé des relations de l'expédition d'Égypte en 1799, ont noté que les soldats français avaient souffert d'hématurie ; il est à peu près certain que ces désordres étaient causés par la Bilharzie.

D'Égypte, le parasite s'étend tout le long de la côte orientale d'Afrique, jusqu'au cap de Bonne-Espérance ; il est vrai que sa

(1) Wortabeh en a observé deux cas à Beyrouth. Il ne dit pas si ses malades étaient allés ou non en Égypte.

présence n'a pas été suffisamment observée sur toute l'étendue du littoral, mais on l'a notée en des points si divers, qu'on est autorisé à penser que des recherches ultérieures nous la feront connaître dans les régions où on ne l'a point encore signalée. Les habitants de Tibbu, de Tciad, du Darfour et du Kordofan sont fréquemment atteints d'hématurie que Nachtigall attribue à la Bilharzie. Au bord du lac Nyassa et dans tout le bassin du Zambèze, les habitants sont également atteints d'hématurie et en font remonter la cause à des Vers qu'ils verraient sortir de temps en temps par le canal de l'urèthre.

Le parasite a été du moins reconnu d'une façon certaine à Zanzibar, à Natal (Cobbold), à Pietermaritzburg (Allen). On le voit aussi, mais plus rarement, dans la Cafrerie anglaise; Spredy l'a observé à East London, ville côtière à l'embouchure du Buffalo et à King William's Town, ville située plus haut sur ce même fleuve; on ne le cite pas plus avant dans les terres. On le rencontre encore assez fréquemment au Cap, où John Harley l'a vu le premier, en 1864; on l'a vu notamment à Uitenhage, ville située sur le Zwartekop River, à 3 lieues de son embouchure dans la baie d'Algoa, et à Port-Elisabeth, ville située sur la baie même et tirant ses légumes d'Uitenhage.

Quant aux cas que certains auteurs disent avoir observés à Madagascar, à Maurice et à la Réunion, nous les considérons comme insuffisamment démontrés et nous les rapportons à l'hématurie intertropicale causée par la Filaire du sang.

L'espèce *Bilharzia hæmatobia* n'est point particulière à l'Homme; Cobbold l'a retrouvée chez un Singe égyptien (*Cercopithecus fuliginosus*), mort au Jardin zoologique de Londres. D'autre part, Sonsino a découvert chez le Bœuf et le Mouton une espèce particulière qu'il décrivit d'abord sous le nom de *B. bovis*, puis sous celui de *B. crassa*.

W. Griesinger, *Klinische und anatomische Beobachtungen über die Krankheiten von Ægypten.* Archiv für physiol. Heilkunde, XIII, p. 561, 1854. *Gesammelte Abhandlungen*, II, p. 479, 1872. — Id., *Das Wesen der exotischen Hämaturie.* Archiv der Heilkunde, VII, p. 96, 1866. *Gesammelte Abhandlungen*, II, p. 472, 1872.

Th. Bilharz, *Distomum hæmatobium und sein Verhältniss zu gewissen pathologischen Veränderungen der menschlichen Harnorgane.* Wiener med. Wochenschrift, VI, p. 49 et 65, 1856.

C. M. Diesing, *Revision der Myzhelminthen. Abtheilung : Trematoden.* Sitzungsber. der Wiener Akad. der Wiss., math.-nat. Classe, XXXII, p. 307, 1858.

T. Sp. Cobbold, *On some new forms of Entozoa* (*Bilharzia magna*). Trans. of the Linnean Society, XXII, p. 364, 1859. — Id., *Synopsis of the Distomidæ.* Proceed. of the Linn. Soc., V, p. 31, 1860. — Id., *Remarks on Dr J. Harley's Distoma capense.* The Lancet, I, 1864. — Id., *New entozootic malady.* London, 1865. — Id., *Entozoa in relation to public health and the Sewage question.* Medical Times and Gazette, I, p. 62, 1871. Veterinarian, p. 359, 1871. — Id., *On Sewage and parasites, especially in relation to the dispersion and vitality of the germs of Entozoa.* Med. Times, I, p. 215 and 263, 1871. — Id., *Worms.* London, 1872. Voir lecture XX, p. 145, *On blood worms.* — Id., *Verification of recent hæmatozoal discoveries in Australia and Egypt.* British med. journal, I, p. 780, 1876. — Id., *Cases of hæmaturia due to Bilharzia.* The Lancet, I, p. 985, 1885. British med. journal, I, p. 1096, 1885. Proceed. of the R. med. and chir. Society (2), I, p. 445, 1885.

J. Harley, *On the endemic hæmaturia of the cape of Good Hope.* Med.-chir. Transactions, XLVII, p. 55, 1864. — Id., *On the hæmaturia of the cape of Good Hope, produced by a Distoma.* The Lancet, I, p. 156, 1864. Medical Times, I, p. 161, 1864. — Id., *A second communication on the endemic hæmaturia of the cape of Good Hope and Natal.* Med. chir. Trans., LII, p. 379, 1869. — Id., *A third communication on the endemic hæmaturia of the south-eastern coast of Africa, with remarks on the tropical medication of the bladder.* Ibidem, LIV, p. 47, 1871.

Pr. Sonsino, *Ricerche intorno alla Bilharzia hæmatobia in relazione colla ematuria endemica dell' Egitto, e nota intorno ad un Nematoideo trovato nel sangue umano.* Rendiconto della R. Accad. delle science fis. e mat., 1874. — Id., *Della Bilharzia hæmatobia e delle alterazioni anatomo-patologiche che induce nell' organismo umano, loro importanza come fattori della morbidità e mortalità in Egitto, con cenno sopra una larva di Insetto parassita dell' Uomo.* L'Imparziale, XV, p. 738, 1875; XVI, p. 3 e 33, 1876. — Id., *La Bilharzia hæmatobia et son rôle pathologique en Égypte.* Archives gén. de méd., (6), XXVII, p. 652, 1876. — Id., *Intorno ad un nuovo parassito del Bue* (*Bilharzia bovis*). Rendiconto della R. Accad. delle sc. fis. e mat., 1876. — Id., *Sugli ematozoi come contributo alla fauna entozoica egiziana.* Cairo, 1877. — Id., *The treatment of Bilharzia disease.* British med. journal, I, p. 1197, 1885.

E. Lancereaux, *Rein. Parasitisme.* Dictionnaire encyclop. des sc. méd. (3), III, p. 302, 1876.

Hatch, *Bilharzia hæmatobia.* British med. journal, II, p. 874, 1878.

O. Mantey, *Distomum hæmatobium. Die durch dasselbe hervorgerufenen Krankheiten und deren Behandlung.* Inaug. Diss. Berlin, 1880.

Wortabeh, *Beobachtung über das Vorkommen der Bilharzia hæmatobia.* Virchow's Archiv, LXXXI, p. 578, 1880.

G. Zancarol, *A specimen of Bilharzia hæmatobia with ova in the tissues of the bladder and large intestine.* Transactions of the pathol. Society of London, XXXIII, p. 410, 1881-1882. — Id., *Des altérations occasionnées par le Distoma hæmatobium dans les voies urinaires et dans le gros intestin.* Mém. de la Soc. méd. des hôpitaux, (2), XIX, p. 144, 1882. — Id., *Contribution à l'étude du Distoma hæmatobium.* Bull. de la Soc. méd. des hôp. (3), I, p. 306, 1884.

Damaschino, *Des altérations produites par le Distoma hæmatobium dans le gros intestin et dans les voies urinaires.* Mém. de la Soc. méd. des hôp. (2), XIX, p. 150, 1882. Union méd. (3), XXXIV, p. 949, 1882.

F. H. H. Guillemard, *On the endemic hæmaturia of hot climates, caused by the presence of Bilharzia hæmatobia.* London, in-8° de 67 p., 1882. — Id., *Bilharzia hæmatobia.* The Lancet, I, p. 151, 1883.

D. S. Booth, *Bilharzia hæmatobia*. West med. Reporter, IV, p. 81, 1882.
J. F. Allen, *Remarks on Bilharzia*. The Lancet, II, p. 51, 1882. — Id., *Bilharzia hæmatobia*. Ibidem, I, p. 660, 1883.
H. R. Crocker, *A case of hæmaturia from Bilharzia hæmatobia*. Trans. clinical Soc. of London, XVI, p. 25, 1882-1883.
V. Lyle, *On the endemic hæmaturia of the south-east coast of Africa*. Proceed. R. med. and chir. Soc., (2), I, p. 9, 1882-1883. Med. chir. Trans., LVI, p. 113, 1883.
Arth. Davies, *A case of endemic hæmaturia from the cape of Good Hope*. Saint Bartholomew's hospital Report, XX, p. 181, 1884.
V. Belelli, *Les œufs de Bilharzia hæmatobia dans les poumons*. Union méd. d'Égypte, I, nos 22-23, 1884-1885. — Id., *Du rôle des parasites dans le développement de certaines tumeurs. Fibro-adénome du rectum produit par les œufs du Distomum hæmatobium*. Progrès médical, (2), II, p. 54, 1885. — Id., *La Bilharzia hæmatobia*. Gazzetta degli ospitali, VII, p. 28 e 35, 1886.
Alb. Ruault, *Lésions causées par la présence des œufs et des embryons de Bilharzia hæmatobia dans la vessie, la prostate, le rectum, les ganglions mésentériques, le rein et le foie*. Progrès médical (2), II, p. 56, 1885.
S. Kartulis, *Ueber das Vorkommen der Eier des Distomum hæmatobium Bilharz in den Unterleibsorganen*. Virchow's Archiv, XCIX, p. 139, 1885. — Id., *Bilharzia*. The Lancet, II, p. 364, 1885.
E. Gautrelet, *Observation d'un cas de Bilharzia hæmatobia*. Union méd. (3), XL, p. 577, 1885.
D. Fouquet, *Note sur le traitement des accidents produits chez l'Homme par la présence dans l'organisme de la Bilharzia hæmatobia*. France médicale, I, p. 677 et 693, 1885.
A. Cantani, *Distoma hæmatobium*. Bollettino delle cliniche, III, p. 73, 1886.
R. Blanchard, *Hématozoaires*. Dictionnaire encyclop. des sciences médicales, 1887.

Les Trématodes, avons-nous dit déjà (page 540), ont avec les Cestodes des relations si étroites, qu'on doit considérer ces deux ordres de Vers comme ayant eu à l'origine un point de départ commun. Tous deux se sont adaptés à la vie parasitaire et ont subi des régressions diverses : très accentuées chez les Cestodes, celles-ci sont moins considérables chez les Trématodes, qui se rapprochent par conséquent davantage du type primitif. Comme il arrive souvent chez les parasites, l'atrophie a porté notamment sur les organes des sens : c'est ainsi que la Douve adulte ne présente plus aucune trace de l'appareil oculaire, parfois pourvu d'un cristallin, qui s'observe chez l'embryon infusoriforme.

La structure de ce dernier rappelle si bien celle des Aneuriens, et particulièrement celle des Orthonectides, qu'on ne sera point surpris de nous voir maintenir ces animaux parmi les Vers : ils apparaissent comme des Plathelminthes demeurés au premier état larvaire, bien qu'ils soient capables de se multiplier par voie sexuelle.

L'appareil excréteur des Trématodes ressemble beaucoup, dans sa disposition générale, à celui des Cestodes. Comme chez ces derniers, il se réduit essentiellement à un système de fins canalicules qui prennent naissance dans de petits entonnoirs ciliés communiquant avec un cœlôme rudimentaire, représenté par un système lacunaire ; ces canalicules se réunissent entre eux, de manière à former de gros canaux qui s'étendent dans toute la longueur du corps et qui aboutissent finalement à une vésicule terminale débouchant à l'extérieur. L'appareil excréteur des Cestodes, il est vrai, est caractérisé par la présence de *foramina secundaria* et par l'absence habituelle de vésicule terminale, mais ce sont là, comme l'a montré Fraipont, des différences qui n'ont rien d'essentiel et qui s'expliquent amplement par l'allongement du corps et la tendance plus ou moins accusée à la métamérisation.

ORDRE DES TURBELLARIÉS

Les Turbellariés ressemblent beaucoup aux Trématodes, tant par la forme extérieure que par l'organisation interne. Sauf de rares formes parasites (*Graffilla*, *Fecampia*), ils vivent librement dans l'eau douce ou salée ou même dans la terre humide : aussi sont-ils dépourvus de tout appareil fixateur (ventouses, crochets) et recouverts de cils vibratiles sur toute leur surface. Le tégument renferme des organes urticants de conformation variable, nés dans des cellules particulières : ce sont des nématocystes semblables à ceux des Cœlentérés (*Microstoma lineare*), des *toxocystes* (1) ou cellules lançant au loin une aiguille libre (*Planaria quadrioculata*), des bâtonnets de formes très diverses (*Mesostoma*), des filaments mucilagineux (*Plagiostoma*) : leur situation le long des nerfs ou à proximité des ganglions permet de les considérer comme des organes tactiles. On trouve encore dans les téguments diverses matières pigmentaires (chlorophylle : *Vortex viridis*) et des glandes muqueuses piriformes : celles-ci deviennent parfois de véritables organes à venin, surmontés d'une épine chitineuse canaliculée (*Convoluta paradoxa*). Le système dermo-musculaire est formé au moins de deux assises de fibres longitudinales et transversales ; il comprend parfois encore une couche diagonale. Le cœlôme n'est représenté que par les fines lacunes dans lesquelles prend naissance l'appareil excréteur; quelquefois cependant on observe des lacunes plus vastes autour du tube digestif.

Ce dernier est toujours dépourvu d'anus, sauf de très rares exceptions (*Microstoma lineare*). La bouche, située à la face ventrale, est quelquefois reportée jusqu'au milieu, parfois même encore plus en arrière. Elle mène dans un pharynx ordinairement musculeux, qui est souvent protractile à la façon d'une trompe et dans lequel viennent

1) Τοξεύω, lancer des flèches; κύστις, vessie, cellule.

fréquemment aboutir des glandes salivaires. Quant au reste, l'appareil digestif présente d'importantes variations que nous étudierons plus loin : c'est sur sa structure que repose la classification des Turbellariés.

Le système nerveux, analogue à celui des Trématodes, est formé de deux ganglions antérieurs, réunis par une commissure transversale et émettant en divers sens des filets nerveux ; les deux nerfs principaux se portent en arrière et, dans certains cas, se rattachent l'un à l'autre par une ou plusieurs commissures transversales.

Les organes des sens sont représentés par des taches oculaires et par des otocystes. Les premières sont des amas de pigment noir, brun ou rouge, disposés par paires sur les ganglions cérébraux ou recevant de ceux-ci des nerfs particuliers ; les taches pigmentaires ne sont souvent qu'au nombre de deux et renferment alors en leur milieu un ou plusieurs organes réfractant la lumière, véritables cristallins à chacun desquels aboutit un nerf. Les otocystes sont plus rares : quand il existe, l'organe auditif est toujours simple, médian et situé dans le voisinage des ganglions nerveux ; il renferme un otolithe sphérique ou discoïde, ayant parfois encore la forme d'un bouton de chemise. Les yeux et les otocystes coexistent souvent (*Convoluta Schultzei*).

Delage a décrit chez cette même espèce, sous le nom d'*organe frontal*, un appareil sensoriel particulier, constitué par une masse ovoïde, claire, réfringente, située à l'extrémité antérieure. Le corpuscule s'étend du système nerveux central à la face profonde des téguments qui, à ce niveau, sont dépourvus de cils et munis de courtes papilles coniques. L'organe est limité sur les côtés par une double couche de cellules ganglionnaires ; quelques autres cellules de même nature se trouvent à son intérieur, entremêlées à un réseau nerveux d'où partent finalement des filets qui viennent se terminer chacun dans l'une des papilles susdites. L'appareil est très mobile et l'animal s'en sert pour explorer sans cesse à l'environ.

Si l'organe précédent appartient certainement au sens du toucher, il faut sans doute rapporter à celui de l'odorat un autre organe découvert par Hallez chez *Mesostoma lingua*. Il s'agit d'une fossette située sur la ligne médiane ventrale, entre l'extrémité antérieure et la bouche, un peu en arrière du cerveau. Elle se dirige obliquement d'arrière en avant et se bifurque à son extrémité ; elle reçoit ses nerfs de la face inférieure du cerveau.

L'appareil excréteur fait défaut chez les Acœles ; il est diversement conformé dans les autres groupes, bien que construit sur le même plan général que chez les Trématodes. Parfois formé d'un seul tronc médian (*Stenostoma*), il comprend plus ordinairement deux troncs qui se réunissent postérieurement en une seule branche débouchant au dehors par un orifice unique (*Plagiostoma*, *Pronotis*). Dans d'autres cas, les deux troncs restent distincts et s'ouvrent séparément à l'extérieur, par des orifices situés soit en arrière et sur les côtés (*Derostoma*, *Gyrator*), soit vers le milieu du corps, au moyen de branches transversales (*Prorhynchus*), soit enfin dans le vestibule du pharynx (*Vortex*, *Mesostoma*). Chez *Gunda segmentata*, l'appareil aquifère a une disposition rappelant celle des organes segmentaires des Hirudinées.

La plupart des Turbellariés sont hermaphrodites et se reproduisent par voie sexuelle ; par exception, *Microstoma* et *Stenostoma* sont dioïques et peuvent se reproduire par un bourgeonnement analogue à celui qui produit la chaîne des anneaux d'un Ténia, si ce n'est que ce bourgeonnement se fait ici à l'extrémité postérieure, comme l'a démontré Hallez. L'intestin se ferme par une double cloison, puis un nouveau pharynx et un nouveau système nerveux central se développent dans chaque segment. Les glandes génitales sont diversement conformées ; la présence du cirre est constante, mais sa forme et son armature sont variables. Les orifices mâle et femelle, habituellement réunis en un même sinus génital, sont parfois séparés (*Macrostoma*, *Convoluta*).

Le sous-ordre des Rhabdocœles comprend les Turbellariés, dont l'intestin est droit et sans ramifications ou absent. Ce dernier cas s'observe chez les Acœles, dépourvus d'appareil aquifère, mais possédant tous un otocyste (*Convoluta*, *Proporus*) : les aliments sont amenés par l'œsophage dans une masse sarcodique qui les englobe et les digère à peu près comme cela se fait chez les Infusoires ; d'après Pereyaslawzew, on trouverait pourtant une cavité digestive sur des coupes transversales.

Les Rhabdocœles proprement dits ont un appareil aquifère, mais rarement un otocyste. A l'exemple des Acœles, les Macrostomides (*Macrostoma*, *Orthostoma*) et les Microstomides (*Microstoma*, *Stenostoma*, *Dinophylus*) ont un pharynx simple et non musculeux ; dans les autres groupes, cet organe présente les formes les plus diverses et, par suite de la production d'un repli particulier, est précédé d'une sorte de vestibule dans lequel viennent s'ouvrir les canaux excréteurs.

La plupart des Rhabdocœles vivent dans l'eau douce ; de Man a fait voir pourtant que quelques-uns sont terrestres (*Geocentrophora sphyrocephala*), et Giard a décrit sous le nom de *Fecampia erythrocephala* une curieuse espèce marine, très commune sur les plages de Fécamp et d'Yport et qui, pendant le jeune âge, vit en parasite dans la cavité générale de divers Crustacés décapodes.

Le sous-ordre des Dendrocœles renferme des espèces à intestin ramifié, à pharynx musculeux et ordinairement protractile; on les connaît sous le nom général de Planaires. Certaines formes, dont la plupart sont d'eau douce ou terrestres, ont un orifice génital unique (Triclades ou Monogonopores : *Planaria*, *Dendrocœlum*, *Polycelis* (fig. 336), *Geoplana*); d'autres, marines, ont un orifice sexuel double (Polyclades ou Digonopores : *Stylochus*, *Leptoplana*, *Cephalolepta*, *Thysanozoon*). Les Triclades ont un appareil excréteur; les Polyclades en semblent dépourvus.

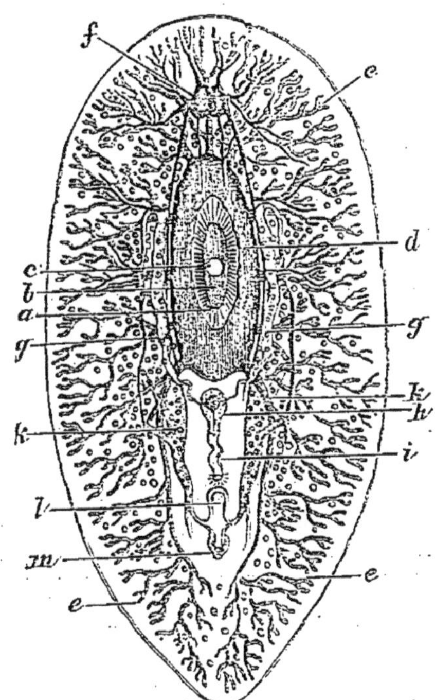

Fig. 336. — Anatomie de *Polycelis levigatus*. — *a*, bouche; *b*, trompe; *c*, cardia; *d*, estomac; *e*, ramifications gastriques; *f*, cerveau et nerfs; *g*, testicule; *h*, vésicule séminale; *i*, cirre; *k*, oviducte; *l*, poche copulatrice; *m*, orifice génital femelle. — Des œufs sont répartis dans toutes les lacunes du corps.

Nous avons déjà signalé les affinités des Turbellariés avec les Trématodes. Il est extrêmement remarquable de constater que ces mêmes animaux se rattachent aux Cténophores, au moins par deux formes de passage.

Kowalewsky a décrit sous le nom de *Cœloplana Metschnikowi* une Planaire de la mer Rouge qui, de chaque côté de l'otocyste, présente une poche dans laquelle peut s'abriter un long tentacule rétractile; ce dernier est ramifié et fort semblable à celui de *Cydippe* ou d'*Eschscholtzia*, si ce n'est qu'il n'est creusé d'aucun canal. L'estomac est quadrilobé et rappelle l'entonnoir des Cténophores; il émet un grand nombre de canaux qui rayonnent vers la périphérie et se jettent tous dans un canal circulaire marginal.

D'autre part, Korotneff a trouvé à Poulo-Pandane un Cténophore rampant, *Ctenoplana Kowalewskyi*. Cet animal se rapproche beaucoup des Planaires et est muni de huit paires de plaques vibratiles qui peuvent se retirer dans des poches spéciales.

Les Turbellariés sont donc alliés aux Cœlentérés, mais l'adaptation à la vie de reptation les a profondément modifiés. Nous avons noté déjà qu'une Triclade marine, *Gunda*, faisait d'autre part la transition avec les Hirudinées.

P. Hallez, *Contributions à l'histoire naturelle des Turbellariés*. Thèse de la Sorbonne, 1879. — Id., *Sur un nouvel organe des sens du Mesostoma lingua* Osc. *Schm*. Comptes rendus de l'Acad. des sciences, CII, p. 684, 1886.

A. Kowalewsky, *Ueber Cœloplana Metschnikowi*. Zoolog. Anzeiger, III, p. 140, 1880.

A. Giard, *Un nouveau type de transition, Cœloplana Metschnikowi*. Bull. scientif. du département du Nord, (2), III, p. 251, 1880. — Id., *Sur un Rhabdocœle nouveau, parasite et nidulant* (*Fecampia erythrocephala*). Comptes rendus de l'Acad. des sciences, CIII, p. 499, 1886.

S. Pereyaslawzew, *Sur le développement des Turbellariés*. Zoolog. Anzeiger, VIII, p. 269, 1885.

Y. Delage, *De l'existence d'un système nerveux chez les Planaires acœles et d'un organe des sens nouveau chez la Convoluta Schultzei O. Schm*. Comptes rendus de l'Acad. des sc., CI, p. 256, 1885.

A. Korotneff, *Ctenoplana Kowalewskyi*. Z. f. w. Z., XLIII, p. 242, 1886. — Id., *Compte rendu d'un voyage scientifique dans les Indes néerlandaises*. Bull. de l'Acad. de Belgique, (3), XII, p. 540, 1886. Voir p. 562.

G. Dutilleul, *Un nouveau type de transition, Ctenoplana Kowalewskyi*. Bull. scientif. du département du Nord, (2), IX, p. 282, 1886.

ORDRE DES NÉMERTIENS

Les Némertiens sont souvent confondus avec les Turbellariés, dont ils se distinguent pourtant par leur corps allongé, par leur taille considérable et par leur organisation plus parfaite. Le corps, souvent aplati, est limité par un épiderme cilié.

Le système nerveux a la même disposition que chez les animaux précédents, mais prend un grand développement; le cerveau se divise en deux groupes ganglionnaires formant un anneau qui entoure la trompe. Le tube digestif débute par une bouche située à la face ventrale et dans la région antérieure; il est rectiligne et présente toujours à son extrémité postérieure un anus terminal. L'intestin, pourvu de cils vibratiles à son intérieur, présente souvent des cæcums latéraux. Au-dessus du tube digestif se voit une trompe tubuleuse, protractile, plus longue que le corps, à l'intérieur duquel elle se replie sur elle-même; elle fait saillie au dehors par un orifice situé au sommet de la tête.

Les organes des sens sont représentés par des taches oculaires dont l'existence n'est pas constante, par des otocystes et par des fossettes ciliées, situées dans la région céphalique et à propos desquelles on a émis les opinions les plus diverses : Saint-Loup pense que leur rôle varie suivant les espèces et qu'elles sont, suivant leur structure, tantôt un organe auditif (*Amphiporus sipunculus*), tantôt un appareil d'irrigation (*Lineus viridis*), tantôt un appareil excréteur (*Borlasia Elizabethæ*). Les fossettes ciliées manquent chez *Cephalothrix* et chez *Malacobdella*.

L'appareil excréteur est encore peu connu ; toutes les espèces ne semblent pas en être pourvues. Il en est autrement pour un remarquable appareil circulatoire, constitué par trois vaisseaux longitudinaux, deux latéraux et un dorsal. Ces vaisseaux, dont la paroi est contractile, sont réunis entre eux par des anses à chacune des extrémités et à la hauteur du cerveau ; de nombreuses anastomoses transversales les rattachent encore les unes aux autres tout le long de leur trajet. Le sang qu'ils renferment est habituellement incolore; il est parfois coloré en rouge par des globules imprégnés d'hémoglobine (*Amphiporus splendens*, *Borlasia splendida*).

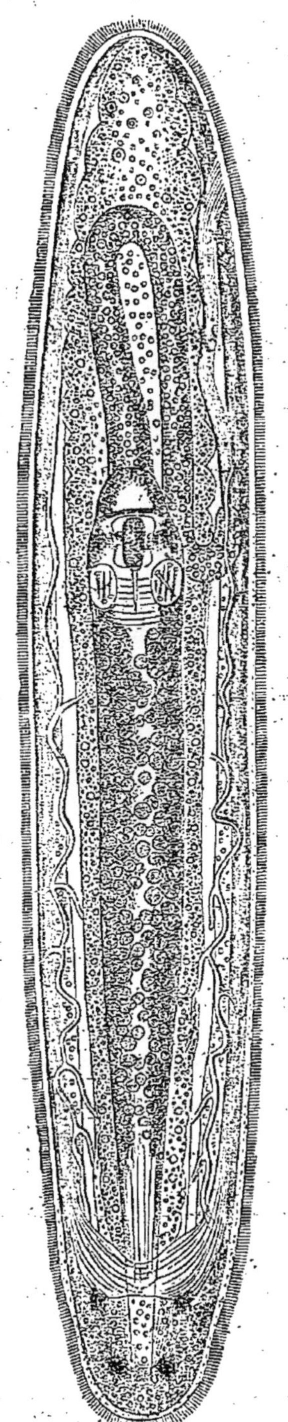

Fig. 337. — *Tetrastemma obscurum.*

Les Némertiens sont unisexués, sauf de rares exceptions (*Borlasia hermaphroditica*, *B. Kefersteini*). Quelques-uns sont vivipares, les embryons se développant soit dans l'ovaire (*Prosorochmus Claparedei*), soit dans la cavité viscérale (*Tetrastemma obscurum*, fig. 337).

La plupart de ces Vers vivent dans la mer, sous les pierres ou dans la boue ; quelques-uns habitent les eaux douces (*Prorhynchus stagnalis*), d'autres encore vivent à terre (*Tetrastemma agricola*, *Geonemertes pælensis*, *G. chalicophora*). Leur vitalité est surprenante; des parties mutilées repoussent sans difficulté et des fragments du corps peuvent, dans certains cas, reproduire un animal entier. Quelques espèces sont pélagiques (*Pelagonemertes*) ; d'autres sont parasites, comme *Nemertes carcinophila*, qui se rencontre dans l'abdomen de la femelle de *Carcinus mænas*, et *Malacobdella grossa*, qui vit sur le manteau et les branchies des Lamellibranches.

Le sous-ordre des Enopla comprend des Vers qui se développent sans métamorphose et dont la trompe est armée d'un stylet médian et pourvue latéralement de deux sacs glandulaires; l'animal projette sa trompe en la retournant complètement sur elle-même. Ce premier groupe renferme les genres *Amphiporus*, *Tetrastemma*, *Nemertes*, *Prorhynchus* et *Geonemertes*.

Dans le sous-ordre des ANOPLA, la trompe est inerme et le développement se fait ordinairement au moyen de larves ciliées. Une forme larvaire spéciale, dite *larve de Desor*, n'a encore été vue que chez *Lineus ;* cette larve n'a pas d'existence libre. Dans d'autres Némertiens de ce groupe, la larve libre et ciliée porte le nom de *Pilidium*

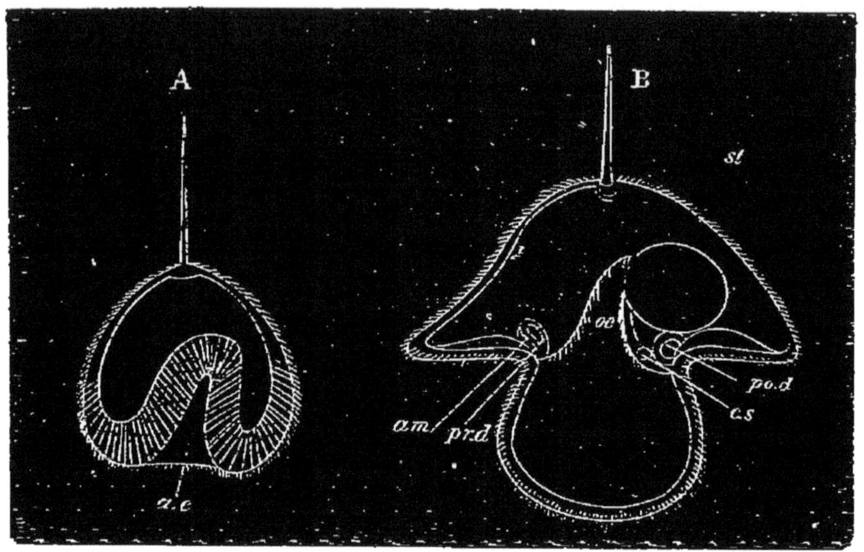

Fig. 338. — Deux stades du développement de *Pilidium*, d'après Metschnikoff.

(fig. 338) ; la jeune Némerte ne provient point de sa transformation, mais se développe plutôt à son intérieur.

Le groupe des *Anopla* renferme les genres *Lineus*, *Cerebratulus*, *Micruria*, *Carinella*, *Cephalothrix* et *Malacobdella*. Signalons aussi *Avenardia Priei*, Némertien long de plus d'un mètre, qui n'a encore été trouvé qu'au Pouliguen ; ses cæcums intestinaux présentent des ramifications dendritiques rappelant celles des Planaires et dont on ne trouve d'autre exemple, parmi les Némertiens, que chez *Pelagonemertes Rollestoni*. La Malacobdelle est un véritable Némertien, bien que longtemps on l'ait classée parmi les Hirudinées : elle n'a pas de fossettes céphaliques et, comme les Sangsues, présente une large ventouse à son extrémité postérieure.

Les affinités des Némertiens sont encore incertaines : d'importants caractères les éloignent notablement des Turbellariés et des types qui en dérivent (Trématodes et Cestodes) ; par la Malacobdelle, ils se rapprochent, au contraire, des Hirudinées, avec lesquelles ils n'ont pourtant que des rapports très lointains. Il n'est pas possible, dans l'état actuel de nos connaissances, de fixer d'une façon précise leurs relations avec les autres animaux.

J. Barrois, *Mémoire sur l'embryologie des Némertes*. Annales des sc. nat., (6), XI, 1877.

A. Giard, *Sur l'Avenardia Priei, Némertien géant de la côte occidentale de France*. Comptes rendus de l'Acad. des sciences, LXXXVII, p. 72, 1878.

R. Saint-Loup, *Sur les fossettes céphaliques des Némertes*. Ibidem, CII, p. 1576, 1886.

W. Salensky, *Bau und Metamorphose des Pilidium*. Z. f. w. Z., XLIII, p. 481, 1886.

CLASSE DES NÉMATHELMINTHES

Les Némathelminthes sont des Vers filiformes, cylindriques, non ciliés, à corps non segmenté, bien que le tégument présente souvent une annulation superficielle; presque tous sont unisexués. Cette classe comprend trois ordres importants, les Nématodes, les Gordiens et les Acanthocéphales, dont nous aurons à faire l'étude; elle renferme encore trois ordres secondaires, les Chétognathes (*Sagitta*, fig. 339), les Chétosomes (*Chætosoma*, *Rhabdogaster*) et les Desmoscolécides (*Desmoscolex*), dont la description nous entraînerait trop loin.

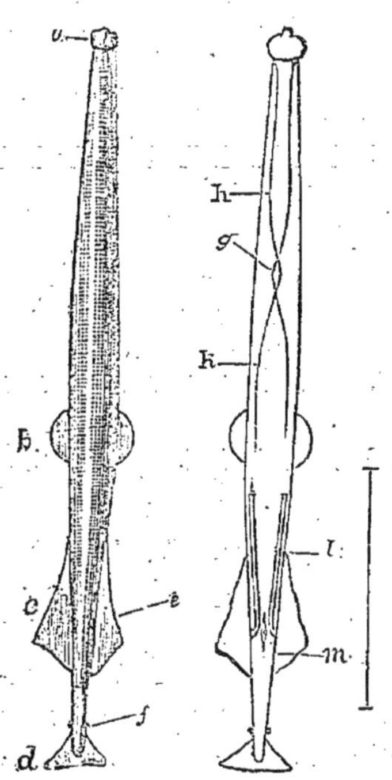

Fig. 339. — *Sagitta bipunctata*, d'après Krohn.

ORDRE DES NÉMATODES

Les Nématodes ont le corps allongé, fusiforme ou filiforme; ils sont pourvus d'une bouche et d'un tube digestif se terminant par un anus. Cet ordre renferme un nombre considérable d'espèces, dont le genre de vie est des plus variables : les unes sont libres dans l'eau douce, dans la mer, dans la terre humide, ou encore dans des liquides organiques (vinaigre, colle de pâte, etc.); les autres sont parasites chez des animaux ou chez des plantes. On peut les répartir en un certain nombre de familles naturelles, dont plusieurs sont représentées chez l'Homme.

FAMILLE DES ASCARIDES

Les Vers de ce groupe ont le corps relativement ramassé sur lui-même, bien que quelques-uns puissent atteindre de grandes dimensions. La bouche est entourée de trois lèvres ou nodules : l'une occupe la face dorsale, les deux autres se touchent sur la ligne médiane de la face ventrale. Cette importante famille renferme, entre autres, les genres *Ascaris*, *Heterakis*, *Oxyuris*, *Nematoxys* et *Oxysoma*; le premier et le troisième renferment des parasites de l'Homme.

Ascaris lumbricoides Linné, 1758.

Synonymie : Ἕλμινς Hippocrate.
Ἕλμινς στρογγύλη Aristote.
Tinea rotunda Pline.
Lumbricus teres Celse.
L. longus et rotundus Sérapion.
L. rotundus Cælius Aurelianus.
Ascaris gigas Göze, 1782.
Fusaria lumbricoides Zeder, 1800.

L'Ascaride lombricoïde vit en parasite dans l'intestin grêle de l'Homme. La femelle pond dans l'intestin des œufs qui sont expulsés avec les matières fécales, à l'intérieur desquelles le médecin doit savoir les reconnaître. Ce sont des œufs ovoïdes (fig. 340), blancs avant la ponte, teintés ensuite en brun par les sucs intestinaux, pourvus de deux enveloppes distinctes : l'interne est lisse et résistante; l'externe est constituée par une couche albumineuse transparente et mamelonnée, qui donne à la coque un aspect mûriforme. L'œuf mesure 75 μ sur 58 μ.

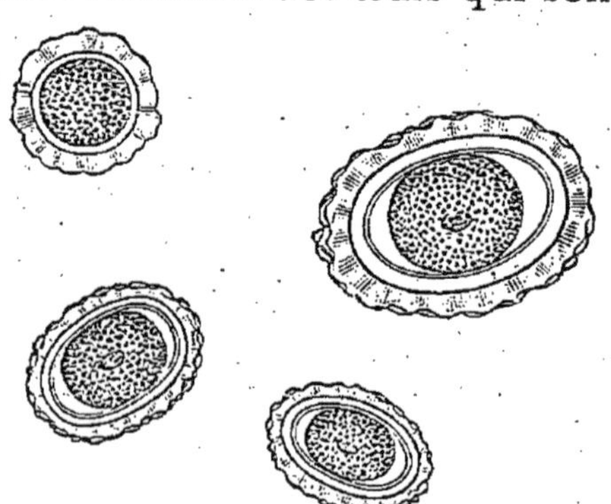

Fig. 340. — Œufs d'*Ascaris lumbricoides*.

Le développement embryonnaire se fait dans l'eau et ne commence que longtemps après que l'œuf a été expulsé de l'intestin de l'Homme : c'est seulement au bout de cinq à six mois qu'on peut distinguer l'embryon à son intérieur. Pendant les chaleurs de l'été, le développement se fait assez rapidement; mais en automne et en hiver, l'œuf peut rester cinq, six et huit mois sans présenter la moindre trace de segmentation.

Gros, de Moscou, est le premier observateur qui ait étudié le développement de l'Ascaride. Le 4 août, des œufs sont mis dans une étuve dont la température est de 15 à 16° : dans les vingt-quatre premières heures, ils se développent, puis en restent là sans pourtant se détruire. Le 2 décembre, ils sont en parfait état de développement; ils sont restés tout l'été « en état de vésiculation. »

La question fut également étudiée par Schubart, prosecteur à Utrecht; ses observations, faites en 1853 sur *Ascaris megalocephala*, du Cheval, furent communiquées par Verloren en 1857, au Congrès des naturalistes allemands. Vers la même époque, Richter constatait également que les œufs d'*A. lumbricoides* restent longtemps dans l'eau ou dans des infusions corrompues sans se détruire : plaçant ces œufs dans l'eau, il vit, au bout de onze mois, que tous renfermaient un embryon immobile.

Ces essais de culture furent bientôt poursuivis par d'autres observateurs. Au Congrès de 1857, Leuckart présenta des œufs d'*A. lumbricoides*, à l'intérieur desquels l'embryon était mobile. Leur développement s'était effectué dans l'eau et avait duré de cinq à six mois. La rapidité du développement est soumise à des variations considérables et dépend notamment de la température : en hiver, même dans une chambre chauffée, l'évolution ne fait pour ainsi dire aucun progrès, mais les fortes chaleurs de l'été l'activent à tel point que l'embryon peut quelquefois être déjà tout formé au bout de deux semaines. La dessiccation arrête le processus embryogénique pendant plus ou moins longtemps, mais cet arrêt n'est point définitif. L'embryon lui-même peut être desséché sans perdre sa vitalité; l'addition d'un peu d'eau le ramène à son état primitif.

De son côté, Davaine étudia avec soin le développement et les migrations de l'Ascaride. Le 15 décembre 1861, il recueille des œufs dans les selles d'un enfant et les met dans l'eau. Il en fait deux parts, dont l'une est conservée dans un appartement et l'autre dans une cave. Les premiers commencèrent à se développer à la fin de mai 1862. Les autres ne présentaient encore aucun indice de développement, à la date du 12 juillet 1863 ; le flacon qui les contenait ayant alors été exposé au soleil, les œufs ne tardèrent pas à se segmenter. Les conditions extérieures exercent donc une grande influence sur la marche du développement ; toutefois, les œufs d'une même ponte, placés dans les mêmes conditions, offrent entre eux de grandes différences dans l'époque ou dans la rapidité du développement.

Celui-ci se fait dans l'eau, ainsi que dans la terre ou dans une atmosphère humide ; il n'a point lieu dans une atmosphère sèche (1). Conservés plus d'un an dans des matières fécales desséchées, les œufs n'offrent aucun indice de développement ; leur rend-on alors de l'humidité, on constate que tous n'ont pas perdu la faculté de se développer. La gelée ou une température de 42° les laisse parfaitement intacts. Un séjour de plusieurs mois dans de l'urine ou dans des matières putréfiées leur fait perdre la faculté de se segmenter ou tue l'embryon déjà formé à leur intérieur ; mais on observe encore d'assez grandes variations sous ce rapport.

L'embryon est cylindrique, long de 250 à 300 μ. Son extrémité antérieure est obtuse ; la postérieure est brusquement amincie et acuminée. Pendant les premiers temps de sa formation, et quand la température est élevée, on le voit se mouvoir à l'intérieur de l'œuf. Il peut rester jusqu'à cinq années renfermé dans ce dernier ; ses mouvements se ralentissent et se manifestent à de plus grands intervalles ; il tombe ainsi en vie latente. Quand finalement la mort arrive, ses tissus subissent la dégénérescence graisseuse.

L'embryon ne sort pas spontanément de l'œuf, tant que celui-ci reste dans la terre humide ou dans l'eau. Davaine a montré, par des expériences sur le Chien, que si l'œuf est introduit dans l'intestin, par exemple avec l'eau de boisson, l'embryon perce sa coque, ramollie par les sucs digestifs, et se trouve alors dans le milieu favorable à son développement ultérieur.

Le 8 octobre 1862, Davaine donne à un Rat, tenu à jeun depuis vingt-quatre heures, du lait contenant un grand nombre d'œufs d'Ascaride conservés dans l'eau depuis le 2 octobre 1857, c'est-à-dire depuis cinq ans. Au bout de douze heures, le Rat est sacrifié : le lait occupe tout le tube digestif depuis l'estomac jusqu'au cæcum. Dans l'estomac et dans la première portion de l'intestin grêle, on retrouve tous les œufs intacts ; dans la seconde moitié, mais presque exclusivement à la fin de l'intestin grêle, on trouve des embryons sortis de l'œuf et bien vivants et d'autres qui sont en voie d'éclosion : la coque

(1) Hallez a montré que le développement ne se fait point davantage dans une atmosphère dépourvue d'oxygène.

n'est point dissoute, mais les embryons sortent par une perforation qu'ils ont produite à l'un des pôles.

Devenu libre dans l'intestin du Rat, l'embryon est incapable de se développer en un pareil milieu : il est bientôt expulsé avec les excréments. Mais si l'œuf eût été introduit dans l'intestin de l'Homme, l'embryon s'y fût sans doute maintenu et eût atteint son développement complet.

Davaine pense donc que l'embryon de l'Ascaride, en quittant l'œuf, ne peut trouver ailleurs que dans l'intestin grêle de l'Homme les conditions de son évolution ultérieure. Il en conclut que ce Nématode rentre directement chez l'Homme et ne passe par aucun hôte intermédiaire. En dehors des résultats expérimentaux qui précèdent, Davaine voit encore son opinion corroborée par différents faits, entre autres par ce que l'Ascaride, très commun à Paris au siècle dernier et jusque dans les premières années de ce siècle, y est devenu relativement très rare, depuis que l'usage des eaux filtrées s'est repandu.

Contrairement à ces conclusions, certains auteurs admettent que l'Ascaride passe d'abord par un premier hôte : de ce nombre sont Schneider, Leuckart (1) et von Linstow.

Ce dernier a récemment émis l'opinion que l'hôte intermédiaire de l'Ascaride était un Myriapode, *Iulus guttulatus*.

Ce petit Chilognathe, extrêmement commun dans les jardins, se nourrit de préférence de graines (concombre, potiron, haricots, fèves), de betteraves, de racines, de pommes de terre, de fruits tombés à terre, etc.; il y creuse des trous au fond desquels il se blottit en s'enroulant sur lui-même, de manière à passer aisément inaperçu. Les excréments humains, déposés dans les jardins ou utilisés comme engrais, semblent renfermer des substances qui l'attirent; du moins les horticulteurs et les maraîchers sont-ils d'accord pour reconnaître qu'il est particulièrement abondant dans les plantations amendées avec cet engrais. On conçoit que, dans de semblables conditions, l'Iule puisse avaler des œufs d'Ascaride. L'embryon devient libre et, grâce à la dent dont il est armé, perfore l'intestin de son hôte et tombe dans la cavité générale ou bien va s'enkyster dans quelque organe. La larve attend en cet état les conditions favorables à la suite de son développement.

Ces conditions se trouvent réalisées quand viennent à être mangés les fruits ou les racines dans lesquelles se cache le Myriapode. Ainsi s'expliquerait l'extrême fréquence du parasite dans l'intestin du

(1) On trouvera le détail des expériences de cet auteur dans son livre classique sur les parasites de l'Homme, II, p. 221 et suivantes.

Porc (1), et sa fréquence presque aussi grande chez l'enfant. L'Iule est tué, puis digéré dans l'estomac ou l'intestin, mais la larve de l'Ascaride est respectée et ne tarde pas à parvenir à l'état adulte. On remarquera que le parasite est plus fréquent chez les enfants, qui mangent volontiers les fruits tombés à terre, que chez les adultes, et qu'il est également plus commun à la campagne ou dans les villages que dans les villes. Leuckart a fait également ressortir qu'il s'observe avec une grande fréquence chez les maniaques ou chez les individus atteints de perversion du goût. On sait enfin, et Hippocrate l'avait déjà noté, qu'il se montre de préférence à la fin de l'automne, en sorte qu'on est en droit d'admettre que l'infestation s'est produite dans le courant de l'été ou de l'automne.

Telle est l'opinion de von Linstow. Elle n'a point encore reçu la consécration de l'expérience et, d'autre part, ne rend point compte des cas où l'Ascaride a été observé chez de jeunes enfants à la mamelle : aussi doit-on ne l'accueillir qu'avec une extrême réserve. Elle est d'ailleurs en contradiction formelle avec les expériences de Davaine que nous avons rappportées plus haut, ainsi qu'avec les deux expériences suivantes, dues à Grassi et à Calandruccio.

Pendant plus d'un an, Grassi recherche dans ses selles des œufs d'Ascaride; le résultat est toujours négatif. Il ingère alors, le 20 juillet 1879, une centaine d'œufs renfermant des embryons vivants et mûrs; ces œufs avaient été recueillis le 10 octobre 1878 dans le gros intestin d'un cadavre et cultivés depuis lors dans des matières fécales, que l'on maintenait humides en y ajoutant de temps en temps quelques gouttes d'eau. A partir du 21 août 1879, il note la présence constante d'œufs d'Ascarides dans ses matières fécales : il hébergeait donc dans son intestin un ou plusieurs parasites.

Un élève de Grassi, S. Calandruccio, avait avalé un grand nombre d'œufs renfermant des embryons, mais sans pouvoir parvenir à s'infester. L'expérience réussit au contraire sur un jeune garçon de sept ans. Celui-ci avait eu jadis des Ascarides, mais en avait été totalement débarrassé. Après qu'on se fut assuré, par l'examen microscopique des selles pratiqué pendant plusieurs semaines, qu'aucun œuf ne se trouvait dans les matières fécales, on administra à l'enfant, vers la fin de septembre 1886, une pilule renfermant au moins 150 embryons vivants. Pendant vingt jours, l'examen des selles est pratiqué sans succès ; on le suspend alors jusqu'au 30 novembre : ce jour-là, les fèces se montrent pleines d'œufs. Vers le 1er janvier 1887, sans avoir

(1) Von Linstow admet, avec Schneider et Leuckart, l'identité de l'Ascaride du Porc avec *Ascaris lumbricoides*. Cette identité ne nous semble nullement démontrée et nous pensons que Dujardin a eu raison d'établir une nouvelle espèce, *A. suilla*, pour l'Ascaride du Porc.

présenté aucun signe d'helminthiase, l'enfant expulse 143 Ascarides longs de 180 à 230mm. Pendant toute la durée de l'expérience, il avait été soustrait, dans la mesure du possible, aux causes d'infestation.

Des expériences rapportées ci-dessus il ressort que l'Ascaride lombricoïde se développe directement (1). L'œuf, rejeté au dehors avec les excréments, produit un embryon, en un temps qui varie de quelques semaines à un ou deux ans. Est-il alors ramené dans l'intestin de l'Homme avec les eaux de boisson, l'œuf met en liberté l'embryon qu'il renferme, puis celui-ci devient une larve qui, sans changer d'habitat, sans accomplir aucune migration, est capable de parvenir à l'état adulte. Ces faits, basés sur les expériences de Davaine, de Grassi et de Calandruccio, nous semblent définitivement acquis. Aussi ne doit-on attacher aucune importance à l'opinion de Radu, d'après laquelle l'Ascaride serait parfois vivipare et pourrait se reproduire par des petits vivants, nés dans le corps de la femelle.

Le développement d'*Ascaris lombricoides* et d'*A. megalocephala* a été suivi dans toutes ses phases par Hallez. Quand il est achevé, l'œuf renferme un embryon cylindrique, enroulé trois ou quatre fois sur lui-même en une spirale irrégulière dont les tours varient sans cesse d'aspect, par suite des mouvements de l'animalcule.

Celui-ci peut, avec quelque précaution, être extrait de la coque de l'œuf : on lui trouve alors une longueur moyenne de 300 μ pour une largeur de 14 μ; il présente partout le même diamètre transversal, si ce n'est que son extrémité caudale s'effile en un cône raccourci. La cuticule est mince et anhiste : elle limite des téguments qui laissent voir par transparence l'appareil digestif. Celui-ci est formé de deux parties différentes d'aspect : l'œsophage, qui occupe un peu plus du tiers de la longueur totale, est clair et terminé en arrière par un léger renflement; l'intestin est au contraire granuleux;

(1) Hering a fait sur *Ascaris mystax*, du Chien et du Chat, une série d'observations tendant à démontrer que ce Ver se développe directement. Unterberger (Oesterr. Vierteljahrschrift für Thierheilkunde, XXX, p. 38, 1868) a démontré expérimentalement l'absence d'hôte intermédiaire pour *Heterakis* (*Ascaris*) *maculosa*, du Pigeon. Enfin, Leuckart lui-même a constaté le développement direct d'*A. mystax*, chez un Chat dont le tube digestif renfermait des Vers à tous les états, depuis la phase embryonnaire jusqu'à l'état adulte.

il s'ouvre au dehors par un anus situé à la base de la queue. L'appareil génital est indiqué déjà par un petit amas de cellules claires situé sur le côté de l'intestin. L'animal est en outre armé d'une dent perforante de petites dimensions. Il subit une première mue à l'intérieur de l'œuf : on voit alors, à l'une ou à l'autre de ses extrémités, une mince membrane se séparer plus ou moins de la surface du corps.

Quand l'œuf, parvenu à cet état de développement, est amené dans le tube digestif de l'Homme avec l'eau de boisson, l'embryon est bientôt mis en liberté et est apte à continuer son évolution. On ignore encore quelles transformations le Ver subit, depuis le moment où il quitte l'œuf jusqu'à celui où il revêt la forme adulte (1). On sait du moins que son évolution est très rapide, puisque la femelle pond déjà des œufs au bout d'un mois.

De très jeunes Ascarides n'ont encore été vus que rarement dans le tube digestif de l'Homme. Heller a rencontré à Erlangen, dans l'intestin grêle d'un fou, dix-huit vermisseaux dont la longueur variait de $2^{mm},75$ à 13 millimètres ; la tête présentait déjà les trois lèvres caractéristiques, mais le sexe était indécis. Le même auteur dit encore avoir trouvé plusieurs fois des Ascarides d'aussi petite taille. Leuckart a reçu de Küchenmeister cinq jeunes Vers longs de $7^{mm},5$ à 20 millimètres, larges de $0^{mm},21$ à $0^{mm},48$; chez tous, l'extrémité postérieure était droite et se terminait par une pointe conique, longue de $0^{mm},16$ à $0^{mm},24$; l'appareil labial ne différait de celui de l'adulte que par ses dimensions. Grassi a observé à Milan un individu long de 15 millimètres ; cette observation, faite le 15 janvier, montre que le parasite est capable de se développer chez l'Homme même en hiver, remarque qui avait été faite déjà par Jean Duval. Laënnec a vu l'estomac d'un enfant rempli d'Ascarides longs de six lignes à 5 pouces (18 à 180 millimètres). Vix a observé un Ver long de 20 millimètres,

(1) Leuckart, ainsi que nous l'avons dit déjà plus haut, a trouvé dans l'estomac du Chat des embryons d'*Ascaris mystax* longs de $0^{mm},4$. Ces embryons restent dans l'estomac jusqu'à ce qu'ils aient atteint une longueur de $1^{mm},5$ à 2^{mm} ; ils passent alors dans l'intestin. Quand ils sont longs de $2^{mm},8$, ils muent, perdent leur dent perforante et acquièrent les trois nodules labiaux caractéristiques des adultes. On doit penser qu'*A. lumbricoides* se comporte de la même manière.

large de $0^{mm},5$. Küchenmeister expulsa lui-même un individu « non parvenu à maturité sexuelle », qui mesurait de 40 à 50 millimètres. Leuckart décrit encore deux Vers de petite taille : l'un était long de 49 millimètres et avait une largeur maximum de $0^{mm},7$; l'autre était long de 85 millimètres et large de $1^{mm},3$ à sa partie moyenne. Enfin, le professeur Laboulbène nous dit avoir observé lui-même, dans l'intestin de l'Homme, des Ascarides de fort petite taille.

Le petit nombre de cas de ce genre tient sans doute à ce que le parasite atteint très rapidement sa taille définitive. Les observations de Grassi ont en effet démontré que l'Ascaride se développe très rapidement dans l'intestin. L'accroissement porte surtout sur la moitié postérieure du corps, par suite du développement de l'appareil génital : le tableau suivant, qui indique la longueur de l'œsophage par rapport à la longueur totale du corps, met ces faits en évidence :

Chez l'embryon,	l'œsophage	occupe	1/3	de la longueur
Chez un Ver long de $2^{mm},75$ à $4^{mm},1$,	—	—	1/6	—
— — $4^{mm},4$ à 8^{mm},	—	—	1/7	—
— — $8^{mm},18$ à $11^{mm},94$,	—	—	1/8	—
— — 13^{mm},	—	—	1/9	—
Chez un mâle long de $22^{mm},8$,	—	—	1/13	—
Chez une femelle longue de 85^{mm},	—	—	1/21	—
— — — 143^{mm},	—	—	1/24	—
Chez le Ver adulte,	—	—	1/40	—

Rapport sur une observation lue par Laënnec. Bulletin de la Faculté de médecine, n° 5, 20 nivôse, an XIII.

Laënnec, *Ascaride.* Dictionnaire des sc. méd., II, p. 340, 1812.

G. Gros, *Fragments d'helminthologie et de physiologie microscopique. Sur les Lombrics cholériques.* Bull. de la Soc. imp. des naturalistes de Moscou, XXII, p. 549, 1849.

Richter. Sachse's Allgemeine naturhist. Zeitschrift, I, p. 5, 1855.

Verloren. Amtlicher Bericht über die 33. Versammlung deutscher Naturforscher und Ærzte zu Bonn. Bonn, 1859. Voir p. 147.

R. Leuckart. Ibidem.

C. Davaine, *Recherches sur le développement et la propagation du Trichocéphale de l'Homme et de l'Ascaride lombricoïde.* Comptes rendus de l'Acad. des sciences, XLVI, p. 1217, 1858. Journal de la physiologie, II, p. 295, 1859. — Id., *Nouvelles recherches sur le développement.....* Mém. de la Soc. de biologie, (3), IV, p. 261, 1862.

C. Heller, *Ueber Ascaris lumbricoides.* Sitzungsber. der phys.-med. Societät in Erlangen, IV, p. 71, 1872.

E. Hering, *Beiträge zur Entwicklungsgeschichte einiger Eingeweide-Würmer. — I. Beitrag zur Entwicklungesgeschichte der Ascariden.* Jahreshefte des Vereins für vaterl. Naturkunde in Württemberg, XXIX, p. 305, 1873.

L. Oerley, *Zur Entwickelungsgeschichte der Nematoden.* Inaug. Diss. Budapest, 1877.

B. Grassi, *Note intorno ad alcuni parassiti dell' uomo. — III. Intorno all' Ascaris lumbricoides.* Gazzetta degli ospitali, II, p. 432, 1881. Voir p. 438.

J.-J. Radu, *Zur Frage der Vermehrung des Spulwurmes bei Menschen.* Wiener med. Blätter, V, p. 1386, 1882.

P. Hallez, *Sur le développement des Nématodes.* Comptes rendus de l'Acad. des sciences, CI, p. 831, 1885. Bull. scientif. du département dd Nord, VII-VIII, p. 205, 1885. — Id., *Recherches sur l'embryogénie et sur les conditions du développement de quelques Nématodes.* Mém. de la Soc. des sciences de Lille, (4), XV, 1886. — Id., *Nouvelles études sur l'embryogénie des Nématodes.* Comptes rendus de l'Acad. des sciences, CIV, p. 517, 1887.

O. von Linstow, *Ueber den Zwischenwirth von Ascaris lumbricoides L.* Zoolog. Anzeiger, IX, p. 525, 1886.

B. Grassi, *Trichocephalus- und Ascarisentwicklung.* Centralblatt für Bacteriologie und Parasitenkunde, I, p. 131, 1887.

L'Ascaride lombricoïde, parvenu à l'état adulte, est un Ver cylindrique, grisâtre ou rougeâtre pendant la vie, effilé à chacune de ses extrémités, mais surtout à l'antérieure. La surface du corps est marquée d'une fine striation transversale. Le mâle est long de 15 à 17 centimètres, d'après Davaine ; de 15 à 25 centimètres pour une largeur maximum de 4 millimètres, d'après Küchenmeister. Le premier de ces auteurs attribue à la femelle une longueur de 20 à 25 centimètres, le second une longueur de 16 à 40 centimètres et une largeur de 6 millimètres. On a vu parfois la femelle dépasser ces dimensions et mesurer jusqu'à 45 centimètres de longueur, comme Morland en cite un exemple. Les mâles sont toujours 3 ou 4 fois moins abondants que les femelles.

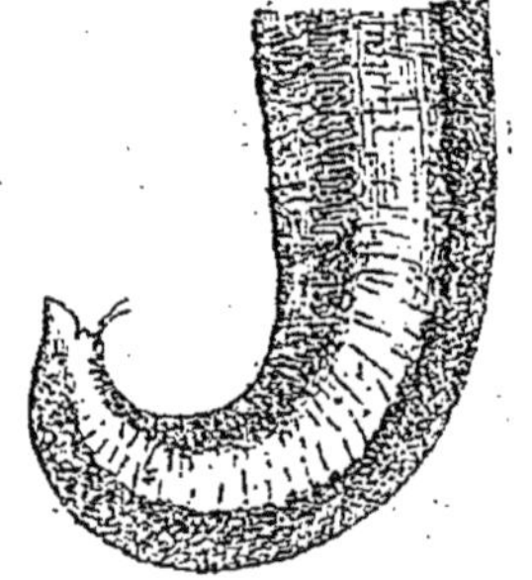

Fig. 341. — Extrémité postérieure d'un mâle, d'après Leuckart.

En outre de la taille, la forme de l'extrémité caudale fournit de bons caractères pour la distinction des sexes. Chez le mâle (fig. 341), cette extrémité est incurvée en crochet vers la face ventrale, et plus ou moins aplatie du côté de la concavité : à sa terminaison se voit l'orifice cloacal, par lequel il est habituel de voir sortir deux spicules chitineux, auxquels est dévolu un rôle important dans l'acte de la copulation. C'est du reste en vue de cet acte que le corps présente l'enroulement dont il vient d'être question : il permet au mâle de saisir la femelle et de se fixer à celle-ci au niveau de l'orifice vulvaire. C'est sans doute un rôle analogue que jouent les papilles qui s'observent à la face ventrale, sur la partie enroulée. Ces papilles s'étendent sur une longueur de près de 36 millimètres et sont plus serrées en arrière qu'en avant; on en compte de 69 à 75 de chaque côté. Le sexe mâle est encore caractérisé par un léger élargissement latéral que présentent les téguments en arrière du cloaque.

L'extrémité postérieure de la femelle (fig. 342) a une tout autre forme. Elle est constituée par une pointe raccourcie, à la base et à la face ventrale de laquelle se voit l'anus, sous forme d'une fente transversale à lèvres saillantes. Elle est dépourvue de papilles et n'est point enroulée sur elle-même.

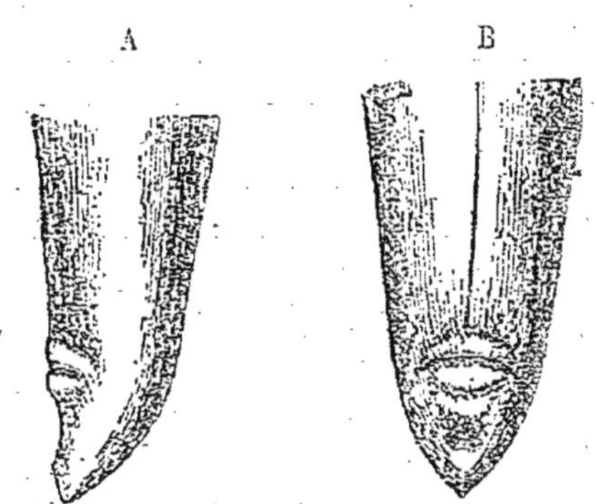

Fig. 342. — Extrémité postérieure d'une femelle, d'après Leuckart. — A, vue de profil ; B, vue par la face ventrale.

Le corps de l'Ascaride est limité extérieurement par une cuticule incolore (fig. 343, *a*), lisse et brillante, qui se réfléchit à l'intérieur par les orifices buccal, anal et génital. Son épaisseur peut atteindre jusqu'à 90 μ; elle diminue progressivement du milieu du corps vers les extrémités, mais se renfle pourtant d'une façon considérable au pourtour de la bouche, de manière à former les trois papilles dont il a déjà été question.

Chez le jeune Ver, la cuticule est mince et homogène ; chez l'adulte, par suite des mues successives, on y reconnaît plusieurs couches. L'externe, de nature chitineuse, est la plus mince ; elle est striée transversalement et formée de rubans larges d'environ 12 μ. Chacun de ces rubans est dirigé en travers et s'étend sur une demi-circonférence; ses extrémités aboutissent aux champs latéraux, au niveau desquels elles s'unissent à celles des rubans de l'autre demi-cercle par un raccord irrégulier. Une seconde couche cuticulaire, qui peut avoir jusqu'à 45 μ d'épaisseur, est totalement anhiste; elle a été reconnue par Czermak. Viennent ensuite deux assises de fibrilles délicates, *b*, dirigées obliquement et disposées de manière à s'entrecroiser : les fibrilles de la couche externe sont dirigées à gauche, celles de la couche profonde sont dirigées à droite; chacune de ces assises est épaisse de 14 μ. Au-dessous d'elles se voient enfin deux minces couches homogènes, épaisses de 3 μ, 5.

La couche sous-cuticulaire ou hypoderme, *c*, doit être considérée comme la matrice des précédentes. Elle a une épaisseur notable, parfois jusqu'à 16 μ. Elle est tout d'abord formée de cellules, mais celles-ci se modifient et se transforment en fibrilles à direction transversale. Cette couche est en rapport par sa face interne avec la cou-

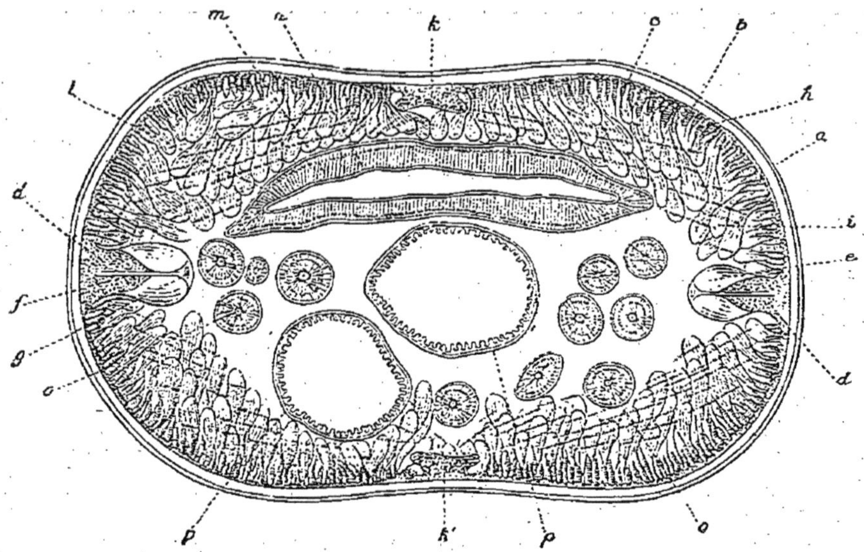

Fig. 343. — Coupe transversale d'Ascaride femelle passant par la région moyenne du corps, au niveau des tubes génitaux, d'après Vogt et Yung. — *a*, cuticule ; *b*, couche fibrillaire ; *c*, couche granuleuse sous-cuticulaire ou hypoderme ; *d*, soulèvement en bourrelet de la couche granuleuse, prenant part à la formation des champs latéraux ; *e*, champs latéraux ; *f*, repli de la cuticule des champs latéraux, pénétrant dans la masse granuleuse et la divisant en deux moitiés dans le sens longitudinal ; *g*, canal excréteur ; *h*, portion fibreuse striée des cellules musculaires ; *i*, portion vésiculaire des muscles, dirigée vers l'intérieur du corps ; *k*, bourrelet de la couche granuleuse constituant la ligne médio-dorsale ; *k'*, ligne médio-ventrale ; *l*, lamelle cuticulaire externe de la paroi intestinale ; *m*, épithélium cylindrique de l'intestin ; *n*, lamelle chitineuse interne de l'intestin ; *o*, tubes ovariens coupés transversalement et montrant les ovules groupés régulièrement autour du rachis ; *p*, les deux utérus coupés transversalement et montrant les replis de leur épithélium papillifère. On n'a pas représenté les œufs qui, chez l'adulte, remplissent toujours en nombre immense la cavité de chaque utérus.

che musculaire, entre les faisceaux de laquelle elle s'insinue. Elle est continue à elle-même sur tout le pourtour du corps, mais prend un dévoloppement considérable le long de chacun des côtés, ainsi que le long des faces supérieures. Ainsi prennent naissance quatre bourrelets longitudinaux qui font saillie dans la cavité générale du corps de l'Ascaride et qui, sur des individus frais, se voient facilement par transparence ; ils interrompent la couche musculaire et la divisent en quatre faisceaux.

Les bourrelets qui occupent les côtés du corps ont reçu le nom de *champs latéraux*, *e*; ils résultent d'un épaississement local de la couche granuleuse sous-cuticulaire. A leur base, cette dernière se soulève en une sorte de crête longitudinale, *d*, dont la surface libre est recouverte d'une lamelle chitineuse ; celle-ci s'infléchit même à l'intérieur de la masse granuleuse, de manière à la diviser en deux moitiés ovalaires ou pyriformes, *e*, *f*. Les champs latéraux se présentent sous l'aspect de deux cordons blancs, qui se continuent d'une extrémité du corps à l'autre et ont près de $0^{mm},5$ de largeur. En arrière, ils se rapprochent l'un de l'autre et, par leur face interne, entrent en contact avec le rectum. Celui-ci se portant vers la face ventrale du corps pour se terminer à l'anus, les champs latéraux se comportent de même et s'atténuent progressivement ; finalement ils disparaissent en se confondant avec la couche granuleuse sous-cuticulaire. En avant, ces organes se terminent d'une manière analogue, au delà du collier nerveux œsophagien.

Les crêtes qui courent le long des faces supérieure et inférieure du corps constituent les *lignes médio-dorsale*, *k*, et *médio-ventrale*, *k'*. Elles sont de même nature que les champs latéraux, mais moins volumineuses; elles font à l'intérieur du corps une saillie bien moins considérable et s'effilent encore à leurs extrémités pour disparaître dans l'hypoderme. Au point où elle est contiguë à l'anneau œsophagien, la ligne médio-ventrale porte un amas de cellules nerveuses, le *ganglion ventral;* au voisinage de l'anus, elle porte encore le *ganglion anal*, moins volumineux que le précédent. Chez la femelle, cette même ligne se dévie et contourne la vulve ; elle ne l'embrasse point comme l'admettait Cloquet.

La couche musculaire est formée de cellules pyriformes et vésiculaires, remplissant toute la cavité du corps, qu'elles réduisent à quelques lacunes étroites, occupées par le liquide nourricier ; la figure 343 ne donne donc qu'une idée insuffisante de leur disposition : elles se sont rétractées sous l'action des réactifs.

Ces cellules s'appliquent par leur extrémité sur l'hypoderme, *c*, qui s'insinue entre elles plus ou moins loin ; chacune d'elles est formée de deux parties distinctes. La portion externe, *h*, est striée transversalement et séparée en deux moitiés par une sorte de fissure qui n'est, en somme, qu'un prolongement de la portion interne. Celle-ci, *i*, est renflée, vésiculeuse, quatre à cinq fois plus longue que la précédente et limitée par une délicate membrane d'aspect conjonctif (1) :

(1) La partie vésiculeuse de la cellule musculaire était désignée par

elle contient une substance claire, finement granuleuse, striée longitudinalement, et un gros noyau nucléolé.

La vésicule musculaire émet par sa face interne des prolongements filamenteux, simples ou multiples; suivant le champ musculaire qu'on examine, on voit ces prolongements converger soit vers la ligne médio-dorsale, soit vers la ligne médio-ventrale, au sommet de laquelle ils se réunissent tous en un seul faisceau. Quelques filaments vont s'insérer sur le tube digestif; cette disposition s'observe principalement dans les régions pharyngienne et rectale, aussi Leuckart attribue-t-il à ces prolongements le rôle de muscles dilatateurs et rétracteurs. Semblable disposition s'observe sur les canaux excréteurs des glandes génitales.

Les cellules musculaires forment par leur réunion des faisceaux longitudinaux, disposés suivant des lignes légèrement diagonales, qui marchent des champs latéraux vers les lignes médio-dorsale et médio-ventrale.

Cette remarquable structure musculaire ne s'observe pas chez tous les Nématodes. Ceux qui la présentent constituent le groupe des *Polymyaires* ou des *Cœlomyaires*. Tous les autres forment le groupe des *Platymyaires*, dont nous indiquerons plus loin la caractéristique.

D'après von Siebold, l'humeur exhalée par la Filaire de Médine serait acide et les Nématodes ne seraient pas tout à fait inoffensifs sous ce rapport. En étudiant *Ascaris megalocephala*, Miram fut atteint à deux reprises d'accidents morbides: éternuements, gonflement des caroncules lacrymales, abondante sécrétion de larmes, vives démangeaisons et gonflement des doigts. Des accidents analogues ont été éprouvés par Cobbold, Bastian et Huber.

Bastian a observé que le Ver est capable de produire des accidents, même lorsqu'il est conservé dans l'alcool depuis un certain temps. Nous avons pu nous-même constater la réalité de cette assertion: une étudiante en médecine, en disséquant des Ascarides du Cheval, conservés dans l'alcool depuis quelques jours, eut le front couvert de vésicules séreuses qu'on eût prises pour des bulles d'urticaire; ces vésicules disparurent rapidement et, le lendemain, il n'y en avait plus trace.

Cette action remarquable est attribuée par Leuckart à une substance soluble dans l'alcool, et probablement huileuse, qui semble se trouver principalement dans le renflement vésiculeux des fibres musculaires.

Cloquet sous le nom d'*appendice nourricier*. Lowne en a également méconnu la signification et a voulu la rattacher à l'appareil excréteur; Joseph a émis une opinion analogue.

Huber, *Einige Bemerkungen über die klinische Bedeutung von Ascaris lumbricoïdes.* Deutsches Archiv für klin. Medicin, VIII, p. 450, 1870.

Le système nerveux (fig. 344) passe aisément inaperçu, enchâssé qu'il est dans les lignes longitudinales. Les centres nerveux sont représentés par un *collier œsophagien*, *b*, qui se voit, chez les individus d'assez grande taille, à $1^{mm},5$ ou 2 millimètres en arrière de l'extrémité céphalique et immédiatement en avant du pore excréteur. Ce collier enserre étroitement l'œsophage et se soude d'autre part aux champs latéraux, *a*, et aux lignes médio-dorsale et médio-ventrale, *c*, en sorte qu'on pourrait le considérer comme une sorte de commissure circulaire étendue entre les quatre lignes longitudinales, bien qu'en réalité celles-ci ne se fusionnent avec lui que par leur partie la plus superficielle; toutefois, un examen attentif de ce collier permet d'en reconnaître la véritable nature et de constater qu'il est formé de fibres nerveuses et de cellules ganglionnaires, dont l'accumulation constitue trois ganglions, un ventral et deux latéraux.

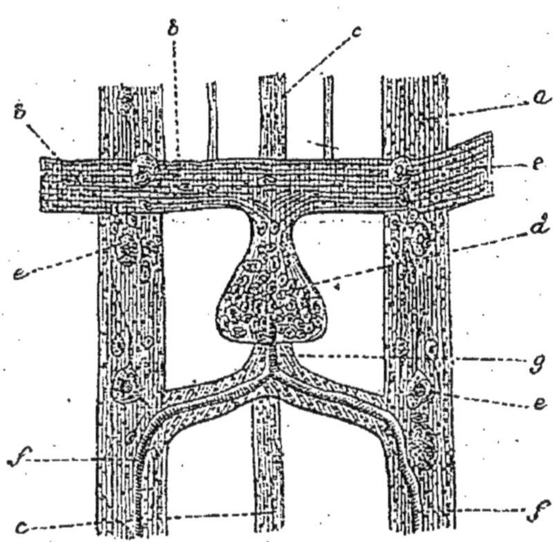

Fig. 344. — Schéma du système nerveux, d'après Leuckart. — *a*, champs latéraux montrant çà et là des cellules nerveuses dans le voisinage de l'anneau œsophagien ; *b*, anneau œsophagien ; *c*, ligne médio-ventrale ; *d*, ganglion ventral ; *e*, cellules nerveuses ; *f*, canaux excréteurs au point où ils se réunissent en un canal impair, *g*, qui s'ouvre par un pore excréteur sur la face ventrale.

Le *ganglion ventral*, *d*, est un épaississement de la ligne médio-ventrale; il est situé au niveau du canal impair, *g*, par lequel se termine l'appareil excréteur. En arrière, il se prolonge en deux lobes latéraux renfermant des cellules larges de 36 μ en moyenne; son extrémité antérieure se relie à l'anneau œsophagien et renferme des cellules larges de 15 μ. Le ganglion renferme environ 60 cellules, dont les prolongements constituent l'anneau.

Les *ganglions latéraux* sont représentés par quelques cellules peu nombreuses, *e*, disséminées dans les lignes latérales au voisinage de l'anneau œsophagien. Ces cellules commencent à se montrer au point où les canaux excréteurs, *f*, quittent les lignes latérales et s'infléchissent l'une vers l'autre pour se rencontrer sur la ligne médiane de l'abdomen et constituer le canal impair, *g*; elles deviennent de plus en plus nombreuses jusqu'au niveau de l'anneau œsophagien; quelques-unes se voient encore au-delà de ce dernier. Ce sont des éléments de taille variable : les cellules postérieures sont larges de 65 μ, avec un noyau de 28 μ; les antérieures n'ont que 14 à 18 μ, mais quelques-unes d'entre elles atteignent par exception une taille considérable. Une partie des fibres nerveuses émanées du ganglion latéral se prolongent au-delà de l'anneau, jusqu'à la bouche. L'anneau lui-même ne contient qu'un très petit nombre de cellules de petites dimensions.

Le système nerveux périphérique est d'une étude plus délicate; la méthode des coupes facilite son observation. En outre des *nerfs latéraux*, qui parcourent la partie antérieure des lignes latérales, on observe encore quatre autres nerfs qui ont la même direction et se séparent du collier œsophagien dans l'intervalle des lignes longitudinales, à la face dorsale comme à la face ventrale : ce sont les *nerfs submédians* de Schneider. Chacun de ces nerfs est entouré d'une gaîne conjonctive; les nerfs latéraux sont les plus gros et renferment environ 20 fibres. Sans aucun doute, d'autres nerfs se distribuent également au reste du corps : ils sont enfouis dans la profondeur des lignes longitudinales. On reconnaît aisément un nerf ventral et deux nerfs latéraux, correspondant aux trois ganglions décrits plus haut; Leuckart admet en outre l'existence d'un nerf dorsal, que Vogt et Yung n'ont pas observé. Ces nerfs postérieurs peuvent être suivis jusqu'à un pouce en arrière du collier œsophagien; plus loin, ils deviennent indistincts et ne se retrouvent plus que sur des coupes transversales. Le nerf ventral aboutit à un *ganglion anal*, amas ganglionnaire de forme triangulaire, situé immédiatement en avant de l'anus et renfermant un nombre restreint de cellules.

Les organes des sens sont représentés par les quatre papilles que portent les lèvres et par celles qui se trouvent au voisinage de l'anus. Les yeux font défaut; on les rencontre seulement chez quelques Nématodes libres (*Enoplus, Phanoglene, Enchelidium*).

Les Nématodes sont toujours pourvus d'un appareil digestif tubulaire, rectiligne et débouchant au dehors par chacune de ses extrémités.

La bouche est entourée d'un appareil labial (fig. 345) qui surmonte l'extrémité antérieure du corps à la façon d'un bouton et qui se trouve délimité à sa base par un profond sillon. Cet appareil, qui peut avoir jusqu'à un millimètre de large chez les femelles de grande taille, est formé de trois lèvres, dont l'une est dorsale et impaire, et les deux autres inférieures, latérales et symétriques. Chaque lèvre est formée d'une pièce chitineuse dont les faces internes ou latérales sont planes, tandis que la face externe est convexe. Cette dernière est bordée d'un ourlet qui, sur les côtés, est pourvu de dentelures microscopiques servant à la mastication ; elle porte en outre des papilles tactiles : la lèvre dorsale en possède deux,

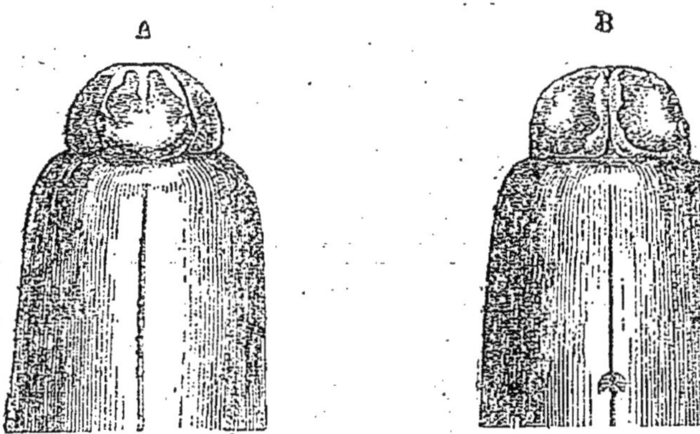

Fig. 345. — Extrémité céphalique d'*Ascaris lumbricoïdes*, d'après Leuckart. A, face dorsale ; B, face ventrale.

les lèvres inférieures seulement chacune une. Les trois lèvres sont contiguës par leur face latérale à leur point d'attache ; elles sont mobiles et peuvent alternativement s'écarter et se rapprocher, grâce à deux faisceaux musculaires qui proviennent des muscles longitudinaux du corps et se continuent à leur intérieur : le plus gros faisceau joue le rôle de rétracteur, le plus faible est son antagoniste.

Même lorsqu'elles sont rapprochées les unes des autres, les lèvres laissent entre elles un étroit canal triangulaire qui, à leur base, se continue avec l'infundibulum buccal. Ce dernier se continue lui-même avec l'œsophage, tube cylindrique, long de 6 à 7 millimètres, large de $1^{mm},3$, à lumière étroite et d'ordinaire plus ou moins régulièrement triangulaire. L'œsophage est constitué par une épaisse couche de muscles radiaires, limitée à chacune de ses deux faces par une cuticule chitineuse; la cuticule interne provient d'une réflexion de la couche chitineuse du tégument. Ce tube est limité en arrière par un étranglement circulaire, sorte de sphincter qui se ferme au moment de l'ingestion des aliments et qui s'ouvre ensuite pour permettre à ceux-ci de pénétrer dans l'intestin.

D'après Lowne, l'œsophage présenterait à son origine trois crêtes en forme de raquette, alternes avec les lèvres et couvertes d'un grand nombre de pointes acérées : ainsi seraient constituées trois dents pharyngiennes, dont la face externe donnerait insertion à des muscles pharyngiens transversaux; ceux-ci correspondent sans doute au sphincter que Leuckart signale et qui a pour antagoniste de courtes fibres rayonnantes allant de l'extrémité antérieure de l'œsophage au tégument.

L'œsophage ne joue aucun rôle dans les phénomènes chimiques de la digestion : il aspire simplement les liquides au milieu desquels le Ver est plongé. Le jeu de ses muscles radiaires dilate sa cavité et le remplit de substances que le simple relâchement de ces mêmes muscles, joint sans doute à l'occlusion du sphincter supérieur, suffit à refouler jusque dans l'intestin.

Ce dernier est la portion la plus importante de l'appareil digestif : il occupe toute la longueur du corps et, chez les individus de grande taille, peut avoir jusqu'à 2 millimètres de largeur; il est aplati de haut en bas et élargi dans le sens des champs latéraux, auxquels il se rattache par du tissu conjonctif délicat. C'est seulement à chacune de ses extrémités, au voisinage de l'œsophage et du rectum, qu'il présente une section transversale circulaire. Dans ses deux tiers postérieurs, il est entouré par les circonvolutions des tubes génitaux (fig. 346 et 348); dans le reste de son trajet, il est uni aux vésicules musculaires d'une façon si intime, que la cavité du corps s'oblitère en entier et se réduit aux étroits espaces situés entre les lignes latérales et la paroi de l'intestin.

L'intestin a une teinte brunâtre, qui tient à ce que son épithélium renferme, surtout dans sa moitié externe, de nombreuses granulations graisseuses. Cet épithélium est formé de cellules cylindriques, longues de 140 à 180 μ, larges de 10 μ :

leur surface interne est recouverte d'une cuticule percée de fins canalicules. L'intestin est totalement dépourvu de muscles : la progression des aliments ne peut s'y faire que grâce à la contraction des muscles du corps.

Le rectum est représenté par un court canal cylindrique, plus étroit que l'intestin dont il est séparé par un léger étranglement. A peine appréciable chez la femelle, il est un peu plus apparent chez le mâle et reçoit à la face dorsale le canal éjaculateur. Il est reconnaissable à son épithélium cylindrique, plus surbaissé que celui de l'intestin, mais recouvert d'une cuticule épaisse et plissée; il est pourvu extérieurement de muscles longitudinaux, dont l'équivalent ne se retrouve point sur l'intestin. Celui-ci présente enfin à sa terminaison deux glandes unicellulaires, larges de 200 μ et situées à la face ventrale. Chez le mâle, le rectum et les organes génitaux s'ouvrent dans un cloaque commun (fig. 347), qui débouche au dehors par un orifice subterminal, percé à la face ventrale; chez la femelle, le rectum s'ouvre seul au dehors, par un anus également subterminal et ventral, limité par deux lèvres saillantes (fig. 342).

L'Ascaride est dépourvue d'appareil vasculaire. Lowne a décrit comme tel un système compliqué de vésicules et de canaux. Les vésicules ne sont autre chose que la partie interne des cellules musculaires; elles seraient réunies par des branches transversales à quatre troncs longitudinaux qui se ramifieraient en avant pour former un réseau; celui-ci serait limité finalement par un anneau que Bastian a pris jadis pour un anneau nerveux et duquel partiraient six courtes branches longitudinales, allant s'ouvrir chacune à la base et sur le côté des trois lèvres. L'existence de ce système n'a été constatée par aucun autre observateur.

Le liquide nourricier remplit donc la cavité du corps, représentée par les espaces compris entre la couche musculaire et l'intestin : c'est un liquide albumineux, clair et sans granulations.

L'appareil excréteur est constitué par deux canaux qui courent tout le long des lignes latérales, au voisinage de la surface interne, et qu'il est aisé de reconnaître sur les coupes transversales (fig. 343, *g*; fig. 344, *f*). Ces canaux avaient été observés déjà par Bojanus et Cloquet; leur lumière est ovale et large de 25 μ au maximum. Arrivés à un demi-millimètre environ en arrière du collier œsophagien, ils s'infléchissent vers la ligne médio-ventrale et se réunissent en un seul tronc médian (fig. 344, *g*), qui s'ouvre à la face ventrale au-dessous du ganglion ventral (fig. 345, B).

Les canaux excréteurs (1) s'oblitèrent en arrière, au point où les champs latéraux se confondent avec la couche granuleuse de la cuticule. Ils renferment un liquide incolore et transparent qui, en raison de l'absence de cils, ne peut être mis en circulation que par la *vis à tergo* ou par les contractions générales du corps.

Comme la grande majorité des Nématodes, l'Ascaride lombricoïde est toujours unisexué; nous avons indiqué déjà quels caractères extérieurs permettent de distinguer les deux sexes (fig. 341 et 342).

L'appareil génital mâle est formé d'un simple tube auquel sont annexés deux spicules jouant le rôle d'organes d'accouplement (fig. 346 et 347). Le tube a environ huit fois la longueur du corps : il occupe la moitié postérieure du corps et n'empiète que fort peu sur la moitié antérieure ; il se replie sur lui-même un grand nombre de fois et se loge surtout à la face inférieure de l'intestin. En l'examinant de près, on reconnaît dans sa disposition générale une branche montante et une branche descendante, toutes deux très sinueuses.

A son extrémité libre, le tube testiculaire est si fin qu'il est difficilement visible à l'œil

(1) D'après Joseph, ces canaux ne pourraient s'injecter d'avant en arrière, par le pore excréteur; l'injection ne pourrait se faire que d'arrière en avant, vers le milieu de la longueur du corps.

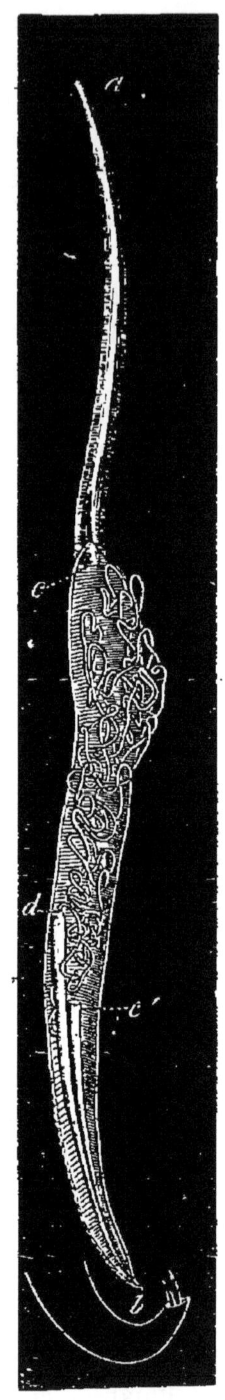

Fig. 346. — Ascaride mâle, de grandeur naturelle, ouvert dans une partie de sa longueur, d'après Davaine. — *a*, extrémité antérieure ; *b*, extrémité postérieure ; à côté, la même grossie et montrant les deux spicules ; *c*, *c'* : l'intestin a été enlevé entre ces deux points, pour montrer les replis du tube génital flottant dans la cavité abdominale ; *d*, insertion du canal déférent sur la vésicule séminale.

nu : il n'a que 34 μ de largeur. Son diamètre va en augmentant progressivement et mesure déjà $0^{mm},2$ dans la partie inférieure de la branche ascendante ; il atteint 1 millimètre et plus au point où la branche descendante vient se terminer sur la vésicule séminale (fig. 346, *d*).

Le tube testiculaire est limité extérieurement par une cuticule anhiste; en dedans, il est tapissé d'un épithélium dont la structure présente, suivant les régions, les modifications les plus grandes; cette structure a été bien étudiée par Ed. van Beneden et Julin. La lumière du canal est remplie dans presque toute son étendue, sur plus d'un mètre de longueur, par les cellules-mères des spermatozoïdes, éléments globuleux, larges de 22 μ et renfermant un gros noyau. Dans la portion la plus externe du tube, sur une longueur de 40 à 50 millimètres seulement, les cellules-mères des spermatozoïdes se divisent en deux, puis en quatre et donnent ainsi naissance à des globules arrondis, infiltrés de grosses granulations, larges de 13 à 16 μ, dépourvus d'enveloppe, mais munis d'un gros noyau.

Ces globules ne sont autre chose que les spermatozoïdes : ceux-ci ont donc un aspect tout particulier, reconnu tout d'abord par von Siebold; ils sont dépourvus du long flagellum qui caractérise les zoospermes des autres animaux. Ils se déplacent au moyen de mouvements amiboïdes et, chez les Strongylides, les changements de forme sont tellement accentués qu'ils rendent parfois l'organisme totalement méconnaissable.

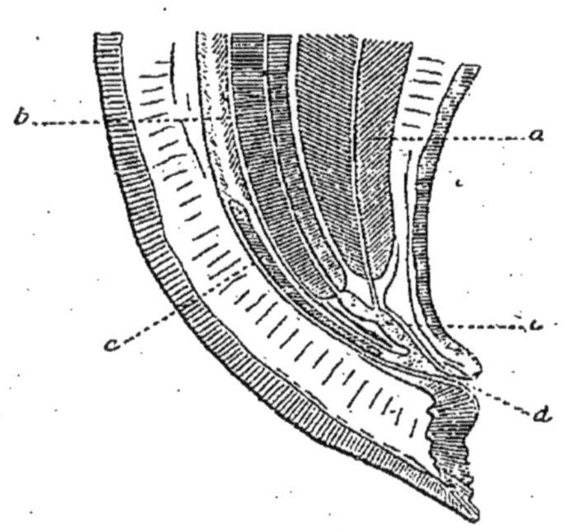

Fig. 347. — Coupe longitudinale dorso-ventrale de l'extrémité postérieure de l'Ascaride mâle, d'après Leuckart. — *a*, vésicule séminale ; *b*, intestin ; *c*, cloaque ; *d*, anus ; *e*, spicule.

Leuckart appelle *canal déférent* la partie inférieure du tube testiculaire, celle où les cellules-mères subissent les modifications qui doivent donner naissance aux spermatozoïdes. Le canal déférent aboutit à la *vésicule séminale* (fig. 346, *d*; fig. 347, *a*), canal cylindrique, dirigé d'avant en arrière. Celle-ci est longue de 60 à 70 millimètres, large de près de 2 millimètres et située au-dessous de l'intestin. Sa cuticule est épaissie ; sa couche épithéliale est formée de cellules fusionnés en une masse granuleuse, dont la surface libre est irrégulière et recouverte de papilles. Celles-ci supportent enfin des faisceaux de longs filaments ramifiés, ayant l'aspect des pseudopodes des Foraminifères et animés comme eux de lents changements de forme. La vésicule séminale est un réservoir dans lequel le sperme s'accumule. Elle se rétrécit en arrière et présente à sa terminaison une sorte de sphincter; celui-ci ne peut être forcé que par la contraction de certains faisceaux musculaires qui s'étendent des faces latérales à la ligne médio-ventrale et fonctionnent à la façon de compresseurs de la vésicule séminale.

Cette dernière communique finalement avec le cloaque par l'intermédiaire du *canal éjaculateur*, conduit long de 7 à 8 millimètres, dont l'épithélium est formé de hautes cellules cylindriques qui le réduisent à une étroite lumière. Ce canal possède une double assise musculaire : une couche longitudinale et une couche transversale, qui s'intriquent et s'anastomosent l'une avec l'autre, de manière à constituer un réseau dont les diverses parties se contractent en même temps. Ces muscles ont pour effet d'aider à l'éjaculation du sperme, au moment du coït.

Sur la paroi dorsale du cloaque, un peu en arrière de la terminaison du canal éjaculateur, viennent déboucher deux étroits culs-de-sac, dans chacun desquels se trouve logé un spicule (fig. 347, *e*). Les spicules sont des bâtonnets chitineux longs de 2 millimètres environ, larges de $0^{mm},25$ au maximum et légèrement incurvés. Leur extrémité interne ou antérieure est comme tronquée et donne insertion à quelques fibres musculaires qui les mettent en mouvement et qui vont se perdre d'autre part dans la paroi du corps ; l'extrémité postérieure est effilée, obtuse et peut faire saillie au dehors, à travers les lèvres du cloaque (fig. 341; fig. 346, *b*). Grâce à l'incurvation de son extrémité caudale, l'Ascaride mâle peut s'enrouler autour du corps de la femelle dans l'acte de la copulation : les spicules proéminent alors et s'introduisent dans la vulve qu'ils maintiennent béante.

L'appareil génital femelle (fig. 348) est formé de deux tubes, repliés un grand nombre de fois sur eux-mêmes et dont la longueur est encore plus considérable que celle du tube

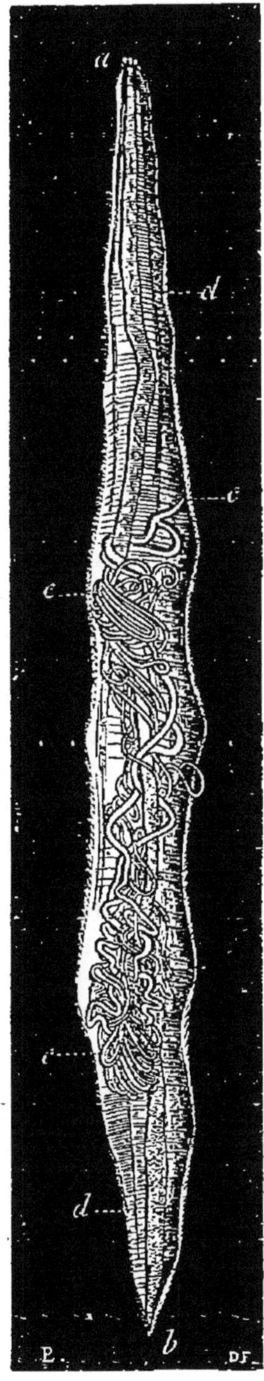

testiculaire : chez une femelle longue de 20 centimètres, les deux tubes ont une longueur totale de 280 centimètres ; chez une femelle de 28 centimètres, leur longueur totale atteint près de 3 mètres ; ils sont donc proportionnellement plus longs chez le jeune que chez l'adulte. Les deux tubes, *e*, s'unissent finalement l'un à l'autre pour constituer un court vagin. Celui-ci s'ouvre au dehors par la vulve, *c*, au niveau de laquelle le corps s'élargit légèrement.

Le tube génital, *e*, se compose de trois parties à structure bien distincte : l'ovaire, l'oviducte et l'utérus. L'*ovaire* occupe une longueur d'environ 120 centimètres : il commence par une extrémité effilée, fermée en cul-de-sac et consiste en un long tube blanc, à mince paroi. Celle-ci est constituée par une cuticule anhiste, tapissée intérieurement par un épithélium granuleux, dont les cellules très allongées ont pris l'aspect de fibrilles. L'axe du canal est occupé par un cordon fibreux, le *rachis*, sur lequel sont attachées les cellules ovulaires. Celles-ci sont en nombre si considérable qu'on en trouve parfois jusqu'à cent et davantage sur une même coupe transversale : elles sont en forme de coin, rayonnent autour du rachis et, dans les parties inférieures de l'ovaire, atteignent une longueur de 200 μ, alors que leur base n'est large que de 40 μ. Dans ces mêmes régions, le rachis s'amincit notablement et se divise en petites grappes ovulaires. En même temps, les ovules perdent leur aspect conique ; ils se raccourcissent et se renflent, de manière à prendre davantage leur

Fig. 348. — Ascaride femelle, de grandeur naturelle, ouvert dans toute sa longueur, d'après Davaine. — *a*, extrémité antérieure ; *b*, extrémité postérieure ; *c*, vulve ; *d*, ligne latérale ; *e*, les deux tubes génitaux s'unissant l'un à l'autre au voisinage de la vulve, pour former un court vagin.

forme définitive. Finalement, les œufs se détachent de leur support et le rachis disparaît.

L'*oviducte* fait suite à l'ovaire, dont il se distingue par l'absence de rachis et par la présence d'une couche musculaire transversale qui va en augmentant d'épaisseur vers l'utérus. Son épithélium, formé de cellules courtes et larges, rappelle celui de la vésicule séminale, chez le mâle : elles sont recouvertes de longues villosités claviformes, qui réduisent d'un tiers au moins la cavité de l'organe. Cette cavité est remplie d'ovules libres qui, lorsqu'ils sont abondants et répartis par petits amas, la distendent et lui donnent un aspect noueux.

Leuckart appelle *receptaculum seminis* la portion du tube génital qui fait suite à l'oviducte : c'est un segment cylindrique, long de 16 millimètres et dont la largeur, variable avec le degré de réplétion, est à peu près double de celle de la partie précédente. L'épithélium a la même structure générale que dans l'oviducte, mais les villosités sont plus écartées les unes des autres ; au lieu d'être claviformes, elles ont l'aspect de hautes lamelles triangulaires, dont les contours délicats sont munis d'expansions de forme si changeante qu'on ne peut douter de leur nature amiboïde. La surface entière des lamelles est constamment recouverte des spermatozoïdes. L'intérieur de la poche, dont la cavité est notablement plus vaste que celle de l'oviducte, est également remplie d'un nombre immense de spermatozoïdes : c'est en cette partie de l'appareil femelle que s'accomplit la fécondation. Après leur pénétration dans les voies génitales femelles, les spermatozoïdes subissent de profondes modifications dont Ed. van Beneden a repris l'étude chez *Ascaris megalocephala*.

Les muscles du *receptaculum seminis* sont la continuation directe de ceux de l'oviducte. Ils sont disposés circulairement et forment une couche distincte ; quelques fibres longitudinales se séparent à angle droit des précédentes et, après un trajet plus ou moins long, se terminent par des ramifications nombreuses.

L'*utérus* communique avec le réservoir séminal par un rétrécissement en forme de sphincter ; il est dirigé d'avant en arrière, à la face inférieure du tube digestif. Il est reconnaissable à sa grande épaisseur, qui est de $1^{mm},5$ à $1^{mm},7$. Sa longueur est de 200 millimètres chez une femelle longue de 280 millimètres ; elle est de 113 à 150 millimètres chez une femelle longue de 205, d'après Leuckart. Cet auteur évalue la capacité des utérus à 900 ou 1000 millimètres cubes et à dix ou onze millions la quantité d'œufs qu'ils peuvent contenir. Comme ces organes sont toujours remplis, on peut ainsi se faire une idée de l'étonnante fécondité de l'Ascaride ; Eschricht évalue à 60 millions le total des œufs renfermés dans l'appareil femelle tout entier.

La paroi utérine est constituée par une tunique propre anhiste, en dehors de laquelle se voit une couche musculaire dont les fibres, plus ramifiées que celles du réservoir séminal, s'intriquent entre elles ; les fibres longitudinales, situées en dehors des fibres circulaires et plus indépendantes que dans le précédent segment, sont relativement peu nombreuses. L'épithélium qui tapisse la cavité de l'utérus est assez semblable à celui qui, chez le mâle, revêt la moitié inférieure de la vésicule séminale. Il est hérissé d'un grand nombre de grosses papilles, longues parfois de 70 μ et dont chacune renferme un noyau large de 20 μ : par leur base, elles s'intercalent les unes entre les autres et on les prendrait pour des cellules, comme l'a fait Claparède pour l'Ascaride du Porc, si on ne constatait qu'elles se perdent dans une couche granuleuse commune. Les papilles n'ont pas la même forme dans toutes les parties de l'utérus : dans la région postérieure, elles s'aplatissent peu à peu, de manière à passer insensiblement aux lamelles du *receptaculum seminis ;* du côté du vagin, elles cessent au contraire brusquement.

Le vagin est long de 6 à 10 millimètres. Sa face interne est parcourue de plis longitudinaux, recouverts d'une cuticule claire et assez épaisse ; la lumière de l'organe est presque entièrement comblée par ces plis et se réduit à une fente étroite et étoilée. Les muscles et la couche granuleuse dont dépendent les plis occupent environ un tiers de l'épaisseur totale ; les muscles longitudinaux, du moins dans la moitié antérieure, sont presque aussi développés que les muscles circulaires.

Quand l'œuf arrive dans l'utérus, il n'est encore constitué que par un amas vitellin plus ou moins régulièrement ovale, long de 50 à 65 μ, large de 43 μ et dépourvu de membrane d'enveloppe ; il n'est pas rare de voir des spermatozoïdes attachés à sa surface. La coque se montre bientôt, sous forme d'une mince membrane à contour net : par suite de son épaississement, elle se dédouble en deux membranes superposées. L'interne est la plus résistante et la plus réfringente ; une assez forte pression est nécessaire pour la rompre. L'externe est plus friable, malgré sa plus grande épaisseur : elle est formée de couches concentriques indiquées par une délicate striation. Quand cette double coque s'est constituée, l'œuf arrive dans la moitié antérieure de l'utérus : une substance albumineuse claire se dépose alors à sa surface. Cette substance forme d'abord un revêtement homogène, mais se soulève bientôt en petits tubercules hémisphériques, longs de 5 à 6 μ, qui donnent à l'œuf un aspect caractéristique (fig. 340). Les œufs sont agglutinés entre eux par leur enveloppe d'albumine, de manière à former dans la partie antérieure de l'utérus des amas plus ou moins volumineux; ils ne se séparent les uns des autres qu'au moment du passage à travers le vagin; mais leur union est parfois si intime que, plutôt que de se rompre, les tubercules s'étirent en longs et minces filaments.

J. Cloquet, *Anatomie des Vers intestinaux. Ascaride lombricoïde et Echinorhynque géant.* Paris, 1824.

W. W. Morland, *Ascaris lumbricoïdes of unusual size.* Boston med. and surgical journal, LVIII, p. 62, 1858.

J. Czermak, *Ueber den Bau und das optische Verhalten der Haut von Ascaris lumbricoïdes.* Sitzungsber. der Wiener Akad. der Wiss., math.-nat. Classe, IX, p. 755, 1852.

B. T. Lowne, *The anatomy of the round worm.* Monthly microscopical Society, V, p. 55, 1871.

G. Joseph, *Vorläufige Bemerkungen über Musculatur, Excretionsorgane und peripherisches Nervensystem von Ascaris megalocephala und lumbricoïdes.* Zoolog. Anzeiger, V, p. 603, 1882. Voir aussi VI, p. 71, 125, 196 et 274, 1883.

Em. Rohde, *Beiträge zur Kenntniss der Anatomie der Nematoden.* Schneider's zoolog. Beiträge, I, p. 11, 1883.

Mor. Nussbaum, *Zur Befruchtung bei den Nematoden.* Zoolog. Anzeiger, VI, p. 515, 1883.

Ed. van Beneden, *L'appareil sexuel femelle de l'Ascaride mégalocéphale.* Archives de biologie, IV, p. 95, 1883. — Id., *Recherches sur la maturation de l'œuf et la fécondation. Ascaris megalocephala.* Ibidem, p. 265, 1884.

Ed. van Beneden et Ch. Julin, *La spermatogenèse chez l'Ascaris megalocephala.* Bull. de l'Acad. de Belgique, (3), VII, p. 312, 1884.

P. Hallez, *Sur la spermatogenèse et sur les phénomènes de la fécondation chez les Ascaris megalocephala.* Comptes rendus de l'Acad. des sciences, XCVIII, p. 695, 1884.

O. Zacharias, *Ueber die feineren Vorgänge bei der Befruchtung des Eies von Ascaris megalocephala.* Zoologischer Anzeiger, X, p. 164, 1887.

On admet généralement que l'Ascaride lombricoïde ne vit pas très longtemps et que son existence ne dépasse pas une année : la femelle mourrait ou serait expulsée quand la ponte est achevée et la présence de Vers chez un même individu pendant plusieurs années tiendrait à la continuité de l'infestation. Cette opinion est sans donte le plus souvent exacte; elle est néanmoins contredite par les cas exceptionnels où le parasite détermine certains accidents de longue durée, qui prennent fin au moment de son évacuation.

Le Ver se tient dans les premières portions de l'intestin

grêle ; l'anus est la voie par laquelle il est normalement expulsé, mais il n'est point rare, ainsi que nous le verrons plus loin, de le rencontrer en d'autres points du tube digestif et de le voir sortir par d'autres orifices. En dehors de l'observation du parasite, la présence des œufs dans les matières fécales (1) ou même dans les vomissements (2) est un signe certain de diagnostic.

L'Ascaride est rarement solitaire; il est habituel de trouver dans l'intestin deux à six individus, mais c'est par exception, du moins dans les climats tempérés, qu'on en trouve un plus grand nombre; dans les régions tropicales, les parasites peuvent au contraire devenir extrêmement nombreux et constituer un véritable danger. Cobbold parle d'un cas dans lequel le Dr Cooper Rose aurait vu un enfant de quinze mois expulser 30 Vers, à la suite de l'administration de la santonine. Smith cite un enfant qui en a rendu 39; Playfair en vit évacuer 69, Spalding 100, Küchenmeister 103, Victor 122, Martin 140 chez un enfant de cinq ans. Mackeith, de Sandhurst, Kent, en fit rendre 300, d'après Cobbold, à une fillette de cinq ans et demi. Morland en trouva 365 dans l'intestin grêle d'un enfant qui en avait déjà rendu un grand nombre par la bouche. Küchenmeister cite encore un enfant qui en rendit de 3 à 400. Pole en vit évacuer 441 en trente quatre jours et Gilli parle d'un enfant qui en rendit 510. Levacher dit avoir vu souvent, aux Antilles, des enfants rendre jusqu'à 400 et 600 Ascarides. Cruveilhier estime à plus de 1 000 le nombre de ceux qui furent trouvés dans l'intestin d'une fille idiote : l'intestin grêle en était tout rempli. D'après Vital, le nombre des Ascarides observés à l'hôpital militaire de Constantine est le plus souvent de 2 à 4 chez les Européens, de 2 à 7 ou 8 chez les indigènes; il s'est élevé plusieurs fois à une trentaine chez ces derniers et, chez un enfant, il a même dépassé 1 800; l'enfant revint à la santé en très peu de jours. Petit, de Lyon, parle d'un jeune garçon qui en rendit 2 500 en cinq mois. Enfin Fauconneau-Dufresne a publié un cas dans lequel un garçon de douze ans rendit plus de 5 000 Vers en moins de trois années, la plupart par le vomissement; 600 furent évacués en un seul jour.

La présence de l'Ascaride n'exclut point celle d'autres parasites

(1) Il faut bien se garder de commettre l'erreur dans laquelle sont tombés certains observateurs. Debey, d'Aix-la-Chapelle (*Deutsche Klinik*, nos 1, 2 et 5, 1867), a trouvé constamment l'œuf de l'Ascaride dans les selles des cholériques et l'a décrit comme un Champignon particulier au choléra. En Angleterre, Swayne, Budd et Brittan ont attribué la même signification aux œufs de l'Ascaride, de l'Oxyure et du Trichocéphale.

(2) Ruggi en cite un cas dont il sera question plus loin.

dans l'intestin. Müller a relevé le résultat de 135 autopsies faites à l'asile des aliénés d'Erlangen : le parasite a été rencontré 39 fois, savoir : 14 fois seul, 6 fois avec l'Oxyure, 8 fois avec le Trichocéphale, 11 fois avec l'Oxyure et le Trichocéphale. De même, sur 611 autopsies pratiquées à Kiel du 1er octobre 1872 au 30 septembre 1875, Arn. Heller a trouvé 108 fois l'Ascaride, savoir : 32 fois seul, 16 fois avec l'Oxyure, 26 fois avec le Trichocéphale, 34 fois avec l'Oxyure et le Trichocéphale. Il est inutile d'insister davantage sur ce point et de faire ressortir que l'Ascaride peut encore se rencontrer dans l'intestin avec des Cestodes ou des Trématodes.

Le parasite s'observe surtout chez les enfants, quelques auteurs disent même exclusivement. Puistienne a recueilli 100 observations d'après lesquelles il conclut que la plus grande fréquence est de six à dix ans; il a cherché en vain des cas se rapportant aux deux âges extrêmes de la vie. Gribbohm le dit plus fréquent d'un à quinze ans. A Bâle, Zäslein indique sa prédominance de un à dix ans (19,4 p. 100 des cas) et de onze à vingt ans (21,3 p. 100 des cas). De Lille dit l'avoir observé chez un enfant de onze semaines.

Pendant un an et demi de service à Indret, J. Duval a observé 153 cas d'Ascarides ayant manifesté leur présence par des troubles de la santé de ceux qui en étaient porteurs. Ces 153 cas peuvent se répartir ainsi :

De 8 mois et demi à un an	2 cas
De 1 an à 10 ans	72
De 10 ans à 16 ans	51
De 16 ans à 26 ans	18
De 26 à 35 ans	9
A 85 ans	1

De son côté, Müller est arrivé au résultat suivant, d'après les autopsies faites à Dresde de 1852 à 1862 et à Erlangen de 1862 à 1872 :

De 1 à 5 ans	10,09 p. 100
De 15 à 20 ans	27,58 —
De 45 à 50 ans	15,12 —

Ces statistiques démontrent que l'Ascaride peut s'observer chez l'Homme à tous les âges de la vie (1), mais qu'il est particulièrement fréquent dans la jeunesse et dans l'adolescence. La prédominance du parasite dans le jeune âge a été constatée par la plupart des observateurs, encore que, dans certains cas, elle soit très peu marquée; parfois même on observe sa plus grande fréquence à l'âge adulte et chez les femmes.

(1) Heller l'a vu à Kiel chez un vieillard de 78 ans.

K. Müller a encore donné des renseignements précis sur la fréquence du parasite d'après l'âge et le sexe. Pour Dresde, la statistique était la suivante :

1164	hommes	ont présenté	l'Ascaride	95	fois, soit	8,1	p. 100
739	femmes	—	—	70	—	9,5	—
36	enfants	—	—	15	—	41,6	—
Au total, 1939	individus	—	—	180	—	9,1	—

Pour Erlangen, le résultat était fort différent, en ce qui concerne le jeune âge :

845	hommes	ont présenté	l'Ascaride	93	fois, soit	11	p. 100
513	femmes	—	—	81	—	15,7	—
397	enfants	—	—	53	—	13,3	—
Au total, 1755	individus	—	—	227	—	12,9	—

Enfin, Arn. Heller a publié une statistique analogue, d'après les autopsies pratiquées à Kiel du 1er octobre 1872 au 30 septembre 1875 :

266	hommes	ont présenté	l'Ascaride	32	fois, soit	12	p. 100
194	femmes	—	—	43	—	22,2	—
151	enfants	—	—	33	—	21,8	—
Au total, 611	individus	—	—	108	—	17,7	—

Dans ces différentes statistiques, on compte comme enfants tous les individus âgés de moins de quinze ans.

Sur 482 autopsies faites à Dorpat, Cruse a observé le parasite dans 9,9 p. 100 des cas, savoir : chez 8 p. 100 des individus mâles et chez 12,4 p. 100 des individus femelles. A Kiel, Gribbohm dit qu'on le trouve dans 18,3 p. 100 des autopsies. D'après 752 autopsies faites à Bâle, de 1877 à 1880, Zäslein dit qu'on l'a rencontré 86 fois, soit dans la proportion de 11,4 p. 100. Enfin, Vital dit que, à Constantine, on le voit 1 fois sur 7 indigènes et 1 fois sur 33 Européens.

Le sexe n'a aucune influence sur l'aptitude à contracter le parasite ; il en est évidemment de même de l'état social et de la profession. Sa plus grande fréquence à la campagne qu'à la ville s'explique par l'usage plus répandu d'eau non filtrée.

Quant à sa fréquence chez les aliénés ou les idiots, elle s'explique bien plus par une perversion du goût que par un état constitutionnel particulier. A Erlangen, tandis qu'on ne rencontre l'Ascaride que 227 fois sur 1755 autopsies faites dans les hôpitaux, c'est-à-dire dans la proportion de 12,92 p. 100, ce même parasite s'observe 39 fois sur 135 autopsies faites à l'asile d'aliénés, c'est-à-dire dans la proportion de 28,88 p. 100.

Ces résultats sont d'accord avec ceux qu'avait obtenus Vix, auquel est due la découverte de la prédominance des helminthes chez certains aliénés, notamment chez les coprophages. A l'asile de Hofheim, cet observateur a examiné 30 coprophages qui tous avaient des parasites (1), tandis que, dans le même établissement, les personnes saines et les individus légèrement malades n'étaient atteints que dans la proportion de 8 p. 100. Sur 86 aliénés ayant des helminthes, Vix a trouvé l'Ascaride 18 fois, c'est-à-dire dans la proportion de 21 p. 100.

On attribue généralement à la saison une certaine influence sur la propagation de l'Ascaride. A l'exemple d'Hippocrate, de nombreux auteurs assurent qu'il est plus commun en automne, peut-être parce qu'ils attribuent aux fruits une certaine action sur sa dissémination; d'autres considèrent le printemps comme la saison la plus favorable à son développement. Ces faits tiennent sans doute à ce que les pluies, plus abondantes en ces saisons, entraînent dans les puits ou les ruisseaux un plus grand nombre d'œufs et favorisent ainsi l'infestation.

Chr. Ev. De Lille, *De palpatione cordis.* Zwollae, 1755.

Playfair, *Case of Lumbricus cured by the mudar.* Transactions of the Calcutta med. and phys. Society, II, p. 407, 1826.

P. Spalding, *Case of worms.* Boston med. and surg. journal, 1839.

Gilli, *Account of a case in which* 510 *worms* (*Lumbrici*) *were voided by a child.* Medico-chirurgical Review, 1843.

D. T. Martin, *Large number of worms discharged from a child five years old.* Boston med. and surg. journal, XLIV, p. 301, 1851.

W. W. Morland, *Ejection of numerous Lumbrici from the mouth, impaction of the small intestine with Lumbrici, of which* 365 *were removed post mortem.* Ibidem, LVI, 1857.

J. N. Smith, *Thirty-nine specimens of Ascaris lumbricoïdes in a child.* Ibidem, 1856.

C. Davaine, *Lombric ou Ascaride lombricoïde.* Dictionn. encyclop. des sc. méd., (2), III, p. 87, 1870.

D'Ardenne de Lacapelle-Marival, *Nombreux Ascarides lombricoïdes.* Journal d'hygiène, 1880.

Fauconneau-Dufresne, *Plus de* 5000 *Vers Ascarides lombricoïdes rendus en moins de trois années, la plupart par le vomissement; guérison.* Union méd., (3), XXIX, p. 797, 1880.

J. Duval, *Contribution à l'étude de l'Ascaride lombricoïde. Un an et demi d'observation à Indret.* Thèse de Paris, 1880.

A. C. Pole, *Expulsion of* 441 *lumbricoid worms within* 34 *days.* Medical Chronicle. Baltimore, I, p. 184, 1882.

P. Victor, 122 *large round worms discharged by a child in five days.* Indian med. Gazette. Calcutta, XX, p. 319, 1885.

W. von Schröder, *Ueber die Wirkung einiger Gifte auf Askariden.* Archiv für exper. Pathol. und Pharmakologie, XIX, p. 290, 1885.

(1) Il ne s'agit pas ici seulement de l'Ascaride, mais également de l'Oxyure et du Trichocéphale, ce qui montre bien que la transmission de ces divers helminthes reconnaît comme cause commune la voracité et la malpropreté des malades.

Il n'est point rare de voir l'Ascaride sortir par la bouche ou s'engager dans toute autre voie. Nous ne pouvons songer à entrer dans de longs détails relativement aux Ascarides erratiques; nous nous bornerons à quelques exemples récents et nous renverrons pour le reste au livre de Davaine.

L'Ascaride remonte fréquemment par le pylore jusque dans l'estomac. Ruggi parle d'une fille de vingt-trois ans qui, à la suite de coliques, vomit un liquide acide dans lequel on reconnut les œufs du parasite. Haueur cite le cas d'un jeune enfant qui, sous l'influence de 4 dragées de santonine, rendit, tant par les vomissements que par les selles, 83 Ascarides.

Le Ver peut remonter dans l'œsophage et jusque dans le pharynx. Il sort alors habituellement par la bouche (1) ou par les narines; mais s'il rencontre sur son chemin quelque abcès ou quelque trajet fistuleux, il pourra s'y engager et occasionner des accidents plus ou moins graves. Lepelletier, du Mans, a vu deux fois des Ascarides sortir par des abcès de l'œsophage : chez le premier malade, un enfant de douze ans, 2 Vers occupaient la partie inférieure du lobe moyen du poumon gauche, un troisième était encore engagé dans l'ulcère; six autres étaient contenus dans l'œsophage. Le second malade était une fillette de cinq ans, chez laquelle l'œsophage était perforé sur un pouce au moins d'étendue : un Ver se trouvait engagé dans l'orifice; deux autres occupaient la partie correspondante du rachis; trois étaient encore dans l'œsophage. Minaglia, cité par Leuckart, a vu un Ver pénétrer dans un trajet fistuleux existant depuis longtemps entre le pharynx et les muscles du cou : sa tête s'était insinuée entre les corps vertébraux et avait occasionné une méningite mortelle.

Davaine ne cite que deux cas d'Ascarides ayant pénétré dans la trompe d'Eustache; celui de Winslow et celui de Bruneau; nous pouvons ajouter trois autres observations. Reynolds cite le cas d'une femme de trente-cinq ans qui, à la suite de phénomènes généraux graves et à la suite de douleurs d'oreille très intenses, rendit un Ascaride par le conduit auditif externe droit et deux autres par le conduit gauche. Turnbull parle d'une fillette de huit ans qui, depuis un an environ, se plaignait de légères douleurs d'oreille : à la suite d'une scarlatine, celles-ci devinrent plus vives et toute médication fut im-

(1) Il s'agit sans doute d'un cas de ce genre dans ce passage de Hollerius : « Constat enim longos et rotundos (vermes) in superioribus intestinis contineri et per os rejici. Anno 1553, in Collegio D. Barbaræ puer annos 12 natus intervallis vomere solebat longos vermes albos, e ventriculo. Sentiebat motum, morsum et commotionem. Dum urgebant, sitiebat, angebatur. Nutritus fuerat lacte, et fructibus. » J. Hollerius, *Omnia opera practica*. Parisiis, 1664. Voir p. 420.

puissante à les combattre. Subitement, l'enfant ressentit une vive douleur dans le conduit auditif externe; elle tira elle-même un Ascaride hors de ce conduit; les douleurs qui duraient depuis dix-neuf mois cessèrent alors. Dagand rapporte un exemple analogue : au cours d'une rougeole, un enfant fut atteint d'un grand nombre de Vers; l'un d'eux sortit par le canal auditif.

On a vu encore des Ascarides passer des fosses nasales dans le canal nasal et déboucher par les points lacrymaux, à l'angle interne de l'œil: tels sont les cas d'Amatus Lusitanus (Rodriguez) et de Vrayet, cité par N. Andry.

Le parasite peut encore s'introduire par la glotte jusque dans les voies respiratoires et déterminer la mort par suffocation. Davaine en cite 15 cas, dont 9 se rapportent sûrement à des Vers introduits dans les voies respiratoires pendant la vie : dans un cas, la guérison s'établit; dans un autre, l'introduction de l'helminthe dans le larynx ou la trachée n'est pas certaine; enfin, dans les trois derniers cas, le parasite s'était peut-être introduit après la mort dans l'appareil respiratoire. Donati a vu un garçon de cinq ans mourir suffoqué par un Ascaride.

De l'intestin grêle, l'animal peut passer dans le canal de Wirsung et s'enfoncer plus ou moins dans la substance du pancréas. Davaine en cite 4 exemples; Nash en a observé un autre.

Ruggi, *Uova d'Ascaridi lombricoïdi trovata accidentalmente in liquido rigetta per vomite.* Rivista clinica di Bologna, (2), II, p. 15, 1872.

Haueur. Union méd. et scientif. du nord-est, I, p. 53, 1877.

Donati, *Un caso di suffocazione per un Ascaride penetrato nelle vie aëree.* Annali univ. di medicina, 1878.

Turnbull, *Communication concerning two cases of perforation of the membrana tympani from Ascaris lombricoïdes, with remarks upon the curious habits of this human parasite.* The med. and surgical Reporter, XIV, 1881.

P. Dagand, *Lombrics observés en grand nombre pendant une rougeole; sortie d'un Lombric par le conduit auditif.* Journal de méd. et de chir. pratiques, LIV, p. 258, 1883.

J. P. Nash, *Lumbricus in pancreas.* British med. journal, II, p. 770, 1883.

C. Andrieu, *Gastrorrhagie causée par des Ascarides lombricoïdes; guérison.* Gazette méd. de Picardie. Amiens, II, p. 166, 1884.

Il est beaucoup plus fréquent de voir le parasite s'engager dans les voies biliaires. En 1858, Bonfils en citait déjà 23 cas; Davaine a pu en réunir 39 et, depuis lors, divers observateurs ont constaté des faits analogues : c'est ainsi que Schüppel en a vu 6 cas. Le parasite se comporte de diverses façons : dans le cas le plus simple, il n'est engagé qu'en partie dans le canal cholédoque, le reste de son corps étant encore dans le duodénum ; d'autres fois, il est contenu en entier dans le canal cholédoque, dans la vésicule biliaire ou dans les conduits biliaires plus ou moins dilatés, mais sans que le tissu du foie soit altéré ; dans d'autres circonstances, les canaux biliaires sont rompus, le tissu hépatique est plus ou moins altéré ; enfin, le Ver a été vu par Rœderer et Wagler dans un kyste hydatique du foie.

On ne trouve ordinairement qu'un seul Ascaride, ou qu'un petit nombre d'Ascarides, le plus souvent encore vivants, dans les canaux biliaires sains. On peut croire alors que le parasite a pénétré dans les voies biliaires peu de temps avant la mort, peut-être même après celle-ci. Dans d'autres cas, le Ver séjourne depuis plus longtemps dans les canaux : il détermine alors de profondes lésions soit des canaux eux-mêmes, soit du foie, et provoque l'apparition de graves symptômes qui peuvent amener la mort.

L'helminthe pénètre par l'ampoule de Vater : le pore biliaire, large de 2 millimètres, s'élargit alors considérablement. Davaine admet qu'il a dû être élargi au préalable par diverses causes, telles que le passage d'Échinocoques ou de calculs biliaires ; mais il n'est pas nécessaire d'invoquer une semblable explication, car le pore biliaire est facilement dilatable et on sait d'ailleurs que c'est surtout dans le foie des enfants que se rencontre le parasite. Celui-ci a toujours la tête dirigée en avant ; s'il se présente en sens inverse à l'intérieur des canaux biliaires, c'est qu'il a fait volte-face soit dans une dilatation de ceux-ci, soit dans la vésicule.

On doit considérer comme exceptionnels les cas où l'Ascaride pénètre dans les voies biliaires par une autre voie que celle dont il vient d'être question. Dans un cas rapporté par Göller, Schüppel a vu chez un vieillard les ganglions lymphatiques voisins du duodénum devenir le siège d'un ramollissement qui s'était ouvert d'une part dans l'intestin, d'autre part dans le canal hépatique et dans la veine porte : plusieurs Ascarides avaient suivi cette route pour arriver jusque dans les canaux biliaires et dans les vaisseaux du foie.

Le nombre des Vers trouvés dans les voies biliaires chez un même individu est très variable. On en rencontre ordinairement un seul, rarement plus de 3 ou 4. D'après Leidy, le Musée de l'Université de Philadelphie renferme la préparation d'un foie d'enfant, dans les canaux biliaires duquel un certain nombre d'Ascarides s'étaient engagés. Pellizzari a vu chez un seul individu 16 Vers, renfermés en différents points des voies biliaires. A l'hôpital général de Vienne, Murchison a vu une préparation dans laquelle le canal cholédoque était transformé en une poche grosse comme le poing et remplie d'un grand nombre de parasites. Chez un vieillard de soixante ans, mort d'ictère généralisé avec fièvre intense, Vinay a trouvé plus de 20 Ascarides dans le canal cholédoque ; le canal pancréatique en contenait également dans presque toute son étendue ; on en trouvait encore dans le cæcum et jusque dans la partie moyenne de l'œsophage. Chez un individu âgé de trente ans, Kartulis a trouvé dans le foie environ 80 Vers, longs de 6 à 14 centimètres ; la plupart étaient encore vivants. Les canaux biliaires, extrêmement dilatés et tapissés d'une muqueuse rugueuse, étaient entourés d'une énorme quantité de petits abcès ; le lobe droit renfermait la plupart des parasites, le lobe de Spigel n'en contenait que 5 ou 6. De plus, le canal cholédoque en renfermait 3, le canal hépatique 3 et la vésicule biliaire 5 ; on en trouvait encore plus de 120 dans l'intestin grêle, plus de 20 dans le gros intestin, plus de 20 dans l'estomac, 20 encore dans l'œsophage et le pharynx.

Les lésions provoquées par les Ascarides engagés dans les voies biliaires sont généralement très graves. Ils obstruent les canaux et arrêtent ainsi le cours de la bile : il en résulte de l'ictère, de la cholémie, de la dilatation des canaux. La dilatation est parfois limitée, sacciforme; elle peut aller jusqu'à la rupture du canal, mais Schüppel admet que cette rupture est préparée par quelque ulcération due au parasite. Quand ce dernier séjourne longtemps dans les canaux, ceux-ci s'enflamment, leur paroi se remplit de pus et l'inflammation peut se propager au tissu hépatique lui-même : ainsi prennent naissance des abcès du foie, parfois fort étendus.

Ces abcès s'ouvrent de diverses manières. En 1786, Kirkland a vu sortir un Ascaride, en même temps que le pus, d'un abcès du foie qui s'était ouvert à travers la peau, au niveau de la dernière fausse côte droite. Chez une fille de quinze ans, Lebert a vu un abcès du foie s'ouvrir à travers la diaphragme, puis se frayer un chemin à travers le poumon droit jusque dans les bronches.

La mort est la terminaison habituelle de cas aussi graves. Toutefois, même dans les cas d'hépatite suppurée, la guérison peut se faire, si les abcès s'ouvrent et expulsent les Vers soit à travers la peau, soit dans l'intestin.

Il ne sera pas hors de propos de consigner ici une observation dont nous sommes redevables au Dr J. Cassagnon, médecin de la marine : il s'agit d'un Ascaride d'espèce indéterminée, trouvé dans le foie d'un Chimpanzé mâle, venu du Gabon et mort à Saint-Louis du Sénégal, après un séjour d'une dizaine de jours environ. Le Ver avait causé un abcès de la grosseur d'un fort œuf de Pigeon ; il était encore vivant quand on l'en retira, plus de douze heures après la mort. Quelques jours auparavant, le Chimpanzé avait rendu par l'anus un assez grand nombre de parasites de même nature.

E. A. Bonfils, *Des lésions et des phénomènes pathologiques déterminés par la présence des Vers Ascarides lombricoïdes dans les canaux biliaires.* Arch. gén. de méd., I, p. 661, 1858.

G. Pellizzari, *Di sedieci vermi lombricoïdi penetrati nei condotti biliari nel fegato durante la vita dell' infermo.* Bollettino del Museo e della scuola d'anat. patol. di Firenze, 1864.

Vinay, *Observation d'ictère généralisé tenant à la présence de Lombrics dans les voies biliaires.* Lyon médical, I, p. 251, 1869.

O. Schüppel, *Die Krankheiten der Gallenwege und der Pfortader.* H. von Ziemssen's Handbuch der spec. Pathol. und Therapie, VIII, 1. Hälfte, 2. Abth., 1880. Voir p. 171.

Kartulis, *Ueber einen Fall von Auswanderung einer grossen Anzahl von Ascariden (Ascaris lumbricoïdes) in die Gallengänge und die Leber.* Centralblatt für Bacteriologie und Parasitenkunde, I, p. 65, 1887.

Il arrive parfois que l'Ascaride passe de l'intestin dans la cavité péritonéale. A l'autopsie, on trouve dans celle-ci un ou plusieurs Vers : par exception, Mangon en a rencontré 29 et Duben 47. La provenance du parasite n'est pas douteuse : on trouve d'autres Vers de même espèce dans l'intestin et la paroi de celui-ci est le plus souvent percée de trous plus ou moins nombreux qui ont livré passage aux individus erratiques.

La cause de ces perforations a été très discutée : Spigel, Andry, van Dœveren et d'autres l'attribuent uniquement à l'action des Vers, soit que ces derniers les aient produites eux-mêmes, soit qu'ils aient déterminé la formation de foyers de gangrène ; Plater, Rudolphi, Bremser, Küchenmeister et Davaine admettent au contraire qu'elles se forment toujours sans la participation du parasite. Ces deux opinions sont évidemment trop absolues.

Mondière, de Loudun, émit une autre manière de voir, qui fut adoptée par différents auteurs, notamment par von Siebold. Le Ver serait capable de traverser la membrane intestinale (1), en écartant simplement les fibres ; son passage achevé, celles-ci reviendraient sur elles-mêmes, grâce à leur élasticité et à leur contractilité, et toute trace de perforation pourrait disparaître. Ainsi s'expliqueraient les cas où, à l'autopsie, la paroi de l'intestin se montre intacte sur toute son étendue.

Il est certain que beaucoup d'helminthes traversent la paroi de l'intestin de la manière invoquée par Mondière : des exemples nombreux de ce fait nous sont fournis par la classe même des Nématodes (Trichine, Filaire du sang, Filaire de Médine), mais il est à remarquer que les animaux qui se comportent ainsi sont toujours de fort petite taille. Or, on ne saurait admettre que l'Ascaride, même jeune, puisse traverser la paroi de l'intestin sans laisser derrière lui un orifice, comme trace de son passage. Aussi Davaine a-t-il eu raison de rejeter l'explication proposée par Mondière.

(1) Störck a rencontré des Ascarides dans l'épaisseur même de l'intestin, chez une femme.

Davaine fait remarquer d'ailleurs que, dans les cas où on l'observe, l'intégrité de l'intestin ne saurait surprendre, puisque l'Ascaride ne traverse pas toujours la paroi de celui-ci : sur 15 cas qu'il rapporte, le Ver a perforé 6 fois l'intestin grêle, 6 fois l'estomac, 2 fois l'appendice iléo-cæcal et une fois le cæcum. A ces 15 observations, nous pouvons en ajouter 15 autres (1) : dans 14 cas, la perforation siégeait sur l'intestin grêle; dans le dernier cas, elle siégeait sur l'estomac. L'intestin grêle n'est donc percé que dans 20 cas sur 30, soit dans la proportion de 66,66 p. 100.

Comment donc se produisent les perforations intestinales ? Remarquons tout d'abord que, en dehors de la présence de l'Ascaride, les perforations sont fréquentes dans les cas d'abcès de l'intestin ; si l'intestin renferme des parasites, ceux-ci pourront s'engager par ces déchirures et tomber ainsi dans le péritoine.

On ne saurait méconnaître d'autre part que, si elles sont impuissantes à perforer la paroi de l'intestin, les lèvres de l'Ascaride peuvent du moins en exciter et, pour ainsi dire, en brouter la muqueuse Ces mordillements peuvent, par leur persistance, produire des foyers inflammatoires qui, suivant les cas, se termineront par résolution ou au contraire formeront de petits abcès, au niveau desquels la membrane s'ulcérera et pourra même se perforer.

Dans 15 cas cités par Davaine, 5 seulement avaient été accompagnés de péritonite; et encore, dans 2 cas, celle-ci avait été de faible importance. Considérant qu'un parasite de la taille de l'Ascaride ne saurait guère séjourner dans le péritoine sans en provoquer l'inflammation, Davaine admet que, dans la grande majorité des cas, la pénétration de l'helminthe dans la séreuse abdominale est un phénomène *post mortem*, dont il trouve la cause dans le refroidissement du cadavre. Les parasites, dit-il, n'ont généralement aucune tendance à quitter la partie qu'ils habitent, tant qu'ils y trouvent les conditions d'existence ; ils se hâtent au contraire de l'abandonner, dès que ces conditions leur font défaut. C'est ainsi que les Ascarides cherchent à quitter l'intestin qui se refroidit ; dans leur agitation, ils rencontrent ou achèvent les perforations qui leur livrent passage ; de

(1) Ce sont les cas de Tisseire, de Bourguet, de Le Bariller, de Sandwith, cités par Davaine dans son *Supplément* (2e éd., p. 936) ; ceux que cite Leuckart (*Menschliche Parasiten*, II, p. 240) ; ceux de Buchner (3 cas), de David, de Kell et de Morgan, cités par Cobbold (*Parasites*, p. 251 et suiv.); enfin ceux de Kovatsch, de Marcus et de Vichnevsky.

L'observation de Kovatsch se rapporte à un enfant de 3 ans : entre les viscères et dans l'interstice des anses intestinales, on trouvait dans le péritoine au moins une centaine d'Ascarides ; l'estomac et l'intestin grêle ne renfermaient point de Vers, mais le cæcum et le côlon en contenaient un grand nombre.

là la multiplicité des Vers émigrés, de là aussi l'absence d'accidents consécutifs à leur migration.

Cette explication est assurément fort plausible, mais elle n'envisage qu'un seul côté de la question ; il n'en reste pas moins acquis que le Ver peut, pendant la vie, provoquer la production de petits abcès qui, après rupture, pourront lui livrer passage jusque dans la séreuse abdominale. La péritonite qui en résulte peut demeurer bénigne et ne pas compromettre l'existence, si le contenu de l'intestin ne s'engage pas lui-même par la même voie : l'orifice se cicatrise alors et le Ver demeure plus ou moins longtemps dans la séreuse. Au bout de quelque temps, il cherche un autre séjour et il peut traverser ainsi la paroi de l'abdomen pour s'échapper au dehors.

Il est, en effet, très fréquent de voir des Ascarides sortir à travers la paroi de l'abdomen ; on se trouve alors en présence d'abcès vermineux, tels qu'Hippocrate en cite déjà un exemple (1). Ces abcès ont l'apparence ordinaire. Ils s'ouvrent au dehors et livrent passage, soit dès leur ouverture, soit plus tard, à un ou plusieurs Vers ; il est habituel de les voir également évacuer avec le pus des excréments ou une bouillie alimentaire, ce qui met hors de doute leur communication avec l'intestin.

En ajoutant aux observations citées par Davaine et par Leuckart celles que nous avons pu relever nous-même, nous arrivons à un total de 81 cas d'Ascarides sortis par les parois du corps. Ces cas se répartissent comme suit, quant au point de sortie du parasite :

Ombilic	29 fois	(2)
Aine	30	(3)
Point indéterminé de l'abdomen	10	(4)
Hypocondre	2	
Région lombaire	2	
Abcès inguinal par congestion	2	
Région sacrée	1	
— pubienne	1	
— périnéale	1	
Abcès de la cuisse	1	
Partie inférieure du thorax	1	
Ligne blanche	1	

Cette statistique prouve nettement que l'Ascaride sort presque

(1) Hippocrate, *De morbis vulgaribus*, sectio VII, lib. VII, § 127.

(2) Savoir : 19 cas cités par Davaine, 5 cas cités par Leuckart (*Menschliche Parasiten*, II, p. 241), le cas de Pomeroy cité par Cobbold et les 4 cas de Muralto, de Vital, de Casali et de Weihe.

(3) Savoir : 21 cas cités par Davaine, 6 cas cités par Leuckart et les 3 cas de Douglas, Howall et Maesson cités par Cobbold.

(4) Parmi lesquels les 7 cas de Bigelow, Blatchley, Lettsom, Mac Laggan, Scheppard, Young et Reginald Pierson, cités par Cobbold.

exclusivement par l'ombilic ou par l'aine. En ce qui concerne ces deux régions, il est intéressant de considérer l'âge des individus chez lesquels l'observation a été faite. Dans 40 cas rentrant dans cette catégorie et cités par Davaine, la sortie de l'helminthe s'est faite :

A l'ombilic,	15 fois	chez des individus	ayant	moins	de 15	ans.
—	4	—	—	plus	—	
A l'aine,	2	—	—	moins	—	
—	19	—	—	plus	—	

L'Ascaride sort donc généralement par l'ombilic chez les enfants et par l'aine chez les adultes. Ces faits, conclut judicieusement Davaine, parlent d'eux-mêmes : la sortie du parasite à travers les parois abdominales est en rapport avec le siège des hernies, plus fréquentes à l'ombilic chez les enfants, dans l'aine chez les adultes.

Davaine admet que l'helminthe ne joue aucun rôle dans la production de l'abcès vermineux : pour lui, les choses se passent comme dans les cas ordinaires de fistule intestinale, si ce n'est que le malade présente cette particularité toute fortuite, que son intestin renferme des parasites ; ceux-ci profitent simplement de l'occasion qui leur est offerte de sortir au dehors par un chemin inusité ; leur expulsion par cette voie n'aurait donc pas plus d'importance ni d'autre signification que celle des matières fécales.

Leuckart s'élève avec raison contre cette opinion trop exclusive et émet l'avis que la plupart des abcès vermineux sont directement causés par les parasites eux-mêmes. Contrairement à l'opinion de Rudolphi, de Bremser et de Davaine, il admet que l'Ascaride ne se déplace que fort peu à l'intérieur de l'intestin, ainsi que le prouve du reste l'examen *in situ* de parasites analogues chez des animaux qu'on vient de sacrifier. L'animal est donc habituellement sédentaire ; il le devient encore plus, quand il se trouve engagé dans un sac herniaire, comme dans l'observation de Brera. Grâce à sa rigidité, la tête vient alors butter contre la paroi de l'intestin, par suite de l'inflexion du corps en arc. La pression contre la membrane, d'ailleurs tiraillée, détermine une inflammation qui, dans de semblables conditions, a vite pour conséquence la production d'un abcès. Celui-ci finit par s'ouvrir au dehors et expulse avec le pus le parasite ; ce dernier étant rejeté, toute cause d'abcès a disparu ; aussi l'orifice ne tarde-t-il pas à se fermer et à se cicatriser. Si d'autres Vers se trouvent au voisinage de celui auquel est due la production de l'abcès, ils pourront sortir par la même voie ; c'est ainsi que Lini, en 1838, a vu un jeune garçon de sept ans rendre 56 Vers par l'ombilic, à différentes reprises, et que Weihe a vu un enfant de quatre ans en évacuer 21 en deux fois.

Dans les cas qui précèdent, le Ver reste passif, en quelque sorte, et se comporte à la façon d'un corps inerte qui serait introduit dans le sac herniaire. Mais il peut quelquefois jouer un rôle plus actif, ainsi que nous l'avons dit déjà, et contribuer directement à la perforation de l'intestin. Dans ces cas, l'ombilic et l'aine sont encore les points d'élection : les dépressions en entonnoir que présente leur face interne sont à peu près les seuls endroits sur lesquels le Ver, tombé dans le péritoine, puisse avoir facilement prise ; toutefois, le parasite peut sortir par des points fort différents.

Parmi les observations de tumeur vermineuse sans communication apparente avec l'intestin rapportées par Davaine, il en est 16 qui sont justiciables de cette explication (1). Il en est de même pour les cas où, au lieu de se frayer un chemin au dehors, l'helminthe quitte la cavité péritonéale pour pénétrer dans d'autres organes. C'est ainsi que l'Ascaride a été trouvé dans la cavité pleurale par Luschka en 1854 et par Müller en 1872 ; qu'il a été vu dans la rate par Mayer, en 1832.

On le trouve également dans les organes génito-urinaires. Parmi les nombreuses observations, d'ailleurs peu précises, de Nématodes dans le rein, il en est sans doute plus d'une qui se rapporte à l'Ascaride.

Celui-ci peut encore pénétrer dans les voies urinaires autrement que par le rein. Davaine cite 14 observations dans lesquelles le Ver a été rendu avec l'urine par des enfants ou des adultes des deux sexes ; il n'est pas rare de voir le malade émettre par l'urèthre des matières fécales, ce qui met hors de doute l'existence d'un trajet fistuleux faisant communiquer l'intestin avec les voies urinaires. Le nombre des Vers expulsés de la sorte est ordinairement peu considérable : un seul dans les cas de Blasius, Pereboom, Bobe-Moreau, Chopart, Duméril, Peter Clark, Laugier et Davaine ; 2 dans le cas d'Auvity ; 5 dans le cas d'Alexandre.

Dans ces observations, l'expulsion du parasite n'a eu lieu qu'une fois, en un seul jour ; d'autres fois, elle peut se répéter à des intervalles plus ou moins éloignés. Alghisi a vu un enfant de sept ans rendre par l'urèthre, en une année, 60 Vers, Ascarides et Oxyures.

(1) Ces observations se répartissent ainsi : Hypocondre gauche (cas de Ronsseus, 1584) ; aine (Tulpius, Willius, Lebeau, Wanderbach) ; abcès par congestion à l'aine (Duret, Velpeau) ; côté du bas-ventre (un cas de Chailly et Michaud) ; ombilic (Blanchet, Heer et un anonyme) ; points divers de la paroi abdominale (Mondière, Destretz, Ménard) ; région périnéale (Malacarne) ; région sacrée (J. Cloquet).

On peut citer encore les cas suivants : hypogastre (Bingert, 1784) ; abcès de la cuisse (Combes, 1844) ; région lombaire (Desanctis, Piatnitski). Ajoutons encore à cette liste l'observation de Payre, citée par Leuckart, observation dans laquelle trois Vers furent trouvés dans les muscles du dos, chez un individu mort d'un vaste abcès du psoas.

Chapotin vit à l'île de France un nègre de vingt ans rendre par la même voie, en plusieurs mois, un grand nombre d'Ascarides longs de 3 à 4 centimètres seulement. L'observation de Kingdon se rapporte à un enfant de sept ans qui rendit plusieurs Vers à plusieurs mois d'intervalle; celle de Krakowitzer est relative à un garçon de huit ans qui évacua trois Vers à plusieurs années d'intervalle. Enfin, Dujardin cite le cas d'un individu qui rendit 3 Ascarides par le méat urinaire, à des intervalles de huit et de deux jours.

Le trajet fistuleux par lequel l'Ascaride arrive dans les voies urinaires a été reconnu à l'autopsie dans les cas de Pereboom, de Kingdon et de Krakowitzer et sur le vivant dans ceux d'Alghisi, de Chopart et de Laugier. Le plus souvent la fistule fait communiquer la vessie avec un point quelconque de l'intestin; dans le cas de Chopart, elle s'était formée entre le rectum et l'urèthre, à la suite d'une opération de taille.

L'observation rapportée par Anciaux est sans doute encore relative à des Vers engagés dans un trajet fistuleux. Il s'agit d'une femme qui expulsa par le vagin un certain nombre d'Ascarides.

A. Vital, *Enfant scrofuleux; foyer purulent intra-peritonéal; tumeur ombilicale; issue d'un Ascaride lombricoïde à travers la tumeur*. Gaz. médicale, p. 353, 1874.

Dujardin, *Sur l'expulsion de trois Ascarides lombricoïdes par le méat urinaire*. France médicale, XXIV, p. 107, 1877.

T. Casali, *Un caso di elmintiasi con fuoriuscita di Ascaridi lombricoidi dall' ombellico*. Raccoglitore medico, Forli, (4), XII, p. 281, 1879.

G. Desanchis, *Abcès de la région lombaire droite, avec issue d'Ascarides lombricoïdes*. Gazz. med. di Torino, 1880. Gaz. des sc. méd. de Montpellier, 1880.

E. Marcus, *Durchborung des Darmes durch Rundwürmer*. Deutsches Archiv für klin. Med., XXIX. p. 601, 1881.

Weihe, *Beitrag zu den Wurmkrankheiten des Menschen*. Berliner klin. Wochenschrift, XX, p. 131, 1883.

Th. D. Vichnevsky, *Vers ronds, cause de nombreux cas de chorée et de perforations de l'intestin*. Vratch, V, p. 481, 1884 (en russe).

J. J. Piatnitski, *Ascaris lumbricoïdes dans la région du rein*. Medizinskoie Obozrenie, Moscou, XXII, p. 431, 1884. Voyenno med. J., Saint-Pétersbourg, CLIII, p. 303, 1885 (en russe).

L'Ascaride lombricoïde est un parasite cosmopolite; il est bien peu de régions du globe où on n'ait signalé sa présence. D'une façon générale, il est surtout commun dans les régions tropicales et il diminue de fréquence dans les régions froides et tempérées; mais cette règle souffre de nombreuses exceptions et il est des pays froids, comme la Finlande et le Grœnland, où il semble être extrêmement répandu. On peut dire encore qu'il est plus commun à la campagne que dans les villes et que, suivant les années, il se montre en plus ou moins grande abondance.

En France, le parasite est à peu près également répandu partout. Guersant le trouvait à Paris chez 20 p. 100 des enfants âgés de 3 à 10 ans, mais ce nombre doit être considéré comme trop élevé, depuis que la population parisienne fait usage d'eau filtrée. On a observé en France plusieurs épidémies d'Ascarides : Bouillet dit qu'après l'hiver peu rigoureux de 1730 la population de Béziers fut attaquée presque tout entière par l'helminthe et que beaucoup de personnes moururent.

En Allemagne, Virchow l'a trouvé à Würzburg avec une extrême fréquence ; les statistiques que nous avons publiées plus haut montrent d'autre part combien il est peu rare dans des villes comme Dresde, Erlangen et Kiel ; en 1762, Röderer et Wagler le trouvaient à Göttingen 12 fois sur 13 autopsies. En Suisse, d'après Zäslein, le Ver est surtout commun dans le Münsterthal ; à Undervillier, tous les habitants en seraient atteints sans distinction, sauf les ouvriers qui boivent beaucoup de vin. A la suite de la grande inondation de 1852, on a constaté sa plus grande fréquence dans quelques villages riverains du lac de Bienne ; quelques cas furent suivis de mort.

Le parasite est également répandu dans toute l'Angleterre, mais Abbott Smit et Cobbold sont d'accord pour reconnaître qu'il s'observe de préférence chez les habitants des campagnes. On le rencontre également avec une grande fréquence en Belgique et son extension considérable en Hollande, en Suède et en Finlande montre nettement que sa propagation se fait plus facilement dans les régions où il y a abondance d'eau douce. D'après Magnus Huss, il n'est pour ainsi dire aucun des habitants du Smaland qui n'en héberge quelques exemplaires. Enfin, Finsen et Krabbe disent que le Ver est extrêmement rare en Islande : Finsen ne l'a vu qu'une fois, chez un enfant de 3 ans, fils d'un fonctionnaire et peut-être l'enfant avait-il pris son parasite avant de quitter le Danemark.

L'Ascaride semble être très fréquent dans toute l'Asie. Robertson et Guys le signalent en Syrie, Pruner en Arabie. Son extrême fréquence aux Indes et dans toute l'Asie orientale a été notée dès 1830 par Ward et Grant, puis par Waring en 1859, par Day en 1862; des auteurs plus récents, Huillier, Aubœuf, Cobbold, confirment ces faits. Il a encore été observé en Cochinchine par Raynaud, Bernard et Beaufils, en Chine par Wilson, Senart et Sirot, etc. Duteuil admet que, dans les cas de dysenterie, il peut provoquer certaines complications, en entretenant la muqueuse intestinale dans un état permanent d'irritation. Presque tous les cas de fièvre intermittente observés par Vidal en Cochinchine s'accompagnaient d'expulsion d'Ascarides : cet auteur pense que le parasite occasionne fréquemment des accidents fort graves, dont la vraie cause passe le plus souvent inaperçue, mais qui prennent fin après l'expulsion de l'helminthe; certains cas de fièvre et de diarrhée seraient même uniquement causés par ce dernier. Challan de Belval dit que l'Ascaride est très fréquent au Tonkin. Enfin, les renseignements fournis par Friedel et Wernich sur son extension au Japon se trouvent corroborés par les observations de Bälz : suivant cet auteur, le Ver y serait plus commun que partout ailleurs. Sur 23 cadavres, il l'a rencontré 21 fois, soit dans la proportion de 93 p. 100; le parasite occasionne souvent de graves anémies chroniques et même, chez l'adulte, des épilepsies vermineuses; on trouve fréquemment jusqu'à 30 et 50 Vers pelotonnés ensemble.

L'Afrique est également infestée par l'Ascaride. Pruner, Hartmann et Vauvray signalent sa grande fréquence en Égypte et dans la vallée du Nil; Harris et Courbon le mentionnent en Abyssinie, Chassaniol et Carrade au Sénégal, Daniell sur la côte de Guinée, etc. Nous avons dit déjà dans quelle proportion, suivant Vital, on le rencontre à l'hôpital militaire de Constantine: d'une façon générale, il est plus commun, en Algérie, chez les habitants des tribus que chez les habitants des villes; parmi ces derniers, les musulmans et les israélites en sont surtout atteints. Dutrieux l'a encore observé dans l'Afrique intertropicale, Borchgrevink et Rey à Madagascar, Allan et Mahé aux Seychelles, Grenet à Mayotte et Dyce à l'île Maurice. « Cette maladie, dit Dyce, est presque universelle à Maurice... Dans la population noire, les Ascarides se voient en si grand nombre que j'ai été souvent dégoûté de les voir sortir en même temps de l'anus et de la bouche. Un nègre m'en apporta plein son chapeau; il m'assura les avoir rendus peu de temps auparavant. »

Aux États-Unis, Leidy signale l'extrême fréquence de l'helminthe; il est pourtant moins commun que l'Oxyure. Sa fréquence augmente considérablement dans les régions chaudes : aux Antilles, il est signalé par Pouppée-Desportes, Levacher, Dazille, Rufz de Lavison, etc.; tous insistent sur sa grande importance pathogénique; Levacher dit qu'il est fréquent de voir des enfants rendre jusqu'à 400 et 600 Vers. Bernouilli l'a observé dans l'Amérique centrale, Rodschied et Bajon à la Guyane, Jobim et Sigaud au Brésil, Raynaud sur la côte du Venezuela : à Cayenne, d'après Bajon, la maladie des Vers et le tétanos seraient les causes de mort les plus fréquentes et les autopsies feraient souvent découvrir dans le tube digestif un nombre prodigieux d'Ascarides. L'helminthe est également très répandu au Paraguay et dans la République Argentine. Enfin, sa fréquence a été notée à Terre-Neuve par Gras et du Bois Saint-Sevrin, au Groenland par Lange.

Signalons encore sa présence en Océanie : Waitz, Heymann et van Leent l'ont observé dans l'Archipel Indien.

Wolfring, *Ueber das Vorkommen der Helminthiasis in Thalmersingen*. Med. Correspondenzblatt bayerischer Aerzte, p. 805, 1842.

Waitz, *On diseases incident to children in hot climates.* Bonn, 1843. Voir p. 263.

E. Robertson, *Medical notes on Syria.* Edinburgh med. and surg. journal, LIX, p. 233, 1843. Voir p. 247.

Sigaud, *Du climat et des maladies du Brésil*. Paris, 1844. Voir p. 425.

Harris, *The highlands of Aethiopia.* London, 1844. Voir II, p. 407.

Wilson, *Medical notes on China.* London, 1846. Voir p. 193.

Daniell, *Sketch of the medical topography of the gulf of Guinea.* London, 1849. Voir p. 53.

A. Courbon, *Observations topographiques et médicales recueillies dans un voyage à l'isthme de Suez, sur le littoral de la mer Rouge et en Abyssinie.* Thèse de Paris, 1861. Voir p. 35.

Raynaud, *Quelques cas de colique vermineuse observée à bord de l'*Adonis, *côte du Vénézuela.* Thèse de Montpellier, 1864.

Duteuil, *Quelques notes médicales recueillies pendant un séjour de cinq ans en Chine, Cochinchine et Japon.* Thèse de Paris, 1864.

Lange, *Bemaerkningar om Grœnlands sygdomsforhold.* Kjœbenhavn, 1864. Voir p. 43.

M. F. A. Vidal, *De l'Ascaride lombricoïde, au point de vue des maladies des Européens dans les mers de Chine et du Japon.* Thèse de Montpellier, nº 28, 1865.

Grenet, *Souvenirs médicaux de quatre années à Mayotte du* 1er *juillet* 1861 *au* 30 *juin* 1865. Thèse de Montpellier, 1866.

Chassaniol, *Contributions à la pathologie de la race nègre*. Archives de méd. navale, III, p. 505, 1865. Voir p. 511.

Gras, *Quelques mots sur Miquelon*. Thèse de Montpellier, 1867. Voir p. 24.

Van Leent, *Contributions à la géographie médicale. Les possessions néerlandaises des Indes orientales*. Archives de méd. navale, VIII, p. 161, 1867. Voir p. 170.

Bernard, *De l'influence du climat de la Cochinchine sur les maladies des Européens*. Thèse de Montpellier, 1867.

Rufz de Lavison, *Chronologie des maladies de la ville de Saint-Pierre, Martinique*. Ibidem, p. 440, 1869.

Vauvray, *Contributions à la géographie médicale. Port-Saïd* (*Égypte*). Archives de méd. navale, XX, p. 161, 1873.

A. Wernich. *Statistischer Bericht über das in der medicinischen Klinik und Poliklinik zu Yedo vom 1. April bis zum 31. Juli 1876 zur Beobachtung gekommene Krankenmaterial...* Deutsche med. Wochenschrift, IV, 1878. Voir p. 122.

Beaufils, *Notes sur la topographie de Vinh-Long* (*Cochinchine*). Archives de méd. navale, XXXVII, p. 257, 1882. Voir p. 265.

J. Aubœuf, *Contribution à l'étude de l'hygiène et des maladies dans l'Inde*. Thèse de Paris, 1881. Voir p. 70.

O. Sirot, *De quelques accidents déterminés par les Ascarides lombricoïdes. Observations recueillies à bord de la* Thémis, *pendant la campagne dans les mers de Chine et du Japon*. Thèse de Lyon, 1882.

P. Dutrieux, *Aperçu de la pathologie des Européens dans l'Afrique intertropicale*. Thèse de Paris, 1885. Voir p. 50.

Carrade, *Contribution à la géographie médicale. Le poste de Podor* (*Sénégal*). Thèse de Bordeaux, 1886. Voir p. 77.

Du Bois Saint-Sevrin, *Deux ans aux îles Saint-Pierre et Miquelon* (*Terre-Neuve*). *Notes médicales*, 1882-1884. Thèse de Bordeaux, 1886. Voir p. 52.

Nous ne pouvons aborder l'étude des divers accidents sympathiques ou réflexes (lésions de l'intelligence, hystérie, attaques épileptiformes, aphonie, cécité, etc., etc.) dont la présence d'Ascarides dans l'intestin est trop souvent le point de départ. Le médecin doit avoir une connaissance précise de ces faits, qui lui donneront l'explication d'une foule de phénomènes nerveux qu'il aura fréquemment l'occasion d'observer, surtout chez les enfants. On trouvera dans le livre de Davaine (1) le résumé d'un nombre considérable d'observations de ce genre; on consultera encore avec profit le mémoire de Guermonprez; nous donnons enfin l'indication de quelques travaux récents.

T. Welsh, *Curious facts respecting Worms*. Medical papers communicated to the Massachusetts med. Society, I, p. 87, 1790.

Schleifer, *Case of deaf and dumb child restored after the discharge of worms*. Amer. journal of med. science, VIII, p. 473, 1844.

G. C. Holland, *A peculiar case of nervous disease or derangement of the nervous system*. Edinburgh med. and surg. journal, LXIII, 1845.

F. D. Lente, *Report of cases occurring in the New-York Hospital. Lumbri-*

(1) *Traité des entozoaires*, 2e éd., p. 53 et suiv.

cus in the stomach causing dyspnœa. New-York journal of med., (2), V, p. 167, 1850.

H. Roger, *Des Ascarides lombricoïdes et du rôle qu'ils jouent dans la pathologie humaine.* Revue méd. française et étrangère, 1864.

P. Fidelin, *Des accidents produits par les Ascarides lombricoïdes et les Oxyures vermiculaires.* Thèse de Paris, 1873.

A. Vulpian, *Pérityphlite suppurée, expulsion de Lombrics dans les selles.* Archiv. gén. de méd., p. 225, 1875.

E. Goubert, *Des Vers chez les enfants et des maladies vermineuses.* Paris, 1878.

Wintrebert, *Observation d'accidents causés par les Vers intestinaux.* Journal des sc. méd. de Lille, 1881.

Fr. Guermonprez, *Étude sur les accidents sympathiques ou réflexes déterminés par les Ascarides lombricoïdes dans le canal digestif de l'Homme, spécialement pendant l'enfance.* Paris, in-8° de 73 p., 1881.

J. Normann, *Död fremkaldt ved Ascaris lumbricoïdes.* Norsk Magazin for Lägevidenskab, (3), XI, p. 272, 1881.

Egeberg, *Et nöste Askarider som Dödsarsag.* Ibidem, XII, p. 76, 1882.

L. M. Reuss, *Des affections vermineuses des enfants.* Journal de thérapeutique, X, p. 179, 1883.

Th. Eiselt, *Chorea et helminthiasi.* Med. chir. Centralblatt, p. 334, 1883.

H. Girard, *Un cas d'hémiplégie passagère paraissant due à la présence de Lombrics dans le canal intestinal.* Revue méd. de la Suisse romande, IV, p. 448, 1884.

P. Galvagno-Bordonari, *Vermi e verminazione; contributo di patologia e clinica pediatrica.* Rivista italiana di terap. ed igiene. Piacenza, V, p. 245, 277, 309, 341 e 373, 1885.

On a vu, dans certains cas, des Ascarides s'engager dans les trous de boutons, d'agrafes avalés par mégarde et être évacués de la sorte avec les excréments; certains auteurs ont même proposé comme piège à Vers des objets de ce genre ! Cobbold dit que le Musée du Royal College of Surgeons, à Edimbourg, renferme la préparation d'un Ver qui s'était pris dans une agrafe.

Ascaris mystax Rudolphi, 1801.

SYNONYMIE : *Lumbricus canis* Werner, 1782.
Ascaris lumbricoïdes Bloch, 1782.
A. teres Göze, 1782.
A. cati Schrank, 1788.
A caniculæ Schrank, 1788.
A. canis Gmelin, 1789.
A. felis Gmelin, 1789.
A. marginata Rudolphi, 1793.
Fusoria mystax Zeder, 1800.
F. marginata Zeder, 1800.
Ascaris canis aurei Rudolphi, 1819.
? *A. microptera* Rudolphi, 1819.
? *A. brachyoptera* Rudolphi, 1819.
A. alata Bellingham, 1839.

Cet helminthe est commun dans l'intestin grêle du Chat et du Chien ; on le trouve parfois chez l'Homme. L'œuf (fig. 349) est assez régulièrement sphérique et large de 68 à 72 μ ; son enveloppe albumineuse externe est ornée à sa surface d'un élégant réseau, dont les mailles, larges de 3,4 μ, circonscrivent de petites dépressions ; de même que chez l'espèce précédente, cette couche d'albumine se détruit pendant le cours de développement, parfois même au bout de quelques jours.

Le développement embryonnaire se fait encore dans l'eau ou dans la terre humide ; il se poursuit même dans l'alcool, l'acide chromique et l'essence de térébenthine, comme l'a constaté Nelson. L'embryon ressemble beaucoup à celui d'*Ascaris lumbricoïdes*, mais est plus grand, long de $0^{mm},36$ à $0^{mm},42$ et pourvu d'une dent perforante plus nette ; il n'a pas d'estomac glandulaire. On ne sait pas encore d'une façon précise combien de temps l'embryon renfermé dans l'œuf conserve sa vitalité. Leuckart pense qu'il vit rarement plus de six à dix mois, mais Munk l'a trouvé encore vivant au bout de quinze mois, dans une solution de carbonate de potasse à 2 p. 100.

Fig. 349. — Œuf d'*Ascaris mystax*, d'après Ant. Schneider.

Nous avons démontré que l'Ascaride lombricoïde se développait directement, sans passer par un hôte intermédiaire. Il en est certainement de même pour l'espèce qui nous occupe, bien que Leuckart n'ait réussi aucune de ses tentatives d'infestation. Le développement direct se trouve suffisamment prouvé par les observations de cet auteur et par celles de Hering.

L'œuf est introduit dans l'estomac avec les aliments ou les boissons ; sa coque est dissoute et l'embryon est mis en liberté. Celui-ci ne passe dans l'intestin grêle que lorsqu'il atteint une longueur de $1^{mm},3$ à $1^{mm},8$, bientôt après, il mue et sa bouche présente alors les trois lèvres caractéristiques des Ascarides ; la cuticule, jusque-là lisse et anhiste, montre une striation transversale ; l'extrémité postérieure du corps se termine par une courte pointe incurvée vers le dos.

La structure buccale définitive s'observe déjà chez des individus de moins de 2 millimètres et larges de $0^{mm},037$. Quand le Ver est long de $2^{mm},8$, on peut déjà distinguer les sexes. A 6 millimètres, les ailes apparaissent sur les côtés du cou et les deux sexes se caractérisent par la forme de la queue : celle-ci est plus longue et plus effilée chez la femelle, plus courte et plus mousse chez le mâle. Les papilles caudales ne se montrent que plus tard, quand l'animal est long de 12 millimètres et au moment où les spicules se forment.

Les nombreuses observations de Hering rendent compte de la rapidité avec laquelle croît l'Ascaride. Ce parasite est si fréquent chez les tout jeunes Chiens, que presque tous en sont atteints et souvent en hébergent plusieurs centaines. Chez un Chien de six jours, on trouve des Ascarides, mais leur longueur ne dépasse pas 2 à 4 millimètres; chez un Chien de douze jours, le parasite est long de 21 millimètres; chez un Chien de quatorze jours, il atteint 35 millimètres; chez un Chien de vingt et un jours, il est long de 63 à 84 millimètres; enfin, chez un Chien de vingt-huit jours, il est long de 105 millimètres et parvenu à l'état adulte. Les premiers œufs apparaissent quand le Ver est long de 38 à 60 millimètres. Quoi qu'en pense Hering, ces observations ne démontrent point que l'infestation se produit quand le jeune animal tette sa mère; elles prouvent du moins avec quelle rapidité se fait le développement de l'Ascaride.

Ascaris mystax est plus petit et plus mince qu'*A. lumbricoides*. Le mâle (fig. 350, *a*) est long de 40 à 60 millimètres et large de 1 millimètre. La femelle, *b*, est longue de 60 à 110 millimètres et large de $1^{mm},7$; sa longueur dépasse très rarement 120 millimètres, bien que Schneider fixe à 200 millimètres ses dimensions maximum. *A. marginata*, ou variété canine, est ordinairement plus grand qu'*A. felis* ou variété féline, mais ces deux variétés sont si semblables quant au reste, qu'on ne peut douter de leur identité spécifique.

L'appareil labial est large de $0^{mm},3$, pour une hauteur à peu près équivalente. Les dents qui ornent le bord des lèvres sont hautes de 4 μ vers le milieu, mais vont en s'effaçant progressivement de part et d'autre. Le parenchyme des lèvres est formé de deux lobes digitiformes, séparés l'un de l'autre par un profond sillon ; la face externe de ces lobes est bosselée, de telle sorte qu'ils semblent dédoublés en certains endroits. En outre des vrais tubercules tactiles qui ornent les lèvres inférieures, le Ver possède encore deux très petites papilles sensorielles, situées à l'extrémité antérieure des lobes supérieurs, au voisinage l'une de l'autre.

L'animal est caractérisé essentiellement par deux crêtes

aliformes, *c*, *d*, qui courent chacune le long du corps, sur une longueur de 2 à 4 millimètres. Elles naissent à quelque distance de l'extrémité antérieure et sont représentées par un simple repli cuticulaire dans la constitution duquel n'entre aucun muscle; leur forme générale est celle d'un cœur renversé; elles présentent d'ailleurs, dans leur forme et dans leur hauteur, de notables variations individuelles.

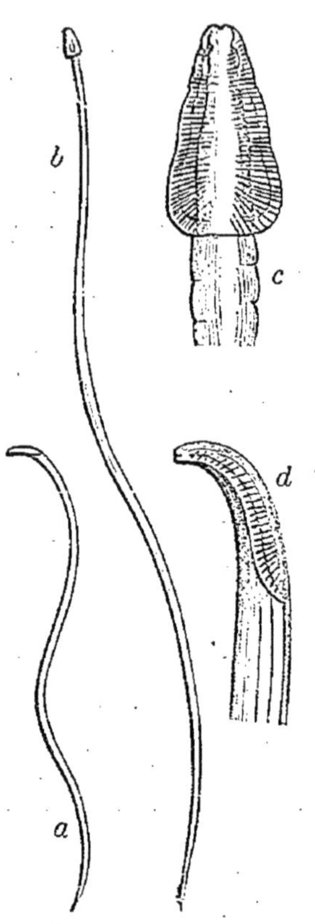

Fig. 350. — *Ascaris mystax*, d'après van Beneden. — *a*, mâle; *b*, femelle; *c*, *d*, expansions aliformes de la partie antérieure, vues de face et de profil.

L'extrémité postérieure est conique, à peine plus longue que large et terminée par une pointe incurvée vers la face dorsale. Chez le mâle, la queue porte 8 papilles post-anales, diminuant de taille d'avant en arrière et disposées en deux rangées longitudinales, de chaque côté et au voisinage de la ligne médiane ventrale; une paire de papilles plus grosses se voit immédiatement en arrière de l'orifice génital; enfin, on remarque en avant de celui-ci deux nouvelles rangées divergentes, comprenant chacune environ 30 papilles. Aussi loin que ces dernières s'étendent, l'extrémité caudale du mâle est enroulée en spirale.

La paroi du corps est assez mince, les vésicules musculaires n'ayant qu'un faible développement; il en résulte que la cavité générale est plus vaste que dans l'espèce précédente. Le tube digestif, qui s'y trouve librement suspendu dans toute son étendue, présente entre l'œsophage et l'intestin, au niveau même de l'extrémité postérieure des ailes latérales, un petit estomac glandulaire, segment sphérique, large de $0^{mm},8$ au maximum. L'intestin est d'apparence cylindrique, mais sa lumière est encore réduite à une étroite fente transversale.

Le tube testiculaire a près de 5 fois la longueur du corps : il mesure 170 millimètres chez un individu long de 39 millimètres; il est compris presque tout entier dans la moitié antérieure du corps et remonte en avant jusqu'à 6 millimètres de l'extrémité. La vésicule séminale est très développée : c'est un important canal, aussi large que l'intestin et prenant déjà naissance dans la moitié antérieure du corps; tout en se portant en arrière, elle s'effile peu à peu, jusqu'à prendre le diamètre restreint de $0^{mm},3$; mais, à 3 ou 4 millimètres du cloaque, elle double subitement de grosseur et forme ainsi le canal éjaculateur. Les spicules ont une forme remarquable : ce sont deux bâtonnets chitineux, fortement incurvés, grêles et longs de près de 3 millimètres chez un mâle de grande taille; leur épaisseur n'est que de $0^{mm},03$ et diminue progressivement de la base à la pointe; cette dernière est arrondie. Chacun de ces bâtonnets est pourvu de deux larges crêtes longitudinales, divergentes et insérées sur toute la longueur de sa face concave : le spicule se trouve ainsi transformé en une véritable gouttière. Ces crêtes, assez épaisses à la base, vont en s'amincissant vers leur bord libre ; l'interne est un peu plus large que l'autre. Toutes deux sont enroulées à l'intérieur de la gaine des spicules, la plus large recouvrant la plus étroite; la paroi de la gaine s'infléchit entre elles, de manière à combler presque tout l'espace. Ces expansions aliformes des spicules semblent ne se développer qu'après les spicules eux-mêmes : chez un jeune mâle de 20 millimètres, dont les spicules sont longs de 1 millimètre et larges de $0^{mm},01$, on n'en trouve pas encore la moindre trace. L'extrémité postérieure du corps, toujours aplatie chez *Ascaris lumbricoides*, l'est ici moins fréquemment.

Le tube ovarien est long de 35 millimètres chez un Ver de 45 millimètres, qui arrive seulement à maturité sexuelle; il mesure 160 millimètres chez une femelle longue de 65 millimètres; ses circonvolutions s'étendent encore surtout dans la portion antérieure du corps. Le *receptaculum seminis* est long de 18 millimètres chez un Ver de 48 millimètres, de 24 millimètres chez une femelle de 74 millimètres. L'utérus est d'autant plus court que le réservoir séminal est plus long : chez une femelle longue de 48 millimètres, il mesure 23 millimètres; chez une femelle de 78 millimètres, il est long de 35 millimètres; ses dimensions sont rarement supérieures à 40 millimètres. De l'union des deux utérus résulte un canal impair dont le tiers antérieur, long de 3 à 4 millimètres, correspond au vagin; celui-ci n'est reconnaissable qu'à sa structure, aucun signe extérieur n'indiquant ses limites. La vulve s'ouvre vers le milieu de la première moitié du corps.

Ascaris mystax vit normalement dans l'intestin grêle du Chien et du Chat; on l'a encore trouvé chez le Renard et le de Lynx. On l'a rencontré chez le Lion au Jardin zoologique Berlin; von Olfers et Sello, au Brésil, l'ont observé chez le Puma; enfin, Ant. Schneider le croit identique à *A. microptera* Rudolphi, du Lion, et à *A. brachyoptera* Rud., de la Genette. Ce même helminthe se rencontre parfois chez l'Homme : on en connaît actuellement huit observations authentiques (1).

1er *cas. Pickells*, 1824. — Mary Riordan, vingt-huit ans, du comté de Cork, rend un Ver en avril 1822; le Dr J. V. Thomson, de Cork, lui trouve beaucoup de ressemblance avec *Ascaris mystax*. Au bout de vingt-deux mois, en février 1824, plusieurs autres Vers sont encore expulsés; puis 11 autres en novembre 1825; puis 9 autres vivants en mars 1826. La malade rend en tout environ 50 Vers, de taille variable, tant par la bouche que par l'anus, le plus souvent sans médicament; elle évacue en même temps des Ascarides lombricoïdes et un nombre considérable de larves de Mouches et de *Blaps mortisaga* à l'état de larves et à l'état parfait.

La malade était hystérique: elle avait eu autrefois l'habitude de boire de l'eau argileuse, puisée dans le sépulcre d'un prêtre, dans l'espoir de se mettre à l'abri du péché et de la maladie. Aussi Leuckart considère-t-il cette observation comme un cas de simulation.

2e *cas. Bellingham*, 1839. — Un enfant de cinq ans présente des symptômes d'helminthiase; on lui administre un vermifuge. Un ou deux jours après, on apporte à Bellingham deux Vers morts : c'étaient deux femelles, dont la ressemblance avec *A. mystax* fut reconnue, mais pour lesquelles, à cause de prétendues différences secondaires, on crut devoir créer la nouvelle espèce *A. alata*.

3e *cas. Leuckart*, 1861. — En février 1861, Max Schultze adresse à Leuckart 7 Vers que lui avait remis un médecin des environs de Bonn : c'était un mâle et 6 femelles d'*A. mystax;* ils avaient été vomis pendant un accès de toux par une paysanne qui souffrait depuis long-

(1) Un cas dont parle Krabbe (*Om Forekomsten af Bändelorme hos Mennesket i Danmark*. Nordiskt med. Arkiv, XII, no 23, 1880) est certainement apocryphe.

temps d'un catarrhe chronique; aucun d'eux n'était complètement développé.

4e *cas. Cobbold,* 1863. — Le 20 novembre 1862, le Dr Edw. Lankester, de Londres, donne à Cobbold 8 *A. mystax* qu'il avait reçus de Scattergood, de Leeds. Ces Vers avaient été trouvés dans les matières fécales d'un enfant de treize mois (1); ils étaient sortis spontanément; l'administration d'un anthelminthique demeura sans résultat.

5e *cas. Morton,* 1865. — Un enfant de quatorze mois expulse une femelle longue d'environ 10 centimètres.

6e *cas. Heller,* 1872. — L'Institut pathologique d'Erlangen possède une femelle d'*A. mystax*, longue de 55 millimètres et donnée par le Dr Böhm, de Gunzenhausen; elle avait été évacuée par un jeune garçon.

7e *cas. Leuckart,* 1876. — Leuckart a reçu du professeur Steenstrup un Ascaride qui, d'après les renseignements fournis par Olrik, avait été rejeté dans un accès de toux par une femme de Godhavn, Groenland.

8e *cas. Kelly,* 1884. — Une femme vomit environ 25 Vers, longs de 4 à 6 millimètres.

Ces observations démontrent d'une façon indiscutable la présence d'*A. mystax* chez l'Homme; cet helminthe n'est jamais qu'un parasite rare et accidentel. Grassi a cherché vainement chez plus de 1000 personnes l'Ascaride ou ses œufs; au contraire, il l'a toujours trouvé chez le Chat en plus ou moins grand nombre. D'autre part, ce même expérimentateur a avalé à 4 reprises 3 ou 4 Vers, sans parvenir à les garder vivants dans son intestin. Il conclut de ces recherches qu'*A. mystax* n'est pas un vrai entozoaire de l'Homme, conclusion assurément inexacte.

W. Pickells, *Case of a young woman who has discharged, and continues to discharge, from her stomach a number of insects in different stages of their existence.* Transactions of the assoc. of fellows and licentiates of the King and Queen's College of physicians of Ireland, IV, p. 189 and 441; V, p. 171, 1824.

O' Brien Bellingham, *On an undescribed species of human intestinal worm.* The Dublin med. press, I, p. 104, 1839.

Id., *Sur une espèce non décrite encore de Ver intestinal chez l'Homme.* Gazette des hôpitaux, (2), I, p. 97, 1839.

T. Sp. Cobbold, *On the occurence of Ascaris mystax in the human body.* The Lancet, I, p. 31, 1863.

T. Morton, *Ascaris mystax.* Ibidem, I, p. 278, 1865.

(1) Et non de 14 ans, comme le dit Leuckart (*Menschliche Parasiten,* II, p 260).

C. Heller, *Ueber Ascaris lumbricoïdes.* Sitzungsber. der Erlanger phys. med. Societät, IV, p. 71, 1872.

B. Grassi, *Contribuzione allo studio dell' elmintologia. — V. Intorno all' Ascaris mystax.* Gazz. med. ital. Lombardia, XXXIX, p. 276, 1879.

H. A. Kelly, *The occurence of the Ascaris mystax (Rudolphi) in the human body. With a case.* Amer. journal of med. sciences, (2), LXXXVIII, p. 483, 1884.

Ascaris maritima Leuckart, 1876.

Cet Ascaride n'a encore été observé qu'une fois. Le seul exemplaire connu est une femelle longue de 43 millimètres, large de 1 millimètre au maximum, non encore parvenue à maturité sexuelle; le maximum de largeur s'observe au commencement du tiers postérieur du corps. L'extrémité caudale a l'aspect d'un cône effilé, long de $0^{mm},5$; l'appareil labial (fig. 351) est de petites dimensions (largeur $0^{mm},16$; hauteur $0^{mm},065$), bien que, à 1 millimètre en arrière, l'extrémité antérieure soit déjà large de $0^{mm},5$. Les expansions membraneuses font défaut sur les côtés de la tête, mais la cuticule se relève légèrement en forme de crête.

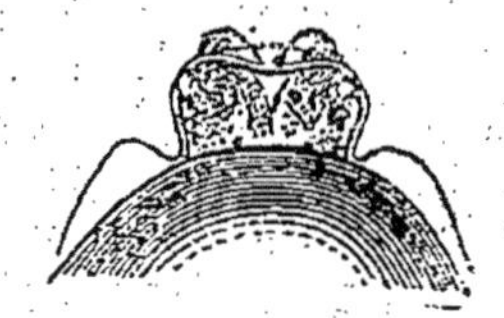

Fig. 351. — Lèvre supérieure d'*Ascaris maritima*, d'après Leuckart.

Ce Ver a été envoyé à Leuckart par Krabbe, qui l'avait reçu en 1867 de Pfaff, médecin de district à Jakobshavn, non loin de Godhavn, dans le Groenland du nord; il avait été vomi par un enfant, en avril 1865. Il appartient au groupe d'*Ascaris lumbricoïdes* et d'*A. mystax*, c'est-à-dire aux Ascarides dont les lèvres sont dentelées sur les bords et ne sont point séparées les unes des autres par des saillies plus ou moins proéminentes. Il est très voisin d'*A. transfuga*, de l'Ours, mais ne lui est point identique

Oxyurus vermicularis Bremser, 1819.

Synonymie : Ἀσκαρις Hippocrate.
Lumbriculus Aldrovande.
Ascaris vermicularis Linné, 1767.
Fusaria vermicularis Zeder, 1800.

L'œuf de l'Oxyure vermiculaire (fig. 352) mesure 50 à 52 μ

sur 16 à 24 μ : vu par en haut, il est de forme ovale ; vu de profil, la face ventrale paraît aplatie et la face dorsale bombée, l'extrémité céphalique étant plus effilée que l'autre. La coque est lisse, résistante, formée de trois couches superposées et entourées en outre d'une mince enveloppe albumineuse, grâce à laquelle les œufs adhèrent entre eux après la ponte. L'acide acétique sépare le chorion du reste de la coque, sauf en un point large de 7 μ, situé à la face dorsale de l'œuf, en arrière du pôle céphalique ; à ce niveau, la couche moyenne de la coque fait défaut, en sorte que les deux couches externe et interne entrent en contact. Cette particularité de structure a une grande importance : sous l'influence des acides, du suc gastrique ou de la putréfaction, le point en question se détache à la moindre pression, laissant derrière lui un étroit orifice par lequel l'embryon pourra s'échapper.

L'œuf est encore dans l'utérus quand il parcourt les premières phases de son développement. Au moment de la ponte, il renferme déjà un embryon gyriniforme, découvert par Claparède : le corps est une masse ovoïde qui remplit toute la cavité de l'œuf et à laquelle est appendue une queue effilée, repliée sous la face ventrale. Si les conditions extérieures sont favorables, si l'humidité est suffisante et si la température n'est pas inférieure à 30 ou 32° C., le développement de l'embryon se poursuit plus ou moins activement; à 40°, il est très rapide. L'embryon perd alors sa forme de têtard : il s'allonge, surtout dans la région postérieure; le corps s'amincit, la queue s'étire et s'épaissit. Quand elle a atteint le pôle antérieur de l'œuf, elle se réfléchit en arrière et continue à croître jusqu'à ce qu'elle ait parcouru de nouveau toute la longueur de l'œuf; parfois même elle se termine par un court crochet, commencement d'une inflexion nouvelle.

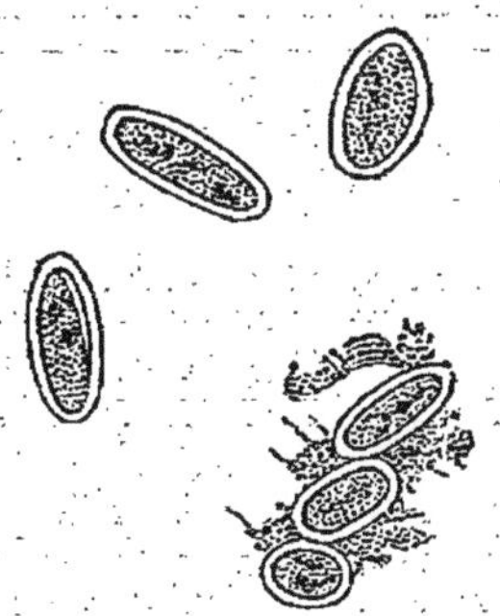

Fig. 352. — Œufs d'Oxyure, d'après Eichhorst.

Quand son développement est achevé, l'embryon est long de 140 μ, dont 21 μ sont occupés par la queue; sa largeur maximum est de 10 μ. L'extrémité antérieure est arrondie et large de 8 μ; la queue est un cône effilé, large de 5 μ à la base. Le tube digestif se voit distinctement à travers la paroi du corps : l'œsophage, long de 42 μ, s'élargit en poire à son extrémité, mais est encore dépourvu de dents; sa lumière est limitée par une mince couche chitineuse. L'embryon est mobile à l'intérieur de l'œuf, mais l'activité de ses mouvements dépend de la température.

L'embryon ne se développe pas seulement au dehors : si l'œuf séjourne assez longtemps dans l'intestin de l'Homme, le développement peut tout aussi bien s'y accomplir. Les œufs que l'on rencontre dans les matières fécales fraîches renferment des embryons complètement développés, bien plus souvent que des embryons gyriniformes (1). Vix a vu, dans le mucus du rectum et de la région anale, des œufs à embryons mûrs et des embryons en train d'éclore; il en conclut que le jeune Oxyure est capable de se développer sur place, sans passer par une phase d'existence libre, mais cette déduction hâtive ne s'appuie sur aucune preuve (2).

On doit admettre, au contraire, que les œufs à embryons mûrs sont normalement rejetés au dehors avec les excréments et subissent désormais le même sort que ceux qui, pondus au stade gyriniforme ou même plus tôt, ont achevé leur évolution en dehors de l'organisme humain. L'œuf restera en vie latente pendant des semaines ou des mois, jusqu'à ce qu'il se trouve ramené dans l'estomac de l'Homme. L'embryon ne résiste pas à l'action prolongée de l'eau : celle-ci ne jouera donc que rarement le rôle de véhicule pour l'œuf; mais ce dernier, mélangé à la poussière qui résulte de la dessiccation des matières fécales, pourra être amené à la surface des fruits, de la salade, ou de tout autre objet qui pénétrera dans l'estomac ou simplement dans la bouche.

L'absence d'hôte intermédiaire pour l'Oxyure est démontrée par une foule d'observations journalières, et notamment par voie expérimentale. En octobre 1865, Leuckart et trois de ses élèves avalèrent chacun quelques douzaines d'œufs, cultivés dans une étuve et renfermant des embryons mûrs. Vers la fin de la deuxième semaine, trois des expérimentateurs trouvèrent dans leurs fèces quelques Vers longs de 6 à 7 millimètres, c'est-à-dire presque adultes; Leuckart en évacua encore plus tard, jusqu'à la quatrième semaine, et en rendit en tout 18 à 20.

Grassi a voulu répéter sur lui-même cette expérience. Il com-

(1) Quelques heures après l'évacuation de ces matières, on observe le phénomène inverse, les femelles rejetées avec elles s'étant mises, sous l'influence des agents extérieurs, à vider leurs utérus et à pondre des œufs de plus en plus frais.

(2) Küchenmeister a adopté, en l'exagérant, l'opinion de Vix. Non seulement il admet que l'Oxyure peut se développer sur place, il pense même que ce parasite peut se propager, par exemple si on partage le lit d'un individu, enfant ou adulte, qui en est infesté : le Ver sortirait spontanément de l'anus du malade et cheminerait à la rencontre de l'autre dormeur !

mence par s'assurer qu'il ne porte pas d'Oxyures, puis avale six femelles prises sur un individu mort depuis vingt-quatre heures; c'était à la fin de janvier 1879. Au bout de quinze jours, il commence à ressentir du prurit à l'anus et à trouver dans ses selles de nombreuses femelles remplies d'œufs; il les observe dans chaque selle pendant plus d'un mois.

Dès que l'œuf est parvenu dans l'estomac, sa coque est attaquée et ramollie par le suc gastrique et se perce au point que nous avons indiqué : sous les efforts de l'embryon, une sorte de clapet se détache et laisse derrière lui un orifice ovalaire qui livre passage au jeune Ver. Celui-ci, long de $0^{mm},14$, se rend alors dans la partie supérieure de l'intestin grêle, où il subit une ou deux mues successives, tout en s'accroissant rapidement : sa queue a la forme d'une alène ou d'un poinçon et il est encore impossible de reconnaître à quel sexe il appartiendra par la suite; il n'a encore ni lèvres, ni vésicule céphalique, ni dents pharyngiennes. Mais quand il a atteint une certaine taille, les caractères sexuels apparaissent : la queue prend la forme caractéristique, en même temps que l'appareil génital se développe; le spicule du mâle se montre déjà. Le jeune mâle mesure alors $1^{mm},1$ à $1^{mm},8$ de long sur $0^{mm},8$ de large; sa queue est longue de $0^{mm},1$. La femelle est longue de $1^{mm},78$ à $1^{mm},97$; sa queue mesure $0^{mm},4$; la vulve est à $0^{mm},8$ de l'extrémité céphalique. Quand il a acquis la structure et les dimensions que nous venons de lui assigner, l'animal subit une nouvelle mue, prélude de son passage à l'état adulte.

Selon toute apparence, le mâle arrive à maturité sexuelle plus rapidement que la femelle. Un mâle long de 3 millimètres a déjà des spermatozoïdes dans la plus grande partie de son testicule, alors que, chez une femelle de même taille, les organes génitaux sont fort peu développés. Mais, quand la femelle a atteint une longueur de 5 millimètres, leur développement s'achève rapidement. Le premier accouplement se fait peu de temps après : chez des individus longs de 6 à 7 millimètres, le vagin a acquis sa structure définitive et se montre presque toujours rempli de sperme, même avant que l'utérus ne renferme des œufs; les premiers œufs embryonnés ont été rencontrés par Leuckart chez une femelle longue de $7^{mm},3$ et large de $0^{mm},48$.

L'Oxyure adulte est de petites dimensions et effilé à chacune de ses extrémités. Le mâle (fig. 353) est long de 3 à 5 millimètres, large de $0^{mm},16$ à $0^{mm},20$; son extrémité postérieure est assez brusquement tronquée. Après la mort, il se raccourcit notablement, en même temps que son épaisseur augmente; sa queue, légèrement sinueuse pendant la vie, s'enroule alors plus ou moins en spirale. La queue porte encore six paires de papilles, dont les antérieures et les postérieures sont les plus grosses; ces dernières sont situées au bord externe et donnent à l'extrémité du corps un aspect fourchu.

La femelle (fig. 354) est longue de 9 à 12 millimètres; sa plus grande largeur est de 0^{mm},4 à 0^{mm},6 et s'observe au niveau de la vulve qui, chez l'adulte, s'ouvre à 3 millimètres environ en arrière de l'extrémité céphalique, c'est-à-dire un peu en avant du milieu du corps. La queue a conservé la même forme que chez la larve : elle est longue, en alène, occupe à peu près le cinquième de la longueur totale du corps et présente à sa pointe une légère incurvation en vis; l'anus débouche à sa base.

Le mâle est resté longtemps inconnu. Bremser pensait que l'espèce se reproduisait par parthénogenèse, mais Sommerring lui envoya plusieurs mâles qu'il avait recueillis. On crut dès lors à la grande rareté du mâle. Rudolphi et von Siebold n'en rencontrèrent aucun et admirent l'hypothèse de Bremser, au moins pour certains cas. Depuis lors, Zenker a prouvé qu'il est aisé de rencontrer le mâle dans les autopsies, si on râcle légèrement avec un scalpel la surface de la muqueuse, dans les endroits débarrassés de matières fécales, et qu'on étale sur une lame de verre les mucosités ainsi enlevées : Zenker admet donc que le mâle est à peine plus rare que la femelle. Leuc-

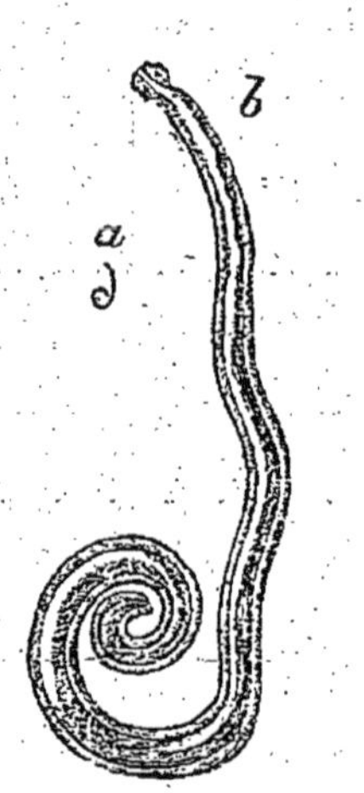

Fig. 353. — *Oxyurus vermicularis* mâle. — *a*, de grandeur naturelle ; *b*, grossi.

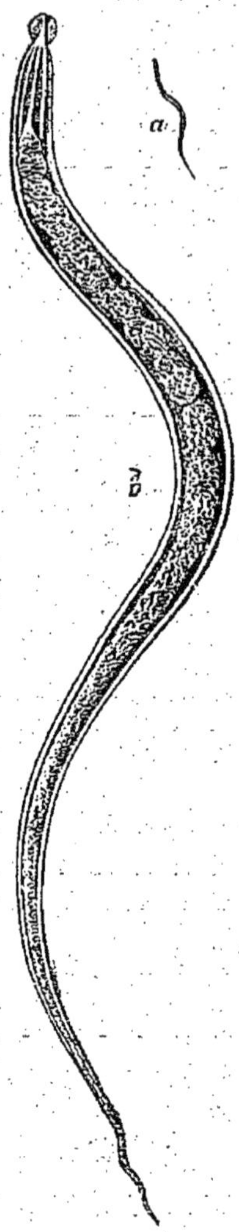

Fig. 354. — *Oxyurus vermicularis* femelle. — *a*, de grandeur naturelle; *b*, grossi.

kart combat cette opinion, mais en se basant sur des observations faites sur le vivant; en examinant avec soin des selles diarrhéiques, il trouve dans un cas 12 mâles et 110 femelles, dans un autre cas 9 mâles et 80 femelles, soit une moyenne de 1 mâle pour 9 femelles. Il est d'ailleurs possible que les mâles, dont la maturité sexuelle précède celle des femelles, meurent et soient évacués plus tôt que ces dernières, en sorte qu'ils seront devenus rares au moment où le prurit anal dénoncera la présence du parasite, c'est-à-dire au moment de la maturité sexuelle des femelles. La proportion relative des deux sexes varie donc aux diverses époques de l'infestation : au début, les deux sexes sont à peu près en même nombre.

Fig. 355. — Extrémité antérieure de l'Oxyure, vue de profil, d'après Leuckart.

Le corps de l'Oxyure est limité par une cuticule épaisse de 5 à 6 μ, et formée de trois couches, dont l'externe porte des stries transversales, écartées de 12 à 17 μ. La striation est peu apparente, mais devient de plus en plus nette dans la région antérieure; elle s'efface parfois chez les femelles ovigères, par suite de la distension du corps. Au-dessus de chacune des lignes latérales se voit une crête longitudinale, qui se poursuit en arrière presque jusqu'à l'extrémité de la queue et en avant jusqu'au voisinage de la vésicule céphalique. Cette crête est un simple épaississement triangulaire de la cuticule, haut de 20 μ et large de 40 μ; on pourrait la prendre tout d'abord pour la projection du canal latéral, mais celui-ci est de petites dimensions; les lignes latérales sont elles-mêmes fort difficiles à voir sur l'animal intact, leur largeur étant exactement celle de la crête qui les surmonte.

L'extrémité antérieure du corps est très effilée. A son niveau, la cuticule se creuse d'une cavité dans laquelle s'accumule un liquide clair qui se coagule sous l'action de certains réactifs. Cette vésicule se soulève, aux faces supérieure et inférieure, en une sorte de crête semi-lunaire (fig. 355) qui n'a rien à voir avec la crête latérale du corps et que l'on a parfois comparée à tort à l'expansion latérale de la tête d'*Ascaris mystax*.

La vésicule céphalique donne à la tête de l'Oxyure l'aspect du bout d'ambre d'une pipe turque; sa surface est striée transversalement, son bord libre est orné d'environ 25 dents chez la femelle, de 15 dents chez le mâle. Elle a environ le quart de la longueur du pharynx et disparaît totalement, chez la femelle, à $0^{mm},24$ en arrière de l'extrémité céphalique; en avant, elle est limitée par le bord postérieur des trois lèvres.

Leuckart considère la vésicule céphalique comme un appareil élastique destiné à propulser les lèvres. A l'état de repos, celles-ci sont saillantes; quand leurs muscles se contractent, elles se retirent plus ou moins profondément. Aucun muscle n'étant affecté à la protraction, la saillie de la tête doit alors résulter du choc du sang contre l'extrémité antérieure. Leuckart admet que cette propulsion se fait avec une grande force : le prurit insupportable qu'occasionne le parasite tient, non pas au frétillement de la queue, comme on le croit généralement, mais aux mouvements de l'appareil labial et aux mordillements consécutifs de la muqueuse.

L'Oxyure est platymyaire et méromyaire, d'après la nomenclature de Schneider. Ses muscles consistent en un petit nombre de cellules, en tout 40 à 50, disposées en deux rangées dans chacun des espaces interposés aux lignes longitudinales. Chaque cellule est large de 150 μ et longue de près de 2 millimètres, mais cette longueur est en grande partie occupée par les deux extrémités, étirées en membrane ou en fibre; le reste correspond au segment moyen, plus épais et plus large.

La cellule est d'une épaisseur remarquable, qui peut atteindre parfois jusqu'à $0^{mm},16$. Elle n'est pas contractile dans toute sa substance, mais seulement par sa partie externe. La couche contractile est épaisse de 50 μ, et de structure fibrillaire; le reste de la cellule, qui proémine plus ou moins dans la cavité du corps, est formé d'une masse claire, renfermant un grand nombre de granules jaunâtres et un noyau nucléolé. Les cellules musculaires s'étendent en avant jusque dans l'épaisseur des lèvres; en arrière, elles deviennent de plus en plus petites et surbaissées, mais se retrouvent jusqu'à l'extrémité de la queue.

La ligne latérale est constituée essentiellement comme chez les Ascarides : elle est divisée en deux moitiés symétriques par une sorte de cloison qui renferme le canal latéral. Le pore terminal de l'appareil excréteur s'ouvre à $0^{mm},8$ en arrière du pharynx : en ce point, les lignes latérales s'unissent l'une à l'autre au moyen d'une bande transversale qui passe au-dessus des muscles abdominaux.

L'anneau nerveux (fig. 355), bien plus apparent que l'appareil excréteur, se voit au niveau de l'extrémité postérieure de la vésicule céphalique. Il s'unit aux lignes latérales et médianes ; ces dernières ont en ce point à peu près la même largeur que les lignes latérales ; partout ailleurs, elles sont très réduites.

La bouche est entourée de trois lèvres, une dorsale plus grande et deux latéro-ventrales plus petites ; leur bord n'est pas dentelé. La cavité buccale est courte et triangulaire et se continue avec l'œsophage. Celui-ci est très musculeux et s'élargit insensiblement en arrière ; après un trajet de $0^{mm},5$ chez le mâle et de 1 millimètre chez la femelle, il aboutit à l'estomac ou bulbe pharyngien, puissante masse musculaire arrondie, dont la surface interne est armée de trois dents chitineuses, disposées de manière à empêcher les substances ingérées de repasser dans l'œsophage ; ces organes ne servent aucunement à mâcher les aliments, qui d'ailleurs sont puisés à l'état plus ou moins liquide, mais les poussent dans l'intestin.

Tandis que l'œsophage et l'estomac étaient revêtus intérieurement d'une cuticule imperforée, l'intestin est tapissé d'un épithélium dont la surface porte une cuticule percée d'un grand nombre de pores. Cette portion du tube digestif traverse en ligne droite la cavité générale et présente des mouvements péristaltiques à son extrémité. Ceux-ci sont dus à la contraction de fibres annulaires délicates, disposées à quelque distance les unes des autres et anastomosées entre elles ; ces fibres se condensent en un véritable sphincter, au point où l'intestin se continue avec le rectum. A ce même niveau, on remarque de chaque côté de l'intestin deux glandes unicellulaires, larges de 82 μ. Le rectum est long de $0^{mm},25$; chez le mâle, il débouche dans le cloaque ; chez la femelle, il s'ouvre à la base de la queue. L'anus peut se dilater sous l'action de fibres musculaires qui, de chaque côté, rayonnent en éventail et vont s'insérer sur la paroi du corps, au voisinage de la ligne dorsale.

La cavité du corps est assez vaste, sauf aux extrémités, où elle s'effile et se réduit à un étroit canal. Elle est remplie par le liquide nourricier, au sein duquel nagent des sphérules brillantes, larges de 3 à 13 μ, les plus grosses donnant naissance aux plus petites par une véritable segmentation.

L'appareil génital mâle est d'une grande simplicité. Il est formé d'un large tube rectiligne, rapproché de la face dorsale et dont la longueur n'est pas supérieure aux deux tiers de la longueur totale du Ver; son extrémité antérieure s'infléchit vers la face ventrale en un crochet long de $0^{mm},2$ au plus. Ce tube se subdivise assez nettement en quatre segments : testicule, canal déférent, vésicule séminale, canal éjaculateur. Ce dernier s'unit au rectum pour constituer un cloaque, dans lequel débouche d'autre part la poche du spicule. L'organe d'accouplement est en effet constitué par un unique bâtonnet chitineux, assez épais et dépourvu d'appareil de soutien; sa longueur peut atteindre jusqu'à 70 μ; son extrémité s'amincit et s'incurve en S. Le cloaque vient s'ouvrir à la face ventrale, au voisinage immédiat de l'extrémité caudale; celle-ci, comme on sait, ne se termine point en alène, mais se tronque brusquement et s'infléchit en demi-cercle vers la face ventrale; cette disposition facilite sans doute l'accouplement, comme le montrent d'ailleurs les papilles qui ornent l'extrémité caudale.

Les deux tubes génitaux femelles des Ascarides couraient parallèlement l'un à l'autre et se disposaient symétriquement par rapport au plan médian. Chez l'Oxyure, il n'en est plus de même : les deux tubes sont symétriques par rapport à un plan transversal, c'est-à-dire que l'un d'eux occupe la moitié antérieure avec ses différents replis, tandis que l'autre remplit la moitié postérieure. La symétrie est d'ailleurs imparfaite, le tube antérieur étant plus court que l'autre : chez une femelle adulte, le premier est long de 6 à 7 millimètres, le second de 10 à 11 millimètres. Ces dimensions varient d'ailleurs notablement, suivant que l'ovaire et l'utérus sont plus ou moins distendus par les œufs. Ceux-ci peuvent s'accumuler en si grande abondance, que le tube génital se dilate au point de remplir et de distendre toute la cavité du corps : les autres organes sont comprimés et l'animal entier a l'aspect d'un sac bourré d'œufs. Leuckart estime de 10 à 12,000 le nombre des œufs qui peuvent ainsi distendre l'utérus.

Les deux utérus s'unissent l'un à l'autre à $0^{mm},5$ environ en avant du milieu du corps. Le vagin qui prend ainsi naissance est long de $1^{mm},3$ à $1^{mm},5$: il court d'arrière en avant, le long de sa face ventrale et débouche au dehors par une vulve située à 3 millimètres environ de l'extrémité céphalique.

Au moment de la fécondation, l'œuf est encore dépourvu de coque. Celle-ci prend naissance quand, après avoir traversé le réservoir séminal, il pénètre dans la première portion de l'utérus. Résulte-t-elle d'une sécrétion particulière ou, comme le pense Schneider, d'une différenciation du vitellus? on ne sait; toujours est-il que sa production est rapide, car il est fort rare de trouver dans l'utérus des œufs à coque imparfaitement développée; le clapet ne se solidifie que plus tard.

C'est seulement chez les femelles dont l'ovaire est encore turgescent que la poche séminale se trouve remplie de sperme. Par exception, les œufs de l'Oxyure ne se forment pas et ne se détachent pas d'une façon continue, mais par intervalles, en sorte qu'il y a de véritables périodes de rut. A chaque période, la provision de sperme est utilisée : on ne trouve donc point de sperme dans la poche séminale, en dehors du moment du rut; d'autre part, chaque période nouvelle nécessite un nouvel accouplement.

On croit généralement que l'Oxyure se tient de préférence dans le rectum; mais c'est là une erreur que les observations de Zenker ont redressée. Après son éclosion, l'embryon pénètre dans l'intestin grêle, pour y subir ses mues et y atteindre sa maturité sexuelle. Les jeunes Vers séjournent plus ou moins longtemps dans l'intestin grêle; ils y achèvent leur croissance et la plupart d'entre eux s'y accouplent. On trouve ainsi, depuis le duodénum jusqu'à la valvule de Bauhin, un grand nombre d'Oxyures à tous les états de développement; après l'accouplement, les femelles fécondées passent dans le cæcum, accompagnées d'un petit nombre de mâles; la plupart de ces derniers demeurent dans le jéjunum et l'iléon. Il arrive donc un moment où l'intestin grêle ne contient plus que quelques jeunes femelles, à côté d'une grande quantité de mâles, tandis que le cæcum renferme un grand nombre de femelles et une petite quantité de mâles; dans ces conditions, on conçoit que certains accouplements puissent également se faire dans le cæcum. Les mâles meurent du reste rapidement après la copulation; ils sont éliminés avec les fèces avant qu'aucun symptôme soit venu signaler la présence du parasite.

Les femelles fécondées séjournent dans le cæcum, tant que

le développement des œufs n'est pas achevé ; elles peuvent même pénétrer dans l'appendice iléo-cæcal, mais ce dernier semble être le recoin préféré des mâles (1). Quand les œufs ont enfin acquis leur maturité, les femelles cheminent le long du côlon et arrivent au rectum, dans lequel elles effectuent en partie leur ponte ; elles tendent également à quitter l'intestin, comme le prouve le prurit insupportable que le malade éprouve à l'anus. Un grand nombre d'œufs sont donc pondus dans le mucus anal et sur le tégument humide de la région voisine : leur dissémination et leur introduction possible dans l'estomac de l'Homme se font par les procédés que nous avons déjà signalés. La propagation de l'helminthe est encore assurée par l'effritement des matières fécales, qui contiennent des œufs libres et des femelles plus ou moins bourrées d'œufs, suivant que leur ponte s'est effectuée ou non dans l'intestin.

Nous avons dit que l'œuf, au moment de son évacuation, renferme déjà un embryon gyriniforme ; celui-ci ne peut continuer son développement qu'autant que le suc gastrique, en ramollissant la coque de l'œuf, a contribué à le mettre en liberté. L'infestation n'est donc possible que si l'œuf est ramené dans l'estomac, au bout d'un temps variable (2). Vix croyait que les embryons encore renfermés dans l'œuf étaient capables de se développer dans le rectum ; mais cette opinion n'est pas soutenable.

J.-M. Barry, *On the origin of intestinal worms, particularly the Oxyurus vermicularis.* Transactions of the Assoc. of fellows and licentiates of king's and queen's College of physicians in Ireland, II, p. 383, 1818.

E. Vix, *Ueber Entozoen bei Geisteskranken, ins Besondere über die Bedeutung, das Vorkommen und die Behandlung von Oxyurus vermicularis.* Allgemeine Zeitschrift für Psychiatrie, XVII, p. 1, 149 et 225, 1860.

W. Stricker, *Physiologisch-pathologische Bemerkungen über Oxyurus vermicularis.* Virchow's Archiv, XXI, p. 360, 1861.

J. H. L. Flögel, *Ueber die Lippen einiger Oxyurisarten.* Z. f. w. Z., XIX, p. 234, 1869.

(1) En recherchant le sexe des Oxyures trouvés dans l'appendice, Heller a noté : dans un cas, 36 mâles ; dans un autre cas 19 femelles et 19 mâles ; une autre fois, 9 femelles et 30 mâles ; dans un dernier examen, 27 femelles et 46 mâles.

(2) On ignore si l'œuf introduit prématurément dans l'estomac, c'est-à-dire avant la formation complète de l'embryon, est capable d'y poursuivre son évolution. Le fait ne semble pas impossible, si on considère que le développement de l'embryon est très rapide et que l'action du suc gastrique sur la coque n'est pas instantanée.

Zenker, Tageblatt der 42. Versammlung deutscher Naturforscher und Ærzte zu Dresden, p. 140, 1868. — Id., *Ueber die Naturgeschichte des Oxyurus vermicularis*. Verhandlungen der phys. med. Societät zu Erlangen, II, p. 20, 1870.

L'Oxyure est généralement transmis à l'enfant par le linge ou par les mains sales des personnes qui le soignent, quand ces dernières en sont elles-mêmes infestées. Dès que quelques Vers se sont développés dans l'intestin, la persistance du parasite chez le même malade s'explique aisément sans qu'il soit nécessaire de supposer que des œufs nouveaux sont sans cesse introduits dans l'estomac. En effet, les conditions sont très favorables à l'auto-infestation.

Sous l'influence de la chaleur du lit, l'Oxyure descend dans le rectum et provoque dans la région anale un prurit insupportable, qui engage les malades à se gratter. S'il s'agit d'enfants ou d'adultes négligeant trop les soins de propreté, les ongles se chargent ainsi de matières fécales et de mucosités, au sein desquelles le microscope permet de reconnaître un grand nombre d'œufs, dont le transport à la bouche se fait pendant le sommeil, ou si le malade a l'habitude de sucer son pouce ou de se ronger les ongles : Zenker et Heller ont vu, en effet, à plusieurs reprises, des œufs et même des femelles entières dans le pli ou sous le bord de l'ongle. L'auto-infestation peut être sans limites ; les conditions qui la favorisent augmentent de plus en plus avec le nombre des Vers ; ainsi s'explique la persistance du parasite chez un même individu pendant de longues années : Cruveilhier et Marchand l'ont vu persister pendant dix et quinze ans; Oppolzer, Hervieux et d'autres l'ont même vu infester des individus depuis l'enfance jusqu'à un âge avancé. De cette façon s'explique encore, dans une certaine mesure, la propagation du Ver d'un individu à l'autre, par l'usage du même linge ou du même lit. Aussi l'helminthe s'observe-t-il surtout, et parfois sous forme endémique, dans les maisons d'éducation, dans les orphelinats, les prisons, les casernes, les asiles d'aliénés (1). La prédisposition aux Oxyures, que l'on admettait jadis, trouve encore son explication dans les faits dont nous venons de parler.

La contamination se fait donc avec la plus grande facilité,

(1) Vix l'a trouvé 56 fois chez 86 aliénés, soit dans 60 p. 100 des cas.

pour peu qu'on ait affaire à des personnes infestées par l'Oxyure ou qu'on ait occasion de toucher des objets quelconques leur ayant appartenu. A l'époque où ils étudiaient le parasite, Leuckart et Heller en furent eux-mêmes atteints, bien qu'ils eussent pris les plus grandes précautions.

Puisque le périnée et même la vulve, comme nous le verrons par la suite, sont ordinairement parsemés d'un grand nombre d'œufs, il n'est pas impossible que la mère, au moment de l'accouchement, transmette le parasite à l'enfant. Peut-être doit-on expliquer de la sorte le fait, observé par Heller, d'un enfant de cinq semaines dont l'appendice iléo-cæcal renfermait des Oxyures adultes. Ce fait, en tout cas, est intéressant, en ce qu'il nous démontre avec quelle rapidité se fait le développement de l'helminthe.

Le nombre des Oxyures hébergés par un même malade est soumis aux plus grandes variations : ils sont parfois si abondants et si serrés les uns contre les autres que, d'après Vix, la surface entière du gros intestin ressemble à de la fourrure. Leur présence n'exclut pas celle d'autres parasites : les statistiques de Müller et de Heller nous en donnent la preuve. Sur 135 autopsies d'aliénés faites à Erlangen, l'Oxyure a été observé 78 fois, soit dans la proposition de 57,77 p. 100, savoir : 35 fois seul, 6 fois avec l'Ascaride lombricoïde, 26 fois avec le Trichocéphale, 11 fois avec l'Ascaride et le Trichocéphale. Sur 611 autopsies faites à Kiel, il a été vu 142 fois, soit dans la proportion de 23,24 p. 100, savoir : 57 fois seul, 16 fois avec l'Ascaride, 35 fois avec le Trichocéphale, 34 fois avec l'Ascaride et le Trichocéphale.

Nous empruntons encore à Müller pour Dresde et Erlangen, et à Heller pour Kiel, les statistiques suivantes relatives à la fréquence de l'Oxyure. A Dresde :

1164 hommes	ont présenté	l'Oxyure	24	fois,	soit	2, 1	p. 100.
739 femmes	—	—	19	—		2, 5	—
36 enfants	—	—	0	—		0	
Au total, 1939 individus	—	—	43	—		2, 2	—

Pour Erlangen, le résultat était le suivant :

845 hommes	ont présenté	l'Oxyure	113	fois,	soit	13, 4	p. 100.
513 femmes	—	—	57	—		11, 1	—
397 enfants	—	—	43	—		10, 8	—
Au total, 1755 individus	—	—	213	—		12,13	—

Enfin, le résultat des autopsies faites à Kiel a donné les chiffres suivants :

	266 hommes ont présenté l'Oxyure	50 fois,	soit	18, 8 p. 100.
	194 femmes	—	—	41	—	21, 1 —
	151 enfants	—	—	51	—	33, 8 —
Au total,	611 individus	—	—	142	—	23, 2 —

A Bâle, d'après Zäslein, le parasite a été vu 10 fois dans 50 autopsies consécutives, soit dans 20 p. 100 des cas.

L'Oxyure se rencontre à tout âge, mais est plus commun chez les enfants et chez les femmes : Heller l'a observé chez un enfant de cinq semaines et chez un vieillard de 82 ans ; Bremser l'avait vu chez un autre vieillard de 80 ans.

Les anciens observateurs prétendaient que l'Oxyure est plus fréquent et plus vivace au printemps et en automne qu'en toute autre saison ; P. Frank et Grassi assurent qu'il est plus abondant au voisinage du printemps ; c'est même, suivant ce dernier auteur, le seul moment de l'année où l'on puisse assez facilement se le procurer à Milan.

On sait quel est l'habitat normal du parasite et par quelle voie il est expulsé au dehors ; néanmoins, on le voit parfois s'engager dans des voies anormales. Brera dit en avoir rencontré plusieurs amas dans l'œsophage d'une femme morte d'une maladie chronique, et P. Frank rapporte plusieurs cas analogues : « Une société médicale d'Angleterre, dit-il, parle d'un malade qui en rejeta une grande quantité par le vomissement. Un enfant nous présenta, à Vienne, en 1802, un cas absolument semblable. Chez un autre enfant du même âge, qui venait de succomber à une violente cardialgie, nous trouvâmes l'estomac rempli de cette espèce de Vers : ils étaient encore adhérents aux parois de ce viscère. » Enfin, Pomper a publié l'observation d'une fillette de dix ans, qui avait des Oxyures à l'anus et qui, tous les soirs, en rendait par la bouche.

Il est moins rare, chez les femmes et surtout chez les petites filles, de voir l'helminthe sortir de l'anus, pénétrer dans la vulve et remonter dans le vagin ; Davaine (1) en rapporte quelques cas. Le Ver produit un prurit incommode et parfois une excitation des plus fâcheuses ; il provoque la masturbation et même donne lieu à des accès de nymphomanie, ainsi que Raspail en a observé un cas ; enfin, il détermine une leucorrhée persistante chez les femmes qui ne se soignent pas. Carteaux parle d'une femme âgée de 78 ans, qui portait un pessaire depuis 35 ans environ ; ce pessaire, ayant été oublié depuis deux ans dans le vagin, provoqua des accidents divers ; la partie inférieure du vagin était remplie de mucosités et d'Oxyures. Heller vit dans une au-

(1) C. Davaine, *Traité des entozoaires*. Paris, 2e éd., 1877. Voir p. 300-313, 851 et 852.

topsie un Oxyure dans le vagin; le même auteur rapporte que Westphalen, à l'aide du spéculum, en observa un autre sur le museau de tanche.

Les Vers erratiques dans la vulve ou le commencement du vagin peuvent être balayés par l'urine, comme le montrent les cas d'Andry et de Frank. D'autres fois, le parasite passe du rectum dans la vessie, à la faveur d'une fistule, et est réellement expulsé par le canal de l'urèthre : les cas de Fabrice de Hilden, d'Alghisi et de Kühn appartiennent à cette catégorie.

C'est encore à des Oxyures erratiques que se rapporte l'observation publiée par Michelson, de Königsberg. Cet auteur a rencontré, chez un jeune garçon, un eczéma intertrigo simple, localisé à la peau du sillon génito-crural et à la portion où le scrotum et la cuisse étaient en contact; le reste du scrotum et le périnée étaient intacts. Dans les régions malades, l'épiderme était perforé et occupé par un nombre immense d'œufs d'Oxyure.

Ajoutons enfin que, d'après Heller, le Ver arrive quelquefois, mais très rarement, sous le prépuce et dans l'urèthre de l'Homme.

L'helminthe est ordinairement inoffensif; le seul symptôme qui dénote sa présence est le prurit anal qui se manifeste au début de la nuit, sous des influences encore mal déterminées; ce prurit, Grassi a cherché en vain à le retarder ou à l'avancer, en changeant l'heure des repas et des selles; peut-être eût-il obtenu un meilleur résultat en changeant l'heure de son coucher. Le retour du prurit et des divers phénomènes qui peuvent l'accompagner se fait parfois avec une si ponctuelle régularité qu'on a pu croire, dans certains cas, avoir affaire à une fièvre intermittente. D'autres fois, les démangeaisons et les élancements que le Ver occasionne à l'anus et dans le rectum se propagent jusqu'aux organes génitaux et provoquent des érections, des sensations incommodes ou douloureuses, dont l'enfant cherche à se débarrasser par des attouchements qui, trop souvent, lui feront prendre l'habitude de la masturbation. A un âge plus avancé, l'irritation provoquée par les Vers pourra même être suivie de pertes séminales involontaires, ainsi que Raspail et Lallemand en citent des exemples.

Comme l'Ascaride, l'Oxyure détermine parfois, par voie sympathique ou réflexe, des accidents fort divers, dont le médecin aura grand'peine à reconnaître l'origine. Ce sont des lésions de l'intelligence, des attaques épileptiformes, de l'incoordination motrice, de l'amaurose, des syncopes, de l'incontinence d'urine, etc. ; on trouvera dans le livre de Davaine le résumé des principaux cas (1).

(1) *Loco citato*, p. 53-60.

L'Oxyure vermiculaire n'a encore été rencontré que chez l'Homme ; les Singes d'Amérique sont infestés par une espèce très voisine, mais différente, *Oxyurus minuta* Schneider. Ce parasite est vraisemblablement cosmopolite; on le connaît par toute l'Europe; il est fréquent en Islande, d'après Jón Finsen. En Asie, on l'a signalé en Syrie et aux Indes; Fedchenko l'a recueilli chez des enfants kirghis, et Bälz dit qu'il est un peu moins abondant au Japon qu'en Europe. D'après Vital, il est fréquent à Constantine parmi les diverses races dont se compose la population. Pruner le signale encore en Égypte et Tutschek à Tumale, dans l'Afrique centrale. Leidy le considère comme le plus commun de tous les helminthes des Anglo-Américains. Il est très rare à la Martinique, d'après Rufz, mais est fréquent dans l'Uruguay, à Java, à Sumatra, aux Moluques et au Groenland; Olrik dit que, dans cette dernière région, il incommode extrêmement les Européens et les indigènes.

J. A. Chr. Kühn, *De Ascaridibus per urinam emissis, adjuncta commentatione de vermium intestinalium generatione*. Ienæ, 1798.

Carteaux, *Extraction d'un pessaire après un séjour de plusieurs années dans la cavité du vagin*. Journal de méd. et de chir. pratiques, II, p. 98, 1836.

F. V. Raspail, *Sur la cause immédiate et la médication de la plupart des cas de surexcitation des organes sexuels (satyriasis, nymphomanie, pertes séminales involontaires et habitude précoce de la masturbation)*. Gazette des hôpitaux, XII, p. 559 et 563, 1838. — Id., *Sur la structure anatomique, les habitudes, les effets morbides de l'Ascaride vermiculaire (Oxyurus vermicularis) et sur les moyens curatifs propres à prévenir ou à dissiper les désordres pathologiques que détermine sa présence dans nos divers organes*. Ibid., XII, p. 579, 591, 604, 607, 612 et 615, 1838. — Id., *Histoire naturelle de la santé et de la maladie*. Paris, 1843. Voir II, p. 198.

Lallemand, *Des pertes séminales involontaires*. Paris, 1842. Voir III, p. 116.

E. Marchand, *Essai sur l'Oxyure vermiculaire*. Gazette des hôpitaux, (2), IX, p. 367, 395, 455 et 503, 1847.

Hervieux, *De quelques accidents graves déterminés par les Oxyures et de leur traitement*. Union médicale, (2), II, p. 345 et 352, 1859.

Le Cœur, *Traitement des Oxyures vermiculaires par les lavements au chlorure de zinc*. Ibidem, (2), II, p. 599, 1859.

Alph. Loreau, *Des Ascarides vermiculaires. Simple note sur quelques-uns de leurs méfaits et sur les moyens d'en triompher*. Le Progrès, 1860.

Fr. Mosler, *Ueber den Nutzen der Einführung grösserer Mengen von Flüssigkeit in den Darmkanal bei Behandlung interner Krankheiten*. Berliner klin. Wochenschrift, X, p. 533, 1873.

Hegar, *Ueber Einführung von Flüssigkeiten in Darm und Harnblase*. Deutsche Klinik, XXV, p. 73, 1873. Berliner klin. Wochenschrift, XI, p. 61 und 74, 1874.

Michelson, *Die Oberhaut der Genitocruralfalte und ihrer Umgebung als Brutstätte von Oxyurus vermicularis*. Berliner klin. Wochenschrift, XIV, 1877.

Pomper, *Beitrag zur Lehre vom Oxyurus vermicularis.* Inaug. Diss., Berlin, 1878.

FAMILLE DES STRONGYLIDES

Cette famille renferme des Vers dont le caractère principal est fourni par le mâle : il se termine en arrière par un appareil copulateur particulier, sorte de bourse urcéolée qui entoure l'orifice cloacal et dont le bord porte un nombre variable de papilles. Quand elle atteint de grandes dimensions, la bourse est membraneuse et est parcourue par des faisceaux musculaires dont chacun aboutit à une papille marginale; grâce à ces muscles, dont le nombre et la disposition présentent de bons caractères spécifiques, la bourse peut s'écarter ou se resserrer au contraire et contribuer ainsi à fixer le mâle contre le corps de la femelle, dans l'acte de la copulation. La bouche, dont la forme et la structure sont variables et également caractéristiques, est entourée de papilles plus ou moins grosses; l'œsophage est musculeux, sans bulbe pharyngien, et parcouru dans le sens de la longueur par des crêtes chitineuses.

Les Strongylides comprennent environ 10 genres, dont les principaux sont *Eustrongylus, Strongylus, Ankylostoma, Sclerostoma, Syngamus, Physaloptera, Cucullanus;* les 3 premiers renferment des espèces parasites de l'Homme.

Eustrongylus gigas Diesing, 1851.

SYNONYMIE : *Serpent des rognons des Loups* Jean de Clamorgan, 1570.
Dracunculus longissimus Césalpin.
Ascaris canis et martis Schrank, 1788.
A. visceralis Gmelin, 1789.
A. renalis Gmelin, 1789.
Fusaria visceralis Zeder, 1800.
F. renalis Zeder, 1800.
Dioctophyme Collet-Meygret, 1802.
Strongylus gigas Rudolphi, 1802.
St. renalis Moquin-Tandon, 1860.

Le genre *Eustrongylus*, qui ne renferme qu'un très petit nombre d'espèces, dont la plupart sont très imparfaitement connues, a été confondu avec les Vers du genre *Strongylus*, jusqu'au jour où Diesing mit en relief ses caractères différentiels : les Eustrongles sont polymyaires et n'ont qu'un spicule et qu'un utérus ; les Strongles sont méromyaires et possèdent deux spicules et deux utérus.

L'Eustrongle géant habite les voies urinaires d'un certain nombre de Mammifères, plus rarement de l'Homme. Il pond des œufs ellipsoïdes, un peu amincis vers les pôles, mesurant 64 à 68 μ sur 42 à 44 μ (fig. 356). La coque est chitineuse, épaisse, mais cependant très fragile, de couleur brune, sauf aux deux extrémités, où elle est incolore ; elle est également plus épaisse aux pôles, bien que ce soit le point de moindre résistance. Elle présente une structure caractéristique : sa surface est criblée de petits pertuis, larges de 2 à 5 μ, qui tranchent en clair sur la teinte brune générale et dont chacun est entouré d'une assez large bordure ; les uns sont circulaires, les autres sont bi ou trilobés. Ces pertuis ne sont autre chose que l'embouchure de petits canaux en entonnoir qui traversent la coque de part en part, sans pourtant mettre le vitellus en communication avec l'extérieur ; celui-ci, en effet, est enveloppé de la membrane vitelline, qui s'unit intimement à la face interne de la coque. Cette remarquable structure s'observe sur toute la surface de l'œuf, sauf aux pôles, qui offrent toujours un aspect homogène.

Fig. 356. — Œuf d'*Eustrongylus gigas*, d'après Balbiani.

Balbiani a démontré que l'Eustrongle est ovipare. L'œuf pondu ne renferme encore que deux blastomères, et rien n'autorise à penser qu'il se segmente davantage dans le tube génital de la femelle. Il est entraîné au dehors avec l'urine, au moment de la miction. S'il arrive alors dans l'eau ou dans la terre humide, il s'écoule, en hiver, 5 à 6 mois avant que le développement de l'embryon ne soit achevé ; en été, l'évolution du Ver est sans doute plus rapide.

L'embryon peut séjourner au moins cinq ans dans l'œuf sans périr. Si on vient à le faire éclore artificiellement et qu'on le mette dans l'eau pure, il s'y altère rapidement et ne vit bien que dans les liquides albumineux ; ce fait montre donc que l'eau n'est pas le milieu qui convienne au jeune Ver à sa naissance. D'autre part, l'embryon ne résiste pas à une dessiccation prolongée, comme l'explique du reste la structure de la coque. Cette grande fragilité rend suffisamment compte de l'extrême rareté de l'Eustrongle, bien qu'il produise des œufs en nombre immense.

L'embryon (fig. 357) a une longueur moyenne de 240 μ pour une largeur de 14 μ; il est fusiforme et se termine en arrière par une queue conique. La bouche s'ouvre à l'extrémité antérieure : c'est une petite ouverture arrondie, qui n'offre aucune trace des six papilles qui l'entoureront chez l'adulte; elle est munie, au contraire, d'une petite dent perforante, à laquelle le jeune animal imprime à son gré des mouvements d'extension et de rétraction. La cuticule est finement et régulièrement striée en travers. L'œsophage est cylindroïde et occupe environ le cinquième de la longueur du corps; sa portion antérieure est plus large et se termine par une petite armature dentaire, formée de trois petites dents chitineuses développées aux dépens de la cuticule interne.

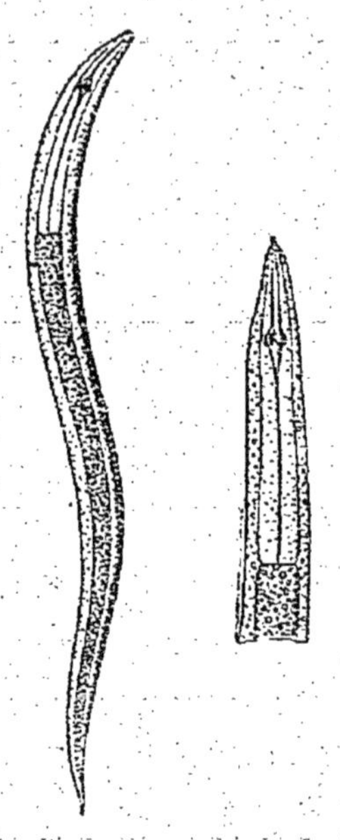

Fig. 357. — Embryon d'*Eustrongylus gigas* et portion antérieure du même, d'après Balbiani.

Balbiani a cherché sans succès à infester des Chiens auxquels il avait fait avaler des œufs embryonnés ; il conclut de ses études que l'Eustrongle géant passe forcément par un hôte intermédiaire avant de pénétrer chez son hôte définitif. Cela étant admis, quel peut être l'hôte intermédiaire?

Schneider et Leuckart ont observé chez quelques Poissons exotiques (*Symbranchus laticaudatus* et *Galaxias scriba*) des kystes renfermant des larves d'Eustrongle (*Agamonema cysticum* Dies.); ainsi s'expliquerait la présence des adultes chez des animaux ichthyophages : par exemple, *Eustrongylus* (*Hystrichis*) *tubifex* vit chez divers Oiseaux aquatiques (Harle, Grèbe, Plongeon, Canard). L'Eustrongle géant s'est lui-même toujours montré plus fréquent chez les Mammifères ichthyophages, tels que le Phoque, la Loutre, le Vison d'Amérique, etc., que chez ceux qui ont un régime différent; s'il a été vu aussi chez le Chien, le Loup, le Renard, le Cheval, l'Homme, etc., cela pourrait s'expliquer, d'après Schneider, par ce fait que, dans les localités où le Poisson abonde, celui-ci peut entrer parfois dans la nourriture de ces animaux. Pour vérifier ces présomptions, Balbiani fit avaler à des Anguilles, à des Carpes, à des Cyprins dorés, des œufs d'Eustrongle renfermant un embryon bien développé; le résultat fut toujours négatif. Des expériences du même genre furent faites sans plus de succès sur le Chien, le Lapin et la Couleuvre; les œufs furent rendus intacts. L'hôte intermédiaire est donc encore inconnu, mais l'opinion de Leuckart et de Schneider demeure la plus vraisemblable.

G. Balbiani, *Recherches sur le développement et le mode de propagation du Strongle géant* (*Eustrongylus gigas Dies.*). Journal de l'anatomie, VII, p. 180, 1870. — Id., Comptes rendus de la Soc. de biologie, (6), I, p. 125, 1874.

L'Eustrongle est un Ver de grande taille, à corps cylindrique dans presque toute son étendue et effilé en avant, surtout chez le mâle; il présente normalement une coloration rouge (1); l'extrémité postérieure varie notablement suivant le sexe. Le mâle, long de 14 à 35 centimètres et large de 4 à 6 millimètres, est pourvu à son extrémité postérieure d'une bourse copulatrice (fig. 361) qui le rend aisément reconnaissable et sur laquelle nous aurons à revenir. La femelle est longue de 25 centimètres à 1 mètre et large de $4^{mm},5$ à 12 millimètres (2); elle se termine en arrière par une surface arrondie, percée d'un anus transversal (fig. 360).

Le tégument est mince, transparent et strié en travers; chez les individus conservés dans l'alcool, on peut voir par transparence les lignes latérales et les cellules musculaires. Au niveau des lignes latérales, la cuticule porte un grand nombre de petites papilles disposées en séries longitudinales (fig. 358); ces papilles punctiformes sont plus écartées les unes des autres dans la partie moyenne du corps qu'aux extrémités; on en compte environ 150 de chaque côté. On trouve encore des papilles au pourtour de la bouche et d'autres au voisinage de l'anus : chez la femelle, ces dernières sont portées par une sorte de crête qui contourne la lèvre inférieure de l'anus et ne sont que la continuation de la rangée de papilles qui occupe chacune des lignes latérales.

Celles-ci n'ont que $0^{mm},14$ de largeur et $0^{mm},03$ d'épaisseur; ce sont d'étroites bandes de substance granuleuse. Les lignes

(1) Quand on le plonge dans l'eau, le Ver se gonfle par endosmose et finit même par éclater avec un certain bruit, en projetant le liquide sanguinolent dont il est rempli, ainsi que Hartmann et Rudolphi l'ont constaté.

(2) Une femelle chargée d'œufs, observée par Balbiani, était longue de 860 millimètres, large de 7 millimètres et pesait $40^{gr},8$. Le même auteur a observé deux mâles : le premier était long de 270 millimètres, large de 4 millimètres et pesait $3^{gr},4$; l'autre était long de 230 millimètres, large de $3^{mm},5$ et pesait $2^{gr},45$.

médianes sont d'une structure tout aussi simple, mais elles ont jusqu'à $0^{mm},2$ d'épaisseur; leur largeur est peu considérable. Le nombre des lignes longitudinales n'est plus de quatre, comme chez les Ascarides, mais de huit, par suite d'un véritable dédoublement des quatre champs musculaires primitifs; chacun d'eux présente en son milieu une étroite lacune longitudinale, à laquelle on donne le nom de ligne submédiane et qui donne insertion à des muscles radiaires se rattachant à l'intestin.

La couche des muscles sous-cuticulaires est assez faible : elle se divise en huit champs dont chacun comprend, dans le sens transversal, 20 à 24 cellules fusiformes ou cylindriques, larges de $0^{mm},1$ et dont la longueur dépasse 4 millimètres; ces cellules ne sont contractiles que par leur partie externe.

Par suite du faible développement de la musculature, la cavité générale du corps est assez vaste : elle est tapissée d'une sorte de séreuse qui se comporte à la façon d'un véritable péritoine. Cette membrane recouvre de toutes parts la couche musculaire et passe sans s'infléchir au-dessus des lignes latérales; elle forme un certain nombre de replis, dont les uns s'insinuent entre les cellules musculaires, tandis que les autres s'unissent à l'intestin comme le ferait un mésentère et servent à le consolider. On voit ainsi deux mésentères s'attacher tout le long du tube digestif, l'un à droite, l'autre à gauche : ces deux lamelles divisent la cavité du corps en deux étages superposés, qui ne communiquent l'un avec l'autre que par un petit nombre de perforations.

Nous avons mentionné déjà l'existence de muscles radiaires s'insérant d'une part le long des lignes submédianes et d'autre part à la surface du tube digestif. Ces muscles, formés de fibres larges et plates, presque lamelleuses, sont comprises dans l'épaisseur d'un repli péritonéal et forment ainsi quatre cloisons longitudinales qui divisent la cavité générale en quatre chambres, une dorsale ou supérieure, une ventrale ou inférieure, une latérale droite et une latérale gauche; les mésentères cloisonnent les chambres latérales.

L'extrémité antérieure est arrondie et percée d'une bouche hexagonale, large de $0^{mm},28$ chez les plus grands individus et entourée d'une couronne de six nodules saillants (fig. 358; fig. 359, *a*). Ceux-ci peuvent mesurer jusqu'à $0^{mm},25$ de largeur; ils sont groupés de façon que deux d'entre eux correspondent aux lignes latérales, les quatre autres étant répartis par paires à chacune des faces dorsale et ventrale. Le nodule est surmonté d'une papille large de $0^{mm},12$. Le pourtour de la bouche est encore orné de quelques autres papilles plus petites.

La bouche est une cavité cupuliforme, profonde de $0^{mm},5$; elle devient triangulaire dans sa profondeur, et sa lumière se rétrécit à tel point que, déjà en se continuant avec l'œsophage,

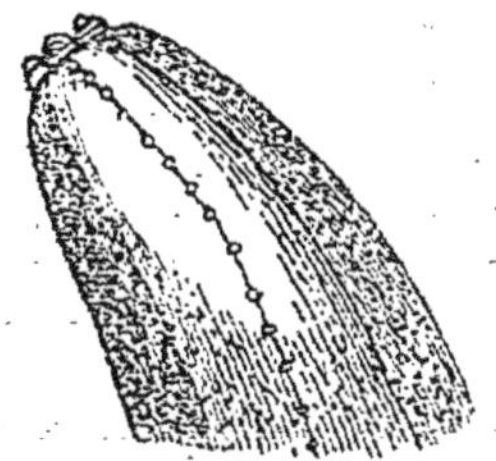

Fig. 358. — Extrémité céphalique d'*Eustrongylus gigas* vue de profil, d'après Leuckart.

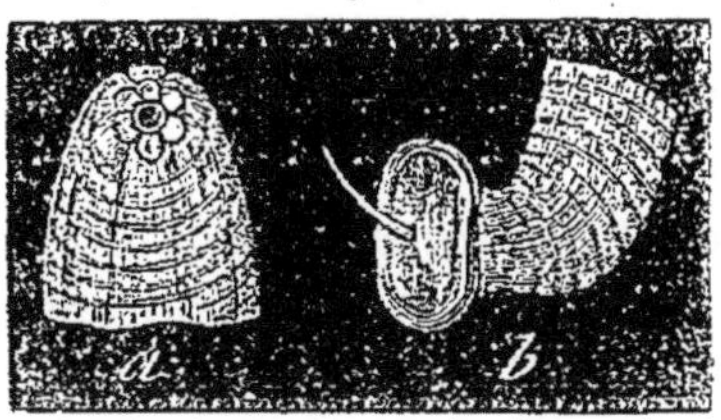

Fig. 359. — *Eustrongylus gigas* mâle, d'après Davaine. — *a*, extrémité céphalique montrant les six nodules qui entourent la bouche; *b*, extrémité caudale avec la bourse copulatrice, du centre de laquelle sort le spicule.

elle a l'aspect d'une étoile à trois branches. Elle est constituée par une coque chitineuse, à la surface de laquelle s'insèrent un certain nombre de puissants muscles radiaires, qui ont pour effet de la dilater et d'aider ainsi à sa réplétion; ces muscles sont au nombre de six en avant et interposés aux nodules labiaux; en arrière ils se bifurquent et leur nombre devient double.

L'œsophage est un étroit canal qui s'épaissit progressivement en arrière; il occupe un cinquième de la longueur totale chez les individus de petite taille et un quatorzième seulement chez les adultes. Un mésentère le rattache de chaque côté à la paroi ventrale, à peu près au niveau des lignes submédianes inférieures. Dans leur partie antérieure et sur un parcours d'environ 10 millimètres, ces deux mésentères sont traversés par des fibres musculaires rayonnantes et un peu obliques en arrière, qui vont de la paroi du corps à l'œsophage; elles ont pour but d'allonger celui-ci et de le mouvoir soit en avant, soit en arrière.

Au-dessous de la couche péritonéale qui revêt extérieurement l'œsophage, on trouve une couche de muscles diagonaux, dont l'analogue n'est guère représenté que chez *Filaria papillosa*, et qui communique au bol alimentaire son mouvement de progression. Puis viennent, entre celle-ci et la cuticule interne, des faisceaux de muscles radiaires entre lesquels sont interposées des colonnes granuleuses. Ces dernières sont au nombre de 3 au début de l'œsophage, de 6 dans la partie antérieure, de 14 dans la partie moyenne ; leur nombre augmente donc d'avant en arrière, par des dichotomies successives. Chacune de ces colonnes est percée d'un canal central large de 40 μ et dans lequel circule pendant la vie un liquide granuleux. Schneider considère ce système de canaux comme des glandes, dont il n'a d'ailleurs pas vu le pore excréteur ; Leuckart y voit plutôt un appareil de brassage et de déplacement pour le contenu de l'œsophage.

L'intestin est rectiligne et de coloration jaune. Aplati de haut en bas dans sa moitié antérieure et large de $3^{mm},5$ au moins, il offre néanmoins quatre arêtes latérales, c'est-à-dire qu'il présente deux faces latérales hautes chacune d'un millimètre environ. En arrière, ces dernières deviennent de plus en plus hautes, jusqu'à ce qu'elles atteignent, dans le quart postérieur du Ver, les mêmes dimensions que les deux faces dorsale et ventrale, soit $2^{mm},7$ environ. L'intestin a donc partout quatre faces et quatre arêtes ; celles-ci donnent insertion aux quatre bandes musculaires. Il aboutit finalement à l'anus, dont nous indiquerons bientôt la disposition chez le mâle et qui, chez la femelle, a l'aspect d'une fente transversale, incurvée en croissant et percée à l'extrémité postérieure du corps (fig. 360).

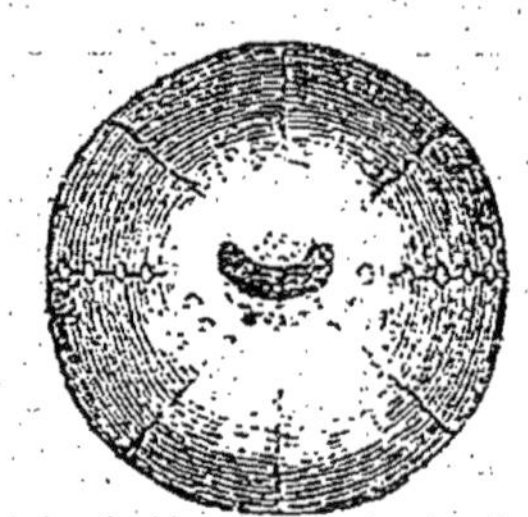

Fig. 360. — Extrémité caudale de la femelle, vue par derrière, d'après Leuckart.

Les glandes sexuelles sont relativement courtes : elles ne dépassent pas le double ou le triple de la longueur totale du Ver : la fécondité est moindre que chez les Ascarides. Elles se développent à la face ventrale et devraient donc être, chez l'adulte, renfermées dans la chambre ventrale, mais certaines parties peuvent traverser les bandes musculaires ou les mésentères et passer secondairement dans les chambres voisines.

Chez un mâle long de 150 millimètres, le tube génital mesure 337 millimètres, soit un peu plus du double de la longueur : il est formé d'une branche montante ou postéro-antérieure, le testicule, et d'une branche descendante ou antéro-postérieure, le canal déférent. Le cul-de-sac testiculaire se trouve dans la chambre gauche, à 10 millimètres environ en avant de l'extrémité caudale ; il est rattaché à la paroi du corps par du tissu conjonctif. Le tube remonte jusqu'à 7 millimètres de l'extrémité antérieure ; il s'infléchit alors (1)

(1) Au point où il s'infléchit et sort de la chambre gauche pour pénétrer dans la chambre caudale, le tube testiculaire présente un petit cæcum long

et redescend dans la chambre ventrale, qu'il parcourt suivant toute sa longueur. Ces deux branches ne sont sinueuses que dans leur tiers antérieur, c'est-à-dire que les sinuosités ne portent que sur le tiers moyen du tube génital mâle.

Celui-ci finit par s'unir au tube digestif pour constituer un cloaque, dans lequel débouche d'autre part un unique cul-de-sac renfermé dans la chambre dorsale et contenant un seul spicule. Cette poche est longue de 17 millimètres et libre par toute son étendue : elle est formée de deux parties ; l'antérieure est épaisse, longue de 7 millimètres et large de $0^{mm},4$; la postérieure est effilée et longue de 10 millimètres. Le spicule n'occupe que cette dernière : c'est un bâtonnet large de $0^{mm},2$ à sa base, mais qui s'effile assez rapidement en arrière jusqu'à $0^{mm},1$ et même jusqu'à $0^{mm},03$.

Le cloaque débouche dans le fond de la bourse caudale, sorte de pavillon cupuliforme superposé à l'extrémité postérieure du corps et rappelant l'aspect d'une ventouse (fig. 359, *b*; fig. 361). Cette bourse est de forme ovale et a son plus grand diamètre dirigé transversalement ; chacun de ses deux bords supérieur et inférieur est échancré en son milieu, de manière à la transformer en une sorte de pince dont les mors latéraux sont destinés à saisir et à embrasser le corps de la femelle dans l'acte de la copulation ; Ch. Drelincourt a pu constater, en effet, chez le Chien, que l'accouplement se fait bien de la sorte et dure assez longtemps. Le bord de la bourse est orné d'un grand nombre de papilles qui n'ont aucun rapport avec celles des lignes latérales ; elles sont espacées les unes des autres de $0^{mm},4$ à $0^{mm},1$ et sont difficilement visibles à l'œil nu. La bourse, dont l'épaisseur est assez notable et partout uniforme, comprend trois couches musculaires distinctes : une couche superficielle de fibres diagonales, un sphincter marginal, puis une couche de fibres rayonnantes qui rappellent les muscles des ventouses des Trématodes et des Hirudinées. Le fond de l'organe se soulève en une saillie conformée en Y (fig. 361, B), dont la branche impaire correspond au bord ventral ; au point où celle-ci s'unit

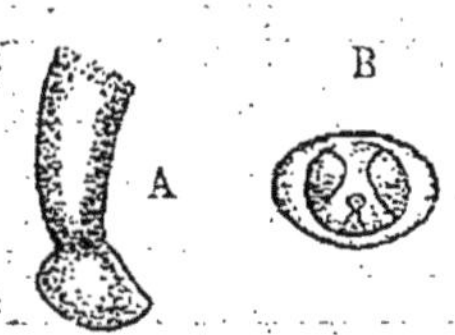

Fig. 361. — Bourse caudale du mâle. — A, vue de profil ; B, vue par la face postérieure.

de 2 millimètres, qui se dirige en avant et qu'Otto avait déjà vu, mais mal interprété.

aux deux branches dorsales, on remarque une petite papille large de $0^{mm},3$ dont le sommet est percé d'un orifice cloacal par lequel il est fréquent de voir sortir le spicule, sous l'aspect d'une soie longue de 5 à 6 millimètres (fig. 359, *b*).

L'appareil génital femelle se compose d'un seul tube qui se replie sur lui-même de manière à constituer deux branches montantes et une branche descendante. Le cul-de-sac ovarien, fixé à l'intestin par du tissu conjonctif, est logé dans la chambre ventrale, à 5 millimètres en avant de l'extrémité caudale. L'ovaire reste dans cette même chambre pendant un trajet d'environ 80 millimètres, puis passe dans la chambre droite; il demeure dans cette dernière jusqu'à ce qu'il ne soit plus qu'à 40 millimètres de la vulve. Il rebrousse alors chemin, pénètre de rechef dans la chambre ventrale et y chemine jusqu'au point où le cul-de-sac ovarien pénètre dans la chambre droite; il passe alors dans la chambre gauche; parvenu à l'extrémité postérieure du corps, il revient sur lui-même et se dirige en avant, pour passer dans la chambre ventrale après un parcours de 80 millimètres environ; tant qu'elle est dans la chambre gauche, la branche montante décrit de nombreuses sinuosités.

Revenu dans la chambre ventrale, le tube génital se dilate progressivement en un utérus rectiligne, qui se termine à 24 millimètres de la vulve. Le vagin s'en sépare brusquement et représente un tube large de $0^{mm},8$ qui, aussitôt après avoir pris naissance, se dirige en arrière; mais après un trajet d'environ 9 millimètres, il se reporte en avant et passe dans la chambre droite, où il reste pendant un parcours de 30 millimètres, c'est-à-dire jusqu'au voisinage de la vulve; il regagne alors la chambre ventrale pour aboutir aussitôt à la vulve. Celle-ci, fortement reportée en avant, est à 70 ou 75 millimètres de l'extrémité céphalique, chez les femelles de grande taille; elle s'ouvre sur la ligne médio-ventrale, en sorte que, pour lui livrer passage, le cordon ventral se déjette sur le côté gauche.

Au moment où il pénètre dans l'utérus, l'œuf est encore nu; il s'entoure alors d'une première membrane chitineuse, mince et lisse, à contour net; puis on voit se déposer autour de lui une masse granuleuse assez épaisse, qui s'organise progressivement en une enveloppe chitineuse et criblée de dépressions.

L'Eustrongle géant vit ordinairement chez le Chien; on le rencontre dans le rein ou la vessie, parfois dans l'urèthre, plus rarement encore dans les lombes ou aux environs des reins; il peut tomber dans la cavité péritonéale, où Gréhant l'a rencontré chez le Chien, et devenir migrateur à la façon des Ascarides ; Lisitsin l'a vu se loger dans le lobe gauche du foie et déterminer de l'éclampsie.

Le parasite ne semble être particulier à aucune espèce animale : on l'a encore trouvé chez le Loup, le Renard, le Chien d'Amérique, le Vison, la Martre, la Loutre, le Putois, le Cheval, le Bœuf, le Phoque et l'Homme. Ce Ver n'est jamais commun : Rayer l'a cherché à Paris sur 3,000 reins d'Homme sans le rencontrer une seule fois ; il ne fut pas plus heureux avec 500 reins de Chien, mais il le vit chez le Loup ; en Hollande, Kerkring en trouva trois exemplaires à sa quarante et unième autopsie de Chien, puis n'en observa plus jamais ; Érasme Miller en cite 6 cas chez le Vison ; Mégnin l'a vu aussi à plusieurs reprises chez le Chien, qui semble être son hôte favori. Le nombre des Helminthes hébergés par un même hôte se réduit le plus souvent à 2 ou 3 ; il y en a rarement plus de 8.

Cet helminthe produit parfois de graves désordres. La substance rénale est détruite ; on y constate des hémorrhagies, et souvent, sous la capsule externe qui persiste seule, il n'y a plus qu'une sorte de bouillie sanguinolente ou purulente : Pallas a vu le rein se réduire à l'état d'un simple sac membraneux. Le bassinet peut s'épaissir et se calcifier par places : l'animal s'enroule dans sa cavité et l'oblitère complètement ; les urines sont sanguinolentes, bourbeuses, purulentes et renferment sans aucun doute des œufs, dont la recherche microscopique sera le seul moyen d'éclairer le diagnostic. Le rein sain s'hypertrophie par compensation physiologique. Parfois cependant, l'animal ne semble pas être incommodé de son parasite, comme Ruysch l'a remarqué pour le Chien et Miller pour le Vison.

L'Eustrongle a été signalé pour la première fois, en 1570, par Jean de Clamorgan, seigneur de Saave et capitaine de chasse. « Il y a une chose, dit-il, qui n'a esté escrite par aucun, au moins que je l'ay lue ou ouy dire : que, dedans les rognons d'un vieil Loup, s'engendrent et nourrissent des Serpents, ce qu'ay veu à trois, voire à quatre Loups. Aucune fois, à un Loup, y a en un rognon deux Serpents, l'un d'un pied, l'autre d'un pouce de long. Les autres, moindres et par succession de temps, font mourir le Loup et deviennent Serpents et bêtes fort venimeuses. »

A la suite de Jean de Clamorgan, un grand nombre d'observateurs ont rencontré l'helminthe ; on le prit tout d'abord pour un Serpent et, comme on le rencontre surtout chez le Chien, on crut qu'il pourrait engendrer la rage, à cause de son venin. Sa véritable nature, déjà soupçonnée par Ch. Rayger (1), fut reconnue par Redi et Vallisnieri; mais c'est seulement au début de ce siècle que sa place dans la classification fut définitivement prouvée : elle le fut simultanément par Collet-Meygret, qui donna au Ver le nom de Dioctophyme, par Albers et par Rudolphi.

Il est certain que l'Eustrongle géant se voit parfois chez l'Homme, mais les cas de ce genre sont fort rares. Malgré le nombre considérable d'observations que renferme la littérature médicale, on ne saurait réunir plus de six cas indiscutables, bien que Davaine en considère sept comme très probables. Le plus souvent, en effet, les auteurs ont confondu avec l'Eustrongle des Ascarides erratiques, par exemple dans le cas de Moublet; d'autres fois il s'agit de Vers dont la taille est restreinte et l'espèce indéterminée; parfois encore de simples caillots fibrineux trouvés à l'autopsie ou évacués par l'urèthre. Ajoutons enfin qu'on a vu des hystériques s'introduire dans le canal de l'urèthre et dans la vessie des intestins d'Oiseau dépourvus de mésentère, qui plus tard furent rejetés avec l'urine et décrits comme des Vers : tel est le cas d'Arlaud, que les observations ultérieures de Ch. Robin ont réduit à une simple mystification.

Nous donnons ci-après le résumé des six observations dont l'authencité nous semble certaine.

1° *Cas de Blæs*, 1674. — « Renem hunc illumve in Canibus substantiâ suâ non solùm privari, verùm et Lumbricis, sæpe plurimis, variisque, loco consumpto se exhibentibus, repleri, frequentissimum adeo anatomicis, ut vix attentionem aliquam mereri videatur. At in homine talia evenire rarissimum, licet plurium dissectioni præfuerim adfuerimve, non nisi unicâ tantum vice in emaciato sene reperire mihi concessum Vermes duos, ulnæ ad minimum longitudinem habentes, rubicundioris coloris, aquoso liquore scatentes, similes omninò iis quos in caninis renibus reperiri dixi. Adumbrat unum eorum figura IX, licet annulos ipsos ex quibus videtur constare haud clarè adeo exhibere queat. »

(1) Cet auteur, en 1675, trouve deux Vers dans les reins d'un Chien et s'exprime en ces termes : « Je ne déciderai pas si on doit donner le nom de Serpents à ces deux Vers, et si, plus tard, ils auraient pu devenir venimeux, ou si les Loups sont les seuls animaux dans lesquels les Vers prennent ainsi la forme de Serpents. »

Dans un autre ouvrage, le professeur d'Amsterdam rapporte encore cette même observation : « Calculis renes domicilium præbere quam frequentissimum, tam rarum Lumbricos hic colligi. In viro emaciato ulnæ et quod excedit longitudinem habentes duos aliquando reperi; coloris erant rubicundi, aquoso humore turgidi, quasi ex annulis plurimis affabrè junctis constare videbantur. »

2° *Cas de Ruysch*, 1737. — « In renibus humanis semel eos me vidisse memini quales in canum renibus longè frequentius occurrunt. »

3° *Cas de Josephi*, 1819. — Cette observation est rapportée par Rudolphi : « Cel. Josephi, professor Rostochiensis, entozoa magna ex hominis urethra dejecta vidit, amico qui mihi mitteret data, sed casu perdita, huc certe pertinentia. »

4° *Cas d'Aubinais*, 1846. — Un cultivateur, âgé de soixante ans..., fut pris de douleurs aiguës et profondes dans la région du rein droit... Après trois ans de douleurs atroces et incessantes, le malade, dont l'obésité était considérable au début du mal, se trouvait réduit à une maigreur squelettique. Dans les six derniers mois, cette maigreur permettait de sentir à travers les parois de l'abdomen et même de voir des mouvements de gonflement et d'ondulation qui agitaient le rein droit. Le malade accusait la sensation d'un mouvement de reptation dans la région du rein; le péritoine sembla rester sain jusqu'aux derniers instants de la vie; des eschares se manifestèrent au sacrum et aux trochanters, et le malade succomba dans le marasme.

« L'autopsie complète ne fut pas permise par les parents qui, seulement, autorisèrent le médecin à inciser le flanc droit, pour examiner le rein. Vingt heures après la mort, cet organe fut extrait de l'abdomen, et les mouvements ondulatoires qui s'y manifestaient prouvaient que l'entozoaire était encore vivant. Le rein étant ouvert, on y trouva un Strongle d'un peu plus de 43 centimètres de longueur sur 5 à 6 millimètres de grosseur. Le tissu du rein était profondément altéré, son parenchyme détruit en grande partie et son poids réduit de moitié. »

5° *Cas de Sheldon*, 1857. — Une femelle longue de 18 pouces fut trouvée dans le rein d'un malade par Th. Sheldon. Elle figure dans la Hunterian Collection ou Musée royal du Collège des chirurgiens, à Londres, et provient de la collection Jos. Brookes. D'abord signalée par Edw. Lankester, en 1857, elle fut ensuite décrite et disséquée par Cobbold, en 1865; Ralfe l'a vue également.

6° *Cas de R. Blanchard*, 1886. — « En pratiquant l'autopsie d'un homme, en 1879, dans la section de chirurgie et d'ophthalmologie de l'hôpital Coltsa, à Bucharest, on trouva dans la vessie un Eustrongle géant. Le Ver est conservé actuellement dans l'armoire L, n° 20, du musée d'anatomie de Bucharest; il porte le n° 814 du catalogue. Il est long de 87 centimètres, et présente tous les caractères d'*Eustrongylus gigas* femelle, ainsi que cela ressort nettement de l'examen que nous en avons pu faire. Nous n'avons pu malheureusement recueillir aucun renseignement précis sur l'histoire clinique de l'individu chez lequel cette observation a été faite; il eût été intéressant de savoir si la présence du Ver avait occasionné quelques accidents du côté de l'appareil urinaire. »

Nous ne citerons point ici les cas de Grotius et de Jansonius, de Rodriguez (*Zacutus Lusitanus*), d'Albrecht, d'Ent, de Pechlin, de Raisin, de Lapeyre et d'Arlaud, dont aucun ne se rapporte à l'Eustrongle géant et que Davaine considère avec raison comme très incertains ; nous dirons simplement quelques mots de deux observations que cet auteur considère comme probables, puis d'autres cas dont il ne parle pas ou qui lui sont postérieurs en date.

Dans l'observation de Moublet, il s'agit simplement d'Ascarides erratiques sortis par l'urèthre et par un abcès de la région lombaire, chez un enfant de cinq ans. Le Ver d'un rouge brun, que le malade de Duchâteau évacua par l'urèthre, n'était sans doute qu'un simple caillot fibrineux. C'est encore un caillot de fibrine qu'un Homme de cinquante et un ans évacua par l'urèthre, le 4 août 1866, dans la clinique de Bartels et que von Linstow (1) décrivit comme un fragment d'Eustrongle. Enfin, le cas de Scheuten et celui, plus récent, de Cannon à Valparaïso, ne sauraient être expliqués d'une autre manière.

L'Eustrongle géant semble avoir une très vaste extension géographique. Il a été vu en France et à Paris, par Duverney, Méry, Mégnin, etc.; en Hollande par van Swieten, Bartholin, Ruysch; en Italie par Redi et Vallisnieri; en Allemagne par Sennert, Hartmann, Wolf, etc.; en Russie, par Lisitsin. On l'a encore observé au Canada, aux États-Unis, au Paraguay, au Chili.

Jean de Clamorgan, *La chasse au Loup*. Lyon, 1570. Édition de 1583, in-4°, p. 5.

(1) Ce même auteur, bien connu des helminthologistes, décrivit et figura également (fig. *a*, *b*, et V-VII) pour les œufs de l'Helminthe des spores de Lycopode qui se trouvaient par hasard dans ses préparations.

Ch. Rayger, *Sur un Serpent qui sortit du corps d'un Homme après sa mort.* Ephemerides naturæ curiosorum, decas I, anno VI et VII, obs. CCXV, 1675. Collection académique, partie étrangère, III, p. 309.

Ger. Blasii, *Observata anatomica in Homine, Simia, Equo,* etc. Lugduni Batavorum, 1674. Voir p. 125, *Lumbrici in renibus.* — Id., *Observationes anatomicæ rariores.* Amstelodami, in-18, 1677. Voir p. 80, pars VI, obs. XII, *Vermes in rene geniti.*

Fr. Ruyschii, *Opera omnia.* Amstelodami, 1737. Voir I, p. 60.

Moublet, *Sur des Vers sortis des reins et de l'urèthre d'un enfant.* Journal de méd. et de chir., IX, p. 544, 1758.

G. F. H. Collet-Meygret, *Mémoire sur un Ver trouvé dans le rein d'un Chien.* Journal de physique, de chimie et d'hist. nat., LV, p. 458, 1802.

Albers, *Beiträge zur Anatomie und Physiologie der Thiere.* Bremen, 1802. Voir I, p. 115.

Duchâteau, *Observations sur des Vers contenus dans les voies urinaires.* Journal de méd., de chir., XXXV, p. 242, 1816.

C. A. Rudolphi, *Entozoorum synopsis.* Berolini, 1819. Voir p. 261.

P. Rayer, *Traité des maladies des reins.* Paris, 1841. Voir III, p. 728.

C. Arlaud, *Sur une observation de Strongles géants sortis des voies urinaires d'une femme.* Bull. de l'Acad. de médecine, XI, p. 246, 1846. — Id., *Lettre au directeur de la Gazette des hôpitaux.* Gaz. des hôp., p. 869, 1881.

Aubinais. Journal de la section de méd. de la Soc. académique du département de la Loire-Inférieure, livraison CVI. Revue médicale, p. 569, 1846.

Edw. Lankester in Fr. Küchenmeister, *On animal and vegetable parasites of the human body.* London, 1857. Voir I, p. 379, en note.

J. Lecoq, *Du Strongle géant dans les voies urinaires de l'Homme.* Archives gén. de médecine, I, p. 666, 1859.

T. Sp. Cobbold, *Catalogue of entozoa in the Museum of the Royal College of surgeons.* London, 1866. Voir p. 3.

O. von Linstow, *De Eustrongylo gigante Dies.* (*Strongylo aut.*) *in Hominis rene observato.* Diss. inaug. Kiliæ, 1866.

Al. Laboulbène, *Histoire des maladies parasitaires. Du Strongle.* Gazette des hôpitaux, p. 794 et 811, 1881.

F. V. Lisitsin, Archiva veter. naouk. Saint-Pétersbourg, XV, p. 186, 1885 (en russe).

Ch. H. Ralfe, *A practical treatise on diseases of the kidneys and urinary derangements.* London, 1885. Voir p. 378.

R. Blanchard, *Nouvelle observation de Strongle géant chez l'Homme.* Compte rendu de la Soc. de biologie (8), III, p. 379, 1886.

R. Cannon, *Case of Strongylus gigas.* The Lancet, I, p. 264, 1887.

Strongylus longevaginatus Diesing, 1851.

SYNONYMIE : ? *Filaria trachealis* Bristowe et Rainey, 1855.
Metastrongylus longevaginatus Molin, 1861.

Ce Ver n'a encore été vu qu'une seule fois, en 1845 : le Dr Jortsits (1), de Klausenburg, en Transylvanie, le trouva en grande

(1) Jortsits ou Jovitsits : Diesing emploie d'abord la première orthographe, puis la seconde.

abondance dans le parenchyme pulmonaire d'un garçon de six ans, mort d'une maladie inconnue ; il l'envoya à Rokitansky, lequel le transmit à Diesing ; ce dernier en donna deux exemplaires à Leuckart.

L'animal est cylindrique, un peu effilé en avant et terminé par une extrémité céphalique conique. Le mâle, long de 15 à 17 millimètres, large de $0^{mm},55$, s'infléchit à son extrémité postérieure et présente une bourse bilobée, dont chacun des lobes est pourvu de trois côtes ; la côte externe est simple, les deux autres sont bifurquées. La femelle, longue de 26 millimètres et large de $0^{mm},7$, est aisément reconnaissable à ce que son extrémité postérieure porte un appendice court et mince, conformé en alène (fig. 362) ; la vulve, bordée en avant par une crête, précède immédiatement l'anus et s'ouvre avec lui à la base de l'appendice caudal.

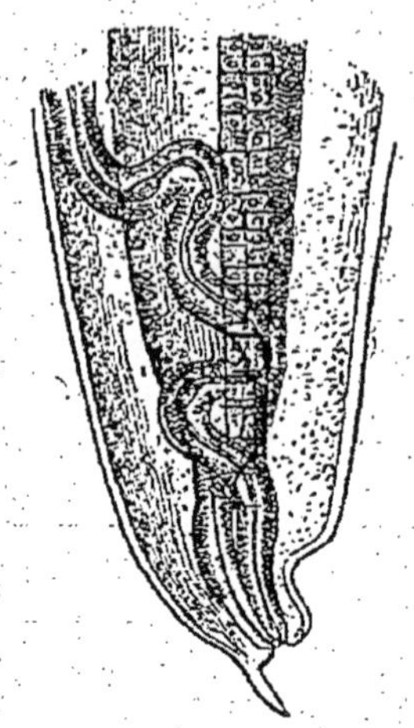

Fig. 362. — Extrémité caudale de la femelle, d'après Leuckart.

La cuticule est dense, épaisse, formée de plusieurs couches et présente une striation transversale. On remarque en outre une striation longitudinale, qui est occasionnée par la musculature et qui, par conséquent, fait défaut au niveau des lignes latérales. Celles-ci sont larges de $0^{mm},8$, et sont marquées de raies transversales, régulièrement espacées, qui délimitent des segments à peu près carrés ; ces segments sont dus sans doute à des plis de la cuticule ; Diesing les prenait pour des œufs disposés en séries à l'intérieur de l'utérus.

La bouche est entourée de six papilles d'assez grande taille (fig. 363), toutes semblables entre elles. Le pore excréteur s'ouvre non loin de l'extrémité antérieure, vers le milieu de la longueur de l'œsophage. Le tube génital mâle, dont le cul-de-sac se voit immédiatement en arrière de l'œsophage, décrit quelques légères inflexions. L'organe copulateur est constitué par deux spicules jaune d'or, longs de 6 à 7 millimètres, c'est-à-dire ayant environ la moitié de la longueur du corps ; ils sont droits, striés en travers et font ordinairement saillie hors de leur gaine, avec laquelle

Diesing les confondait : d'où le nom de l'Helminthe. Le tube femelle est unique et assez court ; il renferme des œufs larges de 40 μ, qui, dans la portion externe de l'utérus, contiennent déjà un embryon effilé et enroulé sur lui-même.

Nous avons dit que les parasites se rencontraient en très grande abondance, les uns dans les bronchioles, les autres dans le parenchyme pulmonaire. En tenant compte des lésions que provoque la présence de *Strongylus commutatus* dans le poumon du Lapin, de *Str. paradoxus* dans celui du Porc et de *Str. filaria* dans celui du Mouton, il y a lieu de penser que le poumon de l'enfant ne devait pas être normal. Quand ils sont nombreux, ces parasites déterminent en effet une violente inflammation des dernières bronchioles et du parenchyme voisin, inflammation qui s'étend souvent à une grande partie de l'organe et peut même causer la mort. Il est donc vraisemblable que l'enfant a succombé à une pneumonie vermineuse.

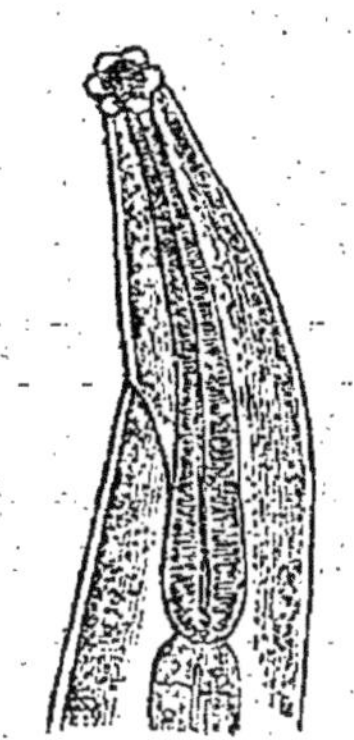

Fig. 363. — Extrémité céphalique de *Strongylus longevaginatus*, d'après Leuckart.

Comment se fait la propagation du parasite? Celui-ci est sans doute ovovivipare, à la façon de *Str. filaria* : l'embryon, mis en liberté dans les bronches, ne s'y développe pas, mais est rejeté au dehors avec les mucosités. Leuckart pense qu'il est alors avalé par un Insecte ou un Mollusque, qui lui servirait d'hôte intermédiaire ; l'infestation se ferait quand le hasard amènerait ce dernier dans le tube digestif de l'Homme.

Cette hypothèse est peu plausible : les observations de Colin, de Baillet et d'Ercolani ont prouvé que les larves de *Str. filaria* sont douées d'une grande vitalité, qu'elles se conservent vivantes dans l'eau pendant des mois entiers et qu'elles résistent à un dessiccation prolongée. Ces larves peuvent donc s'introduire chez le Mouton soit par l'eau, soit par le fourrage, et il est probable que celles de *Str. longevaginatus* se comportent de même à l'égard de l'Homme. Quant à la pénétration dans le poumon, elle peut se faire de différentes façons, soit que l'Helminthe passe du pharynx dans l'œsophage pour atteindre le poumon, comme le fait la larve de *Rhabdonema nigrovenosum*, soit qu'il gagne cet organe en traversant l'estomac et le diaphragme.

Il s'agit peut-être d'une larve de Strongle pulmonaire en train d'accomplir ses migrations dans le cas rapporté par Rainey. En faisant une autopsie médico-légale, cet observateur trouva à la surface de la muqueuse du larynx et de la trachée un grand nombre de Vers très agiles, longs de $0^{mm},5$, larges de $0^{mm},017$ (fig. 364). La description qu'il nous en a laissée est des plus incomplètes. C'étaient des larves sans striation transversale, dont l'extrémité antérieure était obtuse et arrondie et l'extrémité caudale insensiblement amincie; à quelque distance de cette dernière se voyait une petite papille, correspondant sans doute à l'anus.

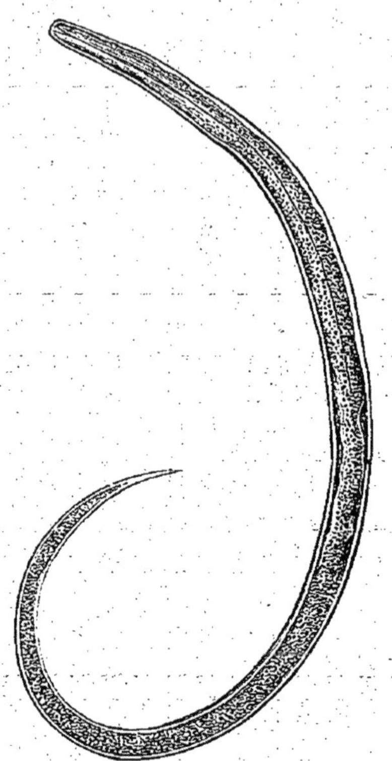

Fig. 364. — *Filaria trachealis*, d'après Rainey.

Bristowe et Rainey désignèrent ces vermisseaux sous le nom de *Filaria trachealis*: il est difficile de dire à quelle espèce ils appartiennent réellement; on peut du moins assurer que ce ne sont point des Filaires et qu'ils ont de grandes ressemblances avec les larves d'Ascarides et avec celles des Strongles du poumon.

C. M. Diesing, *Systema helminthum*. Vindobonæ, 1851. Voir II, p. 317. — Id., *Revision der Nematoden*. Sitzungsber. der Wiener Akad. der Wiss., math.-nat. Classe, XLII, p. 722, 1860.

Rainey, *Entozoon found in the larynx*. Transactions of the pathological Society of London, VI, p. 370, 1855.

Ankylostoma duodenale Dubini, 1843.

Synonymie : *Agchylostoma duodenale* Dubini, 1843.
Ancylostoma duodenale Creplin, 1845.
Anchylostoma duodenale Pruner, 1847.
Ancylostomum duodenale Dubini, 1850.
Anchylostomum duodenale Diesing, 1851.
Strongylus quadridentatus von Siebold, 1851.
Dochmius ancylostomum Molin, 1860.
Strongylus duodenalis Schneider, 1866.
Dochmius duodenalis Leuckart, 1876.
Uncinaria duodenalis Railliet, 1885.

L'Ankylostome a été découvert en mai 1838, par Angelo Dubini, dans l'intestin d'une jeune paysanne, morte à l'hôpital de Milan. Considéré pendant longtemps comme un parasite inoffensif, on sait maintenant que c'est l'un des plus redoutables qui s'attaquent à notre espèce.

Les individus dont l'intestin héberge ce parasite rejettent constamment avec les selles des œufs qui ont déjà subi les premières phases de la segmentation, mais dont le développement ultérieur ne peut se poursuivre qu'en dehors de l'organisme humain. En effet, tandis qu'ils restent dans celui-ci, leur évolution demeure stationnaire, sans doute à cause de l'élévation de la température : Perroncito a montré qu'ils n'éclosent pas, si on les tient à une température de 35 à 40° pendant plusieurs jours ; tout au plus arrivent-ils à l'état de morula. Dans les conditions normales, il faut au contraire de huit à dix heures pour que le développement de l'embryon s'achève.

L'œuf est régulièrement elliptique et arrondi aux deux bouts ; sa coque est mince, lisse, transparente et assez résistante; il mesure de 55 à 65 μ sur 32 à 43 μ. On pourrait le confondre avec l'œuf de l'Oxyure, mais il suffit de se reporter à la description de celui-ci (page 711) pour juger des différences de taille et de structure. Ajoutons que, au moment de la ponte, l'œuf de l'Ankylostome ne renferme encore que quelques blastomères, tandis que celui de l'Oxyure contient déjà un embryon gyriniforme.

Les œufs expulsés avec les excréments continuent à se développer au sein de ceux-ci ou dans la terre humide. Au bout de douze à quinze heures d'incubation, si la température est favorable, ou si on cultive les œufs dans une étuve chauffée à 25 ou 30°, on commence à voir quelques embryons précoces, qui continuent à vivre dans la vase ; au bout d'un jour et demi à deux jours, la plupart des ovules sont éclos, mais l'éclosion se poursuit jusqu'au quatrième jour et même au delà, l'évolution n'étant pas également rapide pour tous les ovules.

L'embryon nouvellement éclos est long de $0^{mm},20$ et large de 14μ au maximum ; il s'amincit légèrement dans son quart antérieur et se termine en arrière par une queue effilée en alène. La tête est trilobée ; la bouche est constituée par un canal rectangulaire, long de 12μ, large de 1μ, qui aboutit au pharynx. Ce dernier est tout à fait semblable à celui des Rhabditis : c'est un canal musculeux à parois épaisses, qui occupe près des deux cinquièmes de la longueur du corps. Il débute par un renflement allongé, fusiforme et long de 30μ, qui se rétrécit graduellement en un tube ; après un trajet de 16μ, celui-ci se dilate en un renflement sphérique, long de 12μ, large de 10μ et pourvu intérieurement de trois dents chiniteuses.

L'intestin, large de 8μ environ, est de nature cellulaire ; sa lumière a l'aspect d'une ligne claire en zigzag ; l'anus s'ouvre sur une petite papille latérale, à la base de la queue. Un peu au-dessus de lui et vers la partie moyenne de l'intestin, on observe un corpuscule ovoïde, qui mesure 4 à 5μ sur 3μ et représente le rudiment des organes génitaux.

Cet embryon rhabditoïde diffère essentiellement de l'animal adulte. Il mange beaucoup et croît vite ; il se nourrit de débris organiques, mais ne dédaigne pas de se repaître du cadavre des femelles qui ont pu être entraînées avec les matières fécales ou des œufs qui ne se sont pas développés. Au bout d'un jour, il est déjà long de $0^{mm},25$, et Perroncito a calculé qu'il gagne chaque jour 80 à 100μ en longueur et 2μ en largeur. Le troisième jour, il subit une première mue, au cours de laquelle il perd la pointe en alène de sa queue. A la fin de la première semaine, il a terminé sa croissance : il est long de $0^{mm},56$ et large de $0^{mm},024$. Il mue alors pour la seconde fois ; le bulbe pharyngien perd son armature dentaire, en même temps que sa structure musculeuse, d'abord nettement accusée, fait place à un aspect granuleux ; l'intestin est devenu rectiligne et marque l'axe du corps. Le rudiment des glandes génitales s'est un peu développé ; deux papilles cutanées commencent à se montrer sur les côtés de l'œsophage.

Ces faibles modifications sont le signal du passage à l'état larvaire ; elles ont en outre une grande influence sur l'évolution du jeune animal. Celui-ci ne prend plus désormais aucune nourriture et cesse de s'accroître ; il reste longtemps en cet état, des semaines et des mois, vivant dans l'eau vaseuse ou dans la boue ; l'eau pure lui fait perdre ses mouvements et finit par le tuer. Il émigre parfois dans de petits

Gastéropodes aquatiques (*Physa*), mais sans subir aucune modification ; cette migration constitue une anomalie.

La larve reste parfois enfermée dans la peau de sa mue ; elle y frétille d'autant plus vivement que la température est plus élevée. C'est à 36 ou 37° qu'elle est le plus agile ; néanmoins on la trouve bien vivante dans des eaux à 20, 15 et même 12°. Perroncito, Leichtenstern et Trossat ont considéré cette persistance accidentelle de la peau de la mue autour du corps de la larve comme un enkystement normal, permettant à celle-ci de supporter la sécheresse et de se laisser transporter à de grandes distances avec la poussière : ainsi se produirait l'infestation de localités dans lesquelles l'Ankylostome était précédemment inconnu.

Cette théorie est inexacte : ce n'est point par le vent que se fait la propagation du parasite, mais bien par l'Homme lui-même, ainsi que nous le démontrerons plus loin. En effet, la larve est destinée à périr au bout d'un temps plus ou moins long, à moins qu'elle ne soit amenée dans le tube digestif de l'Homme avec l'eau bourbeuse ou par un objet (pain, pipe, etc.) introduit dans la bouche après avoir été déposé sur la boue. Parvenue dans l'intestin grêle, elle acquiert sa forme adulte dans l'espace de quelques semaines ; au bout de 9 à 10 jours, elle subit une nouvelle mue, au cours de laquelle l'œsophage perd son aspect rhabditoïde et acquiert sa structure définitive ; on voit s'esquisser la capsule buccale, qui indique pour la première fois la nature strongyloïde de l'animal. Celui-ci reste trois à quatre jours en cet état, puis mue de nouveau ; mais c'est seulement à la troisième mue que les deux sexes peuvent être facilement distingués.

L'Ankylostome ne passe donc point par un hôte intermédiaire : l'adulte, renfermé dans l'intestin grêle de l'Homme, pond des œufs qui se développent dans l'eau vaseuse en des larves qui ne passeront elles-mêmes à l'état adulte que si l'Homme vient à boire l'eau qui les contient ou à en souiller les objets qu'il porte à sa bouche. Si ce transport dans l'intestin de l'Homme ne s'effectue pas, ces larves seraient destinées à périr au bout d'un temps plus ou moins long. Toutefois, des observations récentes de Leichtenstern donnent à penser que certaines d'entre elles, douées d'une plus grande résistance, seraient capables de se transformer en adultes rhabditoïdes, se reproduisant par une série illimitée de générations libres.

L'Ankylostome adulte est un Ver de petite taille, à corps à peu près cylindrique. Le mâle (fig. 365, *d*, *e*, *f*; fig. 370) est long de 6 à 11mm,5 et large de 0mm,4 à 0mm,5 dans la partie moyenne; il s'effile graduellement en avant et se termine en arrière par une large bourse copulatrice. La femelle (fig. 365, *a*, *b*, *c*; fig. 374) est longue de 7 à 15, parfois même à 18 millimètres; sa largeur peut aller jusqu'à 1 millimètre au voisinage de l'extrémité postérieure; le corps se rétrécit progressivement en avant et se termine en arrière par une pointe conique dont la longueur est environ de 1 millimètre (fig. 366). Les deux extrémités du mâle sont généralement incurvées vers la face dorsale, tandis que le corps entier de la femelle est ordinairement arqué à plat, la face dorsale étant convexe. Le corps est blanc ou plus ou moins rosé, suivant la quantité de sang contenue dans l'intestin.

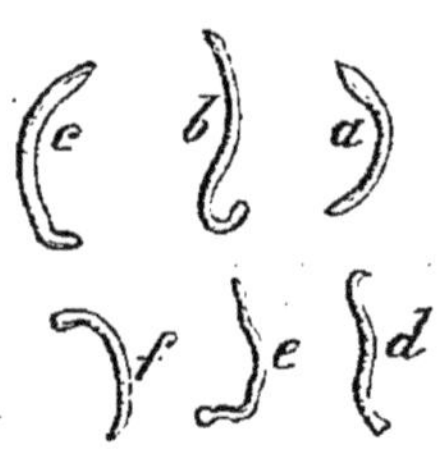

Fig. 365. — *Ankylostoma duodenale* de grandeur naturelle, d'après Schulthess. — *a*, *b*, *c*, femelles; *d*, *e*, *f*, mâles.

La cuticule recouvre toute la surface du corps, à l'exception de la pointe des deux dents situées sur le bord dorsal de la capsule buccale (fig. 367 et 368, *c*). Elle est d'une transparence parfaite et présente partout une délicate striation transversale, sauf en un petit espace semi-lunaire, situé au-dessous du bord dorsal de la bouche (fig. 367 et 368); la striation est également très indistincte en arrière des papilles postanales de la femelle (fig. 366, *d*). Son épaisseur varie avec la taille et le sexe de l'animal et avec les différents points du corps : chez un mâle de moyenne grandeur, elle est de 26 à 40 μ à la partie moyenne du corps; chez une femelle, de 40 à 45 μ. Elle diminue progressivement vers l'extrémité antérieure dans l'un et l'autre sexe, ainsi que vers l'extrémité postérieure de la femelle; elle s'épaissit au contraire au voisinage de l'extrémité postérieure du mâle. La cuticule est formée de deux couches: l'externe (fig. 366, *a*), qui est la plus épaisse, s'interrompt à l'extrémité postérieure de la femelle et laisse passer la couche profonde, *b*, sous forme d'une courte pointe conique, *c*; parfois cette pointe ne fait pas saillie, mais est logée au fond d'une dépression de la couche externe.

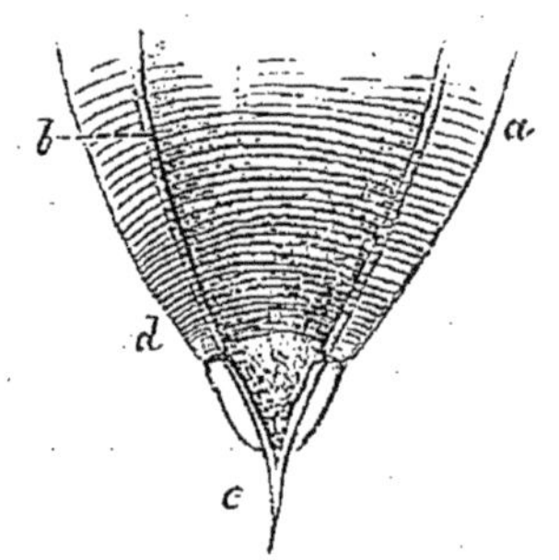

Fig. 366. — Extrémité caudale de la femelle vue par la face dorsale, d'après Schulthess. — *a*, couche superficielle du tégument; *b*, sa couche profonde; *c*, pointe caudale formée par la couche profonde du tégument; *d*, papilles postanales (?).

Le tégument est orné d'un certain nombre de papilles. Dubini en avait déjà reconnu deux assez grosses, vers le milieu de l'œsophage et de chaque côté; on ignore encore leurs relations avec les lignes latérales et avec l'anneau nerveux, mais Bugnion assure qu'on y a vu pénétrer un filet nerveux. Schulthess a observé, à l'extrémité postérieure de la femelle, deux papilles latérales (fig. 366, *d*). Le même auteur a vu chez le mâle une petite papille (fig. 370, *t*) située au niveau de la racine de chaque côte ventrale. Enfin, la bourse copulatrice est ornée d'un certain nombre de papilles dont nous aurons à parler plus loin.

Les *glandes cervicales* (fig. 370, *i*, *k*) doivent être considérées comme des dépendances du tégument. Ces organes sont longs de 2 à 3 millimètres et s'étendent bien au delà de l'œsophage; Dubini les avait désignés déjà sous le nom de corps fusiformes. Ce sont deux glandes unicellulaires, dont la partie postérieure est renflée en fuseau, large de 146 à 212 μ, et renferme un noyau ovale, large de 50 à 70 μ. La partie antérieure, qui joue le rôle de canal excréteur, *l*, bien que sa structure granuleuse ne diffère en rien de celle du reste de l'organe, est large de 20 μ environ; elle se renfle en avant en une sorte d'ampoule, dans laquelle se voit également un noyau, puis vient s'ouvrir au pore excréteur. Celui-ci est situé sur la ligne médio-ventrale, à mi-longueur de l'œsophage, un peu en arrière du ganglion œsophagien; il reçoit également l'autre glande et les canaux excréteurs. La glande cervicale gauche est toujours un peu plus longue que la droite; l'allongement porte uniquement sur la partie rétrécie. La paroi de ces glandes est constituée par une membrane anhiste, que Leuckart considère comme l'enveloppe de la cellule primitive; Schulthess est plutôt disposé à admettre qu'elle est formée de cellules plates.

L'Ankylostome est méromyaire : ses muscles sont disposés en huit rangées longitudinales et formés de cellules rhomboïdales, entourées chacune d'une enveloppe anhiste. Ces cellules ont la même structure et la même disposition que chez l'Oxyure ; elles font saillie dans la cavité du corps plus fortement par leur bord antérieur que par leur bord postérieur ; elles sont longues de 2 millimètres environ et larges de $0^{mm},15$ à $0^{mm},17$. En avant, les muscles pénètrent dans l'épaisseur de la capsule buccale, mais n'atteignent pas le bord labial; ils s'en rapprochent davantage à la face dorsale qu'à la face ventrale et sont limités par une série de six arcades à convexité antérieure. En arrière, les muscles remplissent le fond de la pointe caudale de la femelle; chez le mâle, on les voit s'étendre aux deux faces dorsale et ventrale un peu plus loin que sur les côtés, mais sans se continuer avec les côtes de la bourse copulatrice.

Quand on examine à plat la face interne de la paroi du corps, on constate encore l'existence d'un autre appareil musculaire. Celui-ci est constitué par un double système de fibres transversales qui s'étendent sur toute la longueur du corps. L'un de ces systèmes occupe la moitié supérieure de la cavité générale, l'autre la moitié inférieure. Chacun d'eux s'insère par ses deux extrémités au bord correspondant des deux lignes latérales; les fibres se séparent de celles-ci à des intervalles assez réguliers et se portent transversalement; pendant leur trajet, elles s'unissent fréquemment par des anastomoses en arc, et on les voit s'élargir, parfois même porter des cellules, à leur point de rencontre. En certains endroits, par exemple au voisinage de la vulve et de l'anus de la femelle, les fibres transversales se condensent en de véritables cordons dont les fibres externes s'insèrent dans chacun des interstices musculaires qu'elles rencontrent, tandis que les fibres moyennes passent comme un pont au-dessus de ceux-ci; ces cordons émettent d'autre part un certain nombre de fibres qui vont se fixer sur la membrane d'enveloppe des cellules musculaires, soit au milieu, soit plus souvent sur les bords.

Les quatre lignes longitudinales sont nettement visibles. Les latérales sont les plus larges et les plus compliquées, mais toutes sont formées d'une substance granuleuse, dans laquelle sont plongés des noyaux peu distincts.

La ligne médio-ventrale se voit déjà au bord postérieur de la capsule buccale; sa largeur est presque partout de 22 μ; le pore excréteur la traverse. Chez le mâle, elle se prolonge jusqu'à la naissance du lobe ventral de la bourse copulatrice; chez la femelle, elle est traversée par la vulve et par l'anus, au delà duquel elle se continue; comme la vulve a une largeur de près de 90 μ, on voit la ligne médio-ventrale s'élargir notablement à son niveau.

La ligne médio-dorsale a partout la même largeur; ses dimensions sont à peu près les mêmes que celles de la précédente. Elle ne se poursuit pas jusqu'aux extrémités du corps; en effet, les cellules musculaires des zones supéro-latérales entrent en contact en ces endroits.

Les lignes latérales sont formées chacune de deux faisceaux de substance granuleuse, chacun de ceux-ci étant entouré d'une membrane d'enveloppe et creusé d'un canal central. Chez la femelle, on les suit jusqu'au voisinage de la pointe caudale; chez le mâle, elles semblent atteindre également la naissance de la bourse, bien qu'un peu modifiées (fig. 373, *o*).

A la partie moyenne du corps, les lignes latérales sont larges de 116 μ; leur largeur est donc à peu près celle d'une fibre musculaire. Le canal, que nous avons déjà signalé dans chacun des deux faisceaux de substance granuleuse, est large de 23 μ et dépourvu de paroi propre; un troisième canal, large de 13 μ et limité par une couche chitineuse assez résistante, se voit entre les deux précédents. Ce dernier représente l'appareil excréteur; à la hauteur du pharynx, il s'infléchit vers la face ventrale et s'unit à son congénère pour former un canal unique qui, après un court trajet, débouche au pore excréteur. Quant aux deux autres canaux, leur nature est encore inconnue; en avant, ils ont déjà disparu avant d'atteindre le pore excréteur.

Le système nerveux est encore imparfaitement connu. Le collier œsophagien se voit assez facilement: il est situé un peu en avant de la partie moyenne de l'œsophage et émet des filets qui se portent en différents sens.

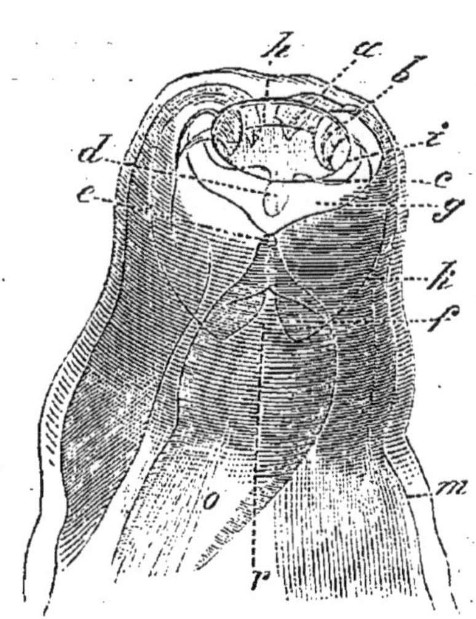

Fig. 367. — Extrémité céphalique d'une femelle, vue par la face dorsale, d'après Schulthess. — *a*, première dent ou dent interne; *b*, deuxième dent ou dent externe; *c*, dent conique du bord dorsal; *d*, échancrure du bord dorsal; *e*, large lamelle triangulaire recouvrant la fente dorsale de la capsule; *f*, limite de la fente dorsale; *g*, anneau représentant la moitié dorsale de l'appareil dentaire; *h*, mince lamelle recouvrant à demi les deux dents internes; *i*, bord cutané; *k*, surface externe de la capsule; *m*, limite de la couche musculaire; *o*, œsophage; *r*, fente dorsale de la capsule.

L'appareil digestif débute par une capsule buccale en forme de cloche, large suçoir formé de diverses pièces chitineuses et dans lequel on peut distinguer deux parties : la capsule proprement dite et l'appareil dentaire.

L'axe de la capsule est dévié de telle sorte que celle-ci (fig. 370, *a*) forme presque un angle droit avec le reste du corps. Elle a l'aspect d'une coque ovoïde, longue de $0^{mm},1$, large de $0^{mm},085$, constituée par une superposition de lamelles chitineuses et enchâssée dans le commencement de l'œsophage comme un œuf dans un coquetier. Cette coque (fig. 367 et 368) est percée de deux ouvertures inégales, taillées en biseau aux dépens de la face dorsale : en avant se voit la bouche, large de 68 à 70 μ et entourée d'un bord labial rigide et immobile; en arrière est un petit orifice ovale, qui fait communiquer la capsule avec l'œsophage.

La face ventrale de la capsule est fortement bombée et partout continue à elle-même ; sa paroi est brunâtre, plus épaisse et plus résistante que celle de la face dorsale. Celle-ci est plane, beaucoup plus courte et divisée en deux moitiés par une fente médiane, *r*, qui s'étend du bord postérieur jusqu'au voisinage du bord antérieur ; ces deux moitiés sont unies l'une à l'autre par une étroite lamelle, en avant de laquelle on remarque une petite échancrure, *d*. Les deux lèvres de cette fente sont ordinairement juxtaposées et bordées d'un ourlet orné de petites dépressions imperforées ; en arrière, elles s'écartent l'une de l'autre presque à angle droit et forment une pointe en s'unissant chacune avec le bord correspondant de la paroi ventrale. Le bord antérieur de la capsule est entier dans toute la partie dorsale, mais des fentes assez profondes viennent diviser sa partie ventrale en cinq lobes, un médian plus large et quatre latéraux disposés par paires.

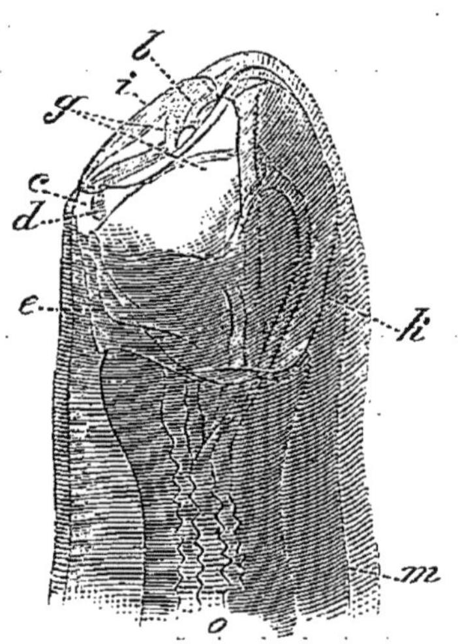

Fig. 368. — Extrémité céphalique d'une femelle vue de profil, d'après Schulthess. — Les lettres comme dans la figure précédente.

La fente dorsale est recouverte d'une lamelle chitineuse en forme de gouttière, rétrécie en avant, plus large en arrière. Elle est elle-même abritée sous une autre lamelle plus large, mais moins longue, *e*, qui est tendue comme un ressort au-dessus de la fente dorsale, dont elle comble la partie antérieure.

La face interne de la capsule buccale est marquée de stries obliques d'avant en arrière et de bas en haut. Sa partie antérieure est occupée par un anneau chitineux, dans la moitié ventrale duquel se trouvent enchâssées quatre dents, disposées symétriquement de chaque côté de la ligne médiane. La portion supérieure double intérieurement l'étroite lamelle qui réunit l'une à l'autre les deux moitiés de la face dorsale de la capsule ; à ce niveau elle présente une échancrure médiane, *d*, limitée en avant par deux dents coniques, *c*.

Les quatre dents, dont Dubini avait déjà reconnu l'existence à la partie ventrale de l'orifice buccal, ont la forme de crochets dont la pointe serait infléchie à l'intérieur de la capsule ; elles sont en continuité avec de fortes pièces chitineuses saillantes, qui occupent environ un tiers de la longueur de la capsule et qui se fixent aux deux paires de lobes digitiformes que celle-ci présente à sa face ventrale. Ces quatre dents ont sensiblement la même forme : elles sont très acérées, et la première ou l'interne de chaque côté, *a*, est plus petite que la seconde, *b*; elle porte sur son bord interne, à une faible distance de la pointe, un petit tubercule inégalement développé suivant les individus. L'appareil dentaire tout entier est recouvert de fines lames chitineuses qui contribuent puissamment à le consolider et à le fixer à la capsule, tout en l'immobilisant; un rôle analogue est encore dévolu à une autre membrane, *h*, qui recouvre comme un voile les deux dents internes. Ces dents crochues, auxquelles l'animal doit son nom (1), constituent des armes redoutables dont la connaissance va bientôt nous expliquer les lésions produites par le parasite : grâce à elles, il se fixe fortement à la muqueuse intestinale, dont il déchire les capillaires. Pour se rendre compte de leur structure, il importe de les examiner par la face dorsale (fig. 367); elles ne sont pas visibles par la face opposée, cachées qu'elles sont par le bord labial qui les déborde.

L'intérieur de la capsule buccale est encore occupé, dans sa partie profonde et à la face ventrale, par deux arêtes tranchantes et pointues, semblables à des dents de scie; Bugnion leur donne le nom de *lames pharyngiennes*, et Schulthess les compare à des pyramides à trois faces. Elles rétrécissent la cavité buccale à tel point que la moitié inférieure n'est plus représentée que par un canal large de 45 μ, qui conduit directement dans l'œsophage. Elles sont en continuité avec la capsule et recouvertes d'une épaisse couche de chitine; néanmoins quelques auteurs les considèrent comme douées d'une certaine mobilité; elles contribuent encore à inciser les tissus et à faire couler le sang, par exemple lorsque le Ver, faisant jouer les muscles de son œsophage, aspire jusque dans le fond de la

(1) Ἀγκύλον, crochu; στόμα, bouche.

capsule buccale une villosité ou une portion de la muqueuse intestinale.

On peut encore observer dans la bouche, à la face dorsale et un peu en arrière de l'échancrure *d*, une éminence conique dont la pointe se dirige en avant. Elle renferme une pulpe molle et striée, que recouvre un mince revêtement, et présente à sa surface une rainure longitudinale, qui donne à penser qu'elle représente la terminaison de quelque organe glandulaire; celui-ci, toutefois, serait distinct des *glandes céphaliques*, qui viennent également s'ouvrir dans la bouche.

Ces glandes ont été découvertes par Leuckart. Ce sont deux organes allongés, qui s'étendent à l'intérieur du corps jusqu'au delà de la moitié et qui, chez la femelle, vont presque jusqu'à la vulve; ils sont donc plus longs que les glandes cervicales. Ils atteignent une largeur maximum de $0^{mm},15$ vers leur partie moyenne et s'effilent à chacune de leurs extrémités. Sur tout leur parcours, ces glandes sont suspendues à la moitié dorsale des lignes latérales, mais elles se distinguent nettement de ces dernières, auxquelles elles ne sont que lâchement unies; elles ont parfois aussi des connexions, dans leur partie postérieure, avec quelques anses des glandes génitales.

Les glandes céphaliques ont une structure fort analogue à celle des glandes cervicales : elles sont formées d'une membrane claire et anhiste, renfermant un contenu granuleux, mais elles sont creusées d'un assez large espace, qui résulte probablement de la liquéfaction de la partie centrale. Leur canal excréteur remonte sur les côtés de la capsule buccale, jusqu'au bord labial; Leuckart pense qu'il débouche à la face externe et sur le côté du bord labial, mais Schulthess admet qu'il s'ouvre plutôt dans la bouche, à côté de la dent externe (fig. 367, *b*).

L'œsophage (fig. 370, *b*) représente, suivant les individus, un dixième à un cinquième de la longueur totale. C'est un canal cylindrique et large de $0^{mm},07$ à $0^{mm},09$ dans sa première moitié, dont l'extrémité se taille en biseau pour loger obliquement la capsule buccale; il se renfle en massue dans sa moitié postérieure, *e*, et acquiert peu à peu une largeur de $0^{mm},13$ à $0^{mm},17$. Sa lumière est tapissée d'une couche chitineuse d'abord de forme triangulaire (fig. 369, A), elle ne tarde pas à prendre l'aspect d'une étoile à trois branches, B, C; chacune de celles-ci présente à ses deux faces et à son extrémité des saillies plus ou moins proéminentes qui constituent autant de crêtes longitudinales donnant insertion à des muscles.

Ceux-ci sont de deux sortes, longitudinaux et radiaires. Les fibres radiaires sont surtout développées; elles se groupent en faisceaux qui, dans la portion renflée, atteignent une assez grande longueur pour que leur contraction puisse déterminer une dilatation capable d'opérer une succion énergique sur le contenu de la capsule buccale ou sur les parties situées en avant d'elle. Les faisceaux musculaires ne remplissent point toute a paroi de l'œsophage: ils laissent entre eux çà et là des lacunes que vient combler une substance granuleuse. L'une de ces lacunes, qui correspond à la ligne médio-dorsale, est remarquable non seulement par sa largeur, mais aussi parce qu'elle se continue sur toute la longueur du pharynx. On trouve trois de ces lacunes dans la première moitié de l'œsophage et neuf dans la seconde. Cette dernière, dont la cavité ne renferme

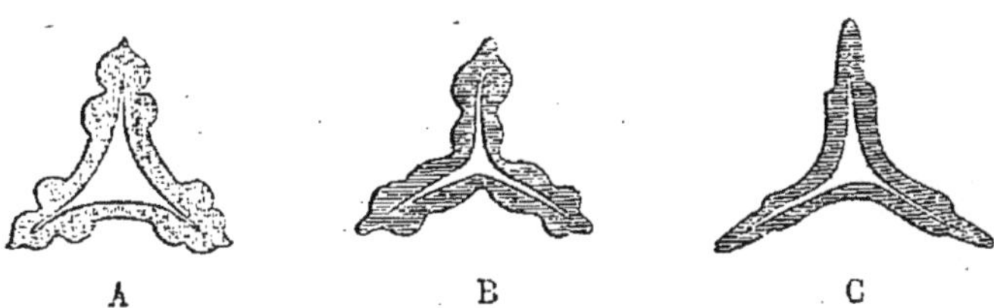

Fig. 369. — Coupes du squelette chitineux de l'œsophage, d'après Schulthess. — A, coupe faite au voisinage de la capsule buccale; B, coupe pratiquée au niveau des papilles; C, coupe faite dans la partie inférieure.

point de dents chitineuses, s'arrondit à son extrémité et s'enfonce dans l'intestin comme le fait le col de l'utérus dans le vagin; cette portion pénétrante est divisée en trois lobules qui constituent une sorte de valvule s'opposant au retour des aliments dans l'œsophage et dont chacun renferme à son intérieur un noyau cellulaire.

L'intestin (fig. 370, *h*, *m*) est rectiligne et plus large que l'œsophage, en sorte qu'il remplit plus de la moitié de la cavité du corps, dans laquelle il flotte librement. Il présente, sur les coupes, les formes les plus diverses, mais prend dans la partie postérieure, au voisinage de l'anus, l'aspect d'une fente transversale. Il est limité extérieurement par une mince membrane anhiste, en dedans de laquelle se voit une masse infiltrée de fines granulations brun jaunâtre, plus foncées chez le mâle que chez la femelle. Cette masse se laisse difficilement réduire à une couche de cellules épithéliales, dont la taille est tellement exceptionnelle que, sur une coupe transversale, on n'en trouve jamais que deux l'une à côté de l'autre. La surface de cet épithélium est tapissée d'une épaisse couche cuticulaire qui, comme chez *Eustrongylus gigas*, s'est transformée en un revêtement de bâtonnets rigides.

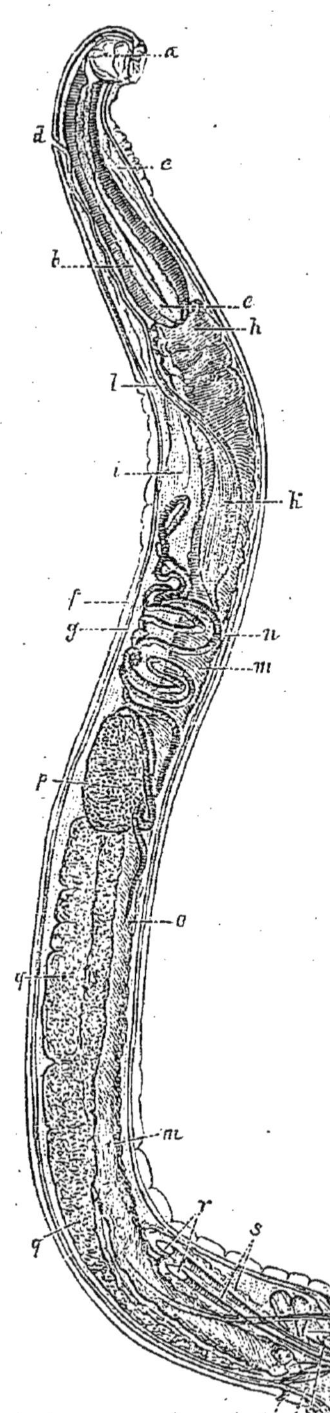

L'Ankylostome se nourrit du sang de son hôte : on devra donc trouver son intestin gorgé de sang. C'est en effet ce qu'on observe chez la plupart des Vers examinés aussitôt après leur évacuation ou trouvés dans des autopsies faites peu de temps après la mort ; mais quand celles-ci sont pratiquées tardivement, les Vers ont rejeté le sang qu'ils avaient absorbé ou bien ont eu le temps de le digérer : aussi est-il habituel de voir leur intestin vide. Ainsi s'explique comment quelques auteurs, parmi lesquels se trouve Sangalli, ont pu croire que l'helminthe ne se nourrit point de ce liquide.

Le rectum est fort court et s'ouvre, chez la femelle, à la base de la pointe

Fig. 370. — *Ankylostoma duodenale* mâle, très grossi, d'après Schulthess. — *a*, capsule buccale ; *b*, œsophage ; *c*, collier œsophagien ; *d*, pore excréteur ; *e*, extrémité postérieure de l'œsophage ; *f*, cuticule ; *g*, couche musculaire ; *h*, début de l'intestin ; *i*, glande cervicale droite ; *k*, glande cervicale gauche ; *l*, canal excréteur de la glande cervicale gauche ; *m*, intestin ; *n*, tube testiculaire ; *o*, cul-de-sac du tube testiculaire ; *p*, vésicule séminale ; *q*, canal éjaculateur ; *r*, extrémité antérieure des spicules ; *s*, spicules ; *t*, papille latérale gauche ; *u*, papille anale ; *v*, pièce chitineuse creuse, en arrière des glandes anales ; *w*, tronc des deuxième, troisième et quatrième côtes latérales ; *x*, côte antérieure gauche ; *y*, côte antérieure droite ; *z*, troisième côte latérale droite.

caudale et sur le milieu de la face ventrale (fig. 374, *e*); chez le mâle, il s'unit aux organes génitaux pour former un cloaque qui débouche dans le fond de la bourse copulatrice. Dans ce cloaque viennent se jeter d'autre part deux paires de *glandes anales* (fig. 373, *d*, *d'*), dont l'analogue n'existe point chez la femelle.

L'appareil génital mâle est constitué par un tube qui est au moins deux fois aussi long que le corps. Chez un individu long de 7^{mm},5, il mesure 15^{mm},7, savoir : 11^{mm},5 pour le testicule, 1 millimètre pour la vésicule séminale et 3^{mm},2 pour le canal éjaculateur.

Le testicule (fig. 370, *n*), est un canal filiforme qui occupe surtout le second quart de la longueur du corps. Il se compose essentiellement d'une branche ascendante, qui commence par un cul-de-sac, *o*, situé un peu en arrière de la vésicule séminale, et une branche descendante qui aboutit à cette dernière. Ces deux branches s'observent facilement chez les jeunes, mais sont moins reconnaissables chez les adultes, à cause des nombreuses circonvolutions qu'elles décrivent, par suite de l'allongement de l'organe : ces circonvolutions ne s'enroulent pas complètement autour de l'intestin, mais s'appliquent seulement contre ses faces ventrale et latérales. Les cellules-mères des spermatozoïdes prennent naissance sur un rachis.

La vésicule séminale, *p*, est située vers le milieu du corps ; le testicule vient y déboucher brusquement. C'est une poche longue de 1 millimètre à 1^{mm},5, large de 0^{mm},5, remplie de spermatozoïdes en forme de bâtonnet et longs de 10 μ.

Le canal éjaculateur, *q*, vient à la suite de la vésicule séminale ; d'après Leuckart, la communication se ferait au moyen d'un canal rétréci et contourné en S. Cet organe occupe la moitié postérieure de la cavité du corps, sauf la partie dorsale, qui renferme l'intestin ; il est claviforme, plus effilé en arrière et s'unit à l'extrémité du rectum pour constituer le cloaque. Son tiers postérieur est rattaché à la paroi du corps par des muscles particuliers (fig. 372 et 373, *m*), qui prennent insertion sur sa face ventrale et remontent obliquement d'arrière en avant pour aller se fixer aux lignes latérales. Ces muscles (*Bursalmuskeln* de Schneider) sont constitués par d'étroits faisceaux, légèrement séparés les uns des autres. On trouve en outre, dans la paroi même du canal, de puissants muscles annulaires.

Les deux spicules (fig. 370, *s*; fig. 371 et 373, *p*) sont logés à la face dorsale et sur les côtés de l'intestin. Ce sont deux bâtonnets brunâtres, minces et élastiques, ayant jusqu'à 2 millimètres de longueur: assez larges à l'extrémité antérieure (fig. 370, *r*), ils se rétrécissent assez rapidement et vont en s'effilant de plus en plus jusqu'à leur extrémité libre; ils sont striés en travers sur presque toute leur longueur. Chacun d'eux est renfermé dans une longue gaine de tissu granuleux (fig. 371, *gp*), qui s'étend en avant jusqu'au voisinage de la vésicule séminale et en arrière jusqu'à celui de la papille anale (fig. 370, *u*). Les spicules s'écartent l'un de l'autre, comme les deux branches d'un Y, par leur extrémité antérieure; ils sont juxtaposés et plus ou moins rectilignes dans le reste de leur parcours, si ce n'est qu'ils divergent de nouveau à leur extrémité libre.

La position de l'orifice cloacal est indiquée par celle de la papille anale (fig. 370, *u;* fig. 372, *pa*), qui se voit au fond de la bourse copulatrice et du côté ventral. Cette papille est d'assez grande taille et limitée de chaque côté par un prolongement digitiforme du tissu sous-cuticulaire (fig. 372 et 373, *n*); en examinant l'animal par sa face latérale, on l'aperçoit aisément entre la côte ventrale et le tronc d'où se détache la quatrième côté latérale. En regard de cette papille, et reportée vers la partie dorsale, on remarque une pièce chitineuse particulière (fig. 370, *v;* fig. 372 et 373, *h*), creusée d'une rainure comme une sonde cannelée. C'est dans cette rainure que s'engagent et glissent les spicules, lorsqu'ils sortent du cloaque; chez la plupart des mâles, on les trouve ordinairement à moitié sortis.

La bourse copulatrice est une sorte de pavillon formé par un repli du tégument et dont le bord est divisé en quatre lobes inégaux par des échancrures peu profondes. Le lobe dorsal (fig. 371, 372 et 373, *f*) est le plus petit; les lobes latéraux (fig. 371 et 373, *g*) sont les plus grands; le lobe ventral, qui est de taille intermédiaire, est très surbaissé, mais est notablement plus large que le dorsal.

La striation transversale de la cuticule reste régulière jusqu'à l'origine de la bourse. Celle-ci est marquée à ses deux faces de stries longitudinales qui s'infléchissent autour du bord libre, pour passer de la face externe à la face interne. Il n'y a d'exception que pour le lobe ventral, dont la face externe est encore parcourue de stries transversales, continues avec celles du reste du corps. En certains points de la face interne (fig. 372, *na*), les stries se bifurquent et se ramifient; cela s'observe plus aisément sur les lobes latéraux que sur le lobe dorsal.

L'épaisseur de la bourse est parcourue par onze côtes rayonnantes : la disposition de ces organes est caractéristique et sert, chez les Strongles et les Ankylostomes, à la distinction des espèces. Chez l'animal qui nous occupe, la côte dorsale ou postérieure (fig. 371, 372 et 373, *cp*) est impaire, toutes les autres étant symétriques : elle se bifurque à son extrémité et chacune de ses branches se divise à son tour en trois digitations. De chaque côté de la côte dorsale se sépare encore une autre côte, c^1, qui se porte dans la région postérieure du lobe latéral correspondant : Leuckart la désigne sous le nom de première côte latérale. La partie moyenne du lobe latéral est encore parcourue par trois grosses côtes, c^2, c^3 et c^4, qui se séparent en divergeant d'un tronc commun (fig. 370, *w*) : ce sont les deuxième, troisième (fig. 370, *z*) et quatrième côtes latérales. Enfin, le tronc de ces trois dernières côtes émet par sa base une cinquième côte latérale ou côte ventrale (fig. 370, *x*, *y*; fig. 371, 372 et 373, *ca*), qui vient se terminer au niveau de l'échan-

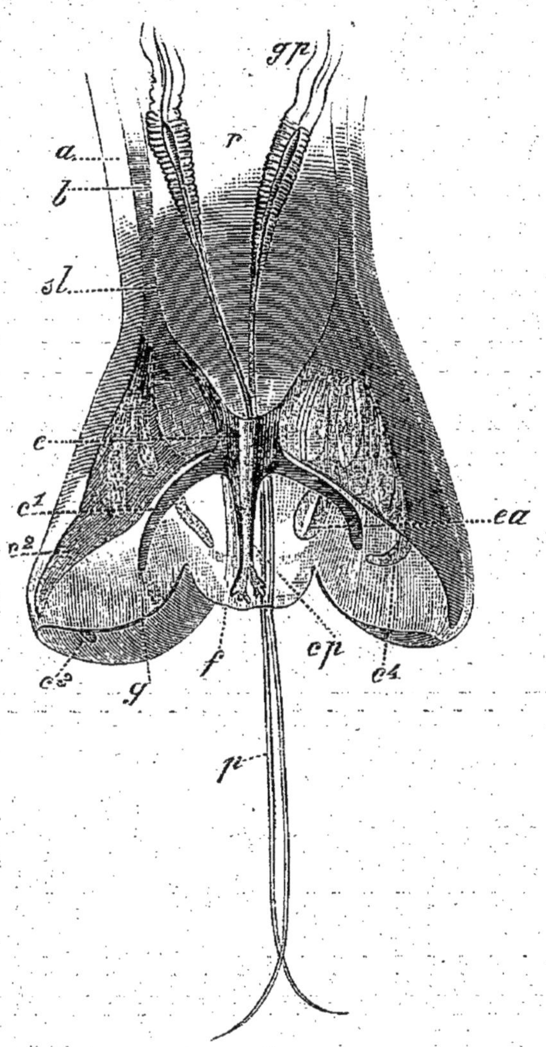

Fig. 371. — Bourse du mâle vue par la face dorsale, d'après Schulthess. — *a*, cuticule; *b*, couche musculaire; *c*, tronc de la côte dorsale et des deux premières côtes latérales; *ca*, côte antérieure ou ventrale; *cp*, côte postérieure ou dorsale; c^1, première côte latérale; c^2, deuxième; c^3, troisième; c^4, quatrième; *f*, lobe dorsal de la bourse; *g*, bord du lobe latéral gauche de la bourse; *gp*, gaîne du spicule; *p*, spicule; *r*, rectum; *sl*, ligne latérale. — N. B. Lire *c* et *ca*, au lieu de *e* et *ea*.

crure qui sépare le lobe ventral des deux lobes latéraux. Cette dernière côte, assez puissante, est profondément échancrée à son extrémité.

Chacune de ces onze côtes aboutit à une petite papille cuticulaire, située à l'une ou à l'autre face de la bourse et plus ou moins loin du bord. Les papilles des première et quatrième côtes latérales sont à quelque distance du bord et à la face externe; celles des côtes dorsale et ventrale, ainsi que des

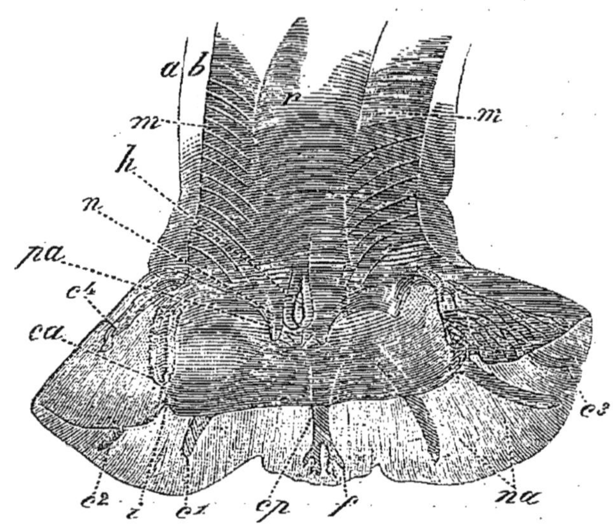

Fig. 372. — Bourse vue par la face ventrale, d'après Schulthess. — *h*, pièce chitineuse en forme de sonde; *i*, échancrure séparant le lobe ventral du lobe latéral de la bourse; *m*, muscles de la bourse; *n*, expansion digitiforme limitant la papille anale; *na*, point où les stries de la cuticule se bifurquent; *pa*, papille anale. — Les autres lettres comme dans la figure précédente.

deuxième et troisième côtes latérales, se voient à la face interne et au voisinage du bord.

Les côtes sont des prolongements du tissu sous-cuticulaire : on y reconnaît des parties granuleuses et des fibres, dont on voit nettement les faisceaux se séparer dans le tronc des côtes latérales. Grâce à ces faisceaux musculaires, la bourse est douée d'une certaine mobilité : elle s'étale ou se resserre au gré de l'animal et peut jouer ainsi, dans l'acte de la copulation, le rôle d'un appareil de fixation.

L'appareil génital femelle (fig. 374) se compose de deux tubes dont la longueur totale est à peu près cinq fois supérieure à celle de l'animal lui-même ; chez une femelle de taille moyenne, cette longueur est de 65^{mm},6, savoir : 50 millimètres pour les deux ovaires et 15^{mm},6 pour les deux utérus.

La cavité du corps est remplie, depuis la terminaison de l'œso-

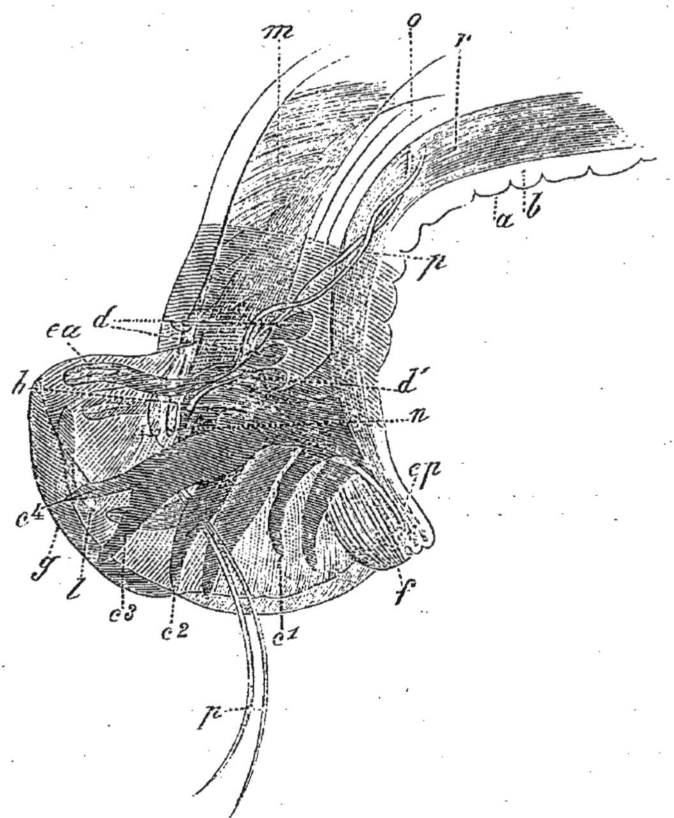

Fig. 373. — Bourse vue par la face latérale gauche, d'après Schulthess. — *d*, paire supérieure de glandes anales; *d*, paire inférieure de glandes anales ; *h*, pièce chitineuse en forme de sonde ; *l*, lobe ventral de la bourse replié sur lui-même; *n*, prolongement de la couche musculaire dans la papille anale; *o*, ligne latérale. Les autres lettres comme dans les deux figures précédentes. — N. B. Lire *ca* et *cp*, au lieu de *ea* et *ep*.

phage jusqu'à l'anus, par un nombre considérable de circonvolutions formées par les deux tubes génitaux, mais surtout par les ovaires : ceux-ci ont un parcours assez différent pour qu'on doive les étudier l'un après l'autre.

L'ovaire antérieur, *p,o,i*, débute par un cul-de-sac situé au niveau de l'union de l'œsophage avec l'intestin. Tout en décrivant de nombreuses sinuosités, il se porte en arrière jusqu'à l'anus, au niveau duquel il rebrousse chemin pour regagner son point de départ; au moment de l'atteindre, il s'infléchit vers la face ventrale et se jette dans l'utérus antérieur, *h*, qui court d'avant en arrière, appliqué contre cette face.

L'ovaire postérieur, *n*, *m*, *l*, *k*, prend naissance au même niveau que son congénère et, comme lui, se porte en arrière; mais arrivé au niveau de la vulve, il rebrousse chemin et remonte vers son point de départ; il s'infléchit alors derechef et court tout le long de la face dorsale jusqu'à l'anus, au niveau duquel il se jette dans l'utérus postérieur, *g*. Celui-ci marche d'arrière en avant, le long de la face ventrale, et finit par rencontrer l'utérus antérieur, avec lequel il se fusionne. De la réunion de ces deux tubes résulte un court vagin, qui s'ouvre aussitôt sur la ligne médio-ventrale. La vulve, *f*, se voit à un millimètre environ en arrière de la moitié du corps : c'est une fente transversale à lèvres saillantes, large de 95 μ.

L'ovaire a une largeur maximum de 75 μ ; les ovules qui s'y forment sont disposés en rayonnant autour du rachis. Dans sa portion externe ou oviducte, le rachis fait défaut et les ovules sont libres ; ils sont serrés les uns contre les autres et mesurent 50 μ sur 28 μ. La paroi de ce tube est revêtue intérieurement d'une couche claire, au sein de laquelle on voit çà et là des noyaux.

L'utérus est d'emblée notablement plus large que l'ovaire ; il est dépourvu de fibres musculaires et est tapissé à sa face interne de grandes cellules épithéliales, rappelant celles de l'intestin : ces cellules sont groupées en quatre colonnes longitudinales et sont jusqu'à dix fois plus larges que longues ; leur épaisseur n'est que de 17 μ. L'utérus est rempli d'ovules, au milieu desquels on re-

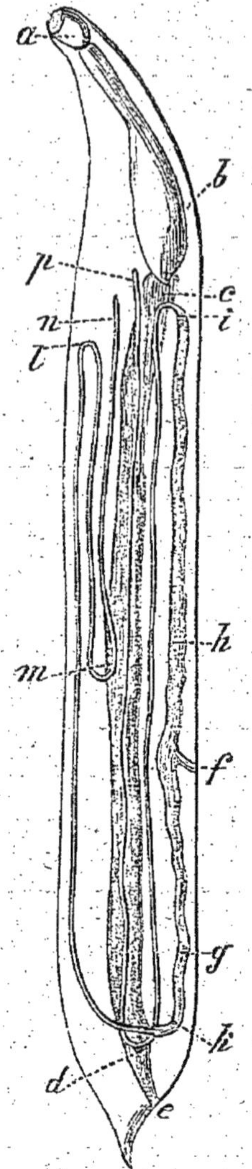

Fig. 374. — Schéma de l'appareil génital femelle, d'après Schulthess. — *a*, bouche ; *b*, œsophage ; *c*, intestin ; *d*, point de réflexion de la branche descendante du tube génital antérieur ; *e*, anus ; *f*, vulve et vagin ; *g*, utérus postérieur ; *h*, utérus antérieur ; *i*, continuation de l'utérus antérieur avec le tube ovarien correspondant ; *k*, continuation de l'utérus postérieur avec le tube ovarien correspondant ; *l*, *m*, réflexions de l'ovaire postérieur ; *n*, sa terminaison en cul-de-sac ; *p*, terminaison en cul-de-sac de l'ovaire antérieur.

marque un grand nombre de spermatozoïdes coniques et immobiles. C'est en effet dans sa cavité que la fécondation s'opère : le sperme s'y accumule après l'accouplement et s'y conserve longtemps intact. L'œuf est donc fécondé quand il quitte l'utérus; il s'est entouré d'une coque chitineuse et parfois même a déjà parcouru les premiers stades de la segmentation.

Sur une longueur de 0mm,3, la terminaison de l'utérus se transforme en un tube entouré de deux puissantes couches musculaires formées de fibres diagonales serrées: ces fibres s'enroulent en sens inverse, de manière à se croiser presque à angle droit. Ce tube, que Leuckart et Schulthess considèrent comme le vagin, malgré sa duplicité, est revêtu d'un épithélium dont les cellules, larges de 80 μ et épaisses de 40 μ, proéminent à son intérieur et réduisent sa lumière à un canal étroit, mais extensible, tapissé d'une cuticule. Ces cellules sont claires, finement granuleuses et renferment un noyau large de 10 μ; comme celles du reste de l'utérus, elles se disposent sur quatre rangées.

Le véritable vagin est représenté par le court canal transversal qui résulte de l'union des deux utérus et se rend à la vulve. Ce canal ne possède plus qu'une seule couche de fibres musculaires longitudinales; il ne renferme plus l'épithélium que nous venons de décrire mais est limité intérieurement par une épaisse cuticule. De la ligne latérale droite partent deux faisceaux de fibres musculaires qui, nés à 0mm,25 l'un de l'autre, se dirigent l'un vers l'autre et se rejoignent au pourtour de la vulve; il est à remarquer que rien de semblable n'existe du côté gauche.

L'accouplement se fait dans l'intestin : le mâle se fixe au niveau de la vulve et embrasse étroitement le corps de la femelle au moyen de sa bourse copulatrice; ses spicules s'introduisent dans le vagin et aident encore à le consolider; peut-être même sa papille anale s'introduit-elle dans la vulve. Les deux individus en copulation prennent l'aspect d'un Y dont l'une des branches et le pied sont représentés par la famelle et l'autre branche par le mâle. Ils restent probablement accouplés pendant plusieurs jours consécutifs, puisqu'on trouve des couples dont les femelles renferment déjà des œufs segmentés; les vermifuges sont souvent impuissants à leur faire lâcher prise. Lutz dit que, sur 100 femelles, on en trouve une en copulation; mais c'est là une exagération.

A. Dubini, *Nuovo verme intestinale umano (Agchylostoma duodenale), costituente un sesto genere dei Nematoidei proprii dell' uomo*. Annali univ.

di med. d'Omodei, CVI, p. 5-13, 1843. — Id., *Entozoografia umana.* Milano, 1850.

C. Th. von Siebold, *Ein Beitrag zur Helminthographia humana....* Z. f. w. Z., IV, p. 53, 1852. Voir p. 55.

Ed. Bugnion, *L'Ankylostome duodénal et l'anémie du Saint-Gothard.* Revue méd. de la Suisse romande, nos 5 et 7, 1881. Genève, in-8o de 62 p., 1881.

M. Schulthess, *Ankylostoma duodenale.* Zoolog. Anzeiger, IV, p. 379, 1881. — Id., *Beiträge zur Anatomie von Ankylostoma duodenale* (*Dubini*) = *Dochmius intestinalis* (*Leuckart*). Z. f. w. Z., XXXVII, p. 163, 1882.

P. Mégnin, *Sur l'organisation de la bouche des Dochmius ou Ankylostomes, à propos de parasites de ces deux genres trouvés chez le Chien.* Comptes rendus de l'Acad. des sciences, XCIV, p. 663, 1882. — Id., *Ankylostomes et Dochmies.* Bull. de la Soc. Zool. de France, VII, p. 282, 1882.

Ed. Perroncito, *L'anémie des mineurs au point de vue parasitologique.* Archives ital. de biologie, II, p. 315, 1882; III, p. 7, 1883.

J. Chatin, *Sur la réviviscence de l'Anchylostome duodénal.* Compte rendu de la Soc. de biologie, p. 503, 1885.

O. Leichtenstern, *Zur Entwicklungsgeschichte von Ankylostoma duodenale.* Centralblatt für klin. Medicin, VII, p. 132, 1886.

L'Ankylostome habite le duodénum et surtout les deux tiers antérieurs du jéjunum; Dubini ne l'a jamais vu dans l'estomac ni dans le gros intestin et ne l'a observé qu'une seule fois dans l'iléon; mais, suivant Bäumler, on pourrait le voir, dans certains cas, s'avancer assez loin dans celui-ci. Grâce à son armature buccale, il se fixe à la muqueuse, entre les villosités, et on ne peut l'en détacher qu'avec une certaine difficulté; on le brise plutôt que de lui faire lâcher prise. Il s'étend dans le sens du cours des aliments, le dos appliqué contre la paroi.

Avec ses dents, le Ver perce la muqueuse et dilacère les capillaires sanguins; souvent même il enfonce dans l'épaisseur de la muqueuse toute la partie antérieure de son corps, allant à la rencontre de troncs vasculaires plus volumineux. Parfois encore, on trouve au-dessous de la muqueuse de petites cavités pleines de sang, dans lesquelles on voit un Ver enroulé sur lui-même et gorgé de sang; ce fait a été observé par Bilharz, Grassi, Niepce et d'autres.

Il se produit donc, au point où s'implante l'helminthe, une hémorrhagie capillaire : par suite de la déchirure de la muqueuse et des vaisseaux sanguins, le sang s'écoule dans l'intestin et celui-ci se montre rempli d'un liquide épais, comme gélatineux, d'une odeur *sui generis* et d'une couleur cendrée ou rouge obscur, liquide dont la coloration est en rapport avec le nombre des parasites attachés à la paroi. L'animal lui-même exerce sur les capillaires une succion énergique et se gorge de sang; il ne l'absorbe point en totalité, mais peut le rendre à l'état de pureté par l'anus (Grassi et Leichtenstern).

L'hémorrhagie ainsi produite est de faible importance et est aisément compensée par l'apport incessant de matières nutritives dans l'organisme, quand les Ankylostomes sont peu nombreux et s'attaquent à un individu vigoureux. Au contraire, lorsque les parasites sont nombreux et portés par un hôte débilité ou mal nourri et soumis à une mauvaise hygiène, ainsi qu'à des causes prolongées d'infestation, ils produisent une grave maladie, à laquelle on donne les noms les plus divers, suivant les pays, mais qu'il convient de désigner sous le nom d'*ankylostomasie*. On trouve alors dans l'intestin plusieurs centaines de parasites, parfois même plusieurs milliers (jusqu'à 3000 et plus); renouvelés sans cesse, ceux-ci demeurent longtemps dans l'intestin, et l'individu qui les héberge, saigné sans interruption pendant des mois et même des années par tous ces parasites qui se repaissent de son sang, va en s'affaiblissant de plus en plus et finit par présenter tous les signes d'une profonde anémie, accompagnée de graves troubles digestifs, dus à ce que le Ver s'attaque à la portion la plus active de l'intestin; la terminaison est fréquemment fatale. Grassi, Bozzolo et Concato ont constaté une grande diminution dans le nombre des globules rouges du sang; la teneur de ce liquide en hémoglobine est diminuée de plus de moitié. Il n'est pas douteux que le Ver ne soit la cause directe de l'anémie; néanmoins, quelques auteurs, comme P. Fabre (de Commentry) et Trossat, lui dénient encore ce rôle.

Wucherer n'a jamais vu le parasite ni ses œufs dans les déjections des malades, même après usage du suc de Gamelleira. L'helminthe, en effet, est assez rare dans les selles, car il ne quitte pas volontiers l'intestin, mais ses œufs sont toujours plus ou moins abondants: Campiglio en a compté jusqu'à 50 à 80 par gramme de matières fécales; chez un malade qui hébergeait 567 femelles, Leichtenstern évalue à 4 216 930 les nombre des œufs renfermés dans une seule selle du poids de 223 grammes.

Bilharz estimait que les mâles étaient trois fois moins nombreux que les femelles. D'autres observateurs ont donné des chiffres très différents; mais, qu'on recherche les Vers à l'autopsie ou dans les selles, après ingestion d'un purgatif ou d'un anthelminthique, les mâles sont toujours plus rares que les femelles.

Cette différence tient à ce que le mâle vit moins longtemps que la femelle : suivant qu'on étudie la proportion numérique des sexes peu de temps, ou au contraire longtemps après l'infestation, on note donc de grandes variations dans le nombre des mâles ; ceux-ci finissent même par disparaître, alors que les femelles, plus vivaces, sont encore abondantes. D'autre part, ainsi que E. Parona l'a découvert, les mâles résistent mieux que les femelles à l'action des anthelminthiques ; ils ne se montrent guère que dans les dernières selles. Chez un individu qui expulsa en tout 131 mâles et 189 femelles, les mâles étaient aux femelles dans la proportion de 1 : 1,44, savoir :

La 1re selle contenait	8	mâles et	104	femelles.
2e	—	16	—	19	—
3e	—	107	—	66	—

Leichtenstern a observé des faits du même genre ; un individu évacua 38 mâles et 131 femelles, soit 1 : 3,44.

La 1re selle contenait	10	mâles et	124	femelles.
2e	—	28	—	7	—

Le parasite est doué d'une grande longévité, que Schulthess estimait à 8 mois au maximum ; mais Leichtenstern a encore vu le Ver, chez un briquetier anémique, 21 mois après que celui-ci eut cessé tout travail. L'animal est incapable de se reproduire dans l'intestin de l'Homme : quand la maladie n'a pas atteint trop profondément l'organisme, et quand le malade est tenu longtemps à l'écart des causes d'infestation, la guérison peut donc s'établir spontanément, par suite de la mort successive de chacun des parasites.

L'ankylostomasie est extrêmement répandue à la surface du globe. En Europe, elle est connue sous le nom d'*anémie des mineurs*, maladie décrite pour la première fois, en 1802, par Noël Hallé chez des mineurs d'Anzin et dont la cause est longtemps demeurée inconnue ; on l'attribuait naguère encore à de mauvaises conditions hygiéniques, à l'action de gaz délétères, etc. L'attention fut attirée sur elle en 1879, le jour où, à Turin, à la clinique de Bozzolo, Graziadei trouva le parasite en faisant l'autopsie d'un mineur anémique qui avait travaillé au percement du tunnel du Saint-Gothard. Un grand nombre de mineurs avaient déjà succombé dans de semblables circonstances ; des centaines moururent encore et chez tous on retrouva l'helminthe. Aussi Perroncito proclama-t-il que l'anémie des ouvriers du Saint-Gothard était d'origine purement parasitaire. Ce même savant constata lui-même la présence de l'helminthe chez les mineurs anémiques de Saint-Étienne, fait confirmé plus tard par Trossat et Éraud ; Lesage et Manouvriez firent la même observation chez ceux de Valenciennes. Fabre et Dransart l'ont encore rencontré dans les mines de Commentry ; C. Parona, puis Bergesio et Aicardi dans quelques mines sardes.

Les ouvriers du Saint-Gothard avaient à leur disposition de l'eau puisée dans le Tessin ; elle était d'une limpidité parfaite et était amenée dans les galeries renfermée dans des wagonnets. Ce n'était pas à cette eau qu'il fallait attribuer l'épidémie, mais bien plutôt aux flaques stagnant en divers points du tunnel. Ces flaques d'eau, dans lesquelles les ouvriers déposaient leurs excréments, étaient bien le milieu le plus favorable pour le développement des Vers ; nous savons déjà par quel procédé ils pouvaient passer de là dans l'intestin de l'Homme.

L'anémie causée par l'Ankylostome ne s'observe pas dans toutes sortes de mines. Dans les mines de sel gemme de Wieliczka, près Cracovie, elle n'a jamais été constatée : cela tient, ainsi que nous l'avons démontré, à la salure des eaux qui, à peu près concentrées, constituent un milieu dans lequel les larves ne sauraient se développer.

En Hongrie, la maladie a été signalée dans les mines d'or de Schemnitz par Schillinger, Tóth et Perroncito, mais n'a jamais été vue dans celles de Kremnitz, bien que ces deux villes soient voisines l'une de l'autre, et que les mines y soient exploitées par des ouvriers qui passent fréquemment de l'une à l'autre.

Nous avons démontré que cela tient à la nature de la roche : à Kremnitz, celle-ci est constituée par de la marcassite, sorte de bisulfure de fer qui, à l'air humide, se désagrège en donnant de l'acide sulfurique libre. C'est donc à l'acidité des eaux qui stagnent dans les galeries qu'il faut attribuer l'absence de l'Ankylostome. A Schemnitz, la roche renferme une moindre quantité de marcassite ; aussi a-t-on pu voir, jusqu'en 1881, l'anémie y sévir ; nous dirons tout à l'heure par suite de quelles mesures elle a disparu.

L'ankylostomasie a encore été signalée récemment dans le bassin houiller de Liège par Firket, puis par Masius et Francotte, et dans celui d'Aix-la-Chapelle par G. Mayer et Völckers.

Grassi et les deux Parona ont également reconnu, en 1879, que l'helminthe était la cause de l'anémie des briquetiers et des tuiliers, connue depuis longtemps en Allemagne et attribuée par quelques auteurs aux émanations des fours. Graziadei, Bozzolo et Perroncito reprirent la question et confirmèrent les observations de leurs devanciers. En Allemagne, Menche et Leichtenstern ont également démontré que l'Ankylostome est très répandu chez les briquetiers des environs de Cologne et de Bonn, chez lesquels il détermine des symptômes analogues à ceux que présentaient les ouvriers du Saint-Gothard. Snyers a observé à Liège un certain nombre d'anémiques venant de Cologne, et Dubois a vu dans le Limbourg, aux environs de Maestricht, quatre briquetiers qui avaient pris également le parasite aux environs de Cologne. Celui-ci ne se voit pas chez les brûleurs, mais seulement chez ceux qui travaillent avec leurs mains l'argile humide ou qui portent au séchoir les briques encore mouillées.

Divers médecins italiens ont encore observé que l'Ankylostome est la cause de l'anémie dont sont fréquemment atteints les ouvriers des rizières; il est également commun chez les ouvriers des solfatares, ainsi que Cantù, Giordano et Pernice l'ont démontré.

En Italie, le Ver n'avait pas été revu depuis Dubini et Castiglioni (1884), quand Sangalli le retrouva à Pavie, en 1866, environ dans 50 pour 100 des autopsies. Sonsino et Morelli l'observent à Florence en 1878, Ciniselli à Pavie en 1878, Grassi et les deux Parona à Pavie et à Milan en 1878; Grassi apprend à reconnaître les œufs du parasite dans les selles des malades. Depuis la célèbre épidémie du Saint-Gothard, on l'a encore rencontré en diverses localités : Perroncito l'a vu à Carignano, sur le Pô, dans la province de Turin; Bozzolo à Novare, à Naples et en Toscane; Tosatto dans la province de Brescia, Cantù dans celle de Forli, Bonuzzi dans celle de Vérone et Vanni dans celle de Florence. Enfin, Grassi, E. Parona, Rho, Calandruccio et Cammareri, l'ont encore observé en diverses localités de la Sicile. On doit encore considérer comme un cas italien l'observation d'ankylostomasie faite à Vienne par Kundrat, en 1872, chez un individu qui avait été militaire en Italie. On peut dire, en un mot, que le parasite est répandu par toute l'Italie, y compris la Sicile et la Sardaigne, mais qu'il abonde surtout dans les régions du nord : il y était déjà fréquent à l'époque de Dubini, puisque cet auteur le rencontrait dans 20 pour 100 des autopsies.

Suivant Cobbold, le Ver serait inconnu en Angleterre. Rodriguez Mendez l'a observé en Espagne. Küchenmeister, Gervais et van Beneden et Moquin-Tandon le signalent encore en Islande, mais Krabbe a prouvé qu'il n'y existe pas.

En Asie, l'Ankylostome a été observé par Day à Cochin. D'après Mac Connell, il est loin d'être rare aux Indes parmi les indigènes, du moins dans le bas Bengale; il ne semble pas provoquer d'accidents. Il a été rencontré plusieurs fois au Japon, à Kioto par Scheube et à Tokio par Bälz; il détermine des anémies profondes.

Le parasite existe encore dans l'archipel malais; suivant van Leent, il est fréquent chez les forçats qui travaillent dans les mines de Bornéo et Roth l'a vu à Bâle, en 1879, à l'autopsie d'un soldat suisse qui revenait de Batavia.

Il est également fort répandu en Égypte, où Pruner l'a observé en 1847. Griesinger a reconnu, en 1851, qu'il est la cause unique de la maladie connue sous le nom de *chlorose d'Égypte*, dont est atteinte la moitié de la population pauvre. Il est si commun au Caire, au dire de Bilharz, qu'il est exceptionnel de faire une autopsie sans le rencontrer. Il semble ne pas exister en Algérie (1), mais Lostalot-Bachoué l'a vu sur la côte de Zanzibar, et Monestier et Grenet l'ont observé à Mayotte : il cause l'*hypohémie intertropicale*. D'après Davaine, on l'aurait vu en Abyssinie. Sur la côte occidentale d'Afrique, Stormont et Clarke l'ont vu en Guinée; Moulin, Thaly et Borius l'ont signalé dans le Haut-Sénégal; d'autres l'ont observé à Sierra Leone et sur la côte d'Or.

En certains pays d'Amérique, l'Ankylostome atteint une telle fréquence qu'il est au nombre des plus grands dangers que puisse encourir la population : nulle part il n'est plus abondant qu'aux Antilles et au Brésil. Aux Antilles, il cause la *cachexie aqueuse*, le *mal-cœur*, le *mal d'estomac des nègres*, la *chlorose tropicale*, maladie qui a été observée tout d'abord à la Guadeloupe, en 1742, par le P. Labat, puis à la Jamaïque, en 1793,

(1) A. Vital dit qu'on ne l'a vu qu'une seule fois à l'hôpital militaire de Constantine, chez un indigène récemment arrivé de la Mecque.

par Bryon Edwards. Depuis lors, on l'a constatée tour à tour à Saint-Domingue, à Porto-Rico, à Saint-Thomas, à Saint-Martin, à la Martinique, à la Dominique, à Sainte-Lucie, à Grenade, à la Trinité, etc. Elle s'observe encore dans les Guyanes : Bajon et Segond l'ont constatée à Cayenne, où Riou Kérangal a vu le parasite ; Rodschied et Hancock l'ont observée dans la Guyane anglaise ; Cragin, Hille, van Leent et d'autres ont noté son existence à Surinam.

La maladie est commune en Colombie, notamment dans la province d'Antioquia, d'après Posada-Arango ; elle est connue sous le nom de *tun-tun* et les malades sous celui de *tuntunientos*.

Cette même maladie est encore très fréquente au Brésil, où G. Piso la signalait, dès 1648, sous le nom d'*oppilatio*. En 1831, Jobim la décrivait sous ceux d'*anémie intestinale* et d'*hypohémie intertropicale* ; on l'appelle encore aujourd'hui *opilação* et *cançaço* (1). Elle s'attaque à toutes les races et à tous les âges, sauf aux enfants à la mamelle. C'est une erreur de croire, comme on l'a fait longtemps, qu'elle s'observe principalement ou même exclusivement chez les nègres : elle est en effet plus fréquente chez ceux-ci, mais cela tient à ce qu'ils vivent dans des conditions qui prédisposent davantage à la maladie.

En 1866, Wucherer vit à Bahia l'Ankylostome chez tous les malades atteints d'opilation ; presque en même temps, J.-R. de Moura faisait la même découverte à Theresopolis ; en 1871, D. C. Tourinho confirmait ces observations. Depuis lors, un grand nombre d'auteurs ont étudié l'ankylostomasie et cette maladie est actuellement au nombre de celles qui sont le mieux connues. Elle est rare dans les villes, où elle s'observe presque toujours chez des individus venant de la campagne ; les agriculteurs et les jardiniers sont le plus frappés, les hommes sont atteints plus souvent que les femmes. Elle s'observe dans presque tout le Brésil ; très fréquente dans la région intertropicale, elle s'atténue dans le sud et ne dépasse pas Porto Alegre, c'est-à-dire le 30e degré de latitude.

L'ankylostomasie s'observe encore en d'autres régions d'Amérique. Aux États-Unis, Chabert et Duncan l'ont rencontrée dans la Louisiane ; Lyell l'a constatée dans l'Alabama et la Géor-

(1) Suivant le professeur Cl. Jobert, dans le sertão de Goyaz et de Minas Geraes, on dit qu'un individu atteint par l'Ankylostome est *empalamado*.

gie; les observations d'Heusinger et de Geddings pour la Caroline du sud, celles de Little et de Letherman pour la Floride sont douteuses et se rapportent plutôt à la malaria.

Castelnau l'a encore rencontrée au Pérou, dans le bassin du haut Marañon, et Galt en Bolivie, chez les indigènes de Sarayacu.

Ankylostoma duodenale ne se trouve que chez l'Homme; il s'y observe fréquemment en compagnie de *Rhabdonema intestinale*. L. Vaillant dit l'avoir vu aussi chez le Gibbon : le fait n'a rien de surprenant, puisqu'on sait que ce Ver existe dans l'archipel malais; toutefois, il n'est pas impossible qu'il s'agisse d'une espèce distincte.

D'après Mégnin, les Ankylostomes du Chien et du Chat ne seraient que de simples variétés de l'espèce qui s'attaque à l'Homme, mais on les considère plus ordinairement comme une forme spéciale, *A. trigonocephalum;* cet animal produit chez le Chien une anémie pernicieuse, qui décime les meutes dans diverses régions de la France.

A. tubæforme Zeder, et *A. Balsami* Grassi et Parona, parasites du Chat, sont identiques au précédent. *A. stenocephalum* Railliet se voit chez le Chien, *A. cernuum* Creplin chez le Mouton et la Chèvre, *A. radiatum* Rud. chez le Veau, *A. boae* R. Bl. chez le Boa.

En quelque pays qu'on l'observe, le parasite se comporte donc toujours de la même façon à l'égard de l'organisme humain : partout il détermine de profondes anémies, dont le traitement est des plus simples. L'extrait éthéré de Fougère mâle à la dose de 10 à 15 grammes, l'acide thymique à la dose de 10 grammes, la doliarine (1) sont particulièrement efficaces; la santonine, le calomel, le Chénopode anthelminthique sont sans effet. Moura dit qu'à San Paulo de Muriahé, dans la vallée du Rio Parahyba, on administre avec succès le latex de *Carica dodecaphylla* Velloso, plante appelée communément *jaracotia*, *jaracatia*, ou *jacotia*.

La prophylaxie se trouve indiquée déjà par ce qui précède; dans les pays chauds, où l'anémie est endémique, l'usage d'eau bouillie ou filtrée empêchera sûrement l'introduction du parasite dans l'intestin; les ouvriers des mines, des tuileries ou des rizières auront soin de ne prendre leurs repas qu'après s'être lavé scrupuleusement les

(1) La doliarine est un principe cristallisable, extrait par Peckolt du suc laiteux d'*Urostigma* (*Ficus*) *doliarium;* le suc est évaporé en un extrait sec, qu'on fait bouillir dans l'alcool absolu ; on filtre la solution bouillante qui, par le refroidissement, laisse déposer des flocons blancs; ceux-ci peuvent encore être lavés à l'alcool absolu, puis desséchés. Au Brésil, les *curiosos* ou *curadeiros*, sortes de charlatans guérisseurs, traitent l'opilation par le suc récemment extrait du tronc et en obtiennent de bons résultats.

mains et de ne rien porter à leur bouche qui ait été en contact avec l'eau bourbeuse. Quant aux mesures à prendre dans les mines où l'anémie est en permanence, il nous suffira, pour dire en quoi elles consistent, de citer l'exemple des mines de Schemnitz. Depuis 1881, l'ankylostomasie a si complètement disparu de ces mines, qu'on n'en a plus observé un seul cas. Ce brillant résultat est dû à l'application stricte des mesures suivantes :

Dans les galeries où les eaux d'infiltration étaient particulièrement abondantes et arrivaient à former des plaques, un canal profond d'environ 2 mètres a été creusé. Ce canal est souterrain sur toute son étendue, mais présente de distance en distance des orifices recouverts de planches mobiles, et dont l'usage comme fosse d'aisances est obligatoire, sous peine d'une forte amende. Les canaux ainsi creusés dans les diverses galeries aboutissent tous à un canal collecteur qui traverse le flanc de la montagne, sort de terre et va se jeter dans le fleuve voisin. Depuis la mise en pratique de ces mesures, le sol des galeries de mine est devenu très sec, et, les causes d'infestation ayant été ainsi anéanties, l'anémie des mineurs a disparu sans retour.

La bibliographie de l'Ankylostome est extrêmement étendue. Nous ne citerons ici que les publications importantes qui ne se trouvent signalées ni dans le mémoire de Bugnion, ni dans la thèse de Trossat.

Fonssagrives et Le Roy de Méricourt, *Du mal-cœur ou mal d'estomac des nègres.* Archives de méd. navale, I, p. 362, 1864.

E. Monestier, *Hôpital de Mayotte. Observations de clinique médicale.* Ibidem, VII, p. 209, 1867.

A. Le Roy de Méricourt, *Relation entre la présence de l'Ankylostome duodénal et la cachexie aqueuse ou mal-cœur.* Ibidem, VIII, p. 72, 1867. — Id., *Cachexie aqueuse.* Dictionn. encyclop. des sc. méd., XI, p. 391, 1870.

Riou Kérangal, *L'Ankylostome duodénal observé à Cayenne.* Arch. de méd. nav., X, p. 311, 1868.

Alf. Marchand, *Des causes et du traitement de l'anémie chez les transportés à la Guyane française.* Thèse de Montpellier, nº 52, 1869.

Kundrat, *Ueber einen merkwürdigen pathologisch-anatomischen Befund.* Oesterr. Zeitschrift für prakt. Heilkunde, 1873.

C. Fer. Alves, *Hypoemia intertropical.* Thèse de Rio de Janeiro, 1874.

J. J. de Azevedo Lima, *Hypoemia intertropical.* Thèse de Rio, 1875.

Ant. Teixeira de Souza Magalhães, *Hypoemia intertropical.* Thèse de Rio, 1875.

L. J. da Silva Pinto, *Hypoemia intertropical.* Thèse de Rio, 1875.

L. G. Correa do Couto, *Hypoemia intertropical.* Thèse de Rio, 1876.

Eug. Pires de Amorim, *Hypoemia intertropical.* Thèse de Rio, 1876.

M. V. Pereira, *Anchylostomo duodenal. Chlorose do Egypto. Hypoemia intertropical.* Gazeta med. da Bahia, (2), II, p. 31 et 68, 1877.

B. Grassi, *Intorno ad un caso d'anchilostomiasi*. Archivio per le scienze med., III, nº 20, 1879. — Id., *Anchilostomi ed Anguillule*. Gazz. degli ospitali, nº 41, 1882. — Id., *Un' altra nota sulle Anguillule e sugli Anchilostomi* Giornale della r. Accad. di med. di Torino, XXXI, p. 119, 1883.

Alf. C. Ribeiro da Luz, *Investigaçoes helminthologicas com applicaçao a pathologia brasileira. — II. Contribuçao ao estudo do Dochmius intestinalis e dos effeitos de sua presença no intestino humano*. Rio de Janeiro, 1880. Analysé dans Arch. de méd. nav., XXXIV, p. 462, 1880.

Ed. Perroncito, *L'anemia dei contadini, fornaciai e minatori in rapporto coll' attuale epidemia negli operai del Gottardo*. Annali della R. Accademia d'agricoltura di Torino, XXIII, 1880. — Id., *Helminthological observations upon the endemic disease, developed among the labourers in the tunnel of mount Saint-Gotthard*. The Journal of the Quekett microscopical club. — Id., *Observations helminthologiques et recherches expérimentales sur la maladie des ouvriers du Saint-Gothard*. Comptes rendus de l'Acad. des sciences, XC, p. 1373, 1880. — Id., *On the action of chemical agents and medicinal substances on the larvæ of Dochmius and Anguillulæ, including therapeutical considerations relative to the cure of patients from mount Saint-Gotthard*. The Veterinarian, 1880. — Id., *Les Anchylostomes en France et la maladie des mineurs*. Comptes rendus de l'Acad. des sc., XCIV, p. 29, 1882. — Id., *L'anémie des mineurs au point de vue parasitologique*. Archives ital. de biologie, II, p. 315, 1882; III, p. 7, 1883.

P. Fabre, *La maladie des mineurs du Saint-Gothard et l'Anchylostome duodénal*. Gazette méd., (6), III, p. 189, 1881.

Ch. Bäumler, *Ueber die Abtreibung des Anchylostomum duodenale*. Correspondenzblatt für Schweizer Aerzte, XI, p. 481, 1881. — Id., *Ueber die Verbreitung des Anchylostomum duodenale auf der Darmschleimhaut...* Ibidem, XV, p. 3, 1885.

P. Mégnin, *Du rôle des Ankylostomes et des Trichocéphales dans le développement des anémies pernicieuses*. Compte rendu de la Soc. de biologie, (7), V, p. 172, 1882. — Id., *L'anémie pernicieuse des Chiens de meutes causée par l'Ankylostome*. L'Acclimatation, 1883.

F. Trossat et Eraud, *L'Ankylostome duodénal et l'anémie des mineurs*. Loire médicale, IV, p. 197, 1885.

Cantù, *L'anemia dei solfatari e l'Anchilostoma duodenale*. Rivista clinica di Bologna, (3), II, 1882.

P. Burresi, *Due casi di anemia del Gottardo*. Lo Sperimentale, LII, p. 153, 1883.

E. Tosatto, *L'anchilostomiasi nell' ospedale di Pisogne*. Brescia, in-16º, 1883.

P. Pennato, *Intorno ad una pubblicazione del Prof. Burresi sull' anchilostomia*. Gazz. med. ital. delle prov. venete. Padova, XXVI, p. 302, 1883.

H. Sahli, *Beiträge zur klinischen Geschichte der Anämie der Gotthard-Tunnelarbeiter*. Deutsches Archiv für klin. Medicin, XXXII, p. 421, 1883.

Ch. Firket, *Note sur plusieurs cas d'anchylostomasie observés en Belgique*. Archives de biologie, V, p. 581, 1885.

H. Barth, *L'Anchylostome duodénal et l'anémie des mineurs*. Union méd., XXXVII, p. 525, 1884.

P. Bonuzzi, *L'anchilostomiasi e l'Anchilostoma nella provincia di Verona*. Gazz. med. ital., prov. venete. Padova, XXVII, p. 281, 289, 302, 323 e 331, 1884.

P. Polatti, *Caso di anchilostomiasi in un bambino*. Gazz. med. ital. Lombardia, nº 26, 1884.

Ad. Lutz, *Ueber Ankylostomum duodenale und Ankylostomiasis*. Volkmann's Sammlung klinischer Vorträge, nos 255, 256 et 265, 1885.

F. Trossat, *De l'Ankylostome duodénal, ankylostomasie et anémie des mineurs*. Thèse de Lyon, 1885. Paris, in-8° de 100 p., 1885.

F. Rho, *Un caso di anemia da Anchilostoma in un marinaio messinense*. Giorn. di med. milit., XXXIII, p. 1139, 1885.

G. Rosenfeld, *Ueber Ankylostoma duodenale*. Med. Correspondenzblatt des württemb. ärztl. Vereins, LV, p. 273, 1885.

R. Blanchard, *L'anémie des mineurs en Hongrie*. Compte rendu de la Soc. de biologie, p. 713, 1885. — Id., *Helminthes*. Dictionn. encycl. des sc. méd., (4), XII, p. 627, 1886. Voir p. 639, n° 30.

A. Fränkel, *Ueber Anchylostomum*. Mitthel. des Vereins der Ærzte in Nieder-Œsterreich. Wien, XI, p. 249, 1885. Deutsche med. Woch., XI, p. 443, 1885.

P. Richard, *De l'anémie du Saint-Gothard*. Thèse de Montpellier, n° 26, 1885.

G. Völckers, *Ueber die Anchylostoma-Endemie in dem Tiefbau der Grube Maria zu Höngen bei Aachen*. Berliner klin. Woch., XXII, p. 573, 1885.

S. Calandruccio, *Primo caso d'anchilostomanemia in Sicilia*. Giorn. internaz. d. sc. med., (2), VII, p. 552, 1885. — Id., *Secondo caso di anchilostomanemia in Sicilia, seguita da guarizione*. Rivista clin. e terap. Napoli, VIII, p. 508, 1886.

E. Parona, *Relazione intorno alla cura dei minatori del Gottardo accolti a carico del r. governo nel civico ospedale di Varese*. Varese, in-8° de 46 p., 1885. — Id., *L'anchilostomiasi nelle zolfare di Sicilia*. Annali univ. di med., CCLXXVII, p. 464, 1886.

O. Leichtenstern, *Ueber Anchylostoma duodenale bei den Ziegelarbeitern in der Umgebung Kölns*. Deutsche med. Woch., XI, nos 28-30, 1885. — Id., *Weitere Beiträge zur Ankylostomafrage*. Ibidem, XII, p. 173, 194, 216 et 237, 1886. — Id., *Einiges über Ankylostoma duodenale*. Ibidem, XIII, p. 565 et 712, 1887.

O. Schulte-Steinberg, *Ueber parasitäre Anämie*. Inaug. Diss. Berlin, 1885.

V. Cammerari, *Due casi di anchylostomiasis a Messina*. Gazz. degli ospitali, VI, p. 485, 1885.

L. Vanni, *Il primo caso d'Anchilostoma osservato in provincia di Firenze*. Ibidem, p. 547, 555, 562 e 572, 1885.

H. Strachan, *Ankylostomum duodenale in Jamaica*. Bristish med. Journ., I, p. 1291, 1885.

P. Guttmann, *Anchylostoma duodenale, lebend demonstrirt in der Sitzung des Vereins für innere Medicin am 29. Juni* 1885. Deutsche med. Woch., p. 486, 1885.

W. Schulthess, *Noch ein Wort über Ankylostoma duodenale*. Berliner klin. Woch., XXIII, p. 797 et 812, 1886.

B. Pernice, *Tre casi di anchilostomiasi nei zolfatari*. Morgagni, XXVIII, p. 403, 1886.

Ed. Snyers, *Relation de quelques cas d'ankylostomasie (anémie pernicieuse)*. Progrès médical, (2), III, p. 105, 1886.

V. Dubois, *Ankylostomiasis in Limburg*, Nederl. Tijdschrift voor Geneeskunde, I, p. 268, 1886.

J. Rutgers, *Anchylostomum duodenale*. Ibidem, II, p. 328, 1886.

Ch. Schmit, *Anémie pernicieuse progressive et parasites intestinaux*. Union méd., p. 801, 1887.

A. Posada-Arango, *Tun-tun*. Dictionn. encycl. des sc. méd., 1887.

FAMILLE DES TRICHOTRACHÉLIDES

Cette famille renferme des Vers de moyenne taille, à corps très effilé, dont l'extrémité antérieure est percée d'une bouche punctiforme et dépourvue de papilles; l'anus est plus ou moins exactement terminal. Dans le genre *Trichina*, le mâle est dépourvu de spicule; on voit alors le cloaque s'évaginer pour aider à la copulation. Dans les autres genres, le spicule est toujours simple et ordinairement d'une grande longueur; il est entouré d'une gaine chitineuse, lisse ou hérissée de pointes. Tous les animaux de ce groupe se ressemblent par la forme du corps, la structure de l'œsophage et des organes génitaux, le mode de formation des ovules et des spermatozoïdes; ils ne semblent subir de mue à aucune époque de leur existence.

Certains genres (*Trichina*, *Oncophora*, *Sclerotrichum*) sont ovovivipares; les autres pondent des œufs ovales, dont la coque solide et brune est percée à chacun de ses pôles d'un trou qu'obture un bouchon albumineux; le développement de ces œufs ne se fait qu'après un séjour plus ou moins prolongé dans l'eau ou dans la terre.

Ces helminthes sont parasites des Vertébrés, notamment de ceux à température constante. D'ordinaire, le développement est direct, sans l'intermédiaire de migrations; la Trichine fait exception à cette règle. Cette famille comprend les genres *Trichocephalus*, *Trichina*, *Trichosoma*, *Sclerotrichum* et *Oncophora*. Les deux premiers renferment des parasites de l'Homme; le troisième compte environ 70 espèces, réparties surtout entre les Mammifères (Carnassiers, Rongeurs) et les Oiseaux.

R. Blanchard, *Trichosome*. Dict. encycl. des sciences médicales, (3), XVIII, p. 202, 1887. — Id., *Trichotrachélides*. Ibidem, (3), XVIII, p. 205, 1887.

Trichocephalus hominis Schrank, 1788.

Synonymie : *Trichuris* Büttner, 1761.
Ascaris trichiura Linné, 1771.
Trichocephalos Göze, 1782.
Trichocephalus simiæ patas Treutler, 1793.
Tr. dispar Rudolphi, 1801.
Mastigodes hominis Zeder, 1803.
M. simiæ Zeder, 1803.
Tr. lemuris Rudolphi, 1819.
Tr. palæformis Rudolphi, 1819.

Le Trichocéphale habite le cæcum de l'Homme. Son œuf (fig. 375) est long de 50 à 56 μ et large de 24 μ ; il est un peu brunâtre, ovale, lisse et en forme de citron, par suite de la présence d'un petit bouton brillant à chacun de ses deux pôles : cette structure caractéristique permet de le reconnaître aisément, quand on pratique l'examen microscopique des matières fécales.

Le Trichocéphale se propage à la façon de l'Ascaride : il se transmet directement, sans passer par un hôte intermédiaire (Davaine). L'œuf, expulsé avec les excréments, ne se développe que lentement, au bout de plusieurs mois, au bout d'un an et demi, et parfois même plus tardivement encore. Le développement se fait dans l'eau, mais l'œuf est doué d'une grande force de résistance contre les influences extérieures : il peut rester exposé à la gelée sans mourir; l'évolution se fait simplement avec plus de lenteur : Heller a pu faire développer encore des œufs qui, pendant plusieurs jours, avaient été complètement gelés. Quand il a achevé son développement, l'embryon peut enfin rester en vie latente pendant plusieurs années, à l'intérieur de l'œuf.

Fig. 375. — Œufs de Trichocéphale, d'après Eichhorst.

L'œuf renfermant un embryon mûr est-il amené dans le tube digestif avec l'eau de boisson, sa coque est dissoute par les sucs digestifs et l'embryon est mis en liberté ; suivant Davaine, cette éclosion se fait dans l'estomac et non dans l'intestin. Quatre à cinq semaines suffisent pour permettre au jeune Ver d'arriver jusqu'à maturité sexuelle, ainsi que Leuckart l'a prouvé par les expériences suivantes. Il donne à un Agneau des œufs de *Trichocephalus affinis* renfermant chacun un embryon mûr : au bout de seize jours, l'intestin renferme un grand nombre de petites femelles, longues de $0^{mm},8$ à 1 millimètre. Une autre expérience, faite sur le Porc avec des œufs embryonnés de *Tr. crenatus,* donna un résultat analogue : à l'autopsie, pratiquée quatre semaines après l'infestation, on trouva 50 à 80 Trichocéphales encore jeunes, mais déjà parvenus à maturité sexuelle et longs de 10 à 30 millimètres.

Railliet a donné une démonstration semblable pour le Trichocéphale du Chien : des œufs de *Tr. depressiusculus,* recueillis le

19 février 1884 et conservés dans l'eau, mirent cinq mois à évoluer jusqu'à la formation complète de l'embryon ; le 28 juillet, on les fit ingérer à un Chien, dans le cæcum duquel on trouva, le 27 octobre, c'est-à-dire au bout de trois mois, plus de 150 Vers qui avaient atteint leur complet développement.

Les expériences qui précèdent prouvent le développement direct du Trichocéphale; d'autres recherches du même genre, exécutées sur l'Homme, ont conduit à des résultats identiques; elles ont été publiées par Grassi. L'un des élèves du professeur de Catane, S. Calandruccio, poursuit pendant plus de six mois l'examen microscopique de ses matières fécales et s'assure ainsi que son intestin ne renferme aucun Trichocéphale : il avale alors, le 27 juin 1886, un certain nombre d'œufs embryonnés de *Trichocephalus hominis*. Le 24 juillet suivant, il observe pour la première fois dans ses selles l'œuf caractéristique de l'helminthe : les embryons s'étaient donc développés. Semblable expérience fut entreprise chez un jeune Homme avec le même succès.

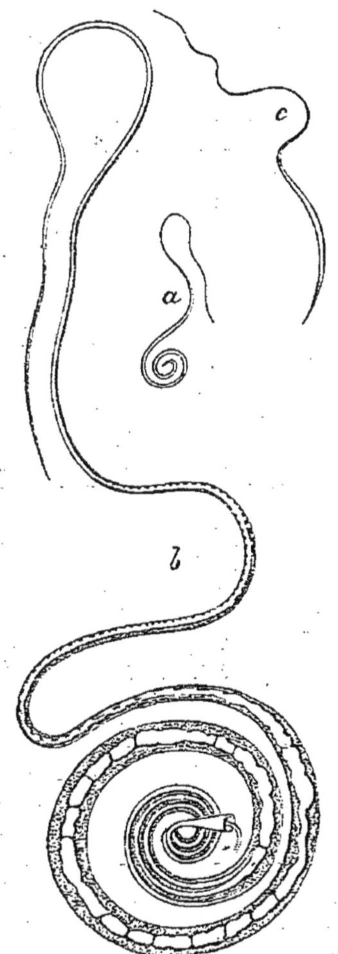

Fig. 376. — *Trichocephalus hominis*. — *a*, mâle de grandeur naturelle ; *b*, mâle grossi ; *c*, femelle de grandeur naturelle.

Le Ver adulte (fig. 376) présente un aspect caractéristique : son corps est formé de deux parties inégales. L'antérieure, qui correspond à peu près aux trois cinquièmes de la longueur totale, a la finesse d'un fil ; elle ne renferme que l'œsophage. La partie postérieure se renfle assez brusquement, au point d'atteindre fréquemment jusqu'à un millimètre d'épaisseur : elle renferme l'intestin et l'appareil génital et se comporte différemment dans les deux sexes.

Chez le mâle, *a*, *b*, dont la longueur totale est de 35 à 45 millimètres, cette portion postérieure s'enroule sur elle-même en une spirale aplatie, la face ventrale du Ver correspondant à la convexité ; l'extrémité est percée d'un orifice cloacal, hors duquel le prépuce du spicule fait ordinairement saillie. Chez la femelle, *c*, dont la taille varie de 35 à 50 millimètres, la partie renflée du corps est rectiligne ou légèrement arquée, en sorte que le corps tout entier a la forme d'un fouet de piqueur ; la queue se termine par une pointe mousse, un peu en avant de laquelle l'anus se présente sous l'aspect d'une fente transversale ; la vulve s'ouvre au point où la portion effilée du corps s'unit à la portion renflée.

La cuticule s'épaissit d'avant en arrière et va de 15 à 20 μ d'épaisseur; elle est ornée de stries annulaires, distantes de 3 à 4 μ. Les deux couches cuticulaires profondes semblent être homogènes, mais l'action prolongée de l'acide acétique ou de l'acide chlorhydrique à 20 p. 100 met en évidence, d'après Eberth, une structure fibreuse, surtout accusée dans la couche profonde : les fibres sont disposées en diagonale autour du corps; en dedans d'elles, on voit encore d'autres fibres plus fines, disposées radiairement.

La face ventrale est marquée, dans la partie antérieure du corps, par la *bande longitudinale*, formée d'une foule de petites saillies punctiformes : à son niveau, la cuticule est traversée dans toute son épaisseur par des bâtonnets chitineux larges de 1, μ 7, dont l'extrémité périphérique soulève légèrement la mince pellicule cuticulaire demeurée intacte. Cette bande est sans doute un organe d'accouplement : elle commence à $0^{mm},1$ en arrière de la bouche et se continue jusqu'au voisinage de la partie postérieure du corps ; chez la femelle, elle s'arrête un peu en avant de la vulve; d'abord très étroite, elle occupe bientôt toute la largeur de la face ventrale. Chacun de ces bâtonnets est le prolongement et comme le produit d'une des cellules cylindriques dont la couche granuleuse sous-cuticulaire, exceptionnellement épaisse à ce niveau, se montre composée.

Les Trichotrachélides ont été placés par Schneider dans le groupe des *Holomyaires*, à côté des Anguillules, des *Pseudalius*, des Mermis et des Gordiens : leurs muscles seraient purement fibrillaires et ne seraient point formés de cellules distinctes; Leuckart admet pourtant que les cellules sont nombreuses, étroites et transformées en fibrilles, ce qui permettrait de ranger le Trichocéphale parmi les Platymyaires. La couche musculaire est d'ailleurs partout également mince, en sorte que le Ver est peu agile; la partie postérieure est à peine mobile, alors que l'antérieure s'agite assez vivement dans l'eau chaude.

Il semble, au premier abord, que les muscles sont partout continus à eux-mêmes et ne sont point interrompus par les lignes longitudinales : celles-ci existent pourtant, mais ne se voient que sur des coupes transversales. Les lignes latérales sont fort réduites ; elles sont formées d'un cordon cylindrique, percé d'un étroit canal et qu'on ne retrouve point dans la partie renflée du corps. Les lignes médio-dorsale et médio-ventrale sont encore plus rudimentaires et sont à peine apparentes.

La disposition de l'appareil excréteur et la situation de son pore terminal sont encore inconnues : cet appareil semble être très réduit. Il en est de même pour le système nerveux, que Leuckart croit avoir reconnu à $0^{mm},1$ en arrière de la bouche.

L'extrémité antérieure du corps est cylindrique et large de 17 μ : elle est arrondie et percée d'un petit orifice buccal, dépourvu de papilles ; à sa suite vient une cavité buccale infundibuliforme, longue de 4 μ seulement et dont la paroi est capable de s'évaginer.

L'œsophage est d'une longueur exceptionnelle : il s'étend tout le long de la partie antérieure du corps ; sa lumière n'a pas plus de 6 μ de largeur et ses muscles rudimentaires permettent à peine quelques mouvements de déglutition. Aussi doit-on se demander si l'animal ne se nourrit pas par absoption cutanée, plutôt qu'en avalant des aliments ; Küchenmeister le croit coprophage, mais son intestin ne renferme jamais qu'un liquide clair.

L'œsophage est formé de deux parties très inégales. La première est longue de 400 μ et s'élargit graduellement de 10 à 20 μ : c'est un tube chitineux trièdre, entouré de muscles radiaires. La seconde partie a une structure très remarquable : c'est un canal chitineux, large de 14 μ et dépourvu de muscles ; il se loge dans une sorte de gouttière creusée à la face ventrale d'une rangée longitudinale de grosses cellules qui constituent le *corps cellulaire*. Celui-ci est formé de cellules allongées qui, dans la partie postérieure, mesurent jusqu'à 200 μ de longueur ; le noyau mesure 23 μ ; sauf dans les premières portions, ces cellules sont cerclées chacune de 5 à 8 étranglements annulaires. Le corps cellulaire atteint jusqu'à 100 μ de largeur ; il est entouré d'une membrane péritonéale qui enveloppe également le canal œsophagien ; de chaque côté de la face ventrale, il émet une sorte de lamelle mésentérique, analogue à celle que nous avons décrite déjà chez l'Eustrongle géant ; cette lamelle va se fixer à la paroi du corps, sur le côté de la bande longitudinale. A son extrémité postérieure, le corps cellulaire présente deux petits appendices latéraux, que certains auteurs ont considérés comme des cæcums cardiaques ; ce sont simplement les deux dernières cellules, de forme spéciale.

Un étranglement marque la limite entre l'œsophage et l'estomac. Ce dernier a un diamètre de $0^{mm},14$; sa lumière est élargie et revêtue d'un épithélium cylindrique, de coloration brune ou jaunâtre, que surmonte une cuticule claire. Il aboutit à un étroit rectum, dont les cellules sont basses et sans pigment. Chez la femelle, celui-ci est long de 0mm,3 et large de 40 μ; l'anus s'ouvre à la face ventrale, à 40 μ seulement de l'extrémité du corps. Chez le mâle, il s'unit au canal éjaculateur après un trajet à peu près égal; à sa suite vient le cloaque.

L'appareil génital est logé exclusivement dans la partie renflée du corps; Dujardin a vu que les très jeunes Trichocéphales sont filiformes comme des Trichosomes.

Le testicule prend naissance au niveau du point où le rectum et le canal éjaculateur viennent à se rencontrer; il se porte en avant jusqu'au voisinage du cardia, en décrivant un grand nombre de sinuosités très serrées les unes contre les autres. Il est large de 0mm,15 et est constitué par une membrane vitreuse et anhiste, tapissée intérieurement de plusieurs assises cellulaires, dont les éléments, qui ont jusqu'à 17 μ de largeur, se détachent de bonne heure et continuent leur évolution à l'intérieur du tube testiculaire. Les spermatozoïdes sont plus petits que leurs cellules-mères : ils sont clairs, dépourvus de membrane d'enveloppe, mais munis d'un noyau; de forme variable, ils ont assez souvent l'aspect conique ou polygonal. On trouve encore à côté d'eux, dans la cavité du testicule, de grandes vésicules claires mesurant jusqu'à 25 μ et dont la paroi renferme un noyau : ce sont sans doute des cellules-mères des spermatozoïdes avortées.

Le canal déférent, qui fait suite au testicule, se porte d'avant en arrière. D'abord très rétréci, il s'élargit bientôt et aboutit à la vésicule séminale, réservoir large de 0mm32, long de près de 5 millimètres et de forme cylindrique. L'extrémité postérieure de cette vésicule se continue par un canal étroit et court, contourné en S, qui aboutit au canal éjaculateur. Celui-ci est long de 3mm,6 et large de 0mm,35; il se rétrécit légèrement en arrière et s'unit finalement à la face dorsale du rectum par une portion étroite et courte.

Le canal déférent est formé d'une membrane propre qu'entourent de minces muscles annulaires, de plus en plus serrés en arrière; sa face interne est ornée d'un épithélium pavimenteux surbaissé. La vésicule spermatique est dépourvue de muscles, mais possède le même épithélium que la précédente portion. Le canal éjaculateur a de puissants muscles annulaires, auxquels viennent se superposer des fibres longitudinales; son épithélium est villeux et formé de cellules cylindriques, longues de 70 à 90 μ, qui rétrécissent notablement sa lumière.

Le cloaque (fig. 377) est constitué par un canal cylindrique, long d'environ 4 millimètres et contourné en spirale; son orifice est reporté sur la face dorsale et est légèrement débordé par un prolongement de la partie ventrale. Un peu en arrière de son milieu, il présente une invagination dorsale, longue de 1 millimètre environ. Cette invagination, dont le fond est fixé à la paroi du corps par deux fibres musculaires assez longues, n'est autre chose que la gaine du spicule ; elle remonte d'arrière en avant, le long de la face dorsale.

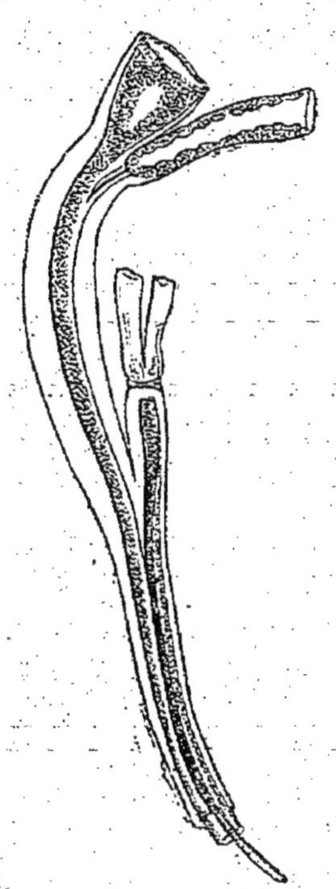

Fig. 377. — Cloaque et spicule du Trichocéphale, d'après Leuckart.

La portion du cloaque qui précède la gaine du spicule présente une couche musculaire extrêmement puissante ; elle est formée d'un feutrage serré de fibres annulaires, dont la face interne est revêtue d'une couche de cellules cylindriques brillantes, longues de 10 μ, larges de 3 μ,4, que l'on pourrait prendre pour des bâtonnets chitineux. La lumière du canal est étroite et ne mesure que 34 μ dans la partie initiale ; elle s'élargit un peu en arrière.

Le cloaque est parcouru dans toute sa longueur par un tube chitineux qui s'insère au pourtour de son orifice externe et qui, sur tout le reste de son étendue, est libre dans la cavité et sans connexions avec la paroi. Ce tube résulte d'une mue du cloaque ; dans la première moitié de celui-ci, il est imperforé et réduit à l'état d'une simple lamelle plissée ; plus bas, il constitue au spicule, qui a pénétré à son intérieur, une sorte de prépuce dont la face interne est ornée d'épines ou d'écailles à pointe dirigée en arrière. Ce prépuce est capable de s'évaginer : il sort alors plus ou moins et se retourne sur lui-même comme le fait, par exemple, le rectum dans les cas de prolapsus ; ses écailles ont alors la pointe tournée en avant. Leuckart admet que ce retournement se fait par suite de l'accumulation d'un liquide au pourtour de l'orifice cloacal, entre les deux tubes chitineux et grâce à la contraction péristaltique des muscles annulaires du cloaque ; la contraction antipéristaltique de ces mêmes muscles aurait pour conséquence le retrait du prépuce.

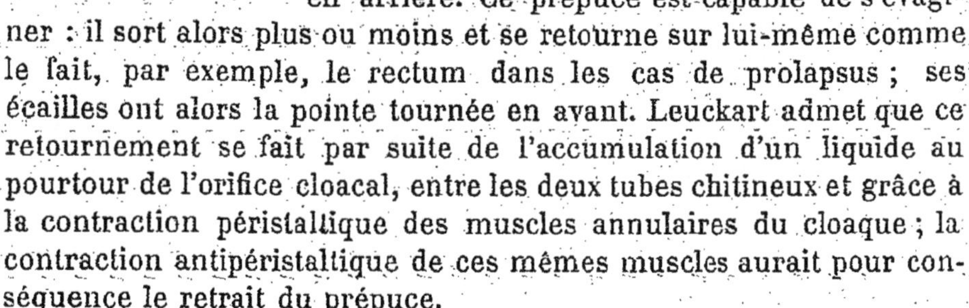

La sortie du spicule est, dans une certaine mesure, indépendante de celle du prépuce : elle est sous la dépendance des muscles longitudinaux de la gaine même de l'organe, et surtout de ceux du cloaque. Dans la seconde moitié de ce dernier, les muscles annulaires sont recouverts par une couche de fibres longitudinales, qui deviennent de plus en plus puissantes et finissent par prendre entièrement la place des fibres annulaires. Ces muscles protracteurs ont pour antagonistes les deux muscles qui s'insèrent au fond de la gaine du spicule, et peut-être aussi un autre petit muscle qui est situé un peu en avant de ceux-ci, et s'étend de la paroi du corps à l'extrémité antérieure du cloaque.

Le spicule est un bâtonnet solide, long de 2mm,5 et large à peu près partout de 34 à 40 μ; il est formé de plusieurs assises superposées et son axe est occupé par une masse médullaire claire, qui passe aisément inaperçue; aussi certains auteurs ont-ils cru que le spicule était creusé d'un canal.

L'appareil génital femelle est plus développé que le mâle; il parcourt trois fois la longueur de la partie postérieure du corps. L'ovaire correspond exactement au testicule; comme celui-ci, il prend naissance un peu en avant de l'extrémité postérieure et s'étend le long de la face dorsale, en décrivant de nombreuses sinuosités; à quelque distance du cardia, il se continue avec l'oviducte, qui se porte aussitôt en arrière, jusqu'à l'extrémité postérieure. Les œufs se forment de la même manière que les cellules-mères des spermatozoïdes ; ils atteignent jusqu'à 40 μ et remplissent la cavité ovarienne.

L'oviducte est large de 80 μ et à peu près rectiligne. Sa tunique propre est entourée d'un réseau de fibres musculaires minces et pâles; son épithélium est cylindrique, surbaissé. Quand l'œuf y est arrivé, il ne tarde pas à perdre sa forme globuleuse et à prendre un aspect plus allongé; ses deux pôles, d'abord arrondis, s'étirent chacun en une sorte de cône qui perd bientôt ses granulations vitellines. L'œuf est d'ailleurs limité par une mince zone de protoplasma non granuleux : cette zone s'accentue progressivement et s'indure de manière à constituer une membrane vitelline. Avant l'apparition de celle-ci, la fécondation a eu lieu; à la suite de l'accouplement, du sperme s'était emmagasiné dans la dernière portion de l'oviducte et dans la première portion de l'utérus.

Quand il est fécondé et entouré de sa membrane vitelline, l'œuf pénètre dans l'utérus et acquiert une épaisse coque brunâtre : chaque pôle est percé d'un trou que le cône de substance claire et non granuleuse vient obturer à la façon d'un tampon.

L'utérus marche d'arrière en avant, ainsi que le vagin qui lui fait suite; c'est une large poche, remplie de milliers d'œufs (1) et occupant la plus grande partie de la moitié postérieure du corps. Il se sépare nettement de l'oviducte; sa couche musculeuse est réduite à une simple lamelle; son épithélium interne est formé de cellules

(1) Leuckart estime à 5,800 le nombre des œufs contenus dans l'utérus d'une seule femelle et évalue à 3 ou 400,000 œufs la production annuelle de celle-ci.

cylindriques granuleuses, hautes de 28 μ, larges de 7 μ et recouvertes d'une mince cuticule.

Le vagin débute par une première portion longue de $2^{mm},5$, large de $0^{mm},1$ et formant 4 à 6 inflexions spirales; la couche musculaire est épaisse de 30 μ au début et augmente peu à peu d'importance. L'epithélium est formé de villosités longues de 14 μ et recouvertes d'une mince cuticule.

La seconde portion du vagin est longue de $0^{mm},7$ et large de $0^{mm},15$; elle est nettement distincte de la précédente. Elle se porte directement en avant, puis, arrivée au niveau du cardia, s'infléchit presque à angle droit pour aller se terminer à la vulve. Elle est pourvue de muscles très puissants; son épithélium est réduit à une couche de cellules granuleuses, épaisses de 6 μ et recouvertes d'une cuticule chitineuse dont la surface est hérissée d'épines. Celles-ci sont tournées vers la vulve; elles remplissent si complètement l'étroite lumière de l'organe, que les œufs ne peuvent y passer qu'un à un.

La vulve s'ouvre à la face ventrale; on voit souvent la paroi vaginale sortir par son orifice en se retournant sur elle-même comme le fait le prépuce du mâle. Cette évagination est causée par le jeu des puissants muscles annulaires qui entourent l'extrémité du vagin; elle se produit sans doute au moment de l'accouplement et rend celui-ci plus intime, les épines du prépuce et celles du vagin s'accrochant les unes dans les autres.

Le Trichocéphale vit normalement dans le cæcum; il se rencontre aussi parfois dans l'appendice iléo-cæcal, où Malpighi l'a découvert, et dans les premières portions du côlon; O'Brien Bellingham l'aurait même vu parfois dans toute l'étendue de ce dernier. Puisqu'il éclôt dans l'estomac, ainsi que Davaine l'a démontré, on peut admettre que, pour certains individus tout au moins, les premières phases de la vie libre se passent dans l'intestin grêle; on pourra donc observer quelques Vers en divers points de ce dernier. C'est ainsi que Wrisberg en a rencontré un dans le duodénum; de même, Heller a vu, à plusieurs reprises, dans l'intestin grêle, quelques exemplaires qui semblaient un peu plus petits que ceux du cæcum; Werner et Bellingham en ont trouvé dans la partie inférieure de l'iléon; Vix en a vu un, long de 9 centimètres, accolé à la valvule de Bauhin. Quant au cas rapporté par Busk, dans lequel une femelle de *Trichocephalus affinis* aurait été trouvée dans l'amygdale gangrénée d'un soldat, on doit faire à son égard les plus expresses réserves ; la détermination spécifique de l'helminthe, voire même sa détermination générique, est certainement inexacte.

On ne trouve habituellement que quelques Vers sur le même cadavre, mais il n'est pas rare d'en observer un plus grand nombre, 70 à 100 ; Bellingham en a vu 119 chez un enfant de 14 ans. Il est exceptionnel d'en rencontrer davantage, comme Rudolphi qui, dans un cas, en a compté plus de 1000. Le parasite s'observe chez des individus de tout âge, sauf peut-être les très jeunes enfants. Wrisberg l'a constaté chez des enfants de 2 ans et Heller a noté sa présence de 2 ans et demi à 78 ans ; ce même observateur l'a vu chez un enfant de 11 mois et chez un vieillard de 89 ans. Bellingham l'a trouvé de 8 ans à 70 ans, chez des individus morts d'affections diverses.

D'après Zäslein, il s'observe surtout de 11 à 20 ans. En tenant compte des sexes, on remarque que, contrairement à ce qui a lieu pour tant d'helminthes, les mâles ne sont pas plus rares que les femelles ; souvent même ils semblent être plus fréquents : en 5 autopsies, Bellingham recueillit 145 Trichocéphales, savoir : 85 mâles et 60 femelles (1).

La fréquence du parasite est subordonnée au genre de vie des populations chez lesquelles on l'observe : puisqu'il provient de l'eau, l'usage habituel d'eau filtrée ou bouillie sera donc un puissant préservatif contre l'infestation.

Ajoutons que, comme les autres entozoaires, et notamment comme l'Ascaride et l'Oxyure, il se rencontre de préférence chez les aliénés (2) ou chez les individus atteints de perversion du goût. Ces remarques faites, on ne sera pas surpris des différences considérables que présentent entre elles les statistiques suivantes, auxquelles il ne faut d'ailleurs attacher qu'une importance toute secondaire, en raison du petit nombre de cas sur lesquels elles reposent :

L'helminthe a été vu à Bâle, de 1877 à 1880, 178 fois sur 752 autopsies, soit dans 23,7 p. 100 des cas ; par Rœderer à Göttingen 6 fois sur 13, soit dans la proportion de 46,15 p. 100 ; par Cooper à Greenwich 11 fois sur 16, soit dans la proportion de 68,75 p. 100 ; par Bellingham, à l'hôpital Saint-Vincent, à Dublin, 26 fois sur 29, soit dans 89,65 p. 100 des cas. On le trouve le plus ordinairement chez les adolescents, de 11 à 20 ans : dans 36,2 p. 100 des cas, à Bâle.

(1) 1er cas : 19 ♂, 25 ♀ ; 2e cas : 61 ♂, 24 ♀ ; 3e cas : 1 ♂, 1 ♀ ; 4e cas : 4 ♂ ; 5e cas, 10 ♀.

(2) Vix l'a vu 40 fois, soit dans la proportion de 46 p. 100, chez 86 aliénés hébergeant des helminthes.

Sa fréquence est encore indiquée par les statistiques suivantes, dont les deux premières sont empruntées à K. Müller et la dernière à Arn. Heller. A Dresde :

	1,164 hommes ont présenté le Trichocéphale	35 fois,	soit	3	p. 100.
	739 femmes — —	11	—	1,5	—
	36 enfants — —	4	—	1,1	—
Au total,	1,939 individus — —	50	—	2,5	—

A Erlangen :

	845 hommes ont présenté le Trichocéphale	107 fois,	soit	12,7	p. 100.
	513 femmes — —	69	—	13,5	—
	397 enfants — —	19	—	4,8	—
Au total,	1,755 individus — —	195	—	11,11	—

A Kiel :

	266 hommes ont présenté le Trichocéphale	80 fois,	soit	30,1	p. 100.
	194 femmes — —	56	—	28,8	—
	151 enfants — —	49	—	32,5	—
Au total,	611 individus — —	185	—	30,6	—

Il n'est point rare de rencontrer d'autres parasites dans l'intestin en même temps que le Trichocéphale : cela ressort des statistiques de Müller et de Heller, qui se rapportent aux trois Nématodes les plus communs chez l'Homme. Sur 135 autopsies d'aliénés faites à Erlangen, on a trouvé le Trichocéphale 80 fois, soit dans la proportion de 59,25 p. 100, savoir : 35 fois seul, 8 fois avec l'Ascaride, 26 fois avec l'Oxyure, 11 fois avec l'Ascaride et l'Oxyure. Sur 611 autopsies faites à Kiel, le Trichocéphale a été observé 185 fois, soit dans la proportion de 30,27 p. 100, savoir : 90 fois seul, 26 fois avec l'Ascaride, 35 fois avec l'Oxyure, 34 fois avec l'Ascaride et l'Oxyure (1).

Bremser cite le cas d'une fillette de six ans, qui avait tout à la fois le Trichocéphale, l'Oxyure, l'Ascaride et le Ténia.

(1) Nous avons parlé déjà bien souvent des statistiques de Heller. Il ne sera pas hors de propos de les résumer ici. Les 611 autopsies faites par Heller se répartissent ainsi :

	Sur 266 hommes,	126	avaient des parasites,	soit	47,3	p. 100.
	— 194 femmes,	96	—	—	49,4	—
	— 151 enfants,	69	—	—	45,7	—
Au total,	— 611 individus,	291	—	—	47,6	—

D'autre part, sur ces 611 autopsies, on trouvait :

Ascaride	dans la proportion de	17,7	p. 100.
Oxyure	— —	23,2	—
Trichocéphale	—	30,6	—
Nématodes en général	—	47,6	—

Le Trichocéphale est un parasite cosmopolite. On a signalé sa présence à peu près par toute l'Europe. Au commencement de ce siècle, Pascal et Mérat le trouvaient à Paris chez presque tous les individus. Davaine pensait lui-même que la moitié de la population parisienne en était infestée; mais aujourd'hui, il est certainement devenu moins fréquent, à cause de l'usage plus répandu de l'eau filtrée ; il était très commun à Rennes du temps de Dujardin.

Cobbold dit qu'il est assez répandu en Angleterre et en Irlande, mais est moins fréquent en Écosse. D'après Krabbe, il est très rare en Danemark, mais sa fréquence en Allemagne et en Suisse nous est prouvée par les statistiques précédentes. C'est d'ailleurs à Göttingen qu'il a été découvert (1), à la fin de 1760 ; Rœderer et Wrisberg en donnèrent les premières descriptions et Göze en reprit l'étude. Rudolphi le rencontrait à Berlin dans presque toutes les autopsies, et Virchow dit l'avoir observé plus souvent à Würzburg qu'à Berlin.

Tichomirow l'a étudié à Moscou. Enfin, delle Chiaje et Thibault l'ont observé à Naples : le premier de ces auteurs l'a rencontré fréquemment chez des individus morts de choléra, bien qu'il le considère comme rare en Italie ; le second a noté sa présence dans 80 cas, c'est-à-dire chez tous les individus, cholériques ou autres, dont il a fait l'autopsie.

Il est encore très fréquent au Japon, d'après Bälz ; en Syrie et en Égypte, d'après Pruner ; en Nubie, d'après Hartmann ; à Constantine, d'après A. Vital. Il a été signalé comme très commun chez les indigènes de Sumatra et de l'archipel malais par van Leent, Scheffer, Haga et Erni ; ce dernier l'a vu 24 fois sur 30 autopsies, et lui attribue un rôle pathogénique des plus importants. Disons enfin qu'il est très répandu dans l'Amérique du Nord, d'après J. Leidy.

Pour indiquer d'un mot la distribution géographique de l'helminthe, on peut donc dire qu'il se rencontre de préférence dans les régions chaudes ou tempérées et qu'il devient plus rare dans les régions froides.

(1) Morgagni l'avait pourtant observé déjà chez plusieurs cadavres, mais sa découverte était passée inaperçue (J.-B. Morgagni, *Epistolarum anatomicarum duodeviginti ad scripta pertinentium cel. viri. Ant. Mar. Valsalvæ.* Venetiis, 1740. Voir III, epistola XIV, § 42, p. 45).

Nous avons déjà dit que le parasite se logeait surtout dans le cæcum : il est libre à la surface de la muqueuse ou plus ou moins complètement enfoui dans la masse fécale. Le saisit-on avec une pince, son extirpation se fait d'ordinaire sans la moindre difficulté ; parfois cependant il adhère assez fortement. La cause de cette adhérence est encore discutée : Vix et Leuckart l'attribuent à ce que le Ver transperce la muqueuse avec la partie effilée de son corps, de manière à ne laisser libres que l'extrémité buccale et la partie postérieure renflée ; Klebs, Heller, d'autres encore, nient cette perforation et les observations nombreuses que nous avons pu faire, non sur l'Homme, mais sur des Singes ou sur des Ruminants, nous font adopter leur manière de voir. Heller admet que la portion effilée s'insinue entre les replis superficiels de la muqueuse et les enserre de ses sinuosités ; si véritablement la perforation de la muqueuse s'observe dans certains cas, elle est donc loin d'être la règle. On pourrait prétendre que, par suite du décès de son hôte, le Ver succombe lui-même rapidement et quitte alors la muqueuse ; mais cette opinion n'est guère soutenable, car il est encore vivant 48 et même 78 heures après le refroidissement du cadavre.

Le Trichocéphale est ordinairement inoffensif : nous l'avons mainte fois observé chez les Singes, sans constater jamais la moindre lésion ; aucun des 26 individus chez lesquels Bellingam l'a rencontré ne présentait de lésions intestinales, et aucun d'eux, soit avant, soit pendant la maladie qui occassionna la mort, ne présenta aucun symptôme d'helminthiase. Rudolphi n'a noté rien d'anormal chez une femme dont le gros intestin renfermait plus de 1000 Trichocéphales.

Il est pourtant des cas exceptionnels où le parasite peut provoquer l'apparition de symptômes plus ou moins graves. Félix Pascal rapporte un cas mortel de phénomènes cérébraux chez une fillette de quatre ans ; une énorme quantité de Trichocéphales se trouvait dans le cæcum et dans le côlon. Daniel Gibson a publié l'observation d'une fillette de six ans, qui avait perdu la faculté de marcher et qui ne pouvait plus parler nettement et sans se mordre la langue : la paralysie des extrémités et la perte de la parole devinrent complètes ; la malade évacua à plusieurs reprises un grand nombre de Trichocéphales et put guérir complètement en moins d'un mois et demi. Enfin, Barth a communiqué à la Société médicale d'observation l'histoire d'un malade de l'Hôtel-Dieu, qui mourut avec tous les signes d'une méningite : à l'autopsie, on trouva l'encéphale absolument sain, mais l'intestin renfermait une énorme quantité de Trichocéphales. On remarquera que ces phénomènes nerveux ne sont nullement particuliers au parasite qui nous occupe, mais qu'il n'est point rare de les voir résulter du parasitisme du Ténia ou de tout autre entozoaire, notamment de l'Ascaride.

Nous rappellerons pour mémoire que Rœderer et Wagler croyaient voir dans le Ver la cause du *morbus mucosus*, c'est-à-dire de la fièvre typhoïde; plus récemment, Rokitansky a émis une opinion analogue. D'autre part, delle Chiaje a cru qu'il jouait un certain rôle dans la pathogénie du choléra.

Une signification forte différente lui a été récemment attribuée par Erni, médecin à Batavia: celui-ci a voulu voir en lui la cause unique et essentielle du béribéri. Cette théorie a été réduite à néant par Scheffer, médecin militaire aux Indes néerlandaises; d'ailleurs Erni lui-même avait constaté l'absence du parasite dans 6 cas de béribéri sur 30.

Trichocephalus hominis n'est pas exclusivement parasite de l'Homme: on le trouve encore chez un grand nombre de Singes et chez les Lémuriens (*Lemur mongoz*). On connaît actuellement quinze espèces du même genre; toutes sont parasites des Mammifères terrestres.

On trouvera la bibliographie complète du Trichocépale à la fin de l'article suivant :

R. Blanchard, *Trichocéphale.* Dictionnaire encyclop. des sc. méd., (3), XVIII, p. 171, 1887.

Trichina spiralis Owen, 1835.

Synonymie : *Vibrio humana* Lizars, 1843.
Trichinia spiralis Bischoff, 1840.
Pseudalius trichina Davaine, 1862.

La Trichine adulte se rencontre dans l'intestin grêle du Porc. Le mâle meurt peu de temps après l'accouplement ; la femelle survit au contraire pendant quelques jours encore : l'évolution embryonnaire se fait très activement à l'intérieur du tube ovarien et de l'utérus. Dans ce dernier organe, l'ovule perd finalement sa coque protectrice, mettant l'embryon en liberté. La Trichine est donc ovovivipare.

Les embryons libres sont accumulés dans le vagin au nombre de 100 à 200 : ils cheminent jusqu'à la vulve, par laquelle ils abandonnent l'organisme maternel. Une seule femelle donne donc naissance à un nombre considérable d'embryons, puisque la production de ceux-ci peut durer sept ou huit semaines, des ovules se détachant sans cesse de l'ovaire.

Après sa naissance, l'embryon frétille dans le mucus intestinal du Porc ; malgré ses faibles dimensions, il est important de connaître sa structure et ses caractères généraux, car sa recherche dans le contenu de l'intestin s'impose au clinicien, sa constatation, ainsi que celle des adultes, suffisant à établir le diagnostic de la trichinose intestinale et à distinguer celle-ci des diverses affections entériques avec lesquelles on pourrait la confondre.

L'embryon est lancéolé, long de 90 à 100 μ et large de 6 μ dans sa partie moyenne. Son séjour dans l'intestin du Porc est de courte durée : il traverse la paroi et chemine à travers le tissu conjonctif et la cavité des séreuses pour s'en aller dans les muscles. L'individu dont l'intestin renferme des Trichines adultes s'infeste donc lui-même avec la progéniture de celles-ci : cette auto-infestation est si constante que, dans les cas de trichinose musculaire, on peut affirmer que l'individu, à une époque antérieure, a eu dans l'intestin des Trichines adultes provenant de l'ingestion de viandes trichinées. Toutefois, des animaux coprophages, tels que le Porc et le Rat, pourront par exception s'infester en se repaissant soit de l'intestin d'un animal récemment sacrifié, soit de selles fraîchement évacuées et renfermant des embryons ou des femelles adultes.

La durée de la migration dépend de la longueur du chemin parcouru ; on peut admettre qu'elle ne se poursuit pas au delà du dixième jour. Tant qu'elle n'est pas achevée, l'embryon ne grandit que fort peu : il mesure 120 à 160 μ sur 7 à 8 μ ; il est effilé à l'extrémité postérieure, l'antérieure étant obtuse et rigide. L'intestin est indiqué par un cordon cellulaire solide, subdivisé en deux portions, et occupant l'axe du corps dans les trois quarts postérieurs ; l'œsophage est indiqué par un cordon chitineux ; on ne voit encore aucune trace des organes génitaux.

Les embryons (fig. 378) se distribuent dans tout le corps, mais se logent de préférence dans les muscles de certaines régions. Par exemple, on les trouve en plus grande abondance dans la moitié supérieure, dans le tronc que dans les membres ;

leur siège de prédilection est constitué par le diaphragme, les muscles interscostaux, ceux de la gorge, du cou et de l'œil ; le cœur est à peu près complètement épargné. Dans les membres, ils s'accumulent ordinairement au voisinage des extrémités tendineuses des muscles ; ils deviennent moins nombreux, à mesure qu'on les cherche en un point plus éloigné du tronc. Il y a du reste, quant à leur répartition dans le corps, des différences considérables, non seulement d'une espèce à l'autre, mais aussi d'un individu à l'autre.

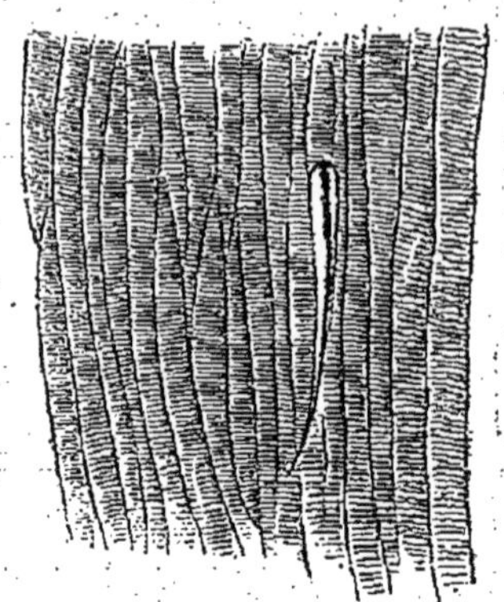

Fig. 378. — Jeune Trichine qui vient d'arriver dans une masse musculaire, d'après J. Chatin.

Parvenu dans le muscle, l'embryon va grandir et s'entourer d'un kyste, dans lequel il achèvera son développement larvaire, puis tombera en vie latente, en attendant des conditions favorables à son passage à l'état adulte. On sait avec une suffisante précision quelles modifications successives présente le jeune animal ; en revanche, ses rapports avec les tissus ambiants et le mode de formation de son kyste ne sont pas interprétés de la même manière par tous les observateurs.

Deux théories se trouvent en présence: pour les uns (Virchow, Leuckart, Heller, etc.), le Ver se logerait à l'intérieur de la fibre musculaire et le kyste se formerait en dedans de la gaine de sarcolemme; pour les autres (J. Chatin), le parasite s'arrête simplement dans le tissu conjonctif interfasciculaire, à l'exemple du Cysticerque, et le kyste provient d'une irritation de ce tissu.

Si le tissu conjonctif est le véritable habitat du Ver, peut-être rencontrera-t-on celui-ci en dehors du muscle, en des points où ce tissu est plus ou moins abondant, par exemple dans les masses de graisse, auxquelles on accorde une immunité constante. J. Chatin a vérifié chez le Porc l'exactitude de cette présomption, et ses observations ont été confirmées par Delavau, Fourment et d'autres. Ces observateurs ont rencontré dans des fragments de lard des parasites à divers états de développement (fig. 379 et 380) ; leurs kystes étaient identiques à ceux des muscles. Des expériences d'infestation sur le Cobaye et le Rat ont d'ailleurs prouvé que ces Trichines des masses adipeuses n'étaient pas moins redoutables que celles des muscles.

Le parasite peut s'observer encore en dehors du tissu adipeux. Chez les Porcs américains, qui sont fréquemment hypertrichinés, J. Chatin a vu d'innombrables Trichines dans les tuniques celluleuse et mus-

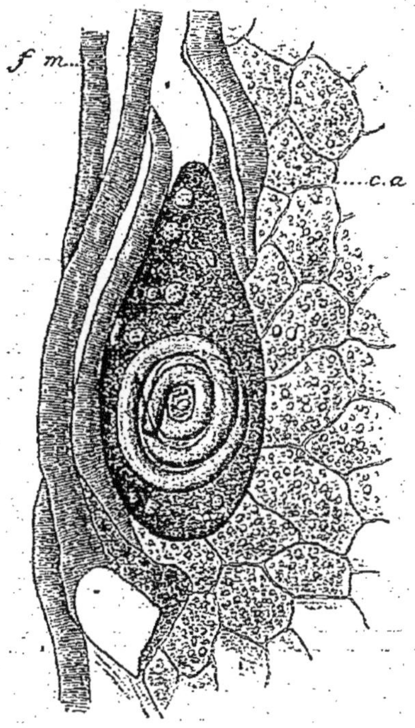

Fig. 379. — Trichine enkystée sur les confins du tissu adipeux, *c a*, et du tissu musculaire, *fm*, d'après J. Chatin. Aucune trace de couche pariétale ; cependant le tissu kystique est déjà en voie de dégénérescence graisseuse (Cobaye trichinosé expérimentalement).

Fig. 380. — Trichine complètement entourée par le tissu adipeux, d'après J. Chatin.

culeuse de l'intestin ; la plupart étaient protégées par des kystes normalement constitués. Ce fait nous montre que parfois l'infestation peut se faire par les boudins, saucisses, cervelas, andouilles et autres préparations faites avec l'intestin du Porc, alors que les viandes employées pour ces préparations sont parfaitement saines. Il nous explique en outre parfaitement une ancienne observation de Bakody : cet auteur avait vu déjà le Ver enkysté dans l'intestin du Rat, mais imbu de l'idée que la Trichine ne se rencontrait jamais en dehors des muscles volontaires, il avait méconnu l'importance de sa découverte et avait cru devoir rattacher le parasite à une espèce particulière de Trichine.

Ainsi, il est acquis que les embryons de la Trichine ne se logent pas exclusivement dans les muscles et à fortiori qu'ils ne se rencontrent qu'exceptionnellement à l'intérieur des fibres musculaires.

L'ancienne théorie de la production du kyste se trouve ainsi réduite à néant, et il importe maintenant de rechercher de quelle manière celui-ci prend naissance.

Nous savons déjà que l'embryon progresse dans les organes en suivant les lacunes du tissu conjonctif. C'est encore dans ce tissu qu'il s'arrête définitivement : il l'irrite par son contact prolongé et par ses mouvements. Les fibres s'hypertrophient, les cellules se multiplient activement et le tissu semble bientôt n'être plus représenté que par une masse granuleuse d'apparence amorphe, dans laquelle des noyaux sont disséminés (fig. 381). Cette masse est en réalité formée de cellules embryonnaires qui, grâce à leur rapide pullulation, s'accumulent entre les faisceaux primitifs et les écartent; elles se laissent pénétrer de granulations protéiques, puis se remplissent de matière glycogène.

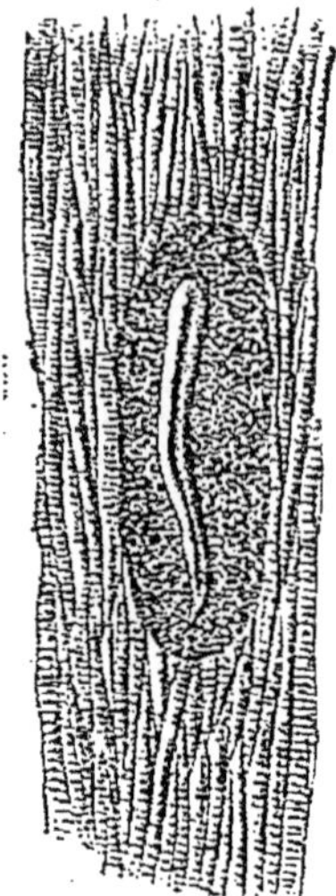

Fig. 381. — Jeune Trichine dans le tissu musculaire, d'après J. Chatin. Autour du Ver apparaît une néoformation constituée par des cellules embryonnaires. (Muscles d'un Cobaye trichinosé expérimentalement.)

Bientôt après, d'importantes modifications vont se produire à la périphérie de la masse granuleuse. Le Ver a poursuivi son évolution et, sans subir aucune mue, a acquis tout son développement larvaire: il s'est enroulé sur lui-même et est tombé en vie latente (fig. 382). On assiste alors à la production du kyste; la néoformation s'in-

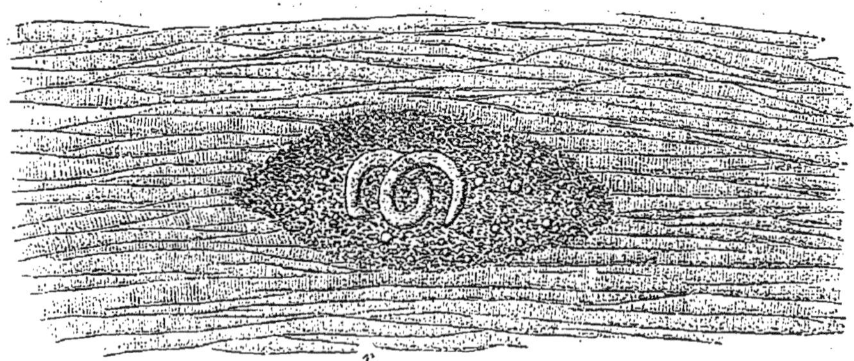

Fig. 382. — Larve fixée dans le tissu musculaire et complètement spiralée, d'après J. Chatin. L'extrémité caudale, r, montre les premiers linéaments de la bourse et des appendices. Autour du Ver s'est développée la néoformation, composée de cellules embryonnaires et montrant déjà, çà et là, des gouttelettes de graisse.

dure vers sa partie externe, les éléments de cette zone modifient leur forme et leur structure pour constiuer une couche fort mince, qui va en s'épaississant par la suite.

Ainsi qu'Owen le supposait déjà, le kyste résulte donc d'une altération produite par le parasite dans le tissu conjonctif ambiant. Il

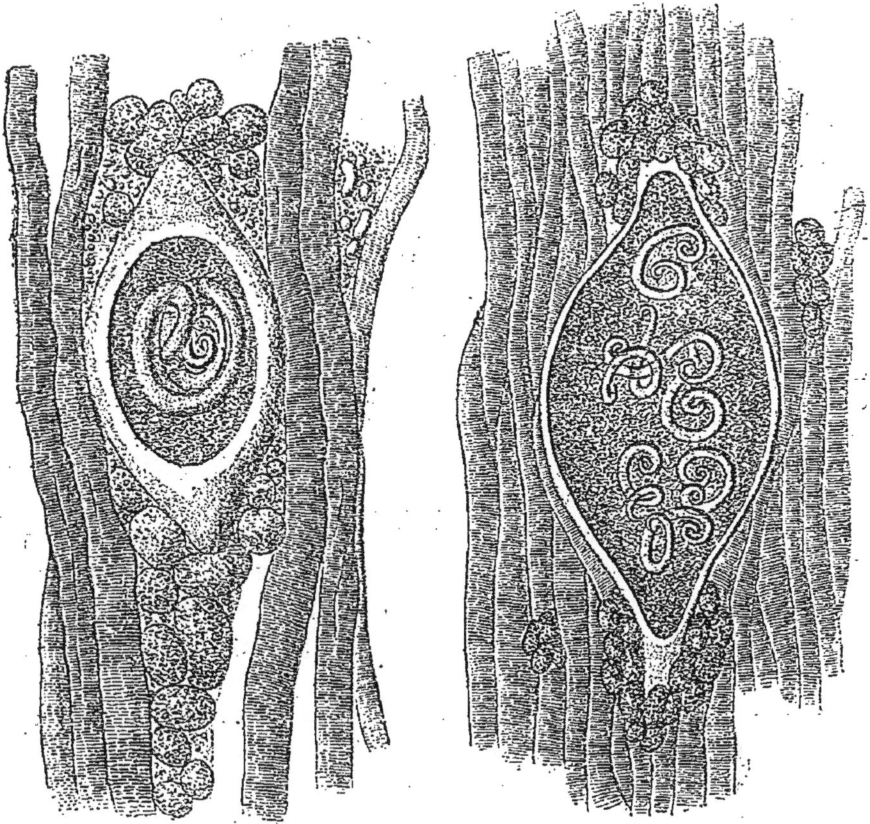

Fig. 383. — Kyste de forme normale, renfermant une seule Trichine et ayant déterminé à ses deux pôles un abondant dépôt de graisse écartant les faisceaux primitifs ambiants. D'après J. Chatin.

Fig. 384. — Kyste volumineux contenant sept Trichines diversement enroulées, mais en général faiblement spiralées et entourées d'un abondant tissu kystique limité par une couche pariétale relativement mince. D'après J. Chatin.

est ordinairement de forme ovale (fig. 383), son grand axe étant parallèle à la direction des fibres musculaires; chacun de ses deux pôles s'étire plus ou moins en une sorte de tubercule émoussé, qui qui donne à l'ensemble l'aspect d'un citron. Que les deux tubercules polaires viennent à s'effacer et que le kyste se renfle en son milieu, on passera ainsi par toutes les transitions de la forme ovale à la forme sphérique. Celle-ci n'est point rare chez l'Homme, mais se voit surtout chez le Chat et le Rat.

Le kyste est constitué par une capsule chitineuse, plus ou moins épaisse et stratifiée; la superposition des couches s'observe surtout dans les tubercules polaires, mais est manifeste aussi sur le reste du kyste. Sa substance est infiltrée de très petites granulations, qui parfois se disposent de manière à donner l'illusion d'une striation rayonnante.

Les dimensions moyennes du kyste sont de $0^{mm},40$ sur $0^{mm},25$; sa longueur peut varier entre $0^{mm},30$ et $0^{mm},80$, sa largeur entre $0^{mm},20$ et $0^{mm},40$. Ces différences portent bien plus sur l'épaisseur de la paroi que sur la capacité de la cavité qu'elle circonscrit: celle-ci, en effet, présente assez généralement une forme ovoïde, mais son espace diminue avec le temps, par suite de l'épaississement progressif de la coque.

Pendant assez longtemps, l'intérieur du kyste se montre constitué par les cellules embryonnaires nucléées, au milieu desquelles se trouve le Ver. Celles-ci finissent par subir diverses régressions. Elles se laissent tout d'abord infiltrer par des granulations pigmentaires jaunâtres, puis brunâtres; elles subissent ensuite la dégénérescence adipeuse. Cette transformation s'établit progressivement et aboutit à la destruction des cellules, dont le noyau persiste; pendant qu'elle s'accomplit, on observe parfois à l'intérieur du kyste des aiguilles cristallines, formées probablement par de l'acide stéarique.

Le contenu du kyste consiste dès lors en un liquide clair et finement granuleux, dans lequel nagent un grand nombre du corpuscules elliptiques mesurant de 10 à 15 μ sur 5 à 8 μ. Le liquide est albumineux, coagulable par l'alcool et la glycérine. Quant aux corpuscules, nous venons d'indiquer leur nature; Leuckart les considérait comme les noyaux des fibres musculaires qui auraient été renfermées dans la capsule en même temps que le Ver, puis détruites ultérieurement.

Chaque kyste ne renferme normalement qu'une seule larve; parfois cependant on trouve deux ou trois Vers dans le même kyste, ainsi que Owen et Farre l'avaient déjà constaté; dans les viandes américaines hypertrichinées, il n'est pas rare de trouver jusqu'à six et sept Vers dans un même kyste, comme J. Chatin l'a observé (fig. 384). Ceux-ci se disposent alors de façons diverses: les uns sont nettement spiralés, alors que d'autres sont à peine repliés sur-mêmes. Parfois aussi le kyste présente certaines anomalies qui résultent précisé-

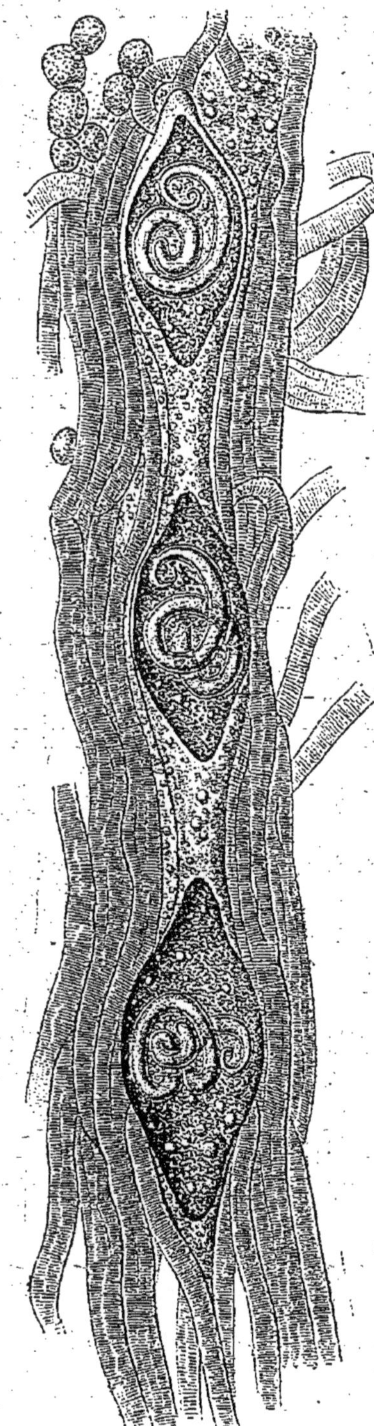

ment de ce qu'une innombrable quantité de parasites a envahi les tissus; on le voit prendre l'aspect moniliforme, acquérir une longueur considérable et se subdiviser en une série de cavités successives, séparées les uns des autres par des étranglements (fig. 385). Ces kystes pluriloculaires s'observent aussi bien dans le pannicule adipeux que dans les muscles ; leurs différentes loges sont de taille variable et renferment chacune un ou plusieurs Vers.

Dans le muscle mort et refroidi, la larve se montre ramassée sur elle-même et enroulée sur la face dorsale en 4 à 5 tours de spire; elle reste immobile, à moins qu'on ne la réveille par la chaleur ou par l'addition de potasse caustique.

La larve est longue de $0^{mm},8$ à 1 millimètre, effilée en avant et arrondie en arrière; la bouche et l'anus s'ouvrent chacun à une extrémité.

La cuticule, épaisse de 1 μ, est transparente et striée en travers; au-dessous se voient l'hypoderme et une couche musculaire. Celle-ci est interrompue de chaque côté par la ligne latérale, large de 12 μ, proéminant à l'intérieur et parcourue suivant sa longueur par un étroit vaisseau dont les sinuosités se laissent suivre jusqu'au niveau du

Fig. 385. — Kyste pluriloculaire formé de trois loges superposées, renfermant chacune une Trichine et séparées par du tissu kystique en voie de dégénérescence graisseuse. La couche pariétale n'est nettement distincte que dans la partie supérieure du kyste. Vers le côté droit de la loge supérieure, on voit s'effectuer un travail inflammatoire dans le tissu ambiant. D'après J. Chatin.

corps cellulaire ; au voisinage de l'anneau nerveux qui entoure la partie moyenne de l'œsophage, les deux vaisseaux se réunissent et débouchent sur la face ventrale. En outre des lignes latérales, la couche musculaire est encore interrompue par deux lignes médianes étroites et surbaissées, l'une dorsale, l'autre ventrale.

Autour de la bouche se voient de minces replis, constitués non seulement par les couches cutanées, mais encore par un renforcement local du système musculaire. L'œsophage a la même structure que chez le Trichocéphale. L'intestin débute par une dilatation, mais se rétrécit aussitôt, puis garde le même calibre sur toute sa longueur. Sa lumière est assez large ; en dedans de la gaine péritonéale qui l'enveloppe, il est constitué par une couche assez épaisse, dans laquelle on distingue des granulations graisseuses et çà et là, surtout dans la portion renflée, une assise de cellules plates. Le tube digestif se termine par un rectum de petites dimensions, pourvu en dehors d'une couche musculeuse très épaisse et tapissé en dedans d'un revêtement cuticulaire qui se continue par l'anus avec celui du tégument. L'anus est exactement terminal.

L'anneau nerveux siège sur l'œsophage, en avant du corps cellulaire. Il est distinctement formé de cellules et, suivant Pagenstecher, émet des filets latéraux qui se dirigent en avant et en arrière.

La Trichine est au nombre des rares Nématodes dont la larve présente des caractères sexuels nettement indiqués et possède un appareil reproducteur exceptionnellement développé. La glande génitale s'étend le long de la face ventrale convexe, sous forme d'un large tube qui parcourt presque toute la longueur de la moitié postérieure du corps. Elle est plus épaisse que l'intestin et se présente dans l'un et l'autre sexe sous l'aspect d'un cylindre à mince paroi, large de 25 μ et rempli de cellules. Elle se termine en cul-de-sac, à l'endroit où le rectum se sépare de l'intestin. En avant, elle se rétrécit notablement et s'avance jusqu'à la dilatation initiale de l'intestin. Chez les individus enkystés depuis longtemps, cette portion rétrécie présente un amas de corpuscules irréguliers et réfringents, amas que Farre avait déjà observé et avait pris pour l'organe génital lui-même ; on ignore sa nature et sa composition chimique ; on sait du moins qu'il n'existe point chez la jeune larve.

La glande génitale se continue en avant par un prolongement filiforme qui donnera plus tard naissance à l'appareil vecteur et qui présente déjà des caractères sexuels. Chez la femelle, c'est un tube rectiligne qui pénètre dans la partie antérieure du corps et court pendant un certain temps à la face interne de la paroi ventrale ; il se termine encore en cul-de-sac, suivant Leuckart, mais J. Chatin admet que la vulve est déjà visible.

Chez le mâle, le canal excréteur s'infléchit presque aussitôt sur lui-même et se porte en arrière, en passant entre la glande génitale et l'intestin ; finalement, il s'unit au commencement du rectum. Dans l'un et l'autre sexe, cet appareil vecteur est du reste encore fort peu développé : il consiste en un mince cordon cellulaire, solide dans toute son étendue, sauf au point où il s'unit à la glande génitale. Il n'est pas rare, enfin, de trouver chez le mâle les premières indications de la bourse copulatrice.

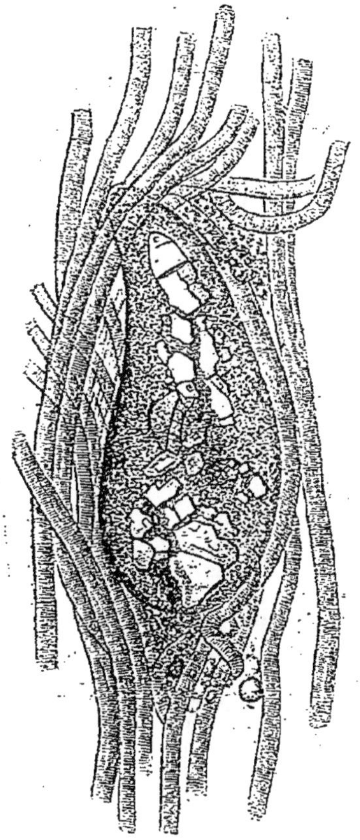

Fig. 386. — Kyste crétifié dans une viande américaine, d'après J. Chatin. Les faisceaux musculaires ambiants sont atrophiés et l'on constate, aux deux pôles du kyste, les traces manifestes d'un processus inflammatoire.

La Trichine enkystée dans les muscles ou dans tout autre organe peut rester vivante pendant de nombreuses années, sans subir aucune modification. Chez l'Homme, Grienpenkerl l'a vue encore vivante au bout de 5 années, Tüngel au bout de 12 années ; les kystes n'étaient pas encore calcifiés. Chez le Porc, Dammann a fait la même observation 11 ans et quart après l'infestation ; les kystes étaient à peine calcifiés. D'autres observateurs ont constaté encore qu'au bout de 20 et même de 24 ans (Klopsch), le parasite avait gardé toute sa vitalité.

La calcification ne s'établit donc qu'à la longue, alors que l'helminthe est enkysté depuis plus ou moins longtemps : l'animal est incapable de demeurer en vie latente au delà d'un certain nombre d'années (le délai dont il dispose est déjà fort long, comme on l'a vu) et l'envahissement par les sels calcaires (fig. 386) est l'indice d'une mort prochaine.

Telle est la destinée qui attend la larve quand, par exemple, elle se trouve hébergée par un Homme jeune qui a subi de bonne heure l'infestation. Au contraire, est-elle logée dans les muscles d'un Porc, dont l'engraissement et l'abatage n'exigent

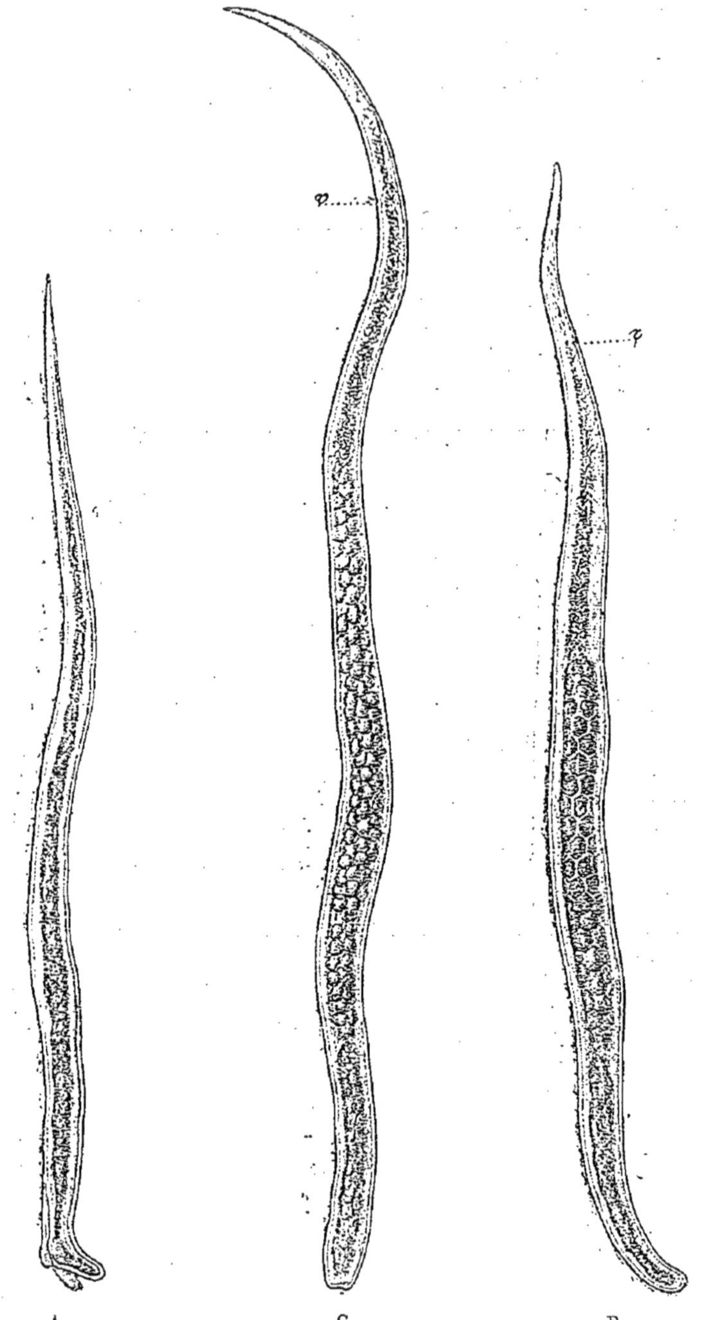

Fig. 387. — *Trichina spiralis* adulte, d'après J. Chatin. — A, mâle ; à l'extrémité postérieure se voit l'expansion caudale avec les appendices digités. — B, C, femelles ; le tube digestif est complètement masqué par l'appareil sexuel montrant des œufs dans la région postérieure du corps de l'animal et des embryons dans la région antérieure.

que quelques mois, elle peut être transportée dans l'intestin de l'Homme avant que la mort ne soit venue la saisir, voire même avant que la calcification de son kyste n'ait commencé. Elle se trouve donc dans les conditions nécessaires et suffisantes à la suite de son développement : celui-ci s'achève avec une extrême rapidité.

Aussitôt que les Vers arrivent dans l'estomac de l'Homme ou de tout autre animal approprié, la longue période de vie latente prend fin brusquement. Le suc gastrique digère le kyste, ou tout au moins le perfore, et met ainsi en liberté les jeunes larves. Déjà 3 à 4 heures après l'ingestion, on trouve dans l'estomac un grand nombre de jeunes Vers qui passent rapidement dans l'intestin grêle pour y atteindre leur maturité sexuelle. Ce phénomène s'accomplit en 30 à 40 heures et même en 24 heures pour les larves récemment enkystées. Celles-ci n'ont du reste que fort peu de modifications à subir pour devenir adultes, en raison de l'état de développement avancé que présentaient leurs organes génitaux.

A la fin du second jour, le mâle mesure $1^{mm},2$ à $1^{mm},4$ et la femelle $1^{mm},5$ à $1^{mm},8$: l'accouplement s'effectue alors ; toutefois les animaux ne sont point arrivés à leur taille définitive.

Le mâle complètement adulte (fig. 387, A) est long de $1^{mm},4$ à $1^{mm},6$ et moitié plus petit que la femelle. Son corps est cylindro-conique : il s'effile et s'atténue en avant, tandis qu'il se renfle en arrière, pour se terminer par deux appendices coniques dont l'extrémité libre est tournée vers la face ventrale. Ces appendices ressemblent aux deux mors d'une pince et constituent une sorte bourse copulatrice ; entre eux se voit l'orifice cloacal, en arrière duquel se dressent deux paires de papilles ; les antérieures, situées immédiatement en arrière du cloaque, sont hémisphériques ; les postérieures sont coniques.

La femelle, B, C, est longue de 3 à 4 millimètres, effilée en avant, moins atténuée en arrière. L'anus est exactement terminal ; la vulve s'ouvre à la face ventrale, à l'union du premier cinquième avec les quatre cinquièmes postérieurs.

La cuticule est mince et marquée de fines stries transversales. L'hypoderme, assez distinct chez la larve, n'est plus indiqué que par des noyaux disséminés dans une masse fibro-plastique. Les couches musculaires sont relativement moins épaisses que chez la larve ; elles sont formées de cellules distinctes et non d'une substance fondamentale homogène, simplement nucléée, ainsi qu'Ant. Schneider l'admettait pour ranger la Trichine parmi ses Holomyaires.

L'organisation de la larve est tellement parfaite que la métamorphose qui marque le passage à l'état adulte se réduit à fort peu de chose. Les transformations portent à peu près exclusivement sur l'appareil génital, sauf chez le mâle, dont le rectum subit aussi de profondes modifications. Non seulement cet organe est deux fois plus long que chez la femelle, mais il est encore entouré d'une épaisse couche musculaire qui réduit sa lumière à tel point que certains auteurs ont pris pour un spicule son revêtement chitineux interne; or, les Trichines sont totalement dépourvues de spicule.

L'erreur est d'autant plus facile que ces helminthes ont la faculté d'évaginer leur rectum jusqu'à l'embouchure du canal déférent. Cette portion de l'intestin apparaît alors au dehors sous l'aspect d'un appendice en forme de cloche, qui proémine bien au-delà des deux lobes de la bourse copulatrice et, de même que ceux-ci, s'incurve vers la face ventrale. Il est vraisemblable que, lors de l'accouplement, cet appareil se fixe sur la vulve à la façon d'une ventouse et facilite ainsi l'introduction du sperme.

Le sac testiculaire est à peine modifié dans son aspect; il est long de $0^{mm},43$ à $0^{mm},50$, et large de $0^{mm},03$; il a donc augmenté de taille, bien que, par suite de l'allongement du rectum, il descende moins loin en arrière. Sa mince et transparente paroi semble être dépourvue d'épithélium interne; la cavité est pleine de cellules larges de 7μ, pâles et renfermant un contenu divisé en quatre masses nucléées, larges de 3μ; chacune d'elles s'isolera pour devenir un spermatozoïde.

Le canal déférent a un épithélium interne; de plus, il possède des fibres musculaires disposées annulairement. Ce canal se sépare encore de l'utérus au niveau du commencement de l'intestin; il présente le même trajet que chez la larve. Sa partie postérieure, qui débouche dans le rectum, s'est seule modifiée : elle s'est dilatée, par suite de l'accumulation du sperme, en un réservoir allongé ou vésicule séminale.

Au moment de l'accouplement, la femelle n'est guère plus grande que le mâle. Les produits élaborés par la glande génitale sont différents, mais l'aspect de celle-ci n'a guère varié : elle est longue de $0^{mm},30$ à $0^{mm},45$ et large de $0^{mm},035$. L'oviducte s'ouvre maintenant au dehors par une vulve située vers le milieu du corps cellulaire. La limite entre l'ovaire et l'oviducte est marquée par un étranglement d'autant plus net que ce dernier est encore vide d'œufs; sa partie postérieure se dilate en une poche, dans laquelle le sperme s'accumule après la fécondation. La structure de l'oviducte rappelle celle du canal déférent; les muscles sont plus épais et forment un véritable sphincter derrière la vulve. Celle-ci est un orifice transversal, limité par des lèvres saillantes provenant de ce que le tégument est soulevé par le sphincter. Ce sphincter maintient la vulve fermée à l'état de repos; un autre appareil musculaire, constitué par quatre groupes de fibres rayonnantes qui émanent de la paroi du corps, assure l'écartement des lèvres vulvaires, soit pour permettre la copulation, soit pour livrer passage aux jeunes embryons.

L'œuf mesure 20 μ au maximum; la vésicule germinative est large de près de 10 μ et renferme une tache germinative. La coque fait défaut et l'enveloppe extérieure de l'ovule est représentée par une membrane anhiste d'une extrême délicatesse.

Les œufs s'accumulent en grande quantité dans le tube ovarien. Ils prennent naissance, ainsi que Claus l'a reconnu, le long d'un cordon qui forme une sorte de bande continue tout le long de l'un des côtés de l'ovaire et qui proémine au-dessus de la membrane anhiste de celui-ci. Quand les ovules ont atteint une certaine taille, ils se détachent et tombent dans la cavité ovarienne.

Dans l'acte de la copulation, le mâle se fixe à l'aide de sa bourse caudale à l'orifice vulvaire et s'y maintient en introduisant dans celui-ci son cloaque évaginé. Les muscles du canal déférent entrent alors en jeu et projettent le sperme dans l'oviducte, en même temps que certaines petites masses musculaires, situées sur les flancs du rectum, se contractent et interrompent momentanément toute communication entre l'intestin et le cloaque.

Les œufs n'arrivent dans l'oviducte qu'après l'accouplement; ils traversent alors la dilatation dans laquelle le sperme s'est accumulé et sont fécondés au passage. Deux jours après l'infestation, on trouve déjà dans l'intestin un grand nombre de femelles dont l'oviducte se remplit d'œufs en train de se segmenter. Par suite de leur arrivée incessante, l'oviducte, qui à l'état de vacuité avait à peu près la longueur de l'ovaire, s'allonge et se dilate de plus en plus. Au bout de quelques jours, ce canal a doublé de longueur, ce qui a pour résultat un allongement corrélatif de la partie postérieure du corps de la femelle.

Cependant l'évolution de l'œuf se poursuit : les premiers embryons apparaissent du sixième au septième jour de l'infestation, bien que l'oviducte n'ait pas encore atteint son maximum de réplétion; dès que le corps de l'embryon est formé, la membrane vitelline se détruit. Les embryons situés au voisinage de la vulve sont le plus avancés dans leur développement : ils se dégagent bientôt de la masse commune qui les englobait et sont expulsés au fur et à mesure, grâce à un mouvement péristaltique de l'oviducte. La Trichine est donc vivipare.

Les embryons commencent à prendre naissance deux ou trois jours avant que la femelle n'ait acquis sa taille définitive et longtemps avant que la production des œufs n'ait cessé. Une femelle de huit à dix jours mesure jusqu'à 3^{mm},5 de longueur; son vaste oviducte occupe plus de la moitié de la longueur du corps et renferme au moins 400 germes, à tous les degrés de développement. Si on considère que la femelle reste féconde pendant les cinq à six semaines que dure son existence, on peut, sans exagérer, évaluer à plusieurs milliers le nombre de ses rejetons. Krabbe a trouvé plusieurs centaines de mille de jeunes Vers dans les muscles d'un Lapin auquel, cinq semaines et demie auparavant, il avait donné 400 Trichines musculaires. Toutefois, la femelle ne semble pas garder une égale fécondité pendant toute sa vie : dans les dernières semaines, l'utérus et l'ovaire sont bien moins remplis d'œufs qu'au début.

La Trichine adulte est trop petite pour être trouvée dans le contenu de l'intestin sans le secours du microscope. En raison de la différence de taille, le mâle se soustrait plus aisément que la femelle à l'investigation. La rareté relative des mâles ne reconnaît du reste pas cette seule cause; elle tient encore à ce que, pour la Trichine comme pour les autres Nématodes, les deux sexes ne sont pas représentés dans la même proportion. On constate à cet égard de notables différences d'un cas à l'autre ou même aux diverses époques d'une même infestation : peu de temps après le début de celle-ci, le nombre des femelles n'est guère supérieur à celui des mâles; plus tard, les mâles sont devenus très rares. La cause de ce phénomène réside en ce que les mâles meurent peu de temps après la copulation, qui s'effectue de bonne heure, tandis que les femelles persistent plus ou moins. Au bout de cinq semaines, leur nombre a notablement diminué et, vers la fin du second mois, on ne trouve plus que quelques retardataires.

L'Homme, le Porc et le Rat étant cosmopolites, il y a lieu de penser que la Trichine est elle-même répandue sur une grande partie de la surface du globe. Toutefois, on constate dans sa fréquence des différences considérables, même dans des pays voisins, comme la France et l'Allemagne. Cela tient tout à la fois à une rareté relative de la trichinose du Porc dans certaines régions et aux habitudes culinaires de la population, ainsi que nous aurons l'occasion de le démontrer plus loin.

La Trichine, comme on sait, a été découverte en Angleterre

et, dans un court espace de temps, on a pu l'y rencontrer plusieurs fois dans les cadavres. Il ne faudrait pas croire, d'après cela, que c'est surtout en ce pays que s'observe le parasite. C'est l'Allemagne, au contraire, qui jouit de ce triste privilège. Depuis que Zenker, en 1860, a prouvé qu'elle est une maladie parfois mortelle, transmise à l'Homme par le Porc, la trichinose a sévi à de nombreuses reprises parmi la population allemande : nous en avons recueilli et publié ailleurs plus de 100 cas et encore notre statistique n'a-t-elle point la prétention d'être complète. D'autre part, l'examen critique des écrits d'anciens auteurs a permis de reconnaître encore la trichinose dans des maladies à marche bizarre, revêtant parfois la forme épidémique et qui avaient été fréquemment confondues avec la fièvre typhoïde, le choléra ou d'autres maladies infectieuses.

Nous venons de parler d'épidémies de trichinose. Les auteurs allemands désignent en effet sous le nom impropre d'épidémie les cas où la maladie s'attaque à un plus ou moins grand nombre d'individus. Ces cas se présentent dans ces circonstances qu'il est facile d'apprécier : un jambon trichiné, mangé en famille, n'occasionnera que quelques cas isolés de trichinose ; un Porc, tué par un charcutier et réparti dans une clientèle nombreuse, pourra au contraire répandre la maladie dans une localité tout entière, voire même dans les localités voisines, et la maladie aura dès lors l'apparence épidémique; il est de toute évidence qu'il ne s'agit point là d'une véritable épidémie, dans le sens exact et précis du mot.

La maladie est extrêmement rare en France, à cause de l'heureuse coutume qu'a la population de soumettre la viande de Porc à une cuisson prolongée et aussi en raison de la grande rareté des Trichines chez cet animal.

De 1828 à 1829 sévissait à Paris l'acrodynie, maladie mal définie qui eut une énorme extension et qui se propagea encore en d'autres villes : on en attribuait la cause à la viande de Porc et Le Roy de Méricourt a émis l'opinion qu'elle était identique à la trichinose, opinion à laquelle se sont ralliés bon nombre de médecins.

Le parasite n'a été trouvé que trois fois dans les muscles de l'Homme : à Paris, par Cruveilhier et par Auzias-Turenne, cité par Moquin-Tandon ; à Strasbourg, par Kœberlé.

La seule observation authentique et indiscutable de trichinose en France est due à Jolivet, de Crépy-en-Valois (Oise). En 1878, plusieurs personnes furent malades pour avoir ingéré de la viande de Porc : un morceau de l'animal fut transmis à Laboulbène, qui y découvrit des Trichines. Cet habile observateur fit alors une enquête et constata que, sur 21 personnes ayant fait usage de la viande infestée, 17 avaient été malades ; une jeune fille était morte vers le douzième jour. Le Porc avait été acheté dans l'Oise ou dans la Seine-Inférieure, régions dans lesquelles aucune maladie particulière n'a été signalée chez les Porcs ; l'infestation était du reste de date récente et s'était faite à Crépy, peut-être à plusieurs reprises, comme l'indiquait l'inégal développement des parasites. Le Porc avait été élevé dans un réduit dont le toit et l'intérieur étaient visités et habités par de nombreux Rats, attirés par le fumier d'un boucher voisin : il s'était sans doute infesté en mangeant l'un de ceux-ci.

La trichinose est rare en Suisse, en Autriche, en Grande-Bretagne, en Belgique, en Suède, en Espagne, en Roumanie; elle est un peu plus fréquente en Russie.

En Asie, Wortabet en a observé une épidémie occasionnée par la viande de Sanglier, dans un village voisin des sources du Jourdain. Elle ne serait point rare au Bengale, parmi les indigènes, et Patrick Manson a noté son existence chez le Porc chinois. Le Ver a encore été vu par Gaillard, à Alger, dans les muscles d'un cadavre ; on l'a également observé en Égypte et en Australie. L'Amérique du Sud n'échappe point à ses atteintes : Tüngel l'a trouvé à Hambourg chez un jeune mousse qui avait été infesté par un Porc chilien ; toutefois, d'après Lutz, il n'aurait pas encore été observé au Brésil.

L'extrême abondance de la Trichine chez les Porcs élevés aux Etats-Unis permet d'affirmer que la trichinose y est très fréquente chez l'Homme, peut-être même encore plus fréquente qu'en Allemagne. Aussi beaucoup d'États européens, entre autres la France, ont-ils prohibé l'importation des salaisons américaines.

Puisque la maladie résulte de l'usage de la viande de Porc, la prophylaxie doit tendre à un double but : diminuer la fréquence de la trichinose chez le Porc et prendre des mesures propres à empêcher l'infestation de l'Homme par des Porcs trichinés.

Pour répondre à la première de ces questions, il importe de rechercher de quelle manière le Porc contracte la trichinose. Parmi les animaux chez lesquels s'observe le parasite, le Rat mérite d'être cité en première ligne. Un grand nombre d'auteurs l'ont considéré comme le point de départ de la trichinose porcine. Ce Rongeur a une réceptivité particulièrement grande à l'égard de la Trichine, comme il est facile de le démontrer expérimentalement; partout où il a l'occasion de manger de la viande trichinée, on le trouve infesté lui-même; il se montre enfin très fréquemment contaminé dans des régions où la trichinose humaine n'a pas encore été observée ou du moins ne l'a été que très rarement. On connaît d'autre part la voracité du Porc et sa tendance à se nourrir principalement de viande. Il est donc vraisemblable que cet animal dévore des Rats à l'occasion, et Kühn a constaté la réalité du fait. Il semble démontré de la sorte que le Porc et secondairement l'Homme tirent leurs Trichines du Rat. Ces Vers seraient essentiellement des parasites de ce dernier : ils se propageraient dans le genre Rat par reproduction continue d'un individu à l'autre, indépendamment de toute autre source d'infestation. Ils passent parfois du Rat dans d'autres animaux, mais, sans l'apport de nouveaux Rats infestés, ils finiraient par disparaître chez ceux-ci. En exterminant les Rats, on exterminerait donc aussi la Trichine.

Leuckart est demeuré l'un des plus fidèles partisans de cette théorie, dont Zenker et Gerlach ont cherché à démontrer la fausseté. Considérant que les Rats trichinés se trouvent le plus souvent dans les équarrissages, les abattoirs et les boucheries, où ils ont de la viande de Porc à satiété, ces auteurs pensent au contraire que les Rats s'infestent en mangeant de la viande de Porc : la cause principale de l'infestation résiderait donc dans la race porcine elle-même.

Dès lors, comment la propagation du parasite peut-elle se faire ? Diverses circonstances peuvent se présenter. Un premier cas, assez rare, est celui où un Porc sain vient à se repaître des excréments d'un Homme ou d'un Porc récemment infesté, dans lesquels se trouvent des Trichines adultes et des embryons; par cette voie, l'infestation sera fort incertaine, car le suc gastrique tue et digère la plupart des adultes et des embryons. Un second cas, plus fréquent, est celui où un Porc sain mange de la viande d'un Porc infesté. Le cas se présente ordinairement dans les équarrissages, que Zenker considère comme les établissements le mieux adaptés à l'élevage des Porcs trichinés. Une dernière circonstance est encore plus favorable que les précédentes à la propagation de la trichinose chez le Porc : c'est l'habitude qu'on a dans les étables et dans les abattoirs de nourrir les Porcs vivants avec les déchets des Porcs abattus. De plus, on a coutume de déverser dans l'auge qui contient la nourriture des Porcs l'eau qui a servi à nettoyer les tables, billots et instruments avec lesquels on prépare la viande ; les déchets de celle-ci, mélangés à cette eau, deviendront donc le point de départ d'une infestation nouvelle, s'ils sont eux-mêmes contaminés. Ainsi s'expliquent les cas où, dans une même porcherie, on voit un certain nombre d'animaux être atteints successivement, à des intervalles plus ou moins grands.

L'exactitude de tous ces faits n'est pas douteuse; mais s'il faut y voir les conditions habituelles de la propagation du parasite, il n'en demeure pas moins vrai que celui-ci peut encore être transmis au Porc par le Rat, suivant l'opinion ancienne.

Il importe donc de surveiller rigoureusement la nourriture des Porcs : la nature des végétaux avec lesquels on les nourrit semble assez peu importante, mais il est indispensable d'éviter l'adjonction de substances suspectes, telles que les débris de boucherie, les reliefs de cuisine, etc.; dans les cas exceptionnels où on leur donnera des substances animales, celles-ci devront toujours être cuites soigneusement. D'autre part, les porcheries doivent être spacieuses, bien aérées et tenues proprement; la destruction ou l'éloignement des Rats mérite une attention toute spéciale, et le cadavre de ces animaux sera toujours mis hors de portée des Porcs. Enfin, il importe de veiller à ce que ceux-ci ne séjournent ni dans les ateliers d'équarrissage ni dans les abattoirs.

La Trichine musculaire survit assez longtemps à son hôte et peut même être trouvée encore vivante, au bout de cent jours, dans la viande putréfiée. On doit se demander quelle est la limite de cette survivance et quelle action est exercée sur le parasite par le salage, le fumage et les variations de la température.

Des Vers, renfermés dans des salaisons préparées depuis quinze mois au moins et salées au maximum, peuvent encore infester et tuer des Souris dans l'espace de quelques jours (Fourment). D'autre part, Benecke a trouvé les parasites encore vivants dans un jambon et un saucisson qui furent placés dans la saumure durant douze jours, puis fumés et examinés quatre et neuf mois après. Le salage et le fumage ne tuent donc pas l'helminthe et ne constituent pas une garantie contre les dangers auxquels on est exposé par la consommation de viandes infestées.

En outre de l'infestation expérimentale, qui permet de constater la vitalité des Trichines renfermées dans les viandes salées ou fumées, celle-ci peut être mise plus simplement en évidence par un procédé qui consiste à les examiner au microscope sur la platine chauffante. A une température de $+40°$, on voit l'helminthe accomplir quelques déplacements, qui s'accentuent de 42 à 45°. De plus, plongée dans le bleu d'aniline ou le picrocarminate d'ammoniaque, la Trichine reste incolore tant qu'elle est encore vivante; elle fixe promptement la matière colorante, dès qu'elle vient à mourir.

Il y a encore incertitude quant à l'abaissement de température nécessaire pour tuer les Trichines enkystées dans les viandes. Bouley et Gibier les ont trouvées mortes dans deux gros fragments de jambon maintenus pendant deux heures et demie à un froid de — 22° à — 27°; mais Leuckart a constaté leur parfaite vitalité dans des jambons frais qui avaient été exposés pendant une nuit d'hiver et même pendant trois jours à une température de — 22 à — 25°.

Les préparations culinaires habituelles sont-elles du moins suffisantes pour donner une immunité absolue? Perroncito a reconnu qu'une température de + 48 à + 50° C, prolongée pendant cinq à dix minutes, tue sûrement les Trichines; mais il opère avec la platine chauffante usitée en micrographie et se place par conséquent dans des conditions artificielles. Rodet trouve les Vers bien vivants dans des parcelles de muscle plongées pendant quelque temps dans de l'eau à + 70 et + 80°.

Puisque d'aussi hautes températures sont incapables de tuer le parasite, lorsqu'on opère sur des fragments de muscle dont la petite masse se laisse facilement pénétrer par la chaleur, il est de toute évidence que la cuisson de grosses pièces de viande se montrera encore plus inefficace. Par exemple, Ch. Girard et Pabst ont reconnu que la température d'un jambon bouilli dans l'eau n'était que de + 70° après six heures et demie d'ébullition; elle atteignait + 85° seulement au bout de dix heures.

Pour être réellement efficace, la cuisson doit donc être prolongée bien au delà des limites habituelles; les procédés ordinaires de cuisson des viandes ne tuent pas les parasites et sont loin de donner une sécurité absolue à l'égard de l'infestation. Dès lors, c'est pour les pouvoirs publics un devoir impérieux de ne laisser livrer à la consommation que des viandes saines et exemptes de tout parasite. En Allemagne, où la trichinose du Porc est endémique, on a créé dans ce but une véritable armée d'experts micrographes, chargés de pratiquer l'examen microscopique des muscles de tout Porc abattu dans leur circonscription. On trouvera décrite, dans l'article ci-dessous, l'organisation de cet important service.

Pour la bibliographie, voir l'article suivant :

R. Blanchard, *Trichine, trichinose*. Dictionn. encyclop. des sc. méd., (3), XVIII, p. 113, 1887.

FIN DU TOME PREMIER.

TABLE DES MATIÈRES

DU TOME PREMIER

FIN DE LA TABLE DES MATÈRES.

4206-85. — CORBEIL. Imprimerie CRÉTÉ.